赵负图　主编

物联网
测控集成电路

WULIANWANG
CEKONG
JICHENG
DIANLU

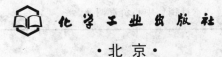
化学工业出版社
·北京·

图书在版编目（CIP）数据

物联网测控集成电路/赵负图主编. —北京：化学工业出版社，2013.9
ISBN 978-7-122-15816-1

Ⅰ.①物…　Ⅱ.①赵…　Ⅲ.①互联网络-应用-集成电路-测试技术-研究②智能技术-应用-集成电路-测试技术-研究　Ⅳ.①TP393.4②TP18③TN407

中国版本图书馆 CIP 数据核字（2012）第 266978 号

责任编辑：刘　哲　　　　　　　　　　　文字编辑：徐卿华
责任校对：陈　静　　　　　　　　　　　装帧设计：尹琳琳

出版发行：化学工业出版社（北京市东城区青年湖南街 13 号　邮政编码 100011）
印　　装：三河市万龙印装有限公司
787mm×1092mm　1/16　印张 45¼　字数 1207 千字　2014 年 1 月北京第 1 版第 1 次印刷

购书咨询：010-64518888（传真：010-64519686）　　售后服务：010-64518899
网　　址：http://www.cip.com.cn
凡购买本书，如有缺损质量问题，本社销售中心负责调换。

定　　价：188.00 元　　　　　　　　　　　　　　　　　版权所有　违者必究

编写人员

主　　编	赵负图
编写人员	赵负图　李　思　吴学孟　常华瑞　吴长虹
	赵　民　徐宇逊　谢思齐　贺桂琴　赵　军
	李双梅　张亚卿　魏　智　郑小龙　董　平
	冯　军　陈东欣

前　言

　　物联网技术是基于信息技术、通信技术以及计算机技术的一个交叉性、综合性、应用性极强的领域，它是人的大脑以及感官的延伸。近几年，物联网技术在我国蓬勃发展，初步具备了一定的技术、产业和应用基础，呈现出良好的发展态势。应用推广初见成效。目前，我国物联网在安防、电力、交通、物流、医疗、环保等领域已经得到应用。如在安防领域，视频监控、周界防入侵等应用已取得良好效果；在电力行业，远程抄表、输变电监测等应用正在逐步拓展；在交通领域，路网监测、车辆管理和调度等应用正在发挥积极作用；在物流领域，物品仓储、运输、监测应用广泛推广；在医疗领域，个人健康监护、远程医疗等应用日趋成熟。除此之外，物联网在环境监测、市政设施监控、楼宇节能、食品药品溯源等方面也开展了广泛的应用。

　　随着计算机、手机、电视机三网融合，物联网技术已可以实现点对点、点对面、面对点地获取所需信息，进行遥测遥控，智能化遥测遥控已成为跨学科高技术发展的新课题。集成电路融合了遥测遥控过程中软件、硬件的控制优势，电路检测速度快，灵活智能，数据处理和诊断功能强，已成为物联网技术发展的重要环节。

　　本书为读者提供物联网测控中的核心应用电路，包括发射、接收、收发集成电路，模拟控制器和信号处理器控制集成电路，各种信号采集电路、开关集成电路、信号参数变换控制电路、驱动控制电路等，品种多、信息量大，详细介绍了这些集成电路的特点、功能块图、引脚图、技术参数、应用电路等。

　　本书在编写过程中得到了模拟器件公司的 Charles Lee 先生、高威先生以及多家集成电路公司相关负责人的大力支持和帮助，编者在此谨表谢意。

　　在编写过程中，由于水平所限，书中一定存在不足之处，欢迎读者批评指正。

编者
2013.7

目 录

第1章 遥测遥控发射器集成电路

1.1 ADF 发射器集成电路

● **ADF7010 高性能 ISM 频带 ASK/FSK/GFSK 发射器**

【用途】

低价无线数据转换器；无线测量；遥控控制/安全系统；无键输入。

【特点】

单片低功耗 UHF 发射器   数据速率可达 76.8kbps

902～928MHz 频带   低电流消耗

芯片上 VCO 和分数-NPLL   28mA 在 8dBm 输出

2.3～3.6V 电源   电源关闭型式<1μA

可编程输出功率   24 引线 TSSOP 封装

    −16～+12dBm，0.3dB 每步

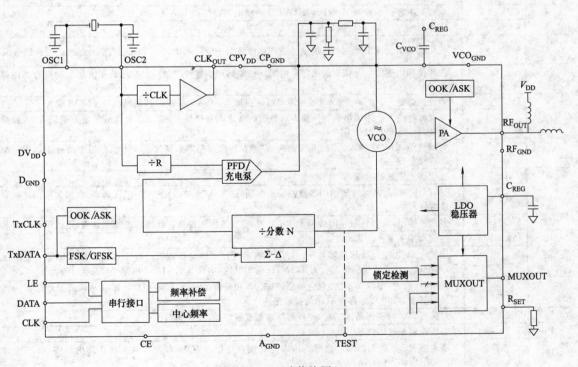

图 1-1 功能块图

    ADF7010 是一个低功耗OOK/ASK/FSK/GFSK UHF发射器，设计用于 ISM 频带系统。它包含集成 VCO 和Σ-Δ 分数-NPLL。可编程输出功率。通道间隔和输出频率用 4 个 24 位寄存器可编程。分数-NPLL 能使用户选择从 902～928MHz 频带内任一频率，允许用 ADF7010 跳频系统。可从 4 种不同的调制电路中选择：二进制可高斯频率移位键（FSK/GFSK），幅度

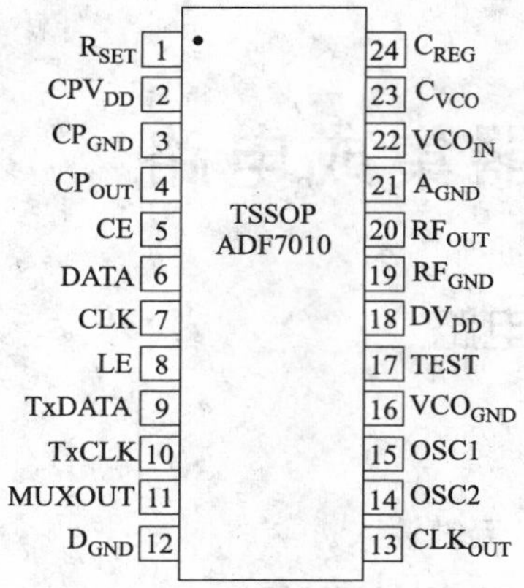

```
        ┌──────────────────┐
 R_SET ─┤1 •            24├─ C_REG
 CPV_DD ─┤2             23├─ C_VCO
CP_GND ─┤3             22├─ VCO_IN
CP_OUT ─┤4             21├─ A_GND
    CE ─┤5   TSSOP     20├─ RF_OUT
  DATA ─┤6  ADF7010   19├─ RF_GND
   CLK ─┤7             18├─ DV_DD
    LE ─┤8             17├─ TEST
TxDATA ─┤9             16├─ VCO_GND
 TxCLK ─┤10            15├─ OSC1
MUXOUT ─┤11            14├─ OSC2
 D_GND ─┤12            13├─ CLK_OUT
        └──────────────────┘
```

移位键（ASK），或通/断键（OOK）。器件的特点是晶体补偿寄存器能提供在输出频率±1ppm❶分辨率。晶体的间接温度补偿能完成经济地使用寄存器。芯片上 4 个寄存器控制是通过一个简单的 3 线接口。器件工作电源范围从 2.3～3.6V，当不用时电源能关闭。

图 1-2　引脚图

【引脚说明】

脚号	脚名	说　明
1	R_{SET}	外部电阻设定电荷泵电流和内部偏压电流。用 4.7kΩ，如 $I_{CPMAX}=\dfrac{0.95}{R_{SET}}$，因为用 $R_{SET}=4.7$ kΩ，$I_{CPMAX}=2.02\text{mA}$
2	CPV_{DD}	电荷泵电源。偏置和 RFVDD 及 DVDD 一样电平。用 0.1μF 去耦电容连该脚
3	CP_{GND}	电荷泵地
4	CP_{OUT}	电荷泵输出。输出产生的电流脉动在环路滤波器积分。在输入至 VCO 上，积分电流改变控制电压
5	CE	芯片使能。逻辑加至该脚关闭零件电源。必须高用于零件功能。只有用这种方法关闭寄存器电路电源
6	DATA	串行数据输入。用两个 LSB 控制位串行数据加至 MSB 第 1 位。这是高阻抗 CMOS 输入
7	CLK	串联时钟输入。用该串联时钟使串联数据时钟进入寄存器。在 CLK 上升沿锁定数据进入 24 位移位寄存器。这是高阻抗 CMOS 输入
8	LE	负载使能，CMOS 输入。当 LE 变高时，存储在移位寄存器数据加至 4 个锁存器中的一个。用控制位选择锁存器
9	TxDATA	在该脚上发送数据输入
10	TxCLK	只有 GFSK，用该时钟输出同步微控制器数据，进入 ADF7010 的 TxDATA 脚，和数据速率同样频率提供时钟
11	MUXOUT	多功器输出，既允许数字时钟检测 RF 量程，也允许检测外部存取的基准频率量程，用通用系统调谐
12	D_{GND}	接地脚用于 RF 数字电路
13	CLK_{OUT}	用 50：50 占空比除尽晶体基准。可用于驱动微控制器时钟输入。减少在输出频率谱中的寄生成分，用串联 RC 能减小尖锋沿。对 4.8MHz 输出时钟，串联 50Ω，10pF 可减小寄生至小于 −50dBc
14	OSC2	振荡器脚。如用单端基准，它应加至该脚。当用外部信号产生器，51Ω 电阻应从该脚至地连接。当用外部基准时，在 R 寄存器 XOR 位应设定高
15	OSC1	振荡器脚。只能用晶体基准，用外部基准振荡器时，有三种状态
16	VCO_{GND}	电压控制振荡器接地
17	TEST	输入至 RF 分数-NPLL 除法器。该脚允许用户连至外部 VCO 至零件。在该脚内部 VCO 不能启动。如用内部 VCO，该脚应接地
18	DV_{DD}	正电源，用于数字电路，电压在 2.3～3.6V 之间，去耦电容接模拟地板，应尽可能接近该脚
19	RF_{GND}	接地，用于发射器输出级
20	RF_{OUT}	在该脚上调制信号有效。输出功率电平从 −16～+12dBm。输出阻抗应与合适元件组或负载匹配

❶　1ppm=10^{-6}，下同。

续表

脚号	脚名	说　　明
21	A_GND	接地脚,用于 RF 模拟电路
22	VCO_IN	在该脚上的调谐电压决定了电压控制振荡器(VCO)的输出频率。调谐电压越高,输出频率越高
23	C_VCO	$0.22\mu F$ 增加减小 VCO 偏压线上噪声。连至 C_REG 脚
24	C_REG	$2.2\mu F$ 电容应加在 C_REG,减小稳压器噪声和提高稳定性。减小电容将改进稳压器电源接通时间,但引起高的寄生成分

【最大绝对额定值】

V_{DD} 至 GND	$-0.3\sim4.0V$	存储温度	$-65\sim125℃$
VCO V_{DD},REF V_{DD},CP V_{DD} 至 GND		最高结温	$125℃$
	$-0.3\sim7.0V$	TSSOP θ_{JA} 热阻抗	$150.4℃/W$
数字 I/O 电压至地	$-0.3V\sim DV_{DD}+0.3V$	引线焊接:气相(60s)	$235℃$
工作温度	$-40\sim85℃$	红外(15s)	$240℃$

【技术特性】

$V_{DD}=2.3\sim3.6V$,GND$=0V$,$T_A=T_{MIN}\sim T_{MAX}$。典型值 $V_{DD}=3V$,$T_A=25℃$。

参　　数	最小	典型	最大	单位	参　　数	最小	典型	最大	单位
RF 特性					电源				
输出频率范围					电源电压				
U.S,ISM 频带	902		928	MHz	DV_DD	2.3		3.6	V
相位频率检测器检测频率	3.625		20	MHz	发射电流消耗				
传输参数					$-20dBm(0.01mW)$		12		mA
发射速率					$-10dBm(0.1mW)$		15		mA
FSK	0.3		76.8	kbps	0dBm(1mW)		20		mA
ASK	0.3		9.6	kbps	$+8dBm(6.3mW)$		28		mA
GFSK	0.3		76.8	kbps	$+12dBm(16mW)$		40		mA
频率移位键					晶体振荡器块电流消耗		190		μA
FSK 空隙	1		110	kHz	稳压器电流消耗		380		μA
	4.88		620	kHz	电源关闭型式				
高斯滤波器 β_t		0.5			低功耗睡眠		0.2	1	μA
幅度移位键深度			30	dB	锁相环				
通/断键			40	dB	VCO 增益		80		MHz/V
输出功率					相位噪声(频带内)		-80		dBc/Hz
输出功率偏差					相位噪声(频带外)		-100		dBc/Hz
最大功率设定	9	12		dBm	寄生				
		11		dBm	整数边界			-55	dBc
可编程步大小	dBm	9.5		dBm	基准			-50	dBc
$-16\sim+12dBm$		0.3125		dB	谐波			-14	dBc
					二次谐波 $V_{DD}=3.0V$		-27	-18	dBc
					三次谐波 $V_{DD}=3.0V$		-21	-18	dBc
逻辑输入					全部其他谐波			-35	dBc
V_{INH},输入高压	$0.7V_{DD}$			V	基准输入				
V_{INL},输入低压			$0.2V_{DD}$	V	晶体基准	3.625		20	MHz
I_{INH}/I_{INL},输入电流			±1	μA	外部振荡器	3.625		40	MHz
C_{IN},输入电容			10	pF	输入电平(高压)	$0.7V_{DD}$			V
控制时钟输入			50	MHz	输入电平(低压)			$0.2V_{DD}$	V
逻辑输出					频率补偿				
V_{OH},输出高压	$DV_{DD}-0.4$			V	寄存器引入范围	1		100	ppm
V_{OL},输出低压			0.4	V	PA 特性				
					RF 输出阻抗				
CLK_OUT 上升/下降时间			16	ns	高范围放大器		$16\sim33$		Ω
					定时信息				
CLK_OUT 标志:占空比		50:50			芯片使能至稳压器准备好	50		200	μs
					晶体振荡器至 CLK_OUT 好	2			ms
					温度范围 T_A	-40		$+85$	℃

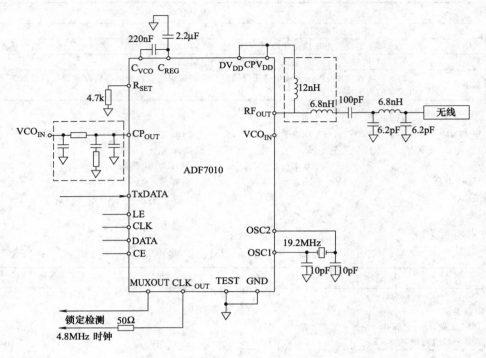

图 1-3　应用电路

【生产公司】　ANALOG DEVICES

【ADF7010 应用举例】

外部 VCO 与 ADF7010 结合使用

（1）简介

发射机很容易与外部 VCO 一起使用，使工作频率达到 1.4GHz，同时具有优异的相位噪声与杂散性能。功能原理图上的测试引脚通过一个多路复用器与预分频器的输入端相连。外部 VCO 可以连接在环路滤波器与测试引脚之间。

（2）使用外部 VCO 的原因

① 工作频率：ADF7010 内部 VCO 在整个温度范围上的工作频率仅限于 902～928MHz。利用一个外部 VCO，用户将能选择最高达 1.4GHz 的任何频率，VCO 输出信号大于－5dBm。

② 相位噪声性能：独立 VCO 的相位噪声性能显著优于集成 VCO。ADF7010 内部螺旋电感的 Q 值比外部分立电感低得多。

900MHz 载波、1MHz 偏移时的相位噪声：

ADF7010：－112.5dBc/Hz

Sirenza VCO190-902T：－155dBc/Hz

增加的相位噪声性能可以支持非常窄的通道操作，同时满足边缘频带信号电平要求。在使用 ADF7010 产生 LO 的接收机中，良好的带外相位噪声性能可以实现更好的选择度。

③ 杂散性能：对于全集成式发射机解决方案，各 PLL 模块彼此非常接近，这会导致不需要的无关成分耦合至输出频谱上。在高功率时，这些杂散成分会导致难以达到法规标准。一个外部 VCO 能在 PLL 分频器与 VCO 输出端之间提供有效的隔离，使输出频谱干净得多。

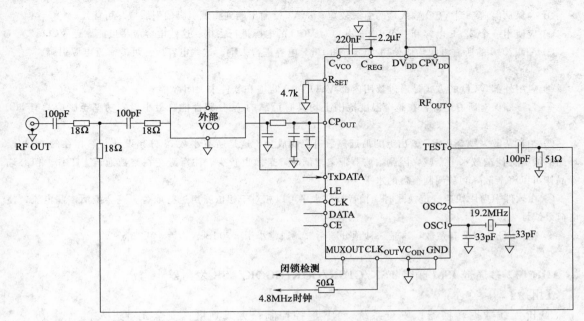

图 1-4 应用原理图

【应用信息】

外部 VCO 连接在环路滤波器之后、测试引脚之前。对于这些环路滤波器的设计和模拟，ADIsimPLL 是一款极有价值的工具。

18Ω/100pF 组合旨在将 VCO 输出 RF 功率均等分配在系统输出端和测试引脚上。通过或多或少地改变电阻/电容组合，便可将功率反馈至 N 分频器。将额外功率反馈至测试引脚可以使 PLL 锁定在较高频率，并提供更大的余量（就最小输入信号而言）。应注意不要将 5dBm 以上输出功率馈入测试引脚，否则将会缩小 N 分频器的有效范围。

在软件中，只需关断内部 VCO 便可启用外部 VCO 模式。

内部 PA 可以结合一个外部 VCO 使用，但它会导致明显更高的杂散。使用廉价的外部分立式 PA 级来放大 VCO 输出功率更有效。

设计与外部 VCO 一起使用的环路滤波器。

ADIsimPLL 可以从 ADI PLL 网页免费下载。对于带有外部 VCO 的 ADF7010，为了设计和模拟它所使用的环路滤波器，请按照下述步骤操作。

① ＜屏幕 1＞选择"PLL 产生一频率范围输出"选项。

② 此时"指定 PFD 频率"选项应被勾选。

③ ＜屏幕 2＞输入所需的频率及希望使用的 PFD。最大 PFD 频率为晶体频率，可产生最佳的相位噪声性能。对于较高的 PFD，杂散成分会提高数分贝。

④ ＜屏幕 3＞选择 ADF4153 作为要使用的 PLL。在这种模式下，ADF7011 尚不可用。

⑤ ＜屏幕 5＞根据 VCO 模块参数输入所需的 VCO 参数。

⑥ ＜屏幕 7＞按＜下一个＞按钮，选择应用原理图中显示的环路滤波器。

⑦ 按下＜完成＞按钮后，在 CHIP＞PFD 下面，将 R_{SET} 电阻更改为 2.5kΩ，选择电荷泵电流为 2.02mA。注意，与 ADF4153 相比，ADF7010/ADF7011 上的相位噪声水平要差 8dB。所有其他测量结果，包括锁定时间和环路滤波器带宽，均是精确的。

【应用指南】

(1) 使用外部 VCO 时的布局诀窍

① 确保从电荷泵到 VCO 输入端的引线较短。从 VCO 输出端到测试引脚的引线应尽可能短。

② 应使用一个 22μF 电容和一个 10pF 电容对 VCO 的电源进行去耦。这些电容应尽可能靠近 VCO。

③ ADF7010 的所有电源均应使用 100nF 和 10pF 电容进行去耦。这些电容应尽可能靠近电源引脚。

（2）补充

① 启用外部 VCO 的方式是通过禁用内部 VCO。PA 也应在软件中关闭。

② 为了确保对所有电源，在整个温度范围上均具有可靠的 N 分频性能，最小输入功率至少应具有 3dB 余量。

③ 拍音杂散为耦合在 RF 输出上的最近整数通道的成分，这是所有小数 N 分频设计必然存在的一部分。环路滤波器会使杂散水平衰减，因此滤波器带宽较低时，杂散也较少。注意避免在整数通道上工作。精心选择晶体可以将杂散降到被调制覆盖的水平。

④ 在软件中启用快速锁定模式时，拍音杂散水平可以相对于相位噪声进行取舍。这会激活渗漏电流，使电荷泵线性化。

⑤ 在 VCO/2 时会有杂散，这是一种预分频杂散，通常小于 -70dBc。

● ADF7012 多通道 ISM 频带 FSK/GFSK/OOK/GOOK/ASK 发射器

【用途】

低价无线数据转换器；安全系统；RF 遥控控制；无线测量；安全无键进入。

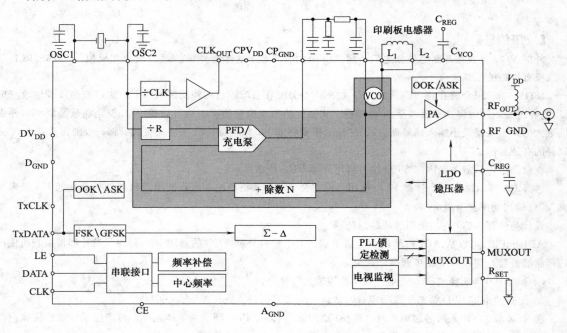

图 1-5　功能块图

【特点】

单位，低功耗 UHF 发射器

75MHz～1GHz 频率工作

多通道工作用分数 NPLL

2.3～3.6V 工作

板上稳压器——稳定特性

可编程输出功率

　　-16～$+14$dBm，0.4dB 每步

数据速率 dc 至 17902kbps

低电流消耗

　　868MHz，10dBm，21mA

　　433MHz，10dBm，17mA

　　315MHz，0dBm，10mA

可编程低电池电压指示器

24 引线 TSSOP

ADF7012 是一个低功耗 FSK/GFSK/OOK/GOOK/ASK UHF 发射器，设计用于窄范围器件（SRD）。输出功率、输出通道、频率偏差和调制型式，可用 4 个 32 位寄存器编程。分数 NPLL 和具有外电感器的 VCO，能使用户在 75MHz～1GHz 频带选择任一频率。快速锁定分数 NPLL 时间，能使 ADF7012 适应快速跳频系统。精细频率偏差容易得到和相位噪声容易窄频带工作。有 5 个选择调制电路：二进制频率移位键（FSK），高斯频率移位键（GFSK），二进制开关键（OOK），高斯开关键（GOOK）和幅度移位键（ASK）。在补偿寄存器，输出能移动，每步小于 1ppm，因此，在晶体基准间接补偿频率误差能进行。简单 3 线接口控制寄存器。在电源关闭，器件有一个典型静态电流小于 0.1μA。

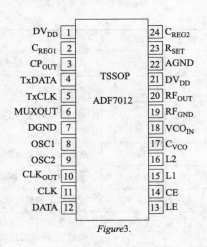

Figure3.

图 1-6　引脚图

【引脚说明】

脚号	脚名	说　明
1	DV$_{DD}$	正电源，用于数字电路。电压在 2.3～3.6V 之间，去耦电容至模拟地板放置尽可能接近该脚
2	C$_{REG1}$	2.2μF 电容加器 C$_{REG}$ 脚，减小稳压器噪声和提高稳定性。减小电容，改进稳压器电源接通时间。但引起较高的寄生噪声
3	CP$_{OUT}$	充电泵输出。输出产生电流脉动，在环路滤波器积分。在输入至 VCO 上积分电流改变了控制电压
4	TxDATA	在该脚数字数据至输入发射
5	TxCLK	只有 GFSK 和 GOOK。用该时钟输出同步微控制器数据至 ADF7012 的 TxDATA 脚。在同样频率提供时钟用于数据速率。在 TxCLK 下降沿上微控制器修正 TxDATA。用 TxCLK 上升沿，在每位中点取样 TxDATA
6	MUXOUT	提供时钟检测信号，如果 PLL 加至校正频率和监视电池电压可确定。其他信号包括稳压器准备好，指示串联接口稳压器状态
7	DGND	接地，用于数字部分
8	OSC1	基准晶体应连该脚和 OSC2 之间
9	OSC2	基准晶体应连该脚和 OSC1 之间。可以用 TCXO 基准，通过驱动有 CMOS 电平的该脚，用软件关断晶体振荡器位电源
10	CLK$_{OUT}$	晶体基准除尽型。用于输出驱动，可以用数字时钟输出驱动几个其他 CMOS 输入，如微控制器时钟。输出有 50：50 标志间隔比
11	CLK	串联时钟输入。在串联数据至寄存器用串联时钟至时钟，在 CLK 上升沿锁存数据进入 32 位寄存器。该输入是高阻抗 CMOS 输入
12	DATA	串联数据输入，用两个 LSB 控制位串联数据锁定在 MsB 第一位。这是一个高阻抗 CMOS 输入
13	LE	负载使能，CMOS 输入，当 LE 变高时，在移位寄存器存储数据加至 4 个锁存器中的一个，用控制位选择锁存器
14	CE	芯片使能，使 CE 低置 ADF7012 进入完全关闭，引出小于 1μA。当 CE 是低时，寄存器值丢失。一旦 CE 进入高，零件必须再编程

脚号	脚名	说　明
15	L1	连接外部印刷板或电感器,连至 L1 和 L2 之间
16	L2	连接外部印刷板或电感器
17	C_{VCO}	220nF 电容连至 C_{VCO} 和 C_{REG2} 脚之间。该线运行在 ADF7012 以下。该电容必须保证稳定 VCO 工作
18	VCO_{IN}	在该脚上调谐电压,决定电压控制振荡器(VCO)的输出频率。调谐电压越高,输出频率越高
19	RF_{GND}	接地,用于发射器输出级
20	RF_{OUT}	在该脚上调制信号有效。输出电平从 $-16 \sim +12dBm$。用合适元件,输出阻抗应与负载匹配
21	DV_{DD}	电源电压用于 VCO 和 PA 部分。DV_{DD} 脚应有同样电平。在 $2.3 \sim 3.6V$ 之间。放置去耦电容至模拟接地极,尽可能接近该脚
22	AGND	接地脚,用于 RF 模拟电路
23	R_{SET}	外部电阻设置充电泵电流和某些内偏压电流,3.6V 电压不能用
24	C_{REG2}	在 C_{REG} 上加 470nF 电容,减小稳压器噪声和提高稳定性。减小电容,改进稳压器电源接通时间和相位噪声

【最大绝对额定值】

DV_{DD} 至 GND	$-0.3 \sim 3.9V$	TSSOP θ_{JA} 热阻抗	$150.4℃/W$
(GND=AGND=DGND=0V)		引线焊接温度	
数字 I/O 电压至 GND	$-0.3V \sim DV_{DD}+0.3V$	气相(60s)	215℃
模拟 I/O 电压 GND	$-0.3V \sim DV_{DD}+0.3V$	红外(15s)	220℃
最大结温	150℃	工作温度	$-40 \sim 85℃$

【技术特性】

$DV_{DD}=2.3 \sim 3.6V$，$AGND=DGND=0V$，$T_A=T_{MIN} \sim T_{MAX}$。

参数	B 型	单位	参数	B 型	单位
RF 输出特性			电源		
工作频率	75/1000(min/max)	MHz	DV_{DD}	2.3/3.6(min/max)	V/V
相位频率检测器	$F_{RF}/128$(min)	Hz	电流消耗		
调制参数			315MHz,0dBm/5dBm	8/14(typ)	mA
数据速率 FSK/GFSK	179.2	kbps	433MHz,0dBm/10dBm	10/18(typ)	mA
数据速率 ASK/OOK	64	kbps	868MHz,0dBm/10dBm	14/21/32(typ)	mA
偏差 FSK/GFSK	$PFD/2^{14}$(min)	Hz	14dBm		
	$511 \times PFD/2^{14}$(max)	Hz	915MHz,0dBm/10dBm	16/24/35(typ)	mA
GFSKBT	0.5	typ	14dBm		
ASK 调制深度	25(max)	dB	VCO 电流消耗	1/8(min/max)	mA
OOK 馈通(PA 断开)	-40(typ)	dBm	晶体振荡器电流消耗	190(typ)	μA
	-80(typ)	dBm	稳压器电流消耗	280(typ)	μA
功率放大参数			电源关闭电流	0.1/1(typ/max)	μA
最大功率设定 $DV_{DD}=3.6V$	14	dBm	基准输入		
最大功率设定 $DV_{DD}=3.0V$	13.5	dBm	晶体基准频率	3.4/26(min/max)	MHz
最大功率设定 $DV_{DD}=2.3V$	12.5	dBm	单端基准频率	3.4/26(min/max)	MHz
最大功率设定 $DV_{DD}=3.6V$	14.5	dBm	晶体电源接通时间		
最大功率设定 $DV_{DD}=3.0V$	14	dBm	3.4MHz/26MHz	1.8/2.2(typ)	ms
最大功率设定 $DV_{DD}=2.3V$	13	dBm	单端输入电平	CMOS Levels	
PA 可编程	0.4(typ)	dB			

续表

参数	B 型	单位	参数	B 型	单位
锁相环参数			相位噪声(频带外)		
VCO 增益			315MHz	−103(typ)	dBc/Hz
315MHz	22(typ)	MHz/V	433MHz	−104(typ)	dBc/Hz
433MHz	24(typ)	MHz/V	868MHz	−115(typ)	dBc/Hz
868MHz	80(typ)	MHz/V	915MHz	−114(typ)	dBc/Hz
915MHz	88(typ)	MHz/V	谐波电流(二次)	−20(typ)	dBc
VCO 调谐范围	0.3/2.0(min/max)	V	谐波电流(三次)	−30(typ)	dBc
寄生(IVCO 最小/最大)	−65/−70	dBc	谐波电流(其他次)	−27(typ)	dBc
充电泵电流			谐波电流(二次)	−24(typ)	dBc
设定[00]	0.3(typ)	mA	谐波电流(三次)	−14(typ)	dBc
设定[01]	0.9(typ)	mA	谐波电流(其他次)	−19(typ)	dBc
设定[10]	1.5(typ)	mA	逻辑输入		
设定[11]	2.1(typ)	mA	输入高电压,V_{INH}	0.7DV_{DD}(min)	V
相位噪声(在频带内)			输入低电压,V_{INL}	0.2DV_{DD}(max)	V
315MHz	−85(typ)	dBc/Hz	输入电流,I_{INH}/I_{INL}	±1(max)	μA
433MHz	−83(typ)	dBc/Hz	输入电容 C_{IN}	4.0(max)	pF
868MHz	−80(typ)	dBc/Hz	逻辑输出		
915MHz	−80(typ)	dBc/Hz	输出高电压,V_{OH}	DV_{DD}−0.4(min)	V
			输出高电流,I_{OH}	500(max)	μA
			输出低电压,V_{OL}	0.4(max)	V

【应用电路设计参考】

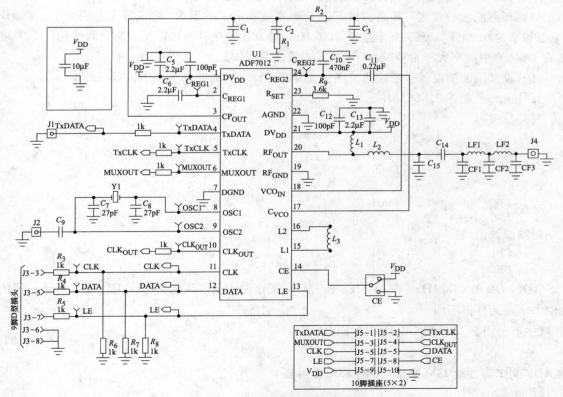

图 1-7 有谐波滤波器的应用电路

以下介绍 315MHz 工作电路设计。

设计应当研究内部测试优先于规定的标准场所测试。匹配元件需要在印刷电路板布局上调节。FCC 标准 15.231 稳定工作在频带内从 260～470MHz（美标）。通常使用在 RF 控制信号传输中，如卫星解码器遥控控制或遥控无键输入系统。发送任一连续信号不能用频带。通过占空比系统最大输出功率允许控制，典型遥控设计举例如下。

（1）设计标准

315MHz 中心频率	房屋、楼宇范围
FSK/OOK 调制	符合 FCC（标准）15.231

主要要求该遥控设计有一个长寿命电池和规定范围，尽可能调节 ADF7012 输出功率增加范围，这决定于天线特性。中心频率是 315MHz。因为 ADF7012 VCO 没有推荐工作在基频型式，对于频率低于 400MHz，VCO 需要工作在 630MHz。在芯片上选择电感器 7.5nH 或接近该值。线圈电感器推荐用优等 Q 值用于振荡器。

（2）晶体和 PFD　相位噪声要求不超过相邻通道功率要求的 -20dB。选择 PFD 为最小寄生电平和保证快速晶体电源接通时间。PFD$=3.6864$MHz，电源接通时间 1.6ms。

（3）偏差

① 偏差设定 ± 50Hz 作为调节一个简单接收器结构。

② 调制步在 3.6864MHz/2 适用，调制步 2.25Hz，调制数$=50$kHz/225Hz$=222$。

（4）偏压电流　因为希望低的偏压电流，能用 2.0mA VCO 偏压。另外偏压电流减小寄生噪声干扰，但也增加电流消耗。PA 偏压能设定 5.5mA 和达到 0dBm。

（5）环路滤波器带宽　环路滤波器设计带宽直接明了，因为 20dB 带宽一般大于 400kHz（中心频率的 0.25%）。环路带宽接受 100kHz，触发在锁存时间和寄生抑制之间平衡。如果建立的 VCO 牵引频率大于希望的 OOK 型式，带宽能增加。

（6）设计谐波滤波器　谐波滤波器主要要求保证三次谐波电平小于 -41.5dBm。

元件值——晶体 3.6864MHz。

环路滤波器

I_{CP}	0.866mA	C_2	12nF
LBW	100kHz	C_3	220pF
C_1	680pF		

匹配

L_1	56nH	C_{14}	Short
L_2	1nH	C_{15}	Open

谐波滤波器

CF1	3.3pF	CF3	3.3pF
CF2	8.2pF		

ADF7012 的 433MHz、868MHz、915MHz 工作设计步序与 315MHz 工作基本相同，只有数值大小、元件值不同。

【生产公司】　ANALOG DEVICES

● ADF7901 高性能 ISM 频带 OOK/FSK 发射器

【用途】

用于 RF 遥控遥测。

【特点】

单位低功耗 UHF 发射器

369.5～395.9MHz 频率工作,用分数 NPLL 和

完全集成 VCO

3.0V 电源电压

数据速率可达 50kbps

低电流消耗

在 384MHz 12dBm 输出 26mA

电源关闭型式(＜1μA)

24 引线 TSSOP

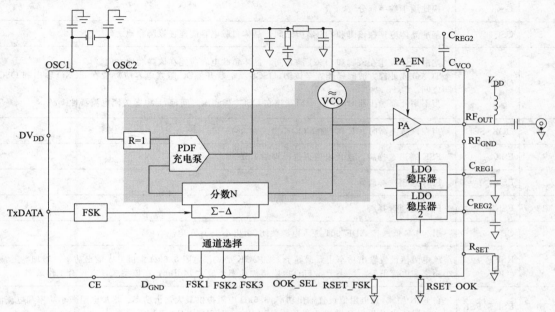

图 1-8 功能块图

ADF7901 是一个低功耗 OOK/FSK UHF 发射器,设计用于 RF 遥控器件。在 8 个不同的通道上,频率移位键(FSK)调制能实现,通道通过 3 个外部控制线选择。OOK 调制通过调制 PA 控制线完成。芯片上 VCO 工作在 2×输出频率。在 VCO 输出除以 2,减少 PA 馈通量。结果 OOK 调制深度大于 50dB 很容易完成。FSK-ADJ 和 ASK-ADJ 电阻在系统中能调节最佳输出功率,用于每个调制电路。另外,提供 1.5dB 输出功率,用于较低通道频带调节天线阻抗。CE 线允许发射器至完成关闭。在这种型式,漏电流典型值 0.1μA。

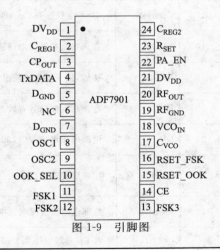

图 1-9 引脚图

【引脚说明】

脚号	脚名	说 明
1	DV$_{DD}$	正电源,用于数字电路,电流 3.0V,去耦电容至模拟地板,放置应尽可能接近该脚
2	C$_{REG1}$	2.2μF 电容加至 C$_{REG1}$,减小稳压器噪声和提高稳定性。减小电容,改进稳压器电源接通时间,但能引起较高寄生
3	CP$_{OUT}$	充电泵输出。该输出产生电流脉动在环路滤波器上积分。积分电流在输入至 VCO 上改变控制电压
4	TxDATA	发射数字 FSK 数据输入该脚上

脚号	脚名	说　明
5	D_{GND}	接地,用于数字部分
6	NC	不连
7	D_{GND}	接地用于数字部分
8	OSC1	基准晶体应连在该脚和 OSC2 脚之间。晶体负载电容应连在该脚和地之间
9	OSC2	基准晶体应连在该脚和 OSC1 脚之间。晶体负载电容应连在该脚和地之间。 TCXO 或外部方波同样能连至该脚,OSC1 浮空断开。DC 阻塞电容应放置在 TCXO 输出和 OSC2 脚之间。 当不用外部稳压器时,1MΩ 电阻能连在 OSC2 脚和地之间,满足电源关闭电流特性 $1\mu A$
10	OOK_SEL	当在该脚上高时,CE 高,选择 OOK 型式在 384MHz
11	FSK1	FSK 通道选择脚。这代表通道选择脚的 LSB
12	FSK2	FSK 通道选择脚
13	FSK3	FSK 通道选择脚
14	CE	引起 CE 低连接 ADF7901 进入电源关闭,引出小于 $1\mu A$ 电流
15	RSET_OOK	该电阻值设置输出功率用数据等于 1 在 OOK 型式。电阻 3.6kΩ 提供最大输出功率。增加电阻,减小功率和电流消耗。用小于 3.6kΩ 电阻增加功率至最大 14dBm。在该型式,PA 没有工作效率
16	RSET_FSK	在 FSK 型式,该电阻值设置输出功率,3.6kΩ 提供最大输出功率。增加电阻减小功率和电流消耗。电阻值小于 3.6kΩ 增加功率至最大 14dBm,在该型式,PA 工作无效率
17	C_{VCO}	22nF 电容连在 C_{VCO} 和 C_{REG2} 脚之间。该线应运行在 ADF7901 下面。电容要保证稳定 VCO 工作
18	VCO_{IN}	在该脚上的调谐电压决定电压控制振荡器(VCO)的输出频率。调谐电压越高,输出频率越高
19	RF_{GND}	接地,用于发射器输出级
20	RF_{OUT}	在该脚调制信号有效。输出功率电平从 $-5\sim+12$dBm,用合适元件至理想负载,输出应阻抗匹配
21	DV_{DD}	电源电压用于 VCO 和 PA 部分。用 3.0V 电源,去耦电容至接地极应放置尽可能接近该脚
22	PA_EN	用该脚使能功率放大。在 OOK 型式,用 OOK 数据调判。在 FSK 型式,当 PLL 锁定时,它应当使能
23	R_{SET}	外部电阻设置充电泵电流和某些内部偏压电流
24	C_{REG2}	在 C_{REG2} 脚应加 2.2 μF 电容,减小稳压噪声和提高稳定性。减小电容,提高稳压器电源接通时间,但引起较高寄生

【最大绝对额定值】

V_{DD} 至 GND	$-0.3\sim4.0$V	最大结温	125℃
RF-V_{DD} 至 GND	$-0.3\sim4.0$V	TSSOP θ_{JA} 热阻抗	150.4℃/W
数字 I/O 电压至 GND	-0.3V$\sim V_{DD}+0.3$V	引线焊接温度	
工作温度	$0\sim50$℃	气相(60s)	235℃
存储温度	$-65\sim125$℃	红外(15s)	240℃

【技术特性】

$V_{DD}=3.0V$；$GND=0V$；$T_A=T_{MIN}\sim T_{MAX}$。典型值 $T_A=25℃$

参　　数	最小	典型	最大	单位	参　　数	最小	典型	最大	单位
RF 特性					电源				
输出频率范围					电源电压				
通道 1		369.5		MHz	DV_{DD}		3.0		V
通道 2		371.1		MHz	发射电流消耗				
通道 3		375.3		MHz	369.5～376.9MHz 在		26		mA
通道 4		376.9		MHz	12dBm				
通道 5		384.0		MHz	384MHz 在＋12dBm		26		mA
通道 6		388.3		MHz	388.3～395.9MHz 在		21		mA
通道 7		391.5		MHz	10.5dBm				
通道 8		394.3		MHz	384MHz 在 5dBm		17		mA
通道 9		395.9		MHz	电源关闭型式				
相位频率检测器频率		9.8304		MHz	低功耗睡眠型式		0.2	1	μA
传输参数					锁相环				
发射速率					VCO 增益		30		MHz/V
FSK		50		kbps	寄生				
OOK		50		kbps	整数范围	-45		-23	dBc
频率移位键		-34.8		kHz	基准	-70		-23	dBc
FSK 分隔		+34.8		kHz	谐波				
开关键		83		dB	二次谐波 $V_{DD}=3.0V$	-24		-21	dBc
调制深度					三次谐波 $V_{DD}=3.0V$	-14		-11	dBc
输出功率					全部其他谐波			-18	dBc
最小/最大范围		15		dBm	基准输入				
$f_{OUT}\leqslant384MHz$	10	12		dBm	晶体基准		9.8304		MHz
$f_{OUT}>384MHz$	7	10.5		dBm	晶体 ESR			80	Ω
占有 20dB 带宽					功率放大器				
OOK 在 1kbps		±28	±461.9	kHz	PA 输出阻抗		97Ω＋		
FSK(PA 断/通)		±26	±461.9	kHz			6.4pF		
在 10Hz									
逻辑输入					定时信息				
V_{INH}，输入高压	2.214			V	晶体振荡器至 PLL 时钟	2		3	ms
V_{INL}，输入低压			$0.2V_{DD}$	V	PA 使能至 PA 准备好-	100		250	μs
I_{INH}/I_{INL}，输入电流		±1		μA	PLL 稳定				
C_{IN}，输入电容			10	pF	温度范围	0		50	℃

【应用电路】

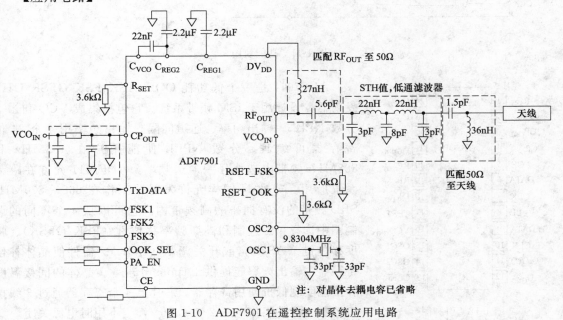

图 1-10　ADF7901 在遥控控制系统应用电路

【生产公司】　ANALOG DEVICES

● ADF7011 高性能 ISM 频带 ASK/FSK/GFSK 发射器

【用途】

低价无线数据转换器；无线测量；遥控/安全系统；无键输入。

【特点】

单片低功耗 UHF 发射器

频带：433～435MHz

868～870MHz

芯片上 VCO 和分数 NPLL

电源电压 2.3～3.6V

可编程输出功率：－16～＋12dBm，每步 0.3dBm

数据速率可达 76.8kbps

低电流消耗：在＋10dBm，在 433.92MHz，29mA

电源关闭型式（＜1μA）

24 引线封装接通外部 VCO 用于＜1.4GHz 工作

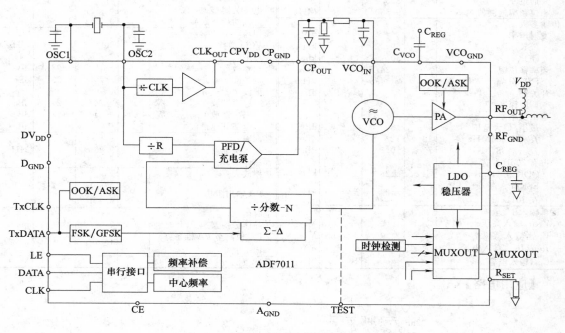

图 1-11　功能块图

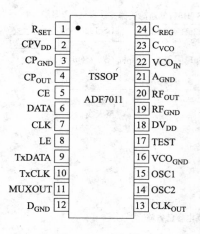

图 1-12　引脚图

　　ADF7011 是一个低功耗 OOK/ASK/FSK/GFSK UHF 发射器，设计用于 ISM 频带系统。它包括集成 VCO 和 Σ-Δ 分数-NPLL。输出功率、通道间隔、输出频率用 4 个 24 位寄存器可编程。分数 NPLL 使能用户在 433MHz 和 868MHz 频带内选择任一通道频率，ADF7011 允许在跳频系统应用。分数 N 同样允许发射器工作在 868～870MHz SRD 频带的没有拥挤的副频带内。它可以从 4 个不同的调制图中选择：二进制和高斯频率移位键（FSK/GFSK）、幅度移位键（ASK），或开关调制（OOK）。器件使晶体补偿寄存器在输出频率能提供±1ppm 分辨率。晶体的间接温度补偿能实现低价使用寄存器。芯片上 4 个寄存器通过 3 线接口控制。器件工作电压 2.3～3.6V，当不用时电源关闭。

【引脚说明】

脚号	脚名	说　明
1	R_{SET}	外部电阻设置充电泵电流和一些内部偏压电流。用 $4.7\mathrm{k\Omega}$ 假定：$I_{CPMAX}=\dfrac{9.5}{R_{SET}}$，因此用 $R_{SET}=4.7\mathrm{k\Omega}$，$I_{CPMAX}=2.02\mathrm{mA}$
2	CPV_{DD}	充电泵电源，应偏置 RF_{OUT} 和 DV_{DD} 一样电平，该脚用 $0.1\mu F$ 电容去耦，连至该脚
3	CP_{GND}	充电泵地
4	CP_{OUT}	充电泵输出。输出产生脉动电流积分在环路滤波器。该积分电流在输入至 VCO 上改变控制电压
5	CE	芯片使能。逻辑低加至该脚关闭零件。对零件作用必须是高。只有这种方法关断稳压电路
6	DATA	串联数据输入。串联数据加至 MSB 第 1 位。用两个 LSB 控制位。这是一个高阻抗 CMOS 输入
7	CLK	串联时钟输入。该串联时钟用于串联数据进入寄存器时钟，时钟在上升沿数据锁存至 24 位寄存器。输入是高阻抗 CMOS 输入
8	LE	负载使能。CMOS 输入。当 LE 变高时，数据存储在移位寄存器加至 4 个锁存中的 1 个，用控制位选择锁存
9	TxDATA	在该脚发射数字数据
10	TxCLK	只有 GFSK，用该时钟输出同步微控制器数据进入 ADF7011 TxDATA 脚。该时钟提供同样频率数据速率
11	MUXOUT	多路转换器输出允许数字时钟检测有刻度的 RF 或有刻度外部存取的基准频率。用于通用系统除错
12	D_{GND}	接地脚，用于 RF 数字电路
13	CLK_{OUT}	用 50:50 标志间隔比除尽晶体基准，可用于驱动微控制器时钟输入。在输出频谱中减小内寄生部分。用串联 RC 减小锋利沿。对 4.8MHz 输出时钟，与 10pF 串 50Ω 减小出口至小于 $-50\mathrm{dBc}$
14	OSC2	振荡器脚。如用单端基准，它应加到该脚。当用外部信号产生器时，一个 51Ω 电阻应从该脚至地连接。在 R 寄存器 $\overline{XOE}$ 位，当用一个外部基准时应设置高
15	OSC1	振荡器脚。只用于晶体基准。当用外部基准振荡器时，这是规定的
16	VCO_{GND}	电压控制振荡器地
17	TEST	输入至 RF 分数 N 除法器。该脚允许用户连至外部 VCO 到零件。不适用内部 VCO 开启该脚。如用内部 VCO，该脚应当接地
18	DV_{DD}	正电源。用于数字电路。必须在 2.3V 和 3.6V 之间。去耦电容至模拟地板应放置尽量接近该脚
19	RF_{GND}	接地。用于发射器的输出级
20	RF_{OUT}	在该脚调制信号有效，输出功率电平从 $-16\sim+12\mathrm{dBm}$，该输出与理想负载所用合适元件阻抗是匹配的
21	A_{GND}	接地脚。用于 RF 模拟电路
22	VCO_{IN}	在该脚上调谐电压决定电压控制振荡器（VCO）的输出频率。调谐电压越高，输出频率越高
23	C_{VCO}	增加 $0.22\mu F$ 电容，减小在 VCO 偏压线上噪声，连至 C_{REG} 脚
24	C_{REG}	增加 $2.2\mu F$ 电容 C_{REG} 连至 GND，减小稳压器噪声，提高稳定性。减小电容，改进电源接通时间，但可引起较高的寄生成分

【最大绝对额定值（$T_A=25℃$）】

V_{DD} 至 GND	$-0.3\sim7\mathrm{V}$	最大结温	$125℃$
CPV_{DD} 至 GND	$-0.3\sim7\mathrm{V}$	TSSOP θ_{JA} 热阻	$150.4℃/W$
数字 I/O 电压至 GND	$-0.3\mathrm{V}\sim DV_{DD}+0.3\mathrm{V}$	引线焊接温度	
工作温度	$-40\sim85℃$	气相（60s）	$235℃$
存储温度	$-65\sim125℃$	红外（15s）	$240℃$

【技术特性】

$V_{DD} = 2.3 \sim 3.6V$，GND$=0V$，$T_A = T_{MIN} \sim T_{MAX}$。典型值$V_{DD} = 3V$，$T_A = 25℃$

参　数	最小	典型	最大	单位
RF特性				
输出频率范围				
低SRD频带	433		435	MHz
高SRD频带	868		870	MHz
相位频率检测器频率	3.4		20	MHz
传输参数				
发射速率				
FSK	0.3		76.8	kbp/s
ASK	0.3		9.6	kbp/s
GFSK	0.3		76.8	kbp/s
频率移位键				
FSK分隔	1		110	kHz
	4.88		620	kHz
高斯滤波器 β_t		0.5		
幅度移位键深度		28		dB
开关键		40		dB
输出功率(无滤波器)				
868MHz		3		dBm
433MHz		10		dBm
输出功率变化				
最大功率建立	9	12		dBm, $V_{DD}=3.6V$
最大功率建立		11		dBm, $V_{DD}=3.0V$
最大功率建立		9.5		dBm, $V_{DD}=2.3V$
可编程步大小 $-16\sim+12$dBm		0.3125		dB
逻辑输入				
V_{INH},输入高压	$0.7V_{DD}$			V
V_{INL},输入低压			$0.2V_{DD}$	V
I_{INH}/I_{INL},输入电流			±1	μA
V_{IN},输入电容		10		pF
控制时钟输入			50	MHz
逻辑输出				
V_{OH},输出高压	$DV_{DD}-0.4$			V, $I_{OH}=500\mu A$
V_{OL},输出低压			0.4	V, $I_{OL}=500\mu A$
CLK$_{OUT}$上升/下降时间		16		ns, $F_{CLK}=4.8$MHz
CLK$_{OUT}$标志:间隔比		50:50		
电源				
电源电压				
DV_{DD}	2.3		3.6	V
发射电流消耗				
433MHz				
0dBm(1mW)		17		mA
10dBm(10mW)		29		mA
868MHz				
0dBm(1mW)		19		mA
3dBm(2mW)		20.5		mA

参　数	最小	典型	最大	单位
10dBm(10mW)		34		mA
晶体振荡器块电流消耗		190		μA
稳压器电流消耗		280		μA
关闭电源型式				
低功耗睡眠型式		0.2	1	μA
锁相环				
VCO增益 433MHz/868MHz		40/80		MHz/V, 868MHz
相位噪声(带内)433MHz		-81		dBc/Hz, 5kHz
相位噪声(带外)		-90		dBc/Hz, 1MHz
相位噪声(带内)868MHz		-83		dBc/Hz,5kHz
相位噪声(带外)		-95		dBc/Hz,1MHz
寄生				
47-74,87.5-118,174-230,470-862MHz			-54	dBm
9kHz$\sim$1GHz			-36	dBm
高于1GHz			-30	dBm
谐波				
二次谐波 433MHz/868MHz		$-23/-28$	$-20/-23$	dBc
三次谐波 433MHz/868MHz		$-25/-29$	$-22/-25$	dBc
其他谐波 433MHz/868MHz		$-26/-40$	$-23/-35$	dBc
基准输入				
晶体基准				
433MHz	1.7		22.1184	MHz
868MHz	3.4		22.1184	MHz
外部振荡器				
频率	3.4		40	MHz
输入电平高电压	$0.7V_{DD}$			V
输入电平低电压			$0.2V_{DD}$	V
频率补偿				
引入寄存器范围	1		100	ppm
PA特性				
RF输出阻抗				
868MHz		$16-j33$		Ω, $Z_{REF}=50\Omega$
433MHz		$25-j2.6$		Ω, $Z_{REF}=50\Omega$
定时信息				
芯片使能至电源准备好		50	200	μs
晶体振荡器至CLK$_{OUT}$				
4MHz晶体		1.8		ms
22.1184MHz晶体		2.2		ms
温度范围 T_A	-40		$+85$	℃

【应用电路】

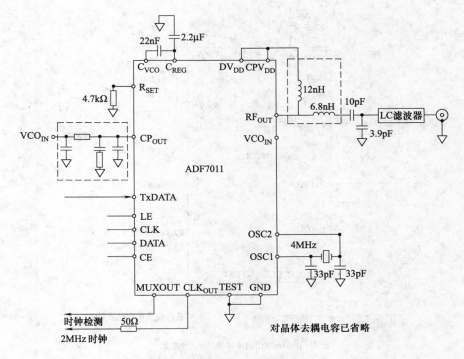

(a)有+10dBm输出功率433MHz工作电路

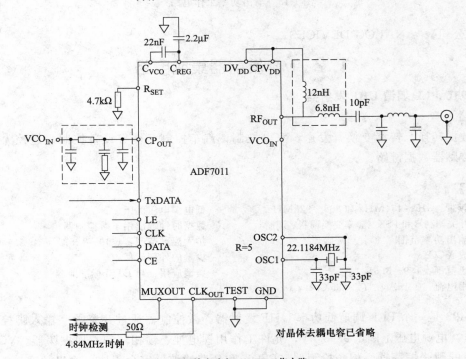

(b)有+3dBm输出功率868MHz工作电路

图 1-13

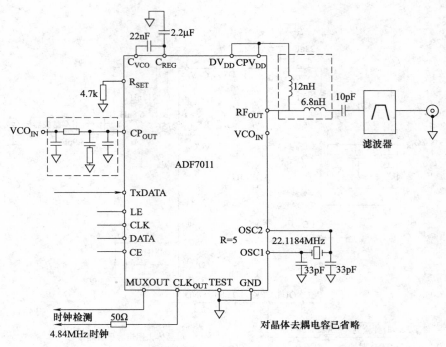

(c)有+10dBm输出功率868MHz工作电路

图 1-13 输出功率工作电路

【生产公司】 ANALOG DEVICES

1.2 MC 发射器集成电路

● MC33493D PLL 调谐 UHF 发射器

【用途】

用于数据转换，转移变换，发送，家电控制，汽车控制，楼宇设备控制，遥控无键入系统，遥控传感器数据链路。

【特点】

可选择频带：315～434MHz 和 868～928MHz　　　　低电源电压关闭

OOK（开关调制）和 FSK（频率变换调制）调制　　　数据时钟输出用于微控制器

能调节输出功率范围　　　　　　　　　　　　　　扩大温度范围：-40～125℃

完全集成 VCO　　　　　　　　　　　　　　　　　少量的外部元件

电源电压范围：1.9～3.6V　　　　　　　　　　　典型应用：与 ETSI 标准兼容

极低备用电流：0.1nA 在 $T_A = 25℃$

　　MC33493 是一个 PLL 调谐低功率 UHF 发射器。微控制器通过几个数字输入脚控制不同型式的工作。电源电压范围 1.9～3.6V，允许工作用锂电池、锁相环和本地振荡器。VCO 是一个完全集成的弛张振荡器。相频检测器（PFD）和环路滤波器完全集成。输出频率：$f_{RFOUT} = f_{XTAL}$（PLL 除数比）。工作频率带宽选择通过 BAND 脚。通过监视 PFD 输出电压完成去除锁存功能。当超过规定的极限时，RF 输出级失效。

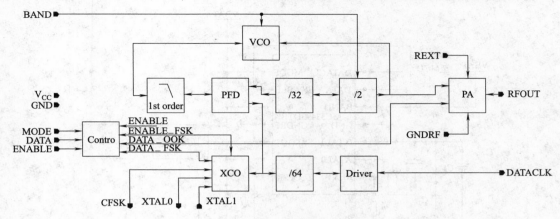

图 1-14　功能块图

频带选择与除数比

BAND 输入电平	频率带宽/MHz	PLL 除数比	晶体振荡器频率/MHz
高	315	32	9.84
	434		13.56
低	868	64	

　　RF 输出级是一个单端方波开关电流源。谐波存在于输出电流驱动中。辐射绝对电平决定于天线特性和输出功率。应用符合 ETSI 标准。电阻 R_{ext} 连至 REXT 脚控制输出功率。输出电压限制至 $V_{CC} \pm 2V_{be}$（典型 $V_{CC} \pm 1.5V$ 在 $T_A = 25℃$）。调制是一个低逻辑电平加至脚 MODE，选择开关调制，通过开/关 RF 输出级完成调制。逻辑电平加至脚 DATA 控制输出级状态：DATA＝0，输出级断开；DATA＝1，输出级接通。

　　如果高逻辑电平加至脚 MODE 上，那就选择频率变换调制（FSK），通过晶体频率牵引完成这个调制。内部开关连至 CFSK 脚，使能开关外部晶体负载电容。逻辑电平加至脚 DATA，控制内部开关状态：DATA＝0，开关断开；DATA＝1，开关接通。

【晶体频率牵引结构】

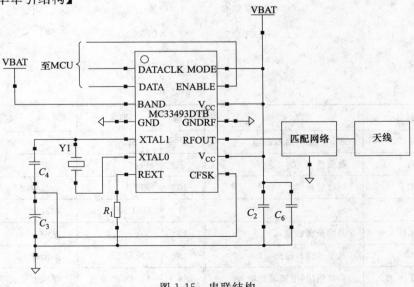

图 1-15　串联结构

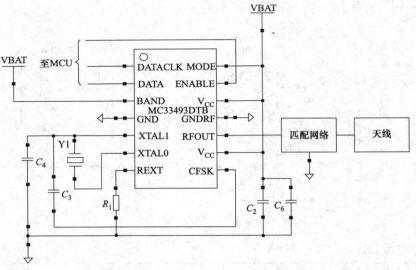

图 1-16　并联结构

【微控制器接口】

4 个数字输入脚 ENABLE、DATA、BAND 和 MODE，通过微控制器控制电路。1 个数字输出（DATACLK）提供微控制器 1 个基准频率用于数据计时。这个频率等于晶体振荡器频率除以 64。

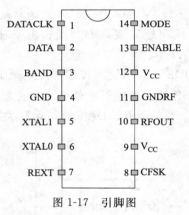

图 1-17　引脚图

【引脚说明】

引脚	脚名	说　　明	引脚	脚名	说　　明
1	DATACLK	时钟输出至微控制器	8	CFSK	FSK 开关输出
2	DATA	数据输入	9	V_{CC}	电源
3	BAND	频带选择	10	RFOUT	功放输出
4	GND	地	11	GNDRF	功放地
5	XTAL1	基准振荡器输入	12	V_{CC}	电源
6	XTAL0	基准振荡器输出	13	ENABLE	使能输入
7	REXT	功放输出，电流设置输入	14	MODE	调制型式选择输入

【最大绝对额定值】

电源电压 V_{CC}	$V_{GND}-0.3V\sim3.7V$
每个脚上允许电压	$V_{GND}-0.3V\sim V_{CC}+0.3V$
在每个脚上允许 ESD HBM 电压	$\pm2000V$
在每个脚上允许 ESD MM 电压	$\pm150V$
存储温度 T_s	$-65\sim150℃$
结温 T_j	$+150℃$

【技术特性】

电压范围 $V_{CC}=[V_{shutdown},3.6V]$，温度范围 $T_A=[-40℃;+125℃]$，$R_{ext}=12k\Omega\pm5\%$，RF 输出频率 $f_{carrier}=433.92MHz$，基准频率 $f_{reference}=13.560MHz$，输出负载 $R_L=50\Omega\pm1\%$，典型值在 $V_{CC}=3V$，$T_A=25℃$。

参数		测试条件	限制			单位
			最小	典型	最大	
1	一般参数					
1.1	在备用型电源电流	$T_A\leqslant25℃$	—	0.1	5	nA
1.2		$T_A=60℃$		7	30	nA
1.3		$T_A=85℃$		40	100	nA
1.4		$T_A=125℃$		800	1700	nA
1.5	在发送型式电源电流	315&434 带宽，OOK 和 FSK 调制，连续波，$T_A=25℃$	—	11.6	13.5	mA
1.6		315&434 带宽，DATA=0，$-40℃\leqslant T_A\leqslant125℃$		4.4	6.0	mA
1.7		868MHz 带宽，DATA=0，$-40℃\leqslant T_A\leqslant125℃$		4.6	6.2	mA
1.8		315&434 带宽，OOK 和 FSK 调制，连续波，$-40℃\leqslant T_A\leqslant125℃$		11.6	14.9	mA
1.9		868MHz 带宽，OOK 和 FSK 调制，连续波，$-40℃\leqslant T_A\leqslant125℃$		11.8	15.1	mA
1.10	电源电压		—	3	3.6	V
1.11	关闭电压阈值	$T_A=-40℃$		2.04	2.11	V
1.12		$T_A=-20℃$		1.99	2.06	V
1.13		$T_A=25℃$		1.86	1.95	V
1.14		$T_A=60℃$		1.76	1.84	V
1.15		$T_A=85℃$		1.68	1.78	V
1.16		$T_A=125℃$		1.56	1.67	V

【技术特性】

电压范围 $V_{CC}=[V_{shutdown};3.6V]$，温度范围 $T_A=[-40℃;+125℃]$，$R_{ext}=12k\Omega\pm5\%$，RF 输出频率 $f_{carrier}=433.92MHz$，基准频率 $f_{reference}=13.560MHz$，输出负载 $R_L=50\Omega\pm1\%$，典型值在 $V_{CC}=3V$，$T_A=25℃$。

参数		测试条件	限制			单位
			最小	典型	最大	
2	RF 参数					
2.1	R_{ext} 值		12	—	21	$k\Omega$
2.2	输出功率	315&434MHz 频带，与 50Ω 匹配网络		5	—	dBm
2.3		868MHz 频带，与 50Ω 匹配网络		1	—	dBm
2.4		315&434MHz 频带，$-40℃\leqslant T_A\leqslant125℃$	-3	0	3	dBm
2.8		868MHz 频带，$-40℃\leqslant T_A\leqslant125℃$	-7	-3	0	dBm

续表

参 数		测试条件	限制			单位
			最小	典型	最大	
2.12	电流和输出功率与 R_{ext} 值的变化	315&434MHz 频带，与 50Ω 匹配网络	—	−0.35 −0.25	—	dB/kΩ mA/kΩ
2.13	二次谐波电平	315&434MHz 频带，与 50Ω 匹配网络	—	−34	—	dBc
2.14		868MHz 频带，与 50Ω 匹配网络	—	−49	—	dBc
2.15		315&434MHz 频带	—	−23	−17	dBc
2.16		868MHz 频带	—	−38	−27	dBc
2.17	三次谐波电平	315&434MHz 频带，与 50Ω 匹配网络	—	−32	—	dBc
2.18		868MHz 频带，与 50Ω 匹配网络	—	−57	—	dBc
2.19		315&434MHz 频带	—	−21	−15	dBc
2.20		868MHz 频带	—	−48	−39	dBc
2.21	寄生电平在 $f_{carrier} \pm f_{DATACLK}$	315&434MHz 频带	—	−36	−24	dBc
2.22		868MHz 频带	—	−29	−17	dBc
2.23	寄生电平在 $f_{carrier} \pm f_{reference}$	315MHz 频带	—	−37	−30	dBc
2.24		434MHz 频带	—	−44	−34	dBc
2.25		868MHz 频带	—	−37	−27	dBc
2.26	寄生电平在 $f_{carrier}/2$	315MHz 频带	—	−62	−53	dBc
2.27		434MHz 频带	—	−80	−60	dBc
2.28		868MHz 频带	—	−45	−39	dBc

【技术特性】

电压范围 $V_{CC} = [V_{shutdown}; 3.6V]$，温度范围 $T_A = [-40℃; +125℃]$，$R_{ext} = 12kΩ \pm 5\%$，RF 输出频率 $f_{carrier} = 433.92MHz$，基准频率 $f_{reference} = 13.560MHz$，输出负载 $R_L = 50Ω \pm 1\%$，典型值在 $V_{CC} = 3V$，$T_A = 25℃$。

参 数		测试条件	限制			单位
			最小	典型	最大	
2.30	相位噪声	315&434MHz 频带，$f_{carrier} \pm 175MHz$	—	−75	−68	dBc/Hz
2.31		868MHz 频带，$f_{carrier} \pm 175MHz$	—	−73	−66	dBc/Hz
2.32	PLL 锁定时间 tPLL-锁定	$f_{carrier}$ 在最后值 30kHz 内，晶体串联电阻＝150Ω	—	400	1600	μs
2.33	XTAL1 输入电容		—	1	—	pF
2.34	晶体电阻	OOK 调制	—	20	200	Ω
2.44		FSK 调制	—	20	50	
2.35	OOK 调制深度		75	90	—	dBc
2.36	FSK 调制载频总偏差	315 和 434MHz 频带	—	—	100	kHz
2.37		800MHz 频带	—	—	200	kHz
2.38	CFSK 输出电阻	MODE＝0,DATA＝x；MODE＝1,DATA＝0	50	70	—	kΩ
2.39		MODE＝1,DATA＝1	—	90	300	Ω
2.43	CFSK 输出电容		—	1	—	pF
2.40	数据速率	曼彻斯特码	—	—	10	kbps
2.41	数据至 RF 延迟差在 下降和上升沿之间	MODE＝0	3.5	5.25	7.5	μs
2.42		MODE＝1	−200	—	200	ns

【技术特性】

电压范围 $V_{CC} = [V_{shutdown}; 3.6V]$，温度范围 $T_A = [-40℃; +125℃]$，$R_{ext} = 12kΩ \pm 5\%$，RF 输出频率 $f_{carrier} = 433.92MHz$，基准频率 $f_{reference} = 13.560MHz$，输出负载 $R_L = 50Ω \pm 1\%$，典型值在 $V_{CC} = 3V$，$T_A = 25℃$。

参　　数		测试条件	限制			单位
			最小	典型	最大	
3	微控制器接口					
3.1	输入低压		0	—	$0.3V_{CC}$	V
3.2	输入高压	脚 BAND，MODE，ENABLE，DATA	$0.7V_{CC}$	—	V_{CC}	V
3.3	输入延滞电压			—	120	mV
3.4	输入电流	脚 BAND，MODE，DATA＝1		—	100	nA
3.5	ENABLE 拉下电阻		—	180	—	kΩ
3.6	DATACLK 输出低压	$C_{load}＝2pF$	0	—	$0.25V_{CC}$	V
3.7	DATACLK 输出高压		$0.75V_{CC}$	—	V_{CC}	V
3.8	DATACLK 上升时间	$C_{load}＝2pF$，测量从电源摆幅从 $20\%\sim80\%$		250	500	ns
3.9	DATACLK 下降时间			150	400	ns
3.10	DATACLK 建立时间，$t_{DATACLK\_settling}$	$45\%＜$占空比 $f_{DATACLK}＜55\%$		800	2000	μs

【应用电路设计参考】

输出功率测量

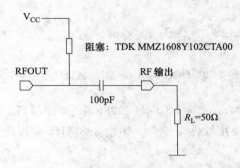

图 1-18　输出功率测量结构图

RF 输出电平测量电特性部分，用 50Ω 负载直接连至 RFOUT 脚，这是宽带耦合方法。

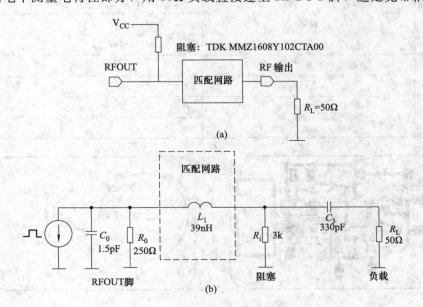

图 1-19　输出模型和匹配网络用于 433MHz 频带

图 (a) 提供较好效率、输出功率和谐波抑制。图（b）给出 RFOUT 脚等效电路和 DC 偏压阻塞作为较好的匹配网络元件，用于 434MHz 频带。

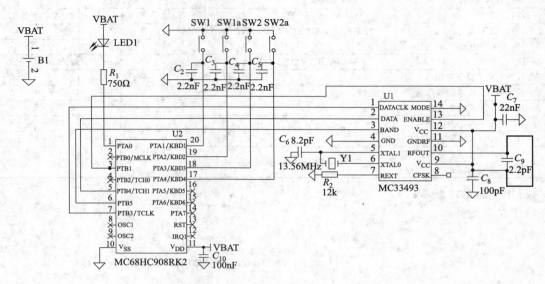

图 1-20　OOK 调制 434MHz 频带应用电路

上图为应用电路图，用 Motorola MC68HC908RK2 微控制器，选择 OOK 调制，$f_{carrier}=433.92MHz$，C_2 和 C_8 如开关用软件可省去。如用 868MHz 频带应用，输入脚 BAND 必须连至地。

用于 OOK 外部元件说明如下。

元 件	功 能	数 值	单 位
Y1	晶体	315MHz 频带：9.84	MHz
		434MHz 频带：13.56	MHz
		868MHz 频带：13.56	MHz
R_2	RF 输出电平建立电阻（R_{ext}）	12	kΩ
C_6	晶体负载电容	8.2	pF
C_7	电源去耦电容	22	nF
C_8		100	pF

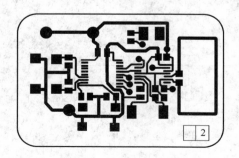

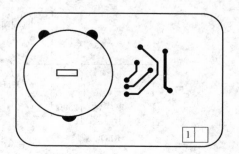

图 1-21　两个按键印刷板布局（30mm×45mm）

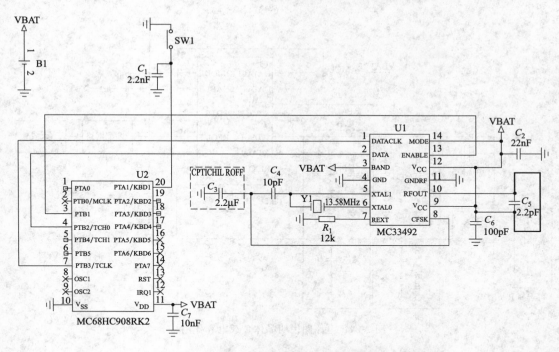

图 1-22　FSK 调制、串联结构、434MHz 频带应用电路

电路用 Motorola MC68HC908RK2 微控制器，选择 FSK 调制，RF 输出频率 $f_{carrier}$ = 433.92MHz。如用软件开关，C_1 电容可省去。对于应用 868MHz 带宽，输入脚 BAND 必须连至地。

用于 FSK 外部元件说明如下。

元　件	功　能	数　值	单　位
Y1	晶体	315MHz 频带：9.84	MHz
		434MHz 频带：13.56	MHz
		868MHz 频带：13.56	MHz
R_1	RF 输出电平建立电阻（R_{ext}）	12	kΩ
C_3	晶体负载电容		pF
C_4			pF
C_2	电源去耦电容	22	nF
C_6		100	pF

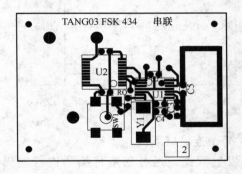
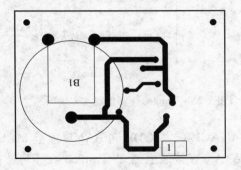

图 1-23　FSK 调制、串联结构、434MHz 频带应用 PCB 布局

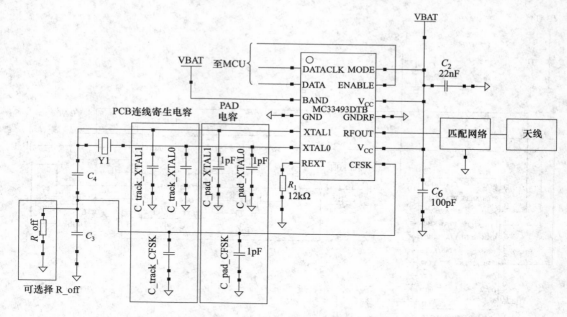

图 1-24　电路图说明晶体负载电容作用

电路表示典型 FSK 应用，串联电容结构，其中器件焊垫和 PCB 连线电容进行了叙述。器件焊垫电容由封装电容和内部电路规定，这些焊垫的典型电容值，由下表给出：

电　容	数　值	单　位	电　容	数　值	单　位
C_焊垫_XTAL0	1	pF	C_连线_XTAL0	1.5	pF
C_焊垫_XTAL1	1	pF	C_连线_XTAL1	1.5	pF
C_焊垫_CFSK	1	pF	C_连线_CFSK	1.5	pF

【生产公司】　Freescale Semiconductor，Inc.

● **Tango3 发射器应用电路**

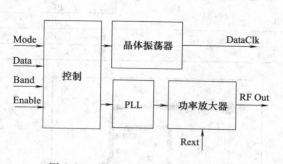

图 1-25　Tango3（发射器）方块图

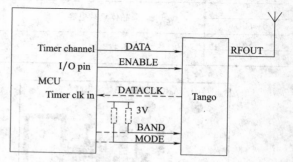

图 1-26　Tango3 接口至 MCU 图

DATACLK、MODE 和 BAND 连至 MCU，每个连接口下。

DATA　在该线上通过 Tango3 在 RF 链路发射数据。用曼彻斯特编码进行编码，它与 Romeo2 的数据管理兼容，在 MCU 上用定时通道产生数据。

ENABLE　当信号是逻辑 1 时，Tango3 IC 使能和能发送数据。当信号逻辑是 0 时，Tango3 使不能，并放置低功耗型式。

DATACLK　该信号允许 Tango3 提供 MCU 一个精确的时钟信号。用这些信号作为精确时基产生数据位用于发射。常用这作为 MCU 用的低精度时钟源，例如 RC 振荡器。当 Tango3 使能时（ENABLE＝1），DATACLK 有效，当 Tango3 使不能时（ENABLE＝0），DATACLK 是在逻辑 0。

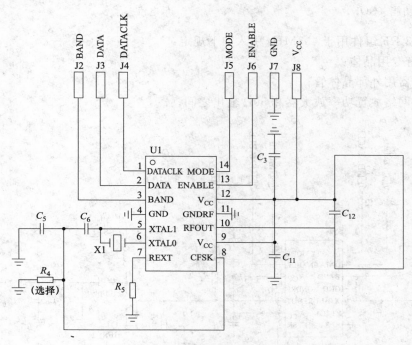

图 1-27　典型应用电路

用少量的外部元件实现最基本的发射器。U1 是 Tango3，内部 PLL 工作频率决定于脚上 BAND 上电压电平和晶体 X1 的频率。C_5 和 C_6 是响应振荡器频率，在脚 CFSK 的内部开关能短路 C_5，允许频率调制，这种调制称为晶体转换过程。R_4 防止在高调制频率发生寄生信号。在脚 RFOUT 上 RF 信号有效，电阻连至 REXT 控制它的电平。输出信号是单端 RF 电流源，通过环路天线偏置。C_{12} 调谐环路天线，它的选择阻止谐波信号辐射。C_3 和 C_{11} 为电源 C_3 VJ 去耦，防止电路中寄生振荡。发射器被微控制器驱动。软件首先设定 BAND 和 MODE，按照目标频率和调制型式选择，然后设定 ENABLE 高，这要在 DATA 脚上发送数据之前。在 DATACLK 脚上能用信号有效通过微控制器用于内部定时，微控制器不能要求精确的内部时钟完成精确定时。

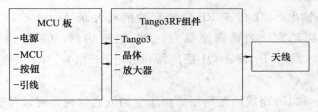

图 1-28　发射器用 Tango3 RF 组件块图

Tango3 RF 组件是设计制作发射器的零件，用于长距离范围遥控。发射器由三部分组成：一个 MCU 印刷板，上有电池和逻辑元件；一个 Tango3 RF 组件，上有 RF 元件；一个天线。

【技术特性（Tango3）】

433.92MHz 工作频率

＋10dBm 输出功率

输出匹配 50Ω

100％ASK 功能（OOK）

100kHz 偏差 FSK

数据速率可达 10kbps，用曼彻斯特编码

1.9～3.6V 电源

低电流

对 Tango3 RF 组件用于 433MHz 引入如下规定：

Tango3 有专用晶体；

功率放大器用外部晶体管；

低通匹配网络放置功率放大器和 50Ω 输出之间。

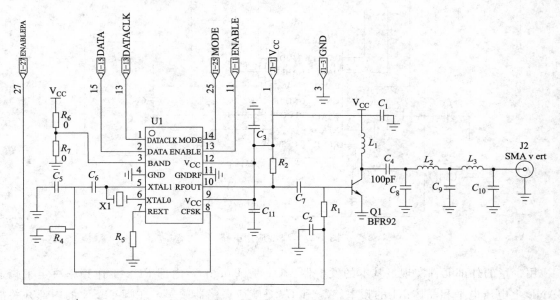

图 1-29　应用电路原始图

电路图主要改进应用如下：

围绕 Q_1 增加功率放大器；

低通滤波器和阻抗匹配网络至 50Ω；

在印刷板上一些选择允许不同的测试结构：

单独 Tango3；

Tango3 和功率放大器。

RF 偏置 Tango3 输出，CT 传送 RF 信号至功率放大器（PA）Q1。Q1 基极用 R_1 偏置，通过 ENABLEPA 脚驱动它。当该脚是低时，PA 电流切断，C_2 旁通残余 RF 信号，因此 ENABLEPA 是"RF 冰点"。L_1 偏置 Q1 振荡器和阻止 RF 信号。C_4 传送信号至匹配网络。C_1 旁通电源接近 L_1。

L_2、L_3、C_8、C_9 和 C_{10} 组成匹配网络。由于它的低通结构，可以帮助衰减谐波信号电平。

选择合适的 Tango3 的频率范围，BAND 脚用 R_6 或 R_7 能连至 VCC 或 GND。

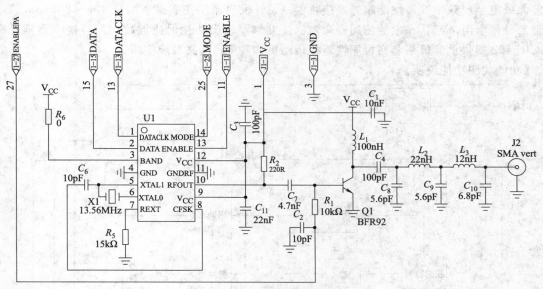

图 1-30 最佳应用电路图

电路中 Tango3 RF 组件能简化调谐，不用 MCU 板，用低频产生器模仿 1200bps 的数字信号，一个电源，一个频谱分析仪。增加 R_2 不能较大地减小输出功率。220Ω 是在电源电流和输出功率之间一个好的折中。

Tango3 RF 组件，在 FSK 调制完成频率移 100kHz。C_5 应省去，因为在印刷电路板有寄生电容。在 PA（功放）和 Tango3 之间发生一些振荡，去耦电容是不够的。最佳匹配网络有最大基频电平。具有最小谐波电平最后值是：$C_8 = 3.9pF$，$L_2 = 22nH$，$C_9 = 8.2pF$，$L_3 = 12nH$，$C_{10} = 6.8pF$。

【生产公司】 Freescale Semiconductor

1.3 MICRF 发射器集成电路

● MICRF102 QwikRadio™ UHFASK（幅度控制）发射器

【用途】

遥控无键进入系统（RKE）；遥控风扇/灯光控制；车库、机库门开发发射器；遥控传感器数据链路。

【特点】

在一个单片上完全 UHF 发射器　　　　　　　自动天线校直，不用手动调节
频率范围 300~470MHz　　　　　　　　　　仅用少量外部元件
数据速率至 20kbps　　　　　　　　　　　　低待机电流＜0.04μA

MICRF102 是一个单片发射器 IC，用于无线遥控。该器件是真实的"数据输入，天线输出"单片器件。在芯片内自动完成全部天线调谐，取消了手动调谐，降低了生产成本，获得高可靠性，仍是低价格，解决了大容量无线应用。因为 MICRF102 是真的单片无线发射器，它很容易使用，具有最少的设计和生产成本，提高了标定时间。MICRF102 使用一种新型结构，其中外部环路天线调谐至内部 UHF 合成器。该发射器设计包括全世界范围 UHF 未经允许频带辐射器调节。IC 与全部 ASK/OOK（幅度键控/开关调制）UHF 接收器兼容，从宽频带超

外差无线电至窄频带，高性能超外差接收器。设计发射器工作数据速率从 100～20kbps。自动调谐与外部电阻一起，在电池使用寿命内保证发射器输出功耗保持常数。当与接收器耦合时，MICRF102 提供最低价格和高可靠性遥控传动机构和 RF 链路系统应用。

【功能块图功能说明】

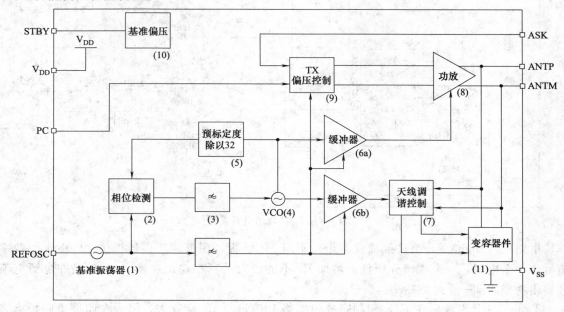

图 1-31　功能块图

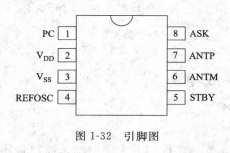

图 1-32　引脚图

功能块图表示 MICRF102 的基本结构，在图中表示 IC 的功能，也就是 [（1）、（2）、（3）、（4）、（5）] UHF 合成器，[（6a）/（6b）] 缓冲器，（7）天线调谐，（8）功放，（9）TX 偏压控制，（10）基准偏压，（11）程序调谐。UHF 合成器产生相位相差 90°输出的载波频率。输入相位信号（I）用于驱动 PA，用相位相差 90°信号（Q）与天线信号相位比较用于天线调谐。在天线接口，天线调谐块检测发射信号相位，控制可变电容调谐天线。功率控制单元检测天线信号，控制偏压电流，稳定天线信号至发射功率。对不同块程序调谐电路形成的步序决定于偏压电流。APCB 天线环与谐振器和电阻分配器网络耦合的全部元件，构成全部 UHF 发射器用于遥控开启应用，如自动无键输入。

【引脚说明】

脚号	脚名	说　明
1	PC	功率控制输入。该脚电压设置在 0.15～0.35V 之间，用于正常工作
2	V_{DD}	正电源电压输入，用于 IC
3	V_{SS}	IC 接地返回
4	REFOSC	定时基准频率，是发射频率除以 32，连晶体在该脚和 V_{SS} 之间或用一个 AC 耦合 0.5V（峰-峰值）输入时钟驱动输入
5	STBY	输入变压器备用控制脚拉至 V_{DD}，用于发送工作和 V_{SS} 备用型式
6	ANTM	负 RF 功率输出驱动发射环路天线低边
7	ANTP	正 RF 功率输出驱动发射环路天线高边
8	ASK	幅度键控调制输入数据脚。CW 工作连该脚至 V_{DD}

【最大绝对额定值】

电源电压（V_{DD}）	6V	存储温度	$-65\sim150$℃
在 I10 脚上电压	（$V_{SS}-0.3V$）$\sim$（$V_{DD}+0.3V$）	引线焊接温度（10s）	300℃

【工作条件】

电源电压	$4.75\sim5.5V$	PC 输入范围	$150mV<V_{PC}<350mV$
最大电源纹波电压	10mV	工作温度	$0\sim85$℃

【技术特性】

$4.75V<V_{DD}<5.5V$，$V_{PC}=0.35V$，$T_A=25$℃，$f_{REFOSC}=12.1875mHz$，STBY$=V_{DD}$，0℃$<T_A<85$℃。

参数	条件	最小	典型	最大
电源				
待机电源电流 $I_Q/\mu A$	$V_{STBY}<0.5V$，$V_{ASK}<0.5V$ 或 $V_{ASK}>V_{DD}-0.5V$		0.04	
MARK 电源电流 I_{ON}/mA	315MHz		6	10.5
	433MHz		8	12
SPACE 电源电流 I_{OFF}/mA	315MHz		4	6
	433MHz		6	8.5
工作电流/mA	33%标记/空间比在 315MHz		4.7	
	33%标记/空间比在 433MHz		6.7	
RF 部分和调制限幅				
输出功率电平，P_{OUT}/dBm	315MHz		待定	
	433MHz		待定	
发射功率/（$\mu V/m$）	315MHz		待定	
	433MHz		待定	
谐波输出/dBc	315MHz　2 次谐波		-46	
	3 次谐波		-45	
	433MHz　2 次谐波		-50	
	3 次谐波		-41	
衰减比用于 ASK/dBc		40	52	
变容调谐范围/pF		3	5	7
基准振荡器部分				
基准振荡器输入阻抗/kΩ			300	
基准振荡器源电流/μA			6	
基准振荡器输入电压(峰-峰值)/V		0.2		0.5
数字/控制部分				
校准时间/ms	ASK＝高电平		25	
功率放大器从 STBY 输出保持断开时间/ms	STDBY 从低至高转换晶体，ESR$<20\Omega$		6	
从 STBY 发射器稳定时间/ms	来自外基准[500mV(峰-峰值)]		10	
	晶体，ESP$<20\Omega$		19	
最大数据速率-ASK 调制/kbps	调制信号占空比＝50%	20		
VSTBY 使能电压/V		$0.75V_{DD}$	$0.6V_{DD}$	
STBY 沉电流/μA	$V_{STBY}=V_{DD}$		5	6.5
ASK 脚/V	V_{IH}输入高压	$0.75V_{DD}$	$0.6V_{DD}$	
ASK 脚/V	V_{IL}输入低压		$0.3V_{DD}$	$0.25V_{DD}$
ASK 输入电流/μA	ASK＝0V，5V 输入电流	-10	0.1	10

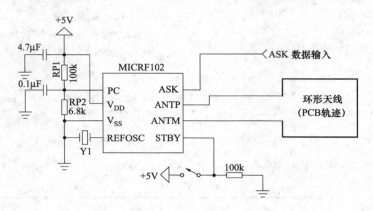

图 1-33　典型应用电路

【应用电路设计参考】

（1）MICRF102 发射器设计步序

① 用提供的校准基准振荡器频率设定发射频率。

② 在发射频率保证天线谐振用以下公式：

$$L_{\text{ANT}} = 0.2 \times 长度 (长度/d - 1.6) \times 10^{-9} K$$

式中，长度是总天线长度，mm；d 是图形宽度，mm；K 是频率校正系数；L_{ANT} 是近似天线电感，H。

③ 用下面公式计算总容抗：

$$C_{\text{T}} = \frac{1}{4\pi^2 f L_{\text{ANT}}}$$

式中，C_{T} 为总电容，F；$\pi = 3.1416$；f 为载频，Hz；L_{ANT} 为天线电感，H。

④ 根据天线谐振计算并联和串联电容。

a. 理想 MICRF102 并联和串联电容应有同样的值或尽可能接近。

b. 启动用并联电容值和插头插入用以下公式：

$$C_{\text{S}} = \frac{1}{\dfrac{1}{C_{\text{T}}} - \dfrac{1}{C_{\text{VAR}} + C_{\text{P}}}}$$

式中，C_{VAR} 是中心变容阻抗（5pF 用于 MICRF102），F；C_{P} 是并联电容，F；C_{S} 是串联电容，F。

（2）基准振荡器　要求外部基准振荡器设置发射频率，发射频率是基准振荡器频率的 32 倍：

$$f_{\text{TX}} = 32 f_{\text{REFOSC}}$$

【天线调谐】

MICRF102 输出级有一个可变电容二极管，正常电容值 5.0pF，调谐范围 3～7pF。MICRF102 监视功率放大器输出的信号相位，通过设置可变电容二极管值，在校准电容阻抗自动调节谐振电路完成谐振。环路天线的感抗应选择正常值在 5pF 谐振，MICRF102 的正常中等范围值 C 输出级变容二极管用下列公式：

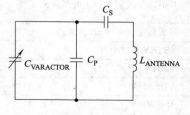

图 1-34　天线原理图

$$L = \frac{1}{4\pi^2 f^2 C}$$

如果天线感抗不能设置正常值，可通过上式决定。可加电容并联或串联至天线。在这种情况下，变容二极管内至 MICRF102 作用是调节总电容阻抗值。

电源旁通、发射功率、输出消隐等也要考虑。

【天线设计参考】

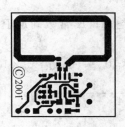

图 1-35　天线设计参考

天线设计环路电感值按下表确定。

f/MHz	R/Ω	X_L/Ω	L/nH	$Q(X_\mathrm{L}/R)$	K
300	1.7	84.5	44.8	39.72	0.83
315	2.34	89.3	45.1	39.65	0.85
390	3.2	161	47.4	52.00	0.90
434	2.1	136	50.0	78.33	0.96

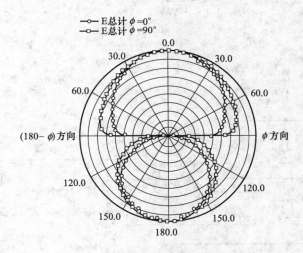

图 1-36　极坐标视图（315MHz）

环形天线通常考虑主要是定向，事实上小型环形天线能达到发射天线接近偶极子天线特性。辐射图用极坐标视图表示天线参考设计的理论辐射图。0°图是在 PCB 发射器平面内辐射图，90°图表示垂直 PCB 平面图。

【计算 C_S 和 C_P 举例】

天线电感计算：

长度 _ mils＝2815；d_mils＝70；K＝0.85

$$长度 = \frac{长度}{1000}\_{mils} \times 25.4 = 71.501$$

$$d = \frac{d_{mils} \times 25.4}{1000} = 1.778$$

$$L = 0.2 \times 长度 \times \left(\frac{长度}{d} - 1.6\right) \times 10^{-9} \times K$$

$$= 46 \times 10^{-9}$$

其中，长度和 d 单位是 mm，L 是 H；K 常数确定于 PCB 材料、铜箔厚度等。

MICRF102 串联电容计算（1）：

$$f = 315 \times 10^6, \quad L = 46 \times 10^{-9}, \quad C_{VAR} = 5 \times 10^{-12}, \quad C_P = 12 \times 10^{-12}$$

$$C_T = \frac{1}{4 \times \pi^2 f^2 L} = 5.55 \times 10^{-12}$$

$$C_{串联} = \frac{1}{\dfrac{1}{C_T} - \dfrac{1}{C_{VAR}}} = 8.2 \times 10^{-12}$$

MICRF102 串联电容计算（2）：

$$f = 433.92 \times 10^6, \quad L = 52 \times 10^{-9}, \quad C_{VAR} = 5 \times 10^{-12}, \quad C_P = 2.7 \times 10^{-12}$$

$$C_T = \frac{1}{\dfrac{1}{C_T} - \dfrac{1}{C_{VAR} + C_P}} = 2.587 \times 10^{-12}$$

$$C_{串联} = \frac{1}{\dfrac{1}{C_T} - \dfrac{1}{C_{VAR} + C_P}} = 3.9 \times 10^{-12}$$

【设计参考电路】

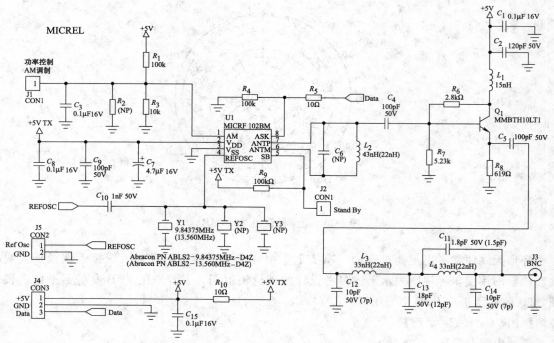

图 1-37　参考电路（1）

图中括号内值用于 433.92MHz 型式。TX102-3 发射器测试板，缓冲器 315MHz。

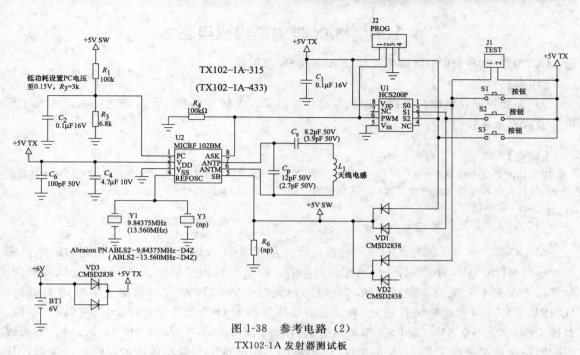

图 1-38　参考电路（2）

TX102-1A 发射器测试板

注：1. 括号中的值用于 433.92MHz；2.1/3 是供表面安装晶体；3.（np）表示没有接入；4. J2 用于可编程编码器。

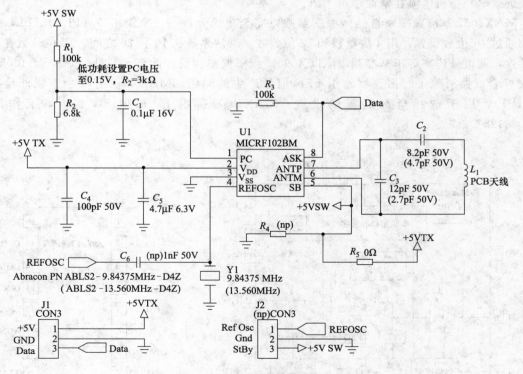

TX102-2A 发射器测试板

图 1-39　参考电路（5）

注：1. 除去 R_5 用于外部待机控制；2. 括号中的数值用于 433.92MHz

【生产公司】　Micrel

1.4 MAX 发射器集成电路

● MAX7057300～450MHz 频率可编程 ASK/FSK 发射器

【用途】

RF 遥控控制；机库门开启；家庭自动化；汽车；无线传感器；无线游戏控制；无线计算机外设；安全系统。

【特点】

用单晶体可编程频率工作	<12.5mA（FSK），<8.5mA（ASK）DC 电流漏极
内部可变电容用于天线调谐，具有单匹配网络	<1μA 待机电流
100kbps 数据速率（NRL）	ASK/FSK 调制
2.1～3.6V 单电源工作	47％载频调谐范围用一个晶体

MAX7057 频率可编程 UHF 发射器，设计用于发射 ASK/FSK 数据，在宽的频率范围 300～450MHz。MAX7057 有一个内部调谐电容，在功放输出可编程，用于匹配天线或负载。允许用户改变一个新频率和在新频率同时匹配天线。MAX7057 发射数据速率可达 100kbps（CNRI）（50kbps 曼彻斯特代码）。典型发射功率转换 50Ω 负载是＋9.2dBm，用 2.7V 电源。器件工作从 2.1～3.6V，在 FSK 型式典型索引电流 12.5mA（在 ASK 型式 8.5mA），当天线匹配网络设计工作在 315～433.92MHz 频率范围。用窄带工作频率范围时，匹配网络再设计能改进效率。待机电流在室温小于 1μA。

MAX7057 基准频率来自晶体振荡器乘以完全集成分数——N 锁相环（PLL）。PLL 乘法系数通过 16 位数设置，用 4 位整数和 12 位分数。乘法系数在 19 和 28 之间，12 位分数在合成器设置，调谐分辨率等于基准频率除以 4096。频率偏差能设计低至±2kHz 和高至±100kHz。分数 N 合成器消除了与振荡器索引 FSK 信号产生的问题。MAX7057 有一个串联外设接口（SPI™），用于选择全部必需的设置。MAX7057 适用于 16 脚 SO 封装，工作温度 −40～125℃。

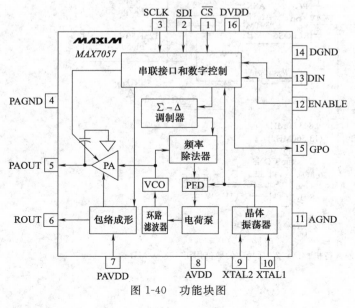

图 1-40　功能块图

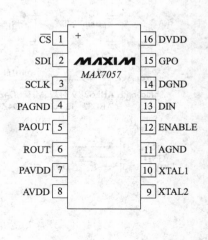

图 1-41　引脚图

【引脚说明】

脚号	脚名	说　　明
1	$\overline{CS}$	串行接口有效低芯片选择,内部拉起至 DVDD
2	SDI	串行接口数据输入,内部拉下至 GND
3	SCLK	串行接口时钟输入,内部拉下至 GND
4	PAGND	功放地
5	PAOUT	功放输出,要求一个拉起电感至电源电压或 ROUT。拉起电感成为输出匹配网络零件
6	ROUT	包络成形输出。ROUT 控制功放包络的上升和下降时间。连 ROUT 至 PA 拉起电感或选择功率调节电阻,用 680pF 和 220pF 电容旁通电感至 GND
7	PAVDD	功放电源电压,用 $0.01\mu F$ 和 220pF 电容旁通至地
8	AVDD	模拟正电源电压,用 $0.1\mu F$ 和 $0.01\mu F$ 电容旁通至地
9	XTAL2	晶体输入 2,XTAL2 能用一个 AC 耦合外基准驱动
10	XTAL1	晶体输入 1,XTAL1 如能用一个 AC 耦合外基准驱动,旁通至地
11	AGND	模拟地
12	ENABLE	使能脚,驱动高用于正常工作,驱动低或断开拉器件在备用型式,内部拉下至 GND
13	DIN	ASK/FSK 数据输入,用于控制寄存器选择调制型式,内部拉下至 GND
14	DGND	数字地
15	GPO	通用输出,能构成输出各种数字信号(SPI)串行数据输出 SDO,CLKOUT 除以 1、2、4 或 8,用于微控制器时钟
16	DVDD	数字正电源电压,用 $0.1\mu F$ 和 $0.01\mu F$ 电容旁通至地

【最大绝对额定值】

电源电压,PAVDD,AVDD,
　DVDD 至 AGND,DGND,PAGND
　　　　　　　　　　　　　$-0.3\sim4.0V$
全部其他脚至 GND　　$-0.3V\sim(V_{DD}+0.3V)$
连续功耗 ($T_A=70℃$) 16 脚 SO
　(70℃以上衰减 8.7mW/℃)
　　　　　　　　　　　　　695mW

工作温度　　　　　　　　　　$-40\sim125℃$
存储温度　　　　　　　　　　$-65\sim150℃$
引线焊接温度(10s)　　　　　300℃

【应用电路】

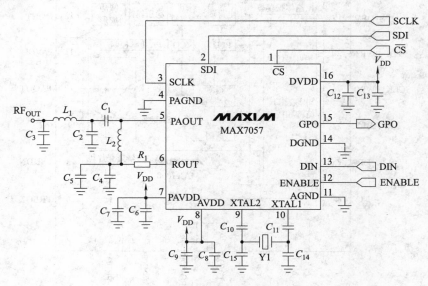

图 1-42　典型应用电路

【电路元件】

		说　　明			说　　明
C_1,C_2	1	10pF±5％,50V,瓷介电容	C_{10},C_{11}	2	100pF±5％,50V,瓷介电容
C_3	1	6.8pF±5％,50V,瓷介电容	C_{14},C_{15}	2	4pF±5％,50V,瓷介电容
C_4,C_7	2	220pF±5％,50V,瓷介电容	L_1	1	22nH±5％线绕电感
C_5	1	680pF±5％,50V,瓷介电容	L_2	1	13nH±5％线绕电感
C_6,C_9,C_{12}	3	10nF±10％,50V,瓷介电容	R_1	1	0Ω 电阻
C_8,C_{13}	2	100nF±10％,50V,瓷介电容	Y1	1	16MHz 晶体,晶体 17466

【生产公司】　MAXIM

● MAX7060 280～450MHz 可编程 ASK/FSK 发射器

【用途】

机库门开启；遥控控制；家庭和工业自动化；传感器网络；安全系统。

【特点】

完全集成，快速分频－NPLL

　280～450MHz RF 频率

　频率范围 100％测试在 125℃

　<250 μs 启动时间

　可调节 FSK 标记和间隔频率

　超清 FSK 调制

　50kbps 曼彻斯特数据速率 ASK

　70kbps 曼彻斯特数据速率 FSK

可编程功率放大器

　＋14dBmTx 功率用 5V 电源

　＋10dBmTx 功率用 2.1V 电源

　28dB 功率控制范围每步 1dB

可调谐 PA 匹配电容

通过 SPI 或手动调节控制

低关断电流用于 2.1～3.6V 电源

　400nA 待机电流，电源通复位（POR）有效

　5nA 关断电流，POR 无效

电源灵活性

　2.1～3.6V 单电源工作或 4.5～5.5V 电源工作用内部稳压器

24 脚（4mm×4mm）TQFN 封装

FCC 零件 15，ETSI EN300 220 一致

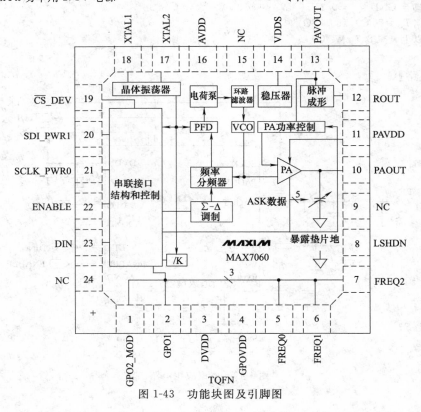

图 1-43　功能块图及引脚图

MAX7060 频率和功率可编程 ASK/FSK 发射器工作在 280～450MHz 频率。器件包括一个完全集成分频-N 合成器，它允许用户设置 RF 工作频率到一个大的分数 280～450MHz 频率范围，用一个单晶体。例如，MAX7060 从 285～420MHz 用一个 15MHz 晶体能调谐。RF 输出功率用户可控制在＋14dBm 和－14dBm 之间，用一个 5V 电源或用一个低至 3.2V 电池电压。在最小规定的电池电压 2.1V，RF 输出功率控制范围在＋10dBm 和－140dBm 之间。保持好的功率匹配在宽的频率范围。MAX7060 同样包含一个可编程匹配电容以并联连至功率放大器（PA）输出。

用开关 PA 通和断完成 ASK 调制，因此完成达到极好的调制（通/断）比。ASK 幅度外形适用于减小传输频谱宽度。用改变高分辨率分频-N 合成器有效系数完成 FSK 调制，因此 FSK 偏差是非常精确的。数据速率可达 50kbps，曼彻斯特码用于 ASK。对于 FSK 70kbps 曼彻斯特码能保持安全稳定发射带宽标准。结构功能完全设置，通过芯片上串联外设接口（SPI™）能处理。同样有手动型式，能够通过选择脚设置一个限制数。

启动时间非常短，在使能指令后 250μs 数据能发送。MAX7060 工作电源从 2.1～3.6V，或内部稳压器能用电源电压在 4.5V 和 5.5V 之间。在 3V 型式室温待机电流是 400μA，用低电源关断（LSHDN）脚电流能减小至 5μA。MAX7060 适用于 24 脚（4mm×4mm）薄片 QFN 封装，工作温度－40～125℃。

【引脚说明】

脚号	脚名	说　　明
1	GPO2_MOD	（SPI 型式/手动型式）数字输入/输出。在 SPI 型式 GPO2 输出，在手动型式，当 $\overline{CS}$_DEV 是低，ASK(0)/FSK(1) 调制选择输入时作用像 SPI 数据输出。该脚在手动型式内部拉下
2	GPO1	通用输出 1。在 SPI 型式，该脚输出许多内部启动信号。在手动型式，该脚输出合成时钟检测信号
3	DVDD	数字电源输入，用 0.01μF 电容旁通至地
4	GPOVDD	电源电压输入，用于 GPOS 和 ESD 保护器件，用 0.01μF 电容旁通至地
5	FREQ0	频率选择脚 0。在手动型式，内部拉下，FREQ0＝FREQ1＝FREQ2＝0，在 SPI 型式
6	FREQ1	频率选择脚 1。在手动型式，内部拉下，FREQ0＝FREQ1＝FREQ2＝0，在 SPI 型式
7	FREQ2	频率选择脚 2。在手动型式，内部拉下，FREQ0＝FREQ1＝FREQ2＝0，在 SPI 型式
8	LSHDN	低功耗关断电流选择数字输入，关断内部 POR 电路和使不能拉起/拉下电流，在 3V 型式必须驱动低用于正常工作。功能只在 3V 型式。在 5V 型式连至 GND
9,15,24	NC	不连。内部无连接，断开不连
10	PAOUT	功放输出。要求一个拉起电感至 PAVOUT，输出网络匹配与天线零件能用
11	PAVDD	功放预驱动电源输入，用 680pF 和 0.01μF 电容旁通至 GND
12	ROUT	包络外形电阻连接
13	PAVOUT	功放电源控制输出，控制发射功率，连 PA 拉下电感，用 680pF 电容旁通至地
14	VDDS	电源电压输入，用 0.01μF 和 0.1μF 电容旁通至地
16	AVDD	模拟电源电压和稳压器输出，用 0.1μF 和 0.01μF 电容旁通至 GND
17	XTAL2	晶体输入 2，用一个 AC 耦合外基准能驱动 XTAL2
18	XTAL1	晶体输入 1，用一个 AC 耦合外基准如能驱动 XTAL2，AC 耦合至 GND
19	$\overline{CS}$_DEV	串联外设接口（SPI）有效低芯片选择输入，FSK 频率偏差输入，在手动型式内部拉起
20	SDI_PWR1	在 SPI 型式 SPI 数据输入，在手动型式功率控制 MSB，内部拉下
21	SCLK_PWR0	在 SPI 型式 SPI 时钟输入，在手动型式功率控制 MSB，内部拉下
22	ENABLE	使能数字输入，全部内部电路在 ENABLE 上升沿使能，内部拉下
23	DIN	发射数据数字输入，内部拉下
—	EP	暴露垫片接地

【最大绝对额定值】

GPOVDD，VDDS 至 GND $-0.3 \sim 6.0V$ XTAL1 和 XTAL2 至 GND

DVDD，PAVDD，AVDD 至 GND $-0.3 \sim 4.0V$ $-0.3V \sim (V_{DD}+0.3V)$

  ENABLE，SCLK，PWRO，SPI _ PWR1   连续功耗 （$T_A = 70°C$）

    DIN，$\overline{CS}$ _ DEV，LSHDN，FREQ0，FREQ1   24 脚薄型 QFN

    FREQ2，GPO1 和 GPO2 _ MOD 至 GND   70°C 以上衰减 14.7mW/°C   1167mW

                 $-0.3V \sim (V_{DDS}+0.3V)$ 工作温度 $-40 \sim 125°C$

  PAOUT，ROUT 和 PAVOUT 至 GND   存储温度 $-60 \sim 150°C$

                 $-0.3V \sim (V_{DDS}+0.3V)$ 引线焊接温度 （10s）   300°C

【应用电路】

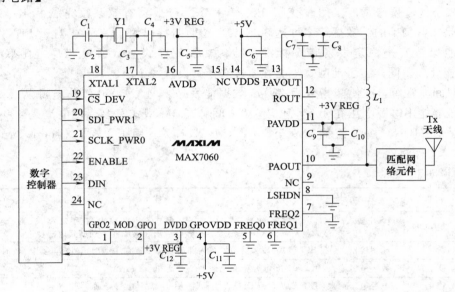

图 1-44   典型应用电路 SPI 型式（5V 电源）

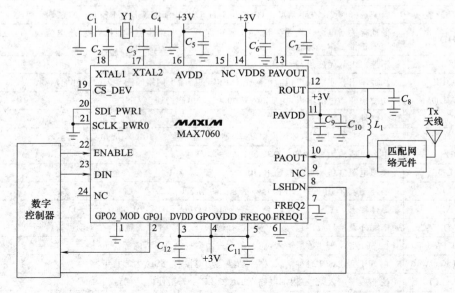

图 1-45   手动型式（3V 电源，ASK 调制，315MHz）应用电路

【电路元件（SPI 型式，5V 电源）】

元件	数	说 明	元件	数	说 明
C_1,C_4	2	如晶体负载阻抗是 8pF，不需要	L_1	1	±5％线绕电感
C_2,C_3	2	1.5pF±10％，50V 瓷介电容	匹配网络元件	4	3 个电容和 1 个电感
C_5,C_6	2	100nF±10％，50V 瓷介电容	U1	1	Maxim MAX7060ATG＋
C_7,C_8,C_9	3	220pF±5％，瓷介电容	Y1	1	16MHz crystal 晶体 17466 Suntsu SCX284
C_{10},C_{11},C_{12}	3	10nF±10％，50V 瓷介电容			

【电路元件（手动型式，3V 电源）】

元件	数	说 明	元件	数	说 明
C_1,C_4	2	如晶体负载电容是 8pF，不需要	L_1	1	±5％线绕电感
C_2,C_3	2	1.5nF±10％，50V 瓷介电容	匹配网络元件	4	3 个电容和 1 个电感
C_5,C_6	2	100nF±10％，50V 瓷介电容	U1	1	Maxim MAX7060ATG＋
C_7,C_8,C_9	3	220pF±5％，瓷介电容	Y1	1	16MHz crystal 晶体 17466 Suntsu SCX284
C_{10},C_{11},C_{12}	3	10nF±10％，50V 瓷介电容			

【生产公司】 MAXIM

● MAX1479 300～450MHz，低功耗晶体＋10dBm ASK/FSK 发射器

【用途】

遥控无键输入；疲劳压力监视；安全系统；无线控制器具；无线游戏控制；无线计算机外设；无线传感器；RF 遥控控制；机库门开启

【特点】

ETSI 与 EN300 220 兼容

2.1～3.6V 单电源工作

支持 ASK、OOK 和 FSK 调制

可调 FSK 移位

＋10dBm 输出功率转换成 50Ω 负载

低电源电流（6.7mA 在 ASK 型式，10.5mA 在

FSK 型式）

用小型低价晶体

小型 16 脚 TQFN 封装

快速接通振荡器－200μs 启动时间

可编程时钟输出

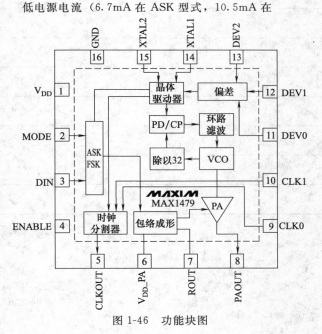

图 1-46　功能块图

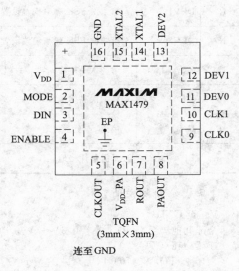

图 1-47　引脚图

MAX1479 晶体基准，锁相环（PLL）VHF/UHF 发射器，设计用于发射 ASK、OOK、和 FSK 数据，在 300～450MHz 频率范围。MAX1479 支持数据速率可达 100kbps 在 ASK 型式，20kbps 在 FSK 型式（两个曼彻斯特代码）。器件提供一个可调节输出功率大于 +10dBm 转换成 50Ω 负载。MAX1479 晶体基准结构，消除了许多 SAW 基础的发射器的通用问题，能提供大的调制深度、快速频率设置、发射频率高的容差和减小温度依赖性。当 MAX1479 和超外差接收器一起应用时，如 MAX1470、MAX1471、MAX1473 或 MAX7033，能有较好的接收性能。MAX1479 适用于 16 脚 TQFN 封装，工作温度 -40～125℃。

【引脚说明】

脚号	脚名	说　　　明
1	V$_{DD}$	电源电压,用 10nF 和 220pF 电容旁通至 GND
2	MODE	型式选择,逻辑低使能器件在 ASK 型式,逻辑高使能器件在 FSK 型式
3	DIN	数据输入。在 ASK 型式,当 DIN 高时功放通。在 FSK 型式,当 DIN 高时频率是高的
4	ENABLE	待机/电源通输入。在使能逻辑低时,设置器件在待机型式
5	CLKOUT	缓冲时钟输出,通过 CLK0 和 CLK1 可编程
6	V$_{DD}$_PA	功放电源电压,用 10nF 和 220pF 电容旁通至 GND
7	ROUT	包络形状输出。POUT 控制功放包络上升和下降,用 680pF 和 220pF 电容旁通至 GND
8	PAOUT	功放输出,要求一个拉起电感至电源电压,能使输出匹配网络零件与天线匹配
9	CLK0	第一次时钟分割器设置
10	CLK1	第二次时钟分割器设置
11	DEV0	第一次 FSK 频率偏差设置
12	DEV1	第二次 FSK 频率偏差设置
13	DEV2	第三次 FSK 频率偏差设置
14	XTAL1	第一次晶体输入,$f_{RF} = 32 f_{XTAL}$
15	XTAL2	第二次晶体输入,$f_{RF} = 32 f_{XTAL}$
16	GND	接地,连至系统地
—	EP	暴露垫片接地

【最大绝对额定值】

V$_{DD}$ 至 GND	$-0.3\sim4.0V$	工作温度	$-40\sim125℃$
全部其他脚至 GND	$-0.3V\sim(V_{DD}+0.3V)$	结温	150℃
连续功耗（$T_A=70℃$）		存储温度	$-60\sim150℃$
16 脚 TQFN（70℃以上衰减 14.7mW/℃）		引线焊接温度（10s）	300℃
	1176.5mW		

【应用电路】

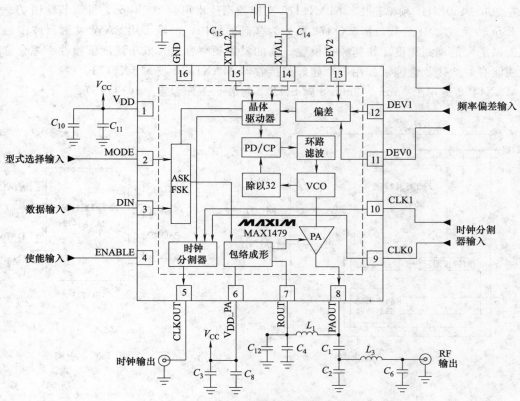

图 1-48 典型应用电路

【典型应用电路元件值】

元件	数值用于 $f_{RF}=433MHz$	数值用于 $f_{RF}=315MHz$	元件	数值用于 $f_{RF}=433MHz$	数值用于 $f_{RF}=315MHz$
L_1	22nH	27nH	C_8	220pF	220pF
L_3	18nH	22nH	C_{10}	10nF	10nF
C_1	6.8pF	15pF	C_{11}	220pF	220pF
C_2	10pF	22pF	C_{12}	220pF	220pF
C_3	10nF	10nF	C_{14}	100pF	100pF
C_4	680pF	680pF	C_{15}	100pF	100pF
C_6	6.8pF	15pF			

【生产公司】 MAXIM

● MAX1472 300～450MHz，低功耗，以晶体为基础的 ASK 发射器

【用途】

遥控无键输入；RF 遥控控制；疲劳压力监视；安全系统；无线控制玩具；无线游戏控制；无线计算机外设；无线传感器。

【特点】

2.1～3.6V 单电源工作

低 5.3mA 工作电源电流

支持 ASK 具有 90dB 调制深度

输出功率调节大于 +10dBm

用小型低价晶体

小型 3mm×3mm，8 脚 SOT23 封装

快速接通振荡器，$220\mu s$ 启动时间

　　MAX1472 是一个晶体基准的锁相环（PLL）VHF/UHF 发射器，设计发射 OOK/ASK 数据在 300～450MHz 频率范围。MAX1472 支持数据速率可达 100kbps，可调节输出功率大于 ＋10dBm 转换成 50Ω 负载。MAX1472 晶体为基础的结构，消除了用 SAW 发射器许多通用问题，提供了大的调制深度、快速频率设置、高的发射频率容差、减小温度依赖性。综合这些改善，使能有好的接收性能，如用一个超外差接收器 MAX1470 或 MAX1473。

　　MAX1472 适用于 3mm ×3mm 8 脚 SOT23 封装，工作温度－40～125℃。

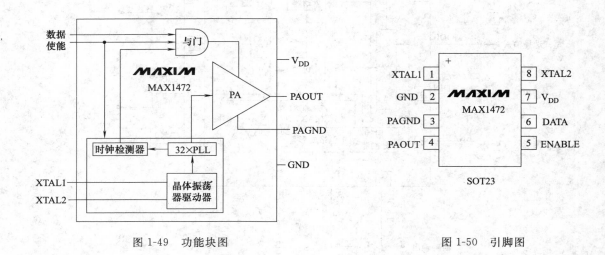

图 1-49　功能块图　　　　　　　　　　　　　图 1-50　引脚图

【引脚说明】

脚号	脚名	说　　　　明
1	XTAL1	第一个晶体输入，$f_{RF}=32f_{XTAL}$
2	GND	接地，连系统地
3	PAGND	接地，用于功放，连至系统地
4	PAOUT	功放输出。该输出要求一个拉起电感至电源电压，它可以是输出匹配网络至 50Ω 天线零件
5	ENABLE	备用/电源启动输入，在 ENABLE 逻辑低时在备用型式
6	DATA	OOK 数据输入，当数据是高时功放通
7	V_{DD}	电源电压，用电容旁通至地
8	XTAL2	第二个晶体输入，$f_{RF}=32f_{XTAL}$

【最大绝对额定值】

V_{DD} 至 GND	－0.3～4.0V	工作温度	－40～125℃
全部其他脚至 GND	－0.3V～（V_{DD}＋0.3V）	存储温度	－60～150℃
连续功耗（T_A＝70℃）		引线焊接温度（10s）	300℃
8 脚 SOT23（70℃以上衰减 8.9mW/℃）	714mW		

【应用电路】

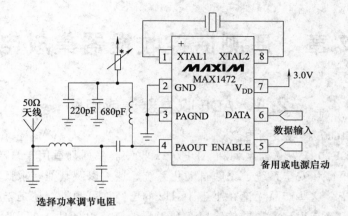

图 1-51　典型应用电路

第 2 章 遥测遥控收发器集成电路

2.1 ADF 收发器集成电路

● **ANALOG DEVICES 接收发射电路**

ADI 公司的 ADF70xx 发送器系列和 ADF702x 收发器系列都适用于自动抄表（AMR）系统、工业自动化、报警和安全系统、家庭自动化系统、遥控以及其他要求低功耗和远程传送的无线网络和遥测系统。这些产品无论在小于 1GHz 的已经许可频带，还是未经许可的频带，都可以工作，因为它们具有很高的数据传输速率和很强的链接鲁棒性。ADI 公司还提供评估板、协议软件（ADlismLINK）和天线参考设计，以便为了帮助用户建立"开箱即用"的射频链接提供完整的无线链接和网络解决方案。

设计符合无线 M-Bus 标准的无线收发器系统

简介

不断推出的先进抄表基础设施（AMI）系统提高了公用事业公司收集水、电、气消耗数据的效率。用自动计量系统取代人工抄表的直接好处是可以削减人工成本。而更重要的是，自动化系统使公用事业公司能方便地提供更大的好处和更好的服务，例如：实时价格显示有助于提高能效，故障即时报告，以及利用更精确的数据描绘网络内的使用概况图。

用于实施网络化计量系统的技术多种多样，从高端的卫星技术到低端的红外发射器不一而足。然而，有两种技术脱颖而出并逐渐占据主导地位：无线短程设备（SRD）和电力线载波（PLC）系统。尤其是在水表和气表领域，SRD 技术正在成为主流技术选择，因为电力线载波系统在这些环境中不稳定。

为了实现通信范围与低功耗的最佳组合，多数仪表制造商选择低 UHF 或 sub-GHz 频段作为仪表之间以及仪表与数据收集器之间的 RF 通信链路。例如，欧洲一般使用 868MHz 的频率，北美则一般使用 902～928MHz 的频率范围。

在某一给定的功率预算下，这些频率的无线传输距离比 2.4GHz 频段更长，基站或数据收集器可以覆盖更大的范围。此外，对于可能位于地下室或地下坑洞中的水表和气表而言，范围优势至关重要。不过，从公用事业公司的角度来说，使用此频段的一个缺点在于缺乏可用的标准。

sub-GHz 频段显然是电池供电型气表和水表的最佳技术选择，因此，为使不同制造商的系统能够互通互用，要求标准化的呼声日益高涨。作为仪表之间的通信标准，M-Bus 现已成为欧洲规范（EN）标准的一部分，详情可见 EN 13757 标准。无线 M-Bus 协议的详细内容在衍生标准 EN 13757-4 中。

下面讨论 EN 13757-4 标准，以及使用 ADI 公司 ADF7020 设计 M-Bus 兼容设备时的系统要求。

EN 13757-4 技术概要

M-Bus 规定了三种工作模式：R、S 和 T。这些模式的区别在于数据速率、通道频率和所用数据编码方式。每种模式都可以是单向的或双向的，将 1 或 2 附加到模式字母之后便可表示单向或双向。例如，T1 表示单向 T 模式设备，S2 表示双向 S 模式设备。下表列出了这些模式及相关的数据速率。

模式	数据速率/kbps	标称载波频率/MHz	标称偏差频率/kHz	数据编码
R	4.8	868.33+n×0.06	±6	曼彻斯特编码
S	32.768	868.3	±50	曼彻斯特编码
T	100	868.3/868.95	±50	3～6

静止模式（S 模式）主要用于静止或移动设备之间每天仅传输几次数据的通信情况，最适合固定基础设施或网络化抄表方案。

频繁发送模式（T 模式）以线性调频方式每隔几秒发送一次数据，因而更适合近距离无线抄表或车载抄表方案。为使车载抄表系统具备远程断开连接或读取每小时数据等功能，必须使用双向通信或 T2。

在频繁接收模式（模式 R）下，接收器频繁唤醒，侦听来自移动收发器的消息。这种抄表方案通常比 T 模式更耗电，因为接收器需要开启较长的时间才能检测到足够的前导码位。这对于由主电源供电的电表来说一般不是问题，但若要设计多年使用周期的电池供电系统，则可能很困难。R 模式的优势在于带宽较窄，允许多达 10 个通道进行频分多路复用，进而可以同时读取多个仪表。

所有模式均使用 ETSI 868.0～870MHz 通用频段中的子频段 G1 和 G2。子频段 G1 的频率范围为 868.0～868.6MHz，G2 则为 868.7～869.2MHz。这些子频段分别提供 600kHz 和 500kHz 的带宽。

符合无线 M-Bus 标准的技术考虑 ADF7020 或 ADF7021

ADI 公司提供一系列 sub-GHz、低功耗无线电器件，这些器件的细分标准是通道带宽。ADF7021 涵盖 12.5～60kHz 通道化，ADF7020 则涵盖 60～600kHz 通道化。如果将这些通道化与 M-Bus S、T、R 模式的 600kHz、500kHz、60kHz 通道化相比较，就会发现：ADF7020 适合所有三种模式，而 ADF7021 则更适合 R 模式。这里将着重讨论如何利用 ADF7020 满足 S 模式和 T 模式要求。

选择 Xtal 以达到 32.768kbps 和 100kbps

为了达到 S 模式和 T 模式数据速率（分别为 32.768kbps 和 100kbps），需要选择适当的外部晶振（Xtal）。所选 Xtal 应使得由 Xtal 分频得到的用于 ADF7020 时钟与数据恢复（CDR）电路的时钟频率，位于 32 倍理想数据速率的 2％范围内（CDR 时钟以 32 倍数据速率过采样）。可以创建一个简单的电子表格来测试具有所需容差的各种 Xtal。一些有效的值包括 12.8MHz、18.867MHz 和 19.2MHz。这些值全都能在一个数据速率时提供 0％误差容差，在另一个数据速率时提供 1.7％误差容差。

注意，如果打算实施一个额定码片速率差异为±12％的 T2 模式接收器单元，则必须旁路 CDR 电路。这种情况下，晶振的选择不那么重要，10～20MHz 范围内的任何常用值都是可行的。关于 CDR 旁路的详情，可参见下页"码片速率容差"部分。

达到 ETSI 发射屏蔽要求

遗憾的是，就发射屏蔽而言，M-Bus 规定的是 FSK 调制，而不是高斯 FSK 或升余弦 FSK，这使得测量结果为−36dBm 的 ETSI 调制带宽要求更难以达到。不过，利用 ADI 公司提供的 Studio™免费工具，可以轻松模拟 ETSI 调制带宽。

影响调制带宽的一个重要参数是 PLL 开环带宽，必须将它设置得足够高，以便让发射数据速率通过而不产生明显的失真，但又不能太高，以至于提高整体 PLL 积分噪声电平，从而提高调制带宽。对于 FSK 数据，PLL 环路带宽最低可以设置为数据速率的 1 倍，而不会影响调制质量。因此，为了支持 S、T 和 R 模式，PLL 环路带宽应设为 100kHz。

工作在从 868.0 ~ 868.6MHz 的 ETSI G1 子频段的 S 模式设备，PLL 环路带宽为 100kHz，偏差曼彻斯特编码 PRBS 数据为 ±50kHz，输出功率为 +13dBm。−36dBm 调制带宽估计在 426kHz，这完全在 ETSI 通道 G1 的 600kHz 要求范围内。

类似地，对于 T 模式设备，调制带宽估计在 408kHz，同样在通道 G2 的 500kHz 要求内。虽然仿真根据 ETSI 规范而使用 PRBS 数据调制载波，但由于调制指数为 1.0，因此 T 模式频谱看起来像音调。事实上，EN 13757-4 规定偏离频率容差范围为 ±40 ~ ±80kHz，因而调制指数范围为 0.8 ~ 1.6。ADF7020 接收器可以采用 0.4 ~ 5.0 或以上范围内的调制指数工作，能够处理调制指数的变化，而灵敏度几乎不会下降。如果偏差从 50kHz 变为 48kHz，调制带宽将显著降低。

频率容差

针对与仪表通信的设备，EN 13757-4 规定频率容差至少为 ±25ppm，而针对仪表频率精度本身，其规定则较宽松，为 ±60ppm。为了在这一频率误差要求下精确解调 FSK 信号，必须使用具有较大频率误差容差的系统（如 ADF7020 的线性解调器），或者采用自动频率控制（AFC）方案。

诸如 ADF7020 之类的现代收发器已经集成 AFC 电路，可以将误差限制在 ±60ppm 以内，但是，此电路通常要求最少 48 位的前导码。M-Bus 规定前导码长度为 48 码片，但其中包括同步字，因此前导码可能只有 30 码片（S 模式）或 38 码片（T 模式）。

鉴于此，在 M-Bus 系统中，建议使用 ADF7020 的线性调制器，并关闭 AFC 功能。中频带宽应设置为最大值 200kHz，以便让带有频率误差的信号通过。另外，建议在设计中使用 ±25ppm 或 ±10ppm 的低 ppm 晶振。许多晶振制造商都可以提供这种晶振。

码片速率容差

相当宽松的 M-Bus 规定引出了另一个设计问题：对于来自仪表的数据传输，额定码片速率范围高达 10% ~ 12%。建议使用的线性解调器可以接受如此之大的数据速率差异。但是，时钟与数据恢复（CDR）电路则有问题，它只能接受 3% 以下的码片速率容差。

要处理如此之大的码片速率差异，必须旁路片内 CDR，并对微控制器中的数据重新定时。在线性解调器模式下，将 0x0000 C00C 写入测试模式寄存器，可以使能此模式并旁路 CDR 电路。而在相关解调器模式下，将 0x0001 000C 写入测试模式寄存器，也可以旁路 CDR 电路。不过如上面"频率容差"部分所述，M-Bus 系统最好使用线性解调器。

旁路 CDR 的一个后果是同步字检测（SWD）特性不在 ±12% 的完整码片速率范围内工作，而是在 ±3% 的较窄范围内工作。这种情况下，必须在微控制器上执行同步字检测（SWD）。

符合最小接收灵敏度限制

M-Bus 规定：对于 1e-2 的 BER，最小接收灵敏度为 −100dBm。数据速率较低的 S 模式更容易达到这一要求，其预期灵敏度为 −107dBm，不需要使用外部天线开关或 LNA。在 T2 模式下，ADF7020 的 100kbps 灵敏度为 −103dBm。ADF7020 还有一个优势，即其灵敏度与调制指数的关系曲线很平坦。因此，灵敏度能够保持稳定，不随调制指数而变化，如前面"达到

ETSI 发射屏蔽要求"部分所述。

偏离容差

按照"达到 ETSI 发射屏蔽要求"部分的建议，使用线性解调器可以处理±40～±80kHz 范围内的偏离容差。中频带宽应设置为最大值 200kHz，以便让带有频率和偏离误差的信号通过。

资料来源 ANALOG DEVICES（作者：Austin Harney）

收发器集成电路

ADI 公司射频 IC 产品覆盖整个 RF 信号链路

ADI 公司利用各种设计技能、系统理解与工艺技术的独特组合而推出的射频（RF）IC 覆盖整个 RF 信号链路。这些产品集成了业界领先的高性能射频功能模块，提供了高集成度的 WiMAX 和短距离单芯片收发器解决方案。射频功能模块包括直接数字频率合成器（DS）、锁相环合成器（PLL）：TruPwr（TM）RF 功率检波器以及对数放大器、X-AMP（R）可变增益放大器（VGA）：功率放大器（PA）、低噪声放大器（LNA）及其他射频放大器、混频器，以及直接变频调制器与解调器产品。这些产品得到了众多免费设计工具的支持，使得射频系统的开发非常方便。

针对全球 2.4GHz ISM（工业、科学和医疗）频段的短距离无线系统推出一款射频收发器。这款收发器支持 IEEE802.15.4 标准，可以用来实现基于 Zigbee（R）IPv6/6LowWPAN，ISA100.11a 和无线 HART 等协议的解决方案，还能灵活地实现数据速率高达 2Mbps 且基于 FSK 的专有协议。ADF7242 短距离收发器具有一流的抗强干扰性能，不仅能提高有效信号质量和覆盖范围，还能延长电池寿命。目标应用包括智能电表/智能电网、无线传感器网络、楼宇自动化、工业无线控制、无线遥控、消费电子和医疗保健等。

关于 ADF7242 射频收发器

ADF7242 是一款全集成、低成本和低功耗的短距离收发器，重点突出了灵活性、易用性和低功耗的特性。ADF7242 采用一个鲁棒性的通信处理器，因而降低了系统复杂性，支持工程师使用功能一般但功效更高的控制器。ADF7242 提供 IEEE802.15.4 和 GFSK/FSK 双模工作方式，同一器件既能支持数据速率为 250kbps 的 IEEE802.15.4 协议标准，也能支持数据速率高达 2Mbps、采用 GFSK/FSK 调制方案的专有协议。ADF7242 的发送和接收路径都具有业界领先的抗强干扰功能，允许器件工作在拥挤的 2.4GHz 频段，而这个频段中的干扰信号比有用信号强 30 倍以上。另外，高灵敏度和低功耗不仅使无线电覆盖范围能提高 1 倍以上，还能延长电池续航时间。ADF7242 采用 5mm×5mm 的 32 引脚 LFCSP 封装，ADF7242 可与包括 Blackfin（R）处理器在内的多种 ADI 产品配套使用。

● ADF7242 低功耗 IEEE802.15.4/专用 GSK/FSK 零一中频 2.4GHz 收发器 IC

【用途】

无线传感器网络，自动仪表读数/智能测量，工业无线控制，医疗保健，无线音频/视频，消费电子，家庭自动化。

【特点】

频率范围（通用 ISM 频带）	可编程数据速率和调制
2400～2483.5MHz	IEEE 802.15.4-2006-相容（250kbps）

GFSK/FSK/GMSK/MSK 调制

50～2000kbps 数据速率

低功耗

  19mA（典型）在接收器型式

  21.5mA（典型）在发射型式（$P_0 = 3dB$）

  1.7μA，32kHz 晶体振荡器唤醒型式

高灵敏度（IEEE802.15.4-2006）

  −95dBm 在 250kbps

高灵敏度（0.1%BER）

  −96dBm 在 62.5kbps（GFSK）

  −93dBm 在 500kbps（GFSK）

  −90dBm 在 1Mbps（GFSK）

  −87.5dBm 在 2Mbps（GFSK）

可编程输出功率

  −20～+4.8dBm，每步 2dB

集成电压稳压器

  1.8～3.6V 输入电压范围

  极好的接收灵敏度和阻塞恢复力

  零中频结构

  符合 EN300440 类 2，EN300 328，FCCCFR47 零

  件 15，ARIBSTD-T66

数字 RSSI 测量

快速自动 VCO 校验

最佳自动 RF 合成带宽

芯片上低功耗处理完成

  无线控制

  信息包管理

信息包管理支持

  插入/检测/SWD/CRC/地址

  IEEE 802.15.4-2006 帧滤波

  IEEE 802.15.4-2006CSMA/CA 无开缝型式

灵活 256 一字节发射/接收数据缓冲器

IEEE 802.15.4-2006 和 GFSK/FSK 游戏型式

快速建立自动频率控制

灵活多个 RF 端口接口

  外部 PA/LNA 支持硬件

  开关天线多种支承

唤醒定时器

极少的外部元件

  集成 PLL 环路滤波器，接收/发射开关，电池

  监视器，温度传感器，32kHz RC 和晶体振

  荡器

灵活 SPI 控制接口有块读/写存取

小型 5mm×5mm 32 引线 LFCSP 封装

ADF7242 是一个高集成、低功耗和高性能收发器，工作在通用 2.4GHz ISM 频带。它设计着重于灵活性、坚固性，容易使用，低电流消耗。IC 支持 IEEE 802.15.4-2006 2.4GHz PHY 要求，如专用 GFSK/FSK/GMSK/MSK 调制原理，既可以是信息包，也可以在数据流型式。用最少的外部元件数，能达到符合 FCC CFR47 零件 15，ETSI EN300 440（设备二类），ETSI EN300 328（FHSS，DR>250kbps）和 ARIB STD T-66 标准。

ADF7242 符合 IEEE 802.15.4-2006 2.4GHz PHY 要求，用 GFSK/FSK/GMSK/MSK 调制电路支持，IC 能工作在一个数据速率从 50kbps～2Mbps 宽的范围，因此完全适用于专用范围、智能测试、工业控制、家庭和建筑自动化和消费电子。此外，ADF7242 灵活的频率合成器与短的工作周期时间，FHSS 系统简化实现。

ADF 7242 发射器通道，基于直接闭合环路 VCO 调制电路图，用一个低噪声分数-NRF 频

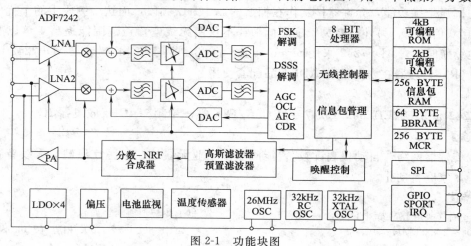

图 2-1　功能块图

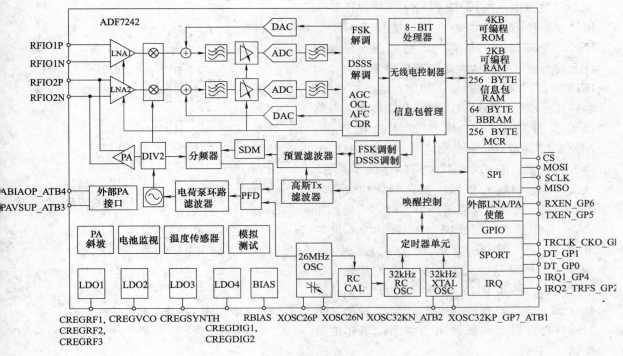

图 2-2　详细功能块图

率合成器。自动校验 VCO 工作在 2 倍基频，减小寄生发射和避免 PA 牵引效应。RF 频率合成器的带宽，根据发射和接收工作自动选择，达到最佳相位噪声，调制质量和合成器建立时间性能。发射器输出功率从 $-20 \sim +4\mathrm{dBm}$ 可编程，用自动 PA 斜坡满足瞬变寄生特性。一个集成偏压和控制电路，适用于 IC 至有效简化接口至外部 PA。

接收通道根据零中频结构，使能非常高的阻塞恢复力和选择特性，它们是临界特性，干扰主环境如 2.4GHz 频带。此外，该结构在图内通道不受来自任何降低阻断抑制的损失，典型在低中频接收器。在 GFSK/FSK 型式，接收机特性是高速自动频率控制（AFC）环路，允许频率合成器精确和校正，在接收信息包任一频率误差。

IC 工作用电源电压在 1.8～3.6V 之间，在接收发射型式具有非常低的功耗。保持它的极好 RF 特性，使它完全适用于电池供电系统。

ADF7242 特点是灵活双端口接口，能用于一个外部 LNA 或 PA，此外支持开关多种天线。

ADF7242 组成一个非常低功耗 8 位处理器，支持一个收发器管理功能，处理这些功能通过处理器两个主模块：无线控制器和信息包管理。无线控制器在各种模式配置管理 IC 状态。主机 MCU 能用单字节指令至接口到无线电控制器。信息包管理是高灵活性的，并支持各种信息包管理。在发射型式，信息包管理能构成增加前沿、同步、CRC 字至有效负载，数据存储在芯片上信息包 RAM。在接收器型式，信息包管理能检测和产生一个中断至 MCU，根据接收有效同步和 CRC 字，存储接收数据有效负载在信息包 RAM。总的 256 字节发射和接收信息包 RAM 空间，提供去耦速率来自主机 MCU 处理速度，因此 ADF7242 信息包管理容易处理在主机 MCU 上载荷和节省整个系统功耗。

此外，应用要求数据流，一个同步双向串行端口提供位电平输入/输出数据，并设计直接接口至 DSP 宽范围,如 ADSP-21XX,SHARC* Tiger SHARC* 和 Blackfin* 端口接口能用于 GFSK/FSK,如 IEEE802.15.4-2006 型式。处理器同样允许下载和执行微程序语言模块集,它包括 IEEE802.15.4 自动模块,如节点地址滤波器,和同样无槽的 CSMA/CA。这些微程序语言模块的执行码适用于模拟器件公司产品。ADF7242 的特点是一个集成低功耗 32kHz RC 唤醒振荡器,它用 26MHz 晶体振荡器校验,收发器有效。集成 32kHz 振荡器能用唤醒定时器,用于要求非常高的唤醒定时。电池备用 RAM 适用于 IC 上 IEEE802.15.4-2006 网络节点地址,IC 在睡眠状态时能保持。ADF7242 同样是非常灵活的中断控制器,提供 MAC 电平和 PHY 电平至主机 MCU。IC 装有 SPI 接口,允许脉冲型式数据转换。IC 同样有集成温度传感器用于数据读回和电池监视。

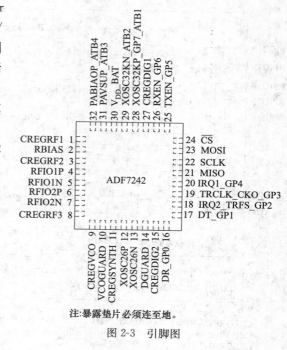

注:暴露垫片必须连至地。

图 2-3　引脚图

【引脚说明】

脚号	脚　名	说　明
1	CREGRF1	稳压电源端,用于 RF 部分,从该脚至 GND 连 220nF 电容去耦
2	RBIAS	偏压电阻 27kΩ 至地
3	CREGRF2	稳压电源,用于 RF 部分,连 100pF 去耦电容至地
4	RFIO1P	差动 RF 输入端口 1(正端),要求 10nF 耦合电容
5	RFIO1N	差动 RF 输入端口 1(负端),要求 10nF 耦合电容
6	RFIO2P	差动 RF 输入/输出端口 2(正端),要求 10nF 耦合电容
7	RFIO2N	差动 RF 输入/输出端口 2(负端),要求 10nF 耦合电容
8	CREGRF3	稳压电源,用于 RF 部分,连 100pF 去耦电容从该脚至地
9	CREGVCO	稳压电源,用于 VCO 部分,连 220nF 去耦电容从该脚至地
10	VCOGUARD	防护沟道,用于 VCO 部分,连脚 9(CREGVCO)
11	CREGSYNTH	稳压电源,用于 PLL 部分,连 220nF 去耦电容从该脚至地
12	XOSC26P	外部晶体端 1 和加载电容,当用外部振荡器时该脚不连
13	XOSC26N	外部晶体端 2 和加载电容,输入用于外部振荡器
14	DGUARD	防护沟道,用于数字部分,连脚 15(CREGDIG2)
15	CREGDIG2	稳压电容,用于数字部分,连 220nF 去耦电容至地
16	DR_GP0	SPORT 接收数据输出/通用 I/O 端口
17	DT_GP1	SPORT 发射数据输入/通用 I/O 端口
18	IRQ2_TRFS_GP2	中断请求输出 2/符号时钟 IEEE802.15.4-2006 型式/通用 I/O 端口
19	TRCLK_CKO_GP3	SPORT 时钟输出/通用 I/O 端口
20	IRQ1_GP4	中断请求输出/通用 I/O 端口
21	MISO	SPI 接口串行数据输出
22	SCLK	SPI 接口数据时钟输入
23	MOSI	SPI 接口串行数据输入
24	$\overline{CS}$	SPI 接口芯片选择输入(和唤醒信号)
25	TXEN_GP5	外部 PA 使能信号/通用 I/O 端口
26	RXEN_GP6	外部 LNA 使能信号/通用 I/O 端口

续表

脚号	脚 名	说 明
27	CREGDIG1	稳压电源,用于数字部分,连 1nF 去耦电容从该脚至地
28	XOSC32KP_GP7_ATB1	32kHz 晶体振荡器端 1/通用 I/O 端口/模拟测试总线 1
29	XOSC32KN_ ATB2	32kHz 晶体振荡器端 2/模拟测试总线 2
30	V_{DD}_BAT	来自电池不稳压电源输入
31	PAVSUP_ATB3	外部 PA 电源端/模拟测试总线 3
32	PABIAOP_ATB4	外部 PA 偏压电压输出/模拟测试总线 4
33(EPAD)	GND	公共地端,暴露垫片必须连至地

【最大绝对额定值】

V_{DD}_BAT 至 GND	$-0.3\sim3.9V$	LFCSP θ_{JA} 热阻	$26℃/W$
工作温度范围	$-40\sim85℃$	回流焊:峰值温度	$260℃$
存储温度范围	$-65\sim125℃$	峰值温度时间	$40s$
最大结温	$150℃$		

【应用电路】

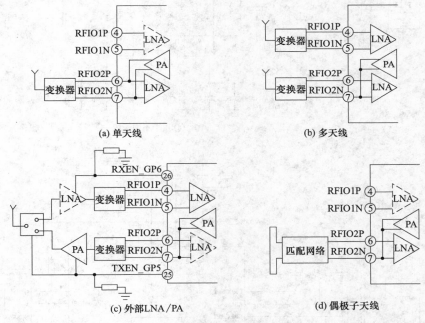

图 2-4 RF 接口配置选择

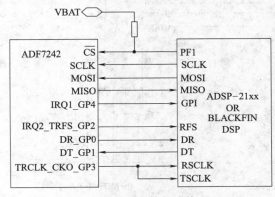

图 2-5 SPI 接口连接

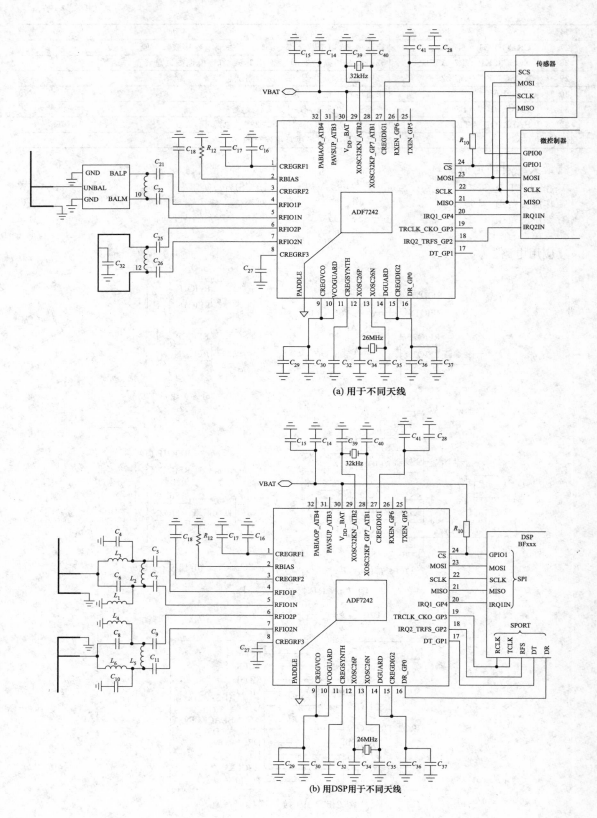

(a) 用于不同天线

(b) 用DSP用于不同天线

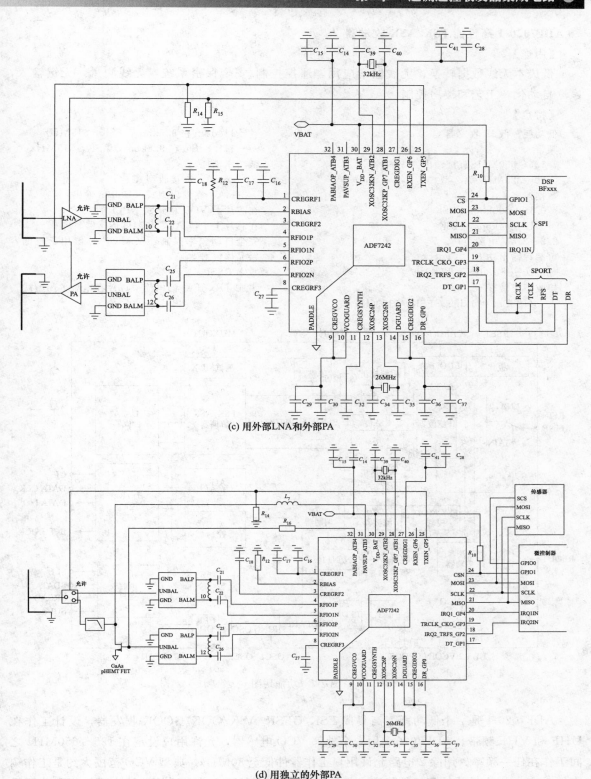

(c) 用外部LNA和外部PA

(d) 用独立的外部PA

图 2-6 典型 ADF7242 应用电路

【生产公司】 ANALOG DEVICES

● ADF7020-1 高性能 FSK/ASK 收发器

【用途】

低成本无线数据转换，无线医学应用，遥控控制/安全保密系统，无线测量，无键输入，家庭自动化，工艺和楼房控制。

【特点】

低功耗，低 IF 收发器

频带

    135～650MHz 直接输出

    80～325MHz 除 2 型式

数据速率

    0.15～200kbps，FSK

    0.15～64kbps，ASK

2.3～3.6V 电源

可编程输出功率

    －20～＋13dBm，用 63 步

接收器灵敏度

    －119dBm 在 1kbps，FSK，315MHz

    －114dBm 在 9.6kbps，FSK，315MHz

    －111.8dBm 在 9.6kbps，ASK，315MHz

低功率消耗

    17.6mA，在接收型式

    21mA，在发射型式（10dBm 输出）

在芯片上 VCO 和分数-NPLL

在芯片上 7 位 ADC 和温度传感器

完全自动频率控制环（AFC）补偿用于较低容差晶体

数字 RSSI

集成 TRx 开关 漏电流＜1μA 在电源关闭型式

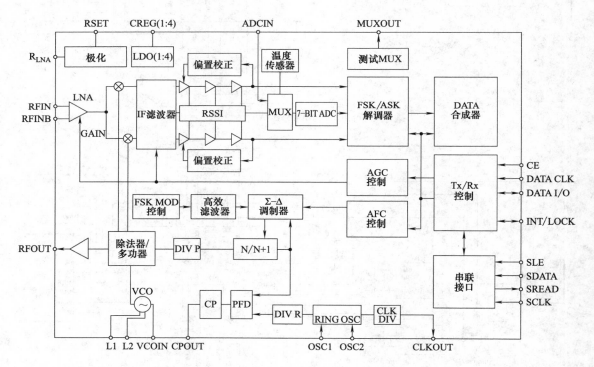

图 2-7 功能块图

ADF7020-1 是一个低功耗、高集成 FSK/GFSK/ASK/OOK/GOOK 收发器，设计工作在 UHF 和 VHF 频带。ADF7020-1 用一个外部 VCO 电感器，允许用户设定在 135～650MHz 之间工作在任一频率。用除 2 电路允许用户工作器件低至 80MHz。典型 VCO 范围大约是工作频率的 10%。用少量的外部元件能完成收发器，使 ADF7020-1 非常适用于给定灵敏度和范围灵敏度应用。发射部分包括一个 VCO 和低噪声分数-NPLL，输出分辨率＜1ppm。频率灵活的 PLL 允许 ADF7020-1 用在跳频分布频谱（FHSS）系统。VCO 工作在 2 倍基频，减小寄生发射和频率牵引问题。发射输出功率可编程,从 $-20 \sim +13\text{dBm}$ 用 63 步。收发器 RF 频率、通道间隔和调制可编程,用一个简单 3 线接口能完成。器件工作电源电压 $2.3 \sim 3.6\text{V}$,当不用时电源能关闭。在接收器(200kHz)中用一个 IF 结构,有最小功耗和最少的外部元件,避免干扰问题在低频。ADF7020-1 有宽的可编程特点,包括 Rx 线性、灵敏度和 IF 带宽。允许用户折中考虑接收器灵敏度和选择性有关电流消耗决定应用。在芯片上 ADC 提供一个温度传感器读回、一个外部模拟输入、电池电压或 RSSI 信号,这些在 ADC 一些应用中提供服务。温度传感器精度在工作温度 $-40 \sim 85℃$ 时为 $\pm10\%$。该精度可改进校验精度 1 个点,条件是室温。

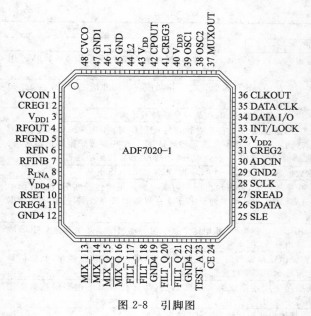

图 2-8 引脚图

【引脚说明】

脚号	脚 名	说 明
1	VCOIN	VCO 输入脚。在该脚上调谐电压决定电压控制振荡器的输出频率。调谐电压越高,输出频率越高
2	CREG1	稳压器电压,用于 PA 块。100nF 和 5.1pF 电容并联放在该脚和地之间,用于稳压器稳定和噪声抑制
3	V_{DD1}	电源电压,用于 PA 块。去耦电容 $0.1\mu F$ 和 10pF 应放置尽可能接近该脚。全部 V_{DD} 脚应连在一起
4	RFOUT	PA 输出脚。在该脚调制信号有效。输出功率电平从 $-20 \sim +13\text{dBm}$。输出应与负载阻抗匹配
5	RFGND	接地,用于发射器输出级。全部 GND 应连在一起
6	RFIN	LNA 输入用于接收器部分。输入在天线和差分 LNA 输入之间要求匹配。保证最大功率转换
7	RFINB	互补 LNA 输入
8	R_{LNA}	外部偏压电阻,用于 LNA。最佳电阻是 $1.1\text{k}\Omega\pm5\%$
9	V_{DD4}	电源电压,用于 LNA/混频器块。该脚至地用 10nF 电容去耦
10	RSET	外部电阻,设定充电泵电流和一些内部偏压电流。用 $3.6\text{k}\Omega\pm5\%$ 电阻
11	CREG4	稳压器电压,用于 LNA/混频器块。100nF 电容应连至该脚和地之间,用于稳压器稳定和噪声抑制
12	GND4	接地,用于 LNA/混频器块
13~18	MIX/FILT	串联电路测试脚。这些脚是高阻抗,在正常条件下应浮空不连
19,22	GND4	接地,用于 LNA/混频器块
20,21,23	FILT/TEST_A	串联电路测试脚。这些脚是高阻抗,正常条件下应浮空不连
24	CE	芯片使能。引入 CE 低使 ADF7020-1 进入完全关闭。当 CE 低时,寄存器值丢失。一旦 CE 进入高时,零件必须再编程
25	SLE	负载使能,CMOS 输入。当 LE 变高时,存储在移位寄存器数据进入 4 个锁存器中的 1 个。锁存选择用控制位
26	SDATA	串联数据输入。串联数据加至 MSB 第一位,用 LSB 作为控制位。该脚是高阻 CMOS 输入
27	SREAD	串联数据输出,用该脚从 ADF7020-1 数据读回馈给微控制器。用 SCLK 输入从 SREAD 脚读回每一位时钟
28	SCLK	串联时钟输入。用串联时钟串联数据到寄存器时钟。在 CLK 上升沿,该数据锁定至 24 位移位寄存器。该脚是数字 CMOS 输入

脚号	脚 名	说 明
29	GND2	接地,用于数字部分
30	ADCIN	模拟至数字变换器输入。内部 7 位 ADC 能通过该脚存取。满量程 0～1.9V。用 SREAD 脚进行读回
31	CREG2	稳压器电压,用于数字块。100nF 和 5.1pF 电容并联放在该脚和地之间,用于稳压和噪声抑制
32	V_{DD2}	电源电压,用于数字块。去耦电容 10nF 应放置尽量接近该脚
33	INT/LOCK	双向脚。在输出型式(中断型式),当它建立预定匹配程序时,ADF7020-1 认定 INT/LOCK 脚。在输入型式(锁定型式),当有效预定检测时,能用微控制器锁定解调器阈值。一旦阈值锁定,NRZ 数据能可靠接收。在这种型式,解调器锁定用最小延迟
34	DATA I/O	发射数据输入/接收数据输出。这是一个数字脚,正常加 CMOS 电平
35	DATA CLK	发射/接收时钟脚。在接收型式,该脚输出同步数据时钟。正时钟沿匹配接收数据中心。在 GFSK 发射型式,该脚输出精确时钟至来自微控制器的锁存数据,按要求的数据速率进入发射部分
36	CLKOUT	晶体基准除尽型式,用于输出驱动器,能用这个数字时钟输出驱动几个其他 CMOS 输入,如微控制器时钟。输出有 50:50 占空比
37	MUXOUT	多功器输出脚。该脚提供锁存检测信号,如 PLL 锁定,用它决定校正频率,其他信号包括稳压器准备好,它可指示串联接口稳压器状态
38	OSC2	振荡器输出脚。基准晶体应连至该脚和 OSC1。驱动具有 CMOS 电平的该脚能用 TCXO 基准,晶体振荡器不能用
39	OSC1	振荡器输入脚。基准晶体应连至该脚和 OSC2 之间
40	V_{DD3}	电源电压,用于充电泵和 PLL 除法器。用 0.01μF 电容连该脚至地去耦
41	CREG3	稳压器电压,用于充电泵和 PLL 除法器。100nF 与 5.1pF 电容并联置在该脚和地之间,用于稳压和噪声抑制
42	CPOUT	充电泵输出。该输出产生电流脉动在环路滤波器积分,在输入至 VCO 上,积分电流改变控制电压
43	V_{DD}	电源电压,用于 VCO 振荡回路电路。该脚用 0.01μF 电容去耦连至地
44,46	L2,L1	外部 VCO 电感器脚。芯片电感器应跨连在这些脚上,设定 VCO 工作频率
45,47	GND,GND1	接地脚,用于 VCO 块
48	CVCO	VCO 噪声补偿节点。22nF 电容应连至该脚和 CREG1 之间,减小 VCO 噪声

【最大绝对额定值】

V_{DD} 至 GND	−0.3～5.0V	最大结温	150℃
模拟 I/O 电压至 GND	−0.3V～AV_{DD}+0.3V	MLF θ_{JA} 热阻抗	26℃/W
数字 I/O 电压至 GND	−0.3V～DV_{DD}+0.3V	回流焊:峰值温度	260℃
工作温度	−40～85℃	峰值时间	40s
存储温度	−65～125℃		

【接口至微控制器/DSP 应用电路】

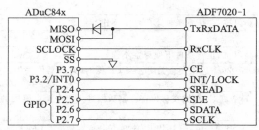 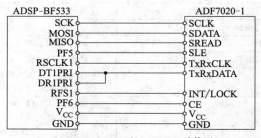

(a) ADuC84x 至 ADF7020-11 连接图　　　　(b) ADSP-BF533 至 ADF7020-1 连接图

图 2-9　至 ADF7020-1 连接图

【生产公司】 ANALOG DEVICES

● **ADF7025 高性能 ISM 频带收发器**

【用途】

无线音频/视频，遥控控制/安全保密系统，无线测控，无键输入，家庭自动化。

【特点】

低功耗，零— 中频 RF 收发器

频带

431～464MHz

862～870MHz

902～928MHz

保证数据速率

9.6～384kbps，FSK

2.3～3.6V 电源

可编程输出功率

－16～＋13dBm，用 63 步

接收器灵敏度

在 38.4kbps，FSK，－104.2dBm

在 172.8kbps，FSK，－100dBm

在 384kbps，FSK，－95.8dBm

低功耗

在接收型式 19mA

在发射型式(10dBm 输出) 28mA

芯片上 VCO 和除数 NPLL

芯片上 7 位 ADC 和温度传感器

数字 RSSI

集成 TRx 开关

在电源关闭型式，漏电流＜1μA

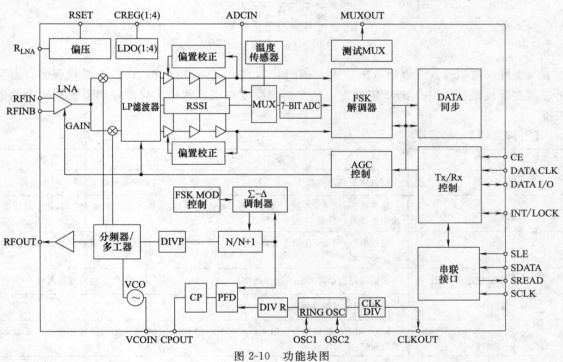

图 2-10 功能块图

ADF7025 是一个低功耗、高集成 FSK 收发器。设计工作在 433MHz、863～870MHz 和 902～928MHz 的不允可的 ISM 频带内。ADF7025 工作在欧洲 ETSIEN300-220 或北美 FCC 受限标准。ADF7025 用宽带，高数据速率应用，有频率偏差 100～750kHz 和数据速率 9.6～384kbps。用少量外部元件能完成收发器。发射部分包括一个 VCO 和低噪声除法 NPLL，具有输出分辨率＜1ppm。VCO 工作在 2 倍基频，减少寄生发射干扰和频率牵引问题。接收器用零中频结构，有最小功耗和最少外部元件数。避免所需镜化抑制。基带滤波器（低通）有可编程带宽±300kHz、±450kHz 和±600kHz。高通极点在 60kHz 消除直流偏置问题，该特性就是零中频结构。ADF7025 供宽范围可编程特点，包括 Rx 线性、灵敏度和滤波器带宽。允许用户综合接收灵敏度和选择反抗电流消耗决定应用。在芯片上 ADC 提供一个集成温度传感

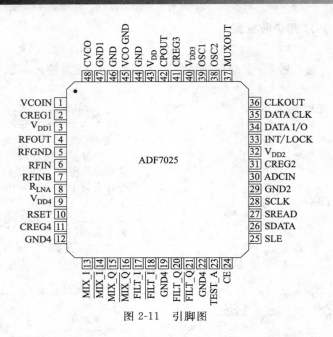

图 2-11　引脚图

器、一个外部模拟输入、电池电压，或 RSSI 信号，在一些应用中在 ADC 上提供服务。温度传感器在温度范围 $-40\sim85℃$ 精度为 $\pm10℃$。该精度在室温和楼房导致存储器提高 1 个点的校准。

【引脚说明】

脚号	脚　名	说　明
1	VCOIN	在该脚上调谐电压决定电压控制振荡器的输出频率,调谐电压越高,输出频率越高
2	CREG1	稳压电压,用于 PA 块。100nF 与 5.1pF 电容并联,放置在该脚和地之间,用于稳压器稳定性和噪声抑制
3	V_{DD1}	电源电压,用于 PA 块。去耦电容 $0.1\mu F$ 和 10pF 放置尽可能接近该脚。全部 V_{DD} 脚应连在一起
4	RFOUT	在该脚调制信号有效。输出功率从 $-20\sim+13dBm$,输出阻抗应当与负载匹配
5	RFGND	接地,用于发射器输出级
6	RFIN	LNA 用于接收器部分。输入要求在天线和差分 LNA 输入之间阻抗匹配。保证最大功率转换
7	RFINB	互补 LNA 输入
8	R_{INA}	外部偏置电阻,用于 LNA。最佳电阻 $1.1k\Omega\pm5\%$
9	V_{DD4}	电源电压,用于 LNA/混频器块。该脚用 10nF 电容去耦接地
10	RSET	外部电阻,设定充电泵电流和一些内部偏压电流。用 $3.6k\Omega\pm5\%$ 电阻
11	CREG4	稳压器电压,用于 LNA/混频器块。100nF 电容放置该脚和地之间,用于稳压器稳定和噪声抑制
12	GND4	接地,用于 LNA/混频器块
13~18	MIX/FILT	信号电路测试脚。这些脚在正常条件下是高阻抗,应当浮空断开
19,22	GND4	接地,用于 LNA/混频器块

脚号	脚　名	说　　明
20,21,23	FILT/TEST_A	信号电路测试脚。在正常条件下,这些脚是高阻抗,应浮动断开
24	CE	芯片使能。引起 CE 低促使 ADF7025 进入完全电源关闭,寄存器值损失(CE 为低),一旦 CE 进入高,零件必须再编程
25	SLE	负载使能,CMOS 输入。当 LE 变高时,加至移位寄存器的存储数据进入 4 个锁存器中的 1 个。用控制位选择锁存
26	SDATA	串联数据输入。用两个 LSB 作为控制位,串联数据加至 MSB 第一位。该脚是高阻抗 CMOS 输入
27	SREAD	串联数据输出。用该脚读回数据馈给从 ADF7025 至微控制器,用 SCLK 输入。每个读回位时钟来自 SREAD 脚
28	SCLK	串联时钟输入。用串联时钟,使在串联数据时钟进入寄存器。在 CLK 上升沿锁存器数据进入 24 位移位寄存器。该脚是数据 CMOS 输入
29	GND2	接地,用于数字部分
30	ADCIN	模拟数字变换器输入。内部 7 位 ADC 能通过该脚存取。满量程 $0 \sim 1.9\text{V}$。用 SREAD 脚进行读回
31	CREG2	稳压器电压,用于数字块。100nF 与 5.1pF 电容并联放置该脚和地之间,用于稳压器稳定性和噪声抑制
32	V_{DD2}	电源电压,用于数字块。去耦电容 10nF 应放置尽可能接近该脚
33	INT/LOCK	双向脚:输入型式(中断型式)。当它已建立匹配时,ADF7025 要求 INT/LOCK 脚用于编序 在输入型式(锁存型式),当有效编序已检测,能用微控制器锁定解调器阈值。一旦阈值锁定,NRz 能可靠地接收。在这种型式,能要求解调器锁定用最小延迟
34	DATA I/O	发射数据输入/接收数据输出。这是一个数字脚,正常加 CMOS 电平
35	DATA CLK	在接收型式。该脚输出同步数据时钟,正时钟沿与接收数据中心匹配
36	CLKOUT	有输出驱动器的晶体基准除尽型式。能用数字时钟输出驱动几个其他 CMOS 输入,如微控制器时钟,输出有 50∶50 占空比
37	MUXOUT	该脚提供时钟检测信号。如 PLL 锁定用它校准频率,其他信号包括稳压器准备好,指示串联接口稳压器
38	OSC2	基准晶体应连至该脚和 OSC1 之间,通过有 CMOS 电平的该脚能用 TCXO 基准,但晶体振荡器失效
39	OSC1	基准晶体,应连在该脚和 OSC2 之间
40	V_{DD3}	电源电压,用于充电泵和 PLL 除法器。该脚应用 0.01μF 电容去耦至地
41	CREG3	稳压器电压,用于充电泵和 PLL 除法器。100nF 与 5.1pF 电容并联放置在该脚和地之间,用于稳压器稳定和噪声抑制
42	CPOUT	充电泵输出。该输出产生的电流脉动在环路滤波器上积分。在输入至 VCO 上积分电流改变控制电压
43	V_{DD}	电源电压,用于 VCO 振荡电路。该脚至地用 0.01μF 电容去耦
44～47	GND	接地,用于 VCO 块
48	CVCO	22nF 电容应放在该脚和 CREG1 之间,减少 VCO 噪声

【最大绝对额定值】

V_{DD} 至 GND	$-0.3\sim5V$
模拟 I/O 电压至 GND	$-0.3V\sim AV_{DD}+0.3V$
数字 I/O 电压至 GND	$-0.3V\sim DV_{DD}+0.3V$
工作温度（B型）	$-40\sim85℃$
存储温度范围	$-65\sim125℃$

最大结温	125℃
MLF θ_{JA} 热阻抗	26℃/W
引线焊接：气相（60s）	235℃
红外（15s）	240℃

【技术特性】

$V_{DD}=2.3\sim3.6V$，GND$=0V$，$T_A=T_{MIN}\sim T_{MAX}$。典型值 $V_{DD}=3V$，$T_A=25℃$。

参　数	最小	典型	最大	单位	参　数	最小	典型	最大	单位
RF 特性					Rx 寄生发射			-57	dBm
频率范围（直接输出）	862		870	MHz				-47	dBm
	902		928		通道滤波				
频率范围（除 2 型式）	431		464	MHz	相邻通道抑制		27		dB
相位频率检测频率	RF/256		24	MHz	(Offset$=\pm1\times$LP Filter				
传输参数					BW Setting)				
数据速率					第二相邻通道抑制		40		dB
FSK	9.6		384	kbps	(Offset$=\pm2\times$LP Filter				
FSK 频率偏差	100		311.89	kHz	BW Setting)				
	100		748.54	kHz	第三相邻通道抑制		43		dB
	100		374.27	kHz	(Offset$=\pm3\times$LP Filter				
偏差频率分辨率	221			Hz	BW Setting)				
高斯滤波器 BT		0.5			Co 通道抑制		-2	$+24$	dB
发射功率	-20		$+13$	dBm	宽带干扰抑制		70		dB
发射功率偏差与温度关系		±1		dB	阻塞				
发射功率偏差与 V_{DD} 关系		±1		dB	±1MHz		42		dB
发射功率平坦性		±1		dB	±2MHz		51		dB
可编程步大小					±10MHz		64		dB
$-20\sim+13$dBm		0.3125		dB	饱和（最大输入电平）		12		dBm
寄生发射					LNA 输入阻抗		24-j60		Ω
整数范围		-55		dBc			26-j63		Ω
基准		-65		dBc			71-j128		Ω
谐波					RSSI				
二次谐波		-27		dBc	输入范围		$-100\sim$		dBm
三次谐波		-21		dBc			-36		
全部其他谐波		-35		dBc	线性		±2		dB
VCO 频率牵引		30		kHz rms	绝对精度		±3		dB
最佳 PA 负载阻抗		39+j61		Ω	响应时间		150		µs
		48+j54		Ω	锁相环				
		54+j94		Ω	VCO 增益		65		MHz/V
接收器参数							83		MHz/V
FSK 输入灵敏度					相位噪声（带内）		-89		dBc/Hz
在 38.4kbps 灵敏度		-104.2		dBm	相位噪声（带外）		-110		dBc/Hz
在 172.8kbps 灵敏度		-100		dBm	残余 FM		128		Hz
在 384kbps 灵敏度		-95.8		dBm	PLL 设定时间		40		µs
基带滤波器（低通）带宽					基准输入				
		±300		kHz	晶体基准	3.625		24	MHz
		±450		kHz	外部振荡器	3.625		24	MHz
		±600		kHz	负载电容		33		pF
LNA 和混频器输入 IP3					晶体启动时间		1.0		ms
增强线性型		$+6.8$		dBm	输入电平				CMOS
低电流型		-3.2		dBm					levels
高灵敏型		-35		dBm					

续表

参　　数	最小	典型	最大	单位	参　　数	最小	典型	最大	单位
定时信息					CLK$_{OUT}$ 负载			10	pF
芯片使能至电源稳压准备好		10		μs	温度范围,T_A	-40		$+85$	℃
晶体振荡器启动时间		1		ms	电源				
Tx 至 Rx 工作周期		150μs+			电源电压				
		(5T_{BIT})			V_{DD}	2.3		3.6	V
逻辑输入					发射电流消耗				
输入高电平,V_{INH}	0.7V_{DD}			V	-20dBm		14.6		mA
输入低电平,V_{INL}			0.2V_{DD}	V	-10dBm		15.8		mA
输入电流,I_{INH}/I_{INL}			±1	μA	0dBm		19.3		mA
输入电容,C_{IN}			10	pF	10dBm		28		mA
控制时钟输入			50	MHz	接收电流消耗				
逻辑输出					低电流型式		19		mA
					高灵敏型式		21		mA
输出高压,V_{OH}	DV_{DD} -0.4			V	电源关闭型式				
输出低压,V_{OL}			0.4	V	低功耗睡眠型式		0.1	1	μA
CLK$_{OUT}$上升/下降			5	ns					

接口至微控制器/DSP 电路

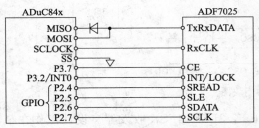

(a) ADuC84x微控制器至ADF7025连接图

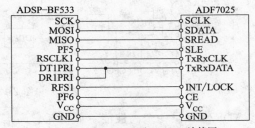

(b) ADSP-BF533至ADF7025连接图

图 2-12　至 ADF7025 连接图

【生产公司】　ANALOG DEVICES

● ADF7021 高性能窄带收发器

【用途】

窄带标准：ETSI EN 300 220，FCC Part 15，FCC Part 90，FCC Part 95，ARIB STD-T67，低价，无线数据转换，遥控控制/安全系统，专用移动无线电话，无线医学遥测服务（WMTS），无键进入，家庭自动化，过程和楼宇控制，传呼机。

【特点】

低功耗，窄带收发器

频带用双 VCO

80～650MHz

862～950MHz

调制电路

2FSK，3FSK，4FSK，MSK

频谱定型

高斯和改善余弦滤波器

数据速率保证

0.05～32.8kbps

2.3～3.6V 电源电压

可编程输出功率

用 63 级从-16～13dBm

自动 PA 斜坡控制

接收灵敏度

-130dBm 在 100bps，2FSK

-122dBm 在 1kbps，2FSK

-113dBm 在 25kbps，改善余弦，2FSK

未定，芯片上镜像抑制校验

芯片上 VCO 和分数 NPLL

芯片上 7 位 ADC 和温度传感器
完全自动频率控制环路（AFC）
数字接收信号强度指示（RSSI）

集成 Tx/Rx 开关
在电源关闭型式 0.1μA 漏电流

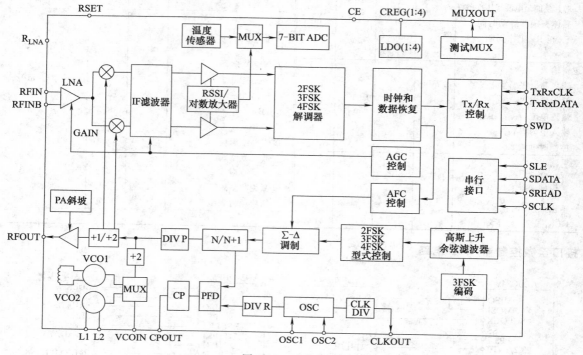

图 2-13　功能块图

　　ADF7021 是一个高性能、低功耗、高集成 2FSK/3FSK/4FSK 收发器。设计工作在窄带。不用 ISM 频带。允许频带频率范围 80～650MHz、862～950MHz。零件有高斯和改善余弦发射数据滤波器选择，提高频谱效率用于窄带应用。用少量外部元件构造完全的收发器，使ADF7021 非常适用于给定灵敏度和范围灵敏度应用。芯片 FSK 调制范围和数据滤波器选择，允许用户在调制电路中有较大灵活性，这完全满足严密的频谱效率要求。ADF7021 在 2FSK/3FSK/4FSK 之间同样支持动态开关，在最小通信范围数据通过。

　　发射部分包含双电压控制振荡器（VCOs）和具有输出分辨率＜1ppm 的除法 NPLL。ADF7021 用一个内部 LC 振荡回路（431 ～ 475MHz，862 ～ 950MHz）和一个用外部电感器作为它的振荡回路电路的一部分的 VCO（80～650MHz）。双 VCO 设计允许双频带工作，其中用户通过内部电感器 VCO 支持，能发射或接收任何频率，

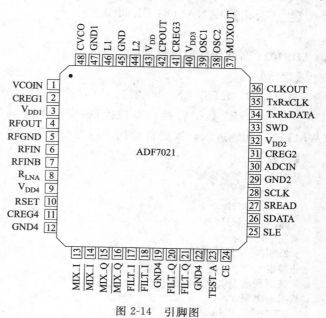

图 2-14　引脚图

同样能通过外部电感支持的 VCO 能发射或接收特定频率。频率灵活的 PLL 允许 ADF7021 用在频率跳动传播频谱（FHSS）系统。两个 VCO 工作在 2 倍基频，可减小寄生发射和频率牵引问题。发射器输出功率可编程，用 63 步从－16～13dBm，有一个自动功率斜坡控制，防止频谱干扰和帮助稳定标准。发射器接收器 RF 频率，通道间隔和调制可用一个 3 线接口编程。器件工作电源 2.3～3.6V，当不用时电源关闭。在接收器（100kHz）中使用低的 IF 结构，具有最小功耗和最少的外部元件。避免 DC 偏置和闪烁噪声。中频滤波器可编程带宽 12.5kHz、18.75kHz 和 25kHz。ADF7021 支持多种可编程特性，包括 Rx 线性、灵敏度和 IF 带宽，允许用户综合接收机灵敏度和选择性阻止电流消耗确定应用。接收器同样允许自动频率控制（AFC）环路，用可编程引入范围，允许 PLL 导出频率误差。接收器完成一个镜像抑制性能 56dB，用特许 IF 校验电路，不用外部 RF 源。芯片上 ADC 具有读回集成温度传感器、外部模拟输入、电池电压和 RSSI 信号，在 ADC 上具有一些应用服务。在工作温度范围－40～85℃，传感器温度精度±80℃。

【引脚说明】

脚号	脚名	说　　　　明
1	VCOIN	在该脚上的调谐电压决定于电压控制振荡(VCO)器的输出频率。调谐电压越高,输出频率越高
2	CREG1	稳压器电压,用于 PA 块,在该脚和地之间放置 3.9Ω 串联电阻和 100nF 电容,用于稳压和噪声抑制
3	V_{DD1}	电源电压,用于 PA 块,去耦电容 0.1μF 和 100pF 尽可能接近该脚,和全部 V_{DD} 脚连在一起
4	RFOUT	在该脚上调制信号有效。输出功率电平从－16～13dBm,输出阻抗与负载阻抗匹配
5	RFGND	接地,用于发射器输出级。全部 GND 应连在一起
6	RFIN	LNA 输入,用于接收器部分。在天线和 LNA 输入之间,要求输入匹配,保证最大功率转换
7	RFINB	互补 LNA 输入
8	R_{LNA}	外偏压电阻,用于 LNA,最佳电阻是 1.1kΩ±5%
9	V_{DD4}	电源电压,用于 LNA/混频器块。该脚用 10nF 电容对地去耦
10	RSET	外部电阻,建立充电泵电流和一些内部偏压电流,用 3.6kΩ 电阻±5%
11	CREG4	稳压电压,用于 LNA/混频器块。在该脚和地之间放 100nF 电容,用于稳压和噪声抑制
12,19,22	GND4	接地,用于 LNA/混频器块
13～18	MIX_I,$\overline{MIX\_I}$,MIX_Q,$\overline{MIX\_Q}$,FILT_I,$\overline{FILT\_I}$	信号增益测试脚。在正常情况下,这些脚是高阻抗,应当浮空不连
20,21,23	FIL_Q,FILT_Q,TEST_A	信号增益测试脚。在正常情况下,这脚是高阻抗,应当浮空不连
24	CE	芯片使能,使 CE 低放置,ADF7021 进入完全关断,当 CE 是低时,寄存器丢失。零件再编程,CE 才能进入高位
25	SLE	负载使能,CMOS 输入。当 SLE 变高时,数据存储在移位寄存器进入到 4 个锁存器中的 1 个。用控制位选择锁存
26	SDATA	串行数据输入。用 4LSB 作为控制位,串行数据加至 MSB 第一位。该脚是高阻抗 CMOS 输入
27	SREAD	串联数据输出。该脚用于反读回数据馈给微控制器。SCLK 输入时钟反读回位,来自 SREAD 脚
28	SCLK	串联时钟输入。串联时钟用于串联数据至寄存器时钟。在 CLK 上升沿,锁存器数据进入 32 位移位寄存器。该脚是数字 CMOS 输入
29	GND2	接地,用于数字部分
30	ADCIN	模拟数字交换器输入,内部 7 位 ADC 能通过该脚输入,满量程 0～1.9V,用 SREAD 脚读回

续表

脚号	脚名	说　明
31	CREG2	稳压电压,用于数字部分,100nF 电容放在该脚和地之间,用于稳压和噪声抑制
32	V_{DD2}	电源电压,用于数字块,去耦电容 10nF 放置尽量接近该脚
33	SWD	同步字检测,当它已建立一个同步字顺序时,ADF7021 进入该脚。其具有一个中断,用于一个外部微控制器,指示有效数据已接收
34	TxRxDATA	发射数据输入/接收数据输出。这是数字脚和正常 CMOS 电平加入。UART/SPI 型式,该脚提供一个输出,在接收型式,用于接收数据。在发射 UART/SPI 型式,该脚是高阻抗
35	TxRxCLK	在接收和发射型式,输出数据时钟。这是一个数字脚,正常 CMOS 电平加入。正时钟沿与接收数据中心匹配。在发射型式,该脚输出一个精确时钟,锁定从微控制器进入发射部分的数据,但要求精确数据速率。在 UART/SPI 型式,在发射型式,该脚用于输入发射数据,在接收 UART/SPI 型式,该脚是高阻抗
36	CLKOUT	晶体除尽型式,具有输出驱动,数字时钟输出能用于驱动几个其他 CMOS 输入,如微控制器时钟,输出有一个 50：50 标志间隔比和对应基准反相,接 1kΩ 电阻尽可能接近该脚,在应用中 CLKOUT 被应用
37	MUXOUT	提供数字锁存检测信号。如 PLL 锁定至校准频率,用该信号确定。同样提供其他信号,如稳压准备好,它指示串联接口稳压状态指示
38	OSC2	在该脚和 OSC1 连接基准晶体,通过激励该脚有 CMOS 电平能用 TCXO 基准,使内部晶体振荡器不能工作
39	OSC1	在该脚和 OSC2 脚之间连接基准晶体,通过激励该脚具有交流耦合 0.8(峰-峰值)电平,能用 TCKO 基准,能使内部基准晶体振荡器工作
40	V_{DD3}	电源电压,用于充电泵和 PLL 除法器。该脚和地之间放 10nF 去耦电容,用于电压稳定和噪声抑制
41	CREG3	电源电压,用于充电泵和 PLL 除法器,该脚和地之间放 100nF 电容,用于电压稳定和噪声抑制
42	CPOUT	电荷泵输出,输出产生电流脉动,加至集成环路滤波器,该集成电流改变输入至 VCO 控制电压
43	V_{DD}	电源电压,用于 VCO 振荡回路电路,10nF 电容连该脚和地去耦
44,46	L2,L1	外部 VCO 电感器脚。如用 VCO 外部电感器连至芯片,电感器跨过这些脚,建立 VCO 工作频率。如用 VCO 内部电感器,这些脚浮空断开
45,47	GND,GND1	接地,用于 VCO 块
48	CVCO	在该脚和 CREG1 之间放 22nF 电容,减小 VCO 噪声

【最大绝对额定值】

V_{DD} 至 GND	$-0.3\sim5V$	最大结温	150℃
模拟 I/O 电压至 GND	$-0.3V\sim AV_{DD}+0.3V$	MLF θ_{JA} 热阻	26℃/W
数字 I/O 电压至 GND	$-0.3V\sim DV_{DD}+0.3V$	焊接温度峰值	240℃
工作温度	$-40\sim55℃$	峰值温度时间	40s
存储温度	$-65\sim125℃$		

注：GND＝CPGND＝RFGND＝DGND＝AGND＝0

【技术特性】

$V_{DD}=2.3\sim3.6V$, GND＝0V, $T_A=T_{MIN}\sim T_{MAX}$。典型值 $V_{DD}=3V$, $T_A=25℃$。

【RF 和 PLL 特性】

参　数	最小	典型	最大	单位	参　数	最小	典型	最大	单位
RF 特性					锁相环(PLL)				
频率范围(直接输出)	160		650	MHz	VCO 增益				
	862		950	MHz	868MHz,内电感器 VCO	58			MHz/V
频率范围(RF 除以 2 型式)	80		325	MHz	434MHz,内电感器 VCO	29			MHz/V
	431		475	MHz	426MHz,外电感器 VCO	27			MHz/V
相位频率检测器(PFD)频率	RF/256		26/30	MHz	160MHz,外电感器 VCO	6			MHz/V
					相位噪声(频带内)				

续表

参　　数	最小	典型	最大	单位	参　　数	最小	典型	最大	单位
868MHz,内电感器 VCO		−97		dBc/Hz	XTAL 偏压=20μA		0.930		ms
433MHz,内电感器 VCO		−103		dBc/Hz	XTAL 偏压=35μA		0.438		ms
426MHz,外电感器 VCO		−95		dBc/Hz	输入电平用于外部振荡器				
相位噪声(频带外)		−124		dBc/Hz	OSC1		0.8(峰-峰值)		V
标准频带内相位噪声底面		−203		dBc/Hz					
PLL 建立时间		40		μs	OSC2		CMOS 电平		V
基准输入					ADC 参数				
晶体基准	3.625		26	MHz	INL			±0.4	LSB
外振荡器	3.625		30	MHz	DNL			±0.4	LSB
晶体建立时间									

【发射器特性】

参　　数	最小	典型	最大	单位	参　　数	最小	典型	最大	单位
数据速率					占有带宽				
2FSK,3FSK	0.05		25	kbps	2FSK 高斯数据滤波器				
4FSK	0.05		32.8	kbps	12.5kHz 通道间隔		3.9		kHz
调制					25kHz 通道间隔		9.9		kHz
频率偏差(f_{DEV})[3]	0.056		28.26	kHz	2FSK 上升余弦数据滤波器				
	0.306		156	kHz	12.5kHz 通道间隔		4.4		kHz
偏差频率分辨率	56			Hz	25kHz 通道间隔		10.2		kHz
高斯滤波器 BT		0.5			3FSK 上升余弦滤波器				
提升余弦滤波器 a		0.5/0.7			12.5kHz 通道间隔		3.9		kHz
发射功率					25kHz 通道间隔		9.5		kHz
最大发射功率		±13		dBm	4FSK 上升余弦滤波器				
发射功率偏差与温度关系		±1		dB	25kHz 通道间隔		13.2		kHz
发射功率偏差与 V_{DD} 关系		±1		dB	寄生发射				
发射功率平坦性		±1		dB	参考物		−65		dBc
可编程步的大小		0.3125		dB	谐波				
相邻通道功率(ACP)					二次谐波		−35/ −52		dBc
426MHz,外部电感器用于 VCO					三次谐波		−43/ −60		dBc
12.5kHz 通道间隔		−50		dBc	全部其他谐波		−36/ −65		dBc
25kHz 通道间隔		−50		dBc	最佳 PA 负载阻抗				
868MHz,内部电感器用于 VCO					f_{RF}=915MHz		39+j61		Ω
12.5kHz 通道间隔		−46		dBm	f_{RF}=868MHz		48+j54		Ω
25kHz 通道间隔		−43		dBm	f_{RF}=450MHz		98+j65		Ω
433MHz,内部电感器用于 VCO					f_{RF}=426MHz		100+j65		Ω
12.5kHz 通道间隔		−50		dBm	f_{RF}=315MHz		129+j63		Ω
25kHz 通道间隔		−47		dBm	f_{RF}=175MHz		173+j49		Ω

【接收器特性】

参　　数	最小	典型	最大	单位	参　　数	最小	典型	最大	单位
灵敏度					灵敏度在 25kbps		−110		dBm
2FSK					高斯 2FSK				
灵敏度在 0.1kbps		−130		dBm	灵敏度在 0.1kbps		−129		dBm
灵敏度在 0.25kbps		−127		dBm	灵敏度在 0.25kbps		−127		dBm
灵敏度在 1kbps		−122		dBm	灵敏度在 1kbps		−121		dBm
灵敏度在 9.6kbps		−115		dBm					

续表

参　　数	最小	典型	最大	单位	参　　数	最小	典型	最大	单位
灵敏度在 9.6kbps		-114		dBm	900MHz		23/39		dB
灵敏度在 25kbps		-111		dBm	450MHz		29/50		dB
GMSK					450MHz,外部电感器 VCO		38/53		dB
灵敏度在 9.6kbps		-113		dBm	阻塞				
上升余弦 2FSK					±1MHz		69		dB
灵敏度在 0.25kbps		-127		dBm	±2MHz		75		dB
灵敏度在 1kbps		-121		dBm	±5MHz		78		dB
灵敏度在 9.6kbps		-114		dBm	±10MHz		78.5		dB
灵敏度在 25kbps		-113		dBm	饱和(最大输入电平)		12		dBm
3FSK					RSSI				
灵敏度在 9.6kbps		-110		dBm	输入范围		-120~ -47		dBm
上升余弦 3FSK					线性		±2		dB
灵敏度在 9.6kbps		-110		dBm	绝对精度		±3		dB
灵敏度在 19.6kbps		-106		dBm	响应时间		300		μs
4FSK					AFC				
灵敏度在 9.6kbps		-112		dBm	接通范围	0.5		1.5 IF_BW	kHz
灵敏度在 19.6kbps		-107		dBm	响应时间		48		Bits
上升余弦 4FSK					精度		0.5		kHz
灵敏度在 9.6kbps		-109		dBm	Rx 寄生发射				
灵敏度在 19.2kbps		-103		dBm	内部电感器 VCO		-91/-91		dBm
灵敏度在 32.8kbps		-100		dBm			-52/-70		dBm
输入 IP3					外部电感器 VCO		-62/-72		dBm
低增益增强线性型式		-3		dBm			-64/-85		dBm
中等增益型式		-13.5		dBm	LNA 输入阻抗				
高灵敏度型式		-24		dBm	$f_{RF}=915MHz$		24-j60		Ω
相邻通道抑制					$f_{RF}=868MHz$		26-j63		Ω
868MHz					$f_{RF}=450MHz$		63-j129		Ω
12.5kHz 通道间隔	25			dB	$f_{RF}=426MHz$		68-j134		Ω
25kHz 通道间隔	27			dB	$f_{RF}=315MHz$		96-j160		Ω
25kHz 通道间隔	39			dB	$f_{RF}=175MHz$		178-j190		Ω
426MHz 外部电感器 VCO									
12.5kHz 通道间隔	25			dB					
25kHz 通道间隔	30			dB					
25kHz 通道间隔	41			dB					
CO-通道抑制									
868MHz	-3			dB					
镜像通道抑制									

【数字特性】

参　　数	最小	典型	最大	单位	参　　数	最小	典型	最大	单位
计时信息					输入高电压,V_{INH}	$0.7V_{DD}$			V
芯片使能至电源准备好		10		μs	输入低电压,V_{INL}			$0.2V_{DD}$	V
芯片使能至 Tx 型式					输入电流,I_{INH}/I_{INL}			±1	μA
TCXO 基准		1		ms	输入电容,C_{IN}			10	pF
XTAL		2		ms	控制时钟输入			50	MHz
芯片使能至 Rx 型式					逻辑输出				
TCXO		1.2		ms	输出高压,V_{OH}	$DV_{DD}-0.4$			V
XTAL		2.2		ms	输出低压,V_{OL}			0.4	V
Tx 至 Rx 通过时间	$300\mu s+(5t_{BIT})$				时钟输出上升/下降			5	ns
逻辑输入					时钟输出负载			10	pF

【通用特性】

参　　数	最小	典型	最大	单位	参　　数	最小	典型	最大	单位
温度范围 T_A	−40		+85	℃	10dBm		23.3		mA
电源电压 V_{DD}	2.3		3.6	V	接收电流消耗				
发射电流消耗					868MHz				
868MHz					低电流型式		22.7		mA
0dBm		20.2		mA	高灵敏型式		24.6		mA
5dBm		24.7		mA	433MHz,内部电感器 VCO				
10dBm		32.3		mA	低电流型式		24.5		mA
450MHz,内部电感器 VCO					高灵敏型式		26.4		mA
0dBm		19.9		mA	426MHz,外部电感器 VCO				
5dBm		23.2		mA	低电流型式		17.5		mA
10dBm		29.2		mA	高灵敏型式		19.5		mA
426MHz,外部电感器 VCO					电源关闭电流消耗				
0dBm		13.5		mA	低功耗睡眠型式		0.1	1	μA
5dBm		17		mA					

【应用电路】

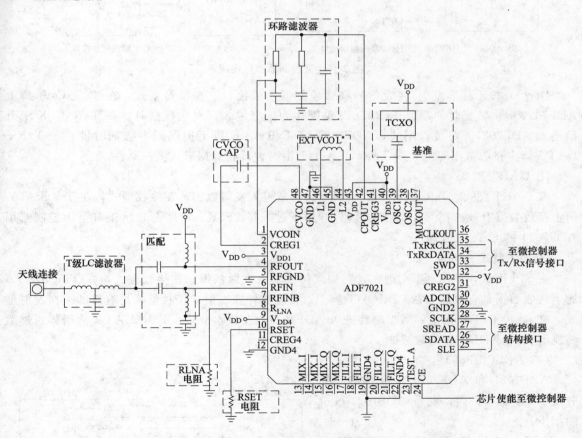

图 2-15　典型应用电路（稳压电容和电源去耦电容未标出）

注：如果外部电感器 VCO 没有应用，脚 44 和 46 能浮空。电路参考设计在窄频带应用，保证最佳性能。

接口至微控制器/DSP

（1）标准发射/接收数据接口

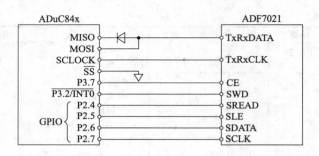

(a) ADuC84x至ADF7021连接图

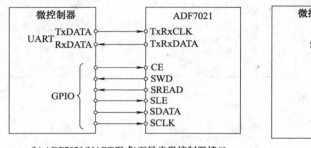

(b) ADF7021(UART型式)至异步微控制器接口

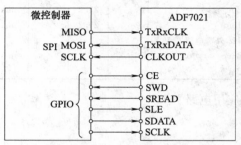

(c) ADF7021(SPI型式)至微控制器接口

图 2-16　微控制器接口连接

图（a）表示标准发射/接收信号和微控制器构成接口。在发射型式，在 TxRxCLK 脚上 ADF7021 提供数据时钟，用 TxRxDATA 脚作为数据输入，发送数据时钟在 TxRxCLK 上升沿进入 ADF7021。在接收型式，ADF7021 在 TxRxCLK 脚上提供同步数据时钟，在 TxRxDATA 脚上接收数据有效，用 TxRxCLK 上升沿时钟接收数据进入微控制器。

① UART 型式

在 UART 型式，TxRxCLK 脚在发射型式构成输入发射数据。在接收型式，在 TxRxDATA 脚上接收数据有效。在 UART 型式，只能用于过采样 2FSK。电路图表示接口至微控制器用 ADF7021 的 UART 型式。

② SPI 型式

在 SPI 型式，TxRxCLK 脚在发射型式构成输入发射数据。在接收型式，在 TxRxDATA 脚上接收数据是有效的。在 CLKOUT 脚上，数据时钟在发射或接收型式是有效的。在发射型式，在 CLKOUT 正沿上，数据时钟进入 ADF7021。在接收型式，TxRxDATA 数据脚通过微控制器在 CLKOUT 正沿取样。

（2）ADSP-BF533 接口

ADF7021 和 ADF7021-N 高性能窄带收发器 IC 基本相同，现将 ADF7021-N 介绍如下。

ADF7021-N 是一款基于 ADF7021 的高性能、低功耗窄带收发器。ADF7021-N 的 IF 滤波器具有 9kHz、13.5kHz 和 18.5kHz 三种带宽，可以理想地适用于全球多种窄带标准，并特别适用于采用

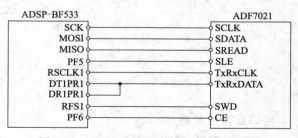

图 2-17　ADSP-BF533 至 ADF7021 连接图

12.5kHz 信道间隔的窄带标准。

ADF7021-N 可工作于窄带、免许可的 ISM 频带，以及 80～650MHz 和 842～916MHz 频率范围的许可频段。该器件具有高斯滤波和升余弦数据滤波选项，可提高窄带应用的频谱效率。它适合于符合日本 ARIB STD-T67、欧洲 ETSI-EN 300-220、韩国短距离设备标准、中国短距离设备标准以及北美 FCC Part15、Part90 和 Part95 法规标准的电路应用。

使用少量的外部分立元件可构建完整的收发器，这使得 ADF7021-N 非常适用于对价格和面积有严格要求的应用。片上 FSK 调制范围和数据滤波选项使用户能够非常灵活地选择调制方式，同时能够满足严格的频谱效率要求。ADF7021-N 还支持在 2FSK、3FSK 和 4FSK 之间进行动态切换的协议，以实现最大的通信范围和数据流量。发射部分包括两个压控振荡器（VCO）和一个输出分辨率小于 1ppm 的低噪声小数 N 分频锁相环（PLL）。

ADF7021-N 的一个 VCO 使用内部 LC 振荡电路（421～458MHz，842～916MHz），另一个 VCO 使用外部电感作为其振荡电路元件（80～650MHz）。该双 VCO 设计实现了双频带工作，用户可以在内部电感 VCO 支持的任何频率下发射和/或接收数据，也可以在外部电感 VCO 支持的特定频带中发射和/或接收数据。PLL 允许 ADF7021-N 用于跳频扩频（FHSS）系统。这两个 VCO 均工作于 2 倍基频以减少杂散发射和频率牵引问题。

发射器输出功率在 $-16～+13$dBm 范围内可进行 63 级编程，具有自动功率斜坡控制以防止频谱溅射，有助于满足管理标准。收发器的 RF 频率、信道的频率间隔和调制频率都可通过简单的 3 线接口进行编程。该器件采用 2.3～3.6V 电源电压，不使用时可以进入待机状态。接收机采用低 IF 架构（100kHz），可减少功耗和外部元件数量，避免 dc 漂移和低频闪烁噪声。该 IF 滤波器具有 9kHz、13.5kHz 和 18.75kHz 三种可编程带宽。

ADF7021-N 支持多种可编程特性，包括接收机（Rx）线性度、灵敏度和 IF 带宽，允许用户根据实际应用情况在接收机的灵敏度和选择性阻止电流消耗之间作折衷考虑。该接收机还具有一个带可编程频率捕捉范围的自动频率控制（AFC）环路，允许 PLL 能够消除进入信号的频率偏差。该接收机使用 IR 校准方案实现了 56dB 的镜像抑制性能，该 IR 校准方案不需要使用外部 RF 源。ADF7021-N 的片上 ADC 可提供集成温度传感器、外部模拟输入、电池电压和接收信号强度指示（RSSI）信号的回读，这在某些应用中可省去一个 ADC。温度传感器在 $-40～+85$℃工作温度范围内的精度高达 ±10℃。通过在室温下进行单点校准并将结果存储在存储器中，可以提高该温度传感器的精度。

【生产公司】　ANALOG DEVICES

● **ADF7020 高性能，ISM 频带 FSK/ASK 收发器**

【用途】

低成本无线数据转换，遥控控制/安全系统，无线测量，家庭自动化，过程和建筑，楼宇控制，无线语音。

【特点】

低功耗、低中频收发器

频带：431～478MHz

　　　462～956MHz

数据速率：0.15～200kbps FSK

　　　　　0.15～64kbps ASK

2.3～3.6V 电源

可编程输出功率：每步 0.3dBm，$-16～+13$dBm

接收器灵敏度：-119dBm 在 1kbps FSK

　　　　　　　-112dBm 在 9.6kbps FSK

　　　　　　　-106.5dBm 在 9.6kbps ASK

低功耗：19mA 在接收型式

　　　　26.8mA 在发射型式（10dBm 输出）

-3dBm IP3 在高线性型式
在芯片上 VCO 和分数-NPLL
在芯片上 7-bit ADC 和温度传感器
完全自动频率控制环路（AFC）补偿
±25ppm 晶体在 862～956MHz

±50ppm 晶体在 431～478MHz
数字 RSSI（接收信号强度指示器）
集成 Tx/Rx 开关
在电源关断型式，漏电流<1μA

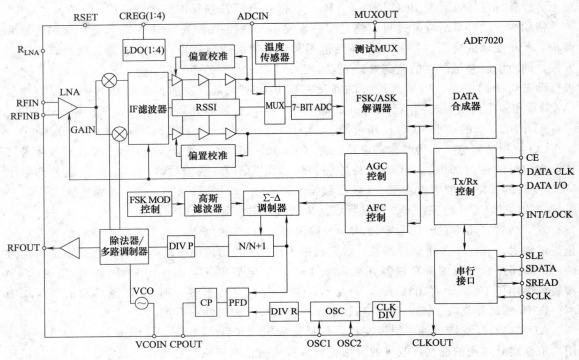

图 2-18　功能块图

　　ADF7020 是一个低功耗、高集成 FSK/ASK/OOK 收发器，工作在 ISM 频带。发射器块图在 ADF7020 上包含一个 VCO，一个低噪声分数 NPLL，输出分辨率小于 1ppm。频率合成器 PPL 允许 ADF7020 用于频率跳动展宽频谱（FHSS）系统。VCO 工作在 2 倍基频，可减小寄生发射和频率牵引问题。发射器输出功率可编程，-16 ～ +13dBm，每步 0.3dBm。收发器 RF 频道间隔和调制用一个 3 线接口可编程。器件工作用电源电压 2.3 ～3.6V，当不用时能关断。在接收器（200kHz）用低 IF 结构，最小功耗和最少的外部元件数，在低频时避免干扰问题。ADF7020 支持宽范围的编程功能，包括 Rx 线性、灵敏度和 IF 带宽，允许用户综合考虑接收器灵敏度和选择阻止电流消耗决定应用。接收器同样允许自

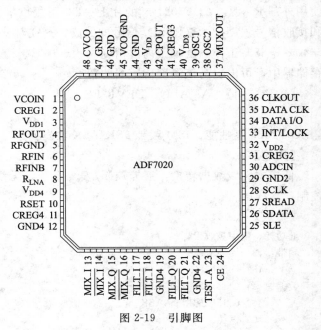

图 2-19　引脚图

动频率控制（AFC）环路,在输入信号中允许 PLL 导出频率误差。在芯片上 ADC 提供一个集成温度传感器重复读回、一个外部模拟信号输入、一个电池电压或一个 RSSI 信号,这些保存在 ADC 上一些应用中。在 −40～85℃,温度传感器精度 ±10℃。

【引脚说明】

脚号	脚名	说　明
1	VCOIN	在该脚上的调谐电压,决定电压控制振荡器的输出频率,调谐电压越高,输出频率越高
2	CREG1	稳压器,用于 PA 块,100nF 与 5.1pF 电容并联,应放置在该脚和地之间,使稳压器稳定和噪声抑制
3	V_{DD1}	电源电压,用于 PA 块,0.1μF 的去耦电容和 10pF 放置尽可能接近该脚,全部 V_{DD} 脚,应当连在一起
4	RFOUT	调制信号用于该脚,输出功率电平从 −20～+13dBm。这个输出阻抗应用理想负载匹配
5	RFGND	接地,用于发射器输出级。全部 GND 脚应连在一起
6	RFIN	LNA 输入,用于接收器部分。在天线和差分 LNA 输入之间,要求输入匹配,保证最大功率转换。
7	RFINB	互补 LNA 输入
8	R_{LNA}	外偏压电阻,用于 LNA。最佳电阻是 1.1kΩ±5%
9	V_{DD4}	电源电压,用于 LNA/MIXER 块。该脚应当用 10nF 电容去耦至地
10	RSET	外部电阻,设置充电泵电流和一些内部偏压电流,用 3.6kΩ±5%
11	CREG4	稳压器电压,用于 LNA/MIXER 块。100nF 电容应当放置在该脚和地之间,用于稳压器稳定性和噪声抑制
12	GND4	地,用于 LNA/MIXER 块
13～18	MIX_I,$\overline{\text{MIX\_I}}$,MIX_Q,$\overline{\text{MIX\_Q}}$,FILT_I,$\overline{\text{FILT\_I}}$	信号增益测试脚。这些脚是高阻抗,在正常条件下应当浮空断开
19,22	GND4	接地,用于 LNA/MIXER 块
20,21,23	FILT_Q,$\overline{\text{FILT\_Q}}$,TEST_A	信号增益测试脚。这些脚是高阻抗,在正常条件下应浮空断开
24	CE	芯片使能。CE 低使 ADF7020 进入完全关断。当 CE 是低时,寄存器值无效,一旦 CE 进入高,零件必须再编程
25	SLE	负载使能,CMOS 输入。当 LE 变高时,数据存储在移位寄存器,导致 14 个中的 1 个锁存,用控制位选择锁存
26	SDATA	串联数据输入。串联数据加至具有两个 LSB 的 MSB 第一位作为控制位。该脚是高阻抗 CMOS 输入
27	SREAD	串联数据输出。用该脚从 ADF7020 至微控制器馈给数据重新读回。用 SCLK 输入,从 SREAD 脚时钟位每个读回(AFC,ADC 读回)
28	SCLK	串联时钟输入。用这个串联时钟,在串联数据时钟进入寄存器,在时钟上升沿,锁存数据进入 24 位移位寄存器。该脚是数字 CMOS 输入
29	GND2	接地。用于数字部分
30	ADCIN	模拟数字变换器输入。内部 7 位 ADC 通过该脚能进入。满刻度是 0～1.9V。用 SREAD 脚进行读回
31	CREG2	稳压器电压,用于数字块。100nF 与 5.1pF 电容并联放在该脚和地之间,用于稳压器稳定和噪声抑制
32	V_{DD2}	电源电压,用于数字块。去耦电容 10nF 放置应尽可能接近该脚
33	INT/LOCK	双向脚。在输入型式(中断型式),ADF7020 要求 INT/LOCK 脚,与它按顺序建立了匹配。在输入型式(锁存型式),能用微控制器,当一个有效顺序已检测时,锁定解调器阈值。一旦阈值锁定,NRZ 数能可靠接收。在这种型式,解调器锁定能要求最小延迟
34	DATA I/O	发送数据输入/接收数据输出。这是数字脚,正常是 CMOS 电平加入
35	DATA CLK	在接收型式,脚输出合成数据时钟,匹配正时钟沿至接收数据中心。在 GFSK 发射型式,该脚输出一个精确时钟至锁存数据,从微控制器进入发射部分,要求数据速率
36	CLKOUT	晶体基准分隔下降型式有输出驱动。数据时钟输出能用于驱动几个 CMOS 输入,如微控制器时钟,输出有一个 50：50 标志空间比
37	MUXOUT	该脚提供锁存检测信号。如 PLL 锁定校准频率,可用它检测。其他信号包括稳压器准备好,它指示串联接口稳压器状态

脚号	脚名	说　　明
38	OSC2	基准晶体应连至该脚和 OSC1 之间，通过激励该脚具有 CMOS 电平，ATCXO 基准能使用，使晶体振荡器不能用
39	OSC1	基准晶体应连在该脚和 OSC2 之间
40	V_{DD3}	电源电压，用于充电泵和 PLL 除法器。该脚与地之间用 $0.01\mu F$ 电容去耦
41	CREG3	稳压电压，用于充电泵和 PLL 除法器。100nF 和 5.1pF 电容并联，放在该脚和地之间，用于稳压器稳定和噪声抑制
42	CPOUT	充电泵输出。输出产生电流加至集成环路滤波器。该集成电流改变在输入至 VCO 上的控制电压
43	V_{DD}	电源，用于 VCO 振荡回路电路。该脚至地用 $0.01\mu F$ 电容去耦
44～47	GND,VCO GND,GND1	接地，用于 VCO 块
48	CVCO	22nF 电容应放置在该脚和 CREG1 之间，减小 VCO 噪声

【最大绝对额定值】

V_{DD} 至 GND	$-0.3\sim5V$	储存温度	$-65\sim125℃$
模拟 I/O 电压至 GND	$-0.3V\sim AV_{DD}+0.3V$	最大结温	$150℃$
数字 I/O 电压至 GND	$-0.3V\sim DV_{DD}+0.3V$	MLF θ_{JA} 热阻抗	$26℃/W$
工作温度	$-40\sim85℃$	焊接温度峰值	$260℃$

【技术特性】

$V_{DD}=2.3\sim3.6V$，GND=0V，$T_A=T_{MIN}\sim T_{MAX}$。典型值 $V_{DD}=3V$，$T_A=25℃$。

参　　数	最小	典型	最大	单位	测试条件
RF 特性					
频率范围（检测输出）	862		870	MHz	VCO 调节=0,VCO 偏压=10
	902		928	MHz	VCO 调节=3,VCO 偏压=10
	928		956	MHz	VCO 调节=3,VCO 偏压=12,V_{DD} 2.7～3.6V
频率范围（除 2 型式）	431		440	MHz	VCO 调节=0,VCO 偏压=10
	440		478	MHz	VCO 调节=3,VCO 偏压=12
相频检测器频率	RF/256		24	MHz	
发射参数					
数据速率					
FSK/GFSK	0.15		200	kbps	
OOK/ASK	0.15		64^1	kbps	
OOK/ASK	0.3		100	kbaud	用曼彻斯特编码
频率移位键					
GFSK/FSK 频率偏差	1		110	kHz	PFD=3.625MHz
	4.88		620	kHz	PFD=20MHz
偏差频率分辨率	100			Hz	PFD=3.625MHz
高斯滤波器		0.5			
幅度移位键					
ASK 调制深度			30	dB	
在 OOK 型式 PA 断开馈通		-50		dBm	
发射功率	-20		$+13$	dBm	$V_{DD}=3.0V,T_A=25℃$
发射功率与温度的关系		±1		dB	从 $-40\sim+85℃$
发射功率与 V_{DD} 的关系		±1		dB	从 2.3～3.6V,915MHz,$T_A=25℃$
发射功率平坦性		±1		dB	从 902～928MHz,3V,$T_A=25℃$
可编程步大小					
$-20\sim+13$dBm		0.3125		dB	
整数范围		-55		dBc	50kHz 环路 BW
基准		-65		dBc	

续表

参 数	最小	典型	最大	单位	测 试 条 件
谐波					
二次谐波		−27		dBc	未滤除波导
三次谐波		−21		dBc	
其他谐波		−35		dBc	
OOK 型式 VCO 频率牵引		30		kHz(rms)	DR=9.6kbps
PA 最佳负载阻抗		39+j61		Ω	FRF=915MHz
		48+j54		Ω	FRF=868MHz
		54+j94		Ω	FRF=433MHz
接收器参数					
FSK/GFSK 输入灵敏度					在 BER=1e−3,FRF=915MHz,LNA 和 PA 分别匹配
在 1kbps 灵敏度		−119.2		dBm	FDEV=5kHz,高灵敏型式
在 9.6kbps 灵敏度		−112.8		dBm	FDEV=10kHz,高灵敏型式
在 200kbps 灵敏度		−100		dBm	FDEV=50kHz,高灵敏型式
OOK 输出灵敏度					在 BER=1e−3,FRF=915MHz
在 1kbps 灵敏度		−116		dBm	高灵敏型式
在 9.6kbps 灵敏度		−106.5		dBm	高灵敏型式
LNA 和混频器,输入 IP3					
增强线性型式		−3		dBm	脚=−20dBm,2CW 干扰
低电流型式		−5		dBm	FRF=915MHz,F1=FRF+3MHz
高灵敏度型式		−24		dBm	F2=FRF+6MHz,最大增益
Rx 寄生发射			−57	dBm	<1GHz 在天线输入
AFC			−47	dBm	>1GHz 在天线输入
接通频率范围 868MHz/915MHz		±50		kHz	IF_BW=200kHz
接通频率范围 433MHz		±25		kHz	IF_BW=200kHz
响应时间		48		Bits	调制系数=0.875
精度		1		kHz	
通道滤波					理想信号 3dB 在输入灵敏度上,CW 干扰功率电平直至 BER=10^{-3},不考虑图像通道
相邻通道抑制(偏置=±1×IF 滤波器 BW 建立)		27		dB	IF 滤波器 BW 建立=100kHz,150kHz,200kHz
第二相邻通道抑制(偏置=±2×IF 滤波器 BW 建立)		50		dB	IF 滤波器 BW 建立=100kHz,150kHz,200kHz
第三相邻通道抑制(偏置=±3×IF 滤波器 BW 建立)		55		dB	IF 滤波器 BW 建立=100kHz,150kHz,200kHz
图像通道抑制(未校)		30		dB	图像在 FRF=400kHz
图像通道抑制(校)		50		dB	图像在 FRF=400kHz
CO-通道抑制		−2		dB	
宽带干扰抑制		70		dB	偏移从 100MHz～2GHz,按通道抑制测量
阻塞					理想信号 3dB 在输入灵敏度电平上,CW 干扰功率电平增加到 BER=10^{-2}
±1MHz		60		dB	
±5MHz		68		dB	

参　　　数	最小	典型	最大	单位	测 试 条 件
±10MHz		65		dB	
±10MHz（高线性型式）		72		dB	
饱和（最大输入电平）		12		dBm	FSK 型式，BER＝10^{-3}
LNA 输入阻抗		24－j60		Ω	FRF＝915MHz，RFIN～GND
		26－j63		Ω	FRF＝868MHz
		71－j128		Ω	FRF＝433MHz
RSSI					
范围输入		－110～		dBm	
		－24			
线性		±2		dB	
绝对精度		±3		dB	
响应时间		150		μs	
锁相环					
VCO 增益		65		MHz/V	902～928MHz 频带
					VCO 调节＝0，VCO_BIAS 建立＝10
		130		MHz/V	860～870MHz，频带 VCO 调节＝0
		65		MHz/V	433MHz，VCO 调节＝0
相位噪声（在频带内）		－89		dBc/Hz	PA＝0dBm，V_{DD}＝3.0V，PFD＝10MHz，FRF＝915MHz，VCO_BIAS 建立＝10
相位噪声（在频带外）		－110		dBc/Hz	1MHz 偏置
偏差 FM		128		Hz	从 200Hz～20kHz，FRF＝868MHz
PLL 建立		40		μs	测量用 10MHz 频率变到 15ppm 精度内
基准输入					
晶体基准	3.625		24	MHz	
外振荡器	3.625		24	MHz	
负载电容		33		pF	
晶体开启时间		2.1		ms	11.0592MHz 晶体，用 33pF 负载电容和用 16pF 负载电容
				ms	
输入电平		1,0		CMOS 电平	
ADC 参数					
INL		±1		LSB	从 2.3～3.6V，T_A＝25℃
DNL		±1		LSB	从 2.3～3.6V，T_A＝25℃
定时信息					
芯片使能至稳压准备好		10		μs	C_{REG}＝100nF
芯片使能至 RSSI 准备好		3.0		ms	
Tx 至 Rx 周期时间		150μs＋（5T_{BIT}）			时间至同步数据输出，包括 AGC 建立时间
逻辑输入					
输入高电压，V_{INH}	0.7V_{DD}			V	
输入低电压，V_{INL}			0.2V_{DD}	V	
输入电流，I_{INH}/I_{INL}			±1	μA	
输入电容，C_{IN}			10	pF	
控制时钟输入			50	MHz	
逻辑输出					
输出高压，V_{OH}	DV_{DD}－0.4			V	I_{OH}＝500μA
输出低压，V_{OL}			0.4	V	I_{OL}＝500μA
CLKOUT 上升/下降			5	ns	
CLKOUT 负载			10	pF	
温度范围，T_A	－40		＋85	℃	

参　　数	最小	典型	最大	单位	测 试 条 件
电源					全部 V_{DD} 脚必须连在一起
电源电压 V_{DD}	2.3		3.6	V	
发射电流消耗					$FRF=915MHz$，$V_{DD}=3.0V$，PA 匹配 50Ω
－20dBm		14.8		mA	PA 和 LNA 组合匹配网络在 EVAL-ADF7020DBZx
－10dBm		15.9		mA	板上
0dBm		19.1		mA	VCO_BIAS_SETTING＝12
10dBm		28.5		mA	PA 匹配分别用外部天线开关，VCO_BIAS_SETTING
10dBm		26.8		mA	＝12
接收电流消耗					
低电流型式		19		mA	
高灵敏度型式		21		mA	
电源关闭型式					
低功耗睡眠型式		0.1	1	μA	

【分析电路参考】

频率合成器部分电路

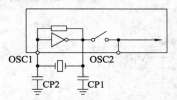

图 2-20　在 ADF7020 上的振荡器电路

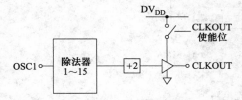

图 2-21　CLKOUT 脚电路

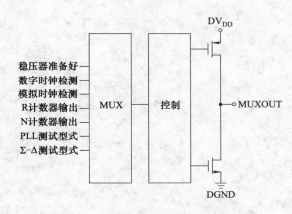

图 2-22　MUXOUT 电路

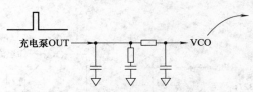

图 2-23　典型环路滤波器结构电路

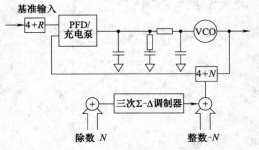

图 2-24　除数 NPLL 电路

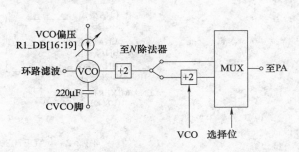

图 2-25　电压控制振荡器（VCO）电路

发射器部分电路

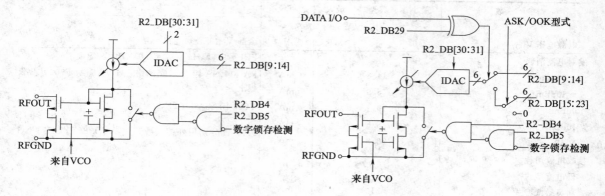

图 2-26　在 FSK/GFSK 型式 PA 结构电路　　　　图 2-27　在 ASK/OOK 型式 PA 结构电路

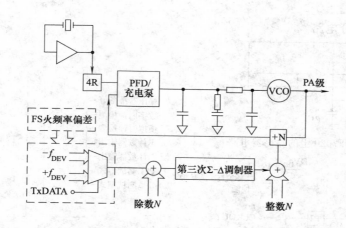

图 2-28　FSK 实施电路

接收器部分电路

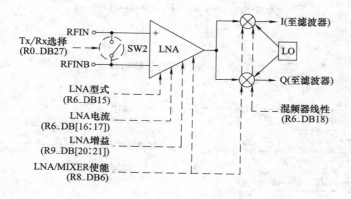

图 2-29　ADF7020 RF 前端电路

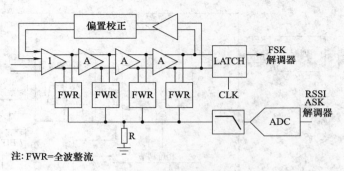

注:FWR=全波整流

图 2-30 RSSI 块图

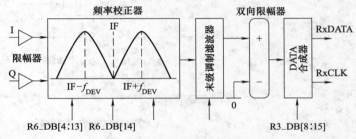

图 2-31 FSK 相关器/解调器块图

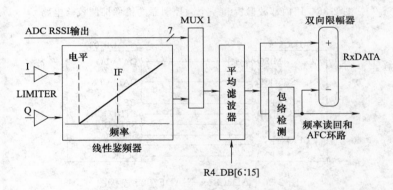

图 2-32 频率测量系统块图和 ASK/OOK/线性 FSK 解调器

应用电路部分电路

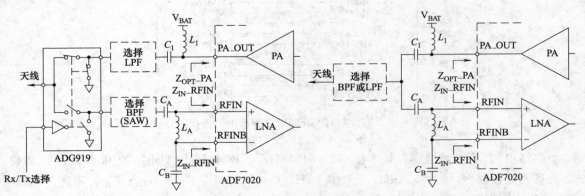

图 2-33 有外部 Rx/Tx 开关的 ADF7020 电路　　图 2-34 有内部 Rx/Tx 开关的 ADF7020 电路

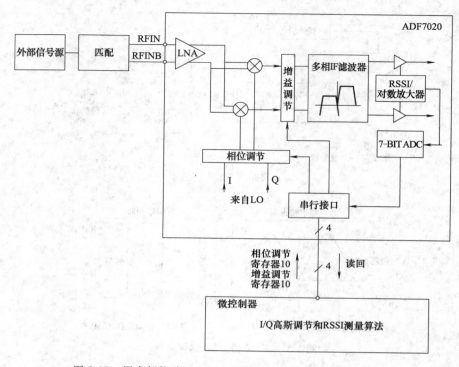

图 2-35　用内部校验源和一个微控制器的镜像抑制校验电路

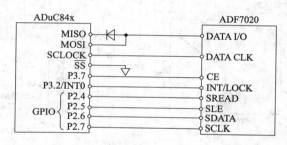

图 2-36　ADuC84x 至 ADF7020 连接图

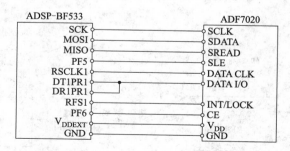

图 2-37　ADSP-BF533 至 ADF7020 连接图

电路用 LC 谐波滤波器，频率在 $868\sim915\text{MHz}$，印刷板适用 ADF7020 和 ADF7025 器件。滤波器元件数值为：L_4，5.1nH；L_5，6.8nH；C_{35}，3.9pF；C_{34}，不连；C_{36}，不连。

【生产公司】　ANALOG DEVICES

● **ADF4602，单片多频带 3G 本地基站收发器**

Analog Devices，Inc.（简称 ADI）提供各种无线应用收发器。ADF4602 系列 UMTS 毫微微蜂窝收发器不仅拥有同类最佳性能，而且明显节省原材料。这些直接变频收发器使用方

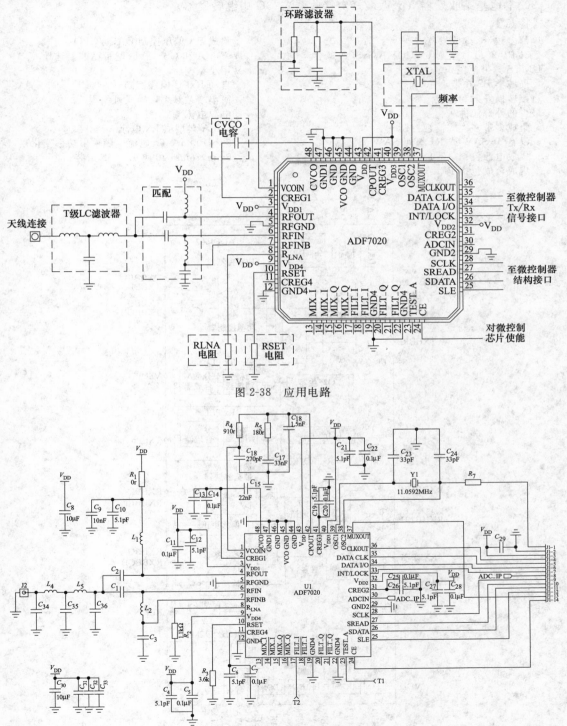

图 2-38　应用电路

图 2-39　ADF702XLC 滤波器印刷板电路

便，校准工作量极小，无需发射 SAW 滤波器或接收中间级 SAW 滤波器。ADI 公司还提供 WiMAX 系列 RF 收发器，能够在单芯片上实现完整的 RF 和混合信号系统。

【用途】

3G 本地基站收发器（毫微微蜂窝接收器），3G 中继转发器。

【特点】

单片多频带 3G 收发器

3GPP 25.104 发射 6WCDMA/HSPA 兼容

UMTS 频带范围

局域类 BS 在带 1～6 和带 8～10

直接转换发射和接收

最少的外部元件

集成多带多模式监视控制

没有 TxSAW 或 Rx 级间 SAW 滤波器

集成电源控制（3.1～3.6V 电源）

集成合成包括 PLL 环路滤波器

集成 PA 偏压控制 DACs/GPOs

WCDMA 和 GSM 接收基带滤波器选择

易用小型校验

自动 RxDC 偏移控制

简单增益频率，模式可编程

低电源电流

50mA 典型值 Rx 电流

50～100mA Tx 电流（随输出功率变化）

6mm×6mm 40 脚 LFCSP 封装

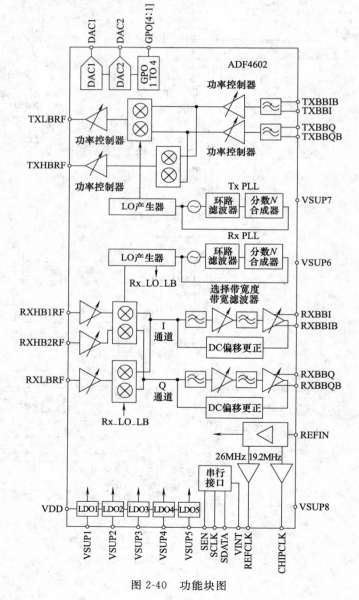

图 2-40　功能块图

ADF4602 是一个 3G 收发器集成电路（IC），提供非并行集成和特殊集。IC 理想应用于高性能 3G 本地基站，提供蜂窝固定移动集中汇聚（FMC）业务。只用很少外部元件，能实现一个完全多带收发器。单个器件支持 UMTS 带通过带 6 和带 8 通过带 10。

接收器为基本直接转换结构，该结构理想选择为高集成宽带 CDMA（WCDMA）接收器。通过完全集成全部级间滤波器，减少应用材料清单。前端包括 3 个高性能、单端低噪声放大器（LNAs），允许支持器件 3 带应用。单端输入结构减少接口，对小型引脚单端双工器减小要求匹配元件。极好的器件线性达到好的性能，用于 SAW 大范围和瓷滤波器双工器。

集成基带滤波器接收器提供选择带宽，使能器件至接收器可在 WCDMA，也可在 GSM-BDGE 无线信号。选择带宽滤波器，与多带 LNA 输入结构耦合，允许 GSM-BDGE 信号至监视如 UMTS 本地基站零件。

发射器用作改进直接转换调制器，达到高调制精度，有特殊的低噪声，免去外部发射 SAW 滤波器。

完全集成锁相环（PLL），具有高性能和低功耗，N 频合成分数用于接收器和发射部分。专门防护通过频分双 I（FDD）系统。全部 VCO 和环路滤波器元件完全集成。

ADF4602 同样包含芯片上低压降电压稳压器（LDOs），传送稳压电压至芯片上各部分，输入电压在 3.1~3.6V 之间。通过一个标准 3 线串行接口控制 IC。用先进内部特性，可以简化软件编程。电源电压关闭模式，包括在正常使用时具有最小功耗。

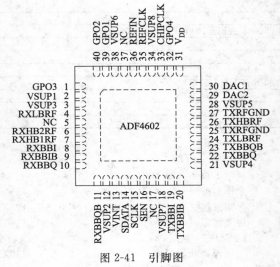

图 2-41　引脚图

【引脚功能说明】

脚号	脚名	说　　明
1	GPO3	通用输出。数字输出。用于外部开关或 PA 控制
2	VSUP1	LDO1 输出，电源用于接收器 VCO。正常值 2.6V，要求 100nF 去耦接地
3	VSUP3	LDO3 输出，电源用于接收器 LNA。正常值 1.9V，要求 100nF 去耦接地
4	RXLBRF	接收器低频带 LNA 输入
5	NC	不连，没有连至该脚
6	RXHB2RF	接收器第二高频带 LNA 输入，应当用频带 2
7	RXHB1RF	接收器第一高频带 LNA 输入，应当用频带 1
8	RXBBI	接收器基带 1 输出
9	RXBBIB	互补接收器基带输出
10	RXBBQ	接收器基带 0 输出
11	RXBBQB	互补接收器基带 0 输出
12	VSUP2	LDO2 输出，电源用于接收器下变频和基带，正常值 2.8V，要求 100nF 去耦接地
13	VINT	串行端口电源输入，1.8V 应加在该脚
14	SDATA	串行端口数据脚，该脚能输入或输出
15	SCLK	串行时钟输入
16	SEN	串行端口使能输入
17	NC	不连，没有连至该脚
18	VSUP7	发射合成器电源输入，连至 VSUP3 和去耦用 100nF 接地
19	TXBBI	发射基带输入

脚号	脚 名	说 明
20	TXBBIB	互补 Tx 基带输入
21	VSUP4	LDO4 输出,电源用于发射 VCO,正常值 2.8V,要求 100nF 接地去耦
22	TXBBQ	发射基带 0 输入
23	TXBBQB	互补 Tx 基带 0 输入
24	TXLBRF	低带发射 RF 输出,该脚输出范围 824~960MHz
25	TXRFGND	发射 RF 接地,连该脚至地
26	TXHBRF	高频带发射 RF 输出,输出范围在 1710~2170MHz
27	TXRFGND	发射 RF 接地,连该脚至地
28	VSUP5	LDO5 输出,电源用于调制器,基带,功率检测器和 DACs,正常值 2.8V,要求 100nF 接地
29	DAC2	DAC2 输出
30	DAC1	DAC1 输出
31	V_{DD}	主电源输入
32	GPO4	数字输出,该脚用于开关或 PA 控制
33	CHIPCLK	芯片时钟输入
34	VSUP8	基准时钟电源输入,连至 VSUP2,用 100nF 去耦至地
35	REFCLK	基准时钟输出
36	REFIN	基准时钟输入,参考内部交流耦合
37	NC	不连,没连至该脚
38	VSUP6	接收器合成器电源输入,连 VSUP3 和用 100nF 去耦至地
39	GPO1	数字输出,这用于开关或 PA 控制
40	GPO2	数字输出,这用于开关或 PA 控制
	EPAD	

注:对于 EPAD 必须连至地。

【最大绝对额定值】

V_{DD} 至 GND	−0.3~4V	数字 I/O 电压至 GND	$−0.3V~V_{DD}+0.3V$
VSUP1,VSUP2 至 GND	−0.3~3.6V	工作温度	0~85℃
VSUP4,VSUP5,VSUP6,		存储温度	−65~125℃
VSUP7,VSUP8,VSUP9 至 GND	−0.3~3.6V	最大结温	150℃
VSUP3 至 GND	−0.3~2.0V	LFCSP θ_{JA} 热阻	32℃/W
VINT 至 GND	−0.3~2.0V	回流焊:峰值温度	240℃
模拟 I/O 电压至 GND	$−0.3V~V_{DD}+0.3V$	峰值温度时间	40s

【应用电路说明】

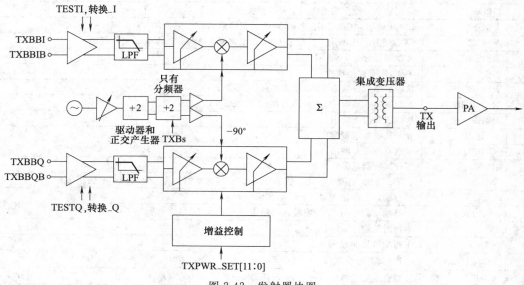

图 2-42　发射器块图

I/Q 基带 基带接口用于 I 和 Q 通道是不同的，直流去耦输入，支持宽范围共模输入电压 CVCM，允许输入共模电压是 1.05～1.4V，最大信号摆幅峰值差是 550mV，对应 1.1V 峰-峰差可在 I 或 Q 通道。PCB 在 APF4602 和发射 DAC 之间，I 和 Q 差动输入能在内部交换控制。I/Q 调制器转换发射基带输入信号至 RF。调制器有 80dB 增益控制范围，可编程一个分贝级 1/32。12 位字 txpwr-set [11：0] 在寄存器 28 控制发射输出功率。其中 txpwr-set [11：0] 值可转换成 dBm。

VCO 输出 TxVCO 输出馈给调谐缓冲级，然后再给正交产生电路。调谐缓冲器保证最小电流和 I、Q 产生的相对噪声。正交产生器产生高精度相位信号，驱动调制器和作为一个除以 2 的工作。在低频带，在 VCO 传输通道用作另外一个除以 2。

Tx 输出变压器 低损耗变压器转换不同的内部信号或为一个单端 50Ω 输出，因此允许接口至 PA。高带输出在 TXHBRF 脚和低带输出在 TXLBRF 脚，直接至 50Ω 负载。

DACS ADF4602 集成 2 个 DAC，设计连至外部 PA 控制基准和内部偏压节。DAC1 是一个 5 位电压输出 DAC，输出范围 2.3～3.15V。DAC2 是 6 位电压输出 DAC，输出范围 0～2.8V。

通用输出 有 4 个通用 GPOs，用于控制 PA 偏压模式或更多，在发射/接收通道控制外部 RF 前端开关，简化数字输出驱动。GPO1 至 GPO3 能支持最大电流 2mA，GPO4 支持可达 10mA。

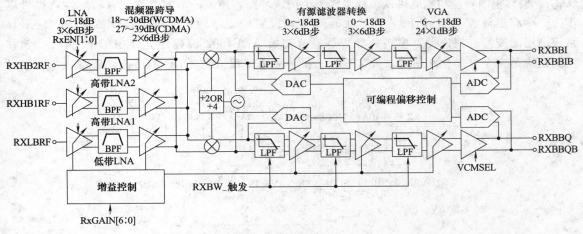

图 2-43 接收器块图

接收器 ADF4602 包含一个全部集成直接转换接收器，设计用于多带 WCDMA 本地基站应用。高性能低功耗和最少的外部元件。接收器块图中包含 3 个 LNA 块用于多带工作、高线性 I/Q 混频器、先进的基带通道滤波器和一个 DC 偏置补偿电路。

LNAs ADF4602 包含 3 个调谐 RF 前端，适用于全部主要 3GPP 频带，两个适用高频带工作，范围 1700～2170MHz，一个适用 824～960MHz。LNA 功率控制和内部带开关通过串行接口完全控制。ADF4602LNA 设计用 50Ω 前端输入，因此简化了前端设计。用少量元件能匹配。级间 RF 滤波器完全集成，保证外部不适频带信号在混频器衰减。通过可编程位 rxbs [1：0] 在寄存器 1 使能 LNA。LNA 输入 HB1，用于 UMTS 带 1 工作，HB2 用于 UMTS 带 2 工作。

混频器 用高线性正交混频器电路转换 RF 信号成基带相位和正交。两个混频器：1 个最适用于高带 LNA 输出，1 个最适用低带。高带和低带混频器输出组合，然后直接驱动基带低通滤波器第 1 级，减小大的阻塞信号电平。通过 VCO 传输系统，用接收器合成器部分正交驱动混频器，包括一个可编程分频器，因此，用同样 VCO 既可用于高带，也可用于低带。极好的 90°正交相位和幅变匹配通过精心设计，混频器布局和 VCO 传输电路完成。

基带部分　ADF4602 基带部分是一个分配增益和滤波器功能，设计提供 54dB 增益，有 60dB 增益控制范围。通过精心设计，通带波纹、群延迟、信号损耗和功耗保持在最低。在制造生产过程中完成滤波器校验，结果具有高精度。基带滤波器在 ADF4602 上应用，表示为第 t 次 WCDMA 1.92MHz，第五次 WCDMA 1.92MHz，GSM 100kHz 滤波器截止频率。用位 rxbw-toggle〔2：0〕选择工作模式。第 t 次 WCDMA 滤波器有 1.92MHz 截止频率，保证邻近通道好的衰减，在毫微微蜂窝收发器应用中，应满足阻塞/邻近通道选择应用。GSM 滤波器有 100kHz 截止频率，打算用于本地基站监视接收器。第 t 次 WCDMA 滤波器提供邻近通道少的衰减，因此在毫微微蜂窝接收器应用中应当不用。I 和 Q 通道能内部转换，因此允许最佳 PCB 路由在无线和模拟基带之间，用转换 I 和转换 Q 位完成。

DC 偏移补偿　在任何一个直接转换研究中补偿 DC 偏移是一个固有零件。DC 偏移特性化下降为两类：静态或低速变化和时间变化。ADF4602 结构设计有减小等于时间变化 DC 偏移。器件同样包含一个 DC 偏移控制系统。在基带输出至数字化 DC 偏移控制系统由 ADCs 组成数字信号处理块，其中环路特性化可编程，用于环路转换功能定制，用引入误差项倒进入信号通道微调 DACs。偏移控制转换功能既可以编程当作一个伺服环路，通过一个增益改变自动触发，也可以作为一个高通滤波器（HPF），用一个自动快速设置模式，同样通过增益改变触发。伺服环路、高通滤波器和快速设置模式的参数是通过初始 ADF4602 编程建立。在工作中，DC 偏移控制系统是完全自动化和不要求外部编程。推荐故障编程情况用 DC 偏移补偿环路。

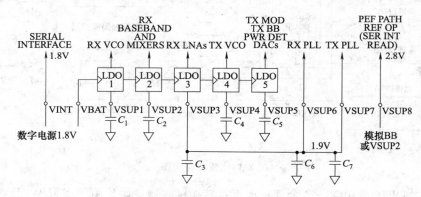

图 2-44　电源管理块图

ADF4602 包含集成电源管理，要求两个外部电源：3.3V V_{DD} 和 1.8V V_{INT}。V_{INT}，外部串行接口控制逻辑 1.8V；V_{DD}，外部主器件电源，DAC3.3V，VSUP1，内部 LDO1 接收器 VCO 2.6V；VSUP2，内部 LDO2，接收器基带和下变频，2.8V；VSUP3，内部 LDO3，接收器 LNAs，1.9V；VSUP4，内部 LDO4，发射 VCO，2.6V；VSUP5，内部 LDO5，发射基带，调制器，DACz 和 GPOs，2.8V；VSUP6，连至 VSUP3，接收合成器，1.9V；VSUP7，连至 VSUP3，发射合成器，1.9V；VSUP8，VSUP2 或外部，基准通道，基准缓冲输出，选择串行接口读回。

ADF4602 包含两个完全集成可编程频率合成器，用于产生发射和接收本地振荡器（LO）信号。设计用一个分数 N 结构具有低噪声和快速锁定时间。分数 N 功能实现用一个第三次 Σ-Δ 调制器。

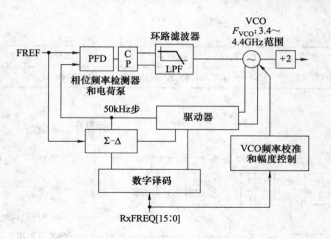

图 2-45 频率合成块图

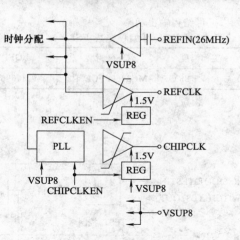

图 2-46 基准通路块图

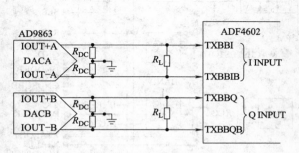

图 2-47 AD9863 TxDAC 至 ADF4602
基带输入接口

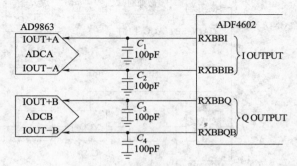

图 2-48 ADF4602 接收器基带输出
至 AD9863ADC 接口

【生产公司】 ANALOG DEVICES

2.2 MC 收发器集成电路

● **MC33696 PLL 调谐 UHF 收发器用于数据转换**

【用途】

用于无线数据转换。

【特点】

304MHz，315MHz，426MHz，434MHz，868MHz 和 915MHz ISM 频带选择温度范围：

　　−40～85℃

　　−20～85℃

OOK 和 FSK 发射和接收

20kbps 最大数据速率用曼彻斯特码

2.1～3.6V 或 5V 电源电压

通过 SPI 可编程

6kHz PLL 频率步

电流消耗：

　　13.5mA 在 Tx 型式

　　10.3mA 在 Rx 型式

　　在 Rx 小于 6mA 用选通比＝1/10

260nA 备用和 24μA 断开电流

结构开关：两个寄存器频带允许用快速开关接收器；

−106.5dBm 灵敏度，在 FSK 2.4kbps 可达 108dBm

数字和模拟 RSSI（接收信号强度指示器）

自动唤醒功能（选通振荡器）

有可编程字识别的嵌入式数字处理器

镜像对消混频器

380kHz IF 滤波器带宽

快速唤醒时间

发射器

可达 7.25dBm 输出功率

可编程输出功率 工作信息
通过 RLL 可编程完成 FSK

工作温度	QFN 封装	LQFP 封装	工作温度	QFN 封装	LQFP 封装
−40～+85℃	MC33696FCE/R2	MC33696FJE/R2	−20～+85℃	MC33696FCAE/R2	MC33696FJAE/R2

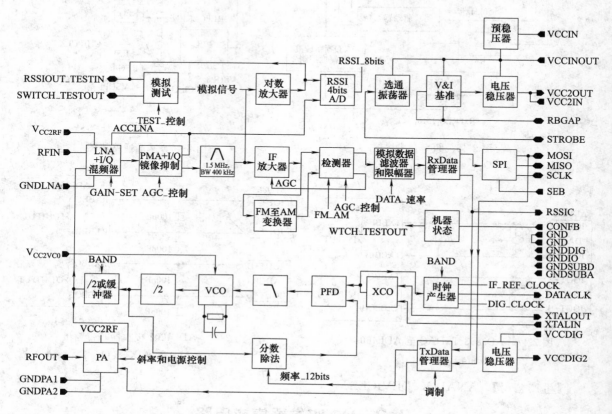

图 2-49 功能块图

 MC33696 高集成收发器，设计用于低电压应用。它包括一个可编程（PLL 用于多通道应用）、一个 RSSI 电路、一个选通振荡器，周期性地唤醒接收器，同时数据管理检测输入信息内容。结构开关的特点是允许自动改变两个可编程设定之间结构，不需要MCU。电路 3V 稳压器或电池通过 VCCIN、VCCINOUT、VCCDIG 供电。同样可用 5V电源连至 VCCIN 供电。在这种情况 VCCINOUT、VCCDIG 应不连至 VCCIN。RFOUT 不能用电压高于 3.6V 偏置。用 5V 偏压在 VCCINOUT 上有效。芯片上低压降电压稳压器供 RF 和模拟组件（除选通振荡器、低压检测器，它们直接从 VCCINOUT 供电）。该电压稳压器从脚 VCCINOUT 供电，它的输出连至 VCC2OUT。外部电容 $C_8 = 100nF$，必须插入 VCC2OUT 和 GND 之间，用于稳压和去耦。模拟和 RF 组件通过 VCC2OUT 至VCC2IN，VCC2RF 和 VCC2VCO 外部连线用 VCC2 供电。第二个稳压器供数字零件。稳压器从脚 VCCDIG 供电，它的输出连至 VCCDIG2。外部电容 $C_{10} = 100nF$，插入 VCC-DIG2 和 GNDDIG 之间去耦。电源电压 VCCDIG2＝1.6V。在备用型式，电压稳压器进入超低功耗型式，但 $VCCDIG2 = 0.7V_{CCDIG}$。

 接收器功能 接收器基于超外差结构用 IF 频率，输入连至 RFIN 脚。通过一个高边注入

I/Q 混频器，通过频率合成器完成频率下降转换。集成多相滤波器完成镜像频率抑制。低中频允许 IF 滤波器集成提供灵敏度。通过自动频率控制（AFC）参考晶体振荡器调谐中频滤波器中心频率。通过放大约 96dB 满足灵敏度，分配给全部接收电路，包括低噪声放大器（LNA）、混频器、末级混频放大器和 IF 放大器。自动增益控制，有关 LNA 和 IF 放大器保持线性和防止内部饱和。在 LNA 增益上用 4 个编程步能减小灵敏度。通过峰值检测完成幅度解调。用两步完成频率调制；中频放大器 AGC 不能用作幅度限制器；一个滤波器完成频率电压转换。低通滤波器改进解调数据的信噪比。数据限幅器相比解调数据具有固定的或合适的电压基准，提供数字电平数据。如不用集成数据管理，数字数据有效。如果用数据管理完成时钟恢复和曼彻斯特码数据解码，然后在 SPI 上数据和时钟有效。结构通过数据管理设置管理数据速率范围和低通滤波器带宽。能用内部低通振荡器作为选通振荡器完成自动唤醒程序。

发射器功能 单端功放连至 RFOUT 脚。在幅度调制情况，通过微控制器编码数据发射，用通/断键（OOK）RF 载波，RF 发射的上升和下降控制最小寄生发射。在频率调制情况，通过 MCU 发送编码数据，用于频率移位键（FSK）RF 载波。用 4 个可编程步 RF 输出功率能减小。偏离时钟检测能防止偏离频带发射。逻辑输出 SWITCH 能控制一个内部 RF 开关，用于隔离两个 RF 脚。当电路从接收到发射改变时，它是输出触发，相反也一样。该信号同样能控制一个外部功率放大器和 LNA，或指示MCU、MC33696（Rx 或 Tx）的电流状态。

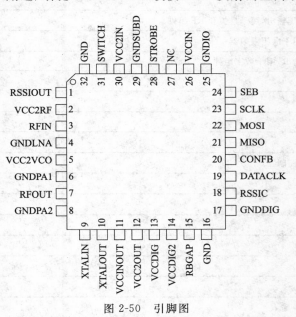

图 2-50 引脚图

频率内容 主要有时钟产生器，在电路中全部时钟运行，是来自晶体振荡器提供的基准频率得到。晶体频率选择相对于 MC33696 工作频带。中频滤波器通过晶体振荡器控制，保证频率在整个温度和电压范围。频率合成器由通过分数 N 锁相环（PLL）驱动的本地振荡器组成。LO 是一个集成 LC 电压控制振荡器（VCO）工作在 2 倍 RF 频率（868MHz 频带）或 4 倍 RF 频率（434MHz 和 315MHz 频带）。允许 I/Q 信号驱动混频器分割产生。分数分频在频率产生中呈现高度灵活性。

MCU 接口 MC33696 和 MCU 通信通过 SPI 接口，选择存取型式，MC33696 或 MCU 管理数据转换，能用 MC33696 数字接口作为标准 SPI 或简单接口。在下述情况下，接口的脚用标准脚。MCU 有更高特性，通过设置 CONFB 脚在低电位能控制 MC33696。在 SPI 存取时，STROBF 脚必须保持在高电平，防止 MC33696 进入备用型式。接口工作用 6 个 I/O 脚：CONFB 结构控制输入；STROBE 唤醒控制输入；SEB 串联接口使能控制输入；SCLK 串联时钟输入/输出；MOSI 主控输出受控输入/输出；MISO 主控输入受控输出。

【引脚说明】

脚号	脚 名	说 明
1	RSSIOUT	RSSI 模拟输出
2	VCC2RF	2.1～2.7V 内部电源,用于 LNA
3	RFIN	RF 输入
4	GNDLNA	接地,用于 LNA 低噪声放大器
5	VCC2VCO	2.1～2.7V 内部电源,用于 VCO
6	GNDPA1	PA 接地
7	RFOUT	RF 输出
8	GNDPA2	PA 接地
9	XTALIN	晶体振荡器输入
10	XTALOUT	晶体振荡器输出
11	VCCINOUT	2.1～3.6V 电源/稳压器输出
12	VCC2OUT	2.1～2.7V 电压稳压输出,用于模拟和 RF 组件
13	VCCDIG	2.1～3.6V 电源,用于电压限幅器
14	VCCDIG2	1.5V 电压限幅器输出,用于数字组件
15	RBGAP	基准电压负载电阻
16	GND	通用接地
17	GNDDIG	数字组件地
18	RSSIC	RSSI 控制输入
19	DATACLK	数字时钟输出至微控制器
20	CONFB	结构型式选择输入
21	MISO	数字接口 I/O
22	MOSI	数字接口 I/O
23	SCLK	数字接口时钟 I/O
24	SEB	数字接口使能输入
25	GNDIO	数字 I/O 接地
26	VCCIN	2.1～3.6V 或 5.5V 输入
27	NC	不连
28	STROBE	选通振荡器电容或外部控制输入
29	GNDSUBD	接地
30	VCC2IN	2.1～2.7V 电源,用于模拟组件用于去耦电容
31	SWITCH	RF 开关控制输入
32	GND	通用地

【最大绝对额定值】

参 数	符号	数值	单位
电源电压在脚 VCCIN	V_{CCIN}	$V_{GND} - 0.3 \sim 5.5$	V
电源电压在脚 VCCINOUT,VCCDIG	V_{CC}	$V_{GND} - 0.3 \sim 3.6$	V

续表

参　　数	符号	数值	单位
电源电压在脚 VCC2IN,VCC2RF,VCC2VCO	V_{CC2}	$V_{GND}-0.3\sim2.7$	V
电压允许在每一脚(除 RFOUT 和数字脚)	—	$V_{GND}-0.3\sim V_{CC2}$	V
电压允许在脚:RFOUT	V_{CCPA}	$V_{GND}-0.3\sim V_{CC}+2$	V
电压允许在数字脚 SEB,SCLK,MISO,MOSI,CONFB,DATA-CLK,RSSIC,STROBE	V_{CCIO}	$V_{GND}-0.3\sim V_{CC}+0.3$	V
ESD HBM 电压在每一脚	—	±2000	V
ESD MM 电压在每一脚	—	±200	V
焊接热阻测试(10s)	—	260	℃
存储温度	T_s	$-65\sim+150$	℃
结温	T_J	150	℃

根据不同目的的应用,有接收器电路、发射器电路、收发器电路。外部拉起电阻在 SEB 脚上设定不是必需的,代替 RZ,不是外部下拉电阻。10kΩ 可连至 SEB 脚和接地之间。

【应用电路】

接收器电路用 3V 工作,MCU 控制唤醒。ON/OFF 程序在接收器型式,通过 MCU 在 STROBE 脚驱动一个低或高电平控制接收器程序。

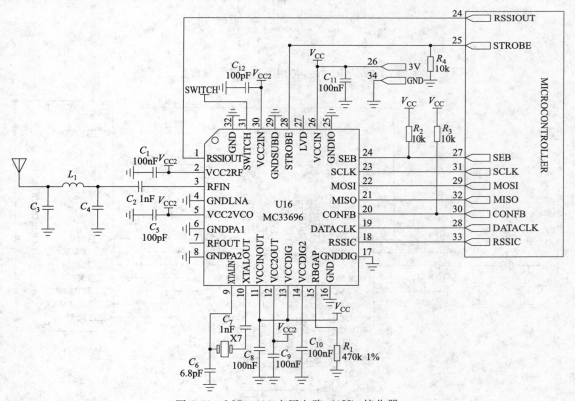

图 2-51　MC33696 应用电路(3V)接收器

接收器电路用 5V 工作,MCU 控制唤醒。在接收器型式,通过 MCU 上的 STROBE 脚驱动低或高电平,完成 ON/OFF 接收程序。

接收器电路 3V 工作,选通振荡器型式。内部控制完成 ON/OFF 程序接收器型式。来自 MCU 的 STROBE 脚必须构成高阻抗和唤醒型式,当 SOE 位使能时是有效的。

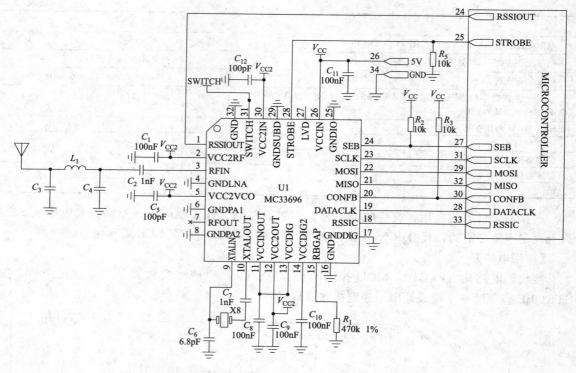

图 2-52 MC33696 应用电路（5V）接收器

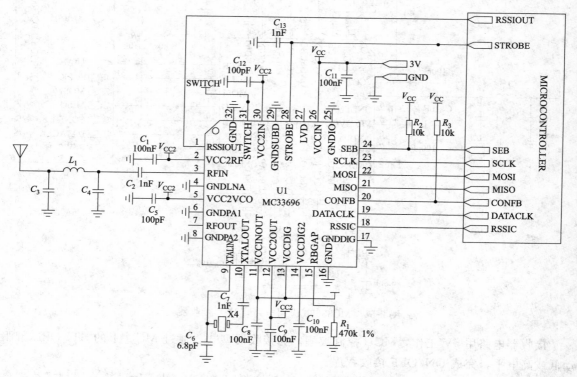

图 2-53 MC33696 应用电路在选通型式（3V）接收器

接收电路 5V 工作，选通振荡器型式。在接收器型式，内部控制 ON/OFF 程序。来自 MCU 的 STROBE 必须构成高阻抗，当 SOE 位使能时，唤醒型式有效。

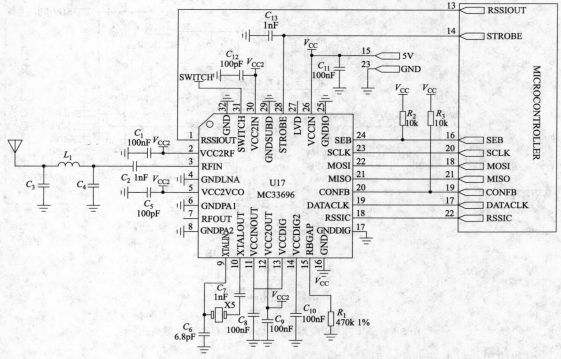

图 2-54　MC33696 应用电路在选通型式（5V）接收器

发射器应用电路

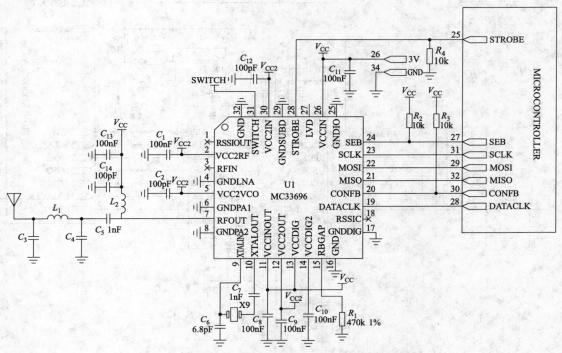

图 2-55　MC33696 应用电路（3V）只有在发射器型式

电路应用在发射器型式，用 3V 电压工作。

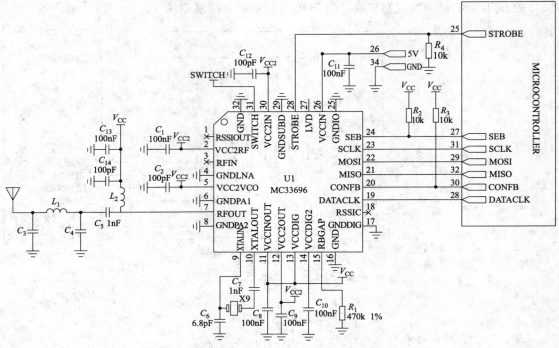

图 2-56　MC33696 应用电路（5V）只有在发射器型式

电路应用在发射器型式，用 5V 电压工作。

接收发射器应用电路

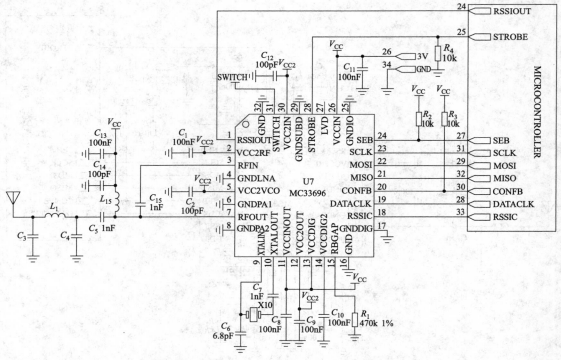

图 2-57　MC33696 应用电路（3V）在收发器型式

应用电路在收发器型式，用 3V 电压工作。在 STROBE 脚通过 MCU 驱动一个低或高电平，控制接收器 ON/OFF 程序。

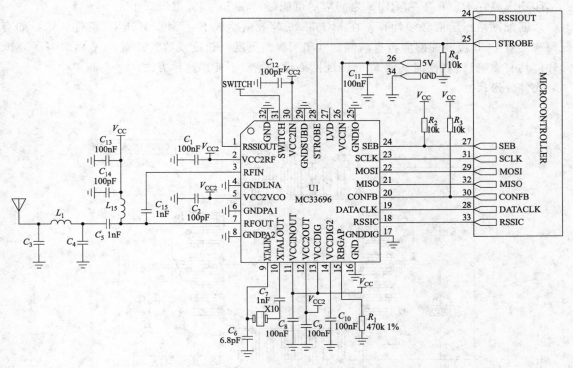

图 2-58 MC33696 应用电路（5V）在收发器型式

应用电路在收发器型式，用 5V 电压工作。在 STROBE 脚上，MCU 通过驱动一个低或高电平，控制接收器 ON/OFF 程序。

印刷电路板设计参考

当设计 PCB 板布局时注意以下几点。

（1）接地板

如能制作多层 PCB 板，用一个内层作接板，在最后一层上给电源和数字信号路线，在第一层用于 RF 元件。

用至少一个双面 PCB 板。

在反面层上用一个大的接地平面。

在反面层上，如果接地平面必须切断某些信号给定路线，在反面层上与接地平面任一部分必须保持连接。许多通路要最小寄生感抗。

（2）电源、接地连接和去耦

对每个信号用分开通路连每个接地脚至接地平面，不能用公共通路。

尽可能放置每个去耦电容接近对应的 V_{CC} 脚（不要大于 2～3mm 远）。

放置 V_{CCDIG2} 去耦电容（C_{10}）直接在 V_{CCDIG2}（脚 14）和 GND（脚 16）之间。

GNDPA1 和 GNDPA2 电感接地应最小。如有可能，对每一个脚用两个通道。RF 线路，匹配网络和其他元件。

用任一个印刷线路最小给 RF 信号电路。

放置晶体 X1 和相关电容 C_6 和 C_7 接近 MC33696。该面上避免给定路线数字信号。

用有高 Q 值的高频线圈用于工作频率（最小 15），线圈源任一变化合法有效。

印刷电路在 RFOUT 和 RFIN 之间应尽可能短，在 Tx 型式损失最小。

对匹配网络指示值必须计算，在 MC33696 等效电路板上对 MC33696RF 组件调谐，如有任何改变对 PCB 板匹配网应再重新调谐（印刷线路宽度，长度或放置位置，或 PCB 厚薄，或元件值均有影响）。对任何其他 PCB 匹配网络设计绝对不能用这种方法。

壳体外形尺寸

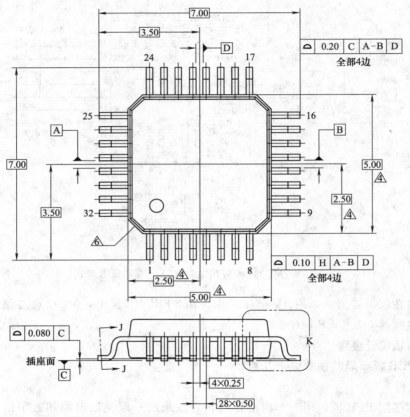

图 2-59 LQFP 外形尺寸（LQFP，32 引线，5×5×1.4 外壳）

【生产公司】 Freescale Semiconductor

● **接收发射应用电路设计**

接收发射应用电路硬件包括：微控制器，RF 接收发射芯片，电路分析，电路元器件，天线设计，应用电路图，印刷电路板布局。

硬件电路说明如下。

微控制器 应用核心是 Motorola 的 MC68HC908GP32，RF 通信用 Motorola 芯片 MC33491 发射器，MC33591/3 接收器。另外，外围有发光二极管 LED 红、黄、绿 3 个按钮，1 个蜂鸣器，1 个光传感器，1 个球形柄，1 个串行接口 RS232/RS485。

RF 元件 Motorola RF 芯片用于无线通信。这些芯片价格低，单通道芯片 ISM 频带，最早设计用于汽车工业。由于高集成，用元件少，没有 RF 调节，低成本，广泛用于家庭遥控，

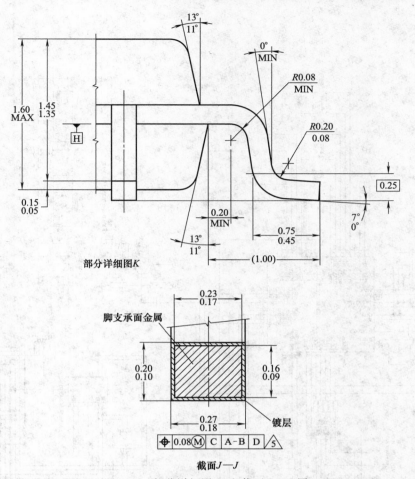

图 2-60　部分详细图 K 和截面 J—J 图

联络。MC33591/3 和 MC33493 参见芯片说明。

电路说明如下。

RF-08 解调器印刷板中，MC68HC908GP32 MCU 只用少量外部元件工作。宽范围外围设备功能，包括 32-Kbyte FLASH 存储器集成在芯片上。对 RF0844 脚 QFP 封装，也可选择 40 脚双列直插式 DIP 代替。

电源电路　D13 是电路保护二极管，防止反压过大。MCU 工作电压 V_{DD}、V_{DDA} 和 V_{REFH} 通过 C_6、C_7 和 C_8 连到 MCU 对应地脚。用 5V 稳压 V_{CC} 驱动。MC33491 芯片要求 3V 电源，3V 电源为 V_{30}。

MCU 核心电路　时钟产生用外部元件 X1、C_1、C_2、C_{10}、R_4 和 R_5 构成振荡器，与 MCU 内的有源元件集成在一起。这个振荡器用低价的手表石英晶体产生时钟频率 32.768kHz。MCU（3.36864MHz）的内部总线时钟，通过锁相环（PLL）从主时钟频率得到。

输入/输出功能　印刷板上有 3 个按钮，2 个组合搭接片，7 个指示 LED，1 个光传感器（光敏电阻），1 个旋钮（球形柄），1 个蜂鸣器，1 个电源测量电路。

按钮连至 3 个接口脚 PTA0、PTA1 和 PTA2，搭接片连至 PTA3 和 PTA4。5 个 LED 与接口 C 相连（引脚为 PC0、PC1、PC2、PC3 和 PC4）。其中 3 个用于指示 NET.08 解调器（它们是红、黄和绿），其他 2 个 LED 用于指示标记 FN1 和 FN2。最后 2 个 LED 连至接口 E，

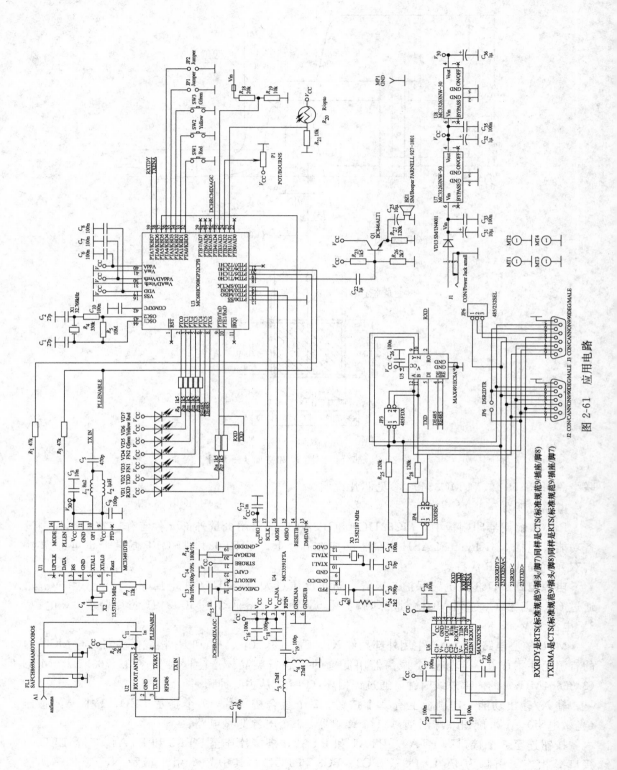

图 2-61 应用电路

共用 2 个串联通信接口（SC）连至 PTEO/TXD 和 PTEVRXD。1 个蜂鸣器有放大电路（C_{22}、C_{25}、R_{23}、R_{26}、R_{27} 和 Q_1）（在原来的 NET.08 印刷板上）连至 PTD4/TICH0 脚，这是双功能脚，共用一个 16 位计时器模块输入/输出，在脉宽调制（PWM）型式，它有声响产生。用原来的一些接口脚控制 MC33491 和 MC33591/3RF 芯片。SPI 模块脚（PTD0/$\overline{SS}$，PTD1/MIS0，PTD2/MOS1 和 PTD3/SPCLK）加上 2 个原来的 I/O 脚（PTA5 和 PTB4）接口，用于 MC33591/3，SPI 实现通信。对应的 2 个脚，通过 16 位计时模块（PTD5/TICH1 和 PTD6/TICH0）用于驱动 MC33491 发射器。16 位计时器（TIM）。R_1 和 R_3 使低的 5V 供 MC33491。其中一个信号用于天线开关控制。

RS232 和 RS485 接口　RS232 结构包含有 U6、C_{27}、C_{28}、C_{29}、C_{30} 和 C_{37}，不包含 U5、C_{26}、R_{25} 和 R_{28}，断开 JP3 和 JP4，连接 JP5 2-3，如要求 DSR 连至 DTR，JP6 短路。

RS485 半双工（两线）结构包含 U5、C_{26}、R_{25} 和 R_{28}，不包括 U6、C_{27}、C_{28}、C_{29}、C_{30} 和 C_{37}，连接 JP3 1-2、3-4，如果要求 120Ω 负载，连接 JP4 1-2，否则全断开，连接 JP5 1-2，断开 JP6。RS485 全双工（四线）结构包含 U5、C_{26}、R_{25} 和 R_{28}，不包括 U6、C_{27}、C_{28}、C_{29}、C_{30} 和 C_{37}，断开 JP3，如要求 120ΩTx 负载（通常不用），连接 JP4 1-2，如要求 120ΩRx 负载（通用），连接 JP4 3-4，连接 JP5 1-2，JP6 断开。

【电路元器件（1）】

数量	参考	零件	数量	参考	零件
1	A1	鞭状天线 868MHz	2	C_{11}，C_{17}	1nF
1	BZ1	蜂鸣器 Farnell 927-408 1	1	C_{13}	10nF/10％
2	C_1，C_2	27pF	1	C_{14}	100pF/10％
1	C_3	10nF	1	C_{20}	390pF
1	C_4	8.2pF	1	C_{21}	4.7nF
2	C_5，C_{15}	470pF	3	C_{22}，C_{32}，C_{36}	1μF
14	C_6，C_7，C_8，C_{10}，C_{16}，C_{24}，C_{26}，C_{27}，C_{28}，C_{29}，C_{30}，C_{33}，C_{35}，C_{37}	100nF	1	C_{23}	10pF
			2	C_{25}，C_{31}	10μF
			1	VD1	RXD LED
			1	VD2	TXD LED
3	C_9，C_{18}，C_{19}	100pF	1	VD3	FN1 LED

【电路元器件（2）】

数量	参考	零件	数量	参考	零件
1	VD4	FN2 LED	1	L_1	8.2nH
1	VD5	绿 LED	1	L_2	1μH
1	VD6	黄 LED	2	L_4，L_3	27nH
1	VD7	红 LED	1	MP1	GND
1	SW3	绿	1	P1	50kΩ trimmer Farnell 347-346
1	SW2	黄			
1	SW1	红	1	Q_1	BC846ALT1
1	VD13	SMD 1N4001	2	R_3，R_1	47kΩ
1	FL1	SAFCH869MAM0T00B0S （Murata）	1	R_4	330kΩ
			1	R_5	10MΩ
1	J1	CON/Power 插孔 Farnell 224-674	2	R_{24}，R_6	2.2kΩ
			1	R_7	12kΩ
1	J2	CON/Cannon 9—插座 Farnell 892-452	8	R_9，R_{10}，R_{11}，R_{12}，R_{13}，R_{16}，R_{17}，R_{23}	1.5kΩ
1	J3	CON/ Cannon 9—插头 Farnell 892-439	1	R_{14}	180kΩ/1％
			1	R_{15}	1kΩ
			1	R_{18}	20kΩ

【电路元器件（3）】

数量	参 考	零件	数量	参 考	零件
2	R_{19}，R_{21}	10kΩ	1	U5	MAX491ECSA（Maxim）
1	R_{20}	光敏电阻 Farnell 316-8335	1	U6	MAX202CSE（Maxim）
3	R_{25}，R_{27}，R_{28}	120Ω	1	U7	MC33263NW-50（ON Semiconductor）
1	R_{26}	2.7kΩ			
1	U1	MC33491DTB（Motorola）	1	U8	MC33263NW-30（ON Semiconductor）
1	U2	RF2436（RF Micro Devices）			
1	U3	MC68HC908GP32CFB（Motorola）	1	X1	32.768kHz
			1	X2	13.571875MHz
1	U4	MC33593FTA（Motorola）	1	X3	13.582187MHz

【天线设计】

鞭状天线是最简单设计，1/4 波长线在接地面上，1/4 波长理论决定于线的性质。接地面的几何形状，取长度为 $K×λ/4$，K 取在 0.93～0.98 之间。对于 868MHz 频带，天线制作线长 84mm。

【PCB 布局】

RF-08PCB 有两层印刷板，在两面有焊接保护。在顶面只用丝网印刷，因为在底面没有安装元件。印刷板厚度和铜箔厚度一样，不是临界值，使用标准尺寸。

【生产公司】 Freescale Semiconductor, Inc.

● **MC33491/MC33493 发射器应用结构电路**

电路中除去耦电容 C_3 和 C_9 外，只有少量元件。石英元件 X2 要求电容 C_4，一个阻抗匹配电感 L_1，一个 RF 通道 DC 去耦电容 C_5，一个扼流圈 L_2 偏置输出级，一个电阻 R_7 控制输出功率。

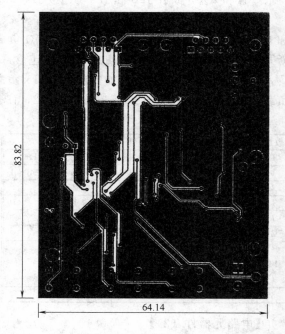

图 2-62 底部铜箔面

MC33491/MC33493 控制型式。器件有几种工作型式，在 OOK 调制时要求简单控制型式。器件的曼彻斯特码功能是不使用的。微控制器驱动只有两个脚 PLLEN 和 DATA，型式（MODE）脚接地，设置 PLLEN 至 1，使能 PLL，信号发送至 DATA，然后以 OOK 格式直接发送。

MC33591/3 接收器结构电路

电路元件 C_{16}、C_{17} 和 C_{18} 是去耦电容。R_{24}、C_{20} 和 C_{21} 是 PLL 滤波器。L_3、L_4 和 C_{19} 构成接收器 RF 通道阻抗匹配。C_{14}、C_{24} 和 R_{24} 是外部各种元件，用于校正接收器工作。如果输入信号中断，在 C_{13} 上电压逐步减小，根据信号的强度，C_{13} 电容变为充电。电阻 R_{15} 连至微控器 I/O 脚。正常 I/O 脚建立在输入型式（高阻抗，H_{i-z}），在数据发送以后，再产生要求的接收灵敏度。I/O 脚开关进入输出型式，输出电平设置"0"（低电平），C_{13} 电容有效地放电，然后 I/O 脚功能恢复，返回至输入型式。

【生产公司】 Freescale Semiconductor, inc.

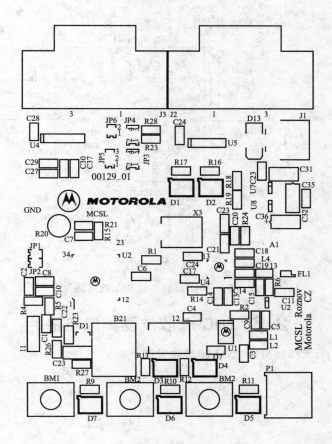

图 2-63　PCB 丝网印刷板

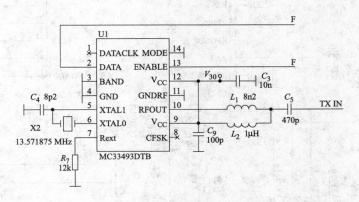

图 2-64　MC33491/MC33493 应用结构电路

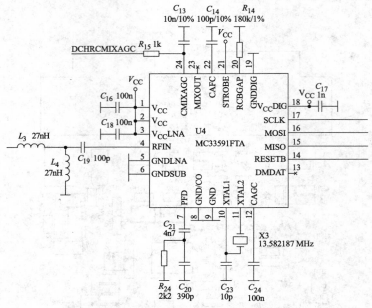

图 2-65　MC33591/3 应用结构电路

2.3　MICRF 收发器集成电路

● **MICRF505 868MHz 和 915MHz ISM 频带收发器**

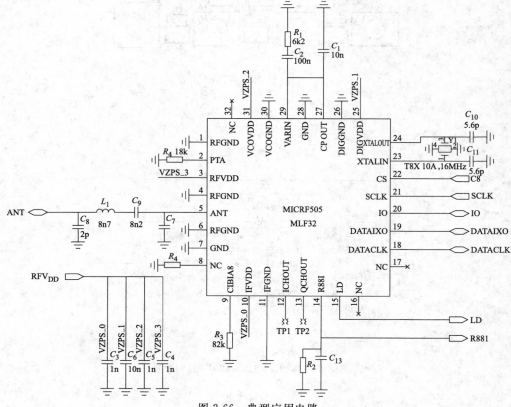

图 2-66　典型应用电路

【用途】

遥测技术，遥控测量仪表，无线控制器，遥控数据转发器，遥控系统，无线调制解调器，无线安全防护系统。

【特点】

单片收发器，数字位同步器，接收信号强度指示器（RSSI），Rx 和 Tx 电源管理，电源关闭功能，基准晶体调谐功能，基带型式，三线可编程串行接口，寄存器反向读出功能。

MICRF505 是一个单片，频率变换调制（FSK）发射接收器，用于半双工，双向 RF 链路。多通道 FSK 收发器用于 UHF 无线电设备。发射器由一个 PLL 频率合成器和一个功率放大器组成。频率合成器由一个电压控制振荡器（VCO）、一个晶体振荡器、双相检测器组成。环路滤波器能灵活简化无源电路。功率放大器的输出功率可编程 7 级电平。当 PLL 在跟踪时，跟踪检测电路检测。在接收型式，PLL 合成器产生本地振荡器（LO）信号。给 LO 频率 N、M 和 A 值存储在 NO、MO 和 AO 寄存器。接收器是零中频（IF）型，使通道滤波器尽可能在低功耗。接收器由低噪声放大器（LNA）驱动正交混频器对组成。混频器输出馈给两个指示信号通道，相位差 90°。每个通道包括一个前置放大器和一个三次谐波的低通滤波器，保护开关电容滤波器防止强邻近通道信号干扰，包括一个限幅器。主通道滤波器是一个 6 级椭圆低通滤波器实现的开关电容。PC 滤波器的截止频率能编程四个不同频率：100kHz、150kHz、230kHz 和 240kHz。I 和 Q 通道输出调制解调，并产生一个数字数据输出。调制解调器检测 I 和 Q 通道信号的相对相位。如 I 通道信号滞后 Q 通道，FSK 音频在 LO 频率上（数据 "1"）。如 I 通道信号超前 Q 通道，FSK 音频在 LO 频率下（数据 "0"）。接收器输出在 DATAIXO 脚有效。接收信号强度指示器（RSSI）电路指示接收信号电平。

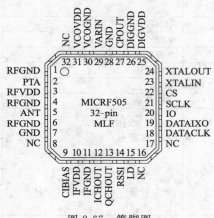

图 2-67　管脚图

【引脚说明】

脚号	脚名	型号	脚功能	脚号	脚名	型号	脚功能
1	RFGND		LNA 和 PA 地	17	NC		不连
2	PTA	O	连偏压电阻	18	DATACLK	O	Rx/Tx 数据时钟输出
3	RFVDD		LNA 和 PA 电源	19	DATAIXO	I/O	Rx/Tx 数据输入/输出
4	RFGND		LNA 和 PA 地	20	IO	I/O	3-线接口数据输入/输出
5	ANT	I/O	天线输入/输出	21	SCLK	I	3-线接口串行时钟
6	RFGND		LNA 和 PA 地	22	CS	I	3-线接口芯片选择
7	GND		LNA 和 PA 地	23	XTALIN	I	晶体振荡器输入
8	NC		不连	24	XTALOUT	O	晶体振荡器输出
9	CIBIAS	O	连偏压电阻	25	DIGVDD		数字电源
10	IFVDD		中频/混频器电源	26	DIGGND		数字地
11	IFGND		中频/混频器地	27	CPOUT	O	PLL 电荷泵输出
12	ICHOUT	O	测试脚	28	GND		基片地
13	QCHOUT	O	测试脚	29	VARIN	I	VCO 变抗器输入
14	RSSI	O	接收信号强度指示器	30	VCOGND		VCO 地
15	LD	O	PLL 跟踪检测	31	VCOVDD		VCO 电源
16	NC		不连	32	NC		不连

【最大绝对额定值】

电源电压（V_{DD}）	3.3V	存储温度（T_s）	$-55\sim150℃$
在任一脚电压（GND＝0）	$-0.3\sim2.7V$	ESD 额定值	2kV

【工作条件】

电源电压（V_{IN}）	$2.0\sim2.5V$	环境温度（T_A）	$-40\sim85℃$
RF 频率	$850\sim950MHz$	封装热阻 MLF™（θ_{JA}）多层板	41.7℃/W
数据速率（NRZ）	＜200k 波特		

【技术特性】

$f_{RF}＝915MHz$，数据速率＝125kbps，调制型式为闭环 VCO 调制，$V_{DD}＝2.5V$，$T_A＝25℃$。

符号	参　数	条　件	最小	典型	最大	单位
	RF 频率工作范围		850		950	MHz
	电源		2.0		2.5	V
	电源电流			0.3		μA
	待机电流			280		μA
VCO 和 PLL 部分						
	基准频率		4		40	MHz
	PLL 跟踪时间 3kHz 带宽	$915\sim915.5MHz$		0.5		ms
		$902\sim927MHz$		1.7		ms
		20kHz 带宽		0.3		ms
	开关时间 3kHz 环路带宽	Rx-Tx		0.6		ms
		Tx-Rx		0.6		ms
		待机 Rx		1.1		ms
		待机 Tx		1.2		ms
	晶体振荡器建立时间	16MHz,9pF 负载,5.6pF 负载电容		1.2		ms
	电荷泵电流	$VCP_{OUT}＝1.1V$,CP_HI＝0		125		μA
		$VCP_{OUT}＝1.1V$,CP_HI＝1		500		μA
	电荷泵容差			20		％
发射部分						
	输出功率	$R_{LOAD}＝50\Omega$,Pa2-0-111		10		dBm
		$R_{LOAD}＝50\Omega$,Pa2-0-001		-8		dBm
	输出功率容差	全温度范围		2		dB
		全电源范围		3		dB
	Tx 电流消耗	$R_{LOAD}＝50\Omega$,Pa2-0-111		28		mA
		$R_{LOAD}＝50\Omega$,Pa2-0-001		14		mA
	Tx 电流消耗偏差	10dBm		2.5		mA
	二进制频率分隔	位速率＝200kbps	20		500	kHz
	数据速率	VCO 调制	20		200	kbps
	占用频带	200kbps,$\beta＝2.20Dbc$				kHz
		125kbps,$\beta＝2.20Dbc$				kHz
		200kbps,$\beta＝2.20Dbc$				kHz
	二次谐波			-25		dBm
	三次谐波			-15		dBm
	寄生发射＜1GHz				＜-54	dBm
	寄生发射＜1GHz				＜-30	dBm
接收部分						
	Rx 电流消耗 Rx			13.5		mA
		LNA 旁通		11.5		mA
		用于 LNA 开关滤波器		11.5		mA

续表

符号	参　数	条　件	最小	典型	最大	单位
	Rx 电流消耗偏差	全温范围		4		mA
	接收器灵敏度	2.4kbps,$\beta=16$		−111		dBm
		4.8kbps,$\beta=16$		−109		dBm
		19.2kbps,$\beta=4$		−105		dBm
		38.4kbps,$\beta=4$		−103		dBm
		76.8kbps,$\beta=2$		−101		dBm
		125kbps,$\beta=2$		−99		dBm
		200kbps,$\beta=2$		−97		dBm
	接收器最大输入功率	125kbps,125kHz 偏差		−12		dBm
		20kbps,20kHz 偏差		−20		dBm
	接收器灵敏度容差	全温范围		4		dB
		全电源范围		1		dB
	接收器带宽		50		340	kHz
	CO 通道抑制					dB
	相邻通道抑制	200kHz spacing				
		500kHz spacing				
		1MHz spacing				
	阻塞	±1MHz		42		dB
		±2MHz		47		dB
		±5MHz		38		dB
		±10MHz		41		dB
	噪声图,级联			tbd		dB
	1dB 压缩			−35		dB
	输入 IP3	2 tones with 1MHz separation		−25		dBm
	输入 IP2					dBm
	LO 泄漏				−90	dBm
	寄生发射	<1GHz			−54	dBm
		>1GHz			−54	dBm
	输入阻抗			~50		Ω
	输入阻抗			−20	−15	dB
	RSSI 动态范围			50		dB
	RSSI 输出电压	Pin=100dBm		0.9		V
		Pin=60dBm		1.85		V
数字输入/输出						
V_{IH}	逻辑输入高		$0.7V_{DD}$		V_{DD}	V
V_{IL}	逻辑输入低		0		$0.3V_{DD}$	V
	时钟/数据频率				10	MHz
	时钟/数据占空比		45		55	%

【MICRF505 设计参考电路】

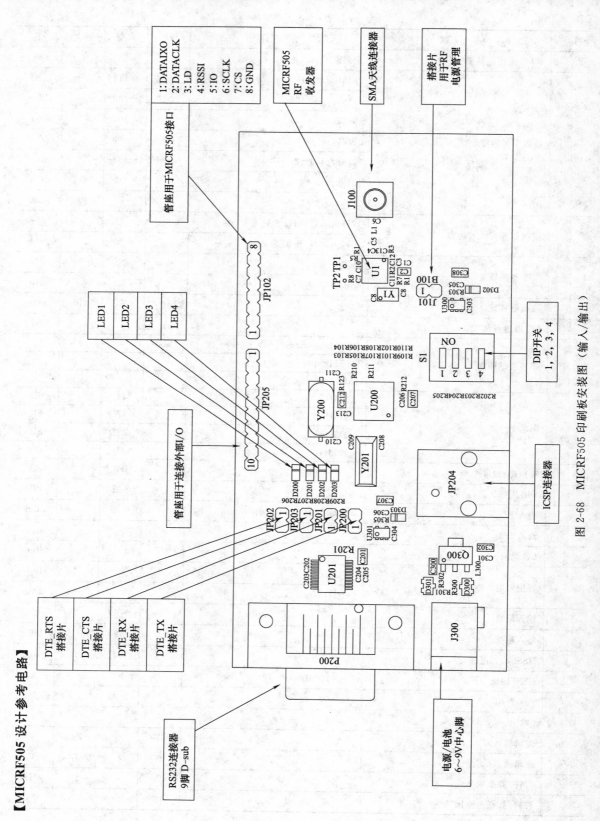

图 2-68 MICRF505 印刷板安装图（输入/输出）

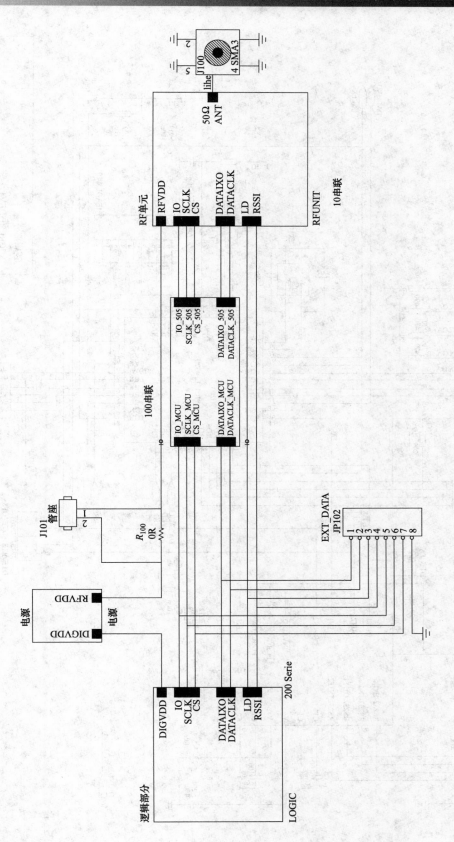

图 2-69　MICRF505 电路图 (1)

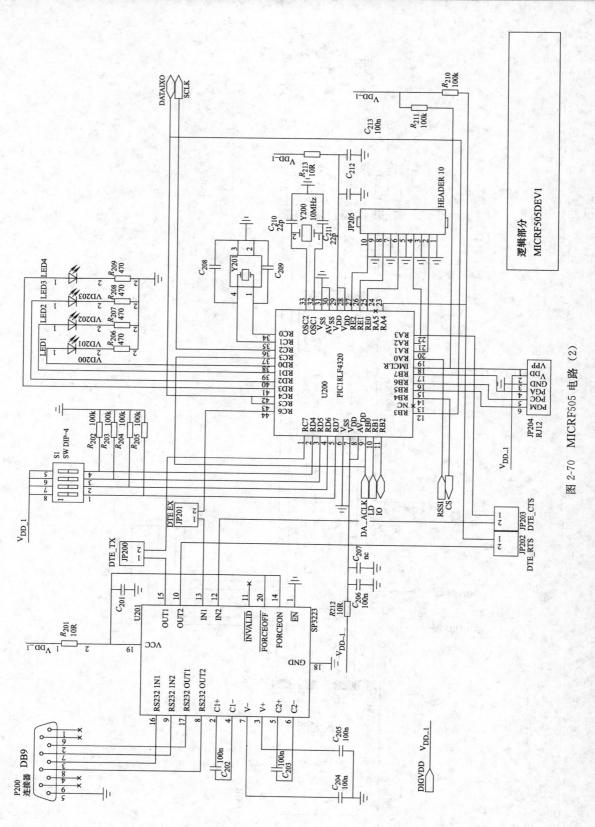

图 2-70 MICRF505 电路 (2)

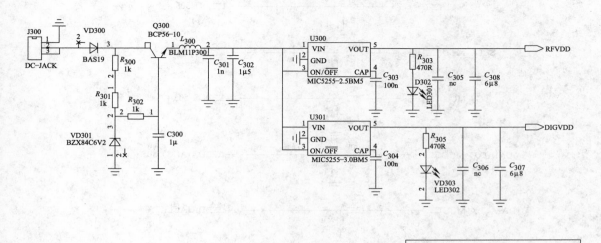

图 2-71 MICRF505 电路（3）

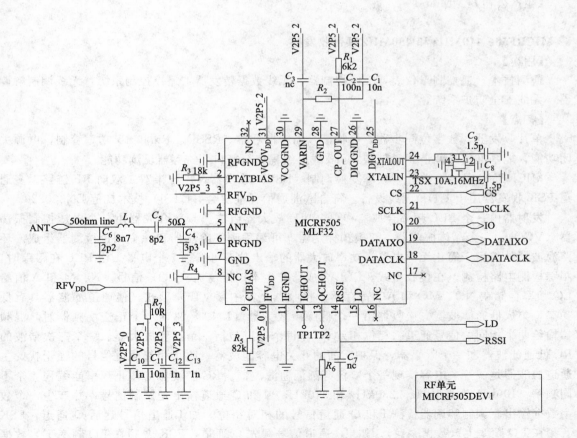

图 2-72 MICRF505 电路（4）

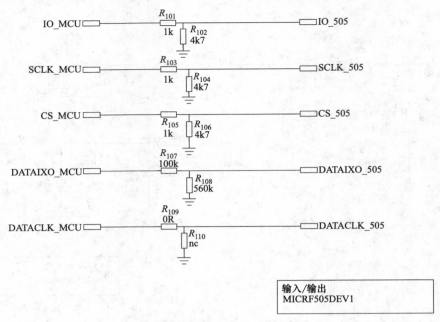

图 2-73　MICRF505 电路（5）

【生产公司】　Micrel

● **MICRF506 410MHz 和 450MHz 频带收发器**

【用途】

遥测技术，遥控测量仪表，无线控制器，无线数据转发器，遥控控制系统，无线调制解调器，无线安全防护系统。

【特点】

单片收发器，数字位同步器，接收信号强度指示器（RSSI），Rx 和 Tx 功率管制，电源关闭功能，能基准信号调谐，基带型式，3 线可编程串行接口，寄存器反读功能。

MICRF506 是一个单片，频率变换调制（FSK）收发器，用于半双工双向 RF 链路。多通道 FSK 收发器用于 UHF 无线设备。符合欧洲通信标准协会（ETSI）技术规范 EN300220。

发射器由一个 PLL 频率合成器和一个功率放大器组成。频率合成器由一个电压控制振荡器（VCO）、一个晶体振荡器、双模预标定器、可编程频率除法器和一个相位检测器组成。环路滤波器外部用于简化无源电路。功率放大器的输出功率可编程 7 个电平。当 PLL 在跟踪时，跟踪检测电路检测。在接收型式，PLL 合成器产生本地振荡器（LO）信号。N、M 和 A 值给 LO 频率存储在 NO、MO 和 AO 寄存器。接收器是零中频（IF）型式，使通道滤波器具有低功率，集成低通滤波器。接收器由一个低噪声放大器（LNA）驱动一个正交混频器对。混频器输给两个相同的信号通道，相位相差 90°。每个通道包括一个前置放大器、一个三次谐波的 RC 低通滤波器和一个限幅器，保护后面的开关电容滤波器，防止相邻通道信号的强干扰。主通道滤波器是一开关电容实现一个 6 极椭圆低通滤波器。RC 滤波器的截止频率能编程 4 个不同频率：100kHz、150kHz、230kHz 和 340kHz。I 和 Q 通道输出是调制信号，并产生一个数字数据输出。调制解调器检测 I 和 Q 通道信号的相对相位。如 I 通道信号迟后 Q 通道，FSK 音频在 LO 频率上（数据 "1"）。如果 I 通道信号领先 Q 通道，FSK 音频在 LO 频率下（数据 "0"）。接收信号强度指示器（RSSI）电路指示接收信号电平。

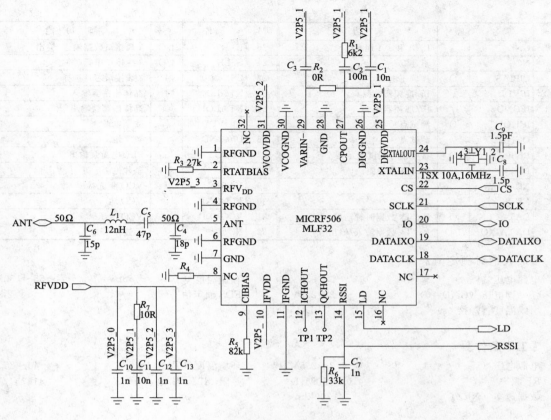

图 2-74　典型应用电路

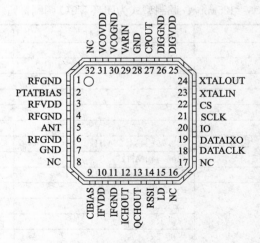

图 2-75　引脚图

【引脚说明】

脚号	脚名	型号	脚 功 能	脚号	脚名	型号	脚 功 能
1	RFGND		LNA 和 PA 地	4	RFGND		LNA 和 PA 地
2	PTATBIAS	O	连偏压电阻	5	ANT	I/O	天线输入/输出
3	RFVDD		LNA 和 PA 电源	6	RFGND		LNA 和 PA 地

续表

脚号	脚名	型号	脚 功 能	脚号	脚名	型号	脚 功 能
7	GND		LNA 和 PA 地	20	IO	I/O	3 线接口数据输入/输出
8	NC		不连	21	SCLK	I/O	3 线接口串行时钟
9	CIBIAS	O	连偏压电阻	22	CS	I	3 线接口芯片选择
10	IFVDD		IF/混频器电源	23	XTALIN	I	晶体振荡器输入
11	IFGND		IF/混频器地	24	XTALOUT	O	晶体振荡器输出
12	ICHOUT	O	测试点	25	DIGVDD		数字电源
13	QCHOUT	O	测试点	26	DIGGND		数字地
14	RSSI	O	接收信号强度指示器	27	CPOUT	O	PLL 电荷泵输出
15	LD	O	PLL 跟踪检测	28	GND		基片地
16	NC		不连	29	VARIN	I	VCO 变抗器
17	NC		不连	30	VCOGND		VCO 地
18	DATACLK	O	Rx/Tx 数据时钟输出	31	VCOVDD		VCO 电源
19	DATAIXO	I/O	Rx/Tx 数据输入/输出	32	NC		不连

【最大绝对额定值】

电源电压 (V_{DD})	3.3V	存储温度 (T_s)	$-55\sim150℃$
任一脚电压 (GND=0)	$-0.3\sim2.7V$	EDS 额定值	2kV
引线温度 (焊接 4s)	TBD ℃		

【工作条件】

电源电压 (V_{IN})	$2.2\sim2.5V$	环境温度 (T_A)	$-40\sim85℃$
RF 频率	$410\sim450MHz$	热阻 MLF™ (θ_{JA})	41.7℃/W
数据速率 (NRZ)	$<200kbps$		

【技术特性】

$f_{RF}=433MHz$，数据速率=125kbps，调制型式为闭环 VCO 调制，$V_{DD}=2.5V$，$T_A=25℃$。

符号	参 数	条 件	最小	典型	最大	单位
	RF 频率工作范围		410		450	MHz
	电源		2.0		2.5	V
	电源关闭电流			0.3	3	μA
	待机电流			280	370	μA
VCO 和 PLL 部分						
	基准频率		4		40	MHz
	PLL 跟踪时间 3kHz 带宽	$433.75\sim434.25MHz$		0.7	1.3	ms
		$430\sim440MHz$		1.3	2	ms
	PLL 跟踪时间 20kHz 带宽	$433.75\sim434.25MHz$		0.3		ms
	开关时间 3kHz 环路带宽	Rx-Tx		1.0	1.4	ms
		Tx-Rx		1.0	2.5	ms
		待机 Rx		1.0	3	ms
		待机 Tx		1.0		ms
	晶体振荡器建立时间	16MHz,9pF 负载,5.6pF 加载电容		1.0		ms
	电荷泵电流	$VCP_{OUT}=1.1V$,CP_HI=0	100	125	170	μA
		$VCP_{OUT}=1.1V$,CP_HI=1	420	500	680	μA
发射部分						
	输出功率	$R_{LOAD}=500\Omega$,Pa2-0-111		11		dBm
		$R_{LOAD}=500\Omega$,Pa2-0-001		-7		dBm
	输出功率容差	全温范围		1		dB
		全电源范围		3		dB

续表

符号	参　　数	条　　件	最小	典型	最大	单位
	Tx 电流消耗	R_{LOAD}＝500Ω,Pa2-0-111		21.5		mA
		R_{LOAD}＝500Ω,Pa2-0-001		10.5		mA
		R_{LOAD}＝500Ω,Pa2-0-000		8.0		mA
	二进制频率分隔	位速率＝200kbps	20		500	kHz
	数据速率	VCO 调制	20		200	kbps
		除法器调制			20	kbps
	占用频带	38.4kbps,β＝2,20dBc		140		kHz
		125kbps,β＝2,20dBc		550		kHz
		200kbps,β＝2,20dBc		800		kHz
	2 次谐波			－16		dBm
	3 次谐波			－8		dBm
	寄生发射<1GHz				<－54	dBm
	寄生发射<1GHz				<－30	dBm
接收部分						
	Rx 电流消耗			12		mA
		LNA 旁道		9.5		mA
		开关电容滤波器用于 LNA		9.5		mA
	Rx 电流消耗变化	全温范围		3		mA
	接收器灵敏度	2.4kbps,β＝16		－113		dBm
		4.8kbps,β＝16		－111		dBm
		19.2kbps,β＝4		－106		dBm
		38.4kbps,β＝4		－104		dBm
		76.8kbps,β＝2		－101		dBm
		125kbps,β＝2		－100		dBm
		200kbps,β＝2		－97		dBm
	接收器最大输入功率	125kbps,125kHz deviation		＋12		dBm
		20kbps,40kHz deviation		＋2		dBm
	接收器灵敏度容差	全温		4		dB
		全电源范围		1		dB
	接收器带宽		50		350	kHz
	CO 通道抑制			T. B. D.		dB
	相邻通道抑制	500kHz 间距		T. B. D.		dB
		1MHz 间距		T. B. D.		dB
	阻塞	±1MHz		47		dB
		±2MHz		48		dB
	阻塞	±5MHz		39		dB
		±10MHz		48		dB
	噪声图,级联			T. B. D.		dB
	1dB 压缩			－34		dB
	输入 IP3	2 音调有 1MHz 间隔		－25		dBm
	输入 IP2			T. B. D.		dBm
	LO 泄漏			－90		dBm
	寄生发射	<1GHz			<－57	dBm
		>1GHz			<－57	dBm
	输入阻抗			50		Ω
	RSSI 动态范围			50		dB
	RSSI 输出范围	Pin＝－110dBm		0.9		V
		Pin＝－60dBm		2		V
数字输入/输出						
V_{IH}	逻辑输入高		$0.7V_{DD}$		V_{DD}	V
V_{IL}	逻辑输入低		0		$0.3V_{DD}$	V
	时钟/数据频率				10	MHz
	时钟/数据占空比		45		55	%

【应用电路设计参考】

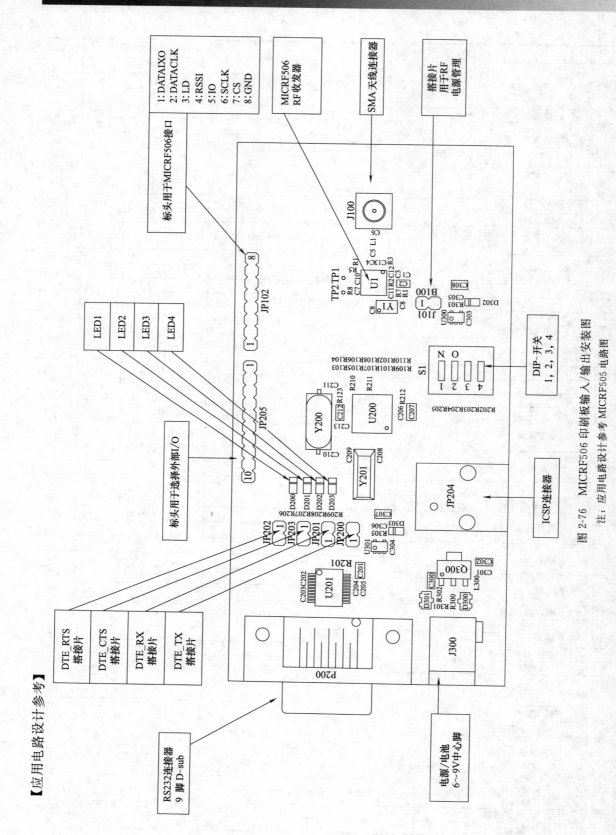

图 2-76　MICRF506 印刷板输入/输出安装图

注：应用电路设计参考 MICRF505 电路图

无线 RF 收发器选择指导

器件	频率范围	最大数据速率	接收	电源电压	发射	调制型式	封装
MICRF500	700MHz～1.1GHz	128kbps	12mA	2.5～3.4V	50mA	FSK	LQFP-44
MICRF501	300～440MHz	128kbps	8mA	2.5～3.4V	45mA	FSK	LQFP-44
MICRF505	850～950MHz	200kbps	13mA	2.0～2.5V	28mA	FSK	MLF™-32
MICRF506	410～450MHz	200kbps	12mA	2.0～2.5V	21.5mA	FSK	MLF™-32

【生产公司】　Micrel

2.4　MAX 收发器集成电路

● **MAX7032 低价晶体为基础可编程 ASK/FSK 有分数-NPLL 收发器**

【用途】

两种方式遥控无开关输入，安全系统，家庭自动化，遥控计算机，遥控检测，烟雾报警，机库门开户，区域遥测系统。

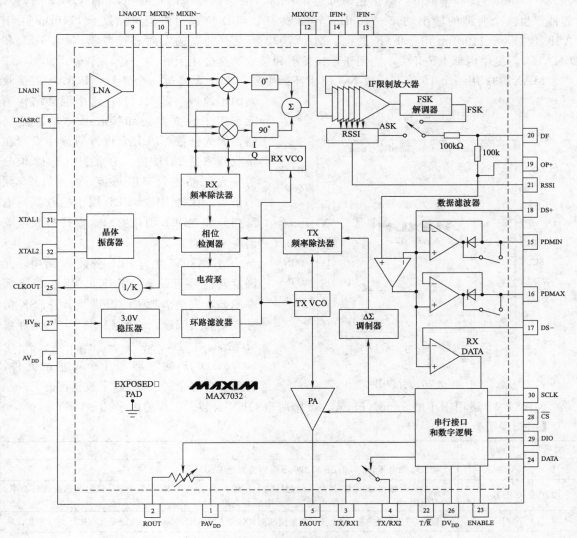

图 2-77　功能块图

【特点】

2.1～3.6V 或 4.5～5.5V 单电源工作

单晶体收发器

用户可调节 300～450MHz 载频

ASK/OOK 和 FSK 调制

用户通过分数-NPLL 寄存器可调节 FSK 频率偏差

有 $f_{XTAL}/4096$ 载频间隔的灵活发射器频率合成器

＋10dBm 输出功率转换成 50Ω 负载

集成 Tx/Rx 开关

集成发射和接 PLL、VCO 和环路滤波器

＞45dB 映像抑制

典型 RF 灵敏度

  ASK：－114dBm

  FSK：－110dBm

用外部滤波器选择 IF 带宽

有高动态范围的 RSSI 输出

自动转换过程低功耗控制

12.5mA 发射型式电流

6.7mA 接收型式电流

23.5μA 转换过型式电流

＜800nA 关断电流

快速接通启动时间＜250μs

小型 32 脚、薄型 QFN 封装

MAX7032 晶体为基础，分数 N 收发器，设计用于发射和接收 ASK/OOK 或 FSK 数据，在 300～450MHz 频率范围，数据速率可达 33kbps（曼彻斯特编码）或 66kbps（NRZ 编码）。器件产生一个典型的输出功率＋10dBm 转换成一个 50Ω 负载。典型灵敏度－114dBm 用于 ASK 数据，－110dBm 用于 FSK 数据。MAX7032 特点有独立的发射和接收脚（PAOUT 和 LNAIN），提供内部 RF 开关，能用于连接发射和接收脚至公用天线。

MAX7032 用一个 16 位、分数 N、锁相环产生发射频率，通过一个整数 NPLL 产生接收器的本地振荡器（LO）。这个混合结构消除了用于独立发射和接收晶体基准振荡器，因为分数 NPLL 允许发射频率设置在接收频率的 2kHz 内。分数 NPLL 12 位分辨率允许晶体频率以每步 $f_{XTAL}/4096$ 频率倍乘。保持固定 NPLL 用于接收器高电流在分数 NPLL 消耗要求，保持接收电流消耗尽可能小。

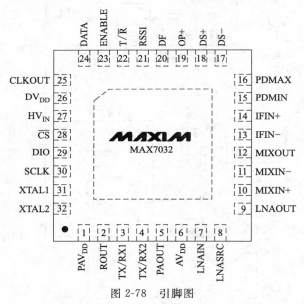

图 2-78　引脚图

MAX7032 发射 PLL 分数 N 结构，允许发射信号可编程（FSK），用于精确频率偏差，完全消除了用振荡器牵引 FSK 信号产生有关问题。全部频率产生的元件集成在芯片上，只有一个晶体、一个 10.7MHz IF 滤波器和几个要求的元件，实现一个完全的天线/数字数据部分。

MAX7032 适用于小型 5mm×5mm，32 脚薄型 QFN 封装，工作温度－40～125℃。

【引脚说明】

脚号	脚名	说　　　　明
1	PAV$_{DD}$	功放电源电压，用 0.01μF 和 220pF 电容旁通至 GND
2	ROUT	包络成形输出，ROUT 控制功放包络的上升和下降时间，连 ROUT 至 PA 拉起电感或选择功率调节电阻，用 680pF 和 220pF 电容旁通电感至地
3	TX/RX1	发射/接收开关掷合，驱动 T/$\overline{R}$ 高短接 TX/RX1 至 TX/RX2，驱动 T/$\overline{R}$ 低断开 TX/RX1 至 TX/RX2
4	TX/RX2	发射/接收开关极，典型连至地

续表

脚号	脚名	说　明
5	PAOUT	功放输出,要求拉起电感至电源电压,可以是输出匹配网络至天线零件
6	AV_{DD}	模拟电源电压,AV_{DD} 连芯片上 3.0V 稳压,工作在 5V,用 $0.1\mu F$ 和 220pF 电容旁通 AV_{DD} 至 GND
7	LNAIN	低噪声放大器输入,必须 AC 耦合
8	LNASRC	低噪声放大器源,用于外部电感衰减,连电感至 GND,设置 LNA 输入阻抗
9	LNAOUT	低噪声放大器输出,必须通过并联 LC 槽路滤波器连至 AV_{DD},AC 耦合至 MIXIN＋
10	MIXIN＋	正相混频器输入,必须 AC 耦合至 LNA 输出
11	MIXIN－	反相混频器输入,用电容旁通至 AV_{DD},接收 LC 槽路滤波器
12	MIXOUT	330Ω 混频器输出,连至 10.7MHz 滤波器输入
13	IFIN－	反相 330Ω IF 线性放大器输入,用电容旁通至 GND
14	IFIN＋	正相 330Ω IF 线性放大器输入,连至 10.7MHz 滤波器输出
15	PDMIN	最小电平峰值检测器,用于解调器输出
16	PDMAX	最大电平峰值检测器,用于解调器输出
17	DS－	反相数据割离器输入
18	DS＋	正相数据割离器输入
19	OP＋	正相运放输入
20	DF	数据滤波器反馈节点
21	RSSI	缓冲接收信号强度指示器输出
22	T/$\overline{R}$	发射/接收。驱动高,置器件在发射型式;驱动低或断开,置器件在接收型式。它是内部拉低
23	ENABLE	使能,驱动高正常工作,驱动低或断开置器件进入关断型式
24	DATA	接收器数据输出/发射器数据输入
25	CLKOUT	除以晶体时钟缓冲输出
26	DV_{DD}	数字电源电压,用 $0.01\mu F$ 和 220pF 电容旁通至 GND
27	HV_{IN}	高压电源输入。用于 3V 工作,连 HV_{IN} 至 PAV_{DD}、AV_{DD} 和 DV_{DD};用于 5V 工作,只有连 HV_{IN} 至 5V 用 $0.01\mu F$ 和 220pF 电容旁通 HV_{IN} 至 GND
28	$\overline{CS}$	串行接口有效低芯片选择
29	DIO	串行接口串行数据输入/输出
30	SCLK	串行接口时钟输入
31	XTAL1	晶体输入 1,如通过 AC 耦合外基准驱动 XTAL2,旁通至 GND
32	XTAL2	晶体输入 2,用 AC 耦合外基准能驱动 XTAL2
—	EP	暴露垫片接地

【最大绝对额定值】

HV_{IN} 至 GND	$-0.3\sim 6.0V$
PAV_{DD},AV_{DD},DV_{DD} 至 GND	$-0.3\sim 4.0V$
ENABLE,T/R,DATA,$\overline{CS}$, DIO,SCLK,CLKOUT 至 GND	
	$-0.3V\sim HV_{IN}+0.3V$
全部其他脚至 GND	$-0.3V\sim V_{DD}+0.3V$

连续功耗（$T_A=70℃$）

32 脚薄型 QFN（70℃ 以上衰减 21.3mW/℃）

　　　　1702mW

工作温度　　　　$-40\sim 125℃$

存储温度　　　　$-65\sim 150℃$

引线焊接温度（10s）　　300℃

【应用电路】

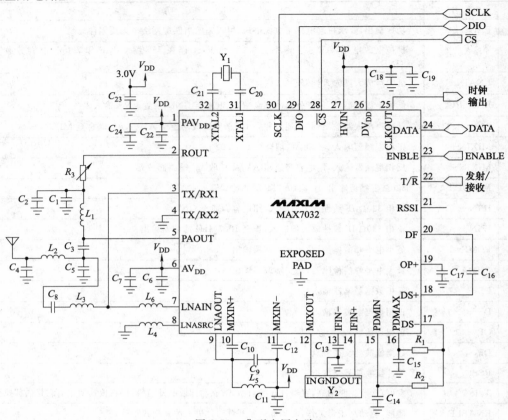

图 2-79　典型应用电路

典型应用电路元件值

元件	数值用于 433.92MHz RF	数值用于 315MHz RF	说明	元件	数值用于 433.92MHz RF	数值用于 315MHz RF	说明
C_1	220pF	220pF	10%	C_{20}	100pF	100pF	5%
C_2	680pF	680pF	10%	C_{21}	100pF	100pF	5%
C_3	6.8pF	12pF	5%	C_{22}	220pF	220pF	10%
C_4	6.8pF	10pF	5%	C_{23}	0.01μF	0.01μF	10%
C_5	10pF	22pF	5%	C_{24}	0.01μF	0.01μF	10%
C_6	220pF	220pF	10%	L_1	22nH	27nH	Coilcraft 0603CS
C_7	0.1μF	0.1μF	10%	L_2	22nH	30nH	Coilcraft 0603CS
C_8	100pF	100pF	5%	L_3	22nH	30nH	Coilcraft 0603CS
C_9	1.8pF	2.7pF	±0.1pF	L_4	10nH	12nH	Coilcraft 0603CS
C_{10}	100pF	100pF	5%	L_5	16nH	30nH	Murata LQW18A
C_{11}	220pF	220pF	10%	L_6	68nH	100nH	Coilcraft 0603CS
C_{12}	100pF	100pF	5%	R_1	100kΩ	100kΩ	5%
C_{13}	1500pF	1500pF	10%	R_2	100kΩ	100kΩ	5%
C_{14}	0.047μF	0.047μF	10%	R_3	0kΩ	0kΩ	—
C_{15}	0.047μF	0.047μF	10%	Y_1	17.63416MHz	12.67917MHz	晶体 4.5pF 负载电容
C_{16}	470pF	470pF	10%				
C_{17}	220pF	220pF	10%	Y_2	10.7MHz 瓷介电容	10.7MHz 瓷介电容	Murata SFECV 10.7 系列
C_{18}	220pF	220pF	10%				
C_{19}	0.01μF	0.01μF	10%				

【生产公司】　MAXIM

● MAX2900-MAX2904，200mW 单片收发器 IC 用于 868MHz/915MHz ISM 频带

【用途】

汽车仪表读数，无线安全系统/报警，无线传感器，无线数据网络，无线建筑控制。

【特点】

型式用于美国 902～928MHz 频宽和欧洲 868MHz 带宽

－7～＋23dBm 可调差动 RF 输出功率

在 4.5V，＋2.3dBm 输出功率，在 3.0V，＋20dBm 输出功率

支持 BPSK，OOK，ASK 和 FM 调制

调制滤波器用于直接程序 BPSK 建立至 8Mchips/s

完全集成 VCO 有芯片上槽路

外部低频牵引用于 OOK 调制（典型 60kHz 峰值，50Hz 有效值）

集成频率合成器用于 8 通道（MAX2900）

2.7～4.5V 电源工作

小型 28 脚 QFN 封装有暴露垫片（5mm×5mm）

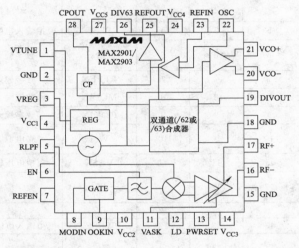

图 2-80　功能块图

MAX2900～MAX2904 完全单片 200mW 发射器，设计用于 868MHz/915MHz 频带。MAX2900/MAX2901/MAX2902 与 FCCCFR47 零件 15.247 902～928MHz ISM 频带特性一致。MAX2903/MAX2904 与 ETSI EN330-220 特性一致，用于欧洲 868MHz ISM 频带。

这些发射器 IC 呈现集成高电平，而具有最少的外部元件，集成发射调制器、功率放大器、RFVCO、8 通道频率合成器和基带 PN 序列低通滤波器。通过滤波 BPSK 调制，减小寄生发射，使能达到美国 8 个独立通道发射。ISM 频带，提供输入用于扩展频谱 BPSK、ASK 和 OOK。通过直接调制 VCO，FM 能完成。器件用一个外部差动无线。5 个不同型式可用。不同型式有它的工作频带，有合成频率型式工作。MAX2900 有一个内部 8 通道合成器。MAX2901 和 MAX2903 有双通道型式。MAX2901 工作在 902～928MHz ISM 频带。MAX2903

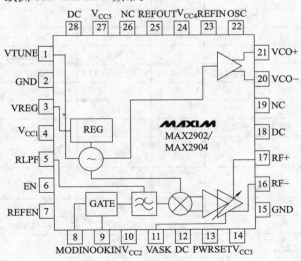

图 2-81　引脚图

工作在 867～870MHz 欧洲 ISM 频带。MAX2902 和 MAX2904 要求一个断开芯片频率合成器。MAX2902 工作在 902～928MHz ISM 频带，MAX2904 工作在 867～870MHz 欧洲 ISM 频带。MAX2901～MAX2904 提供 LO 输出驱动一个接收器/或一个外部合成器。

【引脚说明】

脚 号			脚名	脚型	说 明
MAX2900	MAX2901 MAX2903	MAX2902 MAX2904			
1	1	1	VTUNE	模拟输入	VCO 调谐电压输入
2	2	2	GND	电源脚	地
3	3	3	VREG	模拟输入/输出	稳压输出至 VCO 电源，用 0.01μF 电容旁通至地
4	4	4	V_{CC1}	电源脚	电源脚，用于 VCO 电路，用 1000pF 和 10μF 电容旁通至地
5	5	5	PLPF	模拟输入电阻至地	在该脚上电阻至地，设置调制滤波器带宽
6	6	6	EN	数字输入	芯片使能数字输入脚，置 EN 低，保持芯片在电源关断型
7	7	7	RFFEN	数字输入	使能，用于晶体振荡器和频率基准缓冲器
8	8	8	MODIN	数字输入	BPSK 调制输入
9	9	9	OOKIN	数字输入	断开键调制，导通态＝高
10	10	10	V_{CC2}	电源	电源脚，用于内部 RF 缓冲器电路，用于 100pF 和 0.01μF 电容旁通至 GND
11	11	11	VASK	模拟电压输入	ASK 电压输入脚
12	12	—	LD	数字输出	时钟检测器输出数字脚，电平高，PLL 是在内时钟范围
—	—	12	DC	不连	
13	13	13	PWRSET	模拟输入电阻至地	电流输入，设置调节输出功率
14	14	14	V_{CC3}	电源	电源脚，用于 RF 功放电路，用 100pF 电容旁通至 GND
15	15	15	GND	电源脚	地
16,17	16,17	16,17	RF−,RF+	RF 输出	RF 差动输出，开路集电极
18	—	—	NC	不连	
—	18	—	GND	电源脚	地
—	—	18	DC	不连	
19	—	19	NC	不连	
—	19	—	DIVOUT	ECL 输出	除法器输出
—	20,21	20,21	VCO−,VCO+	开路集电极 RF	VCO 输出（差动）
20	—	—	D1	数字输入	通道选择位 1
21	—	—	D0	数字输入	通道选择位 0
22	22	22	OSC	模拟输入	晶体振荡器连接
23	23	23	REFIN	模拟电压输入	基准输入脚模拟，能用作输入或作为晶体振荡器驱动
24	24	24	V_{CC4}	电源脚	电源脚，用于合成器电路，用 1000pF 电容旁通至地
—	—	24	V_{CC4}	电源脚	电源脚，用于数字电路，用 100pF 电容旁通至地
25	25	25	REFOUT	模拟输出	缓冲时钟模拟输出脚
26	—	—	D2	数字输入	通道选择位 2
—	26	—	DIV63	数字输入	分割比选择（当 DIV63＝高　分割比＝63；DIV63 低　分割比＝63）

续表

脚 号			脚名	脚型	说 明
MAX2900	MAX2901 MAX2903	MAX2902 MAX2904			
—	—	26	NC	不连	
27	27	—	V$_{CC5}$	电源脚	电源脚,用于电荷泵电路,用100pF电容旁通至地
—	—	27	V$_{CC5}$	电源脚	电源脚,用100pF电容旁通至地
28	28	—	CPOUT	模拟输出	电荷泵输出脚
—	—	28	DC	不连	
GROUND	GROUND	GROUND	GROUND	电子地	封装背连至地

【最大绝对额定值】

V$_{CC}$ 至 GND $-0.3\sim5.0$V   28 脚 QFN-EP（70℃以上衰减 28.5mW/℃）

模拟/数字输入电压至 GND   工作温度 $-40\sim85$℃

     -0.3V$\sim$V$_{CC}+0.3$V   结温   150℃

模拟/数字输入电流 $\pm10\mu$A   存储温度 $-65\sim150$℃

连续功耗（$T_A=70$℃）   2W   引线焊接温度（10s）   300℃

【应用电路】

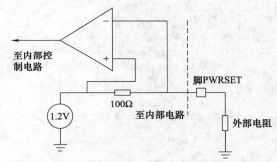

图 2-82 脚 PWRSET 等效电路

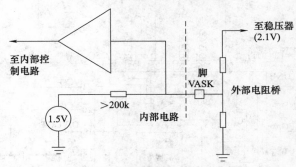

图 2-83 脚 VASK 等效电路

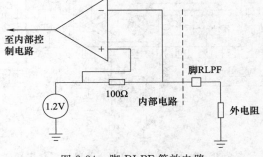

图 2-84 脚 RLPF 等效电路

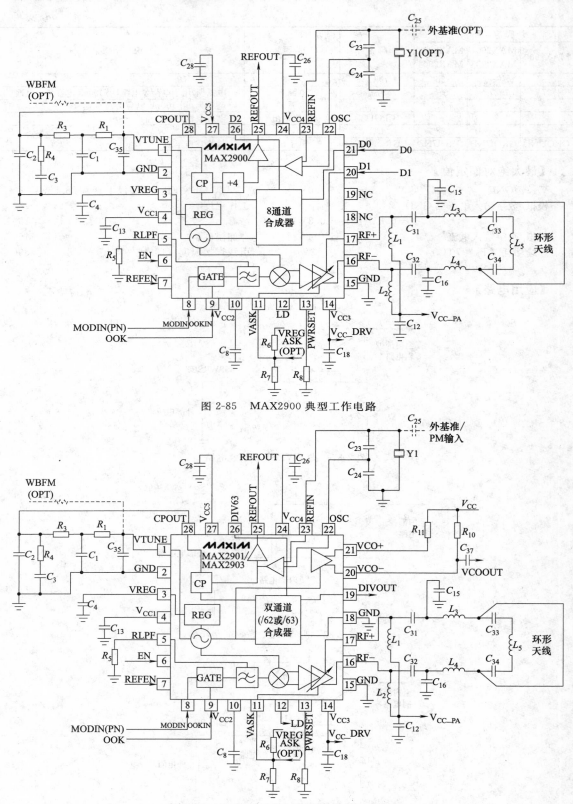

图 2-85　MAX2900 典型工作电路

图 2-86　MAX2901/MAX2903 典型工作电路

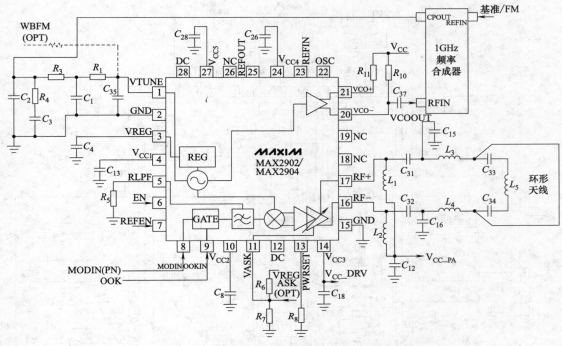

图 2-87　MAX2902/MAX2904 典型工作电路

【生产公司】　MAXIM

● **MAX2830 2.4～2.5GHz 802.11g/b RF 收发器，PA 和 Rx/Tx 天线多种开关**

【用途】

Wi-Fi，PDA，VOIP 和蜂窝手持式设备，无线扬声器和发送话器，通用 2.4GHz，ISM 无线电。

【特点】

2.4～2.5GHz ISM 频带工作

IEEE802.11g/b 兼容（54Mbps OFDM 和 11Mbps CCK）

完全 RF 收发器，PA，Rx/Tx 和天线多种开关和晶体振荡器

最好等级收发器性能

62mA 接收器电流

3.3dB Rx 噪声图

－75dBm Rx 灵敏度（54Mbps OFDM）

没有 I/Q 校验要求

0.1dB/0.35°Rx I/Q 增益/相位不平衡

33dB RF 和 62dB 基带增益控制范围

60dB 范围模拟 RSSI 每个 RF 增益设置

快速 Rx I/Q DC-偏置设置

可编程基带低通滤波器

20 位 ∑△ 分数-NPLL，用每步 20Hz 大小数字调谐晶体振荡器

＋17.1dBm 发射功率（5.6％EVM 有 54Mbps OFDM）

31dB Tx 增益控制范围

集成功率检测器

全集成 RF 输入和输出匹配和 DC 阻塞

串行或并行增益控制接口

＞40dB Tx 边带抑制无校验

Rx/Tx I/Q 误差检测

收发器工作电源 2.7～3.6V

PAZ 作电源 2.7～4.2V

低功耗关闭型式

小型 48 脚薄型 QFN 封装（7mm×7mm×0.8mm）

　　MAX2830 直接转换，零中频 RF 收发器，设计规定 2.4～2.5GHz，802.11g/b WLAN 应用。MAX2830 要求完全集成全部电路，实现 RF 收发器功能，提供一个 RF 功率放大器（PA）、一个 Rx/Tx 和天线多种开关、RF 至基带接收通道、基带至 RF 发射通道、电压控制

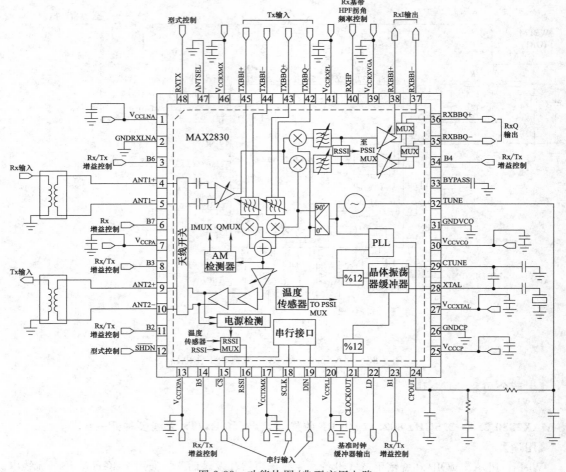

图 2-88 功能块图/典型应用电路

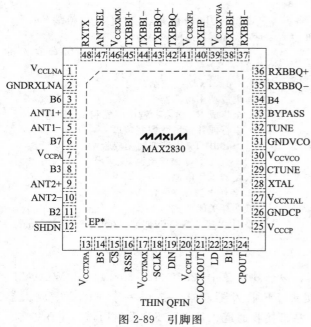

THIN QFIN

图 2-89 引脚图

振荡器（VCO）、频率合成器、晶体振荡器和基带控制接口。MAX2830 包括一个快速设置的 ΣΔRF 合成器带有小的频率 20Hz 步，数字调谐振荡器晶体允许用低价晶体。没有 I/Q 校验要求。器件有集成芯片上 DC 偏置删去和 I/Q 误差，载频漏检电路用于提高性能。只有一个带通滤波器（BPF），晶体，一对平衡不平衡变换器，需要少量的无源元件构成 802.11g/b WLAN RF 前端部分。MAX2830 完全消除了外部 SAW 滤波器，实现芯片上单极性滤波器，用于接收器和发射器。基带滤波器最适用于 IEEE802.11g 标准和专利。涡轮型式可达 40MHz 通道带宽。这些器件适用于 802.11g OFDM 数据速率全范围（6～54Mbps）和 802.11b QPSK 和 CCK 数据速率（1～

11Mbps)。该 IC 适用于小型、48 脚薄型 QFN 封装，测量只有 $7\mathrm{mm}\times7\mathrm{mm}\times0.8\mathrm{mm}$。

【引脚说明】

脚号	脚名	说　明
1	V_{CCLNA}	LNA 电源电压
2	GNDRXLNA	LNA 地
3	B6	接收和发射增益控制逻辑输入位 6
4	ANT1+	天线 1，在 Rx 型式差动输入至 LNA，输入内部 AC 耦合，与 100Ω 差动匹配，直接连 2.1 平衡变换
5	ANT1−	—
6	B7	接收增益控制逻辑边 7
7	V_{CCPA}	电源电压，用于功放第二级
8	B3	接收和发射增益控制逻辑输入位 3
9	ANT2+	天线 2，在 Rx 型式差动输入至 LNA，在 Tx 型式至 PA
10	ANT2−	差动输出，内部 AC 耦合，差动输出和 100Ω 差动匹配，直接连到平衡变换
11	B2	接收和发射增益控制逻辑输入位 2
12	$\overline{\mathrm{SHDN}}$	有效低关断和备用逻辑输入
13	V_{CCTXPA}	电源电压，用于 PA 和 PA 驱动器
14	B5	接收和发射增益控制逻辑输入位 5
15	$\overline{\mathrm{CS}}$	有效低，3 线串行接口芯片选择逻辑输入
16	RSSI	RSSI，PA 功率检测器，温度传感器多工器模拟输出
17	V_{CCTXMX}	发射器上变频电源电压
18	SCLK	3 线串行接口串行时钟逻辑输入
19	DIN	3 线串行接口数据逻辑输入
20	V_{CCPLL}	PLL 和寄存器电源电压
21	CLOCKOUT	基准时钟缓冲器输出
22	LD	频率合成器时钟检测逻辑输出，高表示合成器锁定，输出可编程 CMOS 或开漏输出
23	B1	接收和发射增益控制逻辑输入位 1
24	CPOUT	电荷泵输出，连频率合成器的环路滤波器在 CPOUT 和 TUNE 之间
25	V_{CCCP}	PLL 电荷泵电源电压
26	GNDCP	电荷泵电路地
27	V_{CCXTAL}	晶体振荡器电源电压
28	XTAL	晶体或基准时钟输入，AC 耦合晶体或基准时钟至模拟输入
29	CTUNE	连晶体振荡器断开芯片电容，当用一个外部基准时钟输入时，断开 CTUNE 不连
30	V_{CCVCO}	VCO 电源电压
31	GNDVCO	VCO 地
32	TUNE	VCO 调谐输入
33	BYPASS	芯片上 VCO 稳压器输出旁通，用 $0.1\sim1\mu\mathrm{F}$ 电容至 GND，不能连其他电路到该脚

续表

脚号	脚名	说　明
34	B4	接收和发射增益控制逻辑输入位 4
35	RXBBQ−	接收基带 Q 通道差动输出。在 Tx 校验型式,这些脚是 LO 漏和边带检测输出
36	RXBBQ+	
37	RXBBI−	接收基带 I 通道差动输出。在 Tx 校验型式,这些脚是 LO 漏和边带检测输出
38	RXBBI+	
39	$V_{CCRXVGA}$	接收器 VGA 电源电压
40	RXHP	接收器基带 AC 耦合,高通拐角频率控制逻辑输入
41	V_{CCRXFL}	接收器基带滤波器电源电压
42	TXBBQ−	发射器基带 I 通道差动输入
43	TXBBQ+	
44	TXBBI−	发射器基带 Q 通道差动输入
45	TXBBI+	
46	V_{CCRXMX}	接收器下变频电源电压
47	ANTSEL	天线选择逻辑输入
48	RXTX	Rx/Tx 型式控制逻辑输入

【最大绝对额定值】

V_{CCTXPA}、V_{CCPA} 和 ANT__ 至 GND　−0.3～4.5V

V_{CCLNA}、V_{CCTXMX}、V_{CCPLL}、V_{CCCP}、

V_{CCXTAL}、V_{CCVCO}、$V_{CCRXVGA}$、

V_{CCRXFL} 和 V_{CCRXMX} 至 GND　　−0.3～3.9V

B6,B7,B3,B2,$\overline{SHDN}$,B5,$\overline{CS}$,SCLK,
DIN,B1,TUNE,B4,ANTSEL,TXBBI_,
TXBBQ_,RXHP,RXTX,RXBBI_,
RXBBQ_,RSSI,BYPASS,CPOUT,LD,
CLOCKOUT,XTAL,CTUNE 至 GND

RXBBI_,RXBBQ_,RSSI,BYPASS,

CPOUT,LD,CLOCKOUT

　　　　　　　　−0.3V～V_{CC}+0.3V

短路持续时间	10s
RF 输入功率	+10dBm
连续功耗(T_A=70℃)	2.22W

48 脚薄型 QFN(70℃以上衰减 27.8mW/℃)

工作温度	−40～85℃
结温	150℃
存储温度	−65～165℃
引线焊接温度(10s)	260℃

【应用电路】

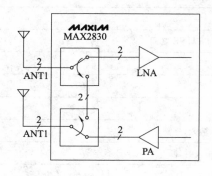

图 2-90　简化 Rx/Tx 和天线多种开关结构

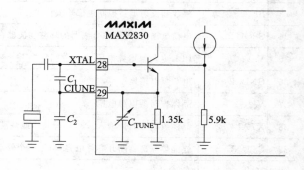

图 2-91　晶体振荡器原理

【生产公司】　MAXIM

● **MAX2842 3.3～3.9GHz 多输入输出无线宽带 RF 收发器**

【用途】

用于宽带多收入多输出系统无线收发器。

【特点】

3.3～3.9GHz 工作

有 PA 驱动器的完全 RF 收发器

0dBm 线性 OFDMA 发射功率，64-QAM，－65dB相对频谱放射掩膜

3.8dB 接收器噪声图

自动芯片上接收器 I/Q DC 消除

芯片上 Tx I/Q 增益/相位误差和 LO 漏电检测

有－38dBc 集成相位噪声的单片低噪声 VCO

完全集成可编程 I/Q 低通

Rx 通道滤波器用于 3.5MHz、5MHz、7MHz 和 10MHz 通道

可编程 Tx I/Q 低通重建滤波器

有 50μs 通道跳动时间（设置至 50Hz）的分

数 PLL

4 线双向 SPI™ 接口

60dB 发射功率控制范围，用 SPI 数字控制

71dB 接收增益控制范围，用 SPI 数字控制

RSSI 有 60dB 动态范围

数字控制用于 Tx、Rx、关闭和备用型式

芯片上晶体振荡器有数字调谐

可编程逻辑接口电压

自动和现代增加接收器 I/Q DC 偏置校正

单电源 2.7～3.6V

低关闭型式电流

小型 56 脚 TQFN 封装（7mm×7mm）

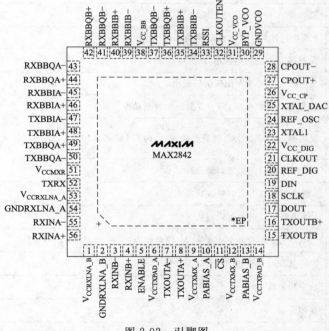

图 2-92　引脚图

MAX2842 单片，直接转换，零中频 2RF 收发器 IC，设计用于 3GHz NLOS 无线宽带 MIMO 系统。它有 2 个发射器和 2 个接收器，有差动 100Ω 输入和输出。IC 包括要求的全部电路，实现完全的 RF 收发器功能。提供全部集成接收通道、发射通道、VCO 和槽路、频率合成器和宽带/控制接口。它包含一个快速设置 ΣΔRF 分频合成器，有－25Hz 频率步大小。IC 同样集成在芯片上，AM 检测器用于测量发射器 I/Q 不平衡和 LO 漏电。一个内部发射至接收回环型式，允许用接收器 I/Q 不平衡校验。IC 支持全部双 I 型式工作用于外回环。

MAX2842 完全消除了外部 SAW 滤波器。实现芯片上可编程单片滤波器用于接收器和

发射器，用于通道带宽从 3.5～10MHz。基带滤波器 Rx 和 Tx 信号通道满足严格的噪声图和线性要求。收发器安装在一个小型 56 脚 TQFN，7mm×7mm，无引线塑封，有暴露垫片。

【引脚说明】

脚号	脚名	说　　明
1	$V_{CCRXLNA\_B}$	接收器 B LNA 电源电压
2	GNDRXLNA_B	接收器 B LNA 地
3	RXINB−	接收器 B LNA 差动输入，内部 DC 耦合
4	RXINB+	
5	ENABLE	型式控制逻辑输入
6	$V_{CCTXPAD\_A}$	发射器 A 电源电压，用于功放驱动
7	TXOUTA−	发射器 A 功放驱动器差动输入，内部 DC 耦合
8	TXOUTA+	
9	V_{CCTXMX_A}	发射器 A 上变频电源电压
10	PABIAS_A	发射器 A 外部偏压电压输出
11	$\overline{CS}$	4 线串行接口芯片选择逻辑输入
12	V_{CCTXMX_B}	发射器 B 上变频电源电压
13	PABIAS_B	发射器 B 外部 PA 偏压电压输出
14	$V_{CCTXPAD\_B}$	发射器 B 电源电压，用于发射器功放驱动器
15	TXOUTB−	发射器 B 功率放大驱动器差动输出，内部 DC 耦合
16	TXOUTB+	
17	DOUT	4 线串行接口数据逻辑输出
18	SCLK	4 线串行接口串行时钟逻辑输入
19	DIN	4 线串行接口数据逻辑输入
20	REF_DIG	CMOS 逻辑电源电压基准输入，用电容旁通，在 2.7V 和 3.6V 测试
21	CLKOUT	除法基准时钟输出
22	V_{CC_DIG}	数字块电源电压
23	XTAL1	晶体连接
24	REF_OSC	44.8MHz 基准时钟输入或晶体连接，AC 耦合晶体或基准时钟至模拟输入
25	XTAL_DAC	源电流 DAC 输出用于 VCTCXO
26	V_{CC_CP}	PLL 电荷泵电源电压
27	CPOUT+	差动电荷泵输出，连频率合成器的环路滤波器在 CPOUT+ 和 CPOUT− 之间
28	CPOUT−	
29	GNDVCO	VCO 地
30	BYP_VCO	芯片上 VCO 稳压器输出旁通，用 $1\mu F$ 电容至 GND，其他电路至该脚断开
31	V_{CC_VCO}	VCO 电源电压
32	CLKOUTEN	逻辑输入至使能 CLKOUT

续表

脚号	脚名	说　　明
33	RSSI	RSSI 或温度传感器多 I 器模拟输出
34	TXBBIB−	发射器 B 基带 I 通道差动输入
35	TXBBIB+	
36	TXBBQB+	发射器 B 基带 Q 通道差动输入
37	TXBBQB−	
38	V_{CC_BB}	接收器基带电源电压
39	RXBBIB−	接收器 B 基带 I 通道差动输出，在 Tx 校验型式
40	RXBBIB+	
41	RXBBQB−	接收器 B 基带 Q 通道差动输出，在 Tx 校验型式
42	RXBBQB+	
43	RXBBQA−	接收器 A 基带 Q 通道差动输出，在 Tx 校验型式
44	RXBBQA+	
45	RXBBIA−	接收器 A 基带 I 通道差动输出，在 Tx 校验型式
46	RXBBIA+	
47	TXBBIA−	发射器 A 基带 I 通道差动输入
48	TXBBIA+	
49	TXBBQA+	发射器 A 基带 Q 通道差动输入
50	TXBBQA−	
51	V_{CCMXR}	接收器下变频电源电压
52	TXRX	型式控制逻辑输入
53	$V_{CCRXLNA\_A}$	接收器 ALNA 电源电压
54	GNDRXLNA_A	接收器 ALNA 地
55	RXINA−	接收器 ALNA 差动输入，输入内部 DC 耦合
56	RXINA+	
—	EP(GND)	暴露垫片地，内连地

【最大绝对额定值】

$V_{CC\_}$ 脚至 GND　　　　　　　　　$-0.3 \sim 3.9$ V

在 RXINA＋，RXINA−，
　RXINB＋，RXINB−　　　　　　　$-1 \sim 1$ mA
RF 输入最大电流

RF 输出：TXOUTA＋，TXOUTA−，　$-0.3 \sim 3.9$ V
　TXOUTB＋，TXOUTB− 至 GND

模拟输入：TXBBIA＋，TXBBIA−，TXBBQA＋，
　TXBBQA−，TXBBIB＋，TXBBIB−，
　TXBBQB＋，TXBBQB−，
　REF _ DIG 至 DNG　　　　　　　$-0.3 \sim 3.9$ V

模拟输入：XTAL1，REF _ OSC 只有交流耦合
模拟输入最大电流在
　RXBBIA＋，RXBBIA−，RXBBQA＋，
　RXBBQA−，RXBBIB＋，RXBBIB−，
　RXBBQB＋，RXBBQB−，

CPOUT＋，CPOUT−　　　　　　　$-1 \sim 1$ mA
模拟输入最大电流在
　PABAIS _ A，PABAIS _ B　　　$-100 \sim 100$ mA
数字输入：TXRX，$\overline{CS}$，SCLK，DIN，
　ENABLE，CLKOUTEN 至 GND
　　　　　　　　　　　　　　　　$-0.3 \sim 3.9$ V
数字输出：DOUT，CLKOUT　　　$-0.3 \sim 3.9$ V
偏压电压：BYP _ VCO　　　　　　$-0.3 \sim 3.9$ V
在全部输出脚上短路持续时间　　　　　　　10s
RF 输入功率：全部 RXIN　　　　　　$+10$ dBm
RF 输出差动负载 VSWR：全部 TXOUT　6：1
连续功耗（$T_A = 85$℃）
　56 脚 TQFN（70℃以上衰减 27.8mW/℃）
　　　　　　　　　　　　　　　　　<2222 mW
工作温度　　　　　　　　　　　　$-40 \sim 85$℃

结温　　　　　　　　　　　　150℃　　　　引线焊接温度（10s）　　　　　　　260℃
存储温度　　　　　　　　　　−65～160℃

【应用电路】

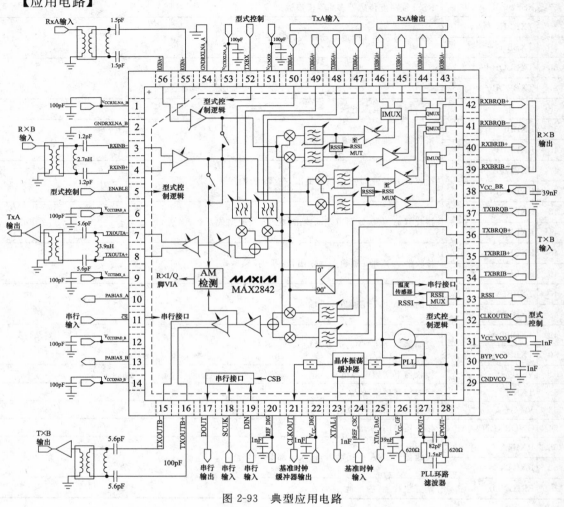

图 2-93　典型应用电路

【生产公司】　MAXIM

● **MAX2511 低价 IF 有限幅器和 RSSI 收发器**

【用途】

PWT1900 无线手持设备和基站，PACS、PHS、DECT 和其他 PCS，无线手持设备和基站，400MHz ISM 收发器，无线数据链路

【特点】

单电源 2.7～5.5V　　　　　　　　　　　　完全发射通道：
完全接收通道：　　　　　　　　　　　　　　8～13MHz（第 2IF）至 200～440MHz（第 1IF）
　200～440MHz（第 1IF）至 8～13MHz（第 2IF）　有电压稳压和缓冲器的芯片上振荡器
有差动输出的限幅器（可调电平）　　　　先进的系统功率控制（4 个模式）
有 90dB 单极性动态范围 RSSI 功能　　　0.1μA 关断电源电流

MAX2511 是一个完全高集成 IF 收发器，采用双变换结构。如 RF 频率工作范围从 200～

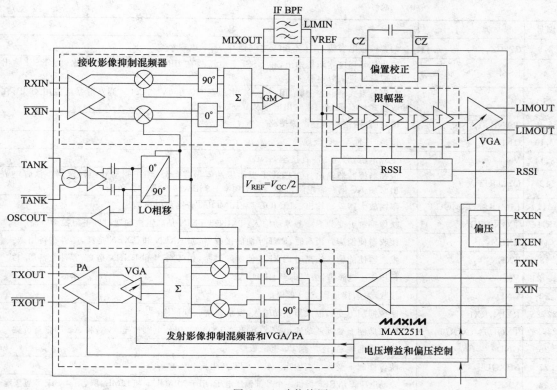

图 2-94　功能块图

440MHz，MAX2511 可用于单变换收发器。在一个典型应用中，接收器下变频一个高 IF/RF（200～440MHz）至一个 10.7MHz 低 IF 用一个映像抑制混频器。功能包含一个映像抑制下变频器，有 34dB 的图像抑制，跟随一个 IF 缓冲器，能驱动断开芯片上 IF 滤波器。芯片上限幅放大器，有 90dB 单极性接收信号强度指示（RSSI）；一个可靠的限幅器输出驱动。发射映像抑制混频器产生一个清楚的输出频谱至最小滤波要求。跟随一个 40dB 可变增益放大器保持 IM3 电平小于－35dB。最大输出功率是 2dBm。一个 VCO 和振荡器缓冲器用于驱动外部预标定器。

图 2-95　引脚图

MAX2511 工作电源 2.7～5.5V，包括灵活的功率管理控制，在关断型式电源电流减小至 0.1μA。对应用在相位（I）和正交（Q）基带结构，用于发射器，对应的收发器产品为 MAX2510。MAX2510 与 MAX2511 类似，但上变频 I/Q 基带信号用一个正交上变频。

【引脚说明】

脚号	脚　名	说　明
1	LIMIN	限幅器输入，连 330Ω 电阻至 VREF 用于 DC 偏压

脚号	脚　名	说　　明
2,3	CZ,$\overline{CZ}$	偏置校正电容脚,在 CZ 和 $\overline{CZ}$ 之间连 $0.01\mu F$ 电容
4	RSSI	接收信号强度指示器输出,在 RSSI 上电压与在 LIMIN 上信号功率成比例。RSSI 输出源电流脉冲进入外电容
5	GC	在发射型式增益控制脚,用一个 DC 电压至 GC 在 0V 和 2.0V 调发射器增益用 40dB;在接收型式,GC 调限幅器输出电平从 $0\sim1$(峰-峰值)
6,9	TANK,$\overline{TANK}$	槽路脚,跨这些脚连谐振槽路
7,10	GND	接地,连地至 PC 极地
8,11	V$_{CC}$	电源电压,旁通 V$_{CC}$直接至 GND
12	OSCOUT	振荡器缓冲器输出。OSCOUT 提供缓冲振荡信号,用于驱动外预标定器。该脚电流输出必须 AC 耦合至电阻负载。输出功率$-9dBm$ 转换成 50Ω 负载
13,14	LIMOUT,$\overline{LIMOUT}$	限幅放大器差动输出。LIMOUT 和 $\overline{LIMOUT}$开路集电极输出
15,16	$\overline{TXIN}$,TXIN	映像抑制上变频混频器差动输入,$\overline{TXIN}$ 和 TXIN 是高阻抗和通过外电阻拉至 V$_{CC}$
17	RXEN	接收器使能脚。当高时,RXEN 使能接收器,如 RXEN 和 TXEN 是高,零件在备用型式
18	TXEN	发射器使能脚。当高时,TXEN 使能发射器,如 TXEN 和 RXEN 是高,零件在备用型式
19,21	V$_{CC}$	偏压 V$_{CC}$电源脚,去耦脚至 GND
20	GND	接收/发射接地脚,连 PC 极地
22,25	$\overline{RXIN}$,RXIN	映像抑制下变频混频器差动输入,要求阻抗匹配网络
23,24	$\overline{TXOUT}$,TXOUT	映像抑制上变频差动输出,$\overline{TXOUT}$ 和 TXOUT 用外电感拉至 V$_{CC}$,和 AC 耦合至负载
26	GND	接收器前端地,连地至 PC 极地板
27	MIXOUT	映像抑制下变频单端输出,MIXOUT 高阻抗
28	VREF	差动电压脚,VREF 提供一个外部偏压电压,用于 MIXOUT 和 LIMIN 脚,用 $0.1\mu F$ 旁通至地

【最大绝对额定值】

V$_{CC}$至 GND	$-0.3\sim8.0V$	RXEN,TXEN,GC 电压	$-0.3V\sim V_{CC}+0.3V$
V$_{CC}$至其他 V$_{CC}$	$\pm0.3V$	RXEN,TXEN,GC 输入电流	1mA
TXIN $\overline{TXIN}$输入电压	$-0.3V\sim V_{CC}+0.3V$	RSSI 电压	$-0.3V\sim V_{CC}+0.3V$
TXIN 至$\overline{TXIN}$差压	$\pm300mV$	连续功耗($T_A=70℃$)	
RXIN,$\overline{RXIN}$输入电压	$-0.3\sim1.6V$	QSOP(70℃以上衰减 11mW/℃)	909mW
TANK,$\overline{TANK}$电压	$0.3\sim2.0V$	工作温度 MAX2511EEI	$-40\sim85℃$
LIMIN 电压	$V_{REF}-1.3V\sim V_{REF}+1.3V$	结温	150℃
LIMOUT,$\overline{LIMOUT}$电压		存储温度	$-65\sim165℃$
	$V_{CC}-1.6V\sim V_{CC}+0.3V$	引线焊接温度(10s)	300℃

【应用电路】

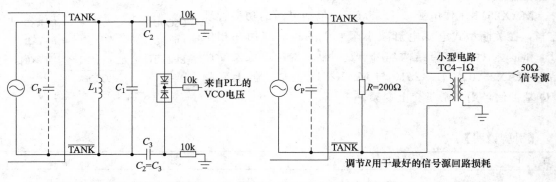

图 2-96　振荡器槽路原理图　　　　　　　图 2-97　过驱动芯片上振荡器

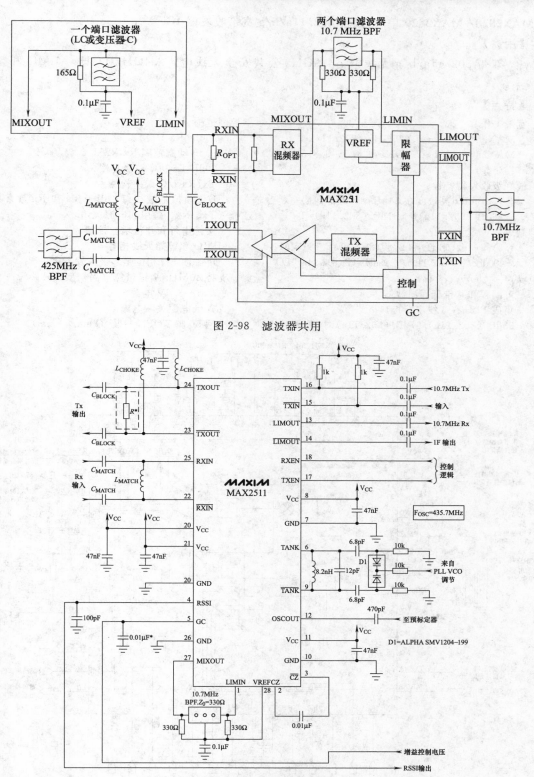

图 2-98 滤波器共用

图 2-99 典型应用电路

【生产公司】 MAXIM

● MAX2828/ MAX2829 单/双频带 802.11a/b/g 宽带收发器 IC

【用途】

单/双带 802.11a/b/g 无线电，4.9GHz 公共安全无线电，2.4GHz/5GHz MIMO 和智能天线系统。

【特点】

宽带工作

　　MAX2828：4.9～5.875GHz（802.11a）

　　MAX2829：2.4～2.5GHz 和 4.9～5.875GHz（802.11a/b/g）

最好级收发器特性

　　−75dBmRx 灵敏度在 54Mbps（802.11g）

　　−46dB（802.11g）/−51dB（802.11a）Tx 边带抑制

　　1.5%（802.11g）和 2%（802.11a）TxEVM

　　−100dBc/Hz（802.11g）/−95dBc/Hz（802.11a）LO 相位噪声

可编程和基带低通滤波器

集成 PLL 有 3 线串行接口

93dB（802.11g）/97dB（802.11a）接收器增

益控制范围

　　200ns Rx I/Q DC 设置

　　60dB 动态范围 Rx RSSI

　　30dB Tx 功率控制范围

　　Tx/Rx I/Q 误差检测

　　I/Q 模拟基带接口，用于 Tx 和 Rx 数字型式选择（Tx、Rx、备用和电源关闭）

　　支持串行和并行增益控制

MIMO 和智能天线相容

可干涉 LO 相位是多极收发器之一

支持 40MHz 通道带宽（涡轮型式）

单 2.1～3.6V 电源

1μA 低电源关断电流

小型 56 脚 TQFN 封装（8mm×8mm）

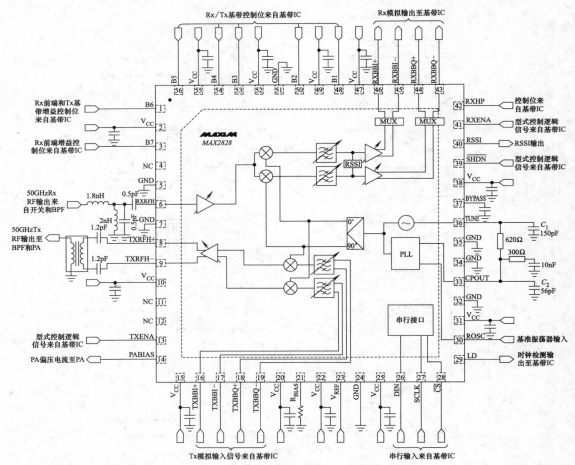

图 2-100　功能块图/典型应用电路（MAX2828）

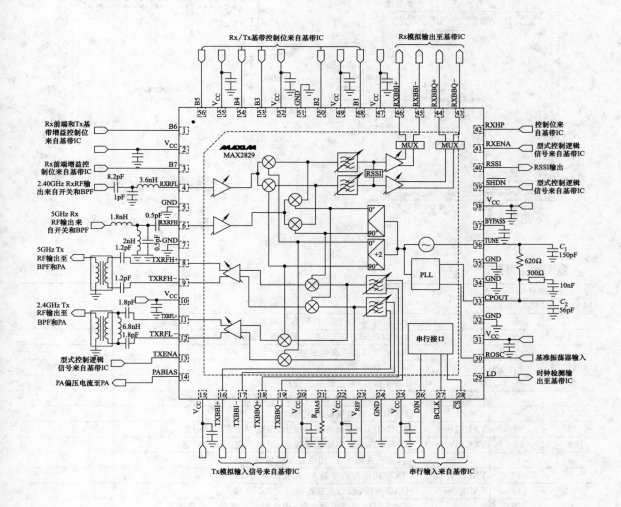

图 2-101 功能块图/典型应用电路（MAX2829）

MAX2828/ MAX2829 单片，RF 收发器 IC。设计用于 OFDM802.11 WLAN 应用。MAX2828 设计用于单带 802.11a，应用覆盖宽带频率 4.9～5.875GHz。MAX2829 设计用于双带 802.11a/g，应用覆盖宽带 2.4～2.5GHz 和 4.9～5.875GHz。IC 包括全部电路要求实现 RF 收发器功能，提供全部集成接收通道、发射通道、VCO、频率合成器和基带/控制接口。只有 PA、RF 开关 RF 带通滤波器（BPF），RF 转换器和少量无源元件需要构成完全的 RF 前端部分。每个 IC 完全消除需要的外部 SAW 滤波器，用实现芯片上单片滤波器，用于接收器和发射器。基带滤波器和 Rx/Tx 信号通路最好满足 802.11a/g IEEE 标准，覆盖要求数据速率全范围（6、9、12、18、24、36、48 和 54Mbps 用于 OFDM；1、2、5.5 和 11Mbps 用于 CCK/DSSS），接收灵敏度电平可达 10dB，好于 802.11a/g 标准。MAX2828/ MAX2829 适用于小型 50 脚，暴露垫片薄型 QFN 封装。

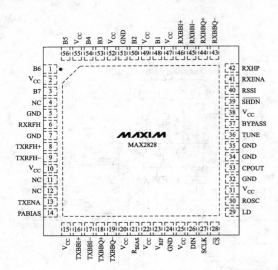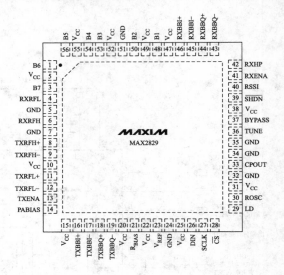

图 2-102　引脚图

【引脚说明】

引脚号		脚名	说　　　　明
MAX2828	MAX2829		
1	1	B6	Rx 前端和 Tx 增益控制数字输入位 6
2	2	V_{CC}	2.4GHz/5GHz LNA 电源电压，用电容旁通接收该脚
3	3	B7	Rx 前端增益控制数字输入位 7
4,11,12	—	NC	不连，断开
5	5	GND	LNA 接地，通过最短线接地
6	6	RXRFH	5GHz 单端 LNA 输入，要求 AC 耦合和外部匹配网络
7	7	GND	LNA 地，通过最短线接地
8	8	TXRFH+	5GHz Tx PA 驱动差动输出，用电容接近该脚旁通
9	9	TXRFH−	5GHz Tx PA 驱动差动输出，用电容接近该脚旁通
10	10	V_{CC}	Tx RF 电源电压，用电容接近该脚旁通
13	13	TXENA	Tx 型式使能数字输入，设置高使能 Tx
14	14	PABIAS	DAC 电流输出，直接连外部 PA 偏压脚
15	15	V_{CC}	Tx 基带滤波器电源电压，用电容尽可能接近该脚旁通
16	16	TXBBI+	Tx 基带 I 通道差动输入
17	17	TXBBI−	Tx 基带 I 通道差动输入
18	18	TXBBQ+	Tx 基带 Q 通道差动输入
19	19	TXBBQ−	Tx 基带 Q 通道差动输入
20	20	V_{CC}	Tx 上变频电源电压，用电容尽可能接近该脚旁通
21	21	R_{BIAS}	模拟电压输入，内部偏置带隙电压，连外部 1kΩ 电阻或电流源，该脚和地之间设偏压电流用于器件
22	22	V_{CC}	基准电路电源电压，用电容尽可能接近该脚旁通
23	23	V_{REF}	基准电压输出
24	24	GND	数字电路地，用最短线连至地
25	25	V_{CC}	数字电路电源电压，用电容尽可能接近该脚旁通
26	26	DIN	3 线串联接口的数据数字输入
27	27	SCLK	3 线串联接口的时钟数字输入
28	28	$\overline{CS}$	3 线串联接口的有效低使能数字输入
29	29	LD	频率合成器时钟检测数字输出，输出高指示频率合成锁定
30	30	ROSC	基准振荡器输入，连外部基准振荡器至模拟输入
31	31	V_{CC}	PLL 电荷泵电源电压，用电容尽可能接近该脚旁通

续表

引脚号		脚名	说　　　明
MAX2828	MAX2829		
32	32	GND	电荷泵电路地,用最短线接地
33	33	CPOUT	电荷泵输出,在 CPOUT 和 TUNE 之间连频率合成器的环路滤波器。从该脚到调谐输入保持线性,防止寄生检拾。连 C_2 至 CPOUT
34	34	GND	接地,最短线接地
35	35	GND	VCO 地,用最短线接地
36	36	TUNE	VCO 调谐输入,连 C_1 至 TUNE,连 C_1 地至 VCO 地
37	37	BYPASS	用 0.1μF 电容旁通至地,通过芯片上 VCO 电压稳压器用该电容
38	38	V_{CC}	VCO 电源电压,用电容旁通至地
39	39	$\overline{SHDN}$	有效低关断数字输入,置高使能器件
40	40	RSSI	RSSI 或温度传感器多工器输出
41	41	RXENA	Rx 型式使能数字输入,置高使能 Rx
42	42	RXHP	Rx 基带 AC 耦合,高通拐角频率控制数字输入部分位
43	43	RXBBQ−	Rx 基带 Q 通道差动输出,在 Tx 校验型式,这些脚 LO 漏和边带检测输出
44	44	RXBBQ+	
45	45	RXBBI−	Rx 基带 I 通道差动输出,在 Tx 校验型式,这些脚 LO 漏和边带检测输出
46	46	RXBBI+	
47	47	V_{CC}	Rx 基带缓冲器电源电压,用电容旁通至该脚
48	48	B1	Rx/Tx 增益控制数字输入位 1
49	49	V_{CC}	Rx 基带滤波器电源电压,用电容旁通至该脚
50	50	B2	Rx/Tx 增益控制数字输入位 1
51	51	GND	RxIF 地,用最短线连至地
52	52	V_{CC}	RxIF 电源电压,用电容旁通至该脚
53	53	B3	Rx/Tx 增益控制数字输入位 3
54	54	B4	Rx/Tx 增益控制数字输入位 4
55	55	V_{CC}	Rx 下变频电源电压,用电容旁通至该脚
56	56	B5	Rx/Tx 增益控制数字输入位 5
—	4	RXRFL	2.4GHz 单端 LNA 输入,要求 AC 耦合和外部匹配网络
—	11	TXRFL+	2.4GHz Tx PA 差动输出,要求 AC 耦合和外部匹配网络至外部 PA 输入
—	12	TXRFL−	
EP	EP	EXPOSED PADDLE	暴露垫片连至地

【最大绝对额定值】

V_{CC},TXRFH_,TXRFL_ 至 GND

$-0.3\sim4.2V$

RXRFH,RXRFL,TXBBI_,TXBBQ_,
ROSC,RXBBI_,RXBBQ_,RSSI,
PABIAS,V_{REF},CPOUT,RXENA,
TXENA,$\overline{SHDN}$,$\overline{CS}$,SCLK,DIN,B_,
RXHP,LD,R_{BIAS},BYPASS 至 GND

$-0.3V\sim V_{CC}+0.3V$

RXBBI_,RXBBQ_ RSSI,PABIAS,V_{REF},

CPOUT,LD 短路持续时间　　10s
RF 输入功率　　+10dBm
连续功耗(T_A=70℃)
　56 脚 QFN(70℃以上衰减 31.3mW/℃)

2500mW

工作温度　　$-40\sim125$℃
结温　　150℃
存储温度　　$-65\sim160$℃
引线焊接温度(10s)　　300℃

【生产公司】 MAXIM

2.5 LM 收发器集成电路

● **LMX3162 单片无线电收发器**

【用途】

　　ISM2.45GHz 频带无线系统，个人无线通信（CPCS/PCN），无线局域网（WLAN），其他无线通信系统。

【特点】

单片方案用于 ISM2.45GHzRF 收发器

系统 RF 灵敏度－93dBm；RSSI 灵敏度至－100dBm

两个稳压输出用于规定放大器

高增益（85dB）中频放大级

允许未稳－3.0～5.5V 电源电压

电源关闭型式增加电流保存

系统噪声图（6.5dB）

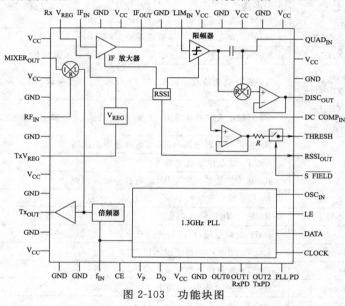

图 2-103　功能块图

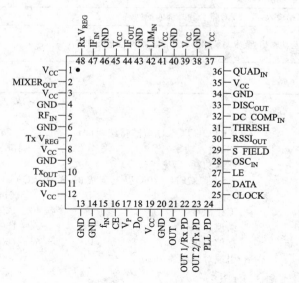

图 2-104　顶视 LMX3162VBH 或 LMX3162VBHX 引脚图

　　LMX3162 单片无线电收发器是一个单片集成无线电收发器，最适用于 ISM2.45GHz 无线系统。LMX3162 包括锁相环（PLL）、发射和接收功能。1.3GHz PLL 在发射和接收器之间。发射器包括一个频率倍频器和一个高频缓冲器。接收器由一个 2.5GHz 低噪声混频器、一个中频放大器、一个高增益限幅放大器、一个频率鉴频器、一个接收信号强度指示器（RSSI）和一个模拟 DC 补偿环组成。PLL 倍频器和缓冲器能用于实现按照一个外部 VCO 和环路滤波器实现开环调制。电路特点是芯片上稳压允许电压范围 3.0～5.5V。两个增加的电压稳压器对外部在 Tx 和 Rx 电路极提供稳定电流源。IF 放大器、高增益限幅放大器和鉴频器最适用于 110MHz 工作，有总的 IF 增益 85dB。单转换结构具有低价格，高性能用于通信系统。RSSI 输出可用于通道质量监视。封装为 48 脚 7mm× 7mm×1.4mm PQFP 表面安装塑封。

【引脚说明】

脚号	脚名	I/O	说　　明	芯片引脚连接图
1	V_{CC}	—	电源,用于 PLL 的 CMOS 部分和 ESP(高压线 IC 流排)	
2	$MIXER_{OUT}$	O	混频器中频输出	
3	V_{CC}	—	电源,用于混频器	
4	GND	—	地	
5	RF_{IN}	I	RF 输入至混频器	
6	GND	—	地	
7	Tx V_{REG}	—	稳压电源,用于外部 PA 增益级	
8	V_{CC}	—	电源,用于 PLL 的模拟部分和倍频器	
9	GND	—	地	
10	Tx_{OUT}	O	频率倍频器输出	
11	GND	—	地	
12	V_{CC}	—	电源,用于 PLL 的模拟部分和倍频器	
13	GND	—	地	
14	GND	—	地	
15	f_{IN}	I	RF 输入至 PLL 和频率倍频器	
16	CE	I	芯片使能,下拉电源关闭进入芯片,取 CE 高电源通	

脚号	脚名	I/O	说　　明	芯片引脚连接图
17	V_P	—	电源,用于充电泵	
18	D_O	O	充电泵输出,连至环路滤波器驱动外部 VCO 输入	
19	V_{CC}	—	电源,用于 PLL 的 CMOS 部分和 ESD 高压连接	
20	GND	—	地	
21	OUT 0	O	可编程 CMOS 输出	
22	OUT1/Rx PD	I/O	接收器电源,关闭控制输入或可编程 CMOS 输出	
23	OUT2/Tx PD	I/O	发射器电源,关闭控制输入或可编程 CMOS 输出	
24	PLL PD	I	PLL 电源,关闭控制输入低用于 PLL 正常工作,高用于 PLL 电源保存	
25	CLOCK	I	MICROWIRE 时钟输入,高阻抗有史密特触发器的 CMOS 输入	
26	DATA	I	MICROWIRE 数据输入,高阻抗有史密特触发器的 CMOS 输入	
27	LE	I	MICROWIRE 负载使能输入,高阻抗有史密特触发器的 CMOS 输入	
28	OSC_{IN}	I	振荡器输入,有反馈的高阻抗 CMOS 输入	
29	$\overline{\text{S FIELD}}$	I	DC 补偿电路使能。当低时,DC 补偿电路使能,阈值通过 DC 补偿环路校正。当高时,开关断开,比较器阈值通过外部电容保持	
30	$RSSI_{OUT}$	O	接收信号强度指示器(RSSI)输出	

脚号	脚名	I/O	说　　　明	芯片引脚连接图
31	THRESH	O	阈值电平至外部比较器	
32	DC COMP$_{IN}$	I	输入至 DC 补偿电路	
33	DISC$_{OUT}$	O	鉴频器的解调输出	
34	GND	—	地	
35	V$_{CC}$	—	电源,用于鉴频器电路	
36	QUAD$_{IN}$	I	90°相差输入,用于槽路电路	
37	V$_{CC}$	—	电源,用于限幅器输出级	
38	GND	—	地	
39	V$_{CC}$	—	电源,用于限幅器增益级	
40	GND	—	地	
41	V$_{CC}$	—	电源,用于 IF 放大器增益级	
42	LIM$_{IN}$	I	IF 输入至限幅器	
43	GND	—	地	
44	IF$_{OUT}$	O	从 IF 放大器 IF 输出	
45	V$_{CC}$	—	电源,用于 IF 放大器输出	
46	GND	—	地	

续表

脚号	脚名	I/O	说　明	芯片引脚连接图
47	IF$_{IN}$	I	IF 输入至 IF 放大器	
48	Rx V$_{REG}$	—	稳压电源,用于外部 LNA 极	

【最大绝对额定值】

电源电压 (V_{CC})	$-0.3\sim6.5$V	存储温度	$-65\sim150$℃
V_P	$-0.3\sim6.5$V	引线焊接温度（4s）T_L	260℃
任一脚与地电压	-0.3V$\sim V_{CC}+0.3$V		

【工作条件】

电源电压 (V_{CC})	$3.0\sim5.5$V	工作温度	$-10\sim70$℃
V_P	$V_{CC}\sim5.5$V		

【技术特性】 （$V_{CC}=3.6$V，$T_A=25$℃）

符号	参　数	条　件	最小	典型	最大	单位
	电流消耗					
$I_{CC,RX}$	开环接收型式	PLL&Tx 电路电源关闭	—	50	65	mA
$I_{CC,TX}$	开环发射型式	PLL&Rx 电路电源关闭	—	27	40	mA
$I_{CC,PLL}$	只有 PLL 型式	Rx&Tx 电路电源关闭	—	6	9	mA
I_{PD}	电源关闭型式		—	—	70	μA
混频器		$f_{RF}=2.45$GHz,$f_{IF}=110$MHz,$f_{LO}=2340$MHz($f_{IN}=1170$MHz)				
f_{RF}	RF 频率范围		2.4	—	2.5	GHz
f_{IF}	IF 频率		—	110	—	MHz
Z_{IN}	输入阻抗,RF$_{IN}$		—	12+j6	—	Ω
Z_{OUT}	输出阻抗混频器输出		—	160−j65	—	Ω
NF	噪声图（单边带）		—	11.8	16	dB
G	转换增益		13	17	—	dB
P_{1dB}	输入/dB 压缩点		—	−20	—	dBm
OIP3	输出三次切断点		—	7.5	—	dBm
F_{IN}-RF	F_{IN} 至 RF 隔离	$F_{IN}=1170$MHz,RFOUT$=1170$MHz	—	−30	—	dB
		$F_{IN}=1170$MHz,RFOUT$=2340$MHz	—	−20	—	dB
		$F_{IN}=1170$MHz,RFOUT$=3510$MHz	—	−30	—	dB
F_{IN}-IF	F_{IN} 至 IF 隔离	$F_{IN}=1170$MHz,IF$_{OUT}=1170$MHz	—	−30	—	dB
		$F_{IN}=1170$MHz,IF$_{OUT}=2340$MHz	—	−30	—	dB
		$F_{IN}=1170$MHz,IF$_{OUT}=3510$MHz	—	−30	—	dB
RF-IF	RF 至 IF 隔离	$P_{IN}=0\sim-85$dB	—	−30	—	dB
IF 放大器		$f_{IN}=110$MHz				
NF	噪声图		—	8	11	dB
A_V	增益		15	24	—	dB
Z_{IN}	输入阻抗		—	35−j180	—	Ω
Z_{OUT}	输出阻抗		—	210−j50	—	Ω

符号	参　　数	条　　件	最小	典型	最大	单位
IF 限幅器		$f_{IN}=110MHz$				
Sens	限幅器/鉴频器灵敏度	$BER=10^{-3}$	—	−65	—	dBm
IF_{IN}	IF 限幅器输入阻抗		—	$100-j300$	—	Ω
鉴频器		$f_{IN}=110MHz$				
	鉴频器增益	$1\times Mode$	—	10	—	mV/°
		$3\times Mode$	—	33	—	mV/°
V_{OUT}	鉴频器输出峰至峰电压	$1\times Mode$	80	160	—	mV
		$3\times Mode$	400	580	—	mV
V_{OS}	鉴频器输出 DC 电压	Nominal	1.2	—	1.82	V
$DISC_{OUT}$	鉴频器输出阻抗			300	—	Ω
RSSI		$f_{IN}=110MHz$				
$RSSI_{OUT}$	输出电压	$P_{IN}=-80dBm,IF_{IN}$输入脚	0.12	0.2	0.6	V
		$P_{IN}=-20dBm,IF_{IN}$输入脚	0.9	1.2	—	V
	斜度	$P_{IN}=-85\sim-25dBm,IF_{IN}$输入脚	10	18	25	mV/dB
RSSI	动态范围	$P_{IN}min=-90dBm,IF_{IN}$输入脚	—	60	—	dB
直流补偿电路						
V_{OS}	输入偏置电压		−6	—	+6	mV
$V_{I/O}$	输入/输出电压摆幅	中心在 1.5V	—	1.0	—	V
R_{SH}	取样和保持电阻		2000	3000	3600	Ω
频率合成器						
f_{IN}	输入频率范围		1100	—	1300	MHz
P_{IN}	输入信号电平	$Z_{IN}=200Ω$	—	−11.5	—	dBm
f_{OSC}	振荡器频率范围		5	—	20	MHz
V_{OSC}	振荡器灵敏度		0.5	1.0	—	V
$I_{DO-source}$		$V_{do}=V_P/2,I_{cpo}=LOW$	—	−1.5	—	mA
$I_{DO-sink}$		$V_{do}=V_P/2,I_{cpo}=LOW$	—	1.5	—	mA
$I_{DO-source}$	充电泵输出电流	$V_{do}=V_P/2,I_{cpo}=HIGH$	—	−6.0	—	mA
$I_{DO-sink}$		$V_{do}=V_P/2,I_{cpo}=HIGH$	—	6.0	—	mA
I_{DO-Tri}		$0.5\leqslant V_{do}\leqslant V_p-0.5$ $T_A=25℃$	−1.0	—	1.0	nA
频率倍频器		$f_{IN}=1225MHz,f_{OUT}=2.45GHz$				
f_{OUT}	输出频率范围		2250	—	2500	MHz
P_{OUT}	输出信号电平	$P_{IN}=-11.5dBm,f_{OUT}=2.45GHz$	−12	−7.5	—	dBm
	基频输出功率	$P_{IN}=-11.5dBm,f_{OUT}=1225MHz$	—	−17	−10	dBm
	谐波输出功率	$P_{IN}=-11.5dBm,f_{OUT}=3.675GHz$	—	−30	−15.5	dBm
电压稳压器						
V_O	输出电压	$I_{LOAD}=5mA$	2.55	2.75	2.90	V
数字输入输出脚						
V_{IH}	高电平输入电压		2.4	—	—	V
V_{IL}	低电平输入电压		—	—	0.8	V
I_{IH}	输入电流	$GND<V_{IN}<V_{CC}$	−10	—	10	μA
V_{OH}	高电平输出电压	$I_{OH}=-0.5mA$	2.4	—	—	V
V_{OL}	低电平输出电压	$I_{OL}=0.5mA$	—	—	0.4	V

【应用电路】

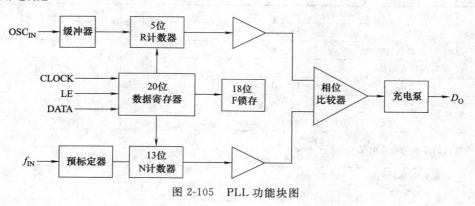

图 2-105　PLL 功能块图

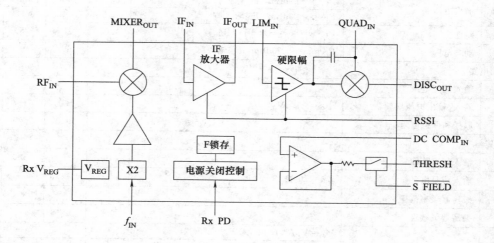

图 2-106　接收器功能块图

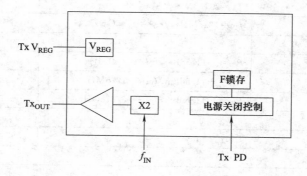

图 2-107　发射器功能块图

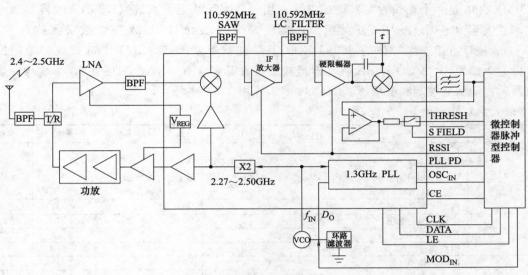

图 2-108 典型应用块图

【生产公司】 National Semiconductor

● LMX4268 无线收发器

【用途】

（DCT）数字无线通信。

【特点】

完全集成 2.4GHz CMOS 低 IF 收发器

低功耗

芯片上电压控制振荡器（VCO）

芯片上低噪声放大器（LNA）

开环调制

芯片上调制增益放大器（MGA）

芯片上定时控制

4 个数字（5mA）输出接口

0dBm 驱动输出

双位速率 0.576MHz（LRb）/1.152MHz（HRb）

灵敏度 −96dBm（LRb）/−93dBm（HRb）

2.5V 工作

小型 44 脚无引线成型封装

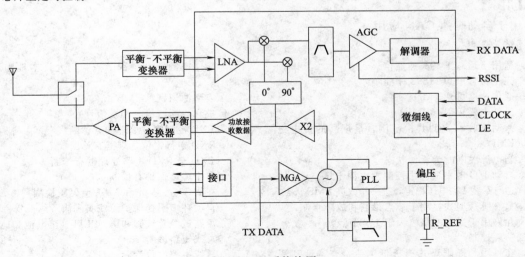

图 2-109 系统块图

LMX4268 是一个无线收发器集成电路，用于数字无线通信系统（DCT）。收发器当与一个功率放大器和一个 Tx/Rx 开关组成，实现完全的 2.4GHz ISM 频带数字无线收发器。LMX4268 接口直接连半导体的 SC144XXDCT 系列基带处理器。LMX4268 集成完全的发射器，由一个锁相环、VCO 和 PA 驱动器组成。接收器包含有 LNA、相位差 90°下变频、多相滤波器、自动增益控制和解调器。LMX4268 工作用 2.5V 电源。

【最大绝对额定值】

参数	说　　　明	最小	典型	最大	单位
V_{ddmax}	电源电压 （$V_{dd}\_shield, V_{dd}\_ADC, V_{dd}\_mix, V_{dd}\_LNA, V_{dd}\_ESD,$ $V_{dd}\_PAdr, V_{dd}\_presc, V_{dd}\_PLL, V_{dd}\_VCO, V_{dd}\_bias, V_{dd}$ $\_dig, V_{dd}\_RSSI$）	-0.3	—	3.0	V
	两个电源之间绝对差	—	—	0.3	V
V_{nmax}	在每个脚上电压	-0.3	—	$V_{dd}+0.3$	V
$T_{storage}$	存储温度	-40	—	$+150$	℃
T_{Lead}	引线焊接温度	—	—	$+260$	℃
V_{HBM}	ESD 人体型	—	—	2.0	kV
V_{MM}	ESD 机器型	—	—	200	V

【推荐工作条件】

参数	说　　　明	最小	典型	最大	单位
V_{dd}	电源电压 （$V_{dd}\_shield, V_{dd}\_ADC, V_{dd}\_mix, V_{dd}\_LNA, V_{dd}\_ESD,$ $V_{dd}\_PAdr, V_{dd}\_presc, V_{dd}\_PLL, V_{dd}\_VCO, V_{dd}\_bias, V_{dd}$ $\_dig, V_{dd}\_RSSI$）	2.25	2.5	2.75	V
V_{TXout}	在脚 TX_{outz}、TX_{out} 上 PA 驱动输出偏置电压	—	2.0	—	V
T_a	工作温度	-20	—	$+70$	℃
R_ref	基准电阻从脚引连至 VSS	61	62	63	kΩ

【生产公司】　Nadtional Semiconductor

2.6　其他收发器集成电路

● TJA104/A 高速控制区域网（CAN）收发器

【用途】

用于自动高速 CAN 应用。

【特点】

最适用于运载工具高速通信

　　完全符合 ISO 11898 标准

　　通信速度可达 1Mbit/s

　　最低电磁辐射（EME）

　　差动接收有宽的共模范围，呈现高的抗电磁干扰（EMI）

　　当电源关断时为无源状态

　　自动 I/O 电平适应主控制器电源电压

　　逆行总线 DC 电压稳定，进一步改进 EME 状态

　　只有听从型式，用于节点诊断和故障牵制

　　允许用于大型网络（大于 110 节点）

　低功耗控制

　　在备用和睡眠型式有极低电流，有本地和遥控唤醒

能使电源关断全部节点，仍允许本地和遥控唤醒

唤醒源识别

保护和诊断（检测和发信号）

　TXD 控制钳位处理器有诊断

　RXD 逆行钳位处理器有诊断

　TXD 至 RXD 短路处理器有诊断

　整个温度保护有诊断

　在脚 V_{CC}、$V_{I/O}$ 和 V_{BAT} 上欠压检测

　自动环境瞬变保护总线脚和脚 V_{BAT}

　短路试验总线脚和脚 SPLIT（至电池和地）

　总线短路诊断

　总线主控钳位诊断

　冷启动诊断（首先连电池）

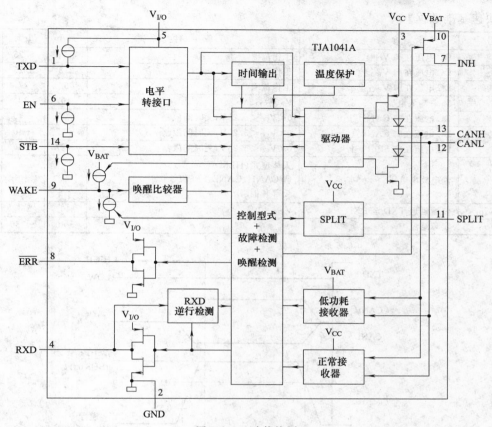

图 2-110 功能块图

协议控制器和物理总线在控制器区域网（CAN）节点之间，TJA104/A 提供先进的接口。TJA104/A 用于自动高速CAN 应用（可达 1Mbps）。收发器提供不同的发射功能至总线，不同的接收器功能至 CAN 控制器。TJA1041A 完全符合ISO 11898 标准，呈现极好的 EMC 特性，非常低功耗，当电源电压关断时为无源状态。

低功耗控制，支持本地和遥控唤醒，有唤醒源识别和在静止节点能控制电源电压。

保护和诊断功能包括总线短路线和首先电池连接。

I/O 电平自动适应，在线有控制器电源电压。

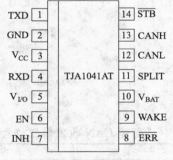

图 2-111 引脚图

【引脚说明】

符号	脚	说　　　明	符号	脚	说　　　明
TXD	1	发射数据输入	$\overline{ERR}$	8	误差和电源通指示输出（有效低）
GND	2	接地	WAKE	9	本地唤醒输入
V_{CC}	3	收发器电源输入	V_{BAT}	10	电池电压输入
RXD	4	接收器数据输出，从总线线路读出数据	SPLIT	11	共模稳定输出
$V_{I/O}$	5	I/O 电平转接器电压输入	CANL	12	低电平 CAN 总线线路
EN	6	使能控制输入	CANH	13	高电平总线线路
INH	7	阻通输出，用于开关外部电压稳压	$\overline{STB}$	14	备用控制输入（有效低）

【快速基准数据】

符 号	参　　数	条　　件	最小	最大	单位
V_{CC}	DC 电压在脚 V_{CC} 上	工作范围	4.75	5.25	V
$V_{I/O}$	DC 电压在脚 $V_{I/O}$ 上	工作范围	2.8	5.25	V
V_{BAT}	DC 电压在脚 V_{BAT} 上	工作范围	5	27	V
I_{BAT}	V_{BAT} 输入电流	$V_{BAT}=12V$	10	30	μA
V_{CANH}	DC 电压在脚 CANH 上	$0<V_{CC}<5.25V$,无时间限制	-27	$+40$	V
V_{CANL}	DC 电压在脚 CANL 上	$0<V_{CC}<5.25V$,无时间限制	-27	$+40$	V
V_{SPLIT}	DC 电压在脚 SPLIT 上	$0<V_{CC}<5.25V$,无时间限制	-27	$+40$	V
V_{esd}	静电放电电压	人体型式(HBM) 脚 CANH、CANL、SPLIT 全部其他脚	-6 -4	$+6$ $+4$	kV kV
$t_{PD(TXD-RXD)}$	传输延迟 TXD 至 RXD	$V_{STB}=0V$	40	255	ns
T_{vj}	实际结温		-40	$+150$	℃

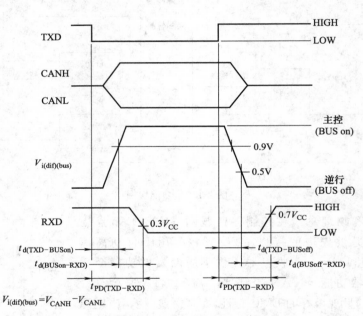

图 2-112　高速 CAN 收发器时序图

【高速 CAN 收发器工作型式选择】

控制脚		内部信号器			工 作 型 式	脚 INH
$\overline{STB}$	EN	UV_{NOM}	UV_{BAT}	pwon,wake-up		
X	X	设定	X	X	睡眠型式	浮动
		清除	设定	1 或 2 设定	备用型式	H
				2 清除	不改变睡眠型式	浮动
					来自其他型式的备用型式	H
L	L	清除	清除	1 或 2 设定	备用型式	H
				2 清除	不改变睡眠型式	浮动
					来自其他型式的备用型式	H
L	H	清除	清除	1 或 2 设定	备用型式	H
				2 清除	不改变睡眠型式	浮动
					从任何其他型式去睡眠指令型式	H
H	L	清除	清除	X	只有电源通/听从型式	H
H	H	清除	清除	X	正常型式	H

【高速 CAN 收发器】

符 号	参 数	条 件	最小	典型	最大	单位
$t_{h(min)}$	至睡眠指令最小保持时间		20	35	50	μs
t_{BUSdom}	通过总线唤醒主控时间	备用或睡眠型式 $V_{BAT}=12V$	0.75	1.75	5	μs
t_{BUSrec}	通过总线唤醒逆行时间	备用或睡眠型式 $V_{BAT}=12V$	0.75	1.75	5	μs
t_{wake}	接收下降或上升沿后最小唤醒时间	备用和睡眠型式 $V_{BAT}=12V$	5	25	50	μs
热关断						
$T_{j(sd)}$	关断结温		155	165	180	℃

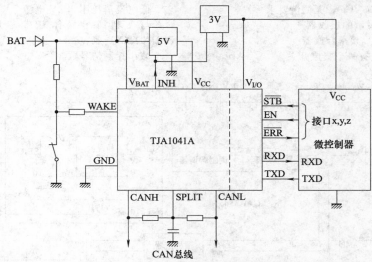

图 2-113 有 3V 微控制器的典型应用电路

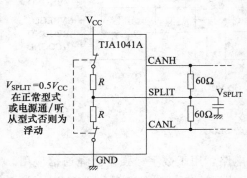

图 2-114 稳定电路和应用

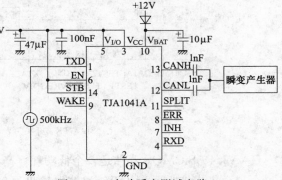

图 2-115 自动瞬变测试电路

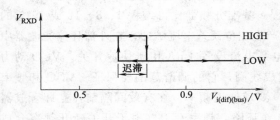

图 2-116 接收器迟滞

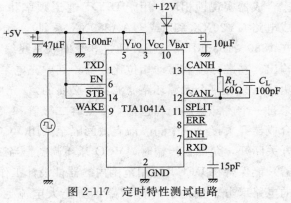

图 2-117 定时特性测试电路

【生产公司】 Philips Semiconductors

● UAA3545 完全集成 DECT（欧洲数字无线电话）收发器

【用途】

DECT 无绳电话 1880～1930MHz，用于无线控制电路。

【特点】

经济适用，用于无线 DECT 无绳电话

集成低相位噪声 VCO，无调谐要求

完全集成有高灵敏的接收器

专用 DECT PLL 频率合成器

3dBm 输出前放有一个集成开关

3 线串行接口总线

低电流消耗用 3.2V 电源

与飞利浦半导体基带芯片（PCD509XX 和 PCD80XXX）兼容

减小控制信号数

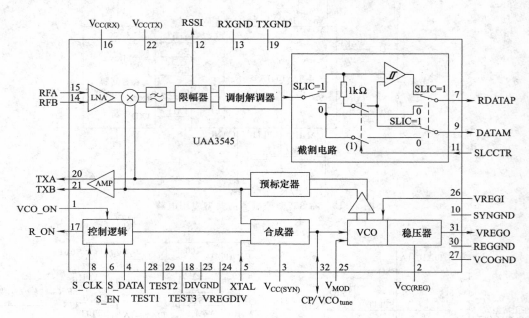

图 2-118　功能块图

注：SLCCTR"开关"表示在位置 SLCCTR=低。

UAA3545 BiCMOS 器件是一个低功耗、高集成电路，用于数字增强型无绳通信应用。它是一个完全集成接收器，从天线滤波器输出至解调器数据输出，一个完全集成 VCO，一个频率合成器实现锁相环，用于 DECT 通道频率和一个 TX 前放，驱动外部发射功率放大器（集成电路 GY20XX 系列或 UAA359XX 系列）。频率合成器的总分频器通过预标定器输出驱动，在 1880～1930MHz 范围，通过 3 线串联总线编程。基准分频器比可编程 4、8、12 或 16 总的输出。基准分频器驱动相位比较器，其中充电泵产生相位误差电流脉冲，在外部环路滤波器中集成（只有一个无源环路滤波器是必要的）。充电泵电流设置 4mA 用于快速开关。VCO 动力来自一个内部稳压源和包括一个变容二极管和集成线圈，它的调谐范围要保证。VCO 和频率合成器开关接通一个间隔前有效间隔至关闭 VCO 要求通道频率。在有效间隔前，立即合成器开关断开，允许在传输时，VCO 开环调制。当工作环路，频率牵引（由于开关断开频率合成器）能保持在 DECT 应用范围内。器件设计工作用 3.2V 正常电源。分隔电源和接地脚供不同的电路部分。接地引外部短路，防止大电流通过衰减引起故障。全部 V_{CC} 供电〔$V_{CC(REG)}$、$V_{CC(SYN)}$、$V_{CC(RX)}$ 和 $V_{CC(TX)}$〕必须在同样电位（V_{CC}）。功能块中有发射电路，包括 VCO 和预标定器，TX 前放电路；频率合成器包括总分频器、基准分频器和相位比较器电路；串联可编程总线；接收器；工作型式包括正常型式、减少信号型式、先进信号型式。

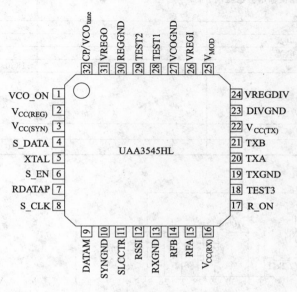

图 2-119 引脚图

【引脚说明】

符号	脚号	说 明	符号	脚号	说 明
VCO_ON	1	VCO 部分电源通控制	R_ON	17	接收器电源通控制
$V_{CC(REG)}$	2	稳压器正电源电压	TEST3	18	TEST 输入 3(必须连至 GND)
$V_{CC(SYN)}$	3	频率合成器正电源电压	TXGND	19	发射器接地
S_DATA	4	3 线总线数据信号输入	TXA	20	发射放大器输出 A
XTAL	5	基准频率输入	TXB	21	发射放大器输出 B
S_EN	6	3 线总线使能信号输入	$V_{CC(TX)}$	22	发射正电源电压
RDATAP	7	解调器输出电压	DIVGND	23	分频器地
S_CLK	8	3 线总线时钟信号输入	VREGDIV	24	分频器稳压电源
DATAM	9	开关解调器输出电压	V_{MOD}	25	VCO 模拟调制电压输入
SYNGND	10	频率合成器接地	VREGI	26	VCO 稳压电压输入
SLCCTR	11	DATAM 开关控制信号	VCOGND	27	VCO 接地
RSSI	12	接收信号强度指示电压输出	TEST1	28	TEST 输入 1(必须不连接)
RXGND	13	接收器接地	TEST2	29	TEST 输入 2(必须不连接)
RFB	14	接收器信号输入 B	REGGND	30	稳压器接地
RFA	15	接收器信号输入 A	VREGO	31	VCO 部分稳压输出
$V_{CC(RX)}$	16	接收器正电源电压	CP/VCOtune	32	充电泵输出/VCO 调谐输入

【核心基准特性】

（$V_{CC}=3.2V$；$T_{amb}=25℃$）

符号	参 数	条 件	最小	典型	最大	单位
$V_{CC(syn)}$ $V_{CC(reg)}$ $V_{CC(RX)}$ $V_{CC(TX)}$	电源电压	全部 V_{CC}电源必须在同样电位（V_{CC}）	3.0	3.2	3.6	V
$I_{CC(SYN)}$	合成器电源电流	合成器接通	—	5	7	mA

续表

符号	参 数	条 件	最小	典型	最大	单位
$I_{CC(REG)}$	VCO、缓冲器和预标定器稳压电源电流	VCO 通	—	14	17	mA
$I_{CC(RX)}$	接收器电源电流		—	36	44	mA
$I_{CC(TX)}$	发射前放电源电流		—	12	15	mA
$I_{CC(pd)}$	关断时总电源电流		—	10	100	μA
$f_{o(RF)}$	RF 输出频率		1880	—	1930	MHz
$f_{(i)XTAL}$	晶体基准输入频率		—	3.456，6.912，10.368，13.824		MHz
f_{PC}	相位比较器频率		—	864	—	kHz
T_{amb}	环境温度		—10	—	+60	℃

【应用电路】

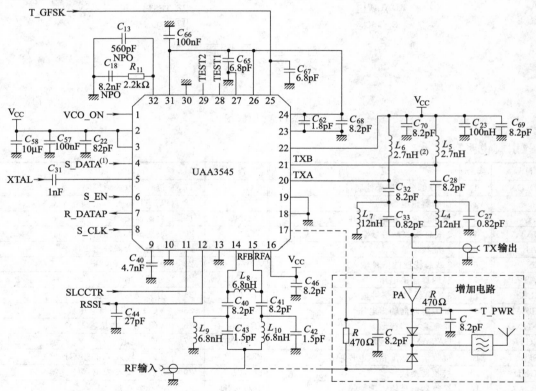

图 2-120 等效板电路图（工作型式 3）

注：1. S_DATA 输入脚 4 受到负电压锁存；2. TXA 和 TXB 脚 20 和 21 如负输出电产生锁存。

【内部引脚结构】

脚号	符号	内 部 电 路	脚号	符号	内 部 电 路
1	VCO_ON		7	R_DATAP	
4	S_DATA				
6	S_EN	(1,4,6,8,11)			(7,9)
8	S_CLK		9	DATAM	
11	SLCCTR				

续表

脚号	符号	内　部　电　路	脚号	符号	内　部　电　路
12	RSSI	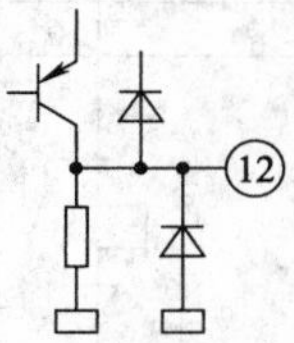	25	V_{MOD}	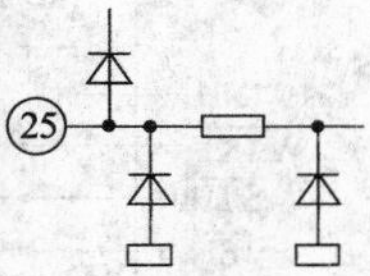
14	RFB	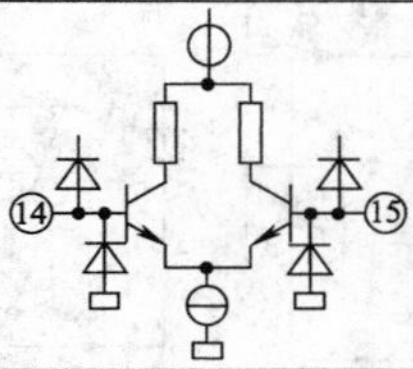			
15	RFA		31	VREGO	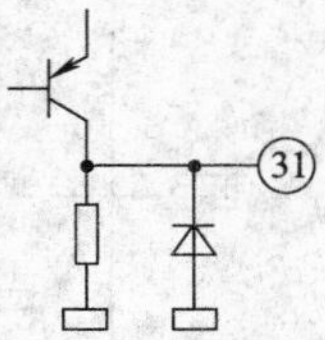
17	R_ON	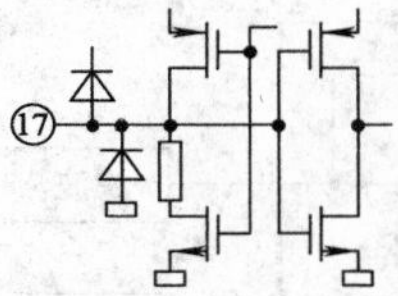			
20	TXA	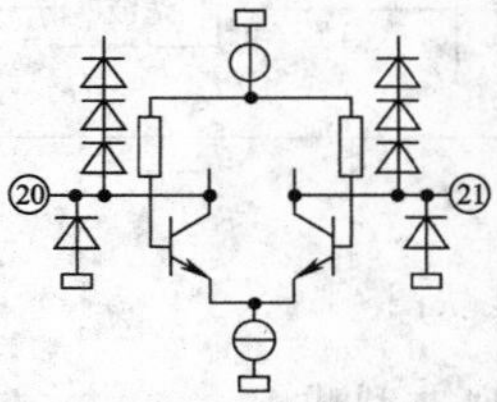	32	CP/VCO$_{tune}$	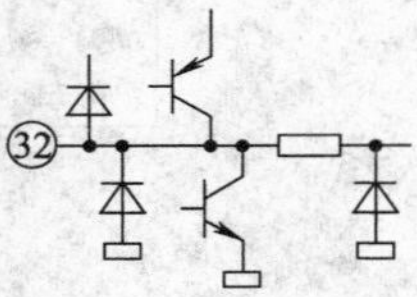
21	TXB				

【生产公司】　Philips Semiconductors

● TJA1054A 容错 CAN 收发器

【用途】

低速车辆通信、控制。

【特点】

最佳用于低速车辆通信

波特率可达 125kbps

连接可达 32 节点

支持非屏蔽总线

极低电磁辐射（EME），装有斜率控制功能和非常好的 CANL 和 CANH 总线输出匹配

在正常工作型式和在低功耗型式有好的电磁抑制（EMI）

完全集成接收滤波器

发射数据（TXD）主控时间输出功能

总线故障控制处理

支持接地偏置电压达 1.5V 的单线传输型式

在总线故障，即使当 CANH 总线短路至 V_{CC} 时，自动开关单线型式

如果总线故障去除，自动复位不同型式

在故障型式有完全唤醒功能

保护

总线脚短路保护至电池和接地

热保护

在自动环境中总线保护抗瞬变

无动力节点，不干扰总线线路

支持低功耗型式

低电流睡眠和备用型式有通过总线线路唤醒

在输出电源通复位标志

在控制局部网（CAN）中，在协议控制器和物理层总线之间 TJA1054A 是接口。在客车中它用于低速应用，可达 125kbps。器件提供不同的接收发射功能，在误差条件，将开关单线

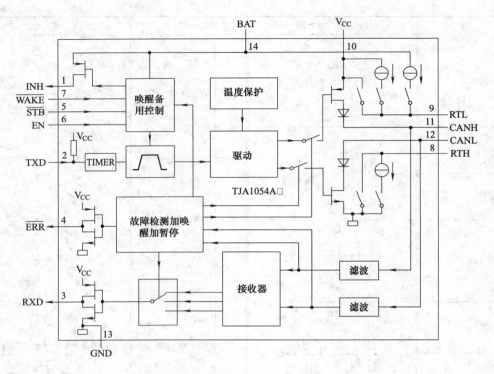

图 2-121　功能块图

发射器或接收器。TJA1054A 是 TJA1054 的 ESD 改进型式。

TJA1054 和 TJA1054A 关于 PCA82C252 和 TJA1053 最主要的改进如下。

由于非常好的 CANL 和 CANH 输出信号最好的匹配，有极低的 EME，在低功耗型式有好的 EMI。

在总线故障时有完全唤醒功能。

扩大总线故障控制处理包括 CANH 总线线路至 V_{CC} 短路。

支持简易系统故障诊断。

二沿灵敏度通过脚 $\overline{WAKE}$ 唤醒输入信号。

【功能说明】

TJA1054A 是 CAN 协议控制器和 CAN 总线物理线之间的接口。它低速应用可达 125kbps

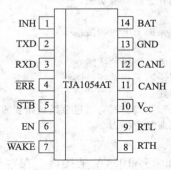

图 2-122　引脚图

客车中速度。器件提供给 CAN 总线不同的发射功能和对 CAN 控制器提供不同的接收功能。减小 EME，限制上升和下降斜率。允许用无屏蔽双绞线对和一个平行线对作总线线路。如果一个线有毛病，器件在任一总线线路上支持传输功能。故障检测逻辑自动选择适用于传输型式。在正常工作型式，在脚 RXD 上有不同的接收器输出。不同的接收器输入连至脚 CANH 和 CANL，通过集成滤波器，滤除输入信号同样用于单线接收器。接收器连至脚 CANH 和 CANL 有阈值电压，在单线型式保证最大噪声范围。计时功能有阻止总线线路进入不变的主控状态。在脚 TXD 位置为低电平，会引起硬件和软件应用故障。如果在脚 TXD 上低电平持续时间超过规定时间，将不能发射，通过在脚 TXD 上加高电平将其复位。

【引脚说明】

符号	脚号	说　明	符号	脚号	说　明
INH	1	如唤醒信号发生,阻止输出开关外部稳压电源	$\overline{\text{WAKE}}$	7	本地唤醒信号输入(有效低),可以检测下降和上升沿
TXD	2	发射数据输入,启动驱动总线线路	RTH	8	端电阻连接,在 CANH 总线误差情况,线端有一个预先规定阻抗
RXD	3	接收数据输出,从总线线路读出数据			
$\overline{\text{ERR}}$	4	误差、唤醒和电源接通指示输出,当总线有故障时,有效低在正常工作型式和低功耗型式	RTL	9	端电阻连接,在 CANL 总线情况,线端有预先规定阻抗
			V_{CC}	10	电源电压
$\overline{\text{STB}}$	5	备用数字控制信号输入(有效低),与脚 EN 上输入信号一起,决定收发器状态(在正常和低功耗型式)	CANH	11	高电平 CAN 总线
			CANL	12	低电平 CAN 总线
EN	6	使能数字信号控制输入,与在脚STB上输入信号一起,决定收发器状态(在正常和低功耗型式)	GND	13	地
			BAT	14	电池电源电压

【最大绝对额定值】

V_{CANH} 总线电压　　　　　　　　　　　TJA1054　 $-40\sim40$V, TJA1054A 　$-27\sim40$V

V_{CANL} 总线电压　　　　　　　　　　　TJA1054　 $-40\sim40$V, TJA1054A 　$-27\sim40$V

V_{esd} 静电电压

　　人体型　TJA1054　 $-2\sim2$kV, TJA1054A 　$-4\sim4$kV

　　机器型　TJA1054　 $-175\sim175$V, TJA1054A 　$-300\sim300$V

【核心基准数据】

符号	参　　数	条　　件	最小	典型	最大	单位
V_{CC}	在 V_{CC} 脚上电源电压		4.75	—	5.25	V
V_{BAT}	在脚 BAT 上电池电压	无时间限制	-0.3	—	$+40$	V
		工作型式	5.0		27	V
		负载转储	—		40	V
I_{BAT}	在脚 BAT 上电池电流	睡眠型式:$V_{CC}=0$V,$V_{BAT}=12$V	—	30	50	μA
V_{CANH}	CANH 总线电压	$V_{CC}=0\sim5.0$V,$V_{BAT}\geqslant0$V 无时间限制	-27		$+40$	V
V_{CANL}	CANL 总线电压	$V_{CC}=0\sim5.0$V,$V_{BAT}\geqslant0$V 无时间限制	-27		$+40$	V
ΔV_{CANH}	CANH 总线发射器电压降	$I_{CANH}=-40$mA			1.4	V
ΔV_{CANL}	CANL 总线发射器电压降	$I_{CANL}=40$mA			1.4	V
$t_{PD(L)}$	传输延迟 TXD(低)至 RXD(低)			1		μs
t_r	总线输出上升时间	在 10% 和 90% 之间,$C_1=10$nF		0.6		μs
t_f	总线输出下降时间	在 10% 和 90% 之间,$C_1=1$nF		0.3		μs
T_{vj}	实际结温		-40		$+150$	℃

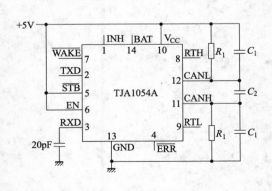

图 2-123　动态特性测试电路

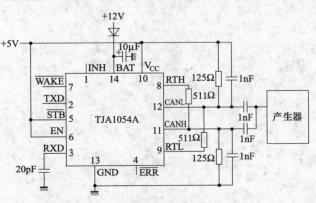

图 2-124　自动瞬变测试电路

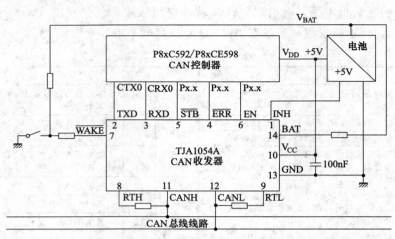

图 2-125　应用电路

第3章 遥测遥控接收器集成电路

3.1 ADF 接收器集成电路

● **ADF7902 ISM 频带 FSK 接收器 IC**

【用途】

用于和 ADF7901 发射器配合，进行遥测遥控。

【特点】

单片低功耗 UHF 接收器

ADF7902 与 ADF7901 发射器配对

频率范围：369.5～395.9MHz

用 3 个数字输入可选择 8 个 RF 通道

支持调制参数

    FSK 调制解调器

    2kbps 数据速率

34.8kHz 频率偏差

5.0V 电源电压

低功耗

18.5mA 用于接收机使能

1μA 待机电流

24 引线 TSSOP

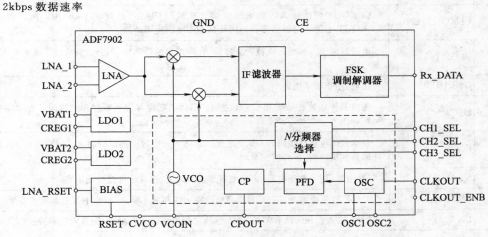

图 3-1 功能块图

ADF7902 是一个低功耗 UHF 接收器。器件调制解调频率变换调制（FSK）信号有 34.8kHz 频率偏差，数据速率可达 2kbps。有 8 个规定的 RF 通道，运行从 369.5～

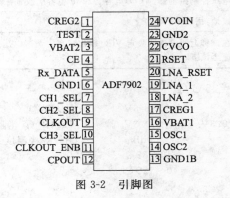

图 3-2 引脚图

395.9MHz，接收机能工作。每个通道通过 3 个配置的数字控制线选择。ADF7902 设计用于低功耗，在正常工作时消耗 18.5mA，在待机型式时最大 $1\mu A$ 电流。

【引脚功能说明】

脚号	脚名	说　　明
1	CREG2	$0.1\mu F$ 电容加在 CREG2 减小稳压器噪声和提高稳定性，减小电容引起高的寄生
2	TEST	测试输出点，不连
3	VBAT2	5V 电源，用于 RF 电路，去耦电容至模拟地极，连线应尽可能接近该脚
4	CE	芯片使能输入。驱动 CE 低，使零件关断，电流＜1μA
5	Rx_DATA	接收器输出。调制解调数据呈现在该脚
6	GND1	接地，用于数字电路
7	CH1_SEL	通道选择脚。代表通道选择脚的 LSB
8	CH2_SEL	通道选择脚
9	CLKOUT	在晶体频率方波时钟输出。能用于驱动 ADF7902 的 OSC2 脚。输出有 50∶50 占空比开关在 0～2.2V
10	CH3_SEL	通道选择脚
11	CLKOUT_ENB	CLKOUT 使能输入。驱动低使能基准信号（时钟）出现在 CLKOUT 脚。驱动高在 CLKOUT 上除去时钟信号。当用外部基准时它应驱动高
12	CPOUT	电荷泵输出。该输出电流产生脉动，在环路滤波器积分，积分电流改变在输入至 VCO 控制电压
13	GND1B	接地，用于数字电路
14	OSC2	基准晶体应连在该脚和 OSC1 之间。晶体负载电容应连该脚和地之间。方波信号能加至该脚作为一个外部基准源
15	OSC1	基准晶体应连在该脚和 OSC2 之间。晶体负载电容应连该脚和地之间。当 OSC2 被一个外部基准驱动时，该脚应连至地
16	VBAT1	5V 电源，用于数字电路，去耦电容至模拟地极，连线尽可能接近该脚
17	CREG1	$0.1\mu F$ 电容应加在 CREG1，提高电压稳定性和减小噪声，减小电容引起高的寄生
18	LNA_2	LNA 输入。在天线和差动 LNA 输入之间要求输入匹配，保证最大功率转换
19	LNA_1	互补 LNA 输入
20	LNA_RSET	外部偏压电阻，用于 LNA，推荐用 1.1Ω 值
21	RSET	外部电阻，建立电荷泵电流和一些内部偏压电流，推荐用 3.6Ω 值
22	CVCO	电压控制振荡器（VCO）电容。22nF 电容应放置在该脚和 CREG2 之间，减小 VCO 噪声
23	GND2	接地，用于 RF 电路
24	VCOIN	在该脚上调谐电压决定 VCO 输出频率。调谐电压越高，输出频率越高。环路滤波器输出连至该脚

【最大绝对额定值（$T_A = 25℃$）】

VBAT 至 GND	$-0.3\sim6V$	最大结温	125℃
数字 I/O 电压至 GND	$-0.3V\sim V_{BAT}+0.3V$	TSSOP θ_{JA} 热阻	150.4℃/W
LNA_1，LNA_2	0dBm	引线焊接温度：气相（60s）	235℃
工作温度	$-40\sim85℃$	红外（15s）	240℃
存储温度	$-40\sim125℃$		

【应用电路】

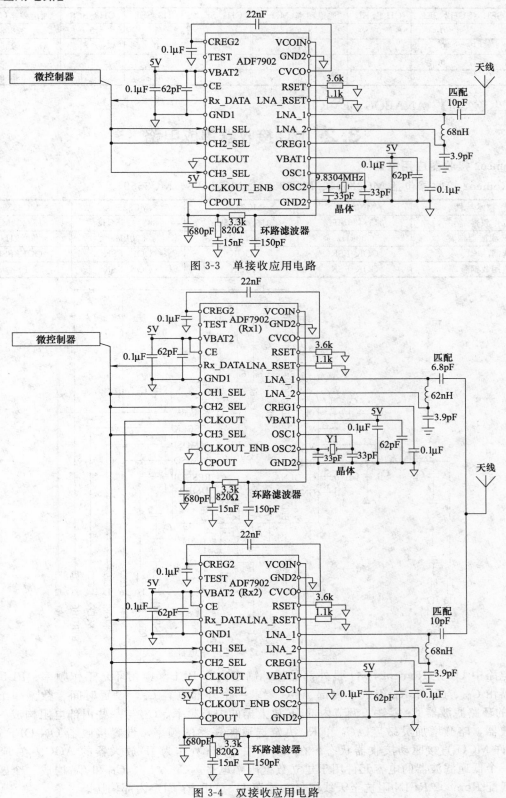

图 3-3　单接收应用电路

图 3-4　双接收应用电路

【通道频率】

CH1_SEL	CH2_SEL	CH3_SEL	通道频率（MHz）	CH1_SEL	CH2_SEL	CH3_SEL	通道频率（MHz）
0	0	0	369.5	0	1	0	388.3
1	0	0	371.1	1	0	1	391.5
0	0	1	375.3	0	1	1	394.3
1	1	0	376.9	1	1	1	395.9

【生产公司】 ANALOG DEVICES

3.2 MC 接收器集成电路

● **Romeo2 接收器应用电路**

Romeo2 接收器包括 MC33591、MC33592、MC33593、MC33594。

技术特性	MC33591	MC33592	MC33593	MC33594
工作频带	315/433MHz	315/433MHz	868/915MHz	315/433MHz
IF 滤波器带宽	500kHz	300kHz	500kHz	500kHz
调制	OOK/FSK	OOK	OOK/FSK	OOK/FSK
适用数据管理	OOK/FSK	OOK	OOK/FSK	FSK

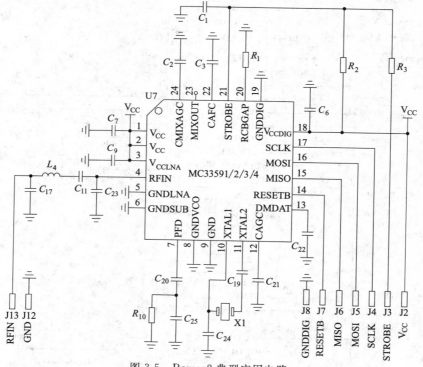

图 3-5 Romeo2 典型应用电路

电路中 U1 是 Romeo2，X1 是外部晶体，确定内部 PLL（锁相环）工作频率。PLL 环路滤波器由 C_{20}、C_{25} 和 R_{10} 组成。内部 AGC 要求一个外部电容 C_2，设置时间常数。一个内部 AFC 的环路滤波器 C_3 零件，调节内部 IF 放大器的中心频率。C_{22} 与一些内部电阻构成一个低通滤波器，略微增加灵敏度。C_1 和 R_2 决定选通振荡器的频率，设置接收器 ON-OFF 周期。R_3 允许 MCU 直接驱动接收器状态。在 OOK 中，用 C_{21} 作为 IF 放大器的 AGC。在 FSK 情况，一个低通滤波器的电容元件用于建立数据限幅电平。C_{17}、L_4、C_{11} 和 C_{23} 构成一个匹配网络，匹配 Romeo2 RFIN 阻抗至天线阻抗，连至 J13。用 R_1 固定内部偏压。

电源去耦电容：C_7 和 C_9 在频率范围具有低阻抗，连在脚 1、2 和 3，连线尽可能短至地。用 $C_7 = 100\text{nF}$ 和 $C_9 = 100\text{pF}$，保证前端稳定状态。C_6 是去耦电容，用于数字零件，不是临界值，即可固定 $C_6 = 100\text{nF}$。

锁相环滤波器：R_{10}、C_{20} 和 C_{25} 是环路滤波器的外部元件，用于 PLL。这个滤波器与内部滤波器并行。

晶体振荡器：晶体 X1 固定振荡器频率，它的负载电容组成为电容 C_{24}（设计 10pF）和 PCB 和脚 10（约 2pF），即总电容为 12pF。

计算 X1 的频率，首先要选择好的除数比（n 和 m），用于内部时钟和位 CF 值，见下表。

频带	n	m	CF	Romeo2 接收器
315MHz	8	32	0	MC33591/2/4
433MHz	11	32	1	MC33591/2/4
868~915MHz	11	64	1	MC33593

晶体频率 $\quad F\text{ref} = F\text{rf}/(m - 0.66)/(1.2346n)$

给：$F_{X1} = 13.58\text{MHz}$，$F\text{rf} = 433.92\text{MHz}$

C_{19} 防止在 XTAL1 和 XTAL2 之间小的直流电压加至 X1，这样增加晶体的可靠性。

RFIN 匹配网络：任何一个匹配网络，尽可能长期不影响 RFIN 脚上直流电平。C_{11} 是用作隔离直流电平。匹配网络设计要匹配 Romeo2 输入阻抗。

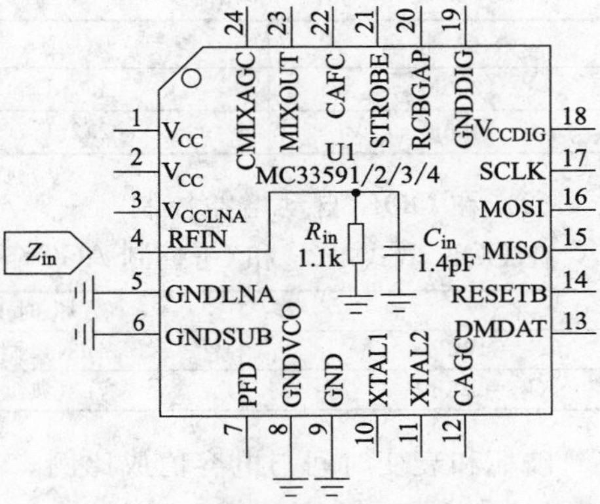

RFIN 低信号阻抗等于：

$$Z_{in} = C_{in} /\!/ R_{in} = 1.4\text{pF} /\!/ 1.1\Omega$$

用 $\quad F_{RFIN} = 433.92\text{MHz}$

$$Z_{in} = 59.05 - j247.9\Omega$$

用 $\quad Z_o = 50\Omega$

图 3-6 Z_{in} 输入电路图

$$\Gamma_{in} = 0.916^{-21.652°}$$

规定

$$\Gamma_{in} = \frac{Z_{in} - Z_o}{Z_{in} + Z_o}$$

$$Z_{in} = C_{in} /\!/ R_{in}$$

$$Z_{in} = \frac{R_{in} Z_{C_{in}}}{R_{in} + Z_{C_{in}}}$$

$$Z_{C_{in}} = \frac{1}{jC_{in}\omega}$$

$$\omega = 2\pi F$$

【电路设计参考】

任一种匹配网络，只要它在板上仔细调谐能校正由于寄生线圈和电容产生的误差，就可重复使用，匹配网络不需要重新调谐。关键点如下。

匹配网络应不改变 RFIN 上的直流电平。

设计匹配网络对加载 Q 尽可能小到合理（5~10）。

用高精度元件（好于 5% 容差），防止衰减扩散。

两个元件之间保持连线要短。

对接地连接，对每个元件应分开，通过一个连至低边地。

布局应当用线，避免环路（输入和输出间耦合）。

每个元件值应通过精确地测试，保证每个元件最高灵敏度，不需要进行网络分析，RF 产生器完全能满足要求。

两个匹配网络对 Romeo2 在 315MHz 和 433MHz，元件的调谐步序应当是：1，L_1；2，C_1；3，C_2；4，C_3。L_1 比 C_1、C_2 或 C_3 更有效。

（1）基带低通滤波器

对于低的数据速率，它应当连接电容至 DMDAT 脚，稍微提高信噪比，因此改善了系统灵敏度。在 1200bps 数据速率，提高灵敏度大约 1dB。对其他数据速率，C_{22} 能增加至：

$$C_{22} = \frac{5.64 \times 10^{-6}}{\text{数据速率}}$$

式中，数据速率单位是位/s；C_{22} 单位是 F。

数 据 速 率	C_{22}	数 据 速 率	C_{22}
1200bps	4.7nF	4800bps	1nF
2400bps	2.2nF	9600bps	560pF

（2）在 OOK 自动增益控制

在 OOK 型式，C_2 和 C_{21} 控制 AGC 各种速度，C_2 控制 AGC 前端速度，C_{21} 控制 IFAGC 速度。

数 值	破 坏 时 间	衰 变 时 间
$C_2 = 10$nF	4μs（典型）	0.2ms/dB，等效 5dB/ms 用于混频器 AGC
$C_{21} = 100$nF	7μs（典型）	0.4ms/dB，等效 2.5dB/ms 用于 IF 放大器 AGC

破坏和衰变时间与电容值成比例。

（3）AGC 和数据速率

在 OOK 信号低电平时，避免对 AGC 的作用，在低数据速率它能减小灵敏度。最佳 C_{21}（C_2 不影响灵敏度，AGC 前端只用高电平 RF 信号），上面给的值 $C_{21} = 100$nF，数据速率 4800bps（曼彻斯特码）。对其他数据速率，C_2 能增加至：

$$C_{21} = \frac{4.8 \times 10^{-4}}{\text{数据速率}}$$

式中，数据速率单位是位/s；C_{21} 单位是 F。

数据速率	C_{21}
1200bps	390nF
9600bps	100nF

（4）C_{21} 和唤醒时间

任一个最佳 C_{21}，数据速率低于 4800bps，将导致唤醒时间增加。

用 $C_{21} = 100$nF，唤醒时间是 1ms（典型）和 1.8ms（最大）。对其他值，计算唤醒时间：

$$t_{\text{wakeup. typ}} = C_{21} \times 10^{-4}$$

式中，$t_{\text{wakeup. typ}}$ 单位是 s，C_{21} 单位是 F。

数据速率	C_{21}	$t_{\text{wakeup. typ}}$
1200bps	390nF	3.9ms
9600bps	100nF	1ms

（5）FSK 解调器

在 FSK 型式，C_{21} 是一个平均低通滤波器的零件，与一个内部电阻 $R_{int}=8k\Omega$ 建立限幅器电平。C_{21} 值联动曼彻斯特码信号的数据速率：

$$R_{int} C_{21} = \frac{1}{\text{数据速率}}$$

数据速率	C_{21}	数据速率	C_{21}
1200bps	100nF	9600bps	12nF

（6）内部带隙

外部电阻 R_1 用于内部带隙。它的值通过设计固定，就 Romeo2 保证性能而言，$R_1=180\Omega$，1%。

（7）选通振荡器

当 J3 是在高阻抗型式时（MCU 使选通振荡器运行），R_2 和 C_1 规定内部振荡器频率。选通振荡器的周期是：

$$\tau_{strobe}=0.12R_2C_1$$

式中，R_2 必须小于 2.2MΩ，C_1 必须小于 330nF。

当用数据管理时，选通振荡器的周期和选通比位（SR_0，SR_1）必须仔细选择，当运行型式时（一个 ID 至少是 8 位，加上 Romeo2 的唤醒时间），Romeo2 至检测进入系统。MCU 能控制选通振荡器的状态（运行或不运行），选择 R_3 固定至 1kΩ（不是临界值）。该电阻限制电流源，通过 MCU 对 C_1 充电，因此增加了可靠性。

（8）自动频率控制

用一个内部频率控制系统，调谐 IF 滤波器至 660kHz。一个外部电容确定环路特性和滤波器调谐电压。它的值不是临界值，通过设计固定在 100pF。

【等效脚电路】

内部电路连至器件脚，包括使用二极管用于 ESD 保护。

脚号	符号	等效 I/O 电路图
1	V_{CC}	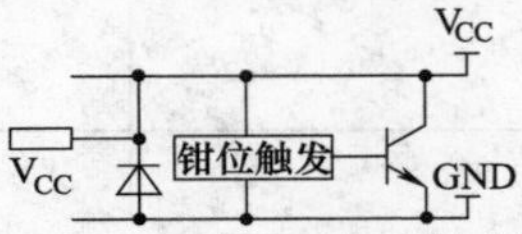
2	V_{CC}	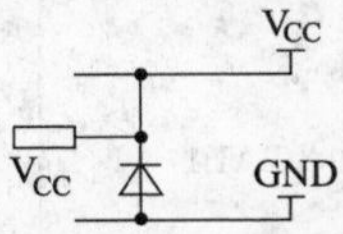
3	V_{CCLNA}	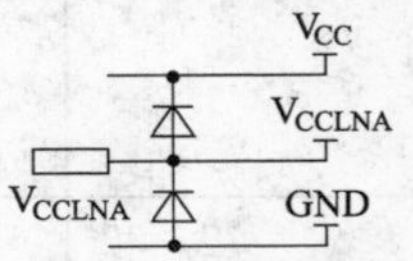
4	RFIN	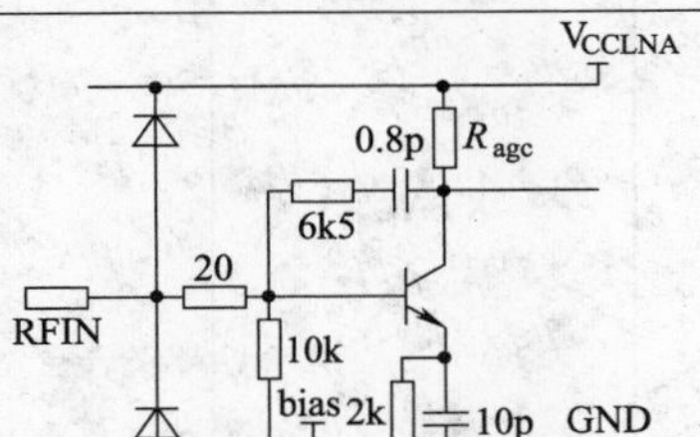

脚号	符号	等效 I/O 电路图
5	GNDLNA	
6	GNDSUB	
7	PFD	
8	GNDVCO	
9	GND	
10	XTAL1	
11	XTAL2	

续表

脚号	符号	等效 I/O 电路图
12	CAGC	
13	DMDAT	
14	RESETB	
15	MISO	
16	MOSI	
17	SCLK	

续表

脚号	符号	等效 I/O 电路图
18	V_{CCDIG}	
19	GNDDIG	
20	RCBGAP	
21	STROBE	
22	CAFC	
23	MIXOUT	
24	CMIXAGC	

【生产公司】 Freescale Semiconductor，Inc.

● MC33591 PLL 调谐 UHF 接收器

【用途】

用于数据转换，转移变换，接收，家电控制，汽车控制，楼宇设备控制，遥控无键输入系统，遥控传感器链路。

【特点】

315MHz，434MHz 频带

OOK 和 FSK 调制

低的消耗电流：5mA，在运行型式

内部或外部选通

快速唤醒时间（1ms）

−105dBm RF 灵敏度（在 4.8kbps，数据速率）

完成集成 VCO

图像补偿混频器

在 660kHz 集成中频带通滤波器

IF 带宽：500kHz

数据速率：1～11kbps

曼彻斯特码数据时钟恢复

通过 SPI 接口完全配置

少量外部元件，没有 RF 调节

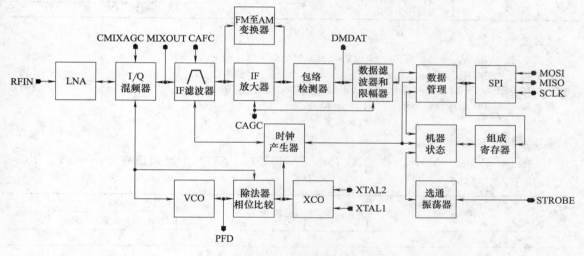

图 3-7　功能块图

Romeo2 接收器基本功能参见功能块图，它完全适用于 TANG03 发射器。

RF 部分包含一个有图像补偿的混频器，紧跟有 IF 带通滤波器在 660MHz，一个 AGC 控制增益级和 OOK/FSK 解调器，通过 SPI 接口可选择理想的调制。从电路数据输出可以是数据比较器输出，如果能使用数据管理，也可以用 SPI 接口。

本地振荡器用一个 PLL 参照晶体振荡器控制。接收通道通过晶体频率选择确定。

SPI 总线允许编程调制型式：数据速率、UHF 频率、ID 字节等。通过调节应用（不用总线接口）是有效的，在电源接通至标准工作型式电路不运行。

根据上述结构，通过 STROBE 输入可以外部选通电路，也可内部等待睡眠周期，减少功耗。在任一时间，在 STROBE 上的高电平超过内部定时器输出和唤醒 Romeo2。当开关电路进入睡眠型式时，它的电流消耗近似 $100\mu A$。

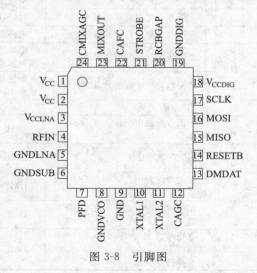

图 3-8　引脚图

【引脚说明】

引脚	脚名	说　　明	引脚	脚名	说　　明
1	V_{CC}	5V 电源	13	DMDAT	解调数据（OOK 和 FSK 调制）
2	V_{CC}	5V 电源	14	RESETB	机器状态复位
3	V_{CCLNA}	5V LNA 电源	15	MISO	SPI 接口 I/O
4	RFIN	RF 输入	16	MOSI	SPI 接口 I/O
5	GNDLNA	LNA 地	17	SCLK	SPI 接口时钟
6	GNDSUB	地	18	V_{CCDIG}	5V 数字电源
7	PFD	通向 VCO 控制电压	19	GNDDIG	数字地
8	GNDVCO	VCO 地	20	RCBGAP	基准电压输出
9	GND	地	21	STROBE	选通振荡器控制,停止/运行外部控制输入
10	XTAL1	基准振荡器晶体	22	CAFC	AFC 电容
11	XTAL2	基准振荡器晶体	23	MIXOUT	混频器输出
12	CAGC	IF AGC 电容用于 OOK,基准用于 FSK	24	CMIXAGC	混频器 AGC 电容

【最大绝对值】

电源电压（V_{CC}/V_{CCLNA}）　$V_{GND}-0.3V\sim5.5V$　　　　焊接温度（10s）　　　　　　　260℃

每个脚上允许电压　$V_{GND}-0.3V\sim V_{CC}+0.3V$　　　存储温度 T_s　　　　　　　$-65\sim150$℃

每个脚上 ESD HBM 耐压（人体型）　$\pm2000V$　　　结温 T_j　　　　　　　　150℃

每个脚 ESDMM 耐压（机器型）　　$\pm200V$

【技术特性】

$V_{CC}=[4.5V；5.5V]$，工作温度 $T_A=[-40℃；+85℃]$，典型值在 $V_{CC}=5V$，$T_A=25℃$，用于 MC33591。

序号	参　　数	测 试 条 件	限制			单位
			最小	典型	最大	
1	一般参数					
1.1	表示电源电流	315MHz 和 434MHz 频带,选通比＝7,PG＝0	—	815	1100	μA
1.3	在运行和建造型式电源电流	315MHz 和 434MHz 频带,PG＝0		5.7	7.4	mA
1.5	在睡眠型式电源电流	使能选通振荡器		115	250	μA
1.6		不使能选通振荡器		90	200	μA
1.7	在运行和建造型式电源电流	315MHz 和 434MHz 频带,PG＝1		5.4	7.0	mA
1.9	睡眠型式和运行型式延迟	电路准备好接收,OOK 调制		1.0	1.8	ms
1.10	睡眠型式和运行型式延迟	电路准备好接收,FSK 调制,f_{data} 数据速率单位 kbps		$0.7+3/f_{data}$	$1.4+3/f_{data}$	ms
1.11	运行型式至睡眠型式延迟	测量在 STROBE 下降沿和电源电流减小 10% 之间		0.1	—	ms
2	RF 参数					
2.1.1	在正常发射中心频率在 OOK 灵敏度	DME＝0,用匹配网络	—	-105	-96	dBm
2.1.2	在正常发射中心频率在 OOK 灵敏度	DME＝1,用匹配网络	—	-103	-94	dBm
2.1.3	在正常发射中心频率在 OOK 灵敏度	DME＝0	—	-96	-87	dBm
2.1.4	在正常发射中心频率在 OOK 灵敏度	DME＝1	—	-94	-85	dBm
2.2.1	在正常发射中心频率,在 OOK 灵敏度 工作温度-20～85℃	DME＝0,用匹配网络	—	-105	-98	dBm

续表

序号	参　　数	测 试 条 件	限制			单位
			最小	典型	最大	
2.2.2	在正常发射中心频率,在 OOK 灵敏度 工作温度－20～85℃	DME＝1,用匹配网络	—	－103	－96	dBm
2.2.3	在正常发射中心频率,在 OOK 灵敏度 工作温度－20～85℃	DME＝0	—	－96	－89	dBm
2.2.4	在正常发射中心频率,在 OOK 灵敏度 工作温度－20～85℃	DME＝1	—	－94	－87	dBm
2.3.1	在正常发射中心频率,在 FSK 灵敏度	DME＝0,用匹配网络	—	－105	－99	dBm
2.3.2		DME＝1,用匹配网络	—	－103	－97	dBm
2.3.3		DME＝0	—	－96	－90	dBm
2.3.4		DME＝1	—	－94	－88	dBm
2.6.1	在 FSK 灵敏度	发射器频率变化在＋/－40kHz 500kHz IF 带宽,DME＝1	—	—	－86	dBm
2.6.2	在 FSK 灵敏度	发射器频率变化在＋/－80kHz 500kHz IF 带宽,DME＝1	—	—	－84	dBm
2.8.2	DMDAT 电平变化,FSK 调制	500kHz,IF 带宽	－6	—	6	dB
2.9	图像频率抑制	315MHz 频带	17	25	—	dB
2.10		434MHz 频带	20	29	—	dB
2.12	IP3	315MHz 频带,在 MIXOUT 测量,最小值是两对频率（MHz）:（340.00,365.00）,（500.00,685.00）	—	－17	—	dBm
2.13		434MHz 频带,在 MIXOUT 测量,最小值是两对频率（MHz）:（455.00,476.08）,（550.08,666.08）	—	－19	—	dBm
2.15	最大可检测 NRZ1 输入信号电平	OOK 调制,Tx 调制深度:97.5%	—	－14	—	dBm
2.27	超出频带干扰减小对 OOK 和 FSK 调制的作用。434MHz 频带,PG＝1,灵敏度减小 6dB	CW（连续波）干扰在 RF±500kHz	—	16	—	dBc
2.28		CW（连续波）干扰在 RF±1MHz	—	24	—	dBc
2.29		CW 干扰在 RF±2MHz	—	33	—	dBc
2.39	频带内干扰减小,434MHz 频带,灵敏度减小 6dB	OOK 调制,CW 干扰在 RF±50kHz	—	－10	—	dBc
2.40	频带内干扰减小,434MHz 频带,灵敏度减小 6dB	FSK 调制,±35kHz 偏差,CW 干扰在 RF±50kHz	—	－7	—	dBc
2.43	输入阻抗://电阻	315MHz,在 RFIN 上电平≤－50dBm	—	1.1	—	Ω
2.44		434MHz,在 RFIN 上电平≤－50dBm	—	1.1	—	Ω
2.46	输入阻抗:电容	315MHz 频带	—	1.4	—	pF
2.47		434MHz 频带	—	1.4	—	pF
2.51	混频器转换增益	315MHz 和 434MHz 频带从 RFIN 至 MIXOUT	—	48	—	dB
2.53	混频器增益减小	当设置 MG＝1 时,315MHz 和 434MHz 频带	—	18	—	dB
2.55	混频器输入增益减小 1dB	315MHz 和 434MHz 频带	—	－49	—	dBm
2.57	混频器 AGC 建立时间	RF 上升时间＜400ns,10%～90%上升时间	—	4	—	μs
2.58	混频器 AGC 增益下降速率	—	—	5	—	dB/ms
2.59	本地振荡器泄漏	在匹配网络输入,315MHz 和 434MHz 频带	—	－102	－70	dBm

序号	参　数	测 试 条 件	限制			单位
			最小	典型	最大	
3	IF 滤波器,IF 放大器,FM 至 AM 变换器和包络检测器,IF 滤波器工作在大约 660kHz,有 500kHz 带宽					
3.2	IF 高截止频率在 −3dB	IF 带宽:500kHz	850	940	—	kHz
3.4	IF 低截止频率在 −3dB	IF 带宽:500kHz	—	460	520	kHz
3.7	IF 截止低频率在 −30dB	IF 带宽:500kHz	—	290		kHz
3.8	IF 截止高频率在 −30dB		—	1260	—	kHz
3.10		IF 带宽:500kHz		480	580	kHz
3.12	总滤波器增益变化在 −3dB 带宽内	IF 带宽:500kHz	−3		3	dB
3.13	IF 放大器增益	从 MIXOUT 至 DMDAT	—	55	—	dB
3.14	IFAGC 动态增益范围	OOK 调制		55	—	dB
3.15	IFAGC 增益衰减速率	OOK 调制		2.5	—	dB/ms
3.16	IF 放大器 AGC 建立时间	OOK 调制		75	200	μs
3.17	检测器输出,信号幅度(峰-峰值)	OOK 调制,在 DMDAT 测量	—	260	—	mV
3.19	载波偏差	FSK 调制,IF 带宽:500kHz	±35	—	±80	kHz
4	PLL 除法器和晶体振荡器					
4.1	最大晶体串联电阻				200	Ω
5	数据滤波器和限幅器,数据管理,SPI					
5.1	数据频率		1	—	11	kHz
5.2	低通滤波器延迟二次包值响应	DR1=0,DR0=0,1200bps	51	73	102	μs
5.3		DR1=0,DR0=1,2400bps	30	42	57	μs
5.4		DR1=1,DR0=0,4800bps	19	25	34	μs
5.5		DR1=1,DR0=1,9600bps	12	16	22	μs
5.6	数据速率范围用于时钟恢复	DR1=0,DR0=0	1.0	—	1.4	kBaud
5.7		DR1=0,DR0=1	2	—	2.7	kBaud
5.8		DR1=1,DR0=0	4	—	5.3	kBaud
5.9		DR1=1,DR0=1	8.6	—	10.6	kBaud
5.10	输入低电压	脚 MOSI,SCLK,RESETB	0		$0.3V_{CC}$	V
5.11	输入高电压		$0.7V_{CC}$	—	V_{CC}	V
5.13	输入拉下电流	脚 MOSI,SCLK,RESETB,$V_{IN}=V_{CC}$	—	2	—	μA
5.14	输出低电压	脚 MOSI,MISO,SCLK,$|I_{LOAD}|=10\mu A$	0	0.02	$0.2V_{CC}$	V
5.15	输出高电压		$0.8V_{CC}$	4.97	V_{CC}	V
5.16	下降/上升时间	脚 MOSI,MISO,SCLK,$C_{LOAD}=5pF$,输出摆幅从 $10\%\sim90\%$	—	—	100	ns
5.17	输入低电压	脚 STROBE 用于数字输入	0		0.5	V
5.18	输入高电压		4.4	—	V_{CC}	V
5.19	输入拉下电流	脚 STROBE 用于数字输入 $V_{IN}=V_{CC}$	—		50	μA
5.20	SPI 数据速率	在 MOSI,MOSO 和 SCLK,SPI 主控或被控			310	kBaud
5.21	SPI 接口源电流 $V_{OH}=0.8V_{CC}$	MOSI,MOSO,SCLK 脚	60	170	—	μA
5.22	SPI 接口沉电流 $V_{OL}=0.2V_{CC}$		60	220	—	μA
6	选通振荡器(SOE=1)					
6.1	选通振荡器周期范围(T_{strobe})		2	3.8	87	ms
6.9	外部电容(C_5)	$T_{strobe}=0.12R_2C_5$		68	330	nF
6.10	外部电阻(R_2)		—	470	2200	Ω
6.2	选通振荡器周期精度	$T_j=25℃,V_{CC}=5V$,外部元件 R_2 和 C_5 固定	−5	—	5	%
6.3	选通振荡器周期,温度系数		—	0.05	—	%/℃

续表

序号	参　　数	测 试 条 件	限制			单位
			最小	典型	最大	
6.4	选通振荡器周期,电源电压效率	$(\Delta T_{strobe}/T_{strobe}/\Delta V_{CC}/V_{CC})$	—	0.2	—	—
6.5	沉输出电阻	脚 STROBE	—	6	—	kΩ
6.7	高阈值电压		—	1.0	—	V
6.8	低阈值电压		—	0.45	—	V

【应用电路】

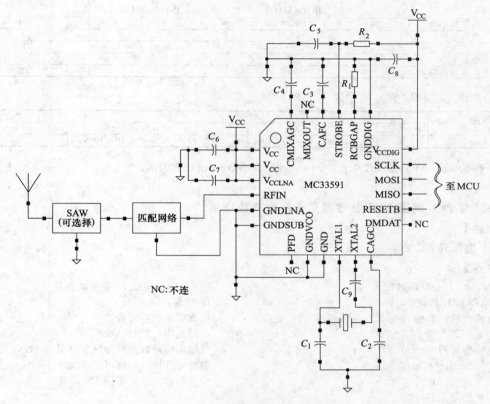

图 3-9　MC33591 应用电路

【电路元件表】

元件	功　　能	数值	单　　位
Q	基准振荡器晶体	315MHz 频带:9.864375	MHz
		434MHz 频带:13.580625	MHz
R_1	电流基准电阻	180±1%	kΩ
R_2	选通振荡器电阻	470	kΩ
C_1	晶体负载电容	10	pF
C_2	OOK 调制——IF 放大器 AGC 电容	100±10%	nF
	FSK 调制——低通滤波器电容		
C_3	AFC 电容	100±10%	pF
C_4	混频器 AGC 电容	10±10%	nF
C_5	选通振荡器电容	68	nF

续表

元件	功　能	数值	单　位
C_6	电源去耦电容	100	nF
C_7		100	pF
C_8		1	nF
C_9	晶体 DC 去耦电容	10	nF

R_2 和 C_5 值对应于选通振荡器周期 $T_{strobe}=3.8ms$。

【晶体举例参考表（SMD 封装）】

参　　数	NDK LN-G102-952 （用 315MHz）	NDK LN-G102-877 （用 434MHz）	单　　位
晶体频率	9.864375	13.580625	MHz
负载电容	12	12	pF
动态电容	3.71	4.81	fF
静态电容	1.22	1.36	pF
最大损耗电阻	100	50	Ω

【在 FSK 调制 C_2 值与数据速率关系】

元件	数值				单位
数据速率	1.2	2.4	4.8	9.6	kbps
C_2	100±10%	47±10%	22±10%	12/10±10%	nF

【生产公司】　MOTOROLA；Freescale Semiconductor，Inc.

● MC33594 PLL 调谐 UHF 接收器用于数据转换应用

【用途】

用于数据转换。

【特点】

315MHz、434MHz 频带　　　　　　　　　在 660kHz 集成 IF 带通滤波器

OOK 和 FSK 解调　　　　　　　　　　　IF 带宽：500kHz

低电流消耗：典型 5mA，在运行型式　　标志字节和声音检测

内部或外部选通　　　　　　　　　　　数据速率：1～11kbps

快速唤醒时间（1ms）　　　　　　　　曼彻斯特码数据时钟恢复（只有 FSK）

−105dBm RF 灵敏度　　　　　　　　　通过 SPI 接口全部可配置

完全集成 VCO　　　　　　　　　　　少量外部元件，不用 RF 调节

镜像补偿混频器

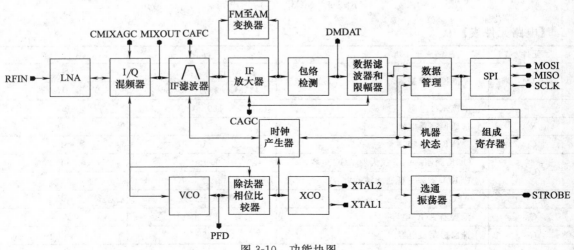

图 3-10　功能块图

Romeo2 接收器基本功能完全与 TANG03 发射器兼容。RF 部分包括一个具有镜像补偿的混频器，跟随一个 IF 带通滤波器在 660kHz，一个 AGC 控制增益级和 OOK 和 FSK 解调器，通过 SPI 接口可选择理想的调制型式。从电路输出数据，可以是数据比较器输出，数据管理器使能，也可以是 SPI 接口输出。用一个 PLL 基准控制本地振荡器至晶体振荡器。通过晶体频率选择确定接通道。SPI 总线允许编程调制型式：数据速率、UHF 频率、ID 字节等。根据结构，通过 STROBE 输入，电路能外部选通或内部唤醒睡眠周期，减小功率消耗。在任一时间，在 STROBE 上高电平超过内部定时输出和唤醒 Romeo2。当电路开关进入睡眠型式，它的电流消耗近似 100μA。电路结构保持以前的可编程。

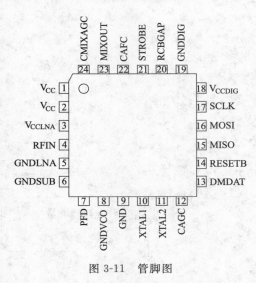

图 3-11 管脚图

【引脚说明】

脚号	脚名	说 明	脚号	脚名	说 明
1	V_{CC}	5V 电源	13	DMDAT	解调数据(OOK 和 FSK 调制)
2	V_{CC}	5V 电源	14	RESETB	机器状态复位
3	V_{CCLNA}	5V LNA 电源	15	MISO	SPI 接口 I/O
4	RFIN	RF 输入	16	MOSI	SPI 接口 I/O
5	GNDLNA	LNA 接地	17	SCLK	SPI 接口时钟
6	GNDSUB	接地	18	V_{CCDIG}	5V 数字电源
7	PFD	存取至 VCO 控制电压	19	GNDDIG	数字地
8	GNDVCO	VCO 接地	20	RCBGAP	基准电压输出
9	GND	接地	21	STROBE	选通振荡器控制,停止/运行外部控制输入
10	XTAL1	基准振荡器晶体	22	CAFC	AFC 电容
11	XTAL2	基准振荡器晶体	23	MIXOUT	混频器输出
12	CAGC	IFAGC 电容,用于 OOK,基准用于 FSK	24	CMIXAGC	混频器 AGC 电容

【最大绝对额定值】

参 数	符号	数值	单位
电源电压	V_{CC} V_{CCLNA}	$V_{GND}-0.3\sim5.5$	V
在每个脚上允许电压		$V_{GND}-0.3\sim$ $V_{CC}+0.3$	V
在每个脚上能耐 ESD HBM 电压(人体型)		±2000	V
在每个脚上能耐 ESD HBM 电压(机器型)		±200	V
焊接热阻		260	℃
存储温度	T_S	$-65\sim+150$	℃
结温	T_j	150	℃

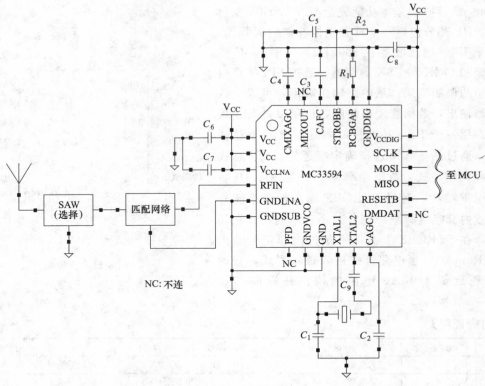

图 3-12　应用电路

【MC33594 电路元件说明】

元件	功　能	数　值	单位
Q	基准振荡器晶体	315MHz 频带:9.864375	MHz
		434MHz 频带:13.580625	MHz
R_1	电流基准电阻	180±1%	kΩ
R_2	选通振荡器电阻	470	kΩ
C_1	晶体负载电容	10	pF
C_2	OOK 调制——IF 放大器 AGC 电容	100±10%	nF
	FSK 调制——低通滤波器电容	见 C_2 值与数据速率	
C_3	AFC 电容	100±10%	pF
C_4	混频器 AGC 电容	10±10%	nF
C_5	选通振荡器电容	68	nF
C_6		100	nF
C_7	电源去耦电容	100	pF
C_8		1	nF
C_9	晶体 DC 去耦电容	10	nF

R_2 和 C_5 值对应选通振荡器周期 $T_{选通}=3.8$ms。

晶体基准举例：典型晶体特性（SMD 封装）

参　数	NDK LN-G102-952(315MHz)	NDK LN-G102-877(434MHz)	单位
晶体频率	9.864375	13.580625	MHz
负载电容	12	12	pF
动态电容	3.71	4.81	fF
静态电容	1.22	1.36	pF
最大损耗电阻	100	50	Ω

【在 FSK 调制 C_2 值与数据速率关系】

参数	数 值				单 位
数据速率	1.2	2.4	4.8	9.6	kbps
C_2	100±10%	47±10%	22±10%	12/10±10%	nF

【生产公司】　MOTOROLA

3.3　MICRF 接收器集成电路

● MICRF009 QwikRadio® 低功耗 UHF 接收器

【用途】

汽车遥控无键输入，大范围 RF 识别，遥控风扇和灯光，车库及各种门的开启。

【特点】

高灵敏度（－104dBm），关闭快速恢复时间（1ms），300～440MHz 频率范围，数据速率可达 2.0kbps（混频型式曼彻斯特编码），低功耗（2.9mA 全运行，315MHz，0.15μA 关闭，290μA 转换型式 10∶1 占空比），关闭输入，自动调谐，不需要手动，在天线有非常低的再辐射，用非常少的外部元件高集成电路，1ms 时间达到很好数据。

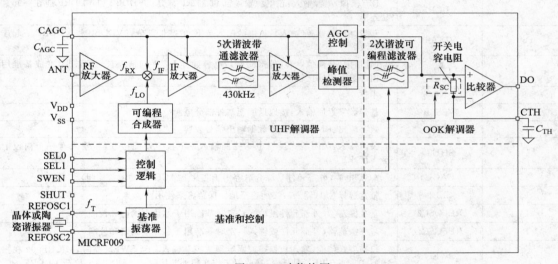

图 3-13　功能块图

MICRF009 单片，ASK/OOK（通-断键）RF 接收器芯片，和 QwikRadio® 接收器具有同样功能，但性能增强许多。两键改进是：高的灵敏度（比 MICRF002 高 6dB）和从关闭能快速恢复（典型值 1ms）。如同其他 QwikRadio® 系列，MICRF009 能达到低功耗工作，一个非常高的集成电平，并特别容易使用。在 MICRF009 上提供全部后置检测（解调器）数据滤波器，因此不要求外部基带滤波器。用户可以通过外部选择两个滤波器带宽中的一个。选择根据数据速率和码的调制格式，用户只需要编程合适的滤波器。MICRF009 有两种工作型式：固定型式（FIX）和扫描型式（SWP）。在固定型式，MICRF009 通常作为

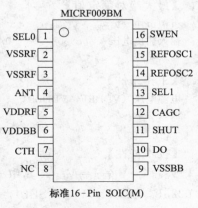

MICRF009BM

SEL0	1		16	SWEN
VSSRF	2		15	REFOSC1
VSSRF	3		14	REFOSC2
ANT	4		13	SEL1
VDDRF	5		12	CAGC
VDDBB	6		11	SHUT
CTH	7		10	DO
NC	8		9	VSSBB

标准16-Pin SOIC(M)

图 3-14　引脚图

一个超外差接收器。在扫描型式，MICRF009采用一个专门的扫描功能扫一个较宽的RF频谱。固定型式提供较好的选择性和灵敏度，而扫描型式能使MICRF009用于低价格及不精确的发射器。

功能块图IC有三部分：①UHF下变频器；②OOK解调器；③基准和控制。图中还有两个电容（C_{TH}，C_{AGC}）和一个定时元件，通常用晶体或陶瓷谐振器构成。除电源去耦电容和天线阻抗匹配网络外，MICRF009只需要外部元件能构成UHF接收器。最佳性能是阻抗与天线匹配，匹配网络只需增2或3个元件。4个输入：SEL0、SEL1、SWEN和SHUT，用这些逻辑输入，用户能控制工作型式和选择IC工作特性，输入与CMOS兼容，内部有拉起。IF旁通滤波器对IF滤波器衰减频率响应是5次谐波，而解调器数据滤波器呈现2次谐波响应。

【引脚说明】

脚号	脚名	说　　明
1	SEL0	带宽选择0位（输入）：构成设置的解调器滤波器带宽，内部上拉至VDDRF
2,3	VSSRF	RF（模拟）返回（输入）：接地返回至RF部分电源
4	ANT	天线输入，最佳运行是天线阻抗与天线脚阻抗匹配
5	VDDRF	RF（模拟）电源输入：正电源输入至IC的RF部分。VDDBB和VDDRF连在一起直接连IC脚
6	VDDBB	基带（数字）电源（输入）：正电源输入至IC的基带部分。VDDBB和VDDRF一起连至IC脚
7	CTH	（数据限幅）阈值电容（外部元件）：电容抽样DC平均值来自解调波形，变成基准用于内部数据限幅比较器
8	NC	不连
9	VSSBB	基带数字返回输入：接地返回至基带部分电源
10	DO	数字输出：CMOS电平与数据输出信号兼容
11	SHUT	关闭输入：关闭型式逻辑电平控制输入。下拉至使能接收器，输入有一个内拉上至VDDRF
12	CAGC	AGC电容（外部元件）：综合电容用于芯片上AGC（自动增益控制）
13	SEL1	带宽选择位1（输入）：必须连至地。保留将来使用
14	REFOSC2	基准振荡器（外部元件或输入）：定时基准用于芯片上调谐和校准
15	REFOSC1	基准振荡器（外部元件或输入）：定时基准用于芯片上调谐和校准
16	SWEN	扫描型式使能（输入）：扫描或固定型式控制输入。当SWEN高时，MICRF009在扫描型式。当SWEN是低时，接收器工作在超外差接收器。该脚内上拉至VDDRF

【最大绝对额定值】

电源电压（V_{DDRF}，V_{DDBB}）	7V	结温（T_j）	150℃
输入输出电压（$V_{I/O}$）	$V_{SS}-0.3\sim V_{DD}+0.3$	存储温度（T_s）	$-65\sim150℃$
输入功率	20dBm	引线焊接温度（10s）	260℃

【工作条件】

电源电压（VDDRF，VDDBB）	4.75～5.5V	数据占空比	20%～80%
输入功率	0dBm	基准振荡器输入范围	0.1～1.5V（峰-峰值）
RF频率范围	300～440MHz	工作温度	$-40\sim85℃$

【技术特性】

$V_{DDRF}=V_{DDBB}=V_{DD}$，其中$+4.75V\leqslant V_{DD}\leqslant5.5V$，$V_{SS}=0V$，$C_{AGC}=4.7\mu F$，$C_{TH}=0.022\mu F$，SEL0$=V_{DD}$，SEL1$=V_{SS}$，固定型式（SWEN$=V_{SS}$），$f_{REFOSC}=9.794MHz$（$f_{RF}=315MHz$），数据速率$=600bps$（曼彻斯编码）。$T_A=25℃$，电流流入器件值是正。

符号	参　数	条　件	最小	典型	最大	单位
I_{OP}	工作电流	连续工作 $f_{RF}=315MHz$		2.9	4.5	mA
		转换用占空比 10：1 $f_{RF}=315MHz$		290		μA
		连续工作 $f_{RF}=433.92MHz$		4.7	7.5	μA
		转换用占空比 10：1 $f_{RF}=433.92MHz$		470		μA
I_{STBY}	待机电流	$V_{SHUT}=0.8V_{DD}$		0.15	0.5	μA
RF 选择，IF 选择						
	接收器灵敏度	$f_{RF}=315MHz$		-102		dBm
		$f_{RF}=433.92MHz$		-104		
f_{IF}	IF 中心频率			0.86		MHz
f_{BW}	IF 3dB 带宽			0.68		MHz
	寄生反向隔离	ANT 脚，$R_{SC}=50\Omega$		30（有效值）		μV
	AGC 工作至衰变比	t_{ATTACK}/t_{DECAY}		0.1		
	AGC 漏电电流	$T_A=+85°$		±100		nA
基准振荡器						
Z_{REFOSC}	基准振荡器输入阻抗			290		Ω
	基准振荡器源			5.0		μA
解调器						
Z_{CTH}	C_{TH} 源阻抗			145		Ω
$I_{ZCTH(leak)}$	C_{TH} 漏电流	$T_A=+85℃$		±100		nA
	解调器滤波器带宽扫描型式（SWEN=V_{DD}或开路）	$V_{SEL0}=V_{DD}$		1000		Hz
		$V_{SEL0}=V_{SS}$		500		Hz
	解调器带宽固定型式（SWEN=V_{SS}）	$V_{SEL0}=V_{DD}$		2000		Hz
		$V_{SEL0}=V_{SS}$		1000		Hz
数字/控制部分						
V_{IN}	输入高电压	SEL0，SEL1，SWEN			0.8	V_{DD}
V_{IL}	输入低电压	SEL0，SEL1，SWEN	0.2			V_{DD}
I_{OUT}	输出电流	DO 脚，拉起		45		μA
V_{OH}	输出高电压	DO 脚，$I_{OUT}=-30\mu A$	0.9			V_{DD}
V_{OL}	输出低电压	DO 脚，$I_{OUT}=+30\mu A$			0.1	V_{DD}
t_R，t_F	输出上升和下降时间	DO 脚，$C_{LOAD}=15pF$		4		μs

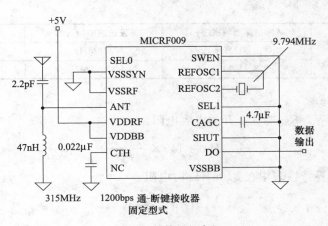

图 3-15　应用电路 1

MICRF009 接收器应用如下。

（1）选择工作型式

固定型式工作：MICRF009 构成一个标准超外差接收器。在固定型式，RF 窄频带使接收器减小干扰信号的敏感度。通过 SWEN 接地，选择固定型式。

扫描型式工作：当和低价格 IC 发射器一起使用时，MICR009 构成扫描型式。在扫描型式，整个结构仍是超外差式，本地振荡器（LO）在整个频率范围扫描，速率大于数据速率，增加了 MICRF009 的 RF 带宽。

（2）选择基准振荡器

MICRF009 的定时和调谐工作来自内部科尔皮兹基准振荡器。定时和调谐控制通过 REFOSC 脚三种方法之一实现：

① 连一个陶瓷谐振器；

② 连一个晶体；

③ 用外定时信号驱动该脚。

要求规定的基准频率相对应系统的发射频率和对应的接收器的工作型式是通过 SWEN 脚设置。

选择基准振荡器频率 f_T 如下。

内部 LO（本地振荡器）频率 f_{LO}，进入发射频率 f_{TX} 应等于 IF 中心频率，给近似式：

$$f_{LO} = f_{TX} \pm \left(0.86 \times \frac{f_{TX}}{315} \right) \tag{1}$$

$$f_T = 2 \times \frac{f_{LO}}{64.5} \tag{2}$$

固定型式：

发送频率（f_{TX}）	基准振荡器频率（f_T）	发送频率（f_{TX}）	基准振荡器频率（f_T）
315MHz	9.7941MHz	418MHz	12.9966MHz
390MHz	12.1260MHz	433.92MHz	13.4916MHz

选择 REFOSC 频率 f_T：

$$f_T = 2 \times \frac{f_{TX}}{64.25} \tag{3}$$

扫描型式：

发送频率（f_{TX}）	基准振荡器频率（f_T）	发送频率（f_{TX}）	基准振荡器频率（f_T）
315MHz	9.81MHz	418MHz	13.01MHz
390MHz	12.140MHz	433.92MHz	13.51MHz

（3）选择 C_{TH} 电容

C_{TH} 外部阈值电容，R_{SC} 芯片上开关电容电阻：

$$R_{SC} = 145 \times \frac{9.7940}{f_T} \tag{4}$$

式中，145 为临界特性表中在 315MHz 时电阻。

$$C_{TH} = \frac{f_T}{R_{SC}} \tag{5}$$

式中，f_T 单位为 MHz。

（4）选择 C_{AGC} 电容

$$\Delta t = 1.333 C_{AGC} - 0.44 \tag{6}$$

式中，C_{AGC} 单位为 μF；Δt 单位为 s。

在占空比型式选择 C_{AGC}：

$$\frac{I}{C_{\mathrm{AGC}}}=\frac{\Delta V}{\Delta t} \tag{7}$$

式中，I 为 AGC 上拉电流初始 10ms（67.5μA）；C_{AGC} 为 AGC 电容值；Δt 为下降恢复时间；ΔV 为下降电压。

（5）选择解调器滤波器带宽

$$解调器带宽=\frac{0.65}{最短脉冲宽度} \tag{8}$$

SEL0	解调器带宽	
	扫描形式	固定形式
1	1250Hz	2500Hz
0	625Hz	1250Hz

上述选择用户要通过对电路组装，调试实践完成。

【I/O 脚接口电路】

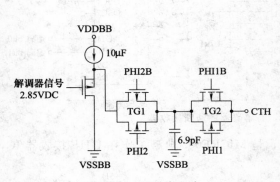

图 3-16　CTH 脚电路

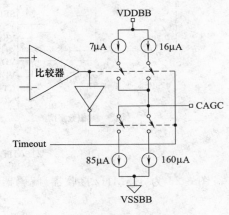

图 3-17　CAGC 脚电路

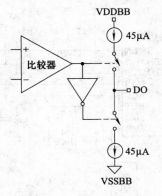

图 3-18　DO 脚电路

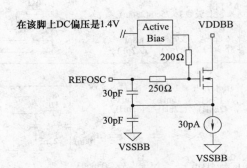

图 3-19　REFOSC 脚电路

DO 为数字输出。

天线脚输入阻抗由频率而定。ANT 脚能与用一个 L 型电路的 50Ω 匹配。从天线输入至地有一个分流电感器，从天线输入至 ANT 脚串联。

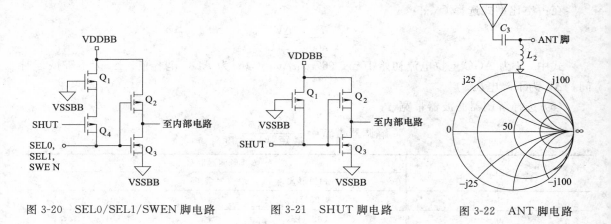

图 3-20 SEL0/SEL1/SWEN 脚电路   图 3-21 SHUT 脚电路   图 3-22 ANT 脚电路

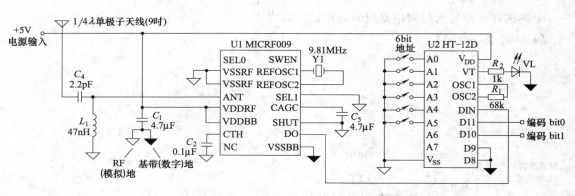

图 3-23 315MHz，1.2kbps，有解码器的通断接收器

图 3-23 为 315MHz 接收器/解码器应用电路，是 MICRF009 典型工作在 UHF 接收器 IC，

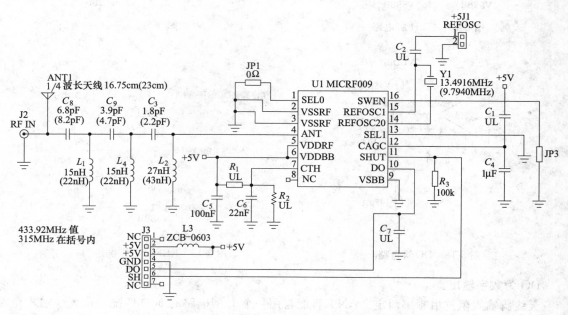

图 3-24 433.92MHz，1200bps，高通滤波器输入

接收器工作连续（无占空比）在扫描型式。6 位地址解码和 2 位输出码位。在 315MHz 工作的电路中，通过选择近似频率基准（Y1）和调节天线长度可以按规格改制。如果用输入滤波器，C_4 值同样能改变，要求 1kbps 数据速率改变，R_1 值改变。

电路元件如下：

C_1，C_5	4.7μF 陶瓷或钽电容	L_1	4.7nH 电感器
C_2	0.1μF 陶瓷或钽电容	R_1	68Ω，1/4W，5%
C_3	2.2μF 陶瓷或钽电容	R_2	1Ω，1/4W，5%
C_4	8.2pF COG 陶瓷电容	U1	MICRF009，UHF 接收器
Y1	9.81 陶瓷谐振器	U2	逻辑解码器
VL	红色 RED		

【生产公司】　Micrel

● **MICRF008 QwikRadio™　扫描型式接收器**

【用途】

车库门及各种门的开启，安全系统，遥控各种设备装置，玩具，风扇和灯光控制。

【特点】

在单片上完成 UHF 接收器　　　　　　CMOS 逻辑接口用于标准 IC
300～440MHz 频率范围　　　　　　　少量的外部零件
可达 4.8kbps 数据速率　　　　　　　代替超外差接收器设计
自动调谐，不需要手动调节　　　　　要求极小印刷板面积
极低的 RF 天线再辐射

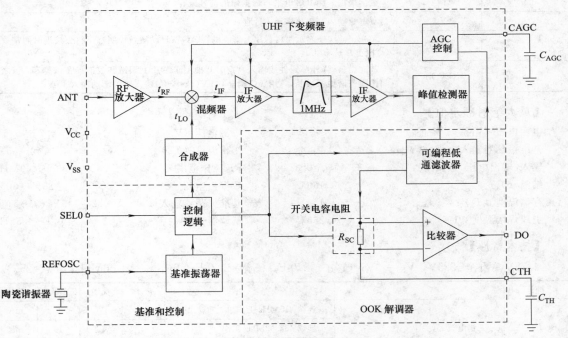

图 3-25　功能块图

MICRF008 QwikRadio™ UHF 是一个单片 OOK（通-断键）接收器 IC，用于无线遥控。器件是一个单片"天线输入，数据输出"器件，很容易实现。MICRF008 接收器要求很少的外部无源元件。全部调谐，RF 和 IF 在 IC 内完成。MICRF008 扫描内部本地振荡器速率大于基

带速率。有效扩大接收器 RF 带宽，数值等于通常超外差接收器。MICRF008 工作用花费少的 LC 发射器，不需要外加元件或调谐，接收器拓扑仍是超外差。这种型式接收器基准晶体能用花费少的 ±0.5% 陶瓷谐振器代替。在 MICRF008 上提供全部末级检测（解调器）数据滤波器，不要求外部 IF 滤波器。两个内部滤波器带宽中的一个，根据数据速率和调制格式在外部选择。MICRF008 BM 全部块图由三部分组成，它们是 UHF 下变频器、OOK 解调器和基准控制。图中有两个电容 C_{TH} 和 C_{AGC}，基准频率器件通常是一个陶瓷谐振器，除电源去耦滤波电容和天线脚上的匹配网络外，是 MICRF008 BM 需要的全部外部元件，构成 UHF 接收器。有一个控制输入 SEL0 脚，目的是建立解调器带宽滤波器 2.4kHz 或 4.8kHz，在解调信号中，对应最小脉冲宽度建立大小脉宽。输入与 CMOS 兼容，在 IC 内部拉起。

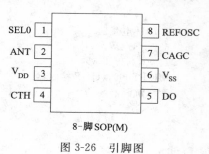

图 3-26 引脚图

8-脚 SOP(M)

【引脚说明】

脚号	脚名	说　　　明
1	SEL0	带宽选择位 0（输入），建立解调器滤波器带宽，内拉起至 V_{DD}
2	ANT	天线输入，高阻抗，内部 AC 耦合接收器输入，连该脚至匹配网络
3	V_{DD}	正电源输入，连低 ESL，低 ESR 去耦电容。从该脚至 V_{SS} 尽可能短些
4	CTH	（数据限幅）阈值电容（外部元件）：从解调器波形中取其 DC 平均值作为基准，用于内部数据限幅比较器
5	DO	数字输出。CMOS 电平与数据输出信号兼容
6	V_{SS}	负电源输入。连该脚至 RF 地
7	CAGC	AGC 电容（外部元件）：芯片上集成电容 AGC（自动增益控制）。变化/接近时间常数（t）比正常是 10：1
8	REFOSC	基准振荡器（外部元件或输入）：定时基准用于芯片上调谐和校准。在该脚和 V_{SS} 之间连陶瓷谐振器或晶体，用 AC 耦合 0.5V（峰-峰值）输入时钟驱动输入

【最大绝对额定值】

电源电压（V_{DDRF}，V_{DDBB}）	7V
基准振荡器输入电压（V_{REFOSC}）	V_{DDBB}
输入/输出电压（$V_{I/O}$）　$V_{SS}-0.3\sim V_{DD}+0.3$	
结温（T_j）	150℃
存储温度（T_s）	$-65\sim150$℃
引线焊接温度（10s）	260℃

【工作条件】

电源电压（V_{DD}）	$4.75\sim5.5$V
工作温度（T_A）	$-40\sim85$℃
RF 工作范围	$300\sim440$MHz
数据占空比	$20\%\sim80\%$
基准振荡器输入	$0.2\sim1.5$V（峰-峰值）
解调器带宽	$0.1\sim4.8$kHz

【技术特性】

4.75V$\leqslant V_{DD}\leqslant5.5$V，$V_{SS}=0$V；$C_{CAG}=4.7\mu$F，$C_{TH}=2.2\mu$F；$f_{REFOSC}=3.36$MHz；$T_A=25$℃。

符号	参　　数	条　　件	最小	典型	最大	单位
I_{OP}	工作电流	连续 315MHz 工作		7	9	mA
		连续 433.92MHz 工作		13	16	mA
		基准振荡器动力关闭		2	2.5	mA
RF 选择，IF 选择						
	接收器灵敏度	315MHz，SEL0=0V；	-90	-95		dBm
		433.92MHz，SEL0=0V；	-90	-95		dBm
f_{IF}	IF 中心频率			2.0		MHz

符号	参　　数	条　　件	最小	典型	最大	单位
f_{BW}	IF 带宽	315MHz		0.8		MHz
		433.92MHz		1.1		MHz
	最大接收器输入	$R_{SC}=50\Omega$		-20		dBm
	寄生反向隔离	ANT 脚,$R_{SC}=50\Omega$		30		μVrms
	AGC 侵害至破坏比	t_{ATTACK}/t_{DECAY}		0.1		
基准振荡器						
	基准振荡器源电流			7		μA
Z_{REFOSC}	基准振荡器输入阻抗			200		Ω
解调器						
Z_{CTH}	C_{TH} 源阻抗	$V_{SEL0}=V_{DD}$		220		Ω
ΔZ_{CTH}	最大 C_{TH} 源阻抗变化			±15		%
数字控制选择						
$Z_{IN(pu)}$	输入上拉阻抗	SEL0		1.0		MΩ
I_{OUT}	输出电流	DO 脚,推挽		10		μA
$V_{OUT(high)}$	输出高压	DO 脚,$I_{OUT}=1\mu$A	$0.8V_{DD}$			V
$V_{OUT(low)}$	输出低压	DO 脚,$I_{OUT}=1\mu$A			$0.2V_{DD}$	V
t_R,t_F	输出上升和下降时间	DO 脚,$C_{LOAD}=15$pF		10		μs

【应用电路】

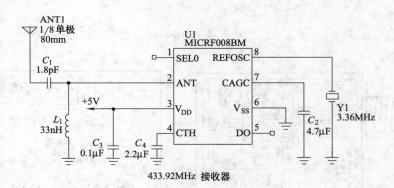

图 3-27　433.92MHz 接收器

输入/输出（I/O）引脚接口电路

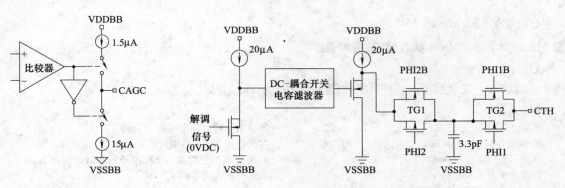

图 3-28　CAGC 脚电路　　　　图 3-29　CTH 脚电路

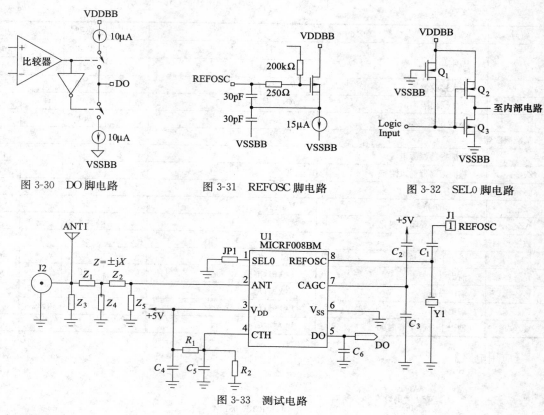

图 3-30 DO 脚电路   图 3-31 REFOSC 脚电路   图 3-32 SEL0 脚电路

图 3-33 测试电路

印刷板电路

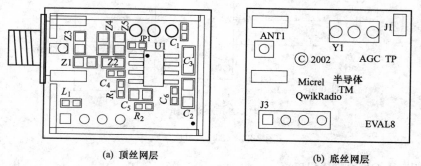

(a) 顶丝网层   (b) 底丝网层

图 3-34 印刷电路板图

【生产公司】 Micrel

● **MICRF001 QwikRadio 接收器/数据解调器**

【用途】

无键输入，安全系统；遥控风扇/灯光，车库、机库门开启。

【特点】

单片完全 UHF 接收器；
频率范围 300～440MHz；
单极子天线范围 100m；
数据速率至 4.8kbps；
自动调谐，不需要手动调节；

不要求滤波器和电感器；
在天线极低 RF 再辐射；
直接 CMOS 逻辑接口至标准译码和微处理器 IC；
非常少的外部零件。

　　MICRF001 是一个单片 OOK（通-断键控）接收器 IC，用于遥控无线应用。该器件是一个真实"天线输入，数据输出"单片器件。全部 RF 和 IF 调谐在 IC 内自动完成，取消了手动调谐，减少生产成本。接收器功能完全集成，带来高可靠性、低成本、高容量的无线应用。因为器件 MICRF001 是一个真实单片无线电接收器，所以它极易应用。MICRF001 提供接收器至解调器信号宽的 RF 频带，同时大大地放宽了频率精度和稳定性对发射器的要求，与两个 SAW-基于发射器和 LC-基于发射器兼容。接收器灵敏度和选择性完全具有低位误差率，用于译码范围 100m。全部调谐和校直对准中心是通过低价陶瓷谐振器或用一个外部供给时钟基准在芯片上完成。在陶瓷谐振器或外时钟固有容差要求一个合适的 $\pm 0.5\%$。MICRF001 性能对数据调制占空比不灵敏。MICRF001 可用于编码电路，如曼彻斯特或 33/66% PWM。在 MICRF001 上提供全部后处理（解调器）数据滤波器，因此不需要设计外部滤波器。四个滤波器的任一个可以通过用户外部选择。带宽范围 0.6～4.8kHz 以二进制步调。

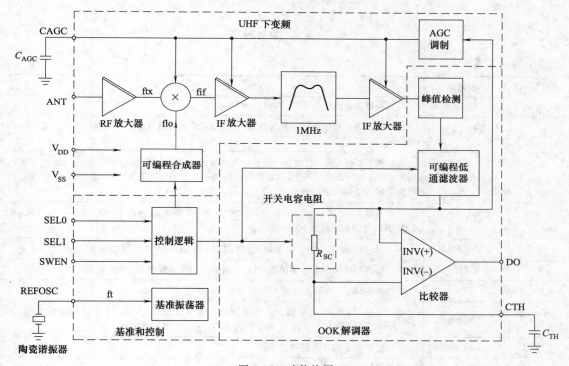

图 3-35　功能块图

　　如图 3-35 所示，功能块由三部分组成：①UHF 下变频；②OOK 解调器；③基准和控制。图中还有两个电容（C_{TH}、C_{AGC}）和定时元件（R_{SC}），通常用陶瓷谐振器。除电源去耦电容外，这些全是 MICRF001 构成完全 UHF 接收器的外部元件。图中三个控制输入：SEL0、SEL1 和 SWEN，通过这些逻辑输入，用户能控制工作型式和 IC 的可编程功能。这些输入与 CMOS 兼容和拉动 IC。输入 SEL0、SEL1 控制解码，滤波器带宽为 0.6～4.8kHz。SWEN 脚使器件构成正常（SWP）工作型式，也可构成标准（FIXED）超外差接收器型式。当 SWEN 是高电平时，选择 SWP 工作。以 SWP 工作的模式为例，MICRF001 必须工作在 LC 发射器，发射频率可达 +0.5% 容差。在这种型式，LO 频率按规定型式变化，导致下变频全部信号在发射频率 2%～3% 周围带，因此发射器可漂移至 $\pm 0.5\%$，不需要返回接收器。工作只用 SAW 或者以发射器为基础的晶体。

零件型号	工作温度	封 装
MICRF001BN	−40～+85℃	14 脚 DIP
MICRF001BM	−40～+85℃	14 脚 SOIC

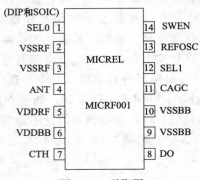

图 3-36　引脚图

【引脚说明】

脚号	脚名	说　　明
1	SEL0	可编程解调器滤波器带宽,内部拉至 V_{DD}
2,3	VSSRF	IC 的 RF 部分接地返回。从 VDDRF 至 VSSRF 连旁通电容。在电源最好性能连 VSSRF 至 VSSBB
4	ANT	接收器 RF 输入内 AC 耦合。连该脚至接收天线。输入阻抗高(FET 栅极),与电容值约 2pF 并联。用于高环境噪声,固定值带通网络可连至 ANT 和 VSSRF 之间,提供接收机选择性和输入过载保护
5	VDDRF	正电源输入,用于 IC 的 RF 部分。VDDBB 和 VDDRF 应连在 IC 脚。连一个低 ESL,低 ESR 去耦电容从该脚至 VSSRF
6	VDDBB	用于 IL 的基带部分的正电源输入。VDDBB 和 VDDRF 应直接连在 IC 脚
7	CTH	来自解调器波形的电容抽样平均值,变成基准用于内部数据限幅比较器
8	DO	输出数据脚。CMOS 电平兼容
9,10	VSSBB	接地返回,用于 IC 基带部分。旁通和输出电容连至 VSSBB。为了达到最好性能,连 VSSRF 至 VSSBB(保持 VSSBB 电流流动通过 VSSRF 返回通道)
11	CAGC	集成电容用于芯片上接收器 AGC
12	SEL1	可编程解调器带宽,该脚正常拉至 V_{DD}
13	REFOSC	定时基准,用于芯片上调谐和校直。连陶瓷谐振器在该脚和 VSSBB 之间或用 AC 耦合,0.5V(峰-峰值)输入时钟驱动输入。用陶瓷谐振器不用集成电容
14	SWEN	该逻辑脚控制 MICRF001 工作型式。当 SWEN＝高时,MICRF001 在 SWP 型式,这是器件正常型式。当 SWEN＝低时,器件工作为一个通常单转换超外差接收器

【最大绝对额定值】

电源电压 (V_{DDRF}, V_{DDBB})	7V	存储温度	−65～150℃
在任一 I/O 脚上电压	$V_{SS}−0.3V～V_{DD}+0.3V$	引线焊接温度 (10s)	300℃
结温	150℃		

【工作条件】

电源电压 (V_{DDRF}, V_{DDBB})	4.75～5.5V	热阻 θ_{JA}	90℃/W
工作温度	−40～85℃		

【技术特性】 （除另有说明外，$T_A = -40 \sim 85℃$，$4.75V < V_{DD} < 5.5V$，电压相对地，$C_{AGC} = C_{TH} = 0.47\mu F$，$V_{DDRF} = V_{DDBB} = V_{DD}$，REFOSC 频率＝2.44MHz）

参　数	测试条件	最小	典型	最大
电源				
工作电流/mA	$T_A = 25℃$		6.3	
工作电流/mA	基准振荡器电源关闭		2	
RF/IF 部分				
接收灵敏度/dBm			−95	
IF 中心频率/MHz			2.25	
IF 带宽/MHz			1.0	
接收数据速率/kbps		0.1		4.8
RF 输入范围/MHz		300		440
接收调制占空比/%		20		80
最大接收器输入/dBm	$R_S = 50\Omega$		−20	
寄生反向隔离(有效值)/μV	ANT 脚，$R_S = 50\Omega$		30	
AGC 增高/减小比	T(增高)/T(减小)		0.1	
振荡器接通时间/s			0.1	
解调器部分				
CTH 源阻抗/Ω	$SEL0 = SEL1 = V_{DD}$		200kΩ	
CTH 源阻抗变化/%		−15		+15
数字部分				
REFOSC 输入阻抗/Ω			200kΩ	
输入拉起阻抗/Ω	SEL0,SEL1,SWEN		1000kΩ	
输出电流/μA	DO 脚推挽式		10	
输出高压/V	DO 脚 $I_{OUT} = 1\mu A$	$0.9V_{DD}$		
输出低压/V	DO 脚 $I_{OUT} = 1\mu A$			$0.1V_{DD}$
输出 $T_r, T_f/\mu s$	DO 脚 $C_{Load} = 15pF$			10

【正常特性】

SEL0	SEL1	可编程低通滤波器带宽/Hz	CTH1 源阻抗/Ω	SEL0	SEL1	可编程低通滤波器带宽/Hz	CTH1 源阻抗/Ω
0	0	600	1600	0	1	2400	400
1	0	1200	800	1	1	4800	200

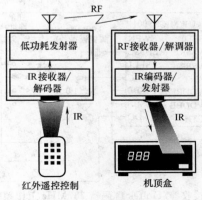

图 3-37　系统块图

　　系统块图工作过程是红外接收器接收红外遥控器信号，解调后至发射器，无线发射至 RF
接收器，解码后至中频编码器，通过发射器进入机顶盒。系统实际运行是来自红外遥控器接收
数据，转换成一个射频信号，接收射频信号，进行数据解调输出。假定机顶盒接口设置为微控
制器输入。

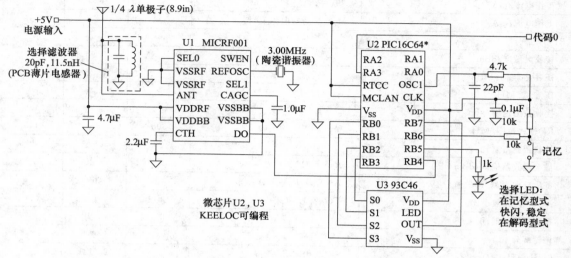

图 3-38　MICRF001 接收器/KEELOQ 解码器 315MHz 工作频率，1200bps 工作速率

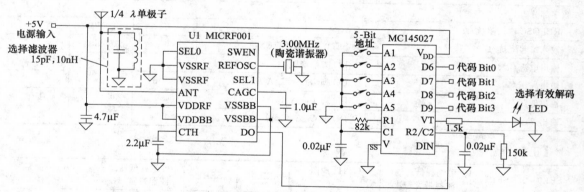

图 3-39　MICRF001 接收器/MC145027 解码器 387MHz 工作频率，140bps 工作速率

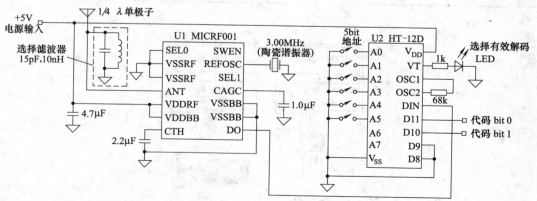

图 3-40　MICRF001 接收器/Holtek 解码器 387MHz 工作频率，800bps 工作速率

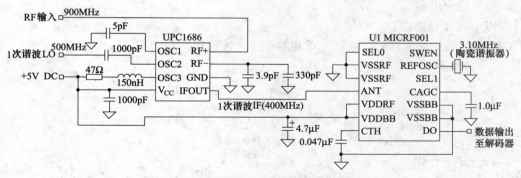

图 3-41　900MHz OOK 数据调制解调器应用

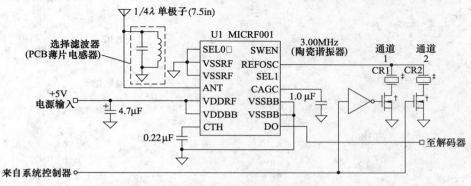

图 3-42　双通道 MICRF001 接收器

天线是 $1/4\lambda$，工作频率为两通道 1 和 2 的中间频率。例如：通道 1 频率＝390MHz，通道 2 频率＝410MHz，CR1＝3.023MHz，CR2＝3.178MHz，天线长度＝7.5in[1]，截止频率＝400MHz，在天线脚上杂散电容为 2pF。

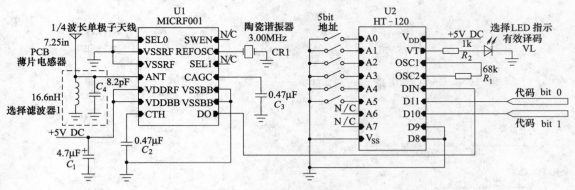

图 3-43　典型应用电路

电路为 MICRF001 应用电路。工作频率 387MHz，工作速率为 1kbps，6 位地址解码器。电路元件：U1 是 MICRF001 UHF 接收器，U2 是 HT-12D 逻辑解码器，CR_1 是 CSA 3.00mg 3.00MHz 晶体振荡器，VL 是 SSF-LX 100LID 红色 LED 发光管，R_1 是 68Ω，1/4W，5% 精度电阻，R_2 是 1Ω，1/4W，5% 精度电阻，C_1 是 4.7μF 钽电容，C_2、C_3 是 0.47μF 钽电容，

---

❶　1in＝25.4mm，余同。

C_4 是 8.2pF 瓷介电容。

【引脚 I/O 接口电路】

ANT 脚是 RC 交流耦合，通过 3pF 电容至 RF N 沟道 MOSFET。

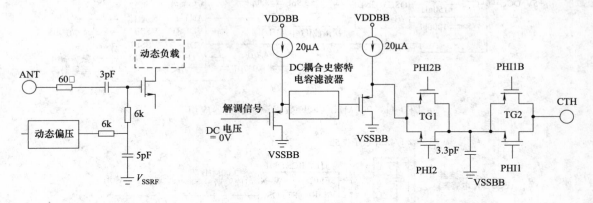

图 3-44　ANT 脚电路

图 3-45　CTH 脚电路

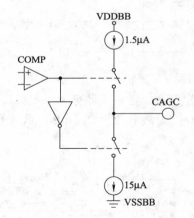

图 3-46　CAGC 脚电路

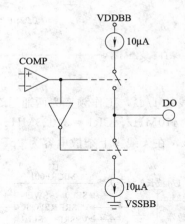

图 3-47　DO 脚电路

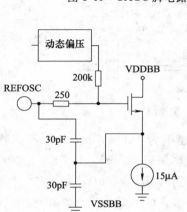

图 3-48　REFOSC 脚电路

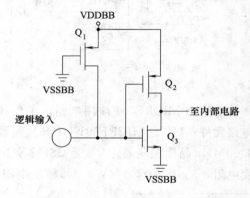

图 3-49　SEL0、SEL1、SWEN 脚电路

【等效电路板】

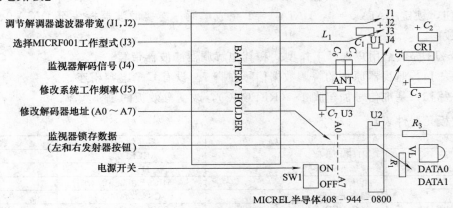

调节解调器滤波器带宽 (J1，J2)
选择MICRF001工作型式 (J3)
监视器解码信号 (J4)
修改系统工作频率 (J5)
修改解码器地址 (A0～A7)
监视器锁存数据
（左和右发射器按钮）
电源开关

MICREL半导体408－944－0800

图 3-50　MICRF001 等效电路板（1）

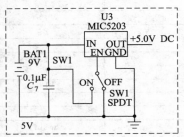

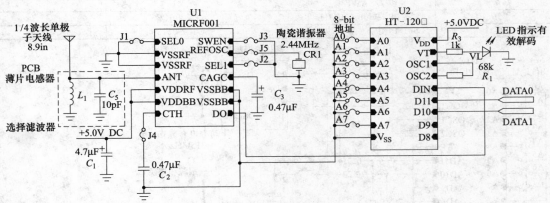

图 3-51　MICRF001 等效电路板（2）

　　等效电路板全部元器件包括 Holtek 编码器 IC，LC 发射器调谐至 315MHz，其中接收器在等效板上工作在 2.44MHz 陶瓷谐振器频率上。等效电路板上允许用户改变工作型式和 MICRF001 的解调器滤波特性。相连的外部基准时钟工作在 300MHz 和 450MHz 频率中的任一频率。通过提供的各种搭接片完成上述改变。板上 Tx 和 Rx 码地址设置 80H（只有位 A7 设置高）地址，可以通过用户简单切换进行改变，跟踪 keyfob 发射板和等效板。发射器电路图变更发射器地址，等效板电路图改变接收器地址，在 Tx 和 Rx 能改变（A0～A7）8 地址位。发射器和接收器地址必须匹配。

　　等效板电路图说明如下。

① MICRF001 等效板不要求布局，Rx 地址建立与 Tx 地址匹配。

② LED VL 照明依据有效解码，通过压下右或左 Tx keyfob 按钮。

③ 压下左边 Tx keyfob 按钮，锁定 DATA0＝1，DATA1＝0 完成解码；压下右边 Tx keyfob 按钮，锁定 DATA 0＝0，DATA 1＝1 完成解码；连接滤波器探头至 DATA 0、DATA 1，观察锁定数据。

④ J1～J3 提供给用户选择工作型式和其他解调器滤波器带宽。

⑤ 除去 J4，监视器原来的解调数据信号在脚 7。没有 C_{TH} 电容相连。

⑥ 除去 J5，基准信号加至脚 13（REFOSC），改变等效板的工作频率。

【等效板元器件表】

型号	说　　明	零　件　号	数量
U1	UHF 接收器	MICRF001	1
U2	逻辑解码器	HT-12D	1
U3	电压寄存器	MIC5203-5.0BM4	1
CR_1	陶瓷谐振器	CSA2.44MG	1
VL	红色 RED	SSFLXH100LID	1
R_1	68Ω,1/4W,5%		1
R_3	1Ω,1/4W,5%		1
C_1	4.7μF,Dip 钽电容		1
C_2,C_3	0.47μF,Dip 钽电容		2
C_7	0.1μF,Dip 钽电容		1
C_5	10pF,5%,NPO 瓷介电容		1
	9V 电池		1
	9V 电池座		1
J1～J5	0Ω 搭接片		3
	PCB,双面		
	线,天线,20AWG,	910-2180	8.9in
	多股线 728AWG		
	2 按钮 keyfob 300MHz Tx	TX-99K2	
SW1	SPDT,滑动	G107-0513	1

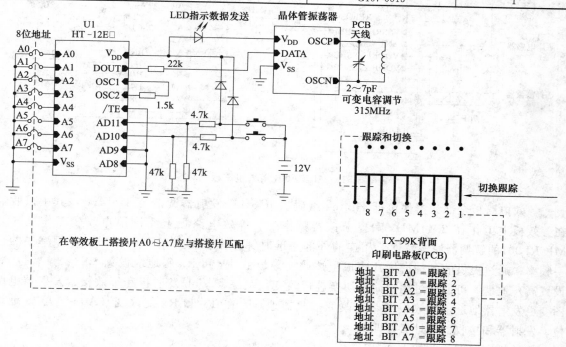

图 3-52　发射器电路图

【生产公司】 Micrel

● **MICRF001 无线设计参考**

每个无线系统由下面 5 部分组成：数据编码器、基带至 RF 转换器、天线系统、RF 至基带转换器、数据解码器。

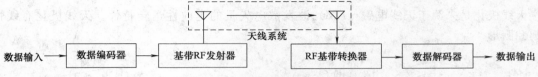

图 3-53 无线通信系统简化块图

块图表示 MICRF001 UHF 接收器 IC。工作频率在 300～440MHz 频带，有数据编码器/解码器功能，有基带至 RF 转换器（通常称发射器）。MICRF001 UHF 接收器直接连接天线，关注三个最通用天线特性：直线（单极）、（螺旋）线圈和环路输入。

【天线特性图】

天线相应互换特性表示发射天线的电磁特性等效接收天线的电磁特性。假定天线的波形和定向相等，如果一个电压加到天线 A 端，在另一端天线 B 端测试电流，那么在天线 A 端将得到相等电流（相位和幅度相等）。如果同样电压加到天线 B 端也一样。这表示发射天线和接收天线的功能是相等的。每个天线展示它自己的唯一能量外形图——在天线周围的三维空间。三维能量外形图称作天线辐射图，只做 X-Y 平面辐射图。下面的例子是线性偶极子天线辐射图有三种不同的波长图形。

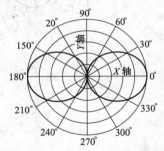

图 3-54 半波（1/2λ）偶极子辐射图

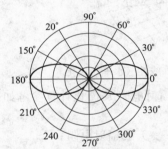

图 3-55 全波（1λ）偶极子辐射图

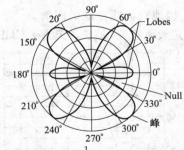

图 3-56 $1\frac{1}{2}$λ 偶极子辐射图

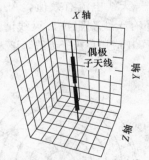

图 3-57 典型偶极子天线

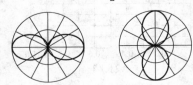

图 3-58 轴线不重合（不对称）天线辐射图

图 3-59 完全对准（校直）天线辐射图

天线增益

$$增益 = \frac{最大辐射强度（等效天线）}{最大辐射强度（基准天线）}$$

天线极化

天线极化是来源于天线电磁（EM）波发散电矢量的定向性运转特性。天线极化有线性、椭圆和圆形。

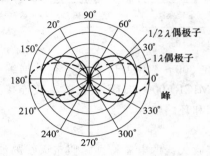

图 3-60　天线增益和方向性

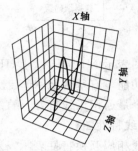

图 3-61　线性（垂直）极化

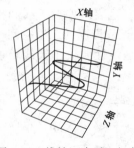

图 3-62　线性（水平）极化

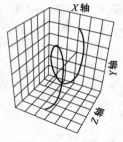

图 3-63　椭圆极化

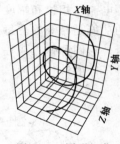

图 3-64　圆形极化

天线辐射电阻 R 简化计算参考如下：

$$P = I^2 R$$

式中　R——天线辐射电阻；

　　　P——总辐射功率，W；

　　　I——天线电流有效值，A。

其他还有天线端阻抗、天线谐振和调谐、天线带宽、接地对天线性能的影响。

MICRF001 应用单极子天线，该天线容易设计和调谐。假定天线是 1/4 波长，天线在 UHF 频带。

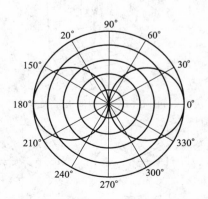

图 3-65　1/4 波长单极子天线在接地范围辐射图

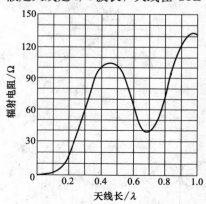

图 3-66　单极子接地范围辐射电阻

该天线辐射图是单极子接地，辐射是线性极化，可以是水平，也可以是垂直，决定天线定向。1/4 波长单极子辐射电阻大约是 37Ω。

上图表示单极子天线辐射电阻由波长决定。1/4 波长单极子谐振发生在略小于 1/4 波长时。谐振 1/4 波长单极子天线线长可以计算如下：

$$长度 = \frac{2808}{频率}$$

式中，长度单位为 in；频率单位为 MHz。

例如：1/4 波长单极子在 433.92MHz，近似天线长度为 2808/433.92＝6.47in。

驱动点
(连至ANT输入)

图 3-67 螺旋式天线

上图表示螺旋式（线圈）天线。天线由铜、钢、黄铜构成，构成一个电元件立足点。与单极性相比简化了电感器，基本上是一个二维结构。螺旋式天线可以是小型结构，工作在正常型式。大型结构工作在轴向型式。通过轴向或正常型式，可以转换辐射图的方向。轴向沿螺线圈轴，正常型式是在螺线圈轴右向角。螺旋式天线是小型的。如果它的直径和长度大大小于 1 个波长，螺旋式天线用于 MICRF001 是极少的，螺旋式有正常的辐射图。

图 3-69 表示小型螺旋线辐射图，辐射图类似于单极子性质。

PCB 环形天线见图 3-70。

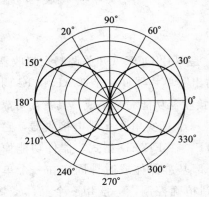

图 3-68 螺旋线式辐射图

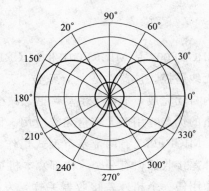

图 3-69 环形天线辐射图

在接收机中环形天线是很少应用的天线，这些天线有非常小的辐射电阻，有相对大的有效信号收集器，在接收器中是非常重要的特性。上图表示的天线辐射图，对于小型环形天线，类似于小型螺旋式和 1/4 波长单极子的辐射图。

【生产公司】 Micrel

● **MICRF002/022 QwikRadio 低功耗 UHF 接收器**

【用途】

汽车遥控无键输入；长范围 RFID（射频鉴别）；遥控风扇/灯光控制；车库、机库/各种门开启。

【特点】

单片上完全 UHF 接收器

频率范围 300～440MHz

用单极子天线典型范围 200m

数据速率至 2.5kbps（SWP），10kbps（FIXED）

自动调谐，不要求手动调节

不要求滤波器和电感器

低工作电源电流 240μA（在 315MHz，10∶1 占空比）

关闭型式占空比工作超过 100∶1

唤醒功能使用外部译码器和微处理器

在天线极低 RF 再辐射

CMOS 逻辑接口至标准译码器和微处理 IC

外部元件非常少

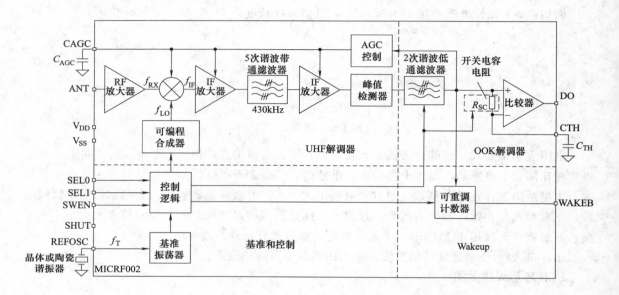

图 3-70　功能块图

MICRF002 是 MICRF001 和 MICRF011 的改进型，是单片 OOK（开关调制）接收器 IC，用于无线遥控。该器件是一个真空"天线输入，数据输出"单片器件，全部 RF 和 IC 调谐在芯片内自动完成，取消了手动调谐，减少了生产成本。接收器功能完全集成，具有高可靠性和低价格的优点，用于大容量无线应用。因 MICRF002 是一个真实单片无线电接收器，它易于应用。MICRF002 有两个基本型式工作：FIXED 和 SWP。在 FIXED 型式，器件功能像通常的超外差接收器，有一个（内部）本机振荡器，根据外部基准晶体或时钟固定在一个单一频率。像任一个超外差接收器一样，发射频率必须得到精确控制，一般用一个晶体或 SAW（表面声波）谐振器。在 SWP 型式，MICRF002 扫描（内部）本机振荡器速率大于基带数据速率，有效加宽接收器 RF 带宽。MICRF002 能用节省费用的 LC 发射器，不需要增加元件或调谐，甚至接收器仍是超外差拓扑。在这种型式，基准晶体可以用容差为 ±0.5％ 陶瓷谐振器代替。MICRF002 有两个改进 MICRF001/MICRF011 的特点：①一个关闭型式，可用于占空比工作；②唤醒功能，提供射入 RF 信号的逻辑指示。这些特点使 MICRF002 适合用作低和极低功耗应用，如 PKE 和 RFID。在 MICRF002 上提供全部末级处理（解调器）数据滤波器，因此不需要设计外部滤波器。四个滤波器中的任一个带宽用户可通过外部选择。带宽范围是二进制步，从 0.625～5kHz（SWP 型式）或 1.25～10kHz（FIXED 型式），用户只需要根据数据速率和码调制格式选择编程合适的带宽。

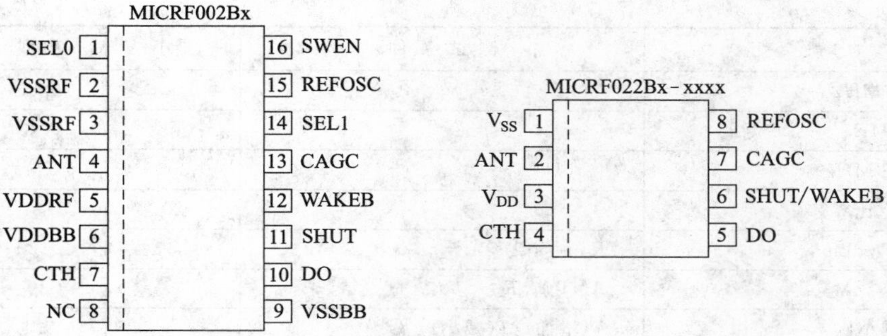

图 3-71　引脚图

【引脚说明】

脚号	脚名	说　　明
1	SEL0	SEL0 与 SEL1 一起编程解调器滤波器带宽。该脚内拉至 V_{DD}
2,3	VSSRF	IC 的 RF 部分接地返回。从 VDDRF 至 VSSRF 连旁通电容。为得到更好特性连 VSS-RF 至 VSSBB
(1)	V_{SS}	IC 的接地返回。旁通电容连 VDD 至 VSS
4 (2)	ANT	接收 RF 输入,内部 AC 耦合。该脚连至天线。输入阻抗高与,2pF 电容并联,固定值带通网络连 ANT 和 VSSRF 之间,供增加接收选择性和输入过载保护
5	VDDRF	正电源输入,用于 IC 的 RF 部分。VDDBB 和 VDDRF 应连 IC 脚。连低 ESL,低 ESR 去耦电容从该脚至 VSSRF
6	VDDBB	正电源输入,用于 IC 的基带部分,VDDBB 和 VDDRF 在 IC 脚直接连
(3)	V_{DD}	IC 的正电源输入。连低 ESL,低 ESR 去耦电容从该脚至 VSSRF
7 (4)	CTH	该电容抽样(DC)平均值来自解调波形。变成基准用于内部数据限幅比较器
8	NC	不连
9	VSSBB	IC 的基带部分接地返回。旁通电容连至 VSSBB
10 (5)	DO	输出数据信号,CMOS 电平兼容
11 (6)	SHUT	逻辑输入,用于关闭型式控制。拉该脚低,IC 工作。该脚内拉至 V_{DD}
12	WAKEB	输出信号。当 IC 检测一个输入 RF 信号时有效低
13 (7)	CAGC	集成电容,用于芯片上 AGC
14	SEL1	SEL1 与 SEL0 一起可编程解调器滤波器带宽。该脚内拉至 V_{DD}
15 (8)	REFOSC	是定时基准,用于芯片调谐和对准中心。在该脚和 VSSBB 之间连陶瓷谐振器和晶体或用 AC 耦合,0.5V(峰-峰值)输入时钟驱动输入。用没有电容的陶瓷谐振器
16	SWEN	逻辑脚控制 MICRF002 工作型式。当 SWEN 高时,工作在 SWP 型式,SWEN 低时,器件工作在超外差接收器。该脚内拉至 V_{DD}

【技术特性】 (除非另有说明,$T_A = -40 \sim 85°C$,$4.75V < V_{DD} < 5.5V$,$C_{AGC} = 4.7\mu F$,$C_{TH} = 0.047\mu F$,$V_{DDRF} = V_{DDBB} = V_{DD}$,REFOSC 频率 $= 4.90MHz$)

参　　数	测试条件	最小	典型	最大
电源				
工作电流/mA	连续工作		2.4	
工作电流/μA	10 : 1 占空比		240	
待机电流/μA	SHUT$=V_{DD}$		0.5	
RF/IF 部分				
接收器灵敏度/dBm			-103	

续表

参　数	测 试 条 件	最小	典型	最大
IF 中心频率/MHz			0.86	
IF3dB 带宽/MHz			0.43	
RF 输入范围/MHz		300		440
接收调制占空比/%		20		80
最大接收输入/dBm	$R_{SC}=50\Omega$			−20
寄生反向隔离/μV_{rms}	ANT 脚，$R_{SC}=50\Omega$		30	
AGC 增加/减小比	T(增加)/T(减小)		0.1	
AGC 漏电流/nA	$T_A=85℃$		±100	
本机振荡器稳定时间/ms	至 1%最后值		2.5	
解调器部分				
CTH 源阻抗/Ω			118k	
CTH 源阻抗变化/%		−15		+15
CTH 漏电流/nA	$T_A=85℃$		±100	
解调器滤波器带宽/Hz	SEL0=SEL1=SWEN=V_{DD}		4160	
解调器滤波器带宽/Hz	SEL0=SEL1=V_{DD}，SWEN=V_{SS}		8320	
数字/控制部分				
REFOSC 输入阻抗/Ω			200k	
输入拉起电流/μA	SEL0，SEL1，SWEN，SHUT=V_{SS}		8	
输入高电压/V	SEL0，SEL1，SWEN			$0.8V_{DD}$
输入低电压/V	SEL0，SEL1，SWEN	$0.2V_{DD}$		
输出电流/μA	DO，WAKEUP 脚，拉起		10	
输出高电压/V	DO，WAKEUP 脚，$I_{OUT}=-1\mu A$	$0.9V_{DD}$		
输出低电压/V	DO，WAKEUP 脚，$I_{OUT}=1\mu A$			$0.1V_{DD}$
输出 T_r，T_f/μs	DO，WAKEUP 脚，$C_{Load}=15pF$			10

【最大绝对额定值】

电源电压（V_{DDRE}，V_{DDBB}）　　　　7V　　　　存储温度　　　　　　　　　−65~150℃

在任一 I/O 脚上电压　$V_{SS}-0.3V\sim V_{DD}+0.3V$　　引线焊接温度（10s）　　　260℃

结温　　　　　　　　　　150℃

【工作条件】

电源电压（V_{DDRF}，V_{DDBB}）　　4.75~5.5V　　　热阻θ_{JA}（DIP）　　　　90℃/W

工作温度　　　　　　　　−40~55℃　　　　θ_{JA}（SOIC）　　　　120℃/W

【应用电路】

参考信息

零件号	解调器带宽	工作型式	停机	WAKEB 输出标记	封装
MICRF002BM	用户可编程	固定或扫描	是	有	16-Pin SOP
MICRF022BM-SW48	5000Hz	扫描	无	有	8-Pin SOP
MICRF022BM-FS12	1250Hz	固定	是	无	8-Pin SOP
MICRF022BM-FS24	2500Hz	固定	是	无	8-Pin SOP
MICRF022BM-FS48	5000Hz	固定	是	无	8-Pin SOP

正常解调器带宽与 SEL0，SEL1 和工作型式关系

| SEL0 | SEL1 | 解调器带宽 | | SEL0 | SEL1 | 解调器带宽 | |
		扫描型式	固定型式			扫描型式	固定型式
1	1	5000Hz	10000Hz	1	0	1250Hz	2500Hz
0	1	2500Hz	5000Hz	0	0	625Hz	1250Hz

MICRF002 设计用以下基本步序：

① 选择工作型式（扫描或固定）；

② 选择基准振荡器；

③ 选择 C_{TH} 电容；

④ 选择 C_{AGC} 电容；

⑤ 选择解调器滤波器带宽。

【天线阻抗匹配】

ANT 脚与一个 L 型电路 50Ω 匹配，就是从 RF 输入至接地有一个分流电感器，另一个是从 RF 输入至天线脚串联一个电感器。电感器数值依据 PCB 极材料、PCB 薄厚、接地结构和在布局中轨迹长度而决定。

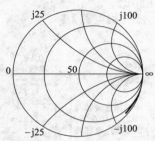

图 3-72 天线输入电路

天线输入阻抗与频率关系

频率/MHz	$Z_{IN}(\ )$ $Z11$	S11	L_{SHUNT}/nH	L_{SERIES}/nH	频率/MHz	$Z_{IN}(\ )$ $Z11$	S11	L_{SHUNT}/nH	L_{SERIES}/nH
300	$12-j166$	$0.803-j0.529$	15	72	375	$10-j135$	$0.725-j0.619$	12	47
305	$12-j165$	$0.800-j0.530$	15	72	380	$10-j133$	$0.718-j0.625$	10	47
310	$12-j163$	$0.796-j0.536$	15	72	385	$10-j131$	$0.711-j0.631$	10	47
315	$12-j162$	$0.791-j0.536$	15	72	390	$10-j130$	$0.707-j0.634$	10	43
320	$12-j160$	$0.789-j0.543$	15	68	395	$10-j128$	$0.700-j0.641$	10	43
325	$12-j157$	$0.782-j0.550$	12	68	400	$10-j126$	$0.692-j0.647$	10	43
330	$12-j155$	$0.778-j0.556$	12	68	405	$10-j124$	$0.684-j0.653$	10	39
335	$12-j152$	$0.770-j0.564$	12	68	410	$10-j122$	$0.675-j0.660$	10	39
340	$11-j150$	$0.767-j0.572$	15	56	415	$10-j120$	$0.667-j0.667$	10	39
345	$11-j148$	$0.762-j0.578$	15	56	420	$10-j118$	$0.658-j0.673$	10	36
350	$11-j145$	$0.753-j0.586$	15	56	425	$10-j117$	$0.653-j0.677$	10	36
355	$11-j143$	$0.748-j0.592$	15	56	430	$10-j115$	$0.643-j0.684$	10	33
360	$11-j141$	$0.742-j0.597$	15	56	435	$10-j114$	$0.638-j0.687$	10	33
365	$11-j139$	$0.735-j0.603$	10	56	440	$8-j112$	$0.635-j0.704$	8.2	33
370	$10-137$	$0.732-j0.612$	12	47					

【输入输出（I/O）脚接口电路】

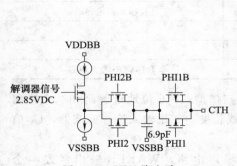

图 3-73 CTH 脚电路

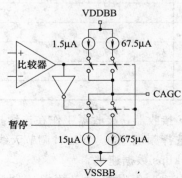

图 3-74 CAGC 脚电路

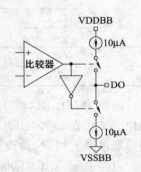

图 3-75 DO 和 WAKEB 脚电路

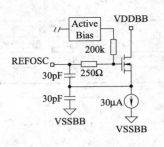

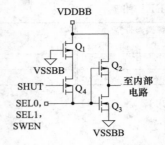

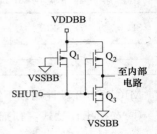

图 3-76 REFOSC 脚电路   图 3-77 SEL0、SEL1、SWEN 脚电路   图 3-78 SHUT 脚电路

【应用电路】

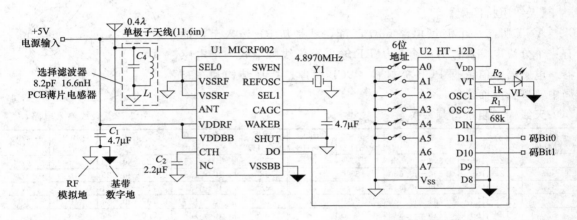

图 3-79 315MHz，1kbps 开关调制接收器/解码器

电路元件

元　　件	零件号	说　　明
U1	MICRF002	UHF 接收器
U2	HT-12D	逻辑解码器
CR1	CSA6.00MG	6.00MHz，陶瓷谐振器
VL	SSF-LX100LID	红色 LED
R_1		68Ω，1/4W，5%
R_2		1Ω，1/4W，5%
C_1		$4.7\mu F$，钽电容
C_3		$4.7\mu F$，钽电容
C_2		$2.2\mu F$，钽电容
C_4		$8.2pF$，COG 瓷介电容

　　电路为 MICRF002 UHF 接收器，接收器工作在连续扫描型式，6 位地址解码和 2 个输出码位。工作在 315MHz，可选择频率基准（Y1），调节天线长度。如用输入选择滤波器，C_4 值同样能改变。用 R_1 值改变 1kbps 数据速率。

　　电路表示 MICRF002 控制一个附加数字数据压制噪声电路，WAKEB 输出触发一个 MIC1555 单稳电路，允许数字输出通过 AND 门电路。

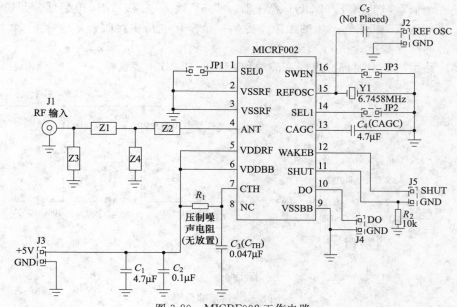

图 3-80　MICRF002 工作电路

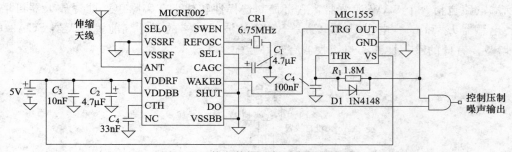

图 3-81　数字数据压制噪声的接收器

【MICRF002 有 SAW 滤波器和前置放大器的参考设计】

RX5AM 接收器能使 MICRF002 在 300m 开阔场范围，用一个 0dBm 发射器运行工作。RX5AM 接收器参考设计，在低耗发射器或高灵敏度接收能用于高性能。设计完成包括 MICRF002BM RF 接收器、一个 SAW 滤波器和外部前置放大器。设计工作 850bps，同样板也构成高数据速率应用。制成接收器需提供电路图、材料表和 PCB 印刷板。两个频率为 315MHz 和 433.92MHz。

电路说明

电路由两部分组成：5V 电源和接收器。

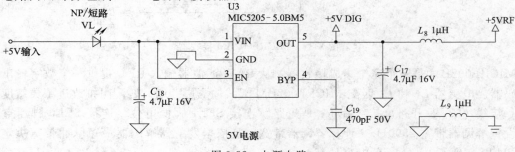

图 3-82　电源电路

电源是一个低噪声低压降（LDO）稳压器，供 5V 输入电路。1μH 电感器分开模拟和数字电源电压，隔离从 RF 解码器产生的噪声。提供一个净化电压供接收器，电容 C_{17}、C_{18} 和 C_{19} 清除在电线上的传导噪声。

接收器电路由两个主要部分组成：前端和 MICRF002BM 接收器。

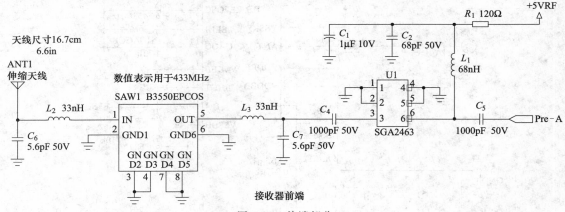

图 3-83　前端部分

前端电路包括一个 SAW 滤波器，它可提高选择性和减小有害噪声，前置放大器可增加灵敏度。电感器 L_2 和 L_3、电容 C_7 和 C_8 是 SAW 滤波器网络的零件。前置放大器 SGA2463 有 20dB 增益，有低的噪声性能，与接收器有较好匹配。

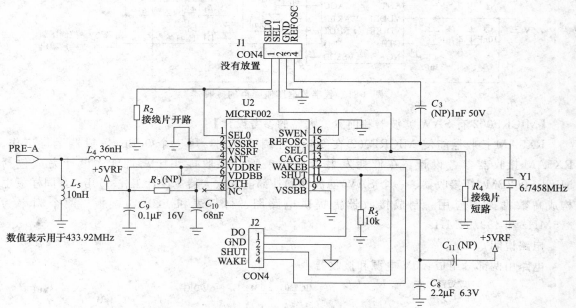

图 3-84　MICRF002BM 接收器

MICRF002BM 是一个完全集成接收器，从 SAW 滤波器输入 RF，提供一个数字输出至基带解码器。电感器 L_4 和 L_5 匹配 MICRF002BM 天线输入脚 50Ω。匹配阻抗改进了灵敏度和选择性。接线片 R_2 是开路，接线片 R_4 是短路。连接 SEL1 脚低电位，连接 SEL0 脚浮空高电位。设置解调器带宽 2500Hz。计算解调器带宽，是依据发射器解码器最短脉冲带宽决定。其中 CTH 电容是 C_{10}，CAGC 电容是 C_8。

RX3-315 零件细目

项目	数量	零件型号	说　　明	参考
1	1		23.1cm 天线(9.1in)-22 美国线规	ANT1
2				
3	1	GRM39COG5R6D50	5.6pF 50V 0603 NPO 陶瓷电容	C_6
4	1	GRM39COG5R6D50	5.6pF 50V 0603 NPO 陶瓷电容	C_7
5	1	GRM40X5R105K10	1μF 10V 0805 X5R 陶瓷电容	C_1
	1	GRM39COG680J50	68pF 50V 0603 NPO 陶瓷电容	C_2
	1	GRM39X7R104K16	0.1μF 16V 0603 X7R 陶瓷电容	C_9
	1	GRM39X7R473K16	47nF 16V 0603 X7R 陶瓷电容	C_{10}
	1	GRM40X5R225K6.3	2.2μF 6.3V 0805 X5R 陶瓷电容	C_8
	1	GRM39X7R102K50	1000pF 50V 0603 X7R 陶瓷电容	C_4
	1	GRM39X7R102K50	1000pF 50V 0603 X7R 陶瓷电容	C_5
	1	293 0475X 9016 A2M	4.7μF 16V Tant Size A,钽电容	C_{12}
	1	293 0475X 9016 A2M	4.7μF 16V Tant Size A,钽电容	C_{13}
	1	GRM39X7R471K50	470pF 50V 0603 X7R 陶瓷电容	C_{14}
	1	0805CS-680X_BC	68nH 线绕 0805 电感器	L_1
	1	0805CS-820X_BC	82nH 线绕 0805 电感器	L_2
	1	0805CS-820X_BC	82nH 线绕 0805 电感器	L_3
	1	0603CS-72NX_BC	72nH 线绕 0603 电感器	L_4
	1	0603CS-18NX_BC	18nH 线绕 0603 电感器	L_5
	1	ZCB-0603	EMI 电感器,2200Ω @ 100MHz	L_6
	1	ZCB-0603	EMI 电感器,2000Ω @ 100MHz	L_7
	1	CRCW0603121J	120Ω 0603 电阻	R_1
	1	CRCW06030R0	0Ω 0603 电阻	R_4
	1	B3551	315 MHz SAW 滤波器	SAW1
	1	MICRF002BM	QwikRadio 接收器 IC,SO16	U2
	1	MIC5205-5.0BM5	5V LDO 稳压器,SOT23	U3
	1	SGA-2463	低噪声前放	U1
	1	AB-4.8970MHZ-20-D	4.8970 MHz 连至晶体,HC-49 封装	Y1

RX5AM-433 零件细目

项目	数量	零件型号	说　　明	参考
1	1		16.8cm 天线(6.6in)-22 美国线规	ANT1
2				
3	1	GRM39COG5R6D50	5.6pF 50V 0603 NPO 陶瓷电容	C_6
4	1	GRM39COG5R6D50	5.6pF 50V 0603 NPO 陶瓷电容	C_7
5	1	GRM40X5R105K10	1μF 10V 0805 X5R 陶瓷电容	C_1
	1	GRM39COG680J50	68pF 50V 0603 NPO 陶瓷电容	C_2
	1	GRM39X7R104K16	0.1μF 16V 0603 X7R 陶瓷电容	C_9
	1	GRM39X7R683K16	68nF 16V 0603 X7R 陶瓷电容	C_{10}
	1	GRM40X5R225K6.3	2.2μF 6.3V 0805 X5R 陶瓷电容	C_8
	1	GRM39X7R102K50	1000pF 50V 0603 X7R 陶瓷电容	C_4
	1	GRM39X7R102K50	1000pF 50V 0603 X7R 陶瓷电容	C_5
	1	293 0475X 9016 A2M	4.7μF 16V Tant Size A,钽电容	C_{12}
	1	293 0475X 9016 A2M	4.7μF 16V Tant Size A,钽电容	C_{13}
	1	GRM39X7R471K50	470pF 50V 0603 X7R 陶瓷电容	C_{14}
	1	0805CS-680X_BC	68nH 线绕 0805 电感器	L_1
	1	0805CS-33NX_BC	33nH 线绕 0805 电感器	L_2

续表

项目	数量	零件型号	说　明	参考
	1	0805CS-33NX_BC	33nH 线绕 0805 电感器	L_3
	1	0603CS-36NX_BC	36nH 线绕 0603 电感器	L_4
	1	0603CS-10NX_BC	10nH 线绕 0603 电感器	L_5
	1	ZCB-0603	EMI 电感器,2200Ω @ 100MHz	L_6
	1	ZCB-0603	EMI 电感器,2200Ω @ 100MHz	L_7
	1	CRCW0603121J	120Ω 0603 电阻	R_1
	1	CRCW06030R0	0Ω 0603 电阻	R_4
	1	B3550	433.92MHz SAW 滤波器	SAW1
	1	MICRF011BM	QwikRadio 接收器 IC,SO14	U2
	1	MIC5205-5.0BM5	5V LDO 稳压器,SOT23	U3
	1	SGA-2463	低噪声前放	U1
	1	AB-6.7458MHZ-20-D	6.7458 MHz 连至晶体,HC-49 封装	Y1

【生产公司】 Micrel

● **MICRF011，QwikRadio 接收器/数据解调器**

【用途】

车库，机库门/各种门开启；安全系统，遥控风扇/灯光的控制。

【特点】

单片上完全 UHF（超高频）接收器

频率范围 300～440MHz

用单极子天线典型范围 200m

数据速率 2～5kbps（SWP），10kbps（FIXED）

自动调谐，没有手动调节

不要求滤波器或电感器

低工作电源电流——2.4mA（在 315MHz）

全部脚与 MICRF001 兼容

在天线非常低 RF 再辐射

直接 CMOS 逻辑接口对标准译码器和微控制器 IC

极少的外部零件

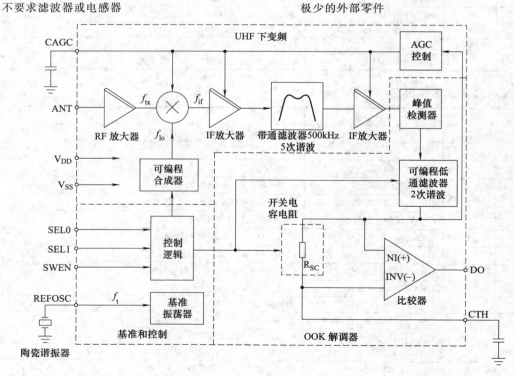

图 3-85　功能块图

　　MICRF011 是 MICRF001 的改进型，是一个单片 OOK（通-断键控）接收器 IC，用于遥控无线应用。该器件是一个真实"天线输入，数据输出"单片集成电路。全部 RF 和 IF 调谐在 IC 内自动完成，取消了手动调谐，减少了生产成本。具有高可靠性和容量大的特点。因为 MICRF011 是一个真实的单片接收器，它极易应用。MICRF011 与 MICRF001 相比功能对应提高，范围改进，功耗降低，在 FIXED 型式时支持高数据速率。MICRF011 提供两个基本工作型式；FIXED 和 SWP（扫描）。在 FIXED 型式，器件功能像一个通常超外差接收器，有一个本机振荡器，根据外部基准晶体和时钟固定在一个单一频率。像用任一个超外差接收器一样，发射频率必须精确控制，通常用一个晶体或 SAW（表面声波）谐振器。在 SWP 型式，MICRF011 扫描（内部）本机振荡器，速率大于基带数据速率，有效加宽接收器的 RF 带宽。因此，MICRF011 能用花费少的 LC 发射器工作，不需要增加元件或调谐，甚至接收器拓扑仍是超外差型式。在这种型式中，能用一个花费少的容差为 $\pm0.5\%$ 陶瓷谐振器代替基准晶体。在 MICRF011 上提供全部后处理（解调器）数据滤波器，因此不需要设计外部滤波器。四个滤波器的任一个带宽用户可外部选择，带宽范围以二进制步，从 $0.625\sim5\text{kHz}$（SWP 型式）或 $1.25\sim10\text{kHz}$（FIXED 型式），用户只需根据数据速率和码调制格式选择编程合适的滤波器。

【引脚结构（DIP 和 SOIC）】

零 件 型 号	温 度 范 围	封　　装
MICRF011BN	$-40\sim+85℃$	14-Pin DIP
MICRF011BM	$-40\sim+85℃$	14-Pin SOIC

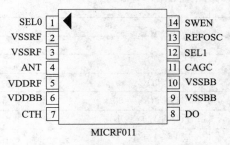

MICRF011

图 3-86　引脚图

【引脚说明】

脚号	脚名	说　　明
1	SEL0	编程希望的解调器滤波器带宽。该脚内拉至 V_{DD}
2,3	VSSRF	IC 的 RF 部分接地返回
4	ANT	接收器 RF 输入，内部 AC 耦合
5	VDDRF	正电源输入，用于 IC 的 RF 部分
6	VDDBB	正电源输入，用于 IC 的基带部分
7	CTH	来自解调器波形的电容抽样平均值，变成基准用于内部数据限幅比较器
8	DO	输出数据脚。CMOS 电平兼容
9,10	VSSBB	接地返回。用于 IC 基带部分
11	CAGC	集成电容用于芯片上接收器 AGC
12	SEL1	编程希望的解调器滤波器带宽。该脚内拉至 V_{DD}
13	REFOSC	定时基准。用于芯片上调谐和校直
14	SWEN	逻辑脚控制 MICRF011 工作型式

【正常解调器滤波器带宽】

SEL0	SEL1	解调器带宽/Hz	
		SWP 型式	FIXED 型式
1	1	5000	10000
0	1	2500	5000
1	0	1250	2500
0	0	625	1250

【最大绝对额定值】

电源电压 (V_{DDRF}，V_{DDBB})	7V	工作电压	4.75～5.5V
在任意 I/O 脚上电压 $V_{SS}-0.3V\sim V_{DD}+0.3V$		工作温度	$-40\sim85℃$
结温	150℃	θ_{JA}（DIP）	90℃/W
存储温度	$-65\sim150℃$	θ_{JA}（SOIC）	120℃/W
引线焊接温度（10s）	260℃		

【技术特性】

除另有说明外，$T_A=-40\sim85℃$，$4.75V<V_{DD}<5.5V$，$C_{AGC}=4.7\mu F$，$C_{TH}=0.047\mu F$，$V_{DDRF}=V_{DDBB}=V_{DD}$，REFOSC 频率＝4290MHz。

参　　数	测 试 条 件	最小	典型	最大
电源				
工作电流/mA			2.4	
RF/IF 部分				
接收器灵敏度/dBm			-103	
IF 中心频率/MHz			0.86	
IF3dB 带宽/MHz			0.43	
RF 输入范围/MHz		300		440
接收器调制占空比/%		20		80
最大接收器输入/dBm	$R_{SC}=50\Omega$		-20	
寄生反向隔离/μV_{rms}	ANT 脚，$R_{SC}=50\Omega$		30	
AGC 增加/减小比	T(增加)/T(减小)		0.1	
本机振荡器稳定时间/ms	至 1% 最后值		2.5	
解调器部分				
C_{TH}源阻抗/Ω			118k	
C_{TH}源阻抗变化/%		-15		$+15$
解调器滤波器带宽/Hz	SEL0＝SEL1＝SWEN＝V_{DD}		4160	
解调器滤波器带宽/Hz	SEL0＝SEL1＝V_{DD}，SWEN＝V_{SS}		8320	
数字部分				
REFOS(输入阻抗)/Ω			200k	
输入拉起电流/μA	SEL0，SEL1，SWEN＝V_{SS}		8	
输入高电压/V	SEL0，SEL1，SWEN			$0.8V_{DD}$
输入低电压/V	SEL0，SEL1，SWEN	$0.2V_{DD}$		
输出电流/μA	DO 脚，推挽		10	
输出高压/V	DO 脚，$I_{OUT}=-1\mu A$	$0.9V_{DD}$		
输出低压/V	DO 脚，$I_{OUT}=1\mu A$			$0.1V_{DD}$
输出 T_r，T_f/μs	DO 脚，$C_{Load}=15pF$			10

【应用电路】

输入/输出（I/O）接口电路

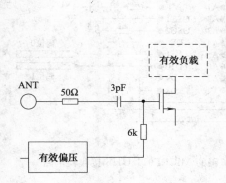

图 3-87　ANT 脚电路

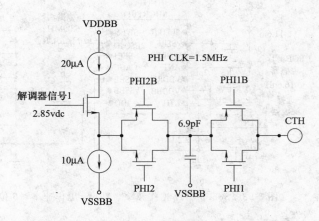

图 3-88　CTH 脚电路

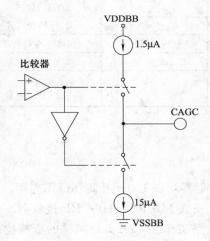

图 3-89　CAGC 脚电路

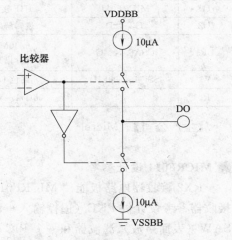

图 3-90　DO 脚电路

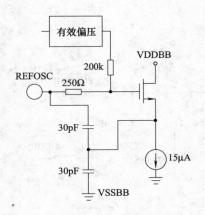

图 3-91　REFOSC 脚电路

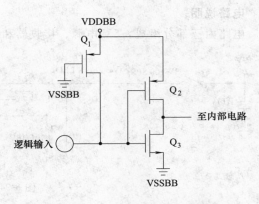

图 3-92　SEL0，SEL1，SWEN 脚电路

【典型应用电路】

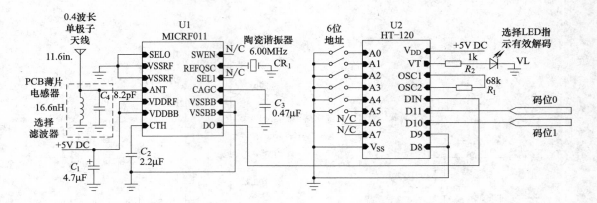

图 3-93　385.5MHz 工作频率，1kbps 工作速率，6 位地址解码的 MICRF011 UHF 接收器电路

【电路元件】

元件	零件型号	说明	元件	零件型号	说明
U1	MICRF011	UHF 接收器	R_2		1Ω,1/4W,5%
U2	HT-12D	逻辑解码器	C_1		4.7μF,钽电容
CR1	CSA6.00MG	6.00MHz 瓷介谐振器	C_3		0.47μF,钽电容
			C_2		2.2μF,钽电容
VL	SSF-LX100LID	红色 LED	C_4		8.2pF, COG 瓷介电容
R_1		68Ω,1/4W,5%			

【生产公司】　Micrel

● MICRF011 设计参考

　　RX2 接收器电路板能使 MICRF011 用一个 0dBm 发射器，在 150m 开阔场范围应用。RX2 接收器参考设计供 PKE（遥控输入）和类似应用。设计完成 MICRF011BM RF 接收器、一个 SAW（表面声波）滤波器和一个 PIC 微控制器。设计电路工作在 850bps，同样的板能构成较高数据速率。接收器包括电路图、器材表和 PCB 印刷板，两个重要的频率特性是 315MHz 和 433.92MHz。

电路说明

电路由三部分组成：5V 电源、接收器和解码器。

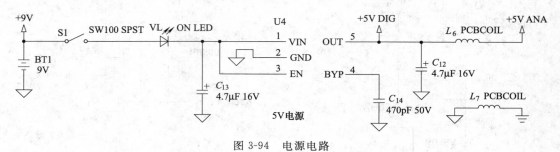

图 3-94　电源电路

电源为低噪声低压降（LDO）和 5V 电路。PCB 板包括模拟和数字电源电压，隔离 RF 解

码器产生的噪声。对接收器提供很好净化的电压，电容 C_{12}、C_{13} 和 C_{14} 供电线净化导体噪声。

接收器由两个主要部分组成：前端和 MICRF011BM 接收器。

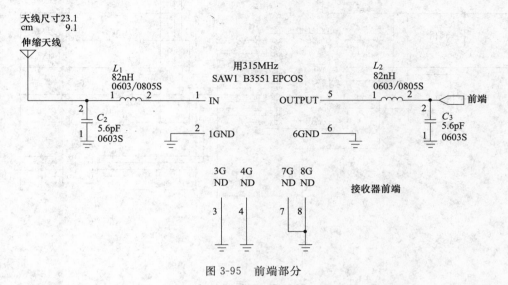

图 3-95 前端部分

前端组成有一个 SAW 滤波器，提高选择性和减少不需要的噪声。电感器 L_1、L_2 和电容 C_2、C_3 是 SAW 滤波器网络的零件。

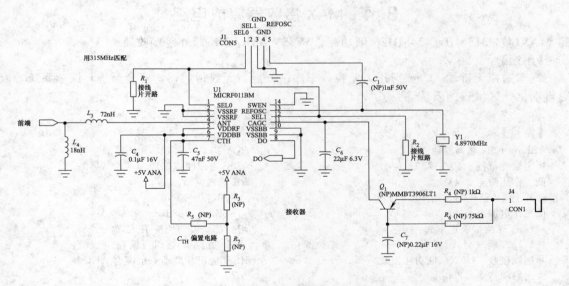

图 3-96 MICRF011BM 接收器

MICRF011BM 是一个完全集成接收器，从 SAW 滤波器输入 RF 提供数字输出至基带解码器。电感器 L_3 和 L_4 与 MICRF011BM 天线输入脚 50Ω 匹配。匹配阻抗可提高灵敏度。R_1 开路和 R_2 短路，使 SEL1 脚低电位，让 SEL0 脚浮空。建立对应的解码器带宽 $2500\,Hz$。计算解码器带宽，必须由发射器的编码器最小脉冲带宽确定。计算 $C_{TH}=C_5$，$C_{AGC}=C_6$。元件 Q_1、R_4、R_6 和 C_7 没有放置。

解码器电路基本上由一个 PIC 微控制器（PIC16C54C）构成。

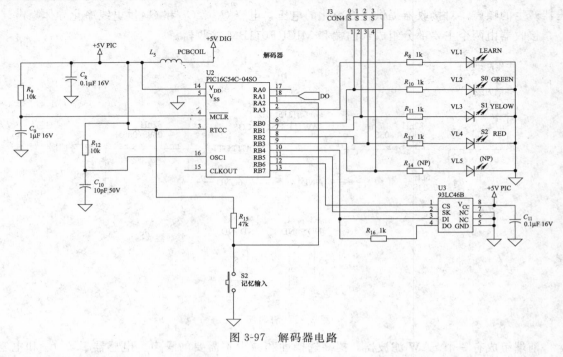

图 3-97　解码器电路

【生产公司】　Micrel

3.4　MAX 接收器集成电路

● **MAX1471 315MHz/434MHz，低功耗，3V/5V ASK/FSK 超外差接收器**

【用途】

汽车遥控无键输入，疲劳压力监视，车库门开启，无线传感器，安全系统，医学系统，家庭自动化，区域遥测系统。

【特点】

ASK 和 FSK 解调器独立输出　　　　　　　　集成 PLL、VCO，和环路滤波器

规定温度范围－40～125℃　　　　　　　　　45dB 集成映像抑制

低工作压降至 2.4V　　　　　　　　　　　　RF 输入灵敏度

芯片上 3V 稳压器，用于 5V 工作　　　　　　　ASK：－114dBm

低工作电源电流　　　　　　　　　　　　　　FSK：－108dBm

　　7mA 连续接收机型式　　　　　　　　用外部滤波器选择 IF 带宽

　　1.1μA 睡眠型式　　　　　　　　　　通过串行用户接口可编程

非连续接收（DRX）低功耗控制　　　　　　RSSI 输出和高动态范围有 AGC

快速启动特点＜250μs

MAX1471 低功耗，CMOS 超外差，RF 双通道接收器，设计用于接收 ASK 和 FSK 数据。MAX1471 要求几个外部元件实现完全无线 RF 数字数据接收，用于 300～450MHz ISM 频带。MAX1471 包括全部有源元件在超外差接收器中：低噪声放大器（LNA），一个映像抑制（IR）混频器，一个完全集成的锁相环（PLL），本地振荡器（LO），10.7MHz IF 限制放大器，具有接收信号强度指示器（RSSI），低噪声 FM 解调器和 3V 电压稳压器。差动峰值检测数据解调器，用于 FSK 和 ASK 模拟基带数据恢复。MAX1471 包括一个不连续接收（DRX）型式，用于低功耗工作，通过串联接口总线构成。MAX1471 适用 32 脚薄片 QFN 封装。

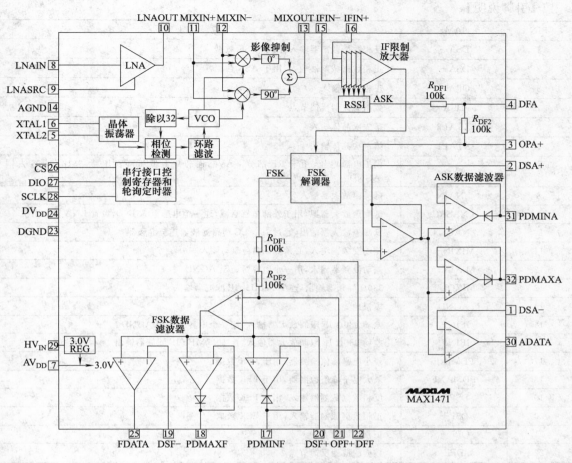

图 3-98　功能块图

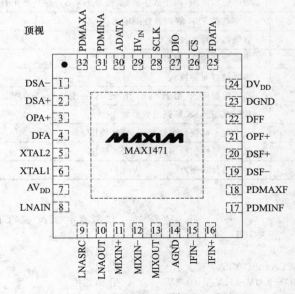

图 3-99　引脚图

【引脚说明】

PIN	NAME	说　明
1	DSA−	反相数据截割器输入,用于 ASK 数据
2	DSA+	正相数据截割器输入,用于 ASK 数据
3	OPA+	正相运放输入
4	DFA	数据滤波器反馈节点
5	XTAL2	第二次晶体输入
6	XTAL1	第一次晶体输入
7	AV_{DD}	模拟电源电压,用于 RF 部分。AV_{DD} 连芯片上低压降稳压器,$0.1\mu F$ 电容去耦至 AGND
8	LNAIN	低噪声放大器输入
9	LNASRC	低噪声放大器源,用于外部电感衰减,连一个电感至 AGND,设置 LNA 输入阻抗
10	LNAOUT	低噪声放大器输出,通过一个 LC 槽路滤波器连至混频器
11	MIXIN+	差动混频器输入,必须 AC 耦合驱动输入
12	MIXIN−	差动混频器输入,用一个电容旁通至 AGND
13	MIXOUT	330Ω 混频器输出,连 10.7MHz IF 滤波器输入
14	AGND	模拟地
15	IFIN−	差动 330Ω IF 限制放大器输入,用一个电容旁通至 AGND
16	IFIN+	差动 330Ω IF 限制放大器输入,连 10.7MHz IF 滤波器输出
17	PDMINF	最小电平峰值检测器,用于 FSK 数据
18	PDMAXF	最大电平峰值检测器,用于 FSK 数据
19	DSF−	反相数据截割器输入,用于 FSK 数据
20	DSF+	正相数据截割器输入,用于 FSK 数据
21	OPF+	正相运放输入
22	DFF	数据滤波器反馈节点
23	DGND	数字地
24	DV_{DD}	数字电源电压,用于数字部分,连至 AV_{DD},用 $10\mu F$ 电容去耦至 DGND
25	FDATA	数字基带 FSK 解调器数据输出
26	$\overline{CS}$	有效低芯片选择输入
27	DIO	串联数据输入/输出
28	SCLK	串联接口时钟输入
29	HV_{IN}	高压电源输入,用于 3V 工作,连 HV_{IN} 至 AV_{DD} 和 DV_{DD}
30	ADATA	数字基带 ASK 解调器数据输出
31	PDMINA	最小电平峰值检测器用于 ASK 输出
32	PDMAXA	最大电平峰值检测器用于 ASK 输出
EP	GND	暴露垫片连至地

【最大绝对额定值】

高压电源,HV_{IN} 至 DGND　　　　−0.3～6.0V

低压电源,AV_{DD} 和 DV_{DD} 至 AGND

　　　　　　　　　　−0.3～4.0V

SCLK,DIO,$\overline{CS}$,ADATA,FDATA

　　　　　　DGND−0.3V～HV_{IN}＋0.3V

全部其他脚　　　AGND−0.3V～AV_{DD}＋0.3V

连续功耗($T_A＝70$℃)

32 脚薄片 QFN(70℃以上衰减 21.3mW/℃)

　　　　　　　　　　　　　　　　1702mW

工作温度　　　　　　　　　　−40～125℃

结温　　　　　　　　　　　　　　　150℃

存储温度　　　　　　　　　　−65～150℃

引线焊接温度(10s)　　　　　　　　300℃

【应用电路】

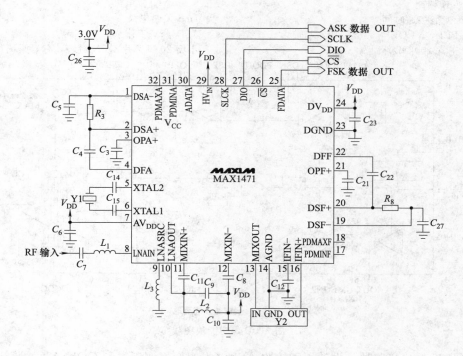

图 3-100 典型应用电路

典型应用电路元件值

元件	数值用于 433.92MHz RF	数值用于 315MHz RF	说明	元件	数值用于 433.92MHz RF	数值用于 315MHz RF	说明
C_3	220pF	220pF	10%	C_{22}	470pF	470pF	5%
C_4	470pF	470pF	5%	C_{23}	0.01μF	0.01μF	10%
C_5	0.047μF	0.047μF	10%	C_{26}	0.1μF	0.1μF	10%
C_6	0.1μF	0.1μF	10%	C_{27}	0.047μF	0.047μF	10%
C_7	100pF	100pF	5%	L_1	56nH	100nH	Coilcraft 0603CS
C_8	100pF	100pF	5%	L_2	16nH	30nH	Coilcraft 0603CS
C_9	1.0pF	2.2pF	$\pm$0.1pF	L_3	10nH	15nH	5%
C_{10}	220pF	220pF	10%	R_3	25Ω	25Ω	5%
C_{11}	100pF	100pF	5%	R_8	25Ω	25Ω	5%
C_{12}	1500pF	1500pF	10%	Y_1	13.2256MHz	9.509MHz	晶体
C_{14}	15pF	15pF	5%	Y_2	10.7MHz 瓷介滤波器	10.7MHz 瓷介滤波器	Murata SFECV10.7 系列
C_{15}	15pF	15pF	5%				
C_{21}	220pF	220pF	10%				

【生产公司】 MAXIM

● **MAX7036 有内部中频滤波器的 300～450MHz ASK 接收器**

【用途】

低价遥控无键输入，机库门开启，遥控控制，家庭自动化，传感器网络，安全系统。

【特点】

ASK/OOK 调制

<250μs 使能接通时间

芯片上 PLL，VCO，混频器，IF，基带

低 IF（正常 200kHz）

5.5mA 直流电流

1μA 关断电流

3.3V/5V 工作

小型 20 脚薄片 QFN 封装，有暴露垫片

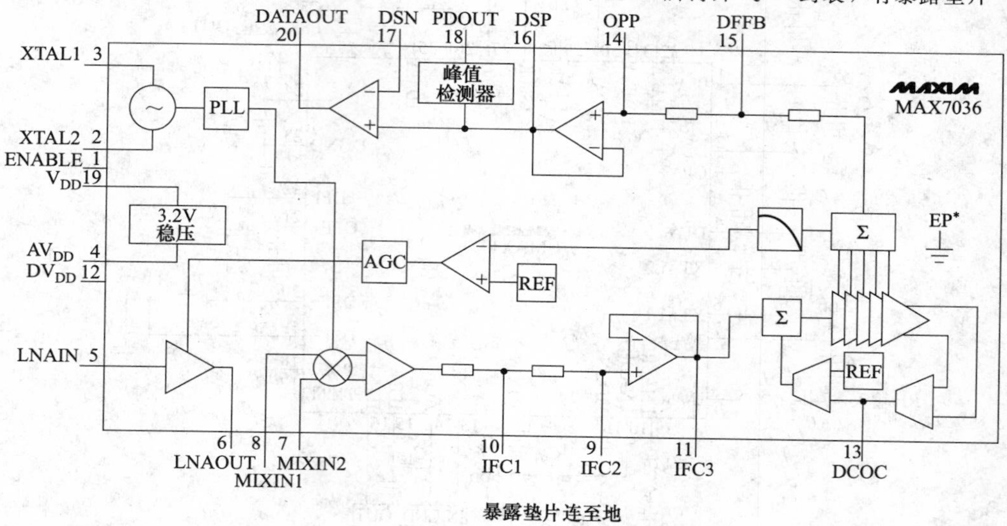

图 3-101 功能块图

MAX7036 低价接收器，设计用于接收 ASK（振幅变换调制）和 OOK（开关调制）数据，在 300～450MHz 频率。接收器有一个 RF 输入信号范围－109～0dBm。MAX7036 要求几个外部元件，有一个电源关断脚，放置它在低电流睡眠型式，使它适用于低价和功率灵敏度应用。低噪声放大器（LNA）、锁相环（PLL）、混频器、中频滤波器、接收信号强度指示器（RSSI）和基带部分全在芯片上。MAX7036 用一个非常低的中频（VLIF）机构。MAX7036 在芯片上集成 IF 滤波器，因此取消了外部瓷介滤波器，减小了材料成本。器件同样包含芯片上自动增益控制（AGC），当输入信号大功率时减小 LNA 增益 30dB。MAX7036 工作电压为 5V 或 3.3V，流出电流 5.5mA。MAX7036 适用 20 脚薄片 QFN 封装。

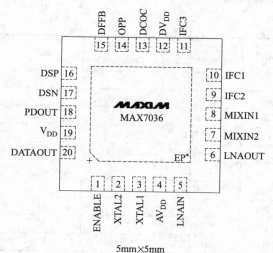

5mm×5mm

图 3-102 引脚图

【引脚说明】

PIN	NAME	说 明
1	ENABLE	使能输入,内部拉下至地,设置 $V_{ENABLE}=V_{DD}$ 用于正常工作
2	XTAL2	晶体输入 2,从 XTAL2 至 XTAL1 连一个外部晶体。用外 AC 耦合驱动外部基准振荡器
3	XTAL1	晶体输入 1,从 XTAL2 至 XTAL1 连一个外部晶体,如果 XTAL2 驱动从 AC 耦合基准旁通至 GND
4	AV_{DD}	正电源电压,连至 DV_{DD},用 $0.1\mu F$ 电容旁通至 GND。对 5V 工作,AV_{DD} 内连至芯片上 3.2V LDO 稳压器。对 3.3V 工作,连 AV_{DD} 至 V_{DD}

PIN	NAME	说　明
5	LNAIN	低噪声放大器输入,必须 AC 耦合
6	LNAOUT	低噪声放大器输出,通过并联 LC 槽路连至 AV_{DD},AC 耦合至 MIXIN2
7	MIXIN2	第二次差动混频器输入,LC 槽路滤波器通过 100pF 电容连至 LNAOUT
8	MIXIN1	第一次差动混频器输入,LC 槽路滤波器通过 100pF 电容连至 AV_{DD} 边
9	IFC2	IF 滤波器电容连接 2。从 IFC2 至 GND 连接电容。电容值由 IF 滤波器带宽决定
10	IFC1	IF 滤波器电容连接 1。从 IFC1 至 IFC3 连接电容。电容值由 IF 滤波器带宽决定
11	IFC3	IF 滤波器电容连接 3。从 IFC3 至 IFC1 连接电容。电容值由 IF 滤波器带宽决定
12	DV_{DD}	正电源电压输入,连至 AV_{DD},用 $0.01\mu F$ 电容旁通至 GND
13	DCOC	DC 偏置电容连接,用于 RSSI 放大器,从该脚至地连一个 $1\mu F$ 电容
14	OPP	正相运放输入。从该脚至地连一个电容,电容值由数据滤波器带宽决定
15	DFFB	数据滤波器反馈输入,从该脚至 DSP 连一个电容。电容值由数据滤波器带宽决定
16	DSP	正数据截割器输入。从该脚至 OFFB 连一个电容。电容值由数据滤波器带宽决定
17	DSN	负数据截割器输入
18	PDOUT	峰值检测输出
19	V_{DD}	电源电压输入,用于 500V 工作,V_{DD} 输入至芯片上电压稳压器。3.2V 输出驱动 AV_{DD} 用 $0.1\mu F$ 电容旁通至地
20	DATAOUT	数字基带数据输出
—	EP	暴露垫片,内连至地

【最大绝对额定值】

V_{DD} 至 GND	$-0.3\sim6.0V$	结至壳体热阻 θ_{JC}（20 脚 TQFN）	$2℃/W$
AV_{DD} 至 GND	$-0.3\sim4.0V$	结至环境热阻 θ_{JA}（20 脚 TQFN）	$48℃/W$
DV_{DD} 至 GND	$-0.3\sim4.0V$	工作温度	$-40\sim105℃$
ENABLE 至 GND	$-0.3V\sim V_{DD}+0.3V$	结温	$150℃$
LNAIN 至 GND	$-0.3\sim1.2V$	存储温度	$-65\sim150℃$
全部其他脚至 GND	$-0.3V\sim DV_{DD}+0.3V$	引线焊接温度（10s）	$300℃$

连续功耗（$T_A=70℃$）

20 脚 TQFN（70℃以上衰减 20.8mW/℃）

$$1666.7mW$$

【应用电路】

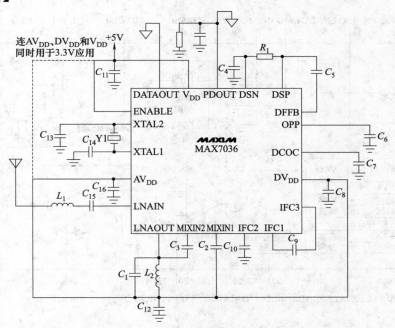

连AV_{DD}、DV_{DD}和V_{DD}
同时用于3.3V应用　+5V

图 3-103　典型应用电路

电路元件值

元件	$f_{RF}=315\text{MHz}$	$f_{RF}=433.92\text{MHz}$	元件	$f_{RF}=315\text{MHz}$	$f_{RF}=433.92\text{MHz}$
C_1	4.7pF	2.7pF	C_{11}	0.1μF	0.1μF
C_2	100pF	100pF	C_{12}	220pF	220pF
C_3	100pF	100pF	C_{13}	10pF	10pF
C_4	0.1μF	0.1μF	C_{14}	10pF	10pF
C_5	390pF	390pF	C_{15}	100pF	100pF
C_6	180pF	180pF	C_{16}	0.1μF	0.1μF
C_7	1μF	1μF	L_1	100nH	47nH
C_8	0.01μF	0.01μF	L_2	27nH	15nH
C_9	22pF	22pF	R_1	22Ω	22Ω
C_{10}	10pF	10pF	Y1	9.8375MHz	13.55375MHz

【生产公司】 MAXIM

● **MAX7034 315MHz/434MHz ASK 超外差接收器**

【用途】

汽车遥控无键输入，安全系统，机库门开启，家庭自动化，遥控控制，区域遥测，无线传感器。

【特点】

最佳用于 315MHz 或 433.92MHz 频带　　　＜3.0μA 低电流关断型式，用于有效电源周期

工作用单电源 5.0V　　　　　　　　　　250μs 建立时间

选择映像抑制中心频率　　　　　　　　内装 44dB RF 映像抑制

选择×64 或×32 f_{LO}/f_{XTAL} 无线频率　　在全温度范围有极好的接收灵敏度

低（＜6.7mA）工作电源电流　　　　　－40～125℃工作

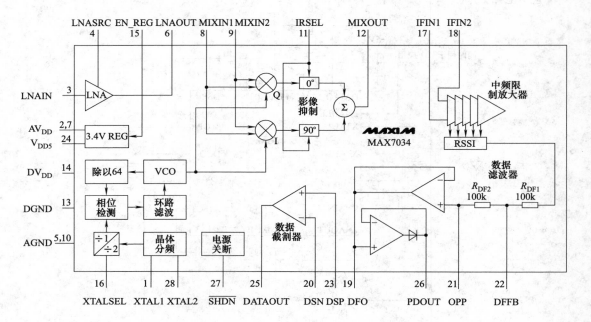

图 3-104　功能块图

MAX7034 完全集成低功耗 CMOS 超外差接收器,用于接收 ASK(振幅变换调制)数据,在 300～450MHz 频率范围(包括通用的 315MHz 和 433.92MHz)。接收器有一个 RF 灵敏度－114dBm。用几个外部元件和一个低电流电源中断型式。它用于低价灵敏度和功率灵敏度,应用在汽车和消费市场。MAX7034 由一个低噪声放大器(LNA)、一个完全差动影像抑制混频器、一个具有集成电压控制振荡器(VCO)的芯片上锁相环(PLL)、一个具有接收器强度指示器(RSSI)的 10.7MHz 中频限幅放大器和一个模拟基带数据恢复电路组成。

MAX7034 CMOS 超外差接收器和几个外部元件提供完全接收通道,从天线到数字输出数据。根据信号功率和元件选择,数据速率可高至 33kbps 曼彻斯特(66kbps NRZ)。

图 3-105 引脚图

MAX7034 适用于 28 脚(9.7mm×4.4mm)TSSOP 封装。

【引脚说明】

脚号	脚名	说 明
1	XTAL1	晶体输入 1
2,7	AV$_{DD}$	正模拟电源,AV$_{DD}$ 连芯片上低压降 3.4V 稳压器。两个 AV$_{DD}$ 必须外部互连。旁通脚 2 至 AGND 用 0.1μF 电容旁通脚 7 用 0.01μF 电容
3	LNAIN	低噪声放大器输入
4	LNASRC	低噪声放大器源,用于外部电感衰减。连电感至地设置 LNA 输入阻抗
5,10	AGND	模拟地
6	LNAOUT	低噪声放大器输出,通过 LC 槽路滤波器连至混频器
8	MIXIN1	第一个差动混频器输入。通过 100pF 电容从 LNAOUT 连至 LC 槽路滤波器
9	MIXIN2	第二个差动混频器输入。通过 100pF 电容,连至 LC 槽路滤波器的 AV$_{DD}$ 边
11	IRSEL	映像抑制选择,设 V_{IRSEL}＝0V 至中心图像抑制频率 315MHz,断开 IRSEL 不连中心图像抑制频率 375MHz。设置 V_{IRSEL}＝DV$_{DD}$ 至中心抑制图像频率 434MHz
12	MIXOUT	330Ω 混频器输出,连至 10.7MHz 带通滤波器输入
13	DGND	数字地
14	DV$_{DD}$	正数字电源电压,连 AV$_{DD}$,用 0.01μF 电容旁通至 DGND
15	EN_REG	稳压器使能连 V$_{DD5}$ 使能内部稳压器,放置该脚低允许器件工作在 3.0～3.6V
16	XTALSEL	晶体分频器比率选择,驱动 XTALSEL 低选择分频比 64,高选择分频比 32
17	IFIN1	第一个差动中频限制放大器输入,连至 10.7MHz 带通滤波器输出
18	IFIN2	第二个差动中频限制放大器输入,用 1500pF 电容旁通至 AGND
19	DFO	数据滤波器输出
20	DSN	负截割器输入数据
21	OPP	正相运放输入
22	DFFB	数据滤波器反馈节点
23	DSP	正数据截割器输入
24	V$_{DD5}$	5.0V 电源电压
25	DATAOUT	数字基带数据输出
26	PDOUT	峰值检测输出
27	$\overline{SHDN}$	电源中断选择输入,驱动高电源通 IC,用 100Ω 电阻内部拉下至 AGND
28	XTAL2	晶体输入 2,用外部基准振荡器同样能驱动

【最大绝对额定值】

V_{DD5} 至 AGND $-0.3 \sim 6.0V$

AV_{DD} 至 AGND $-0.3 \sim 4.0V$

DV_{DD} 至 DGND $-0.3 \sim 4.0V$

AGND 至 DGND $-0.1 \sim 0.1V$

IRSEL，DATAOUT，XTALSEL

    $\overline{SHDN}$，EN_REG 至 AGND

                 $-0.3V \sim V_{DD5}+0.3V$

全部其他脚至 AGND $-0.3V \sim DV_{DD}+0.1V$

连续功耗（$T_A = 70℃$）

   28 脚 TSSOP（衰减 70℃ 以上 12.8mW/℃）

                             1025mW

工作温度 $-40 \sim 125℃$

存储温度 $-65 \sim 150℃$

结温   150℃

引线焊接温度（10s）   300℃

【应用电路】

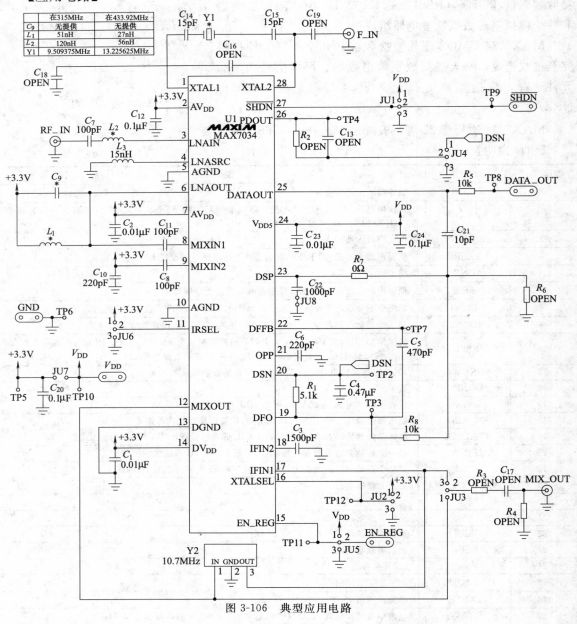

图 3-106 典型应用电路

【生产公司】 MAXIM

● **MAX7042 308MHz/315MHz/418MHz/433.92MHz 低功耗 FSK 超外差接收器**

【用途】

遥控无键接口，疲劳压力监视，家庭和办公室灯光控制，遥控检测，烟雾报警，家庭自动化，区域遥控系统，安全系统。

【特点】

2.4～3.6V 或 4.5～5.5V 单电源工作

4 个用户选择载波频率 308MHz，315MHz，418MHz 和 433.92MHz

在 315MHz，－110dBmRF 输入灵敏度

在 433.92MHz，－109dBm RF 输入灵敏度

快速启动（<250μs）

小型 32 脚 Thin QFN 封装

低工作电源电流

　6.2mA 连续

　20nA 关断

集成 PLL，VCO 和环路滤波器

45dB 集成影像抑制

选择中频带宽有外部滤波器

正和负峰值检测

RSSI 输出

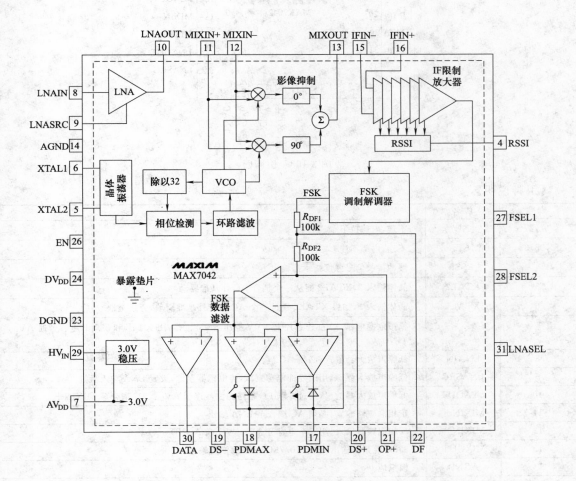

图 3-107 功能块图

MAX7042 完全集成，低功耗，CMOS 超外差 RF 接收器，设计用于接收 FSK 数据速率可达 66kbps NRZ（33kbps 曼彻斯特码）。MAX7042 只要求几个外部元件，就可实现完全的无线 RF 接收 308MHz、315MHz、418MHz 和 433.92MHz。

MAX7042 包括全部要求的有源元件，在超外差接收器中，包括一个低噪声放大器（LNA）、一个影像抑制（IR）混频器、一个完全集成的锁相环（PLL）、本地振荡器（LO）、10.7MHz IF 限制放大器、具有接收信号强度指示器（RSSI）、低噪声 FM 调制解调器和一个3V 稳压器。差动峰值检测数据调制解调器用于基带数据恢复。MAX7042 适用于 32 脚薄型 QFN。

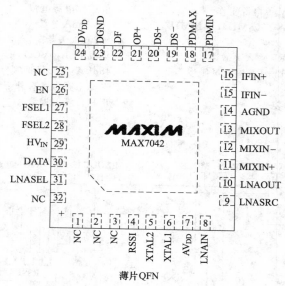

图 3-108　引脚图

【引脚说明】

脚号	脚名	说　　明
1,2	NC	不连,内部拉下
3,25,32	NC	不连,内部不连
4	RSSI	缓冲接收信号强度指示器输出
5	XTAL2	晶体输入 2,XTAL2 能从一个耦合 AC 外基准驱动
6	XTAL1	晶体输入 1,如果 XTAL2 通过一个 AC 耦合外基准驱动,旁通至地
7	AV$_{DD}$	模拟电源电压 AV$_{DD}$ 连芯片上 3.0V 稳压器 5V 工作,用 0.1μF 和 220pF 电容旁通 AV$_{DD}$ 至 GND
8	LNAIN	低噪声放大器输入,必须 AC 耦合
9	LNASRC	低噪声放大器源,用于外部电感衰减,连电感器至地,设置 LNA 输入阻抗
10	LNAOUT	低噪声放大器输出,通过并联 LC 槽路滤波器连至 AV$_{DD}$,AC 耦合至 MIXIN+
11	MIXIN+	正相混频器输入,必须 AC 耦合至 LNA 输出
12	MIXIN−	反相混频器输入,用一个电容旁通至 AV$_{DD}$ 或 AGND
13	MIXOUT	330Ω 混频器输出,连至 10.7MHz IF 滤波器输入
14	AGND	模拟地
15	IFIN−	反相 330Ω IF 限制放大器输入,用一个电容旁通至 AGND
16	IFIN+	正相 330Ω IF 限制放大器输入,连至 10.7MHz IF 滤波器输出
17	PDMIN	最小电平峰值检测器用于调制解调器输出
18	PDMAX	最大电平峰值检测器用于调制解调器输出
19	DS−	反相数据截割器输入

续表

脚号	脚名	说　明
20	DS+	正相数据截割器输入
21	OP+	正相运放输入
22	DF	数据滤波器反馈节点
23	DGND	数字地
24	DV$_{DD}$	数字电源电压,用 $0.01\mu F$ 和 220pF 电容旁通至 DGND
26	EN	使能内部拉下,驱动高正常工作,驱动低或不连使器件关断型式
27	FSEL1	频率选择脚 1,内部拉下,连至 EN 用于逻辑高工作
28	FSEL2	频率选择脚 2,内部拉下,连至 EN 用于逻辑高工作
29	HV$_{IN}$	高压电源输入,用 3.0V 工作,连 HV$_{IN}$ 至 AV$_{DD}$ 和 DV$_{DD}$。用 5V 工作,连 HV$_{IN}$ 至 +5V,用 $0.01\mu F$ 和 220pF 电容旁通 HV$_{IN}$ 至 AGND
30	DATA	接收数据输出
31	LNASEL	LNA 旁通电流选择脚,内部拉下,设置 LNASEL 至逻辑低用于 LNA 低电流,设置 LNASEL 逻辑高用于 LNA 高电流。连至 EN 用于逻辑高工作
EP	GND	暴露垫片,连至地

【最大绝对额定值】

HV$_{IN}$ 至 AGND 或 DGND $\qquad$ $-0.3\sim6.0V$ $\qquad$ 连续功耗（$T_A=70\,℃$）

AV$_{DD}$，DV$_{DD}$ 至 AGND 或 DGND $\qquad$ 32 脚薄片 QFN（70℃以上衰减 34.5mW/℃）

$\qquad\qquad\qquad\qquad$ $-0.3\sim4.0V$ $\qquad\qquad\qquad\qquad\qquad\qquad$ 2759mW

FSEL-1，FSEL-2，LNASEL，EN，DATA $\qquad$ 工作温度 $\qquad\qquad$ $-40\sim125\,℃$

$\qquad\qquad$ DGND$-0.3V\sim$HV$_{IN}+0.3V$ $\qquad$ 存储温度 $\qquad\qquad$ $-55\sim150\,℃$

全部其他脚 $\qquad$ AGND$-0.3V\sim$AV$_{DD}+0.3V$ $\qquad$ 最大 RF 输入功耗 $\qquad\qquad$ $+0dBm$

$\qquad\qquad\qquad\qquad\qquad\qquad\qquad\qquad\qquad$ 引线焊接温度（10s） $\qquad\qquad$ 300℃

【应用电路】

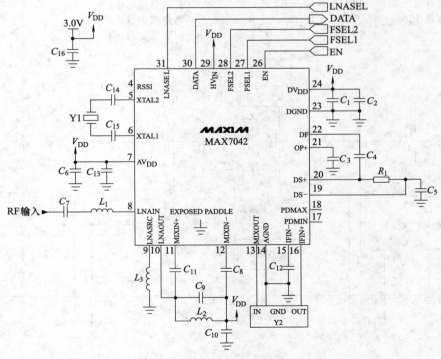

图 3-109　典型应用电路

典型应用电路元件值

元件	数值用于 315MHz RF	数值用于 433.92MHz RF	说明	元件	数值用于 315MHz RF	数值用于 433.92MHz RF	说明
C_1	$0.01\mu F$	$0.01\mu F$	5%	C_{13}	220pF	220pF	10%
C_2	220pF	220pF	5%	C_{14}	100pF	100pF	10%
C_3	220pF	220pF	5%	C_{15}	100pF	100pF	10%
C_4	470pF	470pF	5%	C_{16}	$0.1\mu F$	$0.1\mu F$	10%
C_5	$0.047\mu F$	$0.047\mu F$	10%	L_1	82nH	39nH	Coilcraft 0603CS
C_6	$0.1\mu F$	$0.1\mu F$	10%	L_2	30nH	16nH	Murata LQW18A
C_7	100pF	100pF	10%	L_3	3.9nH	Short	Coilcraft 0603CS
C_8	100pF	100pF	10%	R_1	100Ω	100Ω	5%
C_9	1.2pF	Open	±0.1pF	Y1	9.50939MHz	13.22563MHz	晶体
C_{10}	220pF	220pF	10%				
C_{11}	100pF	100pF	10%	Y2	10.7MHz 瓷介滤波器	10.7MHz 瓷介滤波器	Murata SFECV10.7系列
C_{12}	1500pF	1500pF	10%				

【生产公司】 MAXIM

3.5 其他接收器集成电路

● UAA3201T UHF/VHF 遥控控制接收器

【用途】

车辆报警，遥控控制系统，安全系统，装备和玩具，遥测。

【特点】

振荡器有外部表面声波谐振器（SAWR）　　　　自动温度范围
宽频范围从 150～450MHz　　　　　　　　　　高集成少量外部元件
高灵敏度　　　　　　　　　　　　　　　　　中频带宽由应用确定
低功耗

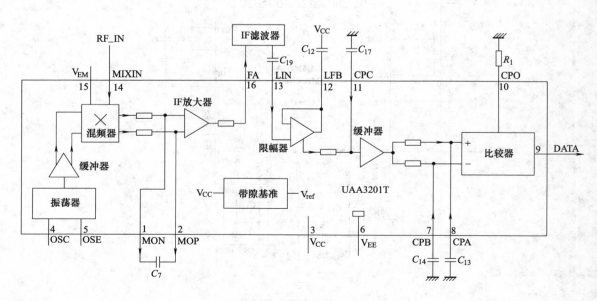

图 3-110　功能块图

UAA3201T 是一个完全集成单片接收器，主要用于 VHF 和 UHF 系统，采用 ASK（幅度变换调制）。RF 信号直接进入混频器级，混频后成 500kHz 中频，中频信号通过中频放大器放大电平。5 次谐波低通滤波器作为 IF 滤波器，滤波器解调输出电压，通过限幅整流进入 IF 信号，解调信号通过 RC 滤波器级，通过数据比较器限幅作为输出数据。

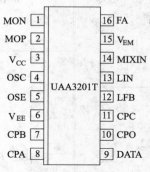

图 3-111　引脚图

【引脚说明】

符号	脚号	说　　明	符号	脚号	说　　明
MON	1	负混频器输出	DATA	9	数据输出
MOP	2	正混频器输出	CPO	10	比较器偏置调节
V_{CC}	3	正电源电压	CPC	11	比较器输入 C
OSC	4	振荡器集电极	LFB	12	限幅器反馈
OSE	5	振荡器发射极	LIN	13	限幅器输入
V_{EE}	6	负电源电压	MIXIN	14	混频器输入
CPB	7	比较器输入 B	V_{EM}	15	用于混频器的负电源电压
CPA	8	比较器输入 A	FA	16	IF 放大器输出

【内部引脚结构】

脚号	符号	等 效 电 路	脚号	符号	等 效 电 路
1	MON		6	V_{EE}	(d)
2	MOP	(a)	7	CPB	
			8	CPA	(e)
3	V_{CC}	(b)			
4	OSC		9	DATA	
5	OSE	(c)			(f)

续表

脚号	符号	等 效 电 路	脚号	符号	等 效 电 路
10	CPO	(g)	14	MXIN	(j)
11	CPC	(h)	15	V_EM	
12	LFB	(i)	16	FA	(k)
13	LIN				

【最大绝对额定值】

V_{CC}电源电压	$-0.3\sim8.0\text{V}$	脚 OSC 和 OSE	$-2000\sim1500\text{V}$
工作温度	$-40\sim85℃$	脚 LFB 和 MIXIN	$-1500\sim2000\text{V}$
存储温度	$-55\sim125℃$	全部其他脚	$-2000\sim2000\text{V}$
V_{ES}静电控制电压			

【DC 特性】

$V_{CC}=3.5\text{V}$，全部电压相对 V_{EE}，工作温度为 $-40\sim85℃$，典型值 $=25℃$。

符号	参 数	条 件	最小	典型	最大	单位
V_{CC}	电源电压		3.5	—	6.0	V
I_{CC}	电源电流	$R_2=680\Omega$	—	3.4	4.8	mA
$V_{OH(DATA)}$	在脚 DATA 高电平输出电压	$I_{DATA}=-10\mu A$	$V_{CC}-0.5$	—	V_{CC}	V
$V_{OL(DATA)}$	在脚 DATA 低电平输出电压	$I_{DATA}=+200\mu A$	0	—	0.6	V

【AC 特性】

$V_{CC}=3.5\text{V}$，工作温度 $=25℃$。

符号	参 数	条 件	最小	典型	最大	单位
P_{ref}	输入基准灵敏度	BER$\leqslant3\times10^{-2}$	—	—	-105	dBm
$P_{i(max)}$	最大输入功率	BER$\leqslant3\times10^{-2}$	—	—	-30	dBm
P_{spur}	寄生辐射		—	—	-60	dBm
IP3$_{mix}$	相交点（混频器）		-20	-17	—	dBm
IP3$_{IF}$	相交点（混频器加 IF 放大器）		-38	-35	—	dBm
P_{1dB}	1dB 压缩点（混频器）		-38	-35	—	dBm
t_{on}(RX)	接收器接通时间		—	—	10	ms

【UHF/VHF 遥控接收器应用电路】

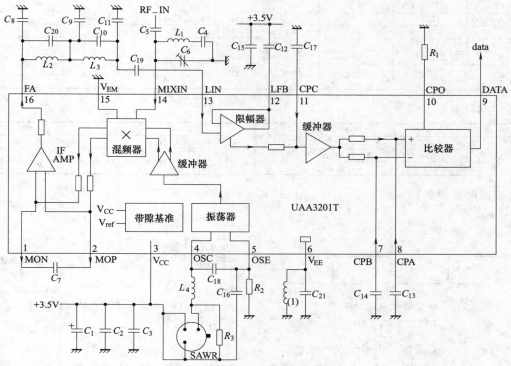

图 3-112　应用电路

【电路元件】

元件	数值	容差	说　明
R_1	27kΩ	±2%	TC=+50ppm/K
R_2	680Ω	±2%	TC=+50ppm/K
R_3	220kΩ	±2%	TC=+50ppm/K
C_1	4.7μF	±20%	—
C_2	150pF	±10%	TC=0±30ppm/K;tanδ≤10×10⁻⁴;f=1MHz
C_3	1nF	±10%	TC=0±30ppm/K;tanδ≤10×10⁻⁴;f=1MHz
C_4	820pF	±10%	TC=0±30ppm/K;tanδ≤10×10⁻⁴;f=1MHz
C_5	3.3pF	±10%	TC=0±150ppm/K;tanδ≤30×10⁻⁴;f=1MHz
C_6	2.5～6pF	—	TC=0±300ppm/K;tanδ≤20×10⁻⁴;f=1MHz
C_7	56pF	±10%	TC=0±30ppm/K;tanδ≤10×10⁻⁴;f=1MHz
C_8	150pF	±10%	TC=0±30ppm/K;tanδ≤10×10⁻⁴;f=1MHz
C_9	220pF	±10%	TC=0±30ppm/K;tanδ≤10×10⁻⁴;f=1MHz
C_{10}	27pF	±10%	TC=0±30ppm/K;tanδ≤20×10⁻⁴;f=1MHz
C_{11}	150pF	±10%	TC=0±30ppm/K;tanδ≤10×10⁻⁴;f=1MHz
C_{12}	100nF	±10%	tanδ≤25×10⁻³;f=1kHz
C_{13}	2.2nF	±10%	tanδ≤25×10⁻³;f=1kHz
C_{14}	33nF	±10%	tanδ≤25×10⁻³;f=1kHz
C_{15}	150pF	±10%	TC=0±30ppm/K;tanδ≤10×10⁻⁴;f=1MHz
C_{16}	3.9pF	±10%	TC=0±150ppm/K;tanδ≤30×10⁻⁴;f=1MHz
C_{17}	10nF	±10%	tanδ≤25×10⁻³;f=1kHz
C_{18}	3.3pF	±10%	TC=0±150ppm/K;tanδ≤30×10⁻⁴;f=1MHz
C_{19}	68pF	±10%	TC=0±30ppm/K;tanδ≤10×10⁻⁴;f=1MHz
C_{20}	6.8pF	±10%	TC=0±150ppm/K;tanδ≤30×10⁻⁴;f=1MHz

续表

元件	数值	容差	说　明
C_{21}	47pF	±5%	$TC=0\pm30ppm/K$；$tan\delta\leqslant10\times10^{-4}$；$f=1MHz$
L_1	10nH	±10%	$Q_{min}=50\sim450MHz$；$TC=25\sim125ppm/K$
L_2	330μH	±10%	$Q_{min}=45\sim800kHz$；$C_{stray}\leqslant1pF$
L_3	330μH	±10%	$Q_{min}=45\sim800kHz$；$C_{stray}\leqslant1pF$
L_4	33nH	±10%	$Q_{min}=45\sim450MHz$；$TC=25\sim125ppm/K$
SAWR	—	—	见 SAWR 数据

【SAWR 数据】

说　明	特　性	说　明	特　性
型号	一个端口（即 RFM R02112）	典型有负载的 Q	1600（50Ω 负载）
中心频率	433.42MHz±75kHz	温度漂移	0.032ppm/K²
最大插入损耗	1.5dB	循环温度	43℃

【测试电路块图】

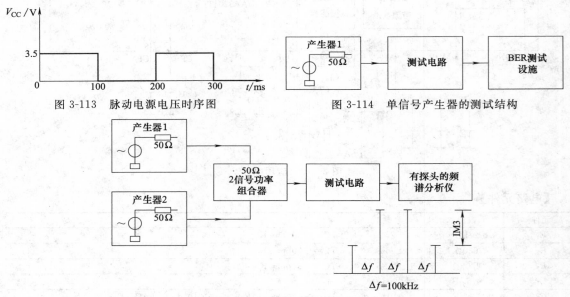

图 3-113　脉动电源电压时序图　　　　图 3-114　单信号产生器的测试结构

图 3-115　相交点的测试结构

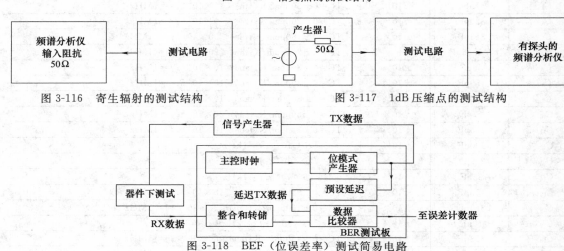

图 3-116　寄生辐射的测试结构　　　　图 3-117　1dB 压缩点的测试结构

图 3-118　BEF（位误差率）测试简易电路

【生产公司】　Philips Semiconductors

● TDA10021HT DVB-C 通道接收器

【用途】

数字频率广播用于控制电路，电缆机顶盒，电缆调制解调器。

【特点】

4、16、32、64、128 和 256 正交幅度调制（QAM）解调器

高性能用于 256QAM，特别适用于直接 IF 应用

芯片上 10 位 A/D 变换器

芯片上锁相环（PLL）用于晶体频率倍增（典型 4MHz 晶体）

数字下变频

可编程尼奎斯特滤波器（衰减＝0.15 或 0.13）

两脉宽调制（PWM）AGC 输出，具有可编程接收点（用于调谐和下变频控制）

时钟定时恢复，有可编程二次环路滤波器

变化符号速率能从 SACLK/64 至 SACLK/4

（SACLK＝36MHz 最大）

可编程抗混淆滤波器

完全数字载波恢复环路

载波探测范围可达速率的 18%

集成自适应平衡（线性横向平衡或确定反馈平衡）

芯片上正向误差校准（FEC）解码器和完全 DVB-C 允许

DVB 适应不同的解码和测绘

并行和串行输出流量接口同步

I^2C-总线接口易控制

CMOS 0.2μm 工艺

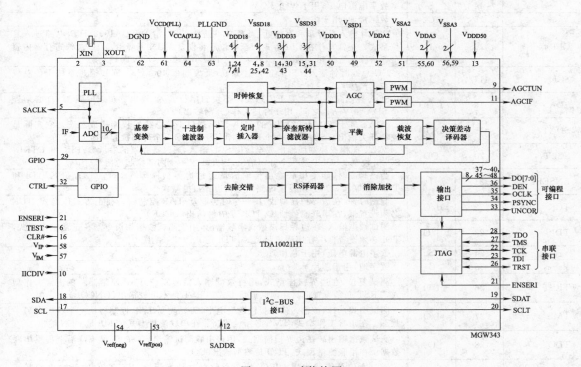

图 3-119 功能块图

TDA10021HT 是一个单片 DVB-C 通道接收器，用于 4、16、32、64、128 和 256 QAM 调制信号。器件接口直接至 IF 信号。用 10 位 ADC 取样。TDA10021HT 完成时钟和载波恢复功能。数字环路滤波器用于时钟和载波恢复，编程为按照电流应用得到最佳特性。基带转换后，用平衡滤波器在电缆应用中对消回波。这些滤波器既可构成一个 T 空间横向平衡，也可构成一个确定反馈平衡，因此，系统特性按照网络特性能最佳。一个专门的平衡算法，决定于载波偏置，帮助载波恢复。然后确定发生直接算法，完成最后平衡收敛。设计用 0.2μm 工艺，封装在一个 64 脚 TQFP 封装中。TDA10021HT 工作在整个商用温度范围。

【引脚说明】

符号	脚号	型式	说　明
V_{DDD18}	1	S	数字电源电压,用于芯片(1.8V)
XIN	2	I	XTAL 振荡器输入脚,连至 XIN 和 XOUT 脚之间。XTAL 频率必须接近系统频率,SYSCLK(XINXPLL 的倍乘系数)等于 1.6 倍调谐输出阻抗频率,即 SYSCLK＝1.6IF
XOUT	3	O	XTAL 振荡器输出脚,连至 XIN 和 XOUT 脚之间
V_{SSD18}	4	G	数字接地,用于芯片
SACLK	5	O	取样时钟,该输出时钟馈给外部 10 位 ADC 作为取样时钟,SACLK＝SYSCLK/2
TEST	6	I	测试输入脚,在正常式,测试脚必须连至地
V_{DDD18}	7	S	数字电源电压,用于芯片(1.8V)
V_{SSD18}	8	G	数字接地,用于芯片
AGCTUN	9	O/OD	第一个 PWM 译码输出信号,用于 AGC 调谐,信号通过一个单 RC 网络馈给 AGC 放大器。在 V_{AGC} 输出最大信号频率是 XIN/16
IICDIV	10	I	该脚允许 I^2C 总线内部系统时钟频率选择,决定于晶体频率
AGCIF	11	O/OD	第二个 PWM 编码输出信号用于 AGC IF,该信号通过单个 RC 网络馈给 AGC 放大器。在 V_{AGC} 上最大信号频率输出是 XIN/16
SADDR	12	I	SADDR 是 TDA10021HT I^2C-总线地址的 LSB。MSB 是内部设置 000110。因此完成 TDA10021HT I^2C 总线地址是(MSB 至 LSB)0,0,0,1,1,0 和 SADDR
V_{DDD50}	13	S	数字电源电压,用于焊垫 5.0V
V_{DDD33}	14	S	数字电源电压,用于焊垫 3.3V
V_{SSD33}	15	G	数字接地,用于焊垫
CLR#	16	I	CLR# 输入是异步和有效低,当 CLR# 进入低时,清除 TDA10021HT,电路进入复位式。正常工作在 CLR# 返回至高位后将恢复 4XIN 下降沿。I^2C-总线寄存器内容全部清除至它的错误值,在 CLR# 低电平最小宽度是 4XIN 时钟周期
SCL	17	I	I^2C-总线时钟输入。SCL 正常是方波,最大频率 400kHz。SCL 通过系统 I^2C-总线主控器产生
SDA	18	I/OD	SDA 是双向信号,它是 I^2C 总线内部块的串行输入/输出。拉起电阻 4.7Ω 必须连至 SDA 和 V_{DDD50} 之间,用于合适工作(开漏输出)
SDAT	19	I/OD	SDAT 等于 TDA10021HT 的 SDA I/O,通过 I^2C 总线编程能构成三态。它实际是控制开关输出。SDAT 是一个开漏输出,因此要求一个外部拉起电阻
SCLT	20	OD	SCLT 能构成控制线输出或至输出 SCL 输入,通过寄存器的参量 BYPIIC 和 CTRL_SCLT 控制。SCLT 是一个开漏输出,因此要求一个内部拉起电阻
ENSERI	21	I	当该脚高时,能使串联输出传输流量通过边界扫描脚 TRST、TDO、TCK、TDI 和 TMS(串联接口)。必须设置内测试低和边界扫描型式
TCK	22	I/O	测试时钟,在边界扫描型式,用一个时钟驱动 TAP 控制器。在正常工作型式,TCK 必须设置低,在串联流量型式,TCK 是时钟输出(OCLK)
TDI	23	I/O	测试数据输入,在边界扫描型式串联输出,用于测试数据和指令。在正常工作型式,TDI 必须设置低。在串联流量型式,TDI 是 PSYNC 输出
V_{DDD18}	24	S	数字电源电压,用于芯片(1.8V)
V_{SSD18}	25	G	数字地,用于芯片
TRST	26	I/O	测试复位,在边界扫描型式,用有效低输入信号复位 TAP 控制器。在正常工作型式,TRST 必须设置低。在串联流量型式,TRST 是不可校输出(UNCOR)
TMS	27	I/O	测试型式选择,该输入信号提供逻辑电平,需要改变 TAP 控制器从一个状态至另一状态。在正常工作型式,TMS 必须设置高。在串联流量型式,TMS 是 DEN 输出
TDO	28	O	测试数据输出。在边界扫描型式,用该串联测试输出脚,在 TCK 下降沿上提供串联数据。在串联流量型式,TDO 是数据输出(DO)
GPIO	29	OD	通过 I^2C 总线能构成 GPIO,是一个前端时钟指示器(FEL);有效低输出截断线(IT),通过 I^2C 总线接口能构成;通过 I^2C 总线控制输出脚可编程。GPIO 是一个开漏输出,因此要求一个外部拉起电阻
V_{DDD33}	30	S	数字电源电压,用于焊垫(3.3V)
V_{SSD33}	31	G	数字地,用于焊垫
CTRL	32	OD	CTRL 是控制输出脚,通过 I^2C 总线可编程。CTRL 是一个开漏输出,因此要求一个外部拉起电阻
UNCOR	33	O	未校正信息包。当提供信息包是未校正时,输出信号是高,通过里德索罗门解码,未校正信息包不影响,但字节最高位跟随同步字节至逻辑 1,用于 MPEG-2 工艺,误差标志指示
PSYNC	34	O	脉冲同步。该输出信号在提供同步字节时变高,然后变低,直至下一个同步字节
OCLK	35	O	输出时钟,用于 DO(7∶0)数据输出。OCLK 是内部产生,决定接口选择
DEN	36	O	数据使能。在总线上当有这些有效数据时,输出信号是高

续表

符号	脚号	型式	说　明
DO[7∶4]	37～40	O	数据输出总线。8 位并行数据从 TDA10021HT 输出,在调制解调,去除交错,RS 译码,消除加扰后,当两个并行接口选择一个时,DO(7∶0)传输流量输出。当选择串行接口时,在脚 DO(0)上串行输出
V_{DDD18}	41	S	数字电压,用于芯片(1.8V)
V_{SSD18}	42	G	数字地,用于芯片
V_{DDD33}	43	S	数字电源电压,用于焊垫(3.3V)
V_{SSD33}	44	G	数字接地,用于焊垫
DO[3∶0]	45～48	O	数据输出总线。在调制解调后,去除交错,RS 译码,消除加扰后,8 位并行数据从 TDA10021HT 输出,两个并行接口选择一个后,DO(7∶0)传输流量输出。当选择串行接口后,在脚 DO(0)上串行输出
V_{SSD1}	49	G	接地返回至数字开关电路(ADC)
V_{DDD1}	50	S	电源电压输入,用于数字开关电路 1.8V(ADC)
V_{SSA2}	51	G	接地返回,用于模拟时钟驱动(ADC)
V_{DDA2}	52	S	电源电压输入,用于模拟时钟驱动 3.3V(ADC)
$V_{ref(pos)}$	53	O	正电源基准,用于 ADC,它是从内隙基准电压导出,VBG 芯片上有完全差动放大器
$V_{ref(neg)}$	54	O	负电压基准,用于 ADC,它从内部带隙电压导出,VBG 芯片上有完全差动放大器
V_{DDA3}	55	S	电源电压输入,用于模拟电路 3.3V(ADC)
V_{SSA3}	56	G	接地返回,用于模拟电路(ADC)
V_{IM}	57	I	负输入至 ADC。该脚是 DC 偏置,半电源通过一个内部电阻分压器(2×20Ω)。为了不超出 ADC 范围 $|V_{IP}-V_{IM}|$ 应保持在对应 SW 寄存器之间
V_{IP}	58	I	正输入至 ADC。该脚是 DC 偏置,半电源通过内部电阻分压器(2×20Ω)。为了不超出 ADC 范围 $|V_{IP}-V_{IM}|$,应保持在对应 SW 输入范围之间
V_{SSA3}	59	G	接地返回,用于模拟电路(ADC)
V_{DDA3}	60	S	电源电压输入,用于模拟电路 3.3V(ADC)
$V_{CCD(PLL)}$	61	S	电源电压,用于 PLL 数字部分 1.8V
DGND	62	G	接地,连至 PLL 数字部分
PLLGND	63	G	接地,连至 PLL 模拟部分
$V_{CCA(PLL)}$	64	S	电源电压,用于 PLL 模拟部分 3.3V

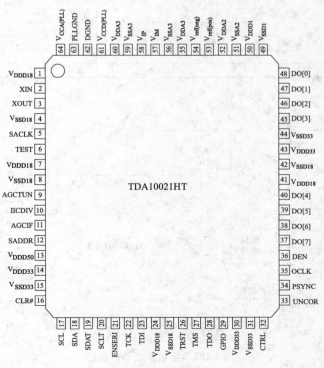

图 3-120　引脚图

【技术特性】

符号	参数	条件	最小	典型	最大	单位
V_{DDD33}	数字电源电压,用于焊垫	$V_{DDD}=3.3V\pm10\%$	2.97	3.3	3.63	V
V_{DDD18}	数字电源电压,用于芯片	$V_{DDD}=1.8V\pm5\%$	1.7	1.8	1.9	V
V_{DDD50}	数字电源电压	只用5V	4.75	5.0	5.25	V
V_{IH}	高电平输入电压	TTL输入	2	—	V_{DDD50}	V
V_{IL}	低电平输入电压	TTL输入	0	—	0.8	V
V_{OH}	高电平输出电压		2.4	—	—	V
V_{OL}	低电平输出电压		—	—	0.4	V
I_{DDD33}	数字电源电流,用于焊垫	$f_s=28.92MHz$,速率=7MBaud		46		mA
I_{DDD18}	数字电源电流,用于芯片	$f_s=28.92MHz$,速率=7MBaud		120		mA
P_{tot}	总电源耗损	$f_s=28.92MHz$,速率=7MBaud		540		mW
C_i	输入电容		—	—	5	pF
T_{amb}	环境温度		0	—	70	℃
XTAL;XIN						
V_{IH}	高电平输入电压		$0.7V_{DDD33}$	—	V_{DDD33}	V
V_{IL}	低电平输入电压		0	—	$0.3V_{DDD33}$	V
PLL						
$V_{DDD(PLL)}$	数字PLL电源电压	$V_{DDD}=1.8V\pm5\%$	1.7	1.8	1.9	V
$V_{DDA(PLL)}$	模拟PLL电源电压	$V_{DDA}=3.3V\pm10\%$	2.97	3.3	3.63	V
ADC						
V_{DDA1}	模拟ADC电源电压	$V_{DDA}=1.8V\pm5\%$	1.7	1.8	1.9	V
V_{DDA2},V_{DDA3}	模拟ADC电源电压	$V_{DDA}=3.3V\pm10\%$	2.97	3.3	3.63	V
V_{IP},V_{IM}	模拟ADC输入		−0.5	—	$V_{DDA3}+0.5$	V
V_i	信号输入范围	$I_R=V_{IP}-V_{IM}$	−0.5~−1.0	—	+0.5~+1.0	V
$V_{ref(pos)}$	正基准电压		1.95	2.15	2.35	V
$V_{ref(neg)}$	负基准电压		0.95	1.15	1.35	V
V_{offset}	输入偏置电压		−25	—	+25	mV
R_i	输入电阻(V_{IP}或V_{IM})		—	10	—	Ω
C_i	输入电容(V_{IP}或V_{IM})		—	5	10	pF
B	输入至功率带宽	3dB带宽	40	50	—	MHz

【应用电路】

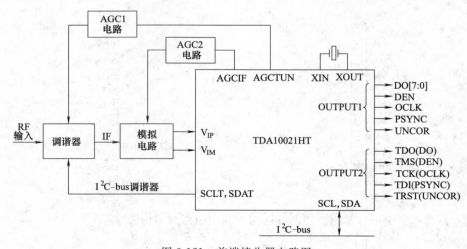

图 3-121 前端接收器电路图

注:输出1可以是并行输出型A、一个并行输出B或串行输出(可编程接口);输出2是串行输出(串行接口)。

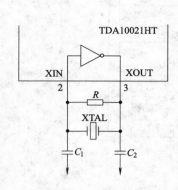

图 3-122　典型 XTAL 连接

注：XTAL 基频是 4MHz，$R=1\mathrm{M}\Omega$，
$C_1=C_2=56\mathrm{pF}$。

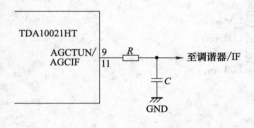

图 3-123　外部 AGC 连接

注：R 和 C 选择用 $\dfrac{SR}{1024}<f_c<\dfrac{XIN}{16}$，

用 $R=1.5\Omega$，$C_1=1\mathrm{nF}$，$f_c=100\mathrm{kHz}$。

【生产公司】　Philips Semiconductors

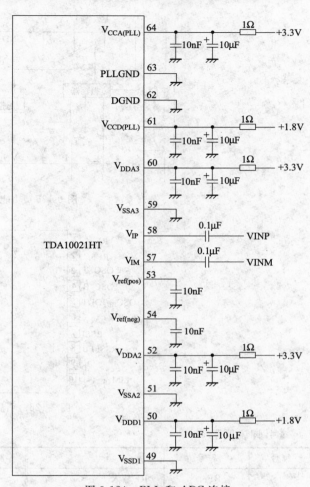

图 3-124　PLL 和 ADC 连接

● **SA647 低压数字中频接收器**

【用途】

数字接收系统，蜂窝无线电，蜂窝无线控制。

【特点】

$V_{CC}=2.7\sim5.5\mathrm{V}$　　　　　　　　　2MHz 限制小信号带宽

低功耗接收器（5.3mA，在 3V）　　　滤波器匹配（1.5Ω）

电源降型式（$I_{CC}=110\mu\mathrm{A}$）　　　差动限制输出

快速 RSSI 上升和下降时间　　　　　振荡器缓冲器

扩展 RSSI 范围有温度补偿　　　　　TSSOP-20 封装

RSSI 运放

　　SA647 是一个低电压高性能单位数字系统，有高速 RSSI 与混频器组合、振荡器有缓冲输出、两个限制中频放大器、快速对数接收信号强度指示器（RSSI）、电压稳压器、RSSI 运放和电源下降脚。SA647 用 TSSOP 封装。SA647 设计用于便携式数字通信，功能降至 2.7V。限幅放大器有不同输出和 2MHz 小信号带宽。RSSI 输出使用反馈脚，能使设计电平调节输出或增加滤波器。

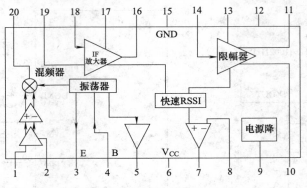

图 3-125 功能块图

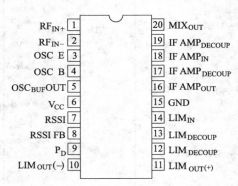

图 3-126 引脚图

【引脚说明】

脚号	符 号	功　能	脚号	符 号	功　能
1	RF$_{IN}$+	RF 输入	11	LIM$_{OUT(+)}$	限幅器输出（＋）
2	RF$_{IN}$−	RF 旁通	12	LIM$_{DECOUP}$	限幅器去耦
3	OSC E	振荡器发射极	13	LIM$_{DECOUP}$	限幅器去耦
4	OSC B	振荡器基极	14	LIM$_{IN}$	限幅器输入
5	OSC$_{BUF}$OUT	振荡器缓冲输出	15	GND	地
6	V$_{CC}$	电源电压	16	IF AMP$_{OUT}$	IF 放大器输出
7	RSSI	RSSI 输出	17	IF AMP$_{DECOUP}$	IF 放大器去耦
8	RSSI FB	RSSI 反馈	18	IF AMP$_{IN}$	IF 放大器输入
9	P$_D$	电源降	19	IF AMP$_{DECOUP}$	IF 放大器去耦
10	LIM$_{OUT(−)}$	限幅器输出（一）	20	MIX$_{OUT}$	混频器输出

【DC 电特性】

电源电压 V_{CC}	2.7～5.5V	输入 I_{CC}	−10～10μA
DC 漏电流 I_{CC}	4～7mA	电压上升时间	10μs
备用 I_{CC}	0.11mA		

【最大绝对额定值】

电源电压 V_{CC}	−0.3～6.0V	存储温度 T_{STG}	−65～150℃
加至任一脚电压 V_{IN}	−0.3V～V_{CC}+0.3V	工作温度 T_A	−40～85℃

【AC 电特性】

$V_{CC} = 3.0V$，混频器输入频率 $= 110.52MHz$，LO 输入频率 $= 109.92MHz$，$T_A = 25℃$。

符号	参　　　数	最小	典型	最大	单位
	混频器/振荡器选择				
f_{IN}	输入信号频率			200	MHz
f_{OSC}	晶体振荡频率			200	MHz
NF	在 110.52MHz 噪声图		4.5		dB
IIP3	三次输入截点		−29.5		dBm
G_{CP}	转换功率增益	17	20	23	dB
R_{IN}	混频器输入电阻		670		Ω
C_{IN}	混频器输入电容		3.0		pF
R_{OUT}	混频器输出电阻		1.5		Ω
I_{SOL}	混频器 RF 至 LO 隔离		32		dB
	缓冲 LO 输出电平,DC 耦合(峰-峰值)	110	230	320	mV
	外部输入电平(峰-峰值)	250			mV
	IF 选择				
	IF 放大器功率增益	30	36		dB
	限幅器功率增益	51	60		dB
IF_{BW}	IF 放大器频带		2		MHz
	RSSI 输出,在脚 1 不同功率电平		0.30		V
			1.00		V
			1.55		V
	RSSI 范围		85		dB
	RSSI 精度		±1.5		dB
	RSSI 脉动(峰-峰值)		30		mV
	RSSI 速度(上升时间)		5		μs
	RSSI 速度(下降时间)		25		μs
	IF 输入阻抗		1.5		Ω
	IF 输出阻抗		1.5		Ω
	限幅器输入阻抗		1.5		Ω
	限幅器输出阻抗		230		Ω
	限幅器输出(每个脚)峰-峰值	240	350	420	mV
	限幅器输出电平		1.27		V
	差动输出匹配		±5		mV
	限幅器输出偏置		0.09		V

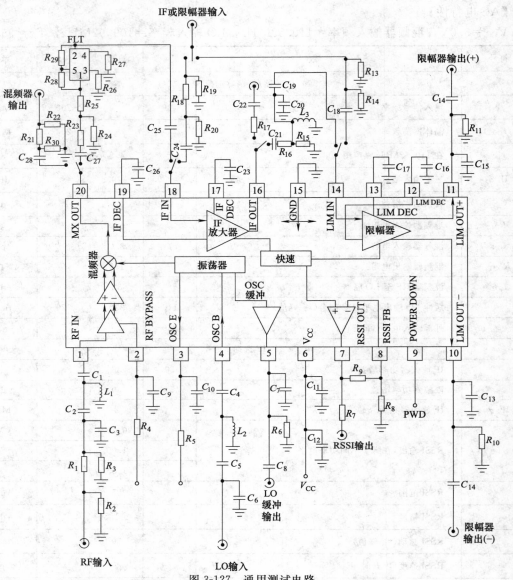

图 3-127 通用测试电路

电路元件

C_1	0.01μF	C_{11}	100nF	C_{21}	0.01μF	R_1	249Ω	R_{13}	50Ω	R_{24}	8.66Ω	L_1	120nH
C_2	12pF	C_{12}	100nF	C_{22}	0.1μF	R_2	60.4Ω	R_{14}	13.7Ω	R_{25}	130Ω	L_2	120nH
C_3	39pF	C_{13}	30pF	C_{23}	100nF	R_3	60.4Ω	R_{15}	1.5Ω	R_{26}	182Ω	L_3	56μH
C_4	0.01μF	C_{14}	0.1μF	C_{24}	0.1μF	R_4	10Ω	R_{16}	1.5Ω	R_{27}	182Ω	FLT	600kHz
C_5	15pF	C_{15}	30pF	C_{25}	0.1μF	R_5	10Ω	R_{17}	1Ω	R_{28}	10Ω		
C_6	39pF	C_{16}	100nF	C_{26}	100nF	R_6	10Ω	R_{18}	13.7Ω	R_{29}	10Ω		
C_7	3.9pF	C_{17}	100nF	C_{27}	0.1μF	R_7	10Ω	R_{19}	50Ω	R_{30}	3.92Ω		
C_8	0.1μF	C_{18}	0.1μF	C_{28}	0.1μF	R_8	10Ω	R_{20}	1.69Ω	R_{30}	3.92Ω		
C_9	100nF	C_{19}	270pF			R_9	10Ω	R_{21}	2.43Ω				
C_{10}	100nF	C_{20}	1500pF			R_{10}	1.5Ω	R_{22}	50Ω				
						R_{11}	1.5Ω	R_{23}	130Ω				
						R_{12}	1.69Ω						

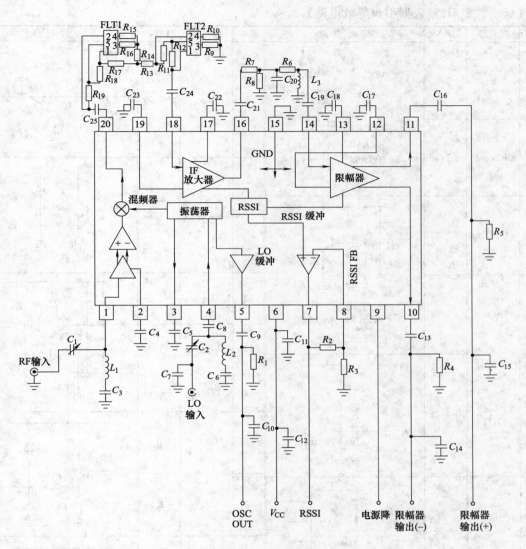

图 3-128 应用电路

电路元件

C_1	5~30pF	C_{11}	0.1μF	C_{21}	10nF	R_1	10Ω	R_{13}	240Ω	L_1	180nH
C_2	5~30pF	C_{12}	6.8pF	C_{22}	0.1μF	R_2	0Ω (short)	R_{14}	4.5Ω	L_2	180nH
C_3	0.1μF	C_{13}	0.1μF	C_{23}	0.1μF	R_3	OPEN	R_{15}	180Ω	L_3	56μH
C_4	0.1μF	C_{14}	30pF	C_{24}	10nF	R_4	5.1Ω	R_{16}	180Ω	FLT1, 2	600kHz
C_5	0.1μF	C_{15}	30pF	C_{25}	10nF	R_5	5.1Ω	R_{17}	240Ω		
C_6	0.1μF	C_{16}	0.1μF			R_6	0Ω (short)	R_{18}	10Ω		
C_7	47pF	C_{17}	0.1μF			R_7	1.5Ω	R_{19}	10Ω		
C_8	1nF	C_{18}	0.1μF			R_8	1.5Ω				
C_9	10pF	C_{19}	10nF			R_9	180Ω				
C_{10}	3.9pF	C_{20}	1500pF			R_{10}	180Ω				
						R_{11}	10Ω				
						R_{12}	0Ω				

【低压数字 IF 接收器引脚等效电路】

脚号	脚符号	DCV	等 效 电 路	脚号	脚符号	DCV	等 效 电 路
1	RF$_{IN+}$	+2.35		9	P$_D$	+2.00	
2	RF$_{IN-}$	+1.56		10 11	LIM OUT	+1.25	
3	OSC E	+2.21		12	LIM$_{DECOUP}$	+1.28	
4	OSC B	+2.78		13	LIM$_{DECOUP}$	+1.28	
				14	LIM$_{IN}$	+1.28	
5	OSC$_{BUF}$ OUT	+2.21		15	GND	0	
6	V$_{CC}$	+3.00		16	IFAMP$_{OUT}$	+1.28	
				17	IF AMP$_{DECOUP}$	+1.28	
7	RSSI	+0.20		18	IF AMP$_{IN}$	+1.28	
				19	IF AMP$_{DECOUP}$	+1.28	
8	RSSI FB	+0.20		20	MIX$_{OUT}$	+2.03	

【生产公司】 Philips Semiconductors

3.6　LMX 蓝牙集成电路

● 美国国家半导体的蓝牙解决方案

美国国家半导体 Simply Blue 产品 LMX9830 和 LMX9838 是专为简化蓝牙无线系统的设计而开发。Simply Blue 可用于各类计算机和通信系统间信息交换。Simply Blue 系列内的每一个模块均包含一个完整的嵌入式蓝牙协议堆栈、特殊应用概要档，以及一个高级指令解译器。该高级指令集可使设计人员无需具备深入的蓝牙专业知识，都可轻易地进行设计。

美国国家半导体的标准 HCI 蓝牙器件 LMX5453 提供一个既灵活且低功耗的蓝牙 CMOS 无线电及基带解决方案。凭借其卓越的电源管理、现场升级能力和 USB/UART 数据传输，再加上堆栈合作伙伴计划的支持，使 LMX5453 能为最终产品带来种种的蓝牙连接优点。

蓝牙器件	说　明	蓝牙解决方案
LMX9838	经过全面验证的蓝牙 2.0 模块，包括晶体及天线	全串行端口蓝牙节点包括天线
LMX9830	蓝牙 2.0 认证 Simply Blue 串行端口微型模块	串行端口概要档（SPP）以及天线
LMX5453	蓝牙 2.0 认证微型模块	HCI 以及天线

● LMX9830 蓝牙串行端口模块

LMX9830 集成了一个蓝牙 CMOS 无线电收发器，它可提供高集成度的射频系统，以及一个配备有高成本效益 ROM 存储器的蓝牙基带控制器。

除了可用作取替电缆等应用外，LMX9830 还可利用多条连线支持专门传送数据及语音的嵌入式通信系统，并确保有关数据能以最高速度传送，而语音则可通过同步音频连线（SCO）传送。

▲蓝牙 2.0 预认证串行端口模块。

▲简单易用的高级指令集，可迅速地综合到应用。

▲可配置的 UART 接口，速度高达 921.6kbps。

▲极高的 SPP 数据吞吐量。

▲点到多点主从网络支持。

▲具备自动从属运行模式，可通过透明的 UART 支持即插即用的串行电缆应用。

▲包括 GAP、SPP 及 SDAP。

▲ACL 及 SCO 链接。

▲尺寸小巧（6mm×9mm×1.2mm）。

▲BGA 60 封装 0.8mm 间距。

▲嵌入式蓝牙堆栈及概要档，以降低主控处理器干扰。

▲第二级输出功率。

▲接收器灵敏度 81dBm。

▲低功耗。

LMX9830 所遵守的规章

已获认可的标准	说　明	版本	日期
符合的蓝牙规格： LMX9830 符合 Bluetooth 版本 2.0 规格	有关的蓝牙清单可在 http://qualweb.bluetooth.org 找到	2.0	12/06

● LMX9838——包括天线的蓝牙串行端口模块

LMX9838 蓝牙串行端口模块是一款高集成的器件，它集成了蓝牙 2.0 基带控制器、2.4GHz 的无线电、晶体、天线、LDO 和高散组件，将它们结合组成一个完整的小型（10mm×17mm×2.0mm）蓝牙节点。

LMX9838 将 LMX9830 的精简接口集成到蓝牙模块内，并包含所有外部的组件。

▲蓝牙 2.0 预认证串行端口模块。

▲FCC、CE 及 IC 认证。

▲具备与 LMX9830 一样的软件特色。

▲引线栅数组封装。

▲第二级输出功率。

▲接收器灵敏度 81dBm。

▲低功耗。

▲全面的蓝牙节点包括基带及无线电芯片、电压调节器、晶体、EEPROM、天线。

LMX9838 所遵守的规章

已获认可的标准	说　明	版本	日期
符合的蓝牙规格： LMX9838 符合蓝牙最终产品版本 2.0 规格	QD-ID：B012394 有关的蓝牙清单可在 http：// qualweb. bluetooth. org 找到	2.0	01/07
符合 FCC 规格	FCC ID：ED9LMX9838 有关文件可在 FCC 找到		09/07
符合 CE 规格	CE 规格认证书		09/07
符合 IC 规格	IC 认证号码：1520A-LMX9838		09/07

● LMX9838 蓝牙串行接口模块

【用途】

远程医疗/医学、工业和科学，个人数字助理，POS 终端，数据记录系统，声频入口应用，遥测遥控。

【特点】

基带和链路管理
协定：L2CAP，RFCOMM，SDP
规范：GAP，SDAP，SPP
高性能：包括天线，晶体，EEPROM，LDO
支持可达 7 个有效蓝牙数据链路和 1 个有效
SCO 链路
2 级工作
UART 指令/数据端口速度可达 921.6kbps

先进声频接口用于外部 PCM 编译码器
好于－80dBm 输入灵敏度
FCC 鉴定：FCC ID ED9LMX9838
IC 鉴定：IC-1520A-LMX9838
CE 自鉴定
蓝牙 SIG QD-ID：BO12394
紧凑尺寸：10mm×17mm×2.0mm

国家半导体 LMX9838 蓝牙串行接口组件是一个完全集成蓝牙 2.0 基带控制器，2.4GHz 无线电、晶体、天线、LDO 组成一个小型因素（10mm×17mm×2.0mm）蓝牙节点。包括全部硬件和软件，提供一个完全解决方案，从天线通过完全下面和上面布局的蓝牙堆栈，一直到应用包括通用接入规范（GAP）、服务显现应用规范（SDAP）和串行接口规范（SPP）。组件包括一个可配置业务数据库，完全满足业务需要，在主机上增加的规范。LMX9838 作为蓝牙最终产品，已准备好在没有增加测试和特许成本的终端应用。根据国家半导体 16 位处理器结构和数字智能无线电技术，LMX9838 最适合处理蓝牙节点要求的数据和链路管理控制过程。

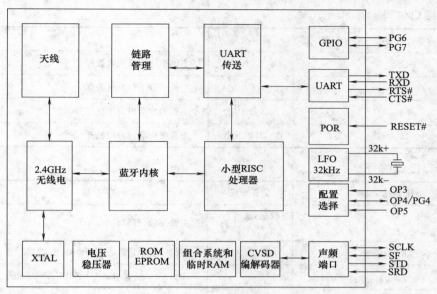

图 3-129　功能块图

在芯片上 ROM 支持微程序语言，呈现一个完全蓝牙（V2.0）堆栈，包括规范和指令接口。该微程序语言的特点是点对点和点对多点链路管理控制，支持数据速率可达 704kbps 理论上最大值。内部存储器支持可达 7 个有效蓝牙数据链路和 1 个有效 SCO 链路。芯片上临时插入 RAM 提供极低成本和风险，允许微程序语言灵活升级。

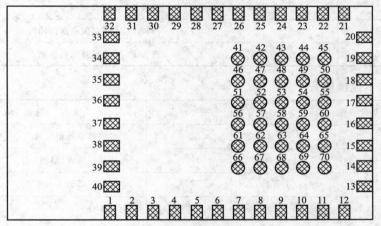

图 3-130　连接图

【焊垫片说明】

系统接口信号

垫片名	垫片位置	型号	缺省布局	说　　明
OP3	16	I		OP3：脚检测，在启动顺序时用于配置选择
OP4/PG4	26	OP4：I PG4：I/O		OP4：脚检测，在启动顺序时用于配置选择 PG4：GPIO
OP5	25	I/O		OP5：脚检测，在启动顺序时用于配置选择
32K−	28	O	NC（如不用）	32.768kHz 晶体振荡
32K＋	27	I	GND（如不用）	32.768kHz 晶体振荡

UART 接口信号

垫片名	垫片位置	型号	缺省布局	说　明
RXD	12	I		主机串行端口接收数据
TXD	13	O		主机串行端口发射数据
RTS#	14	O	NC(如不用)	主机串行端口请求发送
CTS#	15	I	GND(如不用)	主机串行端口清除发送

辅助端口接口信号

垫片名	垫片位置	型号	缺省布局	说　明
RESET#	2	I	有效低,既可 NC,也可连主机	组件复位(有效低)
XOSCEN	8	O		主机主时钟请求,用晶体 XI 触发使能/使不能
PG6	7	I/O		GPIO——缺省启动 UNK,STATUS 指示
PG7	19	I/O		GPIO——缺省启动 RF 信息 LED 指示

声频接口信号

垫片名	垫片位置	型号	缺省布局	说　明
SCLK	20	I/O		声频 PCM 接口时钟
SFS	21	I/O		声频 PCM 接口帧同步
STD	22	O		声频 PCM 接口发送数据输出
SRD	23	I		声频 PCM 接口接收数据输入

电源、地和不连接信号

垫片名	垫片位置	型号	缺省布局	说　明
MV_{CC}	6	I		组件内部电压稳压输入
V_{CC}_CORE	9	I/O		电压稳压输入/输出
V_{CC}	10	I		电压稳压器输入基带
V_{CC}_IO	11	I		电源 I/O
GND	3,4,17,18,24,29,30,31,32	I	GND	必须连至地板
NC	1,5,33,34,35,36,37,38,39,40		NC	布局垫片用于稳定性
NC	41,42,43,44,45,46,47,48,49,50,51,52,53,54,55,56,57,58,59,60,61,62,63,64,65,66,67,68,69,70		NC	没有布局任一垫片

【最大绝对额定值】

符号	参　　数	最小	最大	单位
V_{CC}	数字电压稳压器输入	-0.2	4	V
V_I	任一垫片上电压用 GND$=0$V	-0.2	$V_{CC}+0.2$	V
T_S	存储温度范围	-65	$+150$	℃
T_{LNOPB}	引线温度 NOPB(焊接 40s)		250	℃
ESD_{HBM}	ESD 人体型		2000	V
ESD_{MM}	ESD 机器型		200	V
ESD_{CDM}	ESD 电荷放电型		1000	V

【推荐工作条件】

符号	参　　数	最小	典型	最大	单位
MV_{CC}	组件内部电压稳压器输入	3.0	3.3	3.6	V
V_{CC}	数字电压稳压器输入	2.5	3.3	3.6	V
T_R	数字电压稳压器上升时间			10	μs
T_A	环境温度范围,全部功能蓝牙节点	-40	$+25$	$+85$	℃
V_{CC}_IO	电源电压数字 I/O	1.8	3.3	3.6	V
V_{CC}_CORE	电源电压输出		1.8		V

【应用电路】

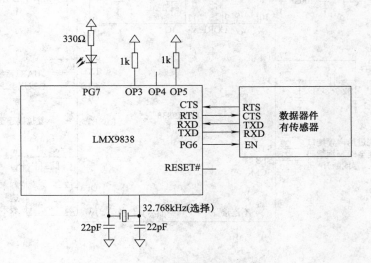

图 3-131　电缆替换应用举例

电路表示一个电缆替换应用,要求物理 UART 接口至一个数据器件,如一个传感器。LMX9838 即时等待用于一个输入链路和在数据器件和蓝牙链路之间向前数据。PG6 作用像一个有效链路指示器和用于使能数据从传感器转换。一个 32.768kHz 晶体可以用于减小功耗,而等待用于输入链路。

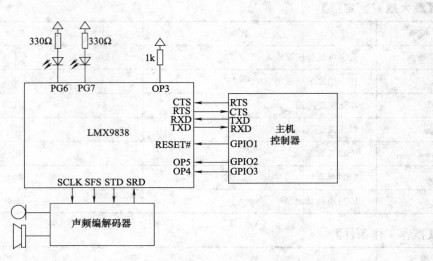

图 3-132 主机控制器基本应用有声频支持举例

电路表示连至一个主机控制器，包含一个简单应用控制 LMX9838，电路同样包含连至一个 PCM 解译码器。在这种情况主机控制应用包括一个声频规范、复位，OP4 和 OP5 通过主机控制用于 LMX9838 状态全部控制。

【应用电路】

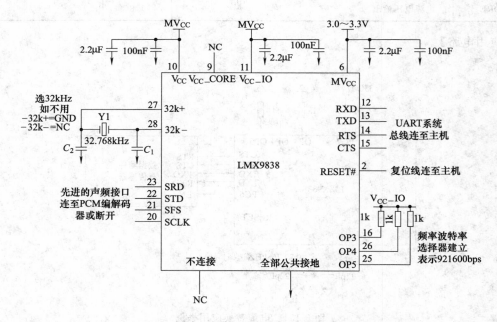

图 3-133 3.0～3.3V 为例的功能系统图

注：电容值 C_1 和 C_2 变化决定于设计和晶体制造特性。

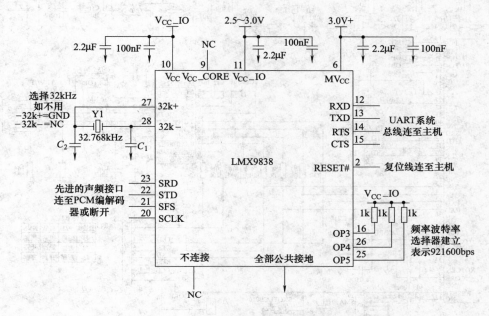

图 3-134　2.5～3.0V 为例功能系统图

注：电容数值 C_1 和 C_2 变化根据设计和晶体制造特性而定，MV_{CC} 能连至 3.0V

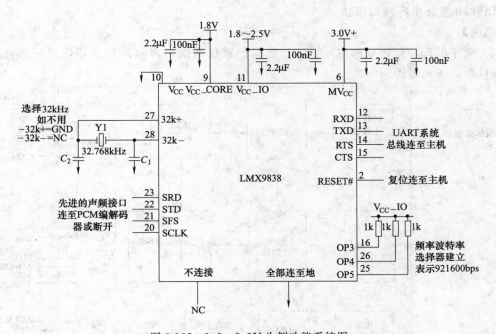

图 3-135　1.8～2.5V 为例功能系统图

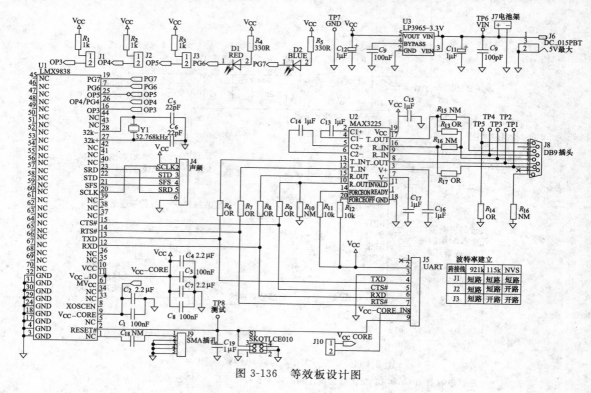

图 3-136 等效板设计图

【生产公司】 National Semiconductor

● LMX9830 蓝牙串行接口模块

【用途】

个人数字助理，销售（POS）终端，数据记录仪系统，声频入口应用，远程医疗/医学，工业和科学，遥测遥控。

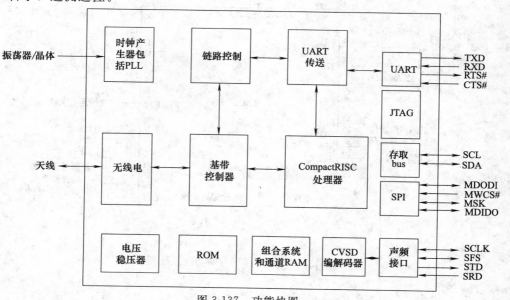

图 3-137 功能块图

国家半导体 LMX9830 蓝牙串行接口组件是一个高集成蓝牙 2.0 基带控制器和 2.4GHz 无线电，组合成一个完全的小型因数（6.1mm×9.1mm×1.2mm）蓝牙节点。包括全部硬件和软件，提供一个完全解决方案，从天线通过全部六层和上层蓝牙堆栈，直到应用，包括通用接入规范（GAP）、服务显现应用规范（SDAP）和串行接口规范（SPP）。组件包括一个可配置业务数据库，完全满足业务需要，增加在主机的分布。LMX9830 是预先经过鉴定的作为蓝牙集成元件。性能测试，通过鉴定合格蓝牙程序。系统集成后，一致性测试通过蓝牙技术程序能使短时间交易。根据国家半导体 16 位处理器结构和数字智能无线电技术，LMX9830 最合适处理蓝牙节点要求的数据和链路管理控制过程。在芯片上 ROM 存储器支持微程序语言，呈现一个完全蓝牙（V2.0）堆栈，包括仿形和指令接口。该微程序语言特点是点对点和点对多点链路控制管理，支持数据速率可达 704kbps 理论上最大。内部存储器支持可达七个有效蓝牙数据链路和一个有效 SCO 链路。芯片上临时 RAM 提供极低成本和风险，允许微程序语言灵活升级。

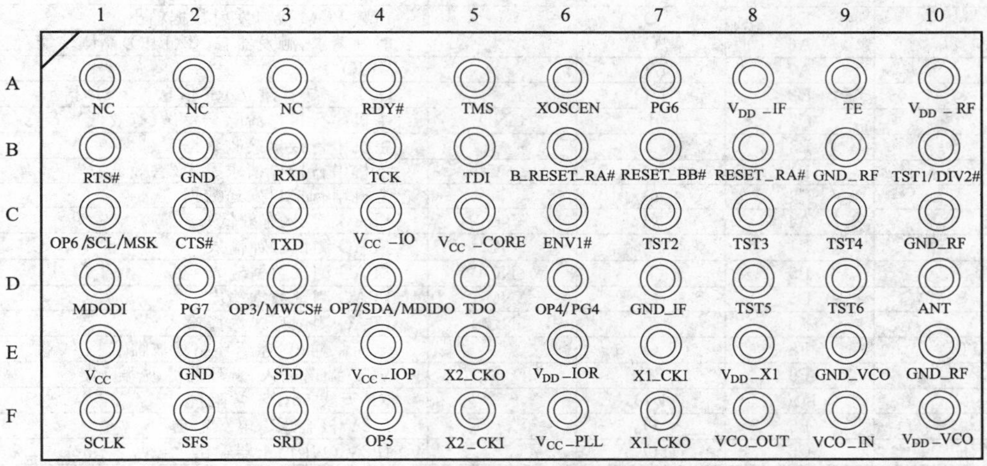

图 3-138 连接图

【焊垫说明】

焊垫名	焊垫定位	型式	缺省布局	说　明
X1_CKO	F7	O		晶体 10～20MHz
X1_CKI	E7	I		晶体和外部时钟 10～20MHz
X2_CKI	F5	I	GND	32.768kHz 晶体振荡器
X2_CKO	E5	O	NC	32.768kHz 晶体振荡器
RESET_RA#	B8	I		无线电复位（有效低）
B_RESET_RA#	B6	O	NC	缓冲复位无线电输出（有效低）
RESET_BB#	B7	I		基带复位（有效低）
ENV1#	C6	I	NC	ENV1：环境选择（有效低），只用于制造测试
TE	A9	I	GND	测试使能，只用于制造测试
TST1/DIV2#	B10	I	NC	TST1：测试型式 DIV2#：没有长期支持
TST2	C7	I	GND	测试型式，连至地
TST3	C8	I	GND	测试型式，连至地
TST4	C9	I	GND	测试型式，连至地
TST5	D8	I	GND	测试型式，连至地
TST6	D9	I	VCO_OUT	测试输入，通过 0Ω 电阻连至 VCO_OUT，允许用 VTline 自动调谐规则
MDODI	D1	I/O		SPI 主控输出受控输入

续表

焊垫名	焊垫定位	型式	缺省布局	说　明
OP6/SCL/MSK	C1	OP6：I SCL/MSK：I/O		OP6：用于组合选择在启动程序时校验脚 SCL：存取总线时钟 MSK：SPI 变换
OP7/SDA/MDIDO	D4	OP7：I SDA/MDI DO：I/O		OP7：用于组合选择在启动程序时校验脚 SDA：存取总线串联数据 MDIDO：SPI 主控输入受控输出
OP3/MWCS＃	D3	I		OP3：用于组合选择在启动程序时校验脚 MWCS＃：SPI 受控选择输入（有效低）
OP4/PG4	D6	OP4：I PG4：I/O		OP4：用于组合选择在启动程序时校验脚 PG4：GPIO
OP5	F4	I/O		OP5：用于组合选择启动程序时校验脚
SCLK	F1	I/O		声频 PCM 接口时钟
SFS	F2	I/O		声频 PCM 接口帧同步
SRD	F3	I		声频 PCM 接口接收数据输入
STD	E3	O		声频 PCM 接口发射数据输出
XOSCEN	A6	O		时钟请求，触发器有 X2(LPO)晶体使能/使不能
PG6	A7	I/O		GPIO
PG7	D2	I/O		GPIO—缺省建立 RF 信息量 LED 指示
CTS＃	C2	I	GND	主机串行接口清除至发送（有效低）
RXD	B3	I		主机串行接口接收数据
RTS＃	B1	O	NC	主机串行接口请求发送（有效低）
TXD	C3	O		主机串行接口发送数据
RDY＃	A4	O	NC	JTAG 读出（有效低）
TCK	B4	I	NC	JTAG 测试时钟输入
TDI	B5	I	NC	JTAG 测试数据输入
TDO	D5	O	NC	JTAG 测试数据输出
TMS	A5	I	NC	JTAG 测试型式选择输入
VCO_OUT	F8	O		电荷泵输出，连至环路滤波器
VCO_IN	F9	I		VCO 调谐输入，从环路滤波器反馈
ANT	D10	I/O		RF 天线 50Ω 正常阻抗
V_{CC}_PLL	F6	O		1.8V 核心逻辑电源输出
V_{CC}_CORE	C5	O		1.8V 电压稳压器输出
V_{DD}_X1	E8	I		电源晶体振荡器
V_{DD}_VCO	F10	I		电源 VCO
V_{DD}_RF	A10	I		电源 RF
V_{DD}_IOR	E6	I		电源 I/O 无线电/BB
V_{DD}_IF	A8	I		电源 IF
V_{CC}_IOP	E4	I		电源音频接口
V_{CC}_IO	C4	I		电源 I/O
V_{CC}	E1	I		电源稳压器输入
GND_VCO	E9			地
GND_RF	B9，C10，E10			地
GND_IF	D7			地
GND	B2，E2			地
NC	A1，A2，A3		NC	加工不连接，位置焊垫用于机械稳定性

【最大绝对额定值】

符　号	参　　　数	最小	最大	单位
V_{CC}	数字电压稳压器输入	−0.2	4.0	V
V_I	在任一焊垫有 GND＝0V 上的电压	−0.2	$V_{CC}+0.2$	V
V_{DD}_RF				
V_{DD}_IF	电源电压，无线电	0.2	3.3	V
V_{DD}_X1				
V_{DD}_VCO				
P_{INRF}	RF 输入功率		0	dBm
V_{ANT}	加电压至 ANT 焊垫		1.95	V
T_S	存储温度	−65	+150	℃

续表

符号	参　　数	最小	最大	单位
T_L	引线温度(焊4s)		225	℃
T_{LNOPB}	引线温度 NOPB(焊40s)		260	℃
ESD_{HBM}	ESD 人体型		2000	V
ESD_{MM}	ESD 机器型		200	V

【推荐工作条件】

符号	参　　数	最小	典型	最大	单位
V_{CC}	数字电压稳压器输入	2.5	2.75	3.6	V
T_R	数字电压稳压器上升时间			10	μs
T_A	工作温度	−40	+25	+125	℃
V_{CC}_IO	电源电压数字 I/O	1.6	3.3	3.6	V
V_{CC}_PLL	内部连至 $V_{CC}\_$核心				
V_{DD}_RF					
V_{DD}-IF					
V_{DD}-X1	电源无线电	2.5	2.75	3.0	V
V_{DD}_VCO					
V_{DD}_IOR	电源电压无线电 I/O	1.6	2.75	V_{DD}_RF	V
V_{CC}_IOP	电源电压 PCM 接口	1.6	3.3	3.6	V
V_{CC}_CORE	电源电压输出			1.8	V
$V_{CC}\_CORE_{MAX}$	电源电压输出最大负载			5	mA
$V_{CC}\_CORE_{SHORT}$	当用电源输入时(V_{CC}接地)	1.6	1.8	2.0	V

【应用电路】

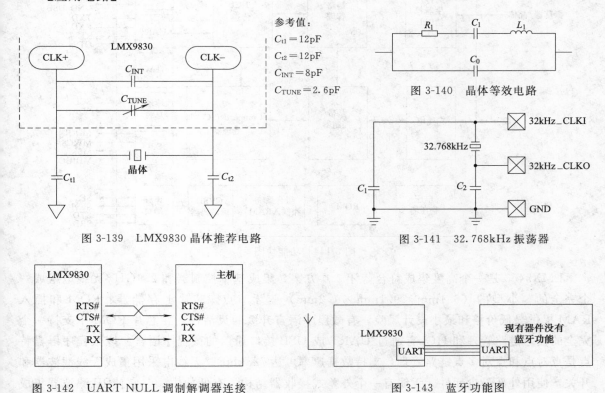

参考值:
$C_{t1}=12\mathrm{pF}$
$C_{t2}=12\mathrm{pF}$
$C_{INT}=8\mathrm{pF}$
$C_{TUNE}=2.6\mathrm{pF}$

图 3-140　晶体等效电路

图 3-139　LMX9830 晶体推荐电路

图 3-141　32.768kHz 振荡器

图 3-142　UART NULL 调制解调器连接

图 3-143　蓝牙功能图

【生产公司】　National Semiconductor

● **LMX5453 微型模块集成蓝牙 2.0 基带控制器和无线电**

【用途】

移动手持设备，立体手持设备，个人数字助理，个人计算机，汽车电子信息远程助理，遥测遥控。

【特点】

LMX5453 是一个代替 LMX5452

符合蓝牙 2.0 内核特性

好于 -80dBm 输入灵敏度

2 类工作

低功耗

接收外部时钟和晶体输入

定时选择 12/13MHz，用 PLL 旁通型式降低功耗

　10～20MHz 外部时钟或晶体网络

　第二个 32.768kHz 振荡器用于低功率型式

　先进的电源管理特点

高集成

　集成用 0.18μm CMOS 工艺

　RF 包括芯片上天线和开关

芯片上微程序有完全的 HCI

嵌入式 ROM（200k）和插入 RAM（16.6k）存储器

可达 7 个 ACL（异步连接）链路

支持两个同时声音或扩展同步连接导向（esco）和同步连接导向

（SCO）和链路

接口扫描

声频 PCM 受控型式支持

通用 PCM 结构

分数 N∑Δ 调制

工作电压 2.5～3.6V

I/O 电压范围 1.6～3.6V

60 脚焊垫微型模块 BGA 封装（6.1mm×9.1mm×1.2mm）

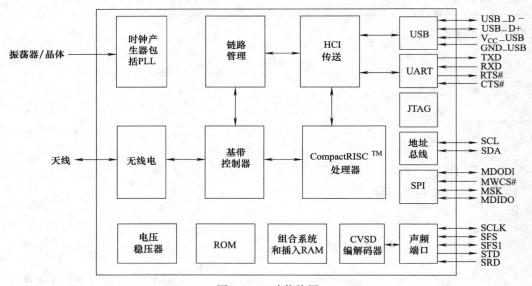

图 3-144　功能块图

　　LMX5453 是一个高度集成符合蓝牙 2.0 方案。集成基带控制器和 2.4GHz 无线电组成一个完全的、小型的（6.1mm×9.1mm×1.2mm）蓝牙节点。芯片上存储器、ROM 和插入 RAM 提供最低价格和最小设计风险，有微程序语言升级的灵活性。在芯片 ROM 中支持一个完全的蓝牙链路管理和 HCI 有通过 UART 或 USB 接口通信的微程序语言。该微程序语言特点是点对点和点对多点链路管理，支持数据速率可达 723kbps。无线电采用集成天线滤波器和开关，使用外部最少元件。无线有一个外差式接收器结构，有低的中频，它使 IF 滤波器集成在芯片上。发射器直接 IQ 调制，有高斯滤波器位流数据、一个电压控制振荡器（VCO）缓冲器和功率放大器。LMX5453 无引线，和 ROHS 符合。

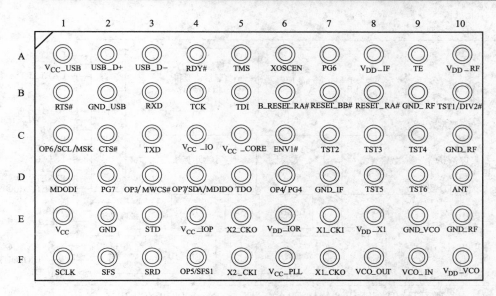

图 3-145 连接图（X-射线，顶视）

FBGA，塑料，薄片，9mm×6mm×1.2mm，60 球端，间距 0.8mm 封装（SLF60A）。

LMX5453 接口

▲完全双工 UART 支持转换速率可达 921.6kbps，包括波特率检测用 HCI 全速（12Mbps）USB2.0 用于 HCI。

▲地址总线和 SPI/Microwire 用于连接外部不失控存储器。

▲先进的声频接口（AAI）用于连接外部 8kHz PCM 编解码器。

▲可达 3 个 GPIO 端口脚（OP4/PG4，PG6，PG7），通过 HCI 指令控制。

▲JTAG 根据串行芯片上除错接口。

▲单个 Rx/Tx-焊垫无线电接口。

● LMX9820A 蓝牙串行接口模块

【用途】

个人数字助理，销售（POS）终端，数据记录仪系统，声频入口应用，遥测遥控。

国家半导体 LMX9820A 蓝牙串行接口组件是一个高度集成无线电，基带集成控制器，在 FR4 基板上实现存储器件。包括硬件和软件，包括提供完全解决来自蓝牙堆栈全部下层和上层，从无线至应用支持层，包括通用接入规范、服务显现应用规范（SDAP）和串行接口规范（SPP）。组件包括一个可配置业务数据库，完全满足服务需要，增加在主机上的分布。LMX9820A 特点是一个小型因数（10.1mm×14.1mm×2.0mm）设计，解决了许多与系统小型集成的相关课题。LMX9820A 是预先经过鉴定的作为蓝牙集成元件。性能测试通过蓝牙鉴定合格程序，系统集成后能快速时间交换，保证高度一致性和中间可操作性。根据国家半导体 16 位处理器结构和数字智能无线电技术，LMX9820A 最合适处理蓝牙节点要求的数据和链路管理控制过程。用该器件支持微程序，呈现一个完全的蓝牙（V1.1）堆栈，包括仿形和指令接口。微程序特点是点对点和点对多点链路管理控制，支持数据速率可达理论最大，内部寄存器支持可达三个有效蓝牙数据链路和一个有效 SCO 链路。

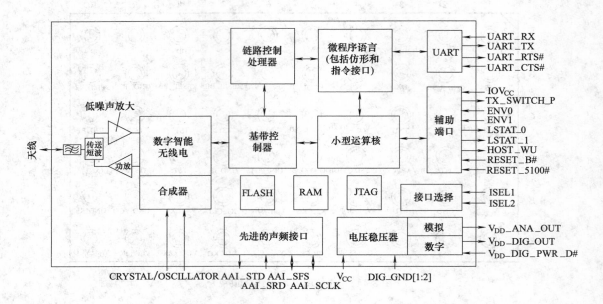

图 3-146　功能块图

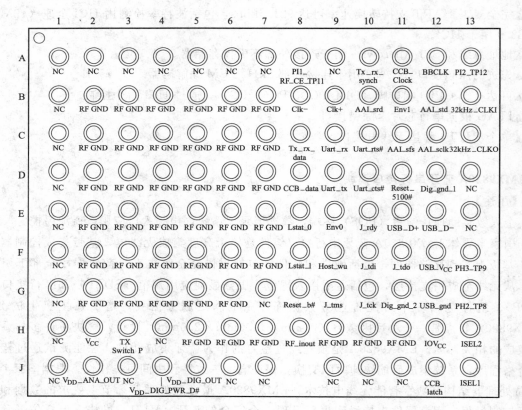

图 3-147　连接图

【焊垫说明】

系统接口信号

焊垫名	焊垫定位	指示	说　明
Clk—	B8	Input	XTAL-G 或负时钟输入。典型连接沿 XTAL-D 至外表面安装 AT—断开晶体,不连壳体 Clk＋连至外部晶体振荡器
Clk＋	B9	Input	XTAL-D 或正时钟输入。典型连接沿 XTAL-G 至表面安装 AT—断开晶体。当外部晶体振荡器使用时,同样构成一个频率输入。当构成一个频率输入时,典型连至一个外部温度补偿晶体振荡器(TCXO),通过一个交流(AC)耦合电容
32kHz_CLKI	B13	Input	32kHz 时钟输入
32kHz_CLKO	C13	Output	32kHz 时钟输出
RF_inout	H8	Input/Output	RF 天线接口,50Ω 正常阻抗,典型连接通过一个 6.8pF 电容连至天线
ISEL2	H13	Input	组件接口选择输入位 1
ISEL1	J13	Input	组件接口选择输入位 0

USB 接口信号 （通过 LMX9820A 微程序不支持）

焊垫名	焊垫定位	指示	说　明
USB_V_{CC}	F12	Input	USB 收发器电源
USB_D＋	E11	Input/Output	USB 数据正
USB_D—	E12	Input/Output	USB 数据负
USB_Gnd	G12	Input	USB 收发器地连至 GND

UART 接口信号

焊垫名	焊垫定位	指示	说　明
Uart_tx	D9	Output	UART 主机控制接口传送,发射数据
Uart_rx	C9	Input	UART 主机控制接口传送,接收数据
Uart_rts＃	C10	Output	UART 主机控制接口传送,请求发送
Uart_cts＃	D10	Input	UART 主机控制接口传送,清除至发送

辅助端口接口信号

焊垫名	焊垫定位	指示	说　明
IOV_{CC}	H12	Input	2.85～3.6V 逻辑阈值可编程输入
Reset_b＃	G8	Input	复位智能无线电,连至复位_5100
Reset_5100＃	D11	Input	复位用于基带处理器,低有效,既可连至主机,也可拉起最大 1Ω 电阻
Lstat_0	E8	Output	链路状态位 0
Lstat_1	F8	Output	链路状态位 1
Host_wu	F9	Output	主机唤醒
Env0	E9	Input	组件工作环境位 0
Env1	B11	Input	组件工作环境位 1
TX_Switch_P	H3	Output	收发器状态,0＝接收;1＝发送

声频端口接口信号

焊垫名	焊垫定位	指示	说　明
AAI_srd	B10	Input	先进的声频接口接收数据输入
AAI_std	B12	Output	先进的声频接口发射数据输出
AAI_sfs	C11	Input/Output	先进的声频接口帧同步
AAI_sclk	C12	Input/Output	先进的声频接口时钟

测试接口信号

焊垫名	焊垫定位	指示	说　明
J_rdy	E10	Output	JTAG 准备好
J_tdi	F10	Input	JTAG 测试数据
J_tdo	F11	Input/Output	JTAG 测试数据
J_tms	G9	Input/Output	JTAG 测试型式选择
J_tck	G10	Input	JTAG 测试时钟
PI1_RF_CE_TP11	A8	Test Pin	组件测试点
PI2_TP12	A13	Test Pin	组件测试点
Tx_rx_data	C8	Test Pin	组件测试点
Tx_rx_synch	A10	Test Pin	组件测试点
CCB_Clock	A11	Test Pin	组件测试点
CCB_data	D8	Test Pin	组件测试点
CCB_latch	J12	Test Pin	组件测试点
BBCLK	A12	Test Pin	组件测试点
PH3_TP9	F13	Test Pin	组件测试点
PH2_TP8	G13	Test Pin	组件测试点

注：JTAG 测试行动联合组织。

电源、接地和不连接信号

焊垫名	焊垫定位	指示	说　明
NC	A1,A2,A3,A4,A5,A6,A7,A9,B1,C1,D1,D13,E1,E13,F1,G1,G7,H1,H4,J1,J3,J6,J7,J9,J10,J11	No Connect	不连,要求焊垫机械稳定性
RF GND	B2,B3,B4,B5,B6,B7,C2,C3,C4,C5,C6,C7,D2,D3,D4,D5,D6,D7,E2,E3,E4,E5,E6,E7,F2,F3,F4,F5,F6,F7,G2,G3,G4,G5,G6,H5,H6,H7,H9,H10,H11	Input	无线电系统地必须连至 RF 接地板,要求热量释放通常用焊接
Dig_gnd_1	D12	Input	数字地
Dig_gnd_2	G11	Input	数字地
V_{CC}	H2	Input	2.85～3.6V 输入,用于内部电源稳压器
V_{DD}_ANA_OUT	J2	Output	电压稳压器输出/电源,用于模拟电路。如不用置焊垫,不连至 V_{CC} 或地
V_{DD}_DIG_OUT	J5	Output	电压稳压器输出/电源,用于数字电路。如不用置焊垫,不连至 V_{CC} 或地
V_{DD}_DIG_RWR_D#	J4	Input	电源用于内部电源,稳压器用于数字电路,放置焊垫和不连至 V_{CC} 或接地

【最大绝对额定值】

符号	参　数	最小	最大	单位
V_{CC}	核心逻辑电源电压	−0.3	4.0	V
IOV_{CC}	I/O 电源电压	−0.3	4.0	V
USB_V_{CC}	USB 电源电压	−0.5	3.63	V
V_I	在任一焊垫上电压,GND=0V	−0.5	3.6	V
PinRF	RF 输入功率		+15	dBm
T_S	存储温度	−65	+125	℃
T_L	引线焊接温度(4s)		+235	℃
ESD-HBM	ESD 人体型		2000	V
ESD-MM	ESD 机器型		200	V
ESD-CDM	ESD 电荷器件型		1000	V

【推荐工作条件】

符号	参 数	最小	典型	最大	单位
V_{CC}	组件电源电压	2.85	3.3	3.6	V
IOV_{CC}	I/O电源电压	2.85	3.3	3.6	V
t_R	组件电源上升时间			50	ms
T_O	工作温度	−40		+85	℃
HUM_{OP}	湿度（工作在整个温度范围）	10		90	%
HUM_{NONOP}	湿度（不工作）	5		95	%

【应用电路】

参见 LMX9830 的晶体推荐电路、晶体等效电路、UART NULL 调制解调器连接、蓝牙功能图，其他见下图。

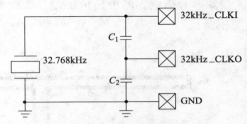

图 3-148 32.768kHz 振荡器

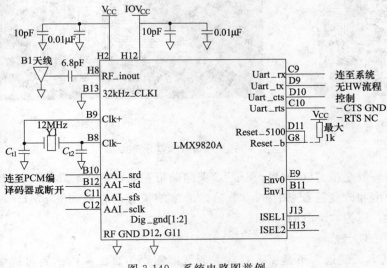

图 3-149 系统电路图举例

【生产公司】 National Semiconductor

3.7 天线选择

3.7.1 天线种类

如果要在一个射频产品中使用天线，是有很多种类可以选择的。在选择天线时，大小、成本、性能都是最重要的因素。三种最常见的短距天线设备是 PCB 天线、芯片天线和有一个连接器的鞭状天线。下表显示出这些天线的优点和缺点。

天线类型	优 点	缺 点
PCB 天线	低成本 可能有很好的性能 高频条件下天线尺寸可能小	很难设计小型的高效 PCB 天线 低频时可能需要大尺寸
芯片天线	小尺寸	性能中等 成本中等
鞭状天线	好性能	高成本 在很多应用中很难适用

通常也把天线划分为单端天线和差分天线。单端天线也称为不平衡天线，差分天线称为平衡天线。单端天线由一个相对地的信号进行反馈，而且特征阻抗一般都为 50Ω。很多射频测量设备都是 50Ω 的参考阻抗，这样，用这些设备可以很方便地测量 50Ω 特征阻抗天线的参数。然而很多射频都有不同的差分射频端口，平衡非平衡配置时需要使用一个单端天线网络转换网络。图 3-150 所示是单端口天线和差分天线。图中显示出差分天线直接连接在 RF 的引脚，单端口天线却需要一个不平衡变压器。

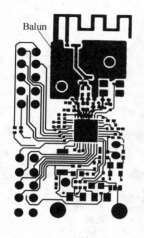

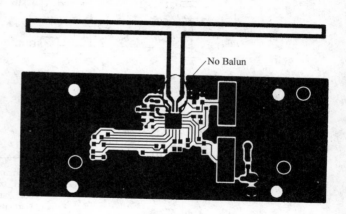

(a) 单端口天线　　　　　　　　　　　(b) 差分天线

图 3-150　单端口和差分天线

欧洲的频段一般是指"868MHz 频带"，美国的带宽通常指"915MHz 频带"。同一个天线通过调整它的长度和改变匹配部件的参数值，通常能很容易在欧洲 868MHz 和美国 915MHz 都有很好的性能，称为"868/915MHz 天线"。

3.7.1.1　PCB 天线

设计一个 PCB 天线通常不是那么直接，通常都需要仿真工具以达到可接受的方案。为了获得最佳设计，把仿真工具配置到精确仿真状态是很困难并且很耗费时间的。

3.7.1.2　芯片天线

如果板子空间大小对天线有限制，那么芯片天线将会是个很好的选择。这种天线允许在小尺寸方案下实现 1GHz 频率的无线频率。与 PCB 天线相比较，这种天线增加了 BOM 和监控成本。典型的芯片天线成本很低。

即使芯片天线的制造商声明芯片天线在特性的频段匹配 50Ω 的特征电阻，但是通常还需要外加的匹配部件来获得合适的性能。在数据表上列出的性能数据和推荐的匹配通常是在检测板上测试得出来的。测试板的尺寸通常在数据表里有注明。需要注意的是当芯片天线在板层大小形状和 PCB 板上运行时工作性能和需要的匹配会有所不同。

3.7.1.3　鞭状天线

如果好的性能是最重要的指标，而尺寸和成本并非考虑因素，那么外接一个连接器连接的天线将是个很好的解决方案。这种天线通常是单极的，而且有全方向的辐射图。也就是说这种天线在各个方向上都有相差不多的性能。鞭状天线的价格明显地高于芯片天线，在板上需要一个连接器也增加了成本。注意，在一些场合特定类型的连接器必须符合 SRD 规范。

3.7.2　天线参数

为一个无线设备选择天线时，有几个参数是必须考虑到的。最重要的参数是在天线周围不同方向上的辐射变化、天线效率、天线工作时需要的带宽和需要提供给天线的功率。

3.7.2.1　辐射图和增益

图 3-151 所示的是图 3-150 天线在 PCB 板上各个方向上辐射变化图。有些参数标在了图 3-151 的左下边。另外知道辐射图和天线位置的相互关系也是非常重要的。

增益的参考标准通常是一个在各方向上都有相同辐射的单极理想天线。当这个天线被用作参考时，增益以 dBi 给出或者以等效为单极辐射功率（Effective Isotropic Radiated）给出。图 3-151 的外圈与 5.6dBi 相符合。图 3-151 左下方"4dB/div"的标注表示每个内圈辐射水平衰减了 4dB，这表示与在 PCB 天线中的单极

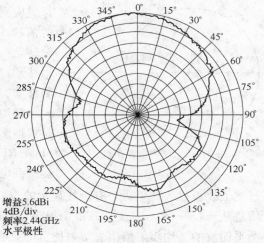

增益5.6dBi
4dB/div
频率2.44GHz
水平极性

图 3-151　辐射图

天线相比较在 0°方向上有 5.6dB 更高的辐射，在 180°方向上有 6.4dB 更低的辐射。

增益的定义：

$$G=eD=\frac{P_{\text{rad}}}{P_{\text{in}}}\times D=\frac{P_{\text{rad}}}{P_{\text{in}}}\times\frac{U_{\max}}{U_{\text{avg}}}$$

增益（G）定义为最大平均和辐射强度的比例乘以天线效率，如上式方程。天线部件的欧姆损耗和天线的引脚反射决定天线效率。最大平均和辐射强度比例被定义为方向因子（D）。高增益不代表天线就有好的性能。典型的，比如带移动模块的系统，就需要一个全方向性的辐射图，这样不管这个单元指向哪个方向都有近似相同的性能。在一个接受设备和发送设备位置都固定的应用中，高增益是所期望的。如果那些单元能放置位置能让最高增益方向相互指向对方，这样天线性能就是最佳的。

极化描述的是电场方向。所有电磁波在自由空间中传播时电场方向和磁场方向与传播方向都是相互垂直的。通常情况下，考虑极性时都只是描述电场矢量，因为磁场矢量垂直于电场矢量且垂直于传播方向，就忽略了磁场矢量。接收和传输天线应该有相同的极化状况以获得相称的极性能。很多天线在 SRD 的应用中都试着产生超过一个方向的极化。另外，反射会改变电场的极化。由于室内无线电波有多重反射，室内无线设备的极化现象就比在室外工作的超视距（Line of Sight）设备严重得多。一些天线产生指向特定方向的电场，在测量辐射图时知道什么样的极化状况也是非常重要的。注明在什么频率下进行测量也是重要的。总的来说辐射图在频率上的变化并不大，因此通常在天线工作频率段的中间频率来测量辐射图。

为了精确地测量辐射图，测量从 DUT 出来的单一方向上没有反射波的方法对结果有很重要的影响。以前一般在消音室里进行这样的测试。另外一个要求就是被测量信号必须是从远处天线发出的平面波。场距离（R_f）由波长（λ）和天线的最大维数（D）决定：

$$R_f = \frac{2D^2}{\lambda}$$

辐射图典型的是在三个垂直的坐标系 xy、xz 和 yz 里测量。完成全 3D 图的测量是可能的，但是一般都不这么做，因为它会消耗很多时间，同时也需要很贵重的试验设备。另外，确定这三个方向的方法就是用球坐标系。位面会标准的定义为 $\theta = 90°$，$\varphi = 0°$ 和 $\varphi = 90°$。图 3-152 显示出如何把球面坐标对应到直角坐标中。如果在辐射图上没有给出相关方向的信息，0° 就是 x 方向，角度的增加在 xy 平面内朝着 y 轴转动；如果是 xz 平面，0° 就是 z 方向，方向增加朝着 x 轴移动；如果是 yz 平面，0° 是 z 轴方向，角度增加朝着 y 轴移动。

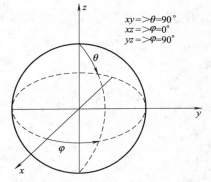

图 3-152　球面坐标系统

接地面的大小和形状会影响辐射图。图 3-153 显示的是接地面如何影响辐射图的例子，左上角的辐射图用插入 SmartRF04EB 的小型天线测量，右上角的辐射图是测量连接到电池的天线板。SmartRF04EB 有一个固态地面波。通过把天线板插入这里边，有天线显示的地面波效应是增加的。改变接地板的大小和形状，能让增益从 −1.2～4.6dB 变化。由于很多 SRD 应用都是移动的，通常在这里并不是增益峰值。一个平面波的平均辐射给出总辐射能量的更多信息，它通常在天线性能显示出来时才标注。

3.7.2.2　带宽和阻抗匹配

有两种主要的方法来测量天线带宽。当不断增加频率的时候测量辐射能量，用一个网络分析仪在天线反馈点测量发射波。图 3-154 显示从一个 2.4GHz 天线发射出的发射功率。结果显示在 2.4GHz 带宽时，天线输出功率有接近 2dB 的变化，而且在带宽中心时达到最大辐射。

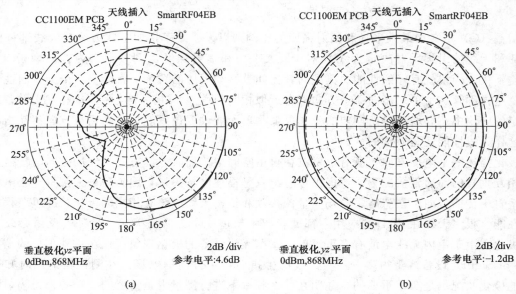

(a)　　　　　　　　　　　　　　(b)

图 3-153　地平面形状和尺寸对辐射图的影响

这种测量是在辐射波连续从 2.3~2.8GHz 变化时进行的。这种测量方法需要在没有反射波的消音室里进行以获得正确的结果,当消音室不存在时这种方法仍然也是很有用的。在普通的测试实验室环境中进行测试的结果会得到相对结果,它能显示出天线是否在频带中心工作时有最佳工作状态。连接到天线的谱分析仪也会对结果有所影响,因而这个天线在使用频率带宽处有接近的相同性能很重要,这能保证在测量带宽变化时给出的测试结果能正确反映性能变化。

另外一种测量带宽的方法是在天线反馈点测量反射功率。不通过连接天线而通过同轴电缆连接到天线的反馈点,这种测量方法需要和一个网络分析仪一起工作。天线带宽的典型定义是反射波衰减低于−10dB 或者 VSWR 小于 2 的频率范围,这等于是天线反射功率少于 10% 的频率范围。

图 3-155 显示三个远程控制 2.4GHz 天线的反射测试方法的结果。1 表示天线放在周围没有障碍物的自由空间里的反射结果。把天线放在塑料障碍物里,通过减低回声频率来影响性能,结果如 2 所示。把天线放在一个人的手里,对性能的影响就更为明显。这就是为什么当天线放在一个常见周围环境中而进行常规操作时要进行描述和调整。

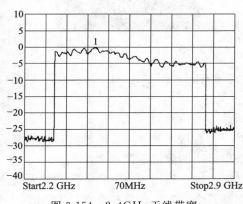

图 3-154　2.4GHz 天线带宽

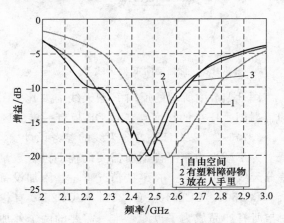

图 3-155　天线附近的反射影响

3.7.2.3　尺寸、成本和性能

最理想的天线是小尺寸、零成本并且有优越的性能。在现实生活中,这是不可能的。然而这几个因素间的相互制约关系是需要知道的。减低工作频率能成倍地扩大范围,这就是在一个视频应用需要覆盖大范围时选择工作在低频状态的原因之一。然而,绝大多数天线在低频工作时需要更大的尺寸以获得更佳的性能。这样在一个板空间有所限制的情况下,尺寸小的效率高的高频天线性能可以等同甚至更优于尺寸小的效率低的低频天线。在寻找小天线解决方案的时候,芯片天线是个好的选择,特别是当频率低于 1GHz,芯片天线与传统的 PCB 天线相比能给出更小的解决方案。制约芯片天线的主要因素就是增加的成本和低带宽的性能。

3.7.3　天线设计参考

3.7.3.1　2.4GHz 50Ω 单端天线的参考设计

2.4GHz 的解决办法,TI 公司提供了五种不同的设计参考解决办法。单个单端天线都匹配 50Ω 电阻。当增加 50Ω 的匹配电阻后,所有 2.4GHz 的产品都可以使用。TI 提供的参考设计是给所有 2.4GHz 产品附带一个 50Ω 的变换器。

2.4GHz 最小天线解决方案是如图 3-156 中所示的曲流反向 F 型(MIFA)天线。这种天线对于限制板大小和 USB 软件都是非常合适的。

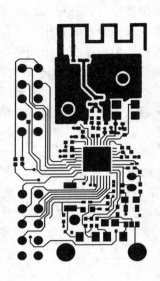

图 3-156　曲流反向 F 型天线

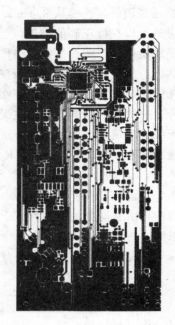

图 3-157　反向 F 型天线

图 3-157 中所示的反向 F 型天线需要比 MIFA 更大的空间，但是比 MIFA 提供了更全面的辐射图。IFA 的长度与各种 DB 板有一定的区别。

3.7.3.2　2.4GHz 差分天线的参考设计

为了减少由于平衡器所需要的辅助设备数量，设计一个直接与独立 RF 辐射端口相匹配的差分天线是可能的。在某些情况下一些附加设备需要获得合适的阻抗匹配或者滤波。

CC2500、CC2510、CC2511 和 CC2550 有相同的阻抗。这让利用图 3-158 中所示的天线应用与所有产品成为了可能。唯一需要的两个外加设备就是两个电容以确保符合 ETSI 规范。

CC2400、CC2420 和 CC243x（图 3-159）都有稍微不同的阻抗，所以使用一个外加转换设备来转换阻抗以能在所有产品中应用。如果感应器匹配安装在了 RF 引脚间，也能在 CC2400、CC2420 和 CC243x 中应用。另外推荐协调电感与 TXRX 交换称为串联。这种感应器工作的 RF 频率为 2.4GHz。

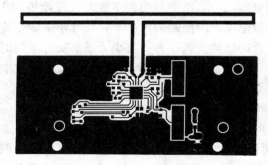

图 3-158　CC2550xx 折合偶极天线

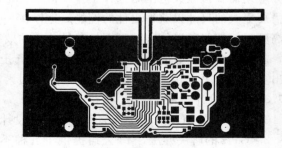

图 3-159　CC24xx 折叠偶极天线

3.7.3.3　868/915MHz 天线的设计参考

对于 868/915MHz 天线，TI 公司提供了两种能以这些频率上在所有 RF 产品中应用的参考设计。一种设计方法就是纯 PCB 设计，另一种是一个芯片天线通过特殊的 PCB 线连接起来。两种方法都有 50Ω 的匹配电阻。尽管如此，对于差分输出也需要一个不平衡变压器。

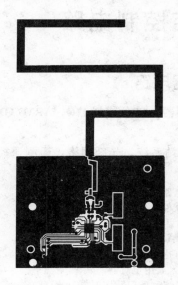

图 3-160　单极性 868/915MHz 天线

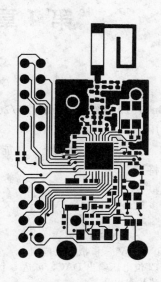

图 3-161　Johanson Technology 的
868/915MHz 芯片天线

　　纯 PCB 天线是一种单极性、中等尺寸和低成本的解决方案。图 3-160 显示的是 868/915MHz 单极 PCB 天线的层结构。

　　图 3-161 显示的是 TI 公司提供的对 868/915MHz 最小的天线解决方案。它由一个通过特殊 PCB 线连接的 JohansonTechnology 的芯片天线组成。

第4章　遥测遥控控制电路

4.1　模拟控制器电路

● **ADuC7019/20/21/22/24/25/26/27/28 精密模拟微控制器，12 位模拟 I/O，ARM7TDMI® MCU**

【用途】

工业控制和自动系统，智能传感器，精密仪表，基站系统，光纤网络，遥测遥控。

【特点】

模拟 I/O

多通道，12 位，1MSPS ADC，可达 16A DC 通道

完全差动和单端模式

0V 至 V_{REF} 模拟输入范围

12 位电压输出 DAC，可达 4 个 DAC 输出

芯片上电压基准

芯片上温度传感器（±3℃）

电压比较器

微控制器

ARM7TDMI 内核，16 位/32 位 RISC 结构

JTAG 端口支持代码下载和调试

定时选择

调节芯片上振荡器（±3%）

外部监视晶体

外部时钟源可达 44MHz

41.78MHz PLL 有可编程分频器

存储器

62KB 内存/EE 存储器，8KB SRAM

电路中下载，JTAG 调试

软件触发电路中可编程

芯片上外设

UART，2×I²C 和 SPI 串行 I/O

可达 40 脚 GPIO 端口

4×通用定时器

唤醒和看门狗定时器（WDT）

电源监视

3 相，16 位 PWM 产生器

可编程逻辑阵列（PLA）

外部存储器接口，可达 512KB

电源

规定用 3V 工作

有效模式：在 5MHz，11mA；在 41.78MHz，40mA

封装和温度范围

40 引线（6mm×6mm）LFCSP 至 80 引线 LQFP

全部规定工作温度 −40～125℃

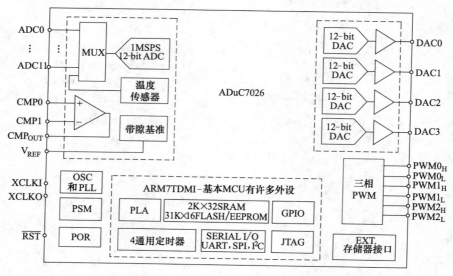

图 4-1　功能块图

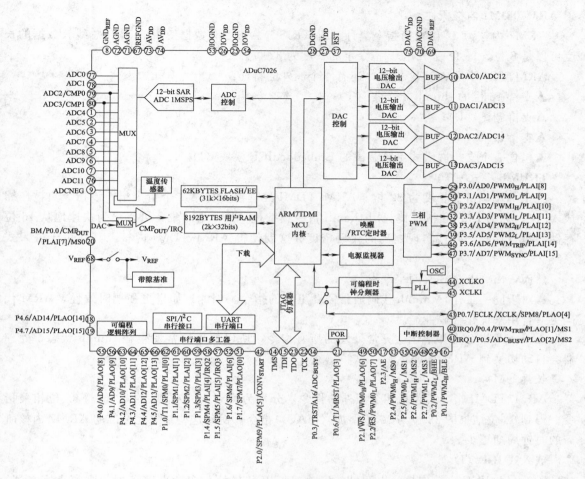

图 4-2 精细功能块图

ADuC7019/20/21/22/24/25/26/27/28 是完全集成、1MSPS、12 位数据采集系统，包括高性能多通道 ADC、16 位/32 位 MCU 和内存/EE 存储器，均在芯片上。ADC 由 12 单端输入，另外还有 4 个输入可用，但是多工器有 4 个 DAC 输出脚。4 个 DAC 输出只适用可靠模式（ADuC7020 和 ADuC7026），但是，许多情况 DAC 输出没有预设，这些脚仍然可以用作另外的 ADC 输入，给一个最大 16A DC 输入通道。ADC 能工作在单端或差动输入模式。ADC 输入电压是 $0V \sim V_{REF}$，低漂移带隙基准，温度传感器和电压比较器完成 ADC 外设系列。根据零件模式，4 个缓冲电压 DAC 可用在芯片上。DAC 输出范围是可编程 3 个电压范围之一。器件工作来自芯片上振荡器和 PLL 产生的一个内部高频时钟 41.78MHz。该时钟从 MCU 内核产生的时钟工作频率，通过一个可编程时钟分频器。微控制器内核是一个 ARM7TDMI，16 位/32 位 RISC 机构，它能高达 41MIPS 峰值特性。8KB SRAM 和 62KB 固定内存/EE 存储器芯片上提供。ARM7TDMI 内核视全部存储器和寄存器作为一个单线阵列。芯片上微程序语言通过 UART 或 I²C 串行接口端口支持电路下载，通过 JTAG 接口同样支持仿真，这些特性包含在一个低价 Quickstart 中。研发系统支持微变换器系列。零件工作电压 2.7～3.6V，规定工作温度－40～125℃。当工作在 41.78MHz 时，功耗是 120mW。ADuC7019/20/21/22/24/25/26/27/28 适用各种存储器模式和封装。

● ARM7TDMI 内核概述

ARM7 内核为 32 位精简指令集计算机（RISC）。指令和数据使用单 32 位总线。数据的长度可以是 8 位、16 位或 32 位。指令字的长度为 32 位。

ARM7TDMI 是 ARM7 内核，还有 4 个额外的特征：

▲支持 16 位的 thumb 指令集（T）；

▲支持调试（D）；

▲支持长乘（M）；

▲包含一个支持嵌入式系统调试的 EmbeddedICE 模块（I）。

THUMB 模式（T）

一个 ARM 指令长度为 32 位。ARM7TDMI 处理器支持第二个指令集，该指令集被压缩成 16 位，称为 thumb 指令集。用 thumb 指令集替代 ARM 指令集，可以更为快速地从 16 位存储器执行代码，并且实现更高的代码密度。这就使得 ARM7TDMI 内核尤其适用于嵌入式系统。

然而，thumb 模式有两个缺点：

▲对于同一工作，thumb 代码通常需要更多的指令，因此，如果更强调时效性，ARM 代码更适合用来优化代码性能。

▲thumb 指令集并不包含异常处理的所有指令，所以如果异常发生在 thumb 状态，处理器会自动切换到 ARM 代码。

长乘（M）

ARM7TDMI 指令集包括四个额外的指令，分别为得到 64 位结果的 32 位与 32 位相乘指令；得到 64 位结果的 32 位与 32 位乘加（MAC）指令。得到这些结果比标准的 ARM7 内核所需的时钟周期更少。

嵌入式 ICE（I）

EmbeddedICE 支持内核片内调试。EmbeddedICE 模块包含断点寄存器和观察点寄存器，在调试时这些寄存器可使代码中止执行。这些寄存器可以通过 JTAG 测试端口来控制。

当遇到一个断点或观察点时，处理器中断，并进入调试状态。一旦进入调试状态，就可以检查处理器寄存器、Flash/EE，SRAM 和存储器映射寄存器的状态。

异常

ARM 支持 5 种类型的异常，并且每一种异常模式有一种优先处理器模式。这 5 种异常如下。

① 正常中断或 IRQ。这是用于内部和外部事件的通用中断处理。

② 快速中断或 FIQ。这是用于数据传输或低延迟时间通道处理。FIQ 的优先级高于 IRQ。

③ 存储器中止。

④ 未定义指令执行。

⑤ 软件中断指令（SWI）。它通常用于通知操作系统。

典型情况下，程序员定义中断为 IRQ，但是为了得到更高优先级的中断，就是说得到更快响应时间，程序员可以定义中断为 FIQ。

ARM 寄存器

ARM7TDMI 总共有 37 个寄存器：31 个通用寄存器和 6 个状态寄存器。每一个工作模式有专门的寄存器组。

当编写用户级程序时，15 个通用 32 位寄存器（R0～R14）、程序计数器（R15）和当前程序状态寄存器（CPSR）是可用的。余下的寄存器只用于系统级编程和异常处理。

当一个异常发生时，一些标准的寄存器被替换成特定寄存器而进入异常模式。所有的异常模式有各自的替换寄存器组，用于堆栈指针（R13）和链接寄存器（R14）。快速中断模式有更多的寄存器（R8～R12）用于快速中断处理，这意味着无需先保存或者重新保存这些寄存器，就可以进行中断处理，因此在中断处理中可以节省至关重要的时间。

中断延迟

快速中断请求（FIQ）的最大延迟时间包含：

① 请求通过同步器的最长时间；

② 最长指令执行需要的时间（最长的指令是 LDM），该指令装载包括 PC 在内的所有寄存器；

③ 数据中止入口时间；

④ FIQ 入口时间。

在这个时间段的末尾，ARM7TDMI 执行在 0X1C（FIQ 中断矢量地址）中的指令。最长总延迟时间为 50 个处理器周期，在系统采用连续 41.78MHz 处理器时钟时，略微小于 $1.2\mu s$。

中断请求（IRQ）最大延迟计算也是类似的，但必须考虑到这样一个事实，即 FIQ 有更高优先级，并且可以在任意一个时间段后延迟进入 IRQ 中断处理。如果没有使用 LDM 命令，这个时间可以减少为 42 个周期。一些编译器可以选择不使用这个命令进行编译。另一个选择是在 thumb 模式下执行程序，在这个模式下时间可以减至 22 个周期。

用于 FIQ 或 IRQ 的最小中断延迟时间总共有 5 个周期，包括请求通过同步器的最短时间和进入异常模式的时间。

注意优先模式中（例如执行中断服务程序），ARM7TDMI 通常运行于 32 位的 ARM 模式。

典型操作

一旦配置好 ADC 控制寄存器和通道选择寄存器，ADC 开始转化模拟输入，并把一个 12 位的数据输出至 ADC 数据寄存器中。高 4 位是符号位。12 位转换结果存放在寄存器中的 16～27 位。同样，需要注意的是在全差分模式下，其结果是二进制补码格式；在伪差分模式和单端模式下，结果是标准二进制格式表示。

DAC×DAT 内采用相同格式，以简化软件。

功耗

待机模式下，也就是上电但是没有转换情况下，ADC 典型功耗为 $640\mu A$。使用内部基准电压源电流要增加 $140\mu A$。转换过程中，额外电流是 $0.3\mu A$ 乘以采样频率（单位 kHz）。

时序

用户可以控制 ADC 时钟速度和 ADCCON MMR 内采集时钟的数量。默认情况下，采集时间是 8 个时钟周期，时钟为 2 分频。附加时钟（如位检验或写入）个数可以设定为 19，这样采样速率为 774KSPS。而温度传感器的转换，ADC 采集时间被自动设定为 16 个时钟，并且 ADC 时钟设为 32 分频。当使用包括温度传感器的多通道转换时，在读取了温度传感器通道之后定时设置就会恢复到用户自定义设定。

ADuC7019

ADuC7019 和 ADuC7020 相比只是差一个缓冲 ADC 通道 ADC3，另外它只有 3 个 DAC，第 4 个 DAC 的输出缓冲在内部连接到 ADC3 的通道。

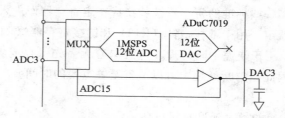

图 4-3　ADC3 缓冲输入

注意：DAC3 这个输出引脚必须和 AGND 之间连一个 10nF 的电容，并且此通道只能用来测量直流电压。对这个通道而言，ADC 校准也是必要的。

MMR 接口

这部分介绍控制和配置 ADC 的 8 个 MMR。

ADCCON 是一个 ADC 控制寄存器，用户可以通过它使能 ADC 外设，选择 ADC 的工作模式（单端模式、伪差分模式、全差分模式）和转换类型等。

ADCSTA 寄存器

名称	地址	默认值	访问
ADCSTA	0xFFFF050C	0x00	读

ADCSTA 是一个 ADC 状态寄存器，指示 ADC 转换结果已完成。ADCSTA 寄存器只有一个位 Bit0（ADCReady），表示 ADC 的转换状态。在一次 ADC 转换完成后该位置1，并且产生一个 ADC 中断。当读取 ADCDAT MMR 时，该位自动清0。在 ADC 进行转换时，也可以通过外部 ADC$_{BUSY}$ 引脚读取 ADC 的工作状态。在转换期间，该引脚上为高电平；当转换结束后，ADC$_{BUSY}$ 引脚变为低电平。如果通过 ADCCON 寄存器使能，则可以在 P0.5 引脚输出 ADC$_{BUSY}$ 的状态。

ADCDAT 寄存器

名称	地址	默认值	访问
ADCDAT	0xFFFF0510	0x00000000	读

ADCDAT 为 ADC 数据结果寄存器。里面存放 12 位 ADC 转换结果数据。

ADCRST 寄存器

名称	地址	默认值	访问
ADCRST	0xFFFF0514	0x00	读/写

ADCRST 可以复位 ADC 的数字接口。通过向 ADCRST 中写入任意数据，可恢复所有 ADC 寄存器到默认值。

ADCGN 寄存器

名称	地址	默认值	访问
ADCGN	0xFFFF0530	0x0200	读/写

ADCGN 是一个 10 位增益校准寄存器。

ADCOF 寄存器

名称	地址	默认值	访问
ADCOF	0xFFFF0534	0x0200	读/写

ADCOF 是一个 10 位偏移校准寄存器。

转换器操作

这款 ADC 集成了一个包含电荷采样输入级的逐次逼近型（SAR）结构。该结构可在三种模式下工作：差分模式、伪差分模式、单端模式。

差分模式

ADuC7019/20/21/22/24/25/26/27/28 都包含一个基于两个容性 DAC 的逐次逼近型 ADC。图 4-4 和图 4-5 所示分别为 ADC 采样阶段和转换阶段简图。ADC 由控制逻辑、一个 SAR 和两个容性 DAC 组成。在信号采样阶段，SW3 闭合，SW1 和 SW2 都置于 A 上，比较器保持在平衡状态，采样电容阵列充电，采集输入端的差分信号。

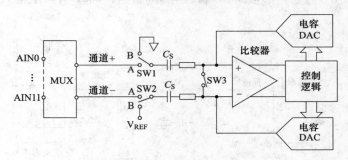

图 4-4　ADC 采样阶段

当 ADC 启动转换，SW3 断开，而 SW1 和 SW2 移至位置 B，这使得比较器变得不平衡。一旦转换开始，两个输入将会断开。控制逻辑和电荷再分配 DAC 可以加上和减去采样电容阵列中的固定电荷数量，使得比较器恢复到平衡状态。当比较器重新平衡后，转换就已经完成。控制逻辑产生 ADC 的输出代码。注意这里驱动 V_{IN+} 和 V_{IN-} 引脚的源输出阻抗一定要匹配，否则由于两个输入的建立时间不同会产生错误。

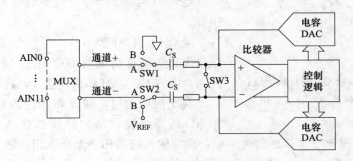

图 4-5　ADC 转换阶段

伪差分模式

在伪差分模式中，模拟输入负通道（channel-）连接在 ADuC7019/20/21/22/24/25/26/27/28 的 V_{IN-} 引脚上，SW2 开关在 A（Channel-）和 B（V_{REF}）之间进行切换。V_{IN-} 引脚必

须接地或者接一低电压。V_{IN+} 上的输入信号的范围为 $V_{IN-} \sim V_{REF}+V_{IN-}$。注意，这里 V_{IN-} 必须恰当选择，不要使 $V_{REF}+V_{IN-}$ 超过 AV_{DD}。

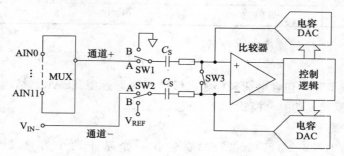

图 4-6　伪差分模式下 ADC

单端模式

单端模式下，SW2 总是内部接地。V_{IN-} 引脚可悬空。V_{IN+} 引脚上输入信号的范围为 $0 \sim V_{REF}$。

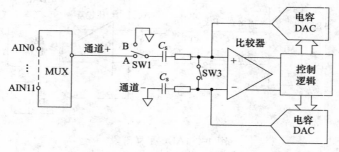

图 4-7　单端模式 ADC

模拟输入结构

ADC 模拟输入结构等效电路图 4-8 中 4 个二极管为模拟输入提供 ESD 保护。注意，这里一定要确保模拟输入信号不要超过电源电压 300mV，否则将使二极管正向偏置，导通至衬底。这些二极管导通电流可达到 10mA，而不会导致不可恢复的器件损坏。

电容 C_1 典型值为 4pF，可作为接地的引脚电容。电阻是由开关阻抗构成的集总元件，电阻典型值为 100Ω 左右。电容 C_2 为 ADC 采样电容，典型值为 16pF。

在交流应用时，建议在相应的模拟输入引脚用一个 RC 低通滤波器来滤除模拟输入信号的高频成分。

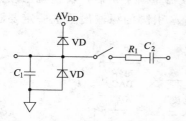

图 4-8　等效模拟输入电路转换阶段：
开关打开，采样阶段：开关关闭

在对谐波失真和信噪比要求严格的应用中，模拟输入应采用一个低源阻抗进行驱动，高源阻抗会显著影响 ADC 的交流特性。这种情况下有必要使用一个输入缓冲放大器。通常根据具体应用来选择运算放大器。图 4-9 和图 4-10 所示为 ADC 前端的示例。

当不使用放大器来驱动模拟输入时，源阻抗应限制在 1kΩ 以内。最大的源阻抗取决于可容许的总谐波失真（THD）。总谐波失真随着输入源阻抗的增加而增大，从而使 ADC 性能下降。

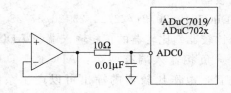

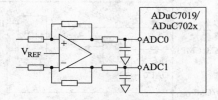

图 4-9　带缓冲的单端模式/伪差分模式输入　　　　图 4-10　带缓冲的差分模式输入

驱动模拟输入

该 ADC 既可以采用内部基准电压，也可以采用外部基准电压。在差分工作模式下，共模输入信号 V_{CM} 有严格的限制，它的大小取决于用来确保信号维持在供电轨之内的基准电压值和电源电压。

DAC

ADuC7019/20/21/22/24/25/26/27/28 片内集成有 2 个、3 个或 4 个 12 位 DAC，取决于不同的型号。每一个 DAC 都有轨到轨电压输出缓冲器，驱动能力为 5kΩ/100pF。

每个 DAC 都有三个可选电压输出范围：0～V_{REF}（内部带隙 2.5V 基准电压源）、0～DAC_{REF}、0～AV_{DD}。DAC_{REF} 为 DAC 的外部基准源，信号范围为 0～AV_{DD}。

DAC 的使用

片内 DAC 由一电阻网路 DAC 和一个输出缓冲放大器构成，功能等效框图如图 4-11 所示。

用户可在软件中选择各 DAC 的基准电压源，可以是 AV_{DD}、V_{REF} 或者 DAC_{REF}。0～AV_{DD} 模式时，DAC 输出传递函数范围为 0～AV_{DD} 引脚电压；0～DAC_{REF} 模式时，DAC 输出传递函数范围为 0～DAC_{REF} 引脚电压；0～V_{REF} 模式时，DAC 输出传递函数范围为 0～2.5V 内部参考源 V_{REF}。

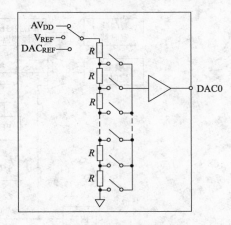

每一个 DAC 都具有一个真正的轨到轨输出级缓冲放大器，也就是说，在输出不带负载时，DAC 输出摆幅能够达到 AV_{DD} 或地电平的 5mV 范围以内。另外，在接有 5kΩ 电阻负载时，除了输出代码 0～100（以及 0～AV_{DD} 模式时输出代码 3995～4095）外，整个传递函数都达到线性度规范指标。

图 4-11　DAC 的结构

电源监控器

ADuC7019/20/21/22/24/25/26/27/28 电源监控器主要监控片上 IOV_{DD} 电压，当 IOV_{DD} 引脚电压下降到低于两个电源触发点之一时会给出提示。监控功能是通过 PSMCON 寄存器来控制的。如果使能寄存器 IRQEN 或 FIQEN，监控器使用 PSMCON MMR 的 PSMI 位向 CPU 发中断请求，而一旦 CMP 位恢复到高电平，PSMI 位会立即被清 0。

监控功能可以使用户保存当前工作寄存器中的数据，避免由于电压不足或断电造成的数据丢失；它也可以确保直到恢复安全电源时，代码正常重新执行。

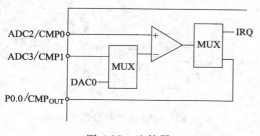

图 4-12　比较器

比较器

ADuC7019/20/21/22/24/25/26/27/28 集成了电压比较器。比较器的正相输入端与 ADC2 引脚复用，负相输入端有两个：ADC3 或 DAC0。通过配置，电压比较器的输出可以产生系统中断、可以作为可编程逻辑阵列 PLA 的输入、可以启动 ADC 转换或输出到外部引脚 CMP$_{OUT}$上。

注意，因为 ADuC7022、ADuC7025、ADu7027 不支持 DAC0 输出，所以把 DAC0 作为比较器输入这些型号的器件是不可能的。

● 振荡器和锁相环——电源控制

时钟系统

ADuC7019/20/21/22/24/25/26/27/28 内部集成有一个 32.768kHz±3% 的振荡器、一个时钟分频器和一个锁相环（PLL）。PLL 可以锁住内部振荡器或外部 32.768kHz 晶振，为系统产生一个稳定的 41.78MHz 时钟（UCLK）。为了省电，内核可以工作在该频率下或其二的倍数分频上，实际的内核工作频率 UCLK/2^{CD} 为 HCLK。默认的内核时钟分频为 8 分频（CD=3）或 5.22MHz，内核时钟频率也可以来自 ECLK 引脚的外部时钟，如图 4-13 所示。当使用内部振荡器或外部晶振时，内核时钟也可以输出到 ECLK 引脚上。

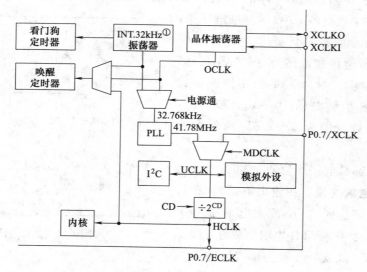

图 4-13　时钟系统
① 32.768kHz±3%。

注意：当内核时钟在 ECLK 引脚输出时，输出信号不带缓冲，不适合作为无外缓冲外部器件的时钟源。

时钟源的选择是由 PLLCON 寄存器控制的，默认情况下选用内部振荡器作为 PLL 的输入。

外部晶振选择

在切换使用外部晶振时，用户必须遵循如下过程。

① 使能 Timer2 中断，并配置其超时周期>120μs。

② 按照 PLLCON 寄存器写时序，置 MDCLK 位为 01，清 OSEL 位。

③ 按照 POWCON 寄存器正确写时序，强制器件进入 NAP 模式。

④ 在 NAP 模式下出现 Timer2 中断时，时钟源已经切换到外部晶振。

PWM 模块说明

PWM 控制器功能框图如图 4-14 所示。从引脚 PWM0$_H$ 到引脚 PWM2$_L$ 上的六个 PWM 输出信号由以下四个重要模块控制。

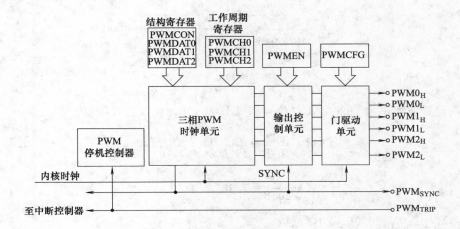

图 4-14　PWM 控制器简图

① 三相 PWM 时钟单元。这是 PWM 控制器的核心部分，它可以产生三对互补的、死区可调的、中心基准的 PWM 信号。并且产生内部同步脉冲 PWMSYNC，可以控制是否使用外部 PWM$_{SYNC}$引脚。

② 输出控制单元。该单元可以调整每一通道的三相时钟单元为高侧输出或为低侧输出。另外，输出控制单元可以单独控制六个 PWM 输出信号使能或禁用。

③ 门驱动单元。该单元可以产生高频斩波以及与 PWM 信号混合在一起的低频波。

④ PWM 关闭控制器。该单元可以通过 PWM$_{TRIP}$ 引脚控制 PWM 的关闭，并且为时钟单元提供准确的复位信号。

PWM 控制器由 ADuC7019/20/21/22/24/25/26/27/28 的内核时钟频率驱动，可为 ARM 核提供两个中断。一个中断在 PWM$_{SYNC}$脉冲出现时产生，另一个在任何一个 PWM 关闭动作出现时产生。

三相时钟单元

普通 450UART 波特率是内核时钟的一个分频，分为两部分，低字节和高字节分别存放在 COMDIV0 和 COMDIV1 寄存器中（16 位，DL）。

$$\text{Baud Rate} = \frac{41.78\text{MHz}}{2^{CD} \times 16 \times 2 \times DL}$$

小数分频器

小数分频器中集成了一个普通波特率发生器，能够产生范围更宽、更精确的波特率。

采用小数分频器的波特率计算公式如下：

$$Baud\ Rate = \frac{41.78MHz}{2^{CD} \times 16 \times DL \times 2 \times \left(M + \dfrac{N}{2048}\right)}$$

$$M + \frac{N}{2048} = \frac{41.78MHz}{Baud\ Rate \times 2^{CD} \times 16 \times DL \times 2}$$

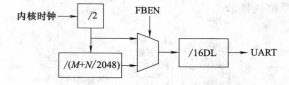

图 4-15　波特率生成选项

例如，设置波特率为 19200，CD 位＝3，DL＝0x08，代入公式可得：

$$M + \frac{N}{2048} = \frac{41.78MHz}{19200 \times 2^3 \times 16 \times 8 \times 2}$$

$$M + \frac{N}{2048} = 1.06$$

其中：$M=1$；$N=0.06 \times 2048 = 123$。

可编程逻辑阵列（PLA）

每一个 ADuC7019/20/21/22/24/25/26/27/28 都集成有一个完整的可编程逻辑阵列，它由两个相互独立但内部连接的 PLA 模块组成。每一个模块包括 8 个 PLA 单元，所以每种器件共有 16 个 PLA 单元。

每一个 PLA 单元都包含有一个双输入的查询表，通过配置可以实现任何基于双输入和一个触发器的逻辑输出功能，如图 4-16 所示。

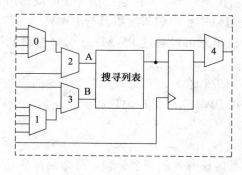

图 4-16　PLA 单元

每一个 ADuC7019/20/21/22/24/25/26/27/28 芯片上共有 30 个 GPIO 引脚可用于 PLA。其中包括 16 个输入引脚和 14 个输出引脚，在使用 PLA 功能之前需要在 GPxCON 寄存器中对这些引脚进行配置。注意，比较器输出也属于 16 个输入引脚之一。可使用一系列用户存储器映射寄存器（MMR）对 PLA 进行配置。PLA 的输出可以连接到内部中断系统、ADC 的 $\overline{CONV}_{START}$ 信号、一个 MMR 或者 16 个 PLA 输出引脚中的任何一个。

可通过以下方式对两个模块进行互连：

▲模块 1 单元 15 的输出可以馈入到模块 0 单元 0 的 Mux0；

▲模块 0 单元 7 的输出可以馈入到模块 1 单元 8 的 Mux0。

定时器 0（实时操作系统定时器）

定时器 0 是一个带有可编程预分频器的通用多功能 16 位定时器，工作时递减计数（如图 4-17 所示）。它的时钟是内核时钟（HCLK）的一个分频，分频方式共有 1、1/16 和 1/256 三种。定时器 0 可用于启动 ADC 转换，如图 4-17 所示。

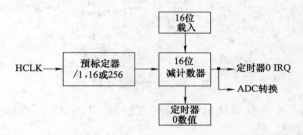

图 4-17　定时器 0 块图

定时器 0 接口包括 4 个存储器映射寄存器：T0LD、T0VAL、T0CON 和 T0CLRI。

定时器 1（通用定时器）

定时器 1 是一个带有可编程预分频器的 32 位通用定时器，工作时可递增计数或递减计数。它的时钟源可以是 32kHz 的外部晶振、内核时钟频率或者是一个外部 GPIO、P1.0 或 P0.6 引脚（最高频率 44MHz）。可以 1、1/16、1/256 或 1/32768 对该源时钟分频。

计数器可以是标准的 32 位数模式或下面的形式：时：分：秒：百分之一秒。

定时器 1 有一个事件捕获寄存器（T1CAP），它可以被选定的 IRQ 中断源初始声明所触发。这一特点可以被用来判断一个事件的声明，当用于 IRQ 中断请求服务时，这种方法比 RTOS 定时器所允许的精度更高。

定时器 1 可用于启动 ADC 转换，如图 4-18 所示。

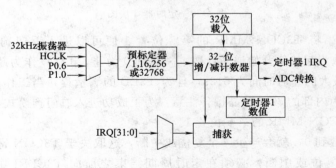

图 4-18　定时器 1 块图

定时器 1 接口包括 5 个存储器映射寄存器：T1LD、T1VAL、T1CON、T1CLRI 和 T1CAP。

定时器 2（唤醒定时器）

定时器 2 是一个带有可编程预分频器的 32 位唤醒定时器，工作时可递增计数或递减计数。它的时钟源可以是 32kHz 的外部晶振、内核时钟频率或内部 32kHz 的振荡器。定时器 2 的时钟是其所选时钟源的一个分频，分频方式共有 1、1/16、1/256、1/32768 四种。当内核时钟被禁用时，定时器 2 仍会继续运行。

计数器可以是标准的 32 位数模式或格式：时：分：秒：百分之一秒。

定时器 2 可用于启动 ADC 转换，如图 4-19 所示。

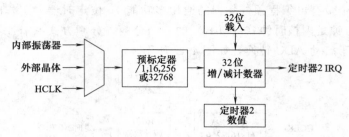

图 4-19 定时器 2 块图

定时器 2 接口包括 4 个存储器映射寄存器：T2LD、T2VAL、T2CON 和 T2CLRI。

定时器 3（看门狗定时器）

定时器 3 有两种工作模式：普通模式和看门狗模式。看门狗定时器用于使处理器在进入非法软件状态后的恢复。一旦看门狗定时器被使能，需要周期服务来阻止它强迫处理器复位。

① 普通模式 在普通模式下，除了时钟源和递增计数功能，定时器 3 和定时器 0 的功能相同。时钟源来自于锁相环（32kHz），其时钟分频方式共有 1、1/16、1/256 三种，如图 4-20 所示。

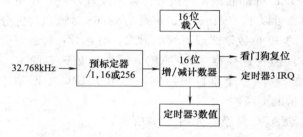

图 4-20 定时器 3 块图

② 看门狗模式 将 T3CON MMR 的第 5 位置 1 便可以进入看门狗模式。定时器 3 以 T3LD 寄存器中的数为起始值开始递减计数，一直到 0 为止，T3LD 作为超时定时器。当使用 1/256 预分频时，最大的超时时间为 512s，且为 T3LD 的满量程。当工作在看门狗模式下时，定时器 3 的时钟源为内部的 32kHz 晶振。注意：为了成功进入看门狗模式，必须在写入 T3LD MMR 以后再对 T3CON MMR 的第 5 位置 1。

如果定时器计数到 0，就会产生一个复位或中断，这取决于 T3CON 寄存器的第 1 位的配置。如果不想产生复位或中断，必须在定时周期结束之前向 T3CLRI 中写入任意一个值。T3LD 的计数器重载以后会开始一个新的超时周期。

一旦进入看门狗模式，T3LD 和 T3CON 就会被写保护。此时这两个寄存器不能被修改，直到有一个复位信号清除了看门狗使能位，这将使定时器 3 退出看门狗模式。

定时器 3 接口包括 4 个存储器映像寄存器：T3LD、T3VAL、T3CON 和 T3CLRI。

③ 安全清除位（仅用于看门狗模式） 安全清除位用于更高层次的保护。当它被置 1 时，一个特殊的数值序列就必须写入 T3CLRI 中来避免看门狗复位。这个特殊的数值序列是由一个 8 位的线性反馈移位寄存器（LFSR）多项式＝X8＋X6＋X5＋X＋1 产生的，如图 4-21 所示。

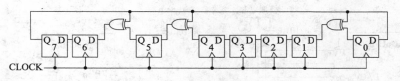

图 4-21　8 位 LFSR

在进入看门狗模式之前必须先向 T3CLRI 中写入一个初始值或种子。在进入看门狗模式以后，再次写入到 T3CLRI 的值必须与期望值相匹配。如果匹配，当计数器被重新载入时，LFSR 就会进入下一个状态。如果不匹配，即使计数器没有计满，也将立即产生复位。

根据这个多项式的性质，0x00 不应该作为初始值种子，因为 0x00 会一直迫使系统快速复位。此外，LFSR 的值不能被访问，它必须在软件中产生和跟踪。

一个数值序列的示例如下所示：

▲设定定时器 3 为看门狗模式之前，在 T3CLRI 中写入初始种子 0xAA；

▲在 T3CLRI 中写入 0xAA，定时器 3 被重载；

▲在 T3CLRI 中写入 0x37，定时器 3 被重载；

▲在 T3CLRI 中写入 0x6E，定时器 3 被重载；

▲写入 0x66。0xDC 是期望值，看门狗将芯片复位。

外部存储器接口

ADuC7026 和 ADuC7027 是这一系列芯片中唯一拥有外部存储器接口的两个型号。外部存储器接口需要大量的引脚，所以这种接口只能存在于引脚数多的封装形式的芯片上。当使用外部端口时，XMCFG 存储器映射寄存器必须被置 1。

尽管内部支持 32 位的地址，但外部引脚上只有低 16 位地址。存储器接口可以寻址多达 4 个 128KB 的异步存储器（SRAM 或/和 EEPROM）。

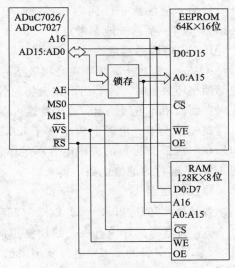

图 4-22　外部 EEPROM/RAM 接口

● **硬件设计考虑**

电源

ADuC7019/20/21/22/24/25/26/27/28 工作电压范围为 2.7～3.6V。分离的模拟和数字电源引脚（分别为 AV_{DD} 和 IOV_{DD}）使得 AV_{DD} 不受 IOV_{DD} 上数字信号干扰的影响。在这种模式下，器件可以在分离电源下工作，也就是说，每个电源可以使用不同的电压。例如，系统可以设计为 IOV_{DD} 工作电压为 3.3V，而 AV_{DD} 电压为 3V，相反也一样。一个典型的分离电源设计如图 4-23 所示。

除了使用两个分离的电源以外还有一个替代的方法，用户可以通过在 AV_{DD} 和 IOV_{DD} 之间串联一个小电阻和/或磁珠来降低 AV_{DD} 上的噪声，然后将 AV_{DD} 对地单独去耦。图 4-24 所示就是用这种方法进行设计的一个示例。使用这种方法，其他模拟电路（例如运算放大器、基准电压源以及其他模拟电路）也可以通过 AV_{DD} 供电。

注意，在图 4-23 和图 4-24 中，在 IOV_{DD} 处有一个大容值（$10\mu F$）的储能电容，以及在 AV_{DD} 处单独有一个 $10\mu F$ 的电容。此外，在芯片的每一个 AV_{DD} 和 IOV_{DD} 引脚处都连接有一

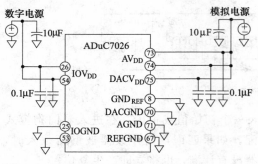

图 4-23　外部双电源连接

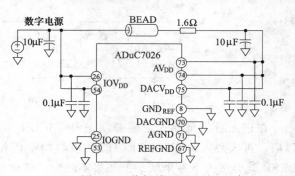

图 4-24　外部单电源连接

个小容值（$0.1\mu F$）的电容。按照实际设计时的标准，必须确保包括所有这些电容并且更小的电容应该尽可能地接近每一个 AV_{DD} 引脚，布线长度也应尽量越短越好。这些电容连接地的一端直接连接到地平面即可。

最后，应注意在任何时候 ADuC7019/20/21/22/24/25/26/27/28 的模拟地和数字地引脚必须参考同一个系统地参考点。

IOV_{DD} 电源敏感度

IOV_{DD} 电源对于高频噪声是很敏感的，因为片内振荡器和锁相环电路也是由 IOV_{DD} 供电。当内部锁相环失锁时，一个门电路会将时钟源与 CPU 隔离开，并且 ARM7TDMI 内核会停止执行代码直到锁相环重新锁定。这个特性可以确保闪存接口时序或 ARM7TDMI 时序不受干扰。

典型情况下，电源上频率高于 50kHz 并且峰峰值为 50mV 的噪声会导致内核停止工作。如果在电源部分推荐的去耦电容不足以保证 IOV_{DD} 上的所有噪声低于 50mV，那么就需要一个图 4-25 所推荐的滤波电路。

线性稳压器

各 ADuC7019/20/21/22/24/25/26/27/28 都需要一个 3.3V 单电源，但是内核逻辑需要一个 2.6V 的电源。片内有一个线性稳压源可以将来自 IOV_{DD} 的电源稳压到 2.6V，为内核逻辑供电。LV_{DD} 引脚的 2.6V 电源就用来给内核逻辑供电。在 LV_{DD} 和 DGND 之间必须连接一个 $0.47\mu F$ 的补偿电容（应尽量靠近这些引脚）作为电荷槽，如图 4-26 所示。

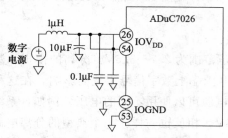

图 4-25　推荐的 OV_{DD} 电源滤波电路

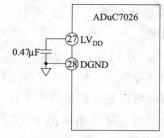

图 4-26　稳压器连接

LV_{DD} 引脚不能用来给任何其他芯片供电。同样推荐在 IOV_{DD} 引脚使用良好的电源去耦装置，以便提高片内稳压器的线性稳压性能。

● **接地和电路板布局**

建议

对于所有的高分辨率数据转换器，为了从 ADC 和 DAC 获得最优的性能，应特别注意基于 ADuC7019/20/21/22/24/25/26/27/28 的接地和 PCB 布局。

尽管这些器件已经将模拟地和数字地引脚分开（AGND 和 IOGND），使用者一定不能将这些引脚连接到两个分开的地平面，除非这两个地平面非常靠近器件。在系统中，如果数字地和模拟地平面在某处连接在一起（例如：在系统电源），那么这个平面不能再连接到靠近芯片的地方，因为这样会导致一个地环路。在这些例子中，ADuC7019/20/21/22/24/25/26/27/28 的所有 AGND 和 IOGND 引脚都连接到模拟地平面。如果系统中只有一个地平面，必须确保数字和模拟器件在板上是物理分开，分属两个半平面，这样数字回路电流不会流经模拟电路附近（相反也一样）。

要特别注意来自电源的电流和返回地的电流。要确保所有电流的回路尽量靠近电流所要到达的终点的路径。例如，不要用 IOV$_{DD}$ 给模拟部分的器件供电，因为这会导致 IOV$_{DD}$ 回路电流强行通过 AGND。如果一个带有噪声的数字芯片被放置在板的左半平面，那么应该避免可能出现的数字电流流经模拟电路。如果可能，尽量避免在地平面上出现长的不连续的部分，例如那些需要通过很长路径连接在一起的器件在同一层上，因为它们会强迫回路信号通过一个长的路径。此外，所有需要连接到地的引脚应该直接连接到地平面，尽量少一些或不要有支路把引脚将其过孔与地分离。

当 ADuC7019/20/21/22/24/25/26/27/28 的任何数字输入引脚连接高速逻辑信号（上升/下降时间小于 5ns）时，应该在每一条相关的线上串联一个电阻，以确保器件输入引脚上信号上升和下降时间大于 5ns。通常，阻值为 100Ω 或 200Ω 的电阻足以阻止高速信号从容性器件耦合进入器件并影响 ADC 的转换精度。

时钟振荡器

ADuC7019/20/21/22/24/25/26/27/28 的时钟源可以由内部锁相环或者一个外部时钟输入产生。当使用内部锁相环时，应该在 XCLKI 和 XCLKO 引脚之间连接一个 32.768kHz 的并行谐振晶体，并且这两个引脚与地之间应连接一个电容。这个晶体使得锁相环可以正确锁相，进而产生 41.78MHz 频率的时钟信号。如果不使用外部晶体，内部振荡器会产生一个 41.78MHz±3％ 的典型频率。

如果使用一个外部时钟源输入代替锁相环，PLLCON 寄存器的位 1 和位 0 都需要修改，外部时钟从 P0.7 和 XCLK 引脚输入。

当使用外部时钟源时，ADuC7019/20/21/22/24/25/26/27/28 的额定时钟频率范围为 50kHz～44MHz±1％，这可以确保模拟外设和 Flash/EE 正常工作。

上电复位操作

ADuC7019/20/21/22/24/25/26/27/28 有一个内部上电复位（POR）电路，典型情况下当 LV$_{DD}$ 低于 2.35V 时，内部 POR 会保持器件处于复位状态。当 LV$_{DD}$ 上升超过 2.35V 时，一个内部定时器会在 128ms 后溢出，使芯片脱离复位状态，用户此时必须保证给 IOV$_{DD}$ 供电的电源电压至少稳定在 2.7V。同样，在 LV$_{DD}$ 下降到 2.35V 以下之前，内部 POR 会保持器件处于复位状态。

典型系统配置

一个典型的 ADuC7020 配置如图 4-27 所示，其中概括了一些前面部分探讨的硬件设计时应该考虑的地方。出于机械原因，CSP 封装的器件其底层有一个裸露的焊盘需要焊接在电路板的金属片上。电路板上的金属片可以连接到地。

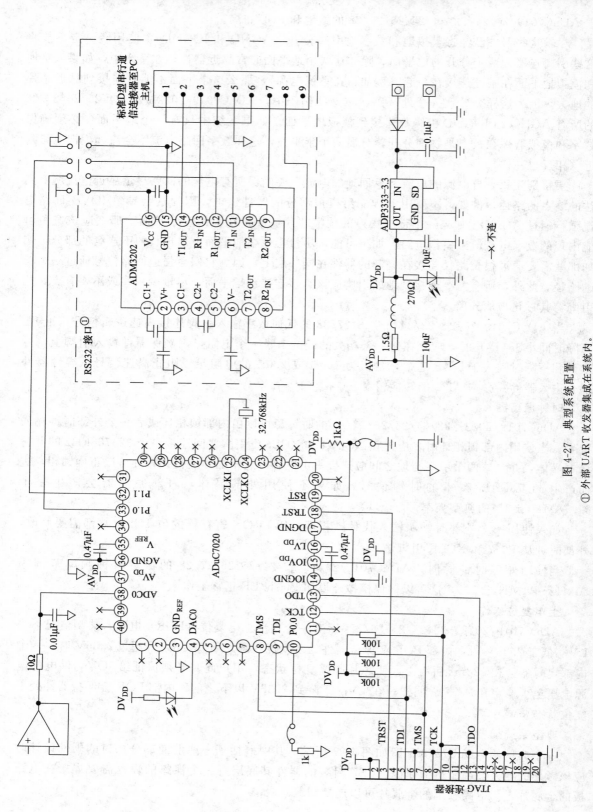

图 4-27　典型系统配置

① 外部 UART 收发器集成在系统内。

● **ADuC7019/20/21/22/24/25/26/27/28**

【最大绝对额定值（AGND＝REFGND＝DACGND＝GND$_{REF}$，T_A＝25℃）】

AV$_{DD}$ 至 IOV$_{DD}$	－0.3～0.3V	结温	150℃
AGND 至 DGND	－0.3～0.3V	θ_{JA} 热阻	
IOV$_{DD}$ 至 IOGND，AV$_{DD}$ 至 AGND	－0.3～6V	40 引线 LFCSP	26℃/W
数字输入电压至 IOGND	－0.3～5.3V	64 引线 LFCSP	24℃/W
数字输出电压至 IOGND	－0.3V～IOV$_{DD}$＋0.3V	64 球 CSP_BGA	75℃/W
V$_{REF}$ 至 AGND	－0.3V～AV$_{DD}$＋0.3V	64 引线 LQFP	47℃/W
模拟输入至 AGND	－0.3V～AV$_{DD}$＋0.3V	80 引线 LQFP	38℃/W
模拟输出至 AGND	－0.3V～AV$_{DD}$＋0.3V	波峰焊温度	
工作温度（工业）	－40～125℃	SnPb 组合（10～30s）	240℃
存储温度	－65～150℃	RoHs 顺序组合（20～40s）	260℃

注意，超出以上所列绝对最大额定值可能导致器件永久性损坏。长期在绝对最大额定值条件下工作会影响器件的可靠性。

任何时候只能使用一个绝对最大额定值。

ESD 警告

▲ESD（静电放电）敏感器件

带电器件和电路板可能会在没有察觉的情况下放电。尽管具有专利或专用保护电路，但在遇到高能量 ESD 时，器件仍可能会损坏。因此，应当采取适当的 ESD 防范措施，以避免器件性能下降或功能丧失。

● **ADuC7019/20/21/22 引脚结构和功能说明**

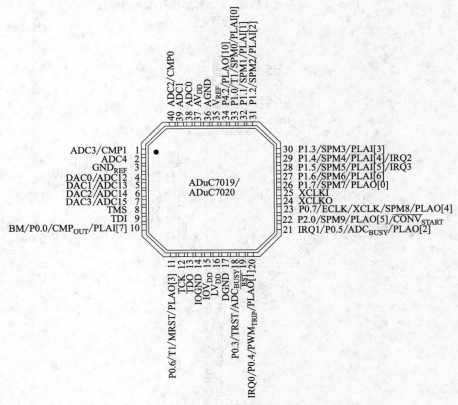

图 4-28　40 引线 LFCSP_VQ 脚结构（ADuC7019/ADuC7020）

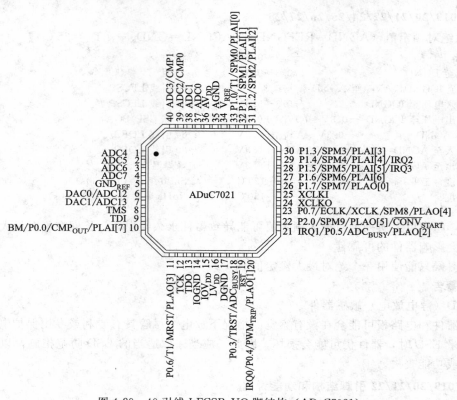

图 4-29　40 引线 LFCSP_VQ 脚结构 （ADuC7021）

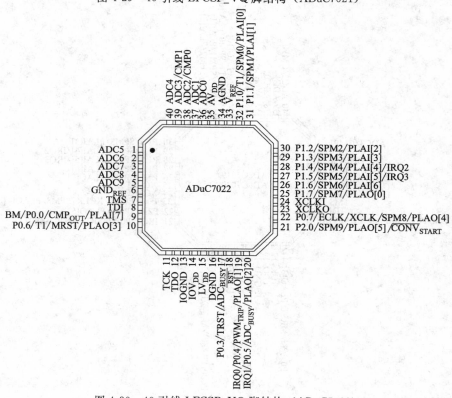

图 4-30　40 引线 LFCSP_VQ 脚结构 （ADuC7022）

【引脚说明】

脚号			脚　名	说　明
7019/7020	7021	7022		
38	37	36	ADC0	单端或差动模拟输入 0
39	38	37	ADC1	单端或差动模拟输入 1
40	39	38	ADC2/CMP0	单端或差动模拟输入 2/比较器正输入
1	40	39	ADC3/CMP1	单端或差动模拟输入 3（在 ADuC7019 上缓冲输入）/比较器负输入
2	1	40	ADC4	单端或差动模拟输入 4
—	2	1	ADC5	单端或差动模拟输入 5
—	3	2	ADC6	单端或差动模拟输入 6
—	4	3	ADC7	单端或差动模拟输入 7
—	—	4	ADC8	单端或差动模拟输入 8
—	—	5	ADC9	单端或差动模拟输入 9
3	5	6	GND_{REF}	接地电压基准,用于 ADC。对于最佳性能,模拟电源应从 IOGND 和 DGND 分开
4	6	—	DAC0/ADC12	DAC0 电压输出/单端或差动模拟输入 12
5	7	—	DAC1/ADC13	DAC1 电压输出/单端或差动模拟输入 13
6	8	—	DAC2/ADC14	DAC2 电压输出/单端或差动模拟输入 14
7	—	—	DAC3/ADC15	DAC3 电压输出在 ADuC7020 上,在 ADuC7019 上,一个 10nF 电容连该脚和 AGND 之间/单端或差动模拟输入 15
8	8	7	TMS	测试模式选择,JTAG 测试端口输入,调试和下载存取
9	9	8	TDI	测试数据输入,JTAG 测试端口输入,调试和下载存取
10	10	9	BM/P0.0/CMP_{OUT}/PLAI[7]	多功能 I/O 脚。引导模式（BM）。ADuC7019/20/21/22 进入下载模式,如 BM 低,在复位和执行代码,如 BM 通过 1kΩ 电阻拉高,复位/通用输入和输出端口 0.0/电压比较器输出/可编程逻辑阵列输入元素 7
11	11	10	P0.6/T1/MRST/PLAO[3]	多功能脚,复位后驱动低。通用输出端口 0.6/定时器/输入/电源通复位输出/可编程逻辑阵列输出元素 3
12	12	11	TCK	测试时钟,JTAG 测试端口输入
13	13	12	TDO	测试数据输出,JTAG 测试端口输出
14	14	13	IOGND	GPIO 接地,连 DGND
15	15	14	IOV_{DD}	GPIO 电源 3.3V,芯片上稳压器输入
16	16	15	LV_{DD}	芯片上稳压器 2.6V 输出,输出连 $0.47\mu F$ 至 DGND
17	17	16	DGND	内核逻辑地
18	18	17	P0.3/TRST/ADC_{BUSY}	通用输入和输出端口 0.3/测试复位,JTAG 测试端口输入/ADC_{BUSY}信号输出
19	19	18	$\overline{RST}$	复位输入,有效低

脚号			脚　名	说　明
7019/7020	7021	7022		
20	20	19	IRQ0/P0.4/PWM$_{TRIP}$/PLAO[1]	多功能I/O脚。外部中断请求0,有效高/通用输入和输出端口0.4/PWM断路外输入/可编程逻辑阵列输出元素1
21	21	20	IRQ1/P0.5/ADC$_{BUSY}$/PLAO[2]	多功能I/O脚。外部中断请求1,有效高/通用输入和输出端口0.5/ADC$_{BUSY}$信号输出/可编程逻辑阵列元素2
22	22	21	P2.0/SPM9/PLAO[5]/$\overline{CONV_{START}}$	多工器串行端口。通用输入和输出端口2.0/UART/可编程逻辑阵列输出元素5/ADC开始转换输入信号
23	23	22	P0.7/ECLK/XCLK/SPM8/PLAO[4]	多工器串行端口。通用输入和输出端口0.7/外时钟信号输出/输入至内时钟产生电路/UART/可编程逻辑阵列输出元素4
24	24	23	XCLKO	晶体振荡器反相器输出
25	25	24	XCLKI	输入至晶体振荡器反相器和输入至内部时钟产生器电路
26	26	25	P1.7/SPM7/PLAO[0]	多工器串行端口。通用输入和输出端口1.7/UART,SPI/可编程逻辑阵列输出元素0
27	27	26	P1.6/SPM6/PLAI[6]	多工器串行端口。通用输入和输出端口1.6/UART,SPI/可编程逻辑阵列输入元素6
28	28	27	P1.5/SPM5/PLAI[5]/IRQ3	多工器串行端口。通用输入和输出端口1.5/UART,SPI/可编程阵列输入元素5/外部中断请求3,有效高
29	29	28	P1.4/SPM4/PLAI[4]/IRQ2	多工器串行端口。通用输入和输出端口1.4/UART,SPI/可编程逻辑阵列元素4/外部中断请求2,有效高
30	30	29	P1.3/SPM3/PLAI[3]	多工器串行端口。通用输入和输出端口1.3/UART,12C1/可编程逻辑阵列输入元素3
31	31	30	P1.2/SPM2/PLAI[2]	多工器串行端口。通用输入和输出端口1.2/UART,12C1/可编程逻辑阵列输入元素2
32	32	31	P1.1/SPM1/PLAI[1]	多工器串行端口。通用输入和输出端口1.1/UART,12C0/可编程逻辑阵列输入元素1
33	33	32	P1.0/T1/SPM0/PLAI[0]	多工器串行端口。通用输入和输出端口1.0/定时器输入/UART,12C0/可编程逻辑输入元素0
34	—	—	P4.2/PLAO[10]	通用输入和输出端口4.2/可编程逻辑阵列输出元素10
35	34	33	V$_{REF}$	2.5内压基准。当用内基准时,必须连0.47μF电容
36	35	34	AGND	模拟地。模拟电路的接地基准点
37	36	35	AV$_{DD}$	3.3V模拟电源

【应用电路】

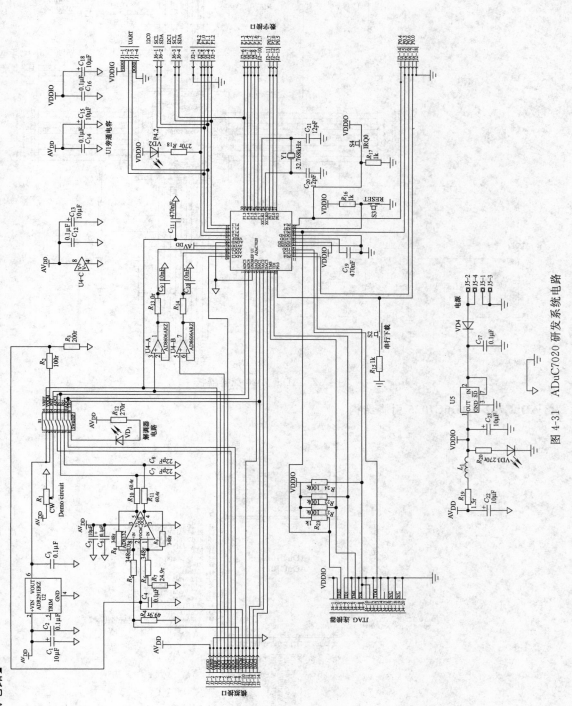

图 4-31 ADuC7020 研发系统电路

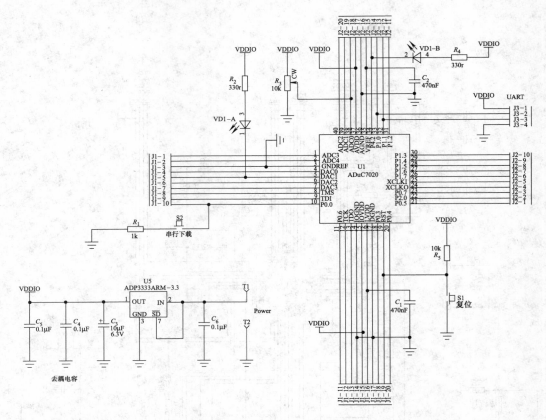

图 4-32　ADuC7020 配接器板

● ADuC7024/ADuC7025 引脚结构

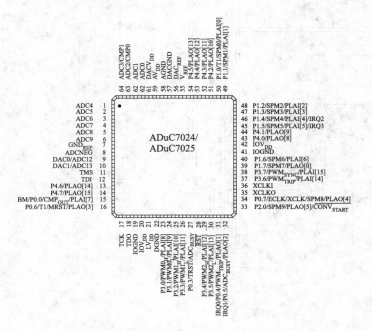

图 4-33　64 引线 LFCSP _ VQ 脚结构（ADuC7024/ADuC7025）

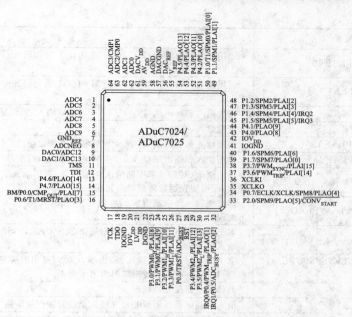

图 4-34　64 引线 LQFP 脚结构（ADuC7024/ADuC7025）

【引脚说明】

脚号	脚　　名	说　　明
1	ADC4	单端或差动模拟输入 4
2	ADC5	单端或差动模拟输入 5
3	ADC6	单端或差动模拟输入 6
4	ADC7	单端或差动模拟输入 7
5	ADC8	单端或差动模拟输入 8
6	ADC9	单端或差动模拟输入 9
7	GND_{REF}	ADC 接地电压基准。对于最佳性能，模拟电源应从 IOGND 和 DGND 分开
8	ADCNEG	偏压点或 ADC 负输入电压在调试差动模式，必须连至地的信号至转换。偏压点必须在 0V 和 1V
9	DAC0/ADC12	DAC0 电压输出/单端或差动模拟输入 12,DAC 输出没有在 ADuC7025 上预置
10	DAC1/ADC13	DAC1 电压输出/单端或差动模拟输入 13,DAC 输出没有在 ADuC7025 上预置
11	TMS	JTAG 测试端口输入,测试模式选择,调试和下载存取
12	TDI	JTAG 测试端口输入,测试数据输入,调试和下载存取
13	P4.6/PLAO[14]	通用输入和输出端口 4.6/可编程逻辑阵列输出元素 14
14	P4.7/PLAO[15]	通用输入和输出端口 4.7/可编程逻辑阵列输出元素 15
15	BM/P0.0/CMP_{OUT}/PLAI[7]	多功能 I/O 脚,引导模式,ADuC7024/ADuC7025 进入下载模式,如 BM 是低,复位和执行代码,如 BM 通过 $1k\Omega$ 电阻拉高,复位/通用输入和输出端口 0.0/电压比较器输出,可编程输入 7
16	P0.6/T1/MRST/PLAO[3]	多功能脚。复位后驱动低,通用输入和输出端口 0.6/定时器 1 输入/电源通复位输出/可编程输入 3
17	TCK	JTAG 测试端口输入,测试时钟,调试和下载存取
18	TDO	JTAG 测试端口输出,测试数据输出,调试和下载存取
19	IOGND	GPIO 接地,连至 DGND
20	IOV_{DD}	GPIO3.3V 电源和芯片上电压稳压器输入
21	LV_{DD}	芯片上电压稳压器 2.6V 输出,必须连 $0.47\mu F$ 电容至 DGND
22	DGND	内核逻辑地
23	P3.0/$PWM0_H$/PLAI[8]	通用输入和输出端口 3.0/PWM 相位 0 高边输出/可编程逻辑阵列输入元素 8
24	P3.1/$PWM0_L$/PLAI[9]	通用输入和输出端口 3.1/PWM 相位 0 低边输出/可编程逻辑阵列输入元素 9

脚号	脚 名	说 明
25	P3.2/PWM1$_H$/PLAI[10]	通用输入和输出端口 3.2/PWM 相位 1 高边输出/可编程逻辑阵列输入元素 10
26	P3.3/PWM1$_L$/PLAI[11]	通用输入和输出端口 3.3/PWM 相位 1 低边输出/可编程逻辑阵列输入元素 11
27	P0.3/TRST/ADC$_{BUSY}$	通用输入和输出端口 0.3/JTAG 测试口输入,测试复位/ADC$_{BUSY}$ 信号输出
28	$\overline{RST}$	复位输入,有效低
29	P3.4/PWM2$_H$/PLAI[12]	通用输入和输出端口 3.4/PWM 相位 2 高边输出/可编程逻辑阵列输入 12
30	P3.5/PWM2$_L$/PLAI[13]	通用输入和输出端口 3.5/PWM 相位 2 低边输出/可编程逻辑阵列输入 13
31	IRQ0/P0.4/PWM$_{TRIP}$/PLAO[1]	多功能 I/O 脚,外部中断请求 0,有效高/通用输入和输出端口 0.4/PWM 断外输入/可编程逻辑阵列输出元素 1
32	IRQ1/P0.5/ADC$_{BUSY}$/PLAO[2]	多功能脚。外中断请求 1,有效高/通用输入、输出端口 0.5/ADC 信号输出/可编程输出元素 2
33	P2.0/SPM9/PLAO[5]/$\overline{CONV_{START}}$	多工器串行口,通用输入、输出端口 2.0/UART/可编程输出 5/ADC 开始转换输入信号
34	P0.7/ECLK/XCLK/SPM8/PLAO[4]	多工器串行口,通用输入、输出端口 0.7/输出时钟信号/输入至外时钟产生电路/UART/可编程逻辑阵列输出元素 4
35	XCLKO	晶体振荡器反相器输出
36	XCLKI	输入至晶体振荡器反相器和输入至内时钟产生电路
37	P3.6/PWM$_{TRIP}$/PLAI[14]	通用输入、输出端口 3.6/PWM 安全截止/可编程逻辑阵列输入元素 14
38	P3.7/PWM$_{SYNC}$/PLAI[15]	通用输入、输出端口 3.7/PWM 同步输入输出/可编程逻辑阵列输入元素 15
39	P1.7/SPM7/PLAO[0]	通用输入、输出端口 1.7,多工器串行端口/UART,SPI/可编程逻辑阵列输出元素 0
40	P1.6/SPM6/PLAI[6]	多工器串行端口,通用输入、出端口 1.6/UART,SPI/可编程逻辑阵列元素 6
41	IOGND	GPIO 地,连至 DGND
42	IOV$_{DD}$	GPIO3.3V 电源,芯片上稳压器输入
43	P4.0/PLAO[8]	通用输入、输出端口 4.0/可编程输出元素 8
44	P4.1/PLAO[9]	通用输入、输出端口 4.1/可编程输出元素 9
45	P1.5/SPM5/PLAI[5]/IRQ3	多工器串行端口,通用输入、输出端口 1.5/UART,SPI/可编程输入元素 5/外中断请求 3,有效高
46	P1.4/SPM4/PLAI[4]/IRQ2	多工器串行口,通用输入、输出端口 1.4/UART、SPI/可编程输入元素 4/外中断请求 2,有效高
47	P1.3/SPM3/PLAI[3]	多工器串行端口,通用输入、输出端口 1.3/UART、12C1/可编程输入元素 3
48	P1.2/SPM2/PLAI[2]	多工器串行端口,通用输入、输出端口 1.2/UART、12C1/可编程输入元素 2
49	P1.1/SPM1/PLAI[1]	多工器串行端口,通用输入、输出端口 1.1/UART、12C0/可编程输入元素 1
50	P1.0/T1/SPM0/PLAI[0]	多工器串行端口,通用输入、输出端口 1.0/定时器 1 输入/UART,12C0/可编程输入元素 0
51	P4.2/PLAO[10]	通用输入、输出端口 4.2/可编程输出元素 10
52	P4.3/PLAO[11]	通用输入、输出端口 4.3/可编程输出元素 11
53	P4.4/PLAO[12]	通用输入、输出端口 4.4/可编程输出元素 12
54	P4.5/PLAO[13]	通用输入、输出端口 4.5/可编程输出元素 13
55	V$_{REF}$	2.5V 内电压基准,当用内基准时,必须连 0.47μF 电容
56	DAC$_{REF}$	DAC 外电压基准,范围:DAGND～DACV$_{DD}$
57	DACGND	DAC 地,连至 AGND
58	AGND	模拟地,模拟电路接地基准点
59	AV$_{DD}$	3.3V 模拟电源
60	DACV$_{DD}$	DAC3.3V 电源,必须连至 AV$_{DD}$
61	ADC0	单端或差动模拟输入 0
62	ADC1	单端或差动模拟输入 1
63	ADC2/CMP0	单端或差动模拟输入 2/比较器正输入
64	ADC3/CMP1	单端或差动模拟输入 3/比较器负输入

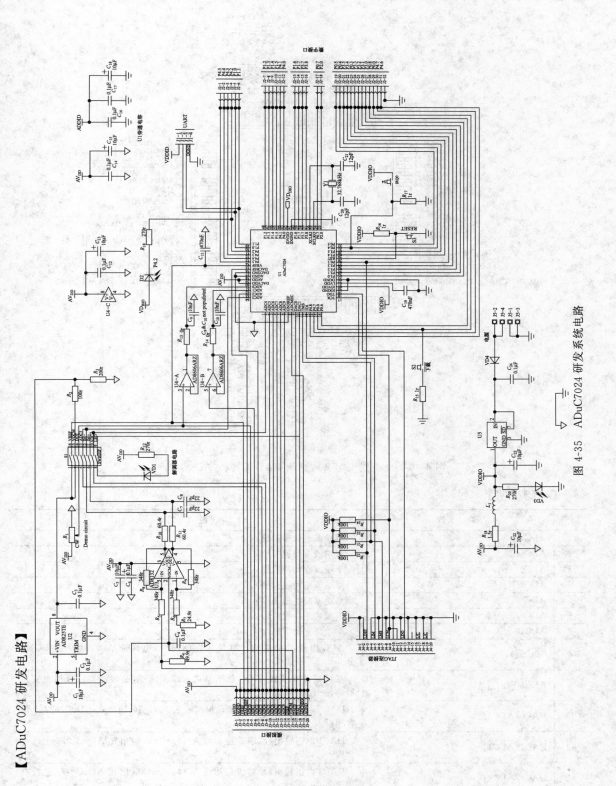

图 4-35 ADuC7024 研发系统电路

【ADuC7024 研发电路】

● ADuC7026/ADuC7027 引脚结构

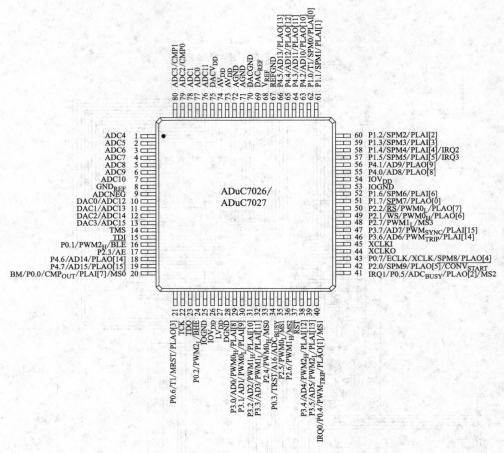

图 4-36   80 引线 LQFP 脚结构（ADuC7026/ADuC7027）

【引脚说明】

脚号	脚　名	说　　明
1	ADC4	单端或差动模拟输入 4
2	ADC5	单端或差动模拟输入 5
3	ADC6	单端或差动模拟输入 6
4	ADC7	单端或差动模拟输入 7
5	ADC8	单端或差动模拟输入 8
6	ADC9	单端或差动模拟输入 9
7	ADC10	单端或差动模拟输入 10
8	GND_{REF}	ADC 电压基准接地。对最佳性能,模拟电源应从 IOGND 和 DGND 分开
9	ADCNEG	在调试差动模式,ADC 负模拟输入或偏压点,必须连至信号地至变换器。偏压在 0V 和 1V
10	DAC0/ADC12	DAC0 电压输出/单端或差动模拟输入 12,DAC 输出在 ADuC7027 上没有预设
11	DAC1/ADC13	DAC1 电压输出/单端或差动输入 13。DAC 输出在 ADuC7027 上没有预设
12	DAC2/ADC14	DAC2 电压输出/单端或差动模拟输入 14。DAC 输出在 ADuC7027 上没有预设

续表

脚号	脚　名	说　明
13	DAC3/ADC15	DAC3 电压输出/单端或差动输入 15，DAC 输出在 ADuC7027 上没有预设
14	TMS	JTAG 测试端口输入。测试模式选择。调试和下载存取
15	TDI	JTAG 测试端口输入。测试数据输入。调试和下载存取
16	P0.1/PWM2$_H$/$\overline{BLE}$	通用输入和输出端口 0.1/PWM 相位 2 高边输出/外存储器 BYTE 低使能
17	P2.3/AE	通用输入和输出端口 2.3/外部存储器存取使能
18	P4.6/AD14/PLAO[14]	通用输入和输出端口 4.6/外存储器接口/可编程逻辑阵列输出元素 14
19	P4.7/AD15/PLAO[15]	通用输入和输出端口 4.7/外存储器接口/可编程逻辑阵列输出元素 15
20	BM/P0.0/CMP$_{OUT}$/PLAI[7]/MS0	多功能 I/O 脚，引导模式。ADuC7026/ADuC7027 进入 UART 下载模式，如 BM 低在复位和执行代码，如 BM 通过 1kΩ 电阻拉高在复位/通用输入和输出端口 0.0/电压比较器输出/可编程逻辑阵列输入元素 7/外部存储选择 0
21	P0.6/T1/MRST/PLAO[3]	多功能脚。复位后驱动低，通用输出端口 0.6/定时器输入/电源通复位输出/可编程逻辑阵列输出元素 3
22	TCK	JTAG 测试端口输入，测试时钟，调试和下载存取
23	TDO	JTAG 测试端口输出，测试数据输出，调试和下载存取
24	P0.2/PWM2$_L$/$\overline{BHE}$	通用输入和输出端口 0.2/PWM 相位 2 低边输出/外部存储器 BYTE 高使能
25	IOGND	GPIO 接地，连至 DGND
26	IOV$_{DD}$	3.3V 电源，用于 GPIO 和芯片上稳压器输入
27	LV$_{DD}$	芯片上稳压器 2.6V 输出，输出必须连 0.47μF 电容至 DGND
28	DGND	内核逻辑地
29	P3.0/AD0/PWM0$_H$/PLAI[8]	通用输入和输出端口 3.0/外部存储器接口/PWM 相位 0 高边输出/可编程逻辑阵列输入元素 8
30	P3.1/AD1/PWM0$_L$/PLAI[9]	通用输入和输出端口 3.1/外部存储器接口/PWM 相位 0 低边输出/可编程逻辑阵列输入元素 9
31	P3.2/AD2/PWM1$_H$/PLAI[10]	通用输入和输出端口 3.2/外部存储器接口/PWM 相位 1 高边输出/可编程逻辑阵列输入元素 10
32	P3.3/AD3/PWM1$_L$/PLAI[11]	通用输入和输出端口 3.3/外部存储器接口/PWM 相位 1 低边输出/可编程逻辑阵列输入元素 11
33	P2.4/PWM0$_H$/MS0	通用输入和输出端口 2.4/PWM 相位 0 高边输出/外部存储器选择 0
34	P0.3/TRST/A16/ADC$_{BUSY}$	通用输入和输出端口 0.3/JTAG 测试端口输入，测试复位/ADC$_{BUSY}$ 信号输出
35	P2.5/PWM0$_L$/MS1	通用输入和输出端口 2.5/PWM 相位 0 低边输出/外部存储器选择 1
36	P2.6/PWM1$_H$/MS2	通用输入和输出端口 2.6/PWM 相位 1 高边输出/外部存储器选择 2
37	$\overline{RST}$	复位输入，有效低
38	P3.4/AD4/PWM2$_H$/PLAI[12]	通用输入和输出端口 3.4/外部存储器接口/PWM 相位 2 高边输出/可编程逻辑输入阵列 12
39	P3.5/AD5/PWM2$_L$/PLAI[13]	通用输入和输出端口 3.5/外存储器接口/PWM 相位 2 低边输出/可编程输入元素 13
40	IRQ0/P0.4/PWM$_{TRIP}$/PLAO[1]/MS1	多功能 I/O 引脚。外部中断请求 0，有效高/通用输入和输出端口 0.4/PWM 松开外输入/可编程逻辑阵列输出元素 1/外部存储器选择 1
41	IRQ1/P0.5/ADC$_{BUSY}$/PLAO[2]/MS2	多功能 I/O 脚。外部中断请求 1 有效高/通用输入和输出端口 0.5/ADC$_{BUSY}$ 信号输出/可编程逻辑阵列输出元素 2/外部存储器选择 2
42	P2.0/SPM9/PLAO[5]/$\overline{CONV}_{START}$	多工器串行端口。通用输入和输出端口 2.0/UART/可编程输出元素 5/ADC 开始转换输入信号
43	P0.7/ECLK/XCLK/SPM8/PLAO[4]	多工器串行端口。通用输入和输出端口 0.7/输出外时钟信号/输入至内时钟产生电路/UART/可编程逻辑阵列输出元素 4

脚号	脚　名	说　明
44	XCLKO	晶体振荡器反相器输出
45	XCLKI	输入至晶体振荡器反相器和输入至内部时钟产生器电路
46	P3.6/AD6/PWM$_{TRIP}$/PLAI[14]	通用输入和输出端口 3.6/外存储器接口/PWM 安全截止/可编程逻辑阵列输入元素 14
47	P3.7/AD7/PWM$_{SYNC}$/PLAI[15]	通用输入和输出端口 3.7/外存储器接口/PWM 同步/可编程逻辑阵列输入元素 15
48	P2.7/PWM1$_L$/MS3	通用输入和输出端口 2.7/PWM 相位 1 低边输出/外部存储器选择 3
49	P2.1/$\overline{WS}$/PWM0$_H$/PLAO[6]	通用输入和输出端口 2.1/外部存储器写选通/PWM 相位 0 高边输出/可编程输出元素 6
50	P2.2/$\overline{RS}$/PWM0$_L$/PLAO[7]	通用输入和输出端口 2.2/外部存储器读选通/PWM 相位 0 低边输出/可编程输出元素 7
51	P1.7/SPM7/PLAO[0]	多工器串行端口。通用输入和输出端口 1.7/UART,SPI/可编程逻辑阵列输出元素 0
52	P1.6/SPM6/PLAI[6]	多工器串行端口。通用输入和输出端口 1.6/UART,SPI/可编程逻辑阵列输出元素 6
53	IOGND	GPIO 地。连至 DGND
54	IOV$_{DD}$	GPIO3.3V 电源和芯片上稳压器输入
55	P4.0/AD8/PLAO[8]	通用输入和输出端口 4.0/外部存储器接口/可编程逻辑阵列输出元素 8
56	P4.1/AD9/PLAO[9]	通用输入和输出端口 4.1/外部存储器接口/可编程逻辑阵列输出元素 9
57	P1.5/SPM5/PLAI[5]/IRQ3	多工器串行端口。通用输入和输出端口 1.5/UART,SPI/可编程逻辑阵列输入元素 5/外部中断请求 3,有效高
58	P1.4/SPM4/PLAI[4]/IRQ2	多工器串行端口。通用输入和输出端口 1.4/UART,SPI/可编程逻辑阵列输入元素 4/外部中断请求 2,有效高
59	P1.3/SPM3/PLAI[3]	多工器串行端口。通用输入和输出端口 1.3/UART,12C1/可编程逻辑阵列输入元素 3
60	P1.2/SPM2/PLAI[2]	多工器串行端口。通用输入和输出端口 1.2/UART,12C1/可编程逻辑阵列输入元素 2
61	P1.1/SPM1/PLAI[1]	多工器串行端口。通用输入和输出端口 1.1/UART,12C0/可编程逻辑阵列输入元素 1
62	P1.0/T1/SPM0/PLAI[0]	多工器串行端口。通用输入和输出端口 1.0/定时器输入/UART,12C0/可编程输入元素 0
63	P4.2/AD10/PLAO[10]	通用输入和输出端口 4.2/外存储器接口/可编程逻辑阵列输出元素 10
64	P4.3/AD11/PLAO[11]	通用输入和输出端口 4.3/外存储器接口/可编程逻辑阵列输出元素 11
65	P4.4/AD12/PLAO[12]	通用输入和输出端口 4.4/外存储器接口/可编程逻辑阵列输出元素 12
66	P4.5/AD13/PLAO[13]	通用输入和输出端口 4.5/外存储器接口/可编程逻辑阵列输出元素 13
67	REFGND	基准地。连至 AGND
68	V$_{REF}$	2.5V 内部电压基准。当用内基准时,必须连 0.47μF 电容
69	DAC$_{REF}$	DAC 外电压基准。范围 DACGND～DACV$_{DD}$
70	DACGND	DAC 地,连至 AGND
71,72	AGND	模拟地。模拟电路接地基准点
73,74	AV$_{DD}$	3.3V 电源
75	DACV$_{DD}$	DAC3.3V 电源,必须连至 AV$_{DD}$
76	ADC11	单端或差动模拟输入 11
77	ADC0	单端或差动模拟输入 0
78	ADC1	单端或差动模拟输入 1
79	ADC2/CMP0	单端或差动模拟输入 2/比较器正输入
80	ADC3/CMP1	单端或差动模拟输入 3/比较器负输入

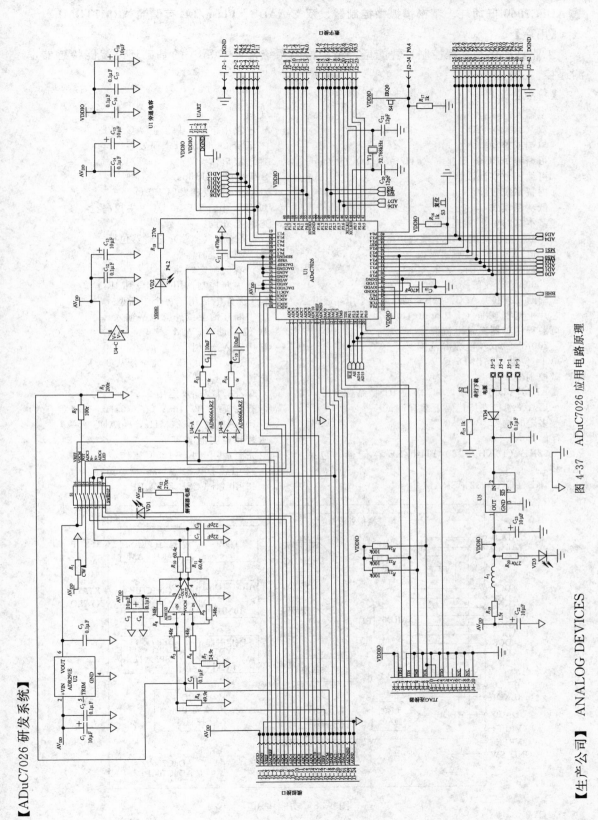

图 4-37　ADuC7026 应用电路原理

【ADuC7026 研发系统】

【生产公司】ANALOG DEVICES

● ADuC7060 低功耗、精密模拟微控制器、双 Σ-ΔADC，Flash/EE 存储器 ARM7TDMI

【用途】

工业自动化和过程控制，智能型，精密检测系统，4～20mA 的基础环路智能传感器，遥测遥控。

【特点】

模拟输入/输出

　双（24 位）ADC

　单端或差动输入

　可编程 ADC 输出速率（4Hz～8kHz）

　可编程数字滤波器

　内置系统校验

　低功耗模式

　基本（24 位）通道

　　2 个差动对或 4 个单端通道

　　PGA（1～512）输入级

　　选择输入范围：±2.34mV～±1.2V

　　30nV 有效值噪声

　辅助（24 位）ADC：4 个差动对或 7 个单端通道

芯片上精密基准（±10ppm/℃）

可编程传感器激励电流源

　200μA～2mA 电流源范围

单 14 位电压输出 DAC

微控制器

　ARM7TDMI 内核，12/32 位 RISC 结构

　JTAG 端口支持代码下载和调试

　多定时选择

存储器

　32KB（16KB×16）Flash/EE 存储器，包括 2KB 核心

　4KB（1KB×32）SRAM

工具

　电路中下载，基于 JTAG 调试

　低价 QuickStart™研发系统

通信接口

SPI 接口（5Mbps）

　4byte 接收和发射 FIFO

UART 串行 I/O 和 I²C（主控/受控）

芯片上外设

　4×通用（捕获）定时器包括

　　唤醒定时器

　　看门狗定时器

矢量中断控制器用于 FIQ 和 IRQ

　8 优先电平用于每个中断型式

　中断在沿上或外脚电平输入

16 位 6 通道 PWM

通用输入/输出

　可达 14GPIO 脚，完全依从 3.3V

电源

　AV_{DD}/DV_{DD} 规定用 2.5V（±5%）

　有效模式：2.74mA（在 640kHz，ADCO 有效）

　10mA（在 10.24MHz，两 ADC 有效）

封装和温度范围

　完全适用−40～125℃工作

　32 引线 LFCSP（5mm×5mm）

　48 引线 LFCSP 和 LQFP

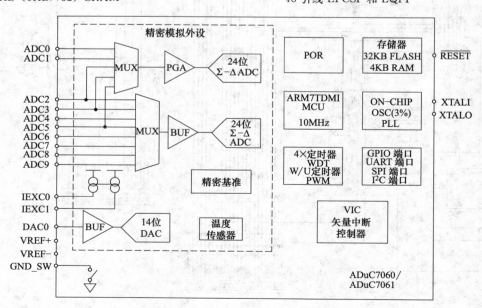

图 4-38　功能块图

ADuC706x 系列是完全集成、8KSPS、24 位数据采集系统，包括高性能多通道Σ-Δ 模数变换器（ADC）、16 位/32 位 ARM7TDMI MCU、和 Flash/EE 存储器在单片上。ADC 组成由一个原始 ADC 组成，有 2 个差动对或 4 个单端通道，辅助 ADC 有高达 7 个通道。ADC 工作在单端或差动输入模式。单通道缓冲电压输出 DAC 在芯片上适用。DAC 输出范围可编程 1/4 电压范围。器件工作来自芯片上振荡器和 PLL 产生的内部高频时钟可达 12.24MHz。微控制器内核是一个 ARM7TDMI，16 位/32 位 RISC 机构可达 10MIPS 峰值特性；4KB SRAM 和 32KB 非易失闪 Flash/EE 存储器在芯片上提供。ARM7TDMI 内核将所有的存储器和寄存器视为一个单线性阵列。ADuC706x 包含 4 个定时器，定时器 1 是一个唤醒定时器，定时器 2 构成一个看门狗定时器，提供 16 位 PWM 有 6 输出通道。ADuC706x 包含一个先进的中断控制器。矢量中断控制器（VIC）允许每个中断指定的优先电平。它同样支持嵌套中断至 8 个每个 IRQ 和 FIQ 的最大电平。当组合 IRQ 和 FIQ 中断源时，支持 16 个总的嵌套中断电平。芯片上微程序语言，通过 UART 串行接口端口，支持电路串行下载，通过 JTAG 接口不干扰仿真。零件工作电压 2.375～2.625V，工作温度－40～125℃。

ADuC7060 包含一个 5 通道主 ADC 和一个 10 通道辅 ADC，可工作在单端差动输入模式。ADC 输入电压为 $0.1V\sim V_{REF}$。ADC 外设包括低漂移带隙基准源与温度传感器。芯片上具有一个单通道缓冲的电压输出型 DAC。该 DAC 的输出范围被编程为两个电压范围之一。DAC 的输出缓冲器可以配置为运算放大器。其中 AIN6/AIN7 作为输入，AIN8 作为输出。通过片上振荡器和锁相环（PLL），可生成一个高达 10.24MHz 的内部高频时钟信号。这个时钟信号

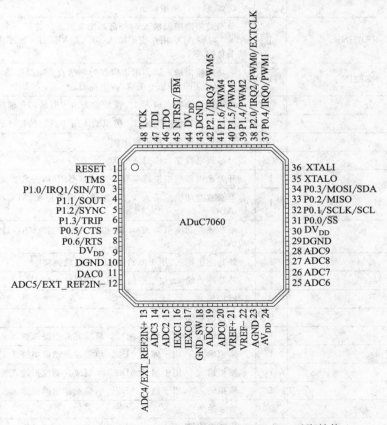

图 4-39　48 引线 LQFP 和 48 引线 LFCSP_VQ 引脚结构

通过一个可编程时钟分配器进行中断，生成 MCU（微控制器）内核的时钟工作频率。微控制器内核是 ARM7TDMI，它是一个可提供 10MIPS 峰值性能的 16 位/32 位 RISC 机器。芯片内还具有 4KB SRAM，以及 32KB 非易失真 Flash/EE 存储器。

【ADuC7060 引脚功能说明】

脚号	脚　名	型号	说　　明
0	EP		扩展闸门。只有 LFCSP_VQ 有一个扩展闸门，必须断开不连。对 LQFP 不能用
1	RESET	I	复位输入脚，有效低。推荐外部 1kΩ 拉起电阻用于该脚
2	TMS	I	JTAG 测试模式选择。用输入脚调试和下载。一个外部拉电阻（～100kΩ）应加至该脚
3	P1.0/IRQ1/SIN/T0	I/O	通用输入和输出 P1.0/外部中断请求 1/串行输入/定时器 0 输入。这是多功能输入/输出脚，有 4 个功能
4	P1.1/SOUT	I/O	通用输入和输出 P1.1/串行输出，这是双功能输入/输出脚
5	P1.2/SYNC	I/O	通用输入和输出 P1.2/PWM 外同步输入。这是一个双功能输入/输出脚
6	P1.3/TRIP	I/O	通用输入和输出 P1.3/PWM 外部跳入。这是一个双功能输入/输出脚
7	P0.5/CTS	I/O	通用输入和输出 P0.5/在 UART 模式清除至发送信号
8	P0.6/RTS	I/O	通用输入和输出 P0.6/在 UART 模式请求至发送信号
9	DV_{DD}	S	数字电源脚
10	DGND	S	数字地
11	DAC0	O	DAC 输出。模拟输出脚
12	ADC5/EXT_REF2IN−	I	单端或差动模拟输入 5/外部基准负输入。这是一个双功能模拟输入脚。ADC5 对辅 ADC 用作模拟输入。EXT_REF2IN 通过 ADC 辅通道，用作外基准负输入
13	ADC4/EXT_REF2IN+	I	多功能模拟输入脚。用该脚作为单端或差动模拟输入 4，用于辅 ADC 模拟输入，或用于外基准正输入，用辅通道
14	ADC3	I	单端或差动模拟输入 3。模拟输入用于原始的和辅助的 ADC
15	ADC2	I	单端或差动模拟输入 2。模拟输入用于原始的和辅助的 ADC
16	IEXC1	O	可编程电流源。模拟输出脚
17	IEXC0	O	可编程电流源。模拟输出脚
18	GND_SW	I	开关至内部模拟接地基准。当该脚不用时，连它直接至 AGND 系统地
19	ADC1	I	单端或差动模拟输入 1。模拟输入用于原始 ADC，负差动输入用于原始 ADC
20	ADC0	I	单端或差动模拟输入 0。模拟输入用于原始 ADC，正差动输入用于原始 ADC
21	VREF+	I	外基准正输入，用于原始通道。模拟输入脚
22	VREF−	I	外基准负输入，用于原始通道。模拟输入脚
23	AGND	S	模拟地
24	AV_{DD}	S	模拟电源脚
25	ADC6	I	模拟输入 6，用于辅助 ADC。单端或差动模拟输入 6
26	ADC7	I	模拟输入 7，用于辅助 ADC。单端或差动模拟输入 7
27	ADC8	I	模拟输入 8，用于辅助 ADC。单端或差动模拟输入 8
28	ADC9	I	模拟输入 9，用于辅助 ADC。单端或差动模拟输入 9
29	DGND	S	数字地
30	DV_{DD}	S	数字电源地

脚号	脚 名	型号	说 明
31	P0.0/$\overline{SS}$	I/O	通用输入和输出 P0.0/SPI 器选择脚(有效低)。这是双功能输入/输出脚
32	P0.1/SCLK/SCL	I/O	通用输入和输出 P0.1/SPI 时钟脚/I²C 时钟脚。这是一个三功能输入/输出脚
33	P0.2/MISO	I/O	通用输入和输出 P0.2/SPI 主控输入受控输出。这是一个双功能输入/输出脚
34	P0.3/MOSI/SDA	I/O	通用输入和输出 P0.3/SPI 主控输出受控输入/I²C 数据脚。这是三功能输入/输出脚
35	XTALO	O	外部振荡器输出脚
36	XTALI	I	外部振荡器输入脚
37	P0.4/IRQ0/PWM1	I/O	通用输入和输出端口 P0.4/外中断请求 0/PWM1 输出。这是一个三功能输入/输出脚
38	P2.0/IRQ2/PWM0/EXTCLK	I/O	通用输入和输出端口 P2.0/外中断请求 2/PWM0 输出/外时钟输入。这是一个多功能输入和输出脚
39	P1.4/PWM2	I/O	通用输入和输出 P1.4/PWM2 输出。这是一个双功能输入/输出脚
40	P1.5/PWM3	I/O	通用输入和输出 P1.5/PWM3 输出。这是一个双功能输入/输出脚
41	P1.6/PWM4	I/O	通用输入和输出 P1.6/PWM4 输出。这是一个双功能输入/输出脚
42	P2.1/IRQ3/PWM5	I/O	通用输入和输出 P2.1/外中断请求 3/PWM5 输出。这是一个三功能输入/输出脚
43	DGND	S	数字地
44	DV$_{DD}$	S	数字电源脚
45	NTRST/$\overline{BM}$	I	JTAG 复位/引导模式。只有用输入脚调试、下载和引导模式($\overline{BM}$)。ADuC7060 进入串行下载模式,如 $\overline{BM}$ 是低复位和执行代码,如 $\overline{BM}$ 通过拉高电阻 13kΩ 在复位
46	TDO	O	JTAG 数据输出。只有用输出脚作为调试和下载
47	TDI	I	JTAG 数据输入。只有用输入脚作为调试和下载。加外部拉起电阻(~100kΩ)至该脚
48	TCK	I	JTAG 时钟脚。只有用输入脚作为下载和调试。加一个外部拉起电阻(~100kΩ)至该脚

【最大绝对额定值（$T_A = -40\sim125℃$）】

AGND 至 DGND 至 AV$_{DD}$ 至 DV$_{DD}$ $-0.3\sim0.3V$	存储温度 125℃
数字 I/O 电压至 DGND $-0.3\sim3.3V$	结温:瞬变 150℃
VREF± 至 AGND $-0.3V\sim AV_{DD}+0.3V$	连续 130℃
ADC 输入至 AGND $-0.3V\sim AV_{DD}+0.3V$	引线焊接温度:回流式焊接(15s) 260℃
ESD(人体型)额定值全部脚 $\pm2kV$	

注意,超出以上所列绝对最大额定值,可能导致器件永久性损坏。长期在绝对最大额定值条件下工作会影响器件的可靠性。

任何时候只能使用一个绝对最大额定值。

ESD 警告

▲ESD(静电放电)敏感器件

带电器件和电路板可能会在没有察觉的情况下放电。尽管具有专利或专用保护电路,但在遇到高能量 ESD 时,器件可能会损坏。因此,应当采取适当的 ESD 防范措施,以避免器件性能下降或功能丧失。

【应用电路部分块图】

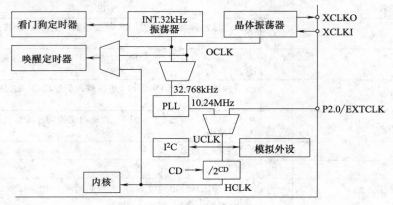

图 4-40 定时系统

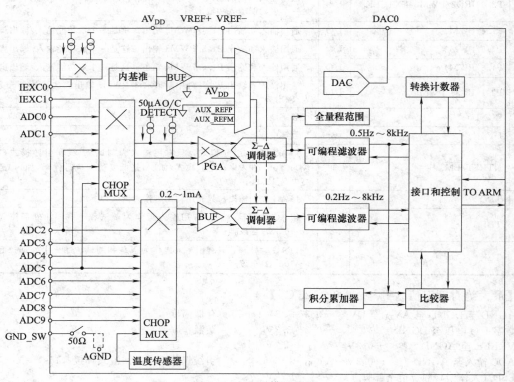

图 4-41 ADC 模拟块图

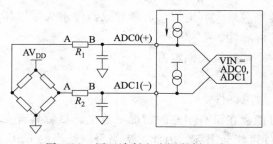

图 4-42 用于诊断电流源举例电路

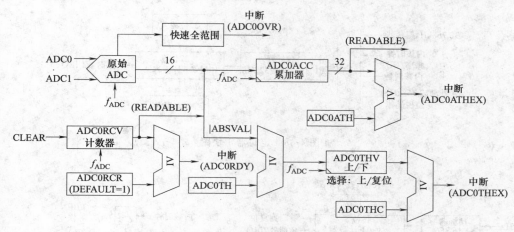

图 4-43　原始 ADC 累加器/比较器/计数器块图

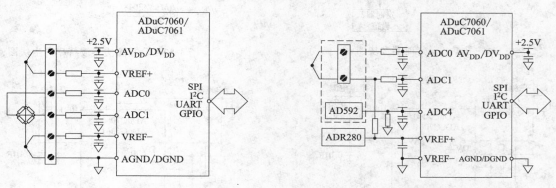

图 4-44　桥接口电路

图 4-45　一个热电偶接口电路举例

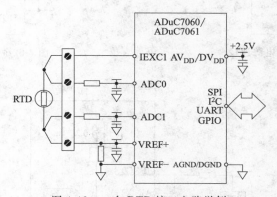

图 4-46　一个 RTD 接口电路举例

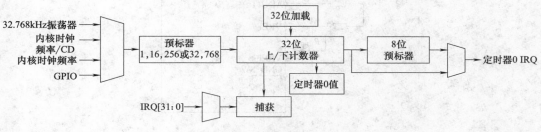

图 4-47　定时器 0 块图

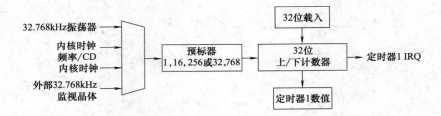

图 4-48　定时器 1 块图

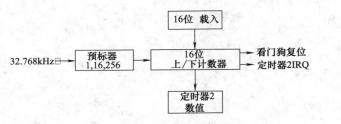

图 4-49　定时器 2 块图

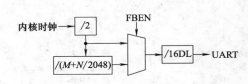

图 4-50　分数除法器波特率产生块图

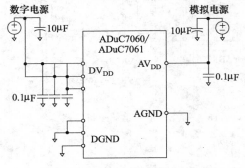

图 4-51　外部双电源连接

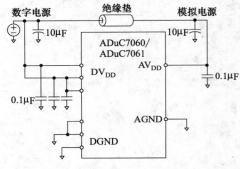

图 4-52　外部单电源连接

【等效板电路应用】

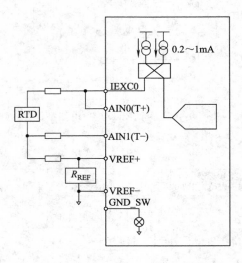

图 4-53　等效电路 RTD 电路图 1

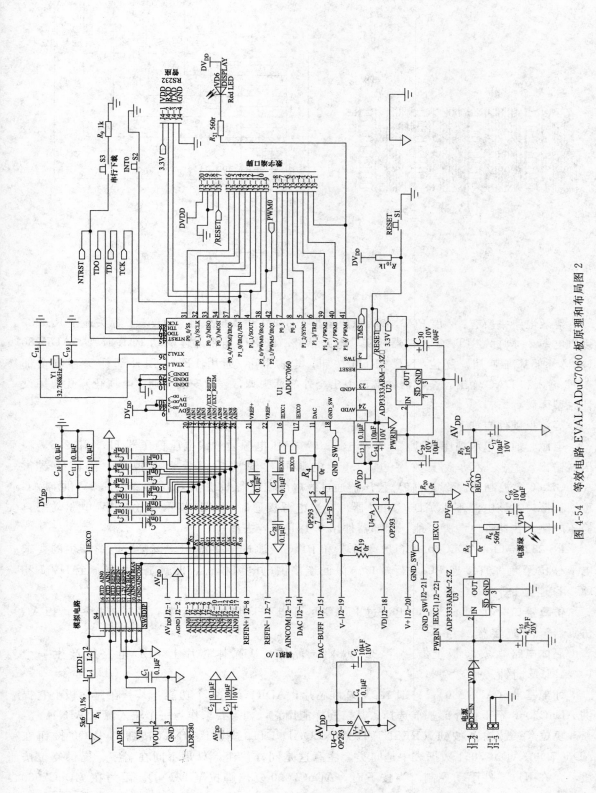

图 4-54　等效电路 EVAL-ADuC7060 板原理和布局图 2

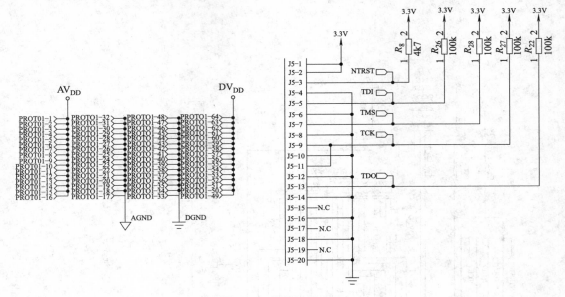

图 4-55　等效板原理图 3

　　等效电路主要有：2 层 PCB，9V 稳压至板上 3.5V 和 2.5V，4 脚 UART 标头连至 RS-232 接口电缆 20 脚标准 JTAG 连接器，实验电路，32.768kHz 监视晶体驱动 PLL 时钟，ADR280 1.2V 外部基准芯片，复位/下载/IRQ0 按钮，电源指示/通用 LED，用外部标头存取全部 ADC 输入和 DAC 输出，全部器件端口引出至外部标头脚，表面安装和通（金属化）孔通用设计原型面。

　　等效板硬件有如下。

　　电源　通过电源插座（J1）连 9V 电源。9V 稳压电源通过线电压稳压器 U3。用 2.5V 稳压器输出，直接驱动板上数字边。2.5V 电源同样滤波后供板上模拟边。该稳压器供 ADuC7060 微控制器。稳定的 9V 稳压器通过线电压稳压器 U2。用稳压器输出 3.3V 供 JTAG 可编程接口，该电源不供 ADuC7060 器件。当电源接通时，LED 指示有效 2.5V 电驱动来自稳压电路。在器件电源脚至地，全部器件用 $0.1\mu F$ 电容去耦。

　　RS-232 接口　ADuC7060（U1）P1.1 和 P1.0 线通过连接器 J4。该接口电缆产生的要求电平移位至允许直接连 PC 串行端口。保证连接供电电缆校正，也就是连 DV_{DD} 至 DV_{DD} 和 DGND 连至 DGND。

　　仿真接口　在 ADuC7060 上通过 JTAG 尽可能不干扰仿真和下载，通过连接一个 JTAG 仿真器至 J5 连接器。

　　晶体电路　安装板上有一个 32.768kHz 晶体，从晶体芯片上 PLL 电路能产生一个 10.24MHz 时钟。

　　外部基准（ADR280）　外部 1.2V 基准芯片，ADR1。有两个功能：其一在评估板上它提供 ADuC7060 不干扰外部基准选择；其二同样能用它，如果要求作为一个输入源至 AIN1。

　　复位/下载/输入按钮（RESET/DOWNLOAD/$\overline{INT0}$ 按钮）　$\overline{INT0}$ 按钮和 IRQ0 按钮在 ADuC7060/ADuC7061 数据表中是同类。注意这是同样按钮，只是不同在名字。提供复位按钮，允许用户零件手动控制。当按下时，ADuC7060 复位脚拉至 DGND。因为在 ADuC7060 的复位脚是内部史密特触发器，在该脚上不需要用外部史密特触发器。当按下时，$\overline{INT0}$ 按钮开关驱动 P0.4/IRQ0 高。能用这初始化一个外部中断 0。进入串行下载模式，拉 NTRST/$\overline{\text{BM}}$ 脚低，同时触发复位。在等效板上，串行下载模式通过保持停止串行下载按钮（S3）能容易启动，同时压和释放复位钮（S1）。

电源指示/通用 LED　用电源 LED（D4）指示在板上足够电源。通用 LED（D6）直接连至 ADuC7060 的 P1.6。当 P1.6 清除时，LED 接通。当 P1.6 是设定时，LED 关断。

模拟 I/O 连接　在用户指导中 ADC0/ADC1 脚和 AIN0/AIN1 脚是同样脚。两者使用功能相同，只是名字不同。全部模拟 I/O 连接在管座上引出。原始 ADC 输入，AIN0 和 AIN1 连至一个 RTD 实验电路（见图 4-53）。元件 RTD1 是表面安装 RTD 在一个 1206 封装内，它激励通过来自 ADuC7060 的 IECO 激发电流源和通过原始 ADC 测量。R_1 是电路中 5.6kΩ 基准电阻。DAC 输出缓冲，外部用 OP293 运放器件 U4。

通用标准范围　在等效板底部提供通用设计标准范围，在用户应用中按用户要求增加外部元件，见印刷板布局（图 4-56），AV_{DD}、AGND、V_{DD} 和 DGND 连线在标准范围提供。

【外部连接器】

模拟 I/O 连接器 J2

连接器提供外部连接全部 ADC 输入、基准输入和 DAC 输出。连接器接脚分布如下。

脚号	功　能	脚号	功　能	脚号	功　能
J2-1	AGND	J2-9	AIN4	J2-17	AIN9
J2-2	AV_{DD}	J2-10	AIN5	J2-18	V0,运放输出
J2-3	AIN0	J2-11	AIN6	J2-19	V−,运放反相输入
J2-4	AIN1	J2-12	AIN7	J2-20	V+,运放正相输入
J2-5	AIN2	J2-13	EXT_REF	J2-21	GND_SW
J2-6	AIN3	J2-14	DAC(不缓冲)	J2-22	IEXC1,电流激励源 1
J2-7	VREF−	J2-15	DAC(缓冲)		
J2-8	VREF+	J2-16	AIN8		

电源连接器 J1

J1 允许连接等效板和 ADuC7060 研发系统提供的 9V 电源。

仿真连接器 J5

J5 提供连接等效板至 PC，通过一个 JTAG 仿真器。

串行接口连接器 J4

J4 提供一个简单连接，通过提供的串行端口电缆连接等效板和有 ADuC7060 研发系统的 PC。

数字 I/O 连接器 J3

数字 I/O 连接器 J3，具有连接全部 GPIO 外部连接。连接器引出表示如下。

脚号	功　能	脚号	功　能	脚号	功　能
J3-1	P1.6	J3-8	P2.1	J3-15	P0.1
J3-2	P1.5	J3-9	P2.0	J3-16	P0.0
J3-3	P1.4	J3-10	P1.1/SOUT	J3-17	$\overline{\text{RESET}}$
J3-4	P1.3	J3-11	P1.0/SIN	J3-18	DGND
J3-5	P1.2	J3-12	P0.4/INT0	J3-19	DGND
J3-6	P0.6	J3-13	P0.3	J3-20	DV_{DD}
J3-7	P0.5	J3-14	P0.2		

【DIP 开关连接器】

脚号	功能	说　　明
S4-1	RTD AIN0	连 RTD 正边至 AIN0 脚（脚 20）
S4-2	RTD AIN1	连 RTD 负边至 AIN1 脚（脚 19）
S4-3	RTD REFIN＋	在 RTD 解调器电路中，连接基准电阻（R_1）正边至 REF＋脚（脚 21）
S4-4	RTD REFIN－	在 RTD 解调器电路中，连接基准电阻（R_1）负边至 REF－脚（脚 22）
S4-5	1.2V REFIN＋	连接 ADR280 1.2V 精密基准电压至 VREF＋脚（脚 21）
S4-6	AIN1 BIAS	连接 ADR280 1.2V 精密基准电压至 AIN1 脚（脚 19）
S4-7	EXT_REF	ADR280 基准器件引出至测试脚 J2 的脚 13
S4-8	GND AINCOM	连 AGND 至 J2 的脚 12

【电路材料单】

数量	元　件	说　明	数量	元　件	说　明
1	EVAL-ADuC7060QS QuickStart PCB	两边表面安装 PCB-1	1	C_{15}	4.7μF 钽电容 TAJ-B 盒
			9	$C_6,C_7,C_{20}\sim C_{27}$	10nF 瓷介电容 0603 盒
4	PCB Stand-offs	保持断开,保持安装在脚上	2	C_{18},C_{19}	12pF 瓷介电容 0603 盒
1	U1	微变换器	1	RTD	100Ω B 级 0805RTD
1	ADR1	带隙基准	1	R_1	5.6kΩ 表面安装电阻,0605 盒
1	U3	固定 2.5V 线电压调节器	3	R_{12},R_{12},R_{21}	560Ω 表面安装电阻,0603 盒
1	U4	双运放（8 引线 SOIC）	14	$R_2\sim R_5,R_{11}\sim R_{20}$	0Ω 表面安装电阻,0603 盒
1	U2	固定 3.3V 线电压调节器	3	$R_8\sim R_{10}$	1kΩ 或 4.7Ω 表面安装电阻,0603 盒
1	Y1	32.768kHz 监视晶体			
1	S4	SW/8 路 DIP 开关	1	R_7	15Ω 表面安装电阻,0603 盒
3	S1,S2,S3	PCB 安装按钮开关	4	$R_{22},R_{26}\sim R_{28}$	100kΩ 表面安装电阻,0603 盒
1	D4	1.8mm LED(绿)	1	L_1	铁氧体电感器,1206 盒
1	D6	1.8mm LED(红)	1	J4	4 脚 90°单行管座
1	D1	PRLL4002 二极管	1	J3	34 脚直单行管座
6	$C_3,C_{14},C_{16},C_{17},C_{29},C_{30}$	10μF 钽电容 TAJ-B 盒	1	J2	22 脚直单行管座
			1	J5	20 脚连接器
14	$C_1,C_2,C_4,C_5,C_8\sim C_{13},C_{24}$	0.1μF 瓷介电容 0603 盒	1	J1	PCB 安装电源插座（2mm 脚直径）

【生产公司】　ANALOG DEVICES

● ADuC7128/ADuC7129 有 12 位 ADC 和 DDS DAC 的精密模拟微控制器 ARM7TDMI MCU

【用途】

遥测遥控，数据采集。

【特点】

模拟 I/O

　多通道，12 位，1MSPS ADC

　　可达 14 模数变换器（DAC）通道

　　完全差动和单端模式

　　0 至 V_{RET} 模拟输入范围

　10 位数模变换器（DAC）

　　32 位 21MHz 直接数字合成（DDS）

　　电流电压变换器（I/V）

　　集成 2 次低通滤波器（LPF）

　　DDS 输入至 DAC

　　100Ω 线驱动器

　芯片上电压基准

　芯片上温度传感器（±3℃）

电压比较器

微控制器

　ARM7TDMI 内核，16/32 位 RISC 结构

　JTAG 端口支持代码下载和调试

　外部监视晶体/时钟源

　　41.78MHz PLL 有 8 种方法分频可编程

　　芯片上振荡器任选端点

存储器

　126KB 闪存/EE 存储器，8KB SRAM

　在电路下载，JTAG 调试

　在电路中软件触发可再编程

芯片上外设

　2×UART，2×I^{2}C 和 SPI 串行 I/O

可达 40 脚 GPIO 端口

5×通用定时器

唤醒和看门狗定时器（WDT）

电源监视

16 位 PWM 产生器

正交编码器

可编程逻辑阵列（PLA）

电源

规定 3V 工作

有效模式

11mA（在 5.22MHz）

45mA（在 41.78MHz）

封装与温度范围

64 引线 9mm×9mm LFCSP 封装，−40～125℃

64 引线 LQFP，−40～125℃

80 引线 LQFP，−40～125℃

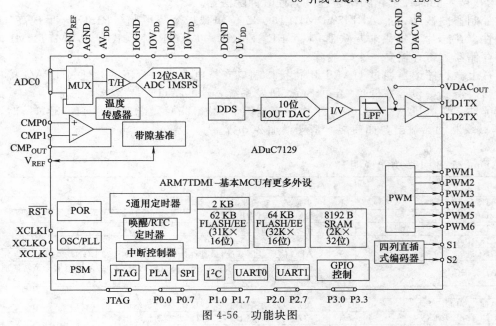

图 4-56　功能块图

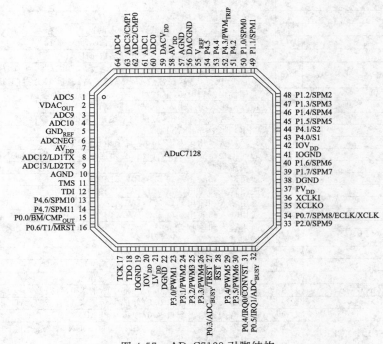

图 4-57　ADuC7128 引脚结构

ADuC7128/ADuC7129 是完全集成、1MSPS、12 位数据采集系统，包含一个高性能、多通道模数变换器（ADC）、DDS 有线驱动器、16-/32 位 MCU 和在单片上闪存/EE 存储器。ADC 组成可达 14 单端输入。ADC 能工作在单端或差动输入模式。该 ADC 输入电压是 0～V_{REF}，低漂移带隙基准，温度传感器和电压比较器完成 ADC 多设集。

ADuC7128/ADuC7129 集成一个差动线驱动输出。这个线驱动器传送正弦波是通过芯片上 DDS 计算值或通过 DACDAT MMR 确定的电压输出。

器件工作来自芯片上振荡器和 PLL，产生一个 41.78MHz 内部高频时钟，该时钟来自 MCU 内核产生的时钟工作频率通过可编程时钟除法器。

微控制器内核是一个 ARM7TDMI，16-/32 位精减指令集电脑（RISC），呈现高 41MIPS 峰值特性。在芯片上提供非易失真闪存/EE 126KB，以及 SRAM 8KB。ARM7TDMI 内核观察全部存储器和寄存器是一个单线阵。

芯片上微程序语言通过 UART 串行接口端口支持电路中串行下载，通过 JTAG 接口同样支持不妨碍仿真，包含在低价 QuickStart 研发系统，这些特点支持微转换系列。

该部件工作电压 3.0～3.6V，工作温度范围－40～125℃。当工作在 41.78MHz 时，功耗 135mW。线驱动器输出，如使能，消耗增加 30mW。

【ADuC7128 引脚功能说明】

脚号	脚　名	型号	说　明
1	ADC5	I	单端或差动模拟输入 5/线驱动输入
2	VDAC$_{OUT}$	O	DAC 缓冲器输出
3	ADC9	I	单端或差动模拟输入 9
4	ADC10	I	单端或差动模拟输入 10
5	GND$_{REF}$	S	ADC 接地电压基准，最佳性能，来自 IOGND 和 DGND 模拟电源应分开
6	ADCNEG	I	偏压点或 ADC 负模拟输入是虚拟差动模式。必须连至信号至转换地。该偏压点必须在 0～1V 之间
7,58	AV$_{DD}$	S	模拟电源
8	ADC12/LD1TX	I/O	单端或差动模拟输入 12/DAC 差动负输出
9	ADC13/LD2TX	I/O	单端或差动模拟输入 13/DAC 差动正输出
10,57	AGND	S	模拟地，模拟电路的接地点
11	TMS	I	JTAG 测试端口输入，调试和下载存取
12	TDI	I	JTAG 测试点输入，测试数据输入调试和下载存取
13	P4.6/SPM10	I/O	通用输入和输出端口 4.6/串行端口 MUX 脚 10
14	P4.7/SPM11	I/O	通用输入和输出端口 4.7/串行端口 MUX11
15	P0.0/$\overline{BM}$/CMP$_{OUT}$	I/O	通用输入和输出端口 0.0/引导模式。ADuC7128 进入下载模式，在复位如 BM 是低，执行代码，在复位如 BM 是拉高，通过 1kΩ 电阻/电压比较器输出
16	P0.6/T1/$\overline{MRST}$	O	通用输出端口 0.6/定时器 1 输入/电源通复位输出
17	TCK	I	JTAG 测试端口输入，测试时钟，调试和下载存取
18	TDO	O	JTAG 测试端口输出，测试数据输出，调试和下载存取
19,41	IOGND	S	GPIO 地，连至 DGND
20,42	IOV$_{DD}$	S	3.3V 电源，用于 GPIO 和芯片上电压稳压器输入
21	LV$_{DD}$	S	芯片上稳压器的 2.5V 输出，必须连 0.47μF 电容至 DGND
22	DGND	S	内核逻辑地
23	P3.0/PWM1	I/O	通用输入和输出端口 3.0/PWM1 输出
24	P3.1/PWM2	I/O	通用输入和输出端口 3.1/PWM2 输出
25	P3.2/PWM3	I/O	通用输入和输出端口 3.2/PWM3 输出
26	P3.3/PWM4	I/O	通用输入和输出端口 3.3/PWM4 输出
27	P0.3/ADC$_{BUSY}$/$\overline{TRST}$	I/O	通用输入和输出端口 3.3/ADC$_{BUSX}$ 信号/JTAG 测试端口输入，测试复位。调试和下载存取
28	$\overline{RST}$	I	复位输入（有效低）
29	P3.4/PWM5	I/O	通用输入和输出端口 3.4/PWM5 输出
30	P3.5/PWM6	I/O	通用输入和输出端口 3.5/PWM6 输出
31	P0.4/IRQ0/CONVST	I/O	通用输入和输出端口 0.5/外部中断请求 0，有效高/开始转换 ADC 输入信号
32	P0.5/IRQ1/ADC$_{BUSY}$	I/O	通用输入和输出端口 0.6/外部中断请求 1，有效高/ADC$_{BUSY}$ 信号
33	P2.0/SPM9	I/O	通用输入和输出端口 2.0/串行端口 MUX 脚 9
34	P0.7/SPM8/ECLK/XCLK	I/O	通用输入和输出端口 0.7/串行端口 MUX 脚 8/输出用于外部时钟信号/输入至内部时钟产生电路

脚号	脚　　名	型号	说　　明
35	XCLKO	O	来自晶体振荡器反相输出
36	XCLKI	I	输入至晶体振荡器反相器和输入至内部时钟产生电路
37	PV$_{DD}$	S	2.5VPLL 电源必须连 0.1μF 电容至 DGND。应连至 2.5V CDO 输出
38	DGND	S	PLL 接地
39	P1.7/SPM7	I/O	通用输入和输出端口 1.7/串行端口 MUX 脚 7
40	P1.6/SPM6	I/O	通用输入和输出端口 1.6/串行端口 MUX 脚 6
43	P4.0/S1	I/O	通用输入和输出端口 4.0/正交输入 1
44	P4.1/S2	I/O	通用输入和输出端口 4.1/正交输入 2
45	P1.5/SPM5	I/O	通用输入和输出端口 1.5/串行端口 MUX 脚 5
46	P1.4/SPM4	I/O	通用输入和输出端口 1.4/串行端口 MUX 脚 4
47	P1.3/SPM3	I/O	通用输入和输出端口 1.3/串行端口 MUX 脚 3
48	P1.2/SPM2	I/O	通用输入和输出端口 1.2/串行端口 MUX 脚 2
49	P1.1/SPM1	I/O	通用输入和输出端口 1.1/串行端口 MUX 脚 1
50	P1.0/SPM0	I/O	通用输入和输出端口 1.0/串行端口 MUX 脚 0
51	P4.2	I/O	通用输入和输出端口 4.2
52	P4.3/PWM$_{TRIP}$	I/O	通用输入和输出端口 4.3/PWM 安全切断
53	P4.4	I/O	通用输入和输出端口 4.4
54	P4.5	I/O	通用输入和输出端口 4.5
55	V$_{REF}$	I/O	2.5V 内部电压基准,当用内部基准时,必须连 0.47μF 电容
56	DACGND	S	DAC 接地典型连至 AGND
59	DACV$_{DD}$	S	DAC 电源必须用 2.5V 供电,连至 CDO 输出
60	ADC0	I	单端或差动模拟输入 0
61	ADC1	I	单端或差动模拟输入 1
62	ADC2/CMP0	I	单端或差动模拟输入 2/比较器正输入
63	ADC3/CMP1	I	单端或差动模拟输入 3/比较器负输入
64	ADC4	I	单端或差动模拟输入 4

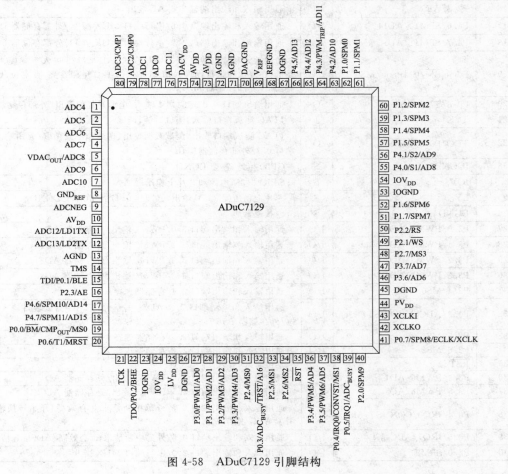

图 4-58　ADuC7129 引脚结构

【ADuC7129 引脚功能说明】

脚号	脚　名	型号	说　明
1	ADC4	I	单端或差动模拟输入 4
2	ADC5	I	单端或差动模拟输入 5
3	ADC6	I	单端或差动模拟输入 6
4	ADC7	I	单端或差动模拟输入 7
5	VDAC$_{OUT}$/ADC8	I	DAC 缓冲器输出/单端或差动模拟输入 8
6	ADC9	I	单端或差动模拟输入 9
7	ADC10	I	单端或差动模拟输入 10
8	GND$_{REF}$	S	ADC 接地电压基准,为了最佳性能,来自 IOGND 和 DGND 模拟电源应当分开
9	ADCNEG	I	ADC 在调试差动模式,偏压点或负模拟输入,必须连至信号转换接地,偏压点必须在 0V 和 1V
10,73,74	AV$_{DD}$	S	3.3V 模拟电源
11	ADC12/LD1TX	I/O	单端或差动输入 12/DAC 差动负输出
12	ADC13/LD2TX	I/O	单端或差动模拟输入 13/DAC 差动正输出
13	AGND	S	模拟地,模拟电路接地基准点
14	TMS	I	JTAG 测试端口输入,测试模式选择,调试和下载
15	TDI/P0.1/$\overline{BLE}$	I/O	JTAG 测试端口输入,测试数据输入,调试和下载存取/通用输入和输出端口 0.1/外部存储器 BLE
16	P2.3/AE	I/O	通用输入和输出端口 2.3/AE 输出
17	P4.6/SPM10/AD14	I/O	通用输入和输出端口 4.6/串行端口 MUX 脚 10/外部存储器 D14
18	P4.7/SPM11/AD15	I/O	通用输入和输出端口 4.7/串行端口 MUX 脚 11/外部存储器 D15
19	P0.0/$\overline{BM}$/CMP$_{OUT}$/MS0	I/O	通用输入和输出端口 0.0/引导模式,ADuC7129 进入下载模式,如 BM 是低,在复位和执行代码,如 BM 是通过 1kΩ 电阻拉高,在复位/电压比较器输出/外部存储器 MS0
20	P0.6/T1/$\overline{MRST}$	O	通用输出端口 0.6/定时器 1 输入/电源通复位输出/外部存储器 AE
21	TCK	I	JTAG 测试端口输入,测试时钟,调试和下载存取
22	TDO/P0.2/$\overline{BHE}$	O	JTAG 测试端口输出,测试数据输出,调试和下载存取/通用输入和输出端口 0.2/外部存储器 BHE
23,53,67	IOGND	S	GPIO 接地,连至 DGND
24,54	IOV$_{DD}$	S	GPIO 3.3V 电源和芯片上稳压器输入
25	LV$_{DD}$	S	芯片上稳压器 2.5V 输出,必须连 0.47μF 电容至 DGND
26	DGND	S	内核逻辑地
27	P3.0/PWM1/AD0	I/O	通用输入和输出端口 3.0/PWM1 输出/外存储器 AD0
28	P3.1/PWM2/AD1	I/O	通用输入和输出端口 3.1/PWM2 输出/外部存储器 AD1
29	P3.2/PWM3/AD2	I/O	通用输入和输出端口 3.2/PWM3 输出/外部存储器 AD2
30	P3.3/PWM4/AD3	I/O	通用输入和输出端口 3.3/PWM4 输出/外部存储器 AD3
31	P2.4/MS0	I/O	通用输入和输出端口 2.4/存储器选择 0
32	P0.3/ADC$_{BUSY}$/$\overline{TRST}$/A16	I/O	通用输入和输出端口 3.3/ADC$_{BUSY}$ 信号/JTAG 测试端口输入,测试复位/外存储器 A16
33	P2.5/MS1	I/O	通用输入和输出端口 2.5/存储器选择 1
34	P2.6/MS2	I/O	通用输入和输出端口 2.6/存储器选择 2
35	$\overline{RST}$	I	复位输入(有效低)
36	P3.4/PWM5/AD4	I/O	通用输入和输出端口 3.4/PWM5 输出/外存储器 AD4
37	P3.5/PWM6/AD5	I/O	通用输入和输出端口 3.5/PWM6 输出/外存储器 AD5
38	P0.4/IRQ0/$\overline{CONVST}$/MS1	I/O	通用输入和输出端口 0.5/外部中断请求 0 有效高/开始转换输入信号用于 ADC/外存 MS1
39	P0.5/IRQ1/ADC$_{BUSY}$	I/O	通用输入和输出端口 0.6/外部中断请求 1/有效高/ADC$_{BUSY}$ 信号
40	P2.0/SPM9	I/O	通用输入和输出端口 2.0/串行端口 MUX 脚 9

续表

脚号	脚 名	型号	说 明
41	P0.7/SPM8/ECLK/XCLK	I/O	通用输入和输出端口 0.7/串行端口 MUX 脚 8/输出用于外时钟信号/输入至内时钟电路
42	XCLKO	O	晶体时钟反相器输出
43	XCLKI	I	输入至晶体反相器和输入至内部时钟产生电路
44	PV$_{DD}$	S	2.5VPLL 电源,必须连 0.1μF 电容至 DGND,应连至 2.5V LDO 输出
45	DGND	S	PLL 接地
46	P3.6/AD6	I/O	通用输入和输出端口 3.6/外存储器 AD6
47	P3.7/AD7	I/O	通用输入和输出端口 3.7/外存储器 AD7
48	P2.7/MS3	I/O	通用输入和输出端口 2.7/存储器选择 3
49	P2.1/$\overline{WS}$	I/O	通用输入和输出端口 2.1/存储器写选择
50	P2.2/$\overline{RS}$	I/O	通用输入和输出端口 2.1/存储器读选择
51	P1.7/SPM7	I/O	通用输入和输出端口 1.7/串行端口 MUX 脚 7
52	P1.6/SPM6	I/O	通用输入和输出端口 1.6/串行端口 MUX 脚 6
55	P4.0/S1/AD8	I/O	通用输入和输出端口 4.0/正交输入 1/外存储器 AD8
56	P4.1/S2/AD9	I/O	通用输入和输出端口 4.1/正交输入 2/外部存储器 AD9
57	P1.5/SPM5	I/O	通用输入和输出端口 1.5/串行端口 MUX 脚 5
58	P1.4/SPM4	I/O	通用输入和输出端口 1.4/串行端口 MUX 脚 4
59	P1.3/SPM3	I/O	通用输入和输出端口 1.3/串行端口 MUX 脚 3
60	P1.2/SPM2	I/O	通用输入和输出端口 1.2/串行端口 MUX 脚 2
61	P1.1/SPM1	I/O	通用输入和输出端口 1.1/串行端口 MUX 脚 1
62	P1.0/SPM0	I/O	通用输入和输出端口 1.0/串行端口 MUX 脚 0
63	P4.2/AD10	I/O	通用输入和输出端口 4.2/外存储器 AD10
64	P4.3/PWM$_{TRIP}$/AD11	I/O	通用输入和输出端口 4.3/PWM 安全截止/外存储器 AD11
65	P4.4/AD12	I/O	通用输入和输出端口 4.4/外存储器 AD12
66	P4.5/AD13	I/O	通用输入和输出端口 4.5/外存储器 AD13
68	REFGND	S	V$_{RET}$ 接地,连至 DGND
69	V$_{REF}$	I/O	2.5V 内部电压基准,当用内部基准时必须连 0.47μF 电容
70	DACGND	S	DAC 接地,连至 AGND
71,72	AGND	S	模拟地
75	DACV$_{DD}$	S	DAC 电源用 2.5V 供电,它连至 LDO 输出
76	ADC11	I	单端或差动模拟输入 11
77	ADC0	I	单端或差动模拟输入 0
78	ADC1	I	单端或差动模拟输入 1
79	ADC2/CMP0	I	单端或差动模拟输入 2/比较器正输入
80	ADC3/CMP1	I	单端或差动模拟输入 3/比较器负输入

【最大绝对额定值】

$DV_{DD} = IOV_{DD}$, $AGND = REFGND = DACGND = GND_{REF}$。

$T_A = 25℃$	
AV$_{DD}$ 至 DV$_{DD}$	$-0.3 \sim 0.3V$
AGND 至 DGND	$-0.3 \sim 0.3V$
IOV$_{DD}$ 至 IOGND, AV$_{DD}$ 至 AGND	$-0.3 \sim 6V$
数字输入电压至 IOGND	$-0.3V \sim IOV_{DD} + 0.3V$
数字输出电压至 IOGND	$-0.3V \sim IOV_{DD} + 0.3V$
V$_{REF}$ 至 AGND	$-0.3V \sim AV_{DD} + 0.3V$
模拟输入至 AGND	$-0.3V \sim AV_{DD} + 0.3V$
模拟输出至 AGND	$-0.3V \sim AV_{DD} + 0.3V$
工作温度范围(工业)	$-40 \sim 125℃$

存储温度	$-65 \sim 150℃$
结温	$150℃$
θ_{JA} 热阻	
64 引线 LFCSP	$24℃/W$
64 引线 LQFP	$47℃/W$
80 引线 LQFP	$38℃/W$
波峰焊温度	
SnPb 组合(10～30s)	$240℃$
RoHs 允许组合(20～40s)	$260℃$

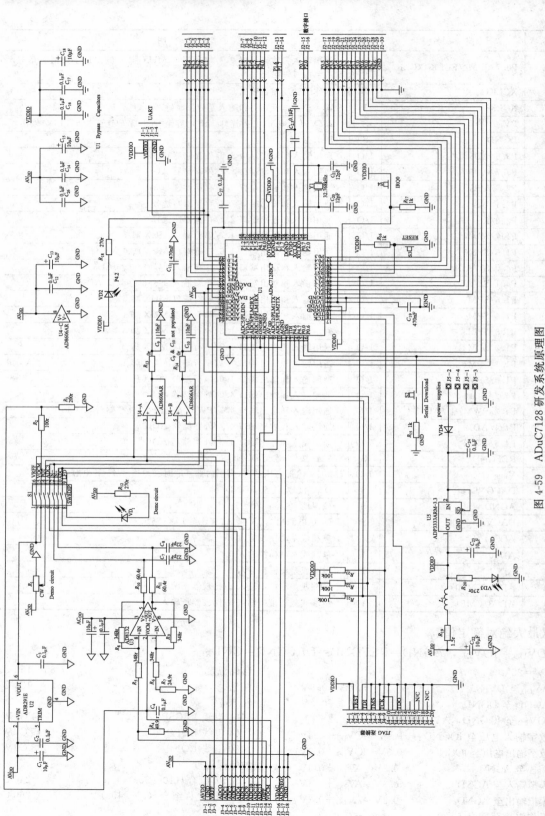

图 4-59　ADuC7128 研发系统原理图

【生产公司】ANALOG DEVICES

4.2 数字信号处理器电路

● ADSP-BF504/F，ADSP-BF506F Blackfin 嵌入式处理器

【用途】

遥测遥控。

安全防范领域，如网络摄入机，智能视频分析，自动对焦一体化摄入机，数字视频录入机，指纹识别系统等。

工业应用领域，如三项多功能电表，马达控制系统，数据采集系统，机器视觉系统等。

便携式消费电子领域，如便携式媒体播放器，互联网收音机，数码相框，移动电视等。

VOIP 领域，如 IP 电话，IP-PBX（专用分机交换）等。

医疗电子领域，如便携式医疗仪表，医疗监护仪，血液分析仪，血压计，心电图仪，便携式自动外部除颤器，彩超系统等。

汽车电子领域，如后视全景倒车辅助驾驶系统，娱乐信息系统，音频系统，安全系统等。

【特点】

可达 400MHz 高性能 Blackfin 处理器，2 个 16 位 MAC，2 个 40 位 ALU，4 个 8 位视频 ALU，40 位移位器

RISC—同类寄存器和指令模型可编程容易，先进的调试、追踪和性能监视

接收电源电压范围，用于内部和 I/O 工作

内部 32M 位闪存（适用于 ADSP-BF506F 和 ADSP-BF504F 处理器）

内部 ADC（适用于 ADSP-BF506F 处理器）

断开芯片上电压稳压器接口

88 引线（12mm×12mm）LFCSP 封装，用于 ADSP-BF504 和 ADSP-BF504F 处理器

120 引线（14mm×14mm）LQFP 封装，用于 ADSP-BF506F 处理器

存储器

68K 字节 LISRAM（处理器内核可存取）存储器

外部（接口可存取）存储器控制器，无缝连接内部 32M 位内存和启动 ROM

灵活的启动选择来自内部闪存和 SPI 存储器或来自主机器件包括 SPL、PPL 和 UART

存储器管理单元提供存储器保护

外设

2 个 32 位上/下计数器，支持旋转计数器

8 个 32 位定时器/计数器，有 PWM 支持

2 个 3 相 16 位计数器，建立在 PWM 组合上

2 个双通道，全双工同步串行端口（SPORTS），支持 8 个立体声 I²S 通道

2 个串行外设接口（SPI）与端口兼容

2 个 UART，有 IrDA 支持

并行外设接口（PPI），支持 ITU-R656 视频数据格式

可更换存储接口（RSI）控制器，用于 MMC、SD、SDIO 和 CE-ATA

内部 ADC 有 12 通道，12 位，可达 2MSPS

ADC 控制组件（ACM），在 Blackfin 处理器和内或外 ADC 之间有一个无缝连接接口

控制区域网（CAN）控制器

两线接口（TWI）控制器

12 外设 DMA

2 个存储器至存储器 DMA 通道

事件处理器有 52 个中断输入

35 个通用 I/O（GPIO），有可编程迟滞

调试/JTAG 接口

芯片上 PLL 能频率倍乘

BF506F 属于 Blackfin 处理器家族中的 BF50× 系列，具有 4MB 可执行闪存以及 ENOB 为 11＋的真 12 位双通道 SAR ADC，成本和特性均优于 BF504 和 BF504F。BF506F 的特性和成本针对只需 68KB L1 存储器和 4MB 可执行闪存便可工作的计算密集型工业和通用应用进行了优化。内存时钟频率为 400MHz。外设包括 2 个 3 相 PWM 单元，1 个 ADC 控制模块，2 个 SPI 接口，2 个 SPORT 接口，1 个 CAN 控制器，1 个 PPI，8 个通用计数器，1 个移动存储器接口。BF506F 采用低成本 14mm×14mm LQFP-EPAD 封装。提供商用及工业用两种温度等级和 300MHz 及 400MHz 两种速度等级产品。

ADSP-BF5× 系列处理器是 Blackfin 系统产品的成员之一，融合了 ANALOG DEVICES/

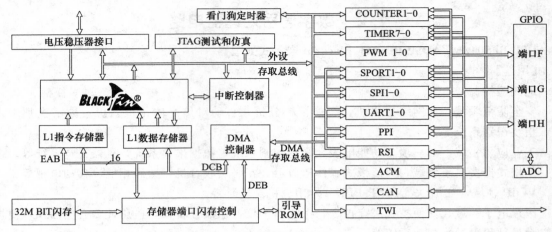

图 4-60　功能块图

INTEL 的微信号结构（MSA）。Blackfin 处理器这种体系结构将艺术级的 dual-MAC 信号处理器引擎、简洁的 RISC 式微处理器指令集的优点，以及单指令多数据（SIMD）多媒体能力结合起来，形成了一套独特的指令集结构。

ADSP-BF5× 系列处理器代码和引脚完全兼容。ADSP-BF50× 处理器性能可达 400MHz 和减小静态功耗，对应不同处理器外设组合如下。

特　　　性		ADSP-BF504	ADSP-BF504F	ADSP-BF506F
上/下/旋转计数器		2	2	2
有 FWM 定时器/计数器		8	8	8
3 相 PWM 单元		2	2	2
SPORT		2	2	2
SPI		2	2	2
UART		2	2	2
并行外设接口		1	1	1
可更换存储器接口		1	1	1
CAN		1	1	1
TWI		1	1	1
内部 32M 位闪存		—	1	1
ADC 控制组件（ACM）		1	1	1
内部 ADC		—	—	1
GPIO		35	35	35
存储器（每秒字节数）	L1 指令 SRAM	16KB	16KB	16KB
	L1 指令 SRAM/Cache	16KB	16KB	16KB
	L1 数据 SRAM	16KB	16KB	16KB
	L1 数据 SRAM/Cache	16KB	16KB	16KB
	L1 高速暂存器	4KB	4KB	4KB
	启动 ROM	4KB	4KB	4KB
最大速度等级		400MHz		
最大系统时钟速度		100MHz		
封装选择		88-Lead LFCSP	88-Lead LFCSP	120-Lead LQFP

【便携式低功耗结构】

Blackfin 系列处理器采用低功耗和低电压设计方法，具有动态管理特点，即通过改变工作电压和频率可大大降低总功耗，与改变工作频率相比，这能极大地减小功耗。容许长电池寿命用于便携式设备。

【系统集成】

ADSP-BF50×处理器是一个高度集成的芯片上系统解决方案，用于第二代嵌入式工业、仪器仪表和功率/运动控制。通过工业标准接口与高性能的信号处理器内核相结合，用户可以快速开发出节省成本的解决方案，而无需昂贵的外部组件。系统外设包括：一个看门狗定时器；2个32位上/下计数器（有旋转支持）；8个32位定时器/计数器（有PWM支持）；6对3相16位计数器（建于PWM单元上）；2个双通道，全双工同步串行端口（SPORT）；2个串行外设接口（SPI）与端口兼容；2个UART（有IrDA支持）；1个并行外设接口（PPI）；1个可更换存储接口（RSI）控制器；1个有12通道的ADC，12位，可达2MSPS，和ACM控制器；1个控制区域网（CAN）控制器；1个2线接口（TWI）控制器；1个内部32M位闪存。

【处理器外设】

ADSP-BF50×处理器通过不同的高速宽带内总线与内核相连，使系统不但配置灵活，而且有极好的性能。Blackfin处理器包括高速串行和并行端口，1个中断控制器，通过DMA结构支持的SPORT、SPI、UART、PPI和RSI外设。有分开的存储器DMA通道，专用于处理器的各存储器空间之间的数据转换，包括启动ROM和内部32位同步资料组闪存。多个芯片上总线运行可达100MHz，具有足够带宽，保证处理器内核运行沿芯片和外部设备成放射性。ADSP-BF50×处理器包括一个至断开芯片电压稳压器接口，支持处理器的动态功耗管理。

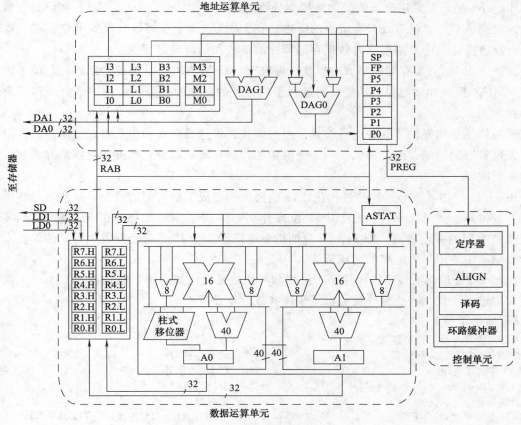

图4-61　Blackfin处理器内核

Blackfin 处理器内核包含 2 个 16 位乘法器、2 个 40 位累加器、2 个 40 位 ALU、4 个视频 ALU 和 1 个 40 位移位器。运算单元处理来自寄存器组的 8 位、16 位或 32 位数据。运算寄存器组包括 8 个 32 位寄存器，当执行 16 位操作运算时，寄存器组可作为 16 个独立的 16 位寄存器。全部计算机运行操作来自多端口寄存器组和指令常数域。每个 MAC 每周期可完成 1 个 16 位×16 位的乘法运算，并把结果累加到 40 位的累加器中，支持符号型和无符号型数据格式、舍入和饱和等操作。ALU 除执行一套传统的 16 位或 32 位数据的算术和逻辑运算外，还包含许多特殊指令，用于加速不同的信号处理任务。这些指令包括操作，如域提取和计算总线，模 2^{32} 乘法，除法，饱和与舍入，符号/指数检测等；视频指令集，包括 Byte 校准和组装操作，16 位和 8 位增加，8 位平均操作和 8 位减/绝对值/累加（SAA）操作等；还提供有比较/选择和矢量搜索指令。对于某些指令，2 个 16 位 ALU 操作可以同时在寄存器对（运算寄存器的高 16 位和低 16 位）中执行，也可以使用第 2 个 ALU 进行 4 个 16 位运算。40 位的移位器可执行移位和循环移位，可用于标准任域提取和域存储指令。

程序控制器控制指令执行的顺序，包括指令对准和译码。对于程序流程，程序控制器支持相对于 PC 和间接条件跳转（支持静态分支预测）。硬件提供对零耗循环的支持。这种结构是完全互锁的，这就意味着当有数据相关的指令时，不存在可见的流水线影响。

地址算术单元能够提供两套地址，用于从存储器中同时进行双存取。一个多端口寄存器组由 4 套 32 位的索引、修改、长度、基地址（用于循环缓冲）寄存器和 8 个另外的 32 位指针寄存器（用于 C 风格的索引堆栈操作）组成。

Blackfin 处理器采用改进的哈佛结构和分级的存储器结构。Level 1（L1）存储器一般以处理器速度全速运行，没有或只有很少的延迟。在 L1 级，指令存储器只存放指令：两个数据存储器存放数据，一个专用的临时数据存储器存放堆栈和局部变量信息。

此外，由多个 L1 存储器组成的模块，可进行 SRAM 和 Cache 的混合配置。存储器管理单元（MMU）提供存储器保护功能，对运行于内核上的独立的任务，可保护系统寄存器免于意外的存取。

这种体系结构提供了 3 种运行模式：用户模式、管理员模式和仿真模式。用户模式限制对某些系统资源的访问，因此提供了一个受保护的软件环境；而管理员模式对系统和内核资源的访问不受限制。

Blackfin 处理器指令系统经过优化，16 位操作码组成了最常用的指令，这使得编译后的代码密度非常高。复杂 DSP 指令采用 32 位操作码，体现了多功能指令的全部特征。Blackfin DSP 支持有限的并发能力，即 1 个 32 位的指令可以和 2 个 16 位指令并发执行，使编程人员在单指令周期中使用尽可能多的内核资源。

Blackfin 处理器汇编语言使用易于编程和可读性强的代数语法，而且在和 C/C++编译器的链接上进行了优化，给程序员提供了快速有效的软件环境。

【存储器结构】

内部（内核存取）存储器
外部（接口存取）存储器
I/O 存储器空间
引导（Booting）
事件处理
内核事件控制器（CEC）
系统中断控制器（SIC）

事件控制
闪存存储器
DMA 控制器
看门狗定时器
定时器
上/下计数器和翻转接口（THUMBWHEEL）
3 相 PWM 单元

串行接口
串行外设接口（SPI）端口
UART 接口
并行外设接口（PPI）
通用型式描述
输入型式
帧捕获型式
输出型式
ITU-R656 型式描述
活动视频型式
垂直消隐期型式
整场型式
RSI 接口

控制区域网（CAN）接口
TWI 控制器接口
端口
通用 I/O（GPIO）
动态功率管理
全速运行型式——最高性能
活动运行型式——中等动态功率节省
睡眠运行型式——高等动态功率节省
深睡眠运行型式——最高动态功率节省
冬眠态——最大静态功率节省
功率节省
ADSP-BF50× 电压稳压

【时钟信号】

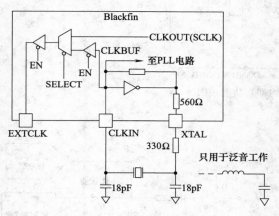

图 4-62　外部晶体连接

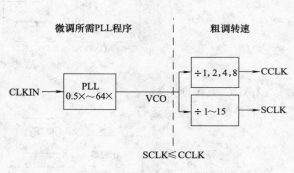

图 4-63　频率修改方法

【ADC 和 ACM 接口】

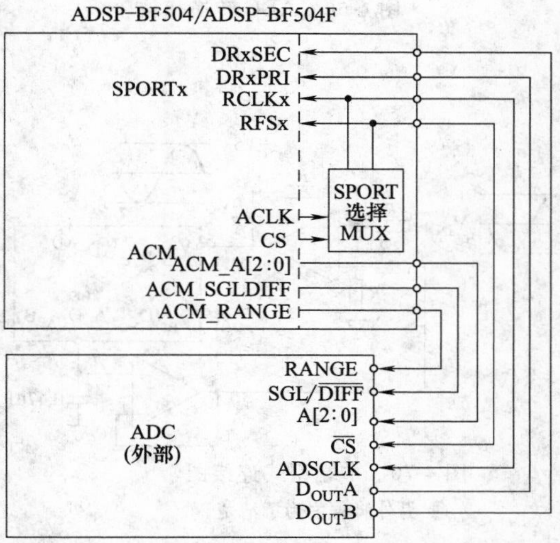

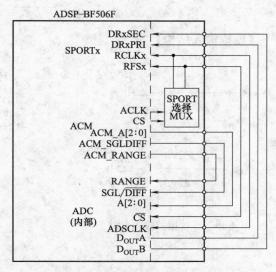

图 4-64　ADC（外部）、ACM 和 SPORT 连接

图 4-65　ADC（内部）、ACM 和 SPORT 连接

【内部 ADC】

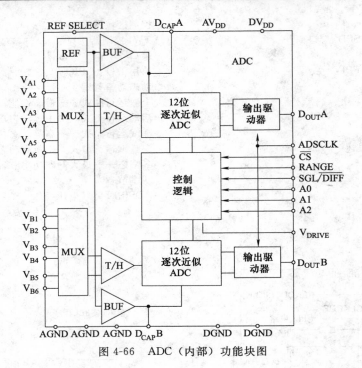

图 4-66　ADC（内部）功能块图

【ADC 工作理论】

电路信息，转换运行。

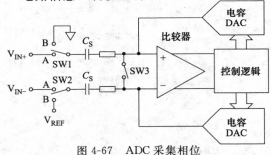

图 4-67　ADC 采集相位

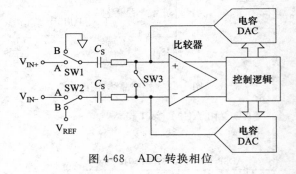

图 4-68　ADC 转换相位

【模拟输入结构】

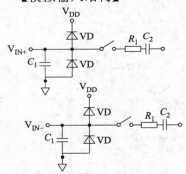

图 4-69　等效模拟输入电路

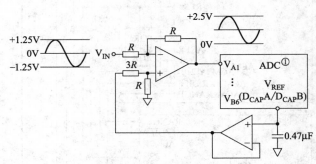

图 4-70　单端型式连接图

① 另外脚省去为了清楚。

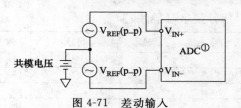

图 4-71 差动输入

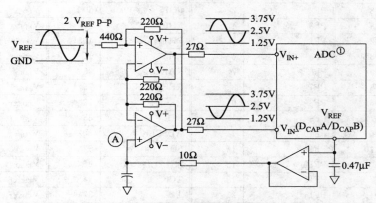

图 4-72 双运放电路转换单端单极信号至差动信号

① 另外脚省去为了清楚。

【引脚图说明】

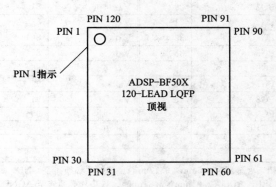

图 4-73 120 引线 LQFP 封装引线配置（顶视）

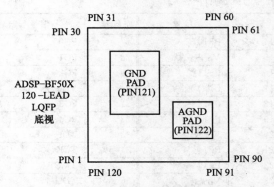

图 4-74 120 引线 LQFP 封装引线配置（底视）

【120 引线 LQFP 引线赋值（信号按字母顺序）】

信号	脚号	信号	脚号	信号	脚号	信号	脚号
A0	100	NC	72	PG11	46	V_{B5}	88
A1	98	$\overline{\text{NMI}}$	11	PG12	47	V_{B6}	87
A2	97	PF0	118	PG13	48	V_{DDEXT}	1
AGND	73	PF1	119	PG14	49	V_{DDEXT}	6
AGND	78	PF2	2	PG15	50	V_{DDEXT}	15
AGND	79	PF3	4	PH0	113	V_{DDEXT}	20
AGND	82	PF4	3	PH1	115	V_{DDEXT}	23
AGND	93	PF5	5	PH2	114	V_{DDEXT}	26
AGND	99	PF6	7	RANGE	95	V_{DDEXT}	30
AV_{DD}	76	PF7	8	REF_SELECT	75	V_{DDEXT}	41
BMODE0	58	PF8	9	$\overline{\text{RESET}}$	12	V_{DDEXT}	51
BMODE1	57	PF9	10	SCL	55	V_{DDEXT}	59
BMODE2	56	PF10	14	ADSCLK	102	V_{DDEXT}	62
CLKIN	110	PF11	16	SDA	54	V_{DDEXT}	64
$\overline{\text{CS}}$	101	PF12	18	SGL/$\overline{\text{DIFF}}$	96	V_{DDEXT}	66
$D_{CAP}A$	77	PF13	19	TCK	34	V_{DDEXT}	67
$D_{CAP}B$	94	PF14	21	TDI	33	V_{DDEXT}	112
DGND	74	PF15	22	TDO	36	V_{DDEXT}	116
DGND	104	$\overline{\text{PG}}$	71	TMS	35	$V_{DDFLASH}$	25
$D_{out}A$	105	PG0	27	$\overline{\text{TRST}}$	37	$V_{DDFLASH}$	63
$D_{out}B$	103	PG1	28	V_{A1}	80	$V_{DDFLASH}$	69
DV_{DD}	107	PG2	29	V_{A2}	81	V_{DDINT}	24
$\overline{\text{EMU}}$	68	PG3	31	V_{A3}	83	V_{DDINT}	42
EXT_WAKE	70	PG4	32	V_{A4}	84	V_{DDINT}	52
EXTCLK	120	PG5	38	V_{A5}	85	V_{DDINT}	53
GND	13	PG6	39	V_{A6}	86	V_{DDINT}	61
GND	17	PG7	40	V_{B1}	92	V_{DDINT}	65
GND	108	PG8	43	V_{B2}	91	V_{DDINT}	117
GND	109	PG9	44	V_{B3}	90	V_{DRIVE}	106
NC	60	PG10	45	V_{B4}	89	XTAL	111
						GND	121①
						AGND	122②

① 脚号 121 是 GND 电源，用于处理器（4.6mm×6.17mm）。该垫片必须连至 GND。

② 脚号 122 是 AGND 电源，用于 ADC（2.81mm×2.81mm）。该垫片必须连至 AGND。

【120 引线 LQFP 引线赋值（引线顺序号）】

脚号	信号	脚号	信号	脚号	信号	脚号	信号
1	V_{DDEXT}	14	PF10	27	PG0	40	PG7
2	PF2	15	V_{DDEXT}	28	PG1	41	V_{DDEXT}
3	PF4	16	PF11	29	PG2	42	V_{DDINT}
4	PF3	17	GND	30	V_{DDEXT}	43	PG8
5	PF5	18	PF12	31	PG3	44	PG9
6	V_{DDEXT}	19	PF13	32	PG4	45	PG10
7	PF6	20	V_{DDEXT}	33	TDI	46	PG11
8	PF7	21	PF14	34	TCK	47	PG12
9	PF8	22	PF15	35	TMS	48	PG13
10	PF9	23	V_{DDEXT}	36	TDO	49	PG14
11	$\overline{\text{NMI}}$	24	V_{DDINT}	37	$\overline{\text{TRST}}$	50	PG15
12	$\overline{\text{RESET}}$	25	$V_{DDFLASH}$	38	PG5	51	V_{DDEXT}
13	GND	26	V_{DDEXT}	39	PG6	52	V_{DDINT}

续表

脚号	信号	脚号	信号	脚号	信号	脚号	信号
53	V_{DDINT}	71	$\overline{PG}$	89	V_{B4}	107	DV_{DD}
54	SDA	72	NC	90	V_{B3}	108	GND
55	SCL	73	AGND	91	V_{B2}	109	GND
56	BMODE2	74	DGND	92	V_{B1}	110	CLKIN
57	BMODE1	75	REF_SELECT	93	AGND	111	XTAL
58	BMODE0	76	AV_{DD}	94	$D_{CAP}B$	112	V_{DDEXT}
59	V_{DDEXT}	77	$D_{CAP}A$	95	RANGE	113	PH0
60	NC	78	AGND	96	$SGL/\overline{DIFF}$	114	PH2
61	V_{DDINT}	79	AGND	97	A2	115	PH1
62	V_{DDEXT}	80	V_{A1}	98	A1	116	V_{DDEXT}
63	$V_{DDFLASH}$	81	V_{A2}	99	AGND	117	V_{DDINT}
64	V_{DDEXT}	82	AGND	100	A0	118	PF0
65	V_{DDINT}	83	V_{A3}	101	$\overline{CS}$	119	PF1
66	V_{DDEXT}	84	V_{A4}	102	ADSCLK	120	EXTCLK
67	V_{DDEXT}	85	V_{A5}	103	$D_{out}B$	121①	GND
68	$\overline{EMU}$	86	V_{A6}	104	DGND	122②	AGND
69	$V_{DDFLASH}$	87	V_{B6}	105	$D_{out}A$		
70	EXT_WAKE	88	V_{B5}	106	V_{DRIVE}		

① 脚号 121 是电源 GND，用于处理器（4.6mm×6.17mm）。该脚垫片必须连至 GND。

② 脚号 122 是电源 AGND，用于 ADC（2.81mm×2.81mm）。该垫片必须连至 AGND。

【引脚图说明】

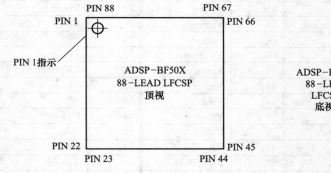

图 4-75　88 引线 LFCSP 引线配置（顶视）

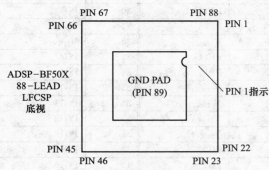

图 4-76　88 引线 LFCSP 引线配置（底视）

【88 引线 LFCSP 引线赋值（信号按字母顺序）】

信号	引线号	信号	引线号	信号	引线号	信号	引线号
BMODE0	51	NC	47	PF6	85	PG1	18
BMODE1	50	NC	48	PF7	86	PG2	19
BMODE2	49	NC	64	PF8	87	PG3	21
CLKIN	68	NC	65	PF9	88	PG4	22
$\overline{EMU}$	60	NC	66	PF10	4	PG5	28
EXT_WAKE	62	$\overline{NMI}$	1	PF11	6	PG6	29
EXTCLK	78	PF0	76	PF12	8	PG7	30
GND	3	PF1	77	PF13	9	PG8	33
GND	7	PF2	80	PF14	11	PG9	34
GND	67	PF3	81	PF15	12	PG10	35
NC	45	PF4	82	$\overline{PG}$	63	PG11	36
NC	46	PF5	83	PG0	17	PG12	37

续表

信号	引线号	信号	引线号	信号	引线号	信号	引线号
PG13	38	TDO	27	V_{DDEXT}	54	V_{DDINT}	14
PG14	39	TMS	25	V_{DDEXT}	56	V_{DDINT}	32
PG15	40	$\overline{TRST}$	26	V_{DDEXT}	58	V_{DDINT}	42
PH0	71	V_{DDEXT}	5	V_{DDEXT}	59	V_{DDINT}	53
PH1	72	V_{DDEXT}	10	V_{DDEXT}	70	V_{DDINT}	57
PH2	73	V_{DDEXT}	13	V_{DDEXT}	74	V_{DDINT}	75
$\overline{RESET}$	2	V_{DDEXT}	16	V_{DDEXT}	79	XTAL	69
SCL	44	V_{DDEXT}	20	V_{DDEXT}	84	GND	89①
SDA	43	V_{DDEXT}	31	$V_{DDFLASH}$	15		
TCK	24	V_{DDEXT}	41	$V_{DDFLASH}$	55		
TDI	23	V_{DDEXT}	52	$V_{DDFLASH}$	61		

① 脚号89是电源GND，用于处理器，该垫片必须连至GND。

【88引线 LFCSP 引线赋值（引线顺序号）】

引线号	信号	引线号	信号	引线号	信号	引线号	信号
1	$\overline{NMI}$	23	TDI	45	NC	67	GND
2	$\overline{RESET}$	24	TCK	46	NC	68	CLKIN
3	GND	25	TMS	47	NC	69	XTAL
4	PF10	26	$\overline{TRST}$	48	NC	70	V_{DDEXT}
5	V_{DDEXT}	27	TDO	49	BMODE2	71	PH0
6	PF11	28	PG5	50	BMODE1	72	PH1
7	GND	29	PG6	51	BMODE0	73	PH2
8	PF12	30	PG7	52	V_{DDEXT}	74	V_{DDEXT}
9	PF13	31	V_{DDEXT}	53	V_{DDINT}	75	V_{DDINT}
10	V_{DDEXT}	32	V_{DDINT}	54	V_{DDEXT}	76	PF0
11	PF14	33	PG8	55	$V_{DDFLASH}$	77	PF1
12	PF15	34	PG9	56	V_{DDEXT}	78	EXTCLK
13	V_{DDEXT}	35	PG10	57	V_{DDINT}	79	V_{DDEXT}
14	V_{DDINT}	36	PG11	58	V_{DDEXT}	80	PF2
15	$V_{DDFLASH}$	37	PG12	59	V_{DDEXT}	81	PF3
16	V_{DDEXT}	38	PG13	60	$\overline{EMU}$	82	PF4
17	PG0	39	PG14	61	$V_{DDFLASH}$	83	PF5
18	PG1	40	PG15	62	EXT_WAKE	84	V_{DDEXT}
19	PG2	41	V_{DDEXT}	63	$\overline{PG}$	85	PF6
20	V_{DDEXT}	42	V_{DDINT}	64	NC	86	PF7
21	PG3	43	SDA	65	NC	87	PF8
22	PG4	44	SCL	66	NC	88	PF9
						89①	GND

① 脚号89是电源GND，用于处理器，该垫片必须连至GND。

【最大绝对额定值】

内部电源电压（V_{DDINT}）	$-0.3\sim1.5V$	存储温度	$-65\sim150℃$
外部（I/O）电源电压（V_{DDEXT}）	$-0.3\sim3.8V$	结温当偏置时	$110℃$
输入电压	$-0.5\sim5.5V$	对输入电压最大占空比	
输出电压摆动	$-0.5V\sim V_{DDEXT}+0.5V$		

$V_{IN}(min)/V$	$V_{IN}(max)/V$	最大占空比	$V_{IN}(min)/V$	$V_{IN}(max)/V$	最大占空比
-0.50	$+3.80$	100%	-0.90	$+4.20$	15%
-0.70	$+4.00$	40%	-1.00	$+4.30$	10%
-0.80	$+4.10$	25%			

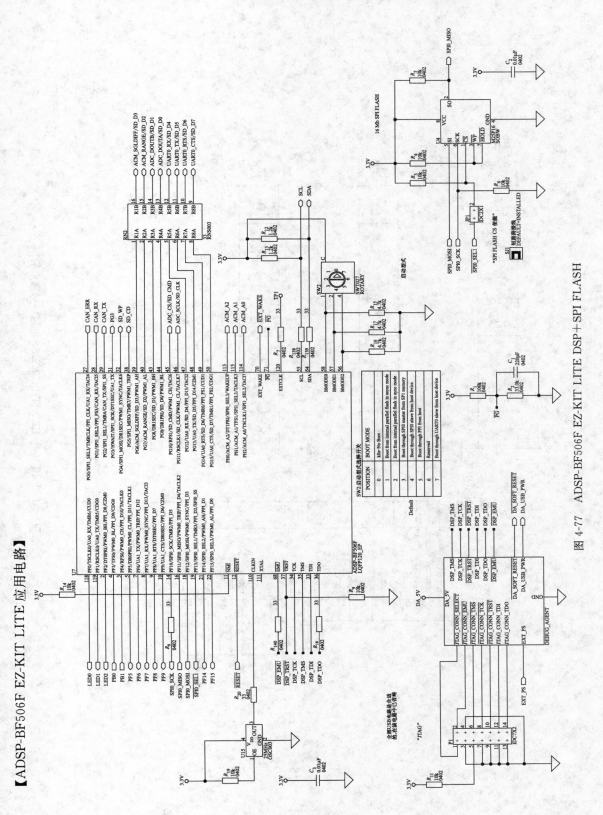

图4-77 ADSP-BF506F EZ-KIT LITE DSP+SPI FLASH

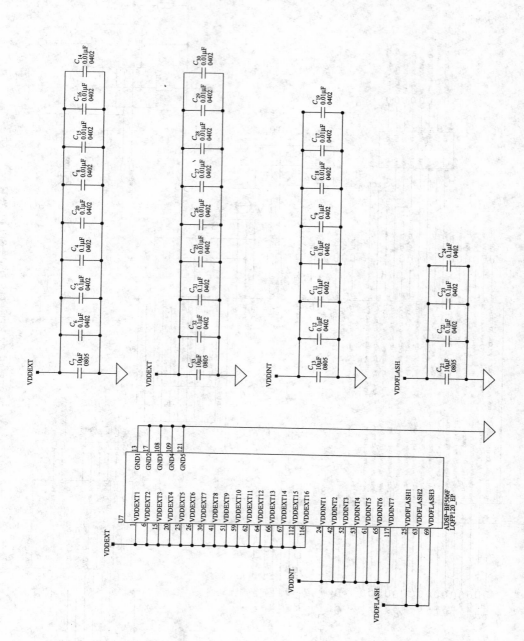

图 4-78　ADSP-BF506F EZ-KIT LITE DSP 电源，旁通电容

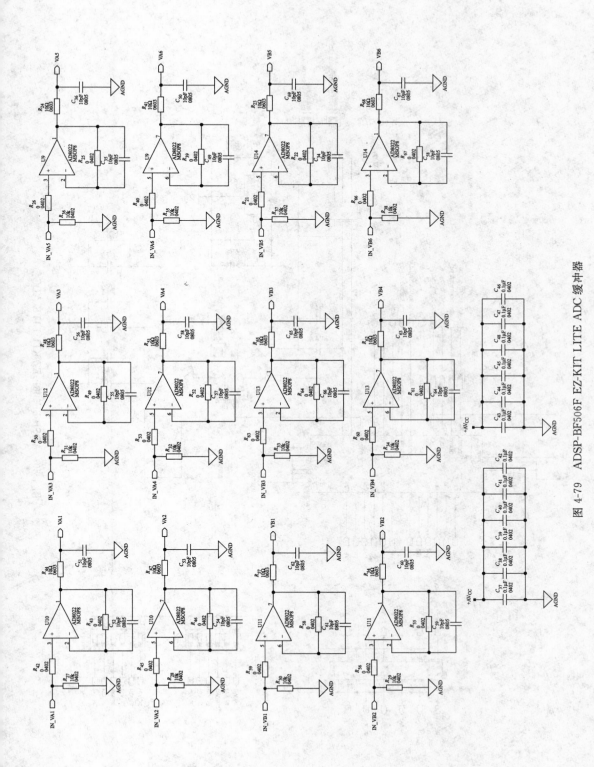

图 4-79 ADSP-BF506F EZ-KIT LITE ADC 缓冲器

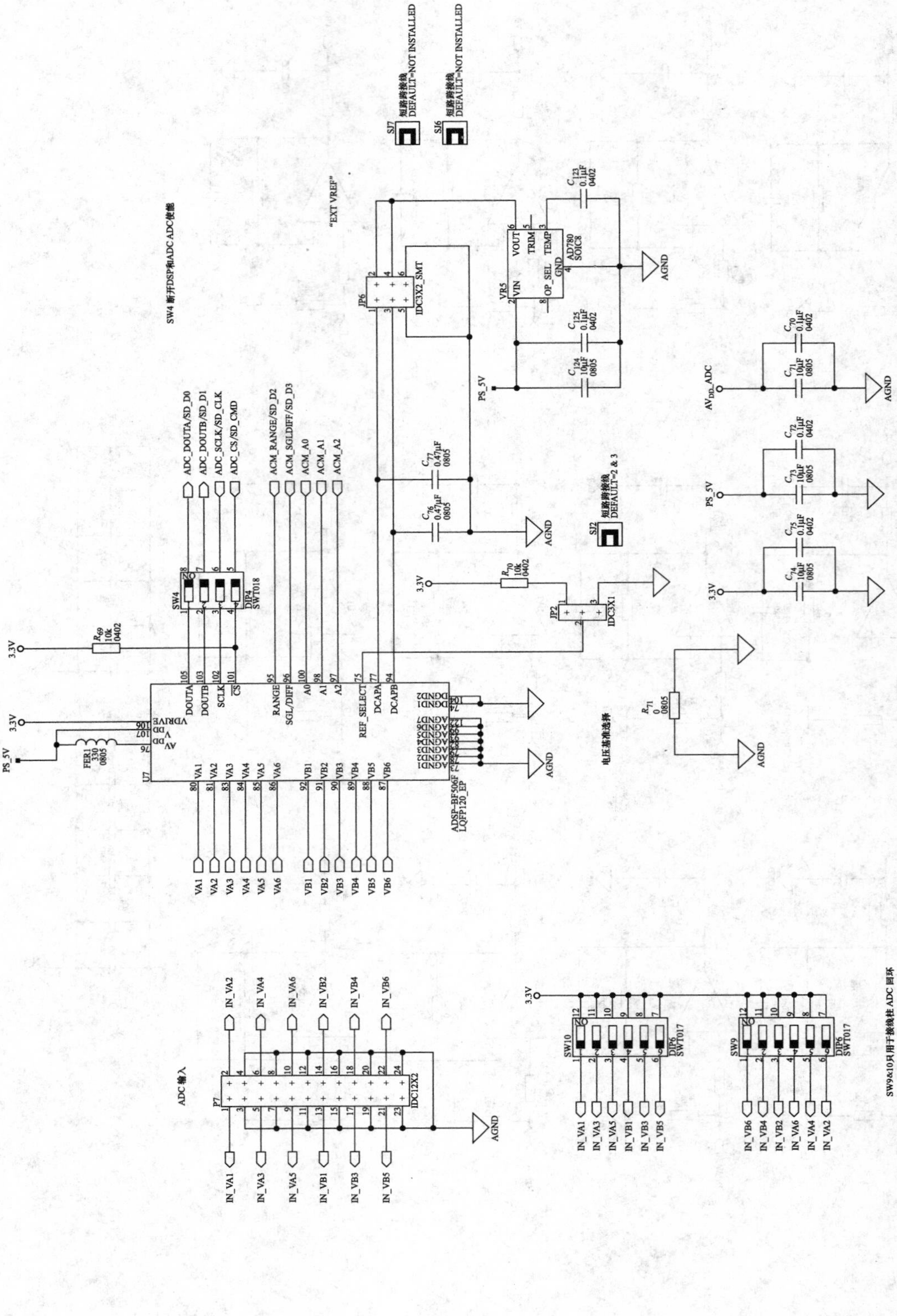

图 4-80 ADSP-BF506F EZ-KIT LITE ADC

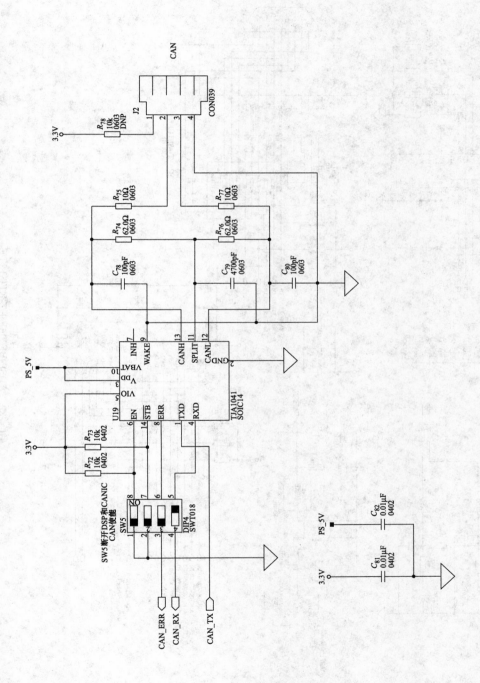

图 4-81 ADSP-BF506F EZ-KIT LITE CAN

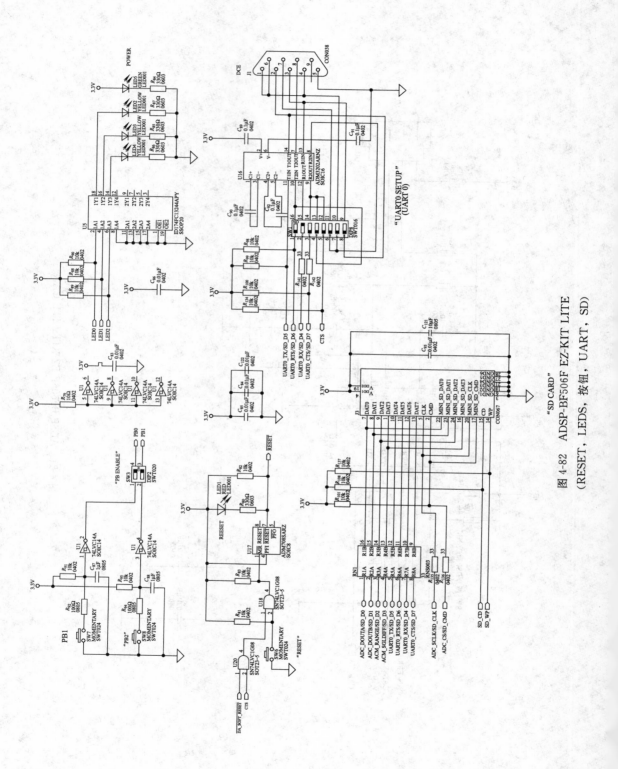

图 4-82　ADSP-BF506F EZ-KIT LITE
（RESET，LEDS，按钮，UART，SD）

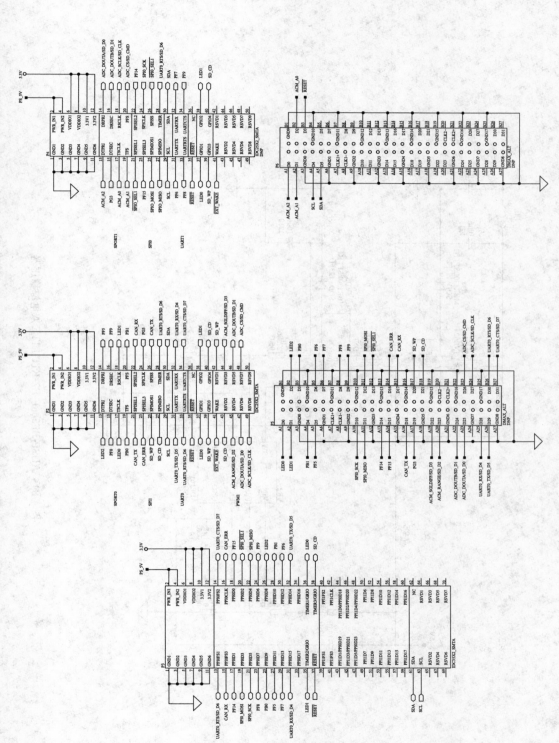

图 4-83　ADSP-BF506F EZ-KIT LITE 扩展接口，DMAX

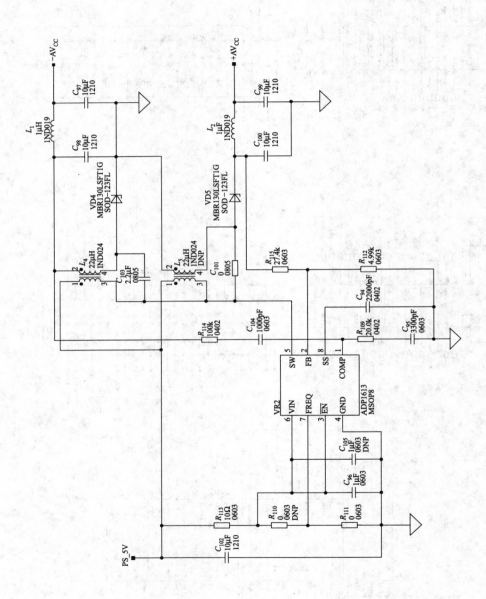

图 4-84 ADSP-BF506F EZ-KIT LITE 双电源稳压器

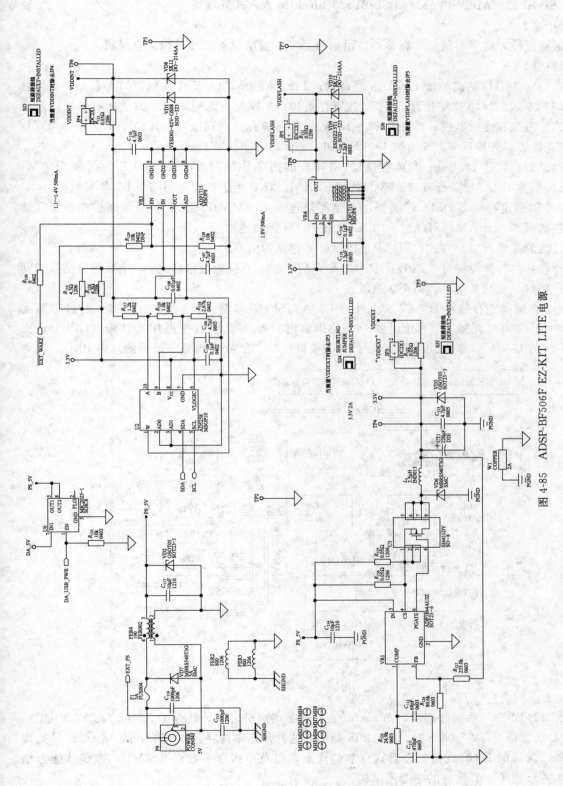

图4-85 ADSP-BF506F EZ-KIT LITE电源

【生产公司 ANALOG DEVICES】

● ADSP-BF531/ADSP-BF532/ADSP-BF533 Blackfin 嵌入式处理器

【用途】

遥测遥控，数字通信，多媒体，前沿信号处理，便携设备，汽车和工业控制。

【特点】

高达 600MHz 的高性能 Blackfin 处理器；2 个 16 位 MAC，2 个 40 位 ALU，4 个 8 位视频 ALU 以及 1 个 40 位移位器；RISC 式寄存器和指令模型，编程简单，编译环境友好；先进的调试、跟踪和性能监视；内核 0.85～1.3V 电压，带有片内调压器；1.8V、2.5V、3.3V I/O；160 球形 CSPBGA，176 引脚 LQPF，169 球形 PBGA 封装。

存储器：高达 148Bytes 片内存储器；16KB 的指令 SRAM/Cache；64KB 的指令 SRAM；32KB 的数据 SRAM/Cache；32KB 的数据 SRAM；4KB 用于存放中间结果的 SRAM。

2 个双通道存储器 DMA 控制器：存储器管理单元（MMU）提供存储器保护；外部存储器控制器可与 SDRAM、SRAM、FLASH 和 ROM 无缝连接。

灵活的存储器引导方式，可以从 SPI、外部存储器引导。

外设：并行外设接口（PPI）/GPIO，支持 ITU-R 656 视频数据格式；2 个双通道全双工同步串行接口，支持 8 个立体声 I²S 通道。

4 个存储器至存储器 DMA；8 个外设 DMA；SPI 兼容端口；3 个 32 位定时器/计数器支持 PWM；实时时钟和看门狗定时器；32 位内核定时器；可达 16 个通用 I/O 脚（GPIO）；支持 IrDA 的 UART；事件处理；调试/JTAG 接口；0.5 倍至 64 倍频率倍乘的片内 PLL。

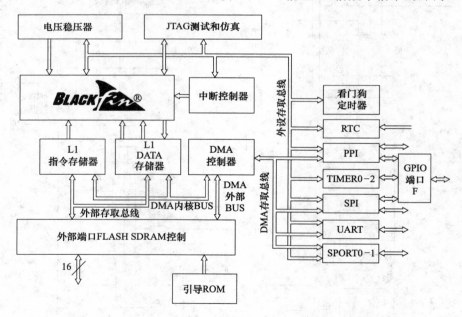

图 4-86　功能块图

ADSP-BF53× 系列处理器是 Blackfin 系列产品的成员之一，融合了 ANALOG DEVICES/INTEL 的微信号结构（MSA）。Blackfin 处理器这种体系结构将艺术级的 dual-MAC 信号处理器引擎、简洁的 RISC 式微处理器指令集的优点，以及单指令多数据（SIMD）多媒体能力结合起来，形成了一套独特的指令集结构。

ADSP-BF53× 系列处理器代码和引脚完全兼容，其区别仅仅在于性能和片内存储器配置。

处理器比较

特 性		ADSP-BF531	ADSP-BF532	ADSP-BF533
SPORTs		2	2	2
UART		1	1	1
SPI		1	1	1
GP 定时器		3	3	3
看门狗定时器		1	1	1
RTC		1	1	1
并行外设接口		1	1	1
GPIO		16	16	16
存储器结构	L1 指令 SRAM/Cache	16KB	16KB	16KB
	L1 指令 SRAM	16KB	32KB	64KB
	L1 数据 SRAM/Cache	16KB	32KB	32KB
	L1 数据 SRAM			32KB
	L1 可擦	4KB	4KB	4KB
	L3 引导 ROM	1KB	1KB	1KB
最大速度级		400MHz	400MHz	600MHz
封装选择				
CSP_BGA		160-Ball	160-Ball	160-Ball
塑封 BGA		169-Ball	169-Ball	169-Ball
LQFP		176-Lead	176-Lead	176-Lead

便携式低功耗结构

Blackfin 系列处理器采用低功耗和低电压的设计方法，具有动态功率管理的特点，即通过改变工作电压和频率来大大降低总功耗。与仅改变工作频率相比，既改变电压又改变频率能够使总功耗减少，这将使长电池寿命用于便携设备。

系统集成

ADSP-BF53×系列处理器是一个高度集成的片上系统解决方案。通过将工业标准接口与高性能的数字信号处理内核相结合，用户可以快速开发出节省成本的解决方案，而无需昂贵的外部组件。系统外设包括 1 个 UART 口、1 个 SPI 口、2 个串行口（SPORT）、4 个通用定时器（其中 3 个具有 PWM 功能）、1 个实时时钟、1 个看门狗定时器，以及 1 个并行外设接口。

ADSP-BF53×系列处理器外设

ADSP-BF53×系列处理器通过不同的高速宽带内总线与内核相连，使系统不但配置灵活，而且有极好的性能。通用外设包括一些功能，如 UART、带有 PWM（脉冲宽度调制）和脉冲测量能力的定时器、通用的 I/O 标志引脚、一个实时时钟和一个看门狗定时器。这些外设满足了典型系统的各种需求，并且通过它们增强了系统的扩充能力。除了这些通用的外设，ADSP-BF53×系列处理器还包含有用于各种音频、视频和调制解调编解码功能的高速串行和并行端口；一个用于灵活地管理来自片内外设和外部信源的中断事件处理器；以及可根据不同的应用来配置系统的性能和功耗的功率管理控制功能。

除通用 I/O、实时时钟和定时器外，所有其他的外设都有一个灵活的 DMA 结构。片内还有一个独立的存储器 DMA 通道，专用于处理器的不同存储空间，包括外部的 SDRAM 和异步存储器，进行数据传输。多条片内总线能以 133MHz 的速度运行，提供了足够的带宽以保证处理器内核能够跟得上片内和片外外设。

ADSP-BF53×系列处理器包含一个片上调压器，支持 ADSP-BF53×系列处理器动态电源管理功能。调压器提供一电压范围从 2.25～3.6V 的单输入电压给内核。该调压器也可以由用户旁路。

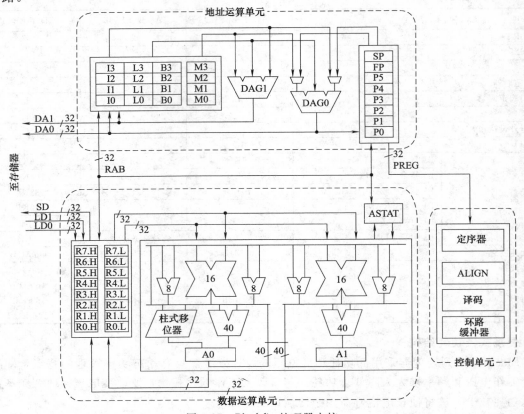

图 4-87　Blackfin 处理器内核

Blackfin 处理器内核

MAS-DSP 内核包含 2 个 16 位乘法器、2 个 40 位的累加器、2 个 40 位的 ALU、4 个视频 ALU 和 1 个 40 位移位器。运算单元处理来自寄存器组的 8 位、16 位或者 32 位数据。

运算寄存器组包括 8 个 32 位寄存器。当执行 16 位操作数的运算时，寄存器组可作为 16 个独立的 16 位寄存器。运算的所有操作数都来自多端口寄存器组和指令常量域。

每个 MAC 每周期可完成 1 个 16 位×16 位的乘法运算，并把结果累加到 40 位的累加器中。支持符号型和无符号型数据格式、舍入与饱和等操作。

ALU 除执行一套传统的 16 位或 32 位数据的算术和逻辑运算外，还包含许多特殊指令，用于加速不同的信号处理任务。这些指令包括位操作（例如域提取和计算总数）、模 2^{32} 乘法、除法、饱和与舍入、符号/指数检测等；专用的 8 位平均操作和 8 位减/绝对值/累加（SAA）操作等；还提供有比较/选择和矢量搜索指令。

对于某些指令，2 个 16 位 ALU 操作可以同时在寄存器对（运算寄存器的高 16 位和低 16 位）中执行，也可以使用第 2 个 ALU 进行 4 个 16 位运算。

40 位的移位器可以执行移位和循环移位，可以用于标准化、提取和存储等操作。

程序控制器控制指令执行的顺序包括指令对准和译码。对于程序流程，程序控制器支持相对于 PC 和间接条件跳转（支持静态分支预测）。硬件提供对零耗循环的支持。这种结构是完全互锁的，这就意味着当有数据相关的指令时，不存在可见的流水线影响。

地址算术单元能够提供两套地址，用于从存储器中同时进行双存取。一个多端口寄存器组由 4 套 32 位的索引、修改、长度、基地址（用于循环缓冲）寄存器和 8 个另外的 32 位指针寄存器（用于 C 风格的索引堆栈操作）组成。

Blackfin 处理器采用改进的哈佛结构和分级的存储器结构。Level 1（L1）存储器一般以处理器速度全速运行，没有或只有很少的延迟。在 L1 级，指令存储器只存放指令，2 个数据存储器存放数据，1 个专用的临时数据存储器存放堆栈和局部变量信息。

此外，由多个 L1 存储器组成的模块可进行 SRAM 和 Cache 的混合配置。存储器管理单元（MMU）提供存储器保护功能，对运行于内核上的独立的任务，可保护系统寄存器免于意外的存取。

这种体系结构提供了 3 种运行模式：用户模式、管理员模式和仿真模式。用户模式限制对某些系统资源的访问，因此提供了一个受保护的软件环境；而管理员模式对系统和内核资源的访问不受限制。

Blackfin 处理器指令系统经过优化，16 位操作码组成了最常用的指令，这使得编译后的代码密度非常高。复杂 DSP 指令采用 32 位操作码，体现了多功能指令的全部特征。Blackfin DSP 支持有限的并发能力，即 1 个 32 位的指令可以和 2 个 16 位指令并发执行，使编程人员在单指令周期中使用尽可能多的内核资源。

Blackfin 处理器汇编语言使用易于编程和可读性强的代数语法，而且在和 C/C++ 编译器的链接上进行了优化，给程序员提供了快速有效的软件环境。

存储器结构

ADSP-BF53× 处理器把存储器视为一个统一的 4GB 的地址空间，使用 32 位地址。所有的资源，包括内部存储器、外部存储器和 I/O 控制寄存器，都占据公共地址空间的各自独立的部分。此地址空间的各部分存储器按分级结构排列，以提供高的性能价格比。一些非常快速、低延迟的存储器（如 Cache 或 SRAM）置于片上，而更大的低成本、低性能的存储器作为片外存储器。

L1 存储器系统是 Blackfin 处理器内核中性能最高的最重要的存储器。通过外部总线接口单元（EBIU），片外存储器可以由 SDRAM、FLASH 和 SRAM 进行扩展，可以访问多达 132MB 的物理存储器。

存储器的 DMA 控制器提供高带宽的数据传输能力。它能够在内部 L1 存储器和外部存储器空间之间完成代码或数据的块传输。

内部（片内）存储器

ADSP-BF53× 处理器有 3 块片内存储器，提供到内核的高带宽的访问。

第 1 块是 L1 指令存储器，由高达 80KB 的 SRAM 组成，其中 16KB 可以配置为一个 4 路组联合的 Cache。L1 指令存储器以处理器的最快速度访问。

第 2 块片内存储器是 L1 数据存储器，包括两个各 32KB 的 bank。每个 bank 都可以配置，能提供 SRAM 和 Cache 的功能。此存储器也以全速度访问。

第 3 块是一个 4KB 的临时数据 RAM，它和 L1 存储器有相同的运行速度，但是只能作为数据 SRAM 访问，不能配置为 Cache。

外部（片外）存储器

外部存储器通过外部总线接口单元（EBIU）进行访问。此 16 位接口可与 1 个 bank 的同步 DRAM（SDRAM），或与最多 4 个异步存储器设备（包括 FLASH、EPROM、ROM、SRAM 和存储器映射 I/O 设备）无缝连接。

PC133 兼容的 SDRAM 控制器可以通过编程与高达 128MB 的 SDRAM 接口。

异步存储器的控制器也能够通过编程控制多达 4 个 bank 的各种异步存储设备。无论使用设备的大小如何，每个 bank 的空间都占据 1MB，这样，只有装满 4 个 1MB 的存储器时地址空间才能连续。

I/O 存储器空间

Blackfin 系列控制器没有定义独立的 I/O 空间，所有的资源都被映射到统一的 32 位地址空间。片上 I/O 设备的控制寄存器被映射到靠近 4GB 地址空间顶端的存储器映射寄存器（MMR）地址范围内。这个地址空间又被划分为两个小部分：一部分包含完成所有内核功能的控制 MMR；另一部分包含用于设置和控制内核以外的片内外设的寄存器。MMR 仅在管理员模式下可被访问，并且被看作是片内外设的保留空间。

引导

ADSP-BF53×处理器包括一个小的引导内核，用于配置适当的外设来引导。如果 ADSP-BF53×处理器被配置为从引导 ROM 存储器引导，那么 DSP 从片内引导 ROM 开始执行。

事件处理

ADSP-BF53×处理器的事件控制器处理到达处理器的所有异步和同步事件。事件处理支持嵌套和优先级。嵌套允许同时激活多个事件的服务程序。优先级保证高优先级事件的响应可以抢占较低优先级事件的响应。控制器支持 5 种不同类型的事件。

每个事件都有一个相应的保存返回地址的寄存器和一个相应的从事件返回指令。一个事件被触发后，处理器当前状态被保存在管理员堆栈内。

ADSP-BF53×处理器事件控制器包括两个部分：内核事件控制器（CEC）和系统中断控制器（SIC）。内核事件控制器和系统中断控制器协同工作来确定优先级和控制所有系统事件。从概念上讲，来自外设的中断进入到 SIC，然后被直接发送到 CEC 的通用中断中处理。

内核事件控制器（CEC）

除专用中断和异常事件外，CEC 还支持 9 个通用中断（IVG15～7）。这些通用中断中，推荐将优先级最低的 2 个中断（IVG15～14）留作软件中断，剩下的 7 个优先级中断分别用于 ADSP-BF53×处理器的外设。

系统中断控制器（SIC）

系统中断控制器为来自多个外设的中断源提供至 CEC 通用中断输入的映射和路由。尽管 ADSP-BF53×处理器提供了默认的映射，用户仍可以通过改写中断设置寄存器（IAR）的值来改变中断事件的映射和优先权。

事件控制

ADSP-BF53×处理器为用户提供了非常灵活的机制来控制事件的处理。在 CEC 中，有 3 个寄存器用于调整和控制事件，它们中的每个寄存器都是 16 位宽度。

▲CEC 中断锁存寄存器（ILAT）　ILAT 寄存器用于指示事件已被锁存。处理器锁存事件后相应的位置 1，事件被系统接受后该位清零。该寄存器被控制器自动刷新，但仅当其相应的 IMASK 位被清除时可写。

▲CEC 中断屏蔽寄存器（IMASK）　IMASK 寄存器控制发生的事件是否被屏蔽。当 IMASK 寄存器的相应位置 1 时，事件不被屏蔽，发生后由系统处理。该位清零将屏蔽事件，即使该事件已被锁存在 ILAT 寄存器中，处理器也不会处理该事件。在管理员模式下，该寄存器可以被读写。通用中断可以通过分别使用 STI 和 CLI 指令设置为全局使能和禁止。

▲CEC 中断等待寄存器（IPEND）　IPEND 寄存器跟踪所有嵌套的事件。IPEND 寄存

中的相应位置 1 表示事件当前处于活动状态和嵌套在某一级。该寄存器被控制器自动刷新，但是在管理员模式下才能读取。

SIC 使用 3 个 32 位中断控制和状态寄存器来进一步控制事件的处理。每个寄存器都包含所示的每个外设中断相对应的位。

▲SIC 中断屏蔽寄存器（SIC_IMASK） 此寄存器控制每个外设中断事件是否被屏蔽。当寄存器的相应位置 1 时，事件不被屏蔽，发生后由系统处理。该位清零将屏蔽外设事件，使其不被处理。

▲SIC 中断状态寄存器（SIC_ISR） 由于多个外设可以映射到同一事件，该寄存器允许软件设置那个外设事件源触发该中断。相应位置 1 表明外设发出了中断，为 0 则表明外设未发出事件。

▲SIC 中断唤醒使能寄存器（SIC_IWR） 通过使能该寄存器中的相应位，当事件发生而处理器处于睡眠（掉电）模式时，可以设置一个外设唤醒处理器。

由于多个中断源可以映射到同一个通用中断，因此该中断输入引脚上可能同时出现多个脉冲，这可以发生在对一个已检测到的中断处理之前或之中，IPEND 寄存器的内容由 SIC 监控，以检查中断是否得到确认。

当一个中断上升沿被检测到（检测需要 2 个处理器时钟周期），ILAT 寄存器的相应位被置 1。当 IPEND 寄存器的任一位被置 1 时，该位被清零，IPEND 的这位表示该事件已进入处理器流水线。此时，CEC 将在下一个事件到来时识别其上升沿，并将这一事件排入队列。从通用中断的上升沿到 IPEND 寄存器的输出置 1，最小的延迟为 3 个处理器时钟周期。由于内部的活动和处理器的状态不同，延迟可能更长。

DMA 控制器

ADSP-BF53× 处理器有多个独立的 DMA 控制器，能够以最小的 DSP 内核开销完成自动的数据传输。DMA 传输可以发生在 ADSP-BF53× 处理器的内部存储器和任一有 DMA 能力的外设之间。此外，DMA 传输也可以在任一有 DMA 能力的外设和已连接到外部存储器接口的外部设备之间完成（包括 SDRAM 控制器、异步存储器控制器）。有 DMA 传输能力的外设包括 SPORT、SPI 端口、UART 和 PPI 端口。每个独立的有 DMA 能力的外设至少有一个专用 DMA 通道。

ADSP-BF53× 处理器 DMA 控制器能够支持一维（1D）或二维（2D）DMA 传输。DMA 传输的初始化可以由寄存器或名为描述子块的参数来实现。

二维 DMA 支持任意的行列数量，最大可达 64K×64K 单位，支持任意数量的行列的步进，最大可达＋/－32K 单位。而且，列步进的值可以小于行步进的值，这就允许实现隔行扫描的数据流。这个特性对于视频应用非常有用，可以实时进行数据的反隔行存储。

ADSP-BF53× 处理器 DMA 控制器支持典型的 DMA 操作。

除专用外设的 DMA 通道以外，在 ADSP-BF53× 处理器的不同存储器之间有两个存储器 DMA 通道，这使得任意的存储器（包括外部 SDRAM、ROM、SRAM 和 FLASH）之间的数据块传输成为可能，并使处理器干预降到最小。存储器 DMA 传输可以通过标准的基于寄存器的自动缓冲机制来控制。

实时时钟

ADSP-BF53× 处理器的实时时钟（RTC）提供了一个具有当前时间、跑表和报警等功能的稳定的数字表。该 RTC 的时钟采用 ADSP-BF53× 处理器外部的 32.768kHz 晶振。RTC 有专用的电源引脚，以使得当处理器其他部分处于低功耗状态时 RTC 仍然保持供电和时钟。RTC 提供了数个可编程的中断选择，包括以日、时、分、秒计数中断，可编程跑表倒数计数中断，或者已编程的警报时钟中断。

37.768kHz 的输入时钟频率通过分频器成为 1Hz 信号。具有计数功能的定时器包括 4 个计数器：一个 60s 的计数器、一个 60min 的计数器、一个 24h 计数器和一个 32768d 的计数器。

报警功能启动后，当定时器的输出和报警控制寄存器中给定值相等时，报警功能会产生一个中断。报警分为两类：第一类是时间报警；第二类是日期加时间报警。

"看门狗" 定时器

ADSP-BF53× 处理器包含一个 32 位定时器，可用于执行软件的 "看门狗" 功能。软件 "看门狗" 可以提高系统的可靠性，如果在软件复位前定时器溢出，软件 "看门狗" 通过产生一个硬件复位、不可屏蔽中断（NMI）或通用中断来强迫处理器进入一个已知状态。程序员初始化定时器计数值，使能相应的中断，然后启动定时器。随后，软件必须在计数器从给定值计数到 0 前重新装载计数器，这样防止系统停留在未知状态。在未知状态下，软件由于外部噪声或者软件错误等停止运行后，通常将定时器复位。

ADSP-BF53× 处理器如果设置硬件复位，"看门狗" 定时器可以复位 CPU 和 BF53× 外设。复位后，软件可以通过查询定时控制寄存器的一个状态位，来确定 "看门狗" 是否为硬件复位的来源。

定时器的时钟采用系统时钟（SCLK），以最高频率 f_{SCLK} 运行。

定时器

ADSP-BF53× 处理器有 4 个通用可编程定时器。3 个定时器连有外部引脚，可以用作脉冲宽度调制器（PWM）或定时器输出，也可以用作定时器的输入时钟或测量外部事件的脉冲宽度周期的输入。这些定时器可对一个输入 PF1 引脚的外部时钟、输入 PPI_CLK 引脚的外部时钟或对内 SCLK 同步。

定时器单元可以与 UART 联合使用，进行串行通道数据流的脉冲宽度的测量，提供自动的波特率检测功能。

定时器能够向处理器内核发出中断，为同步、处理器时钟或外部信号的计数值提供周期性事件。

除 3 个通用可编程定时器外，还提供了第 4 个定时器。这个额外的定时器由内部处理器时钟（CCLK）驱动，一般用作系统标记时钟，用以产生操作系统的周期性中断。

串行口（SPORTs）

ADSP-BF53× 处理器提供 2 个双通道同步串行端口（SPORT0 和 SPORT1）来完成串行和多处理器的通信工作。

串行外设接口（SPI）

ADSP-BF53× 处理器有一个 SPI 兼容的端口，能够使控制器与多个 SPI 兼容的设备通信。

SPI 接口使用 3 个引脚传输数据：2 个数据引脚（主输出-从输入 MOSI 和主输入-从输出 MISO）和 1 个时钟引脚（串行时钟 SCK）；1 个 SPI 片选输入引脚（$\overline{SPISS}$）可使其他 SPI 设备选择处理器；7 个 SPI 片选输出引脚（$\overline{SPISEL7\text{-}1}$）使处理器能够选择其他 SPI 设备。这些 SPI 引脚也可以被重新配置为可编程标志引脚。通过这些引脚，SPI 端口提供了全双工的同步串行接口，支持主从模式和多主环境。

UART 端口

ADSP-BF53×处理器提供一个全双工的通用异步接收/发送（UART）端口，它与 PC 标准的 UART 完全兼容。UART 端口为其他外设或主机提供一个简化的 UART 接口，支持全双工、有 DMA 能力的异步串行数据传输。UART 端口支持 5～8 个数据位、1 个或 2 个停止位以及无校验、奇校验、偶校验位。

可编程标志（PFX）

ADSP-BF53×处理器有 16 个双向的通用可编程 I/O 引脚（PF15～0）。每一个可编程引脚都能通过标志控制寄存器、标志状态寄存器和标志中断寄存器被独立控制。

并行外设接口

ADSP-BF53×处理器提供可直接与并行 A/D 和 D/A 转换器、视频编码和解码器以及其他通用外设连接的并行接口（PPI）。PPI 包括 1 个专用时钟引脚、多达 3 个帧同步引脚和多达 16 个数据引脚。输入时钟支持 $f_{SCLK}/2\text{MHz}$ 的并行数据传输率，同步信号可以被配置为输入或输出。

PPI 支持各种通用模式和 ITU-R656 模式操作。在通用模式下，PPI 提供多达 16 位数据的半双工、双向数据传输，并且提供多达 3 个帧同步信号。在 ITU-R656 模式下，PPI 提供 8 位或 10 位视频数据的半双工、双向传输。此外，片内还支持行启动和场启动同步包的解码。

通用模式描述

PPI 的通用模式可应用于各种数据采集和数据传输的场合，该模式支持 3 种不同的子模式。

▲输入模式：帧同步和数据输入到 PPI。

▲帧捕获模式：帧同步从 PPI 输出，但数据输入到 PPI。

▲输出模式：帧同步和数据从 PPI 输出。

输入模式

输入模式适用于 ADC 应用和带硬件握手的视频通信。最简单的输入模式下，PPI_FS1 作为外部帧同步信号控制何时读数据。PPI_DELAY MMR 允许在接收帧同步和启动读数据之间插入延迟（以 PPI_CLK 周期为单位）。采样的输入数据数量可编程，由 PPI_CONTROL 寄存器的内容确定。根据对 PPI_CONTROL 寄存器的编程，可以支持 8、10、11、12、13、14、15、16 位的数据宽度。

帧捕获模式

该模式允许将视频源用作帧捕获的从设备。ADSP-BF53×处理器控制何时从视频源读取数据。PPI_FS1 为 HSYNC 输出信号，PPI_FS2 为 VSYNC 输出信号。

输出模式

输出模式用于发送视频或其他数据，提供多达 3 个输出帧同步信号。典型的数据转换应用使用单一的帧同步，而 2 个或 3 个帧同步可以使用硬件握手完成发送数据。

ITU-R656 模式描述

PPI 的 ITU-R656 模式适用于各种视频捕获、处理和传输应用。

活动视频模式

该模式用于整场中感兴趣的活动视频部分。PPI 不会读入在活动视频结束（EAV）和活动视频启动（SAV）同步符号间的任何数据，也不读入消隐期间的任何数据。该模式下，控制字节序列不存入存储器，直接被 PPI 过滤。同步信息到 Field1 后，PPI 将忽略到来的数据，直到检索到 SAV 码。用户可以规定每帧活动视频的行数（在 PPI_Count 寄存器中）。

垂直消隐期模式

此模式下，PPI 仅传输垂直消隐期间（VBI）的数据。

整场模式

整场模式下，PPI 读入到来的全部数据流，包括活动视频、同步控制序列及水平和垂直消隐期间的辅助数据。同步信息到 Field1 后，数据传输立即启动。

动态功率管理

ADSP-BF53× 处理器提供 4 种运行模式，每种模式有不同的性能/功耗特性。此外，动态功率管理有动态地改变处理器内核供电电压的控制功能，进一步降低功耗。控制每一个 ADSP-BF53× 处理器外设的时钟也能降低功耗。

全速运行模式——最高性能

在全速模式下，PLL 被使能且不被旁路，因此提供最高运行频率。这是上电默认执行状态，此时可获得最高性能。处理器内核和所有使能的外设都以全速运行。

活动运行模式——中等功率节省

在此模式下，PLL 被使能但被旁路。因为 PLL 被旁路，处理器内核时钟（CCLK）和系统时钟（SCLK）运行于输入时钟（CLKIN）频率下。在此模式下，CLKIN 到 CCLK 倍频可变，直到进入全速运行模式。通过适当地配置 LI 存储器，可以进行 DMA 访问。

在活动运行模式下，通过 PLL 控制寄存器（PLL_CTL）禁止 PLL 是可能的。如果被禁止，在转换到全速或休眠模式前必须被使能。

休眠运行模式——高功率节省

休眠运行模式通过关闭处理器内核（CCLK）的时钟来降低功耗，然而 PLL 和系统时钟（SCLK）仍在运行。一般通过外部事件或 RTC 活动来唤醒处理器。此模式下唤醒的出现将会使处理器检查 PLL 控制寄存器（PLL_CTL）中旁路位（BYPASS）的值。如果旁路位被关闭，处理器将切换到全速运行模式。如果旁路位使能，处理器将切换到活动运动模式。

深度休眠运行模式——最大功率节省

通过关闭处理器内核（CCLK）和所有同步外设（SCLK）的时钟，深度休眠运行模式将获得最大的功率节省。异步外设，如 RTC，可能仍运行，但将不能访问内部资源或外部存储器。这种掉电模式只能通过复位中断（RESET）或由 RTC 产生的异步中断退出。此模式下 RESET 有效时，或 RTC 产生的异步中断有效时，处理器将切换到全速运行模式。

功率节省

ADSP-BF53× 处理器支持 3 种不同的电源范围。使用多个电源范围在与工业标准和惯例兼容的同时，可获得最大的灵活性。通过将 ADSP-BF53× 处理器内部逻辑隔离为独立的电源，同 RTC 和其他 I/O 分离，处理器能够使用动态功率管理，而不影响 RTC 或其他 I/O 设备。

电压调节

ADSP_BF53× 处理器提供一个片上调压器，它可以从外部 2.25～3.6V 的供电电压产生内部电压（0.7～1.2V）。这个调压器控制内部逻辑电压，并且通过对调压控制寄存器（VR_CTL）编程，能够获得 50mV 增量的电压。调压器可由用户决定被禁止或旁路。

时钟信号

ADSP_BF53× 处理器使用来自外部晶振的正弦输入，或经过缓冲整形的外部时钟。

如果使用外部时钟，该时钟信号应是 TTL 兼容信号，而且正常运行时，此时钟不能停止、改变或低于指定的频率。其外部时钟应连到 DSP 的 CLKIN 引脚，且 XTAL 引脚必须悬空。

还有一种可供选择的方法。由于 ADSP_BF53×处理器有片内振荡电路，所以外部晶振也可以使用。外部晶振应当连接到 CLKIN 和 XTAL 引脚，并与两个电容相连。电容值取决于晶振的类型，应当由晶振厂商提供。此处应当使用并联谐振、基因频率、微处理器级的晶振。

【引脚图】

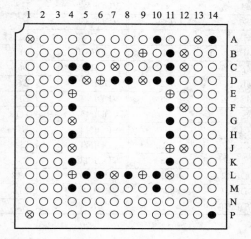

关键符号:
$\oplus$ V_{DDINT} ● GND $\oplus$ V_{DDRTC}
$\otimes$ V_{DDEXT} ○ I/O $\otimes$ V_{ROUT}

关键符号:
$\oplus$ V_{DDINT} ● GND $\oplus$ V_{DDRTC}
$\otimes$ V_{DDEXT} ○ I/O $\otimes$ V_{ROUT}

图 4-88　160 球形 CSP-BGA 接地配置（顶视）　　　图 4-89　160 球形 CSP-BGA 接地配置（底视）

【160 球形 CSP-BGA 球形赋值（按信号字母顺序）】

信号	球形号	信号	球形号	信号	球形号	信号	球形号
$\overline{ABE0}$	H13	$\overline{AMS0}$	E14	DATA6	M7	GND	B11
$\overline{ABE1}$	H12	$\overline{AMS1}$	F14	DATA7	N7	GND	C4
ADDR1	J14	$\overline{AMS2}$	F13	DATA8	P7	GND	C5
ADDR2	K14	$\overline{AMS3}$	G12	DATA9	M6	GND	C11
ADDR3	L14	$\overline{AOE}$	G13	DATA10	N6	GND	D4
ADDR4	J13	ARDY	E13	DATA11	P6	GND	D7
ADDR5	K13	$\overline{ARE}$	G14	DATA12	M5	GND	D8
ADDR6	L13	$\overline{AWE}$	H14	DATA13	N5	GND	D10
ADDR7	K12	$\overline{BG}$	P10	DATA14	P5	GND	D11
ADDR8	L12	$\overline{BGH}$	N10	DATA15	P4	GND	F4
ADDR9	M12	BMODE0	N4	DR0PRI	K1	GND	F11
ADDR10	M13	BMODE1	P3	DR0SEC	J2	GND	G11
ADDR11	M14	$\overline{BR}$	D14	DR1PRI	G3	GND	H4
ADDR12	N14	CLKIN	A12	DR1SEC	F3	GND	H11
ADDR13	N13	CLKOUT	B14	DT0PRI	H1	GND	K4
ADDR14	N12	DATA0	M9	DT0SEC	H2	GND	K11
ADDR15	M11	DATA1	N9	DT1PRI	F2	GND	L5
ADDR16	N11	DATA2	P9	DT1SEC	E3	GND	L6
ADDR17	P13	DATA3	M8	$\overline{EMU}$	M2	GND	L8
ADDR18	P12	DATA4	N8	GND	A10	GND	L10
ADDR19	P11	DATA5	P8	GND	A14	GND	M4

续表

信号	球形号	信号	球形号	信号	球形号	信号	球形号
GND	M10	PF14	A6	$\overline{SMS}$	C13	VDDEXT	D5
GND	P14	PF15	C6	$\overline{SRAS}$	D13	VDDEXT	D9
MISO	E2	PPI_CLK	C9	$\overline{SWE}$	D12	VDDEXT	F12
MOSI	D3	PPI0	C8	TCK	P2	VDDEXT	G4
NMI	B10	PPI1	B8	TDI	M3	VDDEXT	J4
PF0	D2	PPI2	A7	TDO	N3	VDDEXT	J12
PF1	C1	PPI3	B7	TFS0	H3	VDDEXT	L7
PF2	C2	$\overline{RESET}$	C10	TFS1	E1	VDDEXT	L11
PF3	C3	RFS0	J3	TMR0	L2	VDDEXT	P1
PF4	B1	RFS1	G2	TMR1	M1	VDDINT	D6
PF5	B2	RSCLK0	L1	TMR2	K2	VDDINT	E4
PF6	B3	RSCLK1	G1	TMS	N2	VDDINT	E11
PF7	B4	RTXI	A9	$\overline{TRST}$	N1	VDDINT	J11
PF8	A2	RTXO	A8	TSCLK0	J1	VDDINT	L4
PF9	A3	RX	L3	TSCLK1	F1	VDDINT	L9
PF10	A4	SA10	E12	TX	K3	VDDRTC	B9
PF11	A5	$\overline{SCAS}$	C14	VDDEXT	A1	VROUT0	A13
PF12	B5	SCK	D1	VDDEXT	C7	VROUT1	B12
PF13	B6	SCKE	B13	VDDEXT	C12	XTAL	A11

【160 球形 CSP-BGA 球形赋值（按球形号顺序）】

球形号	信号	球形号	信号	球形号	信号	球形号	信号
A1	VDDEXT	C1	PF1	E1	TFS1	H11	GND
A2	PF8	C2	PF2	E2	MISO	H12	$\overline{ABE1}$
A3	PF9	C3	PF3	E3	DT1SEC	H13	$\overline{ABE0}$
A4	PF10	C4	GND	E4	VDDINT	H14	$\overline{AWE}$
A5	PF11	C5	GND	E11	VDDINT	J1	TSCLK0
A6	PF14	C6	PF15	E12	SA10	J2	DR0SEC
A7	PPI2	C7	VDDEXT	E13	ARDY	J3	RFS0
A8	RTXO	C8	PPI0	E14	$\overline{AMS0}$	J4	VDDEXT
A9	RTXI	C9	PPI_CLK	F1	TSCLK1	J11	VDDINT
A10	GND	C10	$\overline{RESET}$	F2	DT1PRI	J12	VDDEXT
A11	XTAL	C11	GND	F3	DR1SEC	J13	ADDR4
A12	CLKIN	C12	VDDEXT	F4	GND	J14	ADDR1
A13	VROUT0	C13	$\overline{SMS}$	F11	GND	K1	DR0PRI
A14	GND	C14	$\overline{SCAS}$	F12	VDDEXT	K2	TMR2
B1	PF4	D1	SCK	F13	$\overline{AMS2}$	K3	TX
B2	PF5	D2	PF0	F14	$\overline{AMS1}$	K4	GND
B3	PF6	D3	MOSI	G1	RSCLK1	K11	GND
B4	PF7	D4	GND	G2	RFS1	K12	ADDR7
B5	PF12	D5	VDDEXT	G3	DR1PRI	K13	ADDR5
B6	PF13	D6	VDDINT	G4	VDDEXT	K14	ADDR2
B7	PPI3	D7	GND	G11	GND	L1	RSCLK0
B8	PPI1	D8	GND	G12	$\overline{AMS3}$	L2	TMR0
B9	VDDRTC	D9	VDDEXT	G13	$\overline{AOE}$	L3	RX
B10	NMI	D10	GND	G14	$\overline{ARE}$	L4	VDDINT
B11	GND	D11	GND	H1	DT0PRI	L5	GND
B12	VROUT1	D12	$\overline{SWE}$	H2	DT0SEC	L6	GND
B13	SCKE	D13	$\overline{SRAS}$	H3	TFS0	L7	VDDEXT
B14	CLKOUT	D14	$\overline{BR}$	H4	GND	L8	GND

续表

球形号	信号	球形号	信号	球形号	信号	球形号	信号
L9	VDDINT	M7	DATA6	N5	DATA13	P3	BMODE1
L10	GND	M8	DATA3	N6	DATA10	P4	DATA15
L11	VDDEXT	M9	DATA0	N7	DATA7	P5	DATA14
L12	ADDR8	M10	GND	N8	DATA4	P6	DATA11
L13	ADDR6	M11	ADDR15	N9	DATA1	P7	DATA8
L14	ADDR3	M12	ADDR9	N10	$\overline{\text{BGH}}$	P8	DATA5
M1	TMR1	M13	ADDR10	N11	ADDR16	P9	DATA2
M2	$\overline{\text{EMU}}$	M14	ADDR11	N12	ADDR14	P10	$\overline{\text{BG}}$
M3	TDI	N1	$\overline{\text{TRST}}$	N13	ADDR13	P11	ADDR19
M4	GND	N2	TMS	N14	ADDR12	P12	ADDR18
M5	DATA12	N3	TDO	P1	VDDEXT	P13	ADDR17
M6	DATA9	N4	BMODE0	P2	TCK	P14	GND

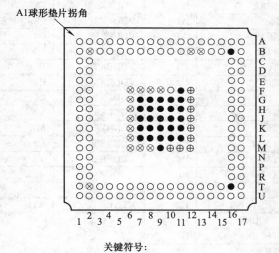

图 4-90　169 球形 PBGA 接地配置（顶视）

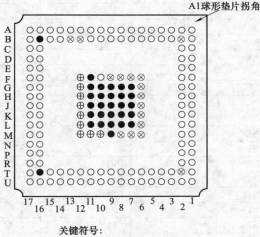

图 4-91　169 球形 PBGA 接地配置（底视）

【169 球形 PBGA 球形赋值（按信号字母顺序）】

信号	球形号	信号	球形号	信号	球形号	信号	球形号
$\overline{\text{ABE0}}$	H16	ADDR13	R17	$\overline{\text{AWE}}$	G17	DATA6	T10
$\overline{\text{ABE1}}$	H17	ADDR14	R16	$\overline{\text{BG}}$	T13	DATA7	U10
ADDR1	J16	ADDR15	T17	$\overline{\text{BGH}}$	U17	DATA8	T9
ADDR2	J17	ADDR16	U15	BMODE0	U5	DATA9	U9
ADDR3	K16	ADDR17	T15	BMODE1	T5	DATA10	T8
ADDR4	K17	ADDR18	U16	$\overline{\text{BR}}$	C17	DATA11	U8
ADDR5	L16	ADDR19	T14	CLKIN	A14	DATA12	U7
ADDR6	L17	$\overline{\text{AMS0}}$	D17	CLKOUT	D16	DATA13	T7
ADDR7	M16	$\overline{\text{AMS1}}$	E16	DATA0	U14	DATA14	U6
ADDR8	M17	$\overline{\text{AMS2}}$	E17	DATA1	T12	DATA15	T6
ADDR9	N17	$\overline{\text{AMS3}}$	F16	DATA2	U13	DR0PRI	M2
ADDR10	N16	$\overline{\text{AOE}}$	F17	DATA3	T11	DR0SEC	M1
ADDR11	P17	ARDY	C16	DATA4	U12	DR1PRI	H1
ADDR12	P16	$\overline{\text{ARE}}$	G16	DATA5	U11	DR1SEC	H2

续表

信号	球形号	信号	球形号	信号	球形号	信号	球形号
DT0PRI	K2	GND	L9	$\overline{RESET}$	A12	V_{DD}	F12
DT0SEC	K1	GND	L10	RFS0	N1	V_{DD}	G12
DT1PRI	F1	GND	L11	RFS1	J1	V_{DD}	H12
DT1SEC	F2	GND	M9	RSCLK0	N2	V_{DD}	J12
$\overline{EMU}$	U1	GND	T16	RSCLK1	J2	V_{DD}	K12
GND	B16	MISO	E2	RTCVDD	F10	V_{DD}	L12
GND	F11	MOSI	E1	RTXI	A10	V_{DD}	M10
GND	G7	NMI	B11	RTXO	A11	V_{DD}	M11
GND	G8	PF0	D2	RX	T1	V_{DD}	M12
GND	G9	PF1	C1	SA10	B15	VDDEXT	B2
GND	G10	PF2	B1	$\overline{SCAS}$	A16	VDDEXT	F6
GND	G11	PF3	C2	SCK	D1	VDDEXT	F7
GND	H7	PF4	A1	SCKE	B14	VDDEXT	F8
GND	H8	PF5	A2	$\overline{SMS}$	A17	VDDEXT	F9
GND	H9	PF6	B3	$\overline{SRAS}$	A15	VDDEXT	G6
GND	H10	PF7	A3	$\overline{SWE}$	B17	VDDEXT	H6
GND	H11	PF8	B4	TCK	U4	VDDEXT	J6
GND	J7	PF9	A4	TDI	U3	VDDEXT	K6
GND	J8	PF10	B5	TDO	T4	VDDEXT	L6
GND	J9	PF11	A5	TFS0	L1	VDDEXT	M6
GND	J10	PF12	A6	TFS1	G2	VDDEXT	M7
GND	J11	PF13	B6	TMR0	R1	VDDEXT	M8
GND	K7	PF14	A7	TMR1	P2	VDDEXT	T2
GND	K8	PF15	B7	TMR2	P1	VROUT0	B12
GND	K9	PPI_CLK	B10	TMS	T3	VROUT1	B13
GND	K10	PPI0	B9	$\overline{TRST}$	U2	XTAL	A13
GND	K11	PPI1	A9	TSCLK0	L2		
GND	L7	PPI2	B8	TSCLK1	G1		
GND	L8	PPI3	A8	TX	R2		

【169 球形 PBGA 球形赋值（按球形号顺序）】

球形号	信号	球形号	信号	球形号	信号	球形号	信号
A1	PF4	B2	VDDEXT	C16	ARDY	F12	V_{DD}
A2	PF5	B3	PF6	C17	$\overline{BR}$	F16	$\overline{AMS3}$
A3	PF7	B4	PF8	D1	SCK	F17	$\overline{AOE}$
A4	PF9	B5	PF10	D2	PF0	G1	TSCLK1
A5	PF11	B6	PF13	D16	CLKOUT	G2	TFS1
A6	PF12	B7	PF15	D17	$\overline{AMS0}$	G6	VDDEXT
A7	PF14	B8	PPI2	E1	MOSI	G7	GND
A8	PPI3	B9	PPI0	E2	MISO	G8	GND
A9	PPI1	B10	PPI_CLK	E16	$\overline{AMS1}$	G9	GND
A10	RTXI	B11	NMI	E17	$\overline{AMS2}$	G10	GND
A11	RTXO	B12	VROUT0	F1	DT1PRI	G11	GND
A12	$\overline{RESET}$	B13	VROUT1	F2	DT1SEC	G12	V_{DD}
A13	XTAL	B14	SCKE	F6	VDDEXT	G16	$\overline{ARE}$
A14	CLKIN	B15	SA10	F7	VDDEXT	G17	$\overline{AWE}$
A15	$\overline{SRAS}$	B16	GND	F8	VDDEXT	H1	DR1PRI
A16	$\overline{SCAS}$	B17	$\overline{SWE}$	F9	VDDEXT	H2	DR1SEC
A17	$\overline{SMS}$	C1	PF1	F10	RTCVDD	H6	VDDEXT
B1	PF2	C2	PF3	F11	GND	H7	GND

续表

球形号	信号	球形号	信号	球形号	信号	球形号	信号
H8	GND	K11	GND	M17	ADDR8	T13	$\overline{BG}$
H9	GND	K12	V_{DD}	N1	RFS0	T14	ADDR19
H10	GND	K16	ADDR3	N2	RSCLK0	T15	ADDR17
H11	GND	K17	ADDR4	N16	ADDR10	T16	GND
H12	V_{DD}	L1	TFS0	N17	ADOR9	T17	ADDR15
H16	$\overline{ABE0}$	L2	TSCLK0	P1	TMR2	U1	$\overline{EMU}$
H17	$\overline{ABE1}$	L6	VDDEXT	P2	TMR1	U2	$\overline{TRST}$
J1	RFS1	L7	GND	P16	ADDR12	U3	TDI
J2	RSCLK1	L8	GND	P17	ADDR11	U4	TCK
J6	VDDEXT	L9	GND	R1	TMR0	U5	BMODE0
J7	GND	L10	GND	R2	TX	U6	DATA14
J8	GND	L11	GND	R16	ADDR14	U7	DATA12
J9	GND	L12	V_{DD}	R17	ADDR13	U8	DATA11
J10	GND	L16	ADDR5	T1	RX	U9	DATA9
J11	GND	L17	ADDR6	T2	VDDEXT	U10	DATA7
J12	V_{DD}	M1	DR0SEC	T3	TMS	U11	DATA5
J16	ADDR1	M2	DR0PRI	T4	TDO	U12	DATA4
J17	ADDR2	M6	VDDEXT	T5	BMODE1	U13	DATA2
K1	DT0SEC	M7	VDDEXT	T6	DATA15	U14	DATA0
K2	DT0PRI	M8	VDDEXT	T7	DATA13	U15	ADDR16
K6	VDDEXT	M9	GND	T8	DATA10	U16	ADDR18
K7	GND	M10	V_{DD}	T9	DATA8	U17	$\overline{BGH}$
K8	GND	M11	V_{DD}	T10	DATA6		
K9	GND	M12	V_{DD}	T11	DATA3		
K10	GND	M16	ADDR7	T12	DATA1		

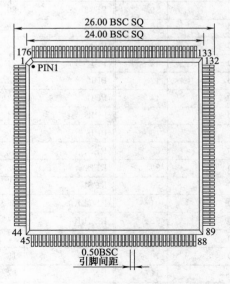

图 4-92　176 引线 LQFP（ST-176-1）（顶视）（单位：mm）

【176 引线 LQFP 引脚赋值（按信号字母顺序）】

信号	引线号	信号	引线号	信号	引线号	信号	引线号
$\overline{ABE0}$	151	DATA8	105	GND	130	SCK	53
$\overline{ABE1}$	150	DATA9	104	GND	131	SCKE	173
ADDR1	149	DATA10	103	GND	132	$\overline{SMS}$	172
ADDR2	148	DATA11	102	GND	133	$\overline{SRAS}$	167
ADDR3	147	DATA12	101	GND	144	$\overline{SWE}$	165
ADDR4	146	DATA13	100	GND	155	TCK	94
ADDR5	142	DATA14	99	GND	170	TDI	86
ADDR6	141	DATA15	98	GND	174	TDO	87
ADDR7	140	DR0PRI	74	GND	175	TFS0	69
ADDR8	139	DR0SEC	73	GND	176	TFS1	60
ADDR9	138	DR1PRI	63	MISO	54	TMR0	79
ADDR10	137	DR1SEC	62	MOSI	55	TMR1	78
ADDR11	136	DT0PRI	68	NMI	14	TMR2	77
ADDR12	135	DT0SEC	67	PF0	51	TMS	85
ADDR13	127	DT1PRI	59	PF1	50	$\overline{TRST}$	84
ADDR14	126	DT1SEC	58	PF2	49	TSCLK0	72
ADDR15	125	$\overline{EMU}$	83	PF3	48	TSCLK1	61
ADDR16	124	GND	1	PF4	47	TX	81
ADDR17	123	GND	2	PF5	46	VDDEXT	6
ADDR18	122	GND	3	PF6	38	VDDEXT	12
ADDR19	121	GND	7	PF7	37	VDDEXT	20
$\overline{AMS0}$	161	GND	8	PF8	36	VDDEXT	31
$\overline{AMS1}$	160	GND	9	PF9	35	VDDEXT	45
$\overline{AMS2}$	159	GND	15	PF10	34	VDDEXT	57
$\overline{AMS3}$	158	GND	19	PF11	33	VDDEXT	71
$\overline{AOE}$	154	GND	30	PF12	32	VDDEXT	93
ARDY	162	GND	39	PF13	29	VDDEXT	107
$\overline{ARE}$	153	GND	40	PF14	28	VDDEXT	118
$\overline{AWE}$	152	GND	41	PF15	27	VDDEXT	134
$\overline{BG}$	119	GND	42	PPI_CLK	21	VDDEXT	145
$\overline{BGH}$	120	GND	43	PPI0	22	VDDEXT	156
BMODE0	96	GND	44	PPI1	23	VDDEXT	171
BMODE1	95	GND	56	PPI2	24	VDDINT	25
$\overline{BR}$	163	GND	70	PPI3	26	VDDINT	52
CLKIN	10	GND	88	$\overline{RESET}$	13	VDDINT	66
CLKOUT	169	GND	89	RFS0	75	VDDINT	80
DATA0	116	GND	90	RFS1	64	VDDINT	111
DATA1	115	GND	91	RSCLK0	76	VDDINT	143
DATA10	103	GND	92	RSCLK1	65	VDDINT	157
DATA3	113	GND	97	RTXI	17	VDDINT	168
DATA4	112	GND	106	RTXO	16	VDDRTC	18
DATA5	110	GND	117	RX	82	VROUT0	5
DATA6	109	GND	128	SA10	164	VROUT1	4
DATA7	108	GND	129	$\overline{SCAS}$	166	XTAL	11

【176 引线 LQFP 引脚赋值（按引线号顺序）】

引线号	信号	引线号	信号	引线号	信号	引线号	信号
1	GND	45	VDDEXT	89	GND	133	GND
2	GND	46	PF5	90	GND	134	VDDEXT
3	GND	47	PF4	91	GND	135	ADDR12
4	VROUT1	48	PF3	92	GND	136	ADDR11
5	VROUT0	49	PF2	93	VDDEXT	137	ADDR10
6	VDDEXT	50	PF1	94	TCK	138	ADDR9
7	GND	51	PF0	95	BMODE1	139	ADDR8
8	GND	52	VDDINT	96	BMODE0	140	ADDR7
9	GND	53	SCK	97	GND	141	ADDR6
10	CLKIN	54	MISO	98	DATA15	142	ADDR5
11	XTAL	55	MOSI	99	DATA14	143	VDDINT
12	VDDEXT	56	GND	100	DATA13	144	GND
13	$\overline{\text{RESET}}$	57	VDDEXT	101	DATA12	145	VDDEXT
14	NMI	58	DT1SEC	102	DATA11	146	ADDR4
15	GND	59	DT1PRI	103	DATA10	147	ADDR3
16	RTXO	60	TFS1	104	DATA9	148	ADDR2
17	RTXI	61	TSCLK1	105	DATA8	149	ADDR1
18	VDDRTC	62	DR1SEC	106	GND	150	$\overline{\text{ABE1}}$
19	GND	63	DR1PRI	107	VDDEXT	151	$\overline{\text{ABE0}}$
20	VDDEXT	64	RFS1	108	DATA7	152	$\overline{\text{AWE}}$
21	PPI_CLK	65	RSCLK1	109	DATA6	153	$\overline{\text{ARE}}$
22	PPI0	66	VDDINT	110	DATA5	154	$\overline{\text{AOE}}$
23	PPI1	67	DT0SEC	111	VDDINT	155	GND
24	PPI2	68	DT0PRI	112	DATA4	156	VDDEXT
25	VDDINT	69	TFS0	113	DATA3	157	VDDINT
26	PPI3	70	GND	114	DATA2	158	$\overline{\text{AMS3}}$
27	PF15	71	VDDEXT	115	DATA1	159	$\overline{\text{AMS2}}$
28	PF14	72	TSCLK0	116	DATA0	160	$\overline{\text{AMS1}}$
29	PF13	73	DR0SEC	117	GND	161	$\overline{\text{AMS0}}$
30	GND	74	DR0PRI	118	VDDEXT	162	ARDY
31	VDDEXT	75	RFS0	119	$\overline{\text{BG}}$	163	$\overline{\text{BR}}$
32	PF12	76	RSCLK0	120	$\overline{\text{BGH}}$	164	SA10
33	PF11	77	TMR2	121	ADDR19	165	$\overline{\text{SWE}}$
34	PF10	78	TMR1	122	ADDR18	166	$\overline{\text{SCAS}}$
35	PF9	79	TMR0	123	ADDR17	167	$\overline{\text{SRAS}}$
36	PF8	80	VDDINT	124	ADDR16	168	VDDINT
37	PF7	81	TX	125	ADDR15	169	CLKOUT
38	PF6	82	RX	126	ADDR14	170	GND
39	GND	83	$\overline{\text{EMU}}$	127	ADDR13	171	VDDEXT
40	GND	84	$\overline{\text{TRST}}$	128	GND	172	$\overline{\text{SMS}}$
41	GND	85	TMS	129	GND	173	SCKE
42	GND	86	TDI	130	GND	174	GND
43	GND	87	TDO	131	GND	175	GND
44	GND	88	GND	132	GND	176	GND

【引脚说明】

ADSP-BF53×系列处理器引脚说明：为了在保留最全功能的情况下缩小封装并减少引脚数，一些引脚有两个或多个功能。在使用中，引脚可能需要重新定义，缺省的标准情况用标准字体列出，而可选功能英文用斜体，中文用黑体列出。

脚 名	I/O	功 能	脚 名	I/O	功 能
存储器接口			PF4/SPISEL4/PPI15	I/O	可编程标志引脚 4/SPI 从选择使能 4/PPI15
ADDR19-1	O	地址总线用于异步/同步访问	PF5/SPISEL5/PPI14	I/O	可编程标志引脚 5/SPI 从选择使能 5/PPI14
DATA15-0	I/O	数据总线用于异步/同步访问	PF6/SPISEL6/PPI13	I/O	可编程标志引脚 6/SPI 从选择使能 6/PPI13
$\overline{ABE1-0}$/SDQM1-0	O	字节使能/异步/同步访问数据屏蔽	PF7/SPISEL7/PPI12	I/O	可编程标志引脚 7/SPI 从选择使能 7/PPI12
$\overline{BR}$①	I	总线请求	PF8/PPI11	I/O	可编程标志引脚 8/PPI11
$\overline{BG}$	O	总线允许	PF9/PPI10	I/O	可编程标志引脚 9/PPI10
$\overline{BGH}$	O	总线允许挂起	PF10/PPI9	I/O	可编程标志引脚 10/PPI9
异步存储器控制			PF11/PPI8	I/O	可编程标志引脚 11/PPI8
$\overline{AMS3-0}$	O	bank 选择	PF12/PPI7	I/O	可编程标志引脚 12/PPI7
ARDY②	I	硬件准备好控制	PF13/PPI6	I/O	可编程标志引脚 13/PPI6
$\overline{AOE}$	O	输出使能	PF14/PPI5	I/O	可编程标志引脚 14/PPI5
$\overline{ARE}$	O	读使能	PF15/PPI4	I/O	可编程标志引脚 15/PPI4
$\overline{AWE}$	O	写使能	JTAG 端口		
同步存储器控制			TCK	I	JTAG 时钟
$\overline{SRAS}$	O	行地址选通	TDO	O	JTAG 串行数据输出
$\overline{SCAS}$	O	列地址选通	TDI	I	JTAG 串行数据输入
$\overline{SWE}$	O	写使能	TMS	I	JTAG 模式选择
SCKE	O	时钟使能	$\overline{TRST}$	I	JTAG 复位
CLKOUT	O	时钟输出	$\overline{EMU}$	O	仿真输出
SA10	O	A10 引脚	SPI 端口	I/O/T	
$\overline{SMS}$	O	bank 选择	MOSI	I/O	主输出从输入
定时器			MISO	I/O	主输入从输出
TMR0	I/O	定时器 0	SCK_	I/O	时钟
TMR1/PPI_FS1	I/O	定时器 1/PPI 帧同步 1	串行口		
TMR2/PPI_FS2	I/O	定时器 2/PPI 帧同步 2	RSCLK0	I/O	Sport0 接收串行时钟
并行端口			RFS0	I/O	Sport0 接收帧同步
PPI3-0	I/O	PPI3-0	DR0PRI	I	Sport0 接收数据主
PPI _ CLK/TMR-CLK	I	PPI 时钟/外部定时器基准	DR0SEC	I	Sport0 接收数据辅
端口 F:GPIO			TSCLK0	I/O	Sport0 发送串行时钟
并行外设接口端口/SPI/定时器			TFS0	I/O	Sport0 发送帧同步
PF0/$\overline{SPISS}$	I/O	可编程标志引脚 0/SPI 从选择输入	DT0PRI	O	Sport0 发送数据主
			DT0SEC	O	Sport0 发送数据辅
PF1/SPISEL1/TMRCLK	I/O	可编程标志引脚 1/SPI 从选择使能 1/外部定时器参考	RSCLK1	I/O	Sport1 接收串行数据
			RFS1	I/O	Sport1 接收帧同步
			DR1PRI	I	Sport1 接收数据主
PF2/SPISEL2	I/O	可编程标志引脚 2/SPI 从选择使能 2	DR1SEC	I	Sport1 接收数据辅
			TSCLK1	I/O	Sport1 发送串行时钟
PF3/SPISEL3/PPI_FS3	I/O	可编程标志引脚 3/SPI 从选择使能 3/PPI 帧同步 3	TFS1	I/O	Sport1 发送帧同步
			DT1PRI	O	Sport1 发送数据主
			DT1SEC	O	SPort1 发送数据辅

续表

脚　名	I/O	功　能	脚　名	I/O	功　能
UART 端口			模式控制		
RX	I	UART 接收	RESET	I	复位
TX	O	UATR 发送	NMI②	I	不可屏蔽中断
实时时钟			BMODE1-0	I	引导模式绑定
RTXI②	I	RTC 晶振输入	电压调节		
RTXO	O	RTC 晶振输出	$V_{ROUT1-0}$	O	外部 FET 驱动
时钟			电源		
CLKIN	I	时钟/晶振输入	V_{DDEXT}	P	I/O 电源
XTAL	O	晶振输出	V_{DDINT}	P	内核电源
			V_{DDRTC}	P	实时时钟电源
			GND	G	外部地

① 该引脚不用时应当上拉。
② 该引脚不用时应当下拉。

【最大绝对额定值】

内部供电电压 V_{DDINT}	$-0.3\sim1.5V$	内核时钟频率：ADSP-BF533	600MHz
外部供电电压 V_{DDEXT}	$-0.3\sim4.0V$	ADSP-BF532/BF531	400MHz
输入电压	$-0.5\sim3.6V$	外设时钟（SCLK）频率	133MHz
输出电压摆动	$-0.5\sim V_{DDEXT}+0.5V$	存储温度	$-65\sim150℃$
负载电容	200pF	引脚温度（5s）	185℃

【推荐工作条件】

参数	K 级参数	最小	标称	最大	单位
V_{DDINT}	内部供电电压	0.7	1.2	1.26	V
V_{DDEXT}	外部供电电压	2.25	2.5 或 3.6	3.6	V
V_{DDRTC}	实时时钟电源电压	2.25		3.6	V
V_{IH}	高电平输入电压，$V_{DDEXT}=max$	2.0		3.6	V
V_{IL}	低电平输入电压，$V_{DDEXT}=min$	-0.3		0.6	V
$T_{AMBIENT}$	暂时工作温度				
	工业	-40		85	℃
	商用	0		70	℃

【应用电路】

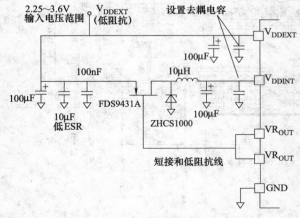

图 4-93　电压稳压电路

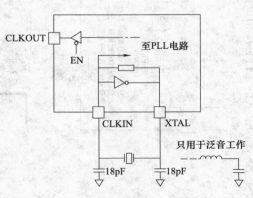

图 4-94　外部晶体连接

【ADSP-BF533 EZ-KIT LITE 应用电路】

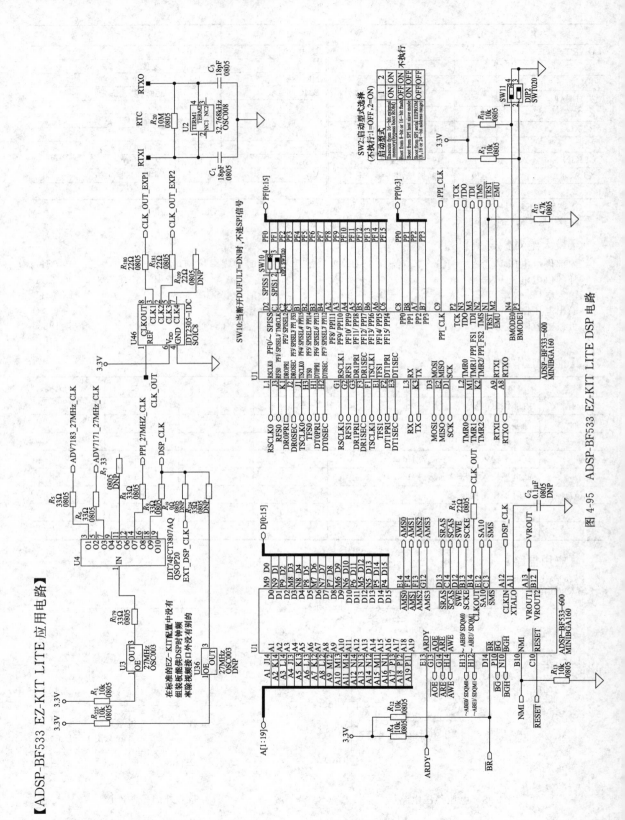

图 4-95 ADSP-BF533 EZ-KIT LITE DSP 电路

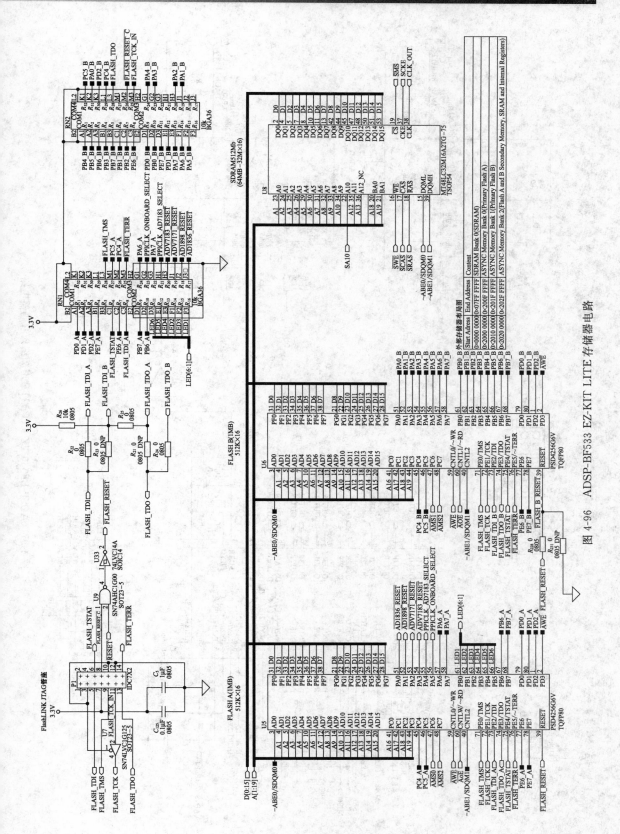

图 4-96 ADSP-BF533 EZ-KIT LITE 存储器电路

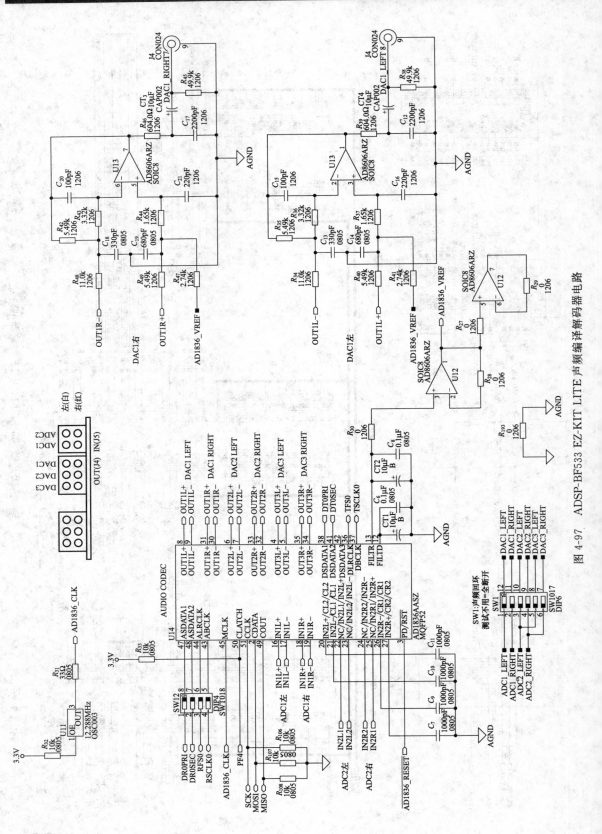

图 4-97 ADSP-BF533 EZ-KIT LITE 声频编译码器电路

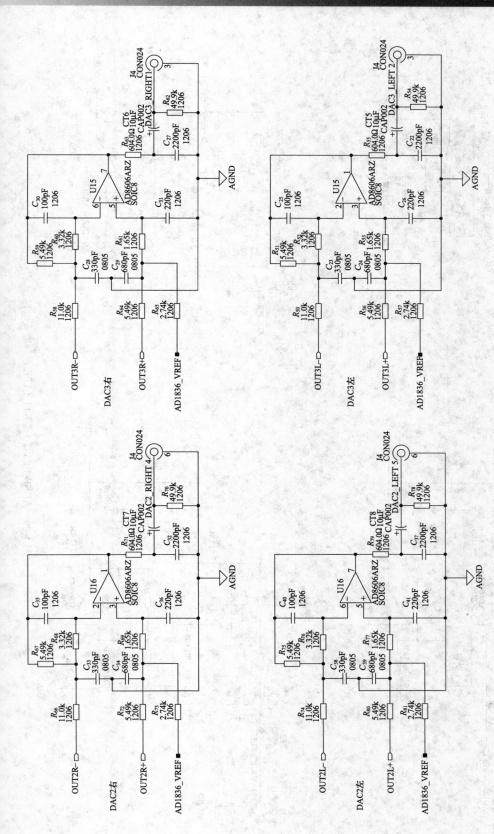

图 4-98 ADSP-BF533 EZ-KIT LITE 声频输出电路

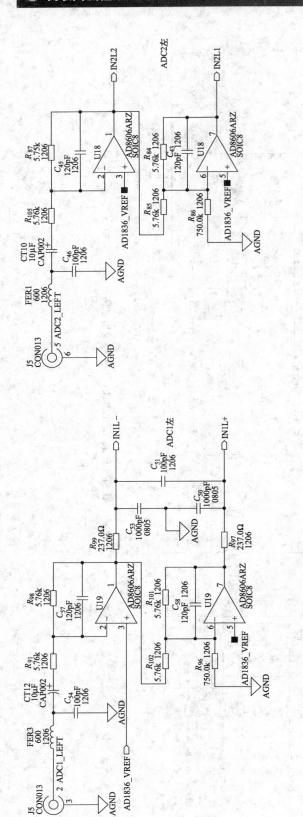

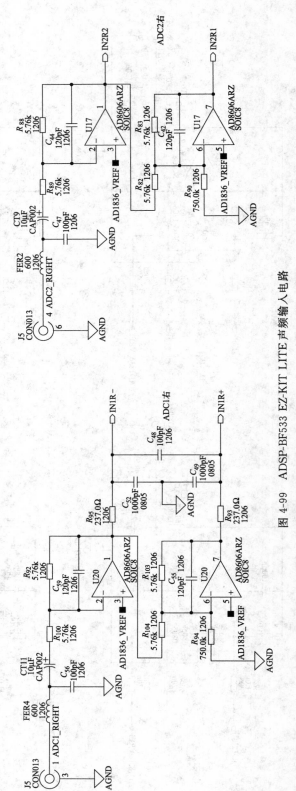

图 4-99 ADSP-BF533 EZ-KIT LITE 声频输入电路

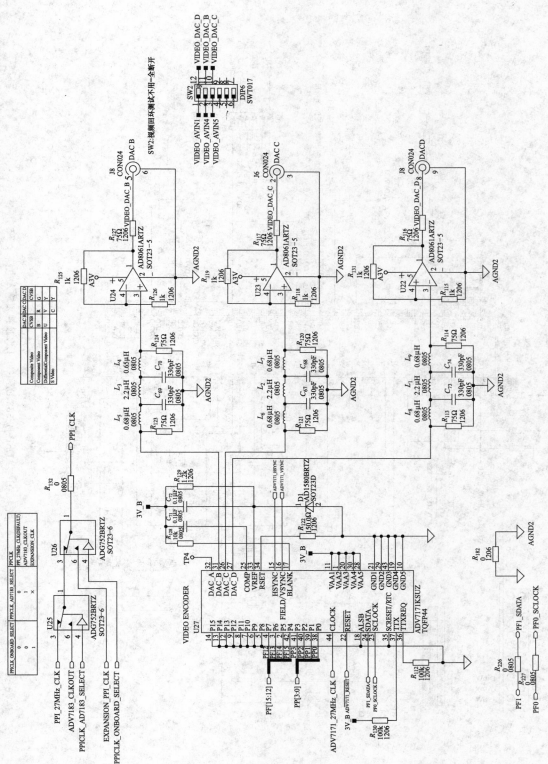

图 4-100 ADSP-BF533 EZ-KIT LITE 视频输出电路

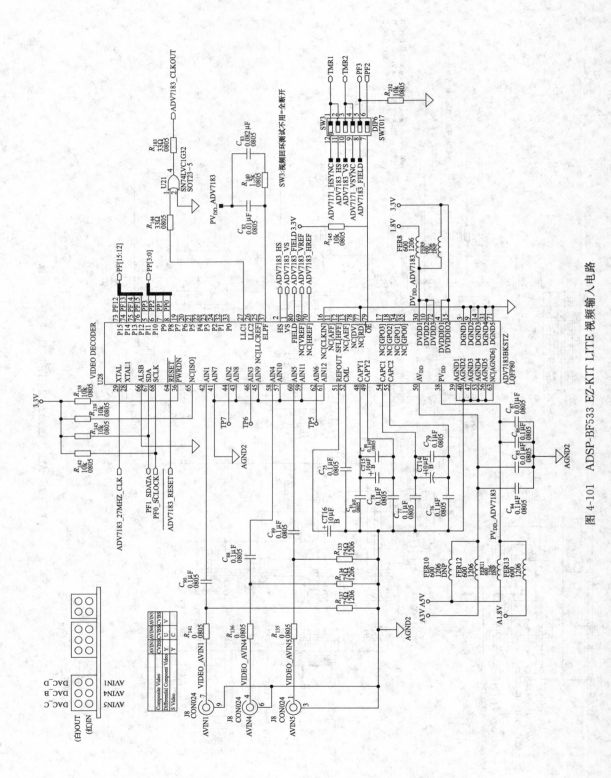

图 4-101 ADSP-BF533 EZ-KIT LITE 视频输入电路

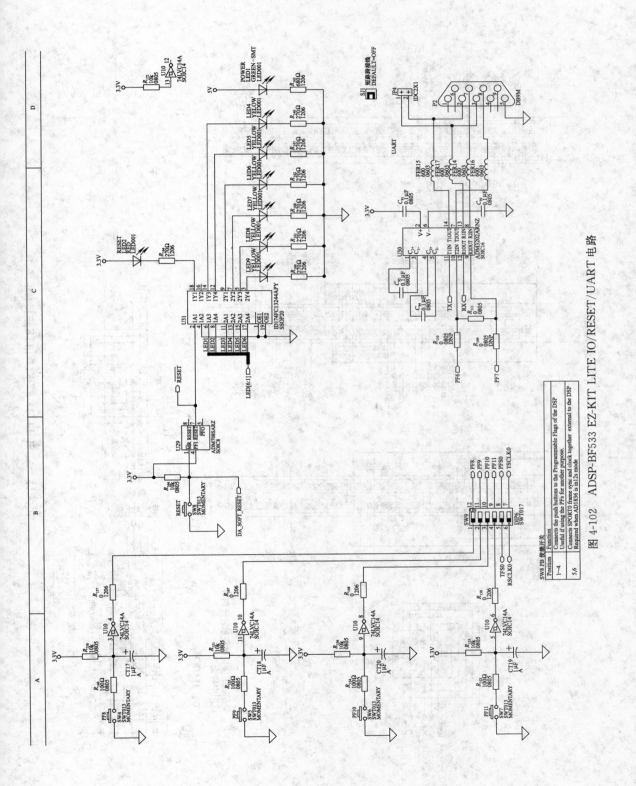

图 4-102 ADSP-BF533 EZ-KIT LITE IO/RESET/UART 电路

SW8 PB 按钮开关	
Position	Function
1~4	Connects the push buttons to the Programmable Flags of the DSP Useful if using the PFs for another purpose.
5,6	Connects SPORT0 frame sync and clock together external to the DSP Required when AD1836 is in I2s mode

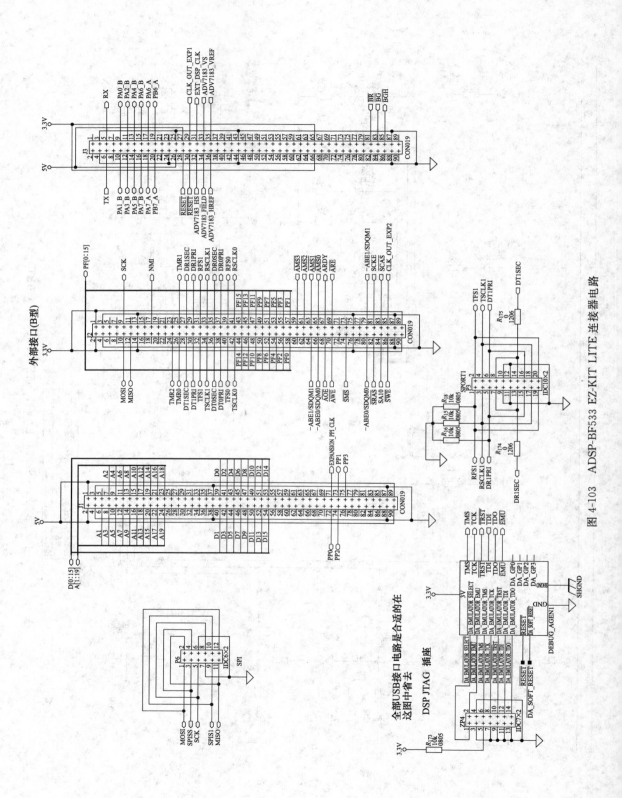

图 4-103 ADSP-BF533 EZ-KIT LITE 连接器电路

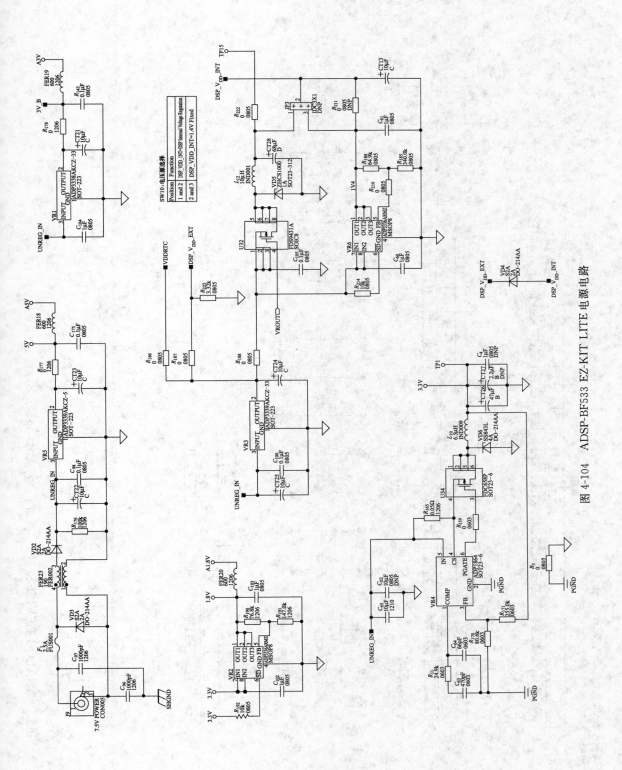

图 4-104 ADSP-BF533 EZ-KIT LITE 电源电路

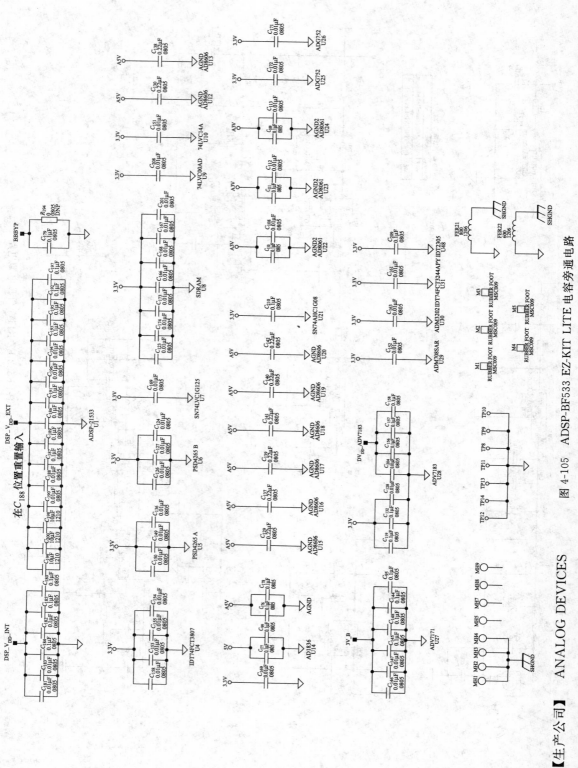

图 4-105 ADSP-BF533 EZ-KIT LITE 电容旁通电路

ANALOG DEVICES

【生产公司】

● ADSP-21161N SHARC® DSP 微控制器

【用途】

高性能 32 位 DSP 可应用于语音处理、医学、军事、无线通信、图形、图像处理、电机控制和电话等应用。

【特点】

超级哈佛结构，采用四套独立的总线，完成双数据存取、指令存取和非干预式零开销 I/O 操作；指令与 SHARC 系列的其他 DSP 兼容；单指令多数据（SIMD）的计算体系结构包括两个 32bits 的 IEEE 标准的浮点数运算单元，每一个单元都具有一个乘法器、ALU、移位器和寄存器组；串行口支持 I²S 标准，由 8 个可编程且可以同时接收和发送数据的引脚组成，可支持多达 16 路音频信号通道的发送或接收；集成外设——集成的 I/O 处理器、1Mbit 的片内双端口 SRAM、SDRAM 控制器、无缝多处理功能以和 I/O 端口（串口、链路口、外部总线、SPI 和 JTAG）ADSP-21161N 支持 32bits 定点数、32bits 浮点数和 40bits 浮点数格式；100MHz（10ns）内核指令速率；单周期执行指令，包括两个运算单元内的 SIMD 操作；600MFLOPS 的峰值和 400MFLOPS 持续特性；225 引脚 17mm×17mm MBGA 封装；1Mbits 的片内双端口 SRAM（0.5Mbits 的数据块 0，0.5Mbits 的数据块 1），都可被处理器内核和 DMA 独立访问；可支持 4 亿/s 次定点 MAC（乘加）的运算能力；两个数据地址产生器（DAG）能进行循环和位反序寻地址；零开销单周期指令循环机制，产生有效的程序流；IEEE 1149.1 JTAG 标准测试访问口和片内仿真器。

单指令多数据流体系结构

提供两个计算处理单元：

▲同步执行，每个处理单元执行相同的指令，但对不同的数据操作；

▲代码兼容性，从汇编的角度看，使用和 SHARC 系列其他的 DSP 相同的指令集。

总线和计算单元的并行性

▲单周期指令能执行（包括或不包括 SIMD）：一个乘法操作，ALU 操作，双存储器读或写和取指令。

▲存储器和处理器内核之间，每个周期可以按高达 4 个 32bits 的浮点或定点字传输，达到 1.6Gb/s 的带宽传输。

▲带加减的乘法运算加速了 FFT 蝶形运算。

DMA 控制器支持

▲14 个零开销 DMA 通道，可实现 ADSP-21161N 内部存储器和外部存储器、外围设备、主机处理器、串行口、链路口或串行外设接口（SPI）之间的传输。

▲64bits 的后台 DMA 以内核时钟速度传输，并且可以与处理器指令全速并行运行。

▲IOP 总线以 800Mbytes/s 速率传输。

▲可与 8bits、16bits、32bits 的主机相接，主机可以直接读/写 ADSP-21161N 的 IOP 寄存器。

32bit（或 48bit）**宽的同步外部端口**

▲与异步 SBSRAM 和 SDRAM 等外部存储器无缝连接。

▲存储器接口为片外存储器提供可编程的等待状态生成器和等待模式。

▲以高达 50MHz 的速率访问非 SDRAM。

▲产生 1:2、1:3、1:4、1:6、1:8 内核时钟倍频比。

▲24bits 地址总线、32bits 的数据总线、16 个附加数据线通过复用的链路口/数据引脚形

成 48bit 宽数据总线，用以完成单周期外部指令的执行。

▲从主机或其他的 ADSP-21161N DSP 直接对 IOP 寄存器进行读和写。

▲片外 SRAM 和 SBSRAM 存储器的寻址范围为 62.7Mwords。

▲直接从 32bits、16bits、8bits 宽的外部存储器，把数据压缩为 32-48、16-48、8-48 格式的指令进行执行。

▲DMA 传输时，直接在 32bits、16bits、8bits 宽的外部存储器和 32bits、48bits、64bits 宽的内部存储器之间按照 32-48、16-48、8-48、32-32/64、16-32/64、8-32/64 格式进行数据打包。

▲如果没有使用链路口，可利用它们配置成 48bits 宽外部数据总线。链路口数据线是和数据线 D15～D0 复用的，通过 SYSCON 中的控制位进行控制。

SDRAM 控制器，可实现与低成本的外部存储器无缝连接

▲零等待状态时，大多数存取以 100MHz 进行操作。

▲扩展外部存储器组（64Mwords），可访问 SDRAM。

▲每页最多容纳 2048 个字。

▲SDRAM 控制器支持在任何/所有存储组内的 SDRAM 存储器。

▲接口以内核时钟或内核时钟一半的频率运行。

▲SDRAM 数据总线配置成 ×4、×8、×16 和 ×32，从而支持 16Mbits、64Mbits、128Mbits 和 256Mbits 存储器。

▲片外 SDRAM 存储器的寻址范围为 254Mwords。

多处理器接口支持

▲可扩展的 DSP 多处理器体系结构的无缝连接。

▲分布于各 DSP 片内的总线仲裁，并行总线可连接多达 6 个 ADSP-21161N、全局存储器和主机。

▲两个 8bits 宽的链路口，保证了 ADSP-21161N 之间的点-点连接。

▲并行总线间的传输速率高达 400Mbytes/s。

▲链路端口间的传输速率高达 200Mbytes/s。

串行端口提供

▲四个带有硬件压缩扩展功能同步串口，传输率为 50Mbits/s。

▲8 个双向的串行数据引脚，可配置成发送或接收。

▲I^2S 标准，8 个可设置为同时接收和发送的通道，或多达 16 个发送通道或 16 个接收通道。

▲支持 T1、E1 接口和 128 个 TDM 通道的 TDM 协议，也可支持最新电话技术接口，例如 H.100/H.110。

▲在 TDM 模式下，每个通道的压缩扩展功能可进行选择。

串行外设接口（SPI）

▲一个主设备通过 SPI 链式引导从设备。

▲全双工操作。

▲支持多主设备的主-从模式。

▲漏级开路输出。

▲可编程的波特率、时钟极性和相。

▲12 个可编程 I/O 引脚。

▲1 个可编程的定时器。

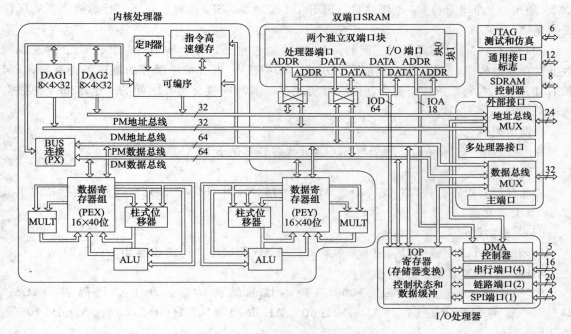

图 4-106　功能块图

ADSP-21161N SHARC DSP 具有 ANALOG DEVICES 超级哈佛结构，是 ADSP-21160 的第一个低成本派生产品。软件易于移植，并且在 SISD（单指令单数据）模式下其源代码与 ADSP-21160 和第一代的 ADSP-2106×SHARCs 兼容。和其他的 SHARCs 一样，ADSP-21161N 是一个为了得到高性能的 DSP 应用而最优化了的 32bits 处理器。ADSP-21161N 具有一个 100MHz 的内核、双端口片内 SRAM、一个具有多处理器支持的集成 I/O 处理器和用于消除 I/O 瓶颈效应的多套内部总线。

ADSP-21161N 提供了单指令-多数据（SIMD）结构，这种结构是首次在 ADSP-21160 中提出的。它还采用两个计算单元（ADSP-2106×SHARCs 只有一个），这样在 DSP 算法中 ADSP-21161N 能以 ADSP-2106×SHARCs 两倍的速度运行。

由于使用最新的、高速度、低功耗的 CMOS 工艺，ADSP-21161N 达到 10ns 指令执行周期时间。再加上具有 100MHz 执行速率的 SIMD 计算硬件设备，ADSP-21161N 可以每秒执行 6 亿次的数学运算。

执行速率指标（100MHz）

标 准 算 法	速度(100MHz)	标 准 算 法	速度(100MHz)
1024 点复数 FFT（基 4，带位反转）	92μs	[4×4]×[4×1]	80ns
FIR 滤波器（每个抽头）[①]	5ns	除法 Y/X	30ns
IIR 滤波器（每个二阶节）[①]	20ns	平方根的倒数	45ns
矩阵相乘（流水型）[①]		DMA 传输	800MB/s
[3×3]×[3×1]	45ns		

① 假定 2 个滤波器在多通道 SIMD 模式下。

ADSP-21161N 继承工业领先的 SHARC 标准，集成了片内系统功能和高性能 32bits 的 DSP 内核。这些特征包括 1Mbits 双口 SRAM 存储器、主机接口和 IOP 处理器，支持 14 个 DMA 通道、4 个串行口、2 个链路口、SDRAM 控制器、SPI 接口、外部并行总线、多处理器无缝连接。

ADSP-21161N 功能图具有下面的特征：2 个处理单元，每个单元由 1 个 ALU、乘法器和数据寄存器组构成；数据地址产生器（DAG1、DAG2）；带有指令缓存的程序流控制器；PM 和 DM 总线；在每个内核时钟周期内，可实现存储器和内核处理器之间的 4 个 32bits 的数据传输。

周期定时器

片内 SRAM（1Mbits）；用于与 SDRAM 无缝连接的 SDRAM 控制器。

外部口支持

片外存储器设备的接口；支持 6 个 ADSP-21161N SHARCs 的多处理器无缝连接；由主机读/写 IOP 寄存器。

DMA 控制器

4 个串行口；2 个链路口；SPI-兼容接口；JTAG 测试接口；12 个通用 I/O 引脚。

ADSP-21161N 系列 DSP 内核结构

ADSP-21161N 包括 ADSP-21000 系列内核的结构特征。就汇编代码讲，ADSP-21161N 能与 ADSP-21160、ADSP-21060、ADSP-21061、ADSP-21062、ADSP-21065L 的代码兼容。

SIMD 运算功能

ADSP-21161N 具有两个运算处理单元，它们以单指令多数据（SIMD）形式运行。这两个运算处理单元分别称为 PEX 和 PEY。它们都包含一个 ALU、乘法器、移位器和寄存器组。PEX 总是在工作的。PEY 可以通过设置 MODE1 寄存器的 PEYEN 位被激活。当 PEYEN 有效时，两个处理单元执行相同的指令，但每个处理器单元处理不同的数据。这种结构在执行密集型 DSP 算法时是非常有效的。

SIMD 对存储器与处理单元间的数据传输方式也是有影响的。当 SIMD 模式时，需要 2 倍的数据带宽来完成处理单元的运算操作。由于这种需求，进入 SIMD 模式时存储器与处理单元间的带宽也加倍。在 SIMD 的模式下，当用 DAG 传输数据时，对存储器与寄存器组的每次访问可以完成两个数值的传送。

独立并行的运算单元

在每个处理器单元中有一组运算部件，这组运算部件包括一个算术/逻辑部件（ALU）、乘法器和移位器，这些部件均执行单周期指令。每个处理单元中的这三个部件是并行的，以便达到最大的运算能力。单周期的多运算功能指令可并行完成乘法及 ALU 操作。在 SIMD 模式下，两个处理单元内的 ALU 和乘法操作并发进行。这些运算部件支持 IEEE 的 32 位单精度浮点数、40 位扩展精度的浮点数、32 位的定点数格式。

数据寄存器组

每个处理单元中包含一组通用的数据寄存器组，用于运算单元和数据总线间的数据传输，并暂时存储结果。这 10 个端口、32 个寄存器（16 个主，16 个辅）的寄存器组，与 ADSP-2116×的增强型哈佛结构相结合，允许计算单元和内部存储器间不受约束地进行数据传输。PEX 内部的寄存器组是指 R0～R15，而 PEY 内部的寄存器是指 S0～S15。

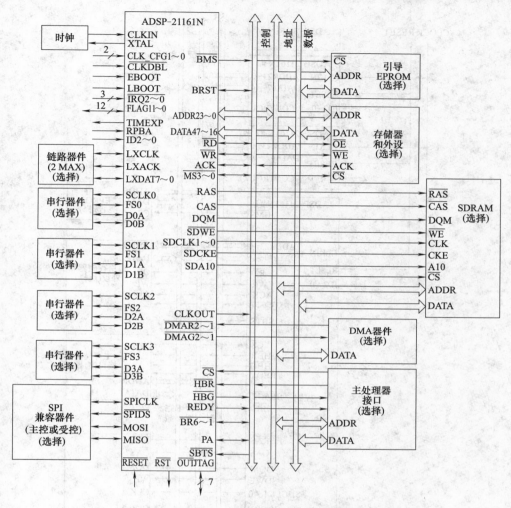

图 4-107　ADSP-21161N 系统组成（单处理器系统）

单周期取指令和 4 个操作数

ADSP-21161N 具有增强型超级哈佛结构。其中，数据存储器（DM）总线传输数据，程序存储器（PM）总线可传送程序指令及数据。因其程序和数据总线是分开的，并有内部的指令缓存，处理器可在单周期内同时取 4 个操作数（每套总线 2 个）及 1 条指令（从指令缓存中读取）。

指令高速缓存

依靠 1 个片内指令缓存，ADSP-21161N 可以同时完成包括取 1 条指令及 4 个操作数在内的总共 3 个总线操作。该缓存是可选的，仅在读指令与 PM 总线上的数据传输冲突时，才将该指令缓存。这就使处理器内核可以全速运行循环运算，如数字滤波器的乘累加、FFT 的蝶形运算等。

带有硬件循环缓冲的数据地址产生器（循环寻址）

ADSP-21161N 有 2 个数据地址产生器（DAGs），可实现间接寻址，并可实现硬件数据循环缓冲。循环缓冲可使数字信号处理中所需的延迟线及其他数据结构获得高效率的编程，所以常用于数字滤波器及傅里叶变换。ADSP-21161N 的 2 个数据地址产生器有足够的寄存器，最

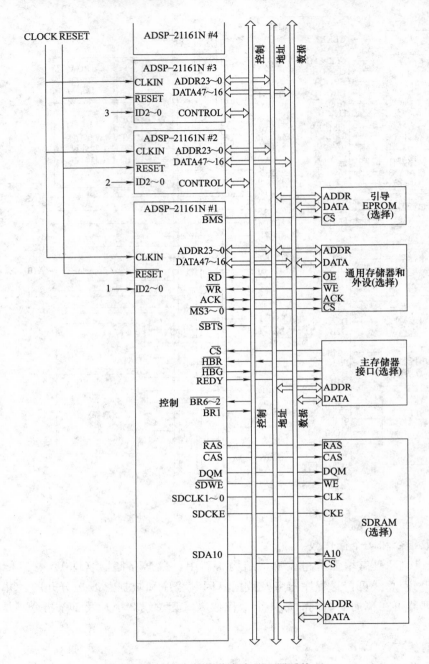

图 4-108　存储器共享多处理器系统

多可产生 32 个循环缓冲（16 个主寄存器，16 个辅寄存器）。DAGs 自动处理地址指针的回转，减少了开销，提高了性能，简化了编程。循环缓冲区的起始和结束地址在存储区内可任意指定。

灵活的指令集

48bits 指令字使得各种并行运算同时进行，可简化编程。例如，单个指令周期内，ADSP-21161N 的两个处理单元可有条件地完成 1 次乘、1 次加、1 次减和 1 次跳转操作。

片内双端口存储器

ADSP-21161N 具有 1Mbits 的片内 SRAM。它分成两块，每块 0.5Mbits。每一块可配置成代码和数据的混合存储。每一块存储器均为双端口，单周期内允许处理器内核、I/O 处理器或 DMA 控制器独立访问。双端口存储器和片内独立的三套总线，允许在单周期内同时完成从处理器内核传输两个数据，I/O 口传输一个数据。ADSP-21161N 中，最大的存储容量可以定义为 32K×32bits 或 64K×16bits 的数据或 21K×48bits 的指令（或 21K×40bits 的数据），也可定义为多种字长的混合存储，存储总量为 1Mbits。所有的存储区均可用 16 位、32 位、48 位或 64 位格式来访问。16 位浮点存储器模式使片内存储数据量加倍。32 位浮点格式与 16 位浮点格式之间的转化可用一条指令完成。每一块存储器均可存储指令或数据，建议其中一块存储数据，使用 DM 总线传输，另一块存储指令和数据，使用 PM 总线传输，这样访问的效率最高。以这种方式，DM、PM 总线分别对应一块存储器，可确保单周期内同时执行两个数据的传输。这时指令必须存在缓存内。

片外存储器和设备接口

ADSP-21161N 通过外部口访问外部存储器和外设。62.7M 字的片外地址范围（对 SDRAM 是 256M 字）全部映射在 ADSP-21161N 的统一的地址空间内。独立的内部总线（用于 PM 地址、PM 数据、DM 地址、DM 数据、I/O 地址和 I/O 数据）在外部端口传输时复用，产生一个 24 位地址总线和一个 32 位数据总线。对外部存储器的每一次访问，是基于存取 32 位数据地址的。当从外部存储器取一条指令时，两个 32 位的数据用来打包指令。闲置的链路口也可用作附加的数据线 DATA［0］～DATA［15］。这样，从外部存储器取指令变成单周期，可达 100MHz。

外部存储器支持异步、同步和同步突发访问。同步突发 SRAM 能与外部端口无缝连接。ADSP-21161N 也能与外部 SDRAM 无缝连接。外部存储器的寻址是很方便的，通过片内高端地址线的译码产生对存储器组的片选信号。ADSP-21161N 提供了可编程的存储器等待状态和外部存储器确认控制，可满足接口与存储器外设间的各种方式的访问，保持和无效的时序要求。

SDRAM 接口

ADSP-21161N 通过 SDRAM 接口与同步 DRAM（SDRAM）以内核时钟频率或内核时钟频率的一半进行数据传输。以内核时钟频率进行同步传输，可提高数据传输率，对 32bits 数据最高可达 400MB/s，对 48bits 数据最高可达 600MB/s。

SDRAM 接口可以实现与标准的 SDRAM（16Mb、64Mb、128Mb、256Mb）的无缝连接，并支持 ADSP-21161N 和 SDRAM 之间的附加缓冲选择。SDRAM 接口具有很高的灵活性，可将 SDRAM 连接到 ADSP-21161N 的 4 个外部存储组中的任何 1 个，4 个存储组都可以映射到 SDRAM。

若某些系统带有几个并行连接的 SDRAM，则需要缓冲以满足整个系统的时序需求。ADSP-21161N 支持流水式的地址和控制信号，这样就可以在处理器和多个 SDRAM 器件之间进行缓冲。

目标板 JTAG 仿真连接器

ANALOG DEVICES DSP 工具生产线提供 JTAG 仿真器，在仿真过程中使用 ADSP-21161N 的 IEEE1149.1JTAG 测试访问接口来管理和控制目标板。JTAG 仿真器提供了全速的处理器仿真，允许检查和修改存储器、寄存器和处理器堆栈。处理器的 TTAG 接口确保仿时，不会影响目标系统的程序加载或时序。

DMA 控制器

ADSP-21161N 片内 DMA 控制器可以零开销地传输数据，而不需处理器内核干预。DMA 控制器可以独立于处理器内核在后台工作，这样在处理器内核执行指令的同时，DMA 同时也在运行。

ADSP-21161N 的片内存储器与外部存储器、外设、主机之间，都可通过 DMA 来传输数据。ADSP-21161N 的片内存储器与串口、链路口或串行外设接口（SPI）之间，也可以通过 DMA 来传输数据。而且，外部存储器和外设之间也可用 DMA 来传输数据。在 DMA 从 8 位、16 位、32 位的外部存储器和 16 位、32 位、48 位、64 位的片内存储器间传输时，数据被打包或展开。ADSP-21161N 有 14 个 DMA 通道，2 个被 SPI 接口和链路口复用，8 个用于串口，其他 4 个用于处理器的外部口（用于主机，或其他的 ADSP-21161N，存储器或 I/O 传输）。可通过 DMA 通道将程序装载到 ADSP-21161N 中。异步的片外器件使用 DMA 请求/应答信号（$\overline{DMAR1}$，$2/\overline{DMAG1}$，2）控制 DMA。DMA 还具有其他特性，如 DMA 传输完成时产生中断，二维 DMA，也可以建立自动连接多个 DMA 传输的链式 DMA。

多处理器

ADSP-21161N 提供了强大的功能，支持多处理器的 DSP 系统。外部端口和链路口为多处理器的集成无缝连接提供了支持。统一的地址空间特性，使得每个 ADSP-21161N 可以直接访问其他 ADSP-21161N 的内部存储器映射寄存器（I/O 处理器）。其他处理器的所有内部存储器可通过 DMA 传输被间接访问（通过对 IOP DMA 参数和控制寄存器的编程）。分布于各处理器片内的总线仲裁逻辑，可用于系统间简单的无缝连接，系统最多可包括 6 个 ADSP-21161N 和 1 个主机。主处理器控制权的移交在 1 个周期内就可以完成。总线仲裁可选择固定优先或循环优先机制。总线锁可对标志进行连续的读—修改—写操作。处理器之间使用矢量中断来互相发命令，外部端口传输数据最高传输速率为 400MB/s。

两个链路口提供了处理器间通信的又一种方法。每个链路口都能与另一片 ADSP-21161N 通信。用链路口可以组成 2D 形式的大规模处理器系统。以 100MHz 运行的 ADSP-21161N 能获得处理器间通信的最大吞吐量 200MB/s。链路口连接方式和多个处理器共享总线方式可以结合使用或分开使用。

链路口

ADSP-21161N 有 2 个 8 位的链路口，用来提供附加的 I/O 带宽，每个链路口传输可达 100MHz，具有 100MB/s 的传输速率。在多处理器系统中，链路口的这种点对点式处理器间通信是特别有用的。链路口能独立地、同时地工作。最大吞吐量可达 200MB/s。链路口数据可打包为 48bits、32bits 字，可以被处理器内核直接读写，也可与片内存储器进行 DMA 传送。每个链路口有自己的双缓冲输入输出寄存器。时钟/确认等握手信号控制链路口的数据传输，数据传输方向是可编程的，既可以发送也可以接收。

串行口

ADSP-21161N 有 4 个同步的串行口，为各种数字或者混合信号的外围设备提供低成本的接口。每个串行接口由 2 条数据线、串行时钟和帧同步构成。通过编程，数据线可以发送或接收数据。

串行口最快以内核时钟频率的一半运行，具有 50MB/s 的最大数据传输率。串口的数据线引脚是可编程的，既可以发送也可以接收数据，为串口通信带来很大灵活性。串口上的数据可以通过 DMA 自动地收发到内部存储器。每个串口都支持时分复用多通道操作模式，在这种模式下，2 个串口是 TDM 发送器，2 个串口是 TDM 接收器（SPORT0RX 对应 SPORT2 TX，SPORT1 RX 对应 SPORT3 TX）。每个串口还支持 I²S 标准（一种工业标准接口，一般用于语音处理接口、ADCs 和 DACs），依靠 2 个数据引脚，每个串口可带 4 个 I²S 通道（用 2 个 I²S 立体声装置），总共最多可带 16 个 I²S 通道。

串口可以在小 endian 或大 endian 格式下传输数据，可选择的发送字长为 3～32 位。在 I²S 模式下，可选择的数据字长为 8～32 位。串口还具有可选的同步传输模式，可选 A 律及 μ 律的压扩功能。串行时钟和帧同步可以内部产生或从外部输入。

串行外设（兼容）接口

串行外设接口（SPI）是一个工业标准的同步串行口。ADSP-21161N SPI-兼容口用于与其他 SPI-兼容装置的通信。SPI 是 1 个 4 线接口，包括 2 个数据引脚、1 个设备选择引脚和 1 个时钟引脚。它是一个全双工同步串行接口，可支持主、从两种模式。SPI 能在多主设备环境中运行，最多可连接 4 个不同的 SPI-兼容设备，既可做主设备，也可做从设备。ADSP-21161N SPI-兼容接口具有可编程的波特率和时钟相位/极性。ADSP-21161N SPI-兼容口支持漏极开路驱动应用，以支持多主设备，避免数据冲突。

主机接口

ADSP-21161N 的主机接口容易连接到标准的 8 位、16 位或 32 位微处理器总线，几乎不需要附加硬件。可通过 ADSP-21161N 的外部口访问主机接口，主机接口可使用 4 个 DMA 通道。传输指令和数据时，软件开销很低。

主机利用主机总线请求（$\overline{\text{HBR}}$）、主机总线允许（$\overline{\text{HBG}}$）和已准备好（REDY）这三个信号对 ADSP-21161N 外部总线进行控制。主机可直接对 ADSP-21161N 的 IOP 寄存器读写，并可访问 DMA 通道的设置寄存器和消息寄存器。通过主机设置 DMA，允许主机通过 DMA 对任何内部存储器地址进行访问。矢量中断可以高效地执行主机对 DSP 的命令。

通用 I/O 端口

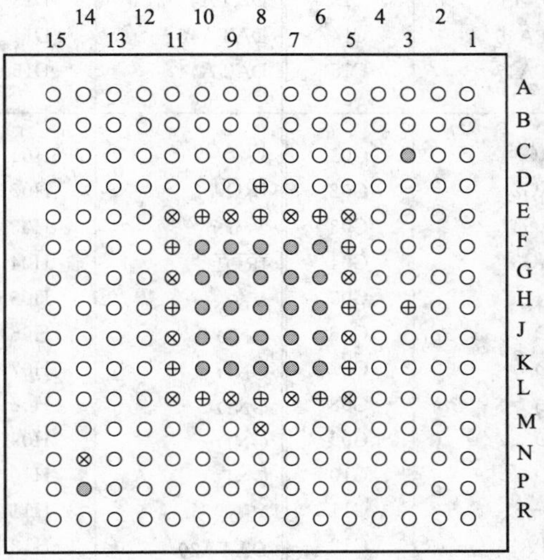

图 4-109　引脚图（底视）

注：⊕表示 V$_{\text{DDINT}}$；◎表示 GND；⊗表示 AV$_{\text{DD}}$；
⊗表示 V$_{\text{DDEXT}}$；●表示 AGND；○表示 SIGNAL

ADSP-21161N 还有 12 个可编程的通用 I/O 引脚，它们既可作为输入，也可作为输出。作为输出时，这些引脚可传送信号给外围器件；作为输入时，可以提供条件跳转指令的条件码。

程序引导

在 ADSP-21161N 系统加电时，可以通过一个 8 位的 EPROM、主机、SPI 接口或者链路口将程序代码引导到片内存储器。引导方式的选择由 $\overline{\text{BMS}}$（引导存储器选择）、EBOOT（EPROM 引导）和 LBOOT（链路/主机引导）引脚来控制。8/16/32 位的主机都可以引导 ADSP-21161N。

锁相环和晶体倍频使能

ADSP-21161N 用一个片内锁相环（PLL）为内核产生内部时钟。CLK_CFG [1：0] 引脚用来选择 2：1、3：1、4：1 的 PLL 倍频比值。除了 PLL 比值，一个附加的 $\overline{\text{CLKDBL}}$ 引脚也可改变时钟比值。$\overline{\text{CLKDBL}}$引脚决定 PLL 输入时钟的频率和同步外部端口的运行频率之比值。CLK_CFG [1：0] 和$\overline{\text{CLKDBL}}$一起决定了内核和 CLKIN 之间的频率比值，可选择为 2：1、3：1、4：1、6：1 和 8：1。

电源

ADSP-21161N 有独立的内部电源（V_{DDINT}）、外部电源（V_{DDEXT}）和模拟电源（AV_{DD}/AGND）。

内部电源和模拟电源供电必须满足 1.8V。外部电源必须满足 1.8V。外部端口电源必须满足 3.3V。所有外部电源引脚必须连接到同一电源。

要注意的是模拟电源（AV_{DD}）为 ADSP-21161N 的时钟产生器 PLL 供电。要产生稳定的时钟就必须在电源的输入端与 AV_{DD} 引脚之间加入一个外部滤波电路。滤波器要尽可能地接近 AV_{DD} 引脚。为了避免噪声耦合，要用一个宽线径的线连接模拟地信号（AGND），并且在尽可能靠近这个引脚的地方装一个去耦电容。

引脚排列

脚名	PBGA 脚号	脚名	PBGA 脚号	脚名	PBGA 脚号	脚名	PBGA 脚号
NC	A01	$\overline{\text{TRST}}$	B01	TMS	C01	TDO	D01
BMSTR	A02	TDI	B02	$\overline{\text{EMU}}$	C02	TCK	D02
$\overline{\text{BMS}}$	A03	RPBA	B03	GND	C03	FLAG11	D03
$\overline{\text{SPIDS}}$	A04	MOSI	B04	SPICLK	C04	MISO	D04
EBOOT	A05	FS0	B05	D0B	C05	SCLK0	D05
LBOOT	A06	SCLK1	B06	D1A	C06	D1B	D06
SCLK2	A07	D2B	B07	D2A	C07	FS1	D07
D3B	A08	D3A	B08	FS2	C08	V_{DDINT}	D08
L0DAT4	A09	L0DAT7	B09	FS3	C09	SCLK3	D09
L0ACK	A10	L0CLK	B10	L0DAT6	C10	L0DAT5	D10
L0DAT2	A11	L0DAT1	B11	L0DAT7	C11	L0DAT3	D11
L1DAT6	A12	L1DAT4	B12	L1DAT3	C12	L1DAT5	D12
L1CLK	A13	L1ACK	B13	L1DAT1	C13	DATA42	D13
L1DAT2	A14	L1DAT0	B14	DATA45	C14	DATA46	D14
NC	A15	$\overline{\text{RSTOUT}}$	B15	DATA47	C15	DATA44	D15
FLAG10	E01	FLAG5	F01	FLAG1	G01	FLAG0	H01
$\overline{\text{RESET}}$	E02	FLAG7	F02	FLAG2	G02	$\overline{\text{IRQ0}}$	H02
FLAG8	E03	FLAG9	F03	FLAG4	G03	V_{DDINT}	H03
D0A	E04	FLAG6	F04	FLAG3	G04	$\overline{\text{IRQ1}}$	H04
V_{DDEXT}	E05	V_{DDINT}	F05	V_{DDEXT}	G05	V_{DDINT}	H05
V_{DDINT}	E06	GND	F06	GND	G06	GND	H06
V_{DDEXT}	E07	GND	F07	GND	G07	GND	H07
V_{DDINT}	E08	GND	F08	GND	G08	GND	H08
V_{DDEXT}	E09	GND	F09	GND	G09	GND	H09
V_{DDINT}	E10	GND	F10	GND	G10	GND	H10
V_{DDEXT}	E11	V_{DDINT}	F11	V_{DDEXT}	G11	V_{DDINT}	H11
L0DAT0	E12	DATA37	F12	DATA34	G12	DATA29	H12
DATA39	E13	DATA40	F13	DATA35	G13	DATA28	H13
DATA43	E14	DATA38	F14	DATA33	G14	DATA30	H14
DATA41	E15	DATA36	F15	DATA32	G15	DATA31	H15

续表

脚名	PBGA 脚号	脚名	PBGA 脚号	脚名	PBGA 脚号	脚名	PBGA 脚号
$\overline{IRQ2}$	J01	TIMEXP	K01	ADDR19	L01	ADDR16	M01
ID1	J02	ADDR22	K02	ADDR17	L02	ADDR12	M02
ID2	J03	ADDR20	K03	ADDR21	L03	ADDR18	M03
ID0	J04	ADDR23	K04	ADDR2	L04	ADDR6	M04
V_{DDEXT}	J05	V_{DDINT}	K05	V_{DDEXT}	L05	ADDR0	M05
GND	J06	GND	K06	V_{DDINT}	L06	$\overline{MS1}$	M06
GND	J07	GND	K07	V_{DDEXT}	L07	$\overline{BR6}$	M07
GND	J08	GND	K08	V_{DDINT}	L08	V_{DDEXT}	M08
GND	J09	GND	K09	V_{DDEXT}	L09	$\overline{WR}$	M09
GND	J10	GND	K10	V_{DDINT}	L10	SDA10	M10
V_{DDEXT}	J11	V_{DDINT}	K11	V_{DDEXT}	L11	$\overline{RAS}$	M11
DATA26	J12	DATA22	K12	$\overline{CAS}$	L12	ACK	M12
DATA24	J13	DATA19	K13	DATA20	L13	DATA17	M13
DATA25	J14	DATA21	K14	DATA16	L14	$\overline{DMAG2}$	M14
DATA27	J15	DATA23	K15	DATA18	L15	$\overline{DMAG1}$	M15
ADDR14	N01	ADDR13	P01	NC	R01		
ADDR15	N02	ADDR9	P02	ADDR11	R02		
ADDR10	N03	ADDR8	P03	ADDR7	R03		
ADDR5	N04	ADDR4	P04	ADDR3	R04		
ADDR1	N05	$\overline{MS2}$	P05	$\overline{MS3}$	R05		
$\overline{MS0}$	N06	$\overline{SBTS}$	P06	$\overline{PA}$	R06		
$\overline{BR5}$	N07	$\overline{BR4}$	P07	$\overline{BR3}$	R07		
$\overline{BR2}$	N08	$\overline{BR1}$	P08	$\overline{RD}$	R08		
BRST	N09	SDCLK1	P09	$\overline{CLKOUT}$	R09		
SDCKE	N10	SDCLK0	P10	$\overline{HBR}$	R10		
$\overline{CS}$	N11	REDY	P11	$\overline{HBG}$	R11		
CLK_CFG1	N12	CLKIN	P12	CLKDBL	R12		
CLK_CFG0	N13	DQM	P13	XTAL	R13		
AV_{DD}	N14	AGND	P14	$\overline{SDWE}$	R14		
$\overline{DMAR1}$	N15	$\overline{DMAR2}$	P15	NC	R15		

【引脚说明】

如果输入的引脚相对于时钟 CLKIN（对 TMS、TDI 信号来说相对于 TCK）同步，则标注为"S"，若相对于 CLKIN（对 $\overline{TRST}$ 来说相对于 TCK）异步，则标注为"A"。

不用的输入引脚应接到 V_{DDEXT} 或 GND，除了下列引脚。

▲ADDR23～0，DATA47～0，BRST，CLKOUT（这些引脚带有逻辑电平保持电路，对 ADSP-21161N 来说只有在 ID2～0＝00x 时才有效）。

▲$\overline{PA}$，ACK，$\overline{RD}$，$\overline{WR}$，$\overline{DMARx}$，$\overline{DMAGx}$（这些引脚有上拉电阻，对 ADSP-21161N 来说只有在 ID2～0＝00x 时才有效）。

▲LxCLK，LxACK，LxDAT7～0（LxPDRDE＝0）（参阅 ADSP-21161N SHARC DSP 硬件参考手册关于链路口缓冲控制寄存器位的定义）。

▲DxA，DxB，SCLKx，SPICLK，MISO，MOSI，$\overline{EMU}$，TMS，$\overline{TRST}$，TDI（这些引脚有上拉电阻）

下面的符号出现在下表的"类型"栏中：

A＝异步；G＝地；I＝输入；O＝输出；P＝电源；S＝同步；（A/D）＝有源驱动（O/D）＝漏极开路；T＝三态（当$\overline{SBTS}$有效或 ADSP-2106× 作为从处理器时）。

【引脚说明】

脚　　名	类型	说　　明
ADDR23～0	I/O/T	外部地址总线。ADSP-21161N 访问外部存储器和外设时驱动这些地址线。在多处理器系统中，主处理器驱动地址线来访问其他从处理器的 IOP 寄存器,这时所有其他的内部存储器能通过 DMA 控制（即访问 IOP DMA 参数寄存器）被间接访问。从处理器将地址线作为输入,以接收主机或主处理器对其内部 IOP 寄存器的读写访问。在 DSP 的 ADDR23～0 引脚上的保持锁存器保持上一次的驱动电平（在 ADSP-21161N 中只有在 ID2～0＝00x 时锁存器才有效）
DATA47～16	I/O/T	外部数据总线。处理器通过这些引脚输入/输出指令和数据。在数据引脚不用时,上拉电阻是不必要的。在 DSP 的 ADDA23～0 引脚上的保持锁存器保持上一次的驱动电平（在 ADSP-21161N 中只有在 ID2～0＝00x 时锁存器才有效）。 如果链路口未用且无效时,DATA[15：8]引脚（与 L1DATA[7：0]复用）也能被用来扩展数据线。DATA[7：0]引脚（与 L0DATA[7：0]复用）也能被用来扩展数据线。这使得从外部 SBSRAM、SRAM（均以外部端口速率运行）和 SDRAM（以系统核时钟速率或其一半运行）能执行 48bit 指令。在 SYSCON 中的 IPACKx 指令打包模式位必须被正确设置（IPACK1～0＝0x1）,来允许这种指令宽字/非打包模式的操作
$\overline{MS3～0}$	I/O/T	存储器组选择线。作为 4 组片外存储器的片选线,低电平有效。存储组的大小是固定的,对 SDRAM 是 64M 字,对非 SDRAM 是 16M 字。$\overline{MS3～0}$ 由存储器的地址线高位译码产生。在异步访问模式下,$\overline{MS3～0}$ 与其他地址线一样变化;在同步访问模式下,$\overline{MS3～0}$ 与其他地址线同时有效。然而,在 ACK 有效的第一个 CLKIN 周期后,$\overline{MS3～0}$ 置为无效。在多处理器系统中,$\overline{MSx}$ 被从 SHARCs 监测。内部地址线 ADDR24 或 ADDR25 为 0,ADDR26 和 ADDR27 被译码成 $\overline{MS3～0}$
$\overline{RD}$	I/O/T	存储器读选通。ADSP-21161N 从片外存储器或其他 ADSP-21161N 的 IOP 寄存器读数据时,此信号有效。外部器件（包括其他的 ADSP-21161N）通过置 $\overline{RD}$ 低来读取此 ADSP-21161N 的 IOP 寄存器。在多处理系统中,$\overline{RD}$ 是由主处理器控制的。$\overline{RD}$ 有一个内部 20kΩ 上拉电阻（对 ID2～0＝00x 的 DSP 有效）
$\overline{WR}$	I/O/T	存储器写选通。ADSP-21161N 向片外存储器或其他 ADSP-21161N 的 IOP 寄存器写数据时,此信号有效。外部器件通过置 $\overline{WR}$ 低来向 ADSP-21161N 的 IOP 寄存器写数据。在多处理系统中,$\overline{WR}$ 是由主处理器控制的。$\overline{WR}$ 有一个内部 20kΩ 上拉电阻（对 ID2～0＝00x 的 DSP 有效）
BRST	I/O/T	连续突发访问。在 ADSP-21161N 读或写地址连续的数据时,此信号有效。在每次传送之后,一个从器件对原地址采样,然后对内部地址计数器修改（加 1）。增加的地址不再通过总线传送。在多处理器环境中,主处理器通过使用突发协议来读取从处理器的外部口缓冲器（EPBx）。BRST 在突发传输的第一次访问之后被置为有效,除最后一次数据传送（此时 $\overline{RD}$ 或 $\overline{WR}$ 有效,而 BRST 无效）。在 BRST 引脚上的保持锁存器保持着它最后一次被驱动的输入电平（只有在 ADSP-21161N 的 ID2～0＝00x 时锁存器才使能）
ACK	I/O/S	存储器响应。外部器件使 ACK 无效来插入 DSP 对外部存储器访问的等待周期。I/O 器件、存储器控制器或其他外设使用 ACK 信号来延长 DSP 对外部存储器的访问时间。ADSP-21161N 也可以输出无效的 ACK,以延长其他设备对其 IOP 寄存器的同步访问。ACK 有一个 20kΩ 的内部上拉电阻,在复位或 DSP 的 ID2～0＝00x 时使能
$\overline{SBTS}$	I/S	总线挂起为三态。外部器件驱动 $\overline{SBTS}$ 为低来使 DSP 的外部地址/数据总线、选择、选通等信号在下一周期成为高阻态。当 $\overline{SBTS}$ 有效时,若 ADSP-21161N 正在访问片外存储器,处理器将暂停,直到 $\overline{SBTS}$ 无效。$\overline{SBTS}$ 应当仅用于主机或 ADSP-21161N 从死锁状态中恢复
$\overline{CAS}$	I/O/T	SDRAM 列访问选通。与 $\overline{RAS}$、$\overline{MSx}$、$\overline{SDWE}$、SDLCKx（有时还有 SDA10）结合使用,以访问 SDRAM

脚　名	类型	说　明
$\overline{RAS}$	I/O/T	SDRAM 行访问选通。与 $\overline{CAS}$、$\overline{MSx}$、$\overline{SDWE}$、SDLCKx（有时还有 SDA10）结合使用，以访问 SDRAM
$\overline{SDWE}$	I/O/T	SDRAM 写使能。与 $\overline{RAS}$、$\overline{CAS}$、$\overline{MSx}$、SDLCKx（有时还有 SDA10）结合使用，以访问 SDRAM
DQM	O/T	SDRAM 数据屏蔽。在写模式下，DQM 为零延迟，用于 SDRAM 的充电命令和 SDRAM 加电初始化
SDCLK0	I/O/S/T	SDRAM 时钟输出 0。SDRAM 的时钟
SDCLK1	O/S/T	SDRAM 时钟输出 1。SDRAM 的附加时钟。适用含有多个 SDRAM 的系统，用来处理增加的时钟负载，省去片外时钟缓冲器。SDCLK1 或者 2 个 SDCLKx 引脚都可以是三态的
SDCKE	I/O/T	SDRAM 时钟使能。对 CLK 信号"使能"或"禁止"
SDA10	O/T	SDRAM A10 引脚。非 SDRAM 访问或主机访问的同时，用于刷新 SDRAM
$\overline{IRQ2\sim0}$	I/A	中断请求线。在 CLKIN 的上升沿被 DSP 采样，可以是边沿触发或者电平有效
FLAG11~0	I/O/A	标志引脚。每个标志都可通过控制位设置成输入或输出。作为输入时可作为测试条件，作为输出时用于向外设发信号
TIMEXP	O	定时器计满。当定时器使能并且 TCOUNT 减为零时，此信号将保持 4 个 CLKIN 周期有效（即高电平）
$\overline{HBR}$	I/A	主机总线请求。主机使 $\overline{HBR}$ 有效来获得对 ADSP-21161N 外部总线的控制权。在多处理器系统中，$\overline{HBR}$ 有效时，主处理器将放弃总线控制权并回应 $\overline{HBG}$ 信号。放弃总线权时，ADSP-21161N 使地址/数据、选择、选通信号为高阻。多处理器系统中，$\overline{HBR}$ 的优先权高于所有的 ADSP-21161N 的总线请求（$\overline{BR6\sim1}$）
$\overline{HBG}$	I/O	主机总线允许。为响应 $\overline{HBR}$ 总线请求，ADSP-21161N 使 $\overline{HBG}$ 有效（置低）直到取消 $\overline{HBR}$ 有效时，将允许主机取得总线控制权。在多处理器系统中，$\overline{HBG}$ 由主处理器输出并被其他的 ADSP-21161N 监测。 当 $\overline{HBR}$ 有效，在回应 $\overline{HBG}$ 之前，$\overline{HBG}$ 会浮动 1 个 t_{CK} 周期（1 个 CLKIN 周期）。为了避免发出错误的允许信号，$\overline{HBG}$ 应该连 1 个 $20\sim50k\Omega$ 之间的外部上拉电阻
$\overline{CS}$	I/A	片选。由主机驱动，选择要访问的 ADSP-21161N
REDY	O(O/D)	主机总线确认。在 $\overline{CS}$ 和 $\overline{HBR}$ 输入有效时，ADSP-21161N 使 REDY 无效，从而使主机对 DSP 自身 IOP 寄存器的访问插入等待周期
$\overline{DMAR1}$	I/A	DMA 请求 1（DMA 通道 11）。外部设备请求 DMA 服务时驱动此信号。$\overline{DMAR1}$ 有一个 $20k\Omega$ 的内部上拉电阻（在 DSP 的 ID2~0＝00x 时使能）
$\overline{DMAR2}$	I/A	DMA 请求 2（DMA 通道 12）。外部设备请求 DMA 服务时驱动此信号。$\overline{DMAR2}$ 有一个 $20k\Omega$ 的内部上拉电阻（在 DSP 的 ID2~0＝00x 时使能）
$\overline{DMAG1}$	O/T	DMA 允许 1（DMA 通道 11）。由 ADSP-21161N 输出，表明在下一周期响应 DMA。只被主处理器驱动。有一个 $20k\Omega$ 的内部上拉电阻（在 DSP 的 ID2~0＝00x 时使能）
$\overline{DMAG2}$	O/T	DMA 允许 2（DMA 通道 12）。由 ADSP-21161N 输出，表明在下一周期响应 DMA。只被主处理器驱动。有一个 $20k\Omega$ 的内部上拉电阻（在 DSP 的 ID2~0＝00x 时使能）
$\overline{BR6\sim1}$	I/O/S	多处理器总线请求。多处理器 ADSP-21161N 用它来仲裁总线使用权。每个 ADSP-21161N 只驱动自己的 $\overline{BRx}$ 线（与其 ID2~0 输入值对应）并对其他 $\overline{BRx}$ 监测。在少于 6 个 ADSP-21161N 的多处理器系统中，闲置的 $\overline{BRx}$ 引脚要置高。处理器自身的 $\overline{BRx}$ 线由于是输出，不能置高也不能置低
BMSTR	O	主处理器输出。在多处理器系统中，该信号表示 ADSP-21161N 是否有外部共享总线的管理权。仅当 ADSP-21161N 是主处理器时，才能驱动 BMSTR 为高。单处理器系统中（ID＝000），处理器使其为高电平
ID2~0	I	多处理器 ID 号。确定 ADSP-21161N 用哪个总线请求线（$\overline{BR1\sim6}$）来发出多处理器的总线请求。ID＝001 对应 $\overline{BR1}$，ID＝010 对应 $\overline{BR2}$，以此类推。单处理器系统中，ID＝000 或 ID＝001。它的设置由硬件连接决定且仅在复位时才能改变

脚　名	类型	说　　明
RPBA	I/S	循环优先级总线仲裁选择。当 RPBA 为高,选定多处理器总线仲裁为循环优先级。当 RPBA 为低,选择固定优先级。多处理器系统中,各个 ADSP-21161N 的这个选择信号必须为同一值。如果在系统工作中要改变 RPBA,必须在同一个 CLKIN 周期内使每个 ADSP-21161N 的 RPBA 值同时改变
$\overline{PA}$	I/O/T	优先访问。$\overline{PA}$ 有效,将允许从处理器的内核打断后台 DMA 传送以获得对外部总线的访问。系统中所有 ADSP-21161N 的 $\overline{PA}$ 连在一起,如果在系统不用优先访问模式,则要断开 $\overline{PA}$ 引脚。$\overline{PA}$ 有一个 20kΩ 的内部上拉电阻(在 DSP 的 ID2~0＝00x 时使能)
DxA	I/O	数据发送或接收通道 A(串行口 0,1,2,3)。每个 DxA 引脚有一个内部上拉电阻,它是双向数据传送引脚。此信号可以设置作为输出,用来发送串行数据,或者设置作为输入,用来接收串行数据
DxB	I/O	数据发送或接收通道 B(串行口 0,1,2,3)。每个 DxB 引脚有一个内部上拉电阻,它是双向数据传送引脚。可以设置为输出,用来发送串行数据,或者设置为输入,用来接收串行数据
SCLKx	I/O	发送/接收串行口时钟(串行口 0,1,2,3)。每个 SCLK 引脚有一个内部上拉电阻。这个信号可以由内部或外部产生
FSx	I/O	发送/接收帧同步(串行口 0,1,2,3)。帧同步模式脉冲启动了数据的传送。这个信号可以由内部或外部产生,它可以为高有效,可以为低有效,可以早于或晚于数据的传送
SPICLK	I/O	串行外设接口时钟信号。此信号由主设备驱动,控制着数据传送的速率。主设备可以用各种的 BAUD 速率传送数据。每传送一位,对应于 SPICLK 的一个周期。SPICLK 是一个门时钟,在传送数据时,在传送数据字长内有效。如果从设备的 $\overline{SPIDS}$ 无效(HIGH)时,从设备就不理会这个时钟。SPICLK 用来把 MISO 和 MOSI 线上的数据移位。数据总是在这个时钟信号的一个时钟边沿移位输出,并且在另一个时钟边沿被采样。和数据相对应的时钟极性和相位在 SPICTL 控制寄存器中可编程,并且用来定义传送模式。SPICLK 有一个内部上拉电阻
$\overline{SPIDS}$	I	串行外设接口从设备选通。低有效信号用来选通从设备。此输入信号相当于芯片选通,并且由主设备送到从设备。在多主模式下,$\overline{SPIDS}$ 信号可以作为有错误发生时,传送给主设备的信号。当设备在主模式下此信号低有效,那么认为是一个多主模式下的错误。对于单主、多从模式(使用 FLAG3~0),主设备的这个引脚必须连 V$_{DDINT}$ 或上拉。对于 ADSP-21161N 和 ADSP-21161N 间的 SPI 连接,任何一个主设备 ADSP-21161N 的 FLAG3~0 引脚都可以用来驱动 ADSP-21161N 的 SPI 从设备的 $\overline{SPIDS}$ 信号
MOSI	I/O(O/D)	SPI 主设备输出从设备输入。如果 ADSP-21161N 设置成一个主设备,MOSI 引脚就变成了数据发送(输出)引脚,用来发送输出数据。如果 ADSP-21161N 设成从设备,MOSI 引脚就变成了数据接收(输入)引脚,用来接收输入数据。在 ADSP-21161N 的 SPI 互连中,数据从主设备的 MOSI 输出引脚传出,在从设备的 MOSI 输入引脚传入。MOSI 有一个内部上拉电阻
MISO	I/O(O/D)	SPI 主设备输入从设备输出。如果 ADSP-21161N 设成一个主设备,MISO 引脚就变成了数据接收(输入)引脚,接收输入数据。如果 ADSP-21161N 设成从设备,MISO 引脚就变成了数据发送(输出)引脚,发送输出数据。在 ADSP-21161N 的 SPI 互连中,数据由从设备的 MISO 输出引脚传出,在主设备的 MISO 输入引脚传入。MISO 有一个内部上拉电阻。MISO 通过设置 SPICTL 寄存器的 OPD 位设成 O/D。 在任何情况下,都只允许一个从设备发送数据
LxDAT7~0 [DATA15~0]	I/O [I/O/T]	链路口数据(链路口 0~1)。对版本 1.2 和更新的芯片,每个 LxDAT 引脚有一个保持锁存器,在作为数据引脚使用时使能。每个 LxDAT 引脚有 20kΩ 的内部下拉电阻,它可以通过 LCTL0~1 寄存器的 LPDRD 位来使能或禁止。 对版本 0.3、1.0 和 1.1,每个 LxDAT 引脚有 50kΩ 的内部下拉电阻,它可以通过 LCTL0~1 寄存器的 LPDRD 位来使能或禁止。 L1DATA[7:0] 和 DATA[15:8] 引脚复用,L0DATA[7:0] 和 DATA[7:0] 引脚复用。如果链路口被禁止且没有使用,这些引脚就可作为从外部存储器的附加数据线,就可以按时钟速度执行外部存储器中的指令

续表

脚 名	类型	说 明
LxCLK	I/O	I/O 链路口时钟(链路口 0~1)。每个 LxCLK 引脚有 50kΩ 的内部下拉电阻，它可以通过 LCTL 寄存器的 LPDRD 位来使能或禁止
LxACK	I/O	I/O 链路口确认(链路口 0~1)。每个 LxACK 引脚有 50kΩ 的内部下拉电阻，它可以通过 LCTL 寄存器的 LPDRD 位来使能或禁止
EBOOT	I	EPROM 引导选择。这个引脚工作情况，参阅 $\overline{BMS}$ 引脚的描述。这个信号是系统配置的，必须是硬连接
LBOOT	I	链路引导。这个引脚工作的情况，参阅 $\overline{BMS}$ 引脚的描述。这个信号是系统配置的，必须是硬连接
$\overline{BMS}$	I/O/T	引导存储器选择。由 EBOOT 和 LBOOT 引脚决定为输出或输入。这个信号是系统配置的，必须是硬相连。主机和 PROM 引导时，使用 DMA 通道 10(EPB0)。链路引导和 SPI 引导时，使用 DMA 通道 8。 只有在 EPROM 引导模式下(此时 $\overline{BMS}$ 是输出)才可能是三态的
CLKIN	I	时钟输入。与 XTAL 结合用。CLKIN 是 ADSP-21161N 的时钟输入。ADSP-21161N 可以使用内部时钟产生器或直接连外部时钟源。连接必要的元件到 CLKIN 和 XTAL，可使得内部时钟产生器有效。不连接 XTAL 时，ADSP-21161N 使用外部时钟源，如外部时钟振荡器。ADSP-21161N 的外部接口按 CLKIN 时钟工作，而指令速度是 CLKIN 频率的倍数，倍数通过上电时 CLK_CFG1-0 定义。CLKIN 不应暂停、突变或低于额定频率
XTAL	O	晶振连接端 2。与 CLKIN 同时使用，使 ADSP-21161N 内部时钟产生器有效，或者使其无效(使用外部时钟源)
CLK_CFG1~0	I	内核/CLKIN 比控制。ADSP-21161N 内核时钟(指令速度)等于 n PLL CLK，这里 n 可以选择，n=2,3 或 4，使用 CLK_CFG1~0 输入对其选择。这些引脚常常和 $\overline{CLKDBL}$ 引脚一起使用来产生 6CLKIN 和 8CLKIN 的更高内核时钟频率
CLKOUT	O/T	本地时钟输出。CLKOUT 是 1 或 2，由当前主处理器驱动产生 CLKIN 的 1 或 2 频率。这个频率设置只由 $\overline{CLKDBL}$ 引脚决定。当 ADSP-21161N 不是主处理器或者主机控制总线($\overline{HBG}$ 有效)时，此引脚输出三态。在 DSP 的 CLKOUT 引脚上的保持锁存器保持它最后被驱动的电平(锁存器只有在 ADSP-21161N 的 ID2~0 =00x 时有效) 如果 $\overline{CLKDBL}$ 有效，CLKOUT=2CLKIN 如果 $\overline{CLKDBL}$ 无效，CLKOUT=1CLKIN 在多处理器系统中，需要的话，应该用 CLKIN 而不是用 CLKOUT
$\overline{RESET}$	I/A	处理器复位。ADSP-21161N 复位到确定的状态，开始从硬件复位向量指定的地址执行程序。加电时该输入应有效(为低)
$\overline{CLKDBL}$	I	时钟倍频模式使能。这个引脚用来使能 2 时钟电路。2 倍时钟电路的 CLKOUT 可以设成 1 倍或 2 倍的 CLKIN 频率。2 时钟模式在 $\overline{CLKDBL}$ 接地时使能(在 $\overline{RESET}$ 置低时)；否则，它和 V_{DDEXT} 相连，使用 1 时钟模式。这主要用于由内部振荡器产生时钟。举例来说，它允许使用 25MHz 的晶体去产生 100MHz 内核时钟频率和 50MHz 的外部接口频率。此时，CLK_CFG0=0，CLK_CFG1=0，$\overline{CLKDBL}$=0。这个引脚也用来为外部时钟振荡器产生不同的时钟频率比。CLKIN(用外部时钟振荡器)或 XTAL(用晶体和内部振荡器)下可能的时钟频率比如下： 时钟速度比率表 <table><tr><th>$\overline{CLKDBL}$</th><th>CLK_CFG1</th><th>CLK_CFG0</th><th>Core:CLKIN</th><th>CLKIN:CLKOUT</th></tr><tr><td>1</td><td>0</td><td>0</td><td>2:1</td><td>1</td></tr><tr><td>1</td><td>0</td><td>1</td><td>3:1</td><td>1</td></tr><tr><td>0</td><td>1</td><td>0</td><td>4:1</td><td>1</td></tr><tr><td>0</td><td>0</td><td>0</td><td>4:1</td><td>2</td></tr><tr><td>0</td><td>0</td><td>1</td><td>6:1</td><td>2</td></tr><tr><td>0</td><td>1</td><td>1</td><td>8:1</td><td>2</td></tr></table>8:1 比率允许使用 12.5MHz 晶体产生 100MHz 内核(指令)频率和 25MHz CLKOUT(外部口)时钟频率 使用晶体时，晶体频率不能超过 25MHz。对于外部时钟源，最大的 CLKIN 频率是 50MHz

续表

脚　　名	类型	说　　明
$\overline{\text{RSTOUT}}$	O	复位输出。当$\overline{\text{RSTOUT}}$有效（为低），此引脚表明内核模块正在复位。$\overline{\text{RESET}}$无效后，$\overline{\text{RSTOUT}}$在4096个周期内无效，表明PLL已经稳定和锁定 版本0.3、1.0、1.1芯片没有$\overline{\text{RSTOUT}}$引脚，版本1.2芯片有$\overline{\text{RSTOUT}}$
TCK	I	测试时钟。为JTAG边界扫描提供时钟
TMS	I/S	测试模式选择（JTAG）。控制测试状态机。内有20kΩ上拉电阻
TDI	I/S	测试数据输入。为边界扫描逻辑提供串行数据，内有20kΩ上拉电阻
TDO	O	测试数据输出。边界扫描通路的串行输出
$\overline{\text{TRST}}$	I/A	测试复位。复位测试状态机。为了让ADSP-21161N正常工作，加电时$\overline{\text{TRST}}$应有效（低脉冲）或保持低。内有20kΩ上拉电阻
$\overline{\text{EMU}}$	O(O/D)	仿真状态。必须只能连接到ADSP-21161N的JTAG仿真器目标板连接器。$\overline{\text{EMU}}$有一个内部上拉电阻
V_{DDINT}	P	内核电源供给。标准是+1.8V，供应DSP的处理器内核（14个引脚）
V_{DDEXT}	P	I/O电源供给。标准是+3.3V（13个引脚）
AV_{DD}	P	模拟电源供给。标准是+1.8V，供应DSP的内部PLL（时钟产生器）。除了需要增加滤波电路外，这个引脚和V_{DDINT}的要求一样
AGND	G	模拟电源对应的地
GND	G	地（共26个）
NC		空。即保留引脚，必须悬空（共5个）

与以前 SHRAC 处理器不同，除了 CLKIN 和 XTAL 引脚，ADSP-21161N 的所有的输入/输出驱动器上都串有 50Ω 的内部电阻。因此，在点对点式连接中，对大于 6in（1in = 0.0254m）长的连接线来说，不需要在控制、数据、时钟和帧同步引脚间连线上串联外部电阻来衰减因传输线效应而产生的信号反射。然而，对于星形结构这样较复杂的网络来说，仍建议使用串行端接。

【最大绝对额定值】

内部（内核）供给电压（V_{DDINT}）　　　　　　　　　　　输入电压　　　　　　　$-0.5\sim V_{\text{DDEXT}}+0.5$V

　　　　　　　　　　　　　$-0.3\sim+2.2$V　　　输出电压范围　　　　$-0.5\sim V_{\text{DDEXT}}+0.5$V

模拟（PLL）供给电压（AV_{DD}）　$-0.3\sim+2.2$V　　负载电容　　　　　　　　　　　　200pF

外部（I/O）供给电压（V_{DDEXT}）　$-0.3\sim+4.6$V　　存储温度范围　　　　　　　$-65\sim+150$℃

【推荐工作条件】

参　　数	测试条件	C级		K级		单位
		最小	最大	最小	最大	
V_{DDINT}内部（内核）电源电压		1.71	1.89	1.71	1.89	V
AV_{DD}模拟（PLL）电源电压		1.71	1.89	1.71	1.89	V
V_{DDEXT}外部（I/O）电源电压		3.13	3.47	3.13	3.47	V
V_{IH}高电平输入电压①	$V_{\text{DDEXT}}=$max	2.0	$V_{\text{DDEXT}}+0.5$	2.0	$V_{\text{DDEXT}}+0.5$	V
V_{IL}低电平输入电压①	$V_{\text{DDEXT}}=$min	-0.5	0.8	-0.5	0.8	V
T_{CASE}环境温度		-40	$+105$	0	$+85$	℃

① 适用于输入和双向引脚：DATA47～16，ADDR23～0，$\overline{\text{MS3}\sim0}$，$\overline{\text{RD}}$，$\overline{\text{WR}}$，ACK，$\overline{\text{SBTS}}$，$\overline{\text{IRQ2}\sim0}$，FLAG11～0，$\overline{\text{HBG}}$，$\overline{\text{CS}}$，$\overline{\text{DMAR1}}$，$\overline{\text{DMAR2}}$，$\overline{\text{BR6}\sim1}$，$\overline{\text{ID2}\sim0}$，RPBA，$\overline{\text{PA}}$，FSx，DxA，DxB，SCLKx，$\overline{\text{RAS}}$，$\overline{\text{CAS}}$，$\overline{\text{SDWE}}$，SDCLK0，LxDAT7～0，LxCLK，LxACK，SPICLK，MOSI，MISO，$\overline{\text{SPIDS}}$，EBOOT，LBOOT，$\overline{\text{BMS}}$，SDCKE，CLK_CF-Gx，$\overline{\text{CLKDBL}}$，CLKIN，$\overline{\text{RESET}}$，$\overline{\text{TRST}}$，TCK，TMS，TDI。

应用电路选用了 ADSP-21161 测试板电路供参考。

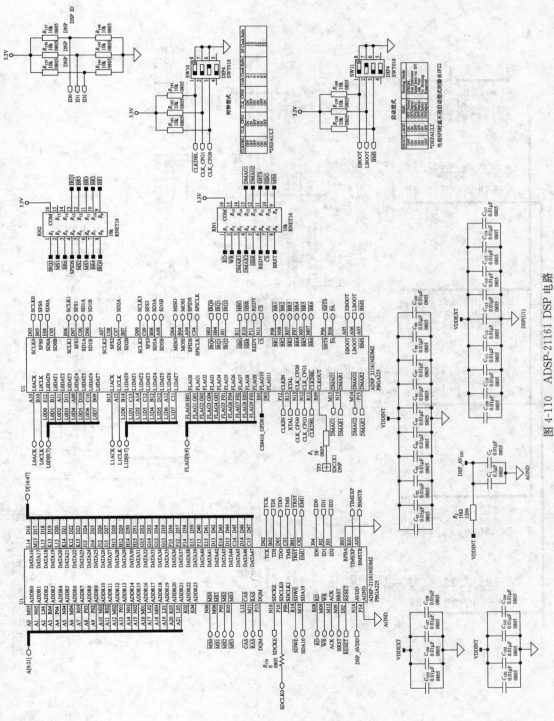

【应用电路】

图 4-110　ADSP-21161 DSP 电路

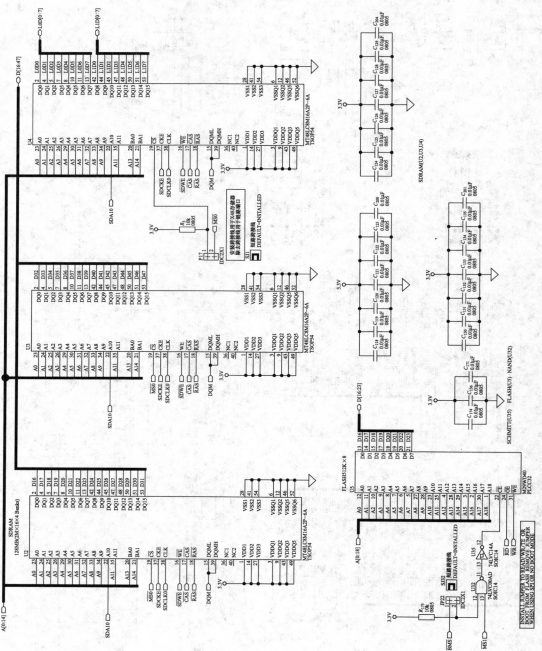

图 4-111 ADSP-21161 存储器电路

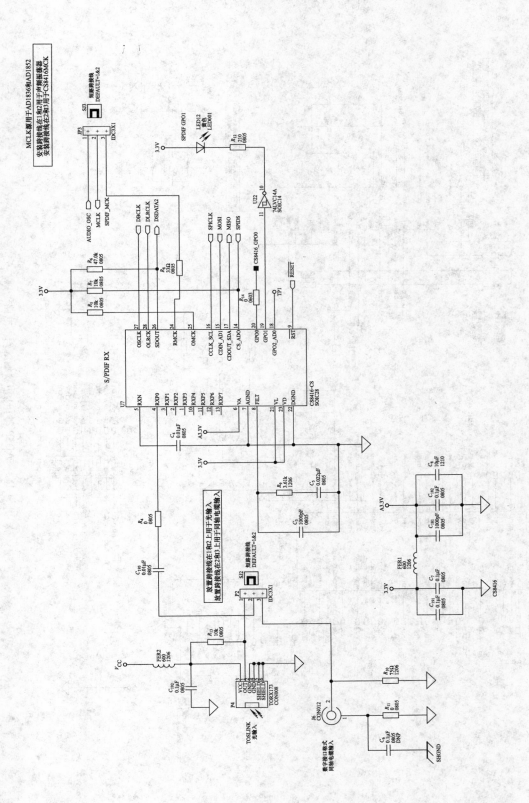

图 4-112　ADSP-21161 SPDIF 接收器电路

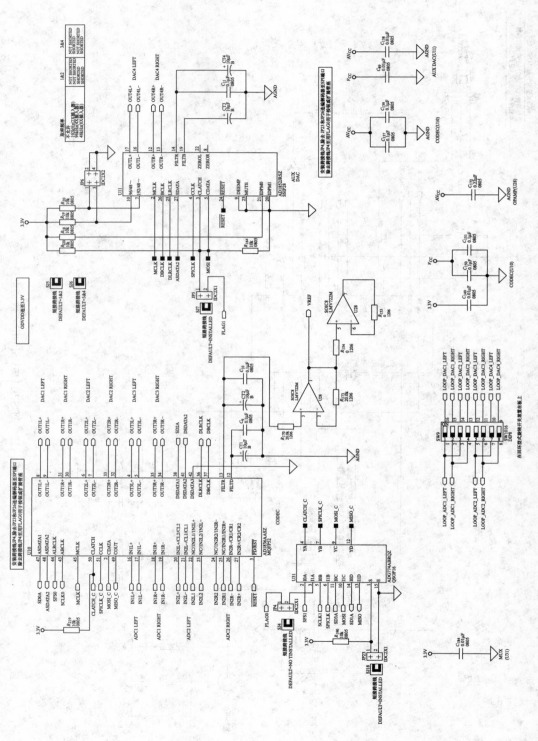

图 4-113 ADSP-21161 声频编解码器电路

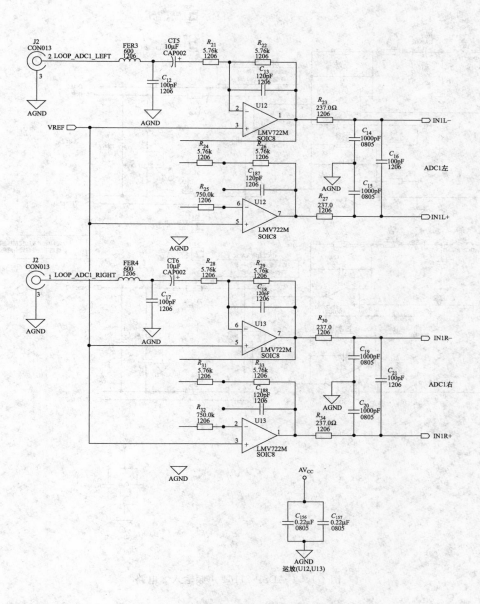

图 4-114　ADSP-21161 声频输入 1 电路

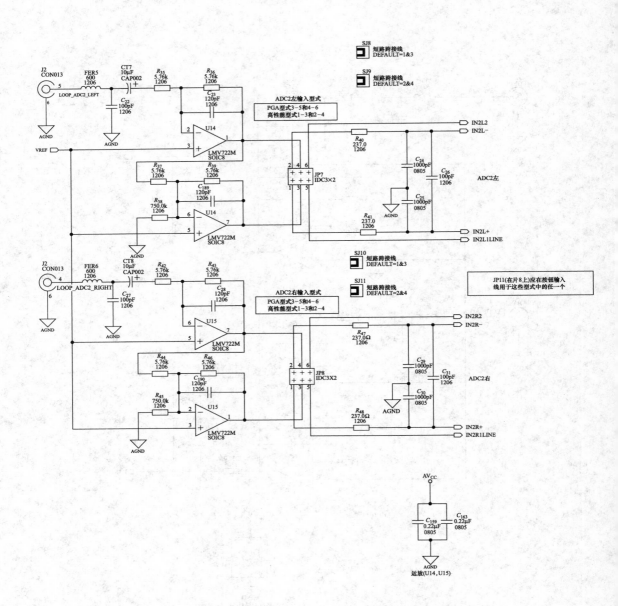

图 4-115　ADSP-21161 声频输入 2 电路

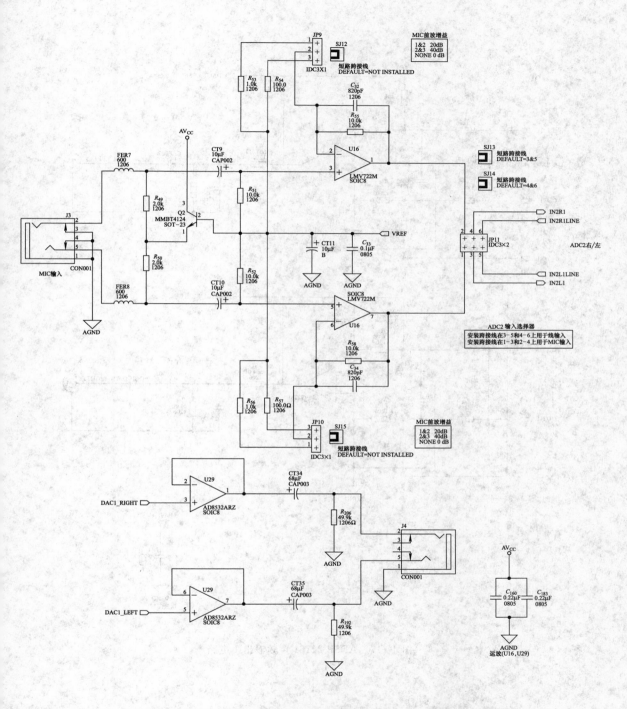

图 4-116 ADSP-21161 声频输入无线传声机/在线机，听音器出口电路

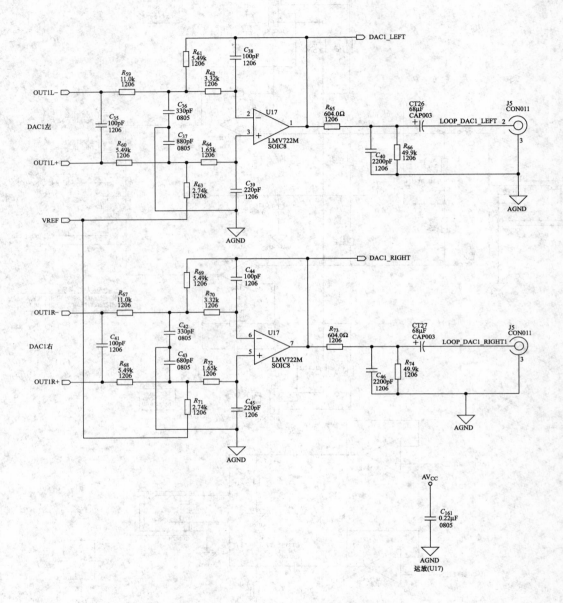

图 4-117　ADSP-21161 声频输出 1 电路

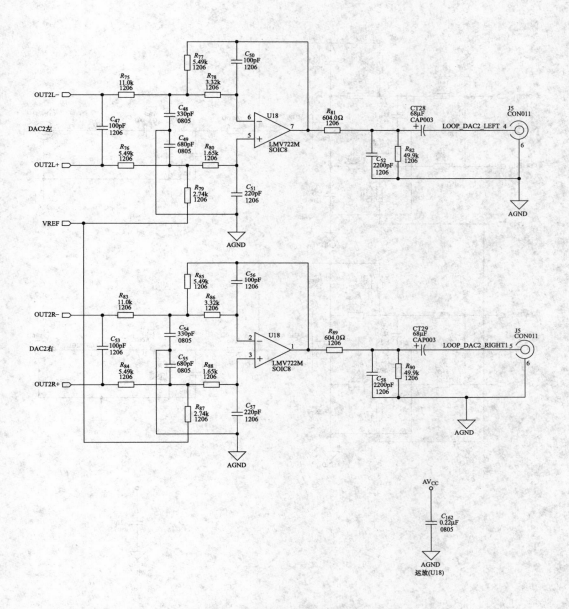

图 4-118 ADSP-21161 声频输出 2 电路

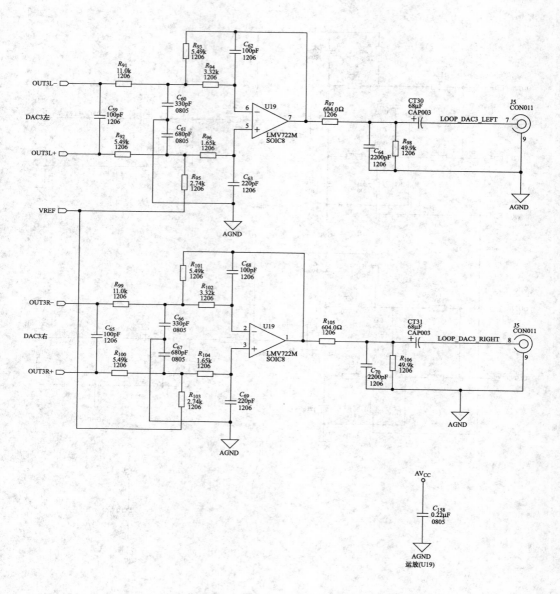

图 4-119 ADSP-21161 声频输出 3 电路

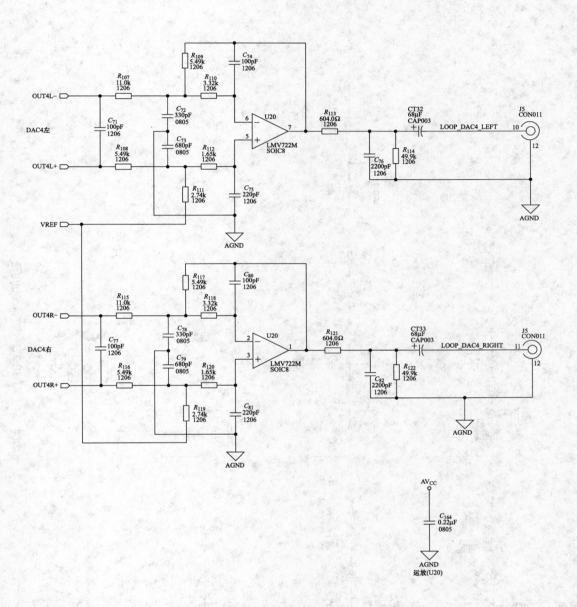

图 4-120 ADSP-21161 声频输出 4 电路

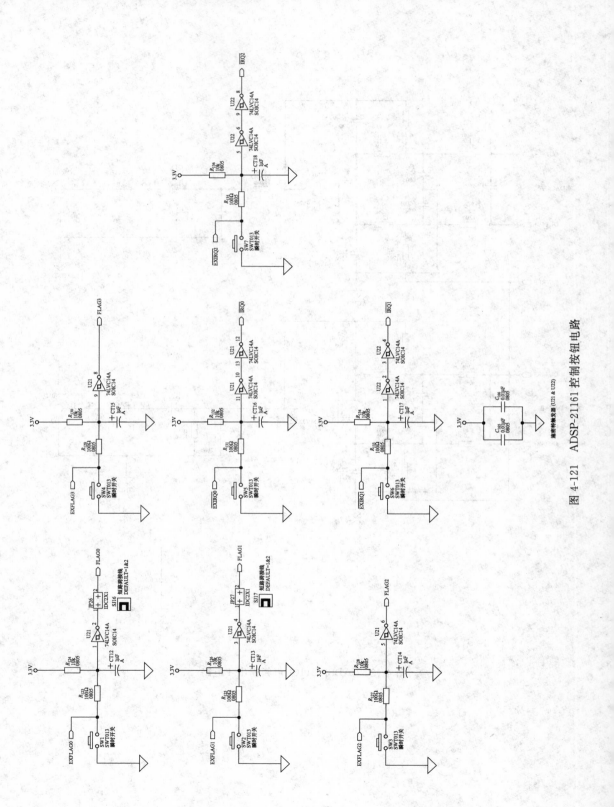

图 4-121 ADSP-21161 控制按钮电路

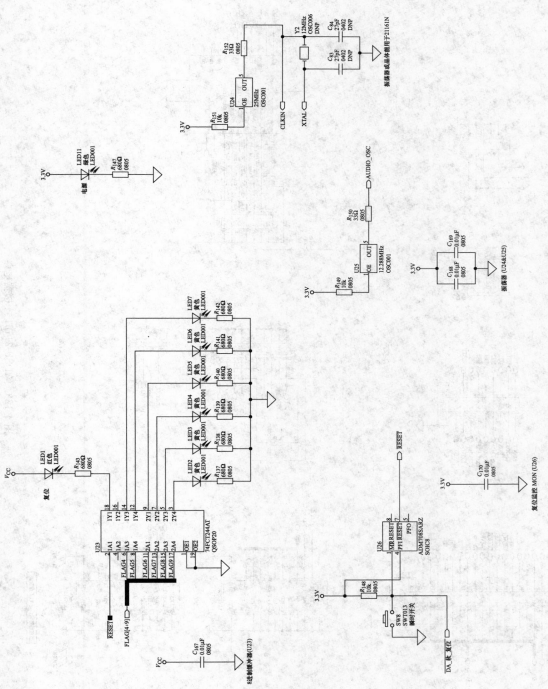

图 4-122 ADSP-21161 LED 复位和振荡器电路

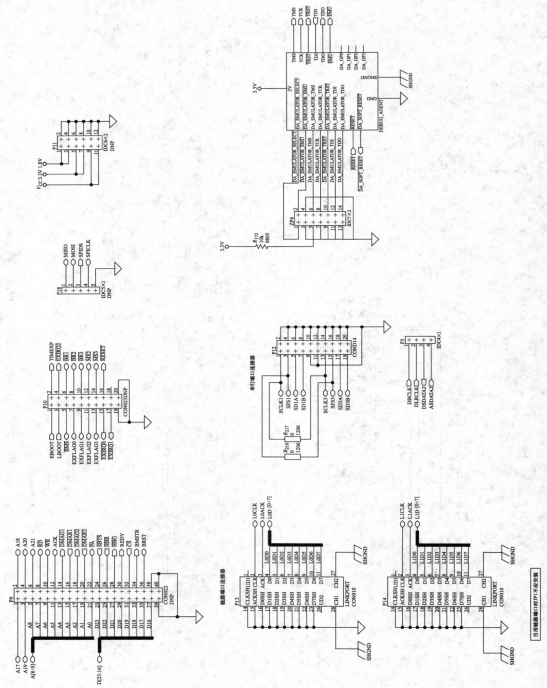

图 4-123　ADSP-21161 连接器电路

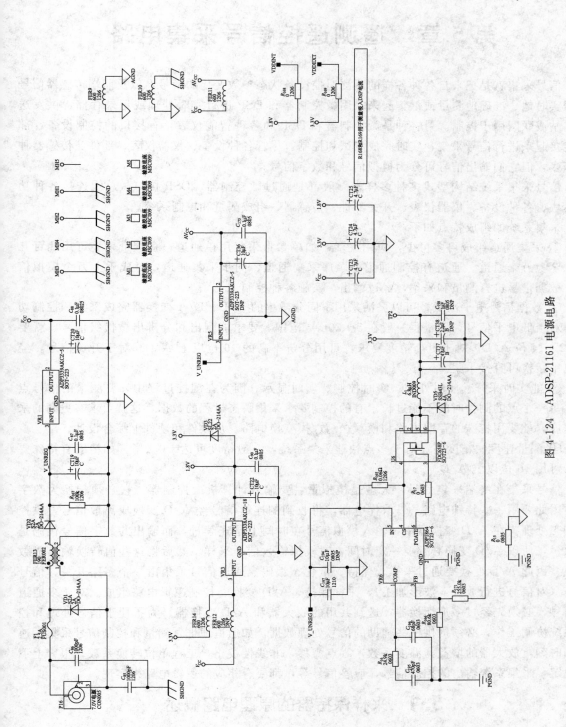

图 4-124　ADSP-21161 电源电路

【生产公司】ANALOG DEVICES

第5章 遥测遥控信号采集电路

信号采集就是把来自各种各样的遥测遥控设备状态参数变化的信号，以及前端传感器信号数据实时地、准确地测量或汇集起来，用微控制器和 DSP 进行实时处理或记录存储，供发送至基站或联网用于控制。另一种是微控制器和 DSP 和各种智能仪表，有接口的控制设备、部件连接起来进行信号采集，实时完成测试和控制。尽管各种设备、仪器仪表、部件、传感器种类繁多，但它们输出信号可分为模拟信号和数字信号。

信号采集系统结构型式多种多样，一般都是通过微控制器、DSP 接口、总线连接各种功能模块、各种设备、仪器仪表、开关部件、传感器，组成测量和控制系统。

采集系统的组成特点如下。

① 采集通道组成可多可少，应用灵活。如单参量采集用单通道；多参量采集可用几百几千以至上万个通道。通道有控制通道、顺序采集通道、同步采集通道，对成千上万个模拟信号、数据信号进行测量和采集，经过输出，实施各种控制。

② 数据信号电平高低，可以灵活采用不同分辨率的 A/D、D/A 变换器完成采集和控制功能。对于低电平信号，满量程一般在 $5\sim20\text{mV}$ 范围。要求能测出和分辨出微伏级信号，就要用 $12\sim14$ 位 A/D。对于更高精度要求，可用分辨率高的 16 位以上 A/D。对于开关信号，经过电平转换可直接采集。

③ 能实时采样、实时处理、实时控制、实时显示。因为在测控过程中，要测量的信号点多，每一个点的测量时间不能过长。有的控制要求采集瞬态过程的数据，这就要求有更高的采集速度，就要用特殊的存取电路和模/数、数/模变换电路。从软件和硬件上综合设计。

④ 测量速度快精度高。对于多点快速采集系统，一般精度可达 $\pm0.1\%$。如精度有特殊要求，可用 16 位以上 A/D。

信号采集在终端采集信号，大多是模拟量，要输入计算机微控制器，它必须转换为数字量，因此要用一些特殊电路——取样电器，将收到的连续信号经 A/D 变换成离散信号，供控制加工处理。在 A/D 变换器中，输入模拟信号在时间上是连续量，而输出的数字信号代码是离散量，所以 A/D 变换必须要一定时间，对模拟输入信号采样，然后将这些值转换输出成数字量，因此 A/D 变换要通过采样、保持、量化、编码。通道信号采集由一个多路开关、信号调节（对信号进行放大，波形加工）、采样保持、A/D 变换、控制逻辑电路组成。对于多通道的信号，必须先经过多道切换器，送到共用的放大器和 A/D 变换器。为了便于信号处理和控制系统协调工作，必须提供一些辅助的信号处理数据，如通道地址，测量和控制信号采集的速率和时刻，放大器的增益，温度系数，零点漂移，非线性校正，工程单位转换系数，报警上下限规定，采集系统输出的控制信号，应答信号等，都要有相应的逻辑电路来实现。

5.1 采样保持器的原理电路概述

采样保持器

采样保持电路的基本型式如图 5-1 所示。

图中的 N 沟道 MOS 管 T 作为采样开关用。当采样控制信号 V_L 为高电平时，场效应管

VT 导通，输入信号 V_i 经电阻 R_1 和 VT 向电容 C_h 充电。若取 $R_1 \approx R_f$，并忽略运算放大器的输入电流，则充电结束后 $V_o = -V_i = V_c$。在采样控制信号返回低电平后，场效应 VT 截止。由于 C_h 上的电压可在一段时间内基本保持不变，所以 V_o 的数值也被保持下来。十分明显，C_h 的漏电越小，运算放大器的输入阻抗越高，V_o 的保持时间就越长。

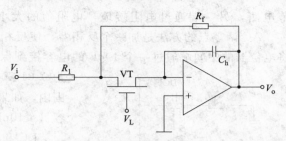

图 5-1 采样保持电路的基本型式

图 5-1 的电路是不完善的，因为采样过程中需要通过 R_1 和 VT 向 C_h 充电，所以使采样速度受到了限制。同时，R_1 的数值又不允许取得很小，否则会进一步降低采样电路的输入电阻。

图 5-2 所示是单片集成采样保持电路 LF398。它具有较高的 DC 精度、高速采样和低下降率等特点。当它作为跟随器使用时，其 DC 增益精度为 0.002%，获得 0.01% 时间低达 $6\mu s$。由于采用双极型输出级，故有较低的偏置电压和较宽的带宽。只用一条引脚来完成偏置量调整，并不会使输入偏置漂移。因为较宽的频带特性，允许它在内部采用高达 $1MHz$ 的线性放大器的反馈环路而不发生稳定性问题。输入阻抗为 $10^{10}\Omega$，允许使用高阻抗信号源。输出下降特性在保持电容为 $1\mu F$ 的条件下，低达 $5mV/min$。

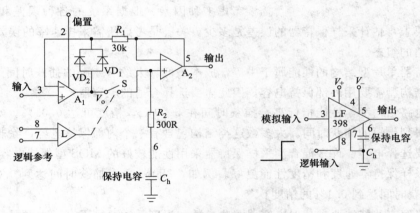

图 5-2 采样保持电路原理

图中，A_1、A_2 是两个运算放大器，S 是电子开关，L 是开关的驱动电路。当逻辑输入 $V_L = 1$ 时（高电平），S 闭合；$V_L = 0$ 时（低电平），S 断开。

当 S 闭合时，A_1 和 A_2 均工作在单位增益的电压跟随器状态，所以 $V_o = V_o' = V_{io}$，如将 C_h 接到 R_1 的引出端与地之间，则电容器上电压也等于 V_{io}。当 V_L 返回低电平后，虽然 S 已断开，但由于 C_h 上的电压不变，所以输出电压 V_o 的数值保持不变。当 S 再次闭合之前这段时间里，如果 V_i 发生变化，V_o' 变化可能非常大，甚至会超过开关电路所能承受的电压，因此需要增加由 VD$_1$ 和 VD$_2$ 构成的保护电路。当 V_o' 所保持的电压比 V_o 高（或低）于一个二极管的压降时，VD$_1$ 或 VD$_2$ 导通，从而将 V_o' 限制在 $V_i + V_D$ 以内。而在开关 S 闭合的情况下，V_o' 和 V_o 相等，故 VD$_1$、VD$_2$ 均不导通，保护电路不起作用。

应用中根据保持同步性、捕获时间和下降率选择电容。电路中 DC 和 AC 的调零方法如下。

DC 调零方法是用一个 1Ω 的电位器。电位器一端接正电压（如 $+15V$），中间端接调节电路，另一端通过电阻接地，电阻值的大小是使 1Ω 电位器通过约 0.6mA 的电流即可。

AC 调零点的方法是加一个反相器，使反相器的输入端通过电位器与自己的输出端相连。将电位器的中间端通过一个 10pF 的电容接到保持电容下。如果当逻辑输入为 5V，保持电容为 0.01μF 时，可用电位器将保持同步性调至 ± 4mV 范围内。如果逻辑输入的幅度较大，则可用一个较小的电容（<10pF）。

DC 和 AC 调零电路如图 5-3 所示。

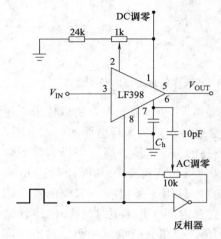

图 5-3 DC 和 AC 调零电路

采样保持器的选择

采样保持器除上述单片型结构外，还有混合式模块型的结构，它们在程度上有差别，选择取决于所要求的精度和速度。对需要一个外接保持电容的采样保持器，对该电容要特别仔细选择，因为它的质量直接影响采样保持器的性能。

在数据采集系统中，采样保持器只是许多误差源之一。系统误差源还包括放大器、多路开关、A/D 变换器、通道逻辑控制电路等。要保证系统总精度达到 0.01%，需要考虑多种因素。根据系统的各种误差和工作条件以及全部技术要求，估计采样保持器的误差是多少。关键是考虑所需采样速率的误差分析，同时又应考虑电路的组态。

采样保持器单片型结构的性能属于中等，成本最低。大约有 4μs 的捕获时间达到 0.1% 的精度，单片结构型需要用外部保持电容，因此需要选择合适的电容器。

混合微电路结构型，性能指标高，捕获时间在 $5\sim1\mu$s，精度可达 0.01%。对于 0.1% 的精度，可以得到更短的捕获时间。大多数这类结构包含有一个内部保持电容，除非必须附加电容外，不需要选择电容。许多混合型采样保持器采用性能较好的 MOS 型保持电容。

模块型采样保持器速度和精度性能更好。例如，350ns 最大捕获时间达到 0.01% 的精度，或 50ns 的捕获时间达到 0.1% 的精度。

对保持电容有些特殊要求，对电容器一些参数如温度系数要求不高，而对另一些参数要求很高。例如，电容的介质吸附作用影响保持电压的精度。同样，电容的绝缘电阻也是相当重要的。当要求高精度时，电容器介质特性必须按表 5-1 来选择。它们的绝缘电阻在 25℃时是相当

表 5-1 采样保持电容特性

类　　型	工作温度范围/℃	25℃时绝缘电阻 /MΩ-μF	125℃时绝缘电阻 /MΩ-μF	介质吸附作用
聚碳酸酯	$-55\sim125$	5×10^5	1.5×10^4	0.05%
金属化聚碳酸酯	$-55\sim125$	3×10^5	4×10^3	0.05%
聚丙烯	$-55\sim105$	7×10^5	$5\times10^3$①	0.03%
金属化聚丙烯	$-55\sim105$	7×10^5	$5\times10^3$①	0.03%
聚苯乙烯	$-55\sim85$	1×10^6	$7\times10^4$②	0.02%
聚四氟乙烯	$-55\sim200$	1×10^6	1×10^5	0.01%
金属化聚四氟乙烯	$-55\sim200$	5×10^5	2.5×10^4	0.02%

① 在 105℃。

② 在 85℃。

高的。在较高温度时，例如在 125℃，其绝缘电阻急剧下降，那是因电容的绝缘电阻随温度的上升按指数规律减少。保持电容由于介质材料不能同时极化（因分子偶极子在电场里需要自身定位时间）而引起的"电压存储"特性，称为介质吸附作用。因此，充电电容里存储的所有能量，不是都能因放电而迅速地回复原状。这说明保持电容被充电到给定电压，放电以后回不到零，其上仍有保持电压。在采样保持的标度时间里，介质的吸附作用对保持电压有影响，这是一个误差源，应当加以考虑。

系统中在多路开关后跟着采样保持器和 A/D 变换器，而逻辑控制电路使多路开关按通道顺序转换，使采样保持器在每一通道的输入信号转换到保持型。在保持时间，一个启动变换脉冲启动 A/D 变换器，使变换由逐次逼近式变换器完成。变换完成后，A/D 变换器的状态输出线给出低位的变换信号。当通道变换结束时，多路开关切换到下一通道，同时 A/D 变换器的输出寄存器保存变换完成的数据，然后将数据传送到系统总线上。对于模拟通道来说，采样的变换过程是依次反复进行的。

在多路模拟输入的数据采集系统中，采样保持器为 A/D 变换器提供一个不变化的输入信号，直到其变换完成为止。这种多通道的采样保持器捕获时间比单通道的有很大差别。在数据采集系统中，怎样把采样保持电路连接到 A/D 变换器，如果没有输入缓冲放大器的逐次逼近 A/D 变换器，则具有模拟比较器输入端相同的阻抗输入。因比较器在逐次逼近变换期间的状态是变化的，所以 A/D 变换器的输入阻抗也是变化的。这些发生在高速变换中，如果采样保持电路的高频输出阻抗不很低，则也产生误差。大多数采样保持器在保持型时比采样时具有较高的输出阻抗。

采样保持器在同步采集中的连接，要求准确地同时从所有模拟输入端取得数据，为此，在模拟多路开关装置的每一通道前必须有一个采样保持器，才能进行同步采集，所有模拟输入同时被采样，并变换保持这些采样。在一个保持电压进行变换时，其他的保持电压必须下降得不太大。在电路工作中，控制逻辑同时发给采样保持器保持指令，然后多路开关按顺序切换每一采样保持器的输出，同时 A/D 变换器把它们变换成数字形式。在多路开关和 A/D 变换器之间需要一个高阻抗缓冲放大器。对采样保持器选择误差要小，通过调节可使它们全部同时进入保持型。另外，电压下降率要相对低，因为系统中最后一个采样保持器必须把它的电压一直保持到所有其他输出变换完成为止。

采样保持器在系统中的另一种连接方法，是在 D/A 变换器输出端的每个通道模拟输出端接上采样保持器。每个采样保持器，依次按新到的数据来校正，并把电压保持到其他所有采样保持电路都校正完毕，再依次返回第一通道。这里的采样保持电路必须适应于所要求的捕获时间——取决于修正每个输出的速率和对于修正之间下降误差的要求。

5.2 同步采样和异步采样电路原理概述

在数据采集系统中，大部分通道都使用异步采集（顺序数据采集），因而各模拟信号的采样时刻是分开的。如果想得到一批数据来进行系统研究，或对大批模拟通道进行快速数据转换时，常常希望能获得同步采样。当 A/D 变换器转换时间比采样间隔小很多时，采用分时多路转换法是十分有效的。如果采样间隔很小以及需要采样的通道又很多时，分时转换方法就不适用了。如果数据采集是一个用于系统信号判别的一部分时，那么像输入、输出和状态一系列信号就要求同时采样。为此，在一系统用于判别信号的环境中，采用同步 A/D 变换器将比其他方法好一些。

同步数据采集就是对多路信号同时进行采集，采集方法比较复杂。为实现这种功能，一种方法是使用采样保持器和多路开关与 A/D 变换器连接。如果信号速度大于 A/D 变换器的转换时间，信号通道要用一个采样保持器，模拟信号有多少就需要多少采样保持放大器和模拟多路转换器通道。各模拟信号都由其自己的采样保持放大器采样。用这种多路转换器，每次只有一个采样保持放大器可与 A/D 变换器连接。这种方法称为伪同步数据采集。这是因为，它的采样是同步的，而仅由一个 A/D 变换器实现。保持在采样保持器中的各模拟信号要用分时多路转换方式选择。在整个转换过程完成之前，所有其他的采样保持器都将处在保持状态。数据采集系统要实现真同步，系统每个模拟通道必须配置一个 A/D 变换器，用地址线，数据线和控制输入线与微型机连接。这里仅介绍对慢变化信号的采集，如温度、应变、位移或速度等。信号经过传感器后变化缓慢，在每个通道用一个采样保持器，经过多路开关共用一个 A/D 变换器进行信号采集。采集方块图如图 5-4 所示。

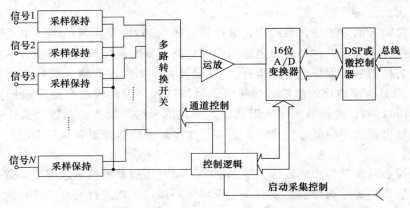

图 5-4　同步数据采集用 16 位 A/D（或其他位 A/D）块图

同步采集信号和 DSP 和微控制器交连是用 16 位 A/D 变换器。A/D 的板最高精度为 16 位二进制，分辨率为 1/65535，保证精度为 14 位。采用 16 位 MN5280 时，非线性度在 0.003% 以下。在模拟输出端的前置放大器，使用低漂移高增益的运算放大器 SF035D，其温漂为 $0.5\mu V/℃$，保证测量稳定可靠。该放大器一方面用来调整输入模拟量与 A/D 的量程相匹配；另一方面，由于加了外扩展板后地线拉得很长，地电平的差异引起零点附近的误差较大，该放大器用来调整系统误差。

异步（扫描方式）采集电路，是将多路信号经过多路开关，送入共用的采样保持器和 A/D 变换器，进行逐个信号的采集。原理图如图 5-5 所示。

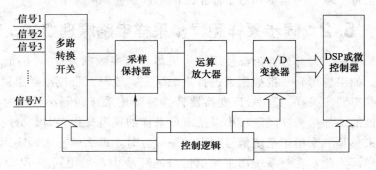

图 5-5　异步（扫描式）数据采集块图

同步和异步采集中可共用一个 A/D 变换器，只需更换同步或异步采集板。应用方法如图 5-6 所示。

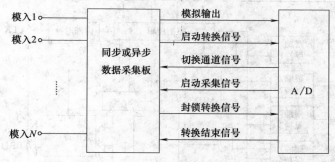

图 5-6　同步和异步采集 A/D 连接块图

在同步板上用硬逻辑来完成通道转换、启动转换等，使其与 DSP 或微控制器并行读数，因而提高数采速度。

① 启动采集信号。控制同步板对所有的输入进行同步采样，控制采数的频率。

② 启动转换信号。启动每一组数据的第一次 A/D 转换，即在每个采样信号后的第一个 A/D 转换信号。

③ 封锁转换信号。当一组信号全部转换完后产生此信号，它停止 A/D 转换，复位通道至初始状态。

④ 转换通道信号。控制同步板的通道转换。

⑤ 转换结束信号。使数据装入 DSP 或微控制器，产生中断，触发下一个所需启动信号。

● **AD7874，LC² MOS4 通道，12 位同步采样数据采集系统**

【用途】

声呐，电机控制，自适应滤波器，数字信号处理，遥测遥控系统。

【特点】

4 个芯片上跟踪/保持放大器	芯片上基准
4 通道同时采样	±10V 输入范围
快速 12 位 ADC，每通道有 8μs 转换时间	±5V 电源
对全部 4 通道有 29kHz 采样速率	

AD7874 是一个 4 通道同步采样、12 位数据采样系统。零件包含一个满速 12 位 ADC、芯片上基准、芯片上时钟和 4 个跟踪/保持放大器。该特点允许 4 个输入通道同时采样，因此保护 4 个输入通道相位信息相对关系，如果全部 4 通道共用 1 个跟踪保持放大器是不可能的。这就使 AD7874 应用如相控阵声呐和交流电机控制，其中相对相位信息最重要。4 个跟踪/保持放大器的孔径延迟是小的，规定有最小和最大限制。几个 AD7874 同时采样多个输入通道，不包含信号连至几个器件之间的相位误差。基准输出/输入同样是灵活的，允许来自同样基准源驱动几个 AD7874s。AD7874 制造用模拟器件线性兼容 CMOS（LC² MOS）工艺，一个混合技术工艺包含精密双极性电路，有低功耗 CMOS 逻辑。零件适用 28 脚，0.6in 宽，塑或密封双列直插式（DIP），28 脚无引线陶瓷芯片载体（LCCC）和 28 脚 SOIC。4 通道同时采样，4 个输入通道，每个有它自己的跟踪/保持放大器，允许同时采集输入信号。跟踪/保持采集时间是

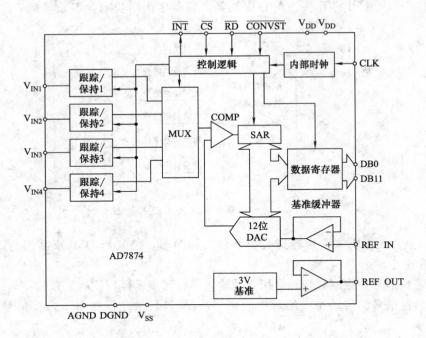

图 5-7 功能块图

COMP—比较器；SAR—逐次近似

$2\mu s$，每通道的转换时间是 $8\mu s$，对全部 4 通道允许 29kHz 的采样速率；紧密的孔径延迟匹配。对每个通道孔径延迟是小的，在 4 个通道之间孔径延迟匹配小于 4ns。另外，孔径延迟特性有上限和下限，允许多个 AD7874s 采样大于 4 通道；快速微控制器接口。AD7874 的高速数字接口允许连至现代 16 位微控制器和数字信号处理器。

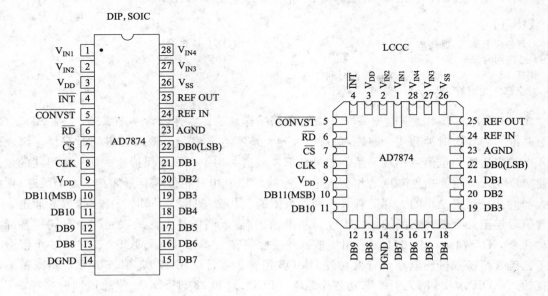

图 5-8 引脚图

【引脚说明】

脚号	脚符号	说　　　明
1	V_{IN1}	模拟输入通道，在一个转换周期转换 4 个通道中第 1 个。模拟输入范围±10V
2	V_{IN2}	模拟输入通道 2，模拟输入范围±10V
3	V_{DD}	正电源电压，+5V±5%，该脚应去耦至地
4	$\overline{INT}$	中断，有效低逻辑输出，指示转换状态
5	$\overline{CONVST}$	转换开始，逻辑输入。在该输入使跟踪/保持至保持型式低至高转换，开始转换。4 个通道分别转换，通道 1 至通道 4。$\overline{CONVST}$输入对 CLK 是异步的，$\overline{CS}$和$\overline{RD}$是独立的
6	$\overline{RD}$	读有效低逻辑输入。用该输入连$\overline{CS}$低使能数据输出，转换后 4 个逐次读出，依次通道 1、2、3、4 从 4 通道读数据
7	$\overline{CS}$	芯片选择有效低逻辑输入。当该输入有效时选择器件
8	CLK	时钟输入。一个外部 TTL 兼容时钟，可加至该输入脚
9	V_{DD}	正电源电压，±5V±5%。和脚 3 一样，两脚在封装必须连在一起，脚应当去耦至数字地
10	DB11	数据位 11（MSB），三态 TTL 输出，输出码是 2 的互补
11～13	DB10～DB8	数据位 10 至数据位 8，三态 TTL 输出
14	DGND	数字地，接地基准用于数字电路
15～21	DB7～DB1	数据位 7 至数据位 1，三态 TTL 输出
22	DB0	数据位 0（LSB），三态 TTL 输出
23	AGND	模拟地，接地基准用于跟踪/保持、基准和 DAC
24	REF IN	电压基准输入，基准电压用于加至该脚的零件，它是内部缓冲，要求输入电流只有±1μA，正常基准电压是 3V，用于正常基准电压，用于 AD7874 的校正工作
25	REF OUT	电压基准输出。在该脚提供内部 3V 模拟基准，AD7874 工作用内部基准，REF OUT 连至 REF IN，这个外部负载基准是 500μA
26	V_{SS}	负电源电压，−5V±5%
27	V_{IN3}	模拟输入通道 3，模拟输入电压范围是±10V
28	V_{IN4}	模拟输入通道 4，模拟输入电压范围是±10V

【最大绝对额定值】

V_{DD} 至 AGND	−0.3～7V	工作温度	
V_{DD} 至 DGND	−0.3～7V	商用（A、B 型）	−40～85℃
V_{SS} 至 AGND	+0.3～7V	扩大（S 型）	−55～125℃
AGND 至 DGND	−0.3V～V_{DD}+0.3V	存储温度	−65～150℃
V_{IN} 至 AGND	−15～15V	引线焊接温度（10s）	300℃
REFOUT 至 AGND	0～V_{DD}	功耗至+75℃（任一封装）	1000mW
数字输入至 DGND	−0.3V～V_{DD}+0.3V	+75℃衰减	10mW/℃
数字输出至 DGND	−0.3V～V_{DD}+0.3V		

【应用电路】

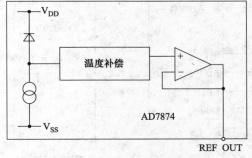

图 5-9　AD7874 内部基准

AD7874 有一个芯片上齐纳二极管温度补偿，工厂已调至 3V±10mV，在 REFOUT 脚提供基准电压。用这个基准电压提供两个基准电压用于 ADC 和双极性偏压电路，通过连接 REFOUT 至 REFIN 完成。

在一些应用中，用户可以要求一个系统基准，或一些另外的外部基准驱动 AD7874 基准输入。图 5-10 表示能用 AD586 5V 基准提供 AD7874REFIN 要求的 3V 基准。

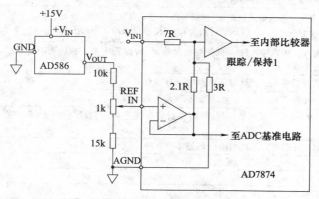

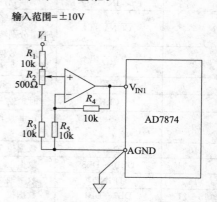

图 5-10　AD586 驱动 AD7874 REFIN（外部基准）

图 5-11　AD7874 满量程调节电路

图 5-11 表示在 AD7874 上（只表示通道 1 例子）调节偏置和满量程误差，其中要求调节偏置误差必须在调节满量程误差前进行。通过调节运算放大器驱动 AD7874 模拟输入偏置完成。而输入电压是一个 1/2LSB 模拟地以下。调节步序如下：在 V_1 加一个 $-2.44mV$（$-1/2$LSB）电压，调节运放偏置电压，直到 ADC 输出码闪烁在 1111 1111 1111 和 0000 0000 0000 之间。增益误差能调节在第一码转换（ADC 负满量程）或最后码的转换（ADC 正满量程）。调节步序有两种情况：正满量程调节，在 V_1 加电压 $+9.9927V$（FS/2～3/2LSB$_S$），调节 R_2 直到 ADC 输出码闪烁在 0111 1111 1110 和 0111 1111 1111 之间；负满量程调节，在 V_1 加电压 $-9.9976V$（FS～1/2LSB），调节电阻 R_2 直到 ADC 输出码闪烁在 1000 0000 0000 和 1000 0000 0001 之间。

微控制器接口

AD7874 高速总线定时允许直接连至 DSP 处理器和 16 位微控制器。合适的微处理器接口表示在以下几个图中。

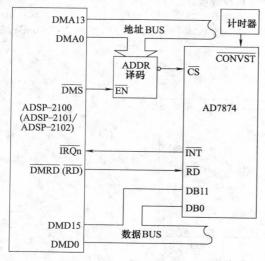

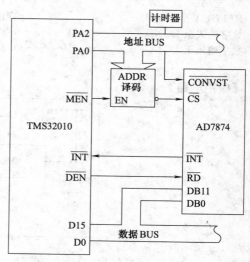

图 5-12　AD7874-ADSP-2100 接口

图 5-13　AD7874-TMS32010 接口

图 5-12 表示 AD7874 和 ADSP-2100 之间的一个接口。开始转换用一个计时器，在全部 4 个通道上，它允许非常精确的瞬时采样控制。当在 4 通道上完成转换时，AD7874 $\overline{INT}$ 线提供一个至 ADSP-2100 的中断，从 AD7874 用 4 个逐次读同样存储器地址，能读 4 个转换结果，下面指令读 4 个结果中的 1 个（要求该指令 4 个计时器以顺序读 4 个结果）：

$$MRO = DM(ADC)$$

其中，MRO 是 ADSP-2100 MRO 寄存器和 ADC 是 AD7874 地址。

图 5-12 同样表示 AD7874-ADSP-2101/ADSP-2102 接口图形构成，偏压用于 AD7874 和 ADSP-2101/ADSP-2102 之间接口，READ 线（ADSP-2101/ADSP-2102）标记 $\overline{RD}$，在该接口，处理器 $\overline{RD}$ 脉宽编程能用于数据存储器等待控制寄存器，用指令按 ADSP-2100 简图读 4 个结果中的 1 个。

在 AD7874 和 TMS32010 之间的接口表示如图 5-13 所示，在一次转换开始用一个外部计时器，当 4 个转换全部完成时，TMS32010 中断。用下述指令，从 AD7874 读转换结果：

$$IN\ D.\ ADC$$

其中，D 是数据存储器地址和 ADC 是 AD7874 地址。

图 5-14 表示在 AD7874 和 TMS320C25 之间的一个接口。当用上述的两个接口时，转换开始用一个计时器，转换程序完成时处理器中断。TMS320C25 设有一个分开 $\overline{RD}$ 输出，直接驱动 AD7874 输入。这从处理器 STRB 必然产生，并且 R/$\overline{W}$ 输出用增加逻辑门，$\overline{RD}$ 信号是或门用 MSC 信号提供一个要求等待状态，在读周期校准接口计时。从 AD7874 读转换结果用下述指令：

$$IN\ D.\ ADC$$

其中，D 是存储器地址和 ADC 是 AD7874 地址。

通过微处理器而不是外部计时器，一些应用中可以要求转换开始。一个选择是从地址总线译码 AD7874 $\overline{CONVST}$，因此，写工作开始一个转换，在转换程序结束前读数据。

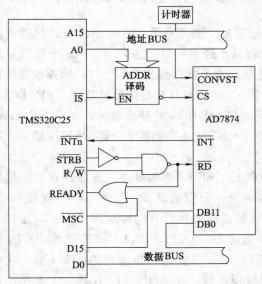

图 5-14　AD7874-TMS320C25 接口

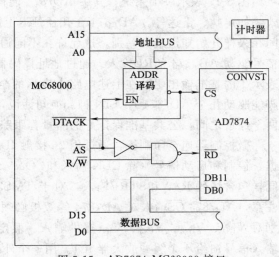

图 5-15　AD7874-MC68000 接口

图 5-15 表示 AD7874 和 MC68000 之间的接口。以前是在外部计时器时开始转换，现可用 AD7874 $\overline{INT}$ 线中断处理器或软件延迟保证在读 AD7874 前能转换完成。由于中断性质，68000

要求增加逻辑，允许它中断校正。用 MC68000 $\overline{AS}$ 和 R/$\overline{W}$ 输出产生一个分开的 $\overline{RD}$ 输入信号用于 AD7874。用 $\overline{CS}$ 驱动 68000 $\overline{DTACK}$ 输入，允许处理器完成一个对 AD7874 正常读工作。用下述 68000 指令读转换结果：

MOVE. WADC. DO

其中，DO 是 68000 DO 寄存器和 ADC 是 AD7874 地址。

图 5-16 表示 AD7874 和 8086 微控制器之间的接口。不同于前面接口的例子，微控制器开始转换。通过选通 8086 $\overline{WR}$ 信号，用译码地址输出完成。当转换程序完成时，用 AD7874 $\overline{INT}$ 线中断微控制器。从 AD7874 读数据用下述指令：

MOV AX. ADC

其中，AX 是 8086 加法器和 ADC 是 AD7874 地址。

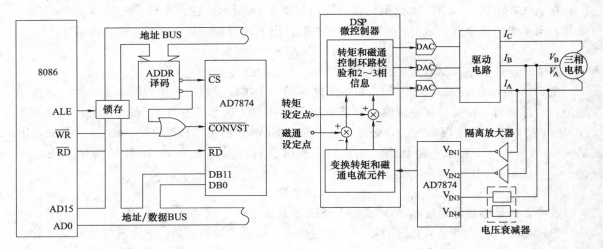

<table>
<tr><td>图 5-16　AD7874-8086 接口</td><td>图 5-17　用 AD7874 矢量电机控制</td></tr>
</table>

图 5-17 表示一个系统，其中 AD7874 能构成处理多个输入通道。这种结构型式是通用型式，如声呐、雷达等。AD7874 在孔径延迟上规定有最小最大延迟，这表示用户在全部通道之间在采样开始知道最大差别，这允许在不同通道之间用户保持相对相位信息。从微控制器读出信号驱动 AD7874 的 $\overline{RD}$ 输入。通过地址译码器每个 AD7874 设计独特的地址选择。用 AD7874 表示 1 的基准输出驱动在上述电路中表示的全部另外的 AD7874 的基准输入。一个 REFOUT 脚能驱动几个 AD7874 REFIN 脚。换句话说，用外部或系统基准能驱动全部 REFIN 输入。在两个通道之间，公共基准保证好的满量程跟踪。

微控制器连至印刷板，通过用 26 接触 IDC 连接器、SKT8 接脚分布。连接器包含全部数据、控制和启动信号（除 CLK 输入和 $\overline{CONVST}$ 输入外，分别通过 SKT5 和 SKT7 提供）。它同样包含译码 R/$\overline{W}$ 和 $\overline{STRB}$ 输入，对于 TMS32020 是必需的接口（同样适用于 68000 接口）。注意，AD7874 $\overline{CS}$ 输入对 AD7874 等效板必须是译码优先。SKT1、SKT2、SKT3 和 SKT4 分别对 V_{IN1}、V_{IN2}、V_{IN3}、V_{IN4} 提供输入。假定 LK1～LK4 放置好，在加到 AD7874 前，这些输入信号馈给 4 个缓冲放大器 IC1。用一个外部时钟源选择，在 AD7874CLK 输入上有短路插头（LK5），它连至 -5V（用于 ADC 自己内部时钟）或至 SKT5。SKT6 和 SKT7 提供基准和 $\overline{CONVST}$ 输入。短路插头 LK6 提供用外基准或 ADC 自己内部基准选择。电源连接要求两个模拟电源和一个 5V 数字电源。模拟电源标志 V＋ 和 V－，两个电源范围是 12～15V（见丝网图），通过 SKT8 连至 5V 数字电源。在 V＋和 V－电源上，从电压稳压器（IC3 和 IC4）通过 AD7874 产生要求的＋5V 电源和－5V 电源。

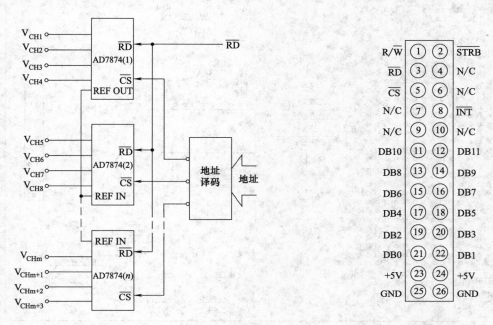

图 5-18　多个 AD7874 构成的多通道系统

图 5-19　SKT8，IDC 连接器接脚分布

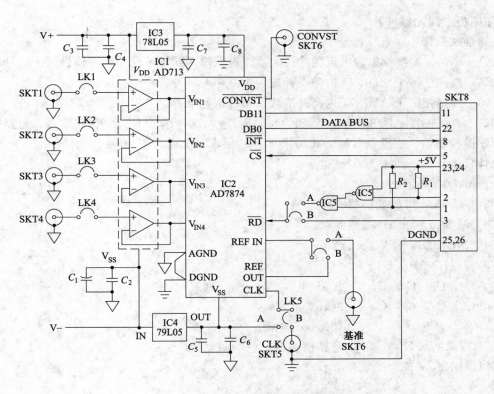

图 5-20　用 AD7874 的数据采集电路

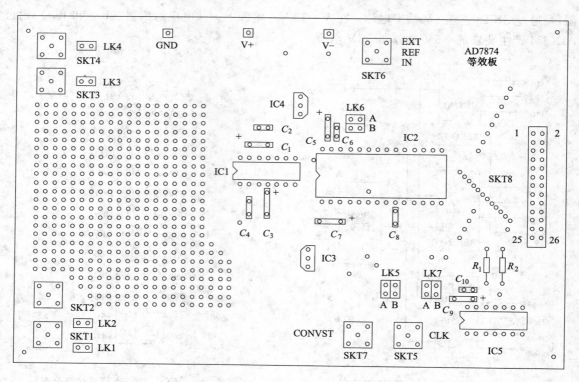

图 5-21 PCB（印刷板）丝网图

【印刷板电路元器件】

短路插头选择

LK1～LK4 连接模拟输入至缓冲放大器，模拟输入同样可连至元件栅极用于信号调节。

LK5 选择任一个 AD7874 内部时钟或一个外部时钟源。

LK6 选择任一个 AD7874 内部基准或一个外部基准源。

LK7 直接连接 AD7874 输入至 SKT8 的 $\overline{RD}$ 输入或译码 $\overline{STRB}$ 和 R/$\overline{W}$ 输入。短路插头设置决定于微控制器，也就是 TMS32020 和 68000 要求一个译码 $\overline{RD}$ 信号。

元件目录

IC1 AD7874 运放

IC2 AD7874 模数变换器

IC3 MC78L05＋5V 稳压器

IC4 MC78L05－5V 稳压器

IC5 74HC004 与非门

C_1，C_3，C_5，C_7，C_9 10μF 电容

C_2，C_4，C_6，C_8，C_{10} 0.1μF 电容

R_1，R_2 10Ω 拉起电阻

LK1，LK2，LK3   短路插头

LK4，LK5，LK6

LK7

SKT1，SKT2，SKT3，   BNC插口

SKT4，SKT5，SKT6，

SKT7

SKT8　　　　　　　　　26 接触（2 行）IDC 连接器

【生产公司】　ANALOG DEVICES

● **LTC1407/LTC1407A 串行 12 位/14 位，3MSPS 同时采样 ADC 有关闭功能**

【用途】

通信，数据采集系统，不间断电源，多相电机控制，I 和 Q 解调，工业控制。

【特点】

3MSPS 采样 ADC 有两个同时采样差动输入　　　睡眠关断型式（10μW）

每通道 1.5MSPS 吞吐量　　　　　　　　　　打盹关断型式（3mW）

低功耗失真：14mW（典型）　　　　　　　　在 100kHz，80dB 共模抑制

3V 单电源　　　　　　　　　　　　　　　　0～2.5V 单极性输入范围

2.5V 内部间隙基准有外部过驱动　　　　　　极小的 10 引线 MS 封装

3 线串行接口

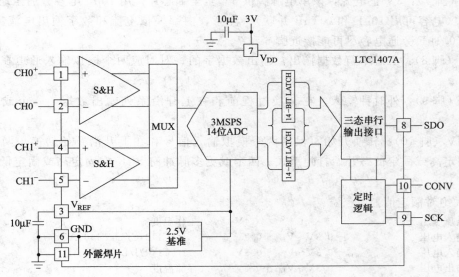

图 5-22　功能块图

LTC1407/LTC1407A 是 12 位/14 位，3MSPS ADC，有两个同时采样 1.5MSPS 差动输入。器件从 3V 单电源只吸收 4.7mA 并且回到极小的 10 引线 MS 封装。睡眠关闭特点是低功耗可达 10μW。速度快、低功耗和极小封装组合使 LTC1407/LTC1407A 适用于高速便携式应用。LTC1407/LTC1407A 包含两个分开的差动输入，在 CONV 信号上升沿同时采样。然后，这两个采样输入转换成每通道 1.5MSPS 速率。通过测量来自源的不同信号，允许用户消除接地环路和共模噪声

MSE封装
10引线塑MSOP

图 5-23　引脚图

80dB 共模抑制。器件转换 0～2.5V 单极不同输入。绝对电压摆动 CH0$^+$、CH0$^-$、CH1$^+$ 和 CH1$^-$ 从接地扩大至电源电压。串行接口在 32 时钟内发送出两个转换结果，与标准串联接口兼容。

【引脚说明】

$CH0^+$ （脚 1）：正相通道 0。$CH0^+$ 工作完全差动，对应 $CH0^-$ 有一个 $0\sim2.5V$ 差动摆动和一个 $0\sim V_{DD}$ 绝对输入范围。

$CH0^-$ （脚 2）：反相通道 0。$CH0^-$ 工作完全差动，对应 $CH0^+$ 有一个 $-2.5\sim0V$ 差动摆动和一个 $0\sim V_{DD}$ 绝对输入范围。

V_{REF} （脚 3）：2.5V 内部基准，旁通至地和焊接模拟接地板用 $10\mu F$ 电容（或 $10\mu F$ 与 $0.1\mu F$ 并联）。通过一个外部基准电压 $\geq2.55V$ 和 $\leq V_{DD}$ 能过驱动。

$CH1^+$ （脚 4）：正相通道 1。$CH1^+$ 工作完全差动，相对 $CH1^-$ 有一个 $0\sim2.5V$ 差动摆动和一个 $0\sim V_{DD}$ 绝对输入范围。

$CH1^-$ （脚 5）：反相通道 1。$CH1^-$ 工作完全差动，相对 $CH1^+$ 有一个 $-2.5\sim0V$ 差动摆动和一个 $0\sim V_{DD}$ 绝对输入范围。

GND （脚 6）：接地和外露焊片，单接地脚和外露焊片必须连在一起直接至零件下面焊接接地板。注意，模拟信号电流和数字输出信号电流流过这些连接。

V_{DD} （脚 7）：3V 正电源，该单电源脚供 3V 至全部芯片，用 $10\mu F$ 电容旁通至地和焊接模拟接地板（电容可用 $10\mu F$ 和 $0.1\mu F$ 并联）。注意，内部模拟电流和数字输出电流流过该脚。应当放置 $0.1\mu F$ 旁通电容尽可能接近脚 6 和 7。

SDO （脚 8）：三态串行数据输出，输出数据字的每对对应两个模拟输入通道在转换前的开始时。

SCK （脚 9）：外时钟输入。在转换过程前和在上升沿系列输出数据，一个或更多脉冲尾流。

CONV （脚 10）：转换开始，保持两个模拟输入信号和在上升沿开始转换。两个脉冲有 SCK 在固定高或固定低态开始打盹型式。四个或更多脉冲有 SCK 在固定高或固定低态开始睡眠型式。

【最大绝对额定值】

电源电压 V_{DD}	4V	工作温度	
模拟输入电压	$-0.3V\sim V_{DD}+0.3V$	LTC1407C/LTC1407AC	$0\sim70℃$
数字输入电压	$-0.3V\sim V_{DD}+0.3V$	LTC1407I/LTC1407AI	$-40\sim85℃$
数字输出电压	$-0.3V\sim V_{DD}+0.3V$	存储温度	$-65\sim150℃$
功耗	100mW	引线焊接温度（10s）	300℃

【应用电路】

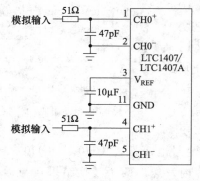

图 5-24　RC 输入滤波电路

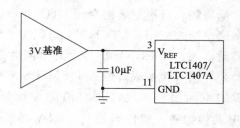

图 5-25　内部基准

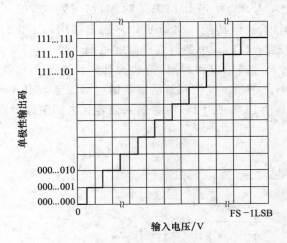

图 5-26 LTC1407/LTC1407A 转换特性

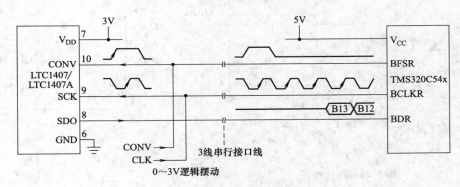

图 5-27 DSP 串行接口至 TMS320C54x

硬件接口至 TMS320C54x。

LTC1407/LTC1407A 是串行输出 ADC，它的接口设计用于高速缓冲串行接口的快速数字信号处理中（DSP）。图 5-27 表示用 TMS320C54x 接口的例子。在 TMS320C54x 中缓冲串行接口直接接收一个 2KB 存储器分段。能收集 ADC 的串行数据在两个交替 1KB 分段，在真时间，LTC1407/LTC1407A 的全部 3MSPS 转换速率。DSP 汇编码设置帧同步型式，在 BFSR 脚接收外部正上升脉冲，在 BCLKR 脚串行时钟接收一个外部正沿时钟，接近 LTC1407/LTC1407A 的缓冲器可以驱动长期跟踪 DSP，阻止信号至 LTC1407/LTC1407A 的中断，该结构采集通过典型系统板，但在缓冲器输出的源阻抗和在 DSP 端阻抗，需要对极长传输线特性阻抗匹配。

【生产公司】 LINEAR TECHNOLOGY

5.3 跟踪/保持放大电路

● **SHC605 高速运算跟踪/保持放大器**

【用途】

A/D 变换器前端，多通道连续采样，改闪烁 ADC 性能，峰值检测，遥测遥控。

【特点】

最好的无干扰动态范围，在 1MHz F_{IN} 和 20MSPS 为 90dB，在 2MHz F_{IN} 和 20MSPS 为

86dB，在 5MHz F_{IN} 和 20MSPS 为 77dB；采集时间低，达到 0.01％ 为 30ns；下降速率低，8mV/μs 最大（温度范围内）；低功耗，335mW；多用途结构，正相、反相和差动增益；逻辑灵活性，TTL 和 ECL 兼容；SO-16 小型封装；温度范围－40～85℃。

SHC605 是一个单片高速高精度跟踪/保持放大器，快速采集和低失真组合，对宽范围采样应用提供完好的分辨率。正相、反相和差动增益结构易加至 SHC605。在板上的逻辑基准电路使 SHC605 与单端和差动 ECL 或 TTL 时钟输入兼容。内部跟踪型式记录电路在数据采集系统允许触发沿工作。

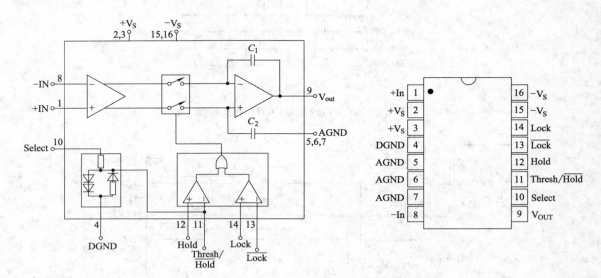

图 5-28 功能块图　　　　　　　　　　　　　　图 5-29 引脚图

【引脚说明】

脚号	脚名	说　　明	脚号	脚名	说　　明
1	＋In	正相输入	9	V_{OUT}	输出电压
2	＋V_S	正 5V 电源	10	Select	＋5V 选择 TTL，－5V 选择 ECL
3	＋V_S	正 5V 电源	11	Thresh/$\overline{Hold}$	逻辑阈值用于单端工作或互补保持输入用于差动工作
4	DGND	数字地	12	Hold	互补时钟输入
5	AGND	模拟地	13	$\overline{Lock}$	真时钟输入
6	AGND	模拟地	14	Lock	保持型式与 Hold/$\overline{Hold}$ 输入无关
7	AGND	模拟地	15	－V_S	－5V 电源
8	－In	反相输入	16	－V_S	－5V 电源

【最大绝对额定值】

电源	DC±7V	存储温度	－40～125℃
输入电压范围	±5V	引线焊接温度（3s）	260℃
差动输入电压	±5V	结温	175℃

【应用电路】

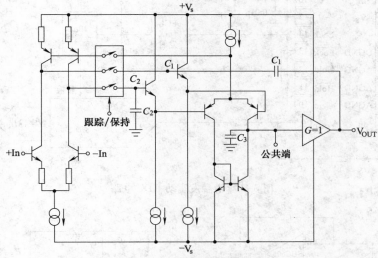

图 5-30　SHC605 简化电路

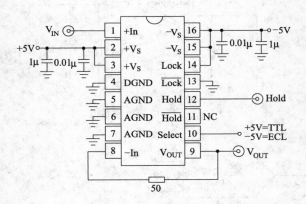

图 5-31　增益为 1 的跟踪和保持放大器

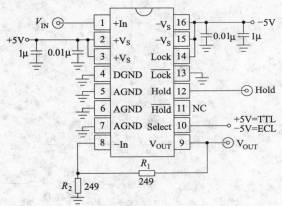

图 5-32　增益为 2 的跟踪和保持放大器

注：$\dfrac{V_{OUT}}{V_{IN}} = 1 + \dfrac{R_1}{R_2}$

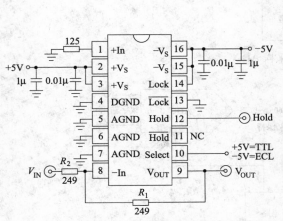

图 5-33　增益为 -1 的跟踪和保持放大器

注：$\dfrac{V_{OUT}}{V_{IN}} = -\dfrac{R_1}{R_2}$

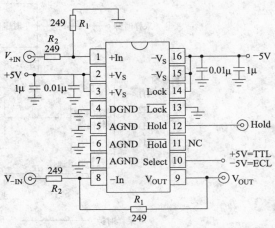

图 5-34　差动增益为 1 的跟踪和保持放大器

注：$V_{OUT} = (V_{IN}^+ - V_{IN}^-)\dfrac{R_1}{R_2}$

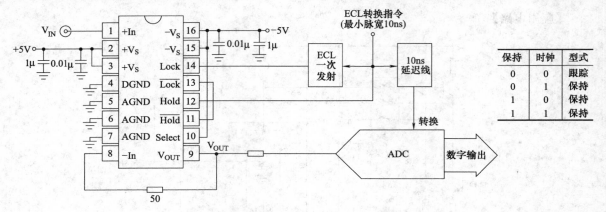

保持	时钟	型式
0	0	跟踪
0	1	保持
1	0	保持
1	1	保持

图 5-35 沿触发驱动 ADC 电路

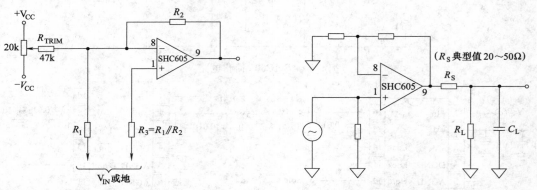

图 5-36 偏置电压调节电路

注：输出调节范围为 $+V_{CC}\dfrac{R_2}{R_{TRIM}} \sim -V_{CC}\dfrac{R_2}{R_{TRIM}}$。

图 5-37 驱动电容负载

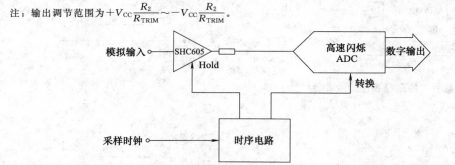

图 5-38 采样 ADC

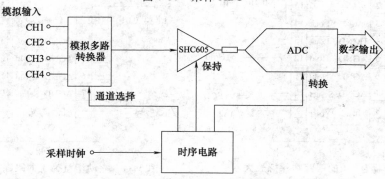

图 5-39 通用数据采集系统

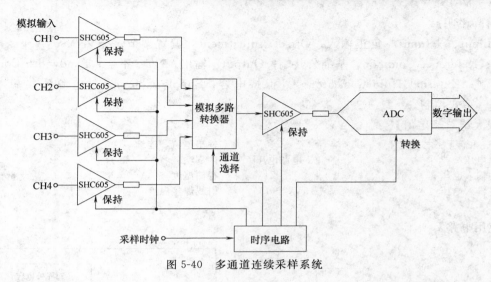

图 5-40 多通道连续采样系统

【生产公司】 Texas Instruments Burr-Brown

● SHC5320 高速双极性采样/保持放大器

【用途】

精密数据采集系统，数模变换器消除干扰，自动零电路，峰值检测器，遥测遥控电路。

【特点】

采集时间（至 0.01%）$15\mu s$ 最大；保持型式建立时间 350ns 最大；下降速率（在 25℃）

$0.5\mu V/\mu s$ 最大；TTL 兼容；全部差动输入；内部保持电容；两个温度范围；$-40\sim85$℃（SHC5320KH，KP，KU），$-55\sim125$℃（SHC5320SH）；封装选择：14 脚陶瓷，塑封 DIP，16 脚 SOIC。

SHC5320 是一个双极性单片采样/保持电路。电路采用一个输入跨导放大器，提供大电荷电流至保持电容，快速采集。有一个低漏电模拟开关和具有最佳输入电流偏压的输出积分放大器保证低的下降速率。器件有一个内部保持电容，同样也可加一个外部电容改进输出电压下降速率。

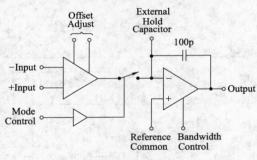

图 5-41 功能块图

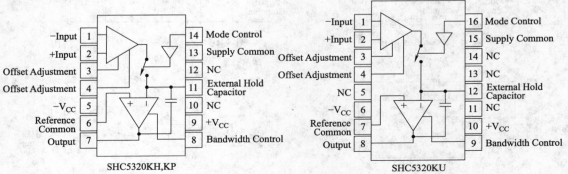

图 5-42 引脚图

【引脚说明】

－Input、＋Input　负正输入；Offset Adjustment　偏置调节；－Vcc、＋Vcc　电源负正输入；Reference Common　基准公共端；Output　输出；NC　不连；Bandwidth Control　带宽控制；External Hold Capacitor　外保持电容；Supply Common　电源公共端；Mode Control　型式控制。

【最大绝对额定值】

＋Vcc和－Vcc之间电压	40V	输出电流，连续	±20mA
输入电压	电源电压	内部功耗	450mW
差动输入电压	±24V	存储温度	－65～150℃
数字输入电压	＋15V，－1V	引线焊接温度	300℃

【应用电路】

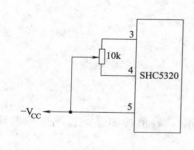

图 5-43　偏置调节电位器连接

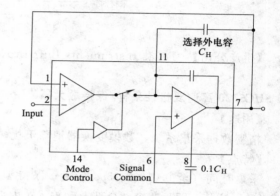

图 5-44　正相增益连接

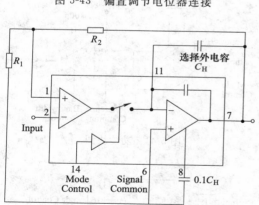

图 5-45　增益＝$1+\dfrac{R_2}{R_1}$的正相结构

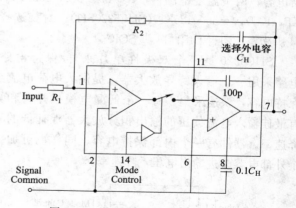

图 5-46　增益＝$-(R_2/R_1)$ 反相结构

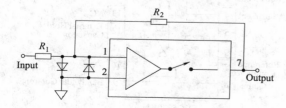

图 5-47　反相输入过载保护

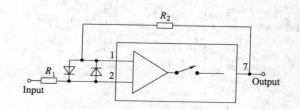

图 5-48　正相输入过载保护

电路用 SHC5320 对模数变换器保持数据和提供脉冲幅度调制（PAM）数据输出。

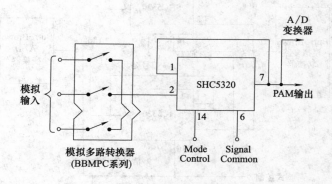

图 5-49 数据采集结构

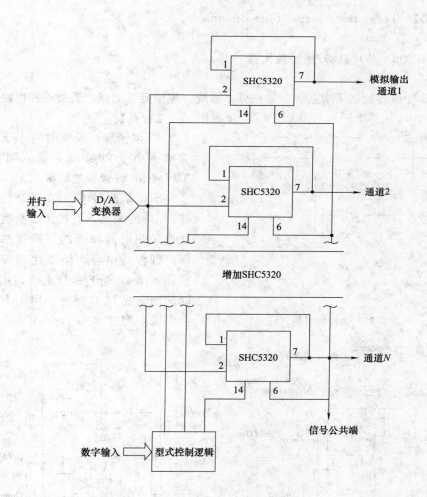

图 5-50 数据分布结构

电路用 SHC5320 保持数模变换器输出，分布几个差动模拟电压至差动负载。

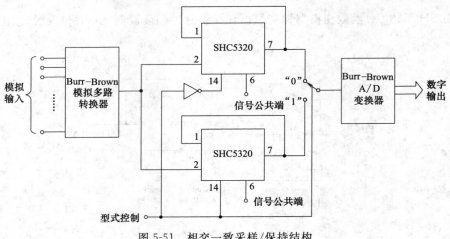

图 5-51 相交一致采样/保持结构

【生产公司】 Texas Instruments Burr-Brown

● **SHC298/SHC298A 单片采样/保持放大器**

【用途】

12 位 A/D 变换器数据采集系统，数据分布系统，模拟延迟电路，遥测遥控电路。

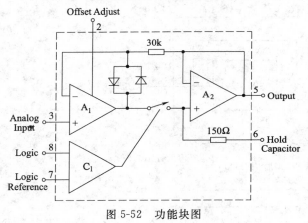

图 5-52 功能块图

【特点】

12 位精度；采集时间小于 $10\mu s$；带宽噪声小于 $20\mu V_{rms}$；输入阻抗 $10^{10}\ \Omega$；TTL-CMOS 兼容逻辑输入。

SHC298/SHC298A 是高性能单片采样/保持放大器，有高 DC 精度特性，有快速采集时间和低的下降速率。适当选择外部保持电容，使动性能和保持特性最佳。用 1000pF 保持电容，用 $6\mu s$ 采集时间能完成 12 位精度。用 $1\mu F$ 保持电容能完成下降速率小于 5mV/min。采样保

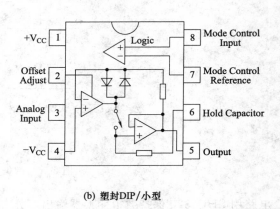

图 5-53 引脚图

持工作在宽电源范围±5～±18V，具有小的变化特性。用偏置调节脚调节在保持型式采样。全部差动输入逻辑有小的输入电流，并且与 TTL、5V CMOS 和 CMOS 逻辑系列兼容。

【引脚说明】

1—正电源电压；2—偏置调节；3—模拟输入；4—负电源电压；5—输出；6—保持电容；7—基准控制型式；8—输入控制型式。

【最大绝对额定值】

电源电压	±18V	输入电压	等于电源电压
功耗	500mW	逻辑至逻辑差动电压	＋7V，－30V
工作温度	－25～85℃	保持电容短路持续时间	10s
存储温度	－65～150℃	引线焊接温度（10s）	300℃

【应用电路】

在 A/D 变换器中，用 SHC298 保持转换数模或用提供 PAM（脉冲幅度调制）数据输出。电路用 SHC298 保持数模变换器输出，电路中输入是多路转换器。

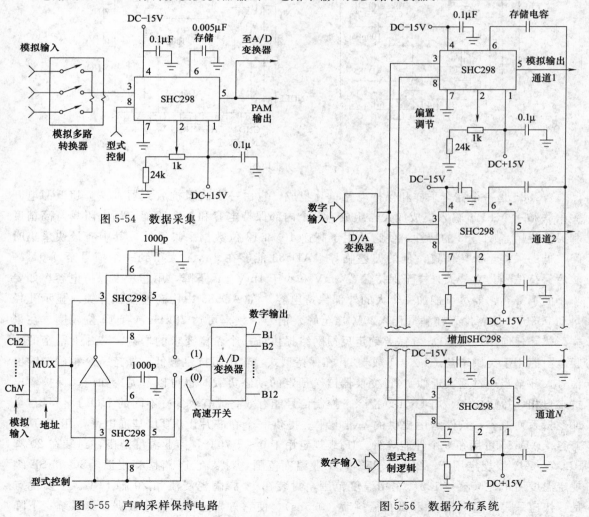

图 5-54　数据采集

图 5-55　声呐采样保持电路

图 5-56　数据分布系统

【生产公司】　Texas Instruments Burr-Brown

● **AD585 高速精密采样和保持放大器**

【用途】

数据采集系统，数据分布系统，模拟延迟和存储，峰值幅度测量，符合 MIL-STD-883 型式应用。

【特点】

3.0μs 采集时间达 0.01% 最大　　　　　　内部保持电容
低偏差速率：1.0mV/ms 最大　　　　　　　内部应用电阻
采样/保持偏置步：3mV 最大　　　　　　　±12V 或 ±15V 工作
孔径抖动：0.5ns　　　　　　　　　　　　适用表面安装
扩展温度范围：−55～125℃

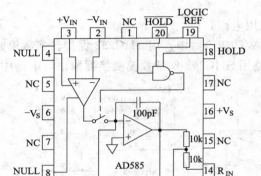

图 5-57　功能块图

AD585 是一个完全采样和保持电路单片集成，它由一个高阻抗放大器、一个超低漏电开关串联和一个 FET 输入集成放大器组成。一个内部保持电容和一个匹配应用电阻具有高精度和灵活应用。AD585 的特性，使它适用于高速 10 和 12 位数据采集系统，其中有最快采集时间，低的采样至保持偏置，低的偏差临界。AD585 能够在 3μs 最大得到一个信号至 0.01%，然后保持信号具有最大采样至保持偏置 3mV 和小于 1mV/ms 下降，用芯片上保持电容。如要求小的下降，它要尽可能加一个大的外部保持电容。在 AD585 中用高速模拟开关，显示孔径抖动 0.5ns，使器件采样满量程（20V 峰至峰）信号，频率可达 78kHz，有 12 位精度。在采样型式，任何用户用 AD585 需要确定反馈网络提供任一个希望要求的增益。芯片上精密的薄膜电阻能用于提供增益 +1、−1 或 +2。在保持型式，输出阻抗足够低，保持一个精确的输出信号，甚至当通过逐次近似 A/D 变换器传送预定的动态负载时也可以。无论如何，保护输出抗来自相邻短路破坏。用 HOLD 指令，控制信号能有效高或有效低。不同的 HOLD 信号与全部逻辑系列兼容，条件是用提供的基准电平。提供一个在芯片上 TTL 基准电平，用于 TTL 兼容。AD585 可用在 3 个性能等级。JP 级规定用于 0～+70℃，商业温度范围，封装在 20 脚 PLCC。AQ 级规定用于 −25～+85℃，工业温度范围，封装在 14 脚陶瓷浸渍。SQ 和 SE 级规定温度用于 −55～+125℃ 军用温度范围，封装在 14 脚陶瓷浸渍和 20 脚 LCC。主要优点是：快速采集时间（3μs）和低孔径抖动（0.5ns），使它首先选择最高速数据采集系统；下降速率只有 1.0mV/ms，因此可以用在低高精度系统，没有精度损失；模拟开关的低电荷转换，用芯片上 100pF 保持电容保持采样至保持偏置低于 3mV，消除了采样时间和 S/H 偏置要求综合平衡，用另外的 SHA；AD585 有一个内部预调应用电阻，用于多种应用；AD585 有一个完全内部保持电容，容易使用。能增加一个外部电容减小下降速率，在长的保持时间和高精度要求时更重要；AD585 推荐用于 10 位和 12 位逐次近似 A/D 变换器，如 AD575，AD574A，AD674A，AD7572 和 AD7672；AD585 应用符合 MIL-STD-883 军标。

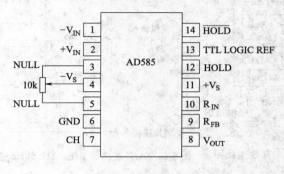

图 5-58　引脚结构

【引脚说明】

1——$-V_{IN}$ 负输入；2—$+V_{IN}$ 正输入；3—NULL 零；4——V_S 电源负；5—NULL 零；6—GND 地；7—CH 保持电容；8—V_{OUT} 输出电压；9—R_{FB} 反馈电阻；10—R_{IN} 输入电阻；11—$+V_S$ 电源正；12—HOLD 保持；13—TTL LOGIC REF 逻辑基准；14—$\overline{HOLD}$ 保持。

【最大绝对额定值】

电源电压（$+V_S$，$-V_S$）	$\pm18V$	存储温度	$-65\sim150℃$
逻辑输入	$\pm V_S$	引线焊接温度	$300℃$
模拟输入	$\pm V_S$	输出短路至地	不定
R_{IN}，R_{FB} 脚	$\pm V_S$	TTL 逻辑基准短路至地	不定

【应用电路】

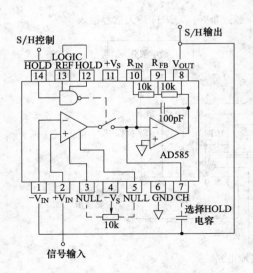

图 5-59　增益＝＋1，$\overline{HOLD}$有效连接图

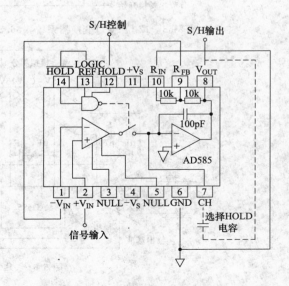

图 5-60　增益＝＋2，$\overline{HOLD}$有效连接图

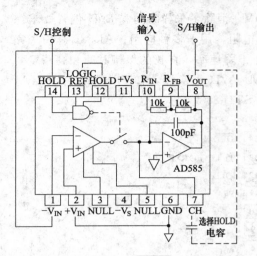

图 5-61 增益＝－1，$\overline{\text{HOLD}}$有效连接图

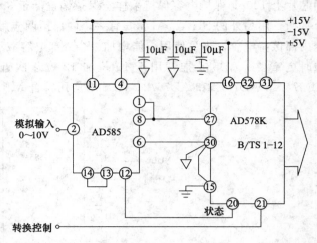

图 5-62 A/D 变换器系统，117.6kHz 通过量，58.8kHz 最大信号输入

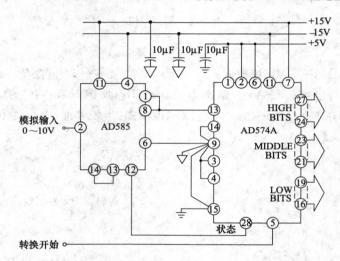

图 5-63 12 位 A/D 变换器系统，36.3kHz 通过量，13.1kHz 最大信号输入

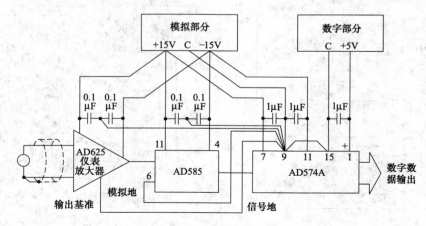

图 5-64 基本接地电路

【生产公司】 ANALOG DEVICES

● **AD9101，125MSPS 单片采样放大器**

【用途】

直接中频采样，数字采样示波器，高清视频照相，峰值检测，雷达/电子计算器，光谱分析，测试设备/CCD 测试器，DAC 去除干扰，遥测遥控提取信号。

【特点】

350MHz 采样带宽
125MHz 采样速率
极好的保持型式失真
—75dB 在 50MSPS（25MHz V_{IN}）
—57dB 在 125MSPS（50MHz V_{IN}）

7ns 采集时间至 0.1%
<1ps 孔径抖动
66dB 馈通抑制，在 50MHz
3.3nV/$\sqrt{Hz}$ 频谱噪声密度

AD9101 是一个极精确、通用、高速采样放大器。它的快速和精确采样速度允许用于宽频率范围和分辨性能。AD9101 在时钟速率 125MSPS 和 50MSPS 能精确 8～12 位。该性能电平使它用于 A/D 8～12 位编码。事实上 AD9101 是一个有末级放大器的跟踪和保持。该结构允许前端采样，工作在相对低的信号幅度，这将导致在跟踪和保持型式失真同时保持低功耗奇迹般改进。4 个输出放大器增益最佳适用于快速和精确大信号设置特性。放大器快速设定时间线性特性引起放

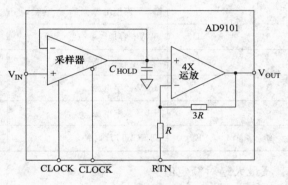

图 5-65　功能块图

大器采样小信号电平失真。当采样时，输出失真电平只影响采样器的失真性能。当用 AD9101 有高速闪烁转换时，引人注目的 SNR 和失真改进能实现。闪烁变换器在直流和低频时，通常有极好的线性。但是，当信号转换速率增加时，由于内部比较器孔径延迟变化和精细增益带宽乘积，它的性能降低。在闪烁转换器以前，有利于使用跟踪和保持。可是在 AD9101 之前，没有跟踪和保持放大器有足够的带宽和线性，明显地增加像闪烁。AD9002、AD9012 和 AD9060

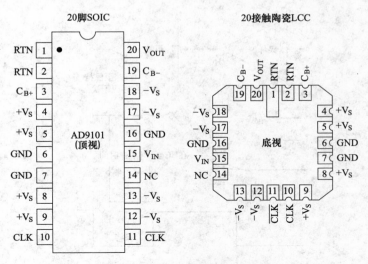

图 5-66　引脚图

的动态特性，通过 AD9101 直接中频至数字转换新的应用有可能进行。利用奈奎斯特原理，IF 能抑制和基带信号能修复。例如，通过 10MHz 带宽信号，调制 40MHz IF。通过在 25MSPS 采样，所需要的信号能检测。AD9101 适用于商用和军用温度范围。

【引脚说明】

脚号	脚符号	说　　明	脚号	脚符号	说　　明
1	RTN	增益设置电阻返回	11	$\overline{\text{CLK}}$	互补 ECL T/H 时钟
2	RTN	增益设置电阻返回	12	$-V_S$	$-5.2V$ 数字时钟
3	C_{B+}	自举电容（正偏压）	13	$-V_S$	$-5.2V$ 数字时钟
4	$+V_S$	$+5V$ 模拟电源	14	NC	不连
5	$+V_S$	$+5V$ 模拟电源	15	V_{IN}	模拟信号输入
6	GND	保持电容地	16	GND	地（信号返回）
7	GND	保持电容地	17	$-V_S$	$-5.2V$ 模拟电源
8	$+V_S$	$+5V$ 数字电源	18	$-V_S$	$-5.2V$ 模拟电源
9	$+V_S$	$+5V$ 数字电源	19	C_{B-}	自举电容（负偏压）
10	CLK	真 ECLT/H 时钟	20	V_{OUT}	模拟信号输出

【最大绝对额定值】

电源电压 （$+V_S$）	$-0.5\sim6V$	工作温度　AE、AR	$-40\sim85℃$
电源电压 （$-V_S$）	$-6\sim+0.5V$	SE	$-55\sim125℃$
模拟输入电压	$\pm5V$	结温（陶瓷）	$175℃$
CLOCK/$\overline{\text{CLOCK}}$输入	$-5\sim+0.5V$	（塑封）	$150℃$
连续输出电流	$70mA$	焊接温度	$220℃$
存储温度	$-65\sim150℃$		

【应用电路】

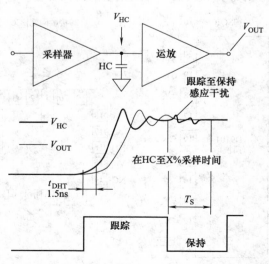

图 5-67　在保持电容的采样时间

采样时间是当开关从保持到跟踪型式时，它取 AD9101 至再采样模拟输入总计时间。时间间隔开始在 50％时钟转换点和结束点，当输入信号再采样在保持电容规定的误差带内，对 HC 充电放电规定时间就是跟踪和保持时间。

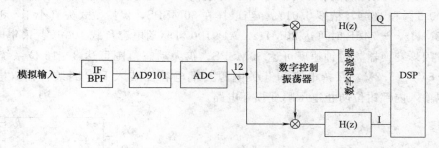

图 5-68　直接 IF 至数字信号

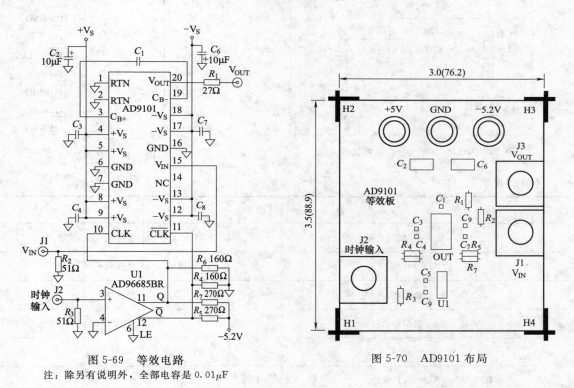

图 5-69　等效电路
注：除另有说明外，全部电容是 0.01μF

图 5-70　AD9101 布局

【生产公司】　ANALOG DEVICES

5.4　信号采集跟踪、保持电路

● **AD9100 超高速单片跟踪和保持电路**

【用途】

A/D 变换，直接中频取样，图像系统，峰值检测，雷达/早期预警/电子对抗，光谱分析，CCD 自动设备。

【特点】

保证保持型式有好的失真；单片结构；模拟输入内有钳位保证耐过压瞬变，保证快速恢复；输出短路保护；驱动负载电容可达 100pF；差动 ECL 时钟输入；16ns 采集时间达 0.01%精度；250MHz 跟踪带宽；83dB 馈通抑制（在 20MHz）；3.3nV・$\sqrt{Hz}$ 噪声密度。

AD9100 是单片跟踪/保持放大器，用于高速高动态范围，采集时间（保持和跟踪）为 13ns，精度 0.1% 和 16ns，精度 0.01%。当取样在 30MSPS，保持型式失真小于 -83dB，模拟频率可达 12MHz，-74dB 时可达 20MHz。AD9100 可驱动电容负载 100pF，采集时间适用于 8 位和 10 位闪烁变换器，时钟速度可达 50MSPS。扩大动态范围可达 8~16 位系统。AD9100 要求电源 +5V/-5.2V，保持电容和开关电源去耦电容已装入 DIP 封装，输入电阻典型值 800Ω，模拟输入内部钳位防止电压瞬变损坏电路。

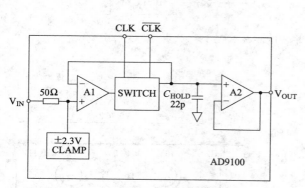

图 5-71　AD9100 功能块图

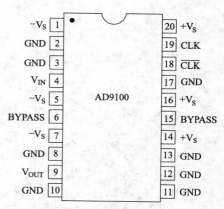

图 5-72　引脚图

【引脚说明】

脚号	符号	说　　明	脚号	符号	说　　明
1	$-V_S$	-5.2V 电源	11	GND	公共地
2	GND	公共地	12	GND	公共地
3	GND	公共地	13	GND	公共地
4	V_{IN}	模拟输入信号	14	$+V_S$	+5V 电源
5	$-V_S$	-5.2V 电源	15	BYPASS	0.1μF 接地
6	BYPASS	0.1μF 接地	16	$+V_S$	+5V 电源
7	$-V_S$	-5.2V 电源	17	GND	公共地
8	GND	公共地	18	$\overline{CLK}$	反 ECL 时钟
9	V_{OUT}	跟踪和保持输出	19	CLK	真 ECL 时钟
10	GND	公共地	20	$+V_S$	+5V 电源

【最大额定值】

电源电压	±6V	结温	175℃
连续输出电流	70mA	存储温度	-65~150℃
模拟输入电压	±5V	引线焊接温度（10s）	300℃

【技术特性】($+V_S = +5V$, $-V_S = -5.2V$, $R_{LOAD} = 100\Omega$, $R_{IN} = 50\Omega$)

参　　数	条　　件	AD9100JD/AD/SD		
		最小	典型	最大
直流精度				
增益/(V/V)	$\Delta V_{IN} = 2V$	0.989	0.994	
失调,mV	$V_{IN} = 0V$	−5	±1	+5
输出电阻/Ω			0.4	
输出驱动电容/mA		±40	±60	
串模干扰抑制/dB	$\Delta V_S = 0.5V$(峰-峰值)	48	55	
对电源基准灵敏度/(mV/V)	$\Delta V_S = 0.5V$(峰-峰值)		0.9	2
模拟输入/输出				
输出电压范围/V		+2	±2.2	−2
输入偏压电流/μA		−8	±3	+8
		−16		+16
输入过驱动电流/mA	$V_{IN} = ±4V$		±22	
输入电容/pF			1.2	
输入电阻/Ω		350	800	
		200		
时钟/时钟输入				
输入偏压电流/mA	$CL/\overline{CL} = −1.0V$		4	5
输入低电压(V_{IL})/V		−1.8		−1.5
输入高电压(V_{IH})/V		−1.0		−0.8
跟踪型式动态				
带宽(−3dB)/MHz	$V_{OUT} \leqslant 0.4V$(峰-峰值)	160	250	
转换速率/(V/μs)	4V挡	550	850	
过驱动恢复时间(至0.1%)/ns	$V_{IN} = ±4\sim0V$		21	
第2谐振区域(20MHz,2V峰-峰值)/dBc			−65	
第3谐振区域(20MHz,2V峰-峰值)/dBc			−75	
集成输出噪声(1~200MHz)/μV			45	
RMS特殊噪声(10MHz)/(nV/$\sqrt{Hz}$)			3.3	
保持型式动态				
最坏谐振/dBFS				
(2.3MHz,30MSPS)	$V_{OUT} = 2V$(峰-峰值)		−83	
(12.1MHz,30MSPS)	$V_{OUT} = 2V$(峰-峰值)		−81	−72
(12.1MHz,30MSPS)	$V_{OUT} = 2V$(峰-峰值)		−77	−70
(19.7MHz,30MSPS)	$V_{OUT} = 2V$(峰-峰值)		−74	
保持噪声(有效值)/(V/s)			$300t_H$	
下降速率/(±mV/μs)	$V_{IN} = 0V$		1	6
			7	40
			5	30
馈通抑制(20MHz)/dB	$V_{IN} = 2V$(峰-峰值)		83	
跟踪到保持开关				
孔延迟/ps			+800	
孔不稳定/ps			<1	
基准偏置/mV	$V_{IN} = 0V$	−5	±1	+5
		−10		+10
瞬变幅度/mV	$V_{IN} = 0V$		±6	
到1mV建立时间/ns			7	11
闪烁分量/pV-s	$V_{IN} = 0V$		15	
保持到跟踪开关				
采集时间0.1%	2V挡		13	
采集时间0.01%	2V挡		16	23
采集时间0.01%	4V挡		20	
电源				
功耗			1.05	1.25
$+V_S$电流			96	118
$-V_S$电流			116	132

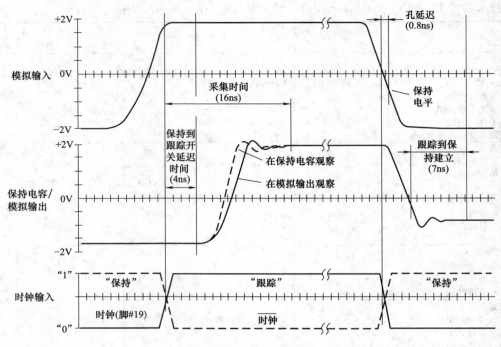

图 5-73　AD9100 时序图

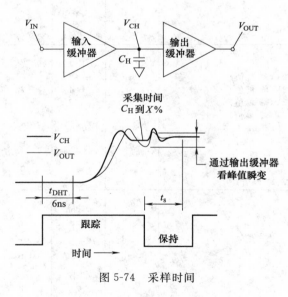

图 5-74　采样时间

电路中模拟输入信号在到达 AD9100 前，必须保证不失真。要相对噪声获得最大信号，要求模拟源有极低相位噪声。另外输入滤波和低谐振信号源。滤波器应当连接 AD9100 和数据数字线。AD9100 输入钳位防止输出缓冲器硬饱和。当模拟输入对线性范围（±2V）变化时，提供快速过压恢复。钳位建立在 ±2.3V 之内，用户不能更改。在过压条件减轻后，输出设定 21ns 的 0.1%。当模拟输入超过线性范围时，模拟输出既可 +2.2V，也可 -2.2V。

AD9100 与 A/D 译码器匹配。AD9100 的模拟输出电平必须偏置和放大，达到与 A/D 变换器满量程范围匹配。通过在 AD9100 后接入一个放大器完成。例如，AD671 是一个 12 位 500ns 单片 ADC 译码器，要求 0～5V 满量程模拟输入。AD84X 系列放大器可适用于 AD9100 输出与 AD671 满量程匹配。

AD9100 封装

型号	温度范围/℃	封装	型号	温度范围/℃	封装
AD9100JD	0～+70	陶瓷 DIP	AD9100SD	-55～+125	陶瓷 DIP
AD9100AD	-40～+85	陶瓷 DIP			

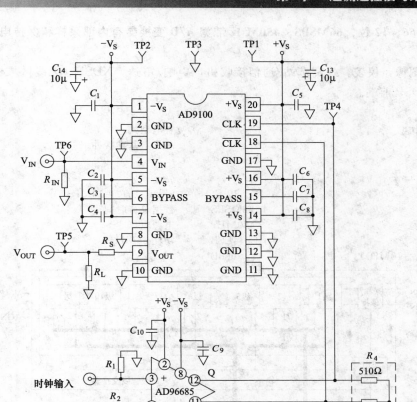

图 5-75　AD9100 应用电路

注：R_1，R_2，R_3 用户选择，AD96685 脚 4 应当接地；除另有说明外，全部电容为 $0.01\mu F$；
R_S 应当根据负载电容选择；C_1，C_3，C_5 和 C_7 为选择电容；TP1～TP6 为检测点

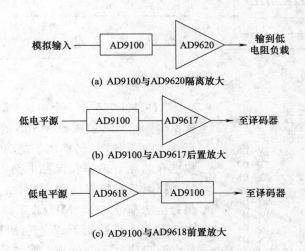

(a) AD9100与AD9620隔离放大

(b) AD9100与AD9617后置放大

(c) AD9100与AD9618前置放大

图 5-76　AD9100 与放大器构成低失真低负载应用块图

【生产公司】　ANALOG DEVICES

● **ADC12L066，12 位，66MSPS，450MHz 带宽 A/D 变换器有内部采样和保持电路**

【用途】

超声和图像，仪表，蜂窝基站/通信接收机，声呐/雷达，XDSL，无线区域性环路，数据采集系统，DSP 前端。

【特点】

单电源工作　　　　　　　　　　　　　　省电型式

低功耗　　　　　　　　　　　　　　　　芯片上基准缓冲

【关键特性】

分辨率	12 位	SFDR（f_{IN}=10MHz）	80dB
转换速率	66MSPS	数据等待时间	6 时钟周期
全功率带宽	450MHz	电源电压	3.3V±300mV
DNL	±0.4LSB	功耗 66MHz	357mW
SNR（f_{IN}=10MHz）	66dB		

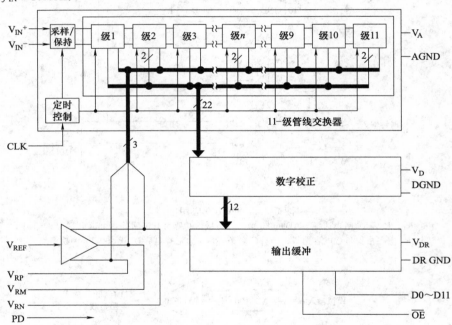

图 5-77　功能块图

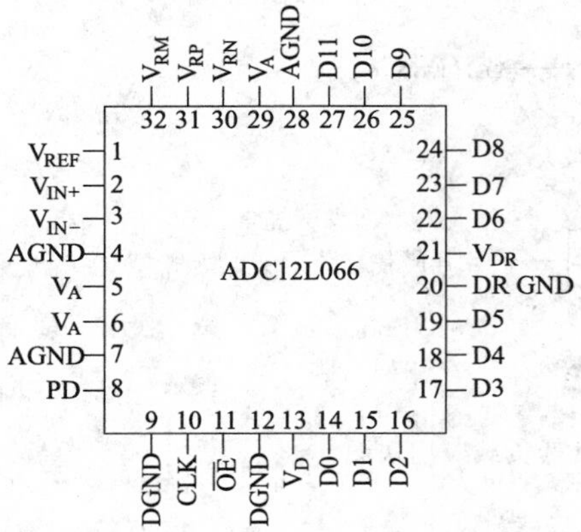

ADC12L066 是一个单片 CMOS 模数变换器，能把模拟输入信号转换成 66MSPS 的 12 位数字，典型工作可达 80MSPS。该转换用于差动管线结构。有数字误差校准和芯片上采样和保持电路，有最小芯片尺寸和功耗，同时具有极好的动态特性。独特的采样和保持级仍为全功率带宽 450MHz。工作用单电源 3.3V。器件在 66MSPS 功耗 357mW，包括基准电流，该电源关断特点减少功耗至 50mW。差动输入提供满量程摆动信号至 ±V_{REF}，用一个单端信号输入。推荐完全用差动输入，具有最佳特性。为了容易使用、缓冲、高性能，在芯片上转换单端基准输入或差动基准，通过处理电

图 5-78　引脚图

路应用。输出数据格式是一个 12 位偏置二进制。该器件适用 32 引线 LQFP 封装，工作在工业温度范围 $-40\sim85\,℃$。等效板适用于简化等效处理。

【引脚说明和等效电路】

脚号	符号	等效电路	说　　明
模拟 I/O			
2	V_{IN}^+		模拟信号输入脚。有 1.0V 基准电压，差动输入信号电平是 2.0V(峰-峰值)。V_{IN} 脚可连至 V_{CM} 用于单端工作。但差动输入信号要求最佳特性
3	V_{IN}^-		
1	V_{REF}		基准输入。该脚用 $0.1\mu F$ 单片电容旁通至 AGND，V_{REF} 正常是 1.0V，在 0.8V 和 1.5V 之间
31	V_{RP}		这些脚是高阻抗旁通脚，从这些脚中的每一个连 $0.1\mu F$ 电容至 AGND。这些脚无有负载
32	V_{RM}		
30	V_{RN}		
数字 I/O			
10	CLK		数字时钟输入。来自该输入的频率范围是 $1\sim80MHz$，在 66MHz 保证性能。在该脚的上升沿输入采样
11	$\overline{OE}$		$\overline{OE}$ 是输出使能脚。当低时，使能三态数据输出脚。当该脚高时，输出是一个高阻抗态
8	PD		PD 是电源关断输入脚，当高时输入改变转换器进入省电型式。当该脚是低时，转换器在有效型式

续表

脚号	符号	等效电路	说　明
数字 I/O			
14～19, 22～27	D0～D11		数字数据输出脚等于 12 位转换结果。D0 是 LSB,而 D11 是 MSB 补偿二进制输出字
模拟电源			
5,6,29	V_A		正模拟电源脚。这些脚应连至稳定的 3.3V 源,用 0.1μF 单片电容旁通至 AGND,这些脚在 1cm 内,用 10μF 电容
4,7,28	AGND		模拟电源接地返回
数字电源			
13	V_D		正数字电源脚。该脚应连至稳定的 3.3V 源 V_A,用 0.1μF 和 10μF 电容并联旁通至 DGND,两者限制在电源脚 1cm 内
9,12	DGND		数字电源接地返回
21	V_{DR}		正数字电源脚,用于 ADC12L066 输出驱动。该脚应连至电压源 1.8V 至 V_D,用 0.1μF 旁通至 DRGND。如对该脚用不同的电源 V_A 和 V_D,用 10μF 钽电容旁通,该脚上电压不能超过 V_D＋300mV。全部旁通电容应在电源脚 1cm 内
20	DR GND		数字电源接地返回,用于 ADC12L066 输出驱动。该脚应连至系统数字地,但不应接近 ADC12L066 的 DGND 或 AGND 脚

【最大绝对额定值】

V_A, V_D, V_{DR}	4.2V	ESD：人体型	2500V
｜V_A－V_D｜	≤100mV	机器型	250V
在任一脚电压	$-0.3V\sim V_A$ 或 $V_D+0.3V$	焊接温度：红外 10s	235℃
任一脚输入电流	±25mA	存储温度	$-65\sim150$℃
封装输入电流	±50mA		

【工作条件】

工作温度	$-40\sim85$℃	CLK, PD, $\overline{OE}$	$-0.05V\sim V_D+0.05V$
电源电压（V_A, V_D）	$3.0\sim3.6V$	V_{IN} 输入	$0V\sim V_A-0.5V$
输出驱动电源（V_{DR}）	$1.8V\sim V_D$	V_{CM}	$0.5V\sim V_A-1.5V$
V_{REF} 输入	$0.8\sim1.5V$	｜AGND－DGND｜	≤100mV

【转换器电特性】

AGND＝DGND＝DRGND＝0V，$V_A=V_D=3.3V$，$V_{DR}=2.5V$，PD＝0V，$V_{REF}=1.0V$，$V_{CM}=1.0V$，$f_{CLK}=66MHz$，$t_r=t_f=2ns$，$C_L=15pF/$脚，$T_A=25$℃。

符号	参　数	条　　件		典型	最大	单位
静态转换器特性						
	无丢失码分辨率				12	bit
INL	积分非线性			±1.2	+2.7	LSB(max)
					−3	LSB(min)
DNL	微分非线性			±0.4	+1	LSB(max)
					−0.95	LSB(min)
GE	增益误差	正误差		−0.15	±3	%FS(max)
		负误差		+0.4	+4	%FS(max)
					−5	%FS(min)
	偏置误差			+0.2	±1.3	%FS(max)
	欠范围输出码			0	0	
	过范围输出码			4095	4095	
基准和模拟输入特性						
V_{CM}	共模输入电压			1.0	0.5	V(min)
					1.5	V(max)
C_{IN}	V_{IN}输入电容(每个脚至地)	V_{IN}+1.0V DC+1V(峰-峰值)	(CLK 低)	8		pF
			(CLK 高)	7		pF
V_{REF}	基准电压			1.0	0.8	V(min)
					1.5	V(max)
	基准输入电阻			100		MΩ(min)
动态转换器特性						
BW	全功率带宽	0dBFS 输入,输出在−3dB		450		MHz
SNR	信噪比	f_{IN}=10MHz,V_{IN}=−0.5dBFS	85℃	66	64.6	dB(min)
			25℃		65	dB(min)
			−40℃		64.6	dB(min)
		f_{IN}=25MHz,V_{IN}=−0.5dBFS		65		dB
		f_{IN}=150MHz,V_{IN}=−6dBFS	85℃	55	52	dB(min)
			25℃		54	dB(min)
			−40℃		51	dB(min)
		f_{IN}=240Hz,V_{IN}=−6dBFS		52		dB
SINAD	信噪和失真	f_{IN}=10MHz,V_{IN}=−0.5dBFS	85℃	66	64.3	dB(min)
			25℃		64.8	dB(min)
			−40℃		63	dB(min)
		f_{IN}=25MHz,V_{IN}=−0.5dBFS		64		dB
		f_{IN}=150MHz,V_{IN}=−6dBFS	85℃	55	51.8	dB(min)
			25℃		53.9	dB(min)
			−40℃		50	dB(min)
		f_{IN}=240Hz,V_{IN}=−6dBFS		51		dB
ENOB	位有效数	f_{IN}=10MHz,V_{IN}=−0.5dBFS	85℃	10.7	10.3	
			25℃		10.5	bit(min)
			−40℃		10.2	
		f_{IN}=25MHz,V_{IN}=−0.5dBFS		10.3		bit
		f_{IN}=150MHz,V_{IN}=−6dBFS	85℃	8.8	8.3	
			25℃		8.6	bit(min)
			−40℃		8.0	
		f_{IN}=240Hz,V_{IN}=−6dBFS		8.2		bit

续表

符号	参数	条件		典型	最大	单位
动态转换器特性						
2nd Harm	二次谐波失真	$f_{IN}=10\text{MHz},V_{IN}=-0.5\text{dBFS}$	85℃		−73	dB(max)
			25℃	−80	−73	dB(max)
			−40℃		−68	dB(max)
		$f_{IN}=25\text{MHz},V_{IN}=-0.5\text{dBFS}$			−80	dB
		$f_{IN}=150\text{MHz},V_{IN}=-6\text{dBFS}$	85℃		−66	dB(max)
			25℃	−81	−66	dB(max)
			−40℃		−56	dB(max)
		$f_{IN}=240\text{Hz},V_{IN}=-6\text{dBFS}$			−61	dB
3rd Harm	三次谐波失真	$f_{IN}=10\text{MHz},V_{IN}=-0.5\text{dBFS}$	85℃		−74	dB(max)
			25℃	−84	−74	dB(max)
			−40℃		−71	dB(max)
		$f_{IN}=25\text{MHz},V_{IN}=-0.5\text{dBFS}$			−79	dB
		$f_{IN}=150\text{MHz},V_{IN}=-6\text{dBFS}$	85℃		−68	dB(max)
			25℃	−78	−68	dB(max)
			−40℃		−64	dB(max)
		$f_{IN}=240\text{Hz},V_{IN}=-6\text{dBFS}$			−78	dB
THD	总谐波失真	$f_{IN}=10\text{MHz},V_{IN}=-0.5\text{dBFS}$	85℃		−72	dB(max)
			25℃	−77	−72	dB(max)
			−40℃		−66	dB(max)
		$f_{IN}=25\text{MHz},V_{IN}=-0.5\text{dBFS}$			−71	dB
		$f_{IN}=150\text{MHz},V_{IN}=-6\text{dBFS}$	85℃		−63	dB(max)
			25℃	−69	−63	dB(max)
			−40℃		−53	dB(max)
		$f_{IN}=240\text{Hz},V_{IN}=-6\text{dBFS}$			−57	dB
SFDR	无寄生动态范围	$f_{IN}=10\text{MHz},V_{IN}=-0.5\text{dBFS}$	85℃		73	dB(min)
			25℃	80	73	dB(min)
			−40℃		68	dB(min)
		$f_{IN}=25\text{MHz},V_{IN}=-0.5\text{dBFS}$		73		dB
		$f_{IN}=150\text{MHz},V_{IN}=-6\text{dBFS}$	85℃		66	dB(min)
			25℃	74	66	dB(min)
			−40℃		56	dB(min)
		$f_{IN}=240\text{Hz},V_{IN}=-6\text{dBFS}$		61		dB

【DC 和逻辑电特性和 AC 电特性】

$AGND=DGND=DRGND=0V$，$V_A=V_D=3.3V$，$V_{DR}=2.5V$，$PD=0V$，$V_{REF}=1.0V$，$V_{CM}=1.0V$，$f_{CLK}=66MHz$，$t_r=t_f=2ns$，$C_L=15pF/$脚，$T_A=25℃$。

符号	参数	条件	典型	最大	单位
CLK,PD,$\overline{OE}$数字输入特性					
$V_{IN(1)}$	逻辑"1"输入电压	$V_D=3.3V$		2.0	V(min)
$V_{IN(0)}$	逻辑"0"输入电压	$V_D=3.3V$		0.8	V(max)
$I_{IN(1)}$	逻辑"1"输入电流	$V_{IN}^+,V_{IN}^-=3.3V$	10		μA
$I_{IN(0)}$	逻辑"0"输入电流	$V_{IN}^+,V_{IN}^-=0V$	−10		μA
C_{IN}	数字输入电容		5		pF
D0～D11 数字输出特性					
$V_{OUT(1)}$	逻辑"1"输出电压	$I_{OUT}=-0.5\text{mA}$		$V_{DR}-0.18$	V(min)
$V_{OUT(0)}$	逻辑"0"输出电压	$I_{OUT}=1.6\text{mA}$		0.4	V(max)
I_{OZ}	三态输出电流	$V_{OUT}=3.3V$	100		nA
		$V_{OUT}=0V$	−100		nA
$+I_{SC}$	输出短路源电流	$V_{OUT}=0V$	−20		mA
$-I_{SC}$	输出短路沉电流	$V_{OUT}=2.5V$	20		mA
电源特性					
I_A	模拟电源电流	PD Pin=DGND,$V_{REF}=1.0V$	103	139	mA(max)
		PD Pin=V_{DR}	4		mA

续表

符号	参 数	条 件	典型	最大	单位
电源特性					
I_D	数字电源电流	PD Pin=DGND PD Pin=V_{DR}	5.3 2	6.2	mA(max) mA
I_{DR}	数字输出电源电流	PD Pin=DGND PD Pin=V_{DR}	<1 0		mA mA
	总功耗	PD Pin=DGND,C_L=0pF PD Pin=V_{DR}	357 50	479	mW(max) mW
PSRR1	电源抑制	满量程抑制误差有 V_A=3.0V 对 3.6V	58		dB
AC 电特性					
f_{CLK1}	最大时钟频率		80	66	MHz(min)
f_{CLK2}	最小时钟频率		1		MHz
DC	时钟工作周期		40 60		%(min) %(max)
t_{CH}	时钟高时间		6.5		ns(min)
t_{CL}	时钟低时间		6.5		ns(min)
t_{CONV}	转换等待时间			6	Clock Cycles
t_{OD}	在 CLK 上升沿后数据输出延迟	V_{DR}=2.5V V_{DR}=3.3V	7.5 6.7	11 10.5	ns(max) ns(max)
t_{AD}	孔径延迟		2		ns
t_{AJ}	孔径抖动		1.2		ps rms
t_{DIS}	数据输出成三态型式		10		ns
t_{EN}	在三态后数据输出有效		10		ns
t_{PD}	省电型式通道周期	$0.1\mu F$ 在脚 30,31,32	300		ns

【应用电路】

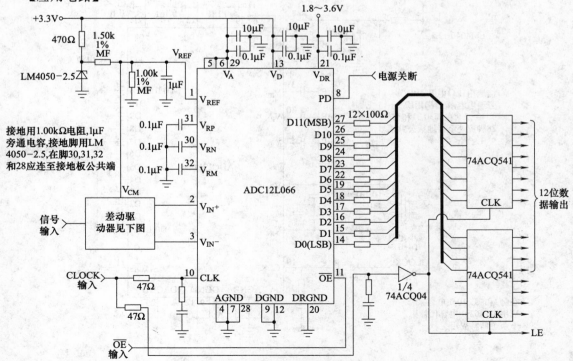

图 5-79　有单端至差动缓冲器的简单应用电路

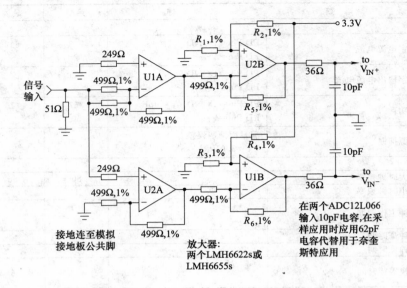

图 5-80 上图的差动驱动电路

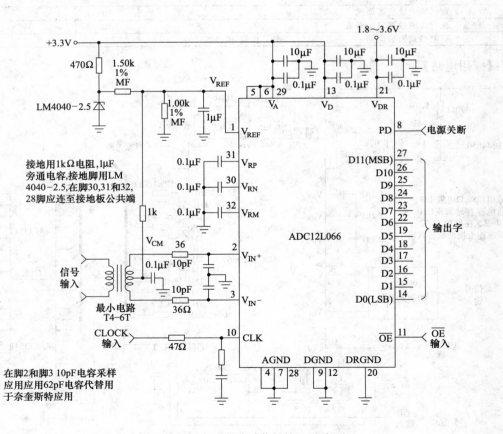

图 5-81 用变压器驱动信号输入电路

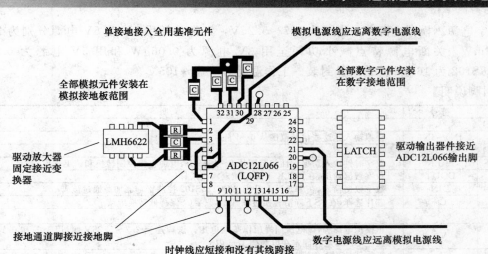

图 5-82　公共接地板合适的设计举例

【生产公司】　National Semiconductor

● **ADC128S102，8 通道 500KSPS～1MSPS，12 位 A/D 变换器有一个内部跟踪保持电路**

【用途】

汽车导航，便携式系统，医学仪表，移动通信，仪器仪表和控制系统，数据采集

【特点】

8 个输入通道　　　　　　　　　　　　　　SPI/QSPI/MICROWIRE/DSP 兼容

可变功率控制　　　　　　　　　　　　　　16 引线 TSSOP 封装

独立的模拟，数字电源

【关键特性】

转换速率	500KSPS～1MSPS	功耗	
DNL（$V_A=V_D=5.0V$）	＋1.5/－0.9LSB（最大）	3V 电源	2.3mW（典型）
INL（$V_A=V_D=5.0V$）	±1.2LSB（最大）	5V 电源	10.7mW（典型）

　　ADC128S102 是一个低功耗、8 通道 CMOS 12 位模数变换器，用于转换速率 500KSPS～1MSPS。转换器是基于一个逐次近似寄存器结构，有一个内部跟踪和保持电路。它构成在 IN0～IN7 输入接收达到 8 个输入信号。输出串联数据是标准二进制和与几个标准兼容，如 SPI™、QSPI™、MICROWIRE 和许多通用 DSP 串行接口。ADC128S102 可工作在独立的模

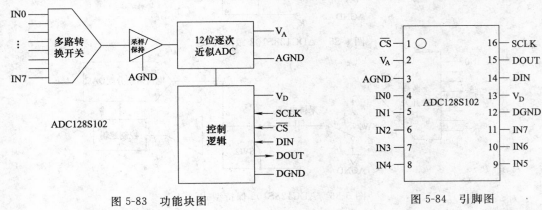

图 5-83　功能块图　　　　　　　　　　　　　　　图 5-84　引脚图

拟和数字电源。模拟电源 V_A 范围从 $2.7\sim5.25$V，正常功耗用 3V 或 5V 电源分别为 2.3mW 和 10.7mW。关断电源特点减小功耗至用 3V 电源为 0.06μW 和用 5V 电源为 0.25μW。ADC128S102 为 16 引线 TSSOP 封装。工作温度为 $-40\sim105$℃。

【引脚说明】

脚号	符号	说　　明
模拟 I/O		
4～11	IN0～IN7	模拟输入。这些信号范围从 $0\sim V_{REF}$
数字 I/O		
16	SCLK	数字时钟输入。保证性能范围从 8～16MHz,时钟直接控制转换和读出过程
15	DOUT	数字数据输出,在 SCLK 下降沿锁定输出采样
14	DIN	数字数据输入,在 SCLK 上升沿 ADC128S102 控制寄存器加载通过该脚
1	$\overline{CS}$	芯片选择,在 $\overline{CS}$ 下降沿转换过程开始,只要 $\overline{CS}$ 保持低转换继续
电源		
2	V_A	正模拟电源脚,该电压同样用作基准电压。该脚连至 $2.7\sim5.25$V 源,用 1μF 和 0.1μF 电容旁通至 GND,电容固定在电源脚 1cm 内
13	V_D	正数字电源脚。该脚连至 2.7V～V_A 电源,用 0.1μF 电容旁通至 GND,电容安装在电源脚 1cm 内
3	AGND	用于模拟电源电压和信号接地返回
12	DGND	用于数字电源和信号接地返回

【最大绝对额定值】

模拟电源电压 V_A	$-0.5\sim6.5$V	ESD：人体型	2500V
数字电源电压 V_D		机器型	250V
	-0.3V$\sim V_A+0.3$V（最大 6.5V）	焊接温度（红外 10s）	260℃
任一脚至地电压	-0.3V$\sim V_A+0.3$V	结温	150℃
任一脚输入电流	±10mA	存储温度	$-65\sim150$℃
封装输入电流	±20mA		

【工作条件】

工作温度	$-40\sim105$℃	数字输入电压	$0\sim V_A$
V_A 电源电压	$2.7\sim5.25$V	模拟输入电压	$0\sim V_A$
V_D 电源电压	2.7V～V_A	时钟频率	$8\sim16$MHz

【应用电路】

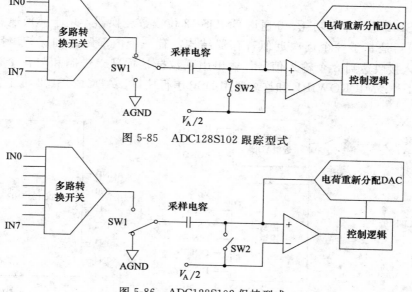

图 5-85　ADC128S102 跟踪型式

图 5-86　ADC128S102 保持型式

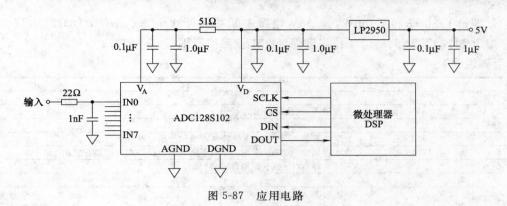

图 5-87　应用电路

【生产公司】　National Semiconductor

5.5　信号采集模数变换电路

⬤ **ADC121S021 单通道 50～200KSPS，12 位 A/D 变换器**

【用途】

轻便型系统，遥控数据采集，仪表和控制系统。

【特点】

规定整个采样速率技术范围　　　　　　　　单电源电压用 2.7～5.25V 范围
6 引线 LLP 和 SOT-23 封装　　　　　　　SPI™/QSPI™/MICROWIRE/DSP 兼容
不同的功率管理

【关键特性】

DNL	＋0.45/－0.25LSB	功耗	
INL	＋0.45/－0.4LSB	3.6V 电源	1.5mW
SNR	72.3dB	5.25V 电源	7.9mW

　　ADC121S021 是一个低功耗、单通道 CMOS 12 位模数变换器，有高速串行接口，只有在单采样速率不同于通常规定的技术特性。ADC121S021 是完全规定整个采样速率范围 20～200KSPS 技术特性。变换器基于一个逐次近似寄存器结构，有内部保持和跟踪电路。输出串联数据是标准的二进制，与几个标准兼容，如 SPI™、QSPI™、MICROWIRE 和许多公共 DSP 串联接口。ADC121S021 工作用一个单电源，范围从 2.7～5.25V。正常功耗用 3.6V 或

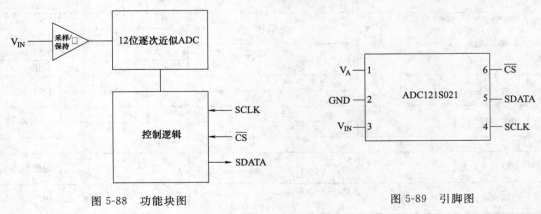

图 5-88　功能块图　　　　　　　　　　　　　　　图 5-89　引脚图

5.25V 分别是 1.5mW 和 7.9mW，5.25V 电源中断功耗可低至 2.6μW。ADC121S021 封装在 6 引线 LLP 和 SOT-23 封装。工作温度保证在工业温度范围－40～85℃。

【引脚说明】

脚号	符号	说　　明
模拟 I/O		
3	V_{IN}	模拟输入，该信号范围为 0～V_A
数字 I/O		
4	SCLK	数字时钟输入，该时钟直接控制转换和读出过程
5	SDATA	数字数据输出，在时钟 SCLK 脚下降沿输出采样在该脚锁存输出
6	$\overline{CS}$	芯片选择，在 $\overline{CS}$ 的下降沿，转换过程开始
电源		
1	V_A	正电源脚，该脚应连至平稳的 2.7～5.25V 源和用 1μF 和 0.1μF 电容旁通至地 GND，电容至电源脚 1cm 内
2	GND	接地，从电源和信号返回
PAD	GND	只用于封装后缀 CISD(x)，它连至 PAD 中心应连地

【最大绝对额定值】

模拟电源 V_A	－0.3～6.5V	ESD：人体型	3500V
数字任何一脚到地电压	－0.3～6.5V	机器型	300V
模拟任何一脚到地电压	－0.3V～V_A＋0.3V	结温	150℃
任一脚输入电流	±10mA	存储温度	－65～150℃
封装输入电流	±20mA		

【工作条件】

工作温度	－40～85℃	模拟输入脚电压	0～V_A
V_A 电源电压	2.7～5.25V	时钟频率	1～4MHz
数字输入脚电压	－0.3～5.25V	采样速率	可达 200KSPS

【技术特性】

$V_A=2.7\sim5.25V$，$f_{SCLK}=1\sim4MHz$，$f_{SAMPLE}=50\sim200KSPS$，$C_L=15pF$，$T_A=25℃$。

符号	参　数	条　件	典型值	最大值	单位
静态转换特性					
	无丢失码的分辨率			12	bit
INL	积分非线性	$V_A=+2.7\sim+3.6V$	+0.45	±1.0	LSB(max)
			-0.40		LSB(min)
		$V_A=+4.75\sim+5.25V$	+0.55		LSB(max)
			-0.40		LSB(min)
DNL	差分非线性	$V_A=+2.7\sim+3.6V$	+0.45	+1.0	LSB(max)
			-0.25	-0.8	LSB(min)
		$V_A=+4.75\sim+5.25V$	+0.60		LSB(max)
			-0.30		LSB(min)
V_{OFF}	偏置误差	$V_A=+2.7\sim+3.6V$	-0.18	±1.2	LSB(max)
		$V_A=+4.75\sim+5.25V$	-0.26		
GE	增益误差	$V_A=+2.7\sim+3.6V$	-0.75	±1.5	LSB(max)
		$V_A=+4.75\sim+5.25V$	-1.6		
动态转换特性					
SINAD	信噪加失真比	$V_A=+2.7\sim5.25V$ $f_{IN}=100kHz，-0.02dBFS$	72	70	dBFS(min)
SNR	信噪比	$V_A=+2.7\sim5.25V$ $f_{IN}=100kHz，-0.02dBFS$	72.3	70.8	dBFS(min)

续表

符号	参　数	条　件	典型值	最大值	单位
动态转换特性					
THD	总谐波失真	$V_A=+2.7\sim5.25V$ $f_{IN}=100kHz，-0.02dBFS$	-83		dBFS
SFDR	无寄生动态范围	$V_A=+2.7\sim5.25V$ $f_{IN}=100kHz，-0.02dBFS$	85		dB
ENOB	有效位数	$V_A=+2.7\sim5.25V$ $f_{IN}=100kHz，-0.02dBFS$	11.7	11.3	bit(min)
IMD	交互调制失真，二次项	$V_A=+5.25V$ $f_a=103.5kHz，f_b=113.5kHz$	-83		dBFS
	交互调制失真，三次项	$V_A=+5.25V$ $f_a=103.5kHz，f_b=113.5kHz$	-82		dBFS
模拟输入特性					
V_{IN}	输入范围		$0\sim V_A$		V
I_{DCL}	DC漏电流			±1	μA(max)
C_{INA}	输入电容	跟踪	33		pF
		保持	3		pF
数字输入特性					
V_{IH}	输入高压	$V_A=+5.25V$		2.4	V(min)
		$V_A=+3.6V$		2.1	V(min)
V_{IL}	输入低压			0.8	V(max)
I_{IN}	输入电流	$V_{IN}=0V$ 或 $V_{IN}=V_A$		±10	μA(max)
C_{IND}	数字输入电容		2	4	pF(max)
数字输出特性					
V_{OH}	输出高压	$I_{SOURCE}=200\mu A$	$V_A-0.03$	$V_A-0.5$	V(min)
		$I_{SOURCE}=1mA$	$V_A-0.1$		
V_{OL}	输出低压	$I_{SINK}=200\mu A$	0.03	0.4	V(max)
		$I_{SINK}=1mA$	0.1		
$I_{OZH}，I_{OZL}$	TRI-STATE漏电流		±0.01	±1	μA(max)
C_{OUT}	正态输出电容		2	4	pF(max)
	输出码			标准二进制	
电源特性($C_L=10pF$)					
V_A	模拟电源电压			2.7	V(min)
				5.25	V(max)
I_A	电源电流，正常型（选择$\overline{CS}$低）	$V_A=+5.25V$， $f_{SAMPLE}=200KSPS，f_{IN}=40kHz$	1.1	1.7	mA(max)
		$V_A=+3.6V$， $f_{SAMPLE}=200KSPS，f_{IN}=40kHz$	0.45	0.8	mA(max)
	电源电流，关闭（$\overline{CS}$高）	$V_A=+5.25V，f_{SAMPLE}=0KSPS$	200		nA
		$V_A=+3.6V，f_{SAMPLE}=0KSPS$	200		nA
P_D	功耗，正常型（选择$\overline{CS}$低）	$V_A=+5.25V$	5.8	8.9	mW(max)
		$V_A=+3.6V$	1.6	2.9	mW(max)
	功耗，关闭（$\overline{CS}$高）	$V_A=+5.25V$	1.05		μW
		$V_A=+3.6V$	0.72		μW
AC电特性					
f_{SCLK}	最大时钟频率			0.8	MHz(min)
				3.2	MHz(max)
f_S	采样速率			50	KSPS(min)
				200	KSPS(max)
t_{CONV}	转换时间			13	SCLK cycles
DC	SCLK占空比	$f_{SCLK}=3.2MHz$	50	30	%(min)
				70	%(max)
t_{ACQ}	跟踪/保持采集时间	满量程步入		3	SCLK cycles
	吞吐量时间	采样时间＋转换时间		16	SCLK cycles

【定时特性】

$V_A = 2.7 \sim 5.25V$, $GND = 0V$, $f_{SCLK} = 0.8 \sim 3.2MHz$, $f_{SAMPLE} = 50 \sim 200KSPS$, $C_L = 50pF$, $T_A = 25℃$。

符号	参量	条件		典型	最大	单位
t_{CSU}	建立时间 SCLK 高至$\overline{CS}$下降沿		$V_A = +3.0V$	-3.5	10	ns(min)
			$V_A = +5.0V$	-0.5		
t_{CLH}	保持时间 SCLK 低至$\overline{CS}$下降沿		$V_A = +3.0V$	$+4.5$	10	ns(min)
			$V_A = +5.0V$	$+1.5$		
t_{EN}	延迟从$\overline{CS}$直到 DOUT 有效		$V_A = +3.0V$	$+4$	30	ns(max)
			$V_A = +5.0V$	$+2$		
t_{ACC}	数据存取时间在 SCLK 下降沿之后		$V_A = +3.0V$	$+16.5$	30	ns(max)
			$V_A = +5.0V$	$+15$		
t_{SU}	数据建立前时间至 SCLK 上升沿			$+3$	10	ns(min)
t_H	数据有效 SCLK 保持时间			$+3$	10	ns(min)
t_{CH}	SCLK 高脉宽			$0.5t_{SCLK}$	$0.3t_{SCLK}$	ns(min)
t_{CL}	SCLK 低脉宽			$0.5t_{SCLK}$	$0.3t_{SCLK}$	ns(min)
t_{DIS}	$\overline{CS}$下降沿至 DOUT 高阻抗	输出下降	$V_A = +3.0V$	1.7	20	ns(max)
			$V_A = +5.0V$	1.2		
		输出上升	$V_A = +3.0V$	1.0		
			$V_A = +5.0V$	1.0		

【定时图】

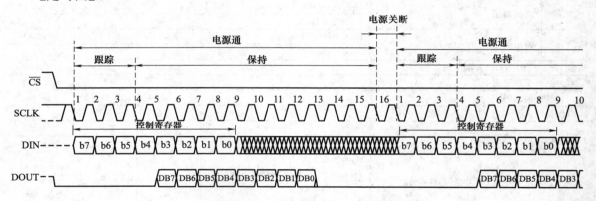

图 5-90 ADC082S021 工作定时图

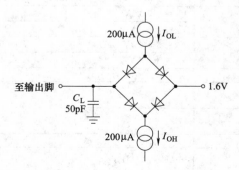

图 5-91 定时测试电路

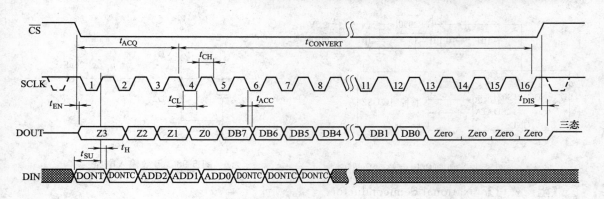

图 5-92 ADC082S021 串联定时图

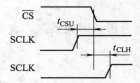

图 5-93 SCLK 和 $\overline{CS}$ 定时参量

【应用电路】

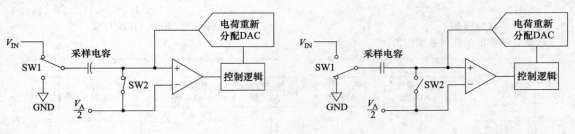

图 5-94 ADC121S021 跟踪型式　　　　　图 5-95 ADC121S021 保持型式

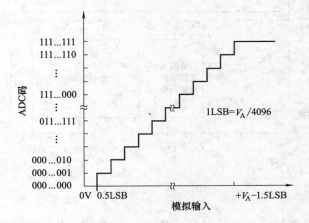

图 5-96 理想转换特性

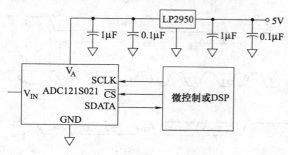

图 5-97　典型应用电路

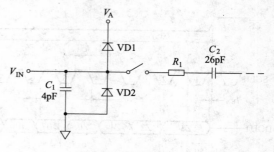

图 5-98　等效输入电路

【生产公司】　National Semiconductor

● **LTC2209，16 位，160MSPS ADC**

　　【用途】

　　通信，接收机，蜂窝基站，光谱分析，图像系统，自动测试设备，高速数据采集。

　　【特点】

采样速率：160MSPS

77.3dBFS 噪声电平

SFDR＞84dB 在 250MHz［1.5V（峰-峰值）输入范围］

PGA 前端［2.25V（峰-峰值）或 1.5V（峰-峰值）输入范围］

700MHz 全功率带宽 S/H

选择内部高频抖动

选择数据输出随机函数发生器

LVDS 或 CMOS 输出

单 3.3V 电源

功耗：1.45W

时钟使用周期稳定器

引脚兼容系列：130MSPS：LTC2208（16 位），
LTC2208-14（14 位）

105MSPS：LTC2217（16 位）

64 脚（9mm×9mm）QFN 封装

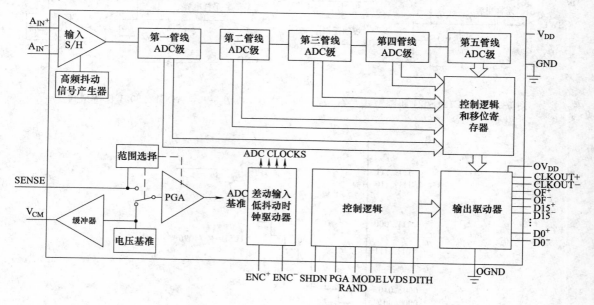

图 5-99　功能块图

　　LTC2209 是一个 160MSPS 16 位 A/D 变换器，设计用于数字高频，宽动态范围信号，输入频率可达 700MHz。ADC 输入范围最佳用于 PGA 前端。LTC2209 极好满足通信应用要求。

AC 特性包括 77.3dBFS 噪声电平和 100dB 无寄生动态范围（SFDR）。$70f_{SRMS}$超低抖动允许高输入频率采样下有极好的噪声特性。最大的 DC 技术特性包括 ±5LSBINL、±1LSBDNL（无丢失码）。数字输出既可是差动 LVDS，也可以是单端 CMOS。有两个格式可选择用于 CMOS 输出：一个是完全数据速率单总线运行，一个是半数据速率分开总线运行。分开输出电源允许 CMOS 输出摆动范围从 0.5～3.6V。ENC$^+$ 和 ENC$^-$ 输入可以驱动差动或单端，用正弦波，PECL、LVDS、TTL 或 CMOS 输入。选择使用周期稳定器，允许在全速高性能有一个时钟使用周期宽范围。

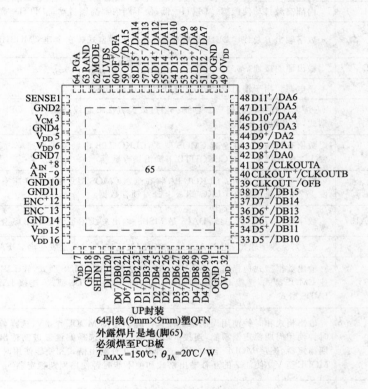

图 5-100　引脚图

【引脚说明】（对 CMOS 型，全速或分速）

脚号	脚符号	说　　　明
1	SENSE	基准型式选择和外部基准输入。SENSE 至 V_{DD} 选择内部 2.5V 带隙基准。一个外部 2.5V 基准或 1.25V 也可用；两个基准值设置在 2.25V（PGA=0）满量程范围
2,4,7,10,11,14,18	GND	ADC 电源地
3	V_{CM}	1.25V 输出。最佳电压用于输入共模型式。推荐必须用 $2.2\mu F$ 瓷介电容旁通至地
5,6,15,16,17	V_{DD}	3.3V 模拟电源脚。用 $1\mu F$ 瓷介电容旁通至地
8	A_{IN}^+	正差动模拟输入
9	A_{IN}^-	负差动模拟输入

脚号	脚符号	说 明
12	ENC⁺	正差动编码输入。保持采样模拟输入在 ENC⁺ 上升沿,通过 6.2Ω 电阻输出内偏置至 $1.6V$。输出数据能锁定在 ENC⁺ 上升沿
13	ENC⁻	负差动编码输入。在 ENC⁻ 上升沿保持采样模拟输入通过 6.2Ω 电阻内部偏置 $1.6V$,对单端编码信号用 $0.1\mu F$ 电容旁通至地
19	SHDN	电源关断脚。SHDN=低,正常工作。SHDN=高,关断模拟电路和数字输出放置在高阻抗态
20	DITH	内部高频抖动使能脚。DITH=低,使不能内部高频抖动。DITH=高,使内部高频抖动
21~30 和 33~38	DB0~DB15	数字输出 B 总线。DB15 是 MSB,有效分工器型式。在全速 CMOS,B 总线在高阻抗态
31 和 50	OGND	输出驱动接地
32 和 49	OV_{DD}	正电源。用于输出驱动器,用 $1\mu F$ 电容旁通至地
39	OFB	过/欠流数字输出用于 B 总线。当过或欠流在 B 总线已发生时,OFB 是高,在全速 CMOS 型式,在高阻抗态
40	CLKOUTB	数据有效输出。在全速 CMOS 型式,CLKOUTB 将触发采样速率,或在分工器型式将触发 1/2 采样速率。在 CLKOUTB 下降沿锁存数据
41	CLKOUTA	反相数据有效输出。CLKOUTA 将在全速 CMOS 型式触发采样速率,或在分工器型式触发 1/2 采样速率。在 CLKOUTA 上升沿锁存数据
42~48 和 51~59	DA0~DA15	数字输出,用于 A 总线,DA15 是 MSB。输出总线用于全速 CMOS 型式和分速型式
60	OFA	过/欠流数字输出,用于 A 总线。当过/欠流在 A 总线上发生时,OFA 是高
61	LVDS	输出数据型式选择脚。连 LVDS 至 $0V$ 选择全速 CMOS 型式,连 LVDS 至 $1/3V_{DD}$ 选择分速 CMOS 型式,连接 LVDS 至 $2/3V_{DD}$ 选择低功耗 LVDS 型式,连接 LVDS 至 V_{DD} 选择标准 LVDS 型式
62	MODE	输出格式和时钟使用周期稳定器选择脚。连接 MODE 至 $0V$,选择偏置二进制格式和使时钟使用周期稳定器不能,连接 MODE 至 $1/3V_{DD}$ 选择偏置二进制输出和使能时钟使用周期稳定器,连接 MODE 至 $2/3V_{DD}$ 选择 2 的互补输出格式和使能使用时钟周期稳定器,连接 MODE 至 V_{DD} 使能 2 的互补输出格式和使不能时钟使用周期稳定器
63	RAND	数字输出随机选择脚。RAND 低,导致正常工作。RAND 高,选择 D1~D15 至 EXCLU-SIVE-ORed 有 D0(LSB)。通过再加一个 XOR 工作在 LSB 和全部其他位之间,输出能译码。该工作型式减小数字输出干扰的影响
64	PGA	可编程增益放大器控制脚。低选择 1 的前端增益,输入范围 $2.25V$(峰-峰值),高选择 1.5 的前端增益,输入范围 $1.5V$(峰-峰值)
(外露焊片)	GND	ADC 电源地,在封装底部上外露焊片必须焊至地

【引脚说明】(对 LVDS 型式,标准或低功耗)

脚号	脚符号	说 明
1	SENSE	基准型式选择和外部基准输入。SENSE 至 V_{DD} 选择输入 $2.5V$ 带隙基准。一个 $2.5V$ 的外部基准或 $1.25V$ 可以用,两个基准值将设置一个满量程 ADC 2.25 范围(PGA=0)
2,4,7,10,11,14,18	GND	ADC 电源地
3	V_{CM}	$1.25V$ 输出最佳电压,用于输入共模型式,用最小 $2.2\mu F$ 瓷介电容必须旁通至地

续表

脚号	脚符号	说　明
5,6,15,16,17	V_{DD}	3.3V 模拟电源脚,用 $1\mu F$ 瓷介电容旁通至地
8	A_{IN}^+	正差动模拟输入
9	A_{IN}^-	负差动模拟输入
12	ENC^+	正差动编码输入。在 ENC^+ 上升沿采样模拟输入保持通过 6.2Ω 电阻内部偏置至 1.6V,输出数据能锁存在 ENC^+ 上升沿
13	ENC^-	负差动编码输入。在 ENC^- 下降沿,采样模拟输入保持通过 6.2Ω 电阻内部偏置 1.6V,对单端编码信号用 $0.1\mu F$ 电容旁通至地
19	SHDN	电源关闭脚。SHDN=低,正常工作。SHDN=高,电源关断模拟电路和数字输出置高阻抗态
20	DITH	内部高频抖动使能脚。DITH=低,使内部高频抖动不能。DITH=高,使能内部高频抖动能
21~30,33~38,41~48 和 51~58	$D0^-/D0^+$ 至 $D15^-/D15^+$	LVDS 数字输出。在 LVDS 接收器,全部 LVDS 输出要求差动 100Ω 端电阻,$D15^-/D15^+$ 是 MSB
31 和 50	OGND	输出驱动器地
32 和 49	OV_{DD}	正电源,用于输出驱动器。用 $0.1\mu F$ 电容旁通至地
39 和 40	$CLKOUT^-/$ $CLKOUT^+$	LVDS 数据有效输出,在 $CLKOUT^+$ 上升沿、$CLKOUT^-$ 下降沿锁存数据
59 和 60	OF^-/OF^+	过/欠流数字输出,当一个过或欠流发生时 OF 是高
61	LVDS	数据输出型式选择脚。连 LVDS 至 0V 选择全速 CMOS 型式,连 LVDS 至 $1/3V_{DD}$ 选择分速 CMOS 型式,连 LVDS 至 $2/3V_{DD}$ 选择低功耗 LVDS 型式,连 LVDS 至 V_{DD} 选择标准 LVDS 型式
62	MODE	输出格式和时钟使用周期稳定器选择脚。连 MODE 至 0V 选择偏置二进制输出格式和使不能时钟使用周期稳定器,连 MODE 至 $1/3V_{DD}$ 选择偏置二进制输出格式和使能时钟使用周期稳定器,连 MODE 至 $2/3V_{DD}$ 选择 2 的补码输出格式,使能时钟使用周期稳定器,连 MODE 至 V_{DD} 选择 2 的补码输出格式和使不能时钟使用周期稳定器
63	RAND	数字输出随机选择脚。RAND 低,正常工作。RAND 高,选择 D1~D15 至 EXCLUSIVE-ORed 有 D0(LSB)。通过再加一个 XOR 工作在 LSB 和全部其他位之间,输出能译码。该工作型式减小数字输出干扰的影响
64	PGA	可编程增益放大器控制脚。低选择 1 的前端增益,输入范围 2.25V 峰-峰值,高选择 1.5 前端增益,输入范围 1.5V 峰-峰值
外露焊片脚 65	GND	ADC 电源地。在封装底部外露焊片必须焊接至地

【最大绝对额定值】

电源电压 V_{DD}	$-0.3\sim 4V$	工作温度	
数字输出接地电压 OGND	$-0.3\sim 1V$	LTC2209C	$0\sim 70℃$
模拟输入电压	$-0.3V\sim V_{DD}+0.3V$	LTC2209F	$-40\sim 85℃$
数字输入电压	$-0.3V\sim V_{DD}+0.3V$	存储温度	$-65\sim 150℃$
数字输出电压	$-0.3V\sim V_{DD}+0.3V$	数字输出电源电压（OV_{DD})	$-0.3\sim 4V$
功耗	2500mW		

【应用电路】

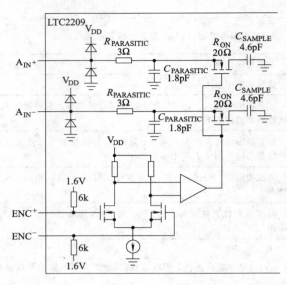

图 5-101　等效输入电路

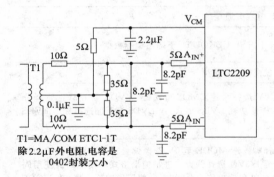

T1=MA/COM ETC1-1T
除2.2μF外电阻,电容是
0402封装大小

图 5-102　单端至差动变换输入用变压器，
推荐输入频率从 5～100MHz

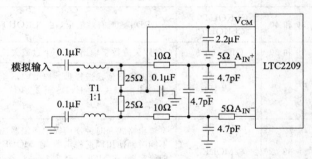

图 5-103　用一个传输线平衡-不平衡变换变
压器，推荐输入频率从 100～250MHz

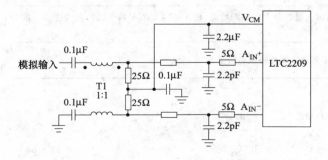

图 5-104　用一个传输线平衡-不平衡变换变压
器，推荐输入频率从 250～500MHz

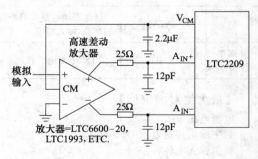

放大器=LTC6600-20,
LTC1993, ETC.

图 5-105　用差动放大器的 DC 耦合输入

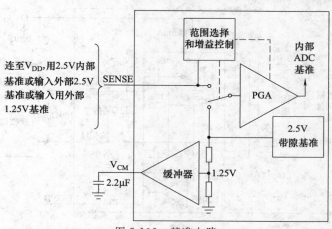

图 5-106　基准电路

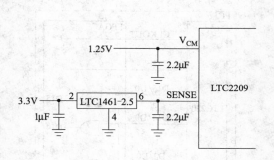

图 5-107　2.25V 范围 ADC 用一个外部 2.5V 基准

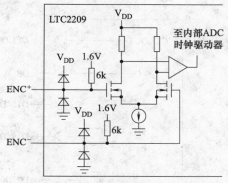

图 5-108　等效编码输入电路

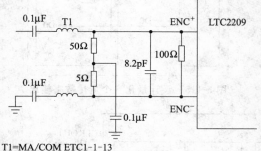

T1=MA/COM ETC1-1-13
电阻和电容是0402封装大小

图 5-109　变压器驱动编码

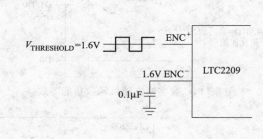

图 5-110　单端 ENC 驱动不推荐用低抖动

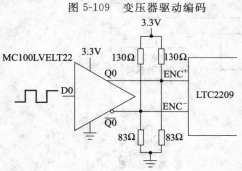

图 5-111　ENC 驱动用一个 CMOS 至 PECL 转换器

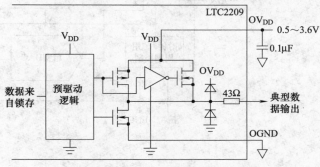

图 5-112　等效电路用一个数字输出缓冲器

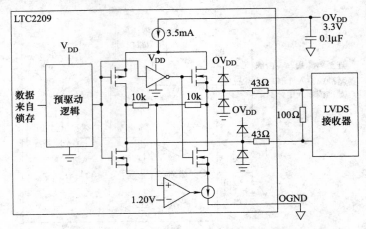

图 5-113　在 LVDS 型式等效输出缓冲器

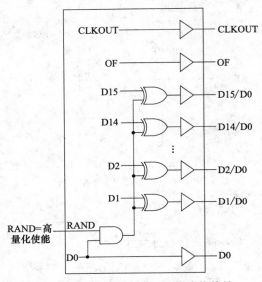

图 5-114　数字输出随机函数功能等效

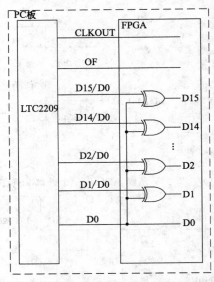

图 5-115　设计量化一个量化数字输出

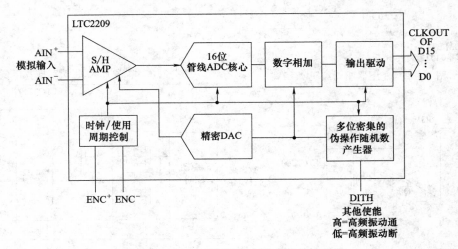

图 5-116　内部高频振动电路功能等效块图

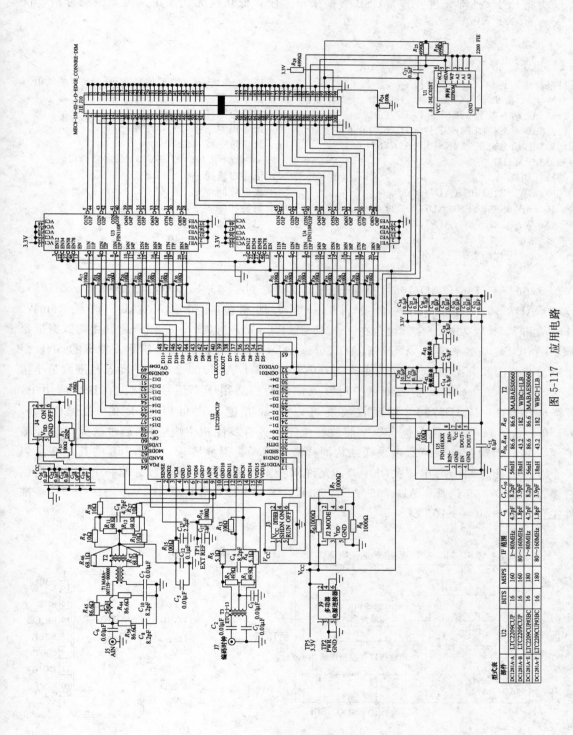

图 5-117 应用电路

【生产公司】 LINEAR TECHNOLOGY

● **AD7766，24 位，8.5mW，109dB，128/64/32KSPS ADCS**

【用途】

低功耗 PCI（外部元件互连）/USB 数据采集系统，低功耗无线采集系统，振动分析，仪表，高精度医学采集。

【特点】

过采样逐步近似（SAR）结构

高性能 ac 和 dc 精度，低功耗

115.5dB 动态范围 32KSPS（AD7766-2）

112.5dB 动态范围 64KSPS（AD7766-1）

109.5dB 动态范围 128KSPS（AD7766）

—112dB THD

特殊低功耗

  8.5mW，32KSPS（AD7766-2）

  10.5mW，64KSPS（AD7766-1）

  15mW，128KSPS（AD7766）

高 dc 精度

  24 位，无代码丢失（NMC）

INL：±6ppm（典型值）；±15ppm（最大值）

低温度漂移

  零误差漂移：±15nV/℃

  增益误差漂移：0.0075%FS

  禁止带衰减：100dB

2.5V 电源用 1.8V/2.5V/3V/3.6V 接口选择

灵活接口选择

多器件同步

菊链功能

电源关闭功能

温度范围：—40～105℃

AD7766/AD7766-1/AD7766-2 是高性能、24 位过采样 SAR 模数变换器（ADC）。AD7766/AD7766-1/AD7766-2 包含有利于一个大动态范围和输入宽带，消耗 15mW、10.5mW 和 8.5mW 功率。全部组合在一个 16 引线 TSSOP 封装中。适用于超低功耗数据采集（如 PCI 和 USB 基本系统），AD7766/AD7766-1/AD7766-2 具有 24 位分辨率。特殊的 SNR 组合，宽动态范围和突出的 dc 精度，使 AD7766/AD7766-1/AD7766-2 在宽的动态范围测量小信号变化。这在大的 ac 和 dc 信号测量中对输入信号特别适用于小信号变化。在这个应用中，AD7766/AD7766-1/AD7766-2 精度收集既可以是 ac 信息，也可以是 dc 信息。AD7766/AD7766-1/AD7766-2 在板上包含数字滤波器（完全具有线性相位响应），通过滤除过采样输入电压，它能消除带外噪声。过采样结构同样减小前端抗混叠要求。AD7766 的其他特点包含一个 SYNC/PD（同步/电源关闭）脚，允许同步多个 AD7766 器件。另外一个 SDI 脚提供菊链多器件 AD7766 选择。AD7766/AD7766-1/AD7766-2 工作电源 2.5V，用一个 5V 基准器件工作温度—40～+105℃。

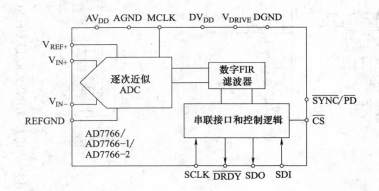

图 5-118　功能块图

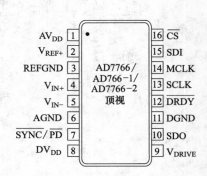

图 5-119　引脚图

【引脚说明】

脚号	脚符号	说　明
1	AV$_{DD}$	2.5V 模拟电源
2	V$_{REF+}$	基准输入 AD7766,外基准必须加至该输入脚输入 2.4～5V
3	REFGND	基准地,用于基准电压,输入基准应至该输入去耦
4	V$_{IN+}$	差动模拟输入正输入
5	V$_{IN-}$	差动模拟输入负输入
6	AGND	模拟电路电源地
7	$\overline{SYNC/PD}$	同步和电源关闭输入脚。该脚有双功能,它能用于同步多 AD7766 器件或使电源进入关闭型式
8	DV$_{DD}$	数字电源输入,该脚直接连至 V$_{DRIVE}$
9	V$_{DRIVE}$	逻辑电源输入,+1.8～+3.6V。电压加至该脚,决定数字逻辑接口工作电压
10	SDO	串联数据输出(SDO)。转换 AD7766 的结果在 SDO 脚上输出,作为 24 位,2 补偿,MSB 第一,串联数据流
11	DGND	数字逻辑电源地
12	$\overline{DRDY}$	备用数据输出,在 DRDY 信号下降沿指示新的转换数据结果,在 AD7766 输出寄存器适用
13	SCLK	串联时钟输入。SCLK 输入提供串联时钟,用于全部串联数据转换
14	MCLK	主控时钟输入。AD7766 取样频率等于 MCLK 频率
15	SDI	串联数据输入。这是 AD7766 的菊链输入
16	$\overline{CS}$	芯片选择输入。$\overline{CS}$输入选择 AD7766 器件,在 SDO 脚上使能。在这种情况用$\overline{CS}$,转换结果的 MSB 在$\overline{CS}$下降沿上,锁至 SDO 线。$\overline{CS}$输入允许多器件 AD7766 共用同样 SDO 线。允许用户通过用逻辑低$\overline{CS}$信号通过供给选择接近器件,使能器件连接 SDO 脚

【最大绝对额定值】

AV$_{DD}$至 AGND	−0.3～3V	工作温度范围	−40～105℃
DV$_{DD}$至 DGND	−0.3～3V	存储温度范围	−65～150℃
AV$_{DD}$至 DV$_{DD}$	−0.3～0.3V	结温	150℃
V$_{REF+}$至 REFGND	−0.3～7V	TSSOP 封装	
REFGND 至 AGND	−0.3～0.3V	Q$_{JA}$热阻抗	150.4℃/W
V$_{DRIVE}$至 DGND	−0.3～6V	Q$_{JC}$热阻抗	27.6℃/W
V$_{IN+}$,V$_{IN-}$至 AGND	−0.3V～V$_{REF}$+0.3V	引线焊接温度	
数字输入至 DGND	−0.3V～V$_{DRIVE}$+0.3V	气相(60s)	215℃
数字输出至 DGND	−0.3V～V$_{DRIVE}$+0.3V	红外(15s)	220℃
AGND 至 DGND	−0.3～0.3V	ESO	1kV
输入电流至任一脚(除电源外)	±10mA		

【应用电路】

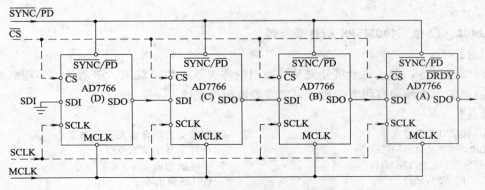

图 5-120　用 4 个 AD7766 器件构成的菊链结构电路

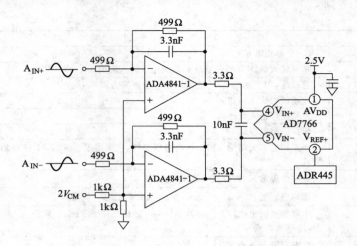

图 5-121　完全差动源驱动 AD7766 电路

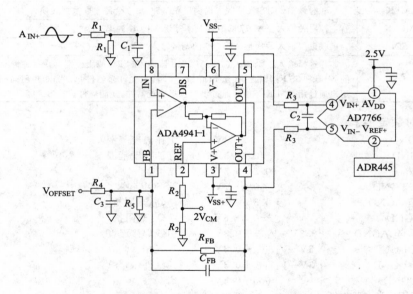

图 5-122　单端源驱动 AD7766 电路

【生产公司】　ANALOG DEVICES

● **AD12401，12 位，400MSPS A/D 变换器**

【用途】

通信测试设备，雷达和卫星分支系统，相空阵天线，数字波束，多通道，多型式接收机，安全防护通信，无线和有线宽带通信，宽带载波频率系统。

【特点】

可达 400MSPS 采样速率	宽带交流耦合输入信号调节
63dBFS SNR 在 128MHz	增强无寄生动态范围
70dBFS SFDR 在 128MHz	单端或差动 ENCODE 信号
1∶1.5 的 VSWR	LVDS 输出电平
高或低增益级	2 互补输出数据

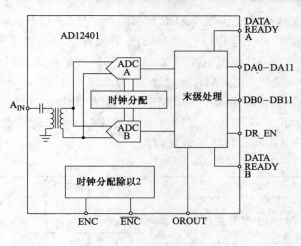

图 5-123　功能块图

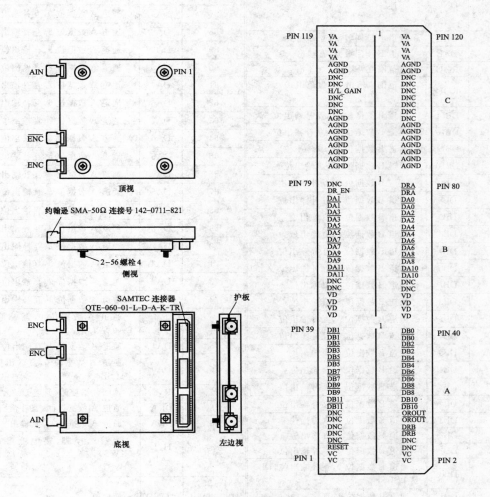

图 5-124　引脚结构

注：相连连接器，用 SAMTEC，INC，零件号、QSE-60-01-L-D-A-K，集成接地面连接，部分 A＝DGND
脚 121～124，部分 B＝DGND，脚 125～128，部分 C＝AGND，脚 129～132

AD12401 是一个 12 位模数变换器（ADC），有一个变压器耦合输入，数字末级处理提高 SFDR（无寄生动态范围），产品工作可达 400MSPS 转换速率，在宽带载波系统有突出的动态特性。AD12401 要求一个 3.7V 模拟电源和 3.3V、1.5V 数字电源，提供灵活的 ENCODE 差动或单端信号，不要求外部基准。AD12401 封装为 $2.9'' \times 2.6'' \times 0.6''$ 模块，工作温度 $0 \sim 60$℃。主要特性：保证采样速率可达 400MSPS；输入信号调节有最佳动态特性，可达 175MHz；高和低增级通用；性能选择通用（采样速率 ＞400MSPS 或第二奈奎斯特范围工作）；专用先进滤波器带（AFB）数字末级处理。

【引脚说明】

脚号	脚符号	说　明	脚号	脚符号	说　明
1～4	VC	数字 3.3V	53	$\overline{DA11}$	通道 A 数据位 11,互补输出位
5	$\overline{RESET}$	LVTTL,0＝器件复位,最小宽度＝200ns	54	$\overline{DA10}$	通道 A 数据位 10,互补输出位
			55	DA11	通道 A 数据位 11,真输出位
6～9,11,13,15,49～52,79,96～102,104～108	DNC	不连	56	DA10	通道 A 数据位 10,真输出位
			57	$\overline{DA9}$	通道 A 数据位 9,互补输出位
			58	$\overline{DA8}$	通道 A 数据位 8,互补输出位
10	$\overline{DRB}$	通道 B 读回数据,互补输出	59	DA9	通道 A 数据位 9,真输出位
12	DRB	通道 B 读回数据,真输出	60	DA8	通道 A 数据位 8,真输出位
14	$\overline{OROUT}$	过范围互补输出	61	$\overline{DA7}$	通道 A 数据位 7,互补输出位
16	OROUT	过范围真输出 1＝过范围,0＝正常工作	62	$\overline{DA6}$	通道 A 数据位 6,互补输出位
			63	DA7	通道 A 数据位 7,真输出位
17	$\overline{DB11}$	通道 B 数据位 11,互补输出位	64	DA6	通道 A 数据位 6,真输出位
18	$\overline{DB10}$	通道 B 数据位 10,互补输出位	65	$\overline{DA5}$	通道 A 数据位 5,互补输出位
19	DB11	通道 B 数据位 11,真输出位	66	$\overline{DA4}$	通道 A 数据位 4,互补输出位
20	DB10	通道 B 数据位 10,真输出位	67	DA5	通道 A 数据位 5,真输出位
21	$\overline{DB9}$	通道 B 数据位 9,互补输出位	68	DA4	通道 A 数据位 4,真输出位
22	$\overline{DB8}$	通道 B 数据位 8,互补输出位	69	$\overline{DA3}$	通道 A 数据位 3,互补输出位
23	DB9	通道 B 数据位 9,真输出位	70	$\overline{DA2}$	通道 A 数据位 2,互补输出位
24	DB8	通道 B 数据位 8,真输出位	71	DA3	通道 A 数据位 3,真输出位
25	$\overline{DB7}$	通道 B 数据位 7,互补输出位	72	DA2	通道 A 数据位 2,真输出位
26	$\overline{DB6}$	通道 B 数据位 6,互补输出位	73	$\overline{DA1}$	通道 A 数据位 1,互补输出位
27	DB7	通道 B 数据位 7,真输出位	74	$\overline{DA0}$	通道 A 数据位 0,互补输出位,DA0 是 LSB
28	DB6	通道 B 数据位 6,真输出位	75	DA1	通道 A 数据位 1,真输出位
29	$\overline{DB5}$	通道 B 数据位 5,互补输出位	76	DA0	通道 A 数据位 0,真输出位,DA0 是 LSB
30	$\overline{DB4}$	通道 B 数据位 4,互补输出位	77	DR_EN	读回数据使能,典型 DNC
31	DB5	通道 B 数据位 5,真输出位	78	$\overline{DRA}$	通道 A 数据读回,互补输出
32	DB4	通道 B 数据位 4,真输出位	80	DRA	通道 A 数据读回,真输出
33	$\overline{DB3}$	通道 B 数据位 3,互补输出位	103	H/L GAIN	增益选择脚,接地低增益型式（KWS）,拉至 3.3V,高增益型式（JWS）
34	$\overline{DB2}$	通道 B 数据位 2,互补输出位			
35	DB3	通道 B 数据位 3,真输出位			
36	DB2	通道 B 数据位 2,真输出位	81～95,109～112,129～132	AGND	模拟地
37	$\overline{DB1}$	通道 B 数据位 1,互补输出位			
38	$\overline{DB0}$	通道 B 数据位 0,互补输出位,DB0 是 LSB			
39	DB1	通道 B 数据位 1,真输出位	113～120	VA	模拟电源 3.3V
40	DB0	通道 B 数据位 0,真输出位,DB0 是 LSB	121～128	DGND	数字地
41～48	VD	数字电源 1.5V			

【最大绝对额定值】

VA 至 AGND	5V	ENCODE 输入电压	6V（DC）
VC 至 DGND	4V	ENCODE 输入功率	12dBm（AC）
VD 至 DGND	1.6V 最大	逻辑输入	−0.3～4V
模拟输入电压	6V（DC）	存储温度	−65～150℃
模拟输入功率	18dBm（AC）	工作温度	0～60℃

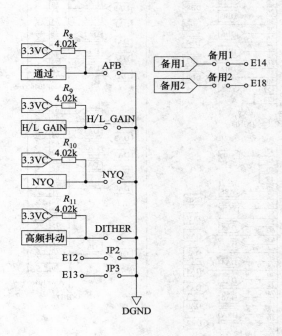

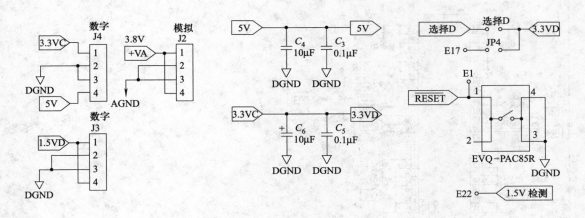

图 5-125　等效板连接电路 1

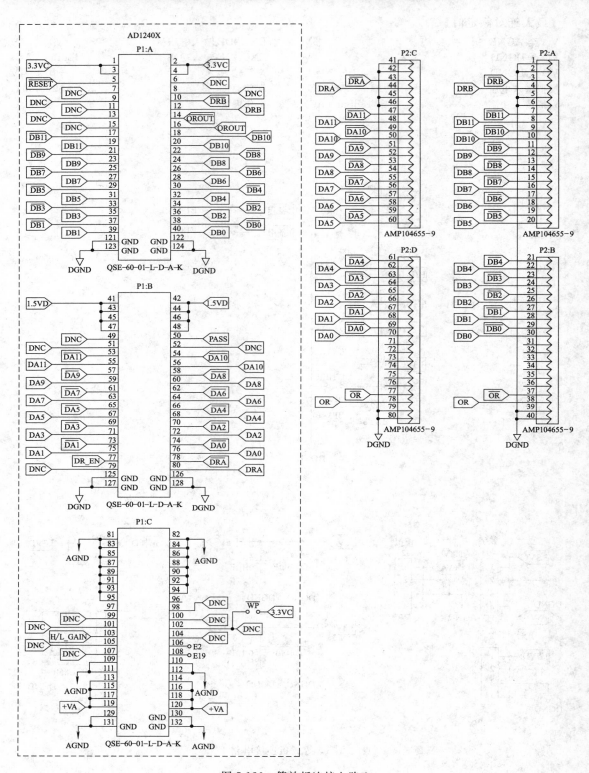

图 5-126　等效板连接电路 2

【生产公司】　ANALOG DEVICES

● **AD10465 双通道，14 位，65MSPS A/D 变换器带有模拟输入信号调节**

【用途】

相空阵接收机，通信接收机，安全防护通信，GPS 抗干扰接收机，多通道，多型式接收机，遥测遥控。

【特点】

65MSPS 最小采样速率　　　　　　　　增益平坦性可达 25MHz＜0.2dB

通道对通道匹配，±0.5％误差增益　　80dB 无寄生动态范围

通道对通道隔离，＞90dB　　　　　　 2 互补输出格式

包括直流耦合信号调节　　　　　　　 3.3V 或 5VCMOS 兼容输出电平

选择双极性输入电压范围　　　　　　 每通道 1.75W

　（±0.5V，±1.0V，±2.0V）　　　　工业和军用产品

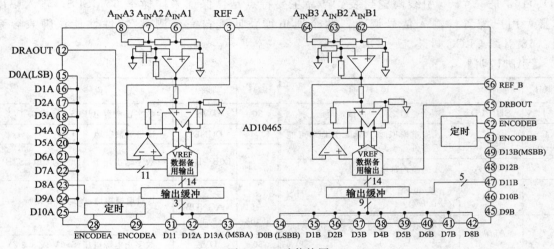

图 5-127　功能块图

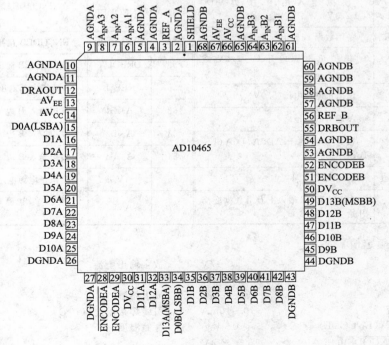

图 5-128　引脚图

AD10465 是一个全通道 ADC 解决方案，有调制信号调节用于改进动态性能和通道对通道全匹配性能。调制包括两个宽动态范围 AD6644 ADCs，每个 AD6644 有一个直流耦合放大器前端，包括一个 AD8037 低失真、高宽带放大器，提供高输入阻抗和增益，并驱动 AD8138 单至双输入放大器。AD6644 有芯片上跟踪和保持电路，利用一个革新的多通道结构达到 14 位、65MSPS 性能。AD10465 利用改革的高密度电路设计和激光修整，薄膜电阻网络完成特殊匹配和特性，仍保持极好的隔离，提供特宽范围节省。AD10465 用 ±5.0V 工作，提供模拟信号调节用，用一个隔开 5.0V 电源供给模拟数字变换，3.3V 数字电源供输出级。每个通道独立完成，允许工作用独立的编码和模拟输入。AD10465 同样供给用户模拟输入信号范围选择，进而最小增加外部信号调节，而保持一般用途。AD10465 是一个 65 引线陶瓷封装。产品主要特点是：保证采样速率 65MSPS；输入幅度选择，用户配置；输入信号调节，两个通道增益匹配；完全测试/特性性能；脚兼容系列；68 引线 CLCC 封装。

【引脚说明】

脚号	脚符号	说　　明	脚号	脚符号	说　　明
1	SHIELD	两个通道之间内部接地屏蔽	30	DV_{CC}	数字正电源电压(5.0V 或 3.3V)
2,4,5,9~11	AGNDA	A 通道模拟地，A 地和 B 地尽可能接近器件	43,44	DGNDB	B 通道数字地
3	REF_A	A 通道内部电压基准	34~42,45~49	D0B~D13B	数字输出用于 ADCB，D0B(LSBB)
6	$A_{IN}A1$	模拟输入用于 A 边 ADC (±0.5V)	53,54,57~61,65,68	AGNDB	B 通道模拟地，A 地和 B 地应尽可能接近器件
7	$A_{IN}A2$	模拟输入用于 A 边 ADC (±1.0V)	50	DV_{CC}	数字正电源电压(5.0V 或 3.3V)
8	$A_{IN}A3$	模拟输入用于 A 边 ADC (±2.0V)	51	ENCODEB	在 ENCODE 输入上升沿数据转换开始
12	DRAOUT	备用数据 A 输出	52	$\overline{ENCODEB}$	ENCODEB 互补
13	AV_{EE}	模拟负电源电压（−5.0V 或 −5.2V）	55	DRBOUT	数据备用 B 输出
14	AV_{CC}	模拟正电源电压(5.0V)	56	REF_B	B 通道内部电压基准
26,27	DGNDA	A 通道数字地	62	$A_{IN}B1$	模拟输入 B 边 ADC(±0.5V)
15~25,31~33	D0A~D13A	数字输出用于 ADCA，D0A(LSBA)	63	$A_{IN}B2$	模拟输入 B 边 ADC(±1.0V)
			64	$A_{IN}B3$	模拟输入 B 边 ADC(±2.0V)
28	$\overline{ENCODEA}$	ENCODE 互补	66	AV_{CC}	模拟正电源电压(5.0V)
29	ENCODEA	在 ENCODE 输入上升沿数据变换开始	67	AV_{EE}	模拟负电源电压（−5.0V 或 −5.2V）

【最大绝对额定值】

V_{CC} 电压	0~7V	数字输出电流	−10~10mA
V_{EE} 电压	−7~0V	工作温度	−40~85℃
模拟输入电压	V_{EE}~V_{CC}	最大结温	174℃
模拟输入电流	−10~10mA	引线焊接温度（10s）	300℃
数字输入电压（ENCODE）	0~V_{CC}	存储温度	−65~150℃
ENCODE，$\overline{ENCODE}$ 电压差	4V		

【应用电路】

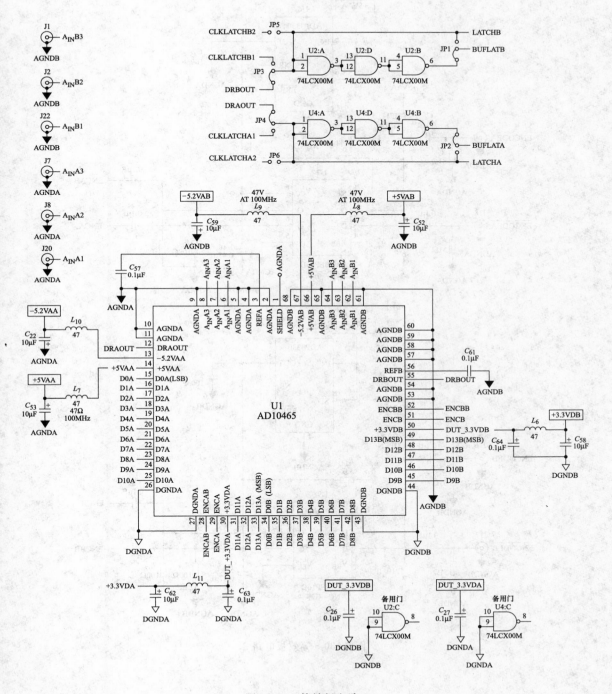

图 5-129　等效板电路 1

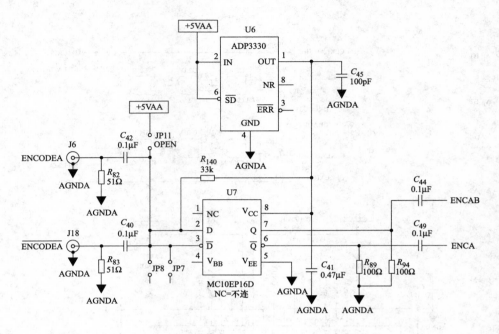

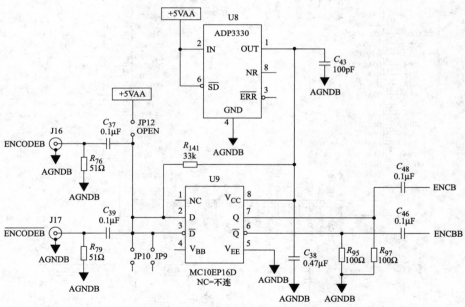

图 5-130　等效板电路 2

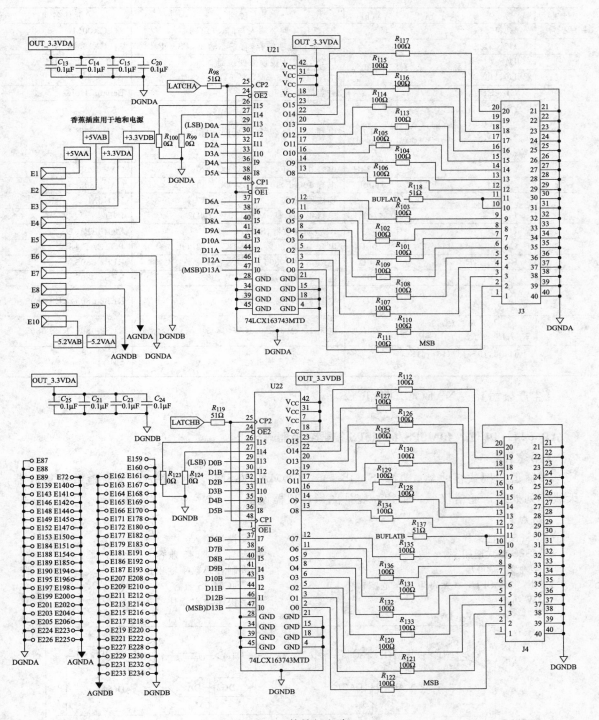

图 5-131　等效板电路 3

【AD10465 等效板电路元件表】

数量	参考表示符	数值	说明	元件名
2	U2,U4		IC,低压 4 路 2 输入与门,SOIC-14	74LCX00M
2	U21,U22		IC,16 位透明锁存,有三态输出,TSSOP-48	74LCX163743MTD
1	U1		DUT,IC,14 位模数变换器	ADI/AD10465BZ
2	U6,U8		电压稳压器 3.3V,RT-6,IC	ADP3330
10	E1~E10		香蕉插座,插孔	Banana Hole
22	$C_{13}\sim C_{15}$,C_{20},C_{21},$C_{23}\sim$ C_{27},C_{37},C_{39},C_{40},C_{42},C_{44}, C_{46},C_{48},C_{49},C_{57},C_{61}, C_{63},C_{64}	$0.1\mu F$	电容 $0.1\mu F$,20%,12V DC,0805	CAP 0805
2	C_{38},C_{41}	$0.47\mu F$	电容 $0.47\mu F$,5%,12V DC,1206	CAP 1206
2	C_{43},C_{45}	100pF	电容 100pF,10%,12V DC,0805	CAP 0805
2	J3,J4		连接器 40 脚	HD40M
6	$L_6\sim L_{11}$	$47\mu H$	电感 $47\mu H$,100MHz,20%,IND2	IND2
2	U7,U9		IC 差动接收器,SOIC-8	MC10EP16D
6	C_{22},C_{52},C_{53},C_{58},C_{59},C_{62}	$10\mu F$	电容 $10\mu F$,20%,16V DC,1812POL	POLCAP 1812
4	R_{99},R_{100},R_{123},R_{124}	0.0Ω	电阻 0.0Ω,0805	RES2 0805
2	R_{140},R_{141}	33000Ω	电阻 33000Ω,5%,0.10W,0805	RES2 0805
8	R_{76},R_{79},R_{82},R_{83},R_{98}, R_{118},R_{119},R_{137}	51Ω	电阻 51Ω,5%,0.10W,0805	RES2 0805,RES 0805
36	R_{89},R_{94},R_{95},R_{97},$R_{101}\sim$ R_{117},$R_{120}\sim R_{122}$,$R_{125}\sim R_{136}$	100Ω	电阻 100Ω,5%,0.10W,0805	RES2 0805,RES 0805
8	J1,J2,J6~J8,J16~J18, J20,J22		连接器,SMA 插孔	SMA

【生产公司】 ANALOG DEVICES

● **AD6644，14 位，40MSPS/65MSPS 模数变换器**

【用途】

多通道多型式接收器，AMPS，IS-136，CDMA，GSM，WCDMA，单通道数字接收器，天线阵列处理，通信仪器，雷达，红外图像，仪器设备。

【特点】

65MSPS 保证采样速率　　　　　　　　差动模拟输入
60MSPS 型式通用　　　　　　　　　　引脚与 AD6645 兼容
采样跳变 $<300f_s$　　　　　　　　　　二进制补码数字输出格式
100dB 多音 SFDR（无寄生动态范围）　3.3V CMOS 兼容
1.3W 功耗　　　　　　　　　　　　　数字快速输出锁住

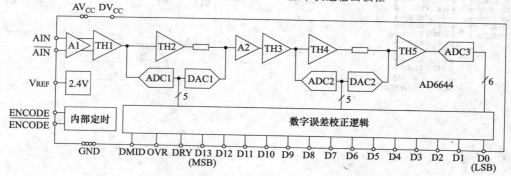

图 5-132　功能块图

　　AD6644 是一个高速、高性能、单片式 14 位模数变换器（ADC）。全部必需功能，包括跟踪保持（TH）和基准，包含在芯片上完全的转换解决方案。AD6644 提供 CMOS 兼容的数字输出。在宽带 ADC 系列中它是第三代，以前是 AD9042（12 位 41MSPS）和 AD6640（12 位 65MSPS IF 采样）。设计用于多通道、多型式接收器，AD6644 模拟器件的零件是新的收发器芯片组。AD6644 达到 100dB 多音频，无寄生动态范围（SFDR）通过奈奎斯特频带，很容易突破装在多型式数字接收机上的性能，其中典型的 ADC 限幅。特殊的噪声性能典型信噪比是 74dB。AD6644 同样适用于单通道数字接收器，设计用于宽通道带宽系统（CDMA，WCDMA）。用过采样，谐波能在分析带宽外。过采样同样适用十进制接收器（如 AD6620），在分析带宽内允许减小噪声电平，用可预见的数字元件代替传统的模拟滤波器，现代接收器能用几个 RF 元件建成，结果减小成本、制造性能高和改进可靠性。AD6644 制造用高速互补双极性工艺（XFCB）和改进的多通电路结构。元件封装在 52 引线 LQFP 中，工作温度－25～85℃。

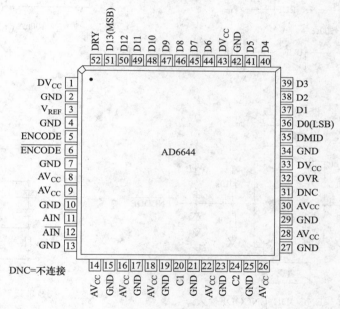

图 5-133　引脚图

【引脚说明】

脚号	符号	说　　明	脚号	符号	说　　明
1,33,43	DV$_{CC}$	3.3V 电源(数字)，只有输出级	20	C1	内部电压基准，用 0.1μF 电容旁通至地
2,4,7,10,13,15,17,19,21,23,25,27,29,34,42	GND	地	24	C2	内部电压基准，用 0.1μF 电容旁通至地
			31	DNC	不连
3	V$_{REF}$	2.4V(模拟基准)，用 0.1μF 电容旁通至地	32	OVR	超量程位，高指示模拟输入超过±FS
5	ENCODE	编码输入，在上升沿转换开始	35	DMID	数据输出电压，中点近似等于 DV$_{CC}$/2
6	$\overline{ENCODE}$	编码互补，差动输入	36	D0(LSB)	在二进制互补码中数字输出位
8,9,14,16,18,22,26,28,30	AV$_{CC}$	5V 模拟电源	37～41,44～50	D1～D5,D6～D12	
11	AIN	模拟输入	51	D13(MSB)	数字输出位(最高指示位)，二进制互补码
12	$\overline{AIN}$	AIN 互补，差动模拟输入	52	DRY	数据快速输出

【最大绝对额定值】

AV_{CC}电压	0～7V	数字输出电流	4mA
DV_{CC}电压	0～7V	工作温度	$-25～85℃$
模拟输入电压	0～AV_{CC}	存储温度	$-65～150℃$
模拟输入电流	25mA	引线焊接温度	300℃
数字输入电压	0～AV_{CC}	最大结温	150℃

【应用电路】（等效电路）

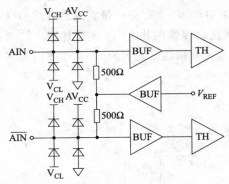

图 5-134　模拟输入级

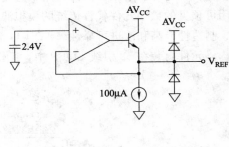

图 5-135　2.4V 基准

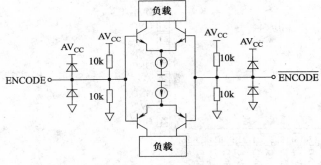

图 5-136　ENCODE/$\overline{ENCODE}$输入

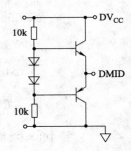

图 5-137　DMID 基准

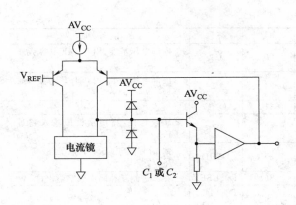

图 5-138　补偿脚 C1 或 C2

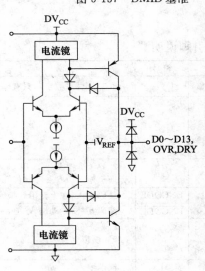

图 5-139　数字输出级

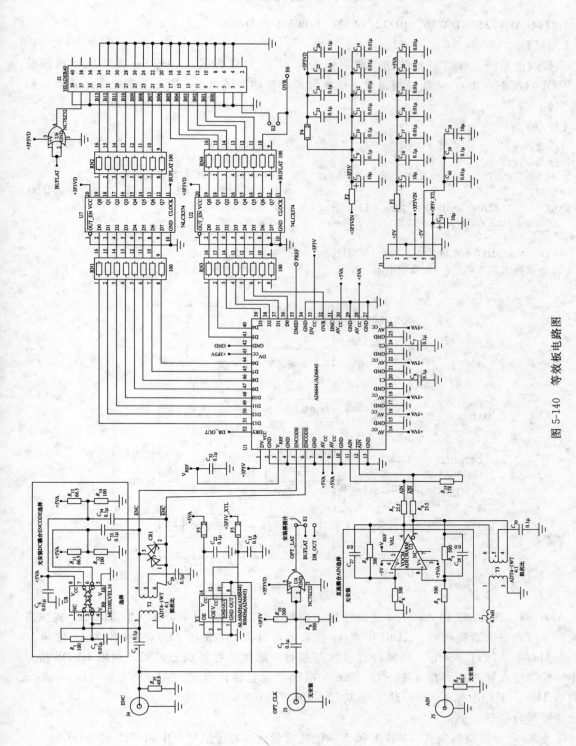

图 5-140 等效板电路图

【生产公司】ANALOG DEVICES

5.6 信号采集数模变换电路

● **AD9734/AD9735/AD9736,10/12/14 位,1200MSPS DACs**

【用途】

宽带通信系统,蜂窝基础结构(数字预失真),点对点无线,CMTS(无线电话通信业务)/VOD(视频点播),无线遥测遥控,仪器设备,自动测试设备,雷达,航空电子设备,航天遥测。

【特点】

引脚兼容系列

极好动态特性

AD9736:SFDR(无寄生动态范围)=82dBc 在 f_{OUT}=30MHz

AD9736:SFDR=69dBc,在 f_{OUT}=130MHz

AD9736:IMD(互调失真)=87dBc,在 f_{OUT}=30MHz

AD9736:IMD=82dBc,在 f_{OUT}=130MHz

LVDS 数据接口芯片上有 100Ω 端电阻

内装自测试

LVDS 采样完整性

LVDS 至 DAC 数据转换完整性

低功耗:380mW(I_{rs}=20mA,f_{OUT}=300MHz)

1.8/3.3V 双电源

可调模拟输出

8.66~31.66mA(R_c=25~50Ω)

芯片上 1.2V 基准

160 引线封装

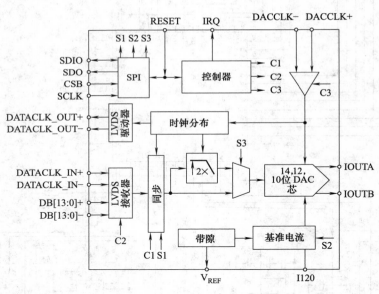

图 5-141 功能块图

AD9736、AD9735 和 AD9734 是高性能、高频 DAC,采样速率可达 1200MSPS,提供多载波产生可达奈奎斯特频率。AD9736 是 14 位系列,而 AD9735 和 AD9734 分别为 12 位和 10 位。它们有串联接口(SPI),可编程许多内部参数,能使寄存器状态读回。利用 LVDS 接口减小特性完成高速采样。在 8.66~31.66mA 范围可编程输出电流。AD973X 系列用 0.18μm CMOS 工艺,工作电源 1.8~3.3V,总功耗 380mW,160 引线封装。

主要部分包括如下。

① 低噪声和内调制失真(IMD)特点,使高质量合成宽带信号,中频可达 600MHz。

② 双数据速率(DDR)LVDS 数据接收机支持最大转换速率 1200MSPS。

③ 直接脚可编程基本功能或 SPI 接口,存取完全控制全部 AD973X 系列功能。

④ 制造用 CMOS 工艺，AD973X 系列利用合适的开关技术增强动态特性。

⑤ AD9736 系列易构成单端或双端电路拓扑。

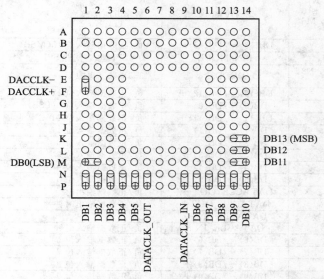

图 5-142　AD9736 数字 LVDS 输入，时钟 I/O（顶视）

【AD9736 引脚功能说明】

脚　号	脚符号	说　明
A1,A2,A3,B1,B2,B3,C1,C2,C3,D2,D3	CVDD18	1.8V 时钟电源
A4,A5,A6,A9,A10,A11,B4,B5,B6,B9,B10,B11,C4,C5,C6,C9,C10,C11,D4,D5,D6,D9,D10,D11	AVSS	模拟电源地
A7,B7,C7,D7	IOUTB	DAC 负输出，10~30mA 满量程输出电流
A8,B8,C8,D8	IOUTA	DAC 正输出，10~30mA 满量程输出电流
A12,A13,B12,B13,C12,C13,D12,D13	AVDD33	3.3V 模拟电源
A14	DNC	不连
B14	I120	正常 1.2V 基准
C14	V_{REF}	带隙电压基准 I/O
D1,E2,E3,E4,F2,F3,F4,G1,G2,G3,G4	CVSS	时钟电源接地
D14	IPTAT	工厂测试脚。输出电流与绝对温度成比例。25℃ 近似 10μA，斜率近似 20nA/℃
E1,F1	DACCLK−/DACCLK+	负/正 DAC
E11,E12,F11,F12,G11,G12	AVSS	模拟电源接地屏蔽，连至 DAC 的 AV_{SS}
E13	IRQ/UNSIGNED	如脚_MODE=0,IRQ：有效低，开漏中断请求输出。如脚_MODE=1,UNSIGNED(无符号)；数字输入脚
E14	RESET/PD	如脚_MODE=0,RESET：1 复位 AD9736 如脚_MODE=1,PD：1 使 AD9736 在功率下降态
F13	CSB/2x	见串联接口(SPI)和脚 MODE 部分说明
F14	SDIO/FIFO	见脚 MODE 工作部分说明
G13	SCLK/FSC0	见脚 MODE 工作部分说明
G14	SDO/FSC1	见脚 MODE 工作部分说明
H1,H2,H3,H4,H11,H12,H13,H14,J1,J2,J3,J4,J11,J12,J13,J14	DVDD18	1.8V 数字电源

续表

脚 号	脚符号	说 明
K1，K2，K3，K4，K11，K12，L2，L3，L4，L5，L6，L9，L10，L11，L12，M3，M4，M5，M6，M9，M10，M11，M12	DVSS	数字电源接地
K13，K14	DB⟨13⟩－/DB⟨13⟩＋	负/正数据输入位 13（MSB）
L1	PIN_MODE	0＝SPI 型式，使能 SPI
L7，L8，M7，M8，N7，N8，P7，P8	DVDD33	3.3V 数字电源
L13，L14	DB⟨12⟩－/DB⟨12⟩＋	负/正数据输入位 12
M2，M1	DB⟨0⟩－/DB⟨0⟩＋	负/正数据输入位 0（LSB）
M13，M14	DB⟨11⟩－/DB⟨11⟩＋	负/正数据输入位 11
N1，P1	DB⟨1⟩－/DB⟨1⟩＋	负/正数据输入位 1
N2，P2	DB⟨2⟩－/DB⟨2⟩＋	负/正数据输入位 2
N3，P3	DB⟨3⟩－/DB⟨3⟩＋	负/正数据输入位 3
N4，P4	DB⟨4⟩－/DB⟨4⟩＋	负/正数据输入位 4
N5，P5	DB⟨5⟩－/DB⟨5⟩＋	负/正数据输入位 5
N6，P6	DATACLK_OUT－/DATACLK_OUT＋	负/正数据输出时钟
N9，P9	DATACLK_IN－/DATACLK_IN＋	负/正数据输入时钟
N10，P10	DB⟨6⟩－/DB⟨6⟩＋	负/正数据输入位 6
N11，P11	DB⟨7⟩－/DB⟨7⟩＋	负/正数据输入位 7
N12，P12	DB⟨8⟩－/DB⟨8⟩＋	负/正数据输入位 8
N13，P13	DB⟨9⟩－/DB⟨9⟩＋	负/正数据输入位 9
N14，P14	DB⟨10⟩－/DB⟨10⟩＋	负/正数据输入位 10

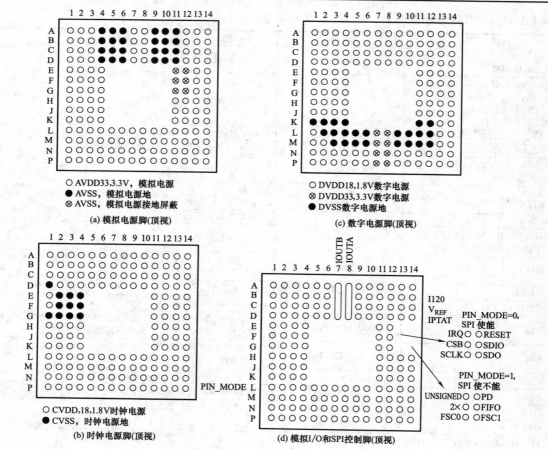

图 5-143　电源和控制脚配置

【最大绝对额定值】

参数	相对参数	最小	最大	参数	相对参数	最小	最大
AVDD33	AVSS	−0.3V	+3.6V	DATACLK_IN，DATACLK_OUT	DVSS	−0.3V	DVDD33+0.3V
DVDD33	DVSS	−0.3V	+3.6V				
DVDD18	DVSS	−0.3V	+1.98V	LVDS Data Inputs	DVSS	−0.3V	DVDD33+0.3V
CVDD18	CVSS	−0.3V	+1.98V	IOUTA，IOUTB	AVSS	−1.0V	AVDD33+0.3V
AVSS	DVSS	−0.3V	+0.3V	I120，V_{REF}，IPTAT	AVSS	−0.3V	AVDD33+0.3V
AVSS	CVSS	−0.3V	+0.3V	IRQ，CSB，SCLK，SDO，SDIO，RESET	DVSS	−0.3V	DVDD33+0.3V
DVSS	CVSS	−0.3V	+0.3V				
CLK+，CLK−	CVSS	−0.3V	CVDD18+0.18V	结温			150℃
PIN_MODE	DVSS	−0.3V	DVDD33+0.3V	存储温度		−65℃	+150℃

【等效板电路】

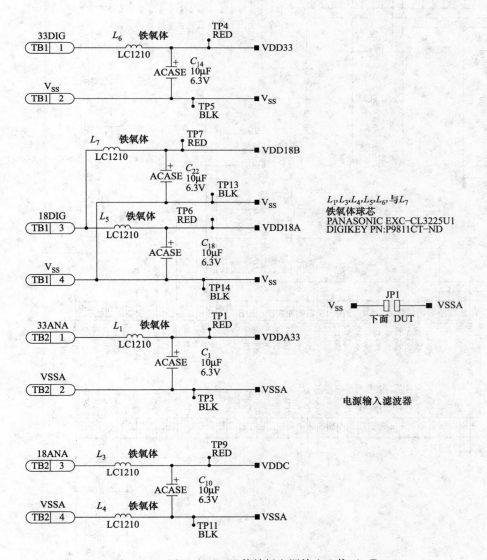

L_1，L_3，L_4，L_5，L_6，与L_7
铁氧体球芯
PANASONIC EXC−CL3225U1
DIGIKEY PN:P9811CT−ND

电源输入滤波器

图 5-144　用于 AD973X 等效板电源输入，修正 . F

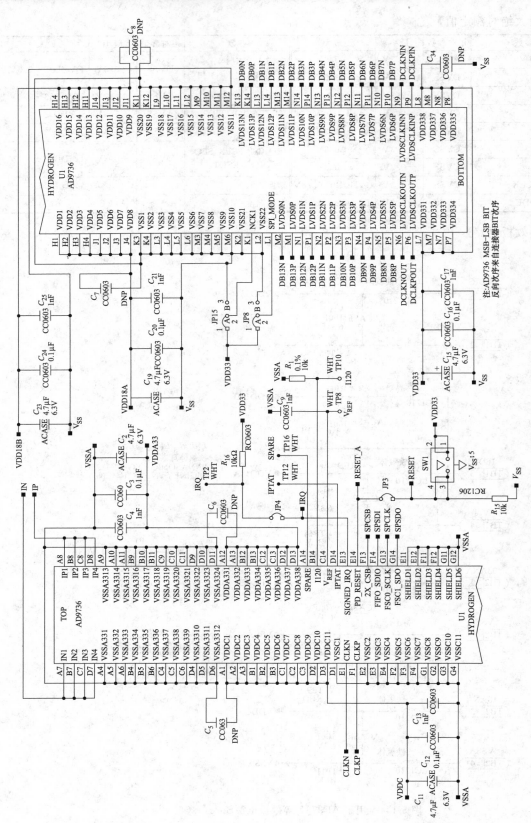

图 5-145 部分电路至 AD973X 等效板，修正．F

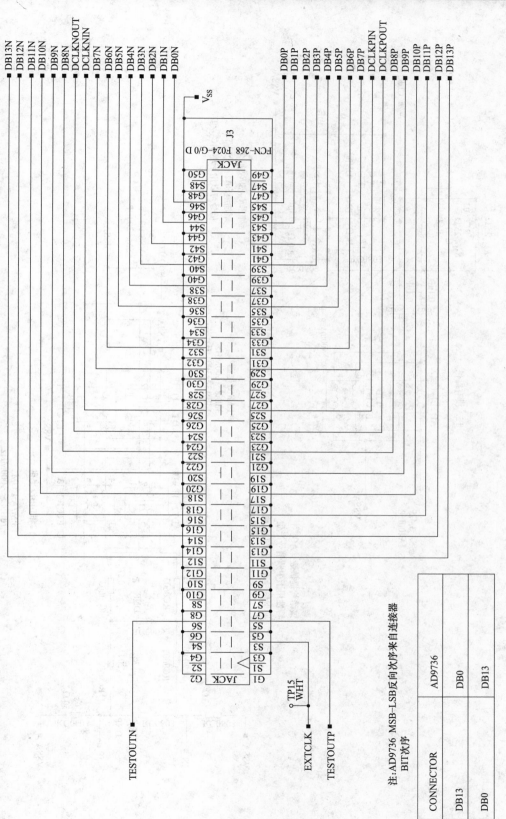

图 5-146　高速数字 I/O 连接器，AD973X 等效板，修正.F

注:AD9736 MSB-LSB反向次序来自连接器 BIT次序

CONNECTOR	AD9736
DB13	DB0
DB0	DB13

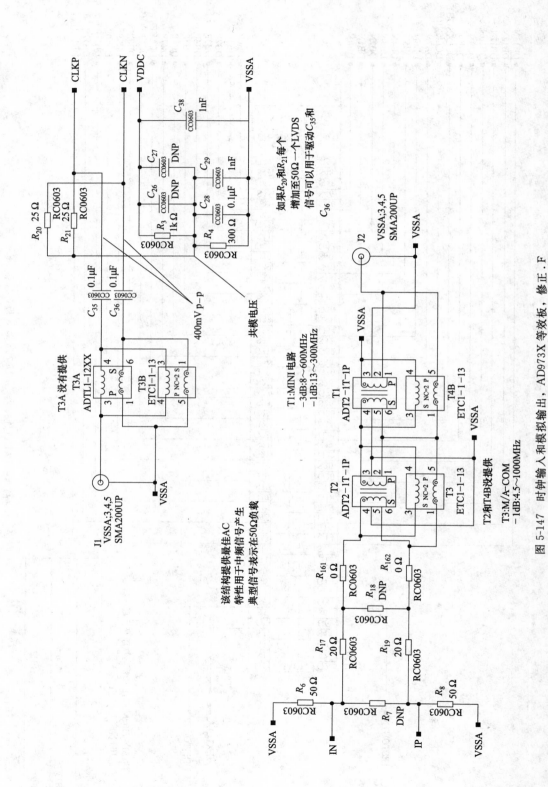

图 5-147　时钟输入和模拟输出，AD973X 等效板，修正.F

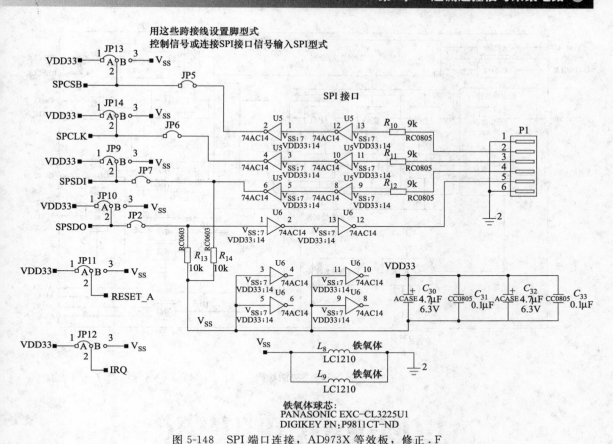

图 5-148 SPI 端口连接，AD973X 等效板，修正 . F

【生产公司】 ANALOG DEVICES

AD9776A/AD9778A/AD9779A 双 12/14/16 位，1GSPS，数模变换器

【用途】

无线基础结构，WCDMA，CDMA2000，TD-SCDMA，WIMax，GSM，数字高或低 IF 合成，内部数字下变频功能，各种不同发射，宽带通信：LMDS/MMDS，点对点

【特点】

低功耗：1.0W 在 1GSPS，600mW 在 500MSPS　载波放置在 DAC 带宽任何位置
全工作条件 多 DAC 允许外部 VGA 控制和偏置控制
$\quad$ SFDR$=78$dBc 至 $f_{OUT}=100$MHz 多芯片同步接口
$\quad$ 单载波 WCDMA ACLR$=79$dBc 在 80MHz 高性能，低噪声 PLL 时钟乘数
$\quad$ 模拟输出：可调节 $8.7\sim31.7$mA $R_L=25\sim50\Omega$ 数字反相沉滤波器
$\quad$ 新的 $2\times$、$4\times$ 和 $8\times$ 内插/不精确复杂调判允许 100 引线露出头 TQFP

AD9776A/AD9778A/AD9779A/是双 12/14/16 位、高动态范围、数模变换器，有采样速率 1GSPS，允许多载波产生达到奈奎斯特频率。它的特点最佳用于直接转换发射应用，包括复杂的数字调制、增益和偏置补偿。DAC 输出有最佳无缝接口，有模拟正交调制，如 ADL537XFMOD 系列型式模拟器件，包括一个串联接口用于可编程读回许多内部参量。满量程输出电流在 $10\sim30$mA 范围可编程。器件制造用先进工艺 0.18μm CMOS 工艺。工作电源电

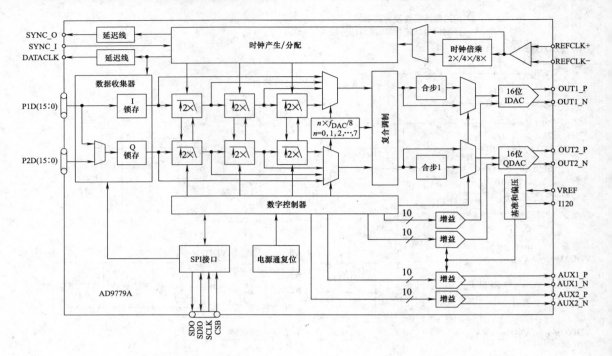

图 5-149　功能块图

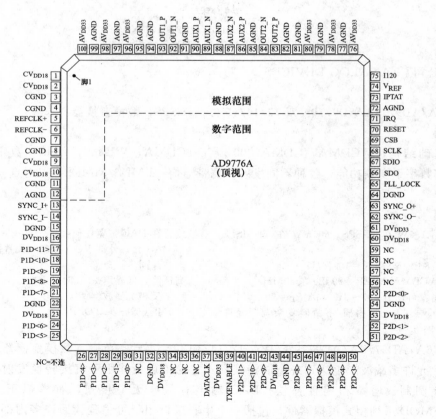

图 5-150　AD9776A 引脚图

压 1.8～3.3V，总功耗 1.0W。封装在 100 引线 TQFP 中。有超低噪声和内部调制失真（IMD）使高性能宽带信号合成，从基带至高中频；专有的 DAC 输出开关技术增强动态特性；电流输出易构成各种单端或差动电路拓扑；CMOS 数据输入接口有可调装置和保持；有效 $2\times$、$4\times$ 和 $8\times$ 内插/不精确复合调制允许载波在 DAC 带宽内任何位置。

【引脚说明】（AD9776A）

脚号	脚符号	说　　明	脚号	脚符号	说　　明
1	CV_{DD18}	1.8V 时钟电源	51	P2D⟨2⟩	端口 2,数据输入 D2
2	CV_{DD18}	1.8V 时钟电源	52	P2D⟨1⟩	端口 2,数据输入 D1
3	CGND	时钟公共端	53	DV_{DD18}	1.8V 数字电源
4	CGND	时钟公共端	54	DGND	数字公共端
5	REFCLK+	差动时钟输入	55	P2D⟨0⟩	端口 2,数据输入 D0(LSB)
6	REFCLK−	差动时钟输入	56	NC	不连
7	CGND	时钟公共端	57	NC	不连
8	CGND	时钟公共端	58	NC	不连
9	CV_{DD18}	1.8V 时钟电源	59	NC	不连
10	CV_{DD18}	1.8V 时钟电源	60	DV_{DD18}	1.8V 数字电源
11	CGND	时钟公共端	61	DV_{DD33}	3.3V 数字电源
12	AGND	模拟公共端	62	SYNC_O−	差动同步输出
13	SYNC_I+	差动同步输入	63	SYNC_O+	差动同步输出
14	SYNC_I−	差动同步输入	64	DGND	数字公共端
15	DGND	数字公共端	65	PLL_LOCK	PLL 时钟指示器
16	DV_{DD18}	1.8V 数字电源	66	SDO	SPI 接口数据输出
17	P1D⟨11⟩	端口 1,数据输入 D11	67	SDIO	SPI 接口数据输入/输出
18	P1D⟨10⟩	端口 1,数据输入 D10	68	SCLK	SPI 接口时钟
19	P1D⟨9⟩	端口 1,数据输入 D9	69	CSB	SPI 接口芯片选择条
20	P1D⟨8⟩	端口 1,数据输入 D8	70	RESET	复位有效高
21	P1D⟨7⟩	端口 1,数据输入 D7	71	IRQ	中断请求
22	DGND	数字公共端	72	AGND	模拟公共端
23	DV_{DD18}	1.8V 数字电源	73	IPTAT	工厂测试脚
24	P1D⟨6⟩	端口 1,数据输入 D6	74	V_{REF}	电压基准输出
25	P1D⟨5⟩	端口 1,数据输入 D5	75	I120	$120\mu A$ 基准电流
26	P1D⟨4⟩	端口 1,数据输入 D4	76	AV_{DD33}	3.3V 模拟电源
27	P1D⟨3⟩	端口 1,数据输入 D3	77	AGND	模拟公共端
28	P1D⟨2⟩	端口 1,数据输入 D2	78	AV_{DD33}	3.3V 模拟电源
29	P1D⟨1⟩	端口 1,数据输入 D1	79	AGND	模拟公共端
30	P1D⟨0⟩	端口 1,数据输入 D0(LSB)	80	AV_{DD33}	3.3V 模拟电源
31	NC	不连	81	AGND	模拟公共端
32	DGND	数字公共端	82	AGND	模拟公共端
33	DV_{DD18}	1.8V 数字电源	83	OUT2_P	差动 DAC 电流输出通道 2
34	NC	不连	84	OUT2_N	差动 DAC 电流输出通道 2
35	NC	不连	85	AGND	模拟公共端
36	NC	不连	86	AUX2_P	备用 DAC 电流输出通道 2
37	DATACLK	数据时钟输出	87	AUX2_N	备用 DAC 电流输出通道 2
38	DV_{DD33}	3.3V 数字电源	88	AGND	模拟公共端
39	TXENABLE	发射使能	89	AUX1_N	备用 DAC 电流输出通道 1
40	P2D⟨11⟩	端口 2,数据输入 D11(MSB)	90	AUX1_P	备用 DAC 电流输出通道 1
41	P2D⟨10⟩	端口 2,数据输入 D10	91	AGND	模拟公共端
42	P2D⟨9⟩	端口 2,数据输入 D9	92	OUT1_N	差动 DAC 电流输出通道 1
43	DV_{DD18}	1.8V 数字电源	93	OUT1_P	差动 DAC 电流输出通道 1
44	DGND	数字公共端	94	AGND	模拟公共端
45	P2D⟨8⟩	端口 2,数据输入 D8	95	AGND	模拟公共端
46	P2D⟨7⟩	端口 2,数据输入 D7	96	AV_{DD33}	3.3V 模拟电源
47	P2D⟨6⟩	端口 2,数据输入 D6	97	AGND	模拟公共端
48	P2D⟨5⟩	端口 2,数据输入 D5	98	AV_{DD33}	3.3V 模拟电源
49	P2D⟨4⟩	端口 2,数据输入 D4	99	AGND	模拟公共端
50	P2D⟨3⟩	端口 2,数据输入 D3	100	AV_{DD33}	3.3V 模拟电源

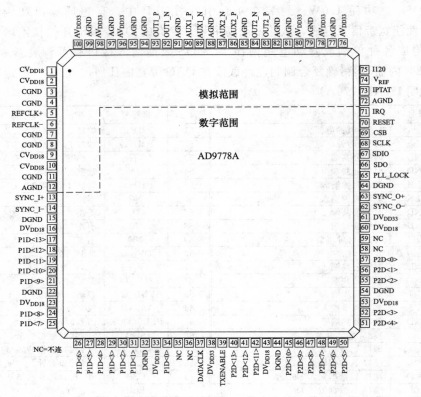

图 5-151 AD9778A 引脚图

【引脚说明】（AD9778A）

脚号	脚符号	说　明	脚号	脚符号	说　明
1	CV_{DD18}	1.8V 时钟电源	26	P1D⟨6⟩	端口1,数据输入 D6
2	CV_{DD18}	1.8V 时钟电源	27	P1D⟨5⟩	端口1,数据输入 D5
3	CGND	时钟公共端	28	P1D⟨4⟩	端口1,数据输入 D4
4	CGND	时钟公共端	29	P1D⟨3⟩	端口1,数据输入 D3
5	REFCLK+	差动时钟输入	30	P1D⟨2⟩	端口1,数据输入 D2
6	REFCLK−	差动时钟输入	31	P1D⟨1⟩	端口1,数据输入 D1
7	CGND	时钟公共端	32	DGND	数字公共端
8	CGND	时钟公共端	33	DV_{DD18}	1.8V 数字电源
9	CV_{DD18}	1.8V 时钟电源	34	P1D⟨0⟩	端口1,数据输入 D0(LSB)
10	CV_{DD18}	1.8V 时钟电源	35	NC	不连
11	CGND	时钟公共端	36	NC	不连
12	AGND	模拟公共端	37	DATACLK	数据时钟输出
13	SYNC_I+	差动同步输入	38	DV_{DD33}	3.3V 数字电源
14	SYNC_I−	差动同步输入	39	TXENABLE	发射使能
15	DGND	数字公共端	40	P2D⟨13⟩	端口2,数据输入 D13(MSB)
16	DV_{DD18}	1.8V 数字电源	41	P2D⟨12⟩	端口2,数据输入 D12
17	P1D⟨13⟩	端口1,数据输入 D13(MSB)	42	P2D⟨11⟩	端口2,数据输入 D11
18	P1D⟨12⟩	端口1,数据输入 D12	43	DV_{DD18}	1.8V 数字电源
19	P1D⟨11⟩	端口1,数据输入 D11	44	DGND	数字公共端
20	P1D⟨10⟩	端口1,数据输入 D10	45	P2D⟨10⟩	端口2,数据输入 D10
21	P1D⟨9⟩	端口1,数据输入 D9	46	P2D⟨9⟩	端口2,数据输入 D9
22	DGND	数字公共端	47	P2D⟨8⟩	端口2,数据输入 D8
23	DV_{DD18}	1.8V 数字电源	48	P2D⟨7⟩	端口2,数据输入 D7
24	P1D⟨8⟩	端口1,数据输入 D8	49	P2D⟨6⟩	端口2,数据输入 D6
25	P1D⟨7⟩	端口1,数据输入 D7	50	P2D⟨5⟩	端口2,数据输入 D5

续表

脚号	脚符号	说　明	脚号	脚符号	说　明
51	P2D⟨4⟩	端口 2,数据输入 D4	76	AV$_{DD33}$	3.3V 模拟电源
52	P2D⟨3⟩	端口 2,数据输入 D3	77	AGND	模拟公共端
53	DV$_{DD18}$	1.8V 数字电源	78	AV$_{DD33}$	3.3V 模拟电源
54	DGND	数字公共端	79	AGND	模拟公共端
55	P2D⟨2⟩	端口 2,数据输入 D2	80	AV$_{DD33}$	3.3V 模拟电源
56	P2D⟨1⟩	端口 2,数据输入 D1	81	AGND	模拟公共端
57	P2D⟨0⟩	端口 2,数据输入 D0(LSB)	82	AGND	模拟公共端
58	NC	不连	83	OUT2_P	差动 DAC 电流输出通道 2
59	NC	不连	84	OUT2_N	差动 DAC 电流输出通道 2
60	DV$_{DD18}$	1.8V 数字电源	85	AGND	模拟公共端
61	DV$_{DD33}$	3.3V 数字电源	86	AUX2_P	辅助 DAC 电流输出通道 2
62	SYNC_O−	差动同步输出	87	AUX2_N	辅助 DAC 电流输出通道 2
63	SYNC_O+	差动同步输出	88	AGND	模拟公共端
64	DGND	数字公共端	89	AUX1_N	辅助 DAC 电流输出通道 1
65	PLL_LOCK	PLL 时钟指示	90	AUX1_P	辅助 DAC 电流输出通道 1
66	SDO	SPI 端口数据输出	91	AGND	模拟公共端
67	SDIO	SPI 端口数据输入/输出	92	OUT1_N	差动 DAC 电流输出通道 1
68	SCLK	SPI 端口时钟	93	OUT1_P	差动 DAC 电流输出通道 1
69	CSB	SPI 端口芯片选择条	94	AGND	模拟公共端
70	RESET	复位有效高	95	AGND	模拟公共端
71	IRQ	中断请求	96	AV$_{DD33}$	3.3V 模拟电源
72	AGND	模拟公共端	97	AGND	模拟公共端
73	IPTAT	工厂测试脚	98	AV$_{DD33}$	3.3V 模拟电源
74	V$_{REF}$	电压基准输出	99	AGND	模拟公共端
75	I120	120μA 基准电流	100	AV$_{DD33}$	3.3V 模拟电源

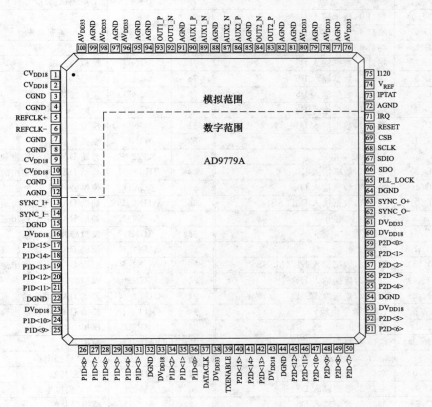

图 5-152　AD9779A 引脚图

【引脚说明】（AD9779A）

脚号	脚符号	说　　明	脚号	脚符号	说　　明
1	CV_{DD18}	1.8V 时钟电源	51	P2D⟨6⟩	端口 2，数据输入 D6
2	CV_{DD18}	1.8V 时钟电源	52	P2D⟨5⟩	端口 2，数据输入 D5
3	CGND	时钟公共端	53	DV_{DD18}	1.8V 数字电源
4	CGND	时钟公共端	54	DGND	数字公共端
5	REFCLK+	差动时钟输入	55	P2D⟨4⟩	端口 2，数据输入 D4
6	REFCLK−	差动时钟输入	56	P2D⟨3⟩	端口 2，数据输入 D3
7	CGND	时钟公共端	57	P2D⟨2⟩	端口 2，数据输入 D2
8	CGND	时钟公共端	58	P2D⟨1⟩	端口 2，数据输入 D1
9	CV_{DD18}	1.8V 时钟电源	59	P2D⟨0⟩	端口 2，数据输入 D0(LSB)
10	CV_{DD18}	1.8V 时钟电源	60	DV_{DD18}	1.8V 数字电源
11	CGND	时钟公共端	61	DV_{DD33}	3.3V 数字电源
12	AGND	模拟公共端	62	SYNC_O−	差动同步输出
13	SYNC_I+	差动同步输入	63	SYNC_O+	差动同步输出
14	SYNC_I−	差动同步输入	64	DGND	数字公共端
15	DGND	数字公共端	65	PLL_LOCK	PLL 时钟指示器
16	DV_{DD18}	1.8V 数字电源	66	SDO	SPI 端口数据输出
17	P1D⟨15⟩	端口 1，数据输入 D15(MSB)	67	SDIO	SPI 端口数据输入/输出
18	P1D⟨14⟩	端口 1，数据输入 D14	68	SCLK	SPI 端口时钟
19	P1D⟨13⟩	端口 1，数据输入 D13	69	CSB	SPI 端口芯片选择条
20	P1D⟨12⟩	端口 1，数据输入 D12	70	RESET	复位，有效高
21	P1D⟨11⟩	端口 1，数据输入 D11	71	IRQ	中断请求
22	DGND	数字公共端	72	AGND	模拟公共端
23	DV_{DD18}	1.8V 数字电源	73	IPTAT	工厂测试脚
24	P1D⟨10⟩	端口 1，数据输入 D10	74	V_{REF}	电压基准输出
25	P1D⟨9⟩	端口 1，数据输入 D9	75	I120	$120\mu A$ 基准电流
26	P1D⟨8⟩	端口 1，数据输入 D8	76	AV_{DD33}	3.3V 模拟电源
27	P1D⟨7⟩	端口 1，数据输入 D7	77	AGND	模拟公共端
28	P1D⟨6⟩	端口 1，数据输入 D6	78	AV_{DD33}	3.3V 模拟电源
29	P1D⟨5⟩	端口 1，数据输入 D5	79	AGND	模拟公共端
30	P1D⟨4⟩	端口 1，数据输入 D4	80	AV_{DD33}	3.3V 模拟电源
31	P1D⟨3⟩	端口 1，数据输入 D3	81	AGND	模拟公共端
32	DGND	数字公共端	82	AGND	模拟公共端
33	DV_{DD18}	1.8V 数字电源	83	OUT2_P	差动 DAC 电流输出通道 2
34	P1D⟨2⟩	端口 1，数据输入 D2	84	OUT2_N	差动 DAC 电流输出通道 2
35	P1D⟨1⟩	端口 1，数据输入 D1	85	AGND	模拟公共端
36	P1D⟨0⟩	端口 1，数据输入 D0(LSB)	86	AUX2_P	辅助 DAC 电流输出通道 2
37	DATACLK	数据时钟输出	87	AUX2_N	辅助 DAC 电流输出通道 2
38	DV_{DD33}	3.3V 数字电源	88	AGND	模拟公共端
39	TXENABLE	发射使能	89	AUX1_N	辅助 DAC 电流输出通道 1
40	P2D⟨15⟩	端口 2，数据输入 D15(MSB)	90	AUX1_P	辅助 DAC 电流输出通道 1
41	P2D⟨14⟩	端口 2，数据输入 D14	91	AGND	模拟公共端
42	P2D⟨13⟩	端口 2，数据输入 D13	92	OUT1_N	差动 DAC 电流输出通道 1
43	DV_{DD18}	1.8V 数字电源	93	OUT1_P	差动 DAC 电流输出通道 1
44	DGND	数字公共端	94	AGND	模拟公共端
45	P2D⟨12⟩	端口 2，数据输入 D12	95	AGND	模拟公共端
46	P2D⟨11⟩	端口 2，数据输入 D11	96	AV_{DD33}	3.3V 模拟电源
47	P2D⟨10⟩	端口 2，数据输入 D10	97	AGND	模拟公共端
48	P2D⟨9⟩	端口 2，数据输入 D9	98	AV_{DD33}	3.3V 模拟电源
49	P2D⟨8⟩	端口 2，数据输入 D8	99	AGND	模拟公共端
50	P2D⟨7⟩	端口 2，数据输入 D7	100	AV_{DD33}	3.3V 模拟电源

【最大绝对额定值】

参数	相对于参数	数值	参数	相对于参数	数值
AV_{DD33}, DV_{DD33}	AGND, DGND, CGND	$-0.3\sim+3.6V$	$P1D\langle15\rangle\sim P1D\langle0\rangle$, $P2D\langle15\rangle\sim P2D\langle0\rangle$	DGND	$-0.3V\sim DV_{DD33}+0.3V$
DV_{DD18}, CV_{DD18}	AGND, DGND, CGND	$-0.3\sim+2.1V$	DATACLK, TXEN-ABLE	DGND	$-0.3V\sim DV_{DD33}+0.3V$
AGND	DGND, CGND	$-0.3\sim+0.3V$	REFCLK+, REFCLK−	CGND	$-0.3V\sim CV_{DD18}+0.3V$
DGND	AGND, CGND	$-0.3\sim+0.3V$	RESET, IRQ, PLL_LOCK, SYNC_O+, SYNC_O−, SYNC_I+, SYNC_I−, CSB, SCLK, SDIO, SDO	DGND	$-0.3V\sim DV_{DD33}+0.3V$
CGND	AGND, DGND	$-0.3\sim+0.3V$			
I120, V_{REF}, IPTAT	AGND	$-0.3V\sim AV_{DD33}+0.3V$			
OUT1_P, OUT1_N, OUT2_P, OUT2_N, AUX1_P, AUX1_N, AUX2_P, AUX2_N	AGND	$-1.0V\sim AV_{DD33}+0.3V$	结温		$+125℃$
			存储温度		$-65\sim+150℃$

【应用电路】

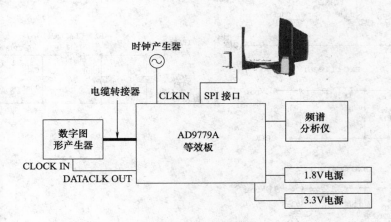

图 5-153　典型测试装置

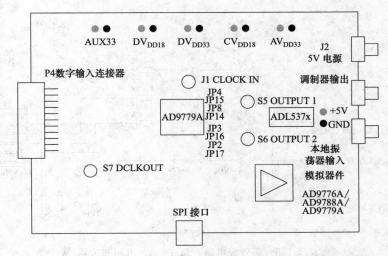

图 5-154　AD9776A/AD9778A/AD9779A 等效板表示全部连接

　　AD9776A/AD9778A/AD9779A 等效板设计为最佳 DAC 性能和数字接口速度，保持用户的支持。对于工作板，用户需要一个电源、一个时钟源和一个数字数据源，用户同样需要一个频谱分析仪或一个示波器观察 DAC 输出。在典型测试装置图中，一个正弦或方波时钟工作为一个时钟源。在直流上的时钟偏置无问题，因为在 REFCLK 输入前时钟是交流耦合至等效板上。全部必须连至等效电路板，如 AD9776A/AD9778A/AD9779A 等效板表示全部连接图。

【等效板电路图】

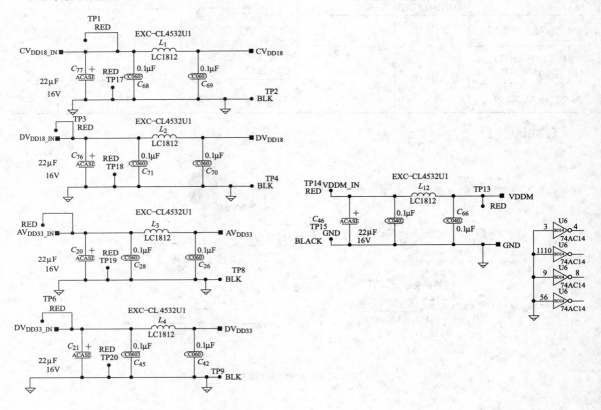

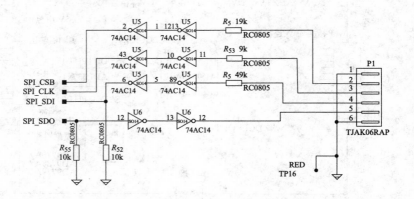

图 5-155　等效板电路，修正 . A，电源和去耦

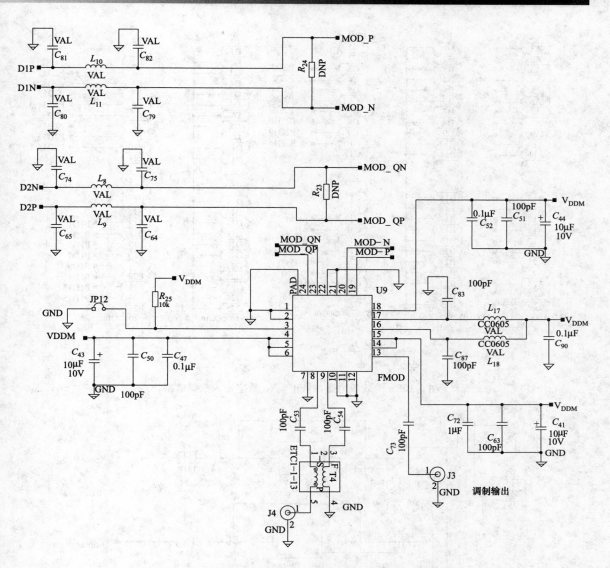

图 5-156 等效板电路，修正．A，ADL5372（FMOD2）正交调制

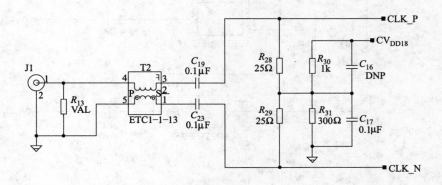

图 5-157 等效板电路，修正．A，TxDAC 时钟接口

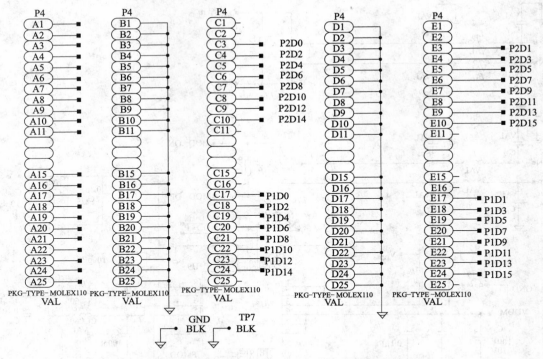

图 5-158　等效板电路，修正 . A，数字输入数据链路

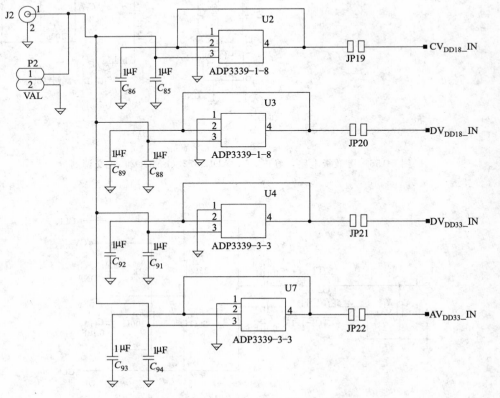

图 5-159　等效板电路，修正 . A，板上电源

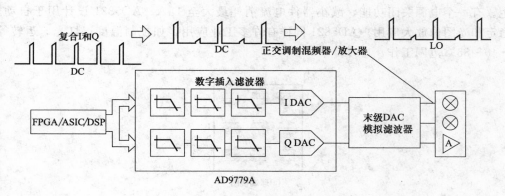

图 5-160　典型信号电路

【生产公司】　ANALOG DEVICES

● **AD5821，120mA，电流沉，10 位，I²C DAC**

【用途】

工业应用，加热器控制，风扇控制，制冷器控制，电磁开关控制，活门开关控制，线性制动器控制，光控制，电流环路控制，消费应用，透镜自动聚焦，图像稳定，光图像放大，百叶窗，可变光圈/曝光，中间通量滤波器，透镜盖，摄像机受话器，数字静态相机，相机使能器件，安全防护相机，网上/PC 相机。

【特点】

120mA 电流沉	全部代码中保证单一性
有效 3×3 阵列 WLCSP 封装	电源关闭 0.5μA 电流
2 线（I²C-兼容）1.8V 串行接口	内部基准
10 位分辨率	超低噪声前放
集成电流检测电阻	电源关闭功能
2.7～5.5V 电源	电源通复位

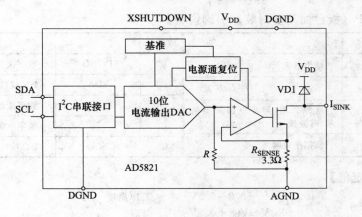

图 5-161　功能块图

AD5821 是一个单 10 位数模变换器，有 120mA 输出电流沉功能。特点是有一个内部基准和一个 2.7～5.5V 电源。DAC 通过一个 2 线（I²C 功能）串行口控制，工作时钟速率可达

400kHz。AD5821 包含一个电源通复位电路，保证 DAC 输出电源上升至 0V，保持直到有效写发生。有一个电源关闭功能，减小器件电流消耗最大至 $1\mu A$。AD5821 设计用于自动聚焦、图像稳定和光图像放大应用。AD5821 同样有许多工业应用，如控制温度、灯光、运转等。温度在 $-40\sim85℃$ 范围工作。

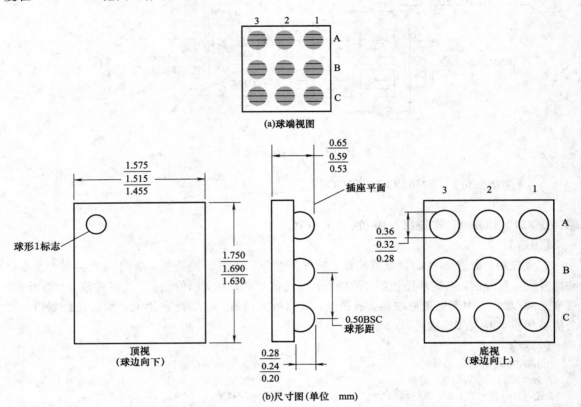

图 5-162　球形板台面刻度封装引脚图

【球形 WLCSP（板台面刻度封装）引脚说明】

球形号			球形号		
A1	I_{SINK}	输出电流沉	B2	DGND	数字接地脚
A2	NC	不连	B3	SDA	I^2C 接口信号
A3	XSHUTDOWN	电源关闭，异步电源关闭信号，有效低	C1	DGND	数字接地脚
			C2	V_{DD}	数字电源电压
B1	AGND	模拟接地脚	C3	SCL	I^2C 接口信号

【最大绝对额定值】

V_{DD} 至 AGND	$-0.3\sim5.5V$	工作温度	$-30\sim85℃$
V_{DD} 至 DGND	$-0.3V\sim V_{DD}+0.3V$	结温	150℃
AGND 至 DGND	$-0.3\sim0.3V$	存储温度	$-65\sim150℃$
SCL，SDA 至 DGND	$-0.3V\sim V_{DD}+0.3V$	WLFCSP 功耗	$(T_{jmax}-T_A)/\theta_{JA}$
XSHUTDOWN 至 DGND	$-0.3V\sim V_{DD}+0.3V$	θ_{JA} 热阻抗	95℃/W
I_{SINK} 至 AGND	$-0.3V\sim V_{DD}+0.3V$	引线焊接温度（波峰焊）	260℃（±5℃）

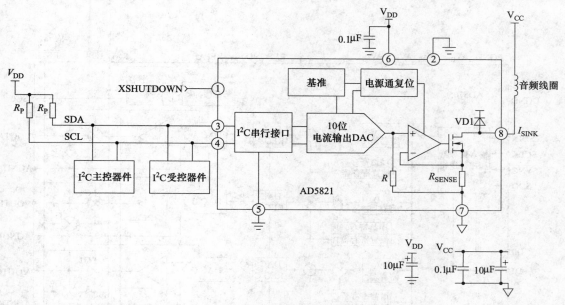

图 5-163　典型应用电路

【生产公司】　ANALOG DEVICES

● AD5765 完全四组，16 位，高精度，串行输入，±5V，DAC

【用途】

工业自动化，开环/闭环伺服控制，过程控制，数据采集系统，自动测试设备，机车测试和测量，高精度仪器设备。

【特点】

完全 4 组，16 位数模变换器（DAC）

可编程输出范围±4.096V，±4.201V，±4.311V

±1LSB 最大 INL 误差，±1LSB 最大 DNL 误差

低噪声 $60nV/\sqrt{Hz}$

建立时间：最大 $10\mu s$

集成基准缓冲器

芯片上温度传感器

输出控制电源接通/灯火管制

可编程短路保护

通过 LDAC 连续校正

异步 $\overline{CLR}$ 至零码

数字偏置和增益调节

逻辑输出控制脚

DSP-/微控制器兼容串行接口

温度范围 $-40\sim105℃$

iCMOS 工艺

AD5765 是一个 4 组、16 位、串联输入、双极性电压输出数模变换器，工作电源±4.75～±5.25V。满量程输出范围±4.096V。AD5765 有集成输出放大器、基准缓冲器和专门的电源升/电源降控制电路。零件同样有一个数字 I/O 口，通过串行接口可编程。器件包含数字偏置和每通道增益调节。AD5765 是一个高性能变换器，保证单一性，积分非线性（INL）为±1LSB，低噪声和 $10\mu s$ 建立时间。在电源上升（当电源电压正在改变）时，通过低阻抗通道输出钳位至 0V。AD5765 用一个串行接口，工作时钟速率可达 36MHz，与 DSP 和微控制器接口标准兼容。双缓冲器允许连续校正全部 DAC，输入码可编程，既可是 2 的补码，也可偏置二进制格式。异步清除功能清除全部 DAC 寄存器至双极性零或零量程决定于使用代码。AD5765 适用于闭环伺服控制和开环控制应用。AD5765 适用 32 引线 TQEP 封装，保证特性在工业温度范围 $-40\sim105℃$。

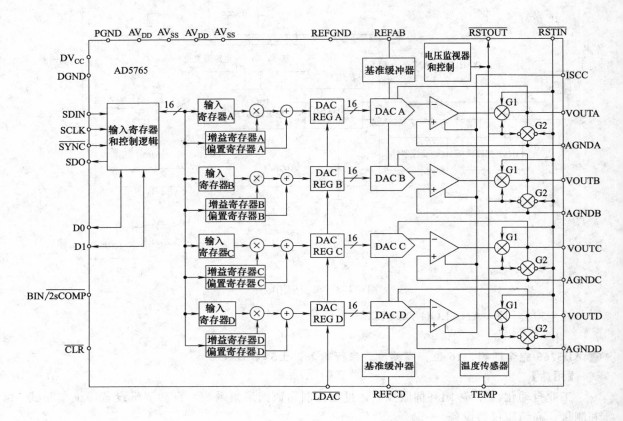

图 5-164　功能块图

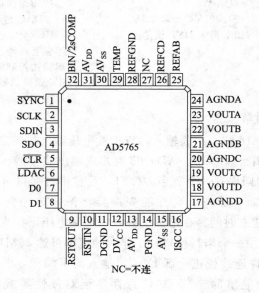

NC=不连

图 5-165　引脚图

【引脚说明】

脚号	符号	说　　明
1	$\overline{SYNC}$	有效低输入。这是帧同步信号,用于串联接口。当$\overline{SYNC}$是低时,数据在 SCLK 下降沿传输
2	SCLK	串联时钟输入。在 SCLK 下降沿数据锁至移位寄存器,工作时钟速率可达 30MHz
3	SDIN	串联数据输入。在 SCLK 下降沿数据必须有效
4	SDO	串联数据输出。在菊链和读回型式用,时钟数据来自串联寄存器
5[1]	$\overline{CLR}$	触发负沿输入。定该脚设置 DAC 寄存器至 0×0000
6	$\overline{LDAC}$	负载 DAC 逻辑输入。用该校正 DAC 寄存器,因而模拟输出
7,8	D0,D1	D0 和 D1 构成一个数字 I/O 端口。用户能用这些脚作为输入和输出
9	$\overline{RSTOUT}$	复位逻辑输出。该输出来自芯片上电压监视器,用作复位电路
10	$\overline{RSTIN}$	复位逻辑输入。该输入允许外部存取至内部复位逻辑。用一个逻辑 0 至输入钳位 DAC 输出至 0V
11	DGND	数字接地脚
12	DV$_{CC}$	数字电源脚,电压从 2.7～5.25V
13,31	AV$_{DD}$	正模拟电源脚,电压从 4.75～5.25V
14	PGND	接地参考脚,用于模拟电路
15,30	AV$_{SS}$	负模拟电源脚,电压从 −4.75～−5.25V
16	ISCC	用该脚一个外部电阻至 AGND,可编程短路输出放大器电流
17	AGNDD	接地基准脚,用于 DACD 输出放大器
18	VOUTD	DACD 的模拟输出电压。满量程±4.096V。该输出放大器能直接驱动一个 5Ω,200pF 负载
19	VOUTC	DACC 的模拟输出电压。满量程±4.096V。该输出放大器能直接驱动一个 5Ω,220pF 负载
20	AGNDC	接地基准脚,用于 DACC 输出放大器
21	AGNDB	接地基准脚,用于 DACB 输出放大器
22	VOUTB	DACB 的模拟输出电压。满量程±4.096V,输出放大器能直接驱动 5Ω,200pF 负载
23	VOUTA	DACA 的模拟输出电压。满量程±4.096V,输出放大器能直接驱动 5Ω,200pF 负载
24	AGNDA	接地参考脚,用于 DACA 输出放大器
25	REFAB	外部基准电压输入,用于通道 A 和通道 B。输入范围 1～2.1V
26	REFCD	外部基准电压输入,用于通道 C 和通道 D。输入范围 1～2.1V
27	NC	不连
28	REFGND	基准接地返回,用于基准产生器和缓冲器
29	TEMP	该脚输出与温度成比例。输出 1.4V 在 25℃,变化为 5mV/℃
32	BIN/2sCOMP	确定 DAC

【最大绝对额定值】

AV$_{DD}$ 至 AGNDX, DGND	−0.3～17V	AGNDX 至 DGND	−0.3～0.3V
AV$_{SS}$ 至 AGNDX, DGND	+0.3～−17V	工作温度 T_A	−40～105℃
DV$_{CC}$ 至 DGND	−0.3～7V	存储温度	−65～150℃
数字输入至 DGND	−0.3V～DV$_{CC}$+0.3V 或 7V	结温(T_{Jmax})	150℃
数字输出至 DGND	−0.3V～DV$_{CC}$+0.3V	功耗	$(T_{Jmax}-T_A)/\theta_{JA}$
REFIN 至 AGNDX, PGND		32 引线 TQFP	
	−0.3V～AV$_{DD}$+0.3V	热阻抗 θ_{JA}	65℃/W
VOUTA, VOUTB, VOUTC, VOUTD 至 AGNDX		热阻抗 θ_{JC}	12℃/W
	AV$_{SS}$～AV$_{DD}$		

【应用电路】

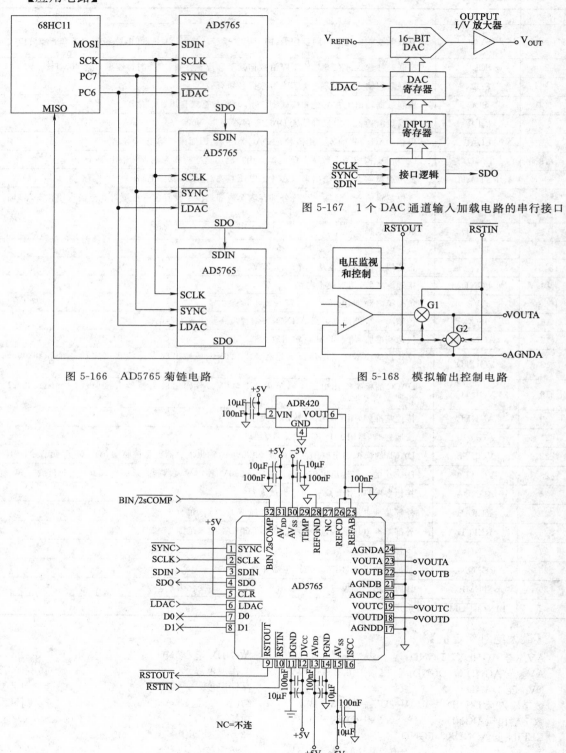

图 5-166 AD5765 菊链电路

图 5-167 1 个 DAC 通道输入加载电路的串行接口

图 5-168 模拟输出控制电路

图 5-169 典型应用电路

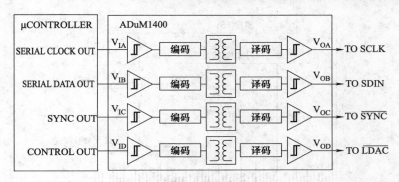

图 5-170　隔离接口

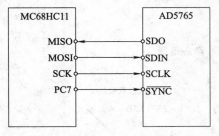

图 5-171　AD5765 至 MC68HC11 接口

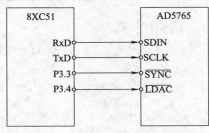

图 5-172　AD5765 至 8XC51 接口

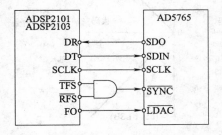

图 5-173　AD5765 至 ADSP2101/ADSP2103 接口

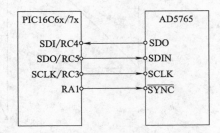

图 5-174　AD5765 至 PIC16C6X/7X 接口

【生产公司】　ANALOG DEVICES

5.7　数据采集变换器主要名词术语和技术指标

A/D 变换器 1LSB 对应的量化值

分辨率(N)	2^N	电压(10VFS)	ppm FS	%FS	dB FS
2bit	4	2.5V	250000	25	−12
4bit	16	625mV	62500	6.25	−24
6bit	64	156mV	15625	1.56	−36
8bit	256	39.1mV	3906	0.39	−48
10bit	1024	9.77mV(10mV)	977	0.098	−60
12bit	4096	2.44mV	244	0.024	−72
14bit	16384	610μV	61	0.0061	−84
16bit	65536	153μV	15	0.0015	−96
18bit	262144	38μV	4	0.0004	−108
20bit	1048576	9.54μV(10μV)	1	0.0001	−120
22bit	4194304	2.38μV	0.24	0.000024	−132
24bit	16777216	596nV①	0.06	0.000006	−144

① 600nV 是在 25℃ 温度条件下 2.2Ω 电阻器对应 10kHz 带宽的约翰逊（Johnson）噪声。

注：10bit ADC 10 VFS 输入，其 1LSB 对应 10mV，1000ppm，或 0.1%；所有其他数值都可由 2 的幂指数计算。

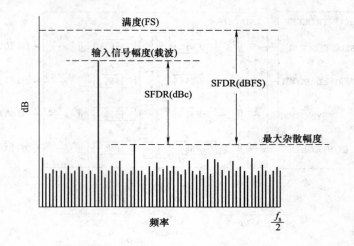

图 5-175　无杂散（无寄生）动态范围

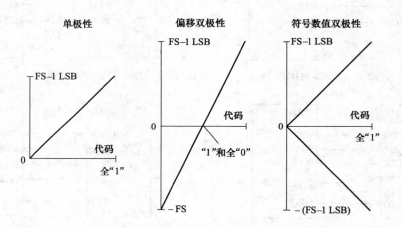

图 5-176　双极性和单极性 ADC 的转换范围

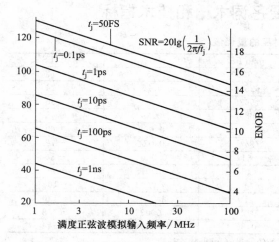

图 5-177　理论上 SNR 和 ENO 与抖动的关系

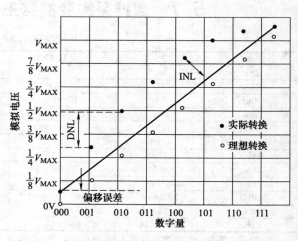

图 5-178　数据转换器在转换过程中的 DNL 和 INL 误差

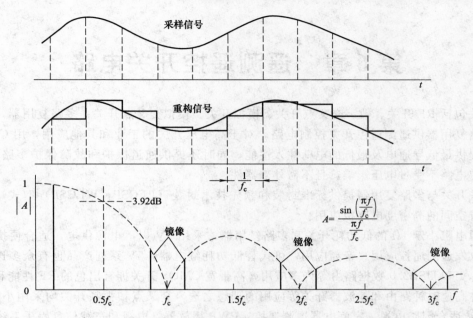

图 5-179 在频域范围内混叠的镜像和 SIN (X)/X 滚降

第 6 章　遥测遥控开关电路

开关包括 RF 开关、数字交叉点开关、模拟开关、模拟交叉点开关、多路复用器。各种开关与多路复用器供遥测遥控开关控制电路。对于高电压开关的工业和其他应用，用 CMOS 新工艺可提供最低导通电及最低的电荷注入性能，同时还提供通道保护和故障保护多路复用器，保护下游电路不受过电压影响，且不需外部器件。

这些开关与多路复用器提供标准封装和领先技术封装（LFCSP，WLCSP）型式，非常适用于节省空间的高密度电路板应用。

导通电阻小于 1Ω 的低功耗开关和多路复用器，采用 5V 以下电源供电，适合便携式通信应用、收发遥测遥控应用、音频应用，可代替低功耗继电器。5V 系列产品也有众多选择，面向 USB1.1 和 USB2.0 数据路由等许多应用，高带宽 CMOS 开关拥有出色的 RF 性能和集成特性，堪称高速时钟路由和滤波器开关等应用的理想之选。交叉点和视频开关均采用小型 LFCSP 封装，适合闭路电视、家庭电器遥测遥控、PWP 播放器、电视和车载信息娱乐系统等各种应用。

6.1　交叉点阵开关电路

● **ADG2128，I²C CMOS8×12 无缓冲用双/单电源供电模拟开关阵列**

【用途】

在 TV 中音频/视频开关，汽车信息通报，音频/视频接收机，CCTV，超声应用，KVM 开关，电信应用，测试设备/仪器仪表，PBX（专用分析）系统。

【特点】

I²C 兼容接口　　　　　　　　　　　可达 30MHz 带宽
3.4MHz 高速 I²C 选择　　　　　　　规定用双±5V/单 12V 工作
32 引线 LFCSP-VQ（5mm×5mm）　　导通电阻 35Ω 最大
双缓冲输入逻辑　　　　　　　　　　低静态电流＜20μA
多路开关同步

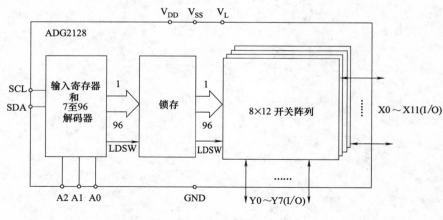

图 6-1　功能块图

ADG2128，I^2C CMOS8×12 无缓冲，有双/单电源供电的模拟开关阵列。ADG2128 是一个 8×12模拟交叉点开关阵列，按 8 列 12 行的型式排列，共 96 个开关通道。该阵列为双向式，行和列既可以配置为输入，也可以配置为输出。各开关可以通过 I^2C 兼容接口进行寻址和配置，一次可以激活任意数量的开关组合，而且可以利用 LDSW 命令同时更新多个开关。I^2C 接口支持标准、全速、高速（3.4MHz）。此外，利用 RESET 选项，可以复位/关断所有开关通道。上电时，所有开关均处于关断状态。器件封装用 32 引线，5mm×5mm LFCSP-VQ 封装。

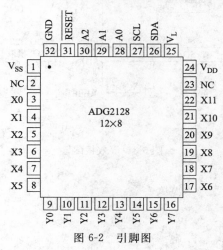

图 6-2　引脚图

【引脚功能说明】

脚号	脚名	说　　　明
1	V_{SS}	双电源应用中负电源,对于单电源该脚应接地
2,23	NC	不连
3～8	X0～X11	能输入或输出
17～22		能输入或输出
9～16	Y0～Y7	正电源输入
24	V_{DD}	逻辑电源输入
25	V_L	数字 I/O。双向开漏数据线,要求外部拉起电阻
26	SDA	数字输入,串行时钟线。在连接 SDA 至时钟数据进入器件时用开漏输入。要求外拉起电阻
27	SCL	逻辑输入。地址脚设置 7 位受控地址的最后有效位
28	A0	逻辑输入。地址脚设置 7 位受控地址的第二个最后有效位
29	A1	逻辑输入。地址脚设置 7 位受控地址的第三个最后有效位
30	A2	
31	$\overline{RESET}$	有效低逻辑输入。当该脚低时,全部开关断开,适合寄存器清除至 0
32	GND	接地基准点,用于 ADG2128 全部电路

【最大绝对额定值】

V_{DD} 至 V_{SS}	15V		工作温度：工业（B 型）	$-40～85℃$
V_{DD} 至 GND	$-0.3～15V$		汽车（Y 型）	$-40～125℃$
V_{SS} 至 GND	$+0.3～-7V$		存储温度	$-65～150℃$
V_L 至 GND	$-0.3～-7V$		结温	$150℃$
模拟输入	$V_{SS}-0.3V～V_{DD}+0.3V$		32 引线 LFCSP-VQ	
数字输入	$-0.3V～V_L+0.3V$ 或 30mA		θ_{JA} 热阻	$108.2℃/W$
连续电流			回流焊：峰值温度	$260℃（+0/-5℃）$
在输入 10V；单输入连至单输出	65mA		在峰值温度时间	$10～40s$
在输入 1V；单输入连至单输出	90mA			
在输入 10V；8 输入连至 8 输出	25mA			

【应用电路】

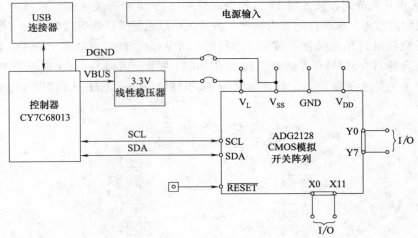

图 6-3　等效板配置

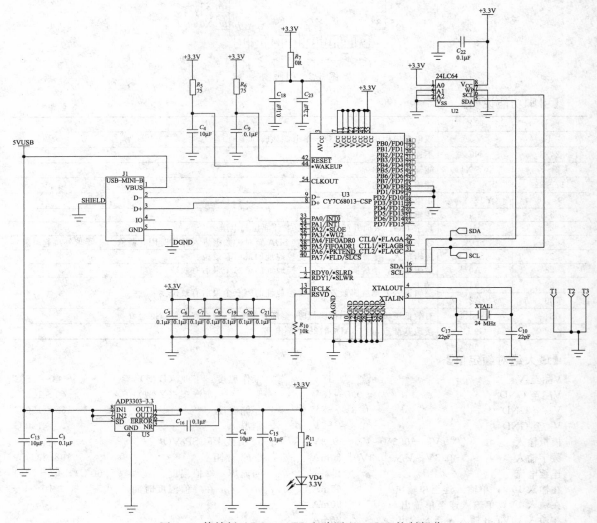

图 6-4　等效板 ADG2128EB 电路原理，USB 控制部分

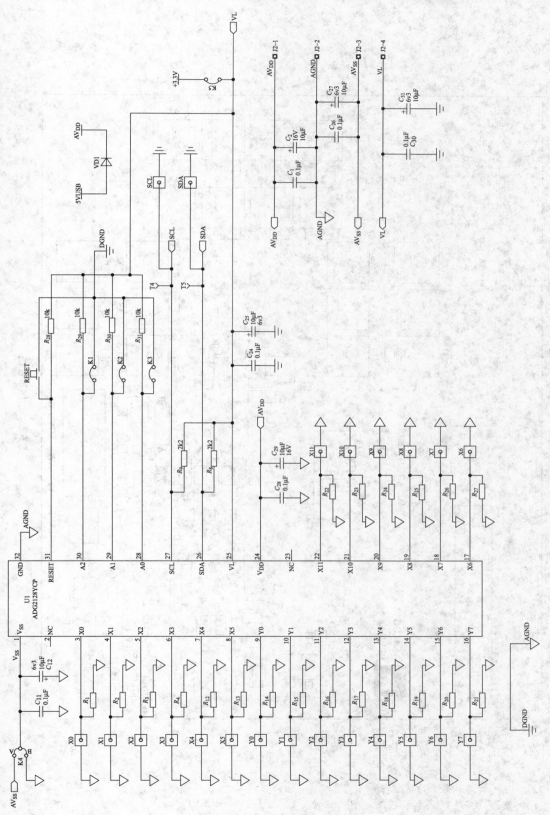

图 6-5 等效板 ADG2128EB 电路原理，芯片部分

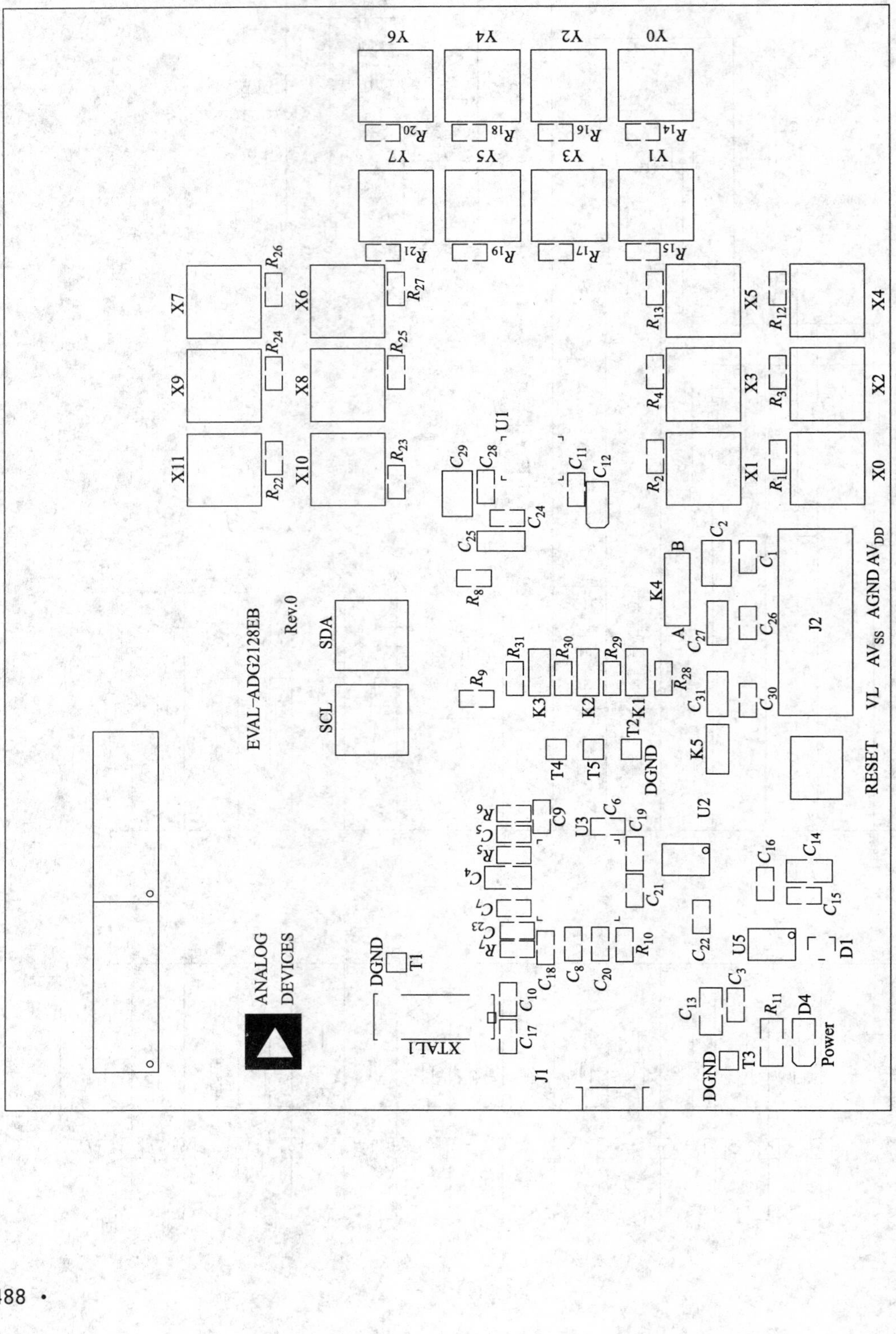

图 6-6 元件布置图

【元件目录】

数量	元件符号	说　明	数量	元件符号	说　明
19	C_1,C_3,$C_5 \sim C_9$, C_{11},C_{15},C_{16},$C_{18} \sim$ C_{22},C_{24},C_{26},C_{28},C_{30}	0.1μF,50V×7RSMD 瓷介电容	20	$R_1 \sim R_4$,$R_{12} \sim R_{27}$	SMD 电阻
			2	R_5,R_6	75Ω SMD 电阻
			1	R_7	0Ω SMD 电阻
2	C_2,C_{29}	10μF TAJ-B16VSMD 钽电容	2	R_8,R_9	2.2Ω SMD 电阻
3	C_4,C_{13},C_{14}	10μF×5R 瓷介电容	1	R_{10}	10Ω SMD 电阻
4	C_{12},C_{25},C_{27},C_{31}	10μF TAJ-A6.3VSMD 钽电容	1	R_{11}	1Ω SMD 电阻
			4	$R_{28} \sim R_{31}$	10Ω SMD 电阻
2	C_{10},C_{17}	22pF 50V×7R SMD 瓷介电容	1	RESET	按钮开关
			5	T1~T5	测试点
1	C_{23}	2.2μF6.3V×5R SMD 瓷介电容	1	U1	8×12 模拟开关阵列
			1	U2	3.3V 稳压器
1	VD1	二极管	1	U3	USB 微控制器
1	VD4	LED	1	U5	3.3V 稳压器
1	J1	USB 小型 B 连接器	20	X0~X11,Y0~Y7	插座,音频镀金一对
4	J2	4 脚端块	2	SCL,SDA	50Ω 直线 SMB 插座
5	K1~K5	SIP-2P 2 脚插头和短接分路	1	XTAL1	24MHzCM3095SMD 晶体

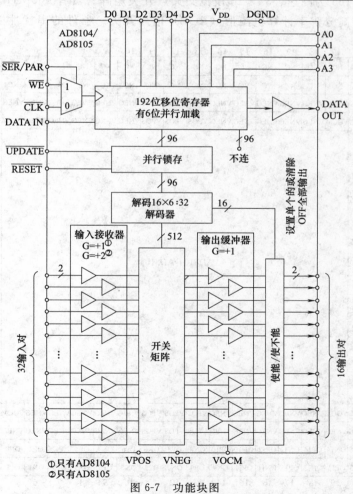

①只有AD8104
②只有AD8105

图 6-7　功能块图

【生产公司】　ANALOG DEVICES

● AD8104/AD8105，600MHz，32×16 缓冲式模拟交叉点开关

【用途】

RGB 和元件视频路由，KVM，压缩视频，数据通信等高速信号路由。

【特点】

高通道数量，32×16 高速，不闭塞开关阵列
差动或单端工作
差动 $G=+1$（AD8104）或 $G=+2$（AD8105）
脚与 32×32 开关阵列兼容
电源：单 5V，或双±2.5V
串行或并行开关阵列可编程
高阻抗输出失效允许多器件元件有最小加载至输出总线
极好的视频特性
　750MHz0.1dB 增益平坦性
　0.05% 差动增益误差（R_L=150Ω）
　0.05° 相位误差（R_L=150Ω）

极好的交流特性
　带宽：600MHz
　转换速率：1800V/μs
　建立时间：2.5ns 至 1%
低功耗 1.7W
低的全部干扰串音
　<−70dB 在 5MHz
　<−40dB 在 600MHz
复位脚允许全部输出失效
304 球形 BGA 封装（31mm×31mm）

　　AD8104/AD8105 为高速、32×16 模拟交叉点开关矩阵。具有 600MHz 带宽和 1800V/μs 转换速率，适用于高分辨率计算机图形（RGB）信号开关。器件的串扰性能低于−70dB，隔

	23	22	21	20	19	18	17	16	15	14	13	12	11	10	9	8	7	6	5	4	3	2	1	
A	VPOS	VPOS	VPOS	VPOS	NC	NC	NC	NC	NC	NC	NC	NC	NC	NC	NC	NC	NC	NC	NC	NC	VPOS	VPOS	VPOS	A
B	VPOS	VPOS	VPOS	NC	NC	NC	NC	NC	NC	NC	NC	NC	NC	NC	NC	NC	NC	NC	NC	VPOS	VPOS	VPOS	VPOS	B
C	VPOS	VPOS	VPOS	VPOS	VNEG	VNEG	VNEG	VNEG	VNEG	VNEG	VPOS	VPOS	VNEG	VNEG	VNEG	VNEG	VNEG	VNEG	VPOS	VPOS	VPOS	VPOS	VPOS	C
D	IN16	VPOS	VPOS	VNEG	VOCM	VNEG	VNEG	VNEG	VNEG	VNEG	VPOS	VNEG	VNEG	VNEG	VNEG	VNEG	VOCM	VNEG	VPOS	VNEG	VPOS	IP0	VPOS	D
E	IP16	IN17	VNEG	VOCM																VOCM	VNEG	IN0	IP1	E
F	IN18	IP17	VNEG	V_{DD}																V_{DD}	VNEG	IP2	IN1	F
G	IP18	IN19	VNEG	DGND																DGND	VNEG	IN2	IP3	G
H	IN20	IP19	VNEG	$\overline{RESET}$																DATA OUT	VNEG	IP4	IN3	H
J	IP20	IN21	VNEG	$\overline{UPDATE}$																$\overline{CLK}$	VNEG	IN4	IP5	J
K	IN22	IP21	VNEG	$\overline{WE}$																DATA IN	VNEG	IP6	IN5	K
L	IP22	IN23	VPOS	D5																$\overline{SER}$/PAR	VPOS	IN6	IP7	L
M	IN24	IP23	VPOS	D4																DGND	VPOS	IP8	IN7	M
N	IP24	IN25	VPOS	D3																A3	VPOS	IN8	IP9	N
P	IN26	IP25	VNEG	D2																A2	VNEG	IP10	IN9	P
R	IP26	IN27	VNEG	D1																A1	VNEG	IN10	IP11	R
T	IN28	IP27	VNEG	D0																A0	VNEG	IP12	IN11	T
U	IP28	IN29	VNEG	VDD																V_{DD}	VNEG	IN12	IP13	U
V	IN30	IP29	VNEG	DGND																DGND	VNEG	IP14	IN13	V
W	IP30	IP31	VNEG	VOCM																VOCM	VNEG	IN14	IP15	W
Y	VPOS	IP31	VPOS	VNEG	VOCM	VNEG	VNEG	VNEG	VNEG	VNEG	VPOS	VPOS	VPOS	VNEG	VNEG	VNEG	VNEG	VNEG	VOCM	VNEG	VPOS	VPOS	IN15	Y
AA	VPOS	VPOS	VPOS	VPOS	VNEG	VNEG	VNEG	VNEG	VNEG	VNEG	VPOS	VPOS	VPOS	VNEG	VNEG	VNEG	VNEG	VNEG	VPOS	VNEG	VPOS	VPOS	VPOS	AA
AB	VPOS	VPOS	VPOS	VPOS	ON14	OP14	ON12	OP12	ON10	OP10	ON8	OP8	ON6	OP6	ON4	OP4	ON2	OP2	ON0	OP0	VPOS	VPOS	VPOS	AB
AC	VPOS	VPOS	VPOS	ON15	OP15	ON13	OP13	ON11	OP11	ON9	OP9	ON7	OP7	ON5	OP5	ON3	OP3	ON1	OP1	VPOS	VPOS	VPOS	VPOS	AC
	23	22	21	20	19	18	17	16	15	14	13	12	11	10	9	8	7	6	5	4	3	2	1	

（中心标识：AD8104/AD8105）

图 6-8　封装底视

离性能为－90dB（5MHz），因而适合许多高速应用。同时 0.1dB 平坦度大于 50MHz，是复合视频开关的理想选择。AD8104/AD8105 内置 16 个独立输出缓冲器，可以将这些缓冲器置于高阻抗状态，以提供并行交叉点输出，因此关断通道仅向输出总线提供极小的负载。AD8104 具有差分增益＋1，而 AD8105 则具有差分增益＋2，适合后部端接负载应用。两者既可用作完全差分器件，也可配置为单端模式。两个器件可以用 5V 单电源供电或±2.5V 双电源供电，所有输出均使能时空闲功耗仅为 340mW。通道切换通过双缓冲式、串行控制接口或并行控制接口。AD8104/AD8105 封装在 304 球形 BGA 封装中，工作温度－40～85℃。

	1	2	3	4	5	6	7	8	9	10	11	12	13	14	15	16	17	18	19	20	21	22	23	
A	VPOS	VPOS	VPOS	NC	NC	NC	NC	NC	NC	NC	NC	NC	NC	NC	NC	NC	NC	NC	NC	VPOS	VPOS	VPOS	VPOS	A
B	VPOS	VPOS	VPOS	VPOS	NC	NC	NC	NC	NC	NC	NC	NC	NC	NC	NC	NC	NC	NC	NC	NC	VPOS	VPOS	VPOS	B
C	VPOS	VPOS	VPOS	VPOS	VNEG	VNEG	VNEG	VNEG	VNEG	VNEG	VPOS	VPOS	VPOS	VNEG	VNEG	VNEG	VNEG	VNEG	VNEG	VNEG	VPOS	VPOS	VPOS	C
D	VPOS	IP0	VPOS	VNEG	VOCM	VNEG	VNEG	VNEG	VNEG	VNEG	VPOS	VPOS	VNEG	VNEG	VNEG	VNEG	VNEG	VOCM	VNEG	VPOS	VPOS	VPOS	IN16	D
E	IP1	IN0	VNEG	VOCM																VOCM	VNEG	IN17	IP16	E
F	IN1	IN2	VNEG	VDD																VDD	VNEG	IP17	IN18	F
G	IP3	IN2	VNEG	DGND																DGND	VNEG	IN19	IP18	G
H	IN3	IP4	VNEG	DATA OUT																RESET	VNEG	IP19	IN20	H
J	IP5	IN4	VNEG	$\overline{CLK}$																UPDATE	VNEG	IN21	IP20	J
K	IN5	IP6	VNEG	DATA IN																$\overline{WE}$	VNEG	IP21	IN22	K
L	IP7	IN6	VPOS	SER/PAR																D5	VPOS	IN23	IP22	L
M	IN7	IP8	VPOS	DGND						AD8104/AD8105										D4	VPOS	IP23	IN24	M
N	IP9	IN8	VPOS	A3																D3	VPOS	IN25	IP24	N
P	IN9	IP10	VNEG	A2																D2	VNEG	IP25	IN26	P
R	IP11	IN10	VNEG	A1																D1	VNEG	IN27	IP26	R
T	IN11	IP12	VNEG	A0																D0	VNEG	IP27	IN28	T
U	IP13	IN12	VNEG	VDD																VDD	VNEG	IN29	IP28	U
V	IN13	IP14	VNEG	DGND																DGND	VNEG	IP29	IN30	V
W	IP15	IN14	VNEG	VOCM																VOCM	VNEG	IN31	IP30	W
Y	IN15	VPOS	VPOS	VNEG	VOCM	VNEG	VNEG	VNEG	VNEG	VNEG	VPOS	VPOS	VPOS	VNEG	VNEG	VNEG	VNEG	VNEG	VOCM	VNEG	VPOS	IP31	VPOS	Y
AA	VPOS	VPOS	VPOS	VPOS	VNEG	VNEG	VNEG	VNEG	VNEG	VNEG	VPOS	VPOS	VPOS	VNEG	VNEG	VNEG	VNEG	VNEG	VNEG	VPOS	VPOS	VPOS	VPOS	AA
AB	VPOS	VPOS	VPOS	OP0	ON0	OP2	ON2	OP4	ON4	OP6	ON6	OP8	ON8	OP10	ON10	OP12	ON12	OP14	ON14	VPOS	VPOS	VPOS	VPOS	AB
AC	VPOS	VPOS	VPOS	VPOS	OP1	ON1	OP3	ON3	OP5	ON5	OP7	ON7	OP9	ON9	OP11	ON11	OP13	ON13	OP15	ON15	VPOS	VPOS	VPOS	AC
	1	2	3	4	5	6	7	8	9	10	11	12	13	14	15	16	17	18	19	20	21	22	23	

图 6-9　封装顶视

【球栅说明】

球号	脚名	说　　明	球号	脚名	说　　明
A1	VPOS	模拟正电源	A7	NC	不连
A2	VPOS	模拟正电源	A8	NC	不连
A3	VPOS	模拟正电源	A9	NC	不连
A4	NC	不连	A10	NC	不连
A5	NC	不连	A11	NC	不连
A6	NC	不连	A12	NC	不连

球号	脚名	说　明	球号	脚名	说　明
A13	NC	不连	C17	VNEG	模拟负电源
A14	NC	不连	C18	VNEG	模拟负电源
A15	NC	不连	C19	VNEG	模拟负电源
A16	NC	不连	C20	VPOS	模拟正电源
A17	NC	不连	C21	VPOS	模拟正电源
A18	NC	不连	C22	VPOS	模拟正电源
A19	NC	不连	C23	VPOS	模拟正电源
A20	VPOS	模拟正电源	D1	VPOS	模拟正电源
A21	VPOS	模拟正电源	D2	IP0	输入 0 号，正相位
A22	VPOS	模拟正电源	D3	VPOS	模拟正电源
A23	VPOS	模拟正电源	D4	VNEG	模拟负电源
B1	VPOS	模拟正电源	D5	VOCM	输出共模基准电源
B2	VPOS	模拟正电源	D6	VNEG	模拟负电源
B3	VPOS	模拟正电源	D7	VNEG	模拟负电源
B4	VPOS	模拟正电源	D8	VNEG	模拟负电源
B5	NC	不连	D9	VNEG	模拟负电源
B6	NC	不连	D10	VNEG	模拟负电源
B7	NC	不连	D11	VPOS	模拟正电源
B8	NC	不连	D12	VPOS	模拟正电源
B9	NC	不连	D13	VPOS	模拟正电源
B10	NC	不连	D14	VNEG	模拟负电源
B11	NC	不连	D15	VNEG	模拟负电源
B12	NC	不连	D16	VNEG	模拟负电源
B13	NC	不连	D17	VNEG	模拟负电源
B14	NC	不连	D18	VNEG	模拟负电源
B15	NC	不连	D19	VOCM	输出共模基准电源
B16	NC	不连	D20	VNEG	模拟负电源
B17	NC	不连	D21	VPOS	模拟正电源
B18	NC	不连	D22	VPOS	模拟正电源
B19	NC	不连	D23	IN16	输入号 16，负相位
B20	NC	不连	E1	IP1	输入号 1，正相位
B21	VPOS	模拟正电源	E2	IN0	输入号 0，负相位
B22	VPOS	模拟正电源	E3	VNEG	模拟负电源
B23	VPOS	模拟正电源	E4	VOCM	输出共模基准电源
C1	VPOS	模拟正电源	E20	VOCM	输出共模基准电源
C2	VPOS	模拟正电源	E21	VNEG	模拟负电源
C3	VPOS	模拟正电源	E22	IN17	输入号 17，负相位
C4	VPOS	模拟正电源	E23	IP16	输入号 16，正相位
C5	VNEG	模拟负电源	F1	IN1	输入号 1，负相位
C6	VNEG	模拟负电源	F2	IP2	输入号 2，正相位
C7	VNEG	模拟负电源	F3	VNEG	模拟负电源
C8	VNEG	模拟负电源	F4	VDD	逻辑正电源
C9	VNEG	模拟负电源	F20	VDD	逻辑正电源
C10	VNEG	模拟负电源	F21	VNEG	模拟负电源
C11	VPOS	模拟正电源	F22	IP17	输入号 17，正相位
C12	VPOS	模拟正电源	F23	IN18	输入号 18，负相位
C13	VPOS	模拟正电源	G1	IP3	输入号 3，正相位
C14	VNEG	模拟负电源	G2	IN2	输入号 2，负相位
C15	VNEG	模拟负电源	G3	VNEG	模拟负电源
C16	VNEG	模拟负电源	G4	DGND	逻辑负电源

续表

球号	脚名	说　　明	球号	脚名	说　　明
G20	DGND	逻辑负电源	N22	IN25	输入号25,负相位
G21	VNEG	模拟负电源	N23	IP24	输入号24,正相位
G22	IN19	输入号19,负相位	P1	IN9	输入号9,负相位
G23	IP18	输入号18,正相位	P2	IP10	输入号10,正相位
H1	IN3	输入号3,负相位	P3	VNEG	模拟负电源
H2	IP4	输入号4,正相位	P4	A2	控制脚:输出地址位2
H3	VNEG	模拟负电源	P20	D2	控制脚:输入控制位2
H4	DATA OUT	控制脚:串行数据输出	P21	VNEG	模拟负电源
H20	$\overline{\text{RESET}}$	控制脚:第二列数据复位	P22	IP25	输入号25,正相位
H21	VNEG	模拟负电源	P23	IN26	输入号26,负相位
H22	IP19	输入号19,正相位	R1	IP11	输入号11,正相位
H23	IN20	输入号20,负相位	R2	IN10	输入号10,负相位
J1	IP5	输入号5,正相位	R3	VNEG	模拟负电源
J2	IN4	输入号4,负相位	R4	A1	控制脚:输出地址位1
J3	VNEG	模拟负电源	R20	D1	控制脚:输入地址位1
J4	$\overline{\text{CLK}}$	控制脚:串行数据时钟	R21	VNEG	模拟负电源
J20	$\overline{\text{UPDATE}}$	控制脚:第二列写选通	R22	IN27	输入27,负相位
J21	VNEG	模拟负电源	R23	IP26	输入号26,正相位
J22	IN21	输入号21,负相位	T1	IN11	输入号11,负相位
J23	IP20	输入号20,正相位	T2	IP12	输入号12,正相位
K1	IN5	输入号5,负相位	T3	VNEG	模拟负电源
K2	IP6	输入号6,正相位	T4	A0	控制脚:输出地址位0
K3	VNEG	模拟负电源	T20	D0	控制脚:输入地址位0
K4	DATA IN	控制脚:串行数据输入	T21	VNEG	模拟负电源
K20	$\overline{\text{WE}}$	控制脚:第1列写选通	T22	IP27	输入号27,正相位
K21	VNEG	模拟负电源	T23	IN28	输入号28,负相位
K22	IP21	输入号21,正相位	U1	IP13	输入号13,正相位
K23	IN22	输入号22,负相位	U2	IN12	输入号12,负相位
L1	IP7	输入号7,正相位	U3	VNEG	模拟负电源
L2	IN6	输入号6,负相位	U4	VDD	逻辑正电源
L3	VPOS	模拟正电源	U20	VDD	逻辑正电源
L4	$\overline{\text{SER}}/\text{PAR}$	控制脚:串行/并行模式选择	U21	VNEG	模拟负电源
L20	D5	控制脚:输入地址位5	U22	IN29	输入号29,负相位
L21	VPOS	模拟正电源	U23	IP28	输入号28,正相位
L22	IN23	输入号23,负相位	V1	IN13	输入号13,负相位
L23	IP22	输入号22,正相位	V2	IP14	输入号14,正相位
M1	IN7	输入号7,负相位	V3	VNEG	模拟负电源
M2	IP8	输入号8,正相位	V4	DGND	逻辑负电源
M3	VPOS	模拟正电源	V20	DGND	逻辑负电源
M4	DGND	逻辑负电源	V21	VNEG	模拟负电源
M20	D4	控制脚:输入地址位4	V22	IP29	输入号29,正相位
M21	VPOS	模拟正电源	V23	IN30	输入号30,负相位
M22	IP23	输入号23,正相位	W1	IP15	输入号15,正相位
M23	IN24	输入号24,负相位	W2	IN14	输入号14,负相位
N1	IP9	输入号9,正相位	W3	VNEG	模拟负电源
N2	IN8	输入号8,负相位	W4	VOCM	输出共模基准电源
N3	VPOS	模拟正电源	W20	VOCM	输出共模基准电源
N4	A3	控制脚:输出地址位3	W21	VNEG	模拟负电源
N20	D3	控制脚:输入地址位3	W22	IN31	输入号31负相位
N21	VPOS	模拟正电源	W23	IP30	输入号30正相位

续表

球号	脚名	说　　明	球号	脚名	说　　明
Y1	IN15	输入号15负相位	AB1	VPOS	模拟正电源
Y2	VPOS	模拟正电源	AB2	VPOS	模拟正电源
Y3	VPOS	模拟正电源	AB3	VPOS	模拟正电源
Y4	VNEG	模拟负电源	AB4	OP0	输出号0,正相位
Y5	VOCM	输出共模基准电源	AB5	ON0	输出号0,负相位
Y6	VNEG	模拟负电源	AB6	OP2	输出号2,正相位
Y7	VNEG	模拟负电源	AB7	ON2	输出号2,负相位
Y8	VNEG	模拟负电源	AB8	OP4	输出号4,正相位
Y9	VNEG	模拟负电源	AB9	ON4	输出号4,负相位
Y10	VNEG	模拟负电源	AB10	OP6	输出号6,正相位
Y11	VPOS	模拟正电源	AB11	ON6	输出号6,负相位
Y12	VPOS	模拟正电源	AB12	OP8	输出号8,正相位
Y13	VPOS	模拟正电源	AB13	ON8	输出号8,负相位
Y14	VNEG	模拟负电源	AB14	OP10	输出号10,正相位
Y15	VNEG	模拟负电源	AB15	ON10	输出号10,负相位
Y16	VNEG	模拟负电源	AB16	OP12	输出号12,正相位
Y17	VNEG	模拟负电源	AB17	ON12	输出号12,负相位
Y18	VNEG	模拟负电源	AB18	OP14	输出号14,正相位
Y19	VOCM	输出共模基准电源	AB19	ON14	输出号14,负相位
Y20	VNEG	模拟负电源	AB20	VPOS	模拟正电源
Y21	VPOS	模拟正电源	AB21	VPOS	模拟正电源
Y22	IP31	输入号31,正相位	AB22	VPOS	模拟正电源
Y23	VPOS	模拟正电源	AB23	VPOS	模拟正电源
AA1	VPOS	模拟正电源	AC1	VPOS	模拟正电源
AA2	VPOS	模拟正电源	AC2	VPOS	模拟正电源
AA3	VPOS	模拟正电源	AC3	VPOS	模拟正电源
AA4	VPOS	模拟正电源	AC4	VPOS	模拟正电源
AA5	VNEG	模拟负电源	AC5	OP1	输出号1,正相位
AA6	VNEG	模拟负电源	AC6	ON1	输出号1,负相位
AA7	VNEG	模拟负电源	AC7	OP3	输出号3,正相位
AA8	VNEG	模拟负电源	AC8	ON3	输出号3,负相位
AA9	VNEG	模拟负电源	AC9	OP5	输出号5,正相位
AA10	VNEG	模拟负电源	AC10	ON5	输出号5,负相位
AA11	VPOS	模拟正电源	AC11	OP7	输出号7,正相位
AA12	VPOS	模拟正电源	AC12	ON7	输出号7,负相位
AA13	VPOS	模拟正电源	AC13	OP9	输出号9,正相位
AA14	VNEG	模拟负电源	AC14	ON9	输出号9,负相位
AA15	VNEG	模拟负电源	AC15	OP11	输出号11,正相位
AA16	VNEG	模拟负电源	AC16	ON11	输出号11,负相位
AA17	VNEG	模拟负电源	AC17	OP13	输出号13,正相位
AA18	VNEG	模拟负电源	AC18	ON13	输出号13,负相位
AA19	VNEG	模拟负电源	AC19	OP15	输出号15,正相位
AA20	VPOS	模拟正电源	AC20	ON15	输出号15,负相位
AA21	VPOS	模拟正电源	AC21	VPOS	模拟正电源
AA22	VPOS	模拟正电源	AC22	VPOS	模拟正电源
AA23	VPOS	模拟正电源	AC23	VPOS	模拟正电源

【最大绝对额定值】

模拟电源电压（$V_{POS}-V_{NEG}$）　6V

数字电源电压（$V_{DD}-DGND$）　6V

接地电势差（$V_{NEG}-DGND$）　$+0.5\sim-2.5V$

最大电势差（$V_{DD}-V_{NEG}$）　8V

共模模拟输入电压　$V_{NEG}\sim V_{POS}$

差动模拟输入电压　$\pm2V$

数字输入电压　V_{DD}

输出电压（使不能模拟输出）$V_{POS}-1V\sim V_{NEG}+1V$

输出短路持续时间　短暂的

输出短路电流　80mA

存储温度　$-65\sim125℃$

工作温度　$-40\sim85℃$

引线焊接温度（10s）　300℃

结温　150℃

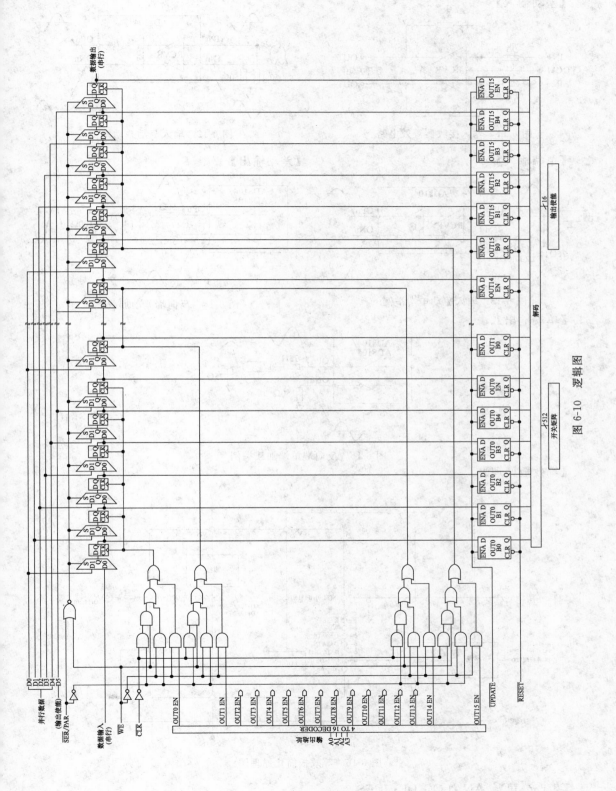

图 6-10　逻辑图

【差动输入】

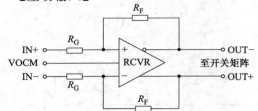

图 6-11　输入接收器等效电路

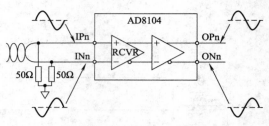

图 6-12　输入驱动差动举例

【单端输入】

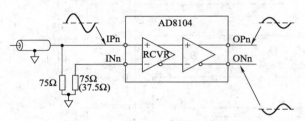

图 6-13　输入驱动单端举例

【差动输出】

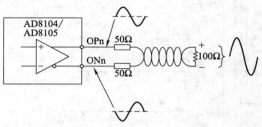

图 6-14　反向端差动加载举例

【单端输出】

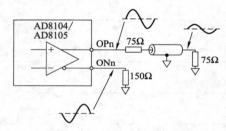

图 6-15　反向端单端加载举例

【等效板原理】

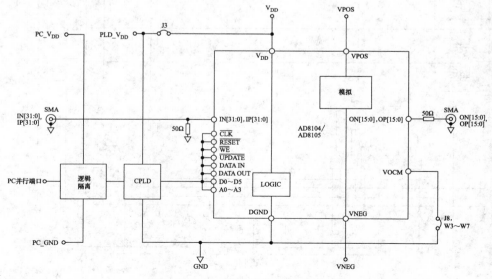

图 6-16　等效板简化原理图

【生产公司】　ANALOG DEVICES

● **AD8150 Xstream™ 33×17，1.5Gbps 数字交叉点开关**

【用途】

高清电视和标准清晰数字电视，光纤网络开关，遥测遥控多点开关。

【特点】

低价格

33×17 完全差动，不可阻塞

＞1.5Gbps 每个端口 NRZ 数据速率

宽电源范围：＋5V，＋3.3V，−3.3V，−5V

低功耗

　　400mA（输出使能）

　　30mA（输出使不能）

PECL 和 ECL 兼容

CMOS/TTL-电平控制输入：3～5V

低抖动

不要求散热

直接驱动背面

可编程输出电流

　最佳端阻抗

　在负载用户控制电压

　最小功耗

大阵列

双行锁存

缓冲输入

适用 184 引线 LQFP 封装

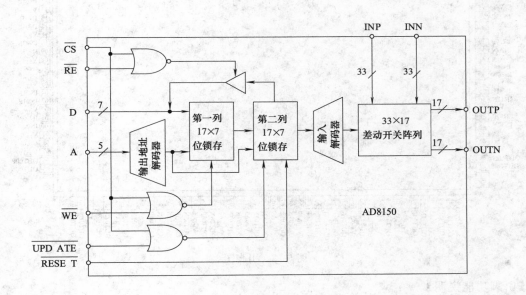

图 6-17　功能块图

AD8150 是 Xstream 系列产品，采用突破性数字开关技术。可提供较大的开关阵列 33×17，功耗非常低，典型功耗小于 1.5W。此外，它能以每个端口 1.5Gbps 以上数据速率工作，使它适用于高清晰电视，也适合标准清晰电视应用。AD8150 同样适用于 OC-24 光纤网络开关。

AD8150 提供灵活的电源电压，允许用户工作在 PECL 或 ECL 数据电平，可工作在 3.3V 以下，进一步降低功耗。控制接口是 CMOS/TTL 兼容（3～5V）。

完全差动信号路径减小了抖动和串扰，同时允许使用小的单端电源摆幅。AD8150 用 184 引线 LQFP 封装，工作温度 0～85℃。

图 6-18 引脚图

【引脚功能说明】

脚号	脚名	型号	说 明	脚号	脚名	型号	说 明
1,4,7,10,13, 16,19,22,25, 28,31,34,37, 40,42,46,47, 92,93,99,102, 105,108,111,114, 117,120,123,126, 129,132,135,138, 139,142,145,148, 172,175,178, 181,184	V_{EE}	Power supply	最大负 PECL 电源(V_{EE})	9	IN22N	PECL	高速输入补充
				11	IN23P	PECL	高速输入
				12	IN23N	PECL	高速输入补充
				14	IN24P	PECL	高速输入
				15	IN24N	PECL	高速输入补充
				17	IN25P	PECL	高速输入
				18	IN25N	PECL	高速输入补充
				20	IN26P	PECL	高速输入
				21	IN26N	PECL	高速输入补充
				23	IN27P	PECL	高速输入
2	IN20P	PECL	高速输入	24	IN27N	PECL	高速输入补充
3	IN20N	PECL	高速输入补充	26	IN28P	PECL	高速输入
5	IN21P	PECL	高速输入	27	IN28N	PECL	高速输入补充
6	IN21N	PECL	高速输入补充	29	IN29P	PECL	高速输入
8	IN22P	PECL	高速输入	30	IN29N	PECL	高速输入补充

续表

脚号	脚名	型号	说　　明	脚号	脚名	型号	说　　明
32	IN30P	PECL	高速输入	77	$V_{EE}A6$	Power supply	最大负 PECL 电源（只有这才有输出）
33	IN30N	PECL	高速输入补充				
35	IN31P	PECL	高速输入	78	OUT05N	PECL	高速输出补充
36	IN31N	PECL	高速输入补充	79	OUT05P	PECL	高速输出
38	IN32P	PECL	高速输入	80	$V_{EE}A5$	Power supply	最大负 PECL 电源（只有这才有输出）
39	IN32N	PECL	高速输入补充				
41,98,149,171	V_{CC}	Power supply	最大正 PECL 电源（V_{CC}）	81	OUT04N	PECL	高速输出补充
				82	OUT04P	PECL	高速输出
43	OUT16N	PECL	高速输出补充	83	$V_{EE}A4$	Power supply	最大负 PECL 电源（只有这才有输出）
44	OUT16P	PECL	高速输出				
45	$V_{EE}A16$	Power supply	最大负 PECL 电源（只有这才有输出）	84	OUT03N	PECL	高速输出补充
				85	OUT03P	PECL	高速输出
48	OUT15N	PECL	高速输出补充	86	$V_{EE}A3$	Power supply	最大负 PECL 电源（只有这才有输出）
49	OUT15P	PECL	高速输出				
50	$V_{EE}A15$	Power supply	最大负 PECL 电源（只有这才有输出）	87	OUT02N	PECL	高速输出补充
				88	OUT02P	PECL	高速输出
51	OUT14N	PECL	高速输出补充	89	$V_{EE}A2$	Power supply	最大负 PECL 电源（只有这才有输出）
52	OUT14P	PECL	高速输出				
53	$V_{EE}A14$	Power supply	最大负 PECL 电源（只有这才有输出）	90	OUT01N	PECL	高速输出补充
				91	OUT01P	PECL	高速输出
54	OUT13N	PECL	高速输出补充	92	$V_{EE}A1$	Power supply	最大负 PECL 电源（只有这才有输出）
55	OUT13P	PECL	高速输出				
56	$V_{EE}A13$	Power supply	最大负 PECL 电源（只有这才有输出）	95	OUT00N	PECL	高速输出补充
				96	OUT00P	PECL	高速输出
57	OUT12N	PECL	高速输出补充	97	$V_{EE}A0$	Power supply	最大负 PECL 电源（只有这才有输出）
58	OUT12P	PECL	高速输出				
59	$V_{EE}A12$	Power supply	最大负 PECL 电源（只有这才有输出）	100	IN00P	PECL	高速输入
				101	IN00N	PECL	高速输入补充
60	OUT11N	PECL	高速输出补充	103	IN01P	PECL	高速输入
61	OUT11P	PECL	高速输出	104	IN01N	PECL	高速输入补充
62	$V_{EE}A11$	Power supply	最大负 PECL 电源（只有这才有输出）	106	IN02P	PECL	高速输入
				107	IN02N	PECL	高速输入补充
63	OUT10N	PECL	高速输出补充	109	IN03P	PECL	高速输入
64	OUT10P	PECL	高速输出	110	IN03N	PECL	高速输入补充
65	$V_{EE}A10$	Power supply	最大负 PECL 电源（只有这才有输出）	112	IN04P	PECL	高速输入
				113	IN04N	PECL	高速输入补充
66	OUT09N	PECL	高速输出补充	115	IN05P	PECL	高速输入
67	OUT09P	PECL	高速输出	116	IN05N	PECL	高速输入补充
68	$V_{EE}A9$	Power supply	最大负 PECL 电源（只有这才有输出）	118	IN06P	PECL	高速输入
				119	IN06N	PECL	高速输入补充
69	OUT08N	PECL	高速输出补充	121	IN07P	PECL	高速输入
70	OUT08P	PECL	高速输出	122	IN07N	PECL	高速输入补充
71	$V_{EE}A8$	Power supply	最大负 PECL 电源（只有这才有输出）	124	IN08P	PECL	高速输入
				125	IN08N	PECL	高速输入补充
72	OUT07N	PECL	高速输出补充	127	IN09P	PECL	高速输入
73	OUT07P	PECL	高速输出	128	IN09N	PECL	高速输入补充
74	$V_{EE}A7$	Power supply	最大负 PECL 电源（只有这才有输出）	130	IN10P	PECL	高速输入
				131	IN10N	PECL	高速输入补充
75	OUT06N	PECL	高速输出补充	133	IN11P	PECL	高速输入
76	OUT06P	PECL	高速输出	134	IN11N	PECL	高速输入补充

续表

脚号	脚名	型号	说　明	脚号	脚名	型号	说　明
136	IN12P	PECL	高速输入	160	A4	TTL	(16)MSB 输出选择
137	IN12N	PECL	高速输入补充	161	A3	TTL	(8)
140	IN13P	PECL	高速输入	162	A2	TTL	(4)
141	IN13N	PECL	高速输入补充	163	A1	TTL	(2)
143	IN14P	PECL	高速输入	164	A0	TTL	(1)LSB 输出选择
144	IN14N	PECL	高速输入补充	165	$\overline{\text{UPDATE}}$	TTL	第二列编程
146	IN15P	PECL	高速输入	166	$\overline{\text{WE}}$	TTL	第一列编程
147	IN15N	PECL	高速输入补充	167	$\overline{\text{RE}}$	TTL	使能反馈
150	V_{EE}REF	R-program	连接点用于输出逻辑下接可编程电阻（必须连至 V_{EE}）	168	$\overline{\text{CS}}$	TTL	使能芯片接收编程
				169	$\overline{\text{RESET}}$	TTL	使不能全部输出
151	REF	R-program	连接点用于输出逻辑点下拉可编程电阻	170	V_{DD}	Power supply	最大正控制逻辑电源
152	V_{SS}	Power supply	最大负控制逻辑电源	173	IN16P	PECL	高速输入
153	D6	TTL	使能/不使能输出	174	IN16N	PECL	高速输入补充
154	D5	TTL	(32)MSB 输入选择	176	IN17P	PECL	高速输入
155	D4	TTL	(16)	177	IN17N	PECL	高速输入补充
156	D3	TTL	(8)	179	IN18P	PECL	高速输入
157	D2	TTL	(4)	180	IN18N	PECL	高速输入补充
158	D1	TTL	(2)	182	IN19P	PECL	高速输入
159	D0	TTL	(1)LSB 输入选择	183	IN19N	PECL	高速输入补充

【最大绝对额定值】

电源电压 V_{DD} 至 V_{EE}	10.5V	差动输入电压	$V_{CC} \sim V_{EE}$
内部功耗 AD8150/84 引线塑封 LQFP（ST）		输出短路持续时间	观察电源下降曲线
	4.2W	存储温度	−65～125℃

【应用电路】

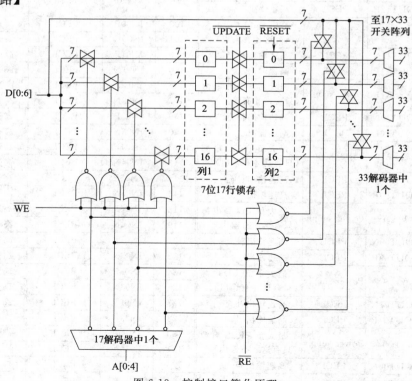

图 6-19　控制接口简化原理

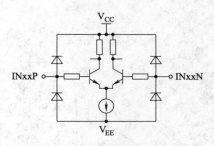

图 6-20 高速数据输入简化电路

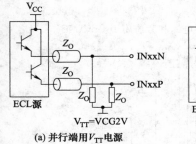

(a) 并行端用 V_{TT} 电源

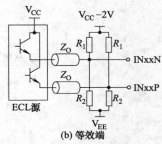

(b) 等效端

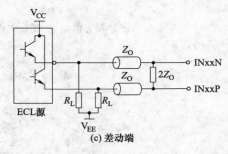

(c) 差动端

图 6-21 AD8150 来自 ECL/PECL 源输入端

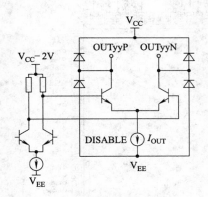

图 6-22 简化输出电路

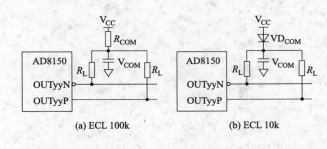

(a) ECL 100k　　　　　　(b) ECL 10k

图 6-23 输入拉起网络

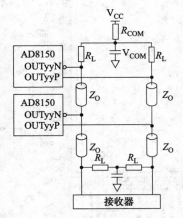

图 6-24 AD8150 输出双端

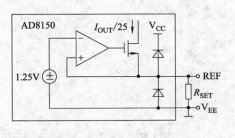

图 6-25 简化基准电路

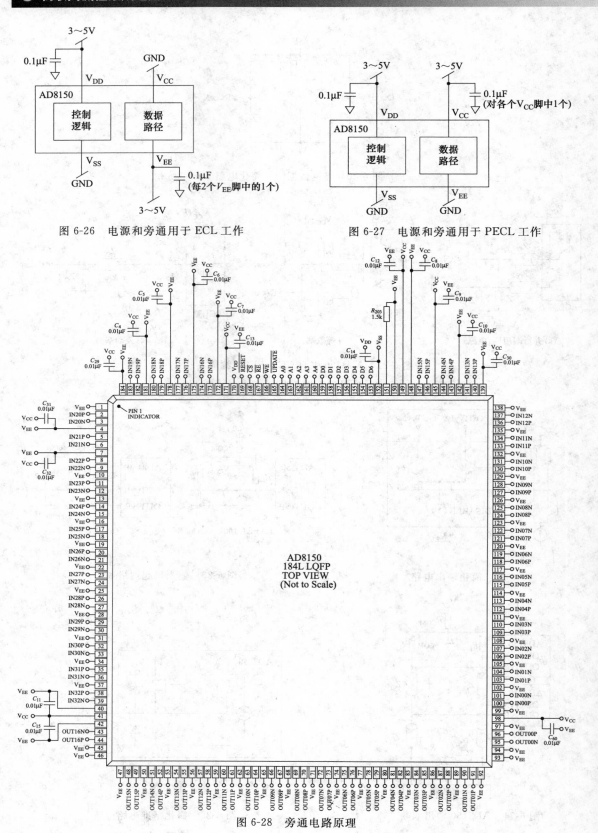

图 6-26　电源和旁通用于 ECL 工作

图 6-27　电源和旁通用于 PECL 工作

图 6-28　旁通电路原理

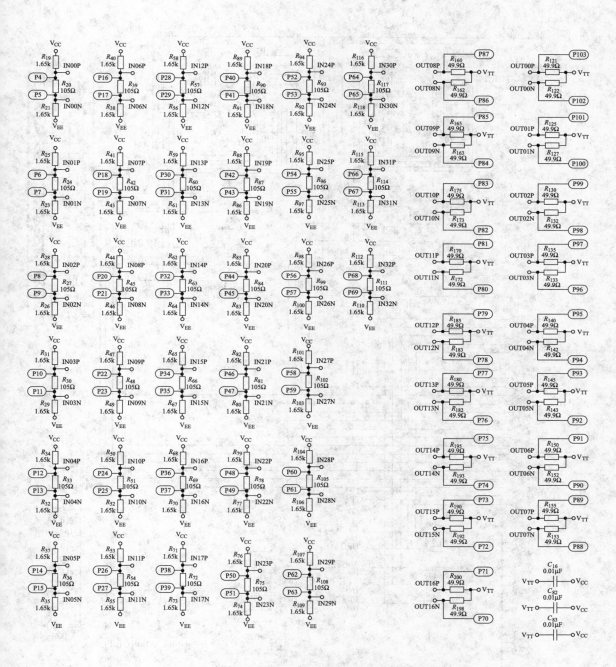

图 6-29 输入/输出连接和旁通电路

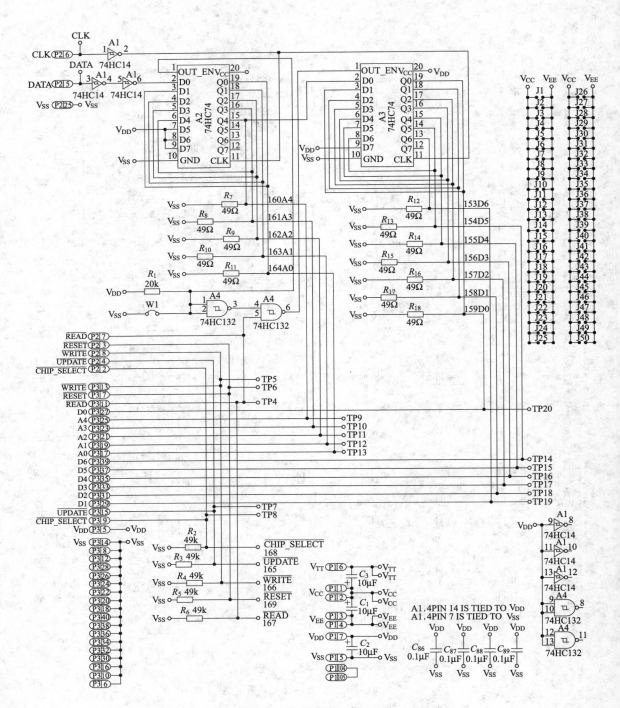

图 6-30 控制时钟和旁通电路

【生产公司】 ANALOG DEVICES

6.2 多工器/分工器开关电路

● **ADG791A/ADG791G，I²C 兼容宽带 4 个 2：1 多工器**

【用途】

S-视频 RGB/ypbpr 视频开关，HDTV，投影 TV，DVD-R/RW，音频/视频开关。

【特点】

带宽：325MHz
低插入损耗和导通电阻：2.6Ω 典型值
导通电阻平坦性：0.3Ω 典型值
单 3V/5V 电源工作
低静态电源电流：1nA 典型值
快速开关时间：$t_{ON}=186\text{ns}$，$t_{OFF}=177\text{ns}$

I²C 兼容接口
ESD 保护
 4kV 人体型（HBM）
 200V 机器型（MM）
 1kV 场，包括带电器件型（FICDM）

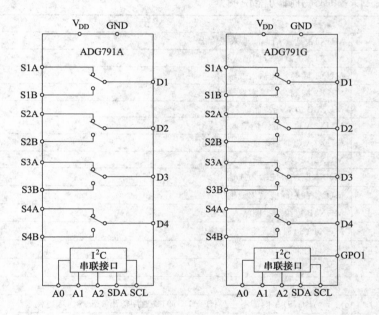

图 6-31　功能块图

ADG791A/ADG791G 是单位 CMOS 器件，包括 4 个 2：1 多工器/分工器，通过 I²C 串行接口控制。CMOS 工艺提供超低功耗，具有高的开关速度和低的导通电阻。

导通电阻在全部模拟输入范围和宽频带范围非常平坦，保证极好的线性和低失真。组合这些特性与宽的输入信号范围，使 ADG791A/ADG791G 成为理想的开关，用于电视应用宽范围，包括 S—视频、RGB 和 ypbpr 视频开关。

当导通时，在两个方向开关接通相同。在断开时，信号电平达到电源阻断。ADG791A/ADG791G 开关展示先断后开关动作。ADG791G 有一个通用的逻辑输出脚，通过 I²C 接口控制，它同样能用于控制其他非 I²C 兼容器件，如视频滤波器。集成 I²C 接口，在系统设计中具有大范围灵活性。它有 3 个结构 I²C 地址脚，允许高达 8 个器件在同样总线上，这允许用户扩大器件功能，增加开关阵列范围。

ADG791A/ADG791G 工作电源 3V 或 5V，用 4mm×4mm、24 引线 LFCSP 封装。

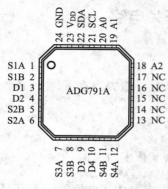

图 6-32　ADG791A 引脚图

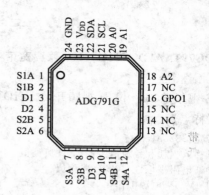

图 6-33　ADG791G 引脚图

【ADG791A/ADG791G 引脚功能说明】

脚号	脚名	说　明
1	S1A	MUX1A 边源端。能输入或输出
2	S1B	MUX1B 边源端。能输入或输出
3	D1	MUX1 漏端。能输入或输出
4	D2	MUX2 漏端。能输入或输出
5	S2B	MUX2B 边源端。能输入或输出
6	S2A	MUX2A 边源端。能输入或输出
7	S3A	MUX3A 边源端。能输入或输出
8	S3B	MUX3B 边源端。能输入或输出
9	D3	MUX3 漏端。能输入或输出
10	D4	MUX4 漏端。能输入或输出
11	S4B	MUX4B 边源端。能输入或输出
12	S4A	MUX4A 边源端。能输入或输出
13	NC	不连(内部)
14	NC	不连(内部)
15	NC	不连(内部)
16	NC/GPO1	对于 ADG791A 内部不连/对于 ADG791G 通用输出 1 没有内部连接
17	NC	不连(内部)
18	A2	逻辑输入。设置位 A2,来自 7 位受控地址最后有效位
19	A1	逻辑输入。设置位 A1,来自 7 位受控地址最后有效位
20	A0	逻辑输入。设置位 A0,来自 7 位受控地址最后有效位
21	SCL	数字输入。串行时钟线,用开漏输入,连 SDA 至时钟数据至器件。球外部拉起电阻
22	SDA	数字 I/O。双向开漏数据线。要求外部拉起电阻
23	V_{DD}	正电源输入
24	GND	地(0V)基准

【最大绝对额定值】

V_{DD} 至 GND　　　　　　　　　　$-0.3\sim6V$

模拟数字输入　　$-0.3V\sim V_{DD}+0.3V$ 或 30mA

连续电流,S 或 D　　　　　　　　100mA

峰值电流,S 或 D

　　　　　300mA(脉宽 1ms,占空比 10%)

工作温度　　　　　　　　　　$-40\sim85℃$

存储温度　　　　　　　　　　$-65\sim150℃$

结温　　　　　　　　　　　　150℃

θ_{JA} 热阻(24 引线 LFCSP)　　30℃/W

引线焊接温度(10s)　　　　　　300℃

红外回流,峰值温度(<20s)　　260℃

【ADG791A/ADG791G 应用电路】

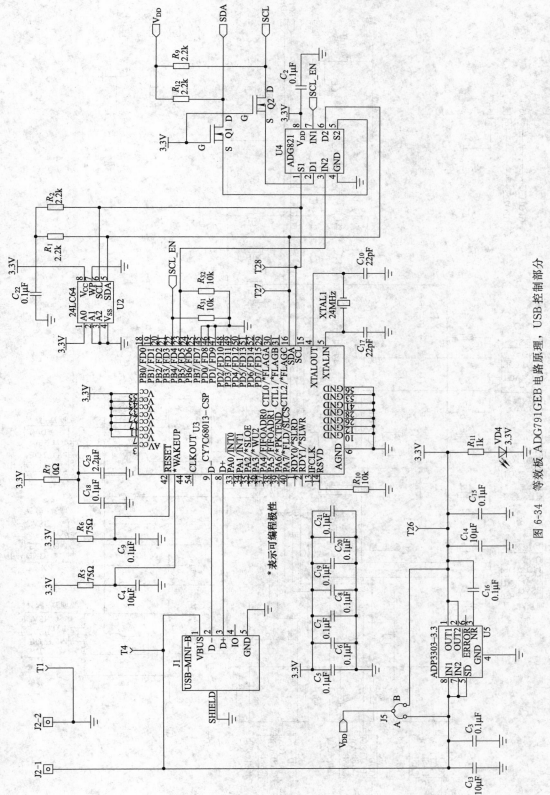

图 6-34　等效板 ADG791GEB 电路原理，USB 控制部分

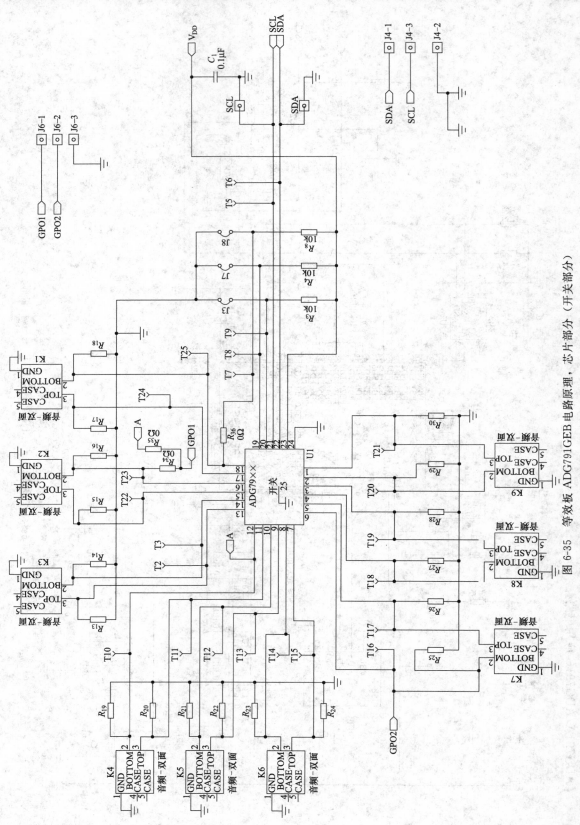

图 6-35 等效板 ADG791GEB 电路原理，芯片部分（开关部分）

【电路元件目录】

数量	符号	说　明	数量	符号	说　明
14	C_1,C_3,$C_5 \sim C_9$,C_{15},C_{16},$C_{18} \sim C_{22}$	0.1μF 50V×7R SMD 瓷介电容	6	R_3,R_4,R_8,R_{10},R_{31},R_{32}	10kΩ SMD 电阻
3	C_4,C_{13},C_{14}	10μF×SR 瓷介电容	1	R_7	0Ω 电阻(SMD)
1	C_2	没有附有	1	R_{34}	0Ω SMD 电阻,除 ADG791A/791G/795A/795G 外没有附有
2	C_{10},C_{17}	22pF 50V×7R SMD 瓷介电容	1	R_{35}	0Ω SMD 电阻,除 ADG796A 外附有
1	C_{23}	22μF 6.3V×SR SMD 瓷介电容	1	R_{36}	10 kΩ SMD 电阻
			1	R_{11}	
1	VD4	LED	27	$R_{13} \sim R_{30}$	没有附有
1	J1	USB 小型连接器	28	T1～T28	测试点
1	J2	2 脚端块			ADG792GBCPZ for EVAL-ADG792GEB
3	J3,J7,J8	2 脚搭接线			ADG793GBCPZ for EVAL-ADG793GEB
1	J5	3 脚搭接线	1	U1	ADG791GBCPZ for EVAL-ADG791GEB
2	J4,J6	3 脚端块			ADG795GBCPZ for EVAL-ADG795GEB
					ADG796ABCPZ for EVAL-ADG796AEB
9	K1～K9	插座。音频 PCB 镀金 1 双层			ADG799GBCPZ for EVAL-ADG799GEB
2	Q1,Q2	晶体管(场效应)	1	U2	24LC64EEPROM
2	SCL,SDA	50Ω 直线 SMB 插座	1	U3	USB 微控制器
4	R_1,R_2,R_9,R_{12}	2.2Ω 电阻	1	U4	双 SPST 开关
			1	U5	3.3V 稳压器
2	R_5,R_6	75Ω SMD 电阻	1	XTAL1	24MHz CM3095SMD 晶体

【生产公司】　ANALOG DEVICES

● ADG794 低压,300MHz 4 个 2：1 多路复用器模拟 HDTV 音频/视频开关

【用途】

RGB 开关,HDTV,DVD-R(数字通用可记录盘),音频/视频开关。

【特点】

带宽 300MHz

低插入损耗和导通电阻：5Ω 典型值

导通电阻平坦性：0.7Ω 典型值

单 3.3V/5V 电源工作

低静态电源电流：1nA 典型值

快速开关时间

　　t_{on},7ns

t_{off},5ns

TTL/CMOS 兼容

ESD 保护

2kV 人体型(HBM)

200V 机器型(MM)

1kV 场,包括带电器件型(FICDM)

ADG794 是一个单片 CMOS 器件,内有 4 个 2：1 多路复用器(多工器)/解复用器(分工器),提供高阻抗输出。它用 CMOS 工艺设计,具有低功耗、高开关速度、低导通电阻特性。在输入信号范围内,导通电阻变化小于 1.2Ω。

带宽典型值为 300MHz,而且具有低失真(典型值为 0.18%),因而适合模拟音频/视频信号切换应用。

ADG794 采用 3.3V/5V 单电源供电,并且与 TTL 兼容。这些开关由逻辑输入 IN 和 $\overline{\text{EN}}$ 控

制，用户可以利用$\overline{EN}$引脚禁用所有开关。接通时，这些开关在两个方向导电性能相同，在断开条件下，达到电源电压的信号电平被阻止。ADG794用16引线QSOP封装。

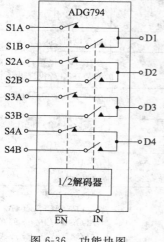

图6-36　功能块图

图6-37　引脚图

【引脚功能说明】

脚号	脚名	说　　明
1	IN	逻辑控制输入。在该输入控制逻辑电平工作在多工器(复用器)
2	S1A	MUX1A 边端,能输入或输出
3	S1B	MUX1B 边端,能输入或输出
4	D1	MUX1 漏端,能输入或输出
5	S2A	MUX2A 边端,能输入或输出
6	S2B	MUX2B 边端,能输入或输出
7	D2	MUX2 漏端,能输入或输出
8	GND	接地基准
9	D3	MUX3 漏端,能输入或输出
10	S3B	MUX3B 边端,能输入或输出
11	S3A	MUX3A 边端,能输入或输出
12	D4	MUX4 漏端,能输入或输出
13	S4B	MUX4B 端,能输入或输出
14	S4A	MUX4A 端,能输入或输出
15	$\overline{EN}$	MUX 使能逻辑输入,使能或使不能多工器
16	V_{DD}	正电源电压

【最大绝对额定值】

V_{DD}至 GND　　　　　　　　　　$-0.3\sim6V$
模拟数字输入　$-0.3V\sim V_{DD}+0.3V$ 或 30mA
连续电流 S 或 D　　　　　　　　　100mA
峰值电流 S 或 D
　　　300mA（脉宽 1ms，最大占空比 10%）

工作温度　　　　　　　　　　$-40\sim85℃$
存储温度　　　　　　　　　　$-65\sim150℃$
QSOP 封装，功耗　　　　　　　566mW
θ_{JA} 热阻　　　　　　　　149.97℃/W
引线焊接温度
　波峰焊（20~40s）　　　　　　　260℃

【典型应用】

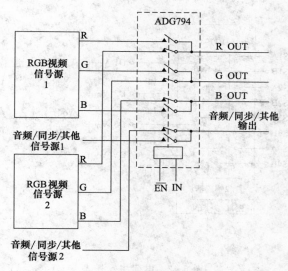

图 6-38　音频/视频开关

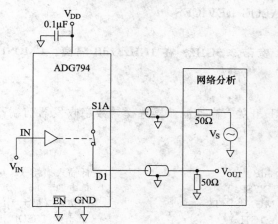

图 6-39　带宽测试

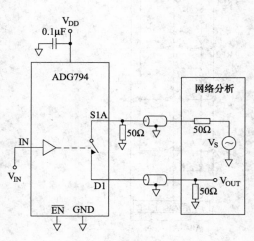

图 6-40　断开隔离测试

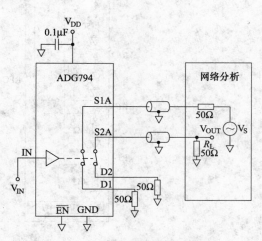

图 6-41　通道至通道串音测试

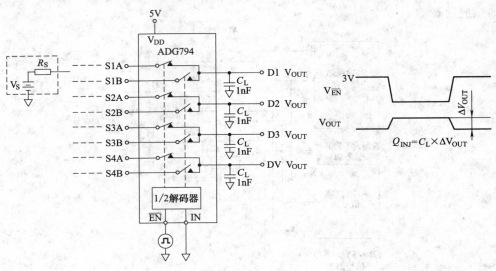

图 6-42　电荷注入测试

【生产公司】　ANALOG DEVICES

● ADG904/ADG904-R 宽带 2.5GHz，在 1GHz37dB 隔离，CMOS1.65～2.75V，4：1MUX/SP4T 开关

【用途】

无线通信，通用 RF 开关，高速滤波器选择，数字收发器前端开关，IF 开关，调谐调制，天线分散式开关。

【特点】

宽带开关在 2.5GHz，3dB　　　　　　　低插入损耗（1.1dB DC 至 1GHz）

ADG904 吸收 4：1 MUX/SP4T　　　　单电源 1.65～2.75V

ADG904-R 反射 4：1 MUX/SP4T　　　低功耗（最大 1μA）

高断开隔离（37dB，在 1GHz）　　　20 引线 TSSOP 和 4mm×4mm LFCSP 封装

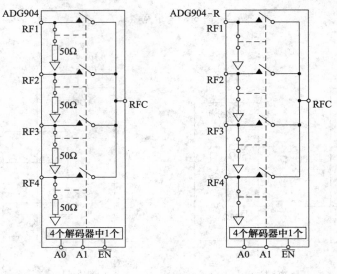

图 6-43　功能块图

ADG904 和 ADG904-R 是宽带模拟 4：1 多工器用 CMOS 工艺，在 1GHz 具有高隔离和低插入损耗至 1GHz。ADG904 是一个吸收开关多工器，有 50Ω 端并联支路；ADG904-R 是一个反射多工器。这些器件设计在 DC 至 1GHz 频率范围有高隔离性。ADG904 和 ADG904-R 开关是一个 4 输入至一个公共输出，RFC，由 3 位二进制地址线 A0、A1 和 EN 确定。在 EN 脚逻辑 1 使器件不能。零件在板上有 CMOS 控制逻辑，它免除外部控制电路。控制输入可以是 CMOS 也可以是 LVTTL。这些器件低功耗完全适用于无线应用和一般目的高频开关。

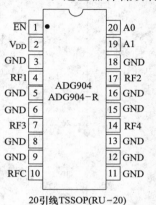
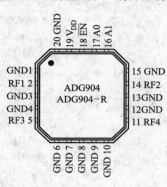

20引线TSSOP(RU-20)   20引线4mm×4mm LFCSP(CP-20-1)

图 6-44 引脚图

【引脚说明】

脚 号		脚名	说 明
20 引线 TSSOP	20 引线 LFCSP		
1	18	$\overline{EN}$	有效低数字输入。当高时,器件使不能,全部开关断开,当低时,Ax 逻辑输入决定开关开通
2	19	V_{DD}	电源输入,1.65～2.75V,V_{DD}应去耦至地
3,5,6,8,9,11,12,13,15,16,18	1,3,4,6,7,9,10,12,13,15,20	GND	全部电路的接地参考点
4	2	RF1	RF1 端口
7	5	RF3	RF3 端口
10	8	RFC	开关的公共 RF 端口
14	11	RF4	RF4 端口
17	14	RF2	RF2 端口
19	16	A1	逻辑控制输入
20	17	A0	逻辑控制输入

【最大绝对额定值】

V_{DD} 至 GND	−0.5～4V	结温	150℃
输入至 GND	−0.5V～V_{DD}+0.3V	TSSOP θ_{JA} 热阻抗	143℃/W
连续电流	30mA	LFCSP θ_{JA} 热阻抗	30.4℃/W
输入功率	18dBm	引线焊接温度（10s）	300℃
工作温度	−40～85℃	ESD	1kV
存储温度	−65～150℃		

【控制逻辑】

A1	A0	$\overline{EN}$	开关通
×	×	1	不定
0	0	0	RF1
0	1	0	RF2
1	0	0	RF3
1	1	0	RF4

【技术特性】

$V_{DD} = 1.75 \sim 2.75V$，GND $= 0V$，输入功率 $= 0dBm$，温度 $T_{MIN} \sim T_{MAX}$。

参数	符号	条件	最小	典型	最大	单位
交流电特性						
工作频率			DC		2	GHz
3dB 频率					2.5	GHz
输入功率		0V DC 偏压			7	dBm
		0.5V DC 偏压			16	dBm
插入损耗	S_{21}, S_{12}	DC$\sim$100MHz；$V_{DD} = 2.5V \pm 10\%$		0.4	0.8	dB
		500MHz；$V_{DD} = 2.5V \pm 10\%$		0.6	0.9	dB
		1000MHz；$V_{DD} = 2.5V \pm 10\%$		1.1	1.5	dB
隔离 RFL 至 RF1$\sim$RF4	S_{21}, S_{12}	100MHz	51	60		dB
		500MHz	35	45		dB
		1000MHz	30	37		dB
串音	S_{21}, S_{12}	100MHz	50	58		dB
		500MHz	35	32		dB
		1000MHz	30	35		dB
返回损耗（通道通）	S_{11}, S_{22}	DC$\sim$100MHz	21	27		dB
		500MHz	18	26		dB
		1000MHz	15	30		dB
返回损耗（通道关断）	S_{11}, S_{22}	DC$\sim$100MHz	18	22		dB
		500MHz	16	23		dB
		1000MHz	18	22		dB
通开关时间	$t_{ON(\overline{EN})}$	50%$\overline{EN}\sim$90%RF		8.5	10	ns
断开关时间	$t_{OFF(\overline{EN})}$	50%$\overline{EN}\sim$10%RF		13	16	ns
过渡时间	t_{TRANS}	50%Ax$\sim$10%RF		12	15	ns
上升时间	t_{RISE}	10%$\sim$90%RF		3	5	ns
下降时间	t_{FALL}	90%$\sim$10%RF		7.5	9	ns
1dB 压缩	P_{-1dB}	1000MHz		16		dBm
3 次内调制切断	IP_3	900MHz/901MHz，4dBm	26.5	31		dBm
视频馈通				3（峰-峰值）		mV
直流电特性						
输入高压	V_{INH}	$V_{DD} = 2.25 \sim 2.75V$	1.7			V
	V_{INH}	$V_{DD} = 1.65 \sim 1.95V$	$0.65V_{CC}$			V
输入低压	V_{INL}	$V_{DD} = 2.25 \sim 2.75V$			0.7	V
	V_{INL}	$V_{DD} = 1.65 \sim 1.95V$			$0.35V_{CC}$	V
输入漏电流	I_I	$0 \leqslant V_{IN} \leqslant 2.75V$		± 0.1	± 1	μA
电容						
RF 端口上电容	C_{RF} ON	$f = 1MHz$		3		pF
数字输入电容	C	$f = 1MHz$		2		pF
电源要求						
V_{DD}			1.65		2.75	V
静态电源电流	I_{DD}	数字输入 $= 0V$ 或 V_{DD}		0.1	1	μA

【应用电路】

ADG904 适用于天线分布式开关，开关不同天线进入调谐器。低插入损耗保证最小信号损失，两个高隔离通道，使 SP4T 开关适用于调谐组件和机顶盒。

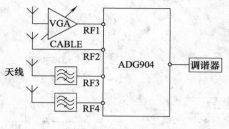

图 6-45　调谐组件

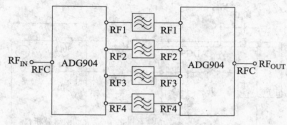

图 6-46　滤波器开关

ADG904 能用于在不同的滤波器之间开关高频信号，使多路转换器信号进入输出。这些 SP4T 开关同样适用于高速信号链路

低插入损耗和在两个端口之间高隔离，保证 ADG904 和 ADG904-R 适用于全部 ISM 频带和无线 LAN 发射/接收开关，两个发射和接收信号之间隔离。

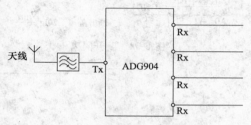

图 6-47　Tx/Rx 开关

【应用测试电路】

ADG904 和 ADG904-R 用于解决低功耗，高频电路，低插入损耗，高隔离端口，低失真低电流消耗，能很好解决高频开关应用。用于开关滤波器、发射器和雷达系统接收器，通信系统基站。

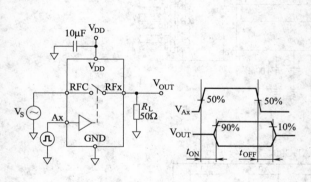

图 6-48　开关时间：t_{ON}，t_{OFF}

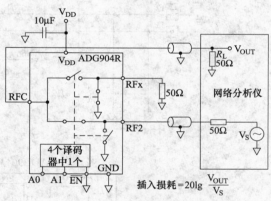

图 6-49　插入损耗

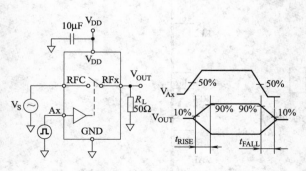

图 6-50　开关时间：t_{RISE}，t_{FALL}

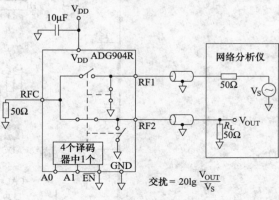

图 6-51　相互干扰

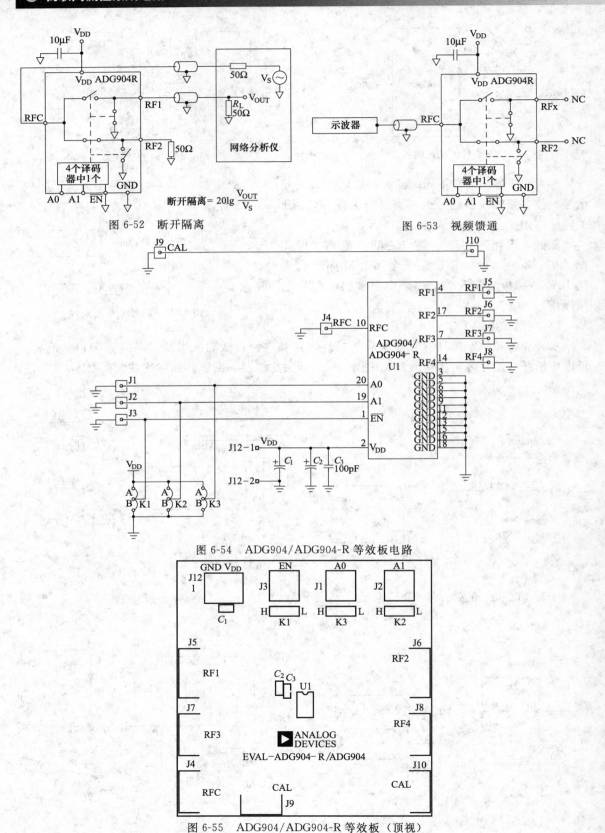

图 6-52 断开隔离

断开隔离= $20\lg\dfrac{V_{OUT}}{V_S}$

图 6-53 视频馈通

图 6-54 ADG904/ADG904-R 等效板电路

图 6-55 ADG904/ADG904-R 等效板（顶视）

【等效板电路元件】

C_1，C_2：$10\mu F$，$10V$ 钽电容；C_3：$100pF$ NPO 瓷介电容；J1，J2，J3 直线 SMB 插座；J4～J10：SMA 终端发射 RF 连接器；J12：2 脚终端块；K1，K2，K3：跳接线 2/SIP3；U1：ADG904-R/ADG904。

【生产公司】 ANALOG DEVICES

● **ADG918/ADG919 宽带 4GHz，在 1GHz，43dB 隔离，CMOS1.65～2.75V，2：1 多工器/单刀双掷开关**

【用途】

无线通信，通用无线开关，双带应用，高速滤波器选择，数字收发器前端开关，IF 开关，调谐组件，天线分布式开关。

【特点】

宽带开关：在 4GHz，$-3dB$ 单电源 $1.65～2.75V$
吸收/反射开关 CMOS/LVTTL 控制逻辑
高断开隔离（在 1GHz，43dB） 8 引线 MSOP 和 $3mm\times3mm$LFCSP 封装
低插入损耗（在 1GHz，0.8dB） 低功耗（$<1\mu A$）

ADG918/ADG919 是宽带开关，用 CMOS 工艺提供高隔离和低插入损耗至 1GHz。ADG918 是一个吸收（匹配）开关，有 50Ω 端并联支路，而 ADG919 是一个反射开关。这些器件设计用于 DC 至 1GHz 高隔离频率范围。在板上有 CMOS 控制逻辑，因此，不需要外部控制电路。控制输入可以是 CMOS，也可以是 LVTTL。这些 CMOS 器件低功耗使它们用于无线应用和通用高频开关。

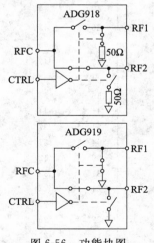

图 6-56 功能块图

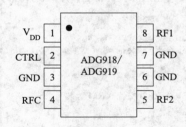

8引线MSOP(RM-8)
8引线3mm×3mm LFCSP(CP-8)

图 6-57 引脚图

【引脚说明】

脚号	脚名	说 明
1	V_{DD}	电源输入，这些器件工作电压 1.65～2.75V，V_{DD} 去耦至 GND
2	CTRL	CMOS 或 TTL 逻辑电平：0—>RF2 至 RFC，1—>RF1 至 RFC
3,6,7	GND	零件上全部电路接地参考点
4	RFC	公共端 RF 端口用于开关
5	RF2	RF2 端口
8	RF1	RF1 端口

【真值表】

CTRL	信号通路
0	RF2 至 RFC
1	RF1 至 RFC

【最大绝对额定值】

V_{DD} 至 GND	$-0.5\sim4V$	结温	150℃
输入至 GND	$-0.5V\sim V_{DD}+0.3V$	MSOP 封装 θ_{JA} 热阻抗	206℃/W
连续电流	30mA	LFCSP 封装 θ_{JA} 热阻抗	84～48℃/W
输入功率	18dBm	引线焊接温度（10s）	300℃
工作温度	$-40\sim85$℃	ESD	1kV
存储温度	$-65\sim150$℃		

【技术特性】

$V_{DD}=1.65\sim2.75V$，GND$=0V$，输入功率$=0$dBm，工作温度 $T_{MIN}\sim T_{MAX}$。

参数	符号	条件	最小	典型	最大	单位
AC 电特性						
工作频率			DC		2	GHz
3dB 频率					4	GHz
输入功率		0VDC 偏压			7	dBm
		0.5VDC 偏压			16	dBm
插入损耗	S_{21}, S_{12}	DC～100MHz;$V_{DD}=2.5V\pm10\%$		0.4	0.7	dB
		500MHz;$V_{DD}=2.5V\pm10\%$		0.5	0.8	dB
		1000MHz;$V_{DD}=2.5V\pm10\%$		0.8	1.25	dB
隔离 RFC 至 RF1/RF2(CP 封装)	S_{21}, S_{12}	100MHz	57	60		dB
		500MHz	46	49		dB
		1000MHz	36	43		dB
隔离 RFC 至 RF1/RF2(RM 封装)	S_{21}, S_{12}	100MHz	55	60		dB
		500MHz	43	47		dB
		1000MHz	34	37		dB
隔离 RF1 至 RF2(交扰)(CP 封装)	S_{21}, S_{12}	100MHz	55	58		dB
		500MHz	41	44		dB
		1000MHz	31	37		dB
隔离 RF1 至 RF2(交扰)(RM 封装)	S_{21}, S_{12}	100MHz	54	57		dB
		500MHz	39	42		dB
		1000MHz	31	33		dB
返回损耗(通道通)	S_{11}, S_{22}	DC～100MHz	21	27		dB
		500MHz	22	27		dB
		1000MHz	22	26		dB
返回损耗(通道关)ADG918	S_{11}, S_{22}	DC～100MHz	18	23		dB
		500MHz	17	21		dB
		1000MHz	16	20		dB
导通开关时间	t_{ON}	50%CTRL～90%RF		6.6	10	ns
关断开关时间	t_{OFF}	50%CTRL～10%RF		6.5	9.5	ns
上升时间	t_{RISE}	10%～90%RF		6.1	9	ns
下降时间	t_{FALL}	90%～10%RF		6.1	9	ns
1dB 压缩	P_{-1dB}	1000MHz		17		dBm
第三次内调制截止	IP_3	900MHz/901MHz,4dBm	30	36		dBm
视频馈通				2.5(峰-峰值)		mV

续表

参数	符号	条件	最小	典型	最大	单位
DC 电特性						
输入高压	V_{INH}	$V_{DD}=2.25\sim2.75V$	1.7			V
	V_{INH}	$V_{DD}=1.65\sim1.95V$	$0.65V_{CC}$			V
输入低压	V_{INL}	$V_{DD}=2.25\sim2.75V$			0.7	V
	V_{INL}	$V_{DD}=1.65\sim1.95V$			$0.35V_{CC}$	V
输入漏电流	I_I	$0\leqslant V_{IN}\leqslant2.75V$		±0.1	±1	μA
电容						
RF1/RF2,RF 端口上电容	$C_{RF}(ON)$	$f=1MHz$		1.6		pF
CTRL 输入电容	C_{CTRL}	$f=1MHz$		2		pF
电源要求						
V_{DD}			1.65		2.75	V
静态电源电流	I_{DD}	数字输入=0V 或 V_{DD}		0.1	1	μA

【应用电路】

ADG918/ADG919 用于解决低功耗高频应用。低插入损耗，高端口间隔离，低失真和低电流消耗，使这些器件用于许多高频开关应用，最多用于发射/接收块、无线测量块图。其他应用包括两个高频滤波器之间开关、ASK（振幅变换调制）产生器、FSK（频率变换调制）产生器和在许多调谐器组件中的天线分布式开关。

ADG918 是一个吸收开关，有 50Ω 端并联支线，ADG919 是一个反射开关，有 0Ω 端并联至地。ADG918 吸收开关在每个端口有一个好的 VSWR（电压驻波比），不考虑开关型式，在需要好的 VSWR 时应用吸收开关观察，但不是通过信号至公共端口。因此 ADG918 应用于要求最小反向反射至 RF 源，同样保证最大传输功率至负载。ADG919 反射开关用于高断开端 VSWR 不重要地方，它可用于高速滤波器选择，在许多情况下，一个吸收开关能代替反射开关。但反过来不可以。

ADG918 用于无线测试，它能与 ADF7020 收发器连接用于测量收发。在发射和接收信号之间提供隔离。SPDT 构成隔离高频接收信号至高频发射。

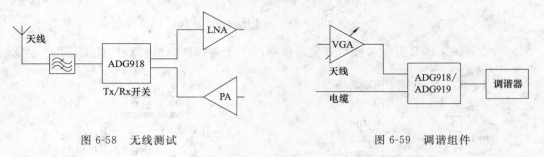

图 6-58　无线测试　　　　　　　　　　　　　　图 6-59　调谐组件

ADG918 能用于调谐组件开关电缆 TV 输入和断开天线。同样可用于天线分布式开关，开关不同的天线至调谐器。

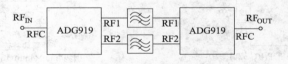

图 6-60　滤波器选择

ADG919 用于在不同滤波器之间作为 2：1 多工器开关高频信号，同样用于多路信号至输出。

【生产公司】 ANALOG DEVICES

6.3 无线开关电路

● **ADG936/ADG936-R 宽带 4GHz，在 1GHz 隔离 36dB，CMOS 1.65～2.75V 双单刀，双掷开关**

【用途】

无线通信，通用 RF 开关，双频带应用，高速滤波选择，数字收发器，前端开关，IF 开关，调谐器模数，天线多种开关。

【特点】

宽频开关：−3dB 在 4GHz
ADG936 吸收型双单刀双掷开关
ADG936-R 反射型双单刀双掷开关，
高断开隔离（36dB 在 1GHz）
低插入损耗（0.9dBDC 至 1GHz）

单电源 1.65～2.75V
CMOS/LVTTL 控制逻辑
低功耗（最大 1μA）
20 引线 TSSOP 和 4mm×4mm LFCSP 封装

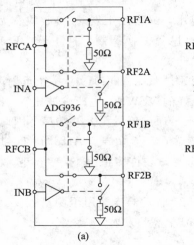
(a)

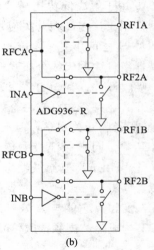
(b)

图 6-61　功能块图

ADG936/ADG936-R 是宽带模拟开关，包括两个独立的选择单刀双掷开关，用 CMOS 工

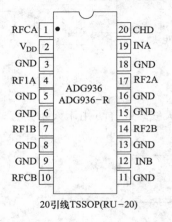

20引线 TSSOP(RU−20)

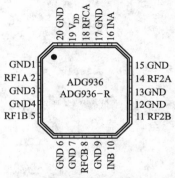

注：外露块柱连至次级地
20引线 4mm×4mm LFCSP(CP−20−1)

图 6-62　引脚图

艺提供高隔离，低插入损耗至 1GHz。ADG936 是一个吸收/匹配双单刀双掷开关，有 50Ω 端头并联焊点，ADG936-R 是一个反射型双单刀双掷开关。这些器件设计隔离在 DC 至 1GHz 频率范围很高。在印刷板上有 CMOS 控制逻辑，消除外部控制电路，控制输入 CMOS 和 LVTTL 兼容。这些 CMOS 器件低功耗，使它们适用于无线应用和通用高频开关。

【引脚说明】

脚　号		脚名	说　　明
20-Lead TSSOP	20-Lead LFCSP		
1	18	RFCA	公用 RF 接口，用于开关 A
2	19	V_{DD}	电源电压输入。这些零件工作从 1.65～2.75V。V_{DD} 去耦至地
3,5,6,8,9,11,13,15,16,18,20	1,3,4,6,7,9,12,13,15,17,20	GND	接地参考点，用于器件上的全部电路
4	2	RF1A	RF1A 口
7	5	RF1B	RF1B 口
10	8	RFCB	公用 RF 接口用于开关 B
12	10	INB	逻辑控制输入
14	11	RF2B	RF2B 口
17	14	RF2A	RF2A 口
19	16	INA	逻辑控制输入

【最大绝对额定值】

V_{DD} 至 GND	−0.5～4.0V	存储温度	−65～150℃
输入至 GND	−0.5V～V_{DD}+0.3V	TSSOP 封装热阻抗 θ_{JA}	143℃/W
连续电流	300mA	LFCSP 封装热阻抗 θ_{JA}	30.4℃/W
输入功率	18dBm	引线焊接温度（10s）	300℃
工作温度	−40～85℃	红外（<20s）	235℃
结温	150℃	ESD	1kV

【技术特性】

V_{DD}=1.65～2.75V，GND=0V，输入功率=0dBm，$T_A=T_{MIN}$ 至 T_{MAX}。

参数	符号	条　　件	最小	典型	最大	单位
AC 电特性						
工作频率			DC		2	GHz
3dB 频率					4	GHz
输入功率		0V DC 偏压			7	dBm
		0.5V DC 偏压			16	dBm
插入损耗	S_{21},S_{12}	DC 至 100MHz；V_{DD}=2.5V±10%		0.4	0.5	dB
		500MHz；V_{DD}=2.5V±10%		0.6	0.8	dB
		1000MHz；V_{DD}=2.5V±10%		0.9	1.25	dB
隔离 RFCX 至 RF1X/RF2X	S_{21},S_{12}	100MHz	52	60		dB
		500MHz	40	47		dB
		1000MHz	31	36		dB
串音 RF1X 至 RF2X	S_{21},S_{12}	100MHz	53	69		dB
		500MHz	42	45		dB
		1000MHz	34	37		dB
回送损耗（通道上）	S_{11},S_{22}	DC～100MHz	20	25		dB
		500MHz	19	23		dB
		1000MHz	16	24		dB
回送损耗（通道外）	S_{11},S_{22}	DC～100MHz	18	24		dB
		500MHz	17	23		dB
		1000MHz	16	21		dB
接通开关时间	t_{ON}	50%CTRL～90%RF		11	14	ns

续表

参数	符号	条　　件	最小	典型	最大	单位
关断开关时间	t_{OFF}	50%CTRL～10%RF		10	13	ns
上升时间	t_{RISE}	10%～90%RF		6.1	8	ns
下降时间	t_{FALL}	90%～10%RF		6	8	ns
1dB 压缩	P_{-1dB}	1000MHz		16		dBm
第三次交互调制截止	IP_3	900MHz/901MHz,4dBm	27.5	32		dBm
视频给进				3(峰-峰值)		mV
DC 电特性						
输入高压	V_{INH}	$V_{DD}=2.25～2.75V$	1.7			V
	V_{INH}	$V_{DD}=1.65～1.95V$	$0.65V_{CC}$			V
输入低压	V_{INL}	$V_{DD}=2.25～2.75V$			0.7	V
	V_{INL}	$V_{DD}=1.65～1.95V$			$0.35V_{CC}$	V
输入漏电流	I_I	$0≤V_{IN}≤2.75V$		±0.1	±1	μA
电容						
RF 端口电容	$C_{RF}(ON)$	$f=1MHz$		2.5		pF
数字输入电容	C_{DIG}	$f=1MHz$		2		pF
电源要求						
V_{DD}			1.65		2.75	V
静态电源电流	I_{DD}	数字输入=0V 或 V_{DD}		0.1	1	μA

【应用电路】

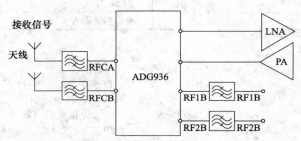

图 6-63　Tx/Rx 开关应用

【等效板元件图】

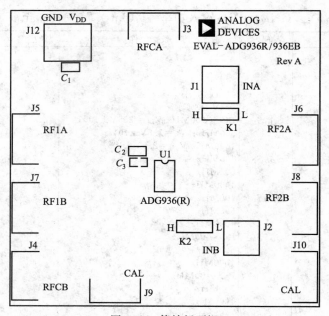

图 6-64　等效板顶视

【元件目录】

项目	数量	参考元件号	零件说明	项目	数量	参考元件号	零件说明
1	2	C_1,C_2	10μF,10 钽电容	5	1	J12	2 脚终端块
2	1	C_3	100pF NPO 瓷介电容	6	2	K1,K2	跨接线 2/SIP3
3	2	J1,J2	直线 SMB 插座	7	1	U1	ADG936/ADG936-R
4	8	J3,J4,J5,J6,J7,J8,J9,J10	SMA 终端发射器 RF 连接器				

【生产公司】　ANALOG DEVICES

● **ADG790，低压，CMOS 多种方式开关**

【用途】

蜂窝电话，MP3，MP3 唱机，音频/视频/数据/USB 开关。

【特点】

单片音频/视频/数据开关解决方案

宽带部分

　轨对轨信号开关功能

　符合全速 USB2.0 信号传输（3.6V 峰-峰值）

　符合高速 USB2.0 信号传输（400mV 峰-峰值）

　支持 USB 数据速率可达 480Mbps

　550MHz 3dB 带宽

　低 R_{ON}：3.9Ω 典型值

通道之间极好匹配

低失真部分

低 R_{ON}：3.9Ω 典型值

230MHz，3dB 带宽（SPDT）

160MHz，3dB 带宽（4：1 多工器）

单电源工作：1.65～3.6V

典型功耗：<1μW

30 球形 WLCSP（3mm×2.5mm）

ADG790 是一个单片，CMOS 开关方案设计，包括 4 个 SPDT 开关和 2 个 4：1 分工器。器件内部结构有两个开关部分：一个宽带部分和一个低失真部分。

宽带部分包含 3 个 SPDT 开关，有低导通电阻，且有极好平坦性和通道匹配。这个组合具有宽的频带，使 3 个 SPDT 开关结构适用于高频信号，如全速（12Mbps）和高速（480Mbps）USB 信号和高分辨率视频信号。

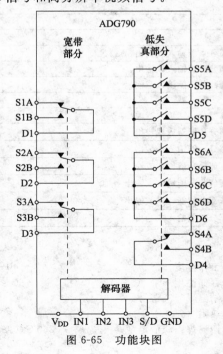

图 6-65　功能块图

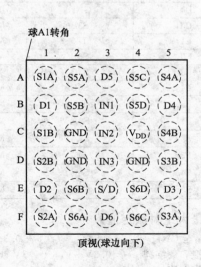

图 6-66　30 球形 WLCSP（CB-30-1）引脚图

低失真部分包含 1 个 SPDT 开关和 2 个 4：1 分工器，具有非常低的导通电阻和极好的平坦性，使这些开关应用范围非常广，包括低失真音频应用和低分辨率音频（CVBS 和 S-视频）应用。

当导通时，全部开关双向导通相同，和断开时中断信号可达电源轨电平。A4 一线并行接口控制器件工作和允许用户同时从两部分控制开关，简化了设计和提供成本效益，单片开关研究设计用于便携器件，其中多信号共用一个单端口连接器。关闭（S/D）脚允许用户使不能全部 4 个 SPDT 开关和使 4：1 多工器进入 S5B 和 S6B 位置。

ADG790 封装紧凑，30 球形 WLCSP（6×5 球阵列），总面积 7.5mm² （3mm×2.5mm）。其小型封装和低功耗，使 ADG790 理想用于研究便携器件。

【引脚说明】

球名	脚名	说　　明
A1	S1A	MUX1 源端（宽带部分），能输入或输出
A2	S5A	MUX5 源端（低失真部分），能输入或输出
A3	D5	MUX5 漏端（低失真部分），能输入或输出
A4	S5C	MUX5 源端（低失真部分），能输入或输出
A5	S4A	MUX4 源端（低失真部分），能输入或输出
B1	D1	MUX1 漏端（宽带部分），能输入或输出
B2	S5B	MUX5 源端（低失真部分），能输入或输出
B3	IN1	逻辑控制输入
B4	S5D	MUX5 源端（低失真部分），能输入或输出
B5	D4	MUX4 漏端（低失真部分），能输入或输出
C1	S1B	MUX1 源端（宽带部分），能输入或输出
C2	GND	接地（0V）基准
C3	IN2	逻辑控制输入
C4	V$_{DD}$	最大正电源端
C5	S4B	MUX4 源端（低失真部分），能输入或输出
D1	S2B	MUX2 源端（宽带部分），能输入或输出
D2	GND	接地（0V）基准
D3	IN3	逻辑控制输入
D4	GND	接地（0V）基准
D5	S3B	MUX3 源端（宽带部分），能输入或输出
E1	D2	MUX2 漏端（宽带部分），能输入或输出
E2	S6B	MUX6 源端（低失真部分），能输入或输出
E3	S/D	关闭逻辑控制输入
E4	S6D	MUX6 源端（低失真部分），能输入或输出
E5	D3	MUX3 漏端（宽带部分），能输入或输出
F1	S2A	MUX2 源端（宽带部分），能输入或输出
F2	S6A	MUX6 源端（低失真部分），能输入或输出
F3	D6	MUX6 漏端（低失真部分），能输入或输出
F4	S6C	MUX6 源端（低失真部分），能输入或输出
F5	S3A	MUX3 源端（宽带部分），能输入或输出

【最大绝对额定值】

V$_{DD}$ 至 GND	−0.3～4.6V	工作温度	−40～85℃
模拟和数字脚　−0.3V～V$_{DD}$+0.3V 或 10mA		存储温度	−65～125℃
峰值电流（S 或 D）		结温	150℃
100mA（脉宽 1ms，占空比最大 10%）		热阻（θ_{JA}）	80℃/W
连续电流（S 或 D）	30mA	回流焊：峰值温度	260℃（0/−5℃）

【应用电路】

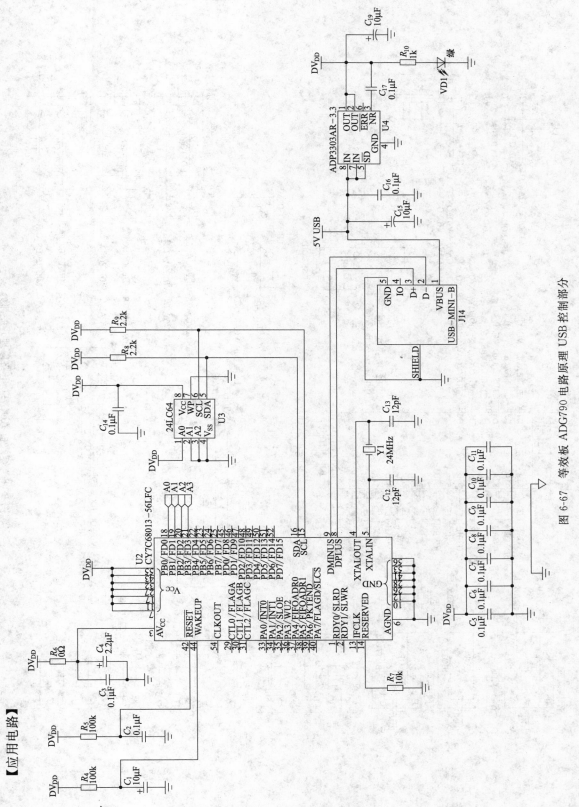

图 6-67 等效板 ADG790 电路原理 USB 控制部分

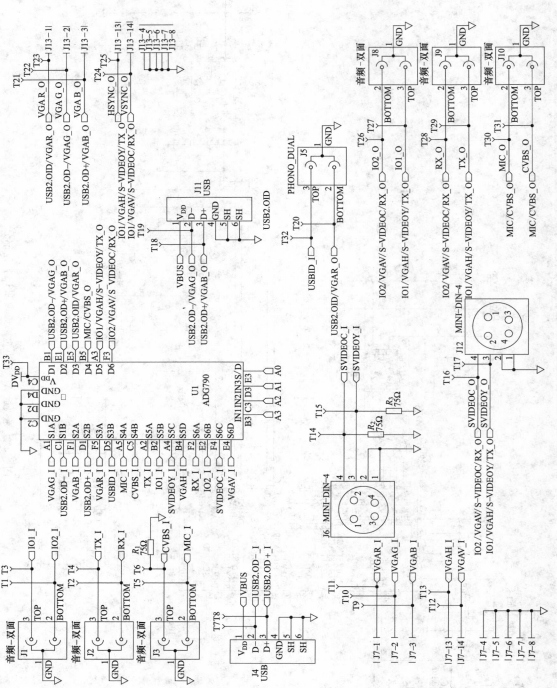

图 6-68　等效板 ADG790 电路原理开关部分

【电路元件目录】

数量	元件符号	说　明	数量	元件符号	说　明
12	C_2，C_3，C_5，C_{11}，C_{14}，C_{16}，C_{17}	16V×7R SMD 瓷介电容，0.1μF	3	R_1，R_2，R_3	SMD 电阻，75Ω 端电阻(无附有)
			2	R_4，R_5	SMD 电阻，100Ω
3	C_1，C_{15}，C_{19}	6.3V×5R SMD 瓷介电容，10μF	2	R_8，R_9	SMD 电阻，2.2Ω
2	C_{12}，C_{13}	50V NPO SMD 瓷介电容，12pF	1	R_6	SMD 电阻，0Ω
1	C_4	SMD×5R 瓷介电容，2.2μF	1	R_7	SMD 电阻，10Ω
1	VD1	光发射二极管，绿	1	R_{10}	SMD 电阻，1Ω
7	J1,J2,J3,J5,J8,J9,J10	RCA 双音频插座，R/A，红/白	32	T1～T32	测试点
			1	T33	测试点(无附有)
1	J4	直角 USB 插座型号 A	1	U1	ADG790
2	J6,J12	4 脚小型 DIN 连接器	1	U2	USB 微控制器
2	J7,J13	15 脚高密度 D 型连接器，90 度	1	U3	24LC64，64KI^{2}C 串行 EEPROM
1	J11	直角 USB 插座，型号 B	1	U4	精密低压降稳压器
1	J14	USB 小型 B 连接器，USB-OTG	1	Y1	XTAL-CSM-8A，SMD 晶体

【等效板硬件】

ADG790 开关脚、测试点和连接器。

连接器名	信号名	脚号/位置	ADG790 脚名	测试点
J1	IO2 IN	BOTTOM	S6B	T1
	IO1 IN	TOP	S5B	T3
J2	RX IN	BOTTOM	S6A	T2
	TX IN	TOP	S5A	T4
J3	MIC IN	BOTTOM	S4A	T5
	CVBS IN	TOP	S4B	T6
J4	USB2.0 D+ IN	3	S2B	T8
	USB2.0 D- IN	2	S1B	T7
J5	USB2.0 ID OUT	BOTTOM	D3	T20
	USBID IN	TOP	S3B	T32
J6	S-VIDEO C IN	4	S6C	T14
	S-VIDEO Y IN	3	S5C	T15
J7	VGA R IN	1	S3A	T11
	VGA G IN	2	S1A	T10
	VGA B IN	3	S2A	T9
	VGA HSYNC IN	13	S5D	T13
	VGA VSYNC IN	14	S6D	T12
J8	IO2 OUT	BOTTOM	D6	T26
	IO1 OUT	TOP	D5	T27
J9	RX OUT	BOTTOM	D6	T28
	TX OUT	TOP	D5	T29
J10	MIC OUT	BOTTOM	D4	T30
	CVBS OUT	TOP	D4	T31
J11	USB2.0 D+ OUT	3	D2	T18
	USB2.0 D- OUT	2	D1	T19
J12	S-VIDEO C OUT	4	D6	T16
	S-VIDEO Y OUT	3	D5	T17
J13	VGA R OUT	1	D3	T23
	VGA G OUT	2	D1	T22
	VGA B OUT	3	D2	T21
	VGA HSYNC OUT	13	D5	T25
	VGA VSYNC OUT	14	D6	T24

【生产公司】　ANALOG DEVICES

● SA630 单刀双掷 (SPDT) 开关

【用途】

数字收发器前端开关，天线开关，滤波器选择，视频开关，FSK 发射器。

【特点】

宽带 (DC～1GHz)

低通损耗 (在 200MHz，1dB)

不用终端输出内部 50Ω

极好的负载功能 (1dB 对应指 +18dBm，在 300MHz)

低 DC 功耗 (5V 电源 170μA)

快速开关 (典型 20ns)

好的隔离 (断开通道在 100MHz 隔离 60dB)

低失真 (IP$_3$ 截断 +33dBm)

好的 50Ω 匹配 (在 400MHz 返回损耗 18dB)

全部 ESD 保护

双向工作

SA630 是一个宽带 RF 双向开关，用 BiCMOS 工艺接入芯片上 CMOS/TTL 兼容驱动，它的主要功能是在频率范围 DC 至 1GHz 从一个 50Ω 通道至另一个 50Ω 通道开关信号。开关是通过 CMOS/TTL 兼容信号加至使能通道 1 脚（ENCH1）触发。极低电流消耗使 SA630 用于便携应用，极好的隔离和低损耗使 SA630 适用替代 PIN 二极管。SA630 适用一个 8 脚双列直插式塑封和 8 脚 SO 封装。

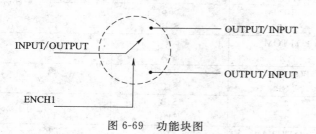

图 6-69 功能块图

图 6-70 引脚图

【引脚说明】

1—V$_{DD}$ 电源；2—GND 地；3—输入；4—ENCH1 使能通道 1；5—OUT$_2$ 输出 2；6—GND 地；7—ACGND 地；8—OUT$_1$ 输出 1。

【最大绝对额定值】

电源电压 V_{DD}　　　　　　　　－0.5～5.5V

$T_A = 25℃$ 功耗 P_D：8 脚 DIP　　1160mW

　　　　　　　　8 脚 SO　　　780mW

最大工作结温 T_{JMAX}　　　　　　　　150℃

最大功率输入/输出　　　　　　　+20dBm

存储温度 T_{STG}　　　　　　－65～150℃

【DC 技术特性】（$V_{DD} = 5V$，$T_A = 25℃$）

符号	参数	测试条件	SA630			单位
			最小	典型	最大	
I_{DD}	电源电流		40	170	300	μA
V_T	TTL/CMOS 逻辑阈值电压		1.1	1.25	1.4	V
V_{IH}	逻辑 1 电平	使能通道 1	2.0		V_{DD}	V
V_{IL}	逻辑 0 电平	使能通道 2	－0.3		0.8	V
I_{IL}	ENCH1 输入电流	ENCH1＝0.4V	－1	0	1	μA
I_{IH}	ENCH1 输入电流	ENCH1＝2.4V	－1	0	1	μA

【AC 技术特性——D 封装】（$V_{DD}=5V$，$T_A=25℃$）

符号	参　　数	测试条件	SA630 最小	SA630 典型	SA630 最大	单位
S_{21},S_{12}	插入损耗（导通通道）	DC～100MHz 500MHz 900MHz		1 1.4 2	2.8	dB
S_{21},S_{12}	损耗（断开通道）	10MHz 100MHz 500MHz 900MHz	70 24	80 60 50 30		dB
S_{11},S_{22}	返回损耗（导通通道）	DC～400MHz 900MHz		20 12		dB
S_{11},S_{22}	返回损耗（断开通道）	DC～400MHz 900MHz		17 13		dB
t_D	开关速度（通—断延迟）	50%TTL～90/10%RF		20		ns
t_r,t_f	开关速度（通—断上升/下降时间）	90%/10%～10%/90%RF		5		ns
	开关瞬变（峰-峰值）			165		mV
P_{-1dB}	1dB 增益压缩	DC～1GHz		+18		dBm
IP_3	三次内调制截止	100MHz		+33		dBm
IP_2	二次内调制截止	100MHz		+52		dBm
NF	噪声图（$Z_O=50\Omega$）	100MHz 900MHz		1.0 2.0		dB

【AC 技术特性——N 封装】（$V_{DD}=5V$，$T_A=25℃$）

符号	参　　数	测试条件	SA630 最小	SA630 典型	SA630 最大	单位
S_{21},S_{12}	插入损耗（导通通道）	DC～100MHz 500MHz 900MHz		1 1.4 2.5		dB
S_{21},S_{12}	损耗（关断通道）	10MHz 100MHz 500MHz 900MHz	58	68 50 37 15		dB
NF	噪声图（$Z_O=50\Omega$）	100MHz 900MHz		1.0 2.5		dB

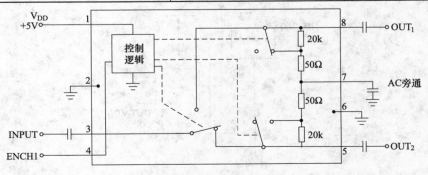

图 6-71　系统图

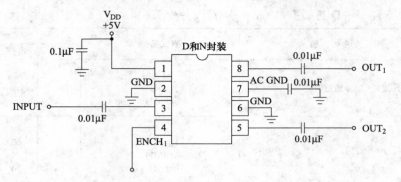

图 6-72　等效板电路图

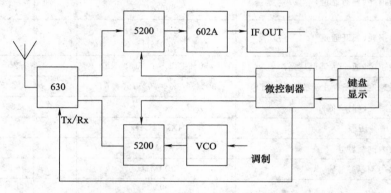

图 6-73　典型 TDMA/数字 RF 收发器系统前端图

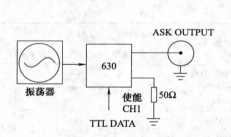

图 6-74　振幅变换调制（ASK）产生器

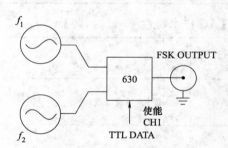

图 6-75　频率变换调制（FSK）产生器

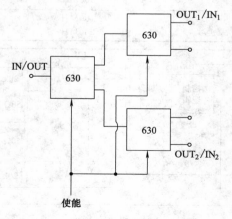

图 6-76　级联图

几个 SA630 能级联构成。级联结构有比较高的损耗，但是在 1GHz 大于 35dB 隔离，在 500MHz 从该结构能得到大于 65dB 隔离。

【生产公司】 Philips Semiconductors

6.4 通用开关电路

● MC74HC4316A 有分离的模拟和数字电源的 4 模拟开关/多工器/分工器

【用途】

用于遥测遥控开关。

【特点】

逻辑电平转换用于通/断控制和使能输入
快速开关和传输速度
高通/断输出电压比
二极管保护全部输入/输出
模拟电源范围 $V_{CC} \sim V_{EE} = 2.0 \sim 12.0V$

数字控制电源电压范围 $V_{CC} \sim GND = 2.0 \sim 6.0V$，$V_{EE}$ 独立电源
改进导通电阻线性
芯片复杂：66FET 或 16.5 等效门
适用无铅封装

MC74HC4316A 应用硅栅 CMOS 工艺技术，达到快速传输延迟、低导通电阻、低断开通道漏电流。这个双向开关/多工器/分工器控制模拟和数字电压，变化可跨全部模拟电压范围（$V_{CC} \sim V_{EE}$）。HC4316A 类似金属栅 CMOS MC14016 和 MC14066 功能，至高速 CMOS HC4066A，每个器件有 4 个独立开关。器件控制和使能输入与标准 CMOS 输出兼容，有拉起电阻，与 LSTTL 输出兼容。器件设计，导通电阻在整个输入范围比金属栅模拟开关 R_{ON} 有更好的线性。提供逻辑电平转换，因此通/断控制和使能逻辑电平电压只需要 V_{CC} 和 GND。整个开关通过信号调节距离在 V_{CC} 和 V_{EE} 之间。当使能脚（有效低）为高时，4 个模拟开关关断。

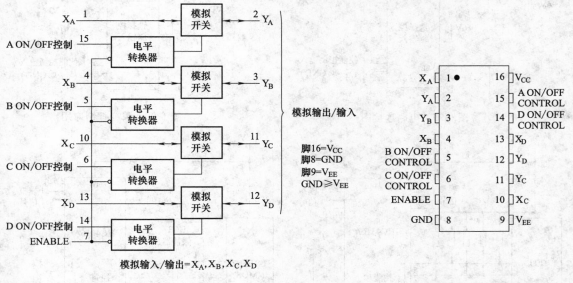

图 6-77 逻辑图　　　　　　　　　图 6-78 引脚图

【引脚说明】

1—X_A；4—X_B；10—X_C；13—X_D；2—Y_A；3—Y_B；11—Y_C；12—Y_D 模拟输入/输出开关；15—A；5—B；6—C；14—D 通/断控制；16—V_{CC} 正电源电压；9—V_{EE} 负电源电压；7—使能；8—地。

功能表

输	入	模拟开关状态
使能	on/off 控制	
L	H	on
L	L	off
H	X	off

【最大绝对额定值】

正 DC 电源电压 V_{CC} 至 GND		$-0.5\sim7V$
至 V_{EE}		$-0.5\sim14V$
负 DC 电源电压 V_{EE} 至 GND		$-7\sim0.5V$
模拟输入电压 V_{IS}	$V_{EE}-0.5V\sim V_{CC}+0.5V$	
DC 输入电压 V_{IN} 至 GND	$-0.5V\sim V_{CC}+0.5V$	
在任一脚 DC 输入或输出电流 I	$\pm25mA$	

功耗 P 塑封 DIP		750mW
EIAJ/SOIC 封		500mW
TSSOP 封		450mW
存储温度 T_{stg}		$-65\sim150℃$
引线温度焊接（10s）		260℃

【推荐工作条件】

V_{CC} 正电源电压至 GND	$2.0\sim6.0V$
V_{EE} 负电源电压至 GND	$-6.0V\sim GND$
V_{IS} 模拟输入电压	$V_{EE}\sim V_{CC}$
V_{IN} 数字输入电压至 GND	$GND\sim V_{CC}$
V_{ID} 动态和静态电压加在开关上	1.2V
T_A 工作温度	$-55\sim125℃$

t_r，t_f 输入上升和下降时间（控制或使能输入）

$V_{CC}=2.0V$	$0\sim1000ns$
$V_{CC}=3.0V$	$0\sim600ns$
$V_{CC}=4.5V$	$0\sim500ns$
$V_{CC}=6.0V$	$0\sim400ns$

【应用电路】

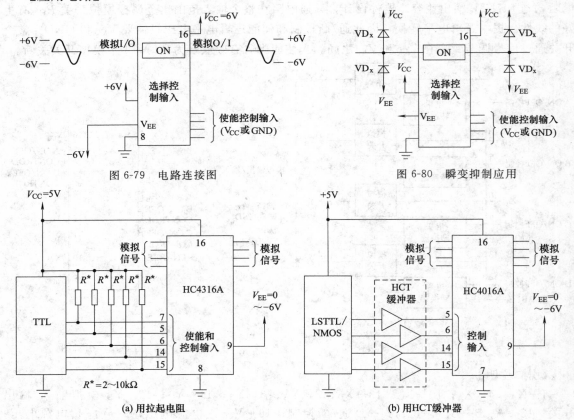

图 6-79 电路连接图

图 6-80 瞬变抑制应用

(a) 用拉起电阻

$R^*=2\sim10k\Omega$

(b) 用HCT缓冲器

图 6-81 LSTTL/NMOS 至 HCMOS 接口

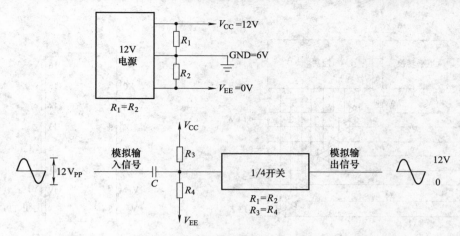

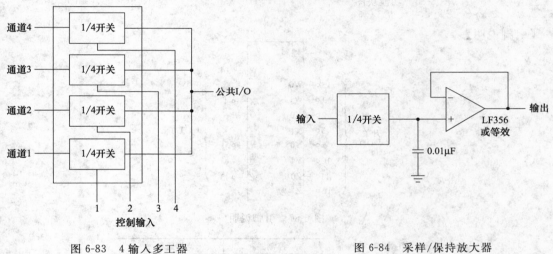

图 6-82　开关为 0~12V 信号用一个单电源（GND＝0V）

图 6-83　4 输入多工器

图 6-84　采样/保持放大器

【生产公司】　ON Semiconductor®

● MC14551B 4 个 2 通道模拟多工器/分工器

【用途】

遥测遥控开关。

【特点】

3 个二极管保护全部控制输入

电压电源 3~18V DC

模拟电压范围（$V_{DD} \sim V_{EE}$）＝3.0~18V，V_{EE} 必须小于等于 V_{SS}

线性转换特性

低噪声－12nV $\sqrt{\text{周期}}$，$f \geqslant 1.0\text{kHz}$ 典型

低 R_{ON}，用于 HC4051、HC4052 或 HC4053 高速 CMOS 器件

在断开前开关功能

无铅封装适用

MC14551B 是一个数字控制模拟开关。该器件实现一个 4PDT 固态开关，有低的阻抗和非常低的断开漏电流。控制模拟电压可达到能实现的全部电源电压范围。

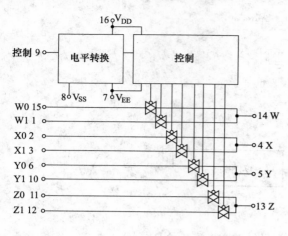

图 6-85 功能块图

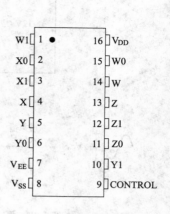

图 6-86 引脚图

【引脚说明】

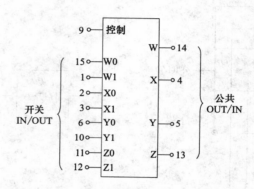

图 6-87 引脚说明

V_{DD} = 脚 16
V_{SS} = 脚 8
V_{EE} = 脚 7

控制	通
0	W0 X0 Y0 Z0
1	W1 X1 Y1 Z1

【最大绝对额定值】

DC 电源电压相对 V_{EE}，$V_{SS} \geqslant V_{EE}$，V_{DD}

$-0.5 \sim 18V$

输入或输出电压（DC 或瞬变）相对 V_{SS} 用于控制输入或 V_{EE} 用于开关 I/O，V_{IN}，V_{OUT}

$-0.5V \sim V_{DD} + 0.5V$

输入电流（DC 或瞬变）每个控制脚，I_{IN}　±10mA

开关通电流 I_{SW}　　　±25mA
功耗每封装 P_D　　　500mW
工作温度 T_A　　　$-55 \sim 125℃$
存储温度 T_{stg}　　　$-65 \sim 150℃$
引线焊接温度（8s）T_L　　　260℃

【应用电路】

图 6-90 表示芯片上电平转换，$0 \sim 5.0V$ 数字控制信号用于直接控制 9V 峰-峰值模拟信号。数字控制逻辑电平由 V_{DD} 和 V_{SS} 决定。V_{DD} 电压是逻辑高电压，V_{SS} 电压是逻辑低。例如，$V_{DD} = +5.0V$ = 逻辑高在控制输入，V_{SS} = GND = 0V = 逻辑低。最大模拟信号电平由 V_{DD} 和 V_{EE} 决定。V_{DD} 电压决定最大推荐峰值高于 V_{SS}。例如 $V_{DD} - V_{SS} = 5.0V$，最大摆幅大于 V_{SS}；$V_{SS} - V_{EE} = 5.0V$，最大摆幅低于 V_{SS}。如果电压瞬变高于 V_{DD} 或低于 V_{EE} 应用在模拟通道，推荐用外部二极管 VDx。

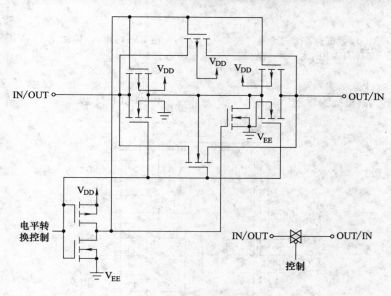

图 6-88 开关电路原理

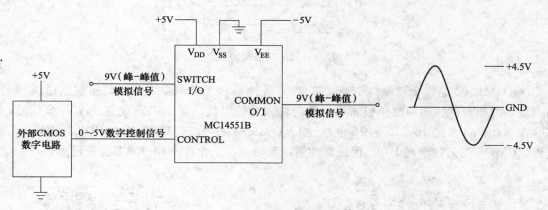

图 6-89 应用举例

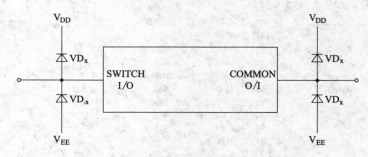

图 6-90 外部钳位二极管

【生产公司】 ON Semiconductor®

DSO8MB200 双 800Mbps1∶2/2∶1 LVDS 多工器/缓冲器

【用途】

用于遥测遥控开关。

【特点】

每通道可达 800Mbps 数据速率

LVDS/BLVDS/CML/LVPECL 兼容输入，LVDS 兼容输出

低输出热曲率和抖动

芯片上 100Ω 输入端阻抗

在 LVDS 输入/输出上 15kV ESD 保护

热插头保护

单电源 3.3V

工业温度范围－40～85℃

48 脚 LLP 封装

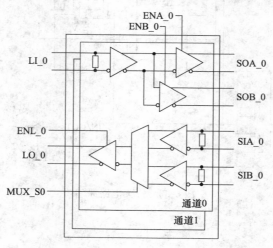

图 6-91　DSO8MB200 块图

DSO8MB200 是一个双端口 1 至 2 重发器/缓冲器和 2 至 1 多工器。高速数据通道和流输出最小内部器件抖动和简单板布局，差动输入和输出接口至 LVDS 或总线 LVDS 信号，如那些在 National 上的 10，16 和 18 位总线 LVDS Ser Des，或至 CML 或 LVPECL 信号。3.3V 电源、CMOS 工艺和增强 I/O，保证高性能，低功耗，工作在－40～85℃ 工业范围。

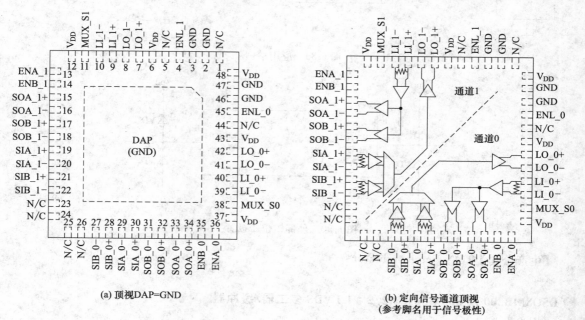

(a) 顶视DAP=GND

(b) 定向信号通道顶视
(参考脚名用于信号极性)

图 6-92　引脚图

【引脚说明】

脚名	LLP 脚号	I/O 型号	说　明
开关面差动输入			
SIA_0+ SIA_0−	30 29	I, LVDS	开关 A 面通道 0 反相和正相差动输入, LVDS, BUS LVDS, CML 或 LVPECL 兼容
SIA_1+ SIA_1−	19 20	I, LVDS	开关 A 面通道 1 反相和正相差动输入, LVDS, BUS LVDS, CML 或 LVPECL 兼容
SIB_0+ SIB_0−	28 27	I, LVDS	开关 B 面通道 0 反相和正相差动输入, LVDS, BUS LVDS, CML 或 LVPECL 兼容
SIB_1+ SIB_1−	21 22	I, LVDS	开关 B 面通道 1 反相和正相差动输入, LVDS, BUS LVDS, CML 或 LVPECL 兼容
线面差动输入			
LI_0+ LI_0−	40 39	I, LVDS	线面通道 0 反相和正相差动输入, LVDS, BUS LVDS, CML 或 LVPECL 兼容
LI_1+ LI_1−	9 10	I, LVDS	线面通道 1 反相和正相差动输入, LVDS, BUS LVDS, CML 或 LVPECL 兼容
开关面差动输入			
SOA_0+ SOA_0−	34 33	O, LVDS	开关 A 面通道 0, 正相和反相差动输入, LVDS 兼容
SOA_1+ SOA_1−	15 16	O, LVDS	开关 A 面通道 1, 正相和反相差动输入, LVDS 兼容
SOB_0+ SOB_0−	32 31	O, LVDS	开关 B 面通道 0, 正相和反相差动输入, LVDS 兼容
SOB_1+ SOB_1−	17 18	O, LVDS	开关 B 面通道 1, 正相和反相差动输入, LVDS 兼容
线面差动输出			
LO_0+ LO_0−	42 41	O, LVDS	线面通道 0, 反相和正相差动输出 LVDS 兼容
LO_1+ LO_1−	7 8	O, LVDS	线面通道 1, 反相和正相差动输出, LVDS 兼容
数字控制接口			
MUX_S0 MUX_S1	38 11	I, LVTTL	多工器选择控制输入(每通道)至选择开关面输入。A 或 B 通至线面
ENA_0 ENA_1 ENB_0 ENB_1	36 13 35 14	I, LVTTL	输出使能控制, 用于开关 A 面和 B 面输出, 在 A 面和 B 面上每一个输出驱动器有一个独立的使能脚
ENL_0 ENL_1	45 4	I, LVTTL	输出使能控制, 用于线面输出, 在线面上每个输出驱动器有一个独立的使能脚
电源			
V_DD	6,12,37,43,48	I, Power	$V_{DD}=3.3\pm0.3V$
GND	2,3,46,47 (Note 2)	I, Power	接地基准, 用于 LVDS 和 CMOS 电路。对于 LLP 封装, 用 DAP 作为初级地连至器件。DAP 暴露金属接 LLP-48 封装底部, 它应连至地板, 用至少 4 通道用于 AC 和热特性
N/C	1,5,23,24, 25,26,44		不连

【多工器真值表】

数据输入		控制输入		输出
SIA_0	SIB_0	MUX_S0	ENL_0	LO_0
X	valid	0	1	SIB_0
valid	X	1	1	SIA_0
X	X	X	0	Z

【重发器/缓冲器真值表】

数据输入		控制输入		输出
LI_0	ENA_0	ENB_0	SOA_0	SOB_0
X	0	0	Z	Z
valid	0	1	Z	LI_0
valid	1	0	LI_0	Z
valid	1	1	LI_0	LI_0

【最大绝对额定值】

电源电压（V_{DD}）	$-0.3\sim4V$	最大封装功率能量（25℃）	5.2W
CMOS 输入电压	$-0.3V\sim V_{DD}+0.3V$	热阻（θ_{JA}）	24℃/W
LVDS 接收输入电压	$-0.3V\sim V_{DD}+0.3V$	封装衰减 25℃以上	41.7mW/℃
LVDS 驱动输出电压	$-0.3V\sim V_{DD}+0.3V$	ESD 电压：人体，1.5Ω，100pF	8kV
LVDS 输出短路电流	40mA	LVDS 脚至地	15kV
结温	150℃	EIAJ，0Ω，200pF	250V
存储温度	$-65\sim150℃$	CDM	1000V
引线焊接温度（4s）	260℃		

【推荐工作条件】

电源电压 V_{CC}	$3.0\sim3.6V$	输出电压 V_O	$0\sim V_{CC}$
输入电压 V_I	$0\sim V_{CC}$	工作温度	$-40\sim85℃$

【应用电路】

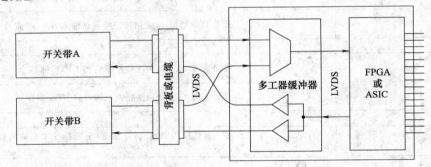

图 6-93　应用电路块图

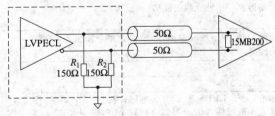

图 6-94　DC 耦合 LVPECL 至 LVDS 接口

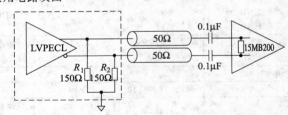

图 6-95　AC 耦合 LVPECL 至 LVDS 接口

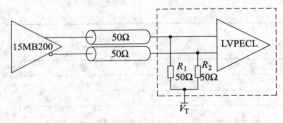

图 6-96　DC 耦合 LVDS 至 LVPECL 接口

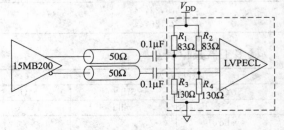

图 6-97　AC 耦合 LVDS 至 LVPECL 接口

美国国家半导体公司（National Semiconductor Corporation）推出一系列全新的达到汽车应用等级的低电压差分信号传输（LVDS）2×2 交叉开关，具备业界最佳的信号完整性和抗干扰能力，以及高达 3.125Gbps 的数据率。该系列 PowerWise 交叉开关的每通道功耗仅为105mW，符合美国国家半导体 PowerWise 标准，搭配美国国家半导体的 LVDS 驱动器和接收器，可以极大地节省功耗及降低散热量。特别适用于车载娱乐信息系统、仪表板显示器、GPS 定位导航系统以及后部/车道辅助泊车摄影预警系统。

LVDS 系列芯片经认证符合汽车电子设备委员会（AEC）制定的 AEC-Q100 标准。作为稳定可靠的差分信号传输技术，LVDS 非常适合用于车载电子系统，不仅具有功耗低、带宽高、电磁辐射少等特点，而且宽广的共模电压范围和差分信号使它具有不易受噪声干扰的特点，同时具有电磁辐射少（EMI）及抗噪声能力。

新推出的 LVDS 系列芯片共有 8 款，包括 3 款 2×2 交叉开关，一组单/双通道差分驱动器和接收器，以及一对双通道的驱动器及接收器。所有芯片都符合 AEC-Q100 第 3 级标准的规定，并保证可在高达 85℃ 的温度下正常工作：

PowerWise DS25CP102Q 2×2 LVDS 交叉开关提供业界最佳的抖动性能（6ps 典型值，3.125Gbps 传输率）。此外，这款交叉点开关电路还提供发送端预加重及接收端均衡两种功能可供选择，以延长信号通过电缆或 FR-4 底板的传送距离。该芯片采用 16 引脚的 LLP 封装。

PowerWise DS25CP152Q 2×2 LVDS 交叉开关无信号调整功能，但仍具有业界领先的抖动性能，低于业界其他竞争对手，且数据传输率高达 3.125Gbps。该芯片采用 16 引脚的 LLP 封装。

DS10CP152Q 2×2 LVDS 交叉开关无信号调整功能，高达 1.5Gbps 的数据传输率。该芯片采用 16 引脚的 SOIC 封装。

DS90LV011AQ LVDS 差分驱动器及 DS90LT012AQ LVDS 差分接收器可支持高达 400Mbps（200MHz）的开关频率。两款芯片均采用 5 引脚的 SOT-23 封装。

DS90LV027AQ LVDS 双通道差分驱动器支持高达 600Mbps（300MHz）的开关频率，而 DS90LV028AQ LVDS 双通道差分接收器及 DS90LV049Q LVDS 双通道驱动器/接收器芯片组则支持高达 400Mbps（200MHz）的开关频率。DS90LV027AQ 及 DS90LV028AQ 两款芯片都采用 8 引脚的 SOIC 封装，而 DS90LV049Q 芯片组则采用 16 引脚 TSSOP 封装。

【生产公司】　National Semiconductor

● BUK135-50L 逻辑电平 TOPFET TO-220 型式开关

【用途】

通用开关用于自动化和其他应用。

【特点】

MOS 输出级有低导通电阻	短路负载保护
几个输入脚用于高频驱动	锁住过载三态复位通过保护脚
5V 逻辑兼容输入	诊断标志脚指示保护电源连接，过温条件，过
几个电源脚用于逻辑保护电路，有低的工作电流	载三态或开路负载（在断开态检测）
过温保护	ESD 在全部脚保护
漏电流限制	过压钳位

单片逻辑电平保护功率 MOSFET，用 TOPFET2 工艺装在 5 脚表面安装塑封中。

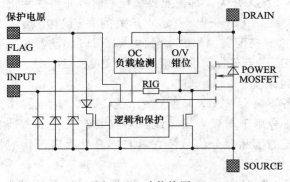

图 6-98　功能块图

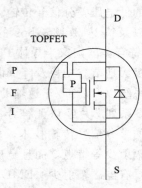

图 6-99　开关符号

【引脚说明】

I—输入；F—标志；D—漏极；P—保护电源；S—源极。

【核心基准数据】

连续漏源电压 V_{DS}	50V	连续结温 T_J	150℃
连续漏电流 I_D	30A	漏-源导通电阻 $R_{DS(ON)}$	28mΩ
总功耗 P_{tot}	90W	保护电源电压 V_{PS}	5V

【生产公司】　Philips Semiconductors

● **BUKXXX-50DL/GL 功率 MOS 晶体管逻辑电平 TOPFET 开关**

【用途】

通用控制器驱动：各种灯，电机，螺线管，加热器。

【特点】

垂直功率 DMOS 输出级　　　　　　　　　　功率 MOSFET 控制和过载保护电源电路来自

低导通电阻　　　　　　　　　　　　　　　输入

过载保护抗过温　　　　　　　　　　　　　低工作输入电流

过载保护抗短路负载　　　　　　　　　　　在输入脚上有 ESD 保护

锁住过载保护由输入复位　　　　　　　　　过压钳位关断电感负载

5V 输入逻辑电平

单片温度和过载保护逻辑电平功率 MOSFET 在 3 脚塑封中，用于自动化系统和其他应用中用于一般开关。

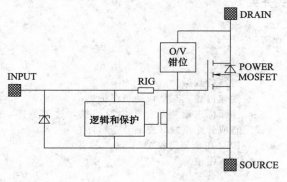

图 6-100　功能块图

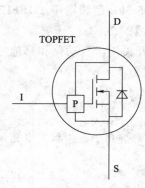

图 6-101　开关符号

【引脚说明】

I—输入；D—漏极；S—源极。

【核心基准数据】

连续漏源电压 V_{DS}	50V	连续结温 T_J	150℃
连续漏电流 I_D	26A	漏源导通电阻 $R_{DS(ON)}$ ($V_{IS}=5V$)	60mΩ
总功耗 P_D	75W		

【生产公司】 Philips Semiconductors

● BUK204-50Y TOPFET 高边开关

【用途】

通用控制器用于驱动：灯，电机，螺线管，加热器。

【特点】

垂直功率 DMOS 开关	电源欠压切断
低导通电阻	状态指示用于过载保护激活
5V 兼容输入	诊断状态指示开路负载
过温保护自复位有迟滞	极低静态电流
过载保护抗短路负载有输出电流限幅，锁住复位通过输入	电压钳位关断电感负载
	ESD 保护全部脚
高电源电压负载保护	电池反向和过压保护

单片温度和过载保护功率开关，根据 MOSFET 工艺在 5 脚塑封，构成一个单高边开关。

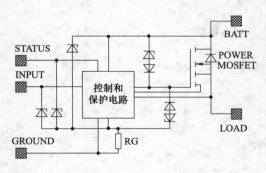

图 6-102　功能块图

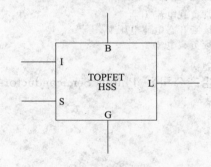

图 6-103　开关符号

【引脚说明】

G—地；I—输入；S—状态；B—连电地；L—负载。

【核心基准数据】

正常负载电流 I_L	3.5A	连续结温 T_J	150℃
连续关断电源电压 V_{BG}	50V	导通电阻 R_{ON}	100mΩ
连续负载电流 I_L	10A		

【生产公司】 Philips Semiconductors

● BUK218-50DY TOPFET 双高边开关

【用途】

通用开关用于驱动：汽车，灯，电机，螺线管，加热器。

【特点】

垂直功率沟道 MOS
低导通电阻
CMOS 逻辑兼容
极低静态电流
过温保护
负载电流限幅
锁住过载和短路保护

过压和欠压关闭有迟滞
断态开路负载检测
诊断情况指示
电压限幅关断电感负载
ESD 在全部脚保护
电池反向，过压和瞬变保护

单片双通道高边保护功率开关，用 TOPFET2 工艺安装在 7 脚塑封。

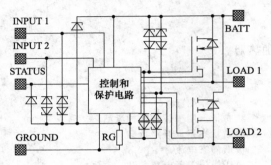

图 6-104　功能块图

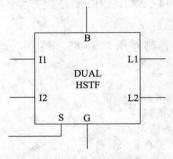

图 6-105　开关符号

【引脚说明】

L1—负载 1；G—地；I1—输入 1；B—连至 mb；S—状态；I2—输入 2；L2—负载 2。

【核心基准数据】

正常负载电流 I_L	8A	连续结温 T_J	150℃
连续断开态电源电压 V_{BG}	50V	通态电阻 R_{ON}（$T_J=25℃$）	40mΩ
连续负载电流 I_L	16A		

【生产公司】　Philips Semiconductors

第7章 遥测遥控信号变换控制电路

7.1 电容变换测量电路

● **AD7156 超低功耗，1.8V，3mm×3mm，2 通道电容变换器**

【用途】

按钮开关，接近传感器，无接触开关，位置检测，液位检测，便携产品。

【特点】

超低功耗：电源电压 1.8～3.5V
　　工作电源电流：70μA 典型值
　　电源关闭电流：2μA 典型值
快速响应时间：转换时间：每通道 10ms
　　唤醒时间串行接口：300μs
自适应环境补偿
2 个电容输入通道：传感器电容（C_{SENS}）：0～13pF

灵敏性可达 3fF
2 个模式工作：独立的固定调校时间
　　接口至微控制器用于规定建立时间
2 个检测输出标记
2 线串行接口（I^2C-兼容）
工作温度：－40～85℃
10 引线 LFCSP 封装（3mm×3mm×0.8mm）

　　AD7156 提供一个完全信号处理方案，用于电容性传感器，有超低功耗特色，具有快速响应时间。AD7156 用 ANALOG DEVICES 电容至数字变换器（CDC）工艺。它组合许多重要特点用于连接真实传感器，如高输入灵敏度和两个输入寄生接地电容高容差和漏电流。集成自适应阈值算法补偿用于传感器电容的任何变化，该变化由于环境因素，如湿度或温度，或由于长时间介质材料变化引起。AD7156 工作在一个独立模式，用固定电源接通设置，在两个数字输出上指示检测。另一方面，通过串行接口 AD7156 能连至微控制器，内部寄存器能用规定设置编程，数据和状态能从部件读出。AD7156 工作用 1.8～3.6V 电源，规定工作温度－40～85℃。

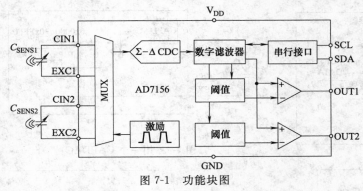

图 7-1　功能块图

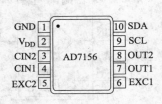

图 7-2　引脚图

【引脚功能说明】

脚号	脚名	说　　明
1	GND	接地脚
2	V_{DD}	电源电压。该脚用低阻抗电容去耦至地，如一个 0.1μF×7R 多层瓷介电容
3	CIN2	CDC 电容性输入通道 2。测试电容（传感器）连至 EXC2 脚和 CIN2 脚之间。如果不用，该脚应断开电路或连至 GND。当在通道 2 上一个转换完成时，CIN2 脚内连至一个 Σ-Δ 调制器的高阻抗输入。在另外通道当转换完成时，或在空载模式，或电源关闭模式，CIN2 是内部连接，通过部件浮动断开
4	CIN1	CDC 电容性输入通道 1。测试电容（传感器）连至 EXC1 脚和 CIN1 脚之间。如不用，该脚应断开电路或连至 GND。在通道 1 当转换完成时，CIN1 脚内连至高阻抗 Σ-Δ 调制器输入。当在其他通道转换完成时或在空载模式或电源关闭模式，CIN1 脚内连和通过部件断开浮动

续表

脚号	脚名	说　明
5	EXC2	CDC 激励输出通道 2。测试电容连至 EXC2 脚和 CIN2 脚之间。如不用,该脚应断开作为一个开路电路。当在通道 2 上转换完成时,EXC2 脚内连至激励信号传送器输出。当转换在其他通道完成时,或在空载模式,或电源关闭模式,EXC2 内连至 GND
6	EXC1	CDC 激励输出通道 1。测试电容连至 EXC1 脚和 CIN1 脚之间。如不用,该脚应断开作为一个开路电路。在通道 1 上当转换完成时,EXC1 脚内连至激励信号传送输出。当在其他通道转换完成时或在空载模式或电源关闭模式,EXC1 脚内连至 GND
7	OUT1	逻辑输出通道 1。在该输出上高电平指示接近检测 CIN1
8	OUT2	逻辑输出通道 2。在该输出上高电平指示接近检测 CIN2
9	SCL	串行接口时钟输入。该脚连至主控时钟线和要求一个拉起电阻,如果没有提供,在系统另一处
10	SDA	串行接口双向数据。该脚连至主控数据线要求拉起电阻,如果在系统另一处不提供

【最大绝对额定值】

正电源电压 V_{DD} 至 GND　　　　　　$-0.3 \sim 3.9V$

在任何一个输入或输出至 GND 电压

　　　　　　$-0.3V \sim V_{DD} + 0.3V$

ESD 额定值

　　ESD 共生体人体型　　　　　　4kV

　　场感应电荷器件型　　　　　　500V

工作温度　　　　　　　　　$-40 \sim 85℃$

存储温度　　　　　　　　$-65 \sim 150℃$

最大结温　　　　　　　　　　　　150℃

LFCSP 封装

　　θ_{JA} 热阻至空气　　　　　　　49℃/W

　　θ_{JC} 热阻至壳体　　　　　　　3℃/W

回流焊（无铅）

　　峰值温度　　　　　　260（0/-5）℃

　　峰值温度时间　　　　　　　10 ~ 40s

【应用电路块图】

CDC 简化功能块图、转换器由一个二次 Σ-Δ 电荷平衡调制器和三次数字滤波器组成。测试电容 C_x 连至激励源和 Σ-Δ 调制器输入。在转换时激励信号加在 C_x 电容上。调制器连续取样进入 C_x 电荷。数字滤波器处理调制器输出。

AD7156 CDC 核最大满量程是 $0 \sim 4pF$。零件接收高输入电容,不改变偏置电容可达 10pF。偏置电容通过用编程芯片上 CAPDAC 能补偿。CAPDAC 能了解一个负电容内连至 CIN 脚。CAPDAC 有 6 位分辨率和单极性转换功能。用 CAPDAC 变换 $0 \sim 4pF$ 输入至测量电容在 10pF 和 14pF 之间。

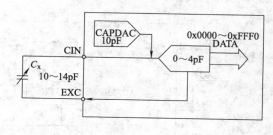

图 7-3　CDC 简化块图

图 7-4　用一个 CAPDAC

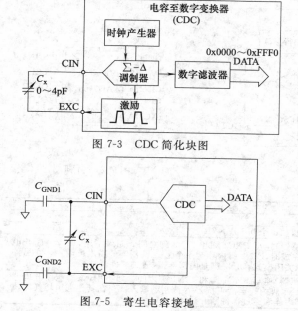

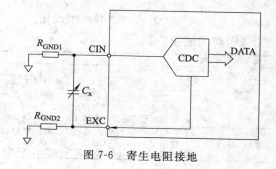

图 7-5　寄生电容接地

图 7-6　寄生电阻接地

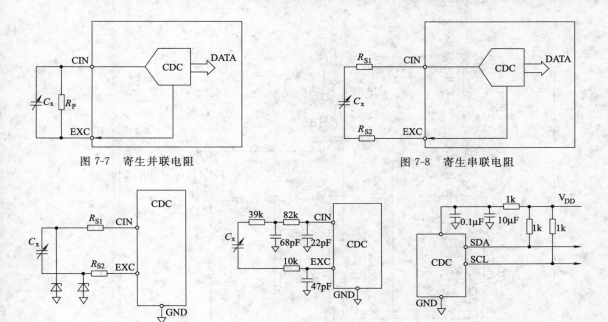

图 7-7 寄生并联电阻

图 7-8 寄生串联电阻

图 7-9 AD7156 CIN 过压保护　图 7-10 AD7156CIN EMC 保护　图 7-11 AD7156 V$_{DD}$ 去耦和滤波

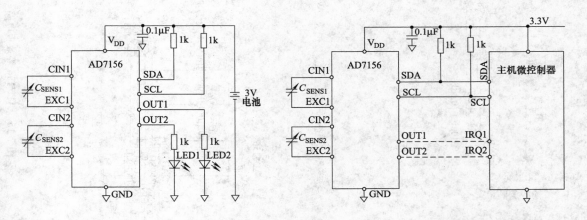

图 7-12 AD7156 独立工作应用图　　　图 7-13 AD7156 接口至主机微控制器

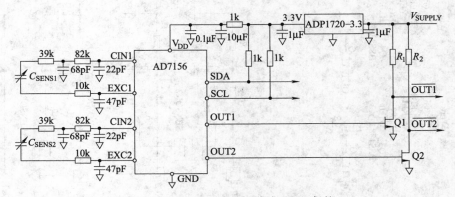

图 7-14 AD7156 独立工作有 EMC 保护

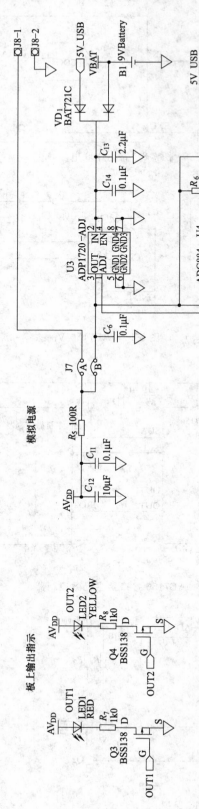

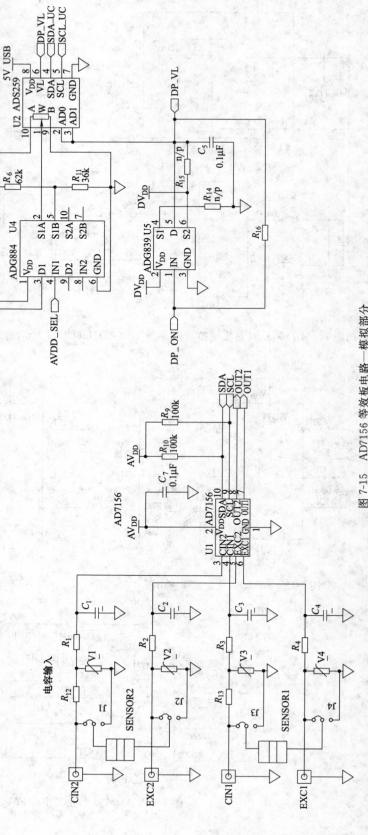

图 7-15 AD7156 等效板电路—模拟部分

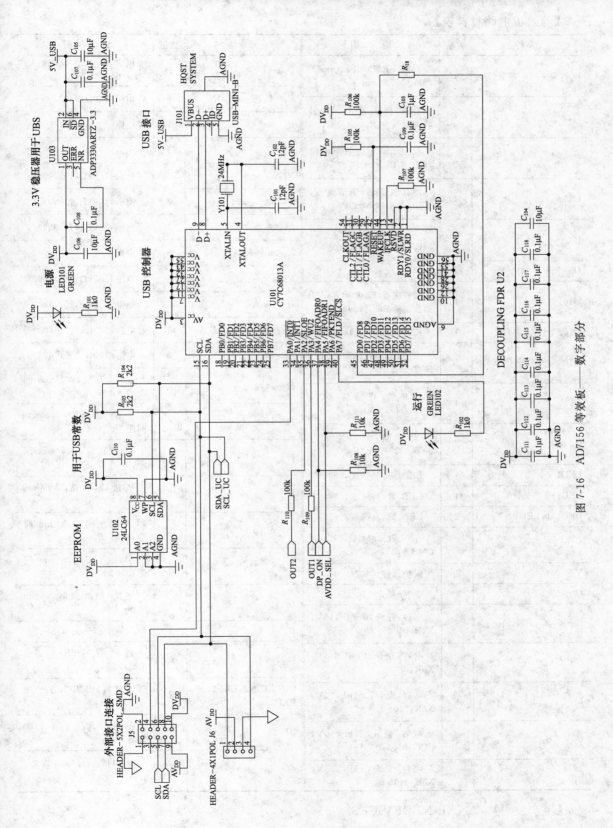

图 7-16　等效板——数字部分

【等效板电路材料表】

元器件	数量	说　明	元器件	数量	说　明
PCB	1	2 层 FR4PCB。1.6m × 75mm×115mm	$C_{108} \sim C_{118}$	11	电容,瓷介,0.1μF,16V, X7R,0402
U1	1	CDC 接近检测,10 引线 MSOP	$R_1 \sim R_4$,R_{12},R_{13},R_{16}	7	电阻,0.0Ω,0603
U2	1	固定 256 位置数字电位器 10 引线 MSOP	R_5	1	电阻,100Ω,1%,0603
U3	1	电压稳压器,调节电压,低 I_O,8 引线 MSOP	R_6	1	电阻,60kΩ,1%,0603
			R_7,R_8	2	电阻,1.0kΩ,1%,0603
U4	1	0.5Ω CMOS 双 2∶1 MUX/OPDT 音频开关	R_9,R_{10}	2	电阻,100kΩ,1%,0603
			R_{11}	1	电阻,36kΩ,1%,0603
U5	1	MUX	R_{14},R_{15},R_{18}	3	电阻
U101	1	微控制器,EZ-USB FXZLP 微控制器,56 引线 QFN	R_{101},R_{102}	2	电阻,1.0kΩ,1%,0402
			R_{103},R_{104}	2	电阻,2.2kΩ,1%,0402
U102	1	EEPROM,I²C,64kb,8DFN	$R_{105} \sim R_{107}$,R_{109},R_{110}	5	电阻,100Ω,1%,0402
U103	1	稳压器,3.3V,低 I_O,SOT-23-6	R_{108},R_{111}	2	电阻,10kΩ,1%,0603
D1	1	二极管,肖特基,40V,0.2A,SOT-23	J1~J4	4	引线,直接,2.54mm 间距,1×3 脚
			J1~J4	4	搭接线,2 路,2.54mm 间距
Q3,Q4	2	晶体管,N-MOSFET,60V,0.23A,SOT-23	J5	1	引线直接,2.54mm 间距,2×5 脚
LED1	1	LED,红,高强度,0805	J5	2	搭接线,2 路,2.54mm 间距
LED2	1	LED,黄,高强度,0805	J6	1	引线直接,2.54mm 间距,1×4 脚
LED101,LED102	2	LED,绿,高强度,0805	J7	1	引线直接,2.54mm 间距,2×2 脚
Y101	1	晶体,24MHz,12pF,CMS-8 串联	J7	1	搭接线,2 路,2.54mm 间距
V1~V4	4	保护元件,0402	J8	1	2 脚端块,5mm 间距
$C_1 \sim C_4$	4	电容,瓷介	J101	1	连接器,USB 小型-B SMD
$C_5 \sim C_7$,C_{11},C_{14},C_{107}	6	电容,瓷介,0.1μF,16V,X7R,0603	CIN1,CIN2,EXC1,EXC2	4	连接器,SMB 50Ω,PCB 直接
C_{12},$C_{104} \sim C_{106}$	4	电容,瓷介,10μF,6.3V,X5R,0603	B1	1	限幅用 9V 电池,PCB 安装
C_{13}	1	电容,瓷介,2.2μF,16V,X5R,0603			
C_{101},C_{102}	2	电容,瓷介,16pF,50V,COG,0402		4	脚,保持在 9.5mm 直径,3.8mm 高
C_{103}	1	电容,瓷介,1μF,6.3V,X5R,0402			

【生产公司】　ANALOG DEVICES

● **AD7747，24 位电容数字变换器有温度传感器**

【用途】

压力测量，位置传感，近程传感，液位传感，流量计，杂质检测。

【特点】

电容至数字变换器
　在单片方案中新标准
　接口至单或差动接地传感器
　分辨率低至 200F（也就是可达 19.5 位 ENOB）
　精度：10fF
　线性：0.01%
　共模（不改变）电容可达 17pF
　满量程（可变）电容范围 ±8pF
　最新速率 5～45Hz
　同时 50Hz 和 60Hz 抑制在 8.1Hz 随时修正
　有效屏蔽用于屏蔽传感器连接

芯片上温度传感器
　分辨率 0.1℃；精度 ±2℃
电压输入通道
内部时钟振荡器
2 线串行接口（I²C 兼容）
电源
　2.7～5.25V 单电源工作
　0.7mA 电流消耗
工作温度：−40～125℃
16 引线 TSSOP 封装

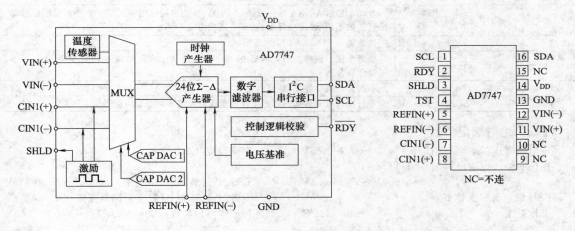

图 7-17　功能块图

图 7-18　引脚图

　　AD7747 是一款高分辨率、Σ-Δ 电容数字转换器（CDC），可直接与电容传感器的电容连接进行测量。该芯片还具有高分辨率（24 位无失码、最高 19.5 位有效分辨率）、高线性度（±0.01%）和高精度（±10fF 工厂校准）等固有特性。AD7747 的电容输入范围是 ±8pF（可变），而且可接受最大 17pF 共模电容（不可变），后者可以通过一个可编程片内数字电容转换器（CAPDAC）来平衡。

　　AD7747 针对一块极板接地的单端或差分输入电容传感器设计。对于浮动式（不接地）电容传感器，推荐使用 AD7745 或 AD7746。

　　该器件内置一个片内温度传感器，其分辨率为 0.1℃，精度为 ±2℃；还集成片内基准电压源和片内时钟发生器，因此在电容传感器应用中无需任何额外外部元件。此款器件配有一个标准电压输入，当与差分基准电压输入结合使用时，可方便地与一个外部温度传感器（如 RTD、热敏电阻或二极管等）接口。

　　AD7747 具有一个双线式 I²C 兼容串行接口，可采用 2.7～5.25V 单电源供电，额定温度范围为 −40～+125℃ 汽车电子温度范围，采用 16 引脚 TSSOP 封装。

【引脚功能说明】

脚号	脚名	说　明
1	SCL	串行接口时钟输入。连至主控时钟线,在系统中要求拉起电阻
2	$\overline{RDY}$	逻辑输出。在该脚下降沿输出指示转换使能通道已完成和适用新的数据。另外,状态寄存器能通过2线串行接口读和相关位译码询问完成转换。如不用,该脚应浮空断开电路
3	SHLD	电容输入有效交流屏蔽。清除CIN寄生电容至地,SHLD信号能用于屏蔽连在传感器和CIN之间。如不用,该脚应断开电路浮动
4	TST	该脚必须浮空断开电路用于合适工作
5,6	REFIN(+),REFIN(−)	差动电压基准输入,用于电压通道(ADC)。另一方面,芯片上内部基准能用于电压通道。这些基准输入脚,不用于转换电容通道(CDC)。如不用,这些脚浮空断开电路或连至GND
7	CIN1(−)	CDC负电容输入。测量电容连至CIN1(−)脚和GND之间。如不用,该脚应浮空断开电路
8	CIN1(+)	CDC正电容输入。测量电容连至CIN1(+)脚和GND之间。如不用,该脚应浮空断开电路
9,10	NC	不连。这些脚应浮空断开电路
11,12	VIN(+),VIN(−)	差动电压输入,用于电压通道(ADC)。这些脚同样用于连至一个外部温度传感二极管。如不用,该脚应浮动,断开电路或连至GND
13	GND	接地脚
14	V_{DD}	电源电压。该脚应当去耦至地,用一个低阻抗电容。例如用$10\mu F$钽和$0.1\mu F$多层瓷介组合
15	NC	不连。该脚应浮动,断开电路
16	SDA	串行接口双向数据。连至主控数据线在系统要求拉起电阻

【最大绝对额定值】

正电源电压 V_{DD} 至 GND	$-0.3\sim6.5V$	存储温度	$-65\sim150℃$
在任一输入或输出脚至 GND 电压		结温	$150℃$
	$-0.3V\sim V_{DD}+0.3V$	TSSOP 封装 θ_{JA} (空气中)	$128℃/W$
ESD 额定值(人体型)	$2000V$	TSSOP 封装 θ_{JC} (温度阻抗至壳体)	$14℃/W$
工作温度	$-40\sim125℃$	回流焊峰值温度(20~40s)	$260℃$

【应用电路块图】

CDC 简化块图。测量电容 C_X 连至 $\sum$-Δ 调制器输入和接地之间。在转换时,方波激励信号加在 C_X 上,调制器连续采样通过 C_X 电荷产生变化。数字滤波器处理调制器输出。

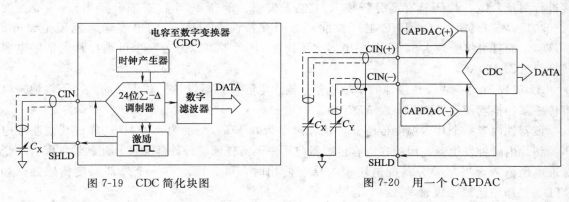

图 7-19　CDC 简化块图　　　　　　　图 7-20　用一个 CAPDAC

CDC 满量程是 $±8.192pF$。用于简单计算。虽然下面文件和图形用 $±8pF$,器件在输入能接收高的电容,共模或偏移电容能通过编程芯片上 CAPDAC 平衡。能了解 CAPDAC 作一个负电容内连至 CIN 脚。有两个独立的 CAPDAC，一个连至 CIN（＋）和第二次连至 CIN（－）。两个电容输入和输出数据之间关系如下：

$$DATA = [C_X - CAPDAC(+)] - [C_Y - CAPDAC(-)]$$

CAPDAC 有 6 位分辨率，单极性转换功能，彼此很好匹配。CAPDAC 满量程范围工厂无校验，随制造工艺变化可达 20%。

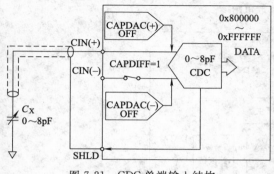

图 7-21　CDC 单端输入结构

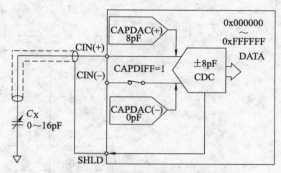

图 7-22　在单端输入结构中用 CAPDAC

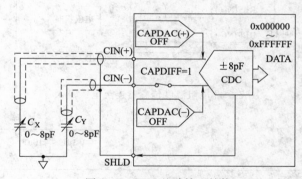

图 7-23　CDC 差动输入结构

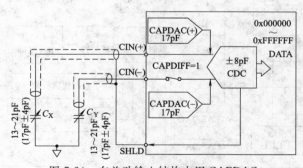

图 7-24　在差动输入结构中用 CAPDAC

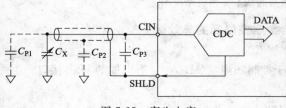

图 7-25　寄生电容

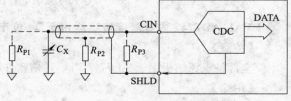

图 7-26　在 CIN 上寄生电阻

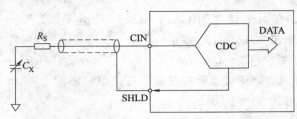

图 7-27 寄生串联电阻

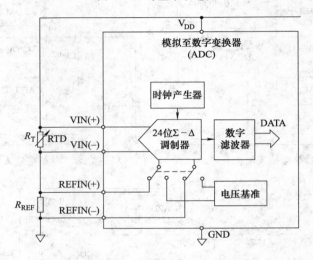

图 7-28 电阻温度传感器连至电压输入

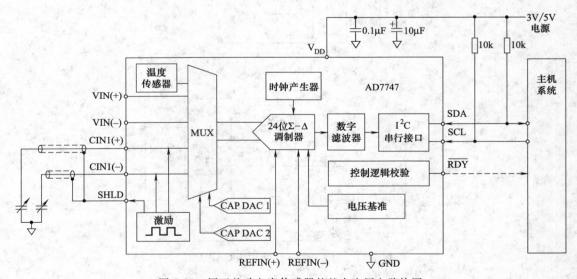

图 7-29 用于差动电容传感器的基本应用电路块图

● **EVAL-AD7747 内置温度传感器用于 24 位电容数字变换器的等效板**

【特点】

全部特点评估板用于 AD7747，PC 评估软件用于控制和测量 AD7747，有电缆的 USB 接口。

【用途】

AD7747 特性评估，集成 AD7747 全系统设计平台。

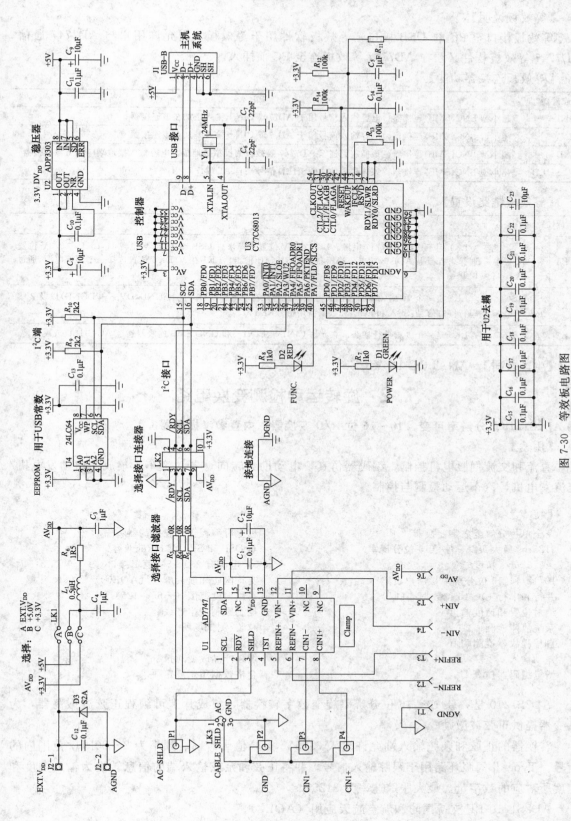

图 7-30　等效板电路图

【等效板说明】

等效板接口至 PC 的 USB 接口，等效板软件用于等效板，它允许用户与 AD7747 通信。AD7747 等效板软件必须在 AD7747 等效板连至 PC 前插入。

【等效板连接器功能】

连接器	功　　能
CIN1＋	超小型 BNC(SMB)连接器。电容输入信号用于 AD7747 CIN＋输入是加在该连接器
CIN1－	超小型 BNC(SMB)连接器。电容输入信号用于 AD7747 CIN－输入是加在该连接器
GND	超小型 BNC(SMB)连接器。该插座是连至 AD7747 等效板的模拟接地板。电容输入接地端应加至该连接器
AC-SHLD	超小型 BNC(SMB)连接器。该连接器使 AC-SHLD 信号来自 AD7747 可用

【等效板链路设置】

链路	缺省	说　　明
LK1	3.3V	LK1 用于选择 AD7747 电源。LK1 在 5V 位置选择来自 USB 连接器 5V 电源 J1,LK1 在 3.3V 位置选择来自板上 ADP3303 电压稳压器的 3.3V 稳压输出。LK1 在 V_EXT 位置选择一个外部电源,通过 J2 供给
LK2	SDA,SCL,$\overline{\text{RDY}}$ linked	LK2 是一个 10 脚(2×5)直插头。该链路允许存取电源线(AV_{DD},AGND,DV_{DD} 和 DGND)以及 2 线串行接口信号:SDA 和 SCL,和数据备用信号 $\overline{\text{RDY}}$
LK3	AC-SHLD	LK3 是一个 3 脚单行插头。它允许 CIN1＋、CIN1－和 GND SMB 连接器连至 AC-SHLD 或模拟地

【生产公司】　ANALOG DEVICES

7.2　旋转运动检测变换电路

● **AD2S1210,分辨率可变,10～16 位 R/D 变换器,内置参考振荡器**

【用途】

直流和交流伺服电机控制,编码器仿真,电动助力转向,电动汽车,集成的启动发电机/交流发电机,汽车运动检测与控制。

【特点】

完全单片分解至数字变换器
3125rps 最大跟踪速率（10 位分辨率）
±2.5rad/s 精度
10/12/14/16 位分辨率,用户设定
并行和串行 10～16 位数据端口
绝对位置和速度输出
系统故障检测
自编程故障检测阈值
差动输入
增量编码器仿真

板上可编程正弦波振荡器
与 DSP 和 SPI 接口标准兼容
5V 电源有 2.3～5V 逻辑接口
支持国防和航天应用（AQEC）
军用温度范围（-55～125℃）
控制原制造生产线
总装/测试场所
制造场所
增强产品改变通报
合格数据用于规定要求

AD2S1210 是一款 10～16 位分辨率旋变数字转换器,集成片上可编程正弦波振荡器,为旋变器提供正弦波激励。

转换器的正弦和余弦输入端允许输入 3.15V 峰-峰值±27%、频率为 2～20kHz 范围内的信号。Type Ⅱ 伺服环路用于跟踪输入信号,并将正弦和余弦输入端的信息转换为输入角度和速度所对应的数字量。最大跟踪速率为 3125rps。

AD2S1210-EP 支持国防和航空航天应用（AQEC）。

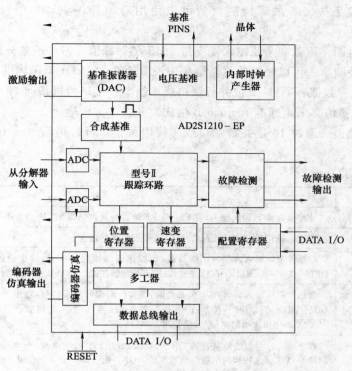

图 7-31　功能块图

【产品聚焦】

① 比率跟踪转换。Type Ⅱ 跟踪环路能够连续输出位置数据，且没有转换延迟。它还可以抑制噪声，以及参考和输入信号的谐波失真容限。

② 系统故障检测。故障检测电路可以检测旋变的信号丢失、超范围输入信号、输入信

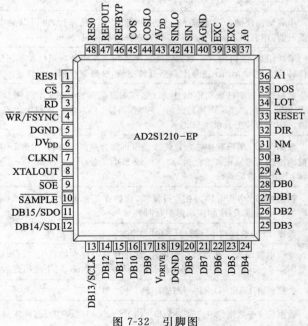

图 7-32　引脚图

号失配或位置跟踪丢失。各故障检测阈值可以由用户单独编程，以便针对特定应用进行优化。

③ 输入信号范围。正弦和余弦输入端支持 3.15V 峰-峰值±27% 的差分输入电压。

④ 可编程激励频率。可以轻松地将激励频率设置为 2～20kHz 范围内的多个标准频率。

⑤ 3 倍格式位置数据。通过 16 位并行端口或 4 线串行接口可以访问 10～16 位绝对角位置数据。增量式编码器仿真采用标准 A-quad-B 格式，并提供方向输出。

⑥ 数字速度输出。通过 16 位并行端口或 4 线串行接口可以访问 10～16 位带符号的数字量速度。

【引脚功能说明】

脚号	脚名	说　明
1	RES1	分辨率选择 1，逻辑输入。RES1 与 RES0 联合允许 AD2S1210 分辨率可编程
2	$\overline{CS}$	芯片选择，有效低逻辑输入。当 $\overline{CS}$ 保持低时器件使能
3	$\overline{RD}$	沿触发逻辑输入。当 $\overline{SOE}$ 脚是高，该脚作用像帧同步信号，输出使能用于并行数据输出。DB15～DB0，当 $\overline{CS}$ 和 $\overline{RD}$ 保持低时，该输出缓冲器使能。当 SOE 脚是低时，$\overline{RD}$ 脚应保持高
4	$\overline{WR}/\overline{FSYNC}$	沿触发逻辑输入。当 SOE 脚是高时，该脚作用像帧同步信号，输出使能用于并行数据输出，DB7～DB0，当 $\overline{CS}$ 和 $\overline{WR}/\overline{FSYNC}$ 是保持低时，输入缓冲器使能。当 SOE 脚是低时，$\overline{WR}/\overline{FSYNC}$ 脚作用像帧同步信号，使能用于串行数据总线
5,19	DGND	数字地。这些脚接地基准点，用于 AD2S1210 上的数字电路，参考全部数字输入信号相对 DGND 电压。这些脚两个能连至系统的 AGND 板。DGND 和 AGND 应有同样电势，必须不能大于 0.3V
6	DV_{DD}	数字电源电压，4.75～5.25V。该电源电压用于 AD2S1210 上数字电路。AV_{DD} 和 DV_{DD} 应有同样电势，必须不能差大于 0.3V
7	CLKIN	时钟输入。晶体振荡器能用在 CLKIN 和 XTALOUT 脚，供给 AD2S1210 要求时钟频率。另一方面，单端时钟加至 CLKIN 脚上。AD2S1210 输入频率规定从 6.144～10.24MHz
8	XTALOUT	晶体输出。当用一个晶体或振荡器供给时钟频率至 AD2S1210 时，晶体跨接在 CLKIN 和 XTALOUT 脚。当用单端时钟源时，XTALOUT 脚应考虑不连该脚
9	$\overline{SOE}$	串联输出使能。逻辑输入。该脚使能既可以是并行，也可以是串行接口。通过保持 $\overline{SOE}$ 脚低，选择串行接口，通过保持 $\overline{SOE}$ 高，选择并行接口
10	$\overline{SAMPLE}$	采样结果，逻辑输入。数据转换从位置和速度积分器至位置和速度寄存器 SAMPLE 信号高至低转换。在 SAMPLE 信号上高至低转变后，故障寄存器同样修正
11	DB15/SDO	数据位 15/串行数据输出总线。当 $\overline{SOE}$ 脚是高时，该脚作用像 DB15。三态数据输出脚通过 $\overline{CS}$ 和 $\overline{RD}$ 控制。当 $\overline{SOE}$ 脚是低时，该脚作用像 SDO，串行数据输出总线通过 $\overline{CS}$ 和 $\overline{WR}/\overline{FSYNC}$ 控制。在 SCLK 上升沿上位记录
12	DB14/SDI	数据位 14/串行数据输入总线。当 $\overline{SOE}$ 脚为高时，该脚作用像 DB14，通过 $\overline{CS}$ 和 $\overline{RD}$ 控制三态数据输出脚。当 $\overline{SOE}$ 脚为低时，脚作用像 SDI，通过 $\overline{CY}$ 和 $\overline{WR}/\overline{FSYNC}$ 控制串行数据输入总线。在 SCLK 下降沿记录位
13	DB13/SCLK	数据位 13/串行时钟。在并行模式，该脚作用像 DB13，通过 $\overline{CS}$ 和 $\overline{RD}$ 控制一个三态数据输出脚。在串行模式，该脚作用像串行时钟输入
14～17	DB12～DB9	数据 12 至数据位 9。通过 $\overline{CS}$ 和 $\overline{RD}$ 控制一个三态输出脚
18	V_{DRIVE}	逻辑电源输入。在该脚供给电压，确定什么电压在接口工作。该脚去耦至 DGND。该脚电压范围 2.3～5.25V，可以不同电压范围 AV_{DD} 至 DV_{DD}，但不应超过大于 0.3V
20	DB8	数据位 8，$\overline{CS}$ 和 $\overline{RD}$ 控制三态输出脚
21～28	DB7～DB0	数据位 7～数据位 0。$\overline{CS}$、$\overline{RD}$ 和 $\overline{WR}/\overline{FSYNC}$ 控制这些三态输入/输出脚

续表

脚号	脚号	说　明
29	A	增量编码器仿真输出 A。逻辑输出。该输出空载并且有效,如分解格式输入信号加至转换器有效
30	B	增量编码器仿真输出 B。逻辑输出。如分解格式输入信号加至转换器有效,该输出空载并有效
31	NM	此标志增量编码器仿真信号输出。逻辑输出。如果分解格式输入信号加至转换器有效,该输出空载并有效
32	DIR	方向。逻辑输出。用该输出与增量编码器仿真输出相联系,DIR 输出指示输入旋转方向,并且高用于增加角度旋转
33	$\overline{RESET}$	复位逻辑输入。ADIS1210 要求一个外部复位信号至保持 $\overline{RESET}$ 输入低,直到 V_{DD} 是在内部规定工作范围 4.75~5.25V
34	LOT	跟踪丢失。逻辑输出。在 LOT 脚上逻辑低指示跟踪(LOT)丢失,并未锁定
35	DOS	信号降低。逻辑输出。当分解输入(正弦或余弦)超过规定 DOS 正弦/余弦阈值或当幅度失真发生在正弦和余弦输入电压之间时,检测下降信号。通过在 DOS 脚上一个逻辑低指示 DOS
36	A1	模式选择 1。逻辑输入。A1 与 A0 相连允许 AD2S1210 模式选择
37	A0	模式选择 0。逻辑输入。A0 与 A1 相连允许 AD2S1210 模式选择
38	EXC	激励频率。模拟输出。一个板上振荡器提供正弦波激励信号(EXC),它的互补信号($\overline{EXC}$)至分解器。这个基准信号频率通过激励频率寄存器可编程
39	$\overline{EXC}$	激励频率互补。模拟输出。板上振荡器提供激励信号正弦波(EXC)和互补信号($\overline{EXC}$)至分解器。该基准信号频率通过激励频率寄存器可编程
40	AGND	模拟地。该脚接地基准点用于 AD2S1210 上模拟电路。相对全部模拟输入信号和任一个外部基准信号至 AGND 电压。连接 AGND 脚至一个系统的 AGND 板。AGND 和 DGND 电压理想应一样电势,差不能超过 0.3V
41	SIN	差动 SIN/SINLO 对正模拟输入。该输入范围是 2.3~4.0V 峰-峰值
42	SINLO	差动 SIN/SINLO 对负模拟输入。该输入范围是 2.3~4.0V 峰-峰值
43	AV_{DD}	模拟电源电压。4.75~5.25V。该脚是 AD2S1210S 上全部模拟电路电源电压。该 AV_{DD} 和 DV_{DD} 电压理想电势一样,差不能大于 0.3V
44	COSLO	差动 COS/COSLO 对负模拟输入。该电压范围是 2.3~4.0V 峰-峰值
45	COS	差动 COS/COSLO 对正模拟输入。该输入范围是 2.3~4.0V 峰-峰值
46	REFBYP	在该脚连接基准去耦电容。基准旁通电容。典型推荐值是 $10\mu F$ 和 $0.01\mu F$
47	REFOUT	电压基准输出
48	RES0	分辨率选择 0。逻辑输入。RES0 与 RES1 联合,允许 AD2S1210 分辨率可编程

【最大绝对额定值】

AV_{DD} 至 AGND, DGND	0.3~7.0V	模拟输出电压摆动	$-0.3V\sim AV_{DD}+0.3V$
DV_{DD} 至 AGND, DGND	$-0.3\sim7.0V$	输入电流至任一脚（电源除外）	$\pm10mA$
V_{DRIVE} 至 AGND, DGND	$-0.3V\sim AV_{DD}$	工作温度	$-55\sim125℃$
AV_{DD} 至 DV_{DD}	$-0.3\sim0.3V$	存储温度	$-65\sim150℃$
AGND 至 DGND	$-0.3\sim0.3V$	θ_{JA} 热阻	$54℃/W$
模拟输入电压至 AGND	$-0.3V\sim AV_{DD}+0.3V$	θ_{JC} 热阻	$15℃/W$
数字输入电压至 DGND	$-0.3V\sim V_{DRIVE}+0.3V$	焊接温度（回流）	$260℃（-5/+0℃）$
数字输出电压至 DGND	$-0.3V\sim V_{DRIVE}+0.3V$	ESD	$2kV$ 人体型

【应用电路】

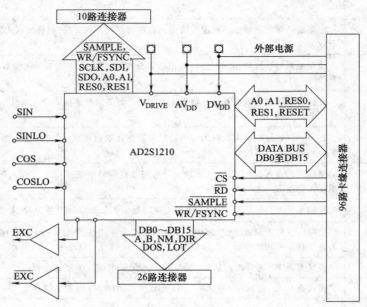

图 7-33　等效板功能块图

等效板全部特点用于 AD2S1210。有独立功能，各种链路选择，PC 软件用于控制和数据分析。等效板是一个完全的 10～16 位分辨率跟踪分解器至数字变换器，集成在芯片上可编程正弦波振荡器，提供正弦激励用于分解器。等效板电源输入有 AV_{DD}、DV_{DD}、V_{DRIVE}、+12V、AGND、DGND。接口 EVAL-CEDIZ 至等效板是通过 96 路连接器 J1，J1 连接器输出点如图 7-34 所示。

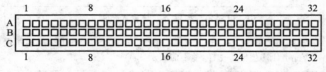

图 7-34　96 路连接器 J1 脚结构

【96 路连接器脚说明】

脚名	说　　明
PAR_D0～PAR_D15	并行数据位 0(LSB)至并行数据位 15(MSB)
PAR_RD	并行读出选通。输出连至同步信号 $\overline{RD}$ 脚和输出使能用于并行数据源
PAR_CS	并行芯片选择。该输出通过 LKZ 使能器件连至 AD2S1210 的 $\overline{CS}$ 脚
PAR_WR	并行写入选通。该输出通过 LK4 连至 AD2S1210 的 $\overline{WR}$/FSYNC 脚。用该信号作为帧同步信号和输入使能用于并行数据输入
TMR0/PPI_FS2	定时器 0/并行外设接口帧同步 2。该输出通过 LK1 连至 AD2S1210 的 $\overline{SAMPLE}$ 脚。用该信号转换数据从位置和速度积分器至 AD2S1210 的位置和速度寄存器
GPIO4/PAR_A0	通用输入/输出位 4/并行地址位 0。该输出连至 AD2S1210 的 A0 脚。用它与 GPIOS/PAR-A1 联系选择 AD2S1210 模式
GPIO5/PAR-A1	通用输入/输出位 5/并行地址位 1。该输出连至 AD2S1210 的 A1 脚。用它与 GPIOS/PAR-A0 联系选择 AD2S1210 模式
GPIO0	通用输入/输出位 0。该信号连至 AD2S1210 的 RESO 脚,用它与 GPIO1 联系,选择 AD2S1210 的分辨率

脚名	说　　明
GPIO1	通用输入/输出位 1。该信号连至 AD2S1210 的 RES1 脚,用它与 GPIO0 联系,选择 AD2S1210 的分辨率
AGND	模拟地。这些线连至等效板的模拟接地板
DGND	数字地。这些线连至等效板的数字接地板
$AV_{CC}(+5V)$	模拟 5V 电源。用其供给 AD2S1210 模拟电路
$DV_{DD}(+5V)$	数字 5V 电源。用其供 P174ALVTC16245AE、74HC573、NC7504 和在 AD2S1210 上的数字电路
$+VarA(+3.3V)$	数字 3.3V 电源,连至 AD2S1210 的 V_{DRIVE} 脚
$+12V$	12V 电源。该脚通过 LK16 连至等效板上 12V 电源线,用它供 12V 电源

【96 路连接器脚符号】

脚号	行 A	行 B	行 C	脚号	行 A	行 B	行 C
1				17	TMR0/PPI_FS2	PAR_D11	
2		PAR_D0		18	PAR_D12	PAR_D13	PAR_D14
3		PAR_D1		19		GPIO1	PAR_D15
4	DGND	DGND	DGND	20	DGND	DGND	DGND
5		PAR_D2		21	AGND	AGND	AGND
6		PAR_D3		22	AGND	AGND	AGND
7		PAR_D4		23	AGND	AGND	AGND
8	$DV_{DD}(+5V)$	$DV_{DD}(+5V)$	$DV_{DD}(+5V)$	24	AGND	AGND	AGND
9	PAR_RD	PAR_D5	PAR_WR	25	AGND	AGND	AGND
10		PAR_D6	PAR_CS	26	AGND	AGND	AGND
11		PAR_D7		27	$+VarA(+3.3V)$	AGND	$+VarA(+3.3V)$
12	DGND	DGND	DGND	28		AGND	
13		PAR_D8		29	AGND	AGND	AGND
14	GPIO5/PAR_A1	PAR_D9		30	$-12V$	AGND	$+12V$
15	GPIO0	PAR_D10	GPIO4/PAR_A0	31	$AV_{SS}(-5V)$	$AV_{SS}(-5V)$	$AV_{SS}(-5V)$
16	DGND	DGND	DGND	32	$AV_{CC}(+5V)$	$AV_{CC}(+5V)$	$AV_{CC}(+5V)$

【26 路连接器 J4 脚符号 J4】

脚号	行 A	行 B	脚号	行 A	行 B
1	D0	D1	8	D14	D15
2	D2	D3	9	DIR	NM
3	D4	D5	10	B	A
4	D6	D7	11	LOT	DOS
5	D8	D9	12	DGND	DGND
6	D10	D11	13	V_{DRIVE}	V_{DRIVE}
7	D12	D13			

【10 路连接器脚符号 J20】

脚号	行 A	行 B	脚号	行 A	行 B
1	$\overline{\text{SAMPLE}}$	$\overline{\text{WR}}$/FSYNC	4	A1	RES0
2	SCLK	SDI	5	RES1	DGND
3	SDO	A0			

【插座功能】

插座	功　能	插座	功　能
J8	SMB 插座用于外部 $\overline{\text{SAMPLE}}$ 输入	J14	SMB 插座用于外部 SDO 输出,用于串行工作
J9	SMB 插座用于外部 $\overline{\text{CS}}$ 输入	J15	SMB 插座用于外部 A0 输入
J10	SMB 插座用于外部 $\overline{\text{RD}}$ 输入	J16	SMB 插座用于外部 A1 输入
J11	SMB 插座用于外部 $\overline{\text{WR}}$/FSYNC 输入	J17	SMB 插座用于外部 RES0 输入
J12	SMB 插座用于外部 SCLK 输入,串行工作	J18	SMB 插座用于外部 RES1 输入
J13	SMB 插座用于外部 SDI 输入,用于串行工作	J19	SMB 插座用于外部 CLKIN 输入

【连接器功能】

连接器	功　能	连接器	功　能
J1	96 路连接器,用于并行接口连接	J5	外部 AV_{DD} 和 AGND 电源连接器
J2	SIN、COS、SINLO、COSLO 输入	J6	外部 DV_{DD}、V_{DRIVE} 和 DGND 电源连接器
J3	激励输出	J7	外部 12V 和 AGND 电源连接器
J4	外部 26 路连接器,用于并行工作	J20	外部 10 路连接器,用于串行工作

【在封装 EVAL-AD2S1210 上链路位置】

链路号	位置	功　能	链路号	位置	功　能
LK1	B	从等效板控制器通过 96 路连接器接收 $\overline{\text{SAMPLE}}$ 信号	LK9	B	从等效板控制器通过 96 路连接器接收 RES1 信号
LK2	B	从等效板控制器通过 96 路连接器接收 $\overline{\text{CS}}$ 信号	LK10、LK11	B	1.54 增益选择
LK3	B	从等效板控制器通过 96 路连接器接收 $\overline{\text{RD}}$ 信号	LK12	A	P174ALVTC16245AE 的 $\overline{\text{OE}}$ 信号连至 $\overline{\text{CS}}$ 信号
LK4	B	从等效板控制器通过 96 路连接器接收 $\overline{\text{WR}}$/FSYNC 信号	LK13	A	从等效板控制器通过 96 路连接器 AV_{DD} 供电源
LK5	A	SOE 信号连至 V_{DRIVE}	LK14	A	从等效板控制器通过 96 路连接器 DV_{DD} 供电源
LK6	B	从等效板控制器通过 96 路连接器接收 A0 信号			
LK7	B	从等效板控制器通过 96 路连接器接收 A1 信号	LK15	A	从等效板控制器通过 96 路连接器 V_{DRIVE} 供电源
LK8	B	从等效板控制器通过 96 路连接器接收 RES0 信号	LK16	A	从等效板控制器通过 96 路连接器 12V 供电源

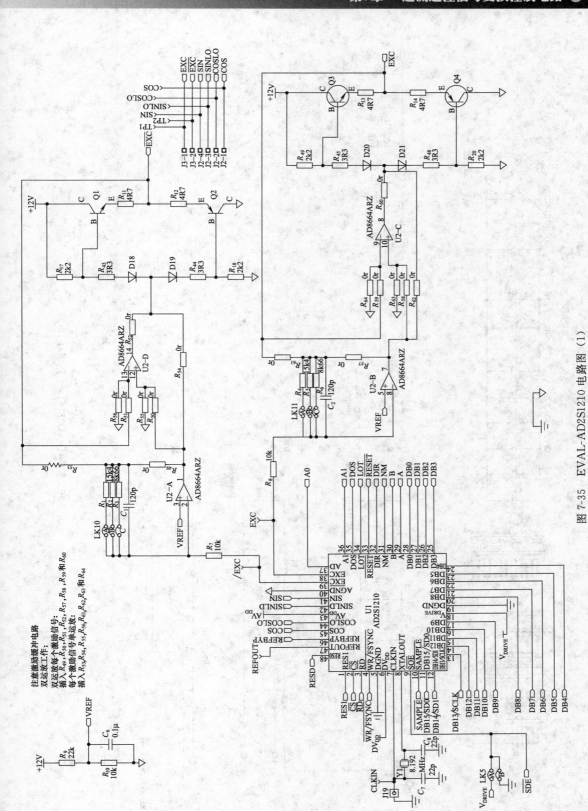

图 7-35　EVAL-AD2S1210 电路图（1）

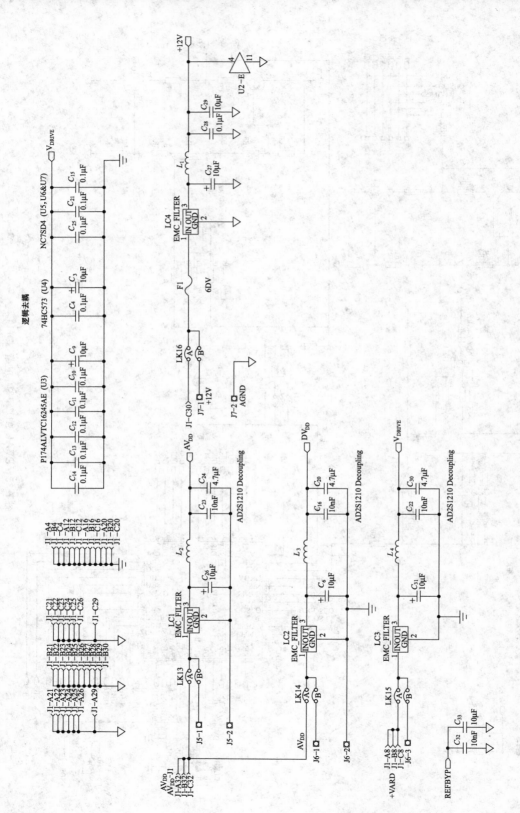

图 7-36　EVAL-AD2S1210 电路图（2）

● AD2S1200 12 位 R/D 变换器，内置参考振荡器

【用途】

电功率控制，电动运载工具（车辆），集成启动发动机/交流发电机，编码器仿真，汽车运动检测和控制。

【特点】

完全单极性 R/D 变换器　　　　　　　　　板上可编程正弦波振荡器

并行和串行 12 位数据端口　　　　　　　与 DSP 和 SPI 接口标准兼容

系统故障检测　　　　　　　　　　　　　204.8kHz 方波输出

绝对位置和速度输出　　　　　　　　　　单电源工作（5.00V±5%）

差动输入　　　　　　　　　　　　　　　－40～125℃额定值

±11 弧度分精度　　　　　　　　　　　　44 引线 LRFP 封装

1000r/min 最大跟踪速率　　　　　　　　4kV ESD 保护

增量编码器仿真（1024 脉冲/rev）

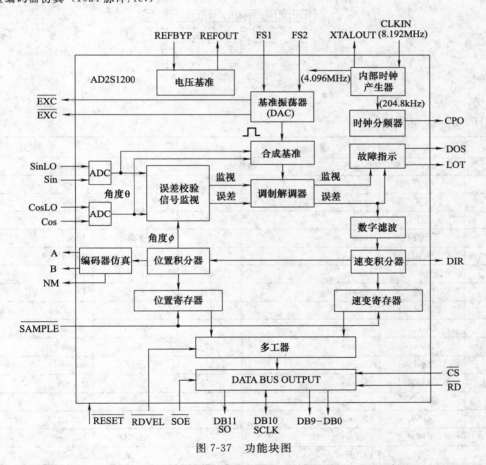

图 7-37　功能块图

AD2S1200 是一个完全 12 位分辨率跟踪旋转至数字变换器，板上集成编程正弦波振荡器，为旋转提供正弦波激励。要求一个外部 8.192MHz 晶体提供精密时间基准，该时钟在内部进行分频，产生一个 4.096MHz 时钟，驱动全部外设。

转换器的正弦和余弦输入端允许输入 3.6V 峰-峰值±10%、频率为 10～20kHz 范围内的信号。Type Ⅱ伺服环路用于跟踪输入信号，并将正弦和余弦输入端的信息转换为输入角度和速度所对应的数字量。利用外部 8.192MHz 晶振，转换器的带宽内部设置为 1.7kHz。最大跟

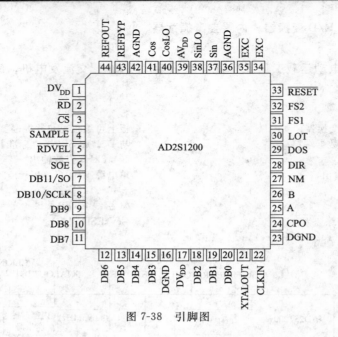

图 7-38 引脚图

踪速率为 1000r/min。

【引脚功能说明】

脚号	脚名	脚型号	脚号	脚名	脚型号
1	DV_{DD}	Supply	27	NM	Output
2	$\overline{RD}$	Input	28	DIR	Output
3	$\overline{CS}$	Input	29	DOS	Output
4	$\overline{SAMPLE}$	Input	30	LOT	Output
5	$\overline{RDVEL}$	Input	31	FS1	Input
6	$\overline{SOE}$	Input	32	FS2	Input
7	DB11/SO	Output	33	$\overline{RESET}$	Input
8	DB10/SCLK	Input,Output	34	EXC	Output
9~15	DB9~DB3	Output	35	$\overline{EXC}$	Output
16	DGND	Ground	36	AGND	Ground
17	DV_{DD}	Supply	37	Sin	Input
18~20	DB2~DB0	Output	38	SinLO	Input
21	XTALOUT	Output	39	AV_{DD}	Supply
22	CLKIN	Input	40	CosLO	Input
23	DGND	Ground	41	Cos	Input
24	CPO	Output	42	AGND	Ground
25	A	Output	43	REFBYP	Input
26	B	Output	44	REFOUT	Output

【最大绝对额定值】

电源电压（V_{DD}）	$-0.3 \sim 7.0V$	存储温度	$-65 \sim 150℃$
电源电压（AV_{DD}）	$-0.3 \sim 7.0V$	引线焊接温度	
输入电压	$-0.3V \sim V_{DD}+0.3V$	气相（60s）	215℃
输出电压摆动	$-0.3V \sim V_{DD}+0.3V$	红外（15s）	220℃
工作温度	$-40 \sim 125℃$		

【应用电路】

分解器（旋转）格式信号

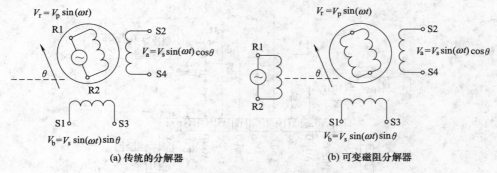

(a) 传统的分解器　　　　　　　(b) 可变磁阻分解器

图 7-39　传统分解器与可变磁阻分解器

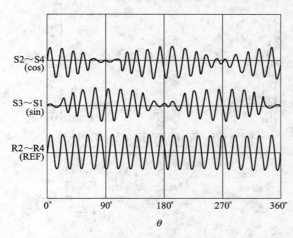

图 7-40　电分解器表示法

分解器是一个典型的旋转变压器，在转子上有一个初级绕阻，在定子上有两个次级绕阻。在可变磁阻分解器情况，在转子上没有绕阻。初级绕阻是在定子上和次级绕阻一样。但是在转子中极性设计，提供在次级与角度位置耦合中正弦变化。每种方式，分解器输出电压（S_3—S_1，S_2—S_4）将是同样的。方程表示如下：

$$S_3 - S_1 = E_0 \sin\omega t \sin\theta$$
$$S_2 - S_4 = E_0 \sin\omega t \cos\theta$$

式中　θ——传动轴角度；

　　$\sin\omega t$——转子激励频率；

　　E_0——转子激励幅度。

定子绕阻位移 90°（见图 7-39），初级绕阻用一个基准激励，接着耦合至定子次级绕组的幅度，是转子（传动轴）相对定子位置的函数。因此，分解器有两个输出（S_3—S_1，S_2—S_4）电压，通过 $\sin E$ 和 $\cos E$ 旋转轴角度调制。分解器格式信号相对来自分解器输出的导出信号，如方程和电分解器表示法输出格式。

【等效板电路】

AD2S1200 有一个等效板控制器，控制器板通过 96 路连接器提供全部电源。当使用板是一个独立单元时，外部电源必须供给。等效板有 6 个电源输入：AV_{DD}、DV_{DD}、＋15V、

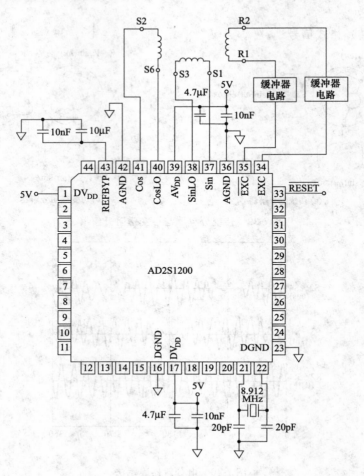

图 7-41　连接 AD2S1200 至分解器

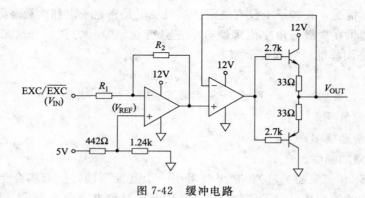

图 7-42　缓冲电路

－15V、AGND、DGND。如等效板用于独立模式，5V 必须连至 AV$_{DD}$ 输入，供 AD2S1200 AV$_{DD}$ 脚。此外，5V 必须连至 DV$_{DD}$ 输入，供 AD2S1200 DV$_{DD}$ 脚，供 74FCT162H24ST 和 74HC573。稳压器电源供 4 运放。应用＋15V 和－15V。最后，0V 连至 AGND 输入和 DGND 输入中的一个或两个，去耦用 4.7μF 和 0.1μF 至相关接地板。AD713、74FCT162H24ST 和 74HC573 去耦用 10μF 和 0.1μF 连至相关接地板。

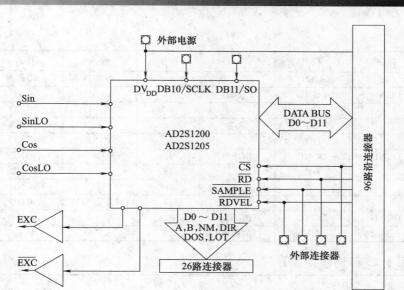

图 7-43 等效板电路功能块图

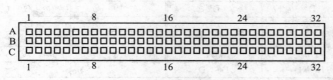

图 7-44 96 路连接器 J1 脚配置

【96 路连接器脚说明】

脚名	说 明
D0~D11	数据位 0 至位 11。三态 TTL 输出,D11 是 MSB
$\overline{RD}$	读出。这是一个有效低逻辑输入连至 AD2S1200 $\overline{RD}$ 脚(通过 LK1)。$\overline{RD}$ 下降沿转换数据至输出缓冲器
$\overline{CS}$	芯片选择。该脚有效低逻辑输入连至 AD2S1200 的 $\overline{CS}$ 脚(通过 LK2)。当 $\overline{CS}$ 保持低时器件使能
FL0	标志输出 0。该脚应产生采样脉冲,转换数据从位置和速度积分器至位置和速度寄存器
FL1	标志输出 1。用该脚提供 $\overline{RDVEL}$ 信号从 DSP 至 AD2S1200
AGND	模拟地。这些线连至等效板上的模拟地
DGND	数字接地。这些线连至等效板上的数字接地
AV_{DD}	模拟 5V 电源。这些线通过 LK10 连至板上 AV_{DD} 电源线
DV_{DD}	数字 5V 电源。这些线通过 LK12 连至板上 DV_{DD} 电源线
−12V/−15V	−12V/−15V 电源。该线通过 LK13 连至板上−15V 电源线
+12V/+15V	+12V/+15V 电源。该线通过 LK11 连至板上+15V 电源线

【96 路连接器脚功能】

脚号	行 A	行 B	行 C	脚号	行 A	行 B	行 C
1				6		D3	
2		D0		7		D4	
3		D1		8	DV_{DD}	DV_{DD}	DV_{DD}
4	DGND	DGND	DGND	9	RD	D5	
5		D2		10		D6	$\overline{CS}$

脚号	行 A	行 B	行 C	脚号	行 A	行 B	行 C
11		D7		22	AGND	AGND	AGND
12	DGND	DGND	DGND	23	AGND	AGND	AGND
13		D8		24	AGND	AGND	AGND
14		D9		25	AGND	AGND	AGND
15		D10		26	AGND	AGND	AGND
16	DGND	DGND	DGND	27		AGND	
17		D11		28		AGND	
18				29		AGND	
19				30	$-12V/-15V$	AGND	$+12V/+15V$
20	DGND	DGND	DGND	31			
21	AGND	AGND	AGND	32	AV_{DD}	AV_{DD}	AV_{DD}

【脚标志用于 26 路连接器 J5】

脚号	行 A	行 B	脚号	行 A	行 B
1	D0	D1	8	DIR	NM
2	D2	D3	9	B	A
3	D4	D5	10	DGND	DGND
4	D6	D7	11	LOT	DOS
5	D8	D9	12	DGND	DGND
6	D10	D11	13	DV_{DD}	DV_{DD}
7	DGND	DGND			

【脚标志用于 8 路连接器 J10】

脚号	行 A	行 B	脚号	行 A	行 B
1	$\overline{RD}$	$\overline{CS}$	3	SCLK	SO
2	$\overline{SAMPLE}$	$\overline{RDVEL}$	4	DGND	DV_{DD}

【7 个输入/输出插座相关工作功能（SMB 插座）】

插座	功 能	插座	功 能
J4	用于外部 $\overline{RDVEL}$ 输入	J13	用于外部 SCLK 输入,用于串行工作
J9	用于外部 $\overline{SAMPLE}$ 输入	J14	用于外部 CLKIN 输入
J11	用于外部 $\overline{CS}$ 输入	J15	用于外部 SO 输出,用于串行工作
J12	用于外部 $\overline{RD}$ 输入		

【在 AD2S1200 上 6 个连接器】

连接器	功 能	连接器	功 能
J1	96 路连接器,用于并行接口连接	J7	外部 DV_{DD} 和 DGND 电源连接器
J5	外部 26 路连接器,用于并行工作	J8	外部 $+15V$、$-15V$ 和 AGND 电源连接器
J6	外部 AV_{DD} 和 AGND 电源连接器	J10	外部 8 路连接器,用于串行工作

【链路位置】

链路号	位置	功 能	链路号	位置	功 能
LK1	B	等效板控制器供 $\overline{RD}$	LK8,LK9	B	1.8 增益模式选择
LK2	B	等效板控制器供 $\overline{CS}$	LK10	A	等效板控制器供 AV_{DD}
LK3	B	等效板控制器供 SAMPLE	LK11	A	等效板控制器供 $+15V$
LK4	B	等效板控制器供 RDVEL	LK12	A	等效板控制器供 DV_{DD}
LK5	No Connect		LK13	A	等效板控制器供 $-15V$
LK6	A	AD2S1200 并行模式选择	LK14	A	使能信号用于 74FCT162H245T
LK7	No Connect	10kHz 缺省基准信号频率选择			源来自 $\overline{CS}$ 信号至 AD2S1200

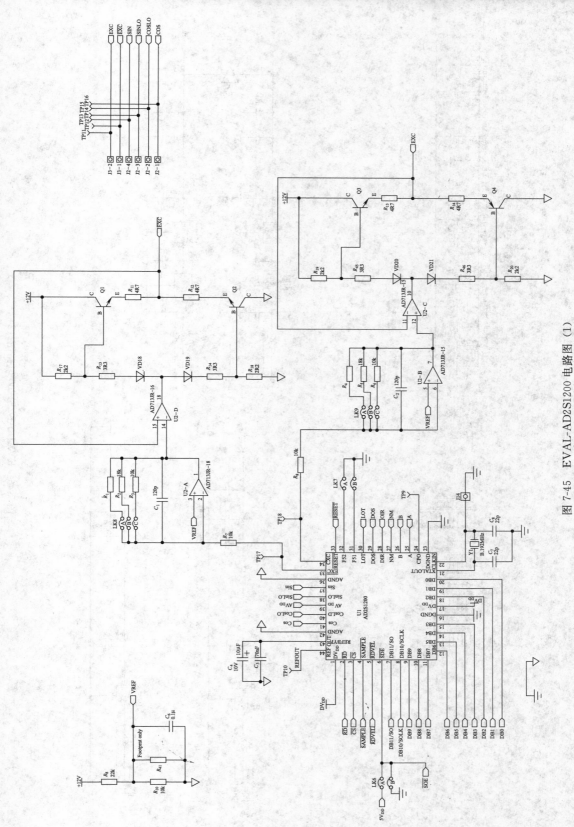

图 7-45　EVAL-AD2S1200 电路图（1）

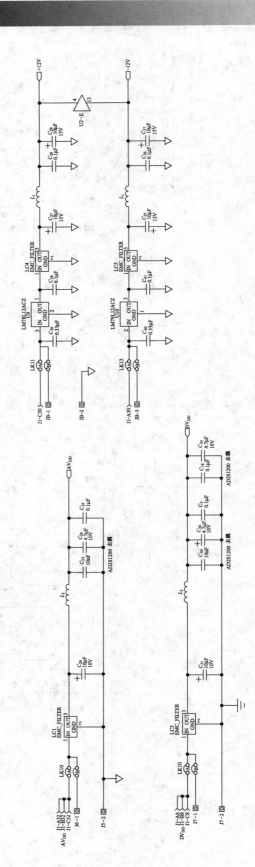

图 7-46 EVAL-AD2S1200 电路图 (2)

7.3 触摸屏控制数字转换电路

● AD7843 触摸屏数字转换器

AD7843 是一款 12 位逐次逼近型 ADC，具有同步串行接口以及用于驱动触摸屏的低导通电阻开关，采用 2.2～5.25V 单电源供电，吞吐量大于 125KSPS。AD7843 采用的外部基准电压，可在 1V～+V_{CC} 范围内变化，而模拟输入范围为 0～V_{REF}。这款器件具有关断模式，此模式下功耗不足 1μA。AD7843 提供两种封装：16 引脚、0.15in、1/4 大小集成封装（QSOP）和 16 引脚超薄紧缩小型封装（TSSOP）。

【用途】

个人数字助理，智能手持式设备，触摸屏监控器，销售终端机，传呼机。

【特点】

4 线触摸屏接口	高速串行接口
规定通过速率 125KSPS	可编程 8 位或 12 位分辨率
低功耗：在 125KSPS，V_{CC}＝3.6V 最大功耗 1.37mW	2 个辅助模拟输入
单电源：V_{CC} 2.2～5.25V	关闭型式：最大 1μA
比率计转换	16 引线 QSOP 和 TSSOP 封装

AD7843 是一个 12 位逐次近似 ADC，有一个同步串行接口和低通电阻开关，用于驱动触摸屏。零件工作单电源 2.2～5.25V，规定通过速率大于 125KSPS。外部基准加至 AD7843 变化从 1V～V_{CC}，而模拟输入范围从 0～V_{REF}。该器件包括关闭型式，减小电流消耗小于 1μA。AD7843 有板上开关特点，这与低功耗和高速工作有关，使该器件用于电池系统，如个人数字助理具有电阻性触摸屏和其他便携设备。该器件用 16 引线 QSOP 和 TSSOP 封装。

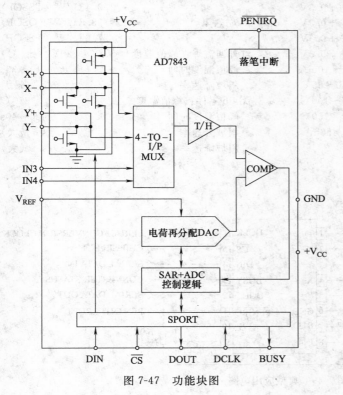

图 7-47 功能块图

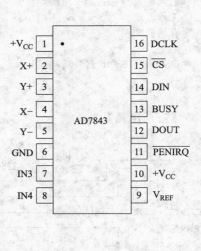

图 7-48 引脚图

【引脚功能说明】

脚号	脚名	说　　明
1,10	+V_CC	电源输入。对 AD7843,V_CC 范围 2.2～5.25V。两个 V_CC 脚应连在一起
2	X+	X+位置输入。ADC 输入通道 1
3	Y+	Y+位置输入。ADC 输入通道 2
4	X-	X-位置输入
5	Y-	Y-位置输入
6	GND	模拟地。AD7843 上全部电路接地基准点。全部模拟输入信号和任何外部基准信号应相对参照 GND 电压
7	IN3	辅助输入 1、ADC 输入通道 3
8	IN4	辅助输入 2、ADC 输入通道 4
9	V_REF	基准输入,用于 AD7843。外部基准必须加至该脚输入。电压范围用于外基准是 1.0～V_CC,对于规定特性它是 2.5V
11	$\overline{\text{PENIRQ}}$	笔中断。CMOS 逻辑开漏输出(要求外部 10～100kΩ 拉起电阻)
12	DOUT	数据输出。逻辑输出。在该输出提供来自 AD7843 的转换结果作为串行数据流。在 DCLK 输入下降沿记位输出。当 $\overline{\text{CS}}$ 是高时,输出是高阻抗
13	BUSY	BUSY 输出。逻辑输出。当 $\overline{\text{CS}}$ 高时,输出高阻抗
14	DIN	数据输入。在该脚上提供数据写至 AD7843 控制寄存器,DCLK 上升沿记录数据进入寄存器
15	$\overline{\text{CS}}$	芯片选择输入。有效低逻辑输入。在 AD7843 上输入提供初始转换双功能,同样使能串行输入/输出寄存器
16	DCLK	外时钟输入。逻辑输入。DCLK 提供串行时钟,用于从零件存取数据。用该输入时钟作为时钟源,用于 AD7843 转换处理

【最大绝对额定值】

V_CC 至 GND	−0.3～7V	θ_JA 热阻	149.97℃/W（QSOP）
模拟输入电压至 GND	−0.3V～V_CC+0.3V		150.4℃/W（TSSOP）
数字输入电压至 GND	−0.3V～V_CC+0.3V	θ_JC 热阻	38.8℃/W（QSOP）
数字输出电压至 GND	−0.3V～V_CC+0.3V		27.6℃/W（TSSOP）
V_REF 至 GND	−0.3V～V_CC+0.3V	红外回流焊：峰值温度	220℃（±5℃）
输入电流至任一脚（电源除外）	±10mA	峰值温度时间	10～30s
工作温度	−40～85℃	斜坡降速率	6℃/s 最大
存储温度	−65～150℃	无 Pb 零件：峰值温度	250℃
结温	150℃	峰值温度时间	20～40s
QSOP，TSSOP 封装功耗	450mW	斜坡升速率	3℃/s（最大）
		斜坡降速率	6℃/s（最大）

【应用电路】

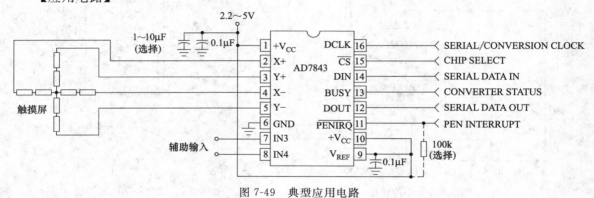

图 7-49　典型应用电路

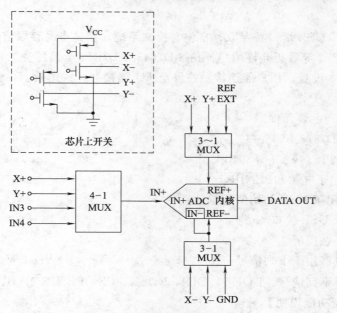

图 7-50 等效模拟输入电路

【等效板 AD7843/AD7873 电阻触摸屏控制器电路】

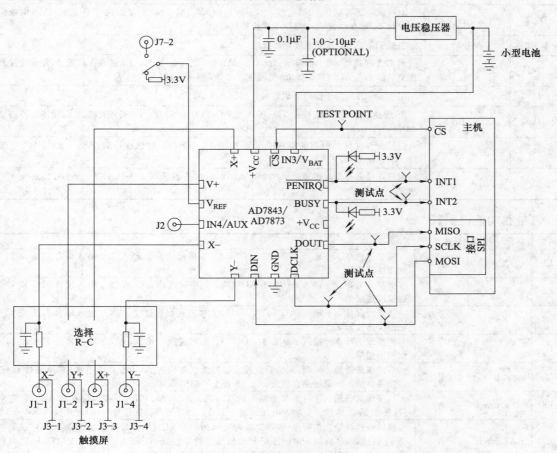

图 7-51 等效板块图

【特点】

对连至任何 PC USB 端口易存取；自包含检测系统；测试点易存取信号；包括触摸屏。

AD7843/AD7873 等效板允许用户评估 AD7843/AD7873 全部特性。评估软件允许用户改变 AD7843/AD7873 设置。用户能连接触摸屏至 J31 连接器，或用板上可变电阻，评估触摸屏功能。

等效板包括下列主要元件。

▲ AD7843/AD7873 IC

▲ USB 微控制 IC，CYTC68013-CSP

▲ LED 指示用于电源和 $\overline{\text{PENIRO}}$

▲ EEPROM 用于 USB 初始值配置信息

▲ 连接器用于 USB 接口

▲ 连接器用于触摸屏

▲ 螺纹头连接器用于下列信号：X－，Y＋，X＋，Y－，＋V_{CC}，V_{REF}，GND

▲ 测试点用于下列信号：DOUT，DIN，DCLK，$\overline{\text{CS}}$，$\overline{\text{PENIRQ}}$，BUSY，＋V_{CC}，V_{BAT}

【等效板连接器功能说明】

名称	符号名	说　明
J6	USB interface	插头 USB 电缆直接从 PC 进入连接器。它是典型 USB 小型 B 插座
J13-1	Power	对板供电既可以是 USB 电缆，也可以是连接器 J13。如 L_5 是在位置 B，通过 USB 电缆供电。如 L_5 是在位置 A，从 J13-1 连接器供电
J13-2	AGND	通过 J13-2 连接器能连接外部接地
J7-2	EXT_VREF	用 J7-2 连接器，用于信号至 AD7843/AD7873 上 V_{REF} 输入。L_6 必须在位置 A，用该连接器连至 AD7843/AD7873。如 L_6 位置在 B，3.3V 供 V_{REF} 输入
J2	AUX	用 J2 连接器，用于信号至辅助输入 AD7843/AD7873 上
J5	EXT_BAT	用 J5 连接器，用于信号至 V_{BAT} 输入至 AD7843/AD7873。L_7 必须在位置 B，用连接器连至 AD7843/AD7873
J3	Touch screen	包括全部文件的触摸屏能直接连至 AD7843/AD7873，用该连接器连：X－ 至 J3-1，Y＋ 至 J3-2，X＋ 至 J3-3，Y－ 至 J3-4
J1	Touch screen	用该连接器连至触摸屏至 AD7843/AD7873，连接如下：X－ 至 J1-1，Y＋ 至 J1-2，X＋ 至 J1-3 和 Y－ 至 J1-4

【链路功能说明】

名称	符号名	缺省位置	说　明
L1	X＋	A	搭接线选择 X＋输入 AD7843/AD7873。如搭接线在位置 A，X＋输入来自 J1-3 或 J3-3 触摸屏连接器
L2	Y＋	A	搭接线选择 Y＋输入 AD7843/AD7873。如搭接线位置在 A，Y＋输入来自 J1-2 或 J3-2 触摸屏连接器
L3	X－	A	搭接线选择 X－输入 AD7843/AD7873。如搭接线在位置 A，X－输入来自 J1-1 或 J3-1 触摸屏连接器
L4	Y－	A	搭接线选择 Y－输入 AD7843/AD7873。如搭接线在位置 A，Y－输入来自 J1-4 或 J3-4 触摸屏连接器
L5	Input power	B	搭接线选择输入电源，用于等效板。如搭接线在位置 A，用于板上电源，必须通过 J13-1 连接器供给。如果链路在位置 B，USB 连至电源供等效板
L6	REF input	A	搭接线选择输入信号至基准输入至 AD7843/AD7873。如果搭接线位置是 A，REF 连至 J7(J7-2) 脚，然后一个输入电压能连至 J7-1。如果链路是在位置 B，REF 连至 3.3V
L7	BAT input	A	搭接线选择输入信号至 VBAT 输入至 AD7843/AD7873。如搭接线在位置 B，VBAT 连至 J5 连接器，然后输入电压连至 J5。如果链路在位置 A，VBAT 连至可变电阻 R_9。用户能改变 R_9 改变输入电压在 VBAT 脚上。最大电阻 R_9 是 $10\text{k}\Omega$

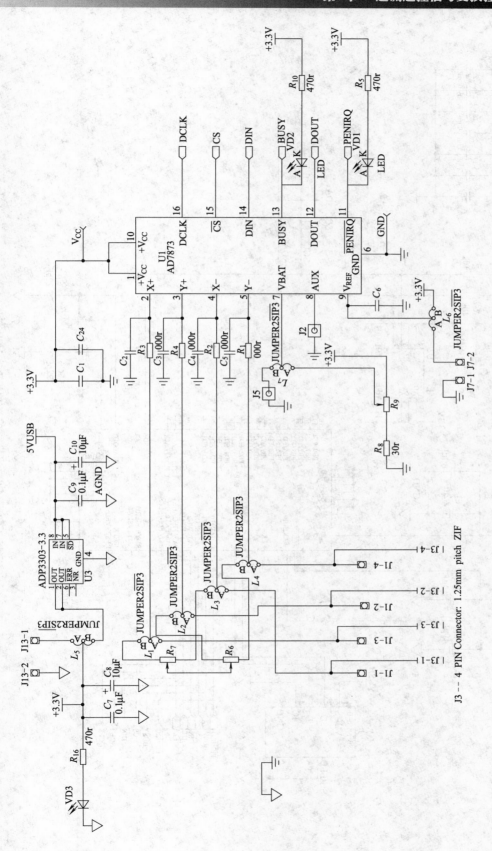

图7-52 等效板电路 AD7843/AD7873 部分

注：AD7843 引脚 7 为 IN3，8 为 IN4，其他与 AD7873 相同

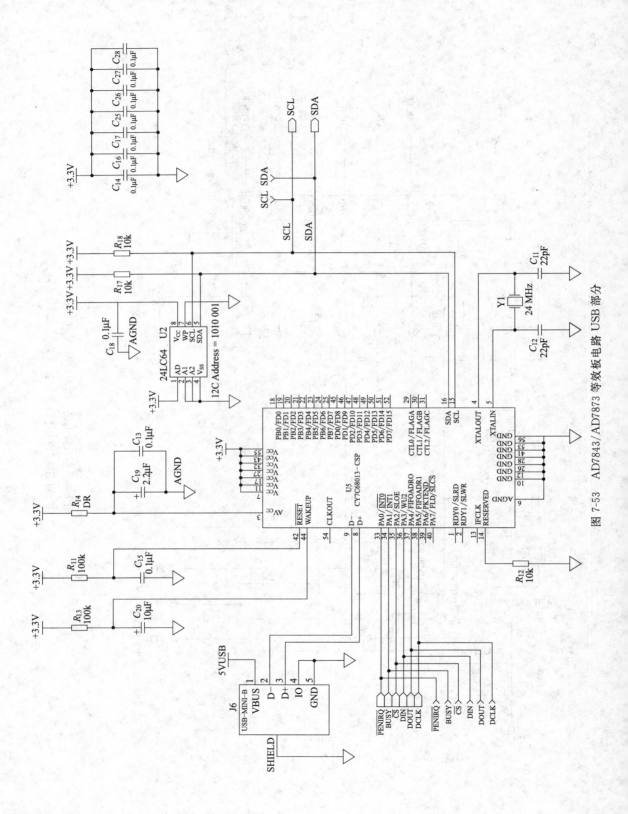

图 7-53 AD7843/AD7873 等效板电路 USB 部分

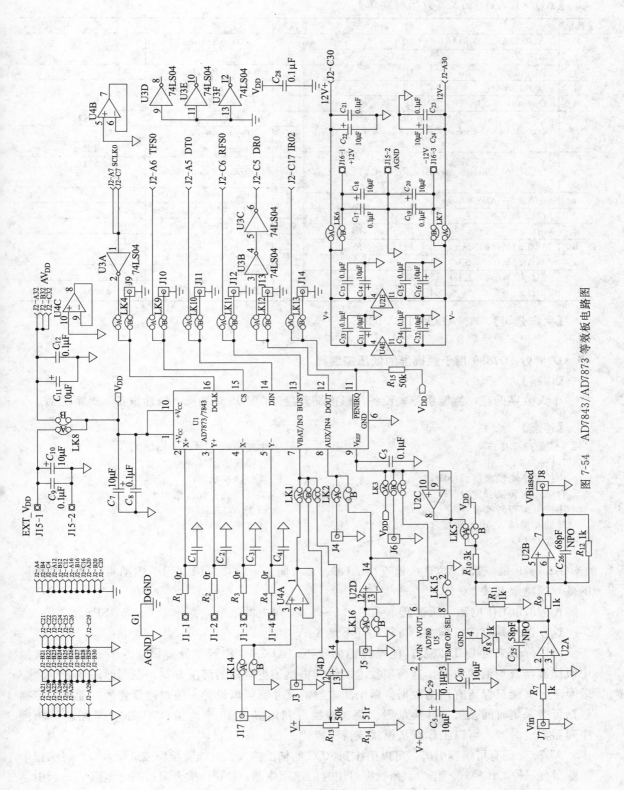

图 7-54 AD7843/AD7873 等效板电路图

【AD7843/AD7873 等效板材料单】

数量	零件型号	符 号	数量	零件型号	符 号
1	AD7873AR/AD7843AR	U1	1	50kΩ Multiturn Trimmer Pot	R_{13}
2	AD713JN	U2,U4			
1	AD780AN	U5	1	6-(2+3)Pin Header	LK1
1	DM74LS04N	U3	1	6-(2+3) Pin Header/4 (2+2)-Pin Header	LK3
4	Optional	C_1,C_2,C_3,C_4			
12	10μF,10V(TAJ-B Series)	$C_6,C_7,C_{10},C_{11},C_{14}$, $C_{16},C_{18},C_{20},C_{22},C_{24}$, C_{31},C_{32}	12	4-(2+2)Pin Header	LK2~LK14
			1	2-Pin Header	LK15
			15	Shorting Link	LK1~LK15
14	0.1μF 50V X7R(0805 Size)	$C_5,C_8,C_9,C_{12},C_{13}$, $C_{15},C_{17},C_{19},C_{21},C_{23}$, $C_{28},C_{29},C_{33},C_{34}$	66	Ultralow Profile Sockets	U2,U3,U4,U5,C_1~ C_4,R_1~R_4
1	0.01μF 50V X7R(0805 Size)	C_{30}	2	6-Pin Terminal Block	J1
2	68pF 50V NPO	C_{25},C_{26}	1	96-Pin 90° DIN41612 Plug	J2
4	0Ω	R_1,R_2,R_3,R_4	12	Gold 50Ω SMB Jack	J3~J14
5	1kΩ±1%(0805 Size)	$R_7,R_8,R_9,R_{11},R_{12}$	1	2-Pin Terminal Block	J15
1	3kΩ±1%(0805 Size)	R_{10}	1	3-Pin Terminal Block	J16
1	51Ω±1%(0805 Size)	R_{14}	4	Stick-On Feet	每个角
1	51Ω±1%	R_{15}	1	PCB	EVAL-AD7873/43CB

【生产公司】 ANALOG DEVICES

● AD7879/AD7889 用于触摸屏的低压控制器

【用途】

个人数字助理，智能手持式设备，触摸屏监控器，POS 终端机，医疗设备，蜂窝电话。

【特点】

4 线触摸屏接口
1.6~3.6V 工作
中线和平均滤波器减小噪声
自动逐次转换和定时
用户可编程转换参量
辅助模拟输入/电池监视（0.5~5V）
选择 GPIO

中断输出（$\overline{INT}$，$\overline{PENIRQ}$）
触摸压力测量
唤醒触摸功能
关断模式：6μA 最大
12 球 WLCSP
16 引线 LFCSP

AD7879 是一款 12 位逐次逼近型 ADC、具有同步串行接口以及用于驱动 4 线电阻触摸屏的低导通电阻开关。

AD7879 工作电源电压极低，采用 1.6~3.6V 单电源供电，吞吐率为 105KSPS。

这款器件具有待机模式，待机功耗不足 5μA。

为了降低来自 LCD 以及其他噪声源的噪声，AD7879 内置预处理模块。预处理功能包括中值滤波器及均值滤波器。这两项技术的结合提供了更鲁棒的解决方案，既能滤除信号中的杂散噪声，又能只保留有用的数据。两个滤波器的尺寸都可以设置。用户可设置的其他转换控制包括可变采集时间及第一转换延迟。每次转换可利用多达 16 个均值。AD7879 采用自动转换序列器与定时器，可以工作在从模式或待机模式。

AD7879 拥有可编程引脚，可以用作到 ADC 的辅助输入、电池监控器或通用接口。可编程中断输出有三种工作模式：作为当新数据可用时的通用中断，$\overline{INT}$；作为超过限定范围的指示中断信号；或作为屏幕被触摸时的落笔中断，$\overline{PENIRQ}$。AD7879 可提供温度与触觉压力测量。

　　AD7879 采用 1.6mm×2mm 12 引脚 WLCSP 封装以及 4mm×4mm 16 引脚 LFCSP 封装，具有 SPI（AD7879）或 I²C（AD7879-1）接口。

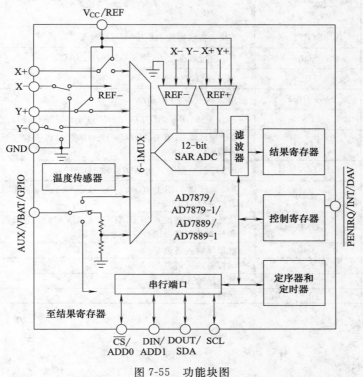

图 7-55　功能块图

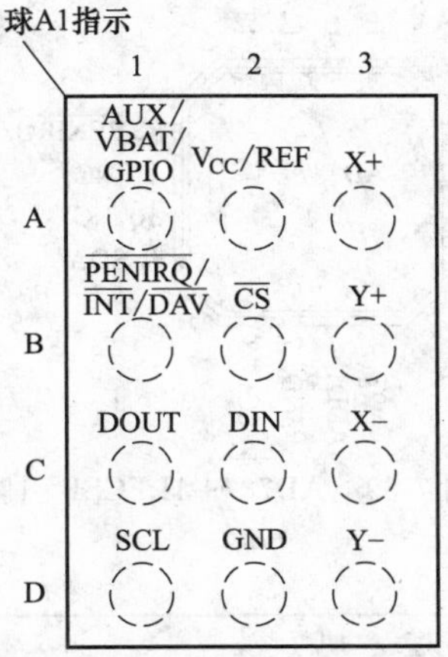

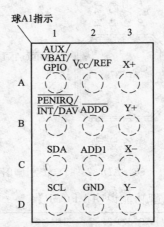

图 7-56　AD7879/AD7889 WLCSP 引脚图

图 7-57　AD7879-1/AD7889-1 WLCSP 引脚图

【引脚功能说明 WLCSP】

球号		名　称	说　　明
AD7879/AD7889	AD7879-1/AD7889-1		
1A	1A	AUX/VBAT/GPIO	可编程该脚作为 ADC（AUX）辅助输入，作为电池测量输入至 ADC（VBAT），或作为一个通用数字输入/输出（GPIO）
1B	1B	$\overline{PENIRQ}$/$\overline{INT}$/$\overline{DAV}$	中断输出。当屏触摸时，当测量超过可编程限制时（$\overline{INT}$），或当新的数据适用寄存器（$\overline{DAV}$）时要求该脚。有效低内部 50kΩ 拉起电阻

续表

球号 AD7879/ AD7889	球号 AD7879-1/ AD7889-1	名　称	说　明
1C	N/A	DOUT	SPI 串行数据输出用于 AD7879/AD7889
N/A	IC	SDA	I²C 串行数据输入，用于 AD7879-1/AD7889-1
1D	1D	SCL	串行接口时钟输入
2A	2A	V_{CC}/REF	电源输入和 ADC 基准
2B	N/A	$\overline{CS}$	芯片选择，用于 AD7879/AD7889 上 SPI 串行接口。有效低
N/A	2B	ADD0	I²C 地址位 0，用于 AD7879-1/AD7889-1。该脚连至高或低决定地址用于 AD7879-1/AD7889-1
2C	N/A	DIN	SPI 串行数据输入至 AD7879/AD7889
N/A	2C	ADD1	I²C 地址位 1，用于 AD7879-1/AD7889-1。该脚连至高或低决定地址用于 AD7879-1/AD7889-1
2D	2D	GND	接地。接地基准点用于 AD7879/AD7889 上全部电路。全部模拟输入信号和任何外部基准信号应参考该电压
3A	3A	X+	触摸屏输入通道
3B	3B	Y+	触摸屏输入通道
3C	3C	X−	触摸屏输入通道
3D	3D	Y−	触摸屏输入通道

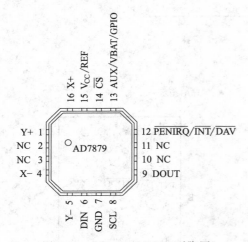

图 7-58　AD7879 LFCSP 引脚图　　　　图 7-59　AD7879-1LFCSP 引脚图

【引脚功能说明 LFCSP】

AD7879	AD7879-1	引脚名称	说　明
1	1	Y+	触摸屏输入通道
2,3,10,11	2,3,10,11	NC	不连
4	4	X−	触摸屏输入通道
5	5	Y−	触摸屏输入通道
6	N/A	DIN	SPI 串行数据输入至 AD7879
N/A	6	ADD1	I²C 地址位 1，用于 AD7879-1。该脚连至高或低决定地址用于 AD7879-1接地，接地基准点用于 AD7879 上全部电路。全部模拟输入信号和任何外部
7	7	GND	基准信号应参考该电压

续表

AD7879	AD7879-1	引脚名称	说　明
8	8	SCL	串行接口时钟输入
9	N/A	DOUT	SPI 串行数据输出,用于 AD7879
N/A	9	SDA	I²C 串行数据输入和输出,用于 AD7879-1
12	12	$\overline{PENIRQ}/\overline{INT}/\overline{DAV}$	中断输入,当触摸屏时($\overline{PENIRQ}$),当测量超过可编程限制时($\overline{INT}$),或新的数据用于寄存器($\overline{DAV}$)时要求该脚。有效低,内部 50kΩ 拉起电阻
13	13	AUX/VBAT/GPIO	该脚可编程作为辅助输入至 ADC(AUX),当电池测量输入至 ADC(VBAT),或作为通用数字输入/输出(GPIO)
14	N/A	$\overline{CS}$	芯片选择,用于 SPI 串行接口在 AD7879 上。有效低
N/A	14	ADD0	I²C 地址位 0,用于 AD7879-1。该脚能连至高或低决定一个地址用于 AD7879-1
15	15	V_{CC}/REF	电源输入和 ADC 基准
16	16	X+	触摸屏输入通道
		EP	暴露垫片。暴露垫片内部不连,用于表示焊点最大热能的可靠性。推荐垫片焊至接地板

【最大绝对额定值】

V_{CC} 至 GND	$-0.3\sim3.6V$	场感应电荷器件型	1kV
模接输入电压至 GND	$-0.3V\sim V_{CC}+0.3V$	机器型	0.2kV
AUX/VBAT 至 GND	$-0.3\sim5V$	工作温度	$-40\sim85℃$
数字输入电压至 GND	$-0.3V\sim V_{CC}+0.3V$	存储温度	$-65\sim150℃$
数字输出电压至 GND	$-0.3V\sim V_{CC}+0.3V$	结温	150℃
输入电流至任一脚(除电源外)	10mA	功耗	
ESD 额定值(X+,Y+,X-,Y-)		WLCSP(4 层板)	866mW
气体放电人体型	15kV	LFCSP(4 层板)	2.138W
接触机器型	10kV	红外回流焊	260℃(±0.5℃)
ESD 额定值(全部其他脚)		引线焊接温度	300℃
人体型	4kV		

【应用电路】

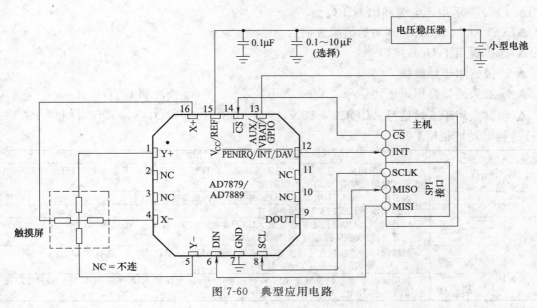

图 7-60　典型应用电路

EVAL-AD7879 用于 AD7879 电阻触摸屏控制器等效板。

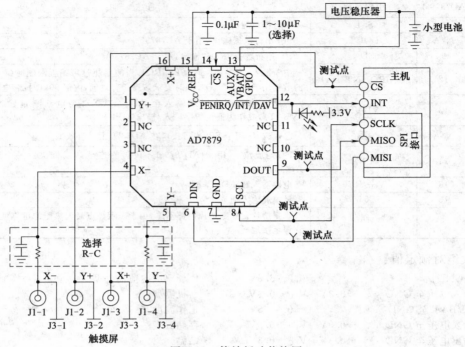

图 7-61　等效板功能块图

等效板易存取 AD7879/AD7879-1，连接任一个 PC USB 端口，自己包含有评估检测系统，包括触摸屏。等效板允许评估 AD7879/AD7879-1 的全部性能。评估软件允许改变 AD7879/AD7879-1 上的布置。连触摸屏至连接器 J3 或用板上可变电阻评估触摸屏功能。

等效板电路包括以下主要元件。

▲ AD7879/AD7879-1

▲ USB 微控制器 IC CYTC68013-56LFC

▲ LED 指示用于电源和 $\overline{PENIRQ}$

▲ EEPROM 用于 USB 初始值配置信息

▲ 连接器用于 USB 接口

▲ 连接器用于触摸屏

▲ 螺纹头连接器用于下述信号：X－，Y＋，X＋，Y－，V_{CC} 和 GND

▲ 测试点用于下述信号：DOUT，DIN，SCI，$\overline{CS}$，$\overline{PENIRQ}$，V_{CC}，GND 和 VBAT

【连接器功能说明】

号数	名称	说　　　明
J6	USB interface	USB 电缆用插头直接从 PC 进入连接器。它是型号 USB 最小 B 插座电源，可通过 USB 电缆或通过电源连接器 J2 供电给印刷板
J2-1	Power	如链路 5 在位置 B，电源通过 USB 电缆供电。如果链路 5 在位置 A，电源供电从 J2-1 连接器
J2-2	AGND	外部接地，能通过 J2-2 连接器连接
J2-3	EXT_BAT	J2 连接器，该脚能用于加信号至 AUX/VBAT/GPIO 输入至 AD7879/AD7879-1 链路 7，必须在位置 B，用该连接器连至 AD7879/AD7879-1
J3	Touch screen	触摸国际触摸屏包含说明文件，能直接连至 AD7879/AD7879-1。连接器如下：X－至 J3-1，Y＋至 J3-2，X＋至 J3-3，和 Y－至 J3-4
J1	Touch screen	能用该连接器连触摸屏至 AD7879/AD7879-1，应连接如下：X－至 J1-1，Y＋至 J1-2，X＋至 J1-3，Y－至 J1-4

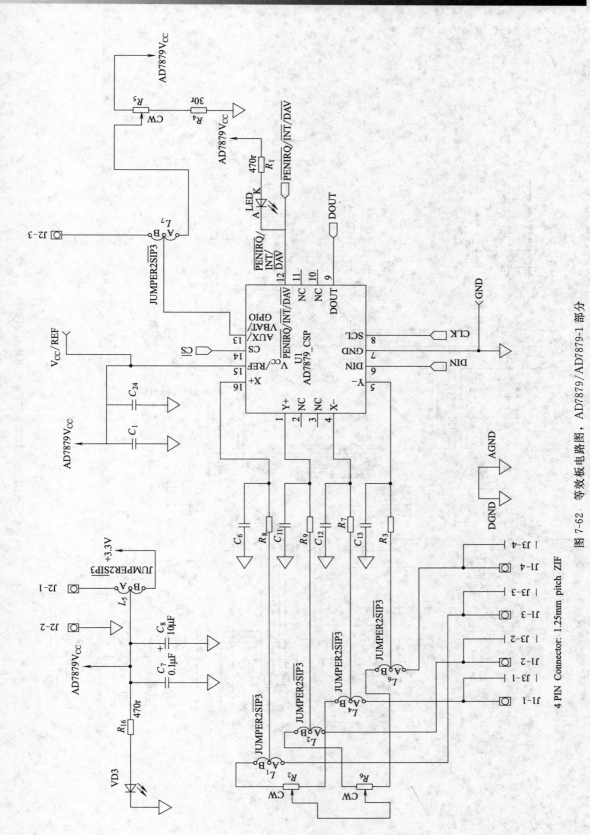

图 7-62 等效板电路图，AD7879/AD7879-1 部分

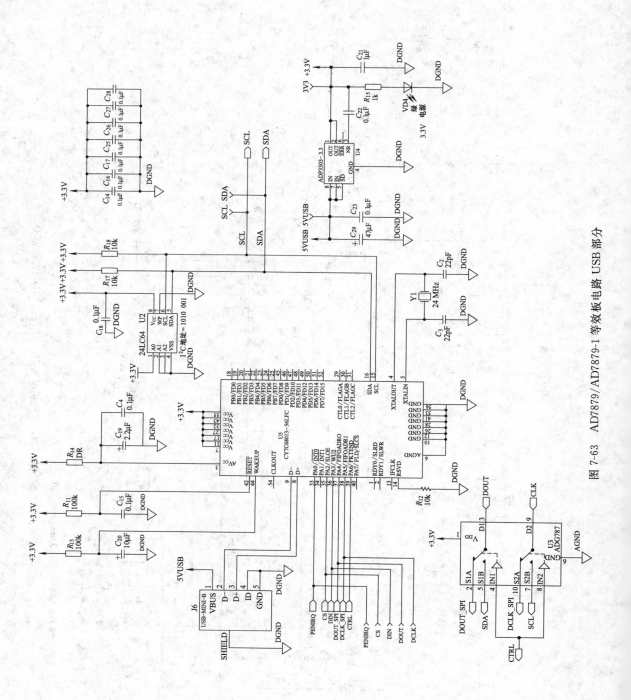

图 7-63　AD7879/AD7879-1 等效板电路 USB 部分

【链路功能说明】

号数	名称	缺省位置	说 明
L1	X+	A	搭接线选择 X+输入至 AD7879/AD7879-1。如果搭接线在位置 A，X+输入进入触摸屏连接器 J1-3 或连接器 J3-3
L2	Y+	A	搭接线选择 Y+输入至 AD7879/AD7879-1。如果搭接线在位置 A，Y+输入至触摸屏连接器 J1-2 或连接器 J3-2
L4	X−	A	搭接线选择 X−输入至 AD7879/AD7879-1。如果搭接线在位置 A，X−输入至触摸屏连接器 J1-1 或连接器 J3-1
L6	Y−	A	搭接线选择 Y−输入至 AD7879/AD7879-1。如果搭接线在位置 A，Y−输入至触摸屏连接器 J1-4 或连接器 J3-4
L5	Input power	B	搭接线选择输入电源，用于等效板。如搭接线在位置 A，电源用于等效板，必须通过连接器 J2-1 供给。如果链路是在位置 B，USB 连至电源用于等效板
L7	VBAT input	A	搭接线选择输入信号至 AUX/VBAT/GPIO 输入至 AD7879/AD7879-1。如果搭接线在位置 B，VBAT 连至连接器 J2-3。输入电压能连接 J2-3。如果链路在位置 A，VBAT 连至一个可变电阻 R_5。用户变化 R_5 改变在 VBAT 脚上输入电压。电阻 R_5 最大值是 10kΩ

【生产公司】 ANALOG DEVICES

7.4 电压至电流，电压至频率，频率至电压变换检测电路

● **1B21 隔离，环路供电电压至电流变换器**

【用途】

多通道过程控制，D/A 变换器——电流环路接口，模拟发射器和控制器，遥控数据采集系统。

【特点】

宽输入范围：0～1V～0～10V
高 CMV 隔离：1500V（rms）
可编程输出范围：4～20mA，0～20mA
负载电阻范围：0～1.35kΩ 最大
高精度
　低偏置温度：±300nA/℃

低增益温度：±50ppm/℃
低非线性：±0.02%
高 CMR：90dB 最小
小封装：$0.7'' \times 2.1'' \times 0.35''$
符合 IEEE 标准，472：瞬时保护（SWC）

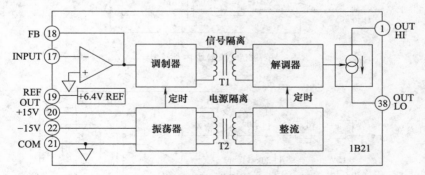

图 7-64 功能块图

1B21 是一个隔离电压至电流变换器，利用基本的变压器隔离和自动表面安装技术组成一个独特的电路设计。它提供多功能和特性组合在一个紧凑的塑封中。设计用于工业应用，特别适用于恶劣环境，有极高的共模干扰。V/I 变换器由 4 个基本部分组成：输入调节、调制器、解调器和电流源。输入是电阻器可编程增益级，接收 0～1V 至 0～10V 电压输入。这个变换进入 0～20mA 输出，或能偏置 20% 用内部基准 4～20mA 工作。其调制的高电平信号通过隔离

层，提供完全的输入至输出电隔离，通过用变压器耦合技术，能连续隔离 1500V（rms）电压。非线性为±0.05％最大。设计用于多通道应用。1B21 要求一个外部环路电源，能接收可达 30V 最大。这提供环路符合 27V，完全可驱动 1.35kΩ 负载电阻。

高 CMV 隔离：1B21 特点是高输入至输出电隔离。该隔离层能耐连续 CMV 1500V（rms），满足 IEEE 标准用于瞬变电压保护。

小尺寸：1B21 封装尺寸（0.7″×2.1″×0.35″），使它在多通道系统是一个极好的选择，用于最大通道密度。0.35″高度应用具有限制板容差。

用户易用：完全隔离电压至电流变换，要求用最少的零件得到调节电流信号。没有要求外部缓冲器和驱动器。

【引脚说明】

脚号	脚符号	说　明	脚号	脚符号	说　明
1	OUT HI	输出高	20	+15V	+15V
17	IN	输入	21	COM	公共端
18	FB	反馈	22	−15V	−15V
19	REF	基准	38	OUT LOW	输出低

【应用电路】

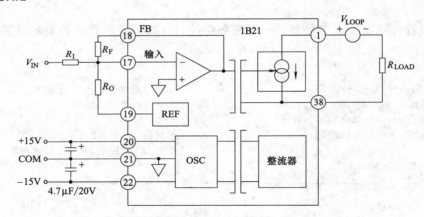

图 7-65　基本块内部连接

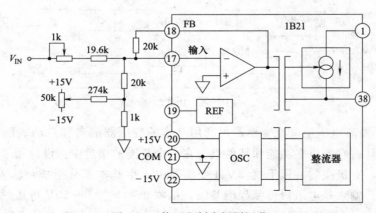

图 7-66　偏置和刻度间隔调节

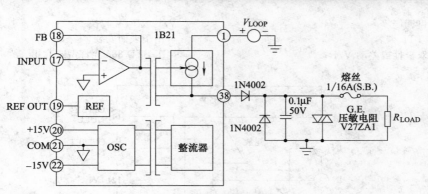

图 7-67 输出保护电路

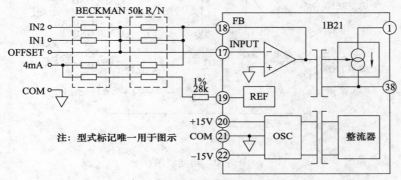

图 7-68 低温系数电阻网络结构

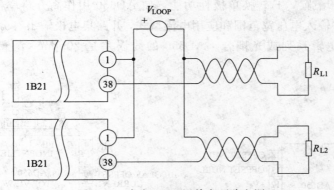

图 7-69 多个 1B21 用单个环路电源

【生产公司】 ANALOG DEVICES

● **AD650 电压至频率和频率至电压变换器**

【用途】

用于数据采集，隔离模拟信号传输应用，锁相环电路，精密步进电机速度控制，精密转速表，FM 解调电路。

【特点】

V/F 转换至 1MHz	在 10kHz，0.002％
可靠的单片转换	在 100kHz，0.005％
极低非线性	在 1MHz，0.07％

输入偏置可调制零　　　　　　　　　　　V/F 或 F/V 转换
CMOS 或 TTL 兼容　　　　　　　　　　 可用于表面安装
单极性，双极性或差动 V/F　　　　　　　MIL-STD-883 允许型式应用

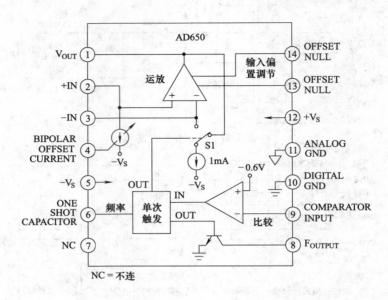

图 7-70　功能块图

　　AD650 V/F/V（电压至频率或频率至电压变换器）提供以前在单片型式不能用的高频工作和低非线性组合。增强 V/F 转换单极性功能，使 AD650 用作高分辨率模拟至数字变换器。灵活的输入结构允许输入电压宽范围和应用电流型式，开路集电极输出有分开的数字接地，允许简单接口至标准逻辑系列或光耦合。AD650 的线误差是 20ppm（满量程的 0.002%）和

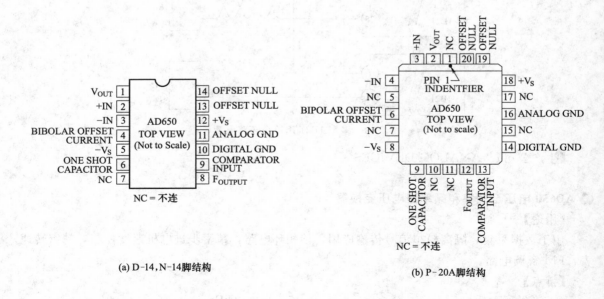

(a) D-14，N-14脚结构　　　　　　　　　　　　(b) P-20A脚结构

图 7-71　引脚图

50ppm（0.005％）在满量程 10kHz 最大。在模拟数字变换电路中对应近似 14 位线性。高的满量程频率或大的计数间隔能用于高分辨率转换器。AD650 有一个通用的 60 进位的动态范围允许极高分辨率测量，甚至可达 1MHz 满量程。在 AD650 KN、BD 和 SD 级线性可保证小于 1000ppm（0.1％）。输入信号范围和满量程输出频率用户用两个外部电容和一个电阻可编程。输入偏置电压用一个外部电位器能调至零。AD650 JN 和 KN 用 14 引线 DIP 封装，AD650 JP 用 20 引线 PLCC 封装，商业温度 0～70℃，工业温度 −25～85℃。AD650 AD 和 BD 陶瓷封，AD650 SD 工作温度 −55～125℃。主要特点是：能工作满量程输出频率可达 1MHz（此外有非常高线性）；结构能构成完成单极性、双极性，或差动输入电压，或单极性输入电流；TTL 或 CMOS 兼容通过用一个开路集电极频率输出能完成；拉起电阻能连至电压可达 30V；用同样元件通过一个简单偏置网络和重新组合 AD650 能同样用于 F/V 转换；在应用中，分开模拟和数字接地防止接地环路；在可用型式允许用 MIL-STD-883。

【引脚说明】

脚号		脚符号	说　　　明
D-14,N-14	P-20A		
1	2	V_{OUT}	运算放大器输出。运算放大器用于 V 至 F 转换集成极
2	3	+IN	正模拟输入
3	4	−IN	负模拟输入
4	6	BIPOLAR OFFSET CURRENT	芯片上电流源，用于连接外部电阻除去运算放大器偏置
5	8	$-V_S$	负电源输入
6	9	ONE-SHOT CAPACITOR	电容 C_{OS} 连至该脚，C_{OS} 决定时间周期
7	1,5,7,10,11,15,17	NC	不连
8	12	F_{OUTPUT}	从 AD650 频率输出
9	13	COMPARATOR INPUT	输入至比较器，当输入电压达到 −0.6V 时，触发一次发射
10	14	DIGITAL GND	数字地
11	16	ANALOG GND	模拟地
12	18	$+V_S$	正电源输入
13,14	19,20	OFFSET NULL	偏置零脚，用一个外部电位器，运算放大器偏置能除去

【最大绝对额定值】

电源电压	36V	开路集电极输出电压数字地以上	36V
存储温度	−55～150℃	电流	50mA
差动输入电压	±10V	放大器短路至地	不定
最大输入电压	$\pm V_S$	比较器输入电压	$\pm V_S$

【应用电路】

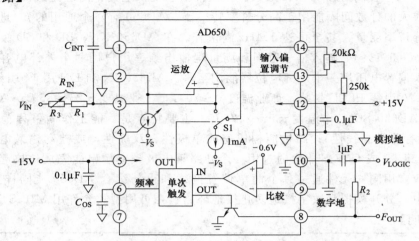

图 7-72　V/F 变换器，正输入电压连接图

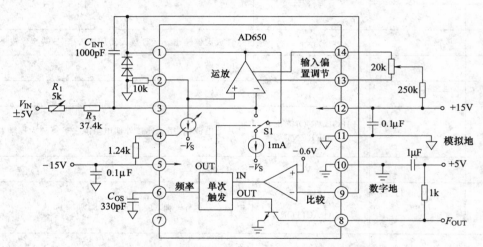

图 7-73　±5V 双极性 V/F 有 0～100kHz TTL 输出连接

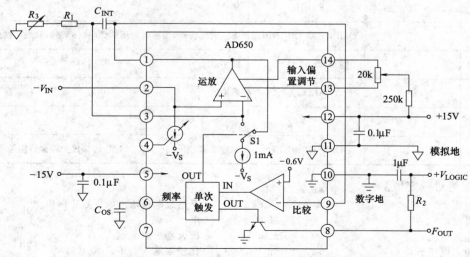

图 7-74　V/F 变换器，负输入电压连接图

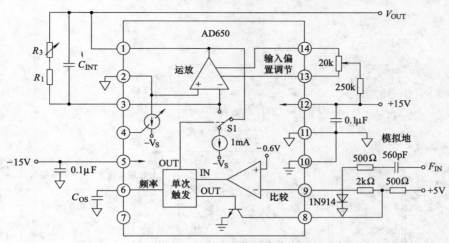

图 7-75　F/V 变换器连接图

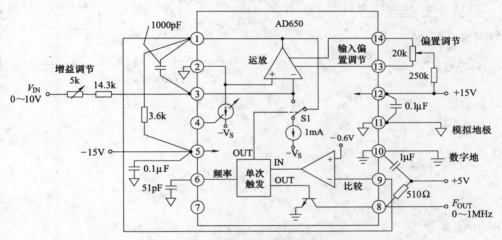

图 7-76　1MHz V/F 变换器连接图

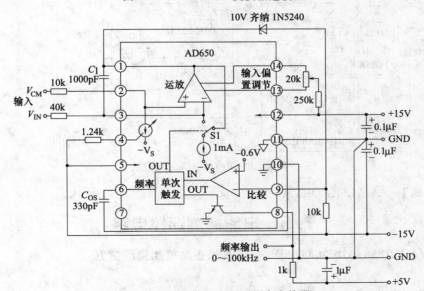

图 7-77　差动输入电压至频率变换器

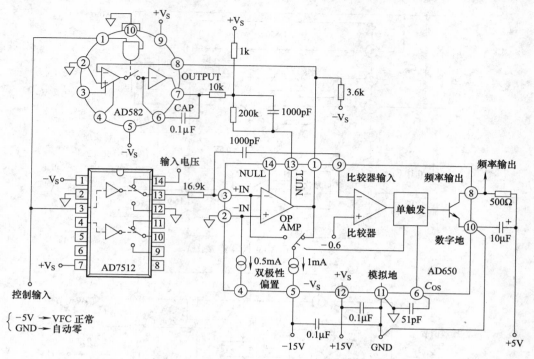

图 7-78 自动零电路

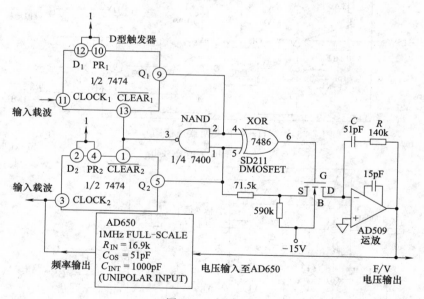

图 7-79 锁相环 F/V 变换器

【生产公司】 ANALOG DEVICES

7.5 电能遥测遥控电路

● ADE7854/ADE7858/ADE7868/ADE7878 多相多功能能量测量 IC

【用途】

能量测量系统。

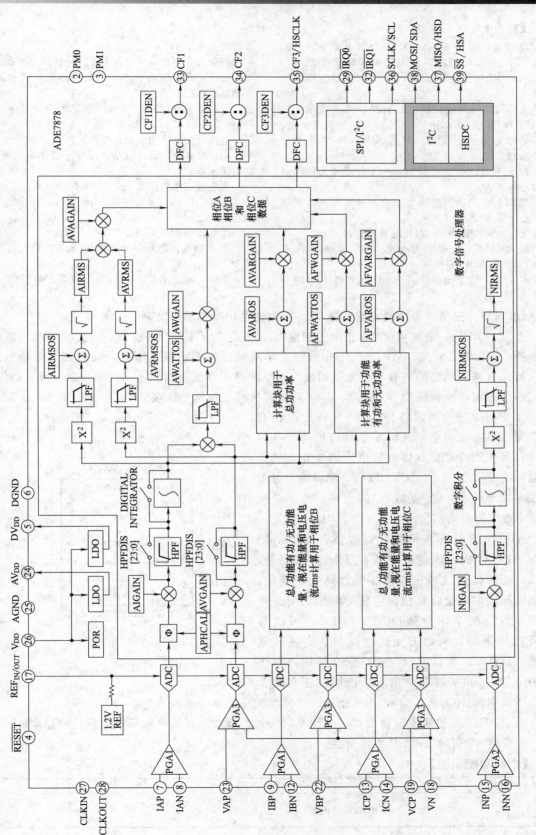

图7-80　ADE7878功能块图

【特点】

高精度，支持 EN 50470-1，EN 50470-3，IEC 62053-21，IEC 62053-22 和 IEC 62053-23 标准与 3 相，3 或 4 线（三角形△或 Y 形），和其他 3 相应用兼容

支持总的（基频和谐波）有功、无功能量（只有 ADE7878，ADE7868 和 ADE7858）和视在能量，和基频的有功/无功能量（只有 ADE7878），在每个相位和总系统

在 25℃总的动态范围 1000～1 有功和无功能量误差小于 0.1％

在 25℃总的动态范围 3000～1 有功和无功能量误差小于 0.2％

支持电流变压器和 $\mathrm{d}i/\mathrm{d}t$ 电流传感器

专用 ADC 通道作为中线输入电流（只有 ADE7868 和 ADE7878）

在 25℃，整个动态范围 1000～1 电压和电流有效值误差小于 0.1％

在全部 3 相和中线电流上支持采样波形数据

选择无载阈值电平用于总的和基频有功和无功功率以及视在功率

低功率电波模式监视相位电流用于反篡改检测（只有 ADE7878 和 ADE7868）

电池电流输入用于失去中线工作

相位角度测量既可以是电流也可以是电压通道，典型误差 0.3°

宽电源工作范围 2.4～3.7V

基准：1.2V（典型漂移 10ppm/℃）有外部过驱动功能

单电源 3.3V

40 引线结构芯片刻度封装（LFCSP），无铅工作温度－40～85℃

灵活，可适用 $\mathrm{I^2C}$、SPI 和 HSDC 串行接口

● **ADE7878：三相、多功能电能计量 IC，可测量总功率和基波功率**

ADE7878 是一款高精度、3 相电能测量 IC，采用串行接口，并提供三路灵活的脉冲输出。该器件内置二阶∑-Δ 型 ADC、数字积分器、基准电压源电路以及所有必需的信号处理电路，可执行总（基波和谐波）有功、无功和视在功率测量，基波有功和无功功率测量以及有效值计算。一个固定功能数字信号处理器（DSP）负责执行这种信号处理。

ADE7878 适合测量各种 3 线、4 线的三相有功、无功和视在功率，例如 Y 形或△形等。各相均具有系统校准功能，即有效值失调校正、相位校准和增益校准。CF1、CF2 和 CF3 逻辑输出可提供许多功率信息：总/基波有功/无功功率、总视在功率或电流有效值和。

ADE7878 具有波形采样寄存器，允许访问所有 ADC 输出。该器件还提供电能质量测量，例如：短时低压或高压检测、短时高电流变化、线路电压周期测量以及相位电压与电流之间的角度等。利用两个串行接口 SPI 和 $\mathrm{I^2C}$，可以与 ADE7878 通信，同时专用高速接口、高速数据采集（HSDC）端口可以与 $\mathrm{I^2C}$ 配合使用，以访问 ADC 输出和实时功率信息。该器件还有两个中断请求引脚 $\overline{IRQ0}$ 和 $\overline{IRQ1}$，用来指示一个使能的中断事件已经发生。

当 ADE7878 遭遇盗窃篡改时，三种专门设计的低功耗模式可确保电能累计的连续性。

它提供 40 引脚 LFCSP 无铅封装。

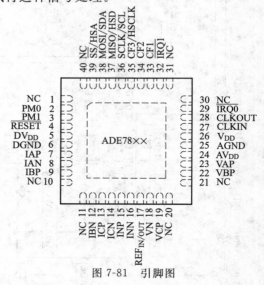

图 7-81 引脚图

【引脚功能说明】

引号	脚名	说　　　明
1,10,11,20,21,30,31,40	NC	不连,这些脚内部不连

续表

脚号	脚名	说　明
2	PM0	功率模式脚 0,该脚与 PM1 组合,确定器件功率模式
3	PM1	功率模式脚 1,该脚与 PM0 组合时,确定器件功率模式
4	$\overline{RESET}$	复位输入,有效低在 PSMO 模式,该脚应保持低最后 $10\mu s$ 触发硬件复位
5	DV_{DD}	该脚提供存取芯片上 2.5V 数字 LDO,外部任何有效电路至该脚不连,去耦用 $4.7\mu F$ 和 220nF 并联
6	DGND	接地基准,该脚接地基准用于数字电路
7,8	IAP,IAN	模拟输入电流通道 A。该通道用于电流传感器,这些输入完全不同于电压输入,有一个最大差动电平 $\pm 0.5V$。该通道有一个内部 PGA。
9,12	IBP,IBN	模拟输入电流通道 B。该通道用于电流传感器,这些输入完全不同于电压输入,有一个最大差动电平 $\pm 0.5V$,该通道有一个内部 PGA。
13,14	ICP,ICN	模拟输入电流通道 C。该通道用于电流传感器。这些输入完全不同于电压输入,有一个最大差动电平 $\pm 0.5V$。该通道有一个内部 PGA
15,16	INP,INN	模拟输入中心电流通道 N。该通道用作电流传感器。这些输入完全不同于电压输入,有一个最大差动电平 $\pm 0.5V$。该通道有一个内部 PGA,该中心电流通道于 ADE7878 和 ADE7868。在 ADE7858 和 ADE7854 连这些脚至 AGND
17	$REF_{IN/OUT}$	该脚提供芯片上存取电压基准。芯片上基准有一个正常值 1.2V。外部基准源有 $1.2V \pm 8\%$,同样能连至该脚。在其他情况,用 $4.7\mu F$ 电容和 100nF 电容并联,从该脚至 AGND 去耦。复位后,芯片上基准使能
18,19,22,23	VN,VCP VBP,VAP	模拟输入用电压通道。该通道用作电压传感器和参考文件中作为电压通道。这些输入是单端电压输入,有最大差动信号电平 $\pm 0.5V$,相对于规定工作的 V/N。该通道有一个内部 PGA
24	AV_{DD}	该脚提供存取芯片上 2.5V 模拟低压降稳压器(LDO)。不连外部有源电路至该脚。用 $4.7\mu F$ 和 220nF 电容并联在该脚去耦
25	AGND	接地基准。该脚提供接地基准用于模拟电路。连该脚至模拟地极或系统中稳定接地基准。用该稳定的接地基准用于全部模拟电路。例如,抗混叠滤波器,电流和电压传感器
26	V_{DD}	电源电压。该脚提供电源电压。在 PSMO(正常功率模式),保持电源电压 $3.3V \pm 10\%$ 为规定工作条件。在 PSM1(减小功率模式)、PSM2(低功率模式)和 PSM3(睡眠模式)。当 ADE7868/ADE7878 用电池供电,维持电源电压在 2.4V 和 3.7V 之间。用 $10\mu F$ 和 100nF 电容从该脚至地去耦。在 ADE7858 和 ADE7854 只有 PSMO 和 PSM3 功率模式适用
27	CLKIN	主控时钟。在该逻辑输入能提供外部时钟。通常并行谐振 AT 切割晶体能跨接在 CLKIN 和 CLKOUT,提供时钟源,供 ADE7854/ADE7858/ADE7868/ADE7878。时钟频率规定工作 16.384MHz。用瓷负载电容几十皮/法有门振荡电路
28	CLKOUT	晶体能跨接在该脚和 CLKIN 之间,向 ADE7854/ADE7858/ADE7868/ADE7878 提供时钟源。当在 CLKIN 供给任一个外部时钟或用晶体时,CLKOUT 脚能驱动一个 CMOS
29,32	$\overline{IRQ0},\overline{IRQ1}$	中断请求输出。这些是有效低逻辑输出
33,34,35	CF1,CF2, CF3/HSCLK	校验频率(CF)逻辑输出。在 CFMODF 寄存器,根据 CF1SEL[2:0]、CF2SEL[2:0],和 CF3SEL[2:0] 位,这些输出提供功率信息。这些输出用于工作和校验目的。满量程输出频率,通过写入 CF1DEN、CF2DEN 和 CF3DEN 寄存器能计量。CF3 是多工器有串行时钟输出 HSDC 端口
36	SCLK/SCL	串行时钟输入,用于 SPI 端口/串行时钟输入 I²C 端口。全部串行数据同步转换成该时钟。该脚有一个史密特触发输入用于一个时钟源有一个慢速沿瞬变时间,例如光隔离输出
37	MISO/HSD	数据输入,用于 SPI 端口/数据输出用于 HSDC 端口
38	MOSI/SDA	数据输入,用于 SPI 端口/数据输出用于 I²C 端口
39	$\overline{SS}$/HSA	受控选择,用于 SPI 端口/HSDC 端口有效
EP	Exposed Pad	在暴露的基座下,在 PCB 上产生小型基座,焊接暴露基座到 PCB 上基座。基座不连地

【最大绝对额定值】

V_{DD} 至 VGND	$-0.3\sim3.7V$	数字输入电压至 DGND	$-0.3V\sim V_{DD}+0.3V$
V_{DD} 至 DGND	$-0.3\sim3.7V$	数字输出电压至 DGND	$-0.3V\sim V_{DD}+0.3V$
模拟输入电压至 AGND，IAP，IAN	$-2\sim2V$	工作温度	$-40\sim85℃$
IBP，IBN，ICP，ICN，VAP，		存储温度	$-65\sim150℃$
VBP，VCP，VN		结温	$150℃$
模拟输入电压至 INP 和 INN	$-2\sim2V$	引线焊接温度（10s）	$300℃$
基准输入电压至 AGND	$-0.3V\sim V_{DD}+0.3V$		

【应用电路】

EVAL-ADE7878EB 等效板资料 ADE7878 能量测量表 IC。

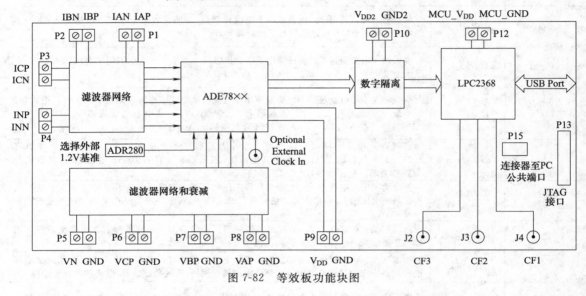

图 7-82　等效板功能块图

　　ADE7878 是一个高精度三相电能测量 IC，有串行接口和 3 个灵活的脉冲输出。ADE7878 包含 7 个 ADC、基准电路，完成总（基波和谐波）有功、无功和视在能量测量，基波有功和无功能量测量和 rms（有效值）计算的全部信号处理。

　　等效板包含一个 ADE7878 和一个 LPC2368 微控制器。和 ADE7878 相关的能量表元件是与微控制光隔离元件。微控制器用 PC 的一个 USB 接口通信。固件有适合加载，用一个 PC 公用端口和一个通用串行电缆。

　　ADE7878 等效板、文件资料和 ADE7878 数据表提供完成对 ADE7878 的等效评估工作。

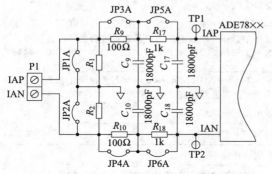

图 7-83　等效板上相位 A 电流输入结构

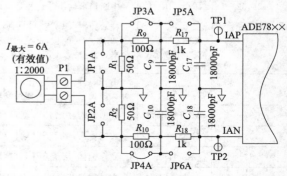

图 7-84　一个电流变压器连接举例

设计了等效板，因此 ADE7878 在能量表中解评估。用合适的电流传感器，等效板能连至测试台和高压（240Vrms）测试电路。芯片上电阻除法网络提供线电压衰减。应用中注意电流传感器如何连接才是最好性能。等效板要求两个外部 3.3V 电源和合适的电流传感器。

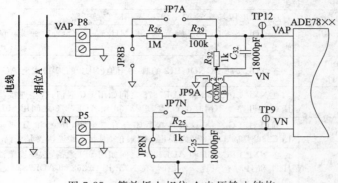

图 7-85　等效板上相位 A 电压输入结构

【推荐建立等效板用连接器】

跨接线	选择	说　　明
JP1	Soldered	连 AGND 至地，不用时它是焊接
JP1A、JP1B、JP1C、JP1N	Open	连 IAP、IBP、ICP 和 IND 至 AGND，不用时它们是开路的
JP2	Closed	连 ADE7878 V_{DD}（V_{DD_F} 在 P9 连接器）至 V_{DD2} 在 P10 连接器，不用时它是闭合的
JP2A、JP2B、JP2C、JP2N	Open	连 IAN、IBN、ICN 和 INN 至 AGND，不用时它们开路
JP3	Unsoldered	连 ADE7878 底下垫片金属至 AGND，不用时它是不焊的
JP3A、JP3B、JP3C、JP3N	Closed	在 IAP、IBP、ICP 和 INP 数据通道使不能相位补偿网络，不用时它们闭合
JP4	Soldered	连 C_3 至 DV_{DD}，不用时它是焊接的
JP4A、JP4B、JP4C、JP4N	Closed	在 IAN、IBN、ICN 和 INN 数据通道使不能相位补偿网络，不用时它们闭合
JP5	Soldered	连 C_5 至 AV_{DD}，不用时它是焊接的
JP5A、JP5B、JP5C、JP5N	Open	在 IAN、IBP、ICP 和 INP 数据通道使不能相位抗混叠滤波器，不用时它们开路的
JP6	Soldered	连 C_{41} 至 ADE7878 的 REF 脚，不用时它是焊接的
JP6A、JP6B、JP6C、JP6N	Open	在 IAN、IBN、ICN 和 INN 数据通道使不能相位抗混叠滤波器，不用时它们开路
JP7	Closed	使能电源至微控制器，当开路时，断开电源至微控制器。不用时它闭合
JP7A、JP7B、JP7C	Open	在 VAP、VBP 和 VCP 数据通道使不能电阻分压器，通常不用时它们开路
JP7N	Open	在 VN 数据通道使不能抗混叠滤波器。不用时它开路
JP8	Open	在快闪存储器可编程模式建立微控制器，不用时它开路
JP8A、JP8B、JP8C	Open	连接 VAP、VBP 和 VCP 至 AGND，不用时它们开路
JP8N	Closed	连接 VN 至 AGND，不用时它闭合
JP9	Open	当闭合时，信号微控制器表示全部 I/O 脚是输出。当用另一个微控制器管理 ADE7878 通过 P38 插孔时用它，不用时它开路

跨接线	选择	说　明
JP9A,JP9B,JP9C	Soldered to Pin 1(AGND)	在 VAP、VB 和 VCP 数据通道连抗混叠滤波器地至 AGND 或 VN,不用时它们是焊接至地
JP10	Open	连外部电压基准至 ADE7878,不用时它是开路
JP11	Soldered to Pin 1	连 ADE7878 CLKIN 脚至 16.384MHz 晶体或至外时钟输入(在 J1),不用时它是焊至脚 1
JP12	Soldered to Pin 3(AGND)	连 ADE7878 DGND(JP12 的脚 2)至地(JP12 的脚 1)或至 AGND(JP12 的脚 3)
JP35,JP33	Open	在 NXP LPC2368 和 ADE7878 之间如用 I²C 通信,这些连接器闭合为 0 电阻,JP36 和 JP34 应开路。不用时在 NXP LPC2368 和 ADE7878 之间用 SPI 通信,因此连接器开路
JP31,JP37	Open	如用 HSDC 通信,这些连接器闭合有 0 电阻,JP35 和 JP33 应闭合。不用时在 NXP LPC2368 和 ADE7878 之间用 SPI 通信,因此这些连接器是开路
JP36,JP34,JP32,JP38	Closed with 0Ω resistors	在 NXP LPC2368 和 ADE7878 之间如用 SPI 通信,这些连接器应闭合,而 JP35,JP33,JP31 和 JP37 应开路。不用时,在 NXP LPC2368 和 ADE7878 之间用 SPI 通信。因此这些连接器闭合

【等效板电路设计用户参考（等效板原理电路和布局原理）】

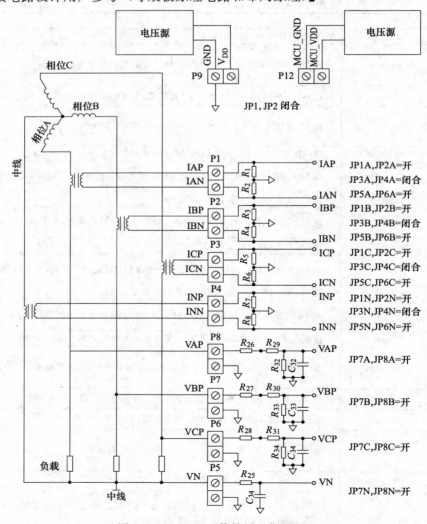

图 7-86　ADE7878 等效板上典型配置

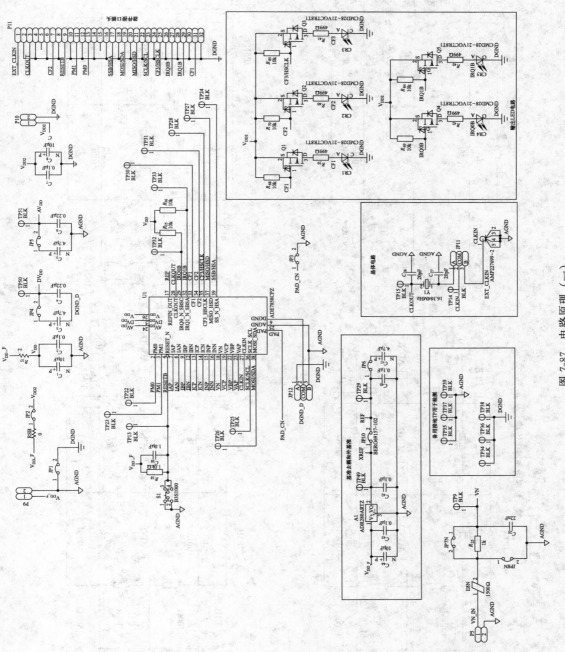

图 7-87　电路原理（一）

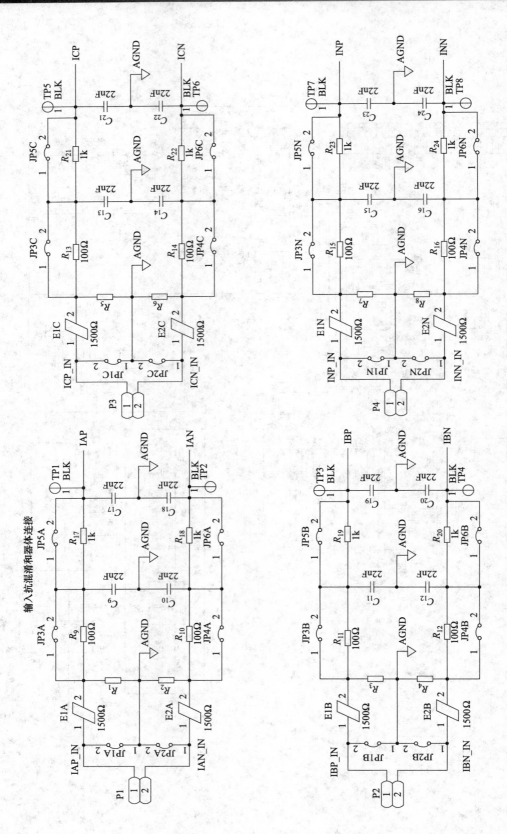

图 7-88　电路原理（二）

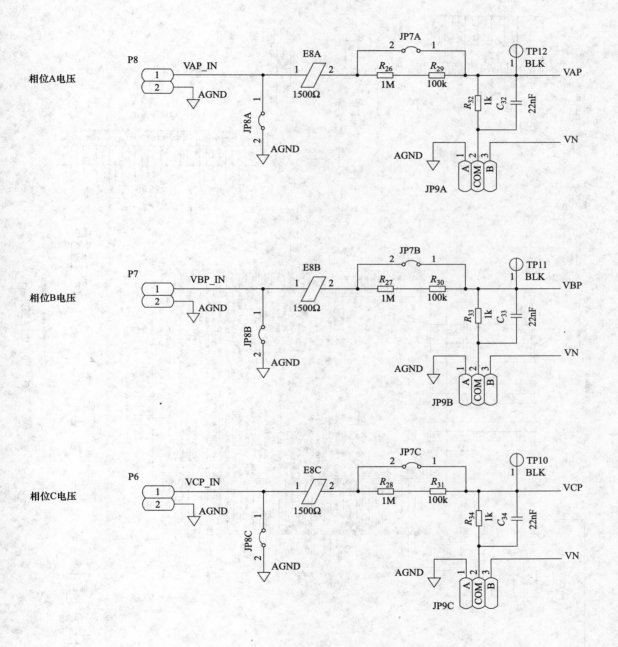

图 7-89 电路原理（三）

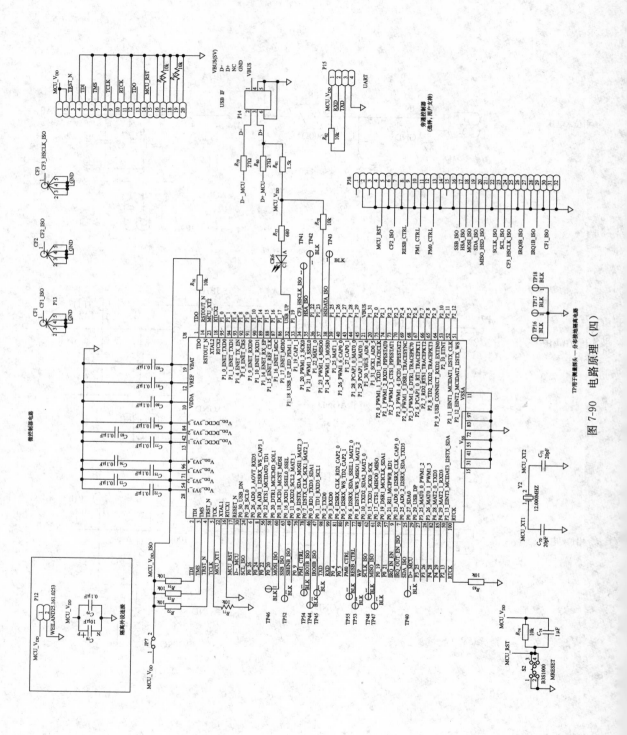

图 7-90　电路原理（四）

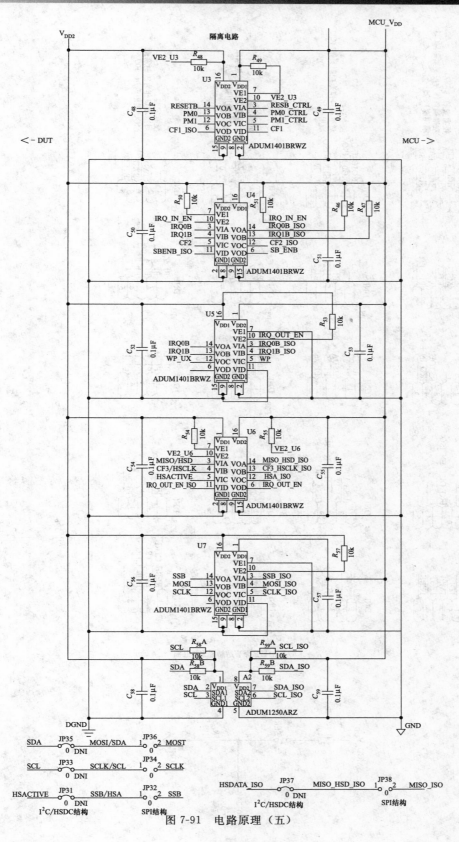

图 7-91 电路原理（五）

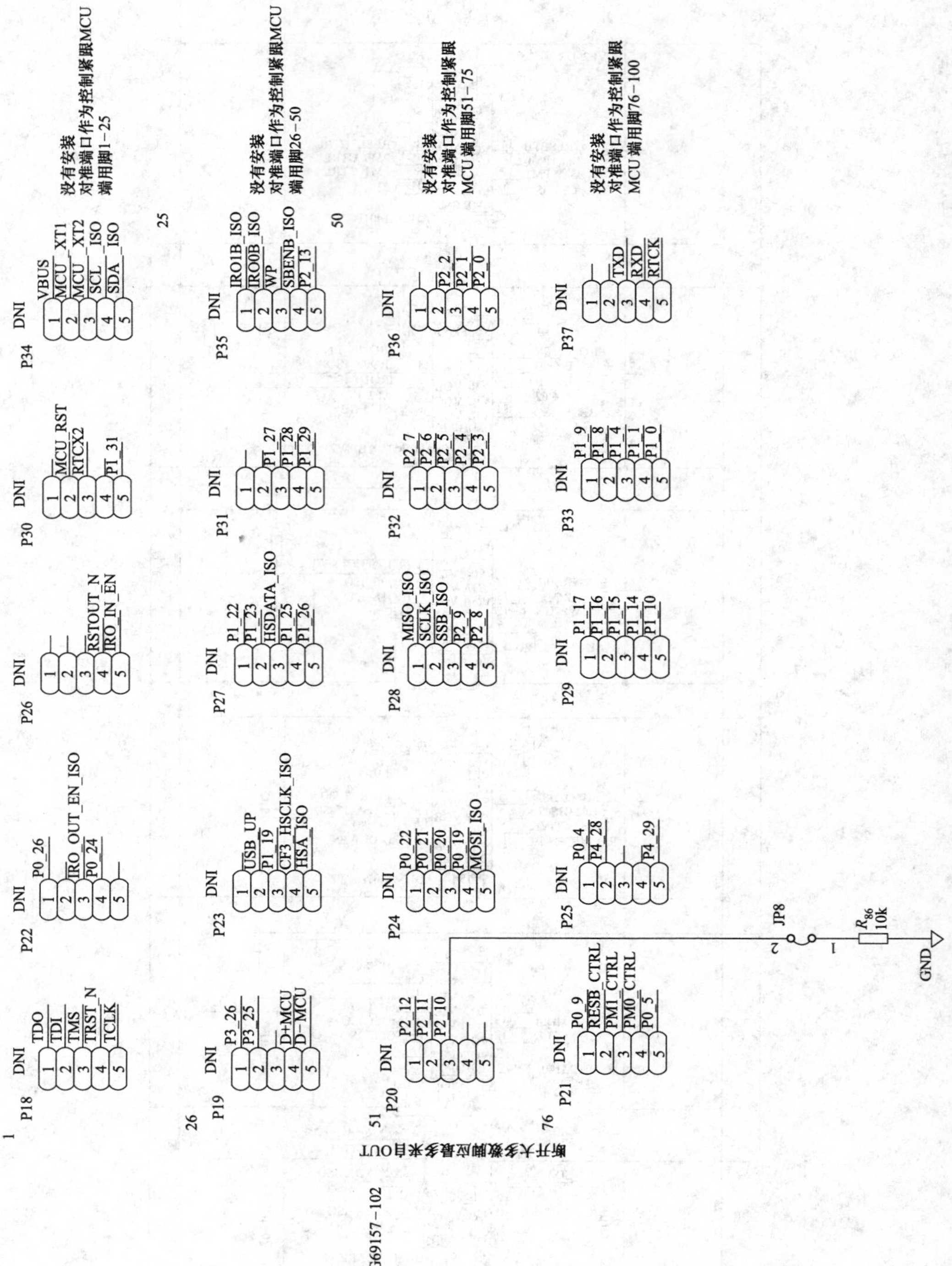

P34 DNI
1	VBUS
2	MCU_XT1
3	MCU_XT2
4	SCL_ISO
5	SDA_ISO

25

没有安装
对准端口作为控制键跟MCU
端用脚1~25

P35 DNI
1	IRO1B_ISO
2	IRO0B_ISO
3	WP
4	SBENB_ISO
5	P2_13

50

没有安装
对准端口作为控制键跟MCU
端用脚26~50

P36 DNI
1	
2	P2_1
3	P2_1
4	P2_0
5	

没有安装
对准端口作为控制键跟
MCU端用脚51~75

P37 DNI
1	
2	TXD
3	RXD
4	RTCK
5	

没有安装
对准端口作为控制键跟
MCU端用脚76~100

P30 DNI
1	
2	MCU_RST
3	RTCX2
4	PT_31
5	

P31 DNI
1	
2	PT_27
3	PT_27
4	PT_28
5	PT_29

P32 DNI
1	P2_7
2	P2_6
3	P2_5
4	P2_4
5	P2_3

P33 DNI
1	P1_9
2	PT_8
3	PT_4
4	PT_1
5	PT_0

P26 DNI
1	
2	
3	RSTOUT_N
4	IRO_IN_EN
5	

P27 DNI
1	P1_22
2	PT_23
3	HSDATA_ISO
4	PT_25
5	PT_26

P28 DNI
1	MISO_ISO
2	SCLK_ISO
3	SSB_ISO
4	P2_9
5	P2_8

P29 DNI
1	P1_17
2	PT_16
3	PT_15
4	PT_14
5	PT_0

P22 DNI
1	P0_26
2	IRO_OUT_EN_ISO
3	P0_24
4	
5	

P23 DNI
1	
2	USB_UP
3	P1_19
4	CF3_HSCLK_ISO
5	HSA_ISO

P24 DNI
1	P0_22
2	P0_21
3	P0_20
4	P0_19
5	MOSI_ISO

P25 DNI
1	P0_4
2	P4_28
3	
4	P4_29
5	

P18 DNI
1	TDO
2	TDI
3	TMS
4	TRST_N
5	TCLK

P19 DNI
1	P3_26
2	P3_25
3	
4	D+MCU
5	D-MCU

P20 DNI
1	P2_12
2	P2_11
3	P2_10
4	
5	

P21 DNI
1	P0_9
2	RESB_CTRL
3	PM1_CTRL
4	PM0_CTRL
5	P0_5

1

26

51

76

断开关参数跳变多米片OUT

JP8

2 ─── 1

R_{86} 10k

GND

R_{52} 10k

MCU_V$_{DD}$

SERG69157-102

JP9

2 ─── 1

R_{56} 10k

GND

P0_24

图 7-92 电路原理（六）

· 604 ·

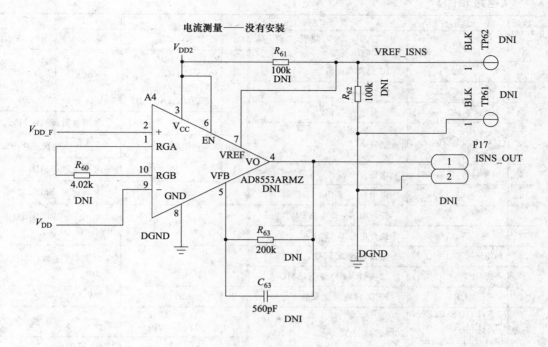

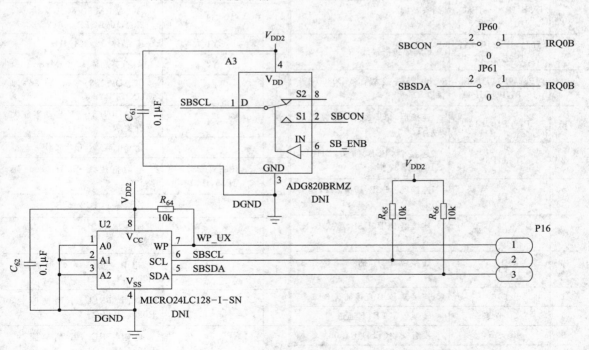

图 7-93　电路原理（七）

【电路元件】

数量	元器件	说　明	数量	元器件	说　明
1	A1	IC-ADI,1.2V 超低功耗,高 PSRR 电压基准	3	$R_{29} \sim R_{31}$	电阻,MF,RN5,100kΩ
1	A2	IC 交换双电阻	39	R_{35},R_{36},R_{38},$R_{44} \sim R_{57}$, $R_{64} \sim R_{66}$,$R_{68} \sim R_{76}$, R_{78},$R_{82} \sim R_{86}$,R_{58}A, R_{58}B,R_{59}A,R_{59}B	电阻,PREC,薄膜片,R0805,10kΩ
4	C_1,C_8,C_{44},C_{78}	电容 10μF			
20	$C_9 \sim C_{25}$,$C_{32} \sim C_{34}$	瓷介电容 22nF	1	R_{37}	薄膜电阻,SMD 0805,2Ω
30	C_2,C_7,C_{40},C_{42},C_{43}, $C_{48} \sim C_{59}$,C_{61},C_{62},C_{72}, C_{73},$C_{75} \sim C_{77}$,$C_{79} \sim C_{84}$	电容 X7R0805,0.1μF	5	$R_{39} \sim R_{43}$	电阻,PREC,薄膜片,R1206,499Ω
			1	R_{77}	薄膜电阻,SMD,0805,680Ω
4	C_{26},C_{27},C_{70},C_{71}	单瓷介电容,COG,0402,20pF	2	R_{79},R_{80}	电阻薄膜,SMD,1206,27Ω
3	C_3,C_5,C_{41}	钽电容,4.7μF	1	R_{81}	电阻,PREC,小型薄膜片,R1206,1.5kΩ
2	C_{38},C_{74}	瓷片电容,1206,X7R,1.0μF			
2	C_4,C_6	瓷介电容 0.22μF	1	RSB	电阻,搭接线,SMD,1206(开路)0Ω
4	CF1~CF3,CLKIN	连接器 PCB 同轴,BNC,ST			
5	CR1~CR5	二极管,LED 绿色,SMD	2	S1,S2	SW,SM 机械开关
1	CR6	LED,绿色表面安装	52	TP1~TP18, TP22~TP55	连接器,PCB,测试点,无镀层
12	E1A,E1B,E1C,E1N, E2A,E2B,E2C,E2N, E8A,E8B,E8C,E8N	电感器,片,铁氧体球, 0805,1500Ω	1	U1	IC-ADI,能量表 IC
			5	U3~U7	IC-ADI 4 通道数字隔离
37	JP2,JP7~JP10, JP1A~JP8A,JP1B~ JP8B,JP1C~JP8C, JP1N~JP8N	连接器,PCB 跳搭接线,ST, 插头 2 脚	1	U8	IC ARMT,MCU,快闪, 512kΩ,100LQFP
			1	Y1	IC 晶体,16.384MHz
			1	Y2	IC 石英晶体 12000MHz
5	JP11,JP12,JP9A, JP9B,JP9C	3 脚焊接搭线	1	A3	ICADI 1.8 ~ 5.5V 2 : 1 MUX/SPDT
6	JP32,JP34,JP36, JP38,JP60,JP61	电阻搭接线,SMD0805(开路)0Ω	1	A4	IC-ADI 1.8~5V 自动零放大器有关断
11	P1~P10,P12	连接器,PCB 组合,无镀层,2 脚 ST	1	C_{63}	瓷介电容,NPO,560pF
2	P11,P38	连接器,PCB,插头,SHRD, ST,插头 32 脚	4	JP31,JP33, JP35,JP37	电阻搭接线,SMD,0805(短路)0Ω
1	P13	连接器。PCB,插头,ST,插头 20-脚	1	P17	连接器 PCB,2 脚,ST
1	P14	连接器 PCB,USB,型式 B,R/A 通过孔	20	P18~P37	连接器 PCB,插头,ST,插头 5 脚
1	P15	连接器 PCB,插头,ST,插头 4-脚	1	R_{60}	电阻,PREC,小型薄膜,R0805,4.02kΩ
1	P16	连接器 PCB 直接插头 3 脚	2	R_{61},R_{62}	电阻,PREC,小型薄膜片,R0805,100kΩ
5	Q1~Q5	转换数字 FETP 通道			
8	$R_1 \sim R_8$	没有安装(TBD_R1206)	1	R_{63}	电阻,PREC,小型薄膜片,R1026,200kΩ
8	$R_9 \sim R_{16}$	电阻 PREC 薄膜片,R1206,100Ω			
12	$R_{17} \sim R_{25}$,$R_{32} \sim R_{34}$	电阻,PREC,薄膜片,R0805,1kΩ	2	TP61,TP62	连接器,PCB 测试点无镀层
3	$R_{26} \sim R_{28}$	电阻,MF,RN55,1M	1	U2	IC,串联 EEPROM,128kΩ,2.5V

【生产公司】　ANALDG DEVICES

● **ADE7754 多相多功能能量表 IC，有串行端口**

【用途】

用于电能表各种测量和控制。

【特点】

高精度，支持 IEC687/61036

与 3 相/3 线，3 相/4 线和任何型式 3 相业务相容

在全动态范围 1000～1 有有功功率测量中误差小于 0.1%

支持有功能量，视在能量，电压 RMS，电流 RMS 和采样波形数据

数字功率，相位和输入偏移校验

芯片上温度传感器（校验后典型±4℃）

芯片上用户可编程监限用于线电压、SAG 和过驱动检测

SPI 兼容串行接口有中断请求线（IRQ）

脉冲输出有可编程频率

在整个环境条件和时间大的变化范围合适的 ADC 和 DSP 提供高精度单电源 5V

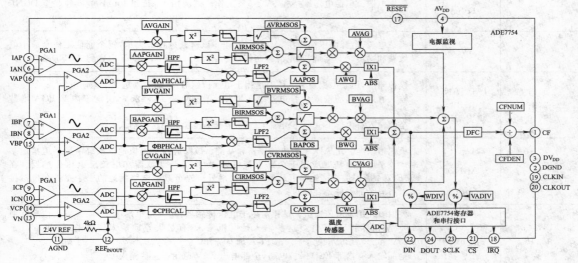

图 7-94　功能块图

ADE7754 是一个高精度多相电能测量 IC，有一个串行接口和一个脉冲输出。ADE7754 包含二次∑-Δ ADCs、基准电路、温度传感器和全部信号处理，要求完成有功、视在能量测量和有效值计算。

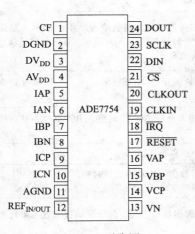

图 7-95　引脚图

ADE7754 提供不同方案，用 6 个模拟输入，解决测量有功和视在能量。因此能用 ADE7754 在各种功率表业务中服务，如 3 相/4 线、3 相/3 线和 4 线△。另外对有效值计算，有功和视在功率信息，ADE7754 提供系统的校验，用于每个相位（也就是通道偏移校正，相位校验和增益校验）。CF 逻辑输出，提供瞬时有功功率信息。

ADE7754 有一个波形采样寄存器，能对 ADC 输出存取。零件同样包括一个检测电路，用于短路持续低或高电压变化。该电压阈值电平和变量的持续（半时间周期数）是用户可编程。零交叉检测是同步于每一个 3 相线电压零交叉点。用信息收集测量每个线周期。在线有功能量和线视在能量累加模式，它同样用于内部至芯片。允许快速和

更精确功率校验中的校验。该信号同样用于同步继电器开关。从 ADE7754 通过 SPI 串行接口读数据。中断要求输出是一个开漏，有效低逻辑输出。当一个或更多中断事件在 ADE7754 发生时，$\overline{IRQ}$ 输出变成有效低。状态寄存器指示中断性质。ADE7754 适用 24 引线 SOIC 封装。

【引脚功能说明】

脚号	脚名	说明
1	CF	校验频率逻辑输出。该脚提供有功功率信息。该输出主要用于校验运算。满量程输出频率能刻写在 CFNUM 和 CFDEN 寄存器
2	DGND	该脚提供接地基准，用于 ADE7754 内的数字电路（也就是多工器、滤波器、数字频率变换器）。因为在 ADE7754 中数字回路电流是小的，该脚能连至整个系统的模拟地。但是在 DOUT 脚上，高总线容抗导致产生噪声数字电流，它将影响性能
3	DV$_{DD}$	数字电源。电源电压维持在 5V±5% 工作。该脚用 10μF 和 100nF 电容并联至 DGND 去耦
4	AV$_{DD}$	模拟电源，电源电压维持在 5V±5% 工作。该脚通过合适去耦，每个能使工作至最小电源纹波和噪声。TPCs 表示电源抑制特性。该脚用 10μF 和 100nF 电容到 AGND 去耦
5,6;7,8;9,10	IAP, IAN;IBP, IBN;ICP, ICN	模拟输入，用于电流通道。该通道用于电流传感器，这些输入是完全差动电压输入有最大差动输入信号电平 ±0.5V、±0.25V 和 ±0.125V，决定于内部 PGA 增益选择全部输入有内部 ESD 保护电路，±6V 全部电压能适用这些输入
11	AGND	模拟地基准。用 ADCs、温度传感器和基准。该脚应连至模拟地或系统中最平坦接地基准。该平坦接地基准应用于全部模拟电路，如抗混淆滤波器和电流反电压传感器。在 ADE7754 周围保持接地噪声最小，平坦接地只应连至数字电路接地的一个点。在模拟接地上布局全部器件是合格的
13,14;15,16	VN, VCP;VBP, VAP	模拟输入用于电压通道。该通道用于电压传感器，输入是单端电压，输入最大信号电平 ±0.5V 相对于 V$_N$ 工作。这些输入是电压输入，有最大差动输入信号电平 ±0.5V、±0.25V 和 ±0.125V，决定于内部 PGA 增益选择全部输入有内部 ESD 保护电路，全部电压 ±6V 适用于这些输入
12	REF$_{IN/OUT}$	该脚提供取存芯片上电压基准，正常值是 2.4V±8% 和典型温度系数 30ppm/℃。外部基准源可以连至该脚。在任何情况，该脚至 AGND 用 1μF 电容去耦
17	$\overline{RESET}$	复位。在该脚上逻辑低保持 ADCs 和数字电路（包括串行接口）在复位条件
18	$\overline{IRQ}$	中断请求输出。这是一个有效低，开漏逻辑输出保护中断，包括在半电平有功能量寄存器，在半电平视在能量寄存器和波形采样可达 26KSPS
19	CLKIN	主控时钟用于 ADC 和数字信号处理。在该脚外部时钟能提供输入。另一方面，并联谐振 AT 晶体能跨连 CLKIN 和 CLKOUT 提供一个时钟源用于 ADE7754。该时钟频率规定工作 10MHz；瓷负载电容 22～33pF 用于门振荡电路
20	CLKOUT	晶体能连跨该脚和 CLKIN，提供一个时钟源用于 ADE7754。当一个外部时钟在 CLKIN 供给时或用一个晶体时，CLKOUT 脚能驱动 CMOS 负载
21	$\overline{CS}$	芯片选择。4 线串行接口零件。有效低逻辑输入允许 ADE7754 使用几个其他器件共用串行总线
22	DIN	数据输入，用于串行接口。在 SCLK 下降沿数据移至该脚
23	SCLK	串行时钟输入，用于同步串行接口。全部串行数据同步转换成该时钟。SCLK 有一个史密特触发输入用作一个时钟源，有一个慢变化沿瞬变时间（即光隔离输出）
24	DOUT	数据输出，用于串行接口。在 SCLK 上升沿，数据移出该脚。除非驱动数据进入串行数据总线，该逻辑输出正常在高阻抗态

【最大绝对额定值】

AV$_{DD}$ 至 AGND	$-0.3\sim7V$
DV$_{DD}$ 至 DGND	$-0.3\sim7V$
DV$_{DD}$ 至 AV$_{DD}$	$-0.3\sim0.3V$

模拟输入电压至 AGND

IAP，IAN，IBP，IBN，ICP，ICN，VAP，
VBP，VCP，VN　　　　　　　　　$-6\sim6V$

　基准输入电压至 AGND

　　　　　　　　　$-0.3V\sim AV_{DD}+0.3V$

　数字输入电压至 DGND

　　　　　　　　　$-0.3V\sim DV_{DD}+0.3V$

数字输出电压至 DGND	
	$-0.3V\sim DV_{DD}+0.3V$
工作温度	$40\sim85℃$
存储温度	$-65\sim150℃$
结温	$150℃$
24 引线 SOIC，功耗	88mW
θ_{JA} 热阻	$53℃/W$
引线焊接温度	
气相（60s）	$215℃$
红外（15s）	$220℃$

【应用电路】

EVAL-ADE7754 EB 等效板文件提供 ADE7754 能量表 IC。

设计等效板与伴同软件同时应用，实现 3 相能量表（瓦特小时表）的全部功能：

▲ 通过螺纹端容易连接各种外部传感器；

▲ 用 PCB 板插座容易修改信号调节元件；

▲ LED 指示逻辑输出 CF，VARCF 和 IRQ；

▲ 光隔离数据输出连至 PC 并行端口；

▲ 光隔离频率输出（CF）至 BNC；

▲ 外部基准选择用于芯片上基准评估。

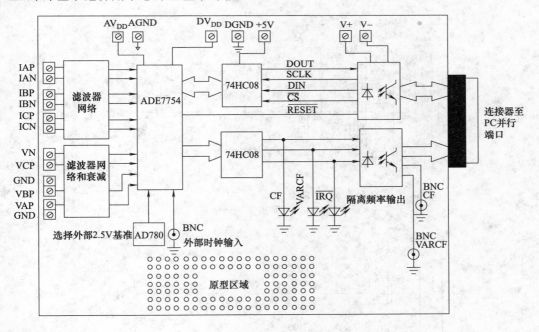

图 7-96　功能块图

ADE7754 是高精度电有功功率测量 IC，用于 3 相应用，有一个脉冲输出，该输出用于校验。ADE7754 包括 ADCs、基准电路和要求的全部信号处理，能完成有功功率和能量测量。ADE7754 提供有功能量、有效值、温度测量和通过串行接口的视在能量信息。文件说明 ADE7754 等效板硬件和软件功能。等效板（瓦特小时表）通过一个 PC 的并行端口构成。在

等效板和 PC 之间的数据接口完全隔离。用软件构成一个能量表。ADE7754 等效板和文件，与 ADE7754 数据表一起提供完成对 ADE7754 评估工作。设计等效板，因此在端应用中，也就是瓦特小时表 ADE7754 能评估。在电流通道上（也就是 CT）用合适的传感器，等效板能连至工作台或高压［240V（rms）］测试电路。芯片上电阻除法网络提供衰减用于线电压。应用中注意电流传感器应如何连接保证最好性能。等效板要求两个外部 5V 电源和合适的电流传感器。

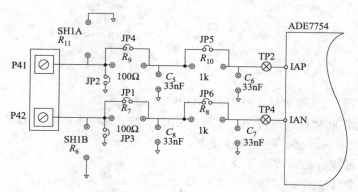

图 7-97　在 ADE7754 等效板上电流通道

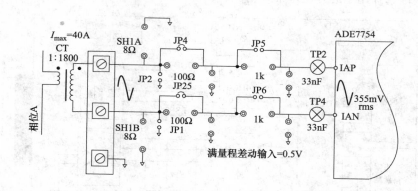

图 7-98　CT 连至电流通道

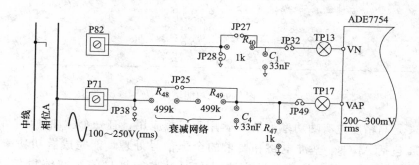

图 7-99　相位 A 电压通道衰减网络用固定电阻

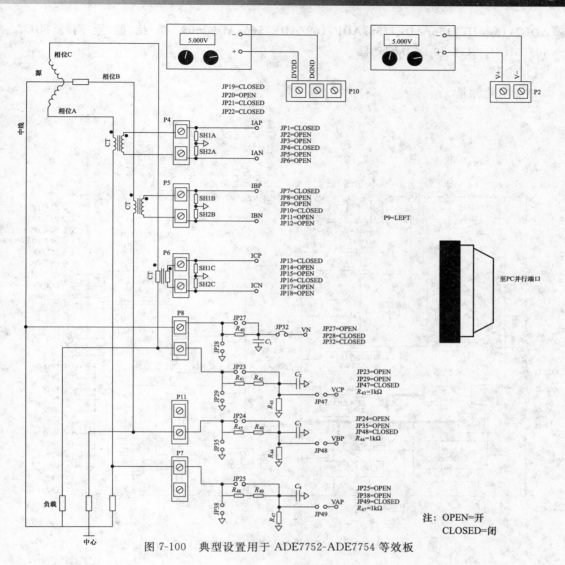

图 7-100 典型设置用于 ADE7752-ADE7754 等效板

【等效板电路元件】

元　　件	数　值	元　　件	数　值
$R_4, R_{24}, R_{26}, R_{29} \sim R_{31}$	$10k\Omega, 5\%, 1/4W$	C_{25}, C_{39}	$22pF$，瓷
$R_5, R_7, R_9, R_{13}, R_{15}, R_{19}, R_{21}, R_{32} \sim$		$C_{24}, C_{26} \sim C_{34}, C_{37} \sim C_{38}$	$100nF, 25V$
R_{36}, R_{50}, R_{51}		$C_{11}, C_{21}, C_{50}, C_{51}$	
$R_6, R_{11} \sim R_{12}, R_{17} \sim R_{18}, R_{23}, R_{52}$	$51\Omega, 5\%, 1/4W$	$CR1 \sim CR3$	LED
$R_8, R_{10}, R_{14}, R_{16}, R_{20}, R_{22}, R_{40}, R_{43} \sim$		CR4	Diode
R_{44}, R_{47}	$1k\Omega, 0.1\%, 1/4W$	$JI \sim J3$	BNC 连接器
R_{25}	$10\Omega, 5\%, 1/4W$	$JP1 \sim JP29, JP32, JP35, JP38, JP46 \sim JP49$	2 脚标头
$R_{38} \sim R_{39}$	$20\Omega, 5\%, 1/4W$	$JP43A, JP43B, JP44A, JP44B,$	2 脚标头×2
$R_{41} \sim R_{42}, R_{45} \sim R_{46}, R_{48} \sim R_{49}$	$499k\Omega, 0.1\%, 1/4W$	P9	3 脚标头×2
$R_{53} \sim R_{56}, R_{61}, R_{63} \sim R_{68}$	$820\Omega, 5\%, 1/4W$	U1, U2	ADE7754
R_{69}	$0\Omega, 10\%, 1/4W$	$U3 \sim U6$	74HC08
$C_1 \sim C_{16}$	$33nF, 10\%, 50V$	U7	HCPL2232
C_{17}	$220pF$	XTAL	AD780
$C_{18} \sim C_{23}$	$10\mu F$，钽电容	P1	10MHz
		P2 ~ P8	D-Sub 25 路插入式
		P10	螺纹端
			螺纹端

【生产公司】 ANALOG DEVICES

● **ADE7116/ADE7156/ADE7166/ADE7169/ADE7566/ADE7569 单相能量测量 IC，有 8052MCU，RTC 和 LCD 驱动器**

【用途】

用于电能测量。

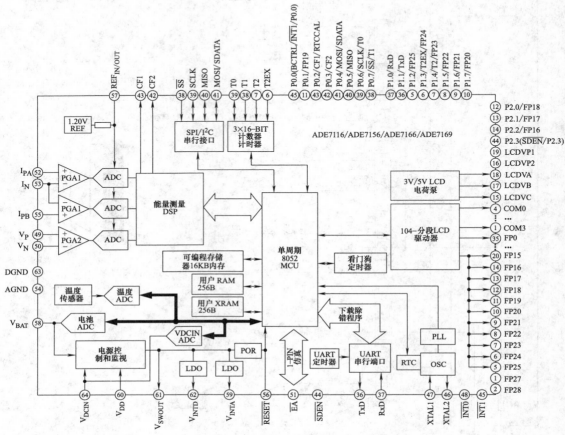

图 7-101　ADE7116/ADE7156/ADE7166/ADE7169 功能块图

【特点】

通用特点

宽电源电压工作：2.4～3.7V

超低功耗工作有功率节省模式（PSM）

　全工作：4～1.6mA（PLL 时钟相关）

　电池模式：3.2mA～400μA（PLL 时钟相关）

　睡眠模式：

　　实时时钟（RTC）模式　1.5μA

　　RTC 和 LCD 模式　38μA（LCD 电荷泵使能）

内部双极性开关在稳压和电池输入之间

基准：1.2V±0.1%（10ppm/℃漂移）

64 引线 ROHS 封装选择：LFCSP 和 LQFP

工作温度：-40～85℃

能量测量特点

专有的模数变换器（ADCs）和数字信号处理（DSP）提供高精度有功、无功和视在能量［电压安培（VA）］测量

在全动态范围 1000～1，25℃，有功能量误差 ＜0.1%

在全动态范围 1000～1，25℃（只有 ADE7169 和 ADE7569）无功能量误差＜0.5%

在全动态范围 500～1 电流和 100～1 电压，在 25℃均方根（rms）测量误差＜0.5%

支持 IEC 62053-21、IEC 62053-22 和 IEC 62053-23；EN50470-3 A 级、B 级和 C 级；ANSI C12-16

差动输入有可编程增益放大器（PGAs）

支持分流，电流变压器和 di/dt 电流传感器（只有 ADE7169 和 ADE7569）在 ADE7116/ADE7156/ADE7166/ADE7169 中，2 电流输入用于抗混淆检测

高频输出与 I_{rms} 有功、无功或视在功率（AP）成比例

微处理器特点

8052 基本内核

　单周期 4MIPS 8052 内核

　8052 与指令集兼容

　32.768kHz 外部晶体有芯片上 PLL

　2 个外部中断源

　外部复位脚

低功耗电池模式

　来自 I/O 唤醒，温度改变，报警和通用异步接收器/发射器（UART）

　LCD 驱动工作

　温度测量

实时时钟（RTC）

　计数器用于 s、min 和 h

　自动电池全开关用于 RTC 备存工作低于 2.4V

超低电池电流：1.5μA

选择输出频率：1Hz～16kHz

嵌入式数字晶体频率补偿用于校验和温度 2ppm 分辨率变化

集成 LCD 驱动器

　108 分段驱动器用于 ADE7566/ADE7569，104 分段驱动器用于 ADE7116/ADE7156/ADE7166/ADE7169

　2×，3×，或 4×多工器

　内部产生 LCD 电压或用外部电阻，内部调节驱动电压可达 5V，相关电源电平芯片上外设

UART 接口

SPI 或 I²C

看门狗定时器

电源控制管，用户选择电平

存储器：16KB 内存，512B RAM

ADE7116/ADE7156/ADE7166/ADE7169/ADE7566/ADE7569 集成模拟器件，能量（ADE）表 IC 模拟前端和固定功能 DSP 研究方案，用一个增强 8052MCU 内核、一个 RTC、一个 LCD 驱动器和全部外设，制造一个电能表在单零件中 LCD 显示。

ADE 测量内核包括有功、无功和视在能量计算，以及电压和电流有效值测量。这个信息通过用内装能量标量可达能量记账。许多功率线监察特点如 SAG、峰值和零交叉包括在能量测量 DSP 中，简化了能量表设计。

微控制器功能包括一个单周期 8052 内核、一个实时时钟，具有电源备存脚、一个 SPI 或 I²C 接口、一个 UART 接口。从 ADE 内核备用信息减小可编程存储器大小，使它集成一个复杂设计进入 16KB 闪存。

ADE7116/ADE7156/ADE7166/ADE7169/ADE7566/ADE7569 同样包括一个 108/104 分段 LCD 驱动器。在 ADE7166/ADE7169/ADE7566/ADE7569 中，该驱动产生电压能驱动 LCDs 可达 5V。

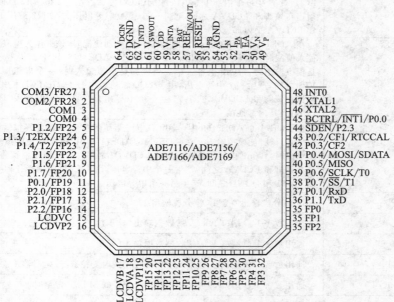

图 7-102　引脚图（用于 ADE7116/ADE7156/ADE7166/ADE7169）

【引脚功能说明】

脚号	脚名	说　明
1	COM3/FP27	公共输出 3/LCD 分段输出 27，COM3 用于 LCD 底板
2	COM2/FP28	公共输出 2/LCD 分段输出 28，COM2 用于 LCD 底板
3	COM1	公共输出 1/COM1，用于 LCD 底板
4	COM0	公共输出 0/COM0，用于 LCD 底板
5	P1.2/FR25	通用数字 I/O 端口 1.2/LCD 分段输出 25
6	P1.3/T2EX/FP24	通用数字 I/O 端口 1.3/定时器 2 控制输入/LCD 分段输出 24
7	P1.4/T2/FR23	通用数字 I/O 端口 1.4/定时器 2 输入/LCD 分段输出 23
8	P1.5/FP22	通用数字 I/O 端口 1.5/LCD 分段输出 22
9	P1.6/FP21	通用数字 I/O 端口 1.6/LCD 分段输出 21
10	P1.7/FP20	通用数字 I/O 端口 1.7/LCD 分段输出 20
11	P0.1/FP19	通用数字 I/O 端口 0.1/LCD 分段输出 19
12	P2.0/FP18	通用数字 I/O 端口 2.0/LCD 分段输出 18
13	P2.1/FP17	通用数字 I/O 端口 2.1/LCD 分段输出 17
14	P2.2/FP16	通用数字 I/O 端口 2.2/LCD 分段输出 16
15	LCDVC	在 ADE7166/ADE7169，当 LCD 驱动电阻使能时，该脚可以模拟输入；当 LCD 电荷泵使能时，该脚也可模拟输出。在 ADE7116/ADE7156，该脚总是一个模拟输入，当该脚是模拟输出时，用 470nF 去耦。当该脚是一个模拟输入时，它内部连至 V_{DD}。电阻应连在该脚和 LCDVB 之间，产生两个最高电压，用于 LCD 波形
16	LCDVP2	在 ADE7166/ADE7169 中，当 LCD 电阻驱动使能时，该脚能模拟输入；当 LCD 电荷泵使能时，该脚输出。在 ADE7116/ADE7156 中，该脚总是一个模拟输入。当该脚是一个模拟输出时，100nF 电容连在该脚和 LCDVP1 之间。当该脚是模拟输入时，它内部连至 LCDVP1
17	LCDVB	在 ADE7166/ADE7169 中，当 LCD 电阻驱动使能时，该脚能模拟输入；当 LCD 电荷泵使能时，该脚能模拟输出。在 ADE7106/ADE7156 中，该脚总是一个模拟输入。当该脚是模拟输出时，它应用 470nF 电容去耦。当该脚是模拟输入时，一个电阻连在该脚和 LCDVC，产生一个内部中等电压，用于 LCD 驱动。在 1/3 偏压 LCD 模式，任一个电阻必须连在该脚和 LCDVA 之间，产生一个模拟中等电压。在 1/2 编压 LCD 模式，LCDVB 和 LCDVA 是内部连接
18	LCDVA	在 ADE7166/ADE7169 中，当 LCD 电阻驱动使能时，该脚作为模拟输入，或当 LCD 电荷泵使能时，该脚能模拟输出。在 ADE7116/ADE7156 中，该脚总是模拟输入。当该脚是模拟输出时，470nF 电容去耦。当该脚是模拟输入时，一个电阻应连在该脚和 LCDVP1 之间，产生一个中等电压，用于 LCD 驱动。在 1/3 偏压 LCD 模式，任何一个电阻必须连在该脚和 LCDVB 之间，产生一个中等电压。在 1/2 偏压 LCD 模式，LCDVA 和 LCDVB 是内部连接
19	LCDVP1	在 ADE7166/ADE7169 中，当 LCD 电阻驱动使能时，该脚能模拟输入；当 LCD 电荷泵使能时，该脚能模拟输入。在 ADE7116/ADE7156 中，该脚总是模拟输入。当该脚是模拟输出时，100nF 电容应连在该脚和 LCDVP2 之间。当该脚是模拟输入时，一个电阻应连在该脚和 LCDVA 之间，产生一个中等电压，用于 LCD 驱动。任何一个电阻必须连在 LCDVP1 和 DGND 之间，产生另一个中等电压
20～35	FP15～FP0	LCD 分段输出 0 至 LCD 分段输出 15
36	P1.1/TxD	通用数字 I/O 端口 1.1/发射数据输出（异步）
37	P1.0/RxD	通用数字 I/O 端口 1.0/接收器数据输入（异步）
38	P0.7/$\overline{SS}$/T1	通用数字 I/O 端口 0.7/当 SPI 在受控模式时受控选择/定时器 1 输入
39	P0.6/SCLK/T0	通用数字 I/O 端口 0.6/时钟输出用于 I²C 或 SPI 端口/定时器 0 输入
40	P0.5/MISO	通用数字 I/O 端口 0.5/数据输入用于 SPI 端口

续表

脚号	脚名	说　明
41	P0.4/MOSI/SDATA	通用数字 I/O 端口 0.4/数据输出,用于 SPI 端口/I^{2}C—相容数据线
42	P0.3/CF2	通用数字 I/O 端口 0.3/校验频率逻辑输出 2。CF2 逻辑输出给瞬有功、无功、I_{rms} 或视在功率信息
43	P0.2/CF1/RTCCAL	通用数字 I/O 端口 0.2/校验频率逻辑输出 1/RTC 校验频率逻辑输出。CF1 逻辑输出给瞬时有功、无功、I_{rms} 或视在功率信息。RTCCAL 逻辑输出给存取至校验 RTC 输出
44	$\overline{SDEN}$/P2.3	串行低负载模式使能/通用数字 I/O 端口 2.3。用该脚使能串行低负载模式通过电阻,当拉低电源上电或复位。在复位时,该脚变成一个输入和该脚开始采样。如没拉下电阻,该脚即刻变高,然后执行用户代码。如该脚拉下复位,嵌入式串行低负载/除错核心执行。在内部编程执行时,该脚保持低。复位后,用该脚作为一个数字输出端口脚(P2.3)
45	BCTRL/$\overline{INT1}$/P0.0	数字输入,用于电池控制/外部中断输入 1/通用数字 I/O 端口 0.0。该逻辑输入连至 V_{DD} 或 V_{BAT} 至 V_{SWOUT} 内部,条件是当设置逻辑高或逻辑低时。当断开时,在 V_{DD} 或 V_{BAT} 和 V_{SWOUT} 之间连接内部选择
46	XTAL2	晶体跨接在该脚和 XTAL1,提供时钟源用于 ADE7116/ADE7156/ADE7166/ADE7169。在 XTAL1 或通过门振荡器电路支持一个外部时钟时,XTAL2 脚能驱动一个 CMOS 负载。一个 6pF 电容连至该脚
47	XTAL1	在该逻辑输入时,能提供一个外部时钟。另一方面,一个调谐音叉晶体能跨连 XTAL1 和 XTAL2,产生时钟源,用于 ADE7116/ADE7156/ADE7166/ADE7169。该时钟频率规定工作 32.768kHz。一个内部 6pF 电容连至该脚
48	$\overline{INT0}$	外部中断输入 0
49,50	V_P,V_N	模拟输入,用于电压通道。该输入是完全差动电压输入,有最大差动电平±400mV 用于规定工作。该通道同样有一个内部 PGA
51	$\overline{EA}$	用该脚作为输入用于仿真。当保持高时,该输入使能器件从内部可编程存储器部分找取代码。ADE7116/ADE7156/ADE7166/ADE7169 不支持外部代码存储器。该脚不应断开
52,53	I_{PA},I_N	模拟输入,用于电流通道。这些输入完全是差动电压输入,有最大差动电平±400mV 用于规定工作。通道同样有一个内部 PGA
54	AGND	该脚提供接地基准,用于模拟电路
55	I_{PB}	模拟输入,用于第二电流通道(I_{PB})。该输入完全是差动,有最大差动电平±400mV,参照 I_N 规定工作。该通道同样有一个内部 PGA
56	$\overline{RESET}$	复位输入,有效低
57	REF$_{IN/OUT}$	该脚跨接在芯片上电压基准。芯片上基准有一个正常值 1.2V±0.1%,最大温度系数 50ppm/℃。该脚用 1μF 和 100nF 电容并联去耦
58	V_{BAT}	电源输入,来自电池 2.4~3.7V 范围。当电池选择作为电源时,用于 ADE7116/ADE7156/ADE7166/ADE7169,该脚连接内部至 V_{DD}
59	V_{INTA}	该脚提供跨接至芯片上 2.5V 模拟 LDO。外部有效电路不应连至该脚。该脚用 10μF 和 100nF 电容并联去耦
60	V_{DD}	从稳压器 3.3V 电源输入。当稳压器选择为电源时,用于 ADE7116/ADE7156/ADE7166/ADE7169,该脚连内部至 V_{SWOUT}。该脚用 10μF 和 100nF 电容并联去耦
61	V_{SWOUT}	3.3V 电源输出。该脚提供电源用于 LDOs 和 ADE7116/ADE7156/ADE7166/ADE7169 的内部电路。该脚用 10μF 和 100nF 电容并联去耦
62	V_{INTD}	该脚跨接至芯片上 2.5V 数字 LDO。外部有效电路应连至该脚。该脚用 10μF 和 100nF 电容并联去耦
63	DGND	接地基准,用于数字电路
64	V_{DCIN}	模拟输入,用于 DC 电压监视器。在该脚上最大输入电压是 V_{SWOUT} 相对于 AGND。用该脚监视预稳定的 DC 电压
EP	Exposed Pad	在 LFCSP 增强热特性底面上暴露垫片和电子连至封装接地内部。建议暴露垫片连至印刷板上接地面

【最大绝对额定值】

V_{DD} 至 DGND	$-0.3 \sim 3.7V$	IP，IPA，IPB，和 IN	
V_{BAT} 至 DGND	$-0.3 \sim 3.7V$	数字输入电压至 DGND	$-0.3 \sim V_{SWOUT}+0.3V$
V_{DCN} 至 DGND	$-0.3V \sim V_{SWOUT}+0.3V$	数字输出电压至 DGND	$-0.3 \sim V_{SWOUT}+0.3V$
输入 LCD 电压至 AGND，LCDVA		工作温度	$-40 \sim 85℃$
LCDVB，LCDVC	$-0.3V \sim V_{SWOUT}+0.3V$	存储温度	$-65 \sim 150℃$
模拟输入电压至 AGND，VP，VN	$-2 \sim 2V$	引线焊接温度（30s）	$300℃$

【应用电路】

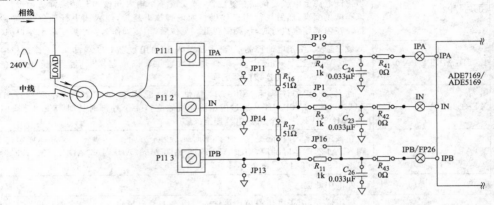

图 7-103　CT（电流变压器）传感器连至电流通道

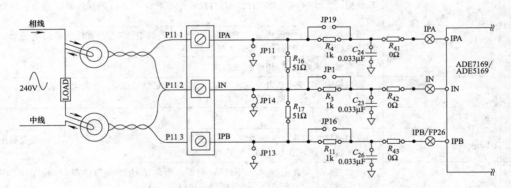

图 7-104　连两个 CT 至电流通道

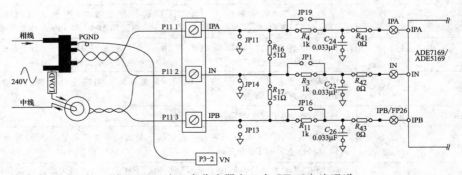

图 7-105　连一个分流器和一个 CT 至电流通道

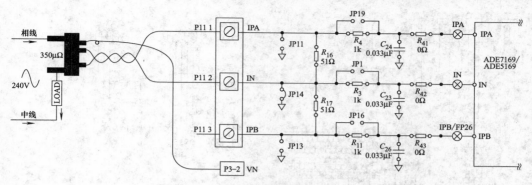

图 7-106　用分流电阻作为电流传感器

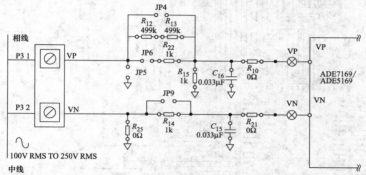

图 7-107　典型线电压连接

【电路元件目录】

数量	元件	说　明	数量	元件	说　明
7	$C_1 \sim C_2, C_6, C_8 \sim$ C_9, C_{11}, C_{34}	钽电容,10μF,16V,20% SMD	1	P16	20 位置标头,0.100 双列镀金
			4	$R_1, R_{29}, R_{53}, R_{54}$	1.00kΩ,1/4W,1%,1206 SMD 电阻
3	$C_3 \sim C_5$	钽电容,0.47μF,25V,20% SMD	2	R_2, R_5	10.0kΩ,1/4W,1%,1206 SMD 电阻
2	$C_7 \sim C_{10}$	1μF,50V,瓷电容,1206 SMD	6	$R_3, R_4, R_{11},$ R_{14}, R_{15}, R_{22}	1kΩ 精密芯片电阻,0.1W,0.1%, 10ppm,0805 SMD
12	$C_{12}, C_{14}, C_{17} \sim$ $C_{20}, C_{25}, C_{27} \sim$ $C_{28}, C_{32} \sim C_{33}, C_{35}$	0.1μF, 50V, 瓷电容, X7R 1206 SMD	9	$R_6, R_7, R_{10},$ $R_{21}, R_{25}, R_{41} \sim$ R_{43}, R_{51}	0Ω,1/4W 5% 1206 SMD 电阻
2	C_{13}, C_{21}	6pF,50V,瓷电容,NP0 0805 SMD	3	R_8, R_9, R_{20}	30.1kΩ,1/4W,1% 1206 SMD 电阻
5	$C_{15} \sim C_{16}, C_{23},$ C_{24}, C_{26}	33000pF, 50V, 瓷电容, X7R 1206 SMD	2	R_{12}, R_{13}	499kΩ,1/4W,1% 1206 SMD 电阻
			2	R_{16}, R_{17}	51.1Ω,1/4W,1% 1206 SMD 电阻
2	C_{30}, C_{31}	Open	1	R_{18}	2.00kΩ,1/4W,1% 1206 SMD 电阻
3	CR1~CR3	清除绿 LED LC 封装 SMD	1	R_{19}	7.15kΩ,1/4W,1% 1206 SMD 电阻
1	CR4	清除绿 LED LC 封装 SMD	1	R_{23}	多圈调节电位器,500Ω,远距离, 垂直调节 3/8
2	CR5,CR7	齐纳,1.8V 500mW SOD-123			
1	L1	铁氧球 300mA,150Ω 1806 SMD	4	$R_{24}, R_{26} \sim R_{28}$	560Ω,1/8W,0.1%,0805 SMD 电阻
1	P1	电源插座连接器 2.1mm×5.5mm	6	$R_{44} \sim R_{48}, R_{52}$	1.00kΩ,1/8W,1%,0805 SMD 电阻
1	P2	直角 4 位置 SMD 标头 0.100	2	R_{49}, R_{50}	0Ω,1/8W,5%,0805 SMD 电阻
2	P3~P4	2 位置 PCB 板连接器 5mm	3	S1~S3	触觉开关,600mm SMD
1	P5	直角 6 位置 SMD 标头 0.100	1	U2	IC 基准电压 LDO 8-SOIC
1	P11	3 位置 PCB 板连接器 5mm	1	VR1	3.3V,200mA,SOT-223 电压稳压器
1	P12	垂直 22 位置 SMD 标头 0.100	1	Y1	晶体 32.768kHz,6.0pF SMD
1	P13	垂直 3 位置 SMD 标头 0.100	1	Y2	晶体振荡器 32.768kHz,5ppm± 23ppm SMD
1	P14	直角 3 位置 0.100 镀锡连接器			
1	P15	50 位置标头,0.100 双列镀金			

【生产公司】　ANALOG DEVICES

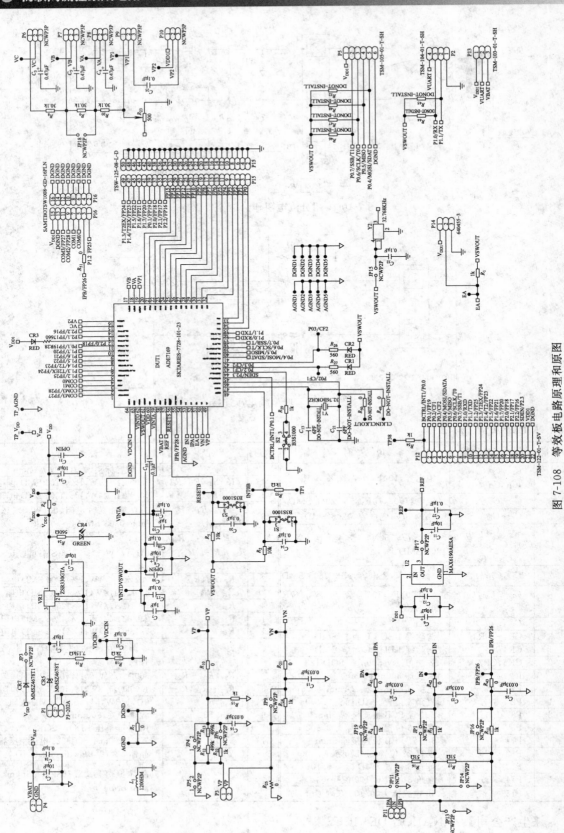

图 7-108　等效板电路原理和原理图

● **ADE7751 能量表 IC，有芯片上故障检测**

【用途】

用于 2 线配置系统电能表测量控制。

【特点】

高精度，优于 50Hz/60Hz IEC 687/1036

整个动态范围 500～1 误差小于 0.1%

在频率输出 F1 和 F2 供给平均真实功率

高频输出 CF 用于校验和供给瞬时真实功率

连续监视相位和中线电流，允许故障检测在 2 线配置系统

在故障条件下 ADE7751 用于大的两电流（相位或中线）

两个逻辑输出（FAULT 和 REVP）能用于指示电位线路出错或故障条件

直接驱动机电计数器和两相步进电机（F1 和 F2）

在电流通道 PGA 允许用分流和载荷电阻小值

合适的 ADCs 和 DSP，在环境条件和时间大范围变化提供高精度

芯片上电源监视

芯片上塑性变形保护（无负载阈值）

芯片上基准 2.5V±8%（30ppm/℃ 典型值）有外部过驱动功能

单电源 5V，低功耗（15mW 典型值）

低价格 CMOS 工艺

ADE7751 是一个高精度、故障容差电能测量 IC，它用于 2 线配置系统。零件规定提供精度要求符合 IEC 1036 标准。在 ADE7751 中，只有用模拟电路是在 ADCs 和基准电路，全部其他信号处理（也就是多功能和滤波）在数字范围实行。在极端环境条件和时间，近似提供优良稳定性和精度。ADE7751 包括一个异常故障检测电路，电路可预告故障条件，允许 ADE7751 在故障事件时连续精确记账。ADE7751 能进行连续监视相位和中线（回路）电路。当这些电流差超过 12.5% 时，指示故障。在用大的两个电流连续记账。在低频输出 F1 和 F2，ADE7751 供给平均真实功率信息。这些逻辑输出可用于直接驱动机电计数器或接口至 MCU。CF 逻辑输出给瞬时真实功率信息。该输出用于校验。ADE7751 包括一个电源监视电路在 AV_{DD} 电源脚。在复位条件，ADE7751 将保持到电源电压 AV_{DD} 达 4V。如果电源下降低于 4V，ADE7751 将复位，没有脉冲流出在 F1、F2 和 CF 上。无论 HPF 在通道 1 是通或断，内部相位机械电路保证电压和电流通道匹配。ADE7751 同样有抗塑性变形保护。ADE7751 适用 24 引线 DIP 和 SSOP 封装。

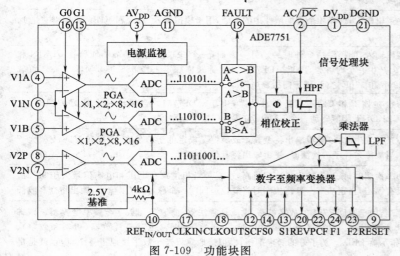

图 7-109 功能块图

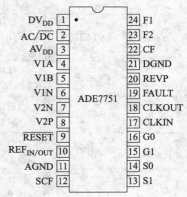

图 7-110 引脚图

【引脚功能说明】

脚号	脚名	说　明
1	DV_{DD}	数字电源。该脚供电压用于 ADE7751 数字电路,电压为 5V±5% 工作。该脚用 $10\mu F$ 和 100nF 并联去耦

脚号	脚名	说　明
2	AC/$\overline{DC}$	高通滤波器选择。该逻辑输入用于使能 HPF 通道 1（电流通道）。在该脚逻辑 1 使能 HPF。该滤波器相关相位相应在整个频率范围 4.5Hz～1kHz 已有内部补偿。在能量表应用中，应使能 HPF 滤波器
3	AV$_{DD}$	模拟电源。该脚供电压用于 ADE7751 模拟电路。电源电压为 5V±5％规定工作。该脚用合适的去耦，充分努力使为最小电源纹波和噪声。该脚去耦至 AGND，用 10μF 和 100nF 电容并联
4,5	V1A,V1B	模拟输入通道 1（电流通道）。这些输入完全是差动电压输入，相对脚 V1N 工作具有最大信号电平±660mV。这些脚相对 AGND 最大信号电平是±1V。两个输入有内部 ESD 保护电路，在这些脚过压±6V 同样能支承，没有永久损坏危险
6	V1N	负输入脚，用于差动电压输入 V1A 和 V1B。在该脚相对 AGND 最大信号电平是±1V。输入有内部 ESD 保护电路，过压±6V 同样能支承，不会有永久损坏的危险。输入应直接连至载荷电阻，保持固定电势，也就是 AGND
7,8	V2N,V2P	负和正输入通道 2（电压通道）。这些输入具有完全不同的输入对。最大差动输入电压是±660mV。这些脚相对 AGND 最大信号电平是±1V。两个输入有内部 ESD 保护电路，在这些输入过压±16V 同样能支承，没有永久损坏危险
9	$\overline{RESET}$	复位脚，用于 ADE7751。在该脚逻辑低，将保持 ADCs 和数字电路在复位情况。引起该脚逻辑低，将清除 ADE7751 内部寄存器
10	REF$_{IN/OUT}$	供芯片上基准电压存取。芯片上基准正常值为 2.5V±8％，典型温度系数是 30ppm/℃。外部基准源同样可连至该脚。在任何情况，该脚应去耦至 AGND，用 1μF 和 100nF 电容并联
11	AGND	提供接地基准，在 ADE7751，也就 ADCs 和基准用于模拟电路。该脚应连至 PCB 的模拟接地。模拟接地是接地基准，用于模拟电路，也就是抗混淆滤波器、电流和电压传感器。为了好的噪声抑制，模拟接地只应连至数字接地的一个点。开始接地配置帮助保持噪声数字回路电流远离模拟电路
12	SCF	选择校验频率。用该逻辑输入，在校验输出 CF 上选择频率
13,14	S1,S0	用这些逻辑输入选择 4 个可能频率中的 1 个，用于数字至频率变换。当设计能量表时，其呈现设计较大灵活性
15,16	G1,G0	用这些逻辑输入，选择 4 个可能增益中的 1 个，用于模拟输入 V1A 和 V1B。可能增益是 1、2、8 和 16
17	CLKIN	在该逻辑输入，能提供一个外时钟。另一方面，一个并联谐振 AT 晶体能跨连 CLKIN 和 CLKOUT，产生一个时钟源，用于 ADE7751。时钟频率规定工作 3.579545MHz。晶体负载电容在 22pF 和 33pF 之间，用于门振荡电路
18	CLKOUT	晶体跨接在该脚和 CLKIN，提供时钟源，用于 ADE7751。当供给一个外时钟源时，在 CLKIN、CLKOUT 脚能驱动一个 CMOS 负载或门振荡电路
19	FAULT	当故障条件发生时，该逻辑输出将变高。故障情况规定低于信号在 V1A 和 V1B 上差大于 12.5％。当故障条件不再检测时，逻辑输出将复位至零
20	REVP	当负功率检测时，该逻辑输出将变逻辑高，也就是当相位角在电压和电流信号大于 90°时。该输出没有锁定，当正功率一旦再检测时将复位。同时一个脉冲在 CF 流出，输出将变高或低
21	DGND	接地基准，用于 ADE7751 的数字电路，也就是乘法器、滤波器和数字至频率变换器。该脚应连 PCB 的模拟地。数字接地是接地基准，用于数字电路，也就是计数器（机器和数字）、MCU 和指示器 LEDs。为了好的噪声抑制，模拟接地应只连至数字接地板一个点，也就是星形接地
22	CF	校验频率逻辑输出。CF 逻辑输出给出瞬时真实功率信息。输出用于校验
23,24	F2,F1	低频逻辑输出。F1 和 F2 供给平均真实功率信息。该逻辑输出能用于直接驱动机电计数器和两相步进电机

【最大绝对额定值】

AV$_{DD}$ 至 AGND	−0.3～7V	结温	150℃
DV$_{DD}$ 至 DGND	−0.3～7V	24 引线塑 DIP 功耗	450mW
DV$_{DD}$ 至 AV$_{DD}$	−0.3～0.3V	θ_{JA} 热阻	105℃/W
模拟输入电压至 AGND		引线焊接温度（10s）	260℃
V1A，V1B，V1N，V2P 和 V2N	−6～6V	24 引线 SSOP 功耗	450mW
基准输入电压至 AGND	−0.3V～AV$_{DD}$+0.3V	θ_{JA} 热阻	112℃/W
数字输入电压至 DGND	−0.3V～DV$_{DD}$+0.3V	引线焊接温度	
数字输出电压至 DGND	−0.3V～DV$_{DD}$+0.3V	气相（60s）	215℃
工作温度	40～85℃	红外（15s）	220℃
存储温度	−65～150℃		

【应用电路】

EVAL-AD7751/AD7755EB 等效板文件资料 AD7751/AD7755 能量表 IC。电路特点：单电源 5V；通过螺纹端易连接外部传感器；用 PCB 插座易修改信号调节元件；调节电位器用于表常数模拟校验；在逻辑输出 LED 指示用于故障（AD7751）、REVP 和 CF；光隔离输出用于校验/测试；外基准选择用于基准检测。

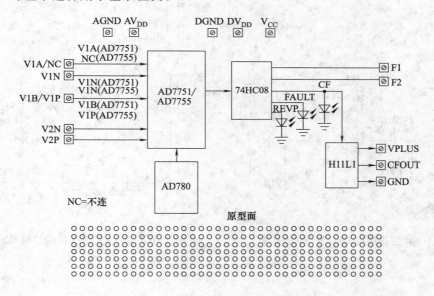

图 7-111　功能块图

AD7751 是高精度测量 IC。零件特性精度符合 IEC 1036 标准。AD7751 包括一个异常故障检测电路，用逻辑输出 FAULT 可预告故障情况，同时允许 AD7751 连续精确记账故障事件时。AD7751 能连续监视相位和中线电流。当电流差大于 12.5% 时指示故障。用两个大电流连续记账。FAULT 输出连至等效板上的 LED。在低频输出 F1 和 F2，AD7751 供给平均真实功率信息。这些逻辑输出可以直接驱动一个机电计数器或接口至 MCU。等效板提供螺纹连接器，用于连接一个外部计数器。CF 逻辑输出给瞬时实时功率信息。输出用于校验。等效板允许逻辑输出连至 LED 或光隔离器。当负真实功率检测时，REVP 逻辑输出变高，这保证 LED 在等效板上开关接通。通过增加一个局部电源和连接合适传感器，AD7751 等效板易转换成一个能量表。原型面大部分可用于等效板目的。

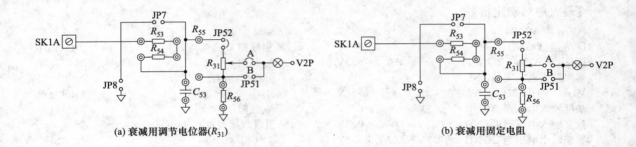

图 7-112 通道 2 上衰减网络

(a) 衰减用调节电位器(R_{31}) (b) 衰减用固定电阻

图 7-113 不用模拟输入连至 AGND

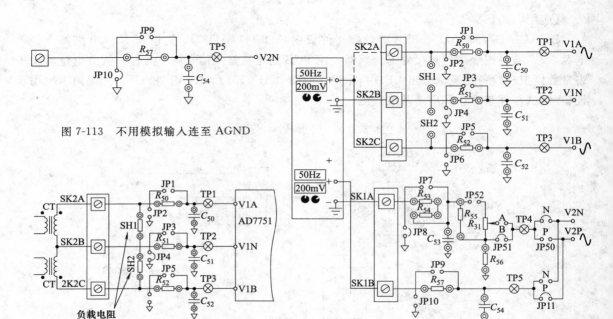

图 7-114 典型连接用于 AD7751 通道 1

图 7-115 典型连接用于模拟输入

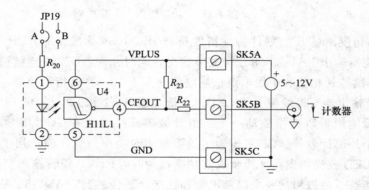

图 7-116 典型连接用于光输出

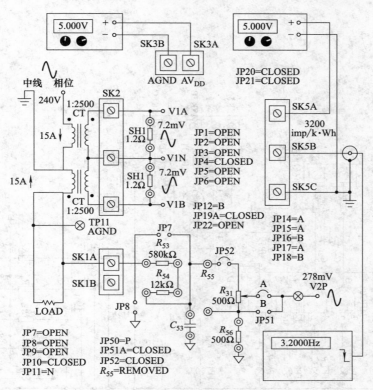

图 7-117　AD7751 等效板作为一个能量表

【等效板电路元件】

元　　件	数值	元　　件	数值
$R_1,R_2,R_3,R_4,R_5,R_{23}$	1kΩ,5%,1/4W	$C_6,C_8,C_{27},C_{29},C_{23},C_{20},C_{21},C_{55}$	100nF,50V
R_6,R_{22}	100Ω,5%,1/4W	$C_9,C_{10},C_{11},C_{12},C_{13}$	10nF
$R_7,R_8,R_9,R_{10},R_{58}$	10kΩ,5%,1/4W	$C_{50},C_{51},C_{52},C_{53},C_{54}$	33nF,10%,50V
R_{11}	51Ω,1%,1/4W	U1	AD7751 or AD7755
$R_{14},R_{18},R_{19},R_{20}$	820Ω,5%,1/4W	U2	74HC08
R_{16},R_{17}	20Ω,5%,1/4W	U3	AD780
R_{31}	500Ω,10%,1/2W	U4	H11L1
$R_{50},R_{51},R_{52},R_{57}$	1kΩ,1%,1/4W	D1,D2,D3	LED
R_{53}	1MΩ,10%,0.6W	Y1	3.579545MHz
R_{54}	100kΩ,10%,1/4W	SK1,SK3,SK6	螺纹端
R_{55},R_{56}	499Ω,0.1%,1/4W	SK2,SK4,SK5	螺纹端
$C_5,C_7,C_{24},C_{28},C_{30}$	10μF,10V DC	BNC	BNC 连接器
C_{14},C_{15}	22pF,瓷介电容		

【生产公司】　ANALOG DEVICES

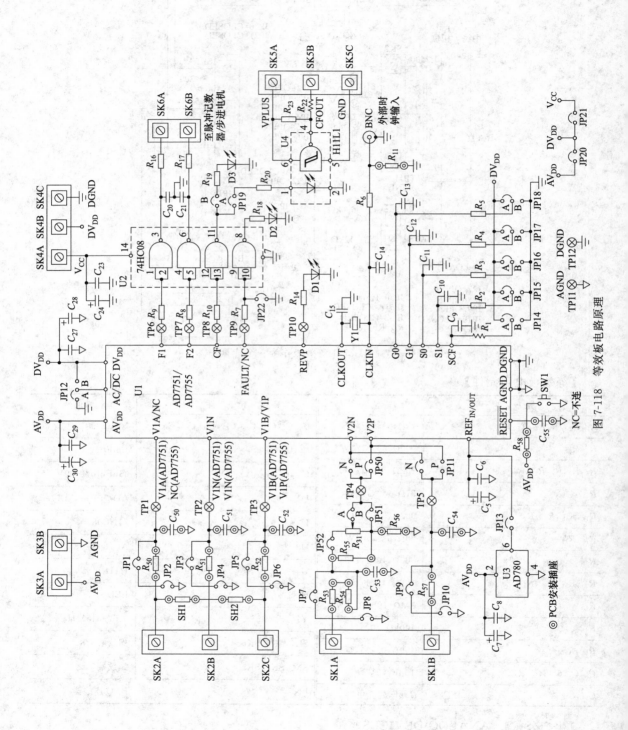

图 7-118　等效板电路原理

7.6　温度测量控制变换检测电路

● **AD7816/AD7817/AD7818，单和 4 通道，9μs，10 位 ADC，内置芯片上温度传感器**

【用途】

环境温度监视（AD7816），自动调温器和风扇控制，高速微处理器，温度测量和控制，数据采集系统内置温度监视（AD7817 和 AD7818），工业过程控制，汽车，电池充电应用。

【特点】

10 位 ADC，有 9μs 转换时间

1 个（AD7818）和 4 个（AD7817）单端模拟输入通道

只有 AD7816 是一个温度测量器件

芯片上温度传感器

　　分辨率 0.25℃

　　±2℃误差在 −40～85℃范围

　　−55～125℃工作范围

宽的工作电源范围：2.7～5.5V

固有的跟踪和保持功能

芯片上基准（2.5V±1%）

过温指示

转换结束自动关断

低功耗工作

　　4μW 吞吐速率 10SPS

　　40μW 吞吐速率 1KSPS

　　400μW 吞吐速率 10KSPS

灵活的串行接口

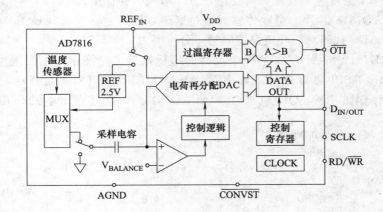

图 7-119　AD7816 功能块图

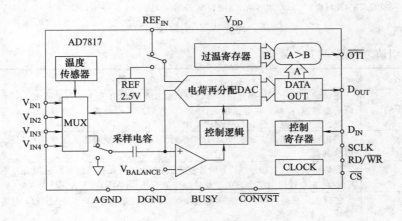

图 7-120　AD7817 功能块图

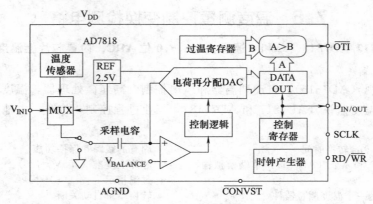

图 7-121　AD7818 功能块图

AD7818 和 AD7817 是 10 位、单/4 通道 A/D 变换器，内置芯片上温度传感器，工作电源 2.7～5.5V。每个部件包含一个 $9\mu s$ 逐次近似变换器，周围有一个电容 DAC、一个芯片上温度传感器精度±2℃、一个芯片上时钟振荡器，固有跟踪和保持功能和芯片上基准（2.5V）。只有 AD7816 是一个温度监视器件，封装在 SOIC/MSOP 壳体中。

AD7817 和 AD7818 芯片上温度传感器通过通道 0 能存取。当选择通道 0 后，转换开始，在转换结束，用 ADC 代码对一环境温度测量，分辨率为±0.25℃。

AD7816、AD7817 和 AD7818 有一个灵活的串行接口，允许连至主控微控制器。接口与 Intel8051、Motoro laSPI 和 QSPI 协定、国家半导体 MICROWIRE 协定兼容。

AD7817 适用于 16 引线 SOIC/TSSOP，而 AD7816/AD7818 是 8 引线 SOIC/MSOP。

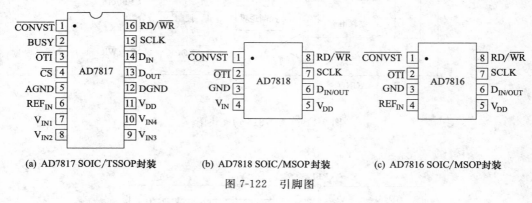

(a) AD7817 SOIC/TSSOP封装　　(b) AD7818 SOIC/MSOP封装　　(c) AD7816 SOIC/MSOP封装

图 7-122　引脚图

【AD7817 引脚功能说明】

脚号	脚名	说　　明
1	$\overline{CONVST}$	逻辑输入信号。转换开始信号。在该信号下降沿 10 位模数变换开始。在保持模式该信号下降沿置跟踪/保持。在转换结束，跟踪/保持再进入跟踪模式。在转换结束，停在 $\overline{CONVST}$ 信号位置。如它是逻辑低，AD7817 将关闭
2	BUSY	逻辑输出。在温度和电压 A/D 变换时 BUSY 信号逻辑高。当转换已完成时，用该信号中断微控制器
3	$\overline{OTI}$	逻辑输出。过温指示($\overline{OTI}$)设置逻辑低，在通道 0 如转换结果在过温寄存器(OTR)大于一个 8 位字，在串行读出结束该信号复位。也就是当 $\overline{CS}$ 是低时，上升 RD/$\overline{WR}$ 沿
4	$\overline{CS}$	逻辑输入信号。用芯片选择信号使能 AD7817 串行端口。如 AD7817 与多个器件共用串行总线，这是必需的
5	AGND	模拟地。接地基准用于跟踪/保持、比较器和电容 DAC

续表

脚号	脚名	说　明
6	REF$_{IN}$	模拟输入。一个外部 2.5V 基准能至 AD7817 脚。使能芯片基准 REF$_{IN}$ 脚应连至 AGND。如一个外基准连至 AD7817,内基准将关断
7～10	V$_{IN1}$～V$_{IN4}$	模拟输入通道。AD7817 有 4 个模拟输入通道,输入通道相对 AGND 是单端。在 0V～V$_{REF}$ 输入通道能转换电压信号。通过写入 AD7817 地址寄存器选择 A 通道
11	V$_{DD}$	正电源电压,2.7～5.5V
12	DGND	数字地。接地基准用于数字电路
13	D$_{OUT}$	逻辑输出有高阻抗态。在该脚 AD7817 串行接口记录数据。在 RD/$\overline{WR}$ 下降沿或 $\overline{CS}$ 信号上升沿该输出进入高阻抗态,无论哪个首先发生
14	D$_{IN}$	逻辑输入。在该脚数据记录至 AD7817
15	SCLK	时钟输入,用于串行端口。用串行时钟至时钟数据进入和流出 AD7817。数据流出记录在下降沿,进入记录在上升沿
16	RD/$\overline{WR}$	逻辑输入信号。用读/写信号指示 AD7817 无论数据转换工作是读或写。RD/$\overline{WR}$ 应设置逻辑高用于读工作,逻辑低用于写工作

【AD7816 和 AD7818 脚功能说明】

脚号	脚名	说　明
1	$\overline{CONVST}$	逻辑输入信号。转换开始信号,在该信号的下降沿 10 位模数转换开始。该信号下降沿在保持模式放置跟踪/保持。在转换结束,跟踪/保持再进入跟踪模式。转换结束 $\overline{CONVST}$ 信号状态记录。如果它是逻辑低,AD7816 和 AD7818 将关闭
2	$\overline{OTI}$	逻辑输出。过温指示($\overline{OTI}$)设置逻辑低。在通道 0(温度传感器)如果转换结果在过温寄存器(OTR)大于 8 位字,在串行读工作结束该信号复位,也就是上升 RD/$\overline{WR}$ 沿
3	GND	模拟数字地
4(AD7818)	V$_{IN}$	模拟输入通道。输入通道相对 GND 是单端。该输入通道在 0～2.5V 能转换电压信号。通过写 7818 寄存器地址选择输入通道
4(AD7816)	REF$_{IN}$	基准输入。一个外部 2.5V 基准能至 AD7816 脚。使能芯片基准 REF$_{IN}$ 脚应连至 AGND。如果一个外部基准连至 AD7816,内基准将关闭
5	V$_{DD}$	电源电压 2.7～5.5V
6	D$_{IN/OUT}$	逻辑输入和输出。在该脚 AD7816/AD7818 串行数据记录输入和输出
7	SCLK	时钟输入用于串行端口。用串行时钟至 AD7816/AD7818 时钟数据输入和输出。在下降沿记录数据输出,在上升沿记录输入
8	RD/$\overline{WR}$	逻辑输入。读/写信号用于指示 AD7816 和 AD7818 不管下一个数据转换工作是读或写。RD/$\overline{WR}$ 应设置高用于读工作、逻辑低用于写

【最大绝对额定值】

V$_{DD}$ 至 AGND	$-0.3\sim7V$	θ_{JA} 热阻	100℃/W
V$_{DD}$ 至 DGND	$-0.3\sim7V$	引线焊接温度	
模拟输入电压至 AGND		气相（60s）	215℃
V$_{IN1}$ 至 V$_{IN4}$	$-0.3V\sim V_{DD}+0.3V$	红外（15s）	220℃
基准输入电压至 AGND	$-0.3V\sim V_{DD}+0.3V$	8 引线 SOIC 封装,功耗	450mW
数字输入电压至 DGND	$-0.3V\sim V_{DD}+0.3V$	θ_{JA} 热阻	157℃/W
存储温度	$-65\sim150℃$	引线焊接	
结温	150℃	气相（60s）	215℃
TSSOP 功耗	450mW	红外（15s）	220℃
θ_{JA} 热阻	120℃/W	MSOIC 封装功耗	450mW
引线焊接温度	260℃	θ_{JA} 热阻	206℃/W
气相（60s）	215℃	引线焊接温度	
红外（15s）	220℃	气相（60s）	215℃
16 引线 SOIC 封装功耗	450mW	红外（15s）	220℃

【应用电路】

EVAL-AD7816/7/8EB 等效板电路

电路板设计包括块图、印刷电路板丝网和电路图。有 AD7816、AD7817 和 AD7818 ICs，接口缓冲和模拟开关，3 个温度 LED 和一个电源 LED，连接器用于并行接口 J1，输入连接器 SK1 和 SK3。通过 ADG714 模拟开关连至一个 3 通道，5 线数据多工器控制软件条件下，选择 AD7816、AD7817 和 AD7818。通过一个独立的串行接口控制这些。

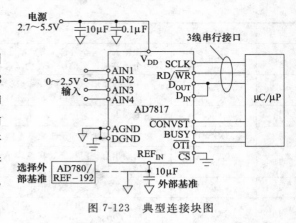

图 7-123　典型连接块图

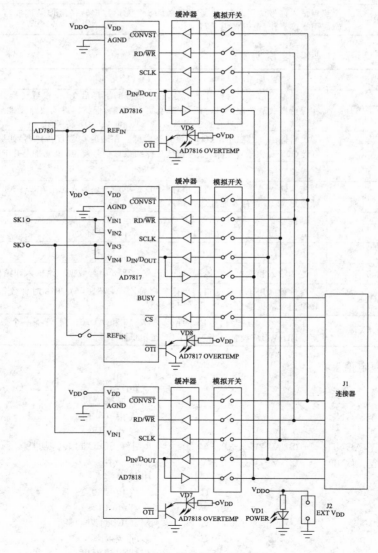

图 7-124　等效板块电路图

J1 连接器

J1 脚号	AD7816/AD7817/AD7818 功能	J1 脚号	AD7816/AD7817/AD7818 功能	J1 脚号	AD7816/AD7817/AD7818 功能
2	串行数据输入(D_{IN})	6	模拟开关 D_{IN}	12	模拟开关 D_{OUT}
3	串行数据输入(SDATA)	7	模拟开关 SYNC	13	串行数据输出
4	开始转换($\overline{CONVST}$)	8	复位输入	14	模拟开关 D_{IN}
5	串行时钟(SCLK)	10	INT OUT		

【输入连接器 SK1 和 SK3】

SK1 和 SK3 允许模拟输入信号连至 AD7817 和 AD7818（只有 AD7816 测量温度）。SK1 连至 AD7818 的单模拟输入和连至 AD7817 的 V_{IN1} 和 V_{IN2}。SK3 连至 AD7817 的 V_{IN3} 和 V_{IN4}。

LED 指示：VD1，绿色电源指示；VD6，红色，AD7816 过温指示；VD7，红色，AD7818 过温指示；VD8，红色，AD7817 过温指示。

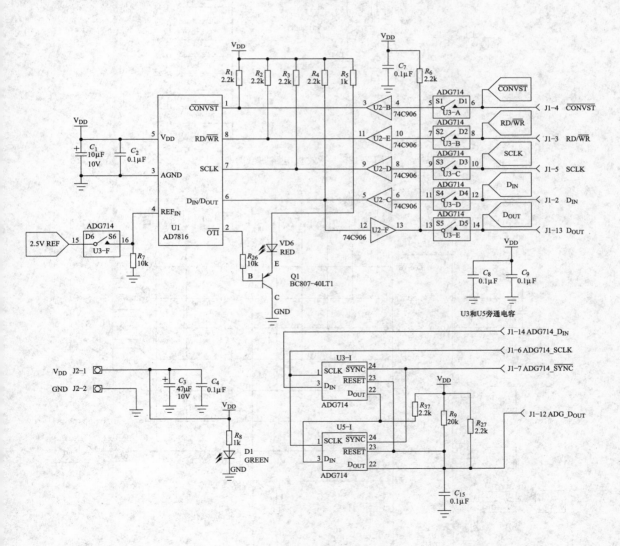

图 7-125　等效板电路图（1）

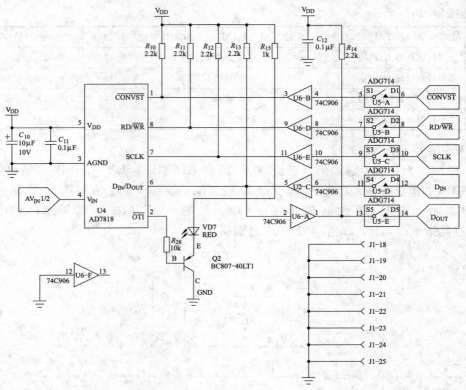

图 7-126 等效板电路图（2）

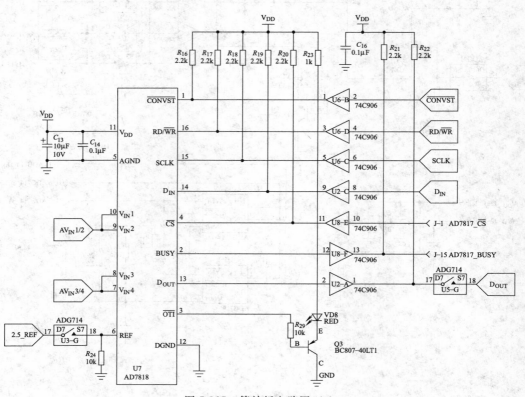

图 7-127 等效板电路图（3）

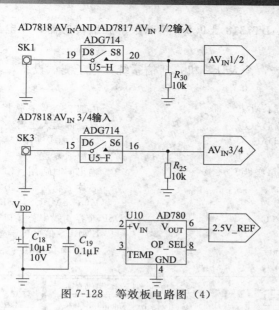

图7-128 等效板电路图（4）

【电路元件】

元件名	型号	数值	容差	元件名	型号	数值	容差
C_1	CAP+	10μF		R_8	RES	1kΩ	1%
C_2	CAP	0.1μF		R_9	RES	20kΩ	1%
C_3	CAP+	47μF		R_{10}	RES	2.2kΩ	1%
C_4	CAP	0.1μF		R_{11}	RES	2.2kΩ	1%
C_5	CAP+	47μF		R_{12}	RES	2.2kΩ	1%
C_6	CAP	0.1μF		R_{13}	RES	2.2kΩ	1%
C_7	CAP	0.1μF		R_{14}	RES	2.2kΩ	1%
C_8	CAP	0.1μF		R_{15}	RES	1kΩ	1%
C_9	CAP	0.1μF		R_{16}	RES	2.2kΩ	1%
C_{10}	CAP+	10μF		R_{17}	RES	2.2kΩ	1%
C_{11}	CAP	0.1μF		R_{18}	RES	2.2kΩ	1%
C_{12}	CAP	0.1μF		R_{19}	RES	2.2kΩ	1%
C_{13}	CAP+	10μF		R_{20}	RES	2.2kΩ	1%
C_{14}	CAP	0.1μF		R_{21}	RES	2.2kΩ	1%
C_{15}	CAP	0.1μF		R_{22}	RES	2.2kΩ	1%
C_{16}	CAP	0.1μF		R_{23}	RES	1kΩ	1%
C_{18}	CAP+	10μF		R_{24}	RES	10kΩ	1%
C_{19}	CAP	0.1μF		R_{25}	RES	10Ω	1%
D1	LED			R_{26}	RES	10kΩ	1%
D4	DIODE			R_{27}	RES	2.2kΩ	1%
D5	DIODE			R_{28}	RES	10kΩ	1%
D6	LED			R_{29}	RES	10kΩ	1%
D7	LED			R_{30}	RES	10kΩ	1%
D8	LED			R_{37}	RES	2.2kΩ	1%
J1	CENTRONICS			SK1	SMB		
Q1	BC807-40LT1			SK3	SMB		
Q2	BC807-40LT1			U1	AD7816		
Q3	BC807-40LT1			U2	74C906		
R_1	RES	2.2kΩ	1%	U3	ADG714		
R_2	RES	2.2kΩ	1%	U4	AD7818		
R_3	RES	2.2kΩ	1%	U5	ADG714		
R_4	RES	2.2kΩ	1%	U6	74C906		
R_5	RES	1kΩ	1%	U7	AD7817		
R_6	RES	2.2kΩ	1%	U8	74C906		
R_7	RES	10kΩ	1%	U10	AD780		

【生产公司】 ANALOG DEVICES

● **ADT7316/ADT7317/ADT7318 ±0.5℃ 精确数字温度传感器和 4 电压输出 12/10/8 位 DACs**

【用途】

便携式电池供电仪表，个人计算机，通信系统，电子测试设备，家用设备，过程控制。

【特点】

ADT7316——4 个 12 位 DACs
ADT7317——4 个 10 位 DACs
ADT7318——4 个 8 位 DACs
缓冲电压输出
通过设计全部代码保证单极性
10 位温度数字变换器
温度范围：$-40\sim120℃$
温度传感器精度：$\pm0.5℃$
电源范围：$2.7\sim5.5V$
DAC 输出范围：$0\sim2V_{REF}$
电源关闭电流：$<10\mu A$

内部 $2.28V_{REF}$ 选择
双缓冲输入逻辑
缓冲/无缓冲基准输入选择
电源通复位 0V
输出同时适用（$\overline{LDAC}$ 功能）
芯片上轨对轨输出缓冲放大器
I^2C, SMBUS, SPI, QSPI, MICROWIRE 和 DSP 兼容 4 线串行接口
SMBUS 信息包误差检测（PEC）兼容
16 引线 QSOP

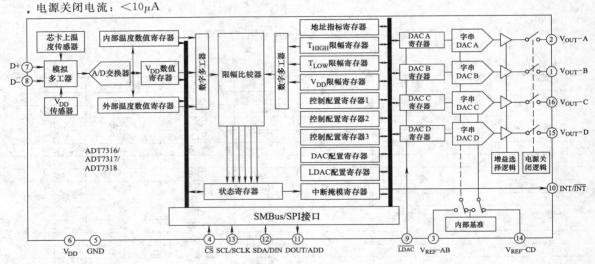

图 7-129　功能块图

　　ADT7316/ADT7317/ADT7318 包含 1 个 10 位温度数字变换器和 4 个 12/10/8 位 DAC，封装在一个 16 引线 QSOP 中。这包含一个带隙温度传感器、一个 10 位 ADC 至监视器和数字化温度读出至分辨率 0.25℃。ADT7316/ADT7317/ADT7318 工作用单电源 $2.7\sim5.5V$。DAC 输出电压范围从 $0\sim2V_{REF}$。一个输出电压设置用 $7\mu s$ 时间。ADT7316/ADT7317/ADT7318 提供 2 个串行接口选择、1 个 4 线串行接口，它与 SPI、QSPI、MICROWIRE 和 DSP 接口标准兼容，和 1 个 2 线 SMBUS/I^2C 接口兼容。特点是通过串行接口控制待机模式。用于 4 个 DAC 基准来源于任何内部或两个基准脚（每个 DAC 对一个）。全部 DACs 输出可以同时适用于软件 LDAC 功能或外部 LDAC 脚。ADT7316/ADT7317/ADT7318 包含电源通复位电路，保证 DAC 输出电源达 0V，并且保持这些直到一个有效写入发生。ADT7316/ADT7317/ADT7318 宽电源电压范围，低电源电流和 SPI-/I^2C-兼容接口，使它们适用于各种应用，包括个人计算机、办公设备和家

图 7-130　引脚图

用设备。

【引脚功能说明】

脚号	脚名	说　　明
1	V_{OUT}-B	从 DACB 缓冲输出模拟电压。输出放大器轨对轨工作
2	V_{OUT}-A	从 DACA 缓冲输出模拟电压。输出放大器轨对轨工作
3	V_{REF}-AB	基准输入脚,用于 DACA 和 DACB。它可构成一个缓冲或无缓冲输入至 DACA 或 DACB。它有一个输入范围在无缓冲模式从 $0.25V \sim V_{DD}$,在缓冲模式从 $1V \sim V_{DD}$。DACA 和 DACB 缺省,电源可达该脚
4	$\overline{CS}$	SPI 有效低控制输入。这是帧同步信号,用于输入数据。当 $\overline{CS}$ 变低时,它使能输入寄存器,在上升沿数据传送,在程序串联时钟下降沿数据输出。在 I^2C 模式,当串联接口工作时,推荐该脚连至高至 V_{DD}
5	GND	接地基准点,用于部件上全部电路。模拟和数字地
6	V_{DD}	正电源电压 $2.7 \sim 5.5V$。电源应去耦至地
7	D+	正连至外部温度传感器
8	D-	负连至外部温度传感器
9	$\overline{LDAC}$	有效低控制输入,转送输入寄存器内容至它的对应 DAC 寄存器。在该脚下降沿,使任一个或全部 DAC 寄存器进行校正输入寄存器新的数据。最大脉宽-20ns 必须加在 $\overline{LDAC}$ 脚,保证 DAC 寄存器合适的负载。允许全部 DAC 输出同时适用。控制配置 3 寄存器位 C_3 能 $\overline{LDAC}$ 脚。缺省用于控制 LDAC 脚控制 DAC 寄存器加载
10	INT/$\overline{INT}$	过极限中断。当温度或 V_{DD} 极限超过时,该脚输出极性能设置给一个有效低或有效高中断。缺省是有效低,开漏输出需要一个拉起电阻
11	DOUT/ADD	DOUT:SPI 串行数据输出。在该脚数据记录任一寄存器输出,在 SCLK 下降沿上数据记录输出。开漏输出需要拉起电阻 ADD:I^2C 串行总线地址选择脚。逻辑输入。在该脚上低,给地址 1001000,断开它浮动给地址 1001010,设置它高,给地址 1001011。I^2C 地址设定通过 ADD 脚没有锁定,器件直到地址发送两次后,在第二次有效通信第 8SCL 周期上,串行总线地址锁定输入。在该脚上任一个逐次变化不影响 I^2C 串行总线地址
12	SDA/DIN	SDA:I^2C 串行数据输入。在该脚输入提供 I^2C 串联数据加至器件寄存器。开路结构需要拉起电阻。 DIN:SPI 串联数据输入。在该脚输入提供串联数据加至器件寄存器。在 SCLK 上升沿数据记录进入寄存器。开路结构需要拉起电阻
13	SCL/SCLK	串联时钟输入。该时钟输入用于串行端口。用串行时钟记录 ADT7316/ADT7317/ADT7318 的任一寄存器数据输出。在写入时同样能记录数据输入任一寄存器。开路结构需要拉起电阻
14	V_{REF}-CD	基准输入脚,用于 DACC 和 DACD。它构成一个缓冲或无缓冲输入至 DACC 和 DACD。无缓冲模式它有一个输入范围 $0.25V \sim V_{DD}$,在缓冲模式输入从 $1V \sim V_{DD}$。DACC 和 DACD 缺省,电源上升至该脚
15	V_{OUT}-D	来自 DACD 缓冲模拟输出电压。输出放大器轨对轨工作
16	V_{OUT}-C	来自 DACC 缓冲模拟输出电压。输出放大器轨对轨工作

【最大绝对额定值】

V_{DD} 至 GND	$-0.3 \sim 7V$	存储温度	$-65 \sim 150℃$
数字输入电压至 GND	$-0.3V \sim V_{DD}+0.3V$	结温:16 引线 QSOP	$150℃$
数字输出电压至 GND	$-0.3V \sim V_{DD}+0.3V$	功耗	$(T_{Jmax}-T_A)\theta_{JA}$
基准输入电压至 GND	$-0.3V \sim V_{DD}+0.3V$	热阻抗 θ_{JA}(结至环境)	$105.44℃/W$
工作温度	$-40 \sim 120℃$	θ_{JC}(结至壳体)	$38.8℃/W$

红外流焊接	220℃（0/5℃）	时间	20～40s
时间	10～20s	上升速率	3℃/s（最大）
上升速率	2～3℃/s	下降速率	−6℃/s（最大）
下降速率	−6℃/s	25℃时间	8min（最大）
红外流焊接（无 Pb 封装）	260℃（+0℃）		

【应用电路】

等效板硬件电路。ADT7316 等效板包括主要元件有：ADT7316IC，U1；USB 微控制器，U12；模拟开关；中断 LED，VD1；电源 LED，VD7；温度传感器，Q1；带隙驱动器和 LED 带隙，U7/U8；连接器用于 USB 接口，J4；DAC 输出连接器，J2；V_{REF} 输入连接器，P1；LDAC 按钮，S2。

J4 连接器

J4 脚	小型-B 功能	J4 脚	小型-B 功能
1	+5V	4	键（不用；连至地）
2	−数据	5	地
3	+数据		

USB 微控制器 U12：处理小型-B 插头和等效板之间静止通信。

DAC 输出连接器 J2：4 个 DAC 任 1 个输出适用于该连接器。

V_{REF} 输入连接器 P1：来自 0.25V～V_{DD} 一个外部基准电压能连至 P1。

测试点：各种系统逻辑信号和独立的 DAC 输出适用于板上测试点。

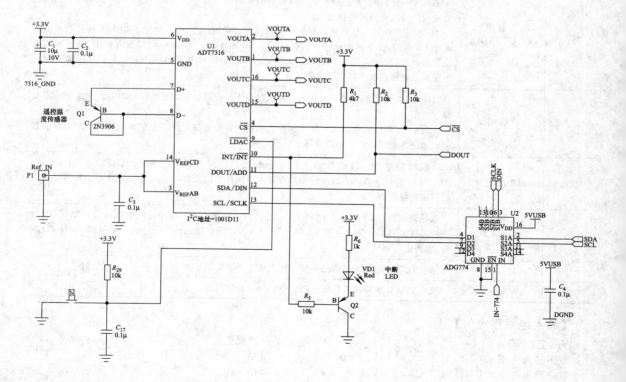

图 7-131　等效板电路图（1）

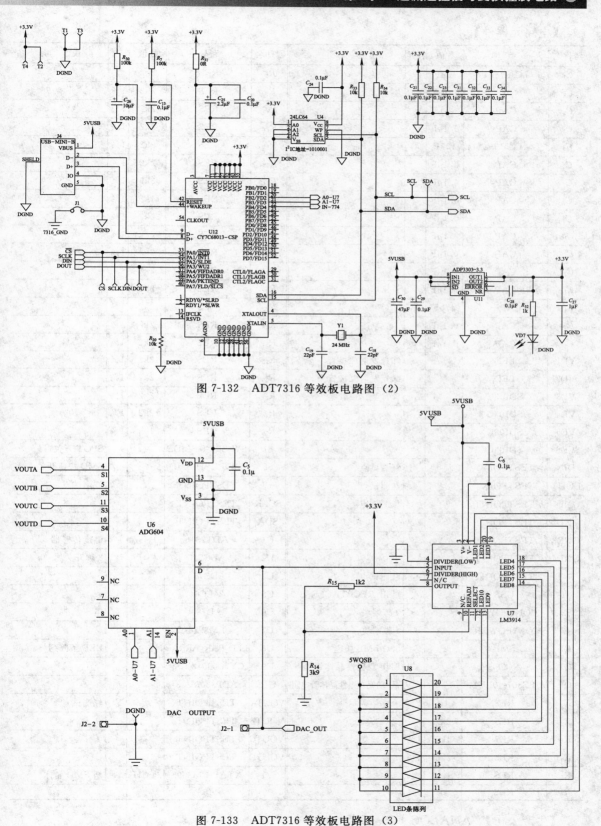

图 7-132　ADT7316 等效板电路图（2）

图 7-133　ADT7316 等效板电路图（3）

【电路元器件】

器件名	型号	数值	容差	说　明	器件名	型号	数值	容差	说　明
C_1	CAP+	$10\mu F$		电容	R_8	RES	2k2	1%	
C_2	CAP	$0.1\mu F$			R_9	RES	2k2	1%	
C_3	CAP	$0.1\mu F$			R_{10}	RES	2k2	1%	
C_4	CAP	$0.1\mu F$			R_{11}	RES	2k2	1%	
C_5	CAP+	$10\mu F$			R_{12}	RES	2k2	1%	
C_6	CAP	$0.1\mu F$			R_{13}	RES	2k2	1%	
C_7	CAP	$0.1\mu F$			R_{14}	RES	3k9	1%	
C_8	CAP	$0.1\mu F$			R_{15}	RES	1k2	1%	
C_9	CAP	$0.1\mu F$			R_{16}	RES	2k2	1%	
C_{10}	CAP	$0.1\mu F$			R_{17}	RES	22k	1%	
C_{11}	CAP	$0.1\mu F$			R_{18}	RES	2k2	1%	
C_{12}	CAP	$0.1\mu F$			R_{19}	RES	2k2	1%	
C_{14}	CAP	$0.1\mu F$			R_{21}	RES	22k	1%	
C_{15}	CAP+	$47\mu F$			R_{22}	RES	2k2	1%	
C_{16}	CAP	$0.1\mu F$			R_{23}	RES	2k2	1%	
C_{17}	CAP	$0.1\mu F$			R_{24}	RES	2k2	1%	
VD1	LED			红光发射二极管	R_{25}	RES	2k2	1%	
VD2	LED			绿光发射二极管	R_{26}	RES	2k2	1%	
VD3	SD103C			肖特基二极管	R_{27}	RES	2k2	1%	
VD4	SD103C				R_{28}	RES	2k2	1%	
VD5	SD103C				R_{29}	RES	10k	1%	
VD6	SD103C				S1	SW-SPDT-SLIDE			SPOT 开关
DIN	TESTPOINT			红测试点	S2	SW-PUSH-SMD			SMD 按钮开关
DOUT	TESTPOINT			红测试点	SCL	TESTPOINT			红测试点
GND1	TESTPOINT			黑测试点	SCLK	TESTPOINT			
GND2	TESTPOINT				SDA	TESTPOINT			
GND3	TESTPOINT				U1	ADT7316			温度传感器
GND4	TESTPOINT				U2	ADG715			8 脚开关
INT	TESTPOINT			红测试点	U3	ADG715			
J1	USB			USB_RECPTACLE_B	U5	24LC64			
J2	CON\POWER			2 脚端块	U6	AD780			电压基准
J3	CON\POWER4			4 脚端块	U7	LM3914			
P1	SMB			50Ω SMB 插座	U8	LED_BAR_ARRAY			LED 条阵列
Q1	2N3906			PNP 双极性晶体管	U9	CY7C68013-CSP			
Q2	BC807-40LT1			低/功耗双极性晶体管电阻	U10	ADP3303-3.3			
R_1	RES	1k	1%		VOUTA	TESTPOINT			红测试点
R_2	RES	2k2	1%		VOUTB	TESTPOINT			
R_3	RES	4k7	1%		VOUTC	TESTPOINT			
R_4	RES	2k2	1%		VOUTD	TESTPOINT			
R_5	RES	10k	1%		Y1	XTAL-CM309S	24MHz		塑 SMD 晶体
R_6	RES	1k	1%						

【生产公司】　ANALOG DEVICES

● **ADT7516/ADT7517/ADT7519 SPI/I²C 兼容、温度传感器、4 通道 ADC 和 4 路电压输出**

【用途】

便携式电池供电仪表，个人计算机，智能电池充电器，电信系统，电子测试设备，家用电器，过程控制。

【特点】

ADT7516：4 个 12 位 DAC

ADT7517：4 个 10 位 DAC

ADT7519：4 个 8 位 DAC

缓冲电压输出

通过设计全部代码保证单一性

10 位温度数字变换器

10 位 4 通道 ADC

DC 输入带宽

输入范围：0～2.28V

温度范围：−40～120℃

温度传感器精度：±0.5℃典型

电源范围：2.7～5.5V

DAC 输出范围：0～$2V_{REF}$

电源关断电流：$<10\mu A$

内部 2.28V_{REF} 选择

双缓冲输入逻辑

缓冲基准输入

电源通复位至 0V DAC 输出

同时校正输出（LDAC 功能）

芯片上轨对轨输出缓冲放大器

SPI，I²C，QSPI，MICROWIRE 和 DSP 兼容

4 线串行接口

SMBUS 信息包误差检测/（PEC）兼容

16 引线 QSOP 封装

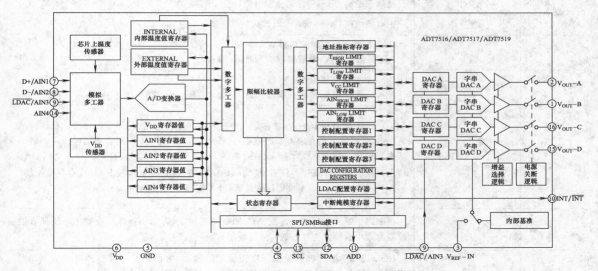

图 7-134　ADT7516/ADT7517/ADT7519 功能块图

ADT7516/ADT7517/ADT7519 在一个 16 引脚 QSOP 封装中集成了一个 10 位温度数字转换器、一个 10 位 4 通道 ADC 和一个 4 通道 12/10/8 位 DAC。这些器件还内置一个带隙温度传感器和一个 10 位 ADC，用来以 0.25℃ 的分辨率对温度进行监控和数字化。

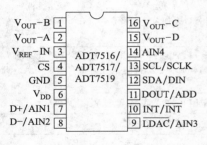

图 7-135　引脚图

ADT7516/ADT7517/ADT7519 采用 2.7～5.5V 单电源供电。ADC 通道的输入电压范围为 0～2.28V，输入带宽为 DC。ADC 通道的基准电压从内部获得。DAC 的输出电压范围为 0V～V_{DD}，输出电压的建立时间典型值为 7μs。

ADT7516/ADT7517/ADT7519 提供两种串行接口选项：与 SPI®、QSPI™、MICROWIRE™ 和 DSP 接口标准兼容的 4 线串行接口和 2 线 SMBUS/I²C 接口。这些器件具有待机模式，可通过串行接口进行控制。

　　4 个 DAC 的基准电压既可以从内部获得，也可以从一个基准电压引脚获得。利用软件 $\overline{LDAC}$ 功能或外部 LDAC 引脚，可以同时更新所有 DAC 的输出。这些器件内置一个上电复位电路，确保 DAC 输出上电至 0V 并保持该电平，直到执行一次有效的写操作为止。

　　这些器件具有宽电源电压范围、低电源电流和 SPI/I²C 兼容接口，是各种应用的理想之选，其中包括个人计算机、办公设备和家用电器。

【引脚说明】

脚号	脚名	说　　明
1	V_{OUT}-B	DACB 缓冲模拟输出电压,输出放大器轨对轨工作
2	V_{OUT}-A	DACA 缓冲模拟输出电压,输出放大器轨对轨工作
3	V_{REF}-IN	全部 4 个 DAC 基准输入脚,其输入缓冲,输入范围 1V～V_{DD}
4	$\overline{CS}$	SPI 有效低控制输入,是帧同步信号。当 $\overline{CS}$ 低时,用于输入数据,使能输入寄存器,在上升沿数据转换,在接着的串行时钟下降沿输出,在 I²C 型式工作在串行接口,推荐该脚连至高至 V_{DD}
5	GND	接地基准脚,用于部件的全部电路,模拟和数字地
6	V_{DD}	正电源电压,2.7～5.5V,电源应去耦至地
7	D+/AIN1	D+:正连至外部温度传感器 AIN1:模拟输入,单端模拟输入通道,输入范围 0～2.28V 或 0～V_{DD}
8	D-/AIN2	D-:负连至外部温度传感器 AIN2:模拟输入,单端模拟输入通道,输入范围 0～2.28V 或 0～V_{DD}
9	$\overline{LDAC}$/AIN3	$\overline{LDAC}$:有效低控制输入,转移输入寄存器内部至它们相关 DAC 寄存器。在该脚 A 下降沿,如果输入寄存器有新的数据,使任何一个或全部 DAC 寄存器适时更新。最小脉宽 20ns 必须加至 $\overline{LDAC}$ 脚,保证合适的 DAC 寄存器加载。允许同时校正全部 DAC 输出。控制结构 3 寄存器位 C_3 使能 $\overline{LDAC}$ 脚,省去用 LDAC 脚控制 DAC 寄存器加载 AIN3:模拟输入,单端模拟输入通道,输入范围 0～2.28V 或 0～V_{DD}
10	INT/$\overline{INT}$	过限制中断。当温度、V_{DD} 或 AIN 限制超过时,该脚输出极性能设置给一个低有效或高有效中断。省去有效低。开漏输出,需要拉起电阻
11	DOUT/ADD	DOUT:SPI 串行数据输出。在该脚逻辑输出,数据是任一寄存器时钟输出。在 SCLK 下降沿上数据是时钟输出,开漏输出。需要拉起电阻。 ADD:I²C 串行总线地址选择脚。逻辑输入,在该脚低给地址 1001000;断开它,浮动给地址 1001010;和设置高给地址 1001011。通过 ADD 脚设置 I²C 地址。在第二个有效第 8 个 SCL 周期上通信,串联总线地址锁存输入,在该脚上任何随改变不影响 I²C 串行总线地址
12	SDA/DIN	SDA:I²C 串行数据输入/输出。I²C 串行数据加至零件寄存器,在该脚提供从这些寄存器读出。开漏结构,需拉起电阻。 DIN:SPI 串行数据输入,在该脚提供串行数据加至零件寄存器。在 SCLK 上升沿数据锁存输入寄存器。开漏结构,需拉起电阻
13	SCL/SCLK	串行时钟输入。该时钟用于串行端口。串行时钟用于 ADT7516/ADT7517/ADT7519 的任何寄存器时钟数据输出,同样时钟数据能进入任何寄存器能写入。开漏结构,需拉起电阻
14	AIN4	模拟输入。单端模拟输入通道。输入范围 0～2.28V 或 0V～V_{DD}
15	V_{OUT}-D	来自 DACD 缓冲模拟输出电压。输出放大器轨对轨工作
16	V_{OUT}-C	来自 DACC 缓冲模拟输出电压。输出放大器轨对轨工作

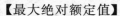

【最大绝对额定值】

V_{DD} 至 GND	$-0.3\sim7V$	峰值温度	220℃（0℃/5℃）
模拟输入电压至 GND	$-0.3V\sim V_{DD}+0.3V$	时间峰值温度	$10\sim20s$
数字输入电压至 GND	$-0.3V\sim V_{DD}+0.3V$	斜坡速率（上升）	3℃/s（最大）
基准输入电压至 GND	$-0.3V\sim V_{DD}+0.3V$	斜坡速率（下降）	6℃/s（最大）
工作温度	$-40\sim120$℃	时间 25℃至峰值温度	6min（最大）
存储温度	$-65\sim150$℃	红外回流焊（无铅封装）	
结温	150℃	峰值温度	260℃（+0℃）
功耗	$(T_{Jmax}-T_A)\theta_{JA}$	峰值温度时间	$20\sim40s$
θ_{JA}结至环境	105.44℃/W	斜坡上升速率	3℃/s（最大）
θ_{JC}结至壳	38.8℃/W	斜坡下降速率	6℃/s（最大）
红外回流焊		25℃时间至峰值温度时间	8min（最大）

【应用电路】

　　ADT7516 等效板能用于模拟 ADT7517 和 ADT7519，等效板软件包括 USB 接口至 PC。从 USB 接口供电。等效板电路和布线图如下。

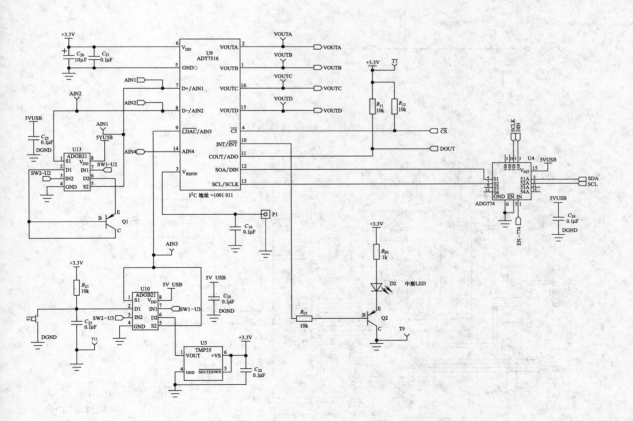

图 7-136　ADT7516 等效板电路部件 1

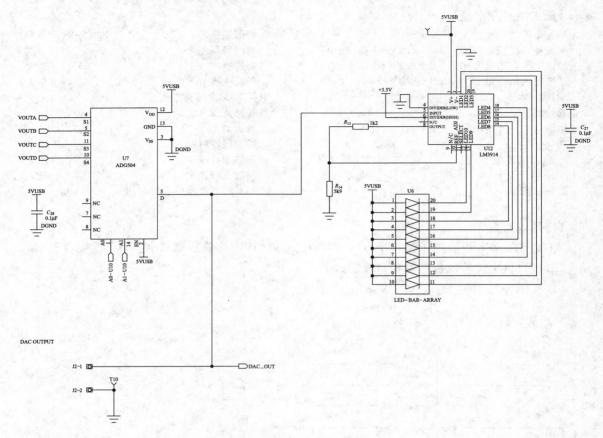

图 7-137　ADT7516 等效板电路部件 2

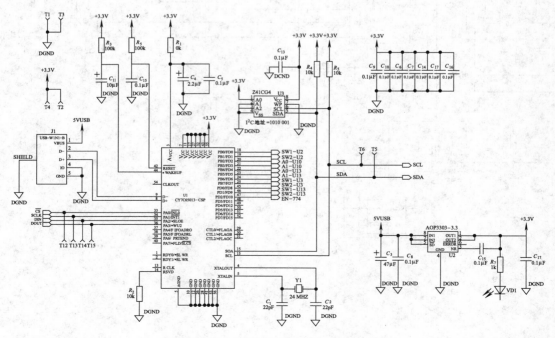

图 7-138　ADT7516 等效板电路部件 3

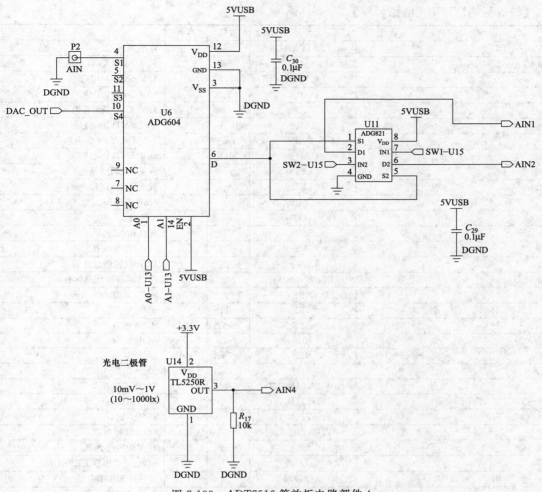

图 7-139　ADT7516 等效板电路部件 4

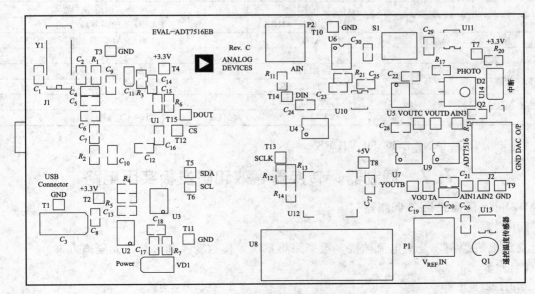

图 7-140　ADT7516 等效板丝网

【等效板 ADT7516 电路元件】

名　　　称	元件型号	数值	容差	说　　明
AIN1～AIN3	TESTPOINT			红色测试点
C_1,C_2	CAP	22pF		50V NPO SMD 瓷电容
C_3	CAP+	47μF		10V SMD 钽电容
C_4	CAP+	2.2μF		10V SMD 钽电容
C_5～C_{10},C_{12}～C_{16},C_{18},C_{19},C_{21}～C_{30}	CAP	0.1μF		16V X7R 多层瓷电容
C_{11}	CAP+	10μF		10V SMD 瓷电容
C_{17}	CAP	1μF		10V DC Y5V 瓷电容
C_{20}	CAP+	10μF		10V SMD 钽电容
VD1	LED			发光二极管(绿色)
VD2	LED			发光二极管(红色)
J1	USB-MINI-B			USB 连接器
J2	CON\POWER			2 脚端块
P1	SMB			50Ω SMB 插孔
P2	SMB			50Ω SMB 插孔
Q1	2N3906			PNP 双极性晶体管
Q2	BC807-40LT1			低功率双极性晶体管
R_1	RES	0R	1%	SMD 电阻
R_2,R_4,R_5,R_{11},R_{12},R_{15},R_{17},R_{21}	RES	10kΩ	1%	SMD 电阻
R_3,R_6	RES	100kΩ	1%	SMD 电阻
R_7,R_{20}	RES	1kΩ	1%	SMD 电阻
R_{13}	RES	1.2kΩ	1%	SMD 电阻
R_{14}	RES	3.9kΩ	1%	SMD 电阻
S1	SW-PUSH-SMD			SMD 按钮开关
T1～T7,T9～T11	TESTPOINT			黑色测试点
T8,T12～T15	TESTPOINT			红色测试点
U1	CY7C68013-CSP			USB 微控制器
U2	ADP3303-3.3			精密低压降电源
U3	24LC64			64kΩ I²C 串联 EEPROM
U4	ADG774			低压 4 SPDT 开关
U5	TMP36			低压温度传感器
U6,U7	ADG604			CMOS 4 通道多工器
U8	LED_BAR_ARRAY			LED 条形码阵列
U9	ADT7516			4 通道 ADC 和 4 电压输出 DAC
U10,U11,U13	ADG821			双 SPST 开关
U12	LM3914			IC 驱动点条形显示
U14	TSL250R			传感器,L/电压 TSL250RTAOS
VOUTA～VOUTD	TESTPOINT			红测试点
Y1	XTAL-CM309S	24MHz		塑 SMD 晶体

【生产公司】　ANALOG DEVICES

7.7　调制器，转换器等效和研发板实用电路

● AD7400A 隔离式 Σ-Δ 调制器

【用途】

交流电机控制，分流电流监视，数据采集系统，模数变换和可替代光隔离方案。

【特点】

10MHz 时钟速率

二阶 Σ-Δ 调制器

16 位，无丢失码

±2LSBINL 典型值在 16 位

1.5μV/℃典型值偏置漂移
板上基准
±250mV 模拟输入范围

低功耗工作：15.5mA 典型值在 5.5V
－40～125℃工作范围
8 引线 PDIP，16 引线 SOIC

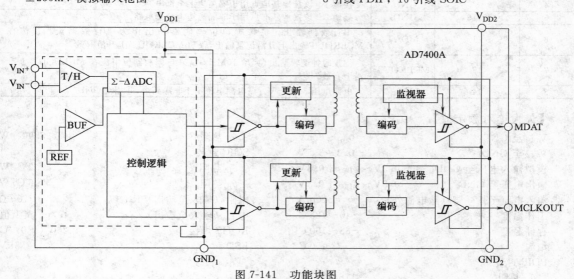

图 7-141 功能块图

AD7400A 是一个二阶 Σ-Δ 调制器。转换模拟输入信号为一个高速 1bit 数据流，采用 ADI 公司芯片上数字隔离。AD7400A 工作电源 5V，接收差动输入信号 ±250mV（满量程±320mV）。模拟调制器对输入信号连续采样，因而无需外部采样保持电路。输入信息包含在数据率为 10MHz 的输出流中。通过适当的数字滤波器可重构原始信息。串行 I/O 可采用 5V 或 3V 供电（V_{DD2}）。

串行接口采用数字式隔离。通过将高 CMOS 工艺和单片空芯变压器技术结合在一起，较之传统光耦合器等其他器件来说，片内隔离能提供更加优异的工作特性。流器件内置基准电压，工作温度－40～125℃。AD7400A 采用 8 引线 PDIP 和 16 引线 SOIC 封装。

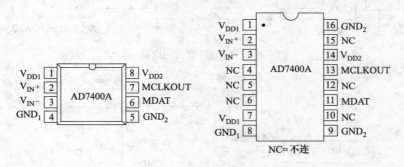

(a) 8 引线 PDIP 引脚配置   (b) 16 引线 SOIC 引脚配置

图 7-142 引脚图

【引脚功能说明（AD7400A 和 AD7401 的 16 引线 SOIC 封装引脚相同）】

PDIP	SOIC	名字	说　　明
1	1,7	V_{DD1}	电源电压,4.5～5.5V。该脚用于 AD7400A 和相对于 GND 电源电压隔离边
2	2	V_{IN}^{+}	正模拟输入。规定范围±250mV
3	3	V_{IN}^{-}	负模拟输入。正常连至 GND
N/A	4～6,10,12,15	NC	不连

续表

PDIP	SOIC	名字	说　　明
4	8	GND₁	接地1。该接地基准点用于隔离边上全部电路
5	9,16	GND₂	接地2。该接地基准点用于非隔离边上全部电路
6	11	MDAT	串行数据输出。供该脚单位调制器输出作为串行数据流。其位在 MCLKOUT输出上升沿记录输出,跟随 MCLKOUT 上升沿有效
7	13	MCLKOUT	主控时钟逻辑输出(典型10MHz)。来自调制器位串流在 MCLKOUT 上升沿上有效
8	14	V_DD2	电源电压 3～5.5V。该电源电压用于非隔离边,并相对 GND

【最大绝对额定值】

V_{DD1} 至 GND_1	$-0.3\sim6.5V$	θ_{JC} 热阻	$38.9℃/W$
V_{DD2} 至 GND_2	$-0.3\sim6.5V$	SOIC 封装	
模拟输入电压至 GND_1	$-0.3V\sim V_{DD1}+0.3V$	θ_{JA} 热阻	$89.2℃/W$
输出电压至 GND_2	$-0.3V\sim V_{DD2}+0.3V$	θ_{JC} 热阻	$55.6℃/W$
输入电流至任一脚(除电源外)	$\pm10mA$	电阻(输入至输出)R_{I-O}	$10^{12}\Omega$
工作温度	$-40\sim125℃$	电容(输入至输出)C_{I-O}	$1.7pF$ 典型值
存储温度	$-65\sim150℃$	ROHS 焊接	$260（+0）℃$
结温	$150℃$	ESD	$2.5kV$
PDIP 封装			
$\quad\theta_{JA}$ 热阻	$116.8℃/W$		

【应用电路】

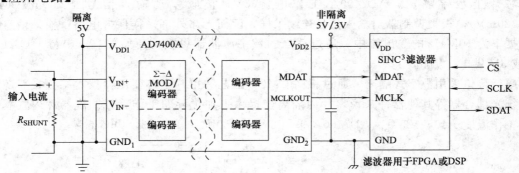

图 7-143　典型应用电路

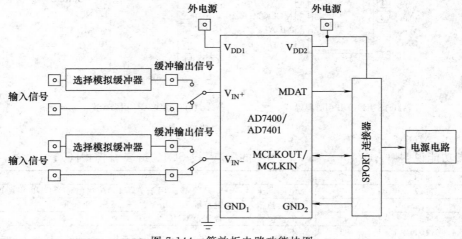

图 7-144　等效板电路功能块图

全部特性检测用于 AD7400 和 AD7401，EVAL-CED12 兼容，独立功能，板上模拟缓冲，各种链路选择。当用 EVAL-CED12 时，PC 软件用于控制和数据分析。EVAL-CED12 是转换等效板和研发板。

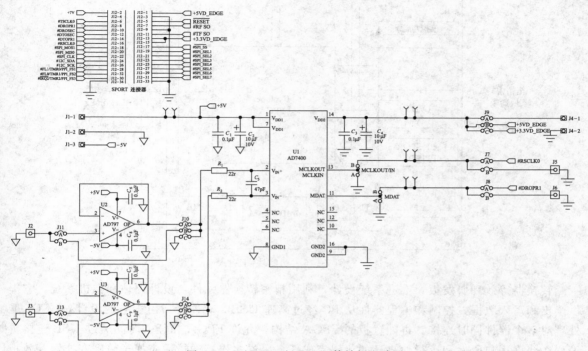

图 7-145　AD7400/AD7401 等效板电路图

【电路元器件】

数量	名　　　称	说　　　明	数量	名　　　称	说　　　明
6	C_1,C_3,C_6,C_7,C_8,C_9	0.1μF 电容	1	J1	端块,连接器/电源-3 路
2	C_2,C_4	10μF 电容	4	J2,J3,J5,J6	SMB 连接器
1	C_5	47pF 电容	1	J4	端块,连接器/电源
2	R_1,R_2	22Ω 电阻	4	J7,J8,J11,J13	搭接线 2
1	U1	ADC,AD7400 或 AD7401	3	J9,J10,J14	搭接线 3
2	U2,U3	运放,AD797ARZ	1	J12	管座 3 4

● EVAL-CED12 转换器等效和研发（CED）板

【用途】

评估检测精密变换器，建立论证系统，用户系统最后样机。

【特点】

接口至多个串行和并行精密变换器等效板　　　　USB 2.0 连至 PC
支持高速 LVDS 接口　　　　　　　　　　　　用户可编程 FPGA
32MB SDRAM　　　　　　　　　　　　　　　有 8 个独立电源
4MB SRAM　　　　　　　　　　　　　　　　直接连至嵌入式 Blackfin EZ-kit

CED1 板用于等效评估、系统论证和研发用模拟器件精密变换器。在变换器和 PC 之间有必需的通信。可编程或控制器件、发射或接收数据经过 USB 链路。

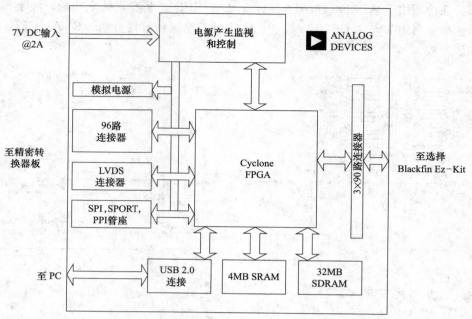

图 7-146　功能块图

　　转换器等效和研发板，推进系统设计，利用精密转换器元件，设计评估和样机系统。它提供读出和写入数据，控制和编程器件从 PC 经过高速 USB 2.0 连接。由于它的设计，CED1 能处理对多个器件同时连接。再配置板的 FPGA 结构，允许 FPGA 在任一时间通过 USB 连接再编程。允许用户研发和运行他自己的代码完成任务。许多连接选择适应连至精密变换器等效板

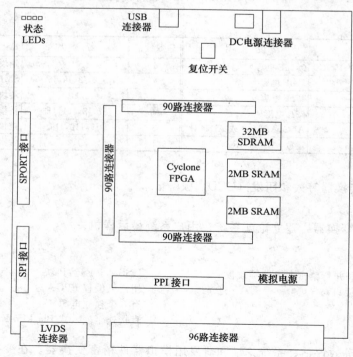

图 7-147　主要元件配置

的宽范围。3 个标准 0.1in（1in＝25.4mm）间距管座可用，支持 SPI、SPORT 和并行功能。96 路连接器提供链路至多接口和同步电源。LVDS 支持通过连接器用于独立接地的数据对。研发要求一个处理器，以及一个 FPGA、CED1 板，直接连至一个嵌入式 Blackfin EZ-kit。板上 3 个 90 路连接器存在，直接与 Blackfin EZ-kit 相连。能使用最少的外部元件成功地运行系统。CED 板有 8 个电源，可用于外部连接。CED 要求单 7V，15W 电源。

【连接器】

J5-LVDS 连接器：用于连接 CED1 和高速 LVDS 变换器等效板。连接器有 4 个不同的接收和 4 个不同的发送数据对，此外还有独立不同的接收发送时钟。

【LVDS 连接器脚引出】

脚号	脚　名	说　明	脚号	脚　名	说　明
1A,1B	＋VarA	可变模拟电源	A7	TMR0/PPI_FS2	定时器 0 或帧同步 2 用于 PPI 使用
1C,1D	CLKOUT＋/－	差动时钟输出			
2A	$\overline{PAR\_CS0}$	并行芯片选择 0	B7	GPIO3/TMR1/PPI_FS1	通用 I/O,定时器 1 或帧同步 2 用于 PPI 使用
2B	$\overline{PAR\_RD}$	并行读选通			
C2～C9, D2～D7	Dx＋/－	差动数据接收或发射对	A8	RXINT/GPIO2/PPI_FS3	接收中断,通用 I/O 或帧同步 3 用于 PPI 使用
A3～A6	SPI_SELx	SPI 外设芯片选择			
B3	$\overline{PAR\_WR}$	并行写选通			
B4	SPI_MISO	SPI 主控输入,受控输出数据线	B8	GPIO4/PAR_A0	通用 I/O 或并行地址 LSB
B5	SPI_MOSI	SPI 主控输出,受控输入数据线	A9,B9	＋3.3VD_Edge	＋3.3V 数字电源
			A10,B10	＋VarD	可用电压数字电源
B6	SPI_CLK	SPI 时钟	C10,D10	CLKIN＋/－	差动时钟输入对

J1-M1N1 USB-B 连接器：用于连接 CED1 至 PC，用于控制和数据转换。

J2-2 脚螺纹端电源连接器：当动力 CED 板有实验室电源时用该连接器。

J1-M1N1 USB-B 连接器：用于连接 CED1 至 PC，用于控制和数据转换。

J2-2 脚螺纹端电源连接器：当动力 CED 板有实验室电源时用该连接器。

J4-DC 电源连接器：当用的 CED1 有供电电源时，DC 插头应连至这儿。

J6-FPGA JTAG 连接器：用于转换信号插头逻辑分析和用于硬件协助 FPGA 研发和调试。

J8，9，10-3×90 路 Blackfin EZ-kit 连接器：其中 3 个连接器跨接大部外设，信号来自 Blackfin EZ-kit，进入 FPGA，其中用它们直接或返回至其他连接器。此外处理器和微控制器板设计连至这儿。

J3-96 路 DIN 41612 连接器：该连接器已出现在大多数精密 ADC 等效板上。它包含 SPI、SPORT 和并行信号，可编程数字和 5 个独立的模拟电源。

【96 路连接器脚引出】

脚号	脚　名	说　明
A1	SPORT_DT1PRI/SPI_MOSI/PAR_D16	SPORT1 数据初次发射,SPI 主控输出,受控输入数据线。并行数据位 16
B1	GPIO3/TMR1/PPI_FS1	通用 I/O 位 3,定时器 1。并行外设接口帧同步 1
C1	SPORT_DR1PRI/SPI_MISO/PAR_D19	SPORT1,数据初次接收。SPI 主控输入,受控数据输出线。并行数据位 19
A2	SPORT_TFS1/SPI_SEL0/PAR_D17	SPORT1,发射帧同步。SPI 外设芯片选择 0,并行数据位 17
B2	PAR_D0	并行数据位 0(LSB)

续表

脚号	脚 名	说 明
C2	SPORT_RFS1/SPI_SEL1/PAR_D20	SPORT1 接收帧同频。SPI 外设芯片选择 1。并行数据位 20
A3	SPORT_TSCLK1/SPI_CLK/PAR_D18	SPORT1 发射串行时钟，SPI 时钟。并行数据位 18
B3	PAR_D1	并行数据位 1
C3	SPORT_RSCLK1/SPI_CLK/PAR_D21	SPORT1 接收时钟，SPI 时钟。并行数据位 21
A4,B4,C4	DGND	数字地
A5	SPORT_DT0PRI/SPI_SEL7	SPORT0 数据初次发射。SPI 外设芯片选择 7
B5	PAR_D2	并行数据位 2
C5	SPORT_DR0PRI/SPI_SEL4	SPORT0 数据初次接收。SPI 外设芯片选择 2
A6	SPORT_TFS0/SPI_SEL6	SPORT0 发射帧同步。SPI 外设芯片选择 6
B6	PAR_D3	并行数据位 3
C6	SPORT_RFS0/SPI_SEL3	SPORT0 接收帧同步。SPI 外设芯片选择 3
A7	SPORT_TSCLK0/SPI_SEL5	SPORT0 发射串行时钟。SPI 外设芯片选择 5
B7	PAR_D4	并行数据位 4
C7	SPORT_RSCLK0/SPI_SEL2	SPORT0 接收串行时钟。SPI 外设芯片选择 2
A8,B8,C8	＋VarD(DV$_{DD}$)	可变数字电源
A9	PAR_RD	并行读出选通
B9	PAR_D5	并行数据位 5
C9	PAR_WR	并行写选通
A10	PAR_D22/PAR_A7	并行数据位 22。并行地址位 7(MSB)
B10	PAR_D6	并行数据位 6
C10	PAR_CS0	并行芯片选择 0
A11	SPORT_DT0SEC/PAR_CS1/PAR_A5	SPORT0 数据第二次发射。并行芯片选择 1。并行地址位 5
B11	PAR_D7	并行数据位 7
C11	GPIO6/PAR_D23/PAR_A6	通用 I/O 位 6，并行数据位 23。并行地址位 6
A12,B12,C12	DGND	数字地
A13	TWI_SDA/PAR_CS3/PAR_A3	两个写接口串联数据。并行芯片选择 3。并行地址位 3
B13	PAR_D8	并行数据位 8
C13	SPORT_DR0SEC/PAR_CS2/PAR_A4	SPORT0 数据第二次接收。并行芯片选择 2。并行地址位 4
A14	GPIO5/PAR_A1	通用 I/O 位 5。并行地址位 1
B14	PAR_D9	并行数据位 9
C14	TWI_SCL/GPIO7/PAR_A2	两个写接口串行时钟。通用 I/O 位 7(MSB)。并行地址位 2
A15	GPIO0	通用 I/O 位 0(LSB)
B15	PAR_D10	并行数据位 10
C15	GPIO4/PAR_A0	通用 I/O 位 4。并行地址位 0(LSB)
A16,B16,C16	DGND	数字地
A17	TMR0/PPI_FS2	定时器 0。并行外设接口帧同步 2
B17	PAR_D11	并行数位 11
C17	RXINT/GPIO2/PPI_FS3	接收数据中断。通用 I/O 位 2。并行外设接口帧同步 3
A18	PAR_D12	并行数据位 12
B18	PAR_D13	并行数据位 13
C18	PAR_D14	并行数据位 14
A19	CLKOUT	时钟输出
B19	GPIO1	通用 I/O 位 1

续表

脚号	脚　名	说　明
C19	PAR_D15	并行数据位 15
A20,B20,C20	DGND	数字地
A21~A26,B21~B26,C21~C26	AGND	模拟地
A27,C27	+VarA	可变模拟电源
B27	AGND	模拟地
A28	N/C	不连。不用该脚
B28	AGND	模拟地
C28	N/C	不连。不用该脚
A29,B29,C29	AGND	模拟地
A30	−12VA	−12V 模拟电源
B30	AGND	模拟地
C30	+12VA	+12V 模拟电源
A31,B31,C31	−5VA(AV$_{SS}$)	−5V 模拟电源
A32,B32,C32	+5VA(AV$_{DD}$)	+5V 模拟电源

J7-模拟电源连接器：在板上如要求任一个模拟电源连至 CED1，经过任一连接器，其至 J3，能从该管座脚获取。

【模拟电源连接器脚引出】

脚号	功能	说　明	脚号	功能	说　明
1	+12VA_Edge	+12V 模拟电源	4	+5VA_Edge	+5V 模拟电源
2	−12VA_Edge	−12V 模拟电源	5	−5VA_Edge	−5V 模拟电源
3,6,8	AGND	模拟地	7	+VarA	可变电压模拟电源

J12-SPORT 接口：这是标准两行 0.1in 连接器，能用于连接任一子板，实现 SPORT 接口。该连接器同样包含全部 SPI 和两线接口（TWI）信号，以及 5V、3.3V、TVCED 板电源。

【SPORT 连接器脚引出】

+5VD_Edge	1	2	+7V
DGND	3	4	N/C(keying Pin)
RESET	5	6	SPORT_TSCLK0/SPI_SEL5
SPORT_RFS0/SPI_SEL3	7	8	SPORT_DR0PRI/SPI_SEL4
DGND	9	10	SPORT_DR0SEC
SPORT_TFS0/SPI_SEL6	11	12	SPORT_DT0SEC
+3.3VD_Edge	13	14	SPORT_DT0PRI/SPI_SEL7
+3.3VD_Edge	15	16	SPORT_RSCLK0/SPI_SEL2
SPI_SS	17	18	SPI_MOSI
SPI_SEL1	19	20	SPI_MISO
SPI_SEL2	21	22	SPI_CLK
SPI_SEL3	23	24	TWI_SDA
SPI_SEL4	25	26	TWI_SCK
SPI_SEL5	27	28	RXINT/GPIO2/PPI_FS3
SPI_SEL6	29	30	GPIO3/TMR1/PPI_FS1
SPI_SEL7	31	32	TMR0/PPI_FS2
DGND	33	34	DGND

J13-SPI 接口：用 SPI 连接器代替 SPORT，只应考虑用户满意器件连接，完全与 SPI 特性兼容。在 Blackfin 标记和 EZ-kit 上连接器与 SPI 连接器兼容。

【SPI 连接器脚引出】

+5VD_Edge	1	2	+3.3VD_Edge
+5VD_Edge	3	4	+3.3VD_Edge
SPI_MOSI	5	6	SPI_MISO
$\overline{\text{RESET}}$	7	8	SPI_CLK
SPI_SEL1	9	10	$\overline{\text{SPI\_SS}}$
SPI_SEL3	11	12	SPI_SEL2
SPI_SEL5	13	14	SPI_SEL4
SPI_SEL7	15	16	SPI_SEL6
N/C(Keying Pin)	17	18	DGND
+7V	19	20	DGND

J14-PPI 接口：该连接器允许连接子板，设计连至 Blackfin 标记和 EZ-kit 上。

【PPI 连接器脚引出】

+5VD_Edge	1	2	+7V
+5VD_Edge	3	4	N/C(Keying Pin)
+3.3VD_Edge	5	6	CLKOUTP_EXT
+3.3VD_Edge	7	8	PAR_D0
PAR_D1	9	10	PAR_D2
PAR_D3	11	12	PAR_D4
PAR_D5	13	14	PAR_D6
PAR_D7	15	16	PAR_D8
PAR_D9	17	18	PAR_D10
PAR_D11	19	20	PAR_D12
PAR_D13	21	22	PAR_D14
PAR_D15	23	24	SPI_SEL3
SPI_SEL2	25	26	SPI_SEL1
$\overline{\text{SPI\_SS}}$	27	28	$\overline{\text{RESET}}$
RxInt/GPIO2/PPI_FS3	29	30	SPI_MOSI
GPIO3/TMR1/PPI_FS1	31	32	SPI_MISO
TMR0/PPI_FS2	33	34	SPI_CLK
DGND	35	36	TWI_SDA
DGND	37	38	TWI_SCK
DGND	39	40	DGND

【应用电路】

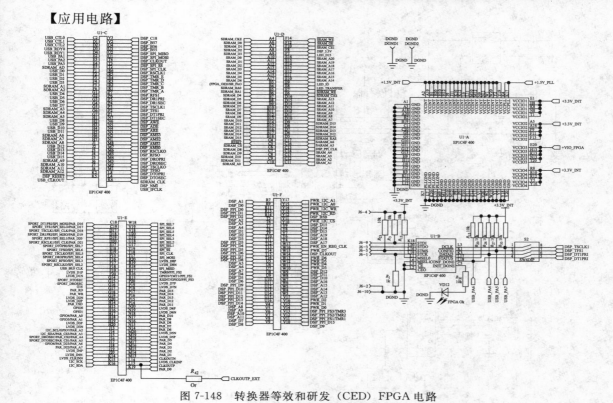

图 7-148　转换器等效和研发（CED）FPGA 电路

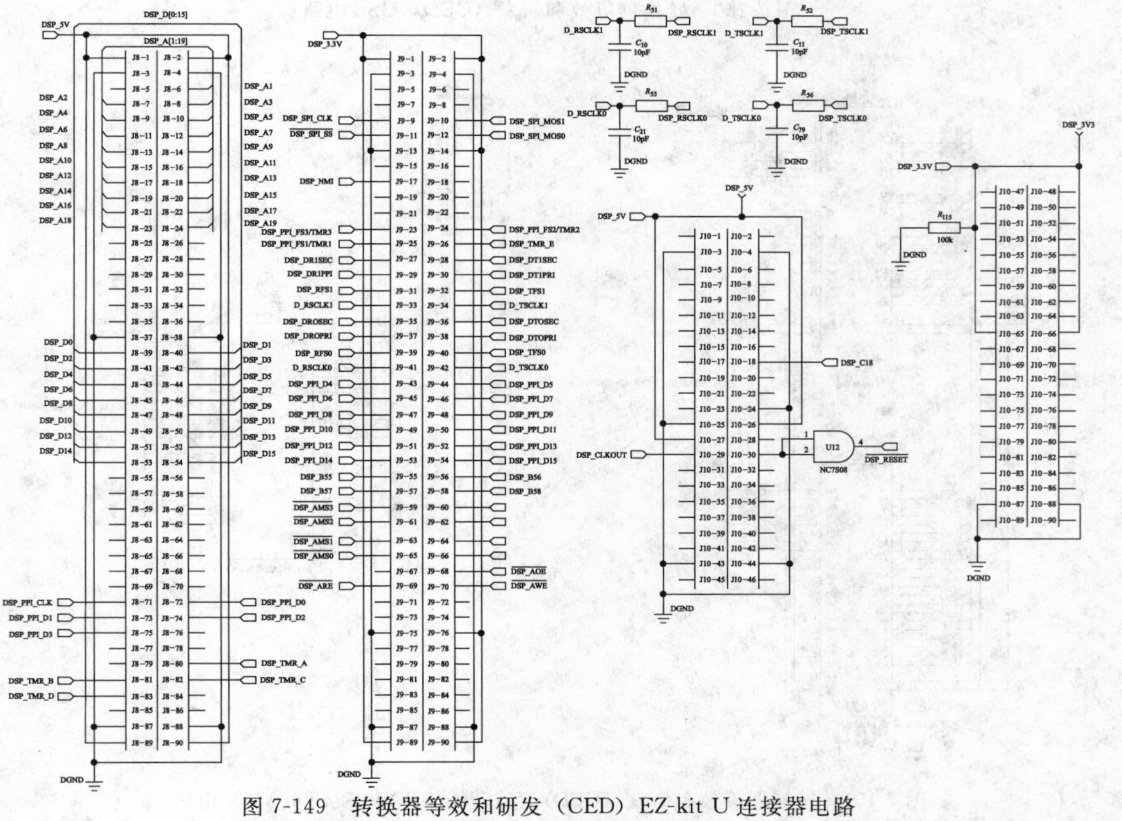

图 7-149　转换器等效和研发（CED）EZ-kit U 连接器电路

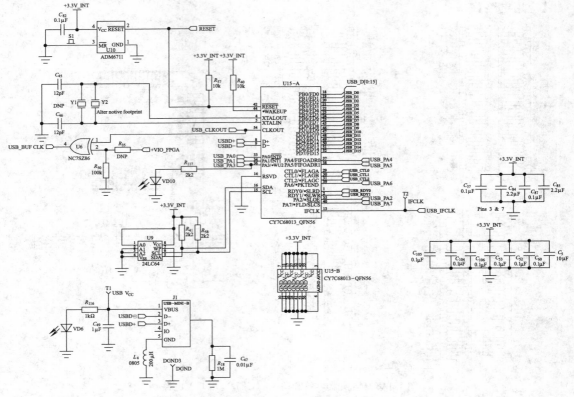

图 7-150　转换器等效和研发（CED）USB 电路

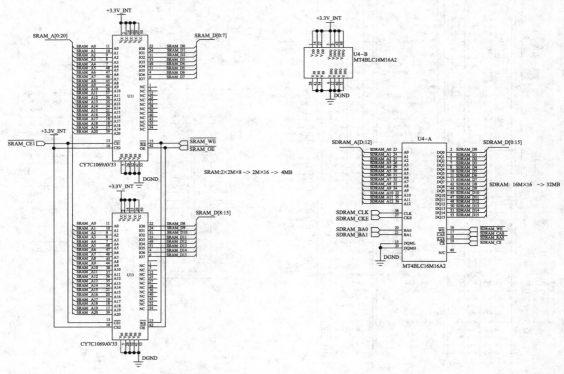

图 7-151　转换器等效和研发（CED）存储器（SRAM 和 SDRAM）电路

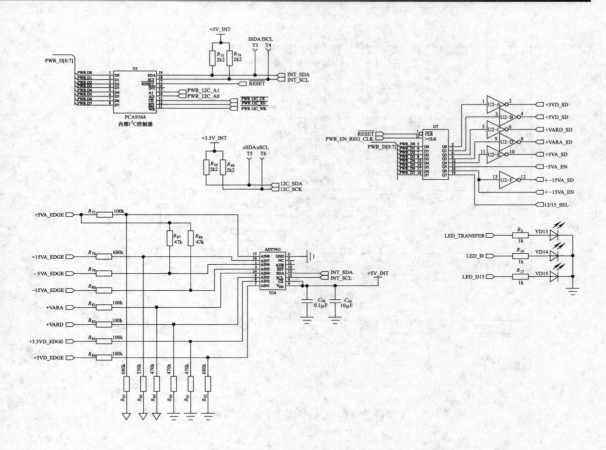

图 7-152　转换器等效和研发（CED）I²C/电压监视器/电源控制电路

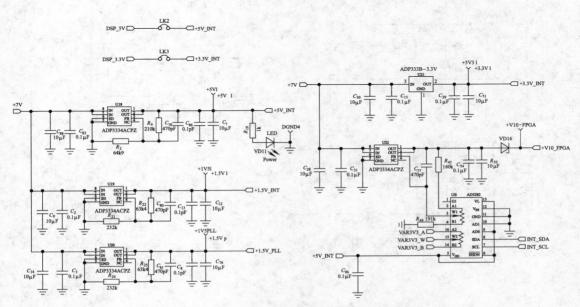

图 7-153　转换器等效和研发（CED）内部供电电路

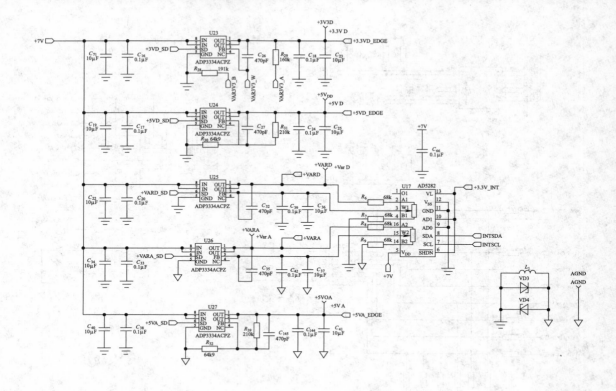

图 7-154　转换器等效和研发（CED）嵌入（Edge）供电电路

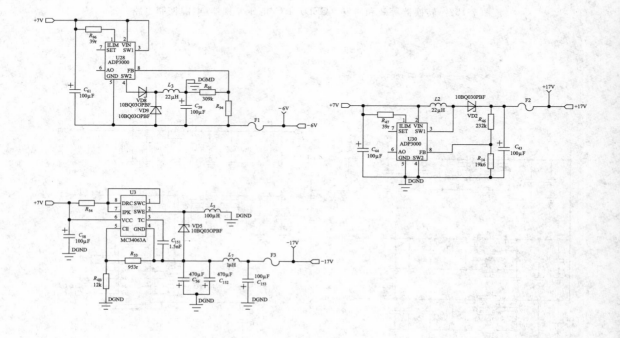

图 7-155　转换器等效和研发（CED）开关供电电路

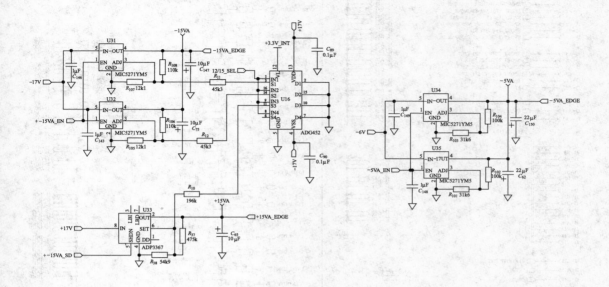

图 7-156 转换器等效和研发（CED）负电源供电电路

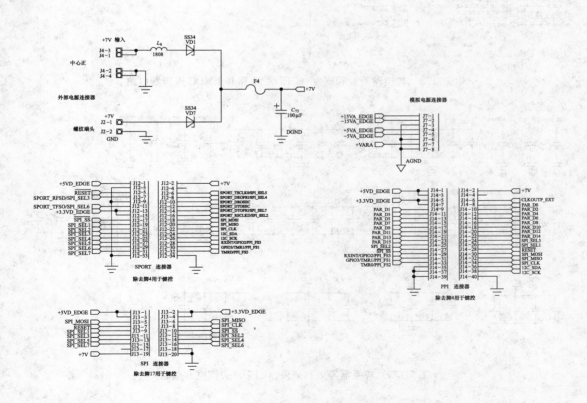

图 7-157 转换器等效和研发（CED）电源和标记连接器电路

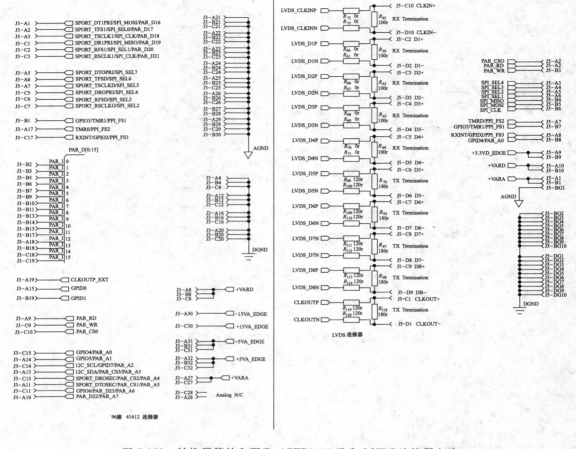

图 7-158　转换器等效和研发（CED）96 路和 LVDC 连接器电路

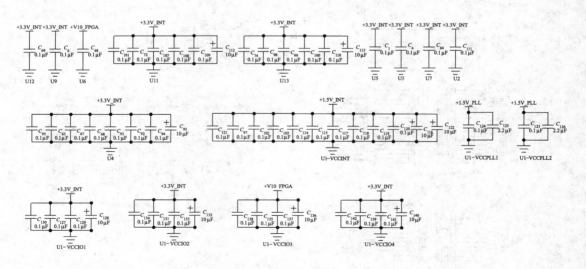

图 7-159　转换器等效和研发（CED）去耦电容电路

【生产公司】　ANALOG DEVICES

● **NCV1124 双可变磁阻传感器接口 IC**

【用途】

抗滑动刹车和牵引控制，驱动传送带滑动检测，运载工具稳定性控制，曲轴/偏心轮轴位置检测。

【特点】

两个独立通道　　　　　　　　　　　　　设计工作电源 5.0V±10%
内部迟滞　　　　　　　　　　　　　　　座位和控制用于汽车应用
内装诊断型式　　　　　　　　　　　　　无铅封装适用

NCV1124 是一个单片式集成电路，设计用于监视器旋转部件传感器的调节信号。NCV1124 是一个双通道器件，两个独立通道接口中每一个具有可变磁阻传感器，连续比较传感器输出信号与用户可编程内部基准。在 IN1 或 IN2 相近幅度交替输入信号，将导致一个直角波形对应 OUT 端，适用于接口至任一标准微处理器或标准逻辑系列。

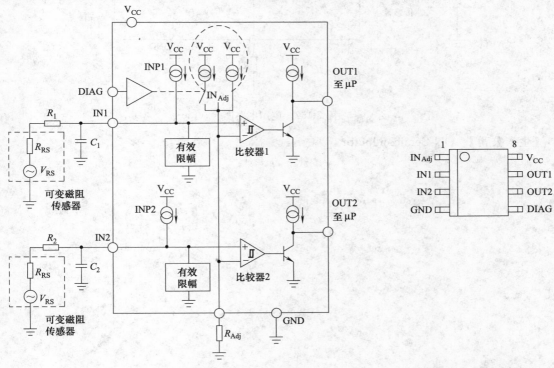

图 7-160　功能块图　　　　　　　　　　　　图 7-161　引脚图

【引脚说明】

脚号 SO-8	脚名	说　　明	脚号 SO-8	脚名	说　　明
1	IN_{Adj}	外部电阻至地设置两通道关闭电平,功能用于诊断和正常型式	5	DIAG	诊断,型式开关,正常型式是低
2	IN1	输入至通道 1	6	OUT2	通道 2 输出
3	IN2	输入至通道 2	7	OUT1	通道 1 输出
4	GND	地	8	V_{CC}	正 5V 电源电压输入

【最大绝对额定值】

存储温度　　　　　　　　　　　−65～150℃　　　　工作温度　　　　　　　　　　　−40～125℃

电源电压（连续）　　　　　　　　　　−0.3～7.0V　　　　ESD 敏感度（人体型）　　　　　　2.0kV

输入电压范围（在任一输入，$R_1=R_2=22\text{k}\Omega$）　　　　最大结温　　　　　　　　　　150℃

　　　　　　　　　　　　−250～250V　　　　引线焊接温度（波峰）　　　240℃（峰值）

【应用电路】

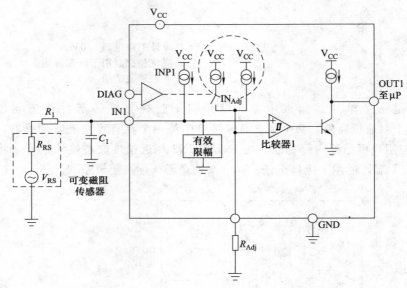

图 7-162　应用电路图

【生产公司】　ON Semiconductor

第 8 章　遥测遥控驱动控制电路

8.1　遥测遥控大电流开关驱动器

● **TPL9202 具有集成 5V 低压降和节电检测的 8 通道继电器驱动器**

【用途】

空气调节设备，量程，洗煤机，冷冻机，微波，洗涤冲洗机械，通用接口电路，允许微控制器接口至继电器、电子电机、LED 和蜂鸣器。

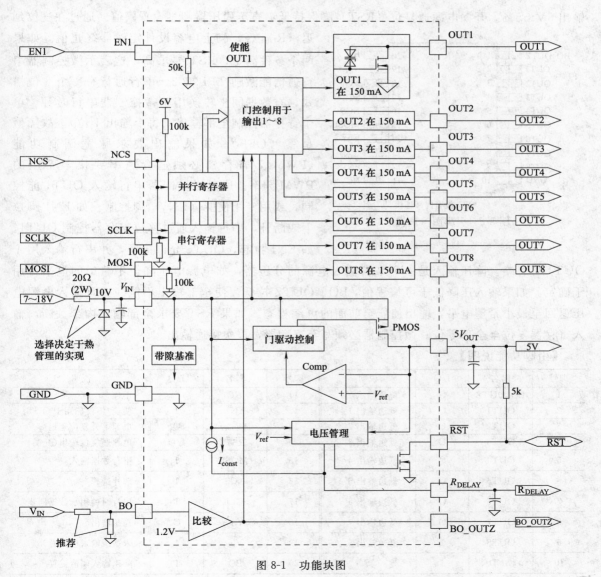

图 8-1　功能块图

【特点】

有内部钳位的 8 个低端驱动器，用于电感负载和电流限制用于自身保护

7 个输出 150mA 额定和控制通过串行接口

1 个输出 150mA 额定和控制通过串行接口和专用使能脚

5V±5% 稳压电源在 18V 最大，V_{IN} 有 200mA 负载功能

内部电压监控，用于稳压输出

串行通信，用于控制 8 个低边驱动器

使能/使不能输入，用于 OUT1

5V 或 3.3V I/O 允许用于接口至微控制器

$\overline{RST}$ 要求高以前可编程电源通复位延迟，5V 是在规定的 6ms 之内

$\overline{RST}$ 要求低，40μs 前可编程消除干扰定时器

可编程节电特点

热关闭，用于自身保护

电源供稳压 5V 输出至微控制器电源系统，驱动 8 个低边开关。如果在电源电压有瞬时压降，降压检测输出（BO_OUTZ）系统报警，因此系统能防止电势危险情况。串联通信接口控制 8 个低边输出；每个输出有一个内部缓冲电路，在关断时吸收电感负载。通常系统能用一个回扫二极管至 V_{IN}，在关断时帮助重复在电感负载中能量。5V 稳压电源由 V_{IN} 供给，稳压输出 5V±5%。开漏电源通复位（$\overline{RST}$）脚保持低，直至稳压器超过设置阈值。通过在复位延迟（R_{DELAY}）脚上电容设计定时器终止值。如果两个条件满足，$\overline{RST}$ 要求高，这表示微控制器串行通信能激励 TPL9202。串行通行有一个 8 位格式，有数据同步转换用于微控制器串行时钟。单个寄存器控制全部输出（每个输出 1 位）。故障值是零（OFF）。如果输出要求脉宽调制功能（PWM），寄存器必须适合速率要快于希望的 PWM 频率。通过微控制器串行输入 OUT1 能控制，或用专用使能（EN1）脚控制。如 EN1 脚拉下或断开，串行输入通过移位寄存器控制 OUT1。如 EN1 拉起，OUT1 允许接通，并串行输入用于

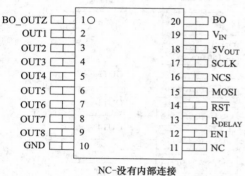

BO_OUTZ —— 1○   20 —— BO
OUT1 —— 2   19 —— V_{IN}
OUT2 —— 3   18 —— 5V_{OUT}
OUT3 —— 4   17 —— SCLK
OUT4 —— 5   16 —— NCS
OUT5 —— 6   15 —— MOSI
OUT6 —— 7   14 —— $\overline{RST}$
OUT7 —— 8   13 —— R_{DELAY}
OUT8 —— 9   12 —— EN1
GND —— 10   11 —— NC

NC-没有内部连接

图 8-2　引脚图（顶视）

OUT1 可忽略。降压输入是一个来自输入电源的分压器，如电源电压降至不希望的电平可用于确定。如果输入压降低于可编程值，BO_OUTZ 拉低，使全部输出不能。一旦输入电源电压返回至最小希望电平，输出使能至前面的可编程态。如果 $\overline{RST}$ 要求全部输出内部关断，输入寄存器复位至全部零位。微控制器必须写至寄存器，再次接通输出。

【引脚功能说明】

脚号	脚名	I/O	说明	脚号	脚名	I/O	说明
1	BO_OUTZ	O	降压指示	11	NC		不连
2	OUT1	O	低边输出 1	12	EN1	I	使能/不使能用于 OUT1
3	OUT2	O	低边输出 2	13	R_{DELAY}	O	电源上升复位延迟
4	OUT3	O	低边输出 3	14①	$\overline{RST}$	I/O	电源通复位输出（开漏）
5	OUT4	O	低边输出 4	15	MOSI	I	串行数据输入
6	OUT5	O	低边输出 5	16	NCS	I	芯片选择
7	OUT6	O	低边输出 6	17	SCLK	I	串行时钟用于数据同步
8	OUT7	O	低边输出 7	18	5V_{OUT}	O	稳压输出
9	OUT8	O	低边输出 8	19	V_{IN}		未稳压输入电压源
10	GND	I	地	20	BO	I	降压输入阈值设置

① 脚 14 能用于一个输入或一个输出。

【最大绝对额定值】

参数		最小	最大	单位
$V_{I(unreg)}$ 不稳定输入电压	V_{IN}		24	V
	BO		24	
$V_{I(logic)}$ 逻辑输入电压	EN1、MOSI、SCLK 和 NCS		7	V
	$\overline{RST}$ 和 R_{DELAY}		7	
V_O 低边输出电压	OUT1～OUT8		16.5	V
I_{LIMIT} 输出电流限	OUTN＝ON 和短接至 V_{IN} 有低阻抗		350	mA
θ_{JA} 热阻结至环境			33	℃/W
θ_{JC} 热阻,结至封装顶			20	℃/W
θ_{JP} 热阻,结至热垫片			1.4	℃/W
P_D 连续功耗			3.7	W
ESD 静态放电			2	kV
T_A 工作温度		－40	125	℃
T_{stg} 存储温度		－65	125	℃
T_{lead} 引线焊接 10s 温度			260	℃

【推荐工作条件】

参数		最小	最大	单位
$V_{I(unreg)}$ 不稳定输入电压	V_{IN}	7	18	V
	BO	0	18	
$V_{I(logic)}$ 逻辑输入电压	EN1、$\overline{RST}$、R_{DELAY}、MOSI、SCLK 和 NCS	0	5.25	V
T_A 工作温度		－40	125	℃

【应用电路】

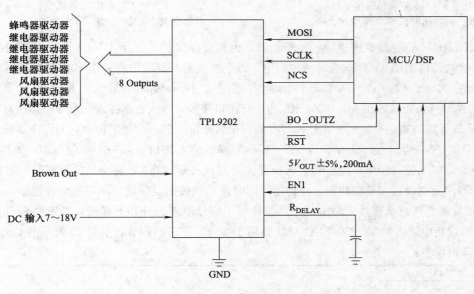

图 8-3　典型应用

【生产公司】　TEXAS INSTRUMENTS

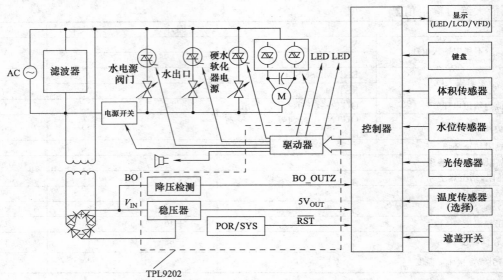

图 8-4 洗涤冲洗机械应用

● **MAX4820/MAX4821 3.3/5V，8 通道有串/并接口的可级联继电器驱动器**

【用途】

中央办公室，自动测试设备，DSL，ADSL，线卡，工业设备，遥测遥控开关。

【特点】

8 个独立输出通道

内装电感反冲保护

驱动 3V 和 5V 继电器

保证 70mA（最小）线圈驱动电流

$\overline{SET}$ 功能同时接通全部输出

$\overline{RESET}$ 功能同时关断全部输出

SPI/QSPI/MICROWIRE 与串行接口兼容
（MAX4820）

串行数字输出用于菊链（MAX4820）

并行接口（MAX4821）

低 50μA（最大）静态电源电流

节省空间，20 脚小型 QFN 封装

MAX4820/MAX4821 8 通道继电器驱动器，内装反冲保护，驱动 3V/5V 不平衡或双线圈锁存继电器。这些器件驱动 3V 继电器时特别适用。每个独立的开漏输出有一个 20Ω 的导通电阻和保证负载电流沿 70mA（最小）。两个器件消耗静态电流小于 50μA（最大）和 1μA 输出漏电流。MAX4820 有一个 SPI/QSPI/MICROWIRE 与串行接口兼容。输入数据移入一个 8 位移位寄存器，当 $\overline{CS}$ 瞬变从低至高时锁定至输出。在移位寄存器每个数据位对应一个规定输出，允许全部输出独立控制。MAX4821 有一个 4 位（A0，A1，A2，LVL）并行输入接口。第一个 3 位（A0，A1，A2）决定输出地址，第 4 位（LVL）决定哪个选择开关导通或关断，当 $\overline{CS}$ 瞬变从低至高时，数据锁至输出。两个器件分别设置和复位功能，允许用户同时接通或关断全部输出，用一个控制线。内装迟滞（史密特触发器）接通全部数字输出，允许器件用于信号慢速上升和下降沿，如哪些来自光耦合器或 RC 电源设定电路。MAX4820/MAX4821 适用于 20 脚 TSSOP 和节省空间 20 脚小型 QFN 封装。

【引脚说明】

脚号				脚名	说　明
MAX4820		MAX4821			
THIN QFN	TSSOP	THIN QFN	TSSOP		
1	3	1	3	$\overline{RESET}$	复位输入，驱动 $\overline{RESET}$ 低至清除全部锁存和寄存器。$\overline{RESET}$ 过驱动全部其他输入。如 $\overline{RESET}$ 和 $\overline{SET}$ 同时拉下，那么 $\overline{RESET}$ 优先发生

续表

MAX4820 THIN QFN	MAX4820 TSSOP	MAX4821 THIN QFN	MAX4821 TSSOP	脚名	说　明
2	4	2	4	$\overline{CS}$	芯片选择输入。MAX4820 驱动 $\overline{CS}$ 低选择该器件。当 $\overline{CS}$ 是低,在 DIN 数据在 SCLK 的上升沿锁至 8 位移位寄存器,驱动 $\overline{CS}$ 从低至高锁存器数据至寄存器。MAX4821 驱动 $\overline{CS}$ 低选择该器件,设置电平在 LVL 上,驱动 $\overline{CS}$ 从低至高锁存地址和电平数据至输出
3	5	—	—	DIN	串行数据输入
4	6	—	—	SCLK	串行时钟输入
5	7	—	—	DOUT	串行数据输出,DOUT 是 8 位移位寄存器输出,输出用于菊链多个 MAX4820,在 DOUT 数据表示与 SCLK 的下降沿同步
6	8	—	—	NC	不连
7	9	7	9	GND	地
8	10	8	10	OUT8	开漏输出 8 连 OUT8 至继电器线圈低边,当激发时输出拉至 PGND,否则高阻抗
9	11	9	11	OUT7	开漏输出 7,连 OUT7 至继电器线圈低边,当激发时输出拉至 PGND,否则高阻抗
10,16	12,18	10,16	12,18	PGND	电源地,PGND 返回用于输出沉,连 PGND 和 GND 一起
11	13	11	13	OUT6	开漏输出 6,连 OUT6 至继电器线圈低边,当激发时输出拉至 PGND。否则高阻抗
12	14	12	14	OUT5	开漏输出 5,连 OUT5 至继电器线圈低边,当激发时输出拉至 PGND,否则高阻抗
13	15	13	15	COM	防回转二极管,连 COM 至 V_{CC},COM 同样能分别连电源高于 V_{CC},在这种情况用 $0.1\mu F$ 电容旁通 V_{CC} 至 GND
14	16	14	16	OUT4	开漏输出 4,连 OUT4 至继电器线圈低边,当激发时输出拉至 PGND,否则高阻抗
15	17	15	17	OUT3	开漏输出 3,连 OUT3 至继电器线圈低边,当激发时输出拉至 PGND,否则高阻抗
17	19	17	19	OUT2	开漏输出 2,连 OUT2 至继电器线圈低边,当激发时,输出拉至 PGND,否则高阻抗
18	20	18	20	OUT1	开漏输出 1,连 OUT1 至继电器线圈低边,当激发时输出拉至 PGND,否则高阻抗
19	1	19	1	V_{CC}	输入电源电压,用 $0.1\mu F$ 电容旁通 V_{CC} 至 GND
20	2	20	2	$\overline{SET}$	设置输入,驱动 SET 低设全部锁存和寄存器高。设置过载全部并行和串行控制输入,在全部条件下,RESET 过载 SET
—	—	3	5	LVL	电平输入,LVL 决定选择地址开通或断,在 LVL 上逻辑高,开关通地址输出,在 LVL 上逻辑低开关断地址输出
—	—	4	6	A0	数字地址"0"输入
—	—	5	7	A1	数字地址"1"输入
—	—	6	8	A2	数字地址"2"输入
—	—	—	—	EP	暴露垫片连至地

【最大绝对额定值（全部电压相对 GND）】

V_{CC}, COM　　　　　　　　　　$-0.3 \sim 6.0V$　　　　　连续 OUT_ 电流（全部输出接通）　　150mA

OUT　　　　　　　　　　$-0.3V \sim V_{COM} + 0.3V$　　　　连续 OUT_ 电流（单个输出接通）　　300mA

$\overline{CS}$, SCLK, DIN, $\overline{SET}$, $\overline{RESET}$, A0, A1,　　　　　　连续功耗（$T_A = 70℃$）

A2, LVL　　　　　　　　　　$-0.3 \sim 6.0V$　　　　20 脚小型 QFN（70℃以上衰减 21.7mW/℃）

DOUT　　　　　　　　　　$-0.3V \sim V_{CC} + 0.3V$

　　　　　　　　　　　　　　　　　　　　　　　　　　　　　　　　1350mW

θ_{JA}		59.3℃/W	工作温度	−40～85℃
20 脚 TSSOP（70℃以上衰减 21.7mW/℃）			结温	150℃
		1739mW	存储温度	−65～150℃
θ_{JA}		46℃/W	焊接温度（10s）	300℃

【应用电路】

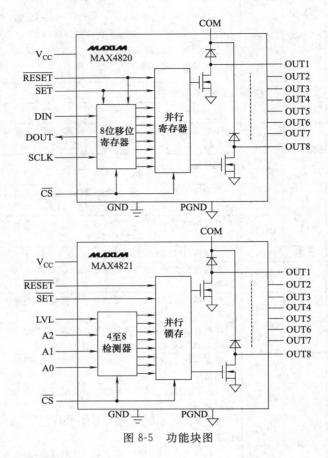

图 8-5　功能块图

【生产公司】　MAXIM

● **MAX4896 节省空间的 8 通道继电器/负载驱动器**

【用途】

工业设备，电源地监视和保护设备，汽车继电器控制，自动测试设备，遥测遥控开关。

【特点】

支持可达 50V 连续漏至源电压　　　　　　　　内装电源通复位
　保证驱动电流　　　　　　　　　　　　　　汽车温度范围（−40～125℃）
　V_S＝4.5V　　　　　　　　　　　　　　SPI/QSPI/MICROWIRE 兼容串行接口
　200mA（全部通道通）　　　　　　　　　　串行数字输出用于菊链和诊断
　410mA（独立通道）　　　　　　　　　　　FLAG 输出用于 μP 中断
　V_S＝3.6V　　　　　　　　　　　　　　开路负载和短路检测和保护
　100mA　　　　　　　　　　　　　　　　热关断
内装输出钳位保护阻止电感反冲　　　　　　　低 100μA（最大）静态电源电流
2.7～5.5V 逻辑电源电压　　　　　　　　　　节省空间，5mm×5mm，20 脚 TQFN 封装
$\overline{RESET}$ 输入关断全部输出（同时）

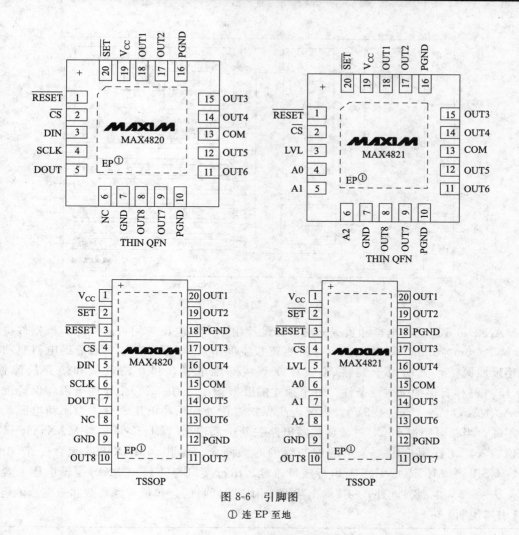

图 8-6 引脚图

① 连 EP 至地

图 8-7 典型应用电路

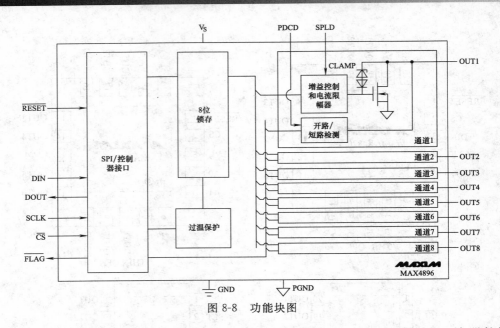

图 8-8 功能块图

MAX4896 8 通道继电器和负载驱动器，设计用于中等电压应用可达 50V。该器件提供一个 20 脚、5mm×5mmTQFN 封装，导致真正板空间节省。MAX4896 8 通道继电器驱动器装有电感反冲保护，驱动用于锁存/非锁存或双线圈继电器，和开路负载和短路故障检测。MAX4896 同样有保护抗过流条件。每个独立的开漏输出，有一个 3Ω 导通电阻和保证沉电流 200mA 的负载电流（$V_S \geqslant 4.5V$）。内装过压保护钳位处理反冲电压瞬变，当驱动电感负载时是常用的。当结温超过 160℃ 时，热关断电路关断全部输出（OUT_）。当 MAX4896 采用一个复位输入，允许用户用一个单的控制线同时关断全部输出。MAX4896 包含一个 10MHz SPI™/QSPI™/MICROWIRE 与串行接口兼容。串行接口与 TTL/CMOS 逻辑电压兼容，工作用 2.7～5.5V 电源。此外，SPI 输出数据能用于诊断目的，包括开路负载和短路故障检测。

【引脚说明】

		说　明
1	$\overline{\text{RESET}}$	复位输入，驱动 $\overline{\text{RESET}}$ 低清除全部锁存和寄存器，全部 OUT 拉下电流，当 $\overline{\text{RESET}}$ 低使不能
2	$\overline{\text{CS}}$	芯片选择输入，驱动 $\overline{\text{CS}}$ 低选择器件。当 $\overline{\text{CS}}$ 低在 DIN 数据锁至 8 位移位寄存器，$\overline{\text{CS}}$ 由低至高，数据进入寄存器
3	DIN	串行数据输入
4	SCLK	串行时钟输入
5	DOUT	串行数据输出。DOUT 是 8 位移位寄存器的输出
6	PDCD	拉下电流使不能。驱动 PDCD 高使不能输出的拉下电流源，驱动低使能 OUT_拉下电流源
7	SPLD	短路保护锁存－断开不能输入。驱动 SPLD 高使不能装短路保护锁存断开。当 SPLD 是低时，过载通道立即关断
8	OUT8	开漏输出 8，连 OUT8 至继电器线圈低边
9	OUT7	开漏输出 7，连 OUT7 至继电器线圈低边
10,16	PGND	电源地 PGND 是接地回路用于输出沿。连 PGND 脚和 GND 一起
11	OUT6	开漏输出 6，连 OUT6 至继电器线圈低边
12	OUT5	开漏输出 5，连 OUT5 至继电器线圈低边
13	GND	地
14	OUT4	开漏输出 4，连 OUT4 至继电器线圈低边
15	OUT3	开漏输出 3，连 OUT3 至继电器线圈低边
17	OUT2	开漏输出 2，连 OUT2 至继电器线圈低边
18	OUT1	开漏输出 1，连 OUT1 至继电器线圈低边
19	V_S	输入电源电压。用 0.1μF 旁通至地
20	$\overline{\text{FLAG}}$	开漏故障输出，当在 OUT1～OUT8 故障发生时，$\overline{\text{FLAG}}$ 为低
—	EP	暴露垫片，内连至地

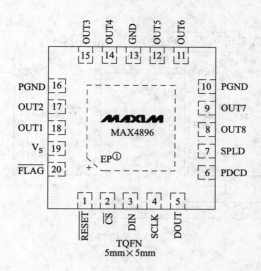

图 8-9 引脚图

① 暴露垫片连至地

【最大绝对额定值（全部电压相对地）】

V_S	$-0.3\sim7.0V$	连续功耗（$T_A=70℃$）	
OUT	$-0.3\sim50V$	20 脚 TQFN（70℃以上衰减 21.3mW/℃）	
连续 OUT_电压	50V		1702mW
$\overline{CS}$, SCLK, DIN, $\overline{RESET}$, SPLD, PDCD,		θ_{JA}	47℃/W
DOUT	$-0.3V\sim V_S+0.3V$	最小输出钳位能量（E_{OUT}）	30mJ
PGND 至 GND	$-0.3\sim0.3V$	工作温度	$-40\sim125℃$
连续 OUT_电流，$T_A=25℃$		结温	150℃
全部输出通	210mA	存储温度	$-65\sim150℃$
单输出通	420mA	引线焊接温度（10s）	300℃

【应用电路】

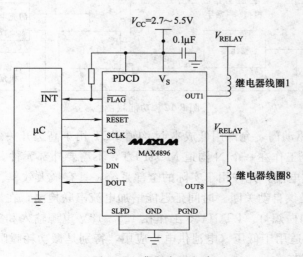

图 8-10 典型应用电路

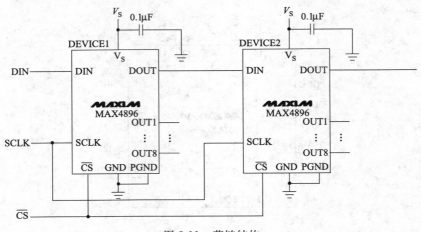

图 8-11　菊链结构

【生产公司】　MAXIM

● **LTC1155 双高边微功耗 MOSFET 驱动器**

【用途】

膝上电源总线开关，SCSI 端电源开关，蜂窝无线电电源控制，P 沟道开关替换，继电器和螺线管驱动，低频半 H 桥，电机速度和转矩控制。

【特点】

完全增强型 N 沟道功率 MOSFET	控制开关导通和断开定时器
$8\mu A$ 待机电流	没有电荷泵外部元件
$85\mu A$ 工作电流	替换 P 沟道高边 MOSFET
短路保护	与标准逻辑系列兼容
宽电源范围：$4.5\sim18V$	适用 8 脚 SO 封装

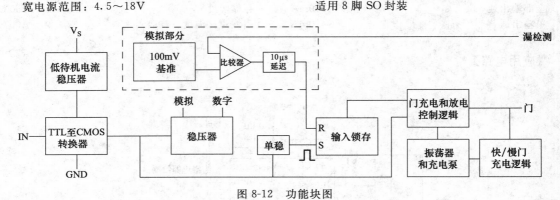

图 8-12　功能块图

LTC1155 双高边驱动门，允许用低成本 N 沟道 FET 用于高边开关。一个内部电荷泵升压门高于正电压规，完全工作在一个 N 沟道 MOSFET，不需要外部元件。微功耗工作，用 $8\mu A$ 待机电流和 $85\mu A$ 工作电流，允许用于实际的全部系统，具有最大效率。包括在芯片上过流检测，在电路短路情况提供自动关断。时间延迟能增加电流串联检测，在恶劣环境防止假触发导通高端，如负载电容和白炽灯。LTC1155 工作在 $4.5\sim18V$ 电源输入和完全安全驱动实际上全部 FET 门。LTC1155 适用于低压（电池供电）应用，特别是微功耗睡眠工作。LTC1155 适用于 8 脚 PDIP 和 SO 封装。

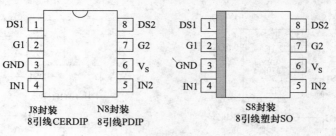

图 8-13　引脚图

J8封装　　　　　N8封装
8引线CERDIP　8引线PDIP

S8封装
8引线塑封SO

【引脚功能】

输入脚　LTC1155 逻辑输入是高阻 CMOS 门，不用时接地。这些输入脚有 ESD 保护二极管接地和电源，因此不能超出电源范围。

门驱动脚　门驱动脚，当开关关断时驱动至地，当开关接通时驱动至电源规定以上。当驱动至电源轨上时，该脚有相对高阻抗。应小心通过寄生电阻至地或电源取最小该脚负载。

电源脚　LTC1155 电源脚用于两个方面：第一是电源输入，门驱动，稳压和保护电路；第二是提供两个漏检测电阻的升压连接用于内部 100mV 基准。电源脚应直接连至电源，尽可能接近两个检测电阻顶部。LTC1155 电源脚不应连至低于地，可导致器件永久损坏。300Ω 电阻应插入串联接地脚，要考虑预值负电源电压。

漏检测脚　比较漏检测脚和电源脚电压，如果在该脚电源电压大于 100mV 低于电源脚，输入锁存将复位和 MOSFET 门将迅速放电。周期输入至复位短路锁存和接通 MOSFET。该脚同样有高阻抗 CMOS 门，有 ESD 保护。因此，不应当超过电源轨。过电流保护失效，漏检测至电源。一些负载，如大电源电容、灯泡或电机要求高的启动冲量电流，RC 时间延迟必须加在检测电阻和漏检测之间，保证漏检测电路在电源启动时没有假触发。时间常数设置从几微秒至几秒。非常长的延迟时间，通过短路条件可以置 MOSFET 处在破坏的危险情况。

【最大绝对额定值】

电源电压	22V	电流（任一脚）	50mA
输入电压	$V_S+0.3V\sim GND-0.3V$	存储温度	$-65\sim150℃$
门电压	$V_S+24V\sim GND-0.3V$		

【工作条件】

LTC1155C	$0\sim70℃$	LTC1155M	$-55\sim125℃$
LTC1155I	$-40\sim85℃$	引线焊接温度（10s）	300℃

【应用电路】

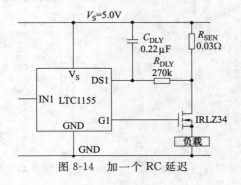

图 8-14　加一个 RC 延迟

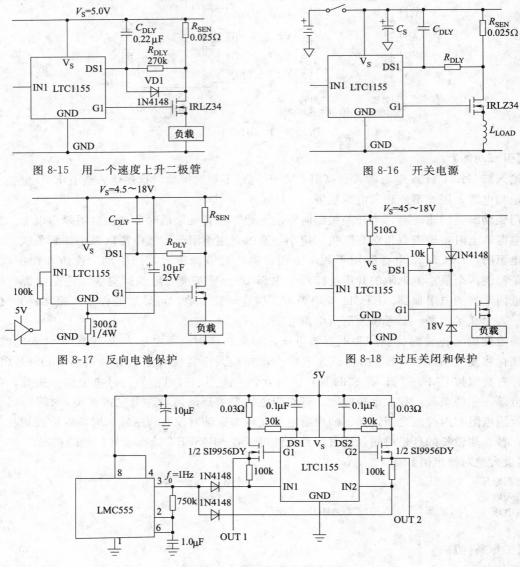

图 8-15 用一个速度上升二极管

图 8-16 开关电源

图 8-17 反向电池保护

图 8-18 过压关闭和保护

图 8-19 自动复位电保险丝

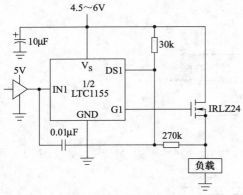

图 8-20 有 V_{DS} 检测短路关闭的高边驱动器

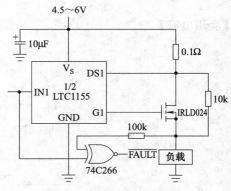

图 8-21 X 逻辑或非故障保护

真值表

IN	OUT	条件	$\overline{\text{FLT}}$	IN	OUT	条件	$\overline{\text{FLT}}$
0	0	开关断开	1	0	1	开路	0
1	0	短路	0	1	1	开关通	1

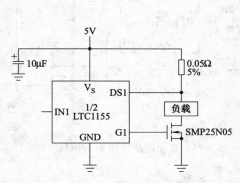

图 8-22　有漏端电流检测的低边驱动器

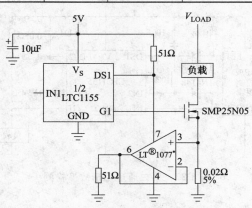

图 8-23　有源端电流检测的低边驱动器

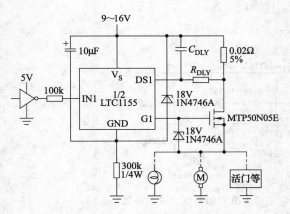

图 8-24　有反向电池和高压瞬变保护的汽车
高边驱动器

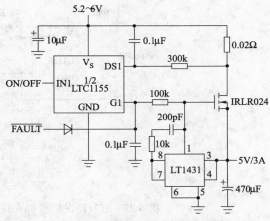

图 8-25　5V/3A 低压降稳压器有 10μA 待机电流和
短路保护

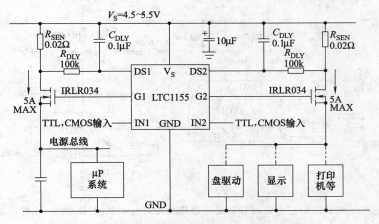

图 8-26　膝上电脑电源总线开关有短路保护

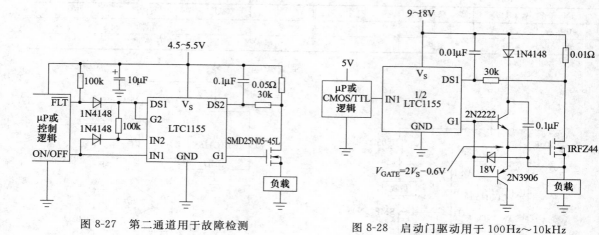

图 8-27 第二通道用于故障检测

图 8-28 启动门驱动用于 $100\text{Hz}\sim10\text{kHz}$

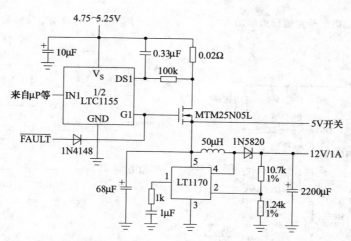

图 8-29 有短路保护和 $8\mu\text{A}$ 待机电流的逻辑控制升压式开关电源

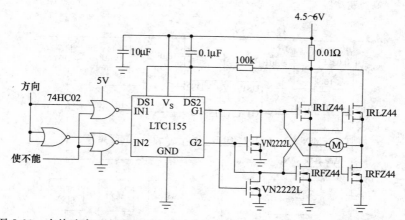

图 8-30 有快速穿过电流断开和失速电流关断（$f_0<100\text{Hz}$）的全 H 桥驱动器

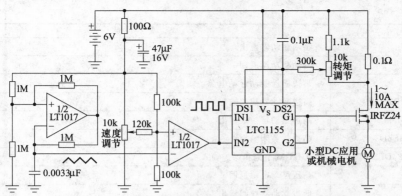

图8-31 直流电机速度和转矩控制用于无绳器件和设备

【生产公司】 LINEAR TECHNOLOGY

IR2137 相桥驱动器

【用途】

用于交流电机应用。

【特点】

浮动通道可达600V

软过流关闭关断6个输出

集成高边减小饱和电路

控制软接通减小EMI

集成制动IGBT驱动器

3个独立的低边COM脚

独立的拉起/拉下输出驱动脚

匹配延迟输出

有迟滞带的欠压锁定

【产品主要参数】

V_{OFFSET}	600V，最大	匹配延迟		75ns
I_{o+}/I_{o-}	200mA/460mA	空载时间		300ns
V_{OUT}	12.5～20V	减小饱和消隐		2.0μs
制动 I_{o+}/I_{o-}	400mA/80mA	减小饱和输入电压阈值		$V_{tt}=5.0V$

IR2137是一个高压高速3相IGBT驱动器，最适合交流电机应用。集成减小饱和逻辑提供接地故障保护，和其他型式的过流保护一样，在任何过流/接地故障条件下触发软关闭，6个输出同时关断。输出驱动器有独立的接通/关断脚，减轻了独立栅极驱动阻抗，用EMI软接通。在两个相位之间和两个高/低边之间最佳匹配延迟能得到小的空载时间，提高低速性能。制动驱动器消除了附加电路。

【引脚说明】

脚符号	说　　　明
V_{CC}	低边和逻辑电源电压
V_{SS}	逻辑地
$\overline{HIN1}$,$\overline{HIN2}$,$\overline{HIN3}$	逻辑输入,用于高边栅极驱动输出(HOP1,2,3/HON1,2,3,异相)
$\overline{LIN1}$,LIN2,LIN3	逻辑输入,用于低边栅极驱动输出(HOP1,2,3/LON1,2,3,异相)
$\overline{SD}$	逻辑输入,用于关闭
$\overline{ITRIP}$	逻辑输入,用于过流关闭
$\overline{FLTCLR}$	逻辑输入,用于故障清除
$\overline{BRIN}$	逻辑输入,用于制动驱动器,有BR异相
$\overline{FAULT}$	故障输出指示过流和减小饱和关闭(开漏)

脚符号	说明
BR	制动驱动器输出
COM	制动驱动器返回
V_{B1},V_{B2},V_{B3}	高边栅极驱动浮动电源
HOP1,HOP2,HOP3	高边驱动器拉起输出
HON1,HON2,HON3	高边驱动器拉下输出
HSSD1,HSSD2,HSSD3	高边软关闭输出
DESAT1,DESAT2,DESAT3	IGBT 减小饱和保护输入
V_{S1},V_{S2},V_{S3}	高压浮动电源返回
LOP1,LOP2,LOP3	低边驱动器拉起输出
LON1,LON2,LON3	低边驱动器拉下输出
LSSD1,LSSD2,LSSD3	低边软关闭输出
LS1,LS2,LS3	低边驱动器返回

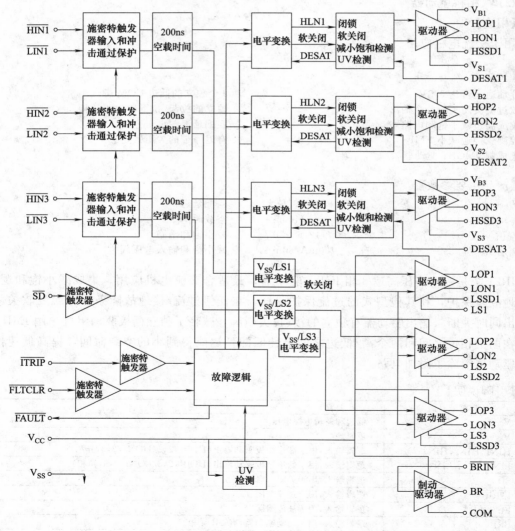

图 8-32　功能块图

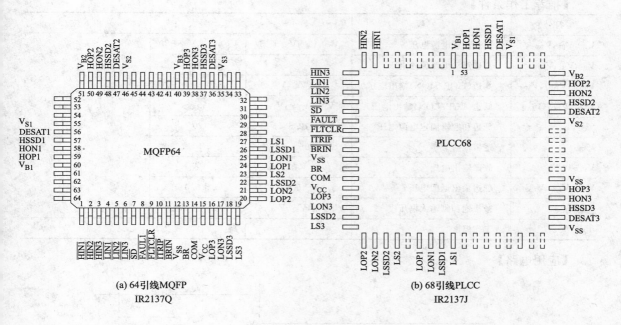

(a) 64引线MQFP　　　　　　　　　　　(b) 68引线PLCC
IR2137Q　　　　　　　　　　　　IR2137J

图 8-33　引脚图

【最大绝对额定值】

符号	参数	最小	最大	单位
V_{S1},V_{S2},V_{S3}	高边偏置电压	$V_{B1},V_{B2},V_{B3}-25$	$V_{B1},V_{B2},V_{B3}+0.3$	
V_{B1},V_{B2},V_{B3}	高边浮动电源电压	-0.3	625	
V_{HO}	高边浮动输出电压	$V_{S1},V_{S2},V_{S3}-0.3$	$V_{B1},V_{B2},V_{B3}+0.3$	
V_{CC}	低边和逻辑固定电源电压	-0.3	25	
V_{SS}	逻辑地	$V_{CC}-25$	$V_{CC}+0.3$	
V_{LO1},V_{LO2},V_{LO3}	低边输出电压	$V_{LS1},V_{LS2},V_{LS3}-0.3$	$V_{CC}+0.3$	V
V_{IN}	逻辑输入电压	$V_{SS}-0.3$	$V_{CC}+0.3$	
V_{FLT}	故障输出电压	$V_{SS}-0.3$	$V_{CC}+0.3$	
V_{DESAT}	减小饱和输入电压	$V_{S1},V_{S2},V_{S3}-0.3$	$V_{B1},V_{B2},V_{B3}+0.3$	
V_{BR}	制动输出电压	-0.3	$V_{CC}+0.3$	
V_{LS1},V_{LS2},V_{LS3}	低边输出返回电压	$V_{CC}-25$	$V_{CC}+0.3$	
dV/dt	允许偏置电源电压转换速率	—	50	V/ns
P_D	功耗,$T_A=25℃$ MQFP64	—	2.0	W
	PLCC68	—	3.0	
Rth_{JA}	热阻,结至环境 MQFP64	—	60	℃/W
	PLCC68	—	40	
T_J	结温	—	150	
T_s	存储温度	-55	150	℃
T_L	引线焊接温度(10s)	—	300	

【推荐工作条件】

符 号	参 数	最 小	最 大	单 位
V_{B1}, V_{B2}, V_{B3}	高边浮动电源电压	V_{S1}, V_{S2}, V_{S3}＋13	V_{S1}, V_{S2}, V_{S3}＋20	
V_{S1}, V_{S2}, V_{S3}	高边浮动电源偏置电压	—	600	
V_{HO1}, V_{HO2}, V_{HO3}	高边（HOP/HON）输出电压	V_{S1}, V_{S2}, V_{S3}	V_{S1}, V_{S2}, V_{S3}＋20	
V_{LO1}, V_{LO2}, V_{LO3}	低边（LOP/LON）输出电压	V_{LS1}, V_{LS2}, V_{LS3}	V_{CC}	
V_{CC}	低边和逻辑固定电源电压	12.5	20	V
V_{SS}	逻辑地	－5	＋5	
V_{FLT}	故障输出电压	V_{SS}	V_{CC}	
V_{LS1}, V_{LS2}, V_{LS3}	低边输出返回电压	－5.0	＋5.0	
V_{DESAT}	减小饱和脚输入电压	V_{S1}, V_{S2}, V_{S3}	V_{B1}, V_{B2}, V_{B3}	
T_A	工作温度	－40	125	℃

【应用电路】

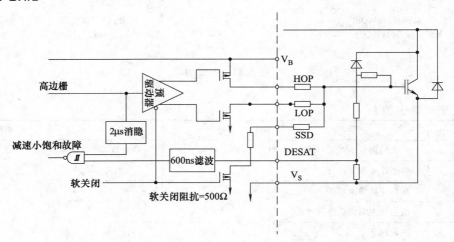

图 8-34　输出驱动电路

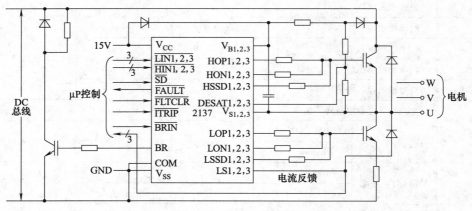

图 8-35　典型连接电路

【生产公司】　International IOR Rectifier

8.2 遥测遥控电机驱动器

● **AMIS-30623 微型步进电机驱动器**

【用途】

用于电机控制电路。

【特点】

电机驱动器	动态分配识别
微型步进技术	诊断和状态信息
传感器缺少步损失检测	保护
峰值电流可达 800mA	过流保护
固定频率 PWM 电流控制	欠压控制
快和慢衰变型式自动选择	开路检测
不要求外部反冲二极管	高温报警和控制
与 14V 汽车系统和工业系统可达 24V 兼容	低温标志
运动合格型式	LIN 总线短路保护至电源和地
用 RAM 和 OTP 存储器控制	空转 LIN 安全工作
位置控制	节省功耗
可配置速度和加速度	关断电源电流 $<100\mu A$
输入至连接选择运动开关	5V 稳压器用于唤醒导通 LIN 活性
LIN 接口（LIN 是局部内连网络）	EMI 兼容性
物理层与 LINrev. 2.0 数据兼容，链路层与 LIN-rev. 1.3 兼容	LIN 总线集成斜率控制
	HV 输出有斜率控制
固定可编程节点地址	

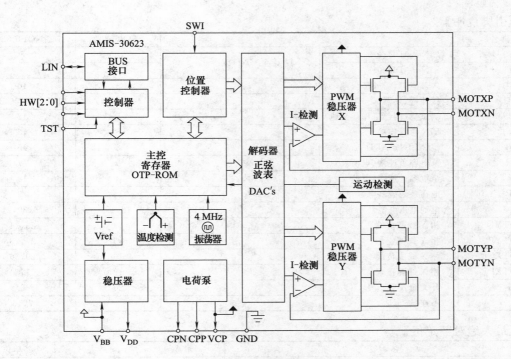

图 8-36 功能块图

AMIS-30623 是一个单片微型步进电机驱动器，有位置控制器和控制/诊断接口。它准备好设置专用机电方案，通过一个 LIN 主控器连接遥控。芯片通过总线接收位置指令，接着驱动电机线圈到指定位置。芯片上位置控制器配置（OTP 或 RAM）用于不同的电机型号。位置范围和参数用于速度、加速度和减速度。AMIS-30623 作用像在 LIN 总线上受控器和主控器能取出规定状态信息，像实际位置、误差标记等，来自每个独立的受控节点。当运行进入失速时，一个集成传感器减少步丢失检测，防止位置从不稳定步到停止电机，使不稳定在相对运行时仍可进行精确位置校验，当接近机电端停止时允许半闭环工作。在同样芯片上，芯片实现12T100 工艺，使能高压模拟电路和数字功能。AMIS-30623 完全符合汽车电压要求。

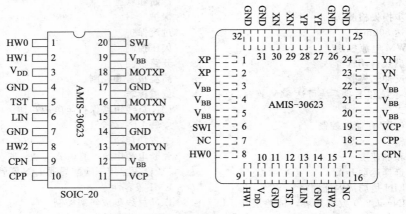

SOIC-20和NQFP-32脚

图 8-37　引脚图

【引脚说明】

脚名	说　　明		SOIC-20	NQFP-32
HW0	LIN－ADD 位 0	连至 GND 或 V$_{DD}$	1	8
HW1	LIN－ADD 位 1		2	9
V$_{DD}$	内部电源（需外部去耦电容）		3	10
GND	接地，散热器		4,7,14,17	11,14,25,26,31,32
TST	测试脚（内部工作连至地）		5	12
LIN	LIN 总线连接		6	13
HW2	位 2 LIN－ADD		8	15
CPN	泵电容负连接（电荷泵）		9	17
CPP	泵电容正连接（电荷泵）		10	18
VCP	电荷泵滤波器电容		11	19
V$_{BB}$	电池电压电源		12,19	3,4,5,20,21,22
MOTYN	相 Y 线圈负端		13	23,24
MOTYP	相 Y 线圈正端		15	27,28
MOTXN	相 X 线圈负端		16	29,30
MOTXP	相 X 线圈正端		18	1,2
SWI	开关输入		20	6
NC	不连（连至地）			7,16

【最大绝对额定值】

参　　数		最小	最大	单位
V_{BB}, V_{HW2}, V_{SWI}	电源电压硬件地址和 SWI 开关	−0.3	+40	V
V_{lin}	总线输入电压	−40	+40	V
T_J	结温范围	−50	+175	℃
T_{St}	存储温度	−55	+160	℃

续表

参　数		最小	最大	单位
V_{esd}	在 LIN 脚上 HBM 静电放电电压	−4	+4	kV
	在其他脚上 HBM 静电放电电压	−2	+2	kV
	在其他脚上 HBM 静电放电电压（人体）	−200	+200	V

【工作条件】

V_{BB} 电源电压　　　　　　　　　　　6.5～29V　　　T_J 工作温度　　　　　−40～165℃

【应用电路】

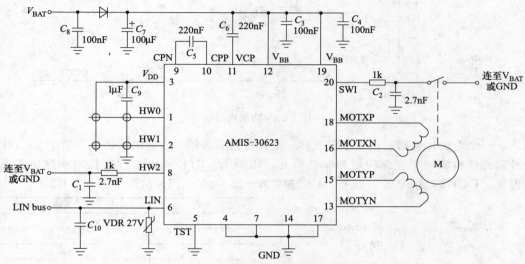

图 8-38　典型应用电路用于 SO 器件

上图中全部电阻是 ±5％，1/4W。

C_1、C_2 最小值是 2.7nF，最大值是 10nF，由应用确定，C_7 必须细心选择。

C_3、C_4 必须接近脚 V_{BB} 和 GND。

C_5、C_6 必须尽可能接近脚 CPN、CPP、VCP 和 V_{BB}，减小 EMC 辐射。

C_9 必须是一个瓷介电容保证低的。

C_{10} 放置是 EMC 原因。

【生产公司】　ON Semiconductor

● **UC1717，UC2717，UC3717 步进电机驱动电路**

【用途】

步进电机控制电路。

【特点】

半步和全步功能　　　　　　　　　　　　内装快速恢复肖特基整流二极管

宽电压范围 10～45V　　　　　　　　　　在步或连续变化中电流电平可选择

双极性恒流电机驱动　　　　　　　　　　电流控制宽范围 5～1000mA

用于不稳压电机驱动电源　　　　　　　　热过载保护

在双极性步进电机的一个绕组中，UC3717 控制驱动电流。电路包含一个 LS-TTL 兼容逻

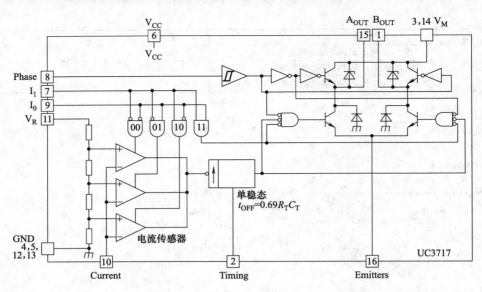

图 8-39　功能块图

辑输入、一个电流传感器、一个单稳态和一个具有内装保护二极管的输出级。两个 UC3717 和几个外部元件构成一个完全控制和驱动单元，用于 LS-TTL 或微处理器控制步进电机系统。工作温度，UC1717 为 $-55\sim125℃$，UC2717 为 $-25\sim85℃$，UC3717 为 $0\sim70℃$。

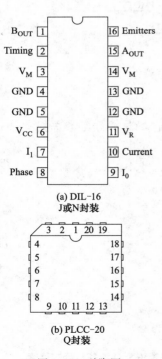

(a) DIL-16
J或N封装

(b) PLCC-20
Q封装

图 8-40　引脚图

脚号	功能
1	NC
2	B_{OUT}
3	Timing
4	V_M
5	GND
6	NC
7	GND
8	V_{CC}
9	I_1
10	Phase
11	NC
12	I_0
13	Current
14	V_R
15	GND
16	NC
17	GND
18	V_M
19	A_{OUT}
20	Emitters

【引脚说明】

B_{OUT}—B 放大器输出；T_{iming}—定时；V_M—输出电源电压；GND—地；V_{CC}—电源电压；I_1—逻辑输入；Phase—相位；I_0—逻辑输入；Current—电流；V_R—电阻分压；A_{OUT}—A 放大器输出；Emitters—发射极；NC—不连。

【最大绝对额定值】

逻辑电压 V_{CC}	7V	输入电流	
输出电压 V_M	45V	逻辑输入（脚7，8，9）	$-10mA$
输入电压		模拟输入（脚10，11）	$-10mA$
逻辑输入（脚7，8，9）	6V	输出电流（脚1，15）	$\pm 1A$
模拟输入（脚10）	V_{CC}	结温 T_J（最大）	150℃
基准输入（脚11）	15V	存储温度	$-55\sim150$℃

【应用电路】

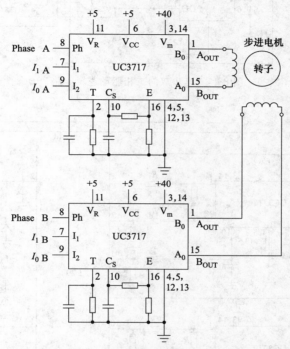

图 8-41 两相双极性永久磁铁或混合步进电机斩波驱动电路

图 8-41 所示电路输入可用微处理器、TTL、LS 或 CMOS 逻辑控制。

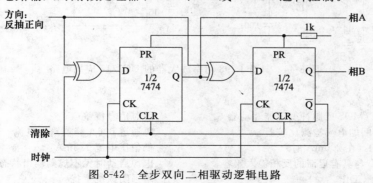

图 8-42 全步双向二相驱动逻辑电路

【生产公司】 TEXAS INSTRUMETS Unitrode

● **TD300，15V，3 个 IGBT/MOS 驱动器**
【用途】
三相电机控制电路。

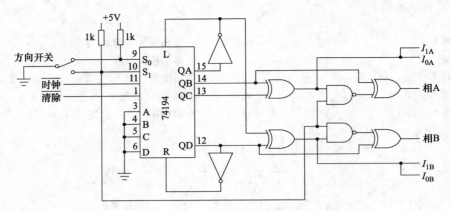

图 8-43　半步双向二相驱动逻辑电路

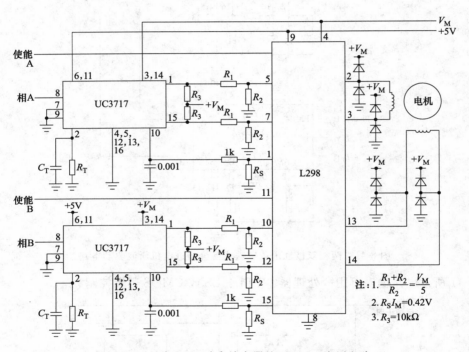

图 8-44　具有 L298 功率放大器的 UC3717 应用电路

【特点】

3 个功率 IGBT/MOS 或脉冲变压器驱动器　　　瞬时信号传输

有 1ms 禁止时间的电流检测比较器　　　每通道 0.6A 峰值输出电流

低输出阻抗 7Ω（在 200mA 时）　　　低偏压电流 1.5mA

CMOS/LSTTL 与具有迟滞的反相输入兼容　　　电源启动时无不规则输出状态

13～16V 单电源工作　　　增强闭锁抗干扰

欠压锁定（12.5V）　　　通道有并行功能

电流放大器

　　TD300 用于驱动 1、2 或 3 个功率 IGBT/MOS 和推动脉冲变压器。在低边或半桥结构中，它用于 IC 与功率开关的接口控制。

【引脚说明】

　　1—电源电压；2—输入 A；3—输入 B；4—输入 C；5—使能；6—报警；7—运放输出；8—运放输入；9—检测输入；10—地；11—输出 C；12—输出 B；13—输出 A；14—不连。

【最大绝对额定值】

电源电压 V_{CC}	18V	结温 T_j	$-40\sim150℃$
输入电压 V_I	$0\sim V_{CC}$ V	工作温度 T_A	$-40\sim105℃$
检测输入电压 V_{in}	$-0.3\sim V_{CC}$ V	存储温度 T_{stg}	$-65\sim150℃$

【应用电路】

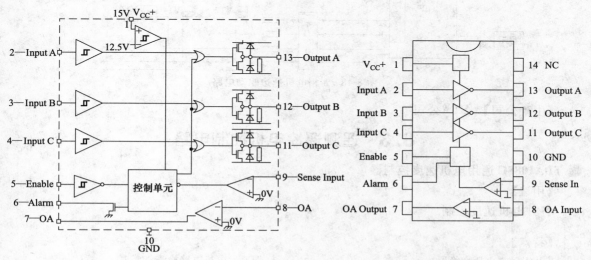

图 8-45　功能块图　　　　　　　　　　　图 8-46　引脚图

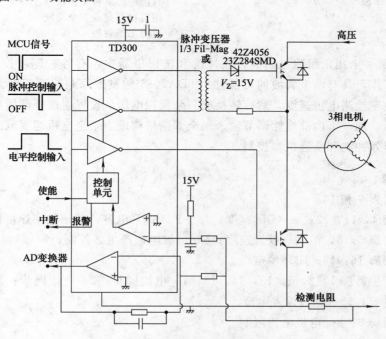

图 8-47　3 相电机高边和低边驱动电路

图 8-47 所示电路是 TD300 脉冲控制半桥驱动，正和负脉冲加至脉冲变压器对 IGBT/MOS 栅极电容充电和放电。次级电路具有低阻抗栅极驱动和短路保护。

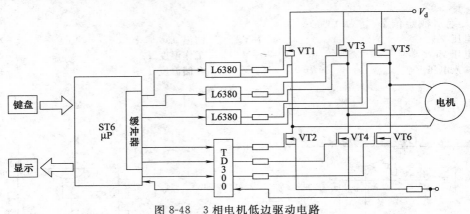

图 8-48 3 相电机低边驱动电路

【生产公司】 ST®公司

8.3 遥测遥控电机控制电路

● **TDA1085C 通用电机速度控制器**

【用途】

各种电机速度控制

【特点】

芯片上频率电压变换器	调速发电机电路检测
芯片上斜坡产生器	直接电源来自交流线电压
软启动	用监视器完成安全功能
负载电流限制	适用无铅封装

TDA1085 是一个相角跟踪控制器，在冲洗和洗选机器中，有各种速度控制的全部功能。在闭环结构中工作，具有两个斜坡的可能性。TDA1085 触发跟踪是按照速度调节要求，用一个调速发电机数字检测电机速度，然后转换成一个模拟电压。设置速度外部固定，在交付可编程加速度斜坡后，加一个内部线性调节输入。全部结果构成一个全电机速度范围，有两个加速度斜坡，允许有效冲洗和洗选机器控制。

【引脚说明】

电压稳压器脚 9 和 10。

速度检测脚 4，11，12：4—实际速度；11—F/VC 泵电容；12—数字速度检测。

斜坡产生器脚 5，6，7：5—设置速度；6—斜坡电流产生、控制；7—斜坡产生，定时。

控制放大器脚 16：16—闭环稳定性。

触发脉冲产生器脚 1，2，5，13，14，15：1—电流同步；2—电压同步；13—触发相位输出；14—锯齿电容；15—锯齿设置电流。

电流限幅器脚 3：3—电机电流限制。

接地脚 8。

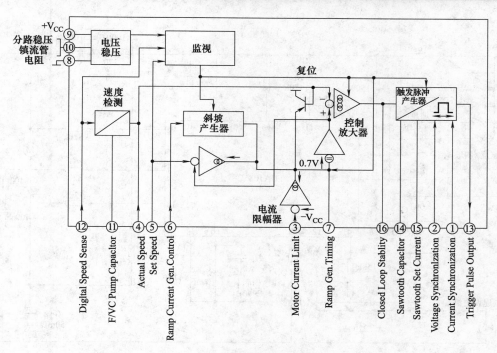

图 8-49　功能块图和引脚图

【最大绝对额定值】

外部稳压器脚 9 电源电压 V_{CC}	1.5V	脚 13	-200mA
每个脚最大电压：脚 3	5.0V	静电放电灵敏度：人体型	500V
脚 4—5—6—7—13—14—16	$0 \sim V_{CC}$	机器型	100V
脚 10	$0 \sim 17\text{V}$	放电器件模式	2000V
每脚最大电流：脚 1 和 2	$-3.0 \sim 3.0\text{mA}$	最大功耗 P_D	1.0W
脚 3	$-1.0 \sim 0\text{mA}$	热阻 $R_{\theta JA}$	65℃/W
脚 9（V_{CC}）	15mA	工作结温 T_J	$-10 \sim 120$℃
脚 10 分流稳压器	35mA	存储温度 T_{stg}	$-55 \sim 150$℃
脚 12	$-1.0 \sim 1.0\text{mA}$		

【应用电路】

电流限制：用 R_4 实验调节 10A。

斜坡高加速度：3200rpm/s

配给斜坡：10s 从 850～1300rpm。

电机速度范围：0～15000rpm。

调速发电机 8 极传送 30V 峰至峰，在 6000rpm，开路。

FV/C 因数：8mV/rpm（12V 全速）$C_{\text{pin11}}=680\text{pF}$，$V_{CC}=15.3\text{V}$。

三端双向晶闸管 MAX15A：8 15A，600V

速度及脚 5 电压设置：

洗选　800rpm　609mV 包括非线性校正

配给 1300rpm　996mV 包括非线性校正

旋转 1：7500rpm　5.912V 包括非线性校正

旋转 2：15000rpm　12.000V 调节点

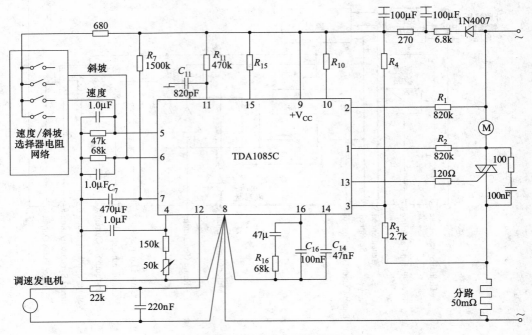

图 8-50　基本应用电路

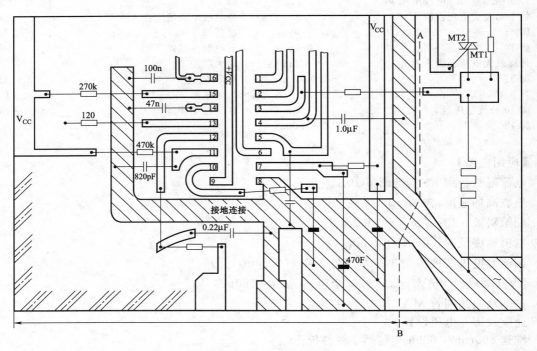

图 8-51　PC 板布局

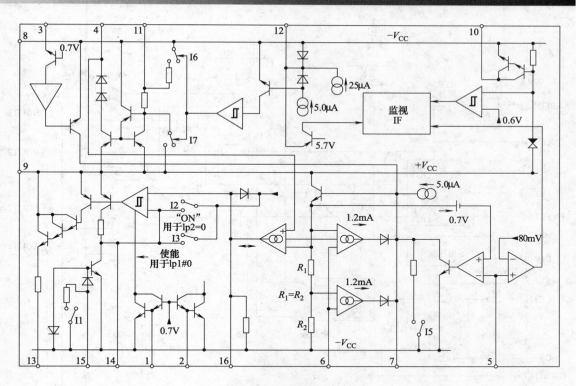

图 8-52　简化电路图

【生产公司】　ON Semiconductor

UC1638 系列 PWM 电机控制器

【用途】

用于脉宽调制电机控制电路。

【特点】

单双电源工作	差动×5 电流检测放大器
可编程振荡器幅度和 PWM 静区	双 60V，50mA 开路集电极驱动器
精确高速振荡器	双向逐脉冲电流限
双 500mA 图腾柱输出驱动器	欠压锁定

集成电路 1638 系列是先进的脉宽调制器，用于各种 PWM 电机驱动和放大应用，应用要求单向或双向驱动电路，类似于 UC1637。全部必需电路包括产生一个模拟误差信号和调制两个双向脉冲串输出，误差信号幅度和极性成比例。UC1638 关键的特点是包括一个可编程高速三角形振荡器，一个×5 动电流检测放大器，一个高转换速率的误差放大器，高速 PWM 比较器，两个 50mA 开路集电极和两个 ±500mA 图腾柱输出级一样。电路块实际工作开关频率为 500kHz。改进了电路速度，减少了外部可编程电路元件。差动电流放大器，使控制器用于高性能，仍保留 UC1637 的灵活性。电流检测放大器与误差放大器一起构成平均电流反馈。此外，开路集电极输出提供驱动信号，用于在桥结构中的高边开关。可编程 AREFIN 脚允许用于单或双电源工作。振荡器斜坡幅度和 PWM 静区可编程。另外，特点中还包括一个精密外部有效 5V 基准、欠压锁定、逐脉冲电流限和遥控关闭接口。

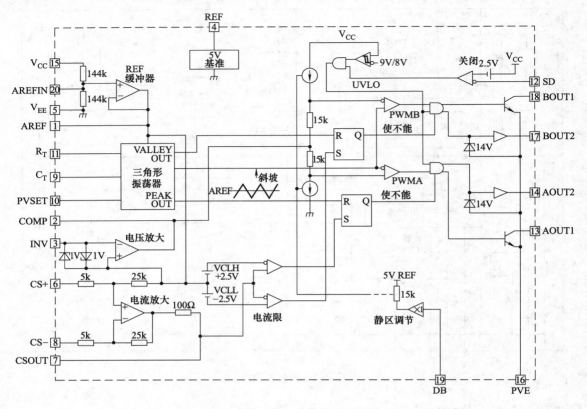

图 8-53 功能块图

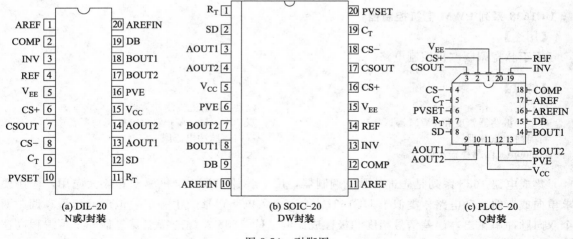

(a) DIL-20
N 或 J 封装

(b) SOIC-20
DW 封装

(c) PLCC-20
Q 封装

图 8-54 引脚图

【引脚说明】

AOUT1，BOUT1：AOUT1 和 BOUT1 是开关集电极输出驱动器供沉电流 50mA。

AOUT2，BOUT2：AOUT1 和 BOUT2 是图腾柱输出驱动器，能直接驱动外部功率 MOS。

AREF：在 AREF 上电压完全是在 AREFIN 上电压的缓冲型式。

AREFIN：在 AREFIN 上电压是通过连至 V_{CC} 和 V_{EE} 之间电压分压器的 50% 产生的。

COMP：为高转换速率误差放大器的输出。

CS－：是对×5 电流检测放大器的反相输入。

CS＋：是对×5 电流检测放大器的正相输入。

CSOUT：是在×5 电流检测放大器的输出。

C_T：电容从 C_T 至 V_{EE}，按下述公式设置三角形振荡器频率

$$F=\frac{1}{5R_T C_T}$$

DB：为高阻抗输入可编程输出脉冲串空载时间。

INV：为电压放大器的反相输入。

PVE：用于 IC 的高电流地。

PVSET：在 PVSET 上 DC 电压编程振荡器的上下阈值，公式关系为：

$$V_{PK}-V_{VLY}=5V_{PVSET}$$

在 PVSET 上输入电压范围是 0.5V～REF。

REF：REF 是精密基准输出。

R_T：从 R_T 至 V_{EE} 单电阻设置三角形振荡器充电和放电电流。

SD：在 SD 上电压在 V_{CC} 的 2.5V 以内，将使 UC3638 进入欠压锁定状态，全部驱动器输出不能。

V_{EE}：相对该脚测量全部电压。

V_{CC}：正电源轨用于 IC。

【最大绝对额定值】

电源电压 V_{CC}（相对 V_{EE}）	40V	CS＋，CS－	$V_{EE}-1V～V_{CC}$
输出驱动器（AOUT2，BOUT2）		C_T，AREF，AREFIN，COMP，SD	$V_{EE}-0.3V$
电流（连续）	±0.25A	输出电压（AOUT1，BOUT1）	60V
电流（峰值）	±500mA	存储温度	$-65～150℃$
REF 输出电流	内限	结温	$-55～150℃$
PVSET，DB，R_T，INV，REF，CSOUT	0.3～10V	引线焊接温度（10s）	300℃

【应用电路】

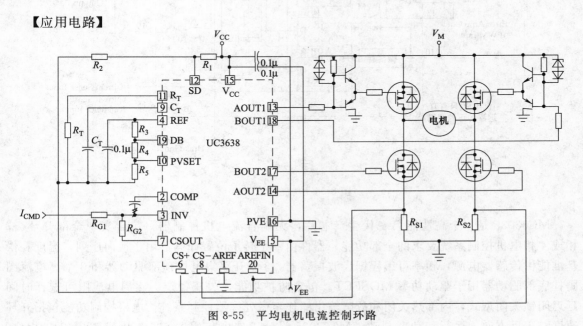

图 8-55 平均电机电流控制环路

【生产公司】 TEXAS INSTRUMENTS Unitrode

● **MC33035 无刷直流电机控制电路**

【用途】

用于无刷直流电机控制。

【特点】

10～30V 工作	循环电流限
欠压锁定	内部热关闭
6.25V 基准能供传感器电源	选择 60°/300°或 120°/240°传感器相位
全通使用误差放大器在闭环伺服应用	用外部 MOSFET H 桥能有效控制电刷直流电机
高电流驱动器能控制外部 3 相 MOSFET 桥	

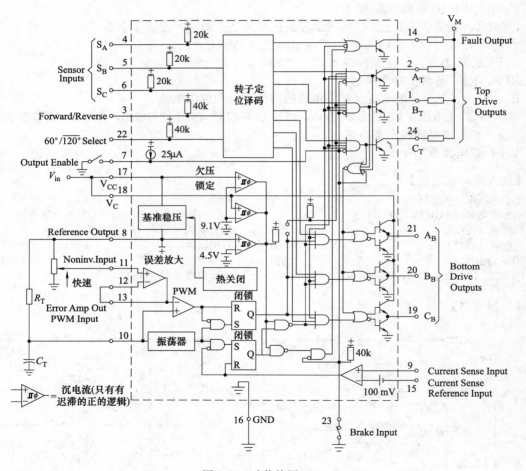

图 8-56　功能块图（1）

　　MC33035 是一个高性能第二代生产芯片，无刷直流电机控制器，包含实现全部开环、3相或 4 相电机控制系统要求的全部功能。器件由一个转子位置译码器用于换向序列，温度补偿基准能供传感器电源，频率可编程锯齿波振荡器，3 个开路集电极顶部驱动器和 3 个高电流图腾柱底部驱动器用于驱动功率 MOSFET。包含防护功能，欠压锁定，逐周电流限可选择时间延迟闭锁关闭型式，内部热关闭和故障输出能连至微处理器控制系统。电机控制功能包括开环速度、正反方向、运行和动态制动。MC33035 设计工作电传感器 60°/300°或 120°/240°相位，能有效地控制电刷直流电机。

【引脚说明】

脚号	脚名	说明
1,2,24	B_T,A_T,C_T	3个开路集电极顶驱动输出,用于驱动外部上边功率开关管
3	Fwd/Rev	正/反输入,用于改变电机旋转方向
4,5,6	S_A,S_B,S_C	3个传感器输入,用于控制换向顺序
7	Output Enable	逻辑高时电机运行,而低时引起惯性滑行
8	Reference Output	输出供C_T充电电流,相对误差放大器
9	Current Sense Noninverting Input	正常连电流检测电阻顶部,100mV信号有关脚15,在振荡周期输入端输出开关导通
10	Oscillator	选择定时元件R_T和C_T值,可编程振荡频率
11	Error Amp Noninverting Input	输入正常连至速度设置电位器
12	Error Amp Inverting Input	在开环应用中,输入正常连至误差放大器输出
13	Error Amp Out/PWM Input	在闭环应用中,用于补偿
14	$\overline{\text{Fault}}$ Output	在1个或多个以下条件,该开路集电极输出有效低。无效传感器输入码,在逻辑0能输入,电流检测输入大于100mV,欠压锁定启动和热关闭
15	Current Sense Inverting Input	基准脚,用于内部100mV阈值,连底部电流检测电阻
16	GND	地
17	V_{CC}	控制IC正电源,范围为10~30V
18	V_C	通过加至该脚电压,设置底部输出驱动的高态(V_{OH}),范围为10~30V
19,20,21	C_B,B_B,A_B	3个图腾柱底部驱动输出,用于直接驱动外部底部功率开关管
22	$60°/\overline{120°}$Select	电状态控制电路工作,传感器相位输入可在60°或120°
23	$\overline{\text{Brake}}$	输入低,电机运行,高时电机不能工作

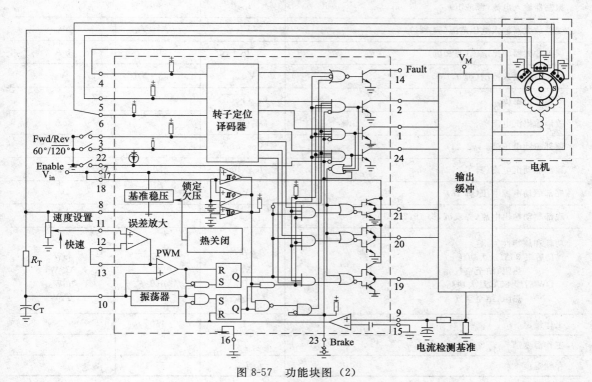

图 8-57　功能块图（2）

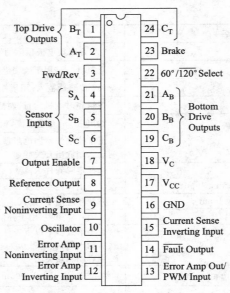

图 8-58　引脚图

【最大绝对额定值】

参　数	符　号	数　值	单　位
电源电压	V_{CC}	40	V
数字输入（脚 3,4,5,6,22,23）	—	V_{ref}	V
振荡器输入电流（源或沉）	I_{OSC}	30	mA
误差放大器输入电压范围（脚 12,11）	V_{IR}	$-0.3 \sim V_{ref}$	V
误差放大器输出电流（源和沉）	I_{Out}	10	mA
电流检测输入范围（脚 9,15）	V_{Sense}	$-0.3 \sim 5.0$	V
故障输出电压	$V_{CE}(\overline{Fault})$	20	V
故障输出沉电流	$I_{Sink}(\overline{Fault})$	20	mA
顶部驱动电压（脚 1,2,24）	$V_{CE}(top)$	40	V
顶部驱动沉电流（脚 1,2,24）	$I_{Sink}(top)$	50	mA
底部驱动电源电压（脚 18）	V_C	30	V
底部驱动输出电流（源或沉，脚 19,20,21）	I_{DRV}	100	mV
功耗和热特性 　P 后缀 85℃ 最大功耗 　　热阻，结至空气 　DW 后缀 85℃ 最大功耗 　　热阻，结至空气	P_D $R_{\theta JA}$ P_D $R_{\theta JA}$	867 75 650 100	mW ℃/W mW ℃/W
工作结温	T_J	150	℃
工作温度	T_A	$-40 \sim 85$	℃
存储温度	T_{stg}	$-65 \sim 150$	℃

【应用电路】

图 8-59 所示电路表示 3 相应用，是一个开环电机控制，用全波 6 步驱动。上边功率开关晶体管是达林顿管，而下边器件是功率 MOSFET。RC 滤波和 R_S 为了消除脉冲尖峰。

图 8-60 所示电路表示 3 相、3 步、半波电机控制器，该电路适用于汽车和其他低压应用。因为只有一个功率开关压降与定子绕组串联，电流流动无方向或半波，因为每个绕组只有一端是开关。

图 8-61 所示电路中 MC33035 只能用于开环电机速度控制。为了能进行闭环速度控制，MC33035 要求一个输入电压与电机速度成比例，电路中用 MC33039。

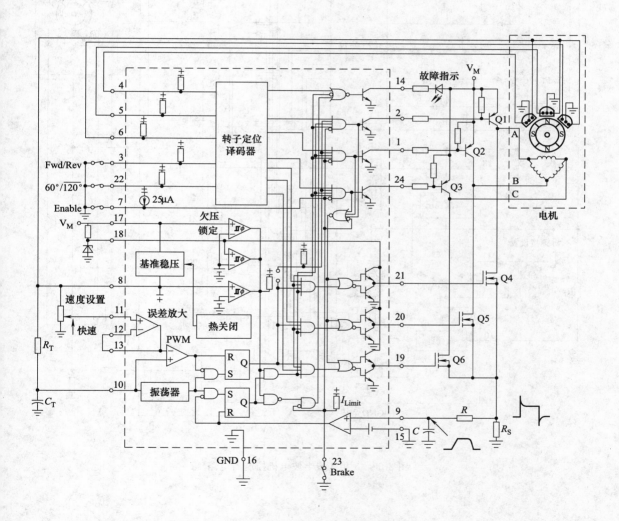

图 8-59　3 相 6 步全波电机控制器电路

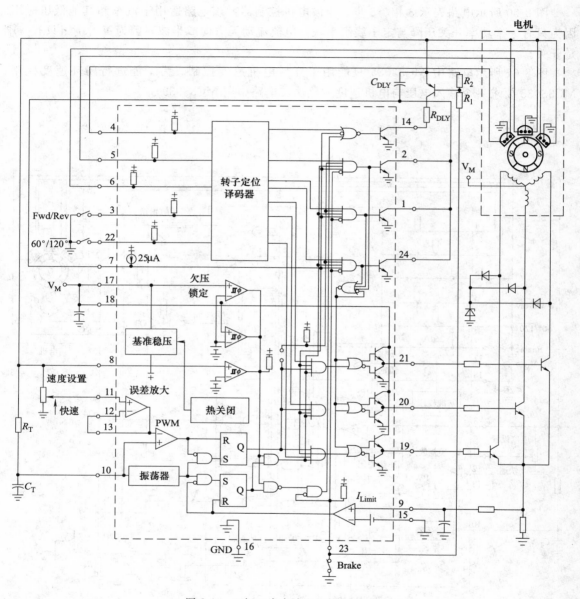

图 8-60　3 相 3 步半波电机控制器电路

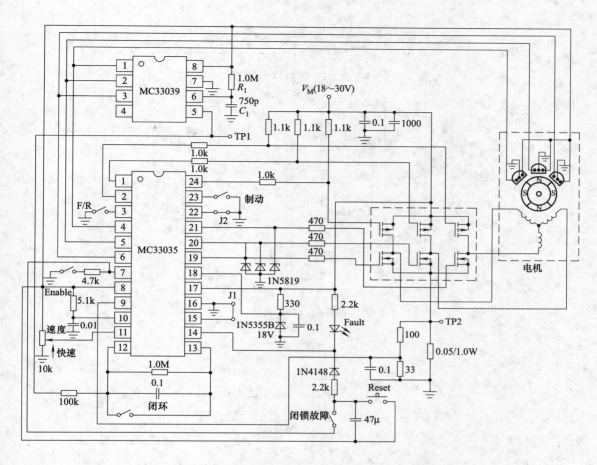

图 8-61 用 MC33035 和 MC33039 闭环无刷直流电机控制电路

【生产公司】 ON Semiconductor

● MC33039，NCV33039 闭环无刷电机配接器

【用途】

用于无刷直流电机控制系统。

【特点】

每个输入瞬变数字检测，用于改进低速电机工作 压源

TTL 与带有迟滞的输入兼容　　　　　　　反相输出易转换 60°/300° 和 120°/240° 之间传感器

工作低至 5.5V 用于来自 MC33035 基准直接供电　相位转换适用无铅封装

内部分路控制调节 允许工作来自一个非调节电

　　MC33039 是一个高性能闭环速度控制配接器，设计用于无刷直流电机控制系统。该器具
允许不用磁和光转速仪精确速度调节控制。该器件包含 3 个输入缓冲器，每个有迟滞用于噪声
抑制，3 个数字沿检测器，一个可编程单稳态和一个内部分路调节控制器。同样包含一个反相
输出用于系统中要求的传感器相位转换。虽然该器件主要用于 MC33035 无刷电机控制器，它
能高效在许多其他闭环速度控制应用。

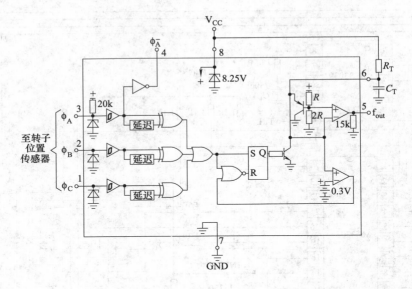

图 8-62 功能块图

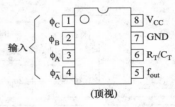

(顶视)

图 8-63 引脚图

【最大绝对额定值】

额定值	符号	数值	单位
V_{CC}齐纳电流	$I_Z(V_{CC})$	30	mA
逻辑输入电流	I_{IH}	5.0	mA
输出电流沉或源	I_{DRV}	20	mA
功率损耗和热特性 最大功耗 $T_A=85℃$ 热阻,结至空气	P_D $R_{\theta JA}$	650 100	mW ℃/W
工作结温	T_J	+150	℃
工作环境温度 MC33039 NCV33039	T_A	 $-40\sim+85$ $-40\sim+125$	℃
存储温度	T_{stg}	$-65\sim+150$	℃

【应用电路】

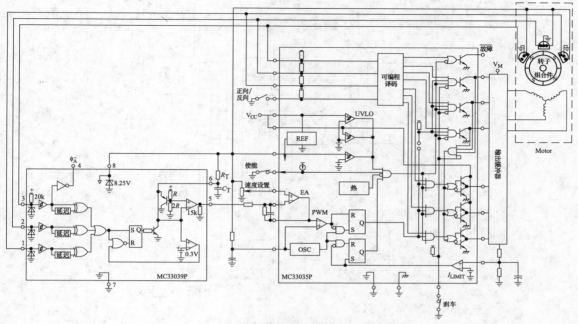

图 8-64 典型闭环速度控制器应用

【生产公司】 ON Semiconductor

● MC33030 直流伺服电机控制/驱动电路

【用途】

用于直流电机伺服驱动控制电路。

【特点】

芯片上误差放大器用于反馈监控　　　　　　　可编程过流检测器

有静区的窗检测器　　　　　　　　　　　　　可编程过流关闭延迟

有方向存储的驱动/制动　　　　　　　　　　　过压关闭

1.0A 功率 H 开关

　　MC33030 是一个单片直流伺服电机控制器，提供完成闭环系统的全部必须功能。器件包括一个芯片运放和具有宽输入共模范围的窗比较器，有方向存储的驱动/制动逻辑，功率 H 开关驱动能达 1.0A，独立的可编程过流监控和关闭延迟，以及过压监控等。这个器件适用于伺服定位应用，要求检测温度、压力、光、磁通或任何其他能转换电压的检测。器件主要用于伺服，同样也可用于开关型电机控制。

【引脚说明】

　　1— 基准输入；2—基准输入滤波；3—误差放大器输出，滤波/反馈输入；4,5—地；6—误差放大器输出；7—误差放大器反相输入；8—误差放大器正相输入；9—误差放大器输入滤波；10—驱动器输出 B；11—Vcc，电源电压；12,13—地；14—驱动器输出 A；15—过流基准；16—过流延迟。

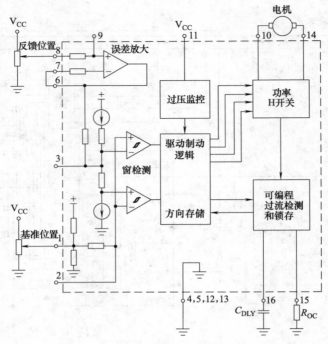

图 8-65　功能块图

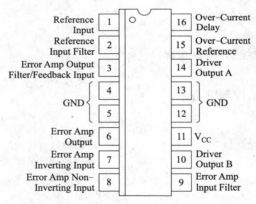

图 8-66　引脚图

【最大绝对额定值】

参　　数	符　号	数　值	单　位
电源电压	V_{CC}	36	V
输入电压范围,运放,比较器,电流限(脚 1,2,3,6,7,8,9,15)	V_{IR}	$-0.3 \sim V_{CC}$	V
输入差动电压范围,运放,比较器(脚 1,2,3,6,7,8,9)	V_{IDR}	$-0.3 \sim V_{CC}$	V
延迟脚沉电流(脚 16)	$I_{DLY}(sink)$	20	mA
输出源电流(运放)	I_{source}	10	mA
驱动输出电压范围	V_{DRV}	$-0.3 \sim V_{CC}+V_F$	V
驱动输出源电流	$I_{DRV}(source)$	1.0	A
驱动输出沉电流	$I_{DRV}(sink)$	1.0	A

续表

参　数	符　号	数　值	单　位
制动二极管正向电流	I_F	1.0	A
功耗和热特性 　P 后缀 热阻，结至空气 　　　 热阻，结至壳体 　DW 后缀 热阻，结至空气 　　　 热阻，结至壳体	$R_{\theta JA}$ $R_{\theta JC}$ $R_{\theta JA}$ $R_{\theta JC}$	80 15 94 18	℃/W
工作结温	T_J	+150	℃
工作温度	T_A	$-40\sim85$	℃
存储温度	T_{stg}	$-65\sim150$	℃

【应用电路】

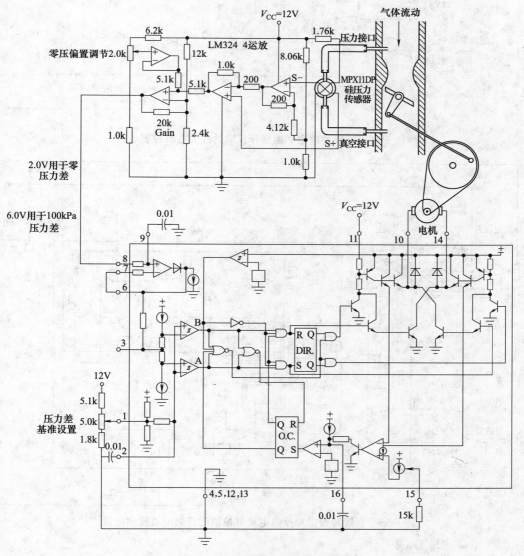

图 8-67　可调节压力差稳定器

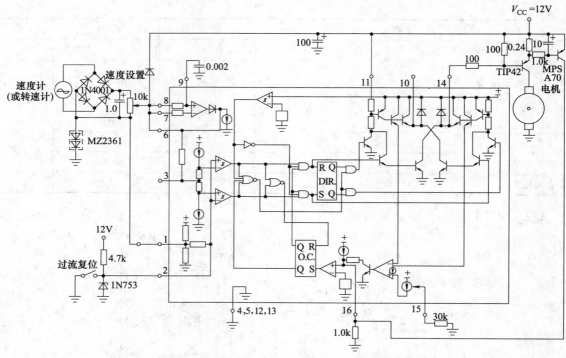

图 8-68 有缓冲输出和速度计反馈的开关电机控制电路

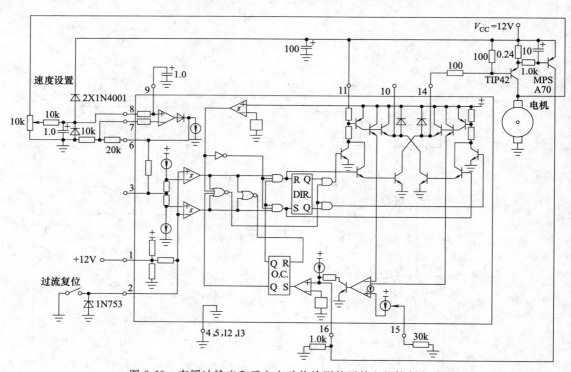

图 8-69 有缓冲输出和反向电动势检测的开关电机控制电路

【生产公司】 ON Semiconductor

● **CS4121 低压精密空心转速计/速度计驱动器**

【用途】

用于转速计和速度计。

【特点】

传感器直接输入　　　　　　　　　　　　　过压保护

高转矩输出　　　　　　　　　　　　　　　精度至 8.0V 工作至 6.5V

低指示器故障　　　　　　　　　　　　　　在 SO-20 封装和 DIP-16 封装内有保险引线

高输入阻抗

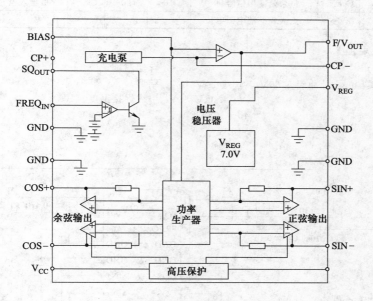

图 8-70　功能块图

CS4121 专用于空心表运转。IC 具有一个模拟转速计或速度计的全部必需功能。CS4121
接收速度传感器输入，并且产生与输出信号相关的正弦和余弦信号差动驱动一个空心表。增强
了工业标准转速计驱动器，如 CS289 或 LM1819。输出利用不同驱动器消除了齐纳基准，并呈
现更大转矩。器件耐 60V 瞬变减少要求的保护电路。CS4121 与 CS8190 兼容，在低电源电压
（8.0V 最小）具有更高精度，它可工作至 6.5V。

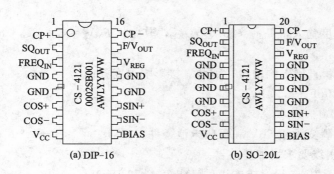

图 8-71　引脚图

【引脚说明】

脚 号		脚 名	说 明	脚 号		脚 名	说 明
DIP-16	SO-20L			DIP-16	SO-20L		
1	1	CP+	正输入至充电泵	9	11	BIAS	测试点或零点调节
2	2	SQ$_{OUT}$	缓冲方波输出信号	10	12	SIN−	负正弦输出信号
3	3	FREQ$_{IN}$	速度或转速输入信号	11	13	SIN+	正正弦输出信号
4,5,12,13	4~7,14~17	GND	地	14	18	V$_{REG}$	电压稳压器输出
6	8	COS+	正余弦输出信号	15	19	F/V$_{OUT}$	输出电压与输入信号频率成比例
7	9	COS−	负余弦输出信号	16	20	CP−	负输入至充电泵
8	10	V$_{CC}$	点火或电池电源电压				

【最大绝对额定值】

电源电压（V_{CC}）　　　　　　　　　　　　存储温度　　　　　　　　　−40~165℃
　　　　　　　<100ms 脉冲瞬变 60V，连续 24V　　结温　　　　　　　　　　−40~150℃
ESD（人体型）　　　　　　　　4.0kV　　　引线焊接温度（10s）　　　260℃，峰值
工作温度　　　　　　　　　　−40~105℃

【应用电路】

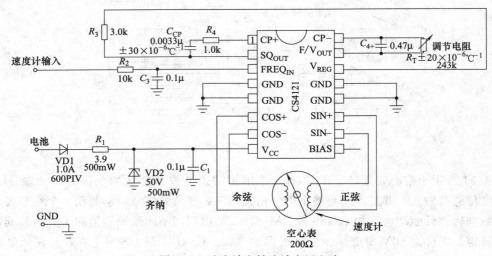

图 8-72　速度计和转速计应用电路

电路注意事项：

① 对于 58％速度输入，$T_{MAX} \leqslant 5.0/f_{MAX}$，其中，$T_{MAX} = C_{CP}(R_3 + R_4)$，$f_{MAX}$ 为最大速度输入频率。

② C_4 和 R_T 乘积直接影响增益，因此直接影响温度补偿。

③ C_{CP} 范围为 20pF~0.2μF。

④ R_T 范围为 100~500kΩ。

⑤ IC 必须防护瞬变大于 60V 和反向电池条件。

⑥ 在 FREQ$_{IN}$ 引线要求增加滤波器。

⑦ 测量线圈连至 IC 必须保持连线尽可能短（≤3.0in）。

电路注意事项：

① C_4 和 R_T 乘积直接影响增益，因此直接影响温度补偿。

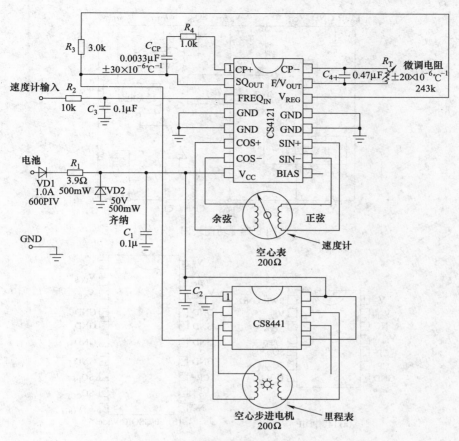

图 8-73　有里程表的速度计或转速计应用电路

② C_{CP} 范围为 20pF～0.2μF。

③ R_T 范围为 100～500kΩ。

④ IC 必须防护瞬变大于 60V 和反向电池条件。

⑤ 在 FREQ$_{IN}$ 引线要求加滤波器。

⑥ 测量线圈连至 IC 用尽可能短的线（≤3.0in），使指示器稳定。

【生产公司】　ON Semiconductor

CS289 20mA 空心转速表驱动电路

【用途】

用于空心转速表移动。

【特点】

单电源工作　　　　　　　　　　　　　　20mA 输出驱动能力

芯片上稳压

　　CS289 专用于空心表移动。IC 有一个充电泵电路用于频率电压变换，并联稳压器工作，一个函数发生器和 sin 及 cos 放大器。缓冲 sin 和 cos 输出为典型沉或源 20mA。

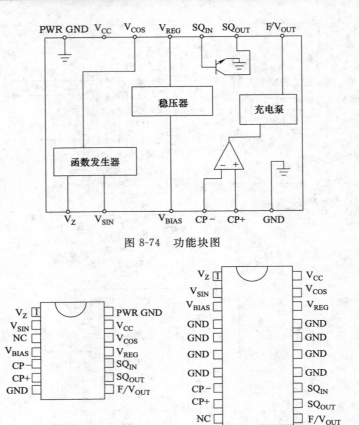

图 8-74　功能块图

图 8-75　引脚图

(a) 14脚PDIP　　　(b) 20脚SOIC Wide

【引脚说明】

20 脚 SO	14 脚 PDIP	符号	说明	20 脚 SO	14 脚 PDIP	符号	说明
1	1	V_Z	外部齐纳基准	11	8	F/V_{OUT}	输出电压与输入信号
2	2	V_{SIN}	sin 输出信号				频率成比例
3	4	V_{BIAS}	测试脚或"0"校验脚	12	9	SQ_{OUT}	缓冲方波输出信号
4,5,6,7,	7	GND	模拟地	13	10	SQ_{IN}	速度或转速输入信号
14,15,16,17				18	11	V_{REG}	电压稳压输出
8	5	CP−	负输入充电泵	19	12	V_{COS}	cos 输出信号
9	6	CP+	正输入充电泵	20	13	V_{CC}	电源电压
10	3	NC	不连		14	PWR GND	电源地

【最大绝对额定值】

电源电压（V_{CC}）	20V	存储温度	−65～150℃
工作温度	−40～100℃	引线焊接温度（波峰焊，10s）	260℃，峰值
结温	−40～150℃		

【应用电路】

　　图 8-76 所示电路输入缓冲频率通过晶体管，然后加到充电泵，用于频率电压变换。充电泵输出电压，E_θ 范围为 2.1V 时无输入（$\theta=0°$），至 7.1V 时 $\theta=270°$，C_T 上出现电荷影响 C_{OUT}。频率加至 SQ_{IN}，C_T 通过 R_1 和 R_2 充电和放电，C_{OUT} 影响跨接在 R_T 电阻上电压充电。正弦和余弦放大器输出波形通过芯片上放大器/比较器电路传送。电路调节点变化（即 90°，

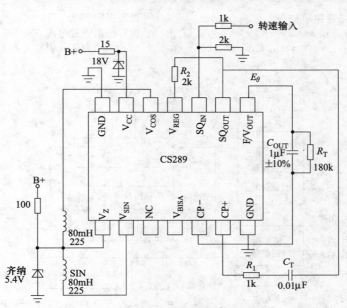

图 8-76　CS289 电路

注：R_T 为调节电阻

180°，270°）通过内部电阻分压器连至电压稳压器决定。通过函数产生器电路电压 E_θ 与分压器网络比较。用一个外部齐纳基准 V_z 允许正弦和余弦放大器相对基准正负摆动。

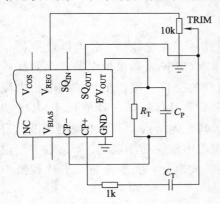

图 8-77　交替调节法电路

注：R_2 用电位器代替，交替调节。

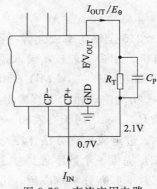

图 8-78　直流应用电路

注：部分图表示，一种用直流
代替频率应用方法。

【生产公司】　Cherry Semiconductor

● LMD18245，3A，55V DMOS 全桥电机驱动器

【用途】

全桥，半桥和微步步进电机驱动器，步进电机和无刷 DC 电机驱动器，自动化工厂、医疗和办公室设备。

【特点】

DMOS 功率级额定值 55V 和 3A 连续　　　　　内部钳位二极管

每个功率开关 0.3Ω 电阻典型低 $R_{OS(ON)}$　　　低损耗电流检测方法

数字或模拟电机电流控制　　　　　　　　过流保护
TTL 和 CMOS 兼容输入　　　　　　　　　没有涌出通过电流
热关断（输出断开）在 $T_J = 155℃$　　　15 引线 TO-220 模型功率封装

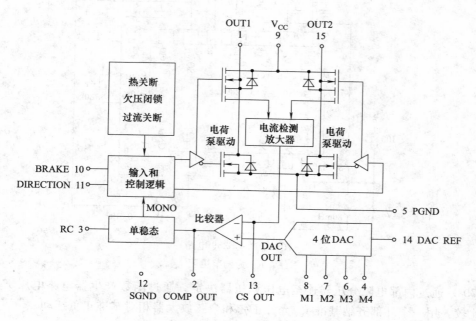

图 8-79　功能块和连接图

　　LMD18245 全桥功率放大器，包括要求的全部电路块，在无刷型 DC 电机或一相一个双极性步进电机。用多工艺技术装入器件，包括双极和 CMOS 控制和保护电路，在同样单片结构中用 DMOS 功率开关。LMD18245 通过固定断开时间的交流变换器工艺控制电机电流。全部 DMOS H-桥功率级供给连续输出电流，在电源达 55V 可达 3A（6A 峰值）。DMOS 功率开关特点是低 $R_{OS(ON)}$，用于高效和一个二极管固有至 DMOS 体结构，不要求规定二极管钳位双极功率级。改进电流检测方法，在与电机串联的串联电阻中消除功率损耗。4 位数字至模拟变换器（DAC）提供一个数字通道控制电机电流，通过扩大简化，实现全桥、半桥和微步步进电机驱动。对于更高分辨率应用，可用一个外部 DAC。

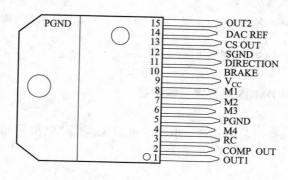

图 8-80　引脚图

【引脚说明】

脚 1，OUT1：第一个半桥输出节点。

脚 2，COMP OUT：比较器输出，在 CS OUT 如电压超过 DAC 提供的，比较器触发单稳态。

脚 3，RC：单稳态定时节点，一个并联电阻电容网络连在该节点和地之间，设置单稳态定时脉冲，约 $1.1RC$（s）。

脚 5，PGND：电源桥接地返回节点，连接线（内部）连至 PGND 至 TO-220 封装的接头。

脚 4，6~8，M4~M1：DAC 的数字输入。这些输入达到 4 位二进制数，用 M4 作为最大有效位或 MSB，DAC 提供一个模拟电压直接与加在 M4~M1 的二进制数成比例。

脚 9，V_{CC}：电源节点。

脚 10，BRAKE：刹车逻辑输入，牵引 BRAKE 输入，逻辑高启动电源桥源开关，有效短路负载。

脚 11，DIRECTION：方向逻辑输入，电流流过负载方向。

脚 12，SGND：全部信号电平电路接地回路节点。

脚 13，CS OUT：电流检测放大器输出。

脚 14，DAC REF：DAC 电压基准输入。

脚 15，OUT2：第二次半 H 桥输出节点。

开关逻辑真值表

刹车	方向	单稳输出	有效开关
H	X	X	源 1，源 2
L	H	L	源 2
L	H	H	源 2，沉 1
L	L	L	源 1
L	L	H	源 1，沉 2

注：X 表示不定。

【最大绝对额定值】

DC 电压在：		结温	150℃
OUT1，V_{CC} 和 OUT2	+60V	功耗	
COMP OUT，RC，M4，M3，M2，M1 BRAKE		TO-220（$T_A=25$℃ 巨大散热）	2.5W
DIRECTION，CS OUT 和 DAC REF	+12V	TO-220（$T_A=25$℃ 空气中）	3.5W
DC 电压 PGND 至 SGND	±400mV	ESD 敏感度	1500V
连续负载电流	3A	存储温度范围	40~150℃
峰值负载电流	6A	引线焊接温度（10s）	300℃

【工作条件】

温度范围	−40~125℃	DAC REF 电压	0~5V
电源电压	12~55V	MONOSTABLE（单稳）脉冲	10μs~100ms
CS OUT 电压	0~5V		

【应用电路】

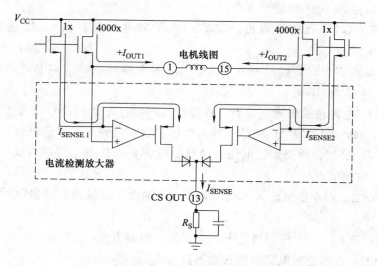

图 8-81 电源桥和电流检测放大器源开关

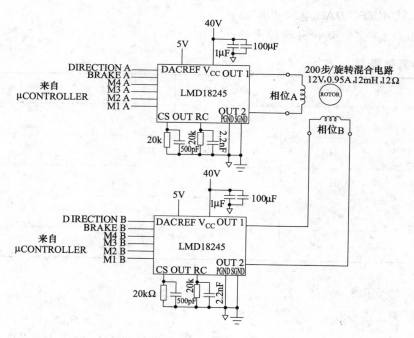

图 8-82 驱动双向步进电机典型应用电路

【生产公司】 National Semiconductor

8.4 遥测遥控监视控制电路

●ADM1030 智能型温度监视器和 PWM 风扇控制器

【用途】

用于笔记本 PC，网络服务和个人计算机，无线通信设备。

【特点】

最佳用于 Pentiom Ⅲ 允许减少防护波段　　　　可编程 PWM 占空比

软件和自动风扇速度控制　　　　　　　　　　转动风扇速度测试

自动风扇速度控制允许在开始启动后 CPU 插入　模拟输入用于测量 2 线风扇速度（用检测电阻）

独立控制　　　　　　　　　　　　　　　　　2 线系统测量总线（SMBUS）有 ARA 支持

　　控制环路有最小声音噪声和电池消耗　　　过温 THERM 输出脚

　　遥控温度测量用遥控二极管精度达 1℃　　可编程 $\overline{\text{INT}}$ 输出脚

　　在遥控通道温度上有 0.125℃ 分辨率　　　配置偏置用于全部温度通道

　　本地温度传感器有 0.25℃ 分辨率　　　　电源电压 3～5.5V

　　脉宽调制风扇控制（PWM）　　　　　　　关闭型式最小功耗

　　可编程 PWM 频率

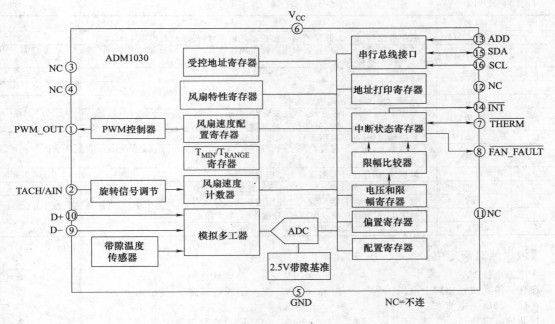

图 8-83　功能块图

　　ADM1030 是一个 ACPI，包含两个通道转速测量和欠/过温度报警，在计算机和热管理系统中应用。最佳用于 Pentium Ⅲ，高于 1℃ 精度，允许系统设计安全减少温度防护波段和提高系统性能。脉宽调制（PWM）风扇控制输出，通过变化输出占空比控制冷却风扇速度。占空比数值在 33%～100% 之间，允许平稳控制风扇。通过旋转输入能监视风扇速度，用一个风扇的一个旋转输出。旋转输入能按一个模拟输入编程，通过一个检测电阻能确定二线风扇速度。器件同样能检测失速风扇。专用风扇速度控制环路不用 CPU 软件插入能使控制平稳。如果 CPU 或系统锁住它同样能保证控制。根据温度测量能控制风扇静止。在系统温度的任何变化风扇速度能调节校准。用现存的 ACPI 软件风扇速度同样能控制。一个输入（两个脚）专用于遥控温度检测二极管精度为 ±1℃。本地温度检测传感器允许对环境温度监视。器件有一个可编程 $\overline{\text{INT}}$ 输出指示误差情况。有一个专用 $\overline{\text{FAN\_FAULT}}$ 输出至信号风扇故障。$\overline{\text{THERM}}$ 脚是一个故障保险输出用于过温条件，能用于节流阀一个 CPU 时钟。

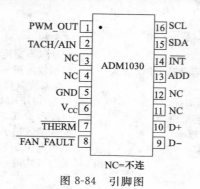

NC=不连

图 8-84 引脚图

【引脚说明】

脚号	脚名	说　明
1	PWM_OUT	数字输出(开漏)。脉宽调制输出控制风扇速度,要求拉起电阻10kΩ
2	TACH/AIN	数字/模拟输入,风扇转速表输入测量风扇速度,可再编程输入作为模拟输入,通过检测电阻测二线风扇速度
3,4,11,12	NC	不连
5	GND	系统地
6	V_CC	电源通过 3.3V 备用电源供电
7	THERM	数字I/O(开漏),有效低,热过载输出,指示一个输出温度点(过温)故障。同样作为一个输入供外部风扇控制。通过外部信号拉低该脚,设置启动位,并风扇速度设置全通
8	FAN_FAULT	数字输出(开漏),能用于信号风扇故障,要求拉起电阻10kΩ
9	D−	模拟输入,连至外温度检测二极管阴极。温度检测元件可以是 Pentium Ⅲ基片晶体管也可以是通用 2N3904
10	D+	模拟输入,连至外部温度检测二极管阳极
13	ADD	三态逻辑输入,设置器件 SMBUS 地址的两个低位
14	INT	数字输出(开漏),能编程一个中断输出用于温度/风扇速度中断,要求拉起电阻10kΩ
15	SDA	数字I/O,串行总线双向数据,开漏输出,要求拉起电阻2.2kΩ
16	SCL	数字输入,串行总线时钟,要求拉起电阻2.2kΩ

【最大绝对额定值】

正电源电压 V_{CC}	6.5V	存储温度	−65～150℃
在任一输入或输出脚上电压	−0.3～6.5V	引线焊接温度 气相60s	215℃
在任一脚输入电流	±5mA	红外 15s	200℃
封装输入电流	±20mA	ESD 全部脚额定值	2000V
最大结温	150℃		

【应用电路】

如图 8-85 所示。

【生产公司】　ON Semiconductor

● ADM1024 有遥控二极管热检测的系统硬件监视器

【用途】

网络服务和个人计算机,微处理器基于办公设备,测试设备和测量仪表。

【特点】

可达 9 个测量通道

输入可编程至测量模拟电压风扇速度和外部温度

用遥控二极管(2 个通道)测量外部温度

芯片上温度传感器

5 个数字输入 VID 位

LDCM 支持

系统测量总线 (SMBus)

底盘干扰检测

中断和过温输出

可编程 RESET 输入脚

关闭型式至最小功耗

全部监视阀门限幅比较

无铅器件

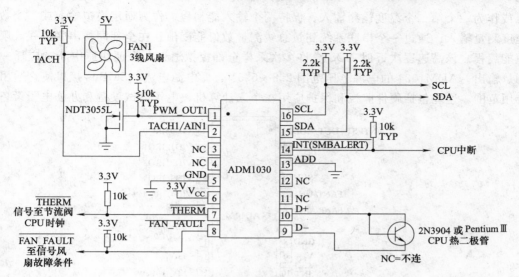

图 8-85　典型应用电路

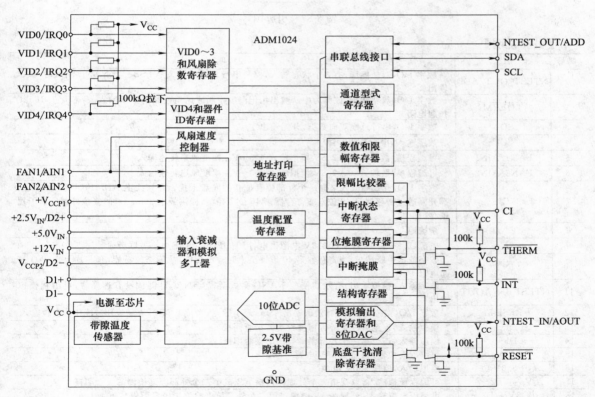

图 8-86　功能块图

ADM1024 是一个完全系统硬件监视器，用于微处理器为基础的系统，提供测量和变化系统参量限幅比较。8 个测量输入提供，有专用监视 5.0V 和 12V 电源和处理器内核电压。ADM1024 能监视通过测量它的自身 V_{CC} 能监视其第四次电源电压。一个输入（两个脚）专用于遥控检测二极管，多于两个脚能配置作为输入监视一个 2.5V 电源和一个第二个处理器内核电压或作为一个第二个温度检测输入。保持两个输入能编程，作为通用模拟输入或一个数字风扇速度测量输入。通过一个串联系统测量总线测量数值能读出。在全部同样串联总线，限幅比较值能编程。该高速逐次近似 ADC 允许多次采样全部模拟通道，保证快速中断响应任一个限幅测量输出。ADM1024 的电源电压范围 2.8～5.5V，低电源电流，SMBus 接口使它适用于宽的应用范围。这些包括硬件监视和保护应用在个人计算机，电子测试设备和办公电子设备。

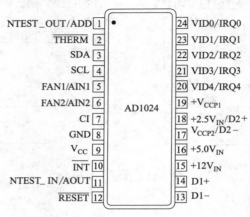

图 8-87　引脚图

【引脚说明】

脚号	脚名	说　明
1	NTEST_OUT/ADD	数字 I/O，双功能脚，有 3 个状态输入，控制串行总线地址 2 个 LSB。当 NAND 测试时，该脚输出
2	$\overline{\text{THERM}}$	数字 I/O，双功能脚，该脚为中断输出用于温度中断或风扇控制的中断输入，有芯片上 100kΩ 拉起电阻
3	SDA	数字 I/O，串行总线双向数据，开漏输出
4	SCL	数字输入，串行总线时钟
5	FAN1/AIN1	可编程模/数输入，0～2.5V 模拟输入或 0～V_{CC} 幅度风扇转速输入
6	FAN2/AIN2	可编程模/数输入，0～2.5V 模拟输入或 0～V_{CC} 幅度风扇转速输入
7	CI	数字 I/O，有效高输入来自一个外部锁存捕获的底盘干扰。在该线上 ADM1024 提供一个内部开漏通过寄存器第 40 位 6 或寄存器第 46 位 7 控制，提供最小 20ms 脉冲，复位外部底盘干扰锁存
8	GND	系统地
9	V_{CC}	电源(2.8～5.5V)，来自 3.3V 电源供电，用 10μF 和 0.1μF 电容并联旁通
10	$\overline{\text{INT}}$	数字输出中断请求，当寄存器第 40 设置至 1 时输出使能，故障态使不能，有芯片上 100kΩ 拉起电阻
11	NTEST_IN/AOUT	数字输入/模拟输出，有效高使能 NAND 测试型式当 NAND 测试没有选择时，可编程模拟输出
12	RESET	数字 I/O，主控器复位，有效低输出 45ms 最小脉宽，当拉下(电源通复位)时，能作为复位输入
13	D1−	模拟输入，连至第一个外部温度检测二极管阴极
14	D1+	模拟输入，连至第一个外部温度检测二极管阳极
15	+12V_{IN}	可编程模拟输入，监视 12V 电源
16	+5.0V_{IN}	模拟输入，监视 5.0V 电源
17	V_{CCP2}/D2−	可编程模拟输入，监视第二个处理器内核电压或第二个外部温度检测二极管阴极
18	+2.5V_{IN}/D2+	可编程模拟输入，监视 2.5V 电源或第二个外部温度检测二极管阳板
19	+V_{CCP1}	模拟输入，监视第一个处理器内核电压(0～3.6V)
20	VID4/IRQ4	数字输入，从处理器内核电压 ID 读出，数值读入 VIDM 状态寄存器。推荐作为中断输入，有 100kΩ 拉起
21	VID3/IRQ3	数字输入，从处理器内核电压 ID 读出，该值进入 VID0～VID3 状态寄存器。推荐作为中断输入，有 100kΩ 拉起电阻
22	VID2/IRQ2	数字输入，从处理器内核电压 ID 读出，该值进入 VID0～VID3 状态寄存器。能作为中断输入，芯片上有 100kΩ 拉起电阻

续表

脚号	脚名	说　明
23	VID1/IRQ1	数字输入，从处理器内核电压 ID 读出，该值进入 VID0～VID3 状态寄存器。作为中断输入，芯片上有 100kΩ 拉起电阻
24	VID0/IRQ0	数字输入，从处理器内核电压 ID 读出，该值进入 VID0～VID3 状态寄存器。作为中断输入，芯片上有 100kΩ 拉起电阻

【最大绝对额定值】

电源电压 V_{CC}	6.5V	封装输入电流	±20mA
在 $12V_{IN}$ 脚上电压	20V	最大结温（T_{JMAX}）	150℃
在 AOUT，NTEST_OUT ADD，$2.5V_{IN}/D2+$		存储温度	-65～150℃
电压	$-0.3V～V_{CC}+0.3V$	引线焊接温度：气相（60s）	215℃
在其他任一输入或输出脚上电压	$-0.3～6.5V$	红外（15s）	200℃
在任一脚上输入电流	±5mA	在任一脚 ESD 额定值	2000V

【应用电路】

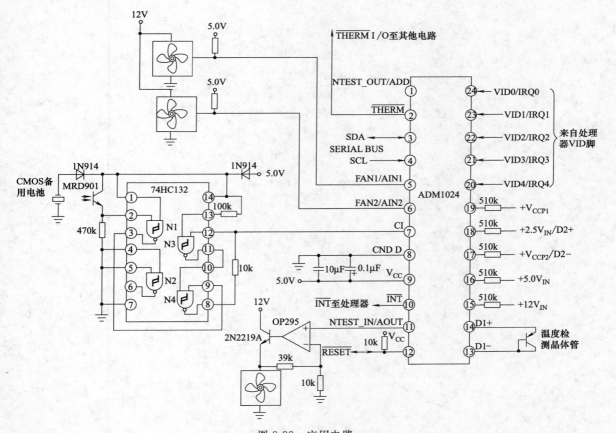

图 8-88　应用电路

　　电路用 ADM1024，模拟监视输入连至电源，包括两个内核电压输入。VID 输入连至处理器电压 ID 脚。有来自风扇的两个转速表输入和用作第三风扇控制速度的模拟输出。光传感器用作底盘干扰检测连至 CI 输入。但是在实际应用中，每个输入或输出可以不用，在这种情况，不用的模拟和数字输入应接至模拟或数字地。

【生产公司】　ON Semiconductor